Nr. 32
S. 8793–9072

1956
8. August

Chemisches Zentralblatt

Vollständiges Repertorium für alle Zweige der reinen und angewandten Chemie

1830 gegründet. 1897–1945 von der Deutschen Chemischen Gesellschaft fortgeführt.
Im Auftrage der Deutschen Akademie der Wissenschaften zu Berlin, der Chemischen Gesellschaft in der Deutschen Demokratischen Republik, der Akademie der Wissenschaften zu Göttingen und der Gesellschaft Deutscher Chemiker

herausgegeben von Prof. Dr. Maximilian Pflücke

127. Jahrgang

1 9 5 6

Chefredakteure: Dr. Eugen Klever und Prof. Dr. Maximilian Pflücke

Akademie-Verlag GmbH., Berlin – Verlag Chemie, GmbH., Weinheim/Bergstr.

Inhalt

Namenregister

Chemisches Zentralblatt

1956 Nr. 32 8. August

A. Allgemeine, physikalische und anorganische Chemie.

A_1. Kernphysik und Kernchemie.

S. Fubini, *Nichtlineare Integralgleichung in der Feldtheorie.* Vereinfachtes Rechenverf. zur Aufstellung einer angenäherten nichtlinearen Integralgleichung für Pion-Nucleon-Streuung. (Nuovo Cimento [10] **2.** 180—82. 1/7. 1955. Torino, Univ., Ist. di Fis., Ist. Naz. di Fis. Nucl.) GERHARD SCHMIDT. 80

M. Cini und **S. Fubini**, *Stromdichte in Heisenberg-Darstellung.* (Vgl. vorst. Ref.) Neue theoret. Formulierung zur Best. des HEISENBERGschen Stromdichteoperators. (Nuovo Cimento [10] **2.** 192—94. 1/7. 1955.) GERHARD SCHMIDT. 80

S. S. Schweber, *Über Reduktionsformeln in der Feldtheorie.* Ableitung der Reduktionsformeln mit Hilfe des GREENschen Theorems. (Nuovo Cimento [10] **2.** 173—75. 1/7. 1955. Waltham, Mass., Brandeis Univ.) GERHARD SCHMIDT. 80

James L. Anderson, *Bedingungsgleichungen in kovarianten Feldtheorien.* 2. Mitt. (1. vgl. C. **1952.** 2290.) Vf. diskutiert die Schwierigkeiten der Quantisierung einer Theorie, wie z. B. die der Elektrodynamik oder allg. Relativität. Diese ergeben sich hauptsächlich aus den Bedingungsgleichungen zwischen den kanon. Variabeln, die mit dem HAMILTON-Operator in der nichtquantisierten Fassung eine Funktionengruppe bilden. Aus der Existenz entsprechender Gruppen in der Quantentheorie u. ihrer Isomorphie wird die Invarianz der quantisierten Theorie nachgewiesen. (Physic. Rev. [2] **99.** 1009—15. 1/8. 1955. College Park, Md., Univ. of Maryland, Dep. of Phys.) H. LIEPACK. 80

B. Trumpy und **H. Trefall**, *Über die Korrelation zwischen der Höhenstrahlintensität und den meteorologischen Bedingungen.* In den Jahren 1950—52 wurden mittels Koinzidensmessungen zwischen Tafeln von GEIGER-Zählern von 45 cm Länge u. 3 cm Durchmesser auf Seehöhe die Intensitäten der Höhenstrahlung registriert, die der harten Komponente mit 10 cm Pb darüber u. 0,6 bzw. 12 cm Pb zwischen den Zählertafeln. Die Korrelation zum Luftdruck, zur Höhe des 100 mbar-Niveaus u. zur Temp. direkt darunter wurde untersucht. Der Barometerkoeff. a, der Höhenkoeff. b u. der Temperaturkoeff. c für die Gesamtstrahlung, für die harten Komponenten u. für die durch Differenzbldg. erhaltene weiche Komponente sind tabelliert; a beträgt $-2{,}57\pm0{,}09$ %/cm Hg für die Gesamtstrahlung, für die harten Komponenten $-1{,}69\pm0{,}11$ bzw. $-1{,}49\pm0{,}14$, für die weiche ergibt sich $-4{,}62\pm0{,}40$ %/cm Hg. Die mittlere Lebensdauer des μ-Mesons berechnet sich zu $1{,}84\cdot10^{-6}$ sec. (Physica **19.** 636—44. Juli 1953. Bergen, Univ., Fys. Inst.) M. WIEDEMANN. 85

B. Trumpy, *Die zeitlichen Schwankungen der Höhenstrahlintensität in Verbindung mit geomagnetischer und solarer Aktivität.* (Vgl. vorst. Ref.) In den Jahren 1949—51 wurden die Schwankungen der Höhenstrahlung im Zusammenhang mit über die ganze Erde sich erstreckenden magnet. Störungen registriert. Weiterhin wurden die Deklination, die horizontale Intensität u. die vertikale Intensität registriert. Die magnet. Störungen waren stets mit einer Abnahme der Höhenstrahlintensität verbunden, die einen Tagesgang zeigte. Bei der weichen Komponente war die Abnahme größer als bei der harten. Zwischen den Änderungen des erdmagnet. Feldes u. denen der Höhenstrahlung bestand kein einfacher Zusammenhang. Vf. deutet die Befunde durch eine Reflexionstheorie. (Physica **19.** 645—67. Juli 1953.) M. WIEDEMANN. 85

Scott E. Forbush, *Weltweite Schwankungen der Höhenstrahlung 1937—1952.* (Vgl. C. **1956.** 5177.) Auf 4 Stationen (Godhavn, geomagnet. Breite 79,9 N, Cheltenham 50,1 N, Huancayo 0,6 S u. Christchurch 48,6 S) wurden in den Jahren 1937—52 fortlaufend Registrierungen der Höhenstrahlintensität vorgenommen. Die Jahresmittel zeigen einen Gang parallel der Sonnenfleckenzahl. Dieser Zusammenhang ist weder durch die magnet. Störungen noch durch meteorolog. Bedingungen beeinflußt. Während magnet. Störungen erfolgte jedoch meist ein Abfall der Höhenstrahlintensität. (J. geophys. Res. **59.** 525—42. Dez. 1954. Washington, D. C., Carnegie Inst., Dep. of Terrestr. Magnetism.) M. WIEDEMANN. 85

Berndt Waldeskog, *Photoelektrische Bestimmung der Ladung schwerer Primärteilchen in der Höhenstrahlung.* 12 ILFORD G 5-Emulsionen von 10×10 cm u. 0,4 mm Dicke wurden auf bis zu 34 km Höhe geflogen. Es wurden 50 Teilchen gefunden, die in der Emulsion abgebremst wurden. Die mittleren Bahnspurbreiten wurden photoelektr. ermittelt. Die Schlitzweite wurde zwischen 0,3—2 mm variiert, die Schlitzlänge auf 3 mm eingestellt, entsprechend 30 μ in der Objektebene. Bereits bei Bahnspurlängen von 300 μ können die Teilchen nach der Gesamtfläche der Bahn in Gruppen eingeteilt werden, die verschied. Ladungen Z entsprechen. Primärteilchen mit Z = 3, 4 oder 5 konnten endgültig nicht identifiziert werden. (Ark. Fysik **7.** Nr. 40. 475—85. 1954. Lund, Univ., Dep. of Phys.) M. Wiedemann. 85

Edmond M. Binggeli, *Messungen der Neutronenintensität der Höhenstrahlung in großen Wassertiefen.* Ilford C 2-Kernemulsionen von 0,1 mm Dicke, die mit Li- oder B-Salzen durchtränkt waren, wurden im Genfer See in Tiefen von 12, 102, 202 u. 302 m, in Paraffin eingebettet u. in Messingzylindern verschlossen, über 7 Monate lang exponiert. Die Boremulsionen erwiesen sich als ungeeignet. Dagegen konnte nach der Rk. $^6Li(n,\alpha)^3H$ mit α-Bahnen zwischen 5,2 u. 10,1 μ der Neutronenfluß ermittelt werden. Er gehorcht der Beziehung $\Phi_P = \Phi_0 \exp(-\gamma P)$ mit P in m W., $\Phi_0 = 38 \pm 13$ Neutronen/cm²/Tag u. $\gamma = (5{,}4 \pm 0{,}4)^0/_{00}$. Die freie Weglänge ergibt sich demnach zu $\lambda = 185 \pm 15$ m Wasser. (Helv. physica Acta **28.** 3—23. 28/2. 1955. Lausanne, Univ., Labor. de rech. nucl. de l'École Polytechn.) M. Wiedemann. 85

Marcel Schein und **D. M. Haskin,** *Erzeugung von Hyperonen und K-Mesonen im energiereichen π^--Bündel des Berkeley-Bevatrons.* (Sitzungsbericht.) (Physic. Rev. [2] **100.** 1263. 15/11. 1955. Univ. of Chicago.) Gerhard Schmidt. 90

Daniel Leenov, D. M. Haskin und **Marcel Schein,** *Hyperfragmente in leichten Elementen, die durch das Berkeley-Bevatron erzeugt worden sind.* (Vgl. vorst. Ref.) (Sitzungsbericht.) (Physic. Rev. [2] **100.** 1263. 15/11. 1955.) Gerhard Schmidt. 90

D. M. Haskin, D. B. Williams, E. Goodman und **Marcel Schein,** *Analyse von Einfangsternen von K^--Mesonen aus dem Berkeley-Bevatron.* (Vgl. vorst. Reff.) (Sitzungsbericht.) (Physic. Rev. [2] **100.** 1263. 15/11. 1955.) Gerhard Schmidt. 90

R. E. Cavanaugh, D. M. Haskin und **Marcel Schein,** *Nucleare Stöße von 5,7 GeV-Protonen und 3,0 GeV-π^--Mesonen.* (Vgl. vorst. Reff.) (Sitzungsbericht.) (Physic. Rev. [2] **100.** 1263. 15/11. 1955.) Gerhard Schmidt. 90

W. D. Walker und **W. D. Shephard,** *π^-–P-Stöße bei 1,0 GeV.* (Sitzungsbericht.) (Physic. Rev. [2] **100.** 1264. 15/11. 1955. Univ. of Wisconsin.) Gerhard Schmidt. 90

W. D. Shephard und **W. D. Walker,** *Erzeugung schwerer instabiler Teilchen bei π^-–P-Stößen bei 1,0 GeV.* (Vgl. vorst. Ref.) (Sitzungsbericht.) (Physic. Rev. [2] **100.** 1264. 15/11. 1955.) Gerhard Schmidt. 90

D. M. Ritson, A. Odian, B. T. Feld und **A. Wattenberg,** *Der Spin des τ^+-Mesons.* (Sitzungsbericht.) (Physic. Rev. [2] **100.** 1263. 15/11. 1955. MIT.) Gerhard Schmidt. 90

Bernard T. Feld, *Wirkungen des Drehimpulses auf τ-Zerfallsschemata.* (Vgl. vorst. Ref.) (Sitzungsbericht.) (Physic. Rev. [2] **100.** 1263—64. 15/11. 1955.) Gerhard Schmidt. 90

Luis W. Alvarez, Frank S. Crawford jr., Myron L. Good und **M. Lynn Stevenson,** *K-Meson-Lebensdauern.* (Sitzungsbericht.) (Physic. Rev. [2] **100.** 1264. 15/11. 1955. Berkeley, Calif., Univ. of California.) Gerhard Schmidt. 90

I. C. Gupta, W. Y. Chang und **A. Snyder,** *Doppelplatten-Nebelkammeruntersuchung von V^0-Teilchen.* 1. Mitt. *Klassifikation.* (Sitzungsbericht.) (Physic. Rev. [2] **100.** 1264. 15/11. 1955. Purdue Univ.) Gerhard Schmidt. 90

A. Snyder, W. Y. Chang und **I. C. Gupta,** *Doppelplatten-Nebelkammeruntersuchung von V^0-Teilchen.* 2. Mitt. *Mittlere Zerfallszeiten von Θ^0- und Λ^0-Teilchen.* (1. vgl. vorst. Ref.) (Sitzungsbericht.) (Physic. Rev. [2] **100.** 1264. 15/11. 1955.) Gerhard Schmidt. 90

J. Schneps, M. S. Swami und **W. F. Fry,** *Zerfall von Hyperfragmenten.* (Sitzungsbericht.) (Physic. Rev. [2] **100.** 1263. 15/11. 1955. Univ. of Wisconsin.) Gerhard Schmidt. 90

Robert T. Sharp und **J. David Jackson,** *Orthogonalität der Furry-Sommerfeld-Maue-Wellenfunktionen und ihre Verwendung in der Störungstheorie.* Im Gegensatz zu einer Behauptung von Horton u. Phibbs (vgl. C. **1955.** 9953), daß die Furry-Sommerfeld-Maue-Wellenfunktionen für ein Dirac-Teilchen in einem Coulomb-Feld nicht orthogonal sind, u. daß bei Prozessen, die unter Benutzung dieser Wellenfunktionen durch die Störungstheorie berechnet werden, das Wechselwirkungsmatrixelement entsprechend geändert werden muß, zeigen Vff., daß die obigen Funktionen im üblichen Sinne orthogonal sind, wenigstens der Größenordnung nach, u. daß die Störungstheorie bei ihrer Verwendung nicht modifiziert zu werden braucht. (Physic. Rev. [2] **98.** 1128. 15/5. 1955. Montreal, Can., McGill Univ., Dep. of Mathemat.) C. Gottfried. 90

N. N. Bogoljubow und **D. N. Subarew,** *Wellenfunktion des unteren Zustandes eines Systems von wechselwirkenden Bose-Teilchen.* Vff. bestimmen mit der Meth. der „zusätzlichen Veränderlichen" (Subarew, Журнал Экспериментальной и Теоретической Физики [J. exp. theoret. Physik] **25.** [1953.] 548) die Wellenfunktion u. die Energie des unteren Zustandes eines schwach idealen Bose-Gases mit einer Genauigkeit bis zu den kleinen Gliedern 2. Ordnung der Austauschenergie. (Журнал Экспериментальной и Теоретической Физики [J. exp. theoret. Physik] **28.** 129—39. Febr. 1955. Math. Inst. der Akad. der Wiss. der UdSSR.) R. Amberger. 90

J. Mayo Greenberg, *Streuungsapproximationen unter Verwendung von Probefunktionen ebener Wellen.* (Sitzungsbericht.) (Physic. Rev. [2] **99.** 630. 15/7. 1955. Rensselaer Polytechn. Inst.) Gerhard Schmidt. 90

M. Eisner, *Kanonische Transformationen des Pseudovektorfeldes.* (Sitzungsbericht.) (Physic. Rev. [2] **99.** 675. 15/7. 1955. Texas A. and M. Coll.) Gerhard Schmidt. 90

Herman Feshbach, *Elastische Streuung von Elektronen.* Bei der elektrostat. Streuung von Elektronen, deren Energie groß ist gegenüber ihrer Ruhmasse, wird die endliche Größe des Kerns berücksichtigt. Bei einem gegebenen Elektronendrehimpuls j ist die Phasenverschiebung unabhängig vom Bahndrehimpuls l. Die Phasenverschiebung hängt von einem Parameter R ab, der die Ausdehnung der Kernladung durch pR beschreibt, p = Elektronenimpuls. Sie ist unabhängig vom Modell der Kernladungsverteilung für Elektronen mit $j = 1/2$, wenn $pR \ll 1$ ist. (Physic. Rev. [2] **84.** 1206—10. 15/12. 1951. Cambridge, Mass., MIT, Dep. of Phys., Labor. for Nucl. Sci. and Engng.) H. Liepack. 90

Hiroshi Suura, *Strahlungskorrektur für die Streuung energiereicher Elektronen.* (Vgl. C. **1956.** 1210.) Die Einphotonenkorrektur für die Streuung durch ein Kernfeld wird für alle Ordnungen der Bornschen Näherung des Kernpotentials berechnet. Die Infrarotdivergenz in einem Coulomb-Feld sowie die Ursache des *log m*-Gliedes in der Strahlungskorrektur werden untersucht. (Physic. Rev. [2] **99.** 1020—28. 1/8. 1955. Stanford, Calif., Stanford Univ., Dep. of Phys.) H. Liepack. 90

D. F. Hebbard und **P. R. Wilson,** *Der Einfluß der Mehrfachstreuung auf die Verteilungen des Energieverlustes von Elektronen.* Der Einfl. der Mehrfachstreuung auf den Energieverlust von 1 MeV-Elektronen beim Durchgang durch hinreichend dicke Al- u. Au-Folien wird nach der Monte-Carlo-Meth. (I) u. durch Faltung der Landau-Verteilung mit der Weglängenverteilung (II) berechnet. Für Al-Folien von 105, 158 u. 210 mg/cm² betragen die wahrscheinlichsten Energieverluste nach I u. II in keV 140, 140 bzw. 218, 228 bzw. 295, 322 u. die Halbwertsbreiten in keV 54, 54 bzw. 89, 101 bzw. 129, 170. Es wird ein Kriterium zur Best. der Foliendicken angegeben, bei denen Mehrfachstreuung einen merklichen Einfl. hat. (Austral. J. Physics **8.** 90—97. März 1955. Melbourne, Univ., Phys. Dep.) H. Liepack. 90

J. A. McDonell, M. A. Hanson und **P. R. Wilson,** *Die Verteilungen des Energieverlustes von 1 MeV-Elektronen in Aluminiumfolien.* (Vgl. vorst. Ref.) Mit einem magnet. gefilterten monochromat. Strahl aus ^{32}P (20 mC) wurde der Energieverlust beim Durchgang durch Al-Folien von 0,010, 0,026, 0,035, 0,052, 0,083, 0,101, 0,153 u. 0,215 g/cm² gemessen. Die Ergebnisse bestätigen die l. c. berechneten Landau-Yang-Verteilungen. (Austral. J. Physics **8.** 98—107. März 1955.) H. Liepack. 90

Charles E. Roos, *Der Auger-Effekt in Eisen, Nickel, Kupfer und Zink.* (Sitzungsbericht.) (Physic. Rev. [2] **100.** 1267. 15/11. 1955. Riverside, Calif., Univ. of California.) Gerhard Schmidt. 90

Masato Morita, *Über die Elektron–Neutrino-Winkelkorrelation.* Mittels der Fermi-Theorie des β-Zerfalls werden die Winkelkorrelationsfunktionen zwischen Neutrino u. Elektron für den Fall eines erlaubten u. eines in 1. Ordnung verbotenen Überganges berechnet, wobei der Effekt der Kernladung berücksichtigt wird. Die gleiche Korrelation wird außerdem nach der Majorana-Theorie für den erlaubten Übergang abgeleitet. Die Differenzen zwischen beiden Theorien sind nicht erheblich. Die Ergebnisse werden mit experimentellen Daten an ^{32}P verglichen, wobei sich zeigt, daß die letzteren mit einer Tensorwechselwrkg. verträglich sind. (Progr. theoret. Physics [Kyoto] **9.** 345—57. April 1953. Tokyo, Univ., Dep. of Phys. [Orig.: engl.]) F. Weigel. 90

A. Bracci, C. Coceva, L. Colli und **R. Dugnani Lonati,** *Messung des Wirkungsquerschnittes und des Energiespektrums beim doppelten Compton-Effekt.* Vff. bestimmen Wirkungsquerschnitt u. Energieverteilung der beim doppelten Compton-Effekt gestreuten beiden γ-Quanten für eine Energie des einfallenden γ-Quants von $\sim$1 MeV u.

im besonderen Fall der Emission unter 90° der beiden gestreuten γ zum einfallenden γ-Strahl u. zwischen den beiden Strahlen. Die γ-Quelle beträgt ~200 mC ^{60}Co, das γ-Strahlen von 1,17 u. 1,33 MeV emittiert. Das γ-Bündel trifft unter festem Winkel auf Be-Targets von 1 u. 2,5 mm Dicke. Die γ-Strahlen werden durch 2 Scintillationsspektrographen mit NaJ-Kristallen von 1 in. u. 14stufigen Photomultipliern nachgewiesen. Aus dem Energiespektr. der durch doppelten COMPTON-Effekt gestreuten γ ergibt eine Näherungsberechnung des Wirkungsquerschnitts den Wert von $4 \cdot 10^{-30}$ cm²/Winkeleinheit. (Nuovo Cimento [10] **1.** 752—55. April 1955. Milano, Labor. CISE.) GERHARD SCHMIDT. 90

R. H. Capps, *Konsequenzen der Eichinvarianz für elektromagnetische Übergänge.* 2. Mitt. (1. vgl. SACHS u. AUSTERN, C. **1952.** 2120.) Zur Anwendbarkeit auf eine größere Klasse von Systemen, zu denen auch Nucleonen gehören, die mit verschied. Arten von Mesonenfeldern in Wechselwrkg. stehen, werden die l. c. aufgestellten Theoreme erweitert: 1. Bei niedrigen Photonenenergien hängen die rein elektr. Strahlungs- u. Absorptionsübergänge nur vom Anfangs- u. Endzustand des Materiesyst. u. von der Energieänderung ab. 2. Die *f*-Summenregeln, die durch die elektromagnet. Wechselwirkungen des Syst. ausgedrückt werden, folgen aus der elektr. Multipolstrahlung beliebiger Ordnung. 3. Wird das stat. Moment des Teilchensyst. vernachlässigt, so hängen die Querschnitte der γ-Streuung von der 4. oder höheren Potenz der Photonenenergie ab. (Physic. Rev. [2] **99.** 926—31. 1/8. 1955. Madison, Wis., Univ. of Wisconsin, Dep. of Phys.) H. LIEPACK. 90

R. H. Capps und **W. G. Holladay,** *Elektromagnetische Eigenschaften des Nucleons in einer Theorie endlicher Quellen.* (Vgl. vorst. Ref.) Es wird angenommen, daß das Nucleon ein Kernteilchen mit dem Spin 1/2 ist, das mit einem Pionenfeld in einer eichinvarianten, nichtrelativist., pseudoskalaren Quellenwechselwrkg. steht. Durch Einführung von Stromfäden im Bereich der Quellenfunktion kann die endliche Quellenwechselwrkg. zwischen 2 Teilchenfeldern eichinvariant gemacht werden. Die Beiträge der Wechselwirkungsströme zu den magnet. Momenten von Proton u. Neutron werden berechnet. Sie sind klein u. von entgegengesetztem Vorzeichen im Vgl. zu den beobachteten anomalen Momenten. In Annäherung an die Quellengröße Null werden die totalen u. differentiellen Querschnitte für die Streuung von γ-Strahlen durch Nucleonen ermittelt. (Physic. Rev. [2] **99.** 931—43. 1/8. 1955.) H. LIEPACK. 90

E. Clementel und **C. Villi,** *Über den imaginären Teil des Nucleon—Kern-Potentials.* (Vgl. C. **1956.** 1790.) Mathemat. Ableitungen. (Nuovo Cimento [10] **2.** 176—79. 1/7. 1955. Padova, Univ., Ist. di Fis.; Trieste, Univ., Ist. di Fis., Ist. Naz. di Fis. Nucl.) GERHARD SCHMIDT. 90

Burton D. Fried, *Phasenverschiebungen für Nucleon—Nucleon-Streuung bei hoher Energie.* Die von CHAMBERLAIN u. Mitarbeitern (C. **1955.** 7827) gemessenen Daten werden mit Hilfe von 7 Phasenverschiebungen ^{1}S, ^{3}S, ^{1}P, ^{3}P u. ^{3}D theoret. analysiert. Für die Wirkungsquerschnitte wird eine Gleichung abgeleitet, wobei partielle Wellen mit $L > 2$ ausgeschlossen u. COULOMB-Effekte sowie die Mischung von ^{3}S- u. ^{3}D-Wellen vernachlässigt werden. Ferner wird Ladungsunabhängigkeit u. Gleichheit der Triplettphasenverschiebungen angenommen. Das qualitative Verh. der so erhaltenen Gleichung ist nicht mit den l. c. gemessenen Daten verträglich. (Physic. Rev. [2] **95.** 851—52. 1/8. 1954. Berkeley, Calif., Univ. of California, Radiat. Labor.) F. WEIGEL. 90

U. Haber-Schaim, *Proton-Kern-Stöße bei 6 GeV.* (Sitzungsbericht.) (Physic. Rev. [2] **100.** 1263. 15/11. 1955. Univ. of Illinois.) GERHARD SCHMIDT. 90

L. Marshall, *Unelastische Polarisation und Verteilung des Nucleonenimpulses.* Die gegenüber der freien um ~65% kleinere unelast. p—p-Polarisation bei 310 MeV wird unter Annahme von Störungen der ersteren durch die Impulsverteilung der Protonen in den Kernen diskutiert. Die mittlere unelast. Polarisation wird in Abhängigkeit von dem Winkel zwischen den Impulsen des einfallenden u. des Endprotons berechnet. Die Wahrscheinlichkeit, daß die 310 MeV-Protonen in der durch die Anfangsimpulse definierten Ebene in einer 30 MeV-Potentialmulde ein 20 bzw. ein 0 MeV-Nucleon treffen, wird mit $^1/_3$ bzw. $^2/_3$ angenommen. (Physic. Rev. [2] **99.** 1033—35. 1/8. 1955. Chicago, Ill., Univ. of Chicago, Inst. for Nucl. Stud.) H. LIEPACK. 90

O. Chamberlain, E. Segrè, C. Wiegand und **T. Ypsilantis,** *Antiprotonen.* Übersichtsbericht über die Erzeugung von Antiprotonen im 6 GeV-Bevatron u. die Impulsmessung mit 2 ablenkenden Magnetfeldern u. 2 Magnetlinsen. Die Hauptschwierigkeit der Messungen besteht in der Tatsache, daß die Antiprotonen von sehr vielen Pionen begleitet sind (44000 Pionen pro Antiproton unter günstigsten Bedingungen). An bisher beobachteten 250 Teilchen ist für das Antiproton eine mittlere M. von 1840 ± 90 m_e festgestellt worden. (Nature [London] **177.** 11—13. 7/1. 1956. Berkeley, Calif., Univ. of California, Radiat. Labor., Dep. of Phys.) GERHARD SCHMIDT. 90

L. C. Aamodt und **P. C. Fletcher,** *Magnetisches Moment und Masse von Chlor 36.* Vff. bestimmen das magnet. Moment des ^{36}Cl-Kerns durch Beobachtung der ZEEMAN-Aufspaltung der F = 2 → 2-Linie in der elektr. Quadrupolhyperfeinbande des Mol. $CH_3{}^{36}Cl$ (J = 0 → 1, K = 0-Übergänge) zu 1,32 ± 0,08 Kernmagnetonen. Das Vorzeichen des magnet. Moments wird unter Verwendung einer kreisförmigen Absorptionszelle mit zirkular polarisierter Mikrowellenstrahlung ermittelt. Die Anordnung erlaubt die getrennte Beobachtung der ΔM = 1- u. ΔM = −1-Übergänge. Der Wert des magnet. Moments zeigt eine Kernkonfiguration $(d_{3/2})_N(d_{3/2})_P$ an. Die Quadrupolkopplungskonstante des $CH_3{}^{36}Cl$-Mol. ergibt sich zu −15,83 ± 20 Hz. (Physic. Rev. [2] **98.** 1317—23. 1/6. 1955. New York, N. Y., Columbia Univ.) GERHARD SCHMIDT. 95

G. K. Woodgate und **R. W. Hellwarth,** *Kernspin und Hyperfeinstruktur von radioaktivem Silber,* ^{111}*Ag.* Vff. messen Kernspin u. Hyperfeinstrukturaufspaltung des $^2S_{1/2}$-Grundzustands von ^{111}Ag (7,5 Tage) u. geben einen neuen g_J-Wert für Ag an. Für den Kernspin wird der Wert 1/2 in Einheiten von h/2π gefunden. Der Übergang F = 1 ←→ 0, m_F = 0 ←→ 0 führt zu einem Hyperfeinstrukturaufspaltungswert | $\Delta\nu$ | = 2204,54 ± 0,05 MHz. Aus dem Übergang F = 1, m_F = 1 ←→ 0 wird g_J (Ag, $^2S_{1/2}$) = 2,00242 ± 0,00011 berechnet. Ferner werden die Verhältnisse der Hyperfeinstrukturwerte von ^{111}Ag zu ^{107}Ag u. ^{109}Ag angegeben. (Nature [London] **176.** 395—96. 27/8. 1955. Oxford, Clarendon Labor.) E. HAHN. 95

R. M. Steffen und **W. Zobel,** *Das magnetische Moment des angeregten 247 keV-Zustandes des* ^{111}*Cd-Kerns.* Das magnet. Moment $\mu_{5/2}$ des angeregten 247 keV-Zustandes von ^{111}Cd wurde ermittelt aus der Beziehung zwischen μ, der Größe des äußeren Magnetfeldes H u. der azimutalen Verschiebung des Verlaufs der Winkelbeziehung über H. Aus den Koinzidenzen von 3 NaJ(Tl)-Scintillatoren, die auf eine verd. wss. $InCl_3$-Lsg. gerichtet waren, ergab sich bei einer Auflösungszeit von 100 mμsec des Analysators $\mu_{5/2}$ = −(0,783 ± 0,028) Kernmagnetonen. Damit liegt das magnet. Moment des ersten angeregten Zustands von ^{111}Cd näher an der SCHMITT-Linie als das des Grundzustands. Die zeitabhängige Quadrupolwechselwrkg. betrug 0,20. (Physic. Rev. [2] **97.** 1188—89. 15/2. 1955. Lafayette, Ind., Purdue Univ., Dep. of Phys.) H. LIEPACK. 95

P. B. Sogo und **C. D. Jeffries,** *Kernmagnetische Momente von* ^{36}*Cl,* ^{103}*Rh und* ^{183}*W.* Vff. beobachten die magnet. Kernresonanz von ^{36}Cl in HCl-Lsg. durch Kerninduktion. Das magnet. Moment ergibt sich zu μ (^{36}Cl) = +1,2838 ± 0,0002 Kernmagnetonen. Berechnungen an einem jj-Kopplungsmodell liefern μ (^{36}Cl) = +1,16 Kernmagnetonen. Die magnet. Resonanzen von ^{103}Rh u. ^{183}W werden in Metallpulverproben beobachtet. Die magnet. Momente ergeben sich zu μ (^{103}Rh) = −0,08790 ± 0,00007 u. μ (^{183}W) = +0,115 ± 0,001 Kernmagnetonen. (Physic. Rev. [2] **98.** 1316—17. 1/6. 1955. Berkeley, Calif., Univ. of California, Dep. of Phys.) GERHARD SCHMIDT. 95

C. A. Tatro und **T. R. Palfrey jr.,** *Energiereiche Photoprotonenemission bei 175°.* (Sitzungsbericht.) (Physic. Rev. [2] **100.** 1265. 15/11. 1955. Purdue Univ.) GERHARD SCHMIDT. 103

J. H. Smith und **M. Q. Barton,** *Die Photozertrümmerung von Li und He nahe 200 MeV.* (Sitzungsbericht.) (Physic. Rev. [2] **100.** 1265. 15/11. 1955. Univ. of Illinois.) GERHARD SCHMIDT. 103

J. Catalá, J. Aguilar und **F. Senent,** *Energiespektrum der bei der Reaktion* ^{7}*Li(d, n)*^{8}*Be erzeugten Neutronen.* 2. Mitt. (1. vgl. C. **1954.** 2754.) Das mit der photograph. Platte aufgenommene untere Neutronenspektr., das den höheren Energieniveaus von ^{8}Be entspricht, zeigt bei Winkeln von 0 u. 120° 14 bzw. 13 Spitzen. Die Unters. der möglichen Rkk. bei ^{7}Li(d, n)^{8}Be ergibt bei ^{8}Be die Energieniveaus 14,32, 12,83, 11,90 u. 11,13 MeV, bei ^{7}Be die Energieniveaus 2,28 u. 0,49 MeV. Die Anregungsniveaus von ^{8}Be u. ^{7}Be werden in 2 Tabellen wiedergegeben. (An. Real Soc. españ. Física Quím., Ser. A **51.** 173—84. Juli/Aug. 1955. Valencia, Inst. de Optica Daza de Valdés.) R. K. MÜLLER. 103

E. Almqvist, R. L. Clarke und **E. B. Paul,** *(p, α)-Reaktionen in Cl und K.* (Sitzungsbericht.) (Physic. Rev. [2] **100.** 1265. 15/11. 1955. Chalk River Labors.) GERHARD SCHMIDT. 103

A. Hée, A. Coche, P. Keller, M. Jarovoy und **M. Wack,** *Bemerkungen über die β-Zerfallskonstante des* ^{40}*K.* Vff. bestimmen die spezif. β-Aktivität von ^{40}K in natürlichem K mit einer verbesserten Form der Meth. von DELANEY (C. **1952.** 3935). Hierzu wird die β-Aktivität von KCl-Präpp. verschied. Dicke u. auf verschied. Unterlage mit Zählrohren gemessen u. um die Rückstreuung u. Selbstabsorption korrigiert. Die Geometrie der Anordnung wird durch Messung von RaE-Präpp. bestimmt, deren absol. Aktivität durch Messung der α-Aktivität des nachgebildeten RaF unter definierter Geometrie mit Photoplatten u. Ionisationskammern ermittelt wird. Gefunden werden für die spezif. Aktivität von ^{40}K in natürlichem K 42 ± 3 β-Zerfälle/g/sec, entsprechend einer Zerfallskonstante λ_β von (7,2 ± 0,6)·10^{-10} Jahr^{-1}. Bei einem Verzweigungsverhältnis $\lambda_e/\lambda_\beta = 0{,}136$ folgt eine Halbwertszeit für den Gesamtzerfall von ^{40}K von (8,5 ± 0,6)·10^8 Jahren. 1 g K erzeugt im Jahr (41 ± 3)·10^{-6} cal. (Ann. Géophysique **10.** Nr. 1. 19–40. Jan./März 1954.) G. Herrmann. 103

Paul F. Yergin und **Burton P. Fabricand,** *(γ, n)-Querschnitte von $^{86, 87, 88}$Sr, ^{89}Y und ^{92}Zr.* (Sitzungsbericht.) (Physic. Rev. [2] **100.** 1269. 15/11. 1955. Univ. of Pennsylvania.) Gerhard Schmidt. 103

R. R. McLeod, *Coulomb-Anregung von ^{115m}In durch α-Teilchen.* (Sitzungsbericht.) (Physic. Rev. [2] **100.** 1265. 15/11. 1955. Purdue Univ.) Gerhard Schmidt. 103

Richard W. Fink und **Berol L. Robinson,** *K- und L-Röntgenintensitäten beim Zerfall von Cäsium 131.* Vff. messen die relativen Intensitäten der K- u. L-Röntgenstrahlen, die dem Elektroneneinfang in ^{131}*Cs* folgen. Aus dem experimentellen Ergebnis, in das das K/L-Schaleneinfangverhältnis, die Wahrscheinlichkeit einer L-Ionisation sowie die mittlere L-Fluorescenzausbeute von *Xe* eingehen, ergibt sich in Verbindung mit neueren theoret. Ergebnissen über Elektroneneinfang der Mittelwert u. die L-Fluorescenzausbeute von Xe zu 0,103 ± 0,01. Zur Erklärung der beobachteten Anomalien der inneren Bremsstrahlungsspektren des Elektroneneinfangs auf der Grundlage des p-Elektroneneinfangs werden Schlüsse auf die Strahlungsintensität der verschied. L-Einfänge gezogen. Spuren von 6,2 Tage-^{132}Cs u. 13,6 Tage-^{136}Cs werden in der ersten Cs-Fraktion von im Reaktor bestrahltem Ba erhalten. Diese Isotope sind wahrscheinlich durch (n, p)-Rkk. entstanden. (Physic. Rev. [2] **98.** 1293–96. 1/6. 1955. Fayetteville, Ark., Univ. of Arkansas.) Gerhard Schmidt. 103

B. E. Simmons, K. F. Famularo und **G. D. Freier,** *Coulomb-Anregung von Samarium.* (Sitzungsbericht.) (Physic. Rev. [2] **100.** 1265–66. 15/11. 1955. Univ. of Minnesota.) Gerhard Schmidt. 103

E. A. Wolicki, L. W. Fagg und **E. H. Geer,** *Coulomb-Anregung von Energieniveaus in Br und Re.* (Sitzungsbericht.) (Physic. Rev. [2] **100.** 1265. 15/11. 1955. Naval Res. Labor.) Gerhard Schmidt. 103

Walter John, *Anregungsfunktionen für α-induzierte Reaktionen auf Blei.* (Sitzungsbericht.) (Physic. Rev. [2] **100.** 1265. 15/11. 1955. Univ. of California.) Gerhard Schmidt. 103

Robert H. Davis, Ajay S. Divatia, R. D. Moffat und **D. A. Lind,** *Coulomb-Anregung von Re, In und Hg durch Protonen.* (Sitzungsbericht.) (Physic. Rev. [2] **100.** 1266. 15/11. 1955. Univ. of Wisconsin.) Gerhard Schmidt. 103

Ajay S. Divatia, Robert H. Davis, R. D. Moffat und **D. A. Lind,** *Coulomb-Anregung von ^{115}In, ^{127}J, ^{181}Ta, ^{232}Th und ^{238}U.* (Vgl. vorst. Ref.) (Sitzungsbericht.) (Physic. Rev. [2] **100.** 1266. 15/11. 1955.) Gerhard Schmidt. 103

J. R. Smith und **E. H. Magleby,** *Energieabhängigkeit von n für ^{235}U im Bereich von 0,04 bis 1,0 eV.* (Sitzungsbericht.) (Physic. Rev. [2] **100.** 1266. 15/11. 1955. Phillips Petroleum Comp.) Gerhard Schmidt. 103

C. O. Muehlhause und **S. Oleksa,** *Die β⁻-Energieverteilung aus thermischer Spaltung von ^{235}U.* (Sitzungsbericht.) (Physic. Rev. [2] **100.** 1266. 15/11. 1955. Brookhaven Nat. Labor.) Gerhard Schmidt. 103

George W. Reed, *^{235}U-Spaltausbeuten für thermische Neutronen bei den Massen 90 und 91.* (Vgl. C. **1955.** 5953.) Vf. bestrahlt Uranylnitrat mit therm. Reaktorneutronen u. bestimmt die Spaltausbeuten in ^{235}U für ^{90}*Sr* u. ^{91}*Y* nach 2 verschied. radiochem. Methoden. Die β-Aktivitäten werden mit Endfenster-Geiger-Zähler gemessen. Die Spaltausbeute für ^{90}Sr ist 4,02%, wenn eine Halbwertszeit von 20 Jahren zugrunde gelegt wird. Die Ausbeute für ^{91}Y von 5,35% stimmt innerhalb des experimentellen Fehlers mit der bisher für ^{91}Sr angegebenen überein. Die niedrige Ausbeute bei der M. 90 wird diskutiert. (Physic. Rev. [2] **98.** 1327–29. 1/6. 1955. Lemont, Ill., ANL.) Gerhard Schmidt. 103

H. Palevsky, R. L. Zimmerman, R. M. Eisberg und **D. J. Hughes,** *Messung der Energieänderung der Neutronenmultiplikation* n *für ^{233}U, ^{235}U und ^{239}Pu im thermischen Bereich.* (Sitzungsbericht.) (Physic. Rev. [2] **100.** 1266. 15/11. 1955. Brookhaven Nat. Labor.) Gerhard Schmidt. 103

A. V. Astin, E. C. Bullard und **W. B. Lewis,** *Internationale Vergleiche radioaktiver Standards.* Zusammenfassender Bericht über die Herst. u. Vergleichsmessungen der Standardproben von ^{24}Na, ^{32}P, ^{60}Co, ^{90}S + ^{90}Y ^{131}J u. ^{198}Au. Die Übereinstimmung der nach verschied. Methoden in den einzelnen Laboratorien durchgeführten Aktivitätsmessungen liegt zwischen ± 1 u. 2%. (Nature [London] **177.** 12–13. 7/1. 1956. Washington, D. C., NBS; Teddington, Nat. Physic. Labor.; Chalk River, Ont., AE of Canada, Ltd.) Gerhard Schmidt. 112

L. A. W. Kemp, *Das Röntgen: Abweichungen bei den zur Zeit benutzten Frei–Luft-Meßkammerstandards.* Vf. erörtert die Meth. der Best. der r-Einheit durch Ionisationsmessungen u. diskutiert bes. die Tatsache, daß die Geometrie der Ionisationskammern offenbar einen geringeren Einfl. auf die Meßgenauigkeit hat, als dies theoret. zu erwarten wäre. Die beiden Meßkammern des Nat. Phys. Labor. in Teddington u. des U. S. Bureau of Standards haben laterale Dimensionen von ca. 7 bzw. 8 cm, sie weichen bei theoret. zu fordernden Werten von 70 cm in ihren Meßwerten um 2,5 bzw. 1,5% vom theoret. Wert bei 200 kV-Strahlen ab. Bei abnehmender Härte verringert sich die Abweichung. Die Meßwerte wurden durch Druckvariation in der Kammer gewonnen. (Nature [London] **172.** 35. 4/7. 1953. London, Hosp., Phys. Labor.) W. Reusse. 112

D. van Zoonen, *Der Wirkungsgrad halogengelöschter Geiger-Zähler für Röntgenstrahlen.* (Vgl. C. **1954.** 9221.) Vf. bestimmt den Wirkungsgrad von 2 Ar–Br-Zählern für Mo–K_α-, Cu–K_α- u. Cr–K_α-Quanten als eine Funktion der Überspannung u. als eine Funktion der Entfernung von der Achse, wo die Quanten absorbiert werden. Als Röntgenquelle wird ein stabilisiertes Beugungsrohr verwendet. Die Emission wird bei 5 oder 8 mA konstant gehalten. Das Anodenpotential liegt 1 oder 2 kV höher als das K-Anregungsniveau des Anodenmaterials. Der Wirkungsgrad fällt scharf bei größeren Entfernungen vom Draht ab. Dieser Effekt wird teilweise bei höheren Überspannungen kompensiert. Die energiereicheren Röntgenquanten zeigen in den äußeren Bereichen einen höheren relativen Wirkungsgrad. Vf. erklärt diesen Befund durch die Elektronennegativität der Halogene. (Vgl. auch C. **1956.** 4053.) (Appl. sci. Res. B **4.** 196—204. 1954. Delft, TH, Labor. voor Techn. Phys.) Gerhard Schmidt. 112

Sándor Szalay und **Aladár Földvári,** *Radiologische Untersuchung von Gesteinen.* Zum Messen der Radioaktivität von Gesteinen konstruierten Vff. einen leicht tragbaren (4 kg) App., bestehend aus einem in 3 mm starke Eisenhülse gesteckten Geiger-Müller-Zählrohr von 2 cm Durchmesser u. 10 cm Länge, einem kleinen Lautsprecher u. elektromagnet. Zähler, einer Zamboni-Säule von $\sim$1000 V u. Trockenbatterie. Genaue Best. wurde nur bei den aktivsten Proben im Labor. ausgeführt. Die Messungen im Velence- u. Mecsek-Gebirge (Ungarn) ergaben, daß die sauren Eruptivgesteine am stärksten radioakt. sind, ihre Aktivität entspricht ca. einem 40—60 g Th/t- u. 8—9 g U/t-Gehalt. Die neutralen u. bas. Eruptivgesteine sowie die hydrothermalen Quarzite sind beinahe inakt., die Kontaktschiefer sind mäßig aktiv. In Kohlengruben untersuchte Sedimentgesteine zeigten wesentlich größere Aktivität als die Granite, wahrscheinlich als Folge der bei der Verwitterung der Granite aufgelösten radioakt. Elemente. (Magyar tudománios Akad., matematíkai természettudományi Osztályának Közleményei [Ung. Akad. Wiss., Ber. math. naturwiss. Abt.] **1.** 60—72. 1951.) J. Plank. 112

John Winckler und **Kinsey Anderson,** *Ein verbesserter Čerenkov-Detektor für Höhenstrahlen.* (Vgl. C. **1953.** 3. u. 8507.) Ein verbesserter Čerenkov-Strahlungsdetektor wird durch Verwendung eines Photomultipliers vom Typ C 7157 RCA erreicht. Der $2^1/_4 \times 4 \times 8$ in. lange Lucite-Strahler wird im festen Winkel eines Geiger-Zählerteleskops angebracht, das einen Gitterimpuls von 2 μsec Dauer erzeugt. Die totale Breite beim halben Maximum beträgt 23%. Die Z^2-Abhängigkeit der Čerenkov-Amplitude auf die Ladung des einfallenden Höhenstrahlenteilchens zeigt an, daß der Detektor zur Unters. der relativen Häufigkeit der prim. Höhenstrahlkerne verwendet werden kann. (Rev. sci. Instruments **23.** 765—66. Dez. 1952. Minneapolis, Minn., Univ. of Minnesota, Dep. of Phys.) Gerhard Schmidt. 112

David E. Alburger, *Nachweis von Spaltneutronen.* Mit dem von Hornyak entwickelten Detektor für schnelle Neutronen beobachtet Vf. die Spaltneutronen von ^{235}U. Zu diesem Zweck wird eine U-Scheibe, die zu über 90% mit ^{235}U angereichert ist u. dick genug ist, um völlig sämtliche auftreffenden therm. Neutronen zu absorbieren, unmittelbar gegenüber dem ZnS–Lucite-Verschluß des Detektors angebracht. Der ZnS–Lucite-Verschluß ist selbst wenig empfindlich für therm. Neutronen, was auf geringe Spuren (einige Teile pro 10^6) von B oder Li in ZnS-Phosphor zurückgeführt wird. (Rev. sci. Instruments **23.** 765. Dez. 1952. Upton, Long Island, N. Y., BNL.) Gerhard Schmidt. 112

Paul E. Damon und **Howard I. Hyde,** *Scintillationsrohr zur Messung radioaktiver Gase.* Zur Best. des Rn- u. ThEm-Geh. von Gesteinen u. Gewässern entwickeln Vf. ein Gerät, das auf Gasmischung u. Ggw. von Ionen, Staub oder kondensierbaren Dämpfen relativ empfindlich ist. Der Detektor besteht aus einem Scintillationsrohr u. einem RCA 5819-Photomultiplier. Die Wände des Rohres sind mit 20 mg/cm² RCA 33-K-20 A-Phosphor ausgekleidet. Die mit dieser Anordnung gemessene kleinste Menge Rn beträgt bei einem vollständigen Gasdurchgang 10^{-13} C. (Rev. sci. Instruments **23.** 766. Dez. 1952. Fayetteville, Ark., Univ. of Arkansas.) Gerhard Schmidt. 112

Paul R. Chagnon, Leon Madansky und **George E. Owen,** *Ein Koinzidenzspektrometer für schnelle Neutronen.* Vff. beschreiben ein lichtstarkes Spektrometer für schnelle Neutronen (1—20 MeV) nach dem von HOFSTADTER u. MCINTYRE (C. **1952.** 5846) angegebenen Prinzip: Durch Koinzidenzschaltung zweier Scintillationszähler wird erreicht, daß trotz der breiten Energieverteilung der Rückstoßprotonen die Impulshöhe ein Maß für die Neutronenenergie ist. Genaue Angaben über Konstruktion u. Arbeitsweise werden durch Messung des Linienspektr. von ^{60}Co-γ-Strahlen u. von 3,3 MeV-D-D-Neutronen erläutert. (Rev. sci. Instruments **24.** 656—60. Aug. 1953. Baltimore, Md., Johns Hopkins Univ.) H. C. WOLF. 112

G. K. Green, E. D. Courant, L. J. Haworth und **H. S. Snyder,** *Das Elektronenanalog.* (Sitzungsbericht.) (Physic. Rev. [2] **100.** 1268. 15/11. 1955. Brookhaven Nat. Labor.) GERHARD SCHMIDT. 112

D. D. Jacobus, C. L. Gould, J. J. Grisoli und **I. J. Polk,** *Elektronenanalog — Konstruktion.* (Vgl. vorst. Ref.) (Sitzungsbericht.) (Physic. Rev. [2] **100.** 1268—69. 15/11. 1955.) GERHARD SCHMIDT. 112

J. G. Cottingham, N. C. Christofilos, M. Plotkin, E. C. Raka und **R. H. Rhéaume,** *Elektronenanalog — Elektrisches System.* (Vgl. vorst. Reff.) (Sitzungsbericht.) (Physic. Rev. [2] **100.** 1269. 15/11. 1955.) GERHARD SCHMIDT. 112

J. Spiro, J. G. Cottingham, E. E. Courant und **R. R. Kassner,** *Elektronenanalog — Eingangsvorrichtung.* (Vgl. vorst. Reff.) (Sitzungsbericht.) (Physic. Rev. [2] **100.** 1269. 15/11. 1955.) GERHARD SCHMIDT. 112

E. C. Raka, E. D. Courant, R. R. Kassner, L. J. Laslett, H. S. Snyder und **J. Spiro,** *Elektronenanalog — Durchführung und Interpretation.* 1. Mitt. (Vgl. vorst. Reff.) (Sitzungsbericht.) (Physic. Rev. [2] **100.** 1269. 15/11. 1955.) GERHARD SCHMIDT. 112

E. D. Courant, R. R. Kassner, E. C. Raka, Lloyd Smith und **J. Spiro,** *Elektronenanalog — Durchführung und Interpretation.* 2. Mitt. (1. vgl. vorst. Ref.) (Sitzungsbericht.) (Physic. Rev. [2] **100.** 1269. 15/11. 1955.) GERHARD SCHMIDT. 112

Herbert L. Anderson, John Marshall, Lester Kornblith jr., Leroy Schwarcz und **Richard Miller,** *Synchrocyclotron für 450 Mev-Protonen.* Das vom Vf. entwickelte 170 in.-Synchrocyclotron beschleunigt Protonen bis zu einer Energie von 450 MeV, Deuteronen bis zu einer Energie von 256 MeV u. α-Teilchen bis zu einer Energie von 512 MeV. Die Magnetpole sind so profiliert, daß sie ein Feld von 18600 Gauß im Mittelpunkt liefern, das zu 17600 Gauß bei 76 in. Radius abnimmt. Ein zirkulierendes Bündel von $\sim 1\,\mu$A von 450 MeV-Protonen, das auf ein inneres Be-Target fällt, erzeugt $\sim 4 \cdot 10^{10}$ π-Mesonen/Sekunde. Die Bündel erstrecken sich energet. von 66—230 MeV für π^--Mesonen u. von 66—145 MeV für π^+-Mesonen. Im äußeren 122 MeV-π^--Bündel stehen pro cm² u. Sek. 1000 π^--Mesonen über eine Fläche von ~ 50 cm² bei 20 ft Entfernung vom Target zur Verfügung. Die Energiestreuung beträgt $\sim \pm 4\%$. (Rev. sci. Instruments **23.** 707—28. Dez. 1952. Chicago, Ill., Univ., Inst. for Nucl. Stud.) GERHARD SCHMIDT. 112

R. N. Little jr., N. M. Schaeffer und **B. F. Cogswell,** *Für magnetische Ionenquellen geeigneter permanenter Magnet.* An Stelle der üblichen Spulenanordnung für magnet. Ionenquellen werden 4 Magnete um 2 Pole aus kaltgewalztem Stahl angebracht. Die nach verschied. Methoden gemessene Feldintensität (maximal 575 Gauß) ist symm. um das Spulenzentrum verteilt u. hat sich über eine Meßdauer von 5 Jahren nicht verändert. (Rev. sci. Instruments **23.** 768. Dez. 1952. Austin, Tex., Univ. of Texas, Phys. Dep.) GERHARD SCHMIDT. 112

J. Schutten, C. J. Zilverschoon und **J. Kistemaker,** *Der Antiverunreinigungsstromkreis der Isotopentrennanlage von Amsterdam.* 1. Mitt. Vff. beschreiben einen Stromkreis zur Verhinderung von Verunreinigungen der gesammelten Isotope in einer elektromagnet. Isotopentrennanlage. Lage u. Form des Bildes in der Fokussierungsebene nahe dem Kollektor werden durch ein sich automat. korrigierendes Sicherheitssyst. kontrolliert. Die direkt vom Ionenbündel abhängenden Signale sind Teile der Kontrolle der Bündelverschiebung, der Bündelintensität u. der Fokussierung. Das Arbeitsdiagramm des gesamten Kontrollsyst. wird gegeben. (Appl. sci. Res. B **4.** 217—24. 1954. Amsterdam, Sticht. voor Fundament. Onderz. der Materie, Labor. voor Massaspectrografie.) GERHARD SCHMIDT. 112

J. Schutten, *Der Antiverunreinigungsstromkreis der Isotopentrennanlage von Amsterdam.* 2. Mitt. (1. vgl. vorst. Ref.) Beschreibung der elektron. Ausführung der l. c. angeführten Trennanlage u. Kontrollsysteme. (Appl. sci. Res. B **4.** 225—34. 1954.) GERHARD. SCHMIDT. 112

A_2. Optisches Verhalten der Materie.

Antoni Przybylski, *Der maximale Effekt der Konvektion in Sternatmosphären auf die beobachteten Eigenschaften von Sternspektren.* 2. Mitt. (1. vgl. Monthly Notices Roy. astronom. Soc. **113.** [1953.] 683.) Es werden Berechnungen der Äquivalentbreiten der *Ca*-Linien K u. g durchgeführt für Modelle von Sternatmosphären, wie sie l. c. behandelt wurden. Für Strahlungs- u. Adiabatenmodelle werden Diagramme konstruiert, die die Äquivalentbreiten von Ca-Linien mit Farbgradienten in Zusammenhang bringen. Der Vgl. mit den entsprechenden aus Beobachtungsdaten gewonnenen Relationen zeigt, daß wirkliche Sternatmosphären vom Strahlungsgleichgewicht wahrscheinlich nicht weit entfernt sind. (Monthly Notices Roy. astronom. Soc. **114.** 406–14. 1954. Canberra, A. C. T., Australia, Mount Stromlo, Commonwealth Observ.) H. PREUSS. 113

Marcel Nicolet, *Das aeronomische Problem der Sauerstoffdissoziation.* Vf. untersucht die Frage, wie die neuerdings in Höhen über 100 km mittels Raketen gemessene Verteilung von mol. u. atomarem Sauerstoff, die nicht unter der Annahme eines einfachen photochem. Gleichgewichts erklärt werden kann, zu deuten ist. Zu diesem Zweck wird die vertikale O_2-Verteilung neben atomarem O für Höhen zwischen 110 u. 350 km unter der Annahme eines Gleichgewichts (a) durch Vermischung (infolge vertikaler Winde, (b) durch reine Diffusion u. (c) auf Grund rein photochem. Wrkg. berechnet u. mit der gemessenen O_2-Verteilung verglichen. Die tatsächliche Verteilung entspricht den zwischen den Verteilungen (a) u. (b) liegenden Werten. Die O_2-Verteilung u. die prozentuale Dissoziation von O_2 im Übergangsgebiet unter 110 km wird diskutiert. (J. atmospheric terrestr. Physics **5.** 132–40. Juli 1954. State College, Pa., Pennsylvania State Univ., Ionosph. Res. Labor.) J. RUDOLPH. 113

A. W. Ssokolow, W. I. Tscherepanow und **I. B. Steinberg,** *Dispersionsformeln der Quantenoptik der Metalle in der Vielelektronentheorie unter Berücksichtigung der Elektronendämpfung.* Erweiterung der Arbeit von SSOKOLOW (Журнал Экспериментальной и Теоретической Физики [J. exp. theoret. Physik] **25.** [1953.] 341) auf den allg. Fall unter Berücksichtigung der Dämpfung der Elektronenbewegung. (Журнал Экспериментальной и Теоретической Физики [J. exp. theoret. Physik] **28.** 330–34. März 1955. Inst. für Metallphysik der Uraler Zweigstelle der Akad. der Wiss .der UdSSR.) R. AMBERGER. 114

E. J. O'Reilly jr., *Über die Transformation von inneren Koordinaten.* Vf. behandelt die Transformation von komplexen inneren Koordinaten am Beispiel eines sechsatomigen ebenen Syst. mit der Symmetrie V_h. (J. chem. Physics **22.** 1471. Aug. 1954. Hyatsville, Md.) K. FRENKLER. 114

S. Stein, E. Gerjuoy und **T. Holstein,** *Rotationsanregung homonuclearer Moleküle.* (Sitzungsbericht.) Unter Vernachlässigung eines Austausches haben Vff. die Stoßquerschnitte für die Rotationsanregung homonuclearer 2atomiger Moll. durch langsame Elektronen (~0,1 eV) berechnet. Es wird angenommen, daß die Anregung aus der Wechselwrkg. des Elektrons mit dem Quadrupolfeld des Mol. resultiert. Die durchschnittlichen Energieverluste pro Zusammenstoß in N_2 u. H_2 werden abgeleitet u. stehen in guter Übereinstimmung mit Messungen von CROMPTON u. SUTTON. (Physic. Rev. [2] **93.** 934. 15/2. 1954. Univ. of Pittsburgh u. Westinghouse Res. Labor.) H.-U. WOELK. 114

E. Holøien und **J. Midtdal,** *Über einen metastabilen Energiezustand des negativen Heliumions.* Eine Anwendung der Auswahlregeln der Autoionisation auf den $(1s2s2p)^4P$-Zustand des negativen He-Ions zeigt, daß nur das $^4P_{5/2}$-Niveau für die Autoionisation nicht verantwortlich sein kann, dieser Zustand ist metastabil. Für den Quartettzustand des Ions wird eine positive Elektronenaffinität von mindestens 0,075 eV berechnet, wodurch die massenspektrometr. Beobachtungen von HIBY erklärt werden (Ann. Physik **34.** [1939.] 473). Die von KRUGER im Vakuum-UV beobachtete Linie 310061 cm^{-1} (Physic. Rev. [2] **36.** [1930.] 853) wird bei einem Fehler von nur 0,083 eV in der Energieberechnung auf den Übergang $(2s2p^2)^4P - (1s2s2p)^4P$ in He^- zurückgeführt. (Proc. physic. Soc., Sect. A **68.** 815–23. 1/9. 1955. Oslo, Univ.) H. LIEPACK. 114

J. Friedel, *Übergangswahrscheinlichkeiten im Röntgengebiet mit besonderer Berücksichtigung der K-Absorption in Lithium.* (Vgl. C. **1953.** 2723.) Die quantenmechan. Behandlung der photoelektr. Absorption auf der Grundlage der l. c. entwickelten Vorstellungen ergibt die richtige Größenordnung für den Absorptionskoeff. in der Nähe der Kante. Es werden Näherungsformeln für den Absorptionssprung bei den K-, L- u. M-Kanten erhalten. Die Behandlung der Kantenfeinstruktur (bei Li) führt zu Ergebnissen, deren quantitative Übereinstimmung mit dem Experiment nicht befriedigend ist. Zum Schluß wird kurz auf die Li-K-Emission eingegangen u. das mögliche Auftreten von Linien u. Banden in den Spektren der einwertigen Metalle diskutiert. (Philos. Mag. [7] **43.** 1115—39. Nov. 1952. Bristol, Univ., H. H. Wills Phys. Labor.) A. FAESSLER. 116

T. Tol und **W. J. Oosterkamp,** *Sichtbarkeit von Röntgenstrahlenquantenschwankungen auf Bildverstärkerradiographien.* Vff. zeigen, daß der Gewinn an Helligkeit mit einem Röntgenbildverstärker von einem mehr oder weniger störenden Effekt, nämlich der Sichtbarkeit einer Art visuellen „Rauschens", begleitet ist, bes. wenn die Röntgenstrahlenenergie gering, der Verstärkungsfaktor des Verstärkers groß u. die opt. Vergrößerung des endgültigen Bildes ebenfalls groß ist. An Hand einiger Aufnahmen auf AGFA-Fluorapidfilm wird gezeigt, daß das photograph. Bild eine um so gröbere Sprenkelung zeigt, je geringer die Röntgenstrahlenintensität ist. (Nature [London] **174.** 397—98. 28/8. 1954. Eindhoven, N. V. Philips' Gloeilampenfabrieken, Philips Res. Labor.) C. GOTTFRIED. 116

B. W. Anderson und **C. J. Payne,** *Das Spektroskop und seine Anwendungen in der Edelsteinkunde.* 18. Mitt. *Andere Chromspektren.* (16. vgl. C. **1956.** 6572.) Beschrieben werden die Absorptionsspektren von *Hiddenit, Euklas, Cyanit, Enstatit, Chromdiopsid, Peridot,* grün gefärbtem *Chalcedon,* grünem *Aventurinquarz* u. *Variscit.* In allen Spektren wurden einige Cr-Absorptionslinien beobachtet. (Gemmologist **24.** 31—33. Febr. 1955. C. GOTTFRIED. 118

B. W. Anderson und **C. J. Payne,** *Das Spektroskop und seine Anwendungen in der Edelsteinkunde.* 19. Mitt. *Das Absorptionsspektrum von Almandingranat.* (18. vgl. vorst. Ref.) (Gemmologist **24.** 43—46. März 1955.) C. GOTTFRIED. 118

B. W. Anderson und **C. J. Payne,** *Das Spektroskop und seine Anwendungen in der Edelsteinkunde.* 20. Mitt. *Absorptionsspektrum von blauem Spinell.* (19. vgl. vorst. Ref.) (Gemmologist **24.** 68—71. April 1955.) C. GOTTFRIED. 118

B. W. Anderson und **C. J. Payne,** *Das Spektroskop und seine Anwendungen in der Edelsteinkunde.* 21. Mitt. *Absorptionsspektren von Peridot und Sinhalit.* (20. vgl. vorst. Ref.) (Gemmologist **24.** 92—95. Mai 1955.) C. GOTTFRIED. 118

B. W. Anderson und **C. J. Payne,** *Das Spektroskop und seine Anwendungen in der Edelsteinkunde.* 22. Mitt. *Absorptionsspektren von Enstatit und Diopsid.* (21. vgl. vorst. Ref.) (Gemmologist **24.** 102—05. Juni 1955.) C. GOTTFRIED. 118

B. W. Anderson und **C. J. Payne,** *Das Spektroskop und seine Anwendungen in der Edelsteinkunde.* 23. Mitt. *Absorptionsspektren von Kornerupin und Axinit.* (22. vgl. vorst. Ref.) (Gemmologist **24.** 128—30. Juli 1955.) C. GOTTFRIED. 118

B. W. Anderson und **C. J. Payne,** *Das Spektroskop und seine Anwendungen in der Edelsteinkunde.* 24. Mitt. *Absorptionsspektren von grünem Turmalin und Iolit.* (23. vgl. vorst. Ref.) (Gemmologist **24.** 143—46. Aug. 1955.) C. GOTTFRIED. 118

P. W. Meikljar, *Über die F-Zentren in Silberhalogenidkristallen.* Nach Vf. ist die die Absorptionsbande von *AgBr* bei 420—430 mμ betreffende Behauptung GRENISCHINs (C. **1956.** 7972) unrichtig, eine weitere Schlußfolgerung GRENISCHINs bereits bei MEIKLJAR (C. **1951.** II. 1993) enthalten. (Журнал Экспериментальной и Теоретической Физики [J. exp. theoret. Physik] **28.** 252—53. Febr. 1955.) R. AMBERGER. 118

D. Premaswarup, *Rotationsanalyse der Tantaloxydbanden.* (Vgl. C. **1956.** 7707.) Mit einem Gitterspektrographen wurden die Banden des *TaO* photograph. aufgenommen. Analysiert wurde die Rotationsstruktur der Banden λ 3747 (ν 26679), λ 4155 (ν 24063) u. λ 4282 (ν 23348). Die erste der Banden ist der (0,0)-Kopf eines Syst. u. die beiden anderen sind die (1,0)- u. (0,0)-Köpfe eines anderen Systems. Aus der Analyse geht hervor, daß die 3 Banden einen gemeinsamen Σ-Grundzustand haben, der wahrscheinlich ein Dublett ist, daß ν 26679 von einem Übergang zwischen 2 Dublett-Σ-Zuständen herrührt u. daß ν 23348 u. 24063 dem Übergang $^2\Pi - {}^2\Sigma$ zuzuschreiben sind. Es wurden die folgenden Konstanten bestimmt: Grundzustand Σ: $B_0 = 0{,}3434$ cm^{-1}; $I_0 = 81{,}51 \cdot 10^{-40}$ g·cm^2; $r_0 = 1{,}827 \cdot 10^{-8}$ cm; angeregter Zustand Σ: 0,3205 cm^{-1}; $87{,}34 \cdot 10^{-40}$ g·cm^2; $1{,}891 \cdot 10^{-8}$ cm u. angeregter Zustand $^2\Pi_{3/2}$: $B_e = 0{,}3178$ cm^{-1}; $B_0 = 0{,}3156$ cm^{-1}; $B_1 = 0{,}3112$ cm^{-1}; $\alpha = 0{,}0044$ cm^{-1}; $I_e = 88{,}06 \cdot 10^{-40}$ g·cm^2; $r_e = 1{,}900 \cdot 10^{-8}$ cm. Die D-Werte sind alle von der Größenordnung 10^{-6} cm. (Nature [London] **175.** 1003. 4/6. 1955. Waltair, Andhra Univ., Phys. Dep.) C. GOTTFRIED. 118

H. Benoit und **P. Doty,** *Lichtstreuung von nicht-Gaußschen Ketten.* Theoret. Untersuchung. (J. physic. Chem. **57.** 958—63. Dez. 1953. Cambridge, Mass., Harvard Univ., Gibbs Labor.) C. GOTTFRIED. 119

E. Wolf, *Die in der Theorie der Brechung vorkommenden X_n- und Y_n-Funktionen von Hopkins.* Theoret. Untersuchung. (J. opt. Soc. America **43.** 218. März 1953. Edinburgh, Univ., Dep. of Mathem. Phys.) C. GOTTFRIED. 119

B. W. Anderson, *Das Refraktometer und andere Brechungsindexmethoden.* (Gedächtnisvorlesung zur Würdigung der Verdienste des April 1953 verstorbenen Präsidenten der Gemmological Association G. F. H. SMITH.) Besprochen werden die theoret. Grundlagen des Refraktometers, früher konstruierte Apparate sowie die verschied. Methoden zur Messung der Doppelbrechung. (Gemmologist **24.** 59—62. April. 84—86. Mai. 113—16. Juni 1955.) C. GOTTFRIED. 119

Wilhelm Menke und **Gertrud Menke,** *Dispersion der Chloroplasten-Doppelbrechung und Dichroismus.* Vff. geben die Dispersionskurve der Chloroplasten-Doppelbrechung von „Mougeotia spec." an. Die erhaltene Kurve zeigt 2malige Umkehr des Vorzeichens der Doppelbrechung u. verläuft etwa so, wie man nach der Dispersionstheorie für einen einachsigen Kristall mit entsprechender Absorption erwarten kann. Die Deutung der Kurve ist in einigen Punkten noch zweifelhaft. (Z. Naturforsch. **10b.** 416—19. Juli 1955. Berlin-Dahlem, Univ., Pflanzenphysiol. Inst.) C. GOTTFRIED. 119

Earle K. Plyler, Eugene D. Tidwell und **Harry C. Allen jr.,** *Nahes Infrarotspektrum von Distickstoffoxyd.* 12 bisher noch nicht genau untersuchte Banden von N_2O werden bei hoher Auflsg. beobachtet u. mit der Kombinations- u. Differenzenmeth. analysiert. In Tabellen sind die Frequenzen der Absorptionsspitzen in den N_2O-Banden zusammengestellt sowie ihre Konstanten angegeben. Die Rolle der FERMI-Resonanz wird kurz diskutiert. (J. chem. Physics **24.** 95—97. Jan. 1956. Washington, D. C., Nat. Bur. of Standards.) E. HAHN. 120

K. H. Jürgen Rottgardt und **Wolfgang Berthold,** *Veränderungen von Leuchtschirmeigenschaften unter Elektronenbestrahlung in Kathodenstrahlröhren.* (Vgl. C. **1956.** 8534.) Während die Helligkeit H eines n. aluminisierten *ZnS*:*Ag*-Schirmes (I) mit steigender Anodenspannung geradlinig ansteigt, enthält die entsprechende Kurve eines durch 16 kV-Elektronen geschädigten I einen Knickpunkt, außerdem liegt H wesentlich tiefer; ferner klingt die Luminescenz im geschädigten I schneller ab als im ungeschädigten. Daraus folgt, daß die Luminescenzabnahme durch Elektronenbestrahlung auf Vorgänge im Kristallgitter der Leuchtstoffteilchen zurückzuführen ist. Der Verlauf der Luminescenzabnahme ist unabhängig von der Anodenspannung des schädigenden Elektronenstrahles. Der Verlauf der Zerstörung hängt mehr von der Kristallgitterform als von der Art u. Menge des Aktivators ab (Verss. mit Ag u. mit Cu als Aktivatoren). (Z. Naturforsch. **10a.** 736—40. Sept./Okt. 1955. Esslingen, C. Lorenz AG., Standard-Labor.) O. FUCHS. 125

N. Riehl und **H. Ortmann,** *Über den Aufbau des luminescierenden Zinkoxyds.* Vff. teilen einige Beobachtungen u. Überlegungen zur Natur der für die Luminescenz des ZnO verantwortlichen Störstellen mit. Aus der Diskussion der im ZnO-Gitter möglichen Fehl- u. Störstellen ergibt sich, daß man als Zentrum der grünen Luminescenz von ZnO Sauerstoffehlstellen anzusehen hat. Verss., O-Fehlstellen in vorhandene Kristallgitter nachträglich einzubauen, waren ohne Erfolg. Der O-Mangel muß während der Bldg. u. des Wachstums der Kristalle vorliegen. Fehlstellen, die durch reduzierende Reagentien an der Oberfläche der ZnO-Kristalle erzeugt werden, wandern nicht in das Innere der Kristalle. Auch der umgekehrte Prozeß, die Auffüllung einer O-Fehlstelle im Innern des Kristalls durch O_2 bei Oxydation an der Oberfläche, verläuft mit sehr geringer Geschwindigkeit. (Z. Elektrochem., Ber. Bunsenges. physik. Chem. **60.** 149—51. März 1956. München, TH, Labor. für Techn. Phys.; Berlin-Buch, Inst. für Med. u. Biol. der Dtsch. Akad. der Wiss.) W. KRÖNERT. 125

Kin-ichi Noga und **Koji Nakamura,** *Untersuchung der Kathodoluminescenz von (Ba, Sr)O.* Mittels Kathodoluminescenz weisen Vff. nach, daß durch therm. Zers. von (Ba, Sr)CO_3 eine homogene feste Lsg. von (Ba, Sr)O entsteht u. BaO u. SrO im Gegensatz zu einem Befund von KAWAMURA (Matsuda Kenkyu-Jiho **16.** [1941.]1) nicht nebeneinander vorliegen. (J. physic. Soc. Japan **9.** 435—37. Mai/Juni 1954. Kawasaki-shi, Kanagawa-ken, Japan, Tokyo Shibaura Electric Co., Matsuda Res. Labor. [Orig.: engl.]) H. RUFFLER. 125

Lionel John Bellamy, Ultrarot-Spektrum und chemische Konstitution. Darmstadt: D. Steinkopff. 1955. (XV + 300 S. m. 35 Abb.) 8°. DM 24,—.

A₃. Elektrizität. Magnetismus. Elektrochemie.

E. Bauer, *Dissoziation von Wasserstoffmolekülen durch Schwingungsanregung und Dreikörper-Rekombinationskoeffizient.* 1. Mitt. Die Berechnung des Wahrscheinlichkeitskoeff. der Rekombination von 2 Atomen in Ggw. eines dritten Körpers läßt sich mit Hilfe des umgekehrten Prozesses, der Dissoziation eines Mol. durch Zusammenstoß, durchführen. Nach kurzer Diskussion verschied. Mechanismen für die Dissoziation wurde die allg. Größenordnung des Wirkungsquerschnitts für die Anregung eines Mol. im

Schwingungskontinuum seines elektron. Grundzustandes durch Berechnung der Dissoziation eines H_2-Mol. beim Zusammenstoß mit einem Elektron, Proton u. H-Atom abgeschätzt. Für den Wirkungsquerschnitt der Dissoziation eines H_2-Mol. durch ein H-Atom wurde für niedere Energien ein Wert von der Größenordnung 10^{-26} cm² erhalten. Der Dreikörper-Rekombinationskoeff. für den umgekehrten Prozeß, die Rekombination von 2 H-Atomen in Ggw. eines dritten, ist ca. 10^{-43} cm⁶/sec, ein Wert, welcher sehr viel kleiner als der experimentelle ist. (Physic. Rev. [2] **84**. 315—21. 15/10. 1951. Ottawa, Can., Nat. Res. Council, Div. of Phys.) C. GOTTFRIED. 131

E. Bauer, *Dissoziation von Wasserstoffmolekülen durch Schwingungsanregung und Dreikörper-Rekombinationskoeffizient.* 2. Mitt. (1. vgl. vorst. Ref.) Für die Dissoziation eines H_2-Mol. durch therm. Stoß mit einem Proton (bzw. H-Atom) wird der Wirkungsquerschnitt σ_2 nach der früher (vgl. l. c.) beschriebenen Meth. einer multiplikativen Korrektur von σ_2 in der BORNschen Näherung bestimmt. Die Anwendbarkeit der Korrektur wird kurz diskutiert. Aus σ_2 wird der Rekombinationskoeff. C_3 berechnet. Im Falle, daß sich das entstehende Mol. im höchstangeregten Schwingungszustand (Elektronen im Grundzustand) befindet, ist $C_3 \sim 3 \cdot 10^{-36}$ cm⁶ sec⁻¹, d. h. viel kleiner als die experimentellen Werte. Ein 1–0-Übergang wird durch 1 von 10^3—10^4 Protonenstößen erzwungen. (Physic. Rev. [2] **85**. 277—80. 15/1. 1952.) F. W. KRÜGER. 131

H. Kanner, *Querschnitte des Elektroneneinfangs und -verlustes beim Durchgang von Protonen durch Luft.* Für Wasserstoffbündel in CO_2-freier, trockener Luft wurden die Querschnitte des Elektronenverlustes σ_l u. des Elektroneneinfangs σ_c gemessen. σ_l liegt zwischen $24{,}4 \cdot 10^{-17}$ cm² bei 40,8 kV u. $13{,}6 \cdot 10^{-17}$ cm² bei 325 kV, σ_c zwischen $20{,}8 \cdot 10^{-17}$ bei 31,4 kV u. $2{,}7 \cdot 10^{-17}$ cm² bei 122 kV. In diesen Bereichen genügen die Querschnitte den Gleichungen $\sigma_l = (24{,}54 - 0{,}866\,E/E_0) \cdot 10^{-17}$ cm² u. $\sigma_c = [41{,}1 \exp(-0{,}562\,E/E_0)] \cdot 10^{-17}$ cm². $E_0 = 24{,}8$ kV ist die Energie eines Protons mit der Geschwindigkeit $e^2/\hbar$. Eine Extrapolation auf die Energie E_0 ergab $\sigma_l = \sigma_c$. (Physic. Rev. [2] **84**. 1211 bis 18. 15/12. 1951. Chicago, Ill., Univ. of Chicago, Dep. of Phys. and Inst. for Nucl. Stud.) H. LIEPACK. 131

R. M. Sternheimer, *Dichteeffekt für den Ionisationsverlust bei niedrigen Energien.* Ausgehend von vorhergehenden Mitteilungen über den Dichteeffekt (vgl. C. **1956**. 6566), werden Korrekturglieder entsprechend den gemessenen Ionisationspotentialen berechnet. Über die Abhängigkeit des effektiven Ionisationspotentials vom Brechungsindex einmal u. das Verhältnis von gemessenem zum tatsächlichen Ionisationspotential zum anderen können die Korrekturen abgeschätzt werden, die sehr gering sind u. mit ca. 2,5% Zunahme von dE/dx kaum außerhalb der Meßgenauigkeit liegen. (Physic. Rev. [2] **93**. 351. 15/1. 1954. Upton, N. Y., BNL.) B. MÜLLER. 131

S. Chandrasekhar und **G. Herzberg,** *Energien der Grundzustände von He, Li⁺ und O⁶⁺.* Vff. führen eine vollständige 14-Parameterberechnung für den Grundzustand von He u. analoge 10-Parameterberechnungen für die Grundzustände von Li^+ u. O^{6+} durch. Unter Verwendung der 4 wichtigsten der 11 Terme wird zusätzlich eine 18-Parameterberechnung für He durchgeführt, ohne jedoch den Parameter k auf ein Minimum zu bringen. Analoge 12-Parameterberechnungen werden für Li^+ u. O^{6+} unter Verwendung der beiden wichtigsten Terme jenseits des 10. Terms in der He-Berechnung ausgeführt. Das nichtrelativist. Ionisationspotential (18 Parameter) von He ergibt sich zu 198311,4 cm⁻¹. Die Reihen der 6-, 10-, 14- u. 18-Parameterwerte scheinen nach 198312,3 cm⁻¹ mit einem Fehler <2 cm⁻¹ hin zu konvergieren. Unter Berücksichtigung der Ungenauigkeiten der theoret. u. experimentellen Werte muß die Größe der LAMB-Verschiebung des Grundzustandes von He (verglichen mit He^+) <3 cm⁻¹ sein, welches den theoret. Schätzungen nicht widerspricht. Ähnliche Übereinstimmungen, jedoch mit größeren Fehlergrenzen, werden für die 12-Parameterenergiewerte der Grundzustände von Li^+ u. O^{6+} gefunden. (Physic. Rev. [2] **98**. 1050—54. 15/5. 1955. Chicago, Ill., Univ. of Chicago; Ottawa, Nat. Res. Counc., Div. of Phys.) GERHARD SCHMIDT. 131

Edgar Everhart, R. J. Carbone und **Gerald Stone,** *Messungen des differentiellen Querschnittes für Weitwinkelstöße von Helium-, Neon- und Argonionen mit Argonatomen bei Energien bis 100 keV.* Vff. bestimmen die differentiellen Querschnitte für die Streuung positiver Ladung aus Stößen von Edelgasionen mit dem Targetgas Ar, wobei sich zeigt, daß der verwendete Targetgasdruck von einigen μ Hg niedrig genug ist, um das Vorherrschen von Einfachstößen sicherzustellen. Die getroffene Anordnung gestattet eine kontinuierliche Variation des Streuwinkels bis zu 38° bei einer Auflsg. von $\sim 2°$. Die aus dem Bündel gestreuten Teilchen werden gesammelt, die gesamte positive Ladung elektrometr. gemessen. Daten für Stöße einfach ionisierter He-, Ne- u. Ar-Ionen mit Ar-Atomen bei 25, 50 u. 100 keV werden wiedergegeben. Die beobachteten Querschnitte weichen von denen ab, die aus dem RUTHERFORDschen Streugesetz erwartet werden, diese Differenzen werden in Ausdrücken der Elektronenabschirmung, Ionisation u. des Ladungsaustausches dargestellt. (Physic. Rev. [2] **98.** 1045—49. 15/5. 1955. Storrs, Conn., Univ. of Connecticut, Phys. Dep.) GERHARD SCHMIDT. 131

Gerhard Hellwig, *Über die Bewegung geladener Teilchen in schwach veränderlichen Magnetfeldern.* Die ALFVÉNschen Näherungsgleichungen in schwach veränderlichen Magnetfeldern werden auf eine Weise hergeleitet, die eine Fallunterscheidung (grad H senkrecht oder parallel zu $\mathfrak{H}$) erübrigt u. sowohl eine Verallgemeinerung auf den relativist. Fall als eine Erweiterung auf höhere Näherungen zuläßt. Es wird gezeigt, daß die zeitliche Änderung von M (durch die „spiralende" Bewegung des Teilchens erzeugtes magnet. Moment) bei verschwindender Rotation der mechan. Kräfte auch noch in zweiter Näherung verschwindet. Zum Schluß wird auf einen Einwand SCHLÜTERS (C. **1952.** 5681) gegen die FERMIsche Theorie der Nachbeschleunigung von Höhenstrahlteilchen eingegangen. (Z. Naturforsch. **10a.** 508—16. Juli 1955. Göttingen, Max-Planck-Inst. für Phys.) B. MÜLLER. 131

D. L. Hollway, *Die Bestimmung von Elektronenbahnen in Gegenwart von Raumladungen.* Unter Berücksichtigung der Analogie zwischen Raumladungen in einem elektrostat. Feld u. Stromquellen in einem elektrolyt. Trog wird eine Meth. zur Darst. von Ladungswolken durch diskrete Quellen angegeben. An Hand von experimentellen Ergebnissen wird die Anwendung des Verf. auf eine ebene Diode, ein axialsymm. Elektronenbündel u. ein allg. asymm. Bündel gezeigt. In den meisten Fällen kann die Raumladung durch eine verhältnismäßig kleine Anzahl von Quellen dargestellt werden. (Austral. J. Physics **8.** 74—89. März 1955. Sydney, C. S. I. R. O., Div. of Electrotechnol.) H. LIEPACK. 131

W. M. Brubaker, *Einfluß der Raumladung auf die Potentialverteilung in der Ionenquelle eines Massenspektrometers.* (Vgl. C. **1956.** 1500.) Der Einfl. der Raumladung auf Potentiale u. Potentialgradienten in einer Ionenquelle mit Elektronenbeschuß wird berechnet. Bei Annahme ebener Äquipotentialflächen entspricht die Unters. der einer planparallelen positiven Ionendiode. Die „Kathode" dieser Ionendiode ist entweder emissions- oder raumladungsbegrenzt. Es wird die Elektronenladung in der Ionisierungsschicht u. die Ladung der positiven Ionen in der Diode berücksichtigt. Bei kleinen Ionisierungsströmen sind bei einem krit. Gasdruck die Einfll. der positiven u. negativen Ladungen im Ionisierungsbereich entgegengesetzt gleich Damit kann der Druck mittels des krit. Druckes normiert werden. Bei gegebener Elektronenenergie u. Geometrie der Ionenquelle können universelle Kurven konstruiert werden, die Potentiale u. Gradienten als Funktionen des normierten Gasdrucks geben. (J. appl. Physics **26.** 1007—12. Aug. 1955. Pasadena, Calif., Consolidated Engng. Corp.) H. LIEPACK. 131

F. Péter Váradi und **L. Gábor Sebestyén,** *Einige neue vakuumtechnische und chemische Anwendungen des Hochfrequenzmassenspektrometers.* 2. Mitt. *Qualitative und quantitative Gasanalyse mit HF-Massenspektrometer.* (1. vgl. Magyar Kémiai Folyóirat [Ung. Z. Chem.] **60.** [1954.] 152.) In der Spektrometerröhre beschleunigt das vor der Glühkathode eingebaute positiv geladene Gitterpaar den Elektronenstrom. Die infolge Stoßwrkg. gebildeten positiven Ionen entzieht das nächste negativ geladene Gitter, welches das erste in der Analysengitterreihe (aus 10 Gittern bestehend) ist. Die Analysengitter sind mit gleicher Gleichspannung geladen, dabei wird an jedes zweite Gitter eine gleiche Hochfrequenz angelegt. Hinter dieser Gitterreihe sind zwei positiv geladene Bremsgitter mit entsprechender Spannung eingebaut, welche aus dem Hochfrequenzraum nur die Ionen größter Energie durchlassen; diese werden von dem negativ geladenen Kollektor aufgenommen. Die W-Spirale ausgenommen, sind alle Metallteile aus Ni gefertigt u. vergoldet. Nach der l. c. abgeleiteten Formel sind zur Analyse der Massenspektren zwei Wege gangbar. Von diesen wurde die Änderung der Hochfrequenz gewählt, da hierdurch ein größeres Massengebiet umfaßt werden kann. Bei unbekannten Gasen ergibt sich aus der veränderten Frequenz die Massenzahl der Komponenten des Gasgemisches. Die Genauigkeit erreicht $\pm 2\%$. Das Gerät ist zur Best. der Entgasung von Metallen bei der Herst. von Elektronenröhren vorteilhaft verwendbar. (Magyar Kémiai Folyóirat [Ung. Z. Chem.] **61.** 176—82. Juni 1955.) J. PLANK. 131

Frank Keywell, *Messungen und Stoßtheorie der Hochvakuumzerstäubung.* (Vgl. C. **1956.** 1499.) Mit einem PHILIPS-Vakuummeter als Ionenquelle wurden für die Gas-Metall-Kombinationen *Ag–Kr, Ag–Ar, Ag–Ne, Ag–He, Cu–Kr, Cu–Ar, Pb–Ar* u. *Pb–He* die Zahlen der zerstäubten Atome pro einfallendes Ion in Abhängigkeit von der Ionenenergie im Bereich von 400—6100 eV gemessen. Für die Zahl der zerstäubten Atome wird eine Gleichung angegeben. Die Ergebnisse rechtfertigen die Übertragung der Theorie der Strahlungszerstörung. (Physic. Rev. [2] **97.** 1611—19. 15/3. 1955. Los Angeles, Calif., Univ. of Southern California.) H. LIEPACK. 131

L. W. Davies und **E. Cowcher**, *Mikrowellen- und Meterwellenstrahlung aus der positiven Säule einer Gasentladung.* Es wurde die Intensität des HF-Rauschens aus der positiven Säule einer *Ne*-Entladung (0,5—10 mm Hg) bei 3000 u. 200 MHz gemessen. Die positive Säule (1,0 cm Durchmesser, ca. 80 cm Länge) befand sich in einem Hohlraumresonator, dessen Ausgang mit der Intensität eines Rauschgenerators verglichen wurde. Die mittlere Energie der Elektronen in der Entladung wurde aus den Feldwerten bestimmt. Das Anwachsen der Rauschtemp. T′ bei 3000 MHz mit abnehmendem Entladungsstrom über den aus einer MAXWELL-Verteilung der Elektronengeschwindigkeit berechneten Wert weist auf eine Änderung der Verteilungsfunktion mit abnehmender Elektronendichte hin. Der therm. Rauschpegel wurde unter Annahme einer DRUYVESTEIN-Verteilung berechnet u. mit den Ergebnissen für niedrige Entladungsströme verglichen. Für hohe Ströme stimmten bei 3000 MHz die Werte von T′ mit den Elektronentempp. nur bei hinreichend großen Drucken gut überein. Für niedrige Drucke war T′ kleiner als die Elektronentemperatur. In einem begrenzten Bereich waren die gemessenen T′-Werte bei 200 MHz erheblich größer als der therm. Pegel. (Austral. J. Physics **8.** 108—28. März 1955. Sydney, C. S. I. R. O., Div. of Radiophys. u. Div. of Electrotechnol.) H. LIEPACK. 131

N. A. Ramaiah, B. D. Khosla und **H. C. Gaur**, *Einfluß von Oberflächenfilmen auf den Joshi-Effekt in Wasserdampf.* SIEMENS-Röhren wurden mit Chromsäure behandelt, u. bei einigen von diesen wurden die Glaswände mit *KCl*- oder Al_2O_3-Filmen bedeckt. Der Entladungsstrom i wurde für Spannungen von 0,4—1,1 kV in Wasserdampf (11,5 mm Hg bei 28°) bei Bestrahlung mit einer 200 W-Lampe gemessen. In den säurebehandelten Röhren (I) war die Wrkg. des Lichtes auf i vernachlässigbar, während in unbehandelten Röhren i stark erniedrigt wurde. In I wurde eine Stromerniedrigung Δi nach Alterung bei Entladung beobachtet. In KCl-bedeckten Röhren wurde ein Δi sofort beobachtet, das während der Alterung zunahm. Bei Al_2O_3-Bedeckung betrug die Stromerniedrigung selbst nach Alterung nur ca. 6,7%. Die Größenordnung von Δi nach Alterung war KCl > rein > Al_2O_3. (Naturwissenschaften **42.** 484—85. Sept. 1955. Delhi, Univ., Dep. of Chem.) H. LIEPACK. 131

S. R. Mohanty, *Mechanismus des Umkehrpotentials des Joshi-Effekts.* Vf. diskutiert zusammenfassend den Mechanismus der Umkehrung $+\Delta i \rightarrow -\Delta i$ (vgl. C. **1956.** **337**) u. $-\Delta i \rightarrow +\Delta i$ im Bereich höherer Spannung (vgl. SHUKLA, J. physic. Colloid Chem. **53.** [1949.] 1239. — 33 Literaturzitate. (J. chem. Physics **23.** 1533—35. Aug. 1955. Banaras, Hindu Univ., Phys.-Chem. Labors.) H. LIEPACK. 131

John W. Peterson, *Kontaktaufladung zwischen einem Borsilicatglas und Nickel.* (Vgl. C. **1956.** 2939.) Vf. untersuchte die elektr. Aufladung von Kugeln (Durchmesser 2 mm) aus *Borsilicatglas* (I), die über eine reine Ni-Fläche rollten. Im Abstand von 10mm von der Ni-Fläche befand sich eine 2. von der ersten durch Quarz isolierte Ni-Fläche; beide Flächen bildeten einen Kondensator. I lud sich im allg. negativ auf (Messung mit einem FARADAY-Käfig). Die Ladung von I steigt an, wenn die 1. Fläche relativ zur 2. negativ aufgeladen ist; die Ladungsänderung verläuft linear mit der angelegten Feldstärke. Bedeuten Δq den Ladungsunterschied, wenn an die 2. Fläche einmal +1200 u. einmal −1200 V gelegt wurden, u. q_0 die Ladung im feldfreien Raum, so wurde gefunden: Δq (in Einheiten von 10^{-11} Coulomb/Kugel) beträgt 0,9, wenn die App. auf 120° erhitzt worden war (Messungen im Hochvakuum); bei Zusatz einer Spur W. fällt Δq auf 0,5, steigt bei wachsender relativer Feuchtigkeit F an u. geht bei F = 40% durch ein breites Maximum; q_0 fällt bei steigendem F zunächst von 2,7 auf 2,3 bei F = 10 ab, dann stärker auf 1,4 bei F = 18, bleibt bis F = 45 konstant u. fällt schließlich auf 0 bei F = 65. Diese Erscheinungen werden auf die Adsorption von W. an I zurückgeführt. Bei Änderung des Luftdruckes geht q_0 bei ca. 1 Torr durch ein Minimum (Messungen zwischen 0,01 u. 100 Torr), falls die App. nicht entgast worden war, bleibt aber konstant nach Entgasung; diese Ergebnisse bestätigen die von GILL (vgl. Physic. Rev. [2] **74.** [1948.] 842) angestellten Betrachtungen. Bei zunehmender Rollgeschwindigkeit nimmt q_0 zu (Einfl. der Ladungsverteilung auf I). (J. appl. Physics **25.** 501—04. April 1954. Berkeley, Calif., Univ., Dep. of Phys.) O. FUCHS. 132

C. Kikuchi, *Dielektrische Absorption flüssiger kristalliner zweiachsiger Moleküle.* (Sitzungsbericht.) Es werden Moll. fl. Kristalle im magnet. Feld betrachtet, die durch 2 Achsen, die elektr. u. die magnet., charakterisiert sind. Als Folge der Wirkungen von magnet. u. elektr. Feld (Hemmung der Bewegung der magnet. Achse, während die elektr. dem Feld zu folgen versucht) ergibt sich eine drehende BROWNsche Bewegung der Mol.-Achse. Die erhaltene Diffusionsbeziehung ähnelt der von GANS u. PERRIN angegebenen. (Physic. Rev. [2] **93.** 934. 15/2. 1954. Naval Res. Labor., Electric. Div.) H.-U. WOELK. 132

Yasuo Fujisaki und **Hitoshi Yamamura**, *Die Möglichkeit einer schnellen Bestimmung des dielektrischen Verlustes im Ultrahochfrequenzgebiet mit Hilfe des vierarmigen Koaxialkabels.* Bei der Best. der DK. u. des dielektr. Verlustfaktors von Lsgg. nach der Resonanzmeth. in einer abstimmbaren Koaxialleitung muß die Dämpfung berücksichtigt werden. Die für die Berechnung der dielektr. Daten erforderliche Dämpfungskonstante wird berechnet u. diskutiert. Der berechnete Wert ist hinreichend genau, solange die Dämpfung gering ist, die Lsg. geringe dielektr. Verluste zeigt u. die Resonanzkurve symm. Form hat. Die abgeleiteten einfachen Beziehungen stellen für den Allgemeinfall nur eine grobe Annäherung dar. (J. Sci. Hiroshima Univ., Ser. A **16.** 547—50. Mai 1953. Hiroshima, Univ., Chem. Labor. [Orig.: engl.]) W. REUSSE. 132

Kiyoshi Abe, Tetsuro Tanaka und **Akira Kawabata**, *Untersuchung über keramische Stoffe mit hohen Dielektrizitätskonstanten.* 22. Mitt. *Die Schwingungsformen beim $BaTiO_3$-Keramikschwinger nach Langevin.* 2. Mitt. (21. vgl. Bull. Inst. chem. Res., Kyoto Univ. [Kagaku Kenkyusho Hokoku] **31.** [1953.] 423.) An zylindr. $BaTiO_3$-Schwingern wird gezeigt, daß bei Erregung von LANGEVIN-Schwingungen die von beiden Endflächen der Kombination ausgehenden Schwingungen gleiche Phase u. gleiche Amplitudenverteilung haben. An gekrümmten Oberflächen gemessene Amplitudenverteilungskurven zeigen die theoret. zu berechnende Richtcharakteristik. Die entsprechenden Rechnungen werden mitgeteilt. (Bull. Inst. chem. Res., Kyoto Univ. [Kagaku Kenkyusho Hokoku] **32.** 76—78. März 1954. [Orig.: engl.]) W. REUSSE. 133

Kiyoshi Abe, Tetsuro Tanaka, Toshio Inoguchi und **Akira Murata**, *Untersuchung über keramische Stoffe mit hohen Dielektrizitätskonstanten.* 23. Mitt. *Die Schwingungsformen beim $BaTiO_3$-Keramikschwinger nach Langevin.* 3. Mitt. (22. vgl. vorst. Ref.) An einem gestreckten, rechtwinkligen $BaTiO_3$-LANGEVIN-Schwinger ($200 \times 30 \times 44$ mm³, Stärke der piezoelektr. Zwischenschicht 2 mm) werden entsprechend den drei räumlichen Koordinaten des Schwingers drei Resonanzstellen bei 25,31, 52,78 u. 97,40 kHz gemessen. Die Amplitudenverteilung in den drei zu einander senkrechten Abstrahlrichtungen ist dargestellt. Die Resonanzschwingung bei 52,78 kHz zeigt die höchste Amplitude, sie wird senkrecht zur Hauptfläche der piezoelektr. Schicht abgestrahlt. (Bull. Inst. chem. Res., Kyoto Univ. [Kagaku Kenkyusho Hokoku] **32.** 78—80. März 1954. [Orig.: engl.]) W. REUSSE. 133

G. Blet, *Einige Versuche zur Deutung der Gesetze, die das Verhalten von Photozellen bestimmen.* Vf. gibt eine mathemat. abgeleitete Erklärung über die Arbeitsweise der Sperrschichtphotozellen, die eine qualitative u. quantitative Überprüfung der beobachteten Erscheinungen gestattet. Die erhaltenen Ergebnisse befinden sich in guter Übereinstimmung mit der prakt. Erfahrung u. ermöglichen die quantitative Berechnung der Leistung der Zelle. Mit Hilfe einfacher Hypothesen wird ein Schema konstruiert, das den experimentellen Gegebenheiten entspricht u. die Größenordnungen der vermuteten Widerstände wiedergibt, die bei der inneren Leistung der Sperrschichtphotozellen auftreten. (J. Physique Radium **14.** 241—50. April 1953. Marseille, C. R. S. I. M., Labor. de Photométrie.) H.-M. SCHLEGEL. 134

G. L. Weissler und **T. N. Wilson**, *Austrittsarbeiten gasbedeckter Wolfram- und Silberoberflächen.* In Gasentladungen treten einige wichtige Vorgänge an den Elektroden auf, wie das Freiwerden von Sekundärelektronen durch Primärelektronen, positive Ionen, Photonen u. metastabile Atome. Vff. untersuchen die Wrkg. verschied. Oberflächenbehandlung in bezug auf die mittlere Elektronenaustrittsarbeit Φ, indem sie Elektrodenoberflächen aus W u. Ag in einer Glimmentladung elektropositiven Gasen (H_2 u. N_2), elektronegativen Gasen (O_2 u. *Freon 12* [Difluordichlormethan]) u. inerten Gasen (*Ar* u. *He*) sowie *Wasserdampf* aussetzen. Die Meßmeth. nach OATLEY (Proc. Roy. Soc. [London], Ser. A **155.** [1936.] 218 u. Proc. Physic. Soc. **51.** [1939.] 318) in leichtmodifizierter Form wird beschrieben. Der Φ-Wert für W im Vakuum, der nach Literaturangaben 4,67 eV beträgt, wird als Normwert zugrunde gelegt. Nach einer 2 Min. dauernden Glimmentladung in 10 mm N_2 lag der Wert um 0,35 eV niedriger, während Ar ihn nicht änderte. Nach einer sehr schwachen Glimmentladung von 10 mA bei 650 V in O_2 stieg Φ um 1,2 eV an, wogegen eine solche von 20 mA bei 550 V in H_2 Φ um 0,85 eV senkte. — Die für Ag im Vakuum gemessenen Φ-Werte lagen zwischen 3,8 u. 4,5 eV, im Mittel bei 4,21 eV, nach Literaturangaben bei 4,28 eV. He u. Ar verursachten in allen Fällen nur geringe Änderungen von Φ, He ca. 0,2 eV; bei Ar traten Streuwerte auf, die bei einer großen Zahl von Verss. gegen Null konvergierten. Die Glimmentladung in H_2 ergab eine Erniedrigung von Φ um ca. 0,3 eV im Mittel, während die Abnahme bei N_2 zwischen ca. 0,1—0,2 eV lag. Besser übereinstimmende Werte wurden bei Glimmentladungen in den elektronegativen Gasen O_2 u. Freon 12 erhalten. Der Anstieg von Φ lag in allen Fällen zwischen 1,0 u. 1,4 eV. Wasserdampf bewirkte in

einem Fall eine Abnahme von Φ um nur 0,2 eV; bei einem zweiten Vers. war diese Änderung so gering, daß sie vernachlässigt werden konnte. — Vff. erklären die Schwankungen einzelner Werte durch die Vermutung, daß möglicherweise O_2 oder Halogene (Freon 12) während der Verss. in die Oberfläche diffundiert sind. (J. appl. Physics **24**. 472—75. April 1953. Los Angeles, Calif., Univ. of Southern California, Phys. Dep.)
H.-M. SCHLEGEL. 134

W. L. Ginsburg, *Einige Probleme aus der Theorie der elektrischen Schwankungserscheinungen.* (Fortschr. Physik **1**. 51—87. 1953. — C. **1953**. 2713.) H. NIEHRS. 135

E. M. Pell, *Rekombinationsgeschwindigkeit in Germanium aus der Beobachtung pulsierender Rückstromcharakteristik.* An eine Ge-Diode werden rechteckige Spannungsimpulse angelegt. Aus dem Übergang des Stroms zum gesätt. Rückstrom in Abhängigkeit von der Zeit, der mit der Vernichtung der injizierten Minoritätsträger verbunden ist, kann die Rekombinationsgeschwindigkeit bestimmt werden. Diese Meth. ist von der Geometrie relativ unabhängig, solange die Probe groß ist im Vgl. zur Diffusionslänge. Es können noch Rekombinationsgeschwindigkeiten gemessen werden, die für die Lichtbündelmeth. zu klein sind. (Physic. Rev. [2] **90**. 278—79. 15/4. 1953. Schenectady, N. Y., Gen. Electr. Res. Labor.) H. LIEPACK. 135

W. M. Becker und **K. Lark-Horovitz,** *Germaniumfilme.* 2. Mitt. (1. vgl. Proc. Nat. Electronics Conf. **8**. [1952.] 506.) (Sitzungsbericht.) Durch therm. Zers. von GeH_4 an heißen Quarzplatten werden 1,5 bis $<0,1\ \mu$ dicke stets p-leitende Ge-Filme hergestellt, deren Einzelteilchen >2000 Å sind. Der Verlauf von gemessenem spezif. Widerstand u. gemessener HALL-Konstante mit 1/T ist verschieden vom entsprechenden Verlauf bei kompaktem Ge; die Beweglichkeiten μ sind im Film kleiner. Bei einem Film wurde über 600° ein Leitfähigkeitsgebiet mit einer Aktivierungsenergie von 0,72 eV gemessen, wobei der HALL-Effekt scharf auf Null geht u. μ mit $T^{-3/2}$ variiert. Der Magnetowiderstandseffekt ist kleiner als bei Einkristallen. Bei der Temp. des fl. N_2 wurde eine Widerstandsänderung von nur 0,01% bei Feldern von 6700 Gauß beobachtet. (Physic. Rev. [2] **91**. 230. 1/7. 1953. Purdue Univ.) J. RUDOLPH. 135

G. A. deMars, H. Statz und **L. Davis jr.,** *Messung und Interpretation der Leitung in Inversionsschichten vom p-Typ auf Germanium.* Vff. berichten über Messungen der Leitfähigkeit im Gleichgewichtszustand an p-leitenden Oberflächenschichten auf n-leitendem Ge (Inversionsschichten), die durch Behandlung der mit CP 4 vorgeätzten Ge-Proben mit einer feuchten O_2–O_3-Mischung u. Nachbehandlung mit einer trockenen O_2–O_3-Mischung erzeugt wurden. Die Ggw. von akt. O scheint für die Erzeugung stabiler Inversionsschichten notwendig zu sein. Die Leitfähigkeit der Inversionsschicht steigt mit der Dauer der O_2–O_3-Behandlung an. Die Ergebnisse werden unter Annahme eines konstanten FERMI-Niveaus an der Oberfläche, d. h. einer hohen Dichte der Oberflächenzustände (vgl. nachst. Ref.) diskutiert. (Physic. Rev. [2] **98**. 539—40. 15/4. 1955. Waltham, Mass., Raytheon Manufact. Co.) R. STEIN. 135

H. Statz, L. Davis jr. und **G. A. deMars,** *Struktur der Oberflächenzustände an der Germanium–Germaniumoxyd-Grenzfläche.* In Ergänzung der im vorst. Ref. beschriebenen Verss. berichten Vff. über Messungen im Nichtgleichgewichtszustand der Leitfähigkeit an den gleichen anoxydierten Ge-Proben. Die Einstellung der Gleichgewichtsleitfähigkeit erfordert je nach der Dauer der O_2–O_3-Behandlung einige Sek. bis Min., die Zeitkonstante nimmt bei längerer Oxydation, d. h. wachsender Dicke der Oxydschicht, sowie für eine gegebene Schicht mit steigender Elektrodenspannung zu. Auf Grund ihrer Meßergebnisse diskutieren Vff. die Strukturen der Oberflächenzustände an der Grenzfläche zwischen Ge u. Oxydschicht sowie an deren Oberfläche. (Physic. Rev. [2] **98**. 540—42. 15/4. 1955.) R. STEIN. 135

H. Theorell und **A. Ehrenberg,** *Eine Mikromethode für die Bestimmung paramagnetischer Susceptibilitäten von Substanzen in verdünnter Lösung.* Im Hinblick auf magnetochem. Unterss. an geringen Mengen von Katalase- u. Peroxydaseverbb. geben Vff. eine Weiterentw. der THEORELLschen Mikroapp. mit horizontaler Auslenkung an (THEORELL, Ark. Kem. Mineralog., Geol., Ser. A **16**. [1942.] Nr. 1). Die Auslenkung des Untersuchungsröhrchens wird durch Bewegung der Aufhängevorr. mit Hilfe eines Schlittens kompensiert, so daß das Röhrchen viel kürzer sein kann u. damit das tote Gewicht beträchtlich red. ist (Gewicht mit W. gefüllt ca. 1 g). Ausführliche Beschreibung des verwendeten Magneten (maximal 44000 Gauß bei 68000 Ampére-Windungen u. 6 mm Luftspalt), der Dimensionierung des Untersuchungsröhrchens (Plexiglas bzw. Al bei organ. Lösungsm.), der Aufhängung (W-Fäden ca. 1 m lang), der Kompensations- u. Beobachtungsvorr., des luftblasenfreien Füllens des Röhrchens u. der Eichung (mit $NiCl_2$). Die Empfindlichkeit ist etwa die einer Mikrowaage (1 μ des Kompensationsmikrometers entspricht einer magnet. Kraftwrkg. von 10^{-3} dyn). Die Susceptibilität einer Probe von ca. 0,3 ml kann in 15 Min. mit einem Fehler in $\Delta\varkappa$ von $\pm 4 \cdot 10^{-10}$ cgs-Einheiten bestimmt werden. Die Genauigkeit entspricht der der Meth. von HOWLAND u. CALVIN (C. **1950**. II. 2649). Sie eignet sich auch für magnetochem. Unterss. in der Lanthaniden- u. Aktinidenreihe. (Ark. Fysik **3**. 299–313. 1952. Stockholm, Medicinska Nobelinst., Dep. of Biochem.) W. HABERDITZL. 137

J. Garcia Santesmases und **M. Alique Page**, *Eine neue Methode zur Bestimmung des Magnetisierungscyclus eines ferromagnetischen Körpers bei Anlegen eines magnetischen Wechselfeldes.* 2. Mitt. *Experimenteller Teil.* (1. vgl. C. **1956**. 7993.) Mit der in l. c. beschriebenen Meth. werden einige Hystereseschleifen u. ohne Änderung des Phasenschiebers auch einige jungfräuliche Magnetisierungskurven Punkt für Punkt gemessen. Die Genauigkeit der Messungen lag unter 1,5%. Die Meßgenauigkeit wird im wesentlichen durch die Stabilität des Nullpunktes bestimmt. (An. Real Soc. españ. Física Quím., Ser. A **51**. 107–14. Mai/Juni 1955. Madrid, Inst. de Electricidad del Patronato „A. el Sabio".) H. FAHLENBRACH. 137

Fielding Brown und **Charles L. Gravel**, *Direkte Beobachtung von Domänenrotation in Ferriten.* Vff. berichten über Messungen des magnet. Spektr. gesinterter Ni-Ferritproben im Frequenzbereich von 20–800 MHz. Vff. schließen durch Vgl. ihrer Ergebnisse mit den nach der Theorie von PARK (C. **1956**. 4917) zu erwartenden auf das Vorliegen von Domänenrotation. Die Existenz einer natürlichen ferrimagnet. Resonanzdispersion bei relativ niedrigen Frequenzen versuchen Vff. durch die Annahme verständlich zu machen, daß zwischen den Gebieten reiner Domänenrotation u. reiner Bewegung der Domänengrenzen in polykristallinen Ferritproben ein Übergangsgebiet existieren kann, in dem beide Mechanismen nebeneinander vorliegen. Die Unterscheidung zwischen beiden Mechanismen ist demnach weniger scharf, als von Vff. zunächst angenommen wurde (vgl. C. **1955**. 2604), so daß sich das magnet. Verh. der Ferrite bei hohen Frequenzen nur bei sorgfältiger Erörterung ihrer inneren polykristallinen Struktur verstehen läßt. (Physic. Rev. [2] **98**. 442–48. 15/4. 1955. North Adams, Mass., Sprague Electr. Co.) R. STEIN. 137

J. H. Phillips, J. C. Woolley und **R. Street**, *Der Einfluß der Temperatur auf die magnetische Nachwirkung.* (Vgl. C. **1955**. 4523.) Die Unterss. (l. c.) werden jetzt auf die Messung der Temperaturabhängigkeit der Nachwrkg. ausgedehnt. Untersucht werden *Pt–Co*, *Ni_3Au* u. *Alnico.* Für Alnico u. Ni_3Au nehmen die beiden Nachwirkungskonstanten S_0 ($I_0 = S_0 \ln t + c$) u. q (Aktivierungsenergie) nahezu linear mit der Temp. zu. Für Pt–Co wird eine steile Abnahme der beiden Konstanten mit der Temp. gemessen. Die Ergebnisse werden mit der NÉELschen Streufeldtheorie diskutiert, wobei die Streufelder durch mechan. Spannungen zwischen Ausscheidung u. Matrix zustande kommen sollen. Dieser Spannungseinfl. soll allein bei Pt–Co mit der Temp. abnehmen. (Proc. physic. Soc., Sect. B **68**. 345–52. 1/6. 1955. Nottingham, Univ.; Sheffield, Univ.) H. FAHLENBRACH. 137

Bernard Wiener, Gerhart Groetzinger und **Rathuel McCollum**, *Die Feststellung von thermisch und mechanisch induzierten Nichtgleichgewichtszuständen von AuCu durch den Widerstand und die magnetische Widerstandsänderung.* (Vgl. C. **1956**. 7993.) Untersucht wird die Änderung des spezif. elektr. Widerstandes u. die Änderung des Widerstandes bei der Magnetisierung a) an AuCu-Proben, die therm. ungeordnet waren, nach einer Glühung bei 150°, b) an Proben, die durch Kaltverformung vollständig ungeordnet waren, nach Glühungen bei 150 u. 265° u. c) an Proben, die anfänglich geordnet waren, nach verschied. Kaltverformungsgraden. Die Ergebnisse wurden in Schaubildern eingetragen, die die magnet. Widerstandsänderung in Abhängigkeit von dem spezif. Widerstand darstellen. Die erhaltenen Kurven haben in den Fällen b u. c) große Ähnlichkeit miteinander, unterscheiden sich aber sehr stark vom Fall a). Da alle Kurven von denen des Gleichgewichtszustandes verschieden sind, werden Nichtgleichgewichtszustände zur Erklärung herangezogen, die durch Zumischung von AuCu II bei bestimmten Kaltverformungsgraden u. Glühprozessen entstehen. (J. appl. Physics **26**. 857–62. Juli 1955. Cleveland, O., National Advisory Committee for Aeronautics, Lewis Flight Propulsion Labor.) H. FAHLENBRACH. 137

N. Je. Alexejewski und **N. B. Brandt**, *Einfluß einer allseitigen Kompression auf die galvanomagnetischen Effekte des Wismuts und seiner Legierungen.* 1. Mitt. Während bei den als Funktion des Magnetfeldes aufgetragenen Parametern ein allseitiger Druck bis 1500 kg/cm² diese nur mehr oder weniger qualitativ ändert, ergibt sich für die Temperaturabhängigkeit des elektr. Widerstandes von Bi mit 0,02% Pb unter Druck ein klar ausgeprägtes Minimum bei $\sim$130–140° K u. ein Maximum bei $\sim$30° K. Ohne Druck nimmt der Widerstand monoton ab, wobei sich das erwähnte Maximum nur durch eine Verringerung der Steigung andeutet. Bei sehr reinem Bi (99,9996%, HILGER) tritt das Maximum im untersuchten Druckbereich $\lesssim$1500 kg/cm² nicht auf. Auf Grund eines Vgl. mit THOMPSON u. WILLS (Proc. Roy. Soc. [London], Ser. A **155.** [1936.] 111) schließen Vff., daß allseitiger Druck bis 1500 kg/cm² einer Konzentrationsänderung des Pb-Zusatzes von 0,02 auf 0,15% äquivalent ist. (Журнал Экспериментальной и Теоретической Физики [J. exp. theoret. Physik] **28.** 379—83. März 1955. Inst. für physikal. Probleme der Akad. der Wiss. der UdSSR.) R. AMBERGER. 137

Takeshi Nagata, Seiya Ueda und **Shunichi Akimoto,** *Inverser Restmagnetismus von Eruptivgesteinen.* (Vgl. J. Geomagn. Geol. **4.** [1952.] 22 u. C. **1954.** 7815, 8288 sowie NÉEL, C. **1955.** 5002.) Ein anscheinend Titanomagnetit enthaltendes japan. Eruptivgestein zeigte einen Restmagnetismus umgekehrt zur Richtung des angewandten magnet. Feldes, wenn man es in diesem schwachen magnet. Feld von 600° an abkühlen ließ. Die Probe konnte in dreierlei körnige Anteile mit den CURIE-Punkten 530 bzw. 230° u. eine kompakte Mischung beider zerlegt werden. Die beiden ersten Anteile zeigten keine Umkehr in der Magnetisierungsrichtung. Der restliche umgekehrte Thermomagnetismus muß also aus einer gegenseitigen Einw. beider Komponenten resultieren. Der Befund erscheint wichtig für die Unters. der Richtung des Erdmagnetismus in früheren geolog. Zeiten. (Kagaku [Science] **23.** 211—12. 1953. Tokyo, Univ. [Orig.: japan.]) L. SCHULER. 137

E. T. Jaynes, *Matrixbehandlung der Kerninduktion.* Aufstellung einer Berechnungsmeth. zur Auffindung der Lsgg. der BLOCHschen Bewegungsgleichungen der Kernmagnetisierung durch ein äußeres Magnetfeld unter Verwendung der Matrixtheorie. (Physic. Rev. [2] **98.** 1099—1105. 15/5. 1955. Stanford, Calif., Univ., Dep. of Phys. and W. W. Hansen Labors. of Phys.) GERHARD SCHMIDT. 137

Arnold L. Bloom, *Kerninduktion in inhomogenen Feldern.* (Vgl. vorst. Ref.) Die von JAYNES (l. c.) entwickelten mathemat. Methoden werden auf die Unters. der Kernresonanz in inhomogenen Magnetfeldern angewandt. (Physic. Rev. [2] **98.** 1105—11. 15/5. 1955. Palo Alto, Calif., Varian Assoc.) GERHARD SCHMIDT. 137

S. Broersma, *Kernmagnetische Relaxation ungleichförmiger Systeme.* (Vgl. C. **1956.** 1225.) Theoret. Diskussion der Beziehung zwischen der für ein heterogenes Syst. gemessenen Relaxationszeit u. den Relaxationszeiten u. Konzz. der Komponenten. Im allg. ist der Wert der beobachteten mittleren Relaxationszeit von der Meßmeth. abhängig. Die Protonen in mit paramagnet. Salzkristallen gemischten KW-stoffen zeigen die Eigg. eines Zweiphasensystems. (J. chem. Physics **24.** 153—60. Jan. 1956. Evanston, Ill., Northwestern Univ., Dep. of Phys.) GERHARD SCHMIDT. 137

E. B. McNeil, C. P. Slichter und **H. S. Gutowsky,** *Langsame Schwebungen in* ^{19}*F-Kernspinechos.* Aus der Einhüllenden der ^{19}F-Echos von BrF_5 werden 2 langsame Schwebungsfrequenzen entnommen. Aus einer HAMILTON-Funktion, die einer Näherung an die Skalarproduktkopplung zweier Kernspins entspricht, wird eine Gleichung für die Einhüllende abgeleitet, die mit dem Ergebnis von HAHN u. MAXWELL übereinstimmt (vgl. nachst. Ref.). Die Asymmetrien der Echos werden erklärt. Ein symm. Echo ist zu erwarten, wenn $\delta\,\Omega\,\tau = n\,\pi$ ist, $\delta\,\Omega$ = chem. Verschiebung der Mittelpunkte zweier Liniengruppen, τ = Zeit zwischen 2 Impulsen, n ganze Zahl. (Physic. Rev. [2] **84.** 1245—46. 15/12. 1951. Urbana, Ill., Univ. of Illinois.) H. LIEPACK. 137

E. L. Hahn und **D. E. Maxwell,** *Chemische Verschiebung und feldunabhängige Frequenzmodulation der Spinechoenveloppe.* Für den Fall zweier nichtäquivalenter Kerne in CCl_2HCHO wird ein Ausdruck für die Echoamplituden abgeleitet. Das Ergebnis stimmt mit der experimentell ermittelten Einhüllenden der Protonenechos überein. (Physic. Rev. [2] **84.** 1246—47. 15/12. 1951. Stanford, Calif., Stanford Univ.) H. LIEPACK. 137

G. C. Hood, O. Redlich und **C. A. Reilly,** *Ionisation starker Elektrolyte.* 3. Mitt. *Magnetische Protonenresonanz in Salpetersäure, Überchlorsäure und Chlorwasserstoff.* (2. vgl. REDLICH u. Mitarbeiter, C. **1945.** II. 1442.) Vff. stellten Messungen an über die kernmagnet. Resonanzverschiebungen von Lsgg. von HNO_3 (**I**), $HClO_4$ (**II**) u. HCl (**III**) verschied. Konz. bei einer festen Frequenz von 40 MHz u. einem magnet. Feld von ca. 9400 Oersted. Die Resonanzverschiebung jeder Lsg. wurde mit Bezug auf W. als Standard gemessen. Die beobachtete Resonanzverschiebung s ist als Funktion der Größe p von GUTOWSKI u. SAIKA ($p = 3x/(2 - x)$, wo x den stöchiometr. Molenbruch der Säure bedeutet) aufgetragen. Für **I** ist s in dem Gebiet von p = 1 bis p = 3 innerhalb der experimentellen Fehler eine lineare Funktion von p. Innerhalb dieses Bereiches enthält die Säure nur 2 Molekülarten, das Monohydrat oder die nichtdissoziierte Säure H_3NO_4 u. die wasserfreie Säure HNO_3, die, wie bekannt, zu dimeren oder höheren Polymeren assoziiert ist. Die Abweichung der Kurve s/p von der Linearität oberhalb p = 1 ist wahrscheinlich auf die Gegenwart von NO_3- u. H-Ionen an dem unteren Ende

des Bereiches u. von NO_3- u. Nitroniumionen an dem oberen Ende zurückzuführen. Die thermodynam. Dissoziationskonstante der **I** wurde zu K = 22 gefunden. Die Kurve s gegen p von **II** zeigt keinen linearen Teil wie die der **I**. Aus den erhaltenen Dissoziationsgraden muß geschlossen werden, daß in wss. Lsgg. nur Ionen u. nicht dissoziierte $HClO_4$-Moll. vorhanden sind. Für K ergab sich ein Wert von 38. Die aus den Messungen der Resonanzverschiebung in **I** u. **II** erhaltenen Ergebnisse stehen in befriedigender Übereinstimmung mit früheren Ergebnissen aus ramanspektroskop. Unterss. u. sind daher eine Bestätigung der Deutung der Verschiebung. Die erhaltenen Werte für die Resonanzverschiebung der **III** sind tabellar. zusammengestellt. (J. chem. Physics **22.** 2067—71. Dez. 1954. Emeryville, Calif., Shell Developm. Co.)
C. GOTTFRIED. 138

Jean M. Stokes und **R. H. Stokes,** *Die Leitfähigkeit einiger einfacher Elektrolyte in wässerigen Rohrzuckerlösungen bei 25°.* Vff. bestimmen die Leitfähigkeiten der 1,1-wertigen Elektrolyte *LiCl, NaCl, KCl, KBr, KJ,* KNO_3 u. $AgNO_3$ in 10- u. 20%ig. wss. Rohrzuckerlsgg. im Konzentrationsbereich bis ca. 0,05 n. Die Konzentrationsabhängigkeit wird recht genau (mit Ausnahme von KNO_3 u. $AgNO_3$) durch die von ROBINSON u. STOKES (C. **1955.** 7153) modifizierte ONSAGER-Gleichung $\Lambda = \Lambda^0 - (B_1 \Lambda^0 + B_2)\cdot \sqrt{c}/(1 + Ba\sqrt{c})$, in der B_1, B_2 u. B theoret. Konstanten, die Lösungsmitteleigg. u. die Temp. enthalten, bedeuten u. a einen Parameter der Ionengröße darstellt, beschrieben. Es wird gefunden, daß die empir. bestimmten a-Parameter für ein gegebenes Salz den gleichen Wert in W. u. Rohrzuckerlsg. besitzen. Das wichtigste Ergebnis ist jedoch, daß das Verhältnis der Grenzäquivalentleitfähigkeiten in W. u. Rohrzuckerlsg. nahezu unabhängig von der Art des Salzes ist. Für 10%ig. Zuckerlsg. variiert Λ^0 (Zucker)/Λ^0(W) von 0,805 bis 0,814 u. für 20%ig. Lsg. von 0,615 bis 0,629. Die Herabsetzung der Ionenbeweglichkeit erfolgt also durch nichtspezif. Reibungskräfte. Vff. weisen noch darauf hin, daß das Verhältnis der Fluiditäten von W. u. Rohrzuckerlsg. nicht mit dem der Grenzleitfähigkeiten übereinstimmt, sondern niedriger liegt (0,756 u. 0,525 für 10- bzw. 20%ig. Lsg.). (J. physic. Chem. **60.** 217—20. Febr. 1956. Nedlands, Western Australia, Univ., Chem. Dep.)
W. KRÖNERT. 138

I. M. Kolthoff und **S. Bruckenstein,** *Säure–Basen-Gleichgewichte in Eisessig.* 1. Mitt. *Spektrophotometrische Bestimmung von Säuren- und Basenstärken und einigen Dissoziationskonstanten.* Vff. definieren zunächst folgende Konstanten für Säuren in absol. Essigsäure: Ionisierungs- (Ionenpaarbildungs-) Konstante $K_i^{HX} = [H^+X^-]/[HX]$, Dissoziationskonstante $K_d^{HX} = ([H^+]\cdot[X^-])/[H^+X^-]$ u. Gesamtdissoziationskonstante $K_{HX} = ([H^+]\cdot[X^-])/([HX] + [H^+X^-]) = K_i^{HX}\cdot K_d^{HX}/(1 + K_i^{HX})$. In diesen Gleichungen wird die Aktivität der Essigsäure vernachlässigt, da die Aktivität des Solvens in verd. Lsg. als konstant angesehen werden kann. Der Ersatz der Aktivitäten durch die Konzz. ist nach Vff. gerechtfertigt, da die stärksten Elektrolyte in Essigsäure (DK. 6,13) nur Gesamtdissoziationskonstanten der Größenordnung 10^{-5} haben. Analoge Konstanten werden für Basen in Essigsäure definiert. — Vff. zeigen, daß in Essigsäure Säure–Basen-Indicatoren nicht wie in W. p_H-Indicatoren sind u. daß demzufolge die nach der Indicatormeth. ermittelten relativen Säurestärken von der verwendeten Indicatorbase abhängen. Die Bildungskonstante des Salzes einer (Indicator-)Base **I** u. einer Säure ist gegeben durch $K_i^{IHX} = K_{HX}\cdot K_I/K_d^{IHX}K_s$ (mit $K_s = [H^+]\cdot[Ac^-]$). Aus spektrophotometr. Messungen bei 25° mit p-Naphtholbenzein (PNB) als Indicatorbase (bas. Form λ_{max} 454 mμ, saure Form λ_{max} 464 u. 625 mμ; molares Absorptionsvermögen der sauren Form $2,86\cdot10^4$ Liter/Mol·cm³ in 0,02 m $HClO_4$) werden folgende Konstanten erhalten: $K_i^{PNB} \leqq 0,0042$, $K_{HCl} = 2,8\cdot10^{-9}$, $K_{HTs} = 7,3\cdot10^{-9}$ (HTs = p-Toluolsulfonsäure), $K_i^{HClO_4} = 1,0$, $K_i^{IHCl} = 1,3\cdot10^2$, $K_i^{IHTs} = 3,7\cdot10^2$, $K_d^{IHCl} = 3,9\cdot10^{-6}$, $K_d^{IHTs} = 4,0\cdot10^{-6}$, $K_i^{UHClO_4} = 1,6\cdot10^5$ (U = Harnstoff), $K_i^{UHCl} = 4,9\cdot10^2$, $K_i^{UHTs} = 1,2\cdot10^3$, $K_i^{H_2O\cdot HClO_4} = 6,8\cdot10^1$, $K_i^{PHClO_4} = 1,7\cdot10^1$ [P = Propanol-(2)], $K_i^{EHClO_4} = 1,5\cdot10^1$ (E = Äthanol), $K_i^{MHClO_4} = 8,8$ (M = Methanol). — Die Reaktionswärme von **I** + HX $\rightleftharpoons$ **I** H^+X^- beträgt —7 kcal/Mol mit HCl oder HTs als HX u. mit PNB als **I**. (J. Amer. chem. Soc. **78.** 1—9. 5/1. 1956. Minneapolis, Minn., Univ., School of Chem.)
G. WINKLER. 139

S. Bruckenstein und **I. M. Kolthoff,** *Säure–Basen-Gleichgewichte in Eisessig.* 2. Mitt. *Spektrophotometrische Bestimmung der Ionisierungs- und Dissoziationskonstanten von p.p'-Dimethylaminoazobenzol und Pyridin. Der anomale Einfluß von Wasser auf Indicatorbasen.* (1. vgl. vorst. Ref.) Vff. bestimmen spektrophotometr. bei 25° die wie vorst. definierten Konstanten von *p.p'-Dimethylaminoazobenzol* (**I**) u. *Pyridin* (*Py*) in absol. Essigsäure. Bei Zugabe von W. zu **I** in Essigsäure verändert sich die Farbe des Indicators **I** nach der sauren Form hin, obgleich W. in Essigsäure eine Base ist. Gleiches Verh. zeigen die Indicatoren *Metanilgelb, Tropäolin 00* u. *Thymolbenzein,* d. h. Stoffe, die in Essigsäure teilweise in ihren sauren Formen vorliegen. „Normal“ verhalten sich Indicatoren wie *Kristallviolett, Malachitgrün, Benzylidenacetophenon* u. *p-Naphtholbenzein*, die die Anwesenheit freier Säure zur Erzeugung ihrer charakterist. gefärbten sauren Formen erfordern. Dieser „anomale“ Wassereffekt wird der Bldg. von Quadrupel- u. Tripelionen der Form $\mathbf{I}\cdot H^+Ac^- + H_3O^+Ac^- \rightleftharpoons \frac{\mathbf{I}\cdot H^+Ac^-}{Ac^-H_3O^+}$ (Q) zugeschrieben, wobei Q in ein Tripelion u. ein einfaches Ion dissoziieren kann. Auch andere, farblose Basen, wie Pyridin u. *N.N-Diäthylanilin* (**II**), zeigen ein ähnliches Verh. mit W. wie **I** (erkenntlich durch Verschiebung des UV-Spektr. nach der Seite der Ionenformen). Die Bildungskonstante von Q aus $\mathbf{I}\cdot H^+Ac^-$ u. W. wird zu $2{,}0 \pm 0{,}1$, die Dissoziationskonstante zu $3{,}3(\pm 1)\cdot 10^{-5}$ bestimmt; für die Bildungskonstante von Q aus $\mathbf{I}\cdot H^+Ac^-$ u. Pyridin gilt 1,1, für die aus **II** u. W. $2{,}65 \pm 0{,}10$. — Einzelergebnisse: $K_l^{I} = 0{,}100$, $K_d^{I} = 5{,}0\cdot 10^{-6}$, $K_I = 4{,}6\cdot 10^{-7}$, $K_{H_2O} = 8{,}4\cdot 10^{-11}$, $K_l^{Py} = 5{,}37$; $K_d^{Py} = 9{,}4\cdot 10^{-7}$, $K_{Py} = 7{,}9\cdot 10^{-7}$. (J. Amer. chem. Soc. **78**. 10—15. 5/1. 1956.) G. WINKLER. 139

Takeru Higuchi, Maria L. Danguilan und **Aaron D. Cooper**, *Potentiometrische Untersuchungen am System Natriumacetat–Natriumperchlorat in Essigsäure.* Die Ergebnisse potentiometr. Unterss. über den Einfl. von $NaClO_4$ auf die Dissoziation von Na-Acetat (**I**) in Essigsäure (**II**) lassen sich durch die Annahme erklären, daß $NaClO_4$ als „stärkerer Elektrolyt“ in **I** anzusehen ist als **II**, so daß die Dissoziation von **II** zurückgedrängt wird u. dadurch die beobachtete Abnahme der relativen Basizität der Lsg. entsteht. Dieses Verh. zeigt, daß das allg. angewandte Verf. der Abschätzung von pK-Werten von Säuren u. Basen in W. durch Best. des p_H der halbneutralisierten Lsgg. in gewissen nichtwss. Systemen nicht angewandt werden kann. Die scheinbare Basizität einer Base ist vielmehr, wie das vorstehende Beispiel zeigt, abhängig von der Stärke der zu ihrer Neutralisation verwandten Säure. Je stärker diese ist, um so schwächer erscheint die Base, da das entstehende Salz stark dissoziiert ist, was zu einer größeren Unterdrükkung der Dissoziation der ursprünglichen Base führt. (J. physic. Chem. **58**. 1167—68. Dez. 1954. Madison, Wis., Univ., School of Pharm.) W. NIEMITZ. 139

T. G. Owe Berg, *Flüssigkeitsstruktur wässeriger Natriumchlorid-Lösungen: Löslichkeit, Dampfdruck und Leitfähigkeit.* Vf. versucht, mit Hilfe einer früher (Vgl. C. **1956**. 8562.) mitgeteilten, für den vorliegenden Fall der Hydrolyse erweiterten Formel u. den Löslichkeitsdaten des NaCl in W. sowie mit Hilfe von Dampfdruck- u. Leitfähigkeitsdaten konz. NaCl-Lsgg. deren Struktur zu klären, u. schließt, daß in solchen Lsgg. das NaCl hydrolyt. vollkommen in NaOH u. HCl gespalten ist, wobei die beiden Moll. so in Paaren angeordnet sind, daß das Cl-Atom im HCl-Mol. durch ein H_2O-Mol. vom Na-Atom sowie durch ein weiteres H_2O-Mol. vom O-Atom des NaOH-Mol. getrennt ist. Solange noch genügend W. vorhanden ist, können sich die Paare nicht kombinieren. Bei Verringerung des Wassergeh. kombinieren sie sich unter Bldg. eines Komplexes der Formel $2(HCl\cdot 2H_2O\cdot NaOH)$, während bei noch weitergehender Verringerung des Wassergeh. der Komplex unter Wasserabgabe zerfällt u. das bei niedrigen Tempp. gefundene Dihydrat des NaCl ausfällt, das zwischen $0{,}1^0$ u. ca. 20^0 gleichzeitig mit NaCl als Bodenkörper vorhanden ist. (Acta chem. scand. **8**. 1—11. 1954. Avesta, Schweden, Jernverks AB.) W. NIEMITZ. 139

Ludwig Gavanda und **Oscar Hauser**, *Einfluß von Verunreinigungen im Elektrolyten bei der Chlor–Alkali-Elektrolyse mit Quecksilberzellen.* Der Einfl. von Verunreinigungen, die aus dem der Elektrolyse unterworfenen Alkalisalz, den Fällungschemikalien, den Elektroden u. Apparateteilen stammen, wie *Ca, Mg, Ba, Fe, V* u. *Mo*, auf die Zersetzungsgeschwindigkeit des Amalgams wurde untersucht. Experimentiert wurde ohne jede Stromarbeit mit Amalgam der Konz. 0,01; 0,08 u. 0,18% Na, wobei eine gesätt. NaCl-Lsg. mit den Metallsalzen versetzt u. die verstärkte H_2-Entw. gasvolumetr. gemessen wurde. Bei Amalgam mit 0,01% Na war die Zugabe von 25 mg Fe/Liter oder 3 g Ca/Liter, einzeln oder gemeinsam angewendet, gegenüber der Blindprobe ohne Einfl., während bei Amalgam mit 0,08% Na die gleichzeitige Anwendung einen merklichen Anstieg der Zersetzungsgeschwindigkeit zeigte. Von ähnlicher Wrkg. war die Verunreinigung mit Ba/Fe. Mg übt in Kombination mit Fe auf Amalgam gleicher Konz. schon bei 10 mg Mg u. 25 mg Fe einen wesentlichen Einfl. aus. Für die bei der Elektrolyse übliche Amalgamkonz. von 0,18% Na ergab sich ebenfalls die Gefahrlosigkeit der einzeln vorkommenden Verunreinigungen mit Ba, Ca, Mg u. Fe. Überraschenderweise erwiesen sich auch V u. Mo, die in der Sole nur in sehr kleinen Mengen vorkommen können, nicht als so aggressiv wie allg. angenommen wird. Eine wesentliche Erhöhung der H_2-Entw. trat stets ein, wenn eines der angeführten Metalle gemeinsam mit Fe vorhanden war. Eine Ausnahme machte nur Ba, wogegen V u. bes. Mo schon bei geringen Fe-Mengen (1—5 mg Fe/Liter) eine überstürzte Amalgamzers. zeigten. — Bei drei Verunreinigungskomponenten setzte bei Anwesenheit von Ca, Mo oder V u. Fe eine H_2-Entw. so heftig ein, daß die

Verss. abgebrochen werden mußten. (Mitt. chem. Forsch.-Inst. Wirtsch. Österreichs **8.** 87—92. Aug. 1954. Wien.) G. FRIKELL. 141

D. M. Brasher und **E. R. Stove,** *Die Anwendung von radioaktiven Spurenelementen zur Untersuchung des Wirkungsmechanismus von Korrosionsinhibitoren.* Flußstahl, in 0,1% K_2CrO_4 mit radioakt. Cr getaucht, hat nach 3 Tagen Tauchzeit einen Belag, der 0,7 μg Cr_2O_3/cm² äquivalent ist. Zum Vgl. zeigen *Perspex* u. *Polythen* keine Radioaktivität. Es wird festgestellt, daß die Kurven aufgenommenes C_2O_3/K_2CrO_4-Konz. die typ. Form einer Adsorptionsisotherme aufweisen. Die Verteilung des Belages auf der Stahloberfläche ist sehr gleichmäßig. Rostflecke zeigen dagegen einen höheren Cr-Gehalt. Verss. mit radioakt. *Na-Benzoat* führen zu ähnlichen Ergebnissen. Nach einer Tauchzeit von 2 Tagen in einer 0,1%ig. Lsg. entspricht der Belag 0,03 g Na-Benzoat/cm², in einer 1%ig. Lsg. dagegen 0,065 μg/cm². Die Verss. zeigen eindeutig, daß sich die Inhibitoren oder deren Derivv. direkt in den Schutzfilm einbauen. (Chem. and Ind. **1952.** 171—72. 23/2. Teddington, Middlesex, D. S. I. R., Chem. Res. Labor.) J. FISCHER. 143

Wolfgang Lorenz, *Kristallisationsüberspannungen.* Die Überspannungserscheinungen an Elektroden, bei denen Kristallisationsvorgänge geschwindigkeitsbestimmend sind, werden theoret. behandelt. Es zeigt sich, daß abzuscheidende Metallionen erst an Wachstumsstellen ins Metallgitter eingebaut werden. Dies ist auf zwei Wegen möglich: Entweder werden die Ionen nur an Wachstumsstellen entladen, oder sie werden an anderen Stellen der Metalloberfläche entladen u. gelangen als adsorbierte Atome durch Oberflächendiffusion zu den Wachstumsstellen. Für beide Fälle wird die stationäre Strom–Spannungs-Kurve (Gleichstrompolarisation) u. die Polarisationsimpedanz (Wechselstrompolarisation) angegeben. Die Ergebnisse sind experimentell geprüft. Durch Vgl. zwischen Theorie u. Experiment konnten gewisse Rückschlüsse auf die an der Phasengrenze Metall/Elektrolyt herrschenden Verhältnisse gezogen werden. (Z. Naturforsch. **9a.** 716—24. Sept. 1954. Leipzig, Univ., physikal.-chem. Inst.) G. MAIER. 143

A_4. Thermodynamik. Thermochemie.

H. L. Frisch, *N-Partikel-Verteilungsfunktionen.* Vf. bringt angenäherte Lsgg. der YVON-BORN-GREEN-Rekursionsbeziehungen für niedriger dimensionale Molekülverteilungsfunktionen. Sie basieren auf einem besonderen Mechanismus des Ausschlusses von Wechselwirkungen zwischen Clustern aus einer sukzessiv anwachsenden Zahl von Molekülen. Dieser Mechanismus führt zu einer Kette von Gleichungen für die angenäherten Verteilungsfunktionen, die 1. gegen die exakte mol. Verteilungsfunktion nach einer endlichen Anzahl von Näherungen konvergieren, 2. linear in der abhängigen Variablen wie bei der YVON-BORN-GREEN-Rekursionsbeziehung u. 3. zeitreversibel sind. Es wird ein Zusammenhang zwischen diesen Gleichungen u. gewissen natürlichen Verallgemeinerungen der BOLTZMANNschen Gleichung gegeben. Ferner wird die Anwendung dieser Gleichungen auf einige Probleme von Fll. beim Gleichgewicht gezeigt. (J. chem. Physics **22.** 1713—17. Okt. 1954. Syracuse, N. Y., Syracuse Univ., Phys. Dep.) V. BURBACH. 146

S. R. de Groot und **N. G. van Kampen,** *Über die Ableitung von reziproken Beziehungen zwischen irreversiblen Prozessen.* ONSAGER (vgl. Physic. Rev. [2] **38.** [1931.] 2265) hatte mittels quantenstatist. Behandlung Beziehungen zwischen den phänomenolog. Gleichungen hergeleitet, welche irreversible Prozesse für skalare Erscheinungen beschreiben. Vff. untersuchten die Möglichkeit, reziproke Beziehungen zwischen den Koeffizienten abzuleiten, welche vektorielle u. tensorielle Erscheinungen beschreiben. Auf 2 Wegen konnte das Problem gelöst werden. Bei dem zweiten Wege wurde die durch die skalaren Beziehungen ausgedrückte Symmetrie neu formuliert, die dann leicht für die phänomenolog. Gleichungen zur Beschreibung vektorieller u. tensorieller Prozesse benutzt werden konnten. Theoret. wurde diese Meth. auf Wärmeleitung, Diffusion, viscoses Fließen u. elektr. Leitung in anisotropen festen Körpern angewandt. (Physica **21.** 39—47. Jan. 1955. Leiden, Univ., Lorenz-Inst. voor theoret. Natuurkunde.) C. GOTTFRIED. 146

G. J. Hooyman und **S. R. de Groot,** *Phänomenologische Gleichungen und Onsager-Beziehungen. Der Fall von abhängigen Flüssen oder Kräften.* Vff. untersuchten den Einfl. linearer Abhängigkeiten zwischen den Flüssen oder zwischen den Kräften, welche in dem Ausdruck für die Entropieerzeugung vorkommen, auf die phänomenolog. Koeffizienten u. die reziproken Beziehungen von ONSAGER. Wenn beide Klassen von Variablen, die Flüsse u. Kräfte, abhängig sind, dann sind die phänomenolog. Koeffizienten nicht eindeutig definiert u. die Gültigkeit der ONSAGERschen Beziehungen kann nicht länger gewährleistet werden. Es wird gezeigt, daß sie immer so gewählt werden können, daß

die ONSAGERschen Beziehungen befriedigt werden. (Physica **21.** 73—76. Jan. 1955. Utrecht, Univ., Inst. voor theoret. Natuurkunde, and Leiden, Univ., Lorentz-Inst.)
C. GOTTFRIED. 146

E. Richard Cohen und **J. W. M. DuMond,** *Bemerkungen zu den Vorstellungen von Straumanis über die Avogadrosche Zahl.* Vff. nehmen Bezug auf zwei Arbeiten von STRAUMANIS (vgl. C. **1954.** 10661 u. **1955.** 10445) über die Berechnung der sogenannten SIEGBAHN-AVOGADROschen Zahl N_s', die dem Ausdruck $N_s' = N(\lambda_g/\lambda_s)^3$ entspricht, wo N die AVOGADROsche Zahl bedeutet, u. stellen fest, daß man mit Hilfe der röntgenograph. bestimmten D. die beste Einzelbest. für N_s' erhält, daß aber der nach der Meth. der kleinsten Quadrate erhaltene Wert, der sich auf alle verfügbaren physikal. Daten bezieht, noch genauer ist. (Physic. Rev. [2] **98.** 1128—29. 15/5. 1955. Downey, Calif., North American Aviation, Inc. und Pasadena, Calif., Inst. of Technol.)
C. GOTTFRIED. 149

H. W. Habgood und **W. G. Schneider,** *PVT-Messungen im kritischen Bereich des Xenons.* Zwischen 12,6 u. 18,2° wurden 6 Druck–D.-Isothermen u. 15 Druck–Temperatur-Isochoren im Bereich der krit. Dichten des Xe bestimmt. Meßmeth. u. Druckgefäß ähneln den früher von MAC CORMACK u. SCHNEIDER (C. **1952.** 5693) u. WEINBERGER u. SCHNEIDER (Canad. J. Chem. **30.** [1952.] 422; 847) beschriebenen. Um die Korrekturen für den hydrostat. Druck der Xenonfüllung klein u. berechenbar zu machen, wurde hier ein Druckgefäß mit nur 1 cm lichter Höhe benutzt. Tempp. konnten auf ±0,001°, Drucke auf ±0,005 at, Dichten auf ±0,2% genau bestimmt werden. Der früher von WEINBERGER u. SCHNEIDER (l. c.) gefundene Wert für die krit. Temp. von 16,590° wurde bestätigt, die krit. Dichte auf 1,099 g/cm³ korr. u. der krit. Druck zu 57,636 at gefunden. Die lineare Fortsetzung des geradlinigen Durchmessers der Koexistenzkurve mündet nicht in die Verbindungslinie der bei den Wendepunkten der überkrit. Druck–Dichte-Isothermen gemessenen Dichtewerte. Die Isothermen bei Tempp. über derjenigen, bei der der Meniskus verschwindet, zeigen nicht die von der MAYER-HARRISON-Theorie geforderten waagerechten Abschnitte. Bei der krit. Druck–Dichte-Isotherme liegen auch die dritte u. die vierte Ableitung des Druckes nach der D. noch mindestens sehr nahe bei Null. Mit den Forderungen der Theorien des krit. Zustandes von RICE u. von ZIMM erscheinen die vorliegenden Ergebnisse vereinbar. (Canad. J. Chem. **32.** 98—112. Febr. 1954. Ottawa, Can., Nat. Res. Council, Div. of Pure Chem.)
E. U. FRANCK. 149

H. W. Habgood und **W. G. Schneider,** *Thermodynamische Eigenschaften des Xenons im kritischen Bereich.* Die in einer vorhergehenden Experimentalarbeit (vgl. vorst. Ref.) erhaltenen sehr genauen Daten über die Kompressibilität des Xenons in unmittelbarer Umgebung des krit. Punkts (16,590°) werden zusammen mit den Ergebnissen der Messungen von BEATTIE, BARRIAULT u. BRIERLEY (C. **1954.** 2341), die sich bis 50° über die krit. Temp. erstrecken, zur Ermittlung von Zahlenwerten der thermodynam. Funktionen des Xenons in diesem Temperaturbereich u. bei Dichten zwischen 3 u. 10 Mol/Liter benutzt. 7 Tabellen enthalten Werte der spezif. Wärme bei konstantem Vol. (C_v), der Differenz der spezif. Wärme bei konstantem Vol. u. konstantem Druck (C_p), der Entropie, freien Energie, freien Enthalpie, inneren Energie u. Enthalpie. Am krit. Punkt erreicht C_v den Maximalwert von ca 30 cal/mol. C_p besitzt bei Annäherung bis auf 0,2° an den krit. Punkt bereits Werte oberhalb von 10^4 cal/Mol. Die C_v-Werte bei krit. D. stimmen oberhalb 17,6° gut mit den früher aus akust. Daten berechneten überein (CHYNOWETH u. SCHNEIDER, C. **1954.** 953). Bei näher am krit. Punkt liegenden Tempp. sind die hier aus den Werten der therm. Zustandsgleichung gewonnenen Werte für die spezif. Wärme jedoch bis zu dreimal größer als die aus akust. Daten stammenden. Die Differenz wird wegen der hohen angewandten Schallfrequenzen (250 u. 1250 kHz) auf Relaxationserscheinungen zurückgeführt. (Canad. J. Chem. **32.** 164—73. Febr. 1954. Ottawa, Can., Nat. Res. Council, Div. of Pure Chem.) E. U. FRANCK. 149

I. Prigogine und **J. Philippot,** *Über die Molekulartheorie von flüssigem Helium. 4. Mitt. Der kooperative Charakter des Übergangs am λ-Punkt.* (3. vgl. C. **1956.** 4060.) Die Unstetigkeit der spezif. Wärme am λ-Punkt wird eingehend im Rahmen des Zellenmodells behandelt. Die BOSE-EINSTEIN-Statistik wird dabei nicht verwendet. (Physica **19.** 508—16. Juni 1953. Bruxelles, l'Univ. Libre, Fac. des Sci.) G. KIRSCHSTEIN. 149

O. K. Rice, *Thermodynamik der Phasenübergänge in kompressiblen festen Gittern.* Vf. betrachtet die allg. Thermodynamik eines Syst., bei dem die spezif. Wärme beim Übergangspunkt unendlich werden könnte, in einem variablen magnet. Feld u. die Beziehung zu den verallgemeinerten Theorien der krit. Punkte von TISZA u. SEMENCHENKO. Weiter werden die Möglichkeit einer Existenz von $C_p = \infty$ in einem pVT-Syst. u. analoge Gleichungen zur CLAPEYRONschen u. EHRENFESTschen Gleichung dargelegt. Vom thermodynam. Standpunkt aus wird gezeigt, daß die spezif. Wärme, abgesehen von einem Übergang 1. Ordnung, niemals unendlich wird, obgleich sie große Werte annehmen kann, wenn der Körper inkompressibel genug ist u. eine genügend geringe Verknüpfung zwischen den den Übergang verursachenden Wechselwirkungen u. dem Grad der Ausdehnung besteht. Wenn eine korrekte Theorie ohne Kompressibilität eine unendliche spezif. Wärme voraussagt, so muß ein Übergang 1. Ordnung mit diskontinuierlicher Volumenänderung angenommen werden, u. wenn die Theorie einen Übergang 1. Ordnung sogar bei konstantem Volumen voraussagt, kann man dennoch eine Volumenänderung beim Übergang erwägen. (J. chem. Physics **22.** 1535–44. Sept. 1954. Chapel Hill, N. C., Univ. of North Carolina.) V. BURBACH. 150

Zoltán Szabó, *Über den Schmelzpunkt der Übergangsmetalle.* Ausführlichere Darst. der C. **1956.** 343 referierten Arbeit. (Magyar tudományos Akad., kémiai Tudományok Osztályának Közleményei [Ung. Akad. Wiss., Ber. Abt. chem. Wiss.] **3.** 153–59. 1953.) J. PLANK. 150

J. De Boer, *Zellclustertheorie des flüssigen Zustandes.* 1. Mitt. Vf. gibt eine Verallgemeinerung der Zelltheorie des fl. Zustandes durch systemat. Berücksichtigung der gemeinsamen Bewegung von mehr als einem Mol. in Clustern von mehr als einer Zelle u. leitet einen exakten Ausdruck für die Verteilungsfunktion mit Hilfe der Clusterintegrale über Cluster von 2, 3 u. mehr Zellen ab, während für die Lsg. des entsprechenden komplizierten kombinator. Problems Näherungsmethoden herangezogen werden mußten. (Physica **20.** 655–64. Sept. 1954. Amsterdam, Univ., Inst. voor theor. Phys.) W. NIEMITZ. 150

Joseph Himpan, *Eine neue thermische Zustandsgleichung der Gase und Flüssigkeiten.* (Vgl. C. **1954.** 3402 u. **1955.** 11513.) Eine für Gase u. Fll. bestimmte Zustandsgleichung mit 4 individuellen Konstanten wird aufgestellt: $[p + a/T(V - b)(V - c)](V - d) = RT$. Darin wird gesetzt: $a = p_c V_c^2 T_c \cdot f_a$, $b = V_c \cdot f_b$, $c = V_c \cdot f_c$, $d = V_c \cdot f_d$ (p_c, V_c, T_c: krit. Zustandsgrößen; f_a, f_b, f_c, f_d: dimensionslose, individuelle Konstanten). Die f-Werte sind zu bestimmen aus den Zustandsgrößen zweier Meßpunkte: 1. dem krit. Punkt, 2. einem Meßpunkt auf der krit. Isotherme im Hochdruckgebiet. Mit *N_2*, *H_2O* u. *CO_2* als Beispielen wird die Rechnung numer. durchgeführt. f-Werte für diese Stoffe werden angegeben. Für H_2O werden die Isothermen bei 273,2 u. 973,2° K nach Messungen von BRIDGMAN (Proc. Amer. Acad. Arts Sci. **47.** [1912.] 439) u. von KENNEDY (Amer. J. Sci. **248.** [1950.] 540) bis 2000 at mit nicht mehr als 10% Abweichung wiedergegeben. Die Druckabhängigkeit der BOYLE-Temp. wird qualitativ richtig dargestellt. Die Druck- u. Volumabhängigkeit der Entropie, Enthalpie u. spezif. Wärme nach dieser Zustandsgleichung wird angegeben. Die Druckabhängigkeit von $C_p(H_2O)$, $C_p(N_2)$ u. von $(C_p - C_v)$ beim CO_2 ließ sich annähernd darstellen. (Mh. Chem. **84.** 787–97. 15/8.; S.-B. österr. Akad. Wiss., math.-naturwiss. Kl., Abt. IIb **162.** 787–97. 1953. Suresne/Seine.) E. U. FRANCK. 150

Masayuki Nakagaki, *Über den Mechanismus der Verdampfung im Vakuum.* 2. Mitt. *Dampfdruck und Verdampfungsgeschwindigkeit.* (1. vgl. C. **1954.** 3867.) Eine große Anzahl von Metallen, u. zwar Alkali-, Erdalkali-, Leicht- u. Schwermetalle, dazu C u. Silicagel, wurden im Vakuum bei Tempp. verdampft, bei denen der Dampfdruck der Substanz bei 0,1 mm Hg lag. Druck–Temp.-Diagramme wurden dabei aufgenommen. Die Verdampfungsgeschwindigkeit wurde berechnet. Die Ergebnisse stimmen, bes. bei Silicagel, mit der Erfahrung überein. (Bull. chem. Soc. Japan **24.** 247–51. Nov. 1951. Tokyo, Univ. of Tokyo, Fac. of Sci., Chem. Inst. [Orig.: engl.]) H. MIETHING. 150

H. H. Yates und **C. A. Winkler,** *Physikochemische Wirkungen von radiofrequenten Feldern.* Das Entweichen von Gasen aus Fll. wurde unter Variation der Bedingungen, einschließlich dem Anlegen eines radiofrequenten elektr. Feldes untersucht. Es zeigte sich, daß eine große Beschleunigung der Gasausströmungsgeschwindigkeit im elektr. Feld von Konvektionsströmen resultierte, die durch den Temperaturgradienten hervorgerufen werden, der durch das Feld bewirkt wird. Die Bedeutung dieses Gradienten beim Vgl. des chem. Verh. in solch einem Feld mit dem unter n. therm. Bedingungen wurde betrachtet. Wenn dem durch das Feld induzierten therm. Gradienten Rechnung getragen wird, hat ein Feld von ca. 2000 V/cm und 1,5 MHz keinen meßbaren Effekt auf die Polymerisation von *Styrol* bei 80°. Die von BRYCE u. Mitarbeitern (C. **1951.** I. 2588) beobachtete Beeinflussung ist wahrscheinlich der ungenauen Meth. der Temperaturbest. zuzuschreiben. (Canad. J. Chem. **31.** 338–45. April 1953. Montreal, Que., McGill Univ., Phys. Chem. Labor.) E.-L. GÜNTHER-JAHN. 150

M. Folman und **J. L. Shereshefsky,** *Dampf-Flüssigkeitsgleichgewicht in mikroskopischen Capillaren.* 2. Mitt. *Nichtwässerige Systeme.* (1. vgl. C. **1953.** 8014.) Die Dampfdruckerniedrigung von *Toluol* (I) u. *Isopropylalkohol* (II) über konkaven Oberflächen in Capillaren aus Pyrexglas wurde gemessen. Die Best. beruht auf dem Prinzip des Gleichgewichtes zwischen der Fl. in kon. Capillaren u. dem Dampf einer Lsg. derselben

Fl. in einem nichtflüchtigen Lösungsmittel. Als Lösungsm. wurde *Dibutylphthalat* verwandt. Der Krümmungsradius der Oberfläche wurde aus dem Durchmesser der Capillare ermittelt u. mit nach der KELVIN-Gleichung errechneten Radien verglichen. Die gefundenen Radien sind bei **I** 3—5mal, bei **II** 6—12mal größer, die relative Dampfdruckerniedrigung ist also wesentlich größer als erwartet. Die Größe dieses Effekts scheint mit wachsendem Dipolmoment der Fl. zu wachsen. Er wird auf den Einfl. der Capillarwände zurückgeführt. (J. physic. Chem. **59.** 607—10. Juli 1955. Haifa, Israel, Inst. of Technol., Phys. Chem. Labor.) M. LASER. 150

H. A. C. McKay und **J. K. Perring,** *Berechnungen der Aktivitätskoeffizienten von gemischten wässerigen Elektrolyten aus Dampfdrucken.* (Vgl. C. **1953.** 3843.) Es werden erstmalig thermodynam. Gleichungen abgeleitet, die eine exakte Berechnung der Aktivitätskoeffizienten der nicht flüchtigen Gelösten in gemischten Lsgg. aus den Dampfdrucken erlauben. Eine der Gleichungen wird auf isopiest. Experimente angewandt, die andere auf die Ergebnisse von OWEN u. COOKE (J. Amer. chem. Soc. **59.** [1937.] 2273) an gemischten wss. Lsgg. von *LiCl* u. *KCl.* (Trans. Faraday Soc. **49.** 163—65. Febr. 1953. Harwell, Didcot, Berks., Atomic Energy Res. Establishm.) V. BURBACH. 150

Ernest F. Johnson jr. und **Melvon C. Molstad,** *Thermodynamische Eigenschaften von wässerigen Lithiumchloridlösungen. Eine Auswertung der Gasströmungsmethode für die Bestimmung der thermodynamischen Eigenschaften von wässerigen Salzlösungen.* Vff. zeigen an Hand von Messungen an W. u. Lsgg. von LiCl, daß die Gasströmungsmeth. zur Best. der thermodynam. Eigg. von wss. Salzlsgg. sehr gut geeignet ist. Die Unterss. an LiCl wurden in allen Konzentrationsbereichen bei 30° u. 50° u. verschied. Konzz. bei 70° durchgeführt, reines W. wurde bei allen Tempp. untersucht. Vff. bestimmten aus den Meßwerten neue Daten der latenten Verdampfungswärme, der differentiellen Verdünnungswärme sowie die Dampfdrucke von LiCl-Lsgg. in allen Konzentrationsbereichen bei 30°, 50° u. 70°. Weiterhin wurden die Löslichkeitswerte bei 30° u. 50° bestimmt. (J. physic. Colloid Chem. **55.** 257—81. Febr. 1951. Philadelphia, Pa., Univ. of Pennsylvania, Dep. of Chem. and Chem. Engng.) E. WASSERROTH. 150

Stephen C. Carniglia und **B. B. Cunningham,** *Der Dampfdruck von metallischem Americium.* Nach einer bereits früher (C. **1955.** 11165) beschriebenen Meth. wurde der Dampfdruck von Am im Temperaturbereich 1103—1453° K bestimmt. Die Ergebnisse können in der Form $\log p = 11{,}092 - 13700/T - \log T$ dargestellt werden. Berechnet wurden die Freie Energie der Verdampfung $\Delta F = 62690 - 50{,}76/T - 2{,}303\,(-2)T\log T$, $\Delta H_{1273} = 60{,}2$ kcal/Mol, $T_B = 2880°$ K, $\Delta H_{2880} = 57$ kcal/Mol u. $\Delta S_{2880} = 20$ cal/Mol. Alle Zahlenwerte sind nur vorläufige Mitteilungen. (J. Amer. chem. Soc. **77.** 1502. 20/3. 1955. Berkeley, Calif., Univ. of California, Radiat. Labor. u. Dep. of Chem. and Chem. Engng.) I. KARUTZ. 150

D. A. Bell, *Physikalische Entropie und Information.* Da verschied. Modelle, die als Glied zwischen der negativen Entropie der Informationstheorie u. der positiven Entropie der Thermodynamik gegeben wurden, einige Verwirrungen der Begriffe gestiftet haben, bringt Vf. zur Erläuterung einige elementare Analogien. (J. appl. Physics **23.** 372. März 1952. Birmingham, Univ., Dep. of Electr. Engng.) V. BURBACH. 154

E. T. Turkdogan und **J. Pearson,** *Thermodynamische Funktionen von Elementen und Verbindungen: Entropien von anorganischen Substanzen.* Vff. geben zunächst eine allg. Einteilung der Substanzen entsprechend period. Klassifikation, Verbindungstyp u. Kristallstruktur an. Es werden Beziehungen zwischen den Standardentropien von festen Elementen u. anorgan. Verbb. u. ihren Atom- u. Molvoll. aufgestellt. Vff. zeigen, daß in jeder Untergruppe Standardentropie u. Molvol. der Beziehung $S = aV^n$ gehorchen. Für Elemente u. einfache Verbb. ergibt sich ein parabol. Zusammenhang zwischen dem Entropiezuwachs von 298° K bis zum F. u. dem entsprechenden Temperaturanstieg. Der Entropiezuwachs von komplexen Verbb. ist geringer als bei einfachen Verbb. u. ebenso abhängig vom Typ der Verbindung. Die Schmelzentropie zeigt die gleiche Temperaturabhängigkeit. Vff. zeigen, daß die Bildungsentropie fester Prodd. aus festen Reaktionsteilnehmern direkt proportional zur Volumenänderung während der Rk. ist. (J. appl. Chem. **3.** 495—501. Nov. 1953. London, British Iron & Steel Res. Ass.) E. WASSERROTH. 154

John F. Lee, *Verteilungsfunktionen für die Beziehung der Entropie zum Unordnungsgrad beim Schmelzen reiner Metalle.* Vf. behandelt unter Zugrundelegung der LENNARD-JONES u. DEVONSHIRE-Theorie des Schmelzprozesses die Frage, einen expliziten Ausdruck für die Austauschentropie zu finden. Er führt dazu den Anteil der freien Energie der Leerstellen als gesonderten Term ein u. wendet auf ihn die üblichen Methoden der statist. Behandlung an. Unter Annahme einer linearen Abhängigkeit des Logarithmus des generalisierten freien Vol. von der Besetzungsdichte gelangt er zu einer einfachen Darstellung des Gesamtbetrages des freien Volumens. (J. chem. Physics **21**. 382. Febr. 1953. Raleigh, N. C., North Carolina State Coll., Mechan. Engng. Dep.) E. WASSERROTH. 154

K. I. Schtschelkin, *Erscheinungen in der Nähe der Entstehung der Detonation in Gasen.* Die Vorgänge in der Nähe des Entstehungsorts einer Detonation werden behandelt. Dabei legt Vf. eine früher entwickelte Theorie des Übergangs der langsamen Verbrennung zur Detonation zugrunde, wobei er Beschleunigung der Verbrennung infolge Turbulenz, adiabat. Druckwellen, Unstetigkeit in Zus. u. Geschwindigkeit des Gases u. schließlich Stoßwellen mit Unstetigkeit in D. u. Temp. annimmt. Vf. zeigt vor allem, daß die Detonation sowohl unmittelbar in der Nähe der langsamen Verbrennung als auch in einiger Entfernung vor der Front einsetzen kann. (Журнал Экспериментальной и Теоретической Физики [J. exp. theoret. Physik] **29**. 221—26. Aug. 1955. Inst. für chem. Phys. der Akad. der Wiss. der UdSSR.) M. WIEDEMANN. 157

Kenneth A. Wilde, *Verbesserte angenäherte Lösungen der Flammengleichungen für Flammen, die durch einfache chemische Reaktionen bestimmt werden.* Vf. zeigt eine Meth. zur Auffindung einer ungefähren analyt. Lsg. der Flammengleichung, die innerhalb der Genauigkeit der numer. Integration für einen weiten Bereich liegt. Die Lsg. gilt für einfache Fälle, z. B. eindimensionale, laminare Flammen, die von einer Rk. 1. Ordnung gelenkt werden. Es wird ein tabellar. aufgeführter Vgl. der dimensionslosen Brenngeschwindigkeiten mehrerer anderer Näherungsmethoden mit der numer. Integration gegeben. (J. chem. Physics **22**. 1788. Okt. 1954. Huntsville, Ala., Rohm & Haas Comp., Redstone Res. Div.) V. BURBACH. 157

J. Van Wonterghem und **A. Van Tiggelen,** *Die Dicke und die Geschwindigkeit des Fortschreitens einer Flammenfront.* Vff. bestimmten die Fortpflanzungsgeschwindigkeit von Flammen der Gemische *Acetylen*/O_2, *Äthylen*/O_2 u. CO_2/O (CO mit u. ohne Zusatz von H_2) mit Hilfe der von ihnen entwickelten Meth. durch Best. der Flammentemp. T_F u. der Dicke d_F der Flammenfront. Sie bestimmten dabei den Abstand s zwischen dem leuchtenden Konus u. dem nach dem Schlierenverf. erkennbaren Konus von Flammen über zylindr. Brennern nach einem bes. entwickelten Verf., T_F aus dem Grad der Selbstabsorption des Na-Dubletts. Es ergab sich $s = d_F \cdot 4,7$ u. $v_F = \sqrt{T_F} \cdot \lambda_0 \cdot 3,93 \cdot 10^3/d_F \cdot \sqrt{M}$, wo λ_0 = mittlere freie Weglänge u. M = Mol.-Gew. der in der Flamme wirksamen akt. Zentren. Die Werte für v_F, T_F, d_F werden für die einzelnen Gemische als Funktion des Abstandes von der Brenneröffnung in Kurven u. Tabellen angegeben. Die Temp. im Bereich des durch die Schlierenmeth. sichtbar gemachten Kerns lag um 550° K. (Bull. Soc. chim. belges **63**. 235—60. Mai/Juli 1954. Leuven, Univ., Labor. voor anorgan. en Analyt. scheikunde.) E. ROEDER. 157

S. Smith und **J. W. Linnett,** *Die oberen Entflammungsgrenzen von Wasserstoff/Luft- und Wasserstoff/Stickoxyd-Mischungen.* Vff. bestimmten mittels eines senkrechten Rohres von 150 cm Länge u. 5 cm Durchmesser für die obere Entflammungsgrenze bei aufwärts verlaufender Flammenfortpflanzung die Zus. der zugehörigen H_2/Luft- u. H_2/N_2O-Mischungen. Der Einfl. des Verhältnisses Luft/N_2O auf den Prozentgeh. an H_2 in den H_2/Luft/N_2O-Grenzmischungen wurde untersucht. Ferner wurde der Einfl. von Zusätzen von N_2, Methylalkohol u. Methyljodid auf die Zus. der H_2/Luft-Grenzmischungen sowie von A. auf die Zus. der H_2/N_2O-Grenzmischungen studiert. Einige Grenzflammtempp. sind berechnet worden. Aus den Ergebnissen wird gefolgert, daß die beobachteten Unterschiede verursacht werden durch die Ketten-Rkk. der beiden Mischungen (verzweigte bzw. unverzweigte) u. durch deren unterschiedliche Flammentemp., die wiederum abhängig von der Ketten-Rk. ist. (J. chem. Soc. [London] **1953**. 37—43. Jan.) G. GEISELER. 157

J. D. McKinley jr., *Isolierung von HO_2 aus der Wasserstoff–Sauerstoff-Diffusionsflamme.* Mit einer ähnlichen Versuchsanordnung, wie sie STADNICK benutzte, hat Vf. die H_2–O_2-Diffusionsflamme im Hinblick auf die auftretenden Reaktionsprodd. untersucht. Die Isolierung der Reaktionsprodd. erfolgte durch Absorption durch der Flamme entgegenströmendes Wasser. Dieses W. zeigt positive Nitrit-Rkk., enthält aber kein H_2O_2. Vf. zeigt, daß durch diesen Nitritgeh., der vom atmosphär. N_2 herrührt, die Unterss. sehr erschwert werden. Eine sichere Isolierung der Zwischenprodd. der Flammen-Rk. kann nur erfolgen, wenn der N_2 der Luft vollständig ausgeschaltet werden kann. (J. chem. Physics **22**. 1258. Juli 1954. Princeton, N. J., Princeton Univ., James Forrestal Res. Center, Chem. Kinet. Group.) H.-U. WOELK. 157

D. L. Hildenbrand, *Bemerkungen über die Oberflächentemperatur von brennenden flüssigen Salpetersäureestern.* Kritik einer Arbeit von STEINBERGER u. CARDER (C. **1956**. 642). Entgegen der Annahme dieser Autoren kann der Temperaturgradient im Gas unmittelbar über der Fl. nicht dem in der Fl. gleich sein, da die Beziehung K_{gas} (dT/

d x)$_{gas}$ = $K_{fl.}$ (dT/d x)$_{fl.}$ + H (K = Wärmeleitfähigkeit; H = Verdampfungswärme) erfüllt sein muß. Der Temperaturgradient im Gas braucht nicht so steil wie angenommen zu sein, da die Dicke der Vorerhitzungszone von der Verbrennungsgeschwindigkeit abhängt. Die Oberflächentemp. hängt erheblich von der chem. Aktivierungsenergie ab. (J. physic. Chem. **59.** 672. Juli 1955. China Lake, Calif., U. S. Naval Ordnance Test Stat., Res. Dep., Chem. Div.) M. LASER. 158

F. G. Keyes, *Weitere Messungen der Wärmeleitfähigkeit von Stickstoff, Kohlendioxyd und Mischungen.* Die früheren Messungen des Vf. bei 0, 50 u. 150° (C. **1953.** 3682) werden für dieselben Mischungen (0,3406 N_2, 0,5288 N_2, 0,6650 N_2) auf das Temperaturgebiet bis 350° ausgedehnt. Dabei ergibt sich die unerwartete u. bis jetzt wohl noch nicht beobachtete Tatsache, daß die Abweichung der Größe der Wärmeleitfähigkeit der Mischungen von der auf Grund eines idealen Verh. (d. h. auf Grund der Anteile der Komponenten) berechneten bei 50° negativ, bei ca. 150° Null u. bei höheren Tempp. mit steigender Temp. zunehmend positiv ist. Weder die ENSKOG-Theorie noch die empir. Formeln von LINDSAY u. BROMLEY sagen ein solches Verh. voraus. Es wird jedoch keine Modifikation dieser Formeln gegeben, bevor nicht weitere Daten zur Verfügung stehen. Der Druckeffekt ist bei höheren Tempp. mit der vorhandenen App. nicht genau zu messen, da bei CO_2-N_2-Mischungen bei höheren Drucken (z. B. bei 150° oberhalb 20 at) kein zeitunabhängiges Gleichgewicht eintritt, was seinen Grund darin hat, daß die Komponenten der Mischung die Tendenz haben, sich in Temperaturgradienten zu entmischen. (Trans. Amer. Soc. mechan. Engr. **74.** 1303—06. Nov. 1952. Cambridge, Mass., Massachusetts Inst. of Technol, Dep. of Chem.) F. CRAMER. 158

R. E. B. Makinson, *Die thermische Leitfähigkeit von Metallen.* Vf. diskutiert die Berechnung von SONDHEIMER (Proc. Roy. Soc. [London], Ser. A **203.** [1950.] 75) über die therm. Leitfähigkeit eines einwertigen Metalls unter Berücksichtigung von Unreinheiten u. Gitterstörungen. Vf. bringt den Beweis eines nichtstationären Ausdruckes für die therm. Leitfähigkeit, der von SONDHEIMER nicht klar gebracht wurde. (Proc. physic. Soc., Sect. A **67.** 290—91. 1/3. 1954. Sydney, Australia, Univ. of Sydney, School of Phys.) V. BURBACH. 158

S. C. Jain und **K. S. Krishnan,** *Die Temperaturverteilung an einem im Vakuum elektrisch erhitzten dünnen Draht.* 2. Mitt. *Theoretisches.* (1. vgl. Proc. Roy. Soc. [London], Ser.A **222.** [1954.] 167.) Für den Fall, daß der im Vakuum erhitzte Draht nicht zu kurz ist, geben Vff. eine mathemat. Lsg. durch Kombinieren von zwei besonderen Lsgg. für einen einzelnen unendlich langen Draht, der mit dem gleichen Strom erhitzt wird. Die Lsg. wird in bezug auf einige von STEAD vorgeschlagene Formeln diskutiert. Es wird gezeigt, daß die Lsg. ferner zu einem sehr brauchbaren Ausdruck für die Temp. in der Mitte eines begrenzt langen Drahtes als Funktion seiner Länge führt. (Proc. Roy. Soc. [London], Ser. A **225.** 1—7. 6/8. 1954. New Delhi, Nat. Phys. Labor. of India.) V. BURBACH. 158

S. C. Jain und **K. S. Krishnan,** *Die Temperaturverteilung an einem im Vakuum elektrisch erhitzten dünnen Draht.* 3. Mitt. *Experimentelles.* (2. vgl. vorst. Ref.) Vff. verwendeten für ihre Verss. dünne Drähte aus Acheson-Graphit. Für die Best. der Temperaturverteilung an verschieden langen Drähten, erhitzt mit Wechselströmen verschied. Dichte, waren Messungen der therm. u. elektr. Leitfähigkeit u. des spektralen u. totalen Strahlungsvermögens der Oberfläche bei verschied. Tempp. erforderlich. Die therm. Leitfähigkeit verringert sich bei hohen Tempp., um auf einen konstanten Minimalwert abzusinken; die anderen physikal. Größen wurden direkt bestimmt. Bei tiefer Temp. ist die spektrale Strahlung viel größer als die totale Strahlung, bei hohen Tempp. zeigen beide eine Annäherung aneinander. Außerdem nimmt die Spektralstrahlung schnell mit dem Anstieg der Wellenlänge ab. Die in der Formel für die Temperaturverteilung enthaltenen Konstanten, der Effekt des Temperaturkoeff., das parabol. Gesetz der Änderung nahe dem Mittelpunkt u. die Abweichung vom parabol. Gesetz in langen u. kurzen Drähten, wenn man sich vom Mittelpunkt weiter entfernt, beziehen sich auf das Gültigkeitsgebiet der logarithm. Formel in der B-Region. (Proc. Roy. Soc. [London], Ser. A **225.** 7—18. 6/8. 1954.) V. BURBACH. 158

S. C. Jain und **K. S. Krishnan,** *Die Temperaturverteilung an einem im Vakuum elektrisch erhitzten dünnen Draht.* 4. Mitt. *Viele brauchbare empirische, geprüfte Formeln.* (3. vgl. vorst. Ref.) Auf der Basis der Messungen der Temperaturverteilung u. einiger temperaturabhängiger physikal. Charakteristiken an im Vakuum erhitzten Drähten werden mehrere von WORTHING vorgeschlagene empir. Formeln diskutiert. Sie zeigen ein weites prakt. Anwendungsgebiet. (Proc. Roy. Soc. [London], Ser. A **225.** 19—32. 6/8. 1954.) V. BURBACH. 158

Tadashi Kishimoto und **Otohiko Nomoto,** *Über die molekulare Schallgeschwindigkeit von Flüssigkeiten.* 1. Mitt. *Betrachtung über die Raosche Beziehung zwischen dem Tempera-*

turkoeffizienten der Schallgeschwindigkeit und dem thermischen Ausdehnungskoeffizienten von Flüssigkeiten. Vff. versuchen, eine molekulartheoret. Deutung der RAOschen Beziehung zu geben, indem sie das von WENTORF, BUEHLER, HIRSCHFELDER u. CURTISS erweiterte Flüssigkeitsmodell von LENNARD-JONES u. DEVONSHIRE benutzen. Mit Hilfe der Zustandsgleichung für ein 6—12-Potential wird das Verhältnis des Temperaturkoeff. der isothermen Kompressibilität zum therm. Ausdehnungskoeff. für $k\,T/\varepsilon = 0{,}70$ u. eine Temp. von $T = 0{,}90\ T_s$ berechnet ($-\varepsilon$ = Minimum des mol. Potentials, T_s = Kp.). Der so erhaltene Zahlenwert liegt zwischen 6 u. 7, so daß Übereinstimmung mit dem experimentell gefundenen Koeff. in der RAOschen Beziehung für organ. Fll. besteht. Die Beziehung selbst wird dann an Hand von vorliegenden Schallgeschwindigkeitsdaten für zahlreiche organ. Fll., verflüssigte Gase u. geschmolzene Metalle noch einmal geprüft. (J. physic Soc. Japan **9.** 59—65. Jan./Febr. 1954. Kokubunzi, Tokyo, Kobayasi Inst. of Physic Res. [Orig.: engl.]) G. KELBG. 159

Tadashi Kishimoto und **Otohiko Nomoto,** *Über die molekulare Schallgeschwindigkeit von Flüssigkeiten.* 2. Mitt. *Abhängigkeit des thermischen Ausdehnungskoeffizienten und des Temperaturkoeffizienten der Kompressibilität von Flüssigkeiten vom Siedepunkt.* (1. vgl. vorst. Ref.) Vff. benutzen die l. c. erwähnte Zustandsgleichung u. berechnen die Abhängigkeit des therm. Ausdehnungskoeff. α, des Temperaturkoeff. der isothermen Kompressibilität $1/\beta_T\ (\partial\beta_T/\partial T)_P$ u. der Schallgeschwindigkeit $1/V\ (\partial V/\partial T)_P$ vom Siedepunkt. Für eine Temp. von $T = 0{,}90\ T_s$ geben Vff. folgende Gleichungen an: $\alpha = 0{,}140/T_s$; $1/\beta_T\ (\partial\beta_T/\partial T)_P = 0{,}865/T_s$; $1/V\ (\partial V/\partial T)_P = -0{,}36/T_s$. Mit einem umfangreichen experimentellen Material werden diese Gleichungen verglichen. Dabei stellt sich heraus, daß die reziproke Abhängigkeit von T_s im Mittel wiedergegeben wird, die Zahlenfaktoren jedoch um den Faktor 3 zu klein sind. Der Grund für diese Abweichung ist nicht klar, wird aber wohl z. T. in dem benutzten Flüssigkeitsmodell liegen. (J. physic Soc. Japan **9.** 66—72. Jan./Febr. 1954. [Orig.: engl.]) G. KELBG. 159

Otohiko Nomoto und **Tadashi Kishimoto,** *Über die molekulare Schallgeschwindigkeit von Flüssigkeiten.* 3. Mitt. *Betrachtung über die Raosche Beziehung zwischen der molekularen Schallgeschwindigkeit und den kritischen Daten.* (2. vgl. vorst. Ref.) Mit Hilfe des in der 1. Mitt. benutzten Flüssigkeitsmodells geben Vff. eine Ableitung der RAOschen Formel für die mol. Schallgeschwindigkeit $S = a\ (T_K/M)^{1/6}\ v_K$ (T_K = krit. Temp., v_K = krit. Vol., M = Mol.-Gew.). a ist ein Zahlenfaktor, der für organ. Fll. den mittleren Wert 2,68 hat. Theoret. wird a zu 4,64 gefunden. Da die aufgestellte Formel für a jedoch noch vom Verhältnis der isothermen zur adiabat. Kompressibilität γ abhängig ist, schlagen Vff. für die mol. Schallgeschwindigkeit die verfeinerte Beziehung $S = b\ (\gamma\ T_K/M)^{1/6}\ v_K$ vor. Zahlreiche experimentelle Daten sind in der Arbeit zusammengestellt. (J. physic Soc. Japan **9.** 73—77. Jan./Febr. 1954. [Orig.: engl.]) G. KELBG. 159

A_5. Kolloidchemie. Grenzschichtforschung.

K. S. W. Sing und **J. D. Madeley,** *Die Oberflächeneigenschaften von Silicageln.* 1. Mitt. *Die Bedeutung des p_H-Wertes bei der Herstellung aus Natriumsilicat und Schwefelsäure.* Vff. bestimmen die Absetzzeiten u. die Zunahme der opt. Dichten der durch Einlaufenlassen von Natriumsilicatlsgg. in H_2SO_4 bis zu einem bestimmten p_H-Wert (3,7—5,8) erhaltenen wss. Silicagele sowie die Oberflächenentw. u. den Restwassergeh. von Silicagelen, die bei 200° im Vakuum ausgeheizt wurden. Kurven belegen, daß die opt. Dichten, entsprechend dem bekannten Verh. der Absetzzeiten, nach der Fällung um so steiler ansteigen, je höher die p_H-Werte liegen u. je größer die Alterungstempp. sind, ohne daß letztere die Höhe des konstanten Endwertes u. damit die Oberflächenentw. beeinflussen. Die bei —195,8° mit N_2 u. bei —78,5° mit NO nach der Meth. von B. E. T. zur Oberflächenbest. gemessenen Isothermen zeigen, daß sich die Oberflächen umgekehrt proportional zum p_H-Wert verhalten u. daß bei kleinen relativen Drucken die bei niedrigen p_H-Werten gefällten Proben mehr Gas adsorbieren, bei hohen relativen Drucken aber weniger als die bei hohen p_H-Werten gefällten. Die Alterungszeiten haben keinen Einfl. auf die Oberflächenentwicklung. Durch Behandlung der Proben mit verd. H_2SO_4 steigt die adsorbierte Gasmenge um so stärker an, bei je höheren p_H-Werten das Silicagel gefällt wurde. Der durch Aufheizen auf 1000° im Vakuum entfernbare Restwassergeh. steigt mit wachsendem p_H-Wert an, jedoch läßt sich kein einfacher Zusammenhang mit der Oberflächenentw. finden. Die mit N_2 u. NO gemessenen Oberflächen zeigen nur dann eine relativ gute quantitative Übereinstimmung, wenn der Platzbedarf eines N_2-Mol. mit 16,2 Å² u. der eines NO-Mol. mit 20,4 Å² veranschlagt wird. (J. appl. Chem. **3.** 549—56. Dez. 1953. Salford, Royal Techn. Coll., Dep. of Chem.) H. LIST. 161

Fumio Oosawa, *Vortrennungserscheinungen und Mikrokoazervation.* Es wird das Vortrennungsphänomen von Lsgg. diskutiert, das bes. bei Lsgg. hochmol. Stoffe auftritt.

Die Wahrscheinlichkeit der Bldg. einer 2. Phase ist $\exp\{-\nu N_0 (\partial [P_0/RT]/\partial c_0) \cdot (c_2-c_1) (\partial \ln c_1/\partial T_0) (T-T_0)\}$. Darin bedeutet: P_0 = osmot. Druck, N_0 = AVOGADROsche Zahl, $(\partial c_1/\partial T_0)$ = Gradient der Löslichkeitskurve, (c_2-c_1) = Konzentrationsgebiet der Existenz der 2. Phase. Für Mol.-Gew. = 10^5, $(T-T_0) = 0{,}1$, $(c_2-c_1) = 3\cdot 10^{-2}$ wird die Wahrscheinlichkeit = $5\cdot 10^{-2}$. Für Lsgg. niedermol. Stoffe können Bedingungen für eine beobachtbare Vortrennung nicht realisiert werden. Zur Best. der Größenverteilung der bei der Vortrennung entstandenen Teilchen wird die cluster-Theorie (FRENKEL, J. chem. Physics **7**. [1939.] 200. 538) angewandt. Das Vol. dieser Teilchen wird bei Mol.-Gew. = 10^5 u. Oberflächenspannung $\sigma = 3\cdot 10^{-3}$ dyn/cm zu ca. 0,5% des Gesamtvol. errechnet. Bei sehr kleiner Oberflächenspannung kann keine diskontinuierliche Phasentrennung beobachtet werden. Osmot. Druck u. Trübung der Lsg. werden durch die Vortrennung beeinflußt. (J. physic. Chem. **59**. 577—80. Juli 1955. Nagoya, Japan, Nagoya Univ., Fac. of Sci., Dep. of Physics.) M. LASER. 163

Hitoshi Tominaga und **Koichi Hirano,** *Untersuchungen über das Kriechen von Salzlösungen.* 3. Mitt. *Einfluß der Glasoberfläche und der Lösungsionen auf das Kriechen.* (1. u. 2. vgl. J. chem. Soc. Japan, pure Chem. Sect. [Nippon Kagaku Zassi] **72.** [1951.] 933. 935.) Die Kriecherscheinung wurde mit in die Lsg. eingehängten Stäben aus verschied. Glassorten beobachtet u. dabei innerhalb 10% reproduzierbare Werte für die Zeitpunkte des beginnenden Kriechens u. dessen Geschwindigkeit erhalten. Bei Kationen verzögert sich der Beginn mit der Größe der Ionenladung, bes. kann Zugabe von Al^{3+}, z. B. für *$NaNO_3$*-Lsgg., eine solche Hemmwrkg. entfalten. Für die gleiche Lsg. ist die Kriechhöhe von der Glassorte bzw. dessen Oberflächenbeschaffenheit abhängig. (J. chem. Soc. Japan, pure Chem. Sect. [Nippon Kagaku Zassi] **73.** 522—26. Juli 1952. Sendai Tohoku Univ. [Orig.: japan.]) L. SCHULER. 166

I. P. Muchlenow und **Je. Ss. Tumarkina,** *Über die Wärmeübertragung im Schaumapparat.* 2. Mitt. (1. vgl. C. **1956.** 3776.) Nach den durchgeführten Verss. nehmen Intensität u. Vollständigkeit der Wärmeübertragung im beweglichen Schaum mit zunehmender Höhe h_0 der Ausgangsschicht der Fl. zu. Der Koeff. der Wärmeübertragung K_W kann aus der Formel $K_W = a + b\, h_0$ errechnet werden. Für die h_0-Werte 15—40, 15—35, 15—30, 15—20 mm bei der Gasgeschwindigkeit von 1,5; 2,0; 2,5; 3,0 m/sec haben die Konstanten a u. b (Werte in Klammer) folgende Werte: 3700 (110); 5300 (110); 6700 (110); 8000 (100). Für alle Geschwindigkeiten des Gases gilt die empir. Gleichung $\eta = 59 + h_0$ (η = therm. Nutzeffekt). K_W ist direkt proportional der Höhe der Schaumschicht H am Gitter im Bereich 80—400 mm. Es gilt: $\eta = a' H^n + b'$. Die Werte der Konstanten a' u. b' sowie des Exponenten n werden für das Syst. W.-Luft für die Gasgeschwindigkeiten 1,5; 2,0; 2,5; 3,0 u. 3,5 m/sec experimentell ermittelt. Eine Erhöhung der Intensität einer Schaumapp. ist nur bei gleichzeitiger Erhöhung des Schaumwiderstandes ΔP_2 möglich. Zwischen ΔP_2 u. K_W besteht eine direkte Proportionalität. (Журнал Прикладной Химии [J. angew. Chem.] **28.** 345—52. April 1955.) O. LEBTAG. 166

Karl-Heinrich Maier und **Hans Beutelspacher,** *Struktur und Porenverteilung in Filtermembranen.* An 5 verschied. Membranfiltern wird die statist. Verteilung der Porendurchmesser bestimmt durch elektronenopt. Unters. u. Anwendung der Grenzflächenspannungsmethode. Vff. vergleichen die erhaltenen Werte mit den mittleren Porenweiten, bestimmt aus den Durchflußzeiten nach dem Gesetz von HAAGEN-POISEUILLE. (Naturwissenschaften **40.** 605—06. Dez. 1953. Göttingen, Sartoriuswerke Akt.-Ges. & Co., Membranfilter-Ges., Labor; Braunschweig, Forschungsanst. für Landwirtschaft, Inst. für Biochem. des Bodens.) H. LAMP. 170

A. G. Ogston, *Verfahren zur Darstellung eindimensionaler Diffusion in binären Flüssigkeitssystemen.* Die thermodynam. u. kinet. Ausdrücke für die Diffusion in fl. Systemen werden unter besonderer Berücksichtigung der statist. Basis der kinet. Ausdrücke u. des nichtidealen Verh. miteinander verglichen. Das letztere tritt bei kinet. Betrachtung ein, wenn entweder die mittlere Weglänge δ' oder die spezif. Geschwindigkeitskonstante k für den Einzelaustauschschritt mit der Konz. veränderlich ist. Die verschied. Gleichungen für den Diffusionsfluß zeigen eine gewisse Übereinstimmung bzgl. einander entsprechender Terme. Die Einführung der Theorie der absol. Geschwindigkeit legt die Annahme nahe, daß die Wrkg. der Änderung von k der des Aktivitätskoeff. γ in der thermodynam. Behandlung gleichzusetzen ist, während dies für die Änderung von δ' nicht zuzutreffen scheint. Zur Lsg. des dargestellten Problems bieten sich verschied. Möglichkeiten, zwischen denen jedoch vorläufig keine Entscheidung getroffen werden kann. (Trans. Faraday Soc. **50.** 1303—11. Dez. 1954. Oxford, Univ., Dep. of Biochem.) W. NIEMITZ. 171

J. B. Lewis, *Der Mechanismus der Massenübertragung von gelösten Stoffen durch Grenzflächen zwischen Flüssigkeiten.* 1. Mitt. *Die Bestimmung von individuellen Über-*

tragungskoeffizienten für binäre Systeme. Der App., in dem die Massenübertragung bestimmt wurde, wird beschrieben. Verss. wurden mit 6 wss. u. 2 nichtwss. Lsgg. vorgenommen, die nur teilweise mischbar waren. Alle Resultate, mit Ausnahme von denen mit Furfurollsgg., konnten in Abhängigkeit von der REYNOLDSschen Zahl in einer Kurve dargestellt werden. Ein Einfl. der Grenzfläche war nur bei starrem, nicht bei beweglichem Film vorhanden. Individuelle Übertragungskoeffizienten konnten berechnet werden. (Chem. Engng. Sci. **3.** 248—59. Dez. 1954. Harwell, Didcot, Berks., AERE, Chem. Engng. Div.) H. MIETHING. 171

J. B. Lewis, *Der Mechanismus der Massenübertragung von gelösten Stoffen durch Grenzflächen zwischen Flüssigkeiten.* 2. Mitt. *Die Übertragung organischer gelöster Stoffe zwischen Lösungsmittel und wässeriger Phase.* (1. vgl. vorst. Ref.) Mit gleichem App. wie l. c. wurden organ., tern. Systeme untersucht u. mit den berechneten Werten bei Berücksichtigung des Einfl. der Grenzfläche verglichen. Äthylacetat–W. mit Aceton ergab höhere, Toluol–W. niedrigere Werte; bei den anderen untersuchten Systemen war die Übereinstimmung gut. Verlangsamung des Prozesses an der Trennfläche wird als Ursache für niedrigere Werte angenommen. (Chem. Engng. Sci. **3.** 260—78. Dez. 1954.) H. MIETHING. 171

John F. Riley und **Philip A. Lyons,** *Intensitätsmessungen, angewendet auf die Gouy-Diffusiometrie.* Zur Prüfung der Gültigkeit der theoret. Voraussagen über die wahre Intensitätsverteilung in den ersten GOUY-Streifen eines Diffusionssyst. haben Vff. die relativen Intensitätsverhältnisse in *Sucrose-* u. *KCl-*Lsgg. gemessen. Die hierfür entwickelte Meßmethodikanordnung ist eingehend beschrieben. Die erhaltenen Werte für die niedrigsten 3 Maxima werden mit den berechneten verglichen. Die Abweichungen zwischen diesen beiden Werten betragen maximal 1%. Die Gründe für größere Abweichungen werden diskutiert u. 2 direkt aufzeichnende Methoden für die Ermittlung von GOUY-Daten zur Best. der wirklichen Diffusionskoeffizienten beschrieben. (J. Amer. chem. Soc. **77.** 261—64. 20/1. 1955. New Haven, Conn., Yale Univ., Dep. of Chem.) H.-U. WOELK. 171

M. Smutek, *Antwort auf die Kritik von V. Ss. Gorbatschew.* In der Antwort auf die Kritik von GORBATSCHEW (C. **1956.** 7148) diskutiert Vf. die Berechtigung zum Benutzen der FICKschen Gesetze zur Lösung der Aufgabe der Diffusion von der Quelle unter Berücksichtigung der einzelnen Grenz- u. Anfangsbedingungen. SMUTEK zeigt, daß der Einwand von GORBATSCHEW gegen die Identität, die durch Summation von Gleichungen für Kationen- u. Anionenüberführung gebildet wird, nicht berechtigt ist. Die Identität zeigt in diesem Falle nur die Richtigkeit der Rechnung. Vf. lehnt auch die Einwände betreffs der Vernachlässigung der FARADAYschen Gesetze ab. Weiter diskutiert er die Frage der TAFELschen Gleichung, die Konstanz des Konzentrationsgradienten in der Nähe der Elektrodenoberfläche u. in der Lösung. Vf. hält die von GORBATSCHEW angeführten Formulierungen für nicht genügend begründet, weil er das BOLTZMANN-MAXWELLsche Verteilungsgesetz nicht berücksichtigt hat, aber nicht gezeigt hat, wo die alte Formulierung versagte u. wie seine Formulierungen nicht nur den alten, sondern auch den neuen Bedingungen entsprechen. Ferner diskutiert SMUTEK einige weitere Punkte der GORBATSCHEWschen Arbeit, vor allem die Aktivierungsenergie der Ionenentladung u. die Bedingung der Stromkonstanz, die von GORBATSCHEW nicht berücksichtigt wurde. (Chem. Listy **49.** 781—85. Mai 1955. Ostrava, Urxovy závody.) L. MATOUŠEK/Prag. 171

G. N. Richter, H. H. Reamer und **B. H. Sage,** *Die Viscosität von Stickstoffdioxyd in der flüssigen Phase.* Vff. bestimmten die Viscositäten von fl. NO_2 bei Drucken bis zu 5000 lbs./sq.in. u. in einem Temperaturbereich zwischen 40 u. 280° F, da vollständige Daten für diesen Bereich nicht vorlagen. Zu den Messungen wurde ein Kugelfallviscosimeter benutzt, das aus einem um ca. 15° geneigten Stahlrohr (rostfrei) bestand, in dem eine Stahlkugel unter dem Einfl. der Schwerkraft herunterrollen kann. (Ind. Engng. Chem. **45.** 2117—19. Sept. 1953. Pasadena, Calif., California Inst. of Technol., Chem. Engng. Labor.) G. WILLE. 172

A. O. Rietveld, A. Van Itterbeek und **G. J. Van Den Berg,** *Messungen über die Viscosität von Helium–Argon-Mischungen.* Mit steigendem He-Geh. nimmt die Viscosität η etwa linear bis zu einem Maximum zu, das bei um so höherer He-Konz. erreicht wird, je niedriger die Temp. ist. Messungen wurden bei 291,1, 229,5, 192,5, 90,2, 81,1 u. 72,0° K ausgeführt. Die erhaltenen Kurven stimmen mit den theoret. von HIRSCHFELDER, BIRD u. SPOTZ (C. **1949.** II. 393) recht gut überein. (Physica **19.** 517—24. Juni 1953. Leiden, Kamerlingh Onnes Labor.) G. KIRSCHSTEIN. 172

M. John Rice jr. und **Charles A. Kraus,** *Leitfähigkeit und Viscosität von konzentrierten wässerigen Salzlösungen bei 50,5°.* Vff. bestimmen die Äquivalentleitfähigkeit Λ u. die Viscosität η von *K-* u. *Cs-Formiatlsgg.* bei 50,5° u. Konzz. bis zu 15 Mol/Liter.

Bis zu Konzz. von 2,5 Mol/Liter ist Λ des Cs-Salzes größer als des K-Salzes, von 2,5 bis 5 Mol/Liter ist Λ bei beiden Salzen gleich, bei größeren Konzz. hat schließlich das K-Salz den größeren Λ-Wert. Es ist dies wohl damit zu erklären, daß bei den höheren Konzz. η einen größeren Einfl. auf Λ auszuüben beginnt. η des Cs-Salzes ist immer größer als des K-Salzes, u. dieser Unterschied nimmt mit wachsender Konz. zu. Das Prod. aus Λ u. η ist für das Cs-Ion bei allen Konzz. größer als für das K-Ion. Die $\Lambda\eta$/c-Kurven fallen zunächst scharf ab, gehen dann von c = 6–9 Mol/Liter der c-Achse parallel, um dann wieder leicht anzusteigen, dabei auffällig divergierend. Die Ergebnisse der Vff. werden verglichen mit denen von CAMPBELL u. KARTZMARK (C. **1953.** 2076) an $AgNO_3$ u. NH_4NO_3. (Proc. nat. Acad. Sci. USA **39.** 802–11. Aug. 1953. Brown Univ., Metcalf Res. Labor.) GABRIELE GÜNTHER. 172

J. S. Machin, Tin Boo Yee und **D. L. Hanna,** *Viscositätsuntersuchungen am System CaO–MgO–Al_2O_3.* 3. Mitt. *35, 45 und 50% SiO_2.* (State Illinois, Divis. State geol. Surv., Rep. Invest. **1953.** 1–9. – C. **1955.** 1215.) H. FALKENHAGEN. 172

G. Urbain, *Viscositätsmessungen von synthetischen, an Eisen(II)-oxyd reichen Schlacken.* 1. Mitt. Vf. bespricht zunächst kurz die hauptsächlichsten Verff. zur Messung der Viscosität von metallurg. Schmelzen u. hierauf ausführlicher die Meth. der Messung der Dämpfung eines sich in der Schmelze drehenden Zylinders. Eine nach diesem Prinzip arbeitende, neu konstruierte App. wird beschrieben. (J. Chim. physique Physico-Chim. biol. **49.** 308–15. 1952.) C. GOTTFRIED. 172

G. Urbain, *Viscositätsmessungen von synthetischen, an Eisen(II)-oxyd reichen Schlacken.* 2. Mitt. (1. vgl. vorst. Ref.) Mit der l. c. beschriebenen App. wurde die Viscosität von Schmelzen der Systeme *FeO–SiO_2* (**I**) u. *FeO–SiO_2–TiO_2* (**II**) gemessen. Die 8 Schmelzen des Syst. FeO–SiO_2 enthielten 11,5–38,1 Gew.-% SiO_2, die 10 Schmelzen des Syst. FeO–SiO_2–TiO_2 6–45,4 Gew.-% TiO_2. Trägt man die gemessene Viscosität gegen die Temp. graph. auf, dann besteht das Diagramm von **I** aus 2 Geraden, von denen denen die eine einer geringen Änderung der Viscosität mit der Temp. entspricht, wenn diese oberhalb der Liquiduskurve des Syst. liegt, während die andere Gerade einer sehr schnellen Änderung der Viscosität entspricht, u. zwar nicht nur mit der Temp., sondern auch mit der Zeit. Das Diagramm von **II** zerfällt ebenfalls in 2 Teile, u. zwar in eine Zone großer Viscositätszunahme für eine Temp. unterhalb der Liquiduskurve u. in eine Zone geringer Abnahme der Viscosität für eine Temp. oberhalb der Liquiduskurve. (J. Chim. physique Physico-Chim. biol. **49.** 316–22. Mai 1952.) C. GOTTFRIED. 172

R. A. W. Haul und **F. R. L. Schöning,** *Zur Messung von Adsorptionsgeschwindigkeiten.* Vff. teilen eine neue volumetr. Meth. zur Messung der Adsorption von Gasen in porösen Festkörpern mit. In der mathemat. Ableitung wird die Diffusion adsorbierter Moll. durch das poröse Adsorbens bes. berücksichtigt. (Naturwissenschaften **40.** 507. 1953. Pretoria, South African Council for Sci. and Ind. Res., Nat. Chem. Res. Labor.) H. LAMP. 176

R. M. Barrer, *Eigenpotentiale in sehr dünnen Oberflächen-Filmen.* In extrem dünnen flüssigkeitsähnlichen Oberflächenfilmen nähern sich die Eigenpotentiale schnell den für die gleiche Fl. als Ganzes charakterist. Potentialen, u. zwar, wie abschätzende Berechnungen des Vf. zeigen, dann, wenn die Schichten drei oder mehr Moll. dick sind. Daher nähern sich auch die Werte für Eigg., die wie die Oberflächenspannung von den zwischenmol. Kräften abhängig sind, schnell denen der Flüssigkeit. In bezug auf das durch zwischenmol. Kräfte zwischen adsorbierten Gasmoll. bedingte Eigenpotential von Gasen in gesätt. monomol. Schichten wird gezeigt, daß dieses in Beziehung gesetzt werden kann zur Wärmemenge, die beim Eintreten des Gases in die dichtgepackte monomol. Schicht frei wird. Diese Wärmemenge unterscheidet sich je nach dem Verh. des Films als eine an bestimmten Stellen des Absorbens lokalisierte oder nichtlokalisierte monomol. Schicht. Diese Zusammenhänge können zur Charakterisierung der monomol. Schicht beim oder nahe beim Sättigungspunkt benutzt werden. (Trans. Faraday Soc. **50.** 1074–77. Okt. 1954. Old Aberdeen, Univ., Chem. Dep.) W. NIEMITZ. 176

J. C. P. Mignolet, *Beziehung zwischen dem Oberflächenpotential und der Wechselwirkungsenergie im Fall einiger Wasserstoffilme.* Vf. wendet die von BOUDART (C. **1953.** 5992) vorgeschlagenen Vorstellungen über das Zustandekommen der Adsorption von Gasen an Metalloberflächen auf die Bldg. der *W*-, *Ni*- u. *Fe*-Hydride an u. deutet den Beitrag des Metalls an der vorwiegend kovalenten Bindung des H, der danach einmal darin besteht, daß eine freie Molekülbahn zur Verfügung gestellt wird u. daß das Elektron von dem höchsten, noch besetzten Niveau des Leitfähigkeitsbandes kommt, d. h. daß die Adsorption eines Atoms die Anregung eines Elektrons aus dem Leitfähigkeitsband in die freie Molekülbahn hinein erfordert. Mittels dieser Vorstellungen läßt sich das negative Vorzeichen der H-Filme erklären. (J. chem. Physics **23.** 753. April 1955. Liège, Univ., Inst. W. Spring.) W. NIEMITZ. 176

M. Boudart, *Adsorptionswärmen an Metalloberflächen.* Ausgehend von einer kurzen Diskussion über die Möglichkeit einer Berechnung der Adsorptionswärmen bei der Adsorption an Metalloberflächen zeigt Vf. in einer Antwort auf eine Notiz von MIGNOLET (vgl. vorst. Ref.) einen Weg auf, nach dem es möglich erscheint, die Adsorptionswärmen aus Potentialdaten wenigstens ihrer Größenordnung nach zu berechnen. Es wird dabei davon ausgegangen, daß eine klass. Doppelschicht besteht, die von den Bindungselektronen vor der Adsorption durchdrungen werden muß, u. daß die Ladungen der Doppelschicht nicht „verschmiert" sind, sondern ihre Verteilung gewissen Gesetzmäßigkeiten unterliegt. Mit Hilfe der vom Vf. entwickelten Anschauungen ist es z. B. möglich, das negative Vorzeichen der dem Vakuum zugewandten Seite der Doppelschicht des H auf W. zu erklären sowie die Vorzeichenänderung bei einer über die vollständige Filmbldg. hinausgehenden H-Adsorption. (J. chem. Physics **23.** 753—54. April 1955. Princeton, N. J., Univ., Chem. Engng. Labor.) W. NIEMITZ. 176

Rudra Pal Singh und **William Band,** *Die anomale Adsorption von Helium in monomolekularer Schicht.* Es wird versucht, die anomal hohe D. von He in der ersten monomol. Schicht an festen Oberflächen unter Benutzung des LENARD-JONESschen Modells zu erklären. Es wird die Anziehungskraft zwischen 2 He-Atomen bei Berücksichtigung einer Polarisation durch Adsorptionskräfte berechnet. Die um ca. 6% größere Anziehungskraft der polarisierten Atome wird durch eine größere Abstoßung fast vollständig ausgeglichen, kann also die anomale D. nicht erklären. Es wird daher die adsorbierte monomol. Schicht als zweidimensionale Verb. mit der Oberfläche betrachtet. Die Bindung beruht auf Gitterkräften, die durch Unregelmäßigkeiten der Oberfläche bedingt sind. (J. physic. Chem. **59.** 663—65. Juli 1955. Pullman, Wash., State Coll., Dep. of Phys.) M. LASER. 176

M. C. Rastogi, *Adsorption von Solen und Ionen durch frisch gefällte, schwerlösliche Salze.* Vf. hat weitere Unterss. über die Adsorption von Solen u. Ionen an frisch gefällten Ndd. (vgl. CHATTERJI u. RASTOGI, C. **1954.** 9944) durchgeführt. Danach gibt es, in Übereinstimmung mit der Koagulationstheorie, schwerlösl. Salze, die in ihr eigenes Sol hineindiffundieren, z. B. HgJ_2 u. $Ag_4Fe(CN)_6$. Die Ionenadsorption ist dagegen, auch bei stark schwankenden Elektrolytkonzz., gering, kann also nicht zur Deutung der Bldg. der LIESEGANGschen Ringe herangezogen werden. Vf. vermutet, daß hierfür die Koagulationstheorie geeignet ist, die durch die neuen Ergebnisse weitergestützt wurde. (Z. anorg. allg. Chem. **276.** 316—24. Aug. 1954. Lucknow, Indien, Univ., Chem. Laborr.) H.-U. WOELK. 176

R. Greene-Kelly, *Lithiumabsorption durch Kaolinmineralien.* Die irreversible Absorption von Li^+ in verschied. Kaoliniten (**I**) u. in Halloysit (**II**) wird untersucht. Dazu werden **I** bzw. **II** mit LiCl behandelt, der Überschuß mit A. oder W. entfernt, u. bei verschied. Tempp. (bei 300°) getrocknet. Darauf wird gegen NH_4-Acetat (p_H 7) ausgetauscht u. nach Auswaschen des Überschusses mit A. der NH_4^+-Geh. bestimmt. Analoge Verss. werden mit Na^+-, Mg^{2+}- u. Ca^{2+}-Lsgg. durchgeführt. Es zeigt sich, daß nach dem Erhitzen auf 200° nur geringe Mengen Li^+ ausgetauscht werden können. Bei Na^+, Mg^{2+} u. Ca^{2+} zeigt sich dieser Effekt in viel geringerem Maße. Gleichzeitig werden aber bei den Li^+-**I** u. -**II** noch größere NH_4^+-Mengen festgestellt, als sie der Gesamtkapazität ($Li^+ + NH_4^+$) entsprechen würden. Außerdem kann in die erhitzten Substanzen weiteres Li^+ bis zur 5fachen Menge der Kapazität im unerhitzten Zustand eingeführt werden. Es wird angenommen, daß Li^+ im Innern der Kristalle aufgenommen wird u. dieser Vorgang mit Strukturänderungen verbunden ist. Der NH_4-Austausch vollzieht sich dagegen an der Oberfläche. Ferner wird vermutet, daß bei der Li^+-Aufnahme H^+ ausgetauscht wird u. daß dieses H^+ bei der darauffolgenden Behandlung wieder eingebaut wird. (J. physic. Chem. **59.** 1151—52. Nov. 1955. Harpenden, Herts., Rothamsted Exp. Stat.) GÜNTER LANGE. 176

Toshiaki Shirai und **Toshio Ishibashi,** *Kinetik der Farbentwicklung von einigen Tonmineralien mit Benzidin.* Vff. haben die opt. Eigg. von *Bentonit* (**I**)- u. *Sericit* (**II**)-Solen verschied. Konzz. im reinen u. im mit Benzidin gefärbten Zustand untersucht. Die gefärbten **I**-Sole haben ein Absorptionsmaximum bei 600 mμ. Durch Messung der opt. Dichten von **I**-Solen mit verschied. Benzidinkonzz. als Funktion der Zeit wird die Kinetik der Farbentw. verfolgt. Die Ergebnisse dieser Messungen werden auf der Grundlage von Adsorptions- u. Diffusionsvorgängen diskutiert. Beziehungen für die Adsorptionsisothermen (in der Form von LANGMUIR) werden entwickelt u. der Diffusionskoeff. u. die Diffusionswärme des Benzidins berechnet. Es ergeben sich die Werte $7{,}4 \cdot 10^{-14}$ cm$^2 \cdot$ sec^{-1} u. 1,9 kcal für **I**-Sole. Für **II**-Sole führen ähnliche Messungen zu den gleichen

Schlüssen bzgl. des Mechanismus der Farbbldg., jedoch scheint **II** weniger akt. Adsorptionsstellen zu besitzen; die Diffusionswärme ist von gleicher Größenordnung wie für I-Sole, der Diffusionskoeff. ergibt sich zu $1{,}8 \cdot 10^{-14}$ $cm^2 \cdot sec^{-1}$. (Sci. Pap. Coll. gen. Educat., Univ. Tokyo **4.** 103—18. Dez. 1954. Tokyo, Univ., Coll. of Gen. Educat., Inst. of Chem.) H.-U. WOELK. 176

Ikumi Kagawa und **Ryūzō Kasashi,** *Untersuchungen über Ionenaustauschharze.* 3. Mitt. *Einfluß der Verteilungsdichte der Elektrolytradikale auf das Austauschgleichgewicht des Anionenaustauschers.* (*Untersuchungen über hochmolekulare Elektrolyte.* 22. Mitt.) (2. vgl. J. chem. Soc. Japan, ind. Chem. Sect. [Kōgyō Kagaku Zassi] **53.** [1950.] 126.) Ionen in der Harzphase sind in einem von dem in der Lsg. sehr verschied. Zustand, dem einer sogenannten Ionenassoziation. In dieser Annahme wurden neue Ableitungen für das Gleichgewicht entwickelt. (J. chem. Soc. Japan, ind. Chem. Sect. [Kōgyō Kagaku Zassi] **54.** 177—81. Febr. 1951. Nagoya Univ. [Orig.: japan.]) L. SCHULER. 177

Tetsuro Seiyama, Masatoshi Nagamatsu und **Wataru Sakai,** *Theorie über Ionenaustauschgleichgewichte.* 3. Mitt. *Gleichgewichtsgleichung für allgemeine Ionenaustauschreaktion.* (2. vgl. J. electrochem. Soc. Japan **20.** [1952.] 21.) Die im Vgl. zu l. c. allgemeinere Theorie wurde durch Anwendung von GUGGENHEIMs Theorie allg. kooperativer Systeme auf Ionenaustauscher angewandt. Die Gleichgewichtskonstante $\bar{K}$ ist abhängig von dem Anteil an nichtausgetauschten Ionen in der Austauscherphase beim Gleichgewicht. (J. electrochem. Soc. Japan **21.** 218—21. Mai 1953. Fukuoka, Kyushu Univ. [Orig.: japan.; Auszug: engl.]) L. SCHULER. 177

Edwar C. Freiling, *Ionenaustausch als eine Trennmethode.* 9. Mitt. *Theorie der Stufenelution.* (8. vgl. WISH u. FREILING, C. **1956.** 5099.) Vf. zeigt einen Weg für die theoret. Deutung der stufenweisen Elution im Rahmen der Säulentheorie. Bei dieser Variante des Elutionsverf. wird zur Erreichung scharfer Fronten u. besserer Trenneffekte die Konz. des Elutionsmittels kontinuierlich gesteigert. Mittels mathemat. Gleichungen können die experimentellen Ergebnisse graph. dargestellt u. ausgewertet werden. Es erfolgt eine Diskussion über die Einschränkungen der entwickelten Theorie. (J. Amer. chem. Soc. **77.** 2067—71. 20/4. 1955. San Francisco, Calif., U. S. Naval Radiolog. Def. Labor.) H. PITTACK. 177

R. C. Vickery, *Trennung der Lanthaniden durch Ionenaustausch. Ein Vergleich der Eluierungsmittel.* Der Einfl. verschied. Carboxylsäuren [Essigsäure (**I**), Äpfelsäure (**II**), Weinsäure (**III**), Citronensäure (**IV**), Aminoessigsäure (**V**), Nitrilotriessigsäure (**VI**) u. Äthylendiamintetraessigsäure (**VII**)] als Elutionsmittel bei der Trennung der Lanthaniden (**VIII**) wird untersucht. Qualitativ wird die Stabilität der La^{III}- u. Y^{III}-Komplexe mit den verschied. Säuren durch Aufnahme der Titrationskurven mit NaOH (vgl. C. **1952.** 2636) untersucht. Dabei wird an Hand der p_H-Werte folgende Reihenfolge zunehmender Stabilität festgestellt: **I** < **II** < **III** < **IV** < **V** < **VI** < **VII**. Die Elutionsverss. werden mit Dowex 50 (H^+ bzw. NH_4^+, 30—50 mesh) durchgeführt, als Standard gilt die Elution mit einer 0,1 Gew.-%ig. Lsg. von **IV** beim p_H 6 mit der Durchflußgeschwindigkeit 750 ml/Stunde. Beim Vgl. der Trennwrkg. von **I, IV, VI** u. **VII** unter Standardbedingungen bei variiertem p_H (4,2 u. 6,8) zeigt **IV** die besten Ergebnisse. Außerdem ist die Trennung der leichten **VIII** bei hohem p_H, die der schweren **VIII** bei kleinem p_H günstiger. Um ein Auskristallisieren der freien Säuren **VI** u. **VII** zu vermeiden, wird das Harz schließlich in der NH_4^+-Form verwendet. Entsprechend den größeren Komplexkonstanten bewirkt eine Erhöhung der Durchflußgeschwindigkeit gegenüber den Standardbedingungen bei **V, VI** u. **VII** eine bessere Trennung. Beim Vgl. mol. statt Gewichtskonzz. von **I, IV** u. **V** zeigen **I** u. **V** wegen der geringeren Wertigkeit schlechtere Ergebnisse als **IV**. Ebenfalls wird die bessere Trennwrkg. von **VII** gegenüber **IV** noch deutlicher beim Vgl. mol. Konzentrationen. Mit Hilfe früher gemessener Komplexbildungskonstanten (vgl. J. chem. Soc. [London] **1952.** 1895) von **VII** mit **VIII** werden Trennungen diskutiert. Da die Konstanten von Co^{II}, Zn^{II} u. Cd^{II} zwischen denen von Ce^{III} u. Pr^{III}, die von Cu^{II} u. Ni^{II} zwischen Er^{III} u. Yb^{III} liegen, werden deren Chloride zu den Mischungen von leichten bzw. schweren **VIII** gegeben. Da die Konstanten 2wertiger Kationen in Ggw. 3wertiger im allg. ansteigen, erscheinen Co^{II}, Zn^{II} u. Cd^{II} schon bei Sm^{III}, Eu^{III} u. Gd^{III} sowie Cu^{II} u. Ni^{II} schon vor den schweren **VIII** im Eluat. Beim Zusatz von $MnCl_2$ u. $FeCl_2$ zu leichten **VIII** tritt Mn^{II} zwischen Nd^{III} u. Pr^{III}, Fe dagegen wegen teilweiser Oxydation zusammen mit Nd^{III} auf. So gelingt die Trennung von Nd^{III} u. Pr^{III} unter Zusatz von Mn^{II} prakt. quantitativ. (J. chem. Soc. [London] **1952.** 4357—63. Nov. Melbourne, Commonwealth Sci. and Ind. Res. Org., Div. of Ind. Chem.) GÜNTER LANGE. 177

Edward E. Dodd, *Die Messung der statistischen Verteilung der elektrischen Belastung von zerstäubten Flüssigkeiten und Staub nach der Methode von Hopper und Laby.* In einer

Meßanordnung nach HOPPER u. LABY wurden Größe u. Ladung von zerstäubten Flüssigkeitsteilchen untersucht. Dazu werden die Aerosolpartikel in eine Meßkammer gebracht, in der sie einerseits der Gravitationskraft, andererseits einem horizontalen elektr. Querfeld ausgesetzt sind. Die vertikale Geschwindigkeitskomponente ist dabei eine Funktion der Teilchengröße, die horizontale eine Funktion des Verhältnisses Partikelladung/Partikelgröße. Die Bewegung wurde bei Dunkelfeldbeleuchtung photograph. registriert. Die untersuchten Aerosole bestanden aus *Di-n-butylsebacat, Dibutylphthalat, Oleinsäure, Paraffinöl, Nitrobenzol* u. *Hg*. Bei isolierenden Fll. wird gefunden, daß die absol. Ladung proportional der 1,5. Potenz des Tröpfchendurchmessers ist. Innerhalb der Tröpfchen gleichen Durchmessers wird die absol. Ladung um den Wert 0 in GAUSSscher Verteilung gefunden. Bei kleinsten Teilchen (2,0—2,8 μ) zeigen sich Abweichungen von dieser Regel. Der Mechanismus der Ladungsentstehung auf den Tröpfchen läßt sich in der klass. Form nach LENARD (Wasserfallelektrizität) nicht befriedigend deuten. Vf. gibt eine neue Erklärung der Erscheinungen. Bei Hg-Tröpfchen kann die statist. Verteilung der Ladung nach GAUSS nicht nachgewiesen werden. Die Ergebnisse werden eingehend in Verbindung mit Veröffentlichungen anderer Autoren diskutiert. (J. appl. Physics **24.** 73—80. Jan. 1953. Berkeley, Calif., Univ. of California, Dep. of Phys.) W. REUSSE. 180

A_6. Strukturforschung.

A. J. C. Wilson, *Die Einflüsse von Versetzungen auf die Röntgenstrahlenbeugung.* Theoret. Betrachtungen. (Nuovo Cimento [10] **1.** 277—83. 1/2. 1955. Cardiff, Univ. Coll., Viriamu Jones Labor.) C. GOTTFRIED. 181

E. Kappler und **R. Mock,** *Eine röntgenographische Methode zur Bestimmung der Verteilungskurve der Gitterkonstanten und der Verteilungskurve der Gitterorientierungen an derselben Stelle einer Einkristallprobe.* Vff. beschreiben ein photograph. Verf., das die gleichzeitige Best. der Mannigfaltigkeiten der Orientierungen u. der Gitterkonstanten an derselben Stelle einer Probe erlaubt. Die Verteilungskurven der Orientierungen u. der Gitterkonstanten für eine *Dolomit*-Probe werden angegeben. Im Verlauf der Auswertung der Gitterkonstantenverteilungskurven für einige Kristalle ($CaCO_3$, *NaCl, Al, KBr, LiF*) ergeben sich Abweichungen der natürlichen Linienbreite $\Delta\lambda/\lambda$ von den von EHRENBERG u. v. SUSICH (Z. Physik **42.** [1927.] 823), PURKS (Physic. Rev. [2] **31.** [1928.] 931) u. ALLISON (Physic. Rev. [2] **44.** [1933.] 63) angegebenen Werten. (Naturwissenschaften **41.** 330. Juli 1954. Münster/Westf., Univ., Phys. Inst.) W. KRÖNERT. 181

J. Thewlis und **A. R. Davey,** *Verwendung einer Standardröntgenpulverkamera für Arbeiten bei tiefen Temperaturen.* In einer gewöhnlichen Röntgenkamera wird die zu untersuchende Probe durch einen Gasstrom abgekühlt, welcher durch sd. fl. N_2 in einem Dewargefäß erhalten wird. Die Temperaturmessung geschieht durch Thermoelemente in der unmittelbaren Nähe der zu untersuchenden Probe. Mit der Anordnung können Unterss. bis zu —150° durchgeführt werden. (J. sci. Instruments **32.** 79. Febr. 1955. Harwell, AERE.) C. GOTTFRIED. 181

O. Kratky und **G. Porod,** *Zur Kleinwinkelstreuung der Cellulose.* Erwiderung zu einer Bemerkung von HOSEMANN (vgl. C. **1956.** 141). (Z. Elektrochem., Ber. Bunsenges. physik. Chem. **60.** 188—89. März 1956. Graz, Univ., Inst. für Theoret. u. Physic. Chem.) W. KRÖNERT. 181

R. Hosemann, *Zur Theorie der Kleinwinkelstreuung.* Ergänzung zu der Erwiderung von KRATKY u. POROD (vgl. vorst. Ref.). (Z. Elektrochem., Ber. Bunsenges. physik. Chem. **60.** 189—90. März 1956. Berlin-Dahlem, Fritz-Haber-Inst. der Max-Planck-Ges.) W. KRÖNERT. 181

O. Kratky und **G. Porod,** *Zur Kleinwinkelstreuung der Cellulose.* Erwiderung zu der Bemerkung von HOSEMANN (vgl. vorst. Ref.). (Z. Elektrochem., Ber. Bunsenges. physik. Chem. **60.** 190. März 1956. Graz, Univ., Inst. für Theoret. u. Physik. Chem.) W. KRÖNERT. 181

Persio de Souza Santos, *Methode zur Wiederbenutzbarmachung von Metallnetzen für die Elektronenmikroskopie.* Das Netz wird nach Benutzung zuerst mit heißem dest. W. gewaschen, 1 Std. in sd. 0,1%ig. Seifenlsg. gekocht, in kalter Seifenlsg. einen Tag aufbewahrt, mit W. abgespült, hierauf ca. 20 Min. mit 1n HCl bei 30—40° behandelt, zum Schluß mit sd. dest. W. sorgfältig gereinigt u. bei 100—120° getrocknet. (Nature [London] **175.** 351—52. 19/2. 1955. São Paulo, Inst. Butantan, Labor. de Virus.) C. GOTTFRIED. 181

Laurens Jansen und **Zaka I. Slawsky,** *Abweichungen von der Additivität des zwischenmolekularen Feldes bei hohen Dichten.* Im allg. werden zwischenmol. Felder einer Gruppe neutraler Atome oder Moll. als additiv in bezug auf isolierte Paare angenommen. Vff. diskutieren die nichtadditiven Effekte, die von anderen Autoren berechnet wurden, u. führen eine Korrektur für Kräfte 2. Ordnung zwischen zwei Moll. bei hohen Dichten ein. Diese Korrektur kann als Schutzeffekt für ein isoliertes Molekülpaar angesehen werden. Die Meth. basiert auf dem Modell des eingeengten Atoms oder Moleküls. (J. chem Physics **22**. 1701—04. Okt. 1954. College Park, Md., Univ. of Maryland, Dep. of Chem.) V. BURBACH. 182

R. T. Sanderson, *Beziehung von Stabilitätsverhältnissen zu Paulingschen Elektronegativitäten.* Kurze Notiz über eine Möglichkeit der Umrechnung der Werte des vom Vf. als Maß der Elektronegativität eingeführten Stabilitätsverhältnisses SR (vgl. C. **1954**. 1893) in die üblichen Elektronegativitätswerte nach PAULING. Nach der empir. Beziehung $X^{1/2} = 0{,}21$ SR + 0,77, in der X die Elektronegativität nach PAULING darstellt, ergeben sich X-Werte, die bis auf diejenigen von Ge, As, Sb u. Se befriedigend mit den von PAULING angegebenen übereinstimmen. (J. chem. Physics **23**. 2467—68. Dez. 1955. Iowa City, Io., State Univ. of Iowa, Dep. of Chem.) R. STEIN. 182

N. D. Ssokolow, *Die Wasserstoffbindung.* Zusammenfassende Übersicht. — 139 Literaturangaben. (Успехи Физических Наук [Fortschr. physik. Wiss.] **57**. 205—78. Okt. 1955.) E. KLEVER. 182

Kazuhisa Tomita und **Isao Mannari,** *Über den Zustand von festem Wasserstoff.* (Vgl. C. **1956**. 5483.) Die theoret. Auswertung der Ergebnisse von HATTON u. ROLLIN (C. **1949**. E. 1164) über Protonenresonanz ergibt, daß eine Struktur mit dichtester Atompackung energet. instabil ist; weitere für reinen o-H_2 erhaltene Resultate stimmen größenordnungsmäßig mit den Erfahrungstatsachen überein. (Progr. theoret. Physics [Kyoto] **10**. 367—69. Sept. 1953. Kyoto, Univ., Fac. of Sci., Dep. of Phys. [Orig.: engl.]) G. KIRSCHSTEIN. 182

R. T. Sanderson, *Zweiwertiger Wasserstoff in dem FHF^--Ion.* Kernresonanzunters. (WAUGH, HUMPHREY u. YOST, C. **1955**. 8556) sowie thermodynam. Daten (WESTRUM JR. u. PITZER, C. **1948**. I. 1374 u. **1950**. I. 951) ergeben für das FHF^--Anion lineare Anordnung u. gleichen Abstand des Protons von den beiden F-Kernen. Unter Berücksichtigung des polaren Anteils an der Bindung in HF von 24,7% kann starke elektrostat. Anziehung zwischen H u. einem weiteren F^--Ion angenommen werden. Die Stabilisierung des 2wertigen Zustandes des H ist dann dem durch das Anion zusätzlich vorhandenen Elektron zuzuschreiben. Die Berechnung der Elektronegativitäten für verschied. hypothet. Synthesen zeigt, daß die Bldg. des FHF^--Ions auch mit den üblichen chem. Anschauungen verträglich ist. Die Zweiwertigkeit des H in FHF^- ist jedoch nicht mit den bekannten Protonen- u. Hydridbrücken zwischen neutralen Moll. zu identifizieren. (J. chem. Physics **23**. 217. Jan. 1955. Iowa City, Io., State Univ. of Iowa, Dep. of Chem.) W. KRÖNERT. 182

Hans-J. Krause, *Über die Struktur der niederen Homologen des Phosphornitrilchlorids.* Die Ringstruktur der niederen Homologen des Phosphornitrilchlorids $(PNCl_2)_n$ für n = 3 u. 4 wird durch Berechnung der Molpolarisationen u. der Dipolmomente aus Messungen des spezif. Vol. u. der DK. sowie durch Best. der UV- u. Ultrarotabsorptionsspektren sichergestellt u. auf gefaltete, nichtkondensierte Ringsysteme auch für n = 5—7 geschlossen. Für das Nitrilohexamere $P_6N_7Cl_9$ wird dagegen nach diesen Unterss. eine nahezu ebene Ringstruktur aus 3 kondensierten Sechsringen vorgeschlagen, in der eines der N-Atome mit 3 Valenzen an P gebunden ist. (Z. Elektrochem., Ber. Bunsenges. physik. Chem. **59**. 1004—08. 1955. Hannover, TH, Techn.-chem. Inst.) I. WILKE. 182

T. H. K. Barron und **C. Domb,** *Über die kubisch und hexagonal dicht gepackten Gitter.* Vorliegende Arbeit wurde durch die Entdeckung eines polymorphen Übergangs in festem *He* von DUGDALE u. SIMON (vgl. Proc. Roy. Soc. [London], Ser. A **218**. [1953.] 291) angeregt. Eine Diskussion der relativen Stabilität von kub. u. hexagonal dichtgepackten Gittern wird vorgenommen, unter Annahme zentraler Kräfte vom MIE-LENNARD-JONES-Typ. Werden allein stat. Gitterenergien berücksichtigt, so begünstigen die herkömmlichen Kraftgesetze ein hexagonal dicht gepacktes Gitter, bei einer Energiedifferenz von ca. 0,01%. Jedoch zeigt die Gitterdynamik, daß der äquivalente DEBYEsche Θ-Wert am absol. Nullpunkt für das kub. Gitter um ca. 1% kleiner ist. Hieraus sollte, unter Vernachlässigung der Nullpunktsenergie, bei erhöhten Tempp. auf einen Übergang hexagonal → kub. geschlossen werden. Die geschätzten Werte der Temp. u. Energie dieses Überganges sind von derselben Größenordnung wie die in festem He beobachteten. Eine Abschätzung des Einfl. der Nullpunktsenergie wird vorgenommen; die Ergebnisse können befriedigend auf schwerere Edelgase angewendet werden, besitzen aber für He nur qualitativen Wert, da anharmon. Effekte in diesem Fall eine große Rolle spielen. Für die anderen Edelgase im festen Zustand wird gefolgert, daß die experimentell beobachtete kub.-dichte Packung bei allen Tempp. nichtzentralen Kräften zugeschrieben werden muß. (Proc. Roy. Soc. [London], Ser. A **227**. 447—65. 8/2. 1955. Oxford, Univ., Clarendon Labor.; Cambridge, Univ., Roy. Soc. Mond Labor.) G. RUBAN. 190

Truman O. Woodruff, *Die OPW-Methode für die Berechnung von Energieeigenwerten, ausgedehnt auf Kristalle von Verbindungen.* (Sitzungsbericht.) Vf. hat wichtige Einzelheiten der Energiebänderstruktur halbleitender Kristalle mit Zinkblendenstruktur berechnet. Im Zusammenhang damit wird die OPW-Meth. von HERRING (Physic. Rev. [2] **57**. [1940.] 1169) zur Berechnung der Energieeigenwerte von Kristallen mit S-Atomen verschied. Art in der Einheitszelle herangezogen. (Physic. Rev. [2] **93**. 947. 15/2. 1954. California Inst. of Technol.; Hughes Res. and Developm. Labor.) H.-U. WOELK. 190

G. F. Hüttig, H. Wörl und **H. H. Weitzer,** *Ein Beitrag zu den Reaktionen zwischen festen Stoffen. Über die Bildung von Zinkaluminat aus Zinkoxyd und Aluminiumoxyd und die Bildung von Kupfer/Nickel-Legierungen aus Gemischen von Kupfer- und Nickelpulvern.* Vff. untersuchen mit radioakt. Isotopen den Bildungsvorgang $ZnO + Al_2O_3 \rightarrow Zn(AlO_2)_2$ u. mit Hilfe ferromagnet. Methoden die Umsetzung $x Cu + y Ni \rightarrow Cu_x Ni_y$ (Mischkristalle). Aus den Untersuchungsergebnissen wird abgeleitet, daß die Rk. eines Pulvergemisches zweier starrer Komponenten nach dem Schema $A + B \rightarrow AB$ bei steigender Temp. durch die Diffusion der Komponente mit den leichter beweglichen Gitterbausteinen („Sorptiv") auf die Oberfläche der Komponente mit den schwerbeweglichen Gitterbausteinen („Sorbens") eingeleitet wird. Die Körner der letzteren Komponente werden vollständig eingehüllt. (Z. anorg. allg. Chem. **283**. 207—16. Jan. 1956. Graz, TH, Inst. für anorgan. u. physikal. Chem.) H. KNOLL. 190

B. Vassiliou, E. W. Roberts und **G. R. Rigby,** *Niederschlag von kugelförmigem Graphit.* Nach Erhitzen kleiner Mengen von feuerfesten Stoffen in einem elektr. Ofen mit Mullitröhre in feuchtigkeitsfreier Stadtgasatmosphäre auf Tempp. zwischen 1100 u. 1600° waren die Proben mit einem Nd. von Graphit bedeckt, welcher nahezu vollständig aus Kügelchen in traubenartigen oder fadenförmigen Aggregaten zusammengesetzt war. Eine mkr. Unters. der Fäden zeigte, daß sie aus einer Schnur von Kügelchen oder Schnitten von Kügelchen zusammengesetzt waren. Auf der Oberfläche einzelner Kugeln wurden spiralartige Strukturen beobachtet. (Nature [London] **175**. 348—49. 19/2. 1955. Stoke-on-Trent, Penkhull, Brit. Ceramic Res. Assoc.) C. GOTTFRIED. 190

L. J. E. Hofer, E. Sterling und **J. T. McCartney,** *Struktur des aus Kohlenmonoxyd auf Eisen, Kobalt und Nickel abgeschiedenen Kohlenstoffs.* Der bei der CO-Zers. an Fe-, Co- u. Ni-Katalysatoren bei 390° entstehende Kohlenstoff hat, elektronenmkr. betrachtet, im allg. fadenförmige Gestalt von 0,01—0,2 μ Durchmesser. In den meisten Abscheidungen sind ferner dunkle Kerne feststellbar. Die verschied. Formen auf den einzelnen Katalysatoren werden näher beschrieben u. ihre Kristallstruktur röntgenograph. bestimmt. (J. physic. Chem. **59**. 1153—55. Nov. 1955. Pittsburgh, Pa., Bur. of Mines, Div. of Solid Fuels Technol., u. Carnegie Inst. of Technol., Dep. of Chem., Coal Res. Labor.) GÜNTER LANGE. 190

Leroy Alexander und **Stephen R. Darin,** *Röntgenstrahlenbeugungsuntersuchung von vier verstärkenden (reinforcing) Rußen.* Nach der von FRANKLIN (vgl. C. **1950**. II. 147) entwickelten Meth. untersuchten Vff. röntgenograph. die Ruße *Kosmobile 77, Statex K, Philblack O* u. *Acetylenruß.* Zu diesem Zweck wurden die experimentellen u. theoret. (0 0 2)- u. zweidimensionalen (1 1)-Linienprofile aufeinander abgestimmt, nachdem die beobachteten Intensitäten zuerst auf Elektroneneinheiten A normalisiert u. hierauf in „red." Intensitäten $I(s) = (A - C)/E$ umgewandelt waren, wobei C u. E die inkohärente u. die unabhängige kohärente Streuung bedeuten u. $s = (2 \sin \vartheta)/\lambda$ ist. Aus den Unterss. ergab sich, daß die ersten 3 Ruße sehr ähnlich sind, während Acetylenruß in seinen Eigg. deutlich von den anderen Rußen verschieden ist. Die experimentellen Ergebnisse sind graph. u. tabellar. zusammengestellt. (J. chem. Physics **23**. 594—95. März 1955. Erratum: **24**. 1118. Mai 1956. Pittsburgh, Pa., Mellon Inst.) C. GOTTFRIED. 195

Shigeya Kuwabara, *Eine Untersuchung des anormalen Brechungseffektes bei der Elektronenbeugung.* 2. Mitt. *Zinkoxydrauch.* (1. vgl. C. **1955**. 2144.) Mittels Elektronenbeugung wurde ZnO-Rauch untersucht. Bei kleinen Rauchteilchen waren die Interferenzringe scharf; ein Doppelbrechungseffekt konnte nicht beobachtet werden. Bei größeren Rauchteilchen (Teilchengröße $>$ einige hundert Å) war dieser Effekt an einer Reihe von Interferenzen deutlich nachweisbar. Er ließ sich halb quantitativ mit Hilfe der dynam. Theorie erklären. (J. Sci. Hiroshima Univ., Ser. A **17**. 221—28. Dez. 1953. Hiroshima, Univ., Phys. Labor. [Orig.: engl.]) C. GOTTFRIED. 195

William F. Zelezny, Norman C. Baenziger, *Die Kristallstruktur von Tetrachlorophosphoniumdichlorojodid.* PCl_6J wird durch Rk. von PCl_5 mit JCl in CS_2 als gelber, gegen H_2O sehr empfindlicher Nd. erhalten. Reinigung erfolgt durch Sublimation unter

Luftabschluß. Einkristalle werden durch Tempern von PCl_6J in abgeschmolzenen Capillaren erzeugt. Die Elementarzelle wird aus Pulveraufnahmen bestimmt; sie ist tetragonal mit a = 9,26 u. c = 5,68 Å. Aus Z = 2 errechnet sich die D. zu 2,53. Auf Grund der Isotypie mit Tetramethylammoniumdichlorojodid wird die Raumgruppe $D_{2d}^3 - P\bar{4}2_1m$ abgeleitet. Es werden PATTERSON- u. FOURIER-Synthesen angefertigt u. folgende Punktlagen erhalten: 2 P in 0, 0, ½; ½, ½, ½; 2 J in 0, ½, z; ½, 0, $\bar{z}$ mit z = 0,161; 4 Cl in x, ½ + x, z; $\bar{x}$, ½ − x, z; ½ + x, $\bar{x}$, $\bar{z}$; ½ − x, x, $\bar{z}$ mit x = $0{,}18_0$ u. z = 0,161; 8 Cl in x, y, z; ½ − x, ½ + y, $\bar{z}$; $\bar{x}$, $\bar{y}$, z; ½ − x, ½ − y, $\bar{z}$; $\bar{y}$, x, $\bar{z}$; ½ + y, ½ + x, z; y, $\bar{x}$, $\bar{z}$; ½ − y, ½ − x, z mit x = $0{,}15_5$; y = $0{,}07_9$; z = $0{,}29_8$. Die Struktur besteht aus regulären tetraedr. PCl_4^+- u. linearen $ClJCl^-$-Ionen mit folgenden Atomabständen: P — Cl (8zählige Punktlage): 1,98 Å; J—Cl (4zählige Punktlage): 2,36 Å; Cl—Cl (innerhalb der PCl_4^+-Tetraeder): 3,23 Å; Cl—Cl (zwischen verschied. PCl_4^+-Tetraedern): 3,50 Å u. Cl—Cl (4zählige u. 8zählige Punktlage) 3,56 Å. (J. Amer. chem. Soc. **74.** 6151—52. 5/12. 1952. Iowa City, Io., State Univ. of Iowa, Dep. of Chem.)

W. KRÖNERT. 195

Giorgio Peyronel, *Die Kristallstruktur des Hexamethylcyclotrisiloxans.* 3. Mitt. (2. vgl. C. **1955.** 9973.) Auf Grund der beobachteten u. berechneten Strukturfaktoren an Hexamethylcyclotrisiloxan ergibt sich für die Positionen u. die Parameter der Atome: Si (x $\bar{x}$ 0) x = 0,780, O (x $\bar{x}$ 0) x = 0,187 u. C (x $\bar{x}$ z) x = 0,628, z = ±0,083. Die resultierenden Atomabstände u. Valenzwinkel sind: Si—O = 1,614 Å, Si—CH_3 = 1,992 Å, Si—C = 1,93 Å, mittlerer Abstand zwischen den Schwerpunkten der Methylgruppen = 4,268 Å, ∢ O—Si—O = 104°, ∢ Si—O—Si = 136° u. ∢ C—Si—C = 106° 36′. Der Abstand Si—CH_3 = 1,99 Å entspricht dem Abstand Si zum Schwerpunkt der Methylgruppe. (Atti Accad. naz. Lincei, Rend., Cl. Sci. fisiche, mat. natur. [8] **16.** 231—36. Febr. 1954.)

H. NÖTH. 195

E. Parthé, H. Schachner und **H. Nowotny**, *Ein Beitrag zum Aufbau von Siliciden der Übergangsmetalle.* Im Dreistoffsyst. Cr–Si–C wird eine zur Mo–Si–C-Phase mit D 8_8-Struktur (vgl. NOWOTNY, PARTHÉ, KIEFFER u. BENESOVSKY, C. **1955.** 2617) isotype Verb. gefunden. Ein isotypes Gitter wird ebenfalls in W–Si-Proben beobachtet, die neben C noch N bzw. O enthielten. Die Gitterkonstanten betragen: $Cr_{5-x}\,Si_{3-y}\,C_{x+y}$: a = $6{,}97_9$, c = $4{,}71_6$ kX; $W_{5-x}\,Si_{3-y}\,(C, N, O)_{x+y}$: a = 7,18, c = 4,84 kX. Die bereits teilweise ermittelten Phasen der Zus. M_3Si_2 werden in den Systemen mit Cr, Mo, W, Nb durchweg als isotyp erkannt. Sehr wahrscheinlich trifft dies auch für die analogen Phasen V_3Si_2 u. Ta_3Si_2 zu. Die Zus. dieser Kristallarten kann möglicherweise etwas gegen die metallreiche Seite verschoben sein. Sie krist. tetragonal mit der wahrscheinlichen Raumgruppe D_{4h}^{18} (C_{4v}^{10}, D_{2d}^{10}); die Gitterkonstanten sind: Cr_3Si_2: a = 9,16, c = 4,64 kX; Mo_3Si_2: a = 9,64, c = 4,98 kX; W_3Si_2: a = 9,54, c = 4,93 kX; Nb_3Si_2: a = 9,95, c = 5,07 kX. (Mh. Chem. **86.** 182—85. 15/2. 1955. Wien, Univ., I. Chem. Labor., u. TH, Inst. für physikal. Chem.; Reutte/Tirol, Metallwerk Plansee G. m. b. H.)

W. KRÖNERT. 195

Michael Hoch und **Herrick L. Johnston**, *Das System Germanium-Sauerstoff.* (Sitzungsbericht.) (Physic. Rev. [2] **94.** 749. 1/5. 1954. — C. **1955.** 994.) J. SIEWERT. 195

R. D. Hill, *Netzebenenabstände von 14 Å in Kaolinmineralien.* HONJO, KITAMURA u. MIHAMA (Acta crystallogr. [Copenhagen] **7.** [1954.] 684) berichten über ein Mineral vom Kaolintyp mit einer Translationsperiode von 14 Å. Vf. vermutet, daß dieses Mineral in der Natur aus *Dickit* entstanden ist. Während natürlicher Dickit keine größeren Netzebenenabstände als 7 Å aufweist, zeigt bei 700° gebrannter Dickit Netzebenenabstände von 14 Å ohne höhere Ordnungen. Höhere Ordnungen mit 7,15 u. 3,57 Å treten zusätzlich auf, wenn bei 700° gebrannter Dickit anschließend durch 54std. Behandeln mit gesätt. Dampf bei 200° wieder hydratisiert wird. Kaolinit zeigt dagegen nach dem Brennen oberhalb 500° keine (0 0 l)-Reflexe. Das unterschiedliche Verh. dieser beiden sehr ähnlichen Minerale hängt mit dem abweichenden Gitterbau in der c-Richtung zusammen. (Acta crystallogr. [Copenhagen] **8.** 120. Febr. 1955. Melbourne, Australia, Commonwealth Sci. and Ind. Res. Org., Div. of Building Res.) W. KRÖNERT. 195

L. K. Frevel und **H. W. Rinn**, *Standardwerte von Pulveraufnahmen an Niobpentoxyd und Tantalpentoxyd.* Beim Vgl. der Daten von Pulveraufnahmen von Ta_2O_5 (**I**), das durch direkte Oxydation von reinem Ta-Metall hergestellt wurde, mit den entsprechenden Daten, die aus früheren Unterss. vorlagen, ergab sich, daß es sich hierbei um ein Handelsprod., das größere Mengen Nb_2O_5 (**II**) enthielt, handelte. In Tabellen werden die Werte der Netzebenenabstände, relativen Linienintensitäten u. Indices für die rhomb. Tieftemperaturmodifikationen von **I** u. **II** sowie die entsprechenden Werte für das pseudohexagonale **II** angegeben. (Analytic. Chem. **27.** 1329—30. Aug. 1955. Midland, Mich., Dow Chemical Co.) G. BURGMANN. 195

W. H. Zachariasen, *Kristallchemische Untersuchungen an Elementen der 5f-Reihe.* 19. Mitt. *Die Kristallstruktur des höheren Thoriumhydrids, Th_4H_{15}.* (16. vgl. C. **1954.** 6676; 18. vgl. Acta crystallogr. [Copenhagen] **5.** [1952.] 664.) Vorläufige Unterss. des Vf. (vgl. Manhattan Project Report CC–2166 [1944]) an einem von dritter Seite erhaltenen Thoriumhydridpräp. der ungefähren Zus. ThH_3 hatten auf eine kub. Zelle mit a = 9,09 ± 0,02 X, der Raumgruppe I $\bar{4}$ 3 d u. 16 Th-Atomen in der Lage 16 (c) mit x = 0,214 ± 0,010 geführt. Bei der vorliegenden erneuten Unters. konnten die Lagen der H-Atome bestimmt werden. Hieraus konnte die Formel des Hydrids zu Th_4H_{15} festgelegt werden. Die genaue Kantenlänge der Zelle ist a = 9,11 ± 0,02 Å mit Z = 4 Th_4H_{15}. Es liegen 16 Th in 16 (c) mit x = 0,208 ± 0,003; 12 H_I in 12 (a) u. 48 H_{II} in 48 (e) mit x = 0,400; y = 0,230; z = 0,372. In dem Gitter bilden die Th-Atome ein Netzwerk von nahezu regulären Tetraedern mit gemeinsamen Ecken, aber nicht mit gemeinsamen Kanten. In dem Gitter sind 12 solche Tetraeder enthalten, deren Mittelpunkte den Punktlagen der Lage 12 (a) entsprechen. Für die 48 H_{II}-Atome gelang es nicht, Parameter zu finden, mit denen ein H_{II}-Atom von 4 Th-Atomen den gleichen Abstand hätte. Es ergab sich jedoch, daß die Th-Atome nahezu gleichseitige Dreiecke bilden, die aber nicht Flächen der obigen Tetraeder sind. In dem Gitter sind 48 von diesen Dreiecken vorhanden. Der beobachtete Th—Th-Abstand ist sehr viel größer als der in metall. Th beobachtete. Der Radius des Th beträgt 1,79Å, der des H_I 0,67 Å u. der des H_{II} 0,50 Å. Was die chem. Formel Th_4H_{15} betrifft, so ist dies wahrscheinlich die ideale Zus. der Phase. Aus den chem. Unterss. ergibt sich, daß der Homogenitätsbereich der Phase sehr schmal ist; er erstreckt sich bis zu einem H : Th-Verhältnis von 3,4. Es ist andererseits auch möglich, daß die Zus. Th_4H_{15} scharf definiert ist. (Acta crystallogr. [Copenhagen] **6.** 393—95. 10/5. 1953. Chicago, Ill., ANL and Univ., Dep. of Phys.) C. GOTTFRIED. 195

W. H. Zachariasen, *Kristallchemische Untersuchungen an Elementen der 5f-Reihe.* 20. Mitt. *Die Kristallstruktur von Trikaliumuranylfluorid.* (19. vgl. vorst. Ref.) Kleine Einkristalle von $K_3UO_2F_5$ wurden dargestellt durch Zugabe einer konz. KF-Lsg. zu einer konz. Uranylnitratlsg. u. Umkristallisieren aus wss. Lösung. Die Kristalle sind raumzentriert-tetragonal mit a_1 = 9,160 ± 0,001 Å; a_3 = 18,167 ± 0,002 Å. Raumgruppe ist C_{4h}^6 — I 4_1/a; Z = 8. Die Struktur wurde mit Hilfe einer Reihe von FOURIER-Synthesen durchgeführt. In dem Gitter liegen (alle + ½ ½ ½) 4 K_1 in ± (0, 1/4, 1/8); 4 K_2 in ± (0, 1/4, 5/8); 16 K_3 in der allgemeinsten Lage 16 (f) mit x = 0,210 ± 0,001; y = —0,009 ± 0,001; z = 0,0113 ± 0,0005; 8 U in ± (0 1/4 z), (0, 1/4, 1/4 — z) mit z = 0,3960 ± 0,0004; 16 O in 16 (f) mit x = 0,043 ± 0,002; y = 0,062 ± 0,002; z = 0,397 ± 0,001; 8 F_1 in ± (0 1/4 z), (0, 1/4, 1/4 — z) mit z = 0,273 ± 0,001; 16 F_2 in 16(f) mit x = 0,359 ± 0,001; y = 0,232 ± 0,001; z = 0,005 ± 0,001 u. 16 F_3 in 16(f) mit x = 0,271 ± 0,001; y = 0,202 ± 0,002; z = 0,143 ± 0,001. Die Struktur ist aus $(UO_2F_5)^{3-}$- u. K-Ionen aufgebaut. Die UO_2F_5-Gruppe hat die Form einer pentagonalen Bipyramide mit den beiden O-Atomen an den Spitzen der Bipyramide. Die UO_2-Gruppe ist innerhalb der experimentellen Fehlerquellen linear mit dem U—O-Abstand 1,76 ± 0,03 Å. Die 5 F-Atome des Komplexes bilden ein nahezu ebenes Fünfeck, welches angenähert senkrecht zu der UO_2-Gruppe liegt. Die U—F-Abstände liegen zwischen 2,22 u. 2,26 Å. Im Gitter liegt die UO_2-Achse senkrecht zu der a_3-Achse u. bildet mit den a_1- u. a_2-Achsen Winkel von je 13°. Die U—F_1-Bindung fällt mit der vertikalen zweizähligen Achse des Kristalls zusammen, so daß diese zweizählige Achse das einzige Symmetrieelement des Komplexes ist. Jedes K_1 ist von 6 F-Atomen, jedes K_2 von 4 F- u. 4 O-Atomen u. jedes K_3 von 6 F- u. 2 O-Atomen umgeben. Die interatomaren Abstände sind tabellar. zusammengestellt. Es wird auf den ausgeprochen pseudokub. Charakter der Struktur hingewiesen. (Acta crystallogr. [Copenhagen] **7.** 783—87. 10/12. 1954.) C. GOTTFRIED. 195

W. H. Zachariasen, *Kristallchemische Untersuchungen an Elementen der 5f-Reihe.* 21. Mitt. *Die Kristallstruktur von Magnesiumorthouranat.* (20. vgl. vorst. Ref.) Kleine orangebraune Nadeln von $Mg(UO_2)O_2$ wurden durch Zugabe von U_3O_8 zu einer Schmelze von $MgCl_2$ u. langsamer Hydrolyse des Chlorids erhalten. Die Kristalle erwiesen sich als rhomb. mit [0 0 1] als Nadelachse. Die Elementarzelle hat a_1 = 6,520 ± 0,002 Å; a_2 = 6,595 ± 0,002; a_3 = 6,924 ± 0,002 Å. Raumgruppe ist I m a n; Z = 4. Durch FOURIER-Synthesen ergaben sich die folgenden Punktlagen (alle + 1/2 1/2 1/2): 4 U in ± (0 y 1/4) mit y = 0,0222 ± 0,0010; 4 Mg in (0 1/2 0), (0 1/2 1/2); 8 O_1 in ± (x y 1/4), ($\bar{x}$ y 1/4) mit x = 0,295 ± 0,003; y = 0,022 ± 0,003 u. 8 O_2 in ± (0 y z), (0, y, 1/2 — z) mit y = 0,200 ± 0,004; z = —0,012 ± 0,004. Die Struktur enthält O_1—U—O_1-Uranylgruppen, welche parallel der a_1-Achse liegen, mit dem Abstand U—O_1 = 1,92 ± 0,03 Å. Jedes U-Atom ist an 2 Uranylsauerstoffe (O_1) u. 4 andere O-Atome (O_2) gebunden. Die 4 U—O_2-Bindungen liegen senkrecht zu den Uranylbindungen, so daß die 2 O_1- u. 4 O_2-Atome ein verzerrtes Oktaeder um das U-Atom bilden. Da die verzerrten $(UO_2)O_4$-Oktaeder Kanten gemeinsam haben, werden endlose Ketten der mittleren Zus. (UO_2O_2) parallel der a_3-Achse gebildet, die gleichzeitig Nadelachse des Kristalls ist. Die gemeinsame O_2—O_2-Kante ist 2,64 Å lang, während die anderen O_2—O_2-Abstände 3,29 u. 3,61 Å betragen. Die Ketten werden durch die Mg-Atome zusammengehalten, wobei die 6 Mg—O-Bindungen zu 4 verschied. Ketten verlaufen. Die verzerrten MgO_6-Oktaeder haben ebenfalls gemeinsame Kanten u. bilden so ebenfalls unendliche Ketten parallel der Nadelachse. Es wird zum Schluß darauf hingewiesen, daß alle bisher untersuchten Orthouranate Schichtengitter mit den UO_2-Gruppen senkrecht zu den Schichten bildeten. (Acta crystallogr. [Copenhagen] **7.** 788—91. 10/12. 1954.) C. GOTTFRIED. 195

W. H. Zachariasen, *Kristallchemische Untersuchungen an Elementen der 5f-Reihe.* 22. Mitt. *Die Kristallstruktur von K_3UF_7.* (21. vgl. vorst. Ref.) In dem Syst. KF—UF_4 tritt nach Unterss. des Vf. (vgl. C. **1949.** II. 1268) die Verb. K_3UF_7 in 2 nahe verwandten Formen auf, u. zwar in tetragonaler Form (I) bei langsamem Abkühlen der Schmelze u. in kub. Form (II) bei schnellem Abkühlen der Schmelze. I ist innenzentriert mit den Zelldimensionen $a_1 = 9{,}22 \pm 0{,}02$ Å; $a_3 = 18{,}34 \pm 0{,}04$ Å. Raumgruppe ist $I\,4_1/a$; Z = 8. Aus Vergleichspulveraufnahmen mit *$K_3UO_2F_5$* (vgl. vorvorst. Ref.) ergab sich, daß I mit $K_3UO_2F_5$ isostrukturell ist. Eine Folge dieser Beobachtung ist, daß die vorliegende Struktur $(UF_7)^{3-}$-Komplexe enthalten muß u. daß diese Komplexe nahezu isostrukturell mit den $(UO_2F_5)^{3-}$-Gruppen sein müssen. Es kann daher angenommen werden, daß die Atomlagen u. Parameter in I die gleichen sind wie die in $K_3UO_2F_5$, mit Ausnahme der beiden F_4-Atome, die die beiden Uranylsauerstoffatome ersetzen. Es liegen demnach (alle + $^1/_2$ $^1/_2$ $^1/_2$) 4 K_1 in $\pm$ (0 $^1/_4$ $^1/_8$); 4 K_2 in $\pm$ (0 $^1/_4$ $^5/_8$); 16 K_3 in der allgemeinsten Lage 16(f) mit x = 0,210; y = −0,009; z = 0,011; 8 U in $\pm$ (0 $^1/_4$ z), (0, $^1/_4$, $^1/_2$ − z) mit z = 0,396; 8 F_1 in $\pm$ (0 $^1/_4$ z), (0, $^1/_4$, $^1/_4$ − z) mit z = 0,273; 16 F_2 in 16(f) mit x = 0,359; y = 0,232; z = 0,005; 16 F_3 in 16(f) mit x = 0,271; y = 0,202; z = 0,143 u. 16 F_4 in 16(f) mit x = 0,100; y = 0,025; z = 0,396. — **II** ist flächenzentriert kub. mit a = 9,22 $\pm$ 0,02 Å u. Z = 4. Aus den beobachteten Intensitäten folgt, daß die Metallatome in oder nahe den Punktlagen: 4 U in (0 0 0); 4 K_1 in $^1/_2$ $^1/_2$ $^1/_2$ u. 8 K_2 in $^1/_4$ $^1/_4$ $^1/_4$ liegen. Die Strukturen von $K_3UO_3F_5$ u. II sind ausgesprochen pseudokub., ihre Metallatome nur leicht aus den obigen Punktlagen verschoben. Auf Grund verschied. Beobachtungen nimmt der Vf. an, daß II in Wirklichkeit eine regellose Form von I ist u. daß diese regellose Struktur ebenfalls $(UF_7)^{3-}$-Komplexe der gleichen Form u. mit den gleichen Dimensionen wie I enthält u. daß die Regellosigkeit durch die verschied. Orientierung dieser Komplexe bedingt ist. Nach ausführlicher Diskussion wird die folgende Struktur für II vorgeschlagen: Raumgruppe F m 3 m; 4 U in 4(a), 4 K_1 in 4(b); 8 K_2 in 8(c); 4 F_1 in 24(e); 8 F_2 in 192 (l); 8 F_3 in 192(l) u. 8 F_4 in 96(j) mit den F-Parametern: F_1: (x =) 0,245; (y =) 0; (z =) 0; F_2: −0,199; 0,132; −0,059; F_3: 0,076; 0,212; −0,095; F_4: 0; 0,100; 0,225. Zum Schluß wird darauf hingewiesen, daß die Verbb. *$(NH_4)_3ZrF_7$* u. *K_3ZrF_7* isostrukturell mit der regellosen Form von K_3UF_7 sind. (Acta crystallogr. [Copenhagen] **7.** 792—94. 10/12. 1954.) C. GOTTFRIED. 195

W. H. Zachariasen, *Kristallchemische Untersuchungen an Elementen der 5f-Reihe.* 23. Mitt. *Über die Kristallchemie von Uranylverbindungen und von verwandten Verbindungen der Transuranelemente.* (22. vgl. vorst. Ref.) An Hand der in der Literatur vorhandenen strukturellen Unterlagen bespricht Vf. die Kristallchemie von UO_2-Verbb. u. von Verbb., welche die Gruppen $(NpO_2)^{2+}$, $(PuO_2)^{2+}$ u. $(AmO_2)^{2+}$ enthalten. Alle diese (XO_2)-Gruppen haben die symm. lineare O—X—O-Form. In allen bisher bekannten Strukturen bildet das Atom X zusätzliche u. längere Bindungen zu anderen O- oder F-Atomen, u. zwar wurden bisher 4, 5 u. 6 solcher sek. Bindungen beobachtet. Die Bindungslänge innerhalb der XO_2-Gruppe als auch die Länge der sek. Bindungen variieren stark von Struktur zu Struktur. (Acta crystallogr. [Copenhagen] **7.** 795—99. 10/12. 1954.) C. GOTTFRIED. 195

W. H. Zachariasen und **F. H. Ellinger,** *Kristallchemische Untersuchungen an Elementen der 5f-Reihe.* 24. Mitt. *Die Kristallstruktur und die Wärmeausdehnung im γ-Plutonium.* (23. vgl. vorst. Ref.) Aufnahmen an *γ-Pu* bei 235° ergaben eine rhomb.-flächenzentrierte Zelle mit $a_1 = 3{,}1587 \pm 0{,}0004$ Å; $a_2 = 5{,}7682 \pm 0{,}0004$ Å; $a_3 = 10{,}162 \pm 0{,}002$ Å u. Z = 8. Raumgruppe ist D_{2h}^{24} — F d d d. Die 8 Pu-Atome liegen in 0 0 0; 0 $^1/_2$ $^1/_2$; $^1/_2$ 0 $^1/_2$; $^1/_2$ $^1/_2$ 0; $^1/_4$ $^1/_4$ $^1/_4$; $^3/_4$ $^3/_4$ $^1/_4$; $^3/_4$ $^1/_4$ $^3/_4$; $^1/_4$ $^3/_4$ $^3/_4$. Jedes Pu-Atom ist an 10 andere Atome mit einem mittleren Abstand von 3,157 Å gebunden. Wenn man den Einfl. der Koordinationszahl berücksichtigt, beträgt der Metallradius in γ-Pu 1,60 Å, im Vgl. mit einem Radius von 1,63 Å in δ-Pu. Dieser Unterschied in den Radien ist möglicherweise der Tatsache zuzuschreiben, daß der Übergang von der δ- zur γ-Form von dem Übergang eines Bruchteils eines Elektrons von dem 5f- zu dem 6d-Niveau begleitet ist. Senkrecht zu der a_3-Achse sind pseudohexagonale Lagen, wobei die a_3-Periode dem vierfachen Schichtabstand entspricht. Aus Aufnahmen bei Tempp. zwischen 213 u. 312° ergaben sich die folgenden mittleren linearen Koeffizienten der Wärmeausdehnung: $10^6 \alpha_{[100]} = -19{,}7 \pm 1{,}0$ (pro Grad); $10^6 \alpha_{[010]} = 39{,}5 \pm 0{,}6$ u. $10^6 \alpha_{[001]} = 84{,}3 \pm 1{,}6$; der mittlere Volumenkoeff. ist $(104 \pm 2) \cdot 10^{-6}$. (Acta crystallogr. [Copenhagen] **8.** 431—33. 10/7. 1955. Chicago, Ill., Univ.; Los Alamos, N. Mex., Sci. Labor.) C. GOTTFRIED. 195

E. N. Adams, *Plasmaschwingungen in Metallen.* Als Grundlage für eine Theorie von Plasmaschwingungen in einem Metall wurde die self-consistent Feldbehandlung der elektron. Wellenfunktionen in einem festen Körper angewandt. Es wurden 2 Verff. zur Berechnung der Plasmafrequenz entwickelt, die beide auf der Meth. von BOHM u. PINES (vgl. C. **1956.** 6580 u. früher) der Einführung der Plasmaoscillatoren basierten. Es wurde gefunden, daß einen starken Einfl. auf die Plasmaschwingungen in einem Metall Band-zu-Band-Übergänge ausüben. Bei einer Anwendung der Unterss. des Vf. auf die Plasmafrequenz in Na wurde gefunden, daß selbst das beste Metall mit „freien Elektronen" nicht als ein Elektronengas zum Zwecke der Bldg. eines Plasmas behandelt werden kann. Ganz allg. kann ausgesagt werden, daß in Metallen die effektive Massenapproximation zur Behandlung der Elektron–Plasma-Wechselwrkg. unzulänglich ist, mit Ausnahme vielleicht der Halbleiter. Vf. vertritt die Auffassung, daß die bisher veröffentlichten Theorien des Elektronenplasmas in Metallen, was die Behandlung des Ausschlußprinzips anbelangt, unbefriedigend sind. Es erscheint jedoch möglich, daß das Ausschlußprinzip nur die Frequenz von Wellen endlicher Wellenlänge beeinflußt, da der Einfl. der Dichtewellen von genügend langer Wellenlänge nahezu äquivalent einer stat. Störung ist u. der Einfl. eines stat. Störungspotentials auf die Einelektronwellenfunktionen nicht durch das Ausschlußprinzip beeinflußt wird. (Physic. Rev. [2] **98.** 947—53. 15/5. 1955. Chicago, Ill., Univ., Inst. for Nucl. Stud.) C. GOTTFRIED. 197

J. W. McClure, *Achsenverhältnisse in hexagonalen Kristallen.* Ausführliche theoret. Unters. über die Abweichungen der Achsenverhältnisse in hexagonal kristallisierenden Metallen u. Legierungen von dem bei idealer dichtester Kugelpackung zu erwartenden Wert. (Physic. Rev. [2] **98.** 449—61. 15/4. 1955. Chicago, Ill., Univ. of Chicago, Dep. of Phys. u. Inst. of Nucl. Stud.) R. STEIN. 197

T. S. Kuhn und **J. H. Van Vleck,** *Ein vereinfachtes Verfahren zur Berechnung der Gitterenergie einwertiger Metalle.* Es wird ein Verf. beschrieben, das im Rahmen der Zellenmeth. mit Hilfe der empir. Werte der ersten s- u. p-Niveaus der freien Atome die Berechnung der Gitterenergie, der Gitterkonstanten u. der Kompressibilität einwertiger Metalle gestattet u. wesentlich einfacher ist als bei expliziter Benutzung eines Zentralfeldes. Das Verf. wird auf die Alkalimetalle *Na, K* u. *Rb* angewandt. Die Ergebnisse für Na stimmen, wie auch die früherer Berechnungen, gut mit der Erfahrung überein. Bei K u. Rb ist das weniger der Fall, doch ist die Übereinstimmung für K wesentlich besser als bisher. Vermutlich sind die Fehler der theoret. Ergebnisse nicht durch die Besonderheiten des vorliegenden Verf. bedingt, sondern jeder Theorie eigen, die die Wrkg. der Rumpfelektronen durch ein Zentralfeld ersetzt. (Physic. Rev. [2] **79.** 382—88. 15/7. 1950. Cambridge, Mass., Harvard Univ.) A. KOCHENDÖRFER. 197

Frédéric Montariol, Robert Reich, Philippe Albert und **Georges Chaudron,** *Über die Anwendung der Zonenschmelzmethode für eine sehr weitgehende Reinigung von Aluminium.* Die von SCHUMACHER (J. Metals **5.** [1953.] 1428) angewandte Zonenschmelzmeth. zur Reinigung von Ge wandten Vff. auf die Reinigung von 99,998%ig. Al an. In dem der Meth. unterworfenen Al-Barren waren Cu, Na, Si u. die Seltenen Erden im Atommeiler aktiviert. Nach dem Zonenschmelzen wurde der Barren zonenweise auf seinen Geh. an akt. Cu, Na, Si u. Seltenen Erden sowie colorimetr. auf den Geh. an Fe untersucht. Tabellar. sind die Versuchsergebnisse zusammengestellt. Aus den angegebenen Zahlenwerten ist die Brauchbarkeit der Meth. deutlich ersichtlich. (C. R. hebd. Séances Acad. Sci. **238.** 815—17. 15/2. 1954.) C. GOTTFRIED. 197

E. Kappler und **R. Mock,** *Röntgenographische Studie zur Erholung von plastisch verformten Aluminiumeinkristallen.* Die von Vff. angegebene Meth. (vgl. C. **1956.** 8825) zur gleichzeitigen Best. der Verteilungskurven der Gitterkonstanten u. der verschied., in dem bestrahlten Bereich vorhandenen Netzebenenorientierungen wird auf plast. gedehnte u. plast. gebogene Al-Einkristalle, die nach der Verformung bei verschied. Tempp. (von 150—650° in Abständen von 100°) jeweils 2 Std. getempert worden sind, angewandt. Nach der Verformung tritt eine sehr starke Aufspaltung in verschied. Netzebenenorientierungen auf. Daneben zeigt sich auch eine merkliche Verbreiterung der Gitterkonstantenverteilungskurve auf 40—80% der Halbwertsbreite im unverformten Zustand. Während sich durch die Temperung in der Orientierungsverteilung wenig ändert, nimmt die Halbwertsbreite der Gitterkonstantenverteilung mit steigender Temp. in charakterist.

Weise ab. Es ist damit gezeigt, daß sich Erholungsvorgänge auch röntgenograph. durch Änderung der Breite monochromat. Einkristallreflexe bemerkbar machen. (Naturwissenschaften **41.** 330—31. Juli 1954. Münster/Westf., Univ., Physik. Inst.) W. Krönert. 197

P. J. Black, *Die Messung von Elektronenübergang durch Röntgenbeugungsmethoden.* Im Verlauf von Strukturanalysen von Al-Legierungen mit Übergangsmetallen ($MnAl_6$, Co_2Al_9 u. Co_2Al_5) wurde versucht, die von Raynor vorgeschlagenen Elektronenübergangseffekte nachzuweisen. Eine einwandfreie Bestätigung der Theorie von Raynor wurde nicht erreicht; der Effekt muß jedenfalls viel kleiner sein, als er von der Theorie verlangt wird. (Philos. Mag. [7] **46.** 155—63. Febr. 1955. Cambridge, Cavendish Labor., Crystallogr. Labor.) C. Gottfried. 197

T. R. Anantharaman und **J. W. Christian,** *Das Vorhandensein einer makroskopischen Scherung bei der Umwandlung von Kobalt.* Um festzustellen, ob bei der Umwandlung von flächenzentriert-kub. Co in hexagonal dichtest gepacktes Co eine makroskop. Scherun auftritt, beobachteten Vff. mkr. die elektrolyt. polierte Oberfläche von polykristallinemg Co bei der Erhitzung in H_2 durch den Umwandlungbereich. Es wurde beobachtet, daß bei ca. 415° dünne Platten zu erscheinen begannen, wobei die Oberfläche der Probe um die Schnittlinie der Platten gekippt war. Die Platten ähnelten in ihrem Aussehen den Neumannschen Banden in Fe. Gelegentlich konnte beobachtet werden, daß sie eine linsenförmige Form hatten; ihre Anzahl nahm zu bis die Umwandlung beendet war. In einem einzelnen Korn waren meist 4 verschied. Richtungen von Spuren in der Oberfläche zu beobachten, wobei diese Spuren oft parallel zu den Seiten (1 1 1) von kub. Anlaßzwillingen verliefen. Beim Abkühlen auf Zimmertemp. verschwanden die Spuren nicht vollständig, wahrscheinlich weil bei der Umwandlung in einer polykristallinen Probe zum Teil nichtreversible plast. Deformation auftritt. Zur Identifizierung der Habitusebene wurde eine stereograph. Analyse u. eine röntgenograph. Unters. durchgeführt. Auf der stereograph. Projektion war zu erkennen, daß die 4 Spurenrichtungen mit der Habitusebene (1 1 1) in Einklang stehen. Auf Grund von Schwenkaufnahmen ergab sich, daß auf der stereograph. Projektion die (0 0 0 1)-Pole innerhalb 1° auf die (1 1 1)-Pole fallen. Diese Beobachtungen scheinen das Vorhandensein einer makroskop. Scherung zu beweisen. Über den Mechanismus der Umwandlung kann noch nichts Endgültiges ausgesagt werden. (Philos. Mag. [7] **43.** 1338—42. Dez. 1952. Oxford, Inorg. Chem. Labor.) C. Gottfried. 197

W. E. Wallace, *Bindung in den Metallen der Zinkfamilie.* Vf. diskutiert eingehend die Bindungsverhältnisse in den Metallen der Zinkfamilie (IIb-Gruppe des Period. Syst.); die ungewöhnlich großen Abweichungen von der idealen dichtesten Kugelpackung deuten auf eine beträchtliche Verschiedenheit der Kohäsionskräfte in diesen Metallen von der n. ungerichteten metall. Bindung hin. Vf. nimmt an, daß ein Syst. kovalenter Bindungen in der hexagonalen Basis, vermutlich Hydridbindungen unter Beteiligung einer d- u. zweier p-Schalen, für diese Abweichungen verantwortlich ist. Auf der Grundlage dieses Vorschlages werden dann im einzelnen diskutiert: die anomal großen Werte des Achsenverhältnisses c/a bei Zn u. Cd, der Einfl. der Temp. auf die Achsenverhältnisse in diesen Metallen u. den Legierungen von Mg u. Cd sowie der Einfl. der Legierungsbldg., die Abhängigkeit des Achsenverhältnisses vom Ordnungsgrad in $MgCd_3$, die große Häufigkeit von Schottky-Defekten in gewissen Mg–Cd-Legierungen, die Struktur des festen Hg, die elektr. Leitfähigkeit der festen u. gewisse Anomalien der fl. Metalle sowie der verd. Amalgame, der positive Hall-Koeff. von Zn u. Cd, die geringe Tendenz zur Bldg. fester Lsgg. mit anderen Metallen sowie die Asymmetrie der Wärmetönungen bei der Legierungsbldg. im Syst. Mg–Cd. (J. chem. Physics **23.** 2281—94. Dez. 1955. Pittsburgh, Pa., Univ. of Pittsburgh, Dep. of Chem.) R. Stein. 197

Gerhard Becherer und **Rudolf Ifland,** *Über eine Präzisionsbestimmung der Gitterkonstanten von Silber nach dem Rückstrahlverfahren.* Zur Präzisionsbest. der Gitterkonstanten von Ag werden Rückstrahldiagramme in einer am Thermostaten betriebenen Kamera hergestellt. Ausgewertet werden die auf ebenem Film erhaltenen Interferenzringe (4 2 0) u. (3 3 1). Angewandt wird gefilterte CoK_α-Strahlung. Unter Zugrundelegung von $\lambda(CoK_{\alpha_1}) = 1{,}785287$ Å folgt für die Gitterkonstante von Ag bei 20° a = 4,07724 Å mit einem quadrat. gemittelten Fehler von 0,00004 Å. Die nach der asymm. Meth. von Straumanis u. Jevens (Die Präzisionsbest. von Gitterkonstanten nach der asymm. Meth., Berlin 1940) ermittelte u. auf 20° umgerechnete Gitterkonstante a = $4{,}07724 \pm 0{,}00003$ Å stimmt mit dem angegebenen Wert überraschend gut überein; jedoch sind die nach der asymm. Meth. bestimmten Gitterkonstanten zuverlässiger, weil die Übereinstimmung der Einzelwerte viel besser ist. (Naturwissenschaften **41.** 471. Okt. 1954. Halle, Univ., Inst. für experiment. Phys.) W. Krönert. 197

W. P. Mason, *Relaxationen bei der Schalldämpfung in Blei-Einkristallen bei tiefen Temperaturen und ihr Verhältnis zur Versetzungstheorie.* Die Messungen von Bordoni

(J. acoust. Soc. America **26.** [1954.] 495) zur Schalldämpfung in Metallen wurden von BÖMMEL (Physic. Rev. [2] **96.** [1954.] 220) auf höhere Frequenzen u. tiefere Tempp. speziell an Pb-Einkristallen ausgedehnt. Die Messungen zeigen, daß die Dämpfung eine Relaxation bedeutet; es werden dementsprechend die Aktivierungsenergien u. die charakterist. Frequenzen berechnet. Theoret. lassen sich die gemessenen Relaxationen als Verschiebung einer Versetzung von einer Atomreihe zur benachbarten gegen die Grenzscherspannung des Kristalls verstehen. Grenzscherspannungen für vier Metalle, die nach dieser Voraussetzung berechnet wurden, stimmen mit bekannten Werten überein. Ein bei höherer Temp. exponentiell mit der Temp. ansteigender Energieverlust im Kristall entspricht einer therm. Freisetzung von Versetzungen. Dieser Energieverlust ist von der Frequenz unabhängig; die benötigte Aktivierungsenergie entspricht der Bindungsenergie der Verunreinigungsatome, an denen die Versetzungen ursprünglich saßen. (J. acoust. Soc. America **27.** 643—53. Juli 1955. Murray Hill, N. J., Bell Telephone Labors.) H. C. WOLF. 197

Hermann Schumann, *Theoretische Betrachtungen über das Verhalten von Wasserstoff im Stahl.* In Fortführung früherer Unterss. über das Syst. Eisen–Wasserstoff (vgl. C. **1954.** 4245. 6440. 7503) wird eine allg. theoret. Betrachtung im Hinblick auf die zugrunde liegenden Gesetzmäßigkeiten angestellt. Die Systeme Fe–H, Fe–C u. Fe–N werden in bezug auf die Normalvalenzradien der im Eisengitter eingelagerten Atomarten, die Löslichkeit von α-Eisen für die 3 Elemente u. die Diffusionsgeschwindigkeiten miteinander verglichen u. die Grundlagen der plast. Verformung, Versetzung, Verspannung u. Verfestigung des Metallkristalls besprochen. Die Versetzung durch Diffusion von gelösten Atomen kann eine Entspannung als energiegewinnenden, atomaren Bewegungsvorgang herbeiführen, unter dessen Einfl. sich eine neue Verteilung der Einlagerungsatome ausbildet. Um die Versetzung herum entstehen „Atomwolken", die bei äußerer Spannung je nach Wanderungsgeschwindigkeit der Versetzung u. Diffusionsgeschwindigkeit der eingelagerten Atomart mit der Versetzung zusammen wandern, also den Werkstoff plast. verformen. Diese Atomwolkenhypothese kann auch zur Erklärung der natürlichen Streckgrenze von weichem Stahl, der Wasserstoffversprödung von Stahl, der Diffusionsgeschwindigkeit des Wasserstoffs im Eisen u. der Absorption in Abhängigkeit von Kaltverformungsgrad u. Beizblasenbldg. angewendet werden. Aus dieser Theorie ergeben sich bestimmte Folgerungen für die Praxis, auf die hingewiesen wird. Neuere experimentelle Arbeiten von ZAPFFE werden auszugsweise mitgeteilt. (Bergakademie [Freiberg] **5.** 265—70. Juli 1953. Freiberg/Sa.) S. HÜTTIG. 197

Eiji Tatsumoto, *Regelmäßige innere Spannung in einem in einer gewalzten Siliciumstahlplatte erzeugten Einkristall.* Käufliches Siliciumstahlblech der Zus. C 0,07 (%), Si 1,08, Mn 0,18, S 0,038, Cu 0,217 wurde in einer Richtung kalt ausgewalzt. Aus parallel u. senkrecht zur Walzrichtung geschnittenen Streifen wurden nach der Rekristallisationsmeth. von FUJIWARA u. TATSUMOTO (vgl. J. Sci. Hiroshima Univ., Ser. A **13.** [1940.] 235) Einkristallstreifen hergestellt, deren magnet. Bereichsstrukturen mit Hilfe der Pulvermeth. nach Demagnetisierung untersucht wurden. Aus diesen Beobachtungen wurde geschlossen, daß eine regelmäßige innere Druckspannung n. zu den im Kristall vorhandenen streifenförmigen Einschlüssen wirksam ist, die ca. 450 g/mm² beträgt, wie aus Zugverss. geschlossen werden kann. Der Ursprung dieser Spanung wird ausführlich diskutiert. Es ist anzunehmen, daß in Einkristallen, welche durch Rekristallisation aus in verschied. Richtungen ausgewalzten Platten erzeugt werden, eine solche innere Spannung nicht auftritt. (J. Sci. Hiroshima Univ., Ser. A **17.** 229—37. Dez. 1953. [Orig.: engl.]) C. GOTTFRIED. 197

Yves Baillie und **Pierre Gilles,** *Speziell zur elektronenmikroskopischen Untersuchung geeignete anodische Anätzung von Legierungen vom Typ Nickel–Chrom 80–20, welche strukturell härtbar und zäh in der Wärme sind.* Legierungen vom Typ *Nimonic,* welche zu dem Syst. Ni–Cr–Al–Ti gehören, zeigen nach Abschrecken u. Altern submkr. Ausfällungen. Nach früheren Unterss. von BAILLIE u. POULIGNIER (vgl. C. **1956.** 3507) sind diese Aufällungen kristallograph. mit der Phase Ni_3Al oder $Ni_3(Al, Ti)$ identisch. Die bisher angewandte elektrolyt. Behandlung der Legierung, wie auch der von Legierungen *Inconel–X,* lieferte zu feine Mikrokristalle, so daß eine opt. Unters. kaum möglich war. Auch eine elektronenmkr. Unters. war wegen submkr. Korrosion nicht möglich. Dagegen wurden gute, zur Unters. geeignete Oberflächen durch anod. Anätzen in einer Lsg. von 5% HF, 1,85% Propanol u. 10% Glycerin erzielt. Beste Stromstärken sind 20—50 mA/cm², Ätzdauer ca. 10—45 Sekunden. (C. R. hebd. Séances Acad. Sci. **240.** 1430—32. 28/3. 1955.) C. GOTTFRIED. 197

Jean Poulignier, Charlotte Buckle und **Pierre Jacquet,** *Metallographische Bestimmung der Temperaturen, denen Teile von Wärmemaschinen während des Betriebes unterworfen sind.* Unter Bezugnahme auf die von POULIGNIER u. JACQUET (vgl. Rev. Métallurgie

49. [1952.] 54) früher beschriebene Verwendung von gefärbten Schichten zur Verfolgung der Strukturentw. von 80/20-*Ni–Cr-Legierungen* in Abhängigkeit von der Temp. u. der Dauer der Wärmebehandlung beschreiben die Vff. eine einfache Meth. zur Abschätzung u. Lokalisierung der Tempp., denen Teile von Wärmemaschinen während des Betriebs ausgesetzt waren. Zu diesem Zweck vergleicht man das makro- u. mikrograph. Aussehen verschied. Punkte des Werkstücks mit Legierungsproben, die unter definierten Temperatur- u. Zeitbedingungen behandelt worden waren. Die Meth. ist speziell für obige Ni–Cr-Legierungen anwendbar. Zu Vergleichszwecken wurde versucht, dieselben Tempp. mit Hilfe von Härtemessungen zu bestimmen. (C. R. hebd. Séances Acad. Sci. **235.** 718–20. 6/10. 1952.) C. GOTTFRIED. 197

G. Leibfried und **P. Haasen,** *Zum Mechanismus der plastischen Verformung.* Theoret. werden die Vorgänge bei der plast. Verformung im Versetzungsbild diskutiert, wobei im Gegensatz zu der Theorie von MOTT (vgl. C. **1954.** 265) keine hohen Versetzungsgeschwindigkeiten gefordert werden. Untersucht wurden die genet. Zusammenhänge zwischen den einzelnen Stadien der Verformung, wobei versucht wird, die Ausbldg. der Gleitung auf einzelnen Ebenen durch den ganzen Kristall zu verfolgen. Unterschiede im Verh. kub.-flächenzentrierter u. hexagonaler Kristalle werden darauf zurückgeführt, daß die verfestigte Gleitebene des flächenzentrierten Kristalls durch eine Anordnung von Stufenversetzungen, die des hexagonalen Kristalls durch eine Anordnung von Schraubenversetzungen charakterisiert ist. (Z. Physik **137.** 67–88. 1954. Göttingen, Univ., Inst. für theoret. Phys.) C. GOTTFRIED. 200

D. Tabor, *Der Mechanismus der Rollreibung.* Vf. nimmt Bezug auf einige frühere Unterss. (vgl. C. **1955.** 11527) über das Rollen von harten Zylindern oder Kugeln über Kautschuk, bei denen gezeigt werden konnte, daß die prim. Quelle des Rollwiderstandes der elast. Hystereseverlust in dem Kautschuk ist. Aus Analogiegründen war vermutet worden, daß sich ein ähnlicher Mechanismus auf das Rollen einer Kugel in der auf einer Metalloberfläche gebildeten Gleichgewichtsrille anwenden läßt. Es ergibt, daß auch beim Rollen von Metall auf Metall der Hauptteil des Rollwiderstandes auf elast. Hystereseverluste in den Metallen selbst zurückzuführen ist. (Philos. Mag. [7] **45.** 1081–84. Okt. 1954. Cambridge, Univ., Dep. of Phys. Chem., Res. Labor. for Phys. and Chem. of Surfaces.) C. GOTTFRIED. 200

Yves Le Corre, *Untersuchung der Elastizität und der Piezoelektrizität von Kristallen.* 1. Mitt. *Nichtübereinstimmung zwischen Experiment und der Theorie von Voigt.* Vf. nimmt Bezug auf die von LAVAL (vgl. C. **1952.** 5699) entwickelte atomare Theorie der Elastizität, nach der die Zahl der Elastizitätskoeffizienten 45 beträgt gegen nur 21 der Theorie von VOIGT, u. vergleicht an Hand von $NH_4H_2PO_4$ die durch die beiden Theorien zu erwartenden Ergebnisse. Die von anderer Seite erhaltenen Resultate sind eine Bestätigung der Theorie von LAVAL. Vf. verallgemeinerte diese Theorie auch auf die Piezoelektrizität u. zeigte experimentell, daß der Quarz, im Gegensatz zu der klass. Theorie, nach seiner dreizähligen Achse polarisiert werden kann. (Bull. Soc. franç. Minéralog. Cristallogr. **77.** 1363–92. Okt./Dez. 1954. Paris, Coll. de France, Labor. de Phys. théorique.) C. GOTTFRIED. 200

Yves Le Corre, *Untersuchung der Elastizität und der Piezoelektrizität von Kristallen.* 2. Mitt. *Tensorielle Theorie der Elastizität und der Piezoelektrizität.* (1. vgl. vorst. Ref.) Theoret. Untersuchung. Die elast., piezoelektr. u. dielektr. Eigg. eines triklinen Kristalls werden tensoriell durch eine Matrix dargestellt, die im ganzen 78 unabhängige Koeffizienten enthält, u. zwar 45 elast., 27 piezoelektr. u. 6 dielektr. Koeffizienten. Die dynam. Elastizität läßt sich mit Hilfe von 36 elast. Koeffizienten behandeln. Man kann aus ihnen im allg. die 21 Koeffizienten von VOIGT nicht herleiten. (Bull. Soc. franç. Minéralog. Cristallogr. **77.** 1393–1409. Okt./Dez. 1954.) C. GOTTFRIED. 200

Robert A. Artman und **Donald O. Thompson,** *Elastische Konstanten von Einkristallen von β-Messing.* Es wurden der YOUNGsche- u. der Festigkeitsmodul von Einkristallen von β-Messing mit 55 At.-% Cu u. für Einkristalle nahe der Zn-reichen Phasengrenze gemessen. Es wurde zunächst eine Abhängigkeit der elast. Konstanten von der Zus. beobachtet. Bei einem Vgl. der erhaltenen Ergebnisse mit denen von LAZARUS (vgl. C. **1950.** II. 1442) wurde nachgewiesen, daß man die Moduln von β-Messing verschied. Zuss. durch eine lineare Interpolation aus dem atomaren Verhältnis Cu : Zn erhalten kann. Der Wert des POISSONschen Verhältnisses Σ_{111} erwies sich als positiv, im Gegensatz zu dem aus früheren Daten erhaltenen. Mitgeteilt werden Biegung–Torsions-Messungen. Aus der guten Übereinstimmung zwischen gemessenen Werten u. denen, welche sich aus den elast. Konstanten errechnen lassen, folgt, daß die Messungen richtig waren. (J. appl. Physics **23.** 470–74. April 1952. Iowa City, Io., State Univ. of Iowa, Dep. of Phys.) C. GOTTFRIED. 200

Robert A. Artman, *Temperaturabhängigkeit des Youngschen Moduls und der inneren Reibung von Einkristallen von β-Messing.* (Vgl. vorst. Ref.) Es wurde die Temperaturabhängigkeit des YOUNGschen Moduls von Einkristallen von β-Messing mit 55 At.-% Cu bestimmt. Messungen der inneren Reibung mit Frequenzen von 21 u. 42 kHz ergaben, daß das Dekrement bei Zimmertemp. für alle Kristalle von der Größenordnung 10^{-4} ist u. von der Schwingungsamplitude unabhängig ist. Das Dekrement als Funktion der Temp. zeigt ein „Relaxationsmaximum". Es läßt sich hierfür die von ZENER (vgl. Physic. Rev. [2] **71.** [1947.] 34) für α-Messing entwickelte Theorie anwenden, wonach die Ursache der Relaxation eine bevorzugte Orientierung von Paaren von benachbarten gelösten Atomen ist. Die Aktivierungsenergie beträgt ca. $20 \cdot 10^3$cal pro Mol. Das Relaxationsmaximum ist charakterist. für den regellosen Zustand; im geordneten Zustand tritt eine Relaxation nicht auf. Festgestellt wurde ferner, daß der Effekt der Ausfällung der α-Phase auf den YOUNGschen Modul u. die innere Reibung zu vernachlässigen ist, wenn die Menge der Ausfällung nicht zu groß ist. (J. appl. Physics **23.** 475—82. April 1952.)
C. GOTTFRIED. 200

A₇. Gleichgewichte. Kinetik.

Juro Horiuti und **Saburo Enomoto,** *Stöchiometrische Umsatzzahl und allgemeine kinetische Gesetze in der Nähe des Gleichgewichts.* 2. Mitt. (1. vgl. Proc. Japan Acad. **29.** [1953.] Nr. 4. 160 u. C. **1954.** 4342.) Die l. c. abgeleiteten Umsatz- u. Geschwindigkeitsgleichungen werden auf homogene, bes. Gas-Rkk. (Beispiele: $N_2 + 3\,H_2 = 2\,NH_3$, $H_2 + J_2 = 2\,HJ$) u. außerdem Grenzflächen-Rkk. angewandt. Auf bestimmte Beziehungen der benutzten stöchiometr. Umsatzzahlen zum Sorptionsmechanismus wird hingewiesen. (Proc. Japan Acad. **29.** 164—68. 1953. Sapporo, Japan, Hokkaido Univ., Res. Inst. for Catalysis. [Orig.: engl.] Sept.) E. U. FRANCK. 221

LeGrand G. Van Uitert und **Charles G. Haas,** *Untersuchungen über Koordinationsverbindungen.* 1. Mitt. *Eine Methode zur Bestimmung thermodynamischer Gleichgewichtskonstanten in gemischten Lösungsmitteln.* Vff. diskutieren erneut die von BJERRUM („Metal Ammine Formation in Aqueous Solution", P. Haase and Sons, Copenhagen, 1941) eingeführte Meth. zur Best. der Stabilitätskonstanten von Komplexverbb. mittels p_H-Titrationen. Es wird bewiesen, daß bei gemischten Lösungsmitteln (z. B. W.–Dioxan) der Aktivitätskoeff. des darin gelösten Elektrolyten allein von der Zus. des Lösungsm. u. der Ionenkonz. abhängt. Die sich unter diesem Gesichtspunkt ergebende Möglichkeit der Berechnung thermodynam. Stabilitätskonstanten von Chelatkomplexen wird diskutiert u. eine Meth. zur Berechnung angegeben. (J. Amer. chem. Soc. **75.** 451—55. 20/1. 1953. Pennsylvania, Pa., State Coll., School of Chem. and Phys.) H.-G. PLUST. 223

LeGrand G. Van Uitert, Charles G. Haas, W. Conard Fernelius und **Bodie E. Douglas,** *Untersuchungen über Koordinationsverbindungen.* 2. Mitt. *Die Dissoziationskonstanten von β-Diketonen in Wasser-Dioxan-Lösungen.* (1. vgl. vorst. Ref.) Vff. bestimmten die Dissoziationskonstanen (pK) von 15 verschied. β-Diketonen (**I**) in W./Dioxan-Lsg. im Bereich $n_2 = 0{,}1—0{,}45$ (n_2 = Molenbruch Dioxan). Die im allg. lineare Abhängigkeit der pK von n_2 entspricht derjenigen einfacher Säuren. Abweichungen von der Linearität werden durch das in Lsg. vorliegende Keto–Enol-Gleichgewicht verursacht. Ein Vgl. der Tendenz verschied. **I**, mit Na Komplexe zu bilden, ergab, daß die Tendenz vom Dibenzoylketon über das Acetylaceton zum 1.1-Dimethyl-3.5-cyclohexandion hin abnimmt. Nimmt man an, daß die **I** bei $n_2 = 0{,}45$ zum größten Teil in der Enolform vorliegen, so bewirken die **I**-Endgruppen in der Reihenfolge

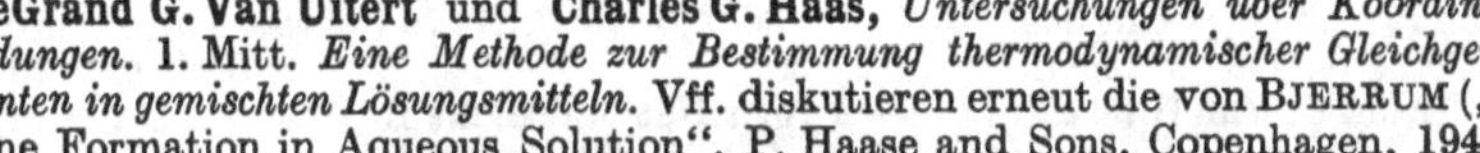

eine Vergrößerung des pK. (J. Amer. chem. Soc. **75.** 455—57 20/1. 1953. Pennsylvania, Pa., State Coll., School of Chem. and Phys.) H.-G. PLUST. 223

LeGrand G. Van Uitert, W. Conard Fernelius und **Bodie E. Douglas,** *Untersuchungen über Koordinationsverbindungen.* 3. Mitt. *Die Chelatbildungstendenzen von β-Diketonen mit Chloriden des Kupfer(II), Nickels und Bariums in Wasser-Dioxan-Lösungen.* (2. vgl. vorst. Ref.) Vff. bestimmten die Dissoziationskonstanten 20 weiterer β-Diketone, sowie die Bildungskonstanten der Chelatkomplexe dieser Diketone mit Cu^{2+}, Ni^{2+} u. Ba^{2+}. Es zeigte sich, daß sich der Logarithmus der Bildungskonstanten der Cu-, Ni- bzw. Ba-Komplexe mit strukturell ähnlichen β-Diketonen linear mit dem negativen Logarithmus der Säuredissoziationskonstanten (pK) ändert. Aus einem Vgl. der Stabilität der Komplexe des Cu, Ni u. Ba mit gleichen β-Diketonen war zu sehen, daß die Stabilität mit der Tendenz des Metallions zur Chelatbldg. ansteigt. Bei β-Diketonen mit vergleichbaren pK-Werten bilden diejenigen, die 2 aromat. Ringe als Endgruppen besitzen, gegenüber denjenigen mit aliphat. Endgruppen stabilere Me–Chelat-Komplexe. Von Interesse ist die von Vff. festgestellte Bldg. des schwerlösl. blauen Komplexes $Na[Ni(Chel)_3]\cdot C_4H_8O_2$ (Chel = Chelat-Ligand). Seine Löslichkeit beträgt in Dioxan/W.-Lsg. mit n = 0,38 10^{-5} Mol/Liter (n = Molenbruch des Dioxans; Chel = Acetylaceton). Auf Grund des Verlaufs der p_H-Titrationen von Trifluor-β-Diketonen u. Si-enthaltenden β-Diketonen nehmen Vff. an, daß diese unter den Titrationsbedingungen Hydrolyse erleiden. (J. Amer. chem. Soc. **75.** 457–60. 20/1. 1953.) H.-G. PLUST. 223

LeGrand G. Van Uitert, W. Conard Fernelius und **Bodie E. Douglas,** *Untersuchungen über Koordinationsverbindungen.* 4. Mitt. *Ein Vergleich der Chelatbildungstendenzen von β-Diketonen gegenüber zweiwertigen Metallen.* (3. vgl. vorst. Ref.) Nach der l. c. beschriebenen Meth. werden die Gleichgewichtskonstanten der Chelatbildungs-Rkk. $M(NO_3)_2\cdot(H_2O)_x + HCh \rightleftharpoons M(NO_3)Ch(H_2O)_y + HNO_3 + (x-y)H_2O$ (K_1) u. $M(NO_3)Ch(H_2O)_y + HCh \rightleftharpoons MCh_2(H_2O)_z + HNO_3 + (y-z)H_2O$ (K_2) (M = zweiwertiges Metall; HCh = β-Diketon) aus den Nitraten von *Be, Ni, Co, Zn, Mn, Cd, Mg, Cu, Ca, Sr,* den Perchloraten von Ni, *Pb* u. *Fe* u. folgenden β-Diketonen bestimmt: *Acetylaceton* (**I**), *Benzoylaceton* (**II**), *Dibenzoylmethan* (**III**), *2-Furoylbenzoylmethan* (**IV**), *2-Furoyl-2-thenoylmethan* (**V**), *2-Thenoylbenzoylmethan* (**VI**). Die Messungen werden in wss. Dioxanlsg. von 75 Vol.-% ausgeführt. log K wird als Funktion von p_{K_D} (K_D = Dissoziationskonstante der Enolform des β-Diketons) graph. dargestellt. Bei **I–III** u. **III–IV** besteht bei gleichem Metall eine lineare Abhängigkeit. Die β-Diketone mit endständiger Methylgruppe (**I, II**) haben eine geringere Chelatbildungstendenz als solche mit aromat. Ringendgruppen bei gleichem p_{K_D}. Die Chelatbildungstendenz steigt bei gleichem β-Diketon mit steigender Elektronegativität des Metallions. Fe, Ni, Co, Zn, Mn, Mg bildet mit **I** Chelate mit der Formel $NaMCh_3$. Außerdem wurden folgende Chelate von **I** gefunden: lösl. $NiCh_2$, $ZnCh_2$, NiChCl, ZnChCl, Ni(OH)Ch; unlösl. $NaNiCh_3\cdot C_4H_8O_2$, $NaZnCh_3\cdot C_4H_8O_2$, $Zn_2(OH)Ch_3$ u. $Zn_5Ch_2\cdot(OH)_7Cl$. (J. Amer. chem. Soc. **75.** 2736–38. 5/6. 1953. State College, Pa., Pennsylvania State Coll., School of Chem. and Phys.) R. LACMANN. 223

LeGrand G. Van Uitert, W. Conard Fernelius und **Bodie E. Douglas,** *Untersuchungen über Koordinationsverbindungen.* 5. Mitt. *Die Einflüsse des Salzanions und des Lösungsmittels auf die Chelatbildung von β-Diketonen.* (4. vgl. vorst. Ref.) Die Chelatbildungskonstanten der Perchlorate, Nitrate u. Chloride von *Mg, Cd, Mn, Zn, Co, Ni, Fe, Cu, Pb* mit *Acetylaceton* u. *Dibenzoylmethan* in Dioxan–W.-Gemischen mit 75 Vol.-% Dioxan werden bei 30° miteinander verglichen. Für K_1 gilt $K_{ClO_4^-} > K_{NO_3^-} > K_{Cl^-}$. Für K_2 ist $K_{ClO_4^-} = K_{NO_3^-}$ außer bei Pb u. $K_{NO_3^-} = K_{Cl^-}$ außer für Cd, Zn, Cu. Es werden K_1, K_2 u. K_D von den Perchloraten mit Acetylaceton in verschied. konz. Dioxanlsgg. bestimmt. $\log K_1$, $\log K_2$ u. p_{K_D} steigen etwa proportional dem Molenbruch von Dioxan an. Der Unterschied der Konstanten bei 30 u. 50° übersteigt die Meßgenauigkeit nicht. (J. Amer. chem. Soc. **75.** 2739–41. 5/6. 1953.) R. LACMANN. 223

LeGrand G. Van Uitert, W. Conard Fernelius und **Bodie E. Douglas,** *Untersuchungen über Koordinationsverbindungen.* 6. Mitt. *Messungen über Chelatbildung in Äthanollösung.* (5. vgl. vorst. Ref.) Zur Best. des Einfl. des Hydratationseffektes auf den Wert $\log K_{f_1}/K_{f_2}$ (Verhältnis der log der 1. Chelatbildungskonstanten zur 2.) messen Vff. potentiometr. (Titration einer Lsg. von 0,001 Mol $Ni(ClO_4)_2$ in 5 cm³ A. mit 0,1 n $NaOC_2H_5$-Lsg.) die Bildungskonstanten für die Chelatbldg. von *Acetylaceton* (**I**), *Malonaten* u. *β-Ketoestern* mit *Nickel(II)* in A. anstatt in Mischungen von W.–Dioxan. Die beobachteten Werte sind deutlich verschieden von denen, die CALVIN u. WILSON (vgl. J. Amer. chem. Soc. **67.** [1945.] 2003) bestimmten. Die Titration von Ni in Ggw. von **I** (Kurvenbild) ergab für $\log K_{f_2}$ 7,5 (eine Messung von $\log K_{f_1}$ war nicht möglich), dieser Wert liegt um etwa eine Einheit höher als der im W.–Dioxan-Gemisch der gleichen DK. wie A. bestimmte. Die Differenz beider Werte entspricht etwa der Differenz der p_{K_D}-Werte für **I** in beiden Lösungen. Der höhere Wert für **I** in A. (11,9) kann durch folgenden Wechsel im Lösungsgleichgewicht erklärt werden: $H_2O + H^+ \rightleftharpoons H_3O^+$ u. $C_2H_5OH + H^+ \rightleftharpoons C_2H_5OH_2^+$, A. ist weniger bas. als W., daher ist **I** weniger dissoziiert. Die aus den Titrationskurven bestimmten Werte für p_{K_D}, $\log K_{f_1}$ u. $\log K_{f_2}$ sind für *Äthylacetonat* 13,9; 12,3; 7,2, für *Äthylbenzoacetonat* 13,7; 12,3; 7,1; für *Äthyl-α-chloracetoacetat* 12,2; 10,6; 6,2. *Äthylmalonat, Methylmalonat* u. *Äthylbrommalonat* bilden mit Ni Monochelate unter denselben Titrationsbedingungen, die Bildungskonstanten sind von der Größenordnung $K_f \geq 8{,}0$. (J. Amer. chem. Soc. **75.** 3577–78. 20/7. 1953. State College, Pa., Pennsylvania State Coll., School of Chem. and Phys.) G. BANKWITZ. 223

S. G. Bedekar, *Absorption von Kohlendioxyd in bewegten Natriumcarbonat–bicarbonatlösungen.* Vf. bestimmte die Absorptionskoeffizienten von CO_2 in Lsgg., die Na_2CO_3 u. $NaHCO_3$ enthielten u. während des Absorptionsvorganges mittels eines Rührers beliebig vorgebbarer Drehgeschwindigkeit in ständiger Bewegung gehalten wurden. Es wurde die Abhängigkeit des Absorptionskoeff. von dem Umwandlungsgrad in Bicarbonat eingehend untersucht. Der mittlere Absorptionskoeff. im Gebiet von 0—90%ig. Umwandlung wurde zu der Geschwindigkeit des Rührers u. indirekt zu der vom Rührer aufgenommenen Energie in Beziehung gesetzt. (J. appl. Chem. **3.** 524—27. Nov. 1953. Poona, India, Nat. Chem. Labor.) E. WASSERROTH. 224

Walter F. Krieve und **David M. Mason,** *Die Löslichkeit von Chlor in Titantetrachlorid und von Kohlendioxyd und Sauerstoff in Chlor.* Bei 20 u. 30° haben Vff. die Löslichkeit von Cl_2 in $TiCl_4$ im Konzentrationsbereich von 0—100 Mol-% Cl_2 bestimmt. Bei 20° ergibt sich die Konz. der Lsg. zu 25,13 Mol-% Cl_2 bei einem Cl_2-Partialdruck von 1,50 at. Bei 4,76 at Cl_2 enthält die Lsg. 72,29 Mol-% Cl_2. — Bei 0 u. 25° wurden die Löslichkeiten von CO_2 in Cl_2 (bis 6,6 Mol-% CO_2) u. bei 25° die von O_2 in Chlor (bis 1,7 Mol-% O_2) bestimmt. Die gefundenen Werte zeigen in allen Fällen Abweichungen vom Gesetz von RAOULT. (J. physic. Chem. **60.** 374. März 1956. Pasadena, Calif., Inst. of Technol., Jet Propulsion Labor.) H. U. WOELK. 224

Jean Wyart und **Germain Sabatier,** *Neue Messungen der Löslichkeit von Quarz, Tridymit und Cristobalit in Wasser unter Druck oberhalb der kritischen Temperatur.* In einem Autoklaven aus nicht rostendem Stahl bestimmten Vff. die Löslichkeit von *Quarz* (**I**), *Tridymit* (**II**) u. *Cristobalit* (**III**) in W. bei 400° u. Drucken von 500, 1000, 1500 u. 2000 bar. Das Lösungsgleichgewicht war nach 48 Std. erreicht. Für **I** betrug die Löslichkeit (in g pro kg W.) in der obigen Reihenfolge 1,10; 1,65; 2,00 u. 2,20. Das früher (vgl. C. **1955.** 1460) beobachtete langsame fortdauernde Ansteigen der Löslichkeit wird auf das damals benutzte Autoklavenmaterial zurückgeführt. Es wird bes. darauf hingewiesen, daß die Löslichkeit innerhalb ca. 10% unabhängig davon ist, ob der **I** in Pulverform verschied. Größe oder in Kristallform zu den Verss. benutzt wird. Bei **II** u. **III** waren die Löslichkeiten nicht mehr oberhalb 1500 bar meßbar, da sich die beiden Mineralien in Berührung mit W. schnell in **I** umwandeln. Für Drucke von 450, 1000 u. 1500 bar betrugen die Löslichkeiten (g pro kg. W.) für **II** 1,34; 1,96 u. 2,62 u. für **III** 1,21; 1,69 u. 2,06. Aus der beobachteten höheren Löslichkeit des **II** gegenüber der des **III** darf man nach Ansicht der Vff. nicht den Schluß ziehen, daß bei dieser Temp. **III** stabiler ist als **II**. Untersucht man die in Lsg. gegangene SiO_2 nach Verdampfen des Lösungsm. röntgenograph., dann erhält man ein vollkommen amorphes Diagramm. (C. R. hebd. Séances Acad. Sci. **240.** 1905—07. 9/5. 1955.) C. GÖTTFRIED. 224

I. Leden und **N.-H. Schöön,** *Die Löslichkeit von Silberazid und die Bildung von Komplexen zwischen Silber- und Azidionen.* (Acta polytechn. [Stockholm], Nr. 155. Chem. includ. Metallurgy Ser. **4.** Nr. 2. 1—17. 1954. Göteborg, Labor. für anorg. Chem. — C. **1956.** 7468.) U. WANNAGAT. 224

Masaji Miura, *Die Mitfällung von Nitration mit Bariumsulfat.* 4. Mitt. *Einfluß von Alkaliionen.* (3. vgl. C. **1956.** 5765.) Vf. untersuchte die Mitfällung von NO_3^- bei der Fällung von $BaSO_4$ in Ggw. von Alkaliionen, indem er gleiche Mengen $Ba(OH)_2$ u. H_2SO_4 gleichzeitig zu der wss. Lsg. einer Alkalinitratlsg. gab (vgl. C. **1953.** 8533). Dabei zeigte sich, daß die mitgefällte NO_3^--Menge von den anwesenden Kationen abhängt. Sie nahm in der Reihe $K^+ \rightarrow NH_4^+ \rightarrow Na^+ \rightarrow Li^+$ ab. Die Menge des mitgefällten Kations nahm bei Ggw. nur eines Kations in derselben Reihenfolge ab. Bei Ggw. mehrerer Alkalikationen wurde die mitgefällte NH_4^+-Menge wesentlich durch zugefügtes K^+ erniedrigt, während Na^+ u. Li^+ prakt. ohne Einfl. blieben. Die von anderen Autoren gefundenen verschied. Reihenfolgen werden auf unterschiedliche Fällungsbedingungen zurückgeführt. (J. Sci. Hiroshima Univ., Ser. A **17.** 161—65. Aug. 1953. Hiroshima, Japan, Univ., Chem. Labor. [Orig.: engl.]) H. PLUSKAL. 224

Masaji Miura, *Die Mitfällung von Nitration mit Bariumsulfat.* 5. Mitt. *Mechanismus der Mitfällung von Nitration.* (4. vgl. vorst. Ref.) Werden bei einer Fällung Verunreinigungen nur durch Einschluß mitgefällt, dann entsprechen Adsorptionskurven der LANGMUIR-Adsorptionsisotherme; werden Mischkristalle gebildet, dann zeigen sie einen linearen Verlauf. Vf. stellte deshalb Adsorptionskurven von NO_3^- bei der $BaSO_4$-Fällung her. Es zeigte sich, daß sowohl Einschluß als auch Bldg. von thermodynam. instabilen „Pseudo"-Mischkristallen auftrat, je nach den Versuchsbedingungen in verschied. Verhältnis. Am Beispiel des $KMnO_4$, das mit $BaSO_4$ Mischkristalle bilden kann, wird der Fall erläutert. (J. Sci. Hiroshima Univ., Ser. A **17.** 167—72. Aug. 1953. [Orig.: engl.]) H. PLUSKAL. 224

Masao Nakajima, *Untersuchungen über Aussalzwirkungen.* 2. Mitt. *Vergleich mit den Daten von Albright.* (1. vgl. C. **1956.** 949.) Wenn die nach der Formel $S = S_0 - \mu C(1 + \nu \sqrt{C})/(1 + 0{,}707 \sqrt{C})$ berechneten Ergebnisse mit denen von ALBRIGHT (C. **1938.** II. 482) verglichen werden, zeigt sich genügende Übereinstimmung. Die μ-Werte werden ebenfalls verglichen. (J. electrochem. Soc. Japan **21.** 237—39. Mai 1953. [Orig.: japan.; Auszug: engl.]) L. SCHULER. 224

Tunetaka Sasaki, Tatsuya Yasunaga und **Hajime Fujiwara,** *Untersuchungen über Hydratation durch das Ultraschallinterferometer. 4. Mitt. Hydratation zweiwertiger Ionen in wässeriger Lösung.* (1.—3. vgl. YASUNAGA, J. chem. Soc. Japan, pure Chem. Sect. [Nippon Kagaku Zassi] **72.** [1951.] 87. 366.) Mit Hilfe des Ultraschallinterferometers wurde die adiabat. Kompression der wss. Lsgg. von $CaCl_2$, $BaCl_2$, $MgCl_2$, Na_2CO_3, K_2CO_3, Na_2SO_4 u. K_2SO_4 bestimmt. Unter der Annahme, daß das Hydratationswasser inkompressibel bleibt, ergeben sich Hydratationswerte pro Mol, die mit den aus der Volumenänderung beim Lösen, der Entropieänderung u. der Ionenbeweglichkeit berechneten gut in Einklang stehen. Ferner berechnet sich für jedes Ion gesondert eine bestimmte Molzahl an Hydratationswasser. (J. chem. Soc. Japan, pure Chem. Sect. [Nippon Kagaku Zassi] **73.** 181—84. März 1952. Fukuoka, Kyushu Univ. [Orig.: japan.]) L. SCHULER. 224

Sidney W. Benson, *Eine detaillierte Formulierung kinetischer Prozesse vom Standpunkt des aktivierten Komplexes.* Vf. entwickelt, ausgehend von der Theorie von SLATER (Proc. Roy. Soc. [London], Ser. A **194.** [1948.] 112) bzgl. monomol. Zerfalls-Rkk. unter Hinzunahme des LINDEMANN-Mechanismus der Stoßaktivierung, mit Hilfe der klass. Statistik eine allg. Theorie für kinet. Rkk. aller Ordnungen. Sie vermag das Verhältnis der Molekülstruktur (erläutert am Beispiel des N_2O u. F_2O) zum Druckbereich, in dem die Stoßaktivierung der einschränkende Faktor monomol. Rkk. wird, richtig vorherzusagen. Von bimol. Rkk., bei denen ein Vgl. mit der Theorie von EYRING durchgeführt wird, erfahren bes. die Rekombinations-Rkk. eine ausführliche Behandlung. Es wird gezeigt, daß diese einen negativen Temperaturkoeff. besitzen. (J. chem. Physics **20.** 1064—69. Juli 1952. Univ. of Southern California, Chem. Dep.) G. HARTMANN. 225

Shin Sato, *Über eine neue Methode zum Zeichnen der Potentialenergieoberfläche.* Vf. leitet für die Potentialenergie eines reagierenden 3atomigen Syst., von etwas anderen Annahmen als EYRING ausgehend, die Gleichung $E = [1/(1+k)]\,[Q_{AB} + Q_{BC} + Q_{CA} - (1/2\,\{a_{AB} - a_{BC}\}^2 + \{a_{BC} - a_{CA}\}^2 + \{a_{CA} - a_{AB}\}^2)^{1/2}]$ ab, die im Gegensatz zur LONDON-Gleichung den Ausdruck k (entspricht dem Quadrat des Überlappungsintegrals) enthält. Die Anwendung auf das einfache Syst. von 3 Wasserstoffatomen zeigt, daß die 3 Atome bei dem Aktivierungsprozeß der Rk. H-Atom–H_2-Mol. auf einer Geraden liegen sollten. Das erhaltene Diagramm unterscheidet sich wesentlich von dem EYRINGschen u. weist nur einen Sattelpunkt auf. Nach Berücksichtigung der Nullpunktsenergie entspricht dieser der Aktivierungsenergie der vorst. Reaktion. (J. chem. Physics **23.** 592—93. März 1955. Ookayama, Meguro-ku, Tokyo, Japan, Tokyo Inst. of Technol., Labor. of Phys. Chem.) K. FRENKLER. 225

P. L. Walker jr., R. J. Foresti jr. und **C. C. Wright,** *Untersuchungen der Oberflächengröße bei der Kohlenstoff–Kohlendioxyd-Reaktion.* Die C–CO_2-Rk. wird in einer beschriebenen App. an Proben von Gaskoks u. künstlichem Graphit im Temperaturbereich von 900—1400° untersucht, u. die Beziehungen zwischen der nach der BET-Meth. bestimmten inneren Oberfläche u. der Vergasungsgeschwindigkeit werden festgestellt. Die stattfindende Rk. entwickelt neue Oberfläche durch Erschließung neuen Porenvolumens. Bei ca. 10% Gewichtsverlust der Kohle hat die innere Oberfläche einen maximalen Wert erreicht u. bleibt konstant, weil die Geschwindigkeit der Bldg. von neuer Oberfläche im Gleichgewicht steht mit der Zerstörung alter Oberfläche. Gleichlaufend mit dem Erreichen einer konstanten Oberflächengröße erreicht die Reaktionsgeschwindigkeit einen konstanten Wert, der ein dynam. Gleichgewicht zwischen innerer Diffusion u. chem. Rk. darstellt. Bei der Entw. der inneren Oberfläche bildet sich ein poröser reaktionsfähiger Mantel von bestimmter Dicke, dessen Vol. konstant bleibt für eine gegebene Kohle u. Temp., aber verschieden ist für Kohlen verschied. Reaktionsfähigkeit. Die Reaktionsgeschwindigkeit pro Oberflächeneinheit ist z. B. für Gaskoks viermal größer als für Graphit. (Ind. Engng. Chem. **45.** 1703—10. Aug. 1953. State College, Pa., Pennsylvania State Coll.) F. BERNDT. 225

Eliahu Hoffmann und **Saul Patai,** *Reaktionen zwischen festen Stoffen. 2. Mitt. Die Reaktion zwischen Kaliumperchlorat, Kaliumjodat und verschiedenen Kohlenstoffsorten.* (1. vgl. C. **1951.** I. 3159.) Nach der bereits beschriebenen Meth. (vgl. C. **1953.** 6940) wird die Rk. zwischen $KClO_4$ bzw. KJO_3 u. verschied. Formen von Kohle (*Nuchar* bzw. *Zuckerkohle*) untersucht u. der Einfl. verschied. physikal. Faktoren, wie Benetzung, Druck bei der Präparation, Alterung, Teilchengröße der Komponenten, Reaktionstemp. sowie der Zus. der Proben bestimmt. Die Reaktionsgeschwindigkeit wird empir. zu $dx/dt = k(a - x)^{2/3}/x^{1/3}$ ermittelt. Die Gleichung ist für verschied. stöchiometr. Gemische gültig. Die die Reaktionsgeschwindigkeit beeinflussenden Faktoren werden diskutiert. (J. chem. Soc. [London] **1955.** 1797—1802. Juni. Jerusalem, Hebrew Univ., Min. of Defence, Labor. of Sci. Dep., Dep. of Org. Chem.) H. KNOLL. 225

D. R. Stranks, *^{14}C-Isotopeneffekte. 1. Mitt. Das Austauschsystem Bicarbonation–Kobalt(III)-carbonatokomplex.* (Vgl. C. **1955**. 5262.) Vf. bestimmt die Isotopengleichgewichtskonstanten ε (berechnet aus dem Gleichgewichtsverhältnis der spezif. Aktivität des ^{14}C des komplexen Carbonats zu der des gesamten nichtkomplexen Carbonats) für die Austauschsysteme $Co(en)_2{}^{14}CO_3{}^+$ (I)–$HCO_3{}^-$ u. $Co(NH_3)_5{}^{14}CO_3{}^+$ (II)–$HCO_3{}^-$. Bei 273° K besitzt ε für die untersuchten Systeme den Wert $0{,}9810 \pm 0{,}0053$ bzw. $1{,}0000 \pm 0{,}0055$. Die scheinbaren Reaktionswärmen betragen $-36{,}9 \pm 9{,}3$ bzw. $-0{,}1 \pm 3{,}2$ kcal/Mol. Kinet. Überlegungen unter Hinzuziehung der Ergebnisse der für das $Co(NH_3)_4 \cdot {}^{14}CO_3{}^+$ (III) durchgeführten entsprechenden Verss. (vgl. STRANKS u. HARRIS, C. **1955**. 8569) führen zu dem Resultat, daß mit Ausnahme des ersten Hydratationsgleichgewichtes (der Komplex **II** kann nur ein H^+-Ion koordinieren) alle drei Austauschsysteme analoge Rkk. durchlaufen. Die beobachteten ε sind unabhängig von der Konz. der Reaktionsteilnehmer; die Isotopeneffekte für die angenommenen Ionen- (bei hoher freier Carbonatkonz.) u. Hydratations- (bei kleiner freier Carbonatkonz.) austauschprozesse sind daher gleich. Die beobachteten Isotopeneffekte für die Komplexe **I** u. **III** werden den Rechelations-Rkk. des ersten Hydratationsgleichgewichtes zugeschrieben. Die gefundenen ε-Werte werden zur Ableitung der Kraftkonstanten für die koordinierten Carbonatgruppen in den 3 Komplexen verwandt. Es wird gezeigt, daß kleine Änderungen der Bindungskräfte der Gruppen innerhalb der Komplexe zu beträchtlichen Differenzen der beobachteten ^{14}C-Isotopeneffekte Anlaß geben können. (Trans. Faraday Soc. **51**. 492—99. April 1955. Melbourne, Univ., Chem. Dep.) K. FRENKLER. 225

D. R. Stranks, *^{14}C-Isotopeneffekte. 2. Mitt. Der Austausch Kohlenmonoxyd/Phosgen.* (1. vgl. vorst. Ref.) Vf. wiederholt die Messungen zur Best. des ^{14}C-Isotopeneffektes im gasförmigen Austauschsyst. $^{14}CO + COCl_2 \rightleftharpoons CO + {}^{14}COCl_2$ (vgl. WEISZ u. Mitarbeiter, J. chem. Physics **21**. [1953.] 2236) mittels zweier voneinander unabhängiger Methoden [a) Ionisationskammer-, b) GEIGER-MÜLLER-Zählrohrmeth.) u. unter weitgehender Variierung der experimentellen Bedingungen (Temperaturbereich von 10 bis 500°). Die so experimentell bestimmten Isotopengleichgewichtskonstanten ε nach a) 1,0884 u. b) 1,0888 bei 30° werden mit dem theoret. Wert 1,0879 verglichen. Die Ergebnisse zeigen, daß der Isotopeneffekt abgesehen von der Temp. völlig unabhängig von allen äußeren Einfll. ist; die Temperaturabhängigkeit wird hinreichend genau durch die statist. Mechanik vorausgesagt. Die Verss. beweisen, daß anomale $^{14}C/^{13}C$-Isotopeneffekte in der Regel auf Fehler in der Versuchsanordnung zurückzuführen sind. (Trans. Faraday Soc. **51**. 499—504. April 1955.) K. FRENKLER. 225

B. J. Masters und **G. E. Challenger**, *Die Reduktion von Ce(IV) in Lösungen, die mit ^{198}Au-β-Teilchen bestrahlt werden.* Vff. bestrahlten Ce(IV)-Lsgg. in verd. H_2SO_4 mit ^{198}Au (0,96 MeV β-Strahlen). Zur kontinuierlichen Best. der Ce(IV)-Red. wurde eine automat. registrierende potentiometr. Technik entwickelt. Die Energieabsorption wurde mit einem $FeSO_4$-Dosimeter bestimmt unter Annahme von $G_{(Fe^{3+})} = 15{,}6$ Ionen/100 eV. In 1 n H_2SO_4 wurde ein durchschnittlicher Wert $G_{(Ce^{3+})} = 2{,}36$ Ionen/100 eV gefunden. Die Bestrahlungsintensität zeigte in dem untersuchten Bereich von $3 \cdot 10^{17}$ bis $3 \cdot 10^{18}$ eV pro Min. keinen Einfl. auf die Ce^{3+}-Ausbeute. Die Änderung der H_2SO_4-Konz. von 1 n auf 2 n hatte nur einen minimalen Abfall der Ausbeute an Ce^{3+} zur Folge. Anwesenheit oder Abwesenheit von O_2 ist auf die Ergebnisse ebenfalls ohne Einfluß. Sättigen der Lsgg. mit H_2 erhöht die Ce^{3+}-Ausbeute nur um ca. 10% im Gegensatz zu den Beobachtungen anderer Autoren, die eine Zunahme von 100% fanden. Die Ausbeute an Ce^{3+} ist auch unabhängig von der Konz. an Ce^{3+}- u. Ce^{4+}-Ionen. Der Temperaturkoeff. ist +6%/10° Steigerung. Die hindernde Wrkg. von Ag^+-Ionen auf die Ce^{4+}-Red. wird untersucht u. ein Geschwindigkeitsgesetz für diesen Vorgang aufgestellt. (J. physic. Chem. **59**. 1093—96. Okt. 1955. Los Alamos, N. Mex., Univ. of California, Los Alamos Sci. Labor.) MAX SCHMIDT. 226

J. D. Rogers, *Analyse der Kinetik der katalytischen Umwandlung von strömendem Ortho- in Parawasserstoff.* Eine auf Grund der Daten von GRILLY (Rev. Sci. Instruments **24**. [1953] 1) von Vf. ausgeführte reaktionskinet. Unters. bzgl. der katalyt. Umwandlung von Ortho- in Para-H_2 mit Cr_2O_3-Katalysatoren führte zu einer Gleichung für F/W (F = die je Zeiteinheit zugeführte H_2-Menge, W = Katalysatormenge im Reaktionsgefäß), die zum Entwurf eines Reaktionsgefäßes verwandt werden kann. Für einen 50%ig. Umsatz von Ortho- in Para-H_2 bei der Temp. des fl. N_2, einem absol. Druck von 50 lbs./sq. in. u. einer H_2-Menge von 1000 cu.ft/h errechnet sich danach das Vol. des Reaktionsgefäßes zu 0,31 cu.ft. (Ind. Engng. Chem. **45**. 1574—76. Juli 1953. Los Alamos, N. Mex., Univ. of California, Los Alamos Sci. Labor.) T. OPPERMANN. 227

E. Abel, *Wird Autoxydation durch Chlorion katalysiert?* Die Frage, ob Autoxydation durch Cl^- im Wege zwischenzeitlicher Freisetzung von Cl_2 (außerordentlich geringer Konz.) katalysiert wird, läßt sich zur Zeit nicht mit Sicherheit beantworten, doch scheint die Kinetik der Autoxydation von $SnCl_2$ u. von $TiCl_3$ auf solche Katalyse hinzuweisen; an Hand der Kinetik der erstgenannten Rk. wird der Mechanismus dieser Wirkungsweise entwickelt. (Mh. Chem. **85**. 949—56. 15/8. 1954. London, Hamilton Terrace.) M. Schenk. 227

E. Abel, *Über die thermische Autoxydation von Sulfit. Wirkungsweise negativer Katalysatoren.* Der vom Vf. angegebene Mechanismus des Autoxydationsvorganges im unbelichteten wss. Syst. (vgl. vorst. Ref.) wird in erweitertem Umfang der Sulfit-Autoxydation zugrunde gelegt. In den Rahmen dieses Mechanismus ordnet sich, wie es scheint, auch die Wirkungsweise negativer Katalysatoren (Inhibitoren) ein. (Mh. Chem. **85**. 1003—10. 15/8. 1954.) M. Schenk. 227

Kenton Atwood und **M. R. Arnold**, *Aktivität von Eisenoxyd–Chromoxyd-Katalysatoren für die Wassergaskonvertierung.* Vff. untersuchten die Wirksamkeit von auf verschied. Weise hergestellten Eisenoxyd–Chromoxyd-Katalysatoren für die Wassergaskonvertierung ($CO + H_2O = CO_2 + H_2$) mit kleinen Zusätzen an anderen Oxyden bei 340° u. 400°. Eine geringfügige Verbesserung brachten Zusätze von *HgO, Graphit,* TiO_2, H_2MoO_4 u. $Co(OH)_2$, doch scheinen Veränderungen in der Herstellungsmeth. von größerem Einfl. als die Änderung der Zus. zu sein. Auf die Lebensdauer der Katalysatoren wirken sich die Zusätze offenbar nicht aus. Starke Inhibitoren sind B (als H_3BO_3) u. P (als H_3PO_4). (Ind. Engng. Chem. **45**. 424—26. Febr. 1953. Louisville, Ky., Girdler Corp.) G. Hartmann. 227

T. J. Gray und **P. W. Darby**, *Halbleitung und Katalyse im Nickeloxydsystem.* Vff. haben die Zusammenhänge zwischen den Änderungen der Leitfähigkeit von NiO (hergestellt durch Oxydation dünner, reiner Ni-Filme) während der Adsorption u. Desorption verschied. Gase u. der Kinetik der dabei ablaufenden Prozesse untersucht. Zwischen 200 u. 300° wurde der Anstieg der Leitfähigkeit der NiO als Funktion der O_2-Adsorption bei verschied. Drucken verfolgt. Die Adsorption ist zunächst ein Vorgang 2. Ordnung, geht jedoch in einen solchen 1. Ordnung über. Die scheinbare Aktivierungsenergie ergibt sich zu 32 kcal/Mol. Die Desorption des O_2 verläuft als Rk. 2. Ordnung, unterhalb 295° ist sie extrem klein u. erfordert eine scheinbare Aktivierungsenergie von 60 kcal/mol. Durch Aktivierung des O_2 über dem Adsorptionsmittel durch eine elektr. Entladung wird die Geschwindigkeit der durch Adsorption bewirkten Leitfähigkeitsänderung des NiO stark erhöht. Auch bei der irreversiblen Adsorption von H_2 oder *CO* werden Leitfähigkeitsänderungen des NiO beobachtet. Die Tempp., bei denen diese Effekte gerade meßbar werden, sind 140° bei H_2 u. 200° bei CO. Reduktions-Rkk. treten jedoch erst bei 340° bzw. 430° auf. An Nickeloxyden verschied. Aktivitätszustände wurden die Rkk. $2H_2 + O_2 \rightarrow 2H_2O$ u. $2CO + O_2 \rightarrow 2CO_2$ u. die dabei auftretenden Leitfähigkeitsänderungen in Abhängigkeit von Druck, Temp. u. Gaszus. verfolgt. Vff. diskutieren die Ergebnisse dieser Unterss. durch Aufspaltung des Adsorptionsvorganges in solche Teilvorgänge, die die beobachteten Änderungen der Halbleitung erklären können Hierzu gehört die Adsorption von mol. O_2 u. Dissoziation zu O^--Ionen. In einer weiteren Stufe folgt die Bldg. von O^{2-}-Ionen. Das beschriebene Modell zeigt den Zusammenhang zwischen katalyt. Aktivität u. Störstellenkonz. u. steht mit den an anderen Systemen gewonnenen Ergebnissen in Einklang. (J. physic. Chem. **60**. 209—17. Febr. 1956. Alfred, N. Y., Univ., New York State Coll. of Ceramics.) H.-U. Woelk. 227

A_8. Präparative anorganische Chemie. Komplexchemie. Metallorganische Verbindungen.

C. H. Duffy, W. H. Corcoran und **B. H. Sage**, *Volumetrisches und Phasenverhalten im System Salpetersäure–Wasser.* In der vorliegenden Unters. werden für drei HNO_3–W.-Gemische die spezif. Voll. zwischen 190 u. 340° F bei Drucken bis zu 500 lbs./sq.in. bestimmt. Die verwendete Versuchsapp. ist bereits beschrieben worden (Reamer, Corcoran u. Sage, C. **1955**. 1210). Es zeigt sich, daß der Gleichgewichtsdruck im heterogenen Gebiet sehr rasch mit steigendem Wassergeh. abnimmt. Das volumetr. Verh. des Syst. ist viel einfacher als für das Syst. HNO_3–NO_2 (Corcoran, Reamer u. Sage, C. **1955**. 8093). Es treten bedeutende Abweichungen vom Verh. idealer Lsgg. auf. Die experimentellen Ergebnisse stehen in Übereinstimmung mit Daten über das volumetr. u. Phasenverh. von HNO_3 u. W. u. bestätigen auch die im Phasenverh. von roter u. weißer rauchender HNO_3 beim chem. u. physikal. Gleichgewicht zum Ausdruck kommenden Gesetzmäßigkeiten.(Ind. Engng. Chem. **48**. 431—33. März 1956. Pasadena, Calif., California Inst. of Technol.) W. Krönert. 243

C. S. Pande, *Bildung von Komplexverbindungen zwischen Ammoniumnitrat und Harnstoff. Das System:* NH_4NO_3–$CO(NH_2)_2$–H_2O *(Leitfähigkeit und Viscosität).* Durch Messungen der Leitfähigkeit u. Viscosität einer Reihe verschied. zusammengesetzter

Lsgg. von NH_4NO_3 u. Harnstoff wurde die Existenz folgender Verbb. nachgewiesen: $NH_4NO_3 \cdot CO(NH_2)_2$ u. $NH_4NO_3 \cdot 2CO(NH_2)_2$. (Z. anorg. allg. Chem. **280.** 157–60. Aug. 1955. Lucknow, Indien, Lucknow Univ., Dep. of Chem.) H. PLUSKAL. 243

W. Pugh, *Hydrazin. 6. Mitt. Salze von Dimethylketazin und von einigen Hydrazonen. Die Halogenoantimonate(III) und -bismutate(III).* (Mit Angaben über die optischen Eigenschaften der Kristalle von **H. C. G. Vincent.**) (5. vgl. C. **1955.** 9979.) In Fortsetzung der Verss. zur Darst. von Ketazinium (I)- u. Ketonhydrazoniumsalzen (II) mit komplexen Halogenosäuren werden die Salze von Halogenoantimonaten(III) u. -bismutaten(III) beschrieben. Der Salzcharakter der Verbb. läßt sich beweisen durch Ähnlichkeit mit den entsprechenden NH_4^+- u. K^+-Salzen im Hinblick auf krist. Beschaffenheit, Farbe (Chlorosalze farblos, Bromsalze gelb, Jodosalze rot) u. Verh. gegen W., H_3O^+ u. OH^-, durch Unlöslichkeit in Ae., A., CCl_4, KW-stoffen u. durch die ausgezeichnete Leitfähigkeit der Lsgg. in Aceton (vergleichbar mit KJ). Fluorosalze konnten bisher in keinem Fall hergestellt werden. Die Salze **I** u. **II** entstehen nur aus konz., stark sauren Lösungen. Theorien von GILBERT (J. Amer. Chem. Soc. **51.** [1929], 3394) sowie CONANT u. BARTLETT (J. Amer. Chem. Soc. **54.** [1932.] 2881), wonach die Kondensation von Ketonen mit Hydrazin nur in neutralem Milieu stattfinden u. starke Säuren Ketazine vollständig hydrolysieren sollen, können für die hier beschriebenen Systeme keine Gültigkeit haben.

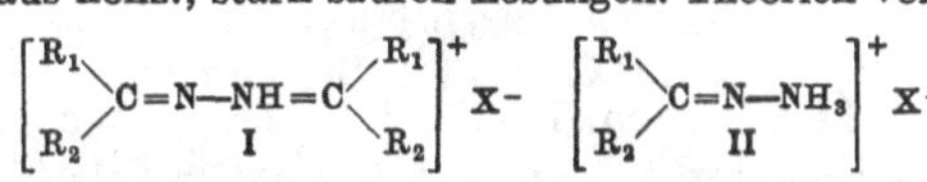

I u. **II** werden durch W. zu unlösl. bas. Metallsalzen, durch verd. Säuren zu freiem Keton u. Hydrazinsalzen hydrolysiert. Die Derivate von **I** u. **II** ($R = CH_3$, C_2H_5, C_3H_7; $X = SbCl_4^-$, $SbBr_4^-$, SbJ_4, $Sb_2J_7^-$, $Sb_5J_{18}^{3-}$, $BiCl_4^-$, $BiBr_4^-$, BiJ_4^-) lassen sich aus kalten oder warmen, sauren Lsgg. der Metall- u. Hydraziniumsalze durch Zugabe von Ketonen darstellen. Sie krist. meist direkt aus. Die kristallograph. Eigg. der Salze werden ausführlich beschrieben. — Derivate von **I**, a) $R_1 = R_2 = CH_3$, Dimethylketaziniumsalze. 1. $X = SbCl_4^-$: -tetrachloroantimonat(III), $C_6H_{13}N_2SbCl_4$, farblose Nadeln, F. 109 bis 110°. 2. $X = SbBr_4^-$: -tetrabromoantimonat(III), $C_6H_{13}N_2SbBr_4$, gelbe Nadeln, F. 112 bis 114°. Die Hydrazinkomponente des Salzes zers. sich langsam unter NH_3-Entwicklung. 3. $X = Sb_5J_{18}^{3-}$: Tris-[dimethylketazinium]-octadecajodopentaantimonat(III): $(C_6H_{13}N_2)_3Sb_5J_{18}$, rubinrote Kristalle, F. 153–154°. Die ungewöhnliche Zus. der Verb. wurde durch variierte Darst.- u. Analysenmethoden sichergestellt. 4. $X = BiCl_4^-$: -tetrachlorobismutat(III), $C_6H_{13}N_2BiCl_4$, farblose Nadeln, F. 139–141°. 5. $X = BiJ_4^-$: -tetrajodobismutat(III), $C_6H_{13}N_2BiJ_4$, rubinrote Kristalle, F. 110° (Zers.) 6. $X = BiBr_4^-$: -tetrabromobismutat(III), $C_6H_{13}N_2BiBr_4$, gelbe Nadeln, F. 144–146°. b) $R_1 = R_2 =$ n-C_3H_7: Di-n-propylketaziniumsalze 1. $X = Sb_2J_7^-$: -heptajododiantimonat(III), $C_{14}H_{29} \cdot N_2Sb_2J_7$, feinkrist. Bestandteile innerhalb gummiartiger Masse. — Derivate von **II**, a) $R_1 = CH_3$; $R_2 = C_2H_5$, Butanonhydrazoniumsalze. 1. $X = SbBr_4^-$: -tetrabromoantimonat(III), $C_4H_{11}N_2SbBr_4$, gelbe Kristalle, F. 123–125°. 2. $X = SbJ_4^-$: -tetrajodoantimonat(III), $C_4H_{11}N_2SbJ_4$, dunkelorangefarbige Prismen, F. 153–154°. 3. $X = BiBr_4^-$: -tetrabromobismutat(III), $C_4H_{11}N_2BiBr_4$, gelbe Prismen, F. 149–152°. 4. $X = BiJ_4^-$: -tetrajodobismutat(III), $C_4H_{11}N_2BiJ_4$, orangefarbiges Pulver, F. 162–164°. b) $R_1 = R_2 = C_2H_5$: Pentan-3-on-hydrazoniumsalze. 1. $X = SbBr_4^-$: -tetrabromoantimonat(III), $C_5H_{13}N_2SbBr_4$, hellgelbe Kristalle, F. 90–92°. 2. $X = SbJ_4^-$: -tetrajodoantimonat(III), $C_5H_{13}N_2SbJ_4$, dunkelorangefarbiges Pulver, F. 150–151°. 3. $X = BiBr_4^-$: -tetrabromobismutat(III), $C_5H_{13}N_2BiBr_4$, gelbe Prismen, F. 120–124°. 4. $X = BiJ_4^-$: -tetrajodobismutat(III), $C_5H_{13}N_2BiJ_4$, rubinrote Kristalle, F.: 169–170°. (J. chem. Soc. [London] **1953.** 3445–51. Nov. Kapstadt, Univ., Dep. of Chem. and Geol.) U. WANNAGAT. 243

W. Pugh, *Hydrazin. 8. Mitt. Einige Salze des 3.5.5-Trimethyl-Δ^2-pyrazolins und des 3.5.5-Trimethyl-1-isopropyliden-Δ^2-pyrazolinium-ions.* (Mit Anmerkungen über die optischen Eigenschaften der Kristalle von **H. C. G. Vincent.**) (6. vgl. vorst. Ref.; 7. vgl. C. **1955.** 10 461.) 3.5.5-Trimethylpyrazolinium (**I**)-Salze kondensieren mit Aceton in stark saurer Lsg. zu 3.5.5-Trimethyl-1-isopropyliden-pyrazolinium (**II**)-Salzen; beim längeren Stehen in verd. Säuren wird **II** in **I** zurückgeführt. Die Salze von **I** u. **II** mit den Anionen $SnCl_6^{2-}$, $SnBr_6^{2-}$, $PtCl_6^{2-}$, $PtBr_6^{2-}$, $SbCl_4^-$, $SbBr_4^-$, SbJ_4^-, $BiCl_4^-$, $BiBr_4^-$ u. BiJ_4^- werden beschrieben. Sie krist. leicht aus Aceton/W. oder Aceton/Methanol u. sind unlösl. in PAe., Bzl., CCl_4, Chlf., Ae.; beim Verdünnen tritt Hydrolyse zu SbO^+, BiO^+, SnO_2 ein. Die opt. Daten der Kristalle werden umfassend mitgeteilt. Bei den in der 1. u. 2. Mitt. beschriebenen Chlorostannaten(IV) von **I** mit 2 Moll. Kristallaceton handelt es sich in Wirklichkeit um das Chlorostannat von **II**.

V e r s u c h e : A) *3.5.5-Trimethylpyrazoliniumsalze,* $R = C_6H_{13}N_2$ (**I**). a) *Chlorid,* RCl, $C_6H_{13}N_2Cl$ (**III**), aus Aceton u. $N_2H_6Cl_2$, F. 175–176°; b) *Bromid,* RBr, $C_6H_{13}N_2Br$ (**IV**), aus **III** u. HBr; c) *Hexachlorostannat(IV)*, R_2SnCl_6, $C_{12}H_{26}N_4Cl_6Sn$ (**V**), aus **III** + $SnCl_4$ sowie aus **VIII** + verd. HCl, Nadeln u. Prismen, F. 198° (Zers.), gibt mit Aceton **VIII**; d) *Hexabromostannat(IV)*, R_2SnBr_6, $C_{12}H_{26}N_4Br_6Sn$ (**VI**), aus **IX** mit A. oder aus $SnBr_4$ u. **IV**, F. 193°, gelbe Kristalle; e) *Tetrachloroantimonat(III)*, $RSbCl_4$, $C_6H_{13}N_2Cl_4Sb$ (**VII**), aus Sb_2O_3, **III** u. 6n HCl entsteht das Hydrat $RSbCl_4 \cdot H_2O$, Prismen oder Stäbe, F. 55—56°, daraus bei 100° **VII**; f) *Tetrabromoantimonat(III)*, $RSbBr_4$, $C_6H_{13}\cdot N_2Br_4Sb$, aus Sb_2O_3, HBr u. **III**, gelbe Prismen oder Stäbe, F. 66—67°; g) *Tetrachlorobismutat(III)*, $RBiCl_4$, $C_6H_{13}N_2Cl_4Bi$, aus Bi_2O_3, **III** u. konz. HCl, orthoromb. oder monokline, farblose Kristalle; h) *Tetrabromobismutat(III)*, $RBiBr_4$, $C_6H_{13}N_2Br_4Bi$, aus $BiBr_3$, **III** u. HBr über das Monohydrat (schwachgelbe monokline Kristalle) bei 105°, F. 170 bis 171°. B) *3.5.5-Trimethyl-1-isopropylidenpyrazoliniumsalze*, R = $C_9H_{17}N_2$ (**II**). a) *Hexachlorostannat(IV)*, R_2SnCl_6, $C_{18}H_{34}N_4Cl_6Sn$ (**VIII**), aus Aceton, $N_2H_6Cl_2$ u. $SnCl_4$ oder aus **III**, Aceton u. $SnCl_4$, orthoromb. Kristalle, F. 221° (Zers.), nicht hygroskop. an der Luft beständig, wenig lösl. in A. u. Aceton, gibt durch saure Hydrolyse **V**, durch alkal. Aceton u. 3.5.5-Trimethylpyrazolin; b) *Hexabromostannat(IV)*, R_2SnBr_6, $C_{18}H_{34}N_4Br_6Sn$ (**IX**), aus Sn, Br_2, Aceton, HBr u. N_2H_5Br, citronengelbe Würfel, sowie aus **VI** u. Aceton, F. 217—218° (Zers.), Eigg. ähnlich **VIII**; c) *Hexachloroplatinat(IV)*, R_2PtCl_6, $C_{18}H_{34}N_4Cl_6Pt$, aus $H_2PtCl_6 \cdot 6H_2O$, **III** u. Aceton, orangegelbe Würfel, F. 185° (Zers.); d) *Hexabromoplatinat(IV)*, R_2PtBr_6, $C_{18}H_{34}N_4Br_6Pt$, aus $H_2PtCl_6 \cdot 6H_2O$, **III**, HBr u. Aceton, dunkelrote Würfel, F. 219° (Zers.); e) *Tetrachloroantimonat(III)* $RSbCl_4$, $C_9H_{17}N_2Cl_4Sb$, F. 84—85°, krist. mit Aceton als $3RSbCl_4 \cdot CH_3COCH_3$, farblose Nadeln oder Prismen; f) *Tetrabromoantimonat(III)*, $RSbBr_4$, $C_9H_{17}N_2Br_4Sb$, aus $Sb_2 \cdot O_3$, HBr, **III** u. Aceton, F. 94—95°, krist. mit Aceton als $3RSbBr_4 \cdot C_3H_6O$, gelbe Platten, F. 87°; g) *Tetrajodoantimonat(III)*, $RSbJ_4$, $C_9H_{17}N_2J_4Sb$, aus SbJ_3, KJ, HJ, **III** u. Aceton, orange, orthoromb. Kristalle, F. 159°; h) *Tetrachlorobismutat(III)*, $RBiCl_4$, $C_9H_{17}N_2Cl_4Bi$, F. 156°, große farblose Kristalle; i) *Tetrabromobismutat(III)*, $RBiBr_4$, $C_9H_{17}N_2Br_4Bi$, aus $BiBr_3$, **III** oder **IV**, gelbe Kristalle, F. 149°, krist. mit Aceton als $3RBiBr_4 \cdot C_3H_6O$, mit **IV** als $3RBiBr_4 \cdot 2C_6H_{13}N_2Br$, monokline Nadeln u. Latten; j) *Tetrajodobismutat(III)*, $RBiJ_4$, krist. aus 1 BiJ_3 + 1 **III** + HJ, KJ, Aceton u. W. nur als Doppelsalz $3C_9H_{17}N_2BiJ_4 \cdot 2C_6H_{13}N_2J$, scharlachrote Prismen, F. 186—188°, bei Überschuß von BiJ_3 als $C_9H_{17}N_2J_4Bi$, dunkelrote monokline oder trikline Kristalle, F. 171 bis 172°. (J. chem. Soc. [London] **1954**. 2423—28. Juli.) U. WANNAGAT. 243

M. Lamchen, W. Pugh und **A. M. Stephen,** *Hydrazin.* 9. Mitt. *Kondensationsprodukte von Aldehyden und Ketonen mit Salzen einiger substituierter Δ^2-Pyrazoline und Hydrazine.* (8. vgl. vorst. Ref.) Substituierte (3.5.5-Trimethyl-, 5-Methyl-, 4.5-Dimethyl-) Δ^2-Pyrazoliniumsalze kondensieren mit Carbonylverbb. wie Acet-, Prop-, But-, Isovaleryl-, Croton-, Tiglinsäure-, Benz-, Zimt-Aldehyd, Aceton u. Äthylmethylketon am Stickstoffatom $N_{(1)}$ zu 1-Alkylidenderivaten, nicht aber mehr, wenn $N_{(1)}$ alkyliert ist (1.3.5.5-Tetramethyl-, 1.5-Dimethyl-, 1.1.5-Trimethyl-, 3.5.5-Trimethyl-1-phenylderivate). Die Annahme, daß die Kondensation mit der aktivierten 3-Methylgruppe erfolge, konnte durch Darst. des 3-Isobutenylderiv. u. seine Weiterkondensation mit Carbonylverbb. widerlegt werden. Methylhydrazin bildet mit Aceton in Ggw. von Säuren N-Methyl-dimethylketaziniumsalze, mit Phenylhydrazin Phenylhydrazoniumsalze, die sich bei längerem Kochen zu 3.5.5-Trimethyl-1-phenylpyrazoliniumsalzen umwandeln.

Versuche: A) *Bis-[3.5.5-trimethyl-1-alkyliden-pyrazolinium]-hexachlorostannate(IV)* (**I**), (1-alkyliden = R) a) R: H_2 (**II**), vgl. l. c.; b) *1-Äthyliden-*, R: $CH_3CH=$, $C_{16}H_{30}N_4Cl_6Sn$, aus **II** u. CH_3CHO, farblose Nadeln, F. 160—161° (Zers.); c) *1-Propyliden-*, R: $C_2H_5CH=$, $C_{18}H_{34}N_4Cl_6Sn$, farblose Platten, F. 220—221° (Zers.); d) *1-Butyliden-*, R: $C_3H_7CH=$, $C_{20}H_{38}N_4Cl_6Sn$, F. 190—195° (Zers.), blättchenartige Masse; e) *1.3'-Methylbutyliden-*, R: $CH_3CH(CH_3)CH_2CH=$, $C_{22}H_{42}N_4Cl_6Sn$, aus **II** u. Isovaleryl-aldehyd, F. 214° (Zers.); f) *1-But-2'-enyliden-*, R: $C_3H_5CH=$, $C_{20}H_{34}N_4Cl_6Sn$, aus Crotonaldehyd u. **II**, schwachgelbe Kristalle, F. 188° (Zers.); g) *1-(2-Methylbut-2-enyliden)-*, R: $CH_3CH=C(CH_3)CH=$, $C_{22}H_{38}N_4Cl_6Sn$, aus Tiglinsäurealdehyd u. **II**, klargelbe Prismen, F. 176° (Zers.); h) *1-Benzyliden-*, R: $C_6H_5CH=$, $C_{26}H_{34}N_4Cl_6Sn$, farblos krist. Pulver, F. 225° (Zers.); i) *1-Cinnamyliden-*, R: $C_6H_5CH=CH-CH=$, $C_{30}H_{38}N_4Cl_6Sn$, aus Zimtaldehyd u. **II** oder aus **VI** u. $SnCl_2$, hellgelbe Krist., F. 238°; j) *1-Isopropyliden-*, R: $CH_3C(CH_3)=$ (vgl. l. c.). k) Mit einigen weiteren Carbonylverbb. wurden gleichfalls Kondensationsprodukte von **II** erhalten, jedoch nicht analysiert, so mit Glyoxal (tiefrote hygroskop. Masse), m- u. p-Nitrobenzaldehyd (gelb, fest), Vanillin (gelb), Acetylaceton (farblos), Terephthalaldehyd (tiefgelb), Furfurol (fest). B) *Bis-(5-methyl-1-alkyliden-pyrazolinium)-hexachlorostannate(IV)*, (1-alkyliden = R); a) R: H_2, aus 5-Methylpyrazolin (dargestellt aus Crotonaldehyd u. $N_2H_4 \cdot H_2O$, $Kp._{97}$ 91°), $SnCl_4 \cdot 5H_2O$ u. konz. HCl, hygroskop. Masse (**III**); b) *1-Isopropyliden-*, R: $CH_3C(CH_3)=$, $C_{14}H_{26}N_4Cl_6Sn$, F. 196°, aus **III** u. Aceton; c) *1-sec.-Butyliden-*, R: $C_2H_5C(CH_3)=$, $C_{16}H_{30}N_4Cl_6Sn$, weißes

Pulver aus **III** u. Äthylmethylketon, F. 155—157°; d) *1-But-2'-enyliden-*, R: $C_3H_5CH=$, $C_{16}H_{26}N_4Cl_6Sn$, gelbe Prismen aus **III** u. Crotonaldehyd, F. 128—130° (Zers.); e) *1-Benzyliden-*, R: $C_6H_5CH=$, $C_{22}H_{26}N_4Cl_6Sn$, F. 203° (Zers.); f) *1-Cinnamyliden-*, R: $C_6H_5CH=CH-CH=$, $C_{26}H_{30}N_4Cl_6Sn$, F. 210° tiefgelb, aus **III** u. Zimtaldehyd; g) Mit *Acet-* u. *Butylaldehyd* bildete **III** unbefriedigende feste Prodd., mit Terephthalaldehyd einen tiefgelben Nd. C) *Bis-(4.5-dimethyl-1-alkyliden-pyrazolinium)-hexachlorostannate(IV)*, (1-alkyliden = R): a) R: H_2, aus N_2H_4, Tiglinsäurealdehyd u. $SnCl_4 \cdot 5H_2O$, hellgelbe sirupöse Massen (**IV**); b) *1-Isopropyliden-*, R: $CH_3C(CH_3)=$, $C_{16}H_{30}N_4Cl_6Sn$, farblose Kristalle aus Aceton u. **IV**, F. 210—211°; c) *1-sec.-Butyliden-*, R: $C_2H_5C(CH_3)=$, $C_{18}H_{34}N_4Cl_6Sn$, aus Äthylmethylketon u. **IV**, F. 198—199°; d) *1-Benzyliden-*, R: $C_6H_5CH=$, $C_{24}H_{30}N_4Cl_6Sn$, schwachlederfarbene Kristalle, F. 185° (Zers.); e) *1-Cinnamyliden-*, R: $C_6H_5CHCHCH=$, $C_{28}H_{34}N_4Cl_6Sn$, tiefgelb, F. 193°. D) *Bis-(1.3.5.5-tetramethyl-pyrazolinium)-hexachlorostannat(IV)*, $C_{14}H_{30}N_4Cl_6Sn$, aus 1.3.5.5-Tetramethylpyrazoliniumjodid, HCl u. $SnCl_4$, farblose Nadeln, F. 196°, kondensierte sich nicht mit Carbonylverbindungen. E) *Bis-(1.5-dimethylpyrazolinium)-hexachlorostannat(IV)*, $C_{10}H_{22}N_4Cl_6Sn$, farblose Kristalle aus 1.5-Dimethylpyrazolin, $SnCl_4$ u. HCl, F. 207° (Zers.), kondensierte sich ebenfalls nicht mit Carbonylverbindungen. F) a) *1.1.5-Trimethylpyrazoliniumjodid* (**V**), $C_6H_{13}N_2J$, aus 1.5-Dimethylpyrazolin u. CH_3J, farblose Platten, F. 171—172°. Die Methylierung erfolgt in Analogie zu anderen Pyrazolderivaten offensichtlich an $N_{(1)}$, nicht an $N_{(2)}$; b) *Bis-(1.1.5-trimethylpyrazolinium)-hexachlorostannat(IV)*, $C_{12}H_{26}N_4Cl_6Sn$, aus **V**, AgCl u. $SnCl_4$, F. 228—230°, kondensierte sich nicht mit Carbonylverbindungen. G) *1-Cinnamyliden-3.5.5-trimethylpyrazoliniumchlorid* (**VI**), aus 3.5.5-Trimethylpyrazoliniumchlorid u. Zimtaldehyd, gelbe Nadeln, F. 162° (Zers.), $C_{15}H_{19}N_2Cl$. H) *Bis-(N-methyl-dimethylketazinium)-hexachlorostannat(IV)*, $[(CH_3)_2C=NN(CH_3)=C(CH_3)_2]_2SnCl_6$, $C_{14}H_{30}N_4Cl_6Sn$, aus CH_3NHNH_3Cl, $SnCl_4$ u. Aceton, rhomb. Kristalle, F. 200—203° (Zers.). I) *Bis-(acetonphenylhydrazonium)-salze*, $[C_6H_5NHNH=C(CH_3)_2]_2R$ a) *Hexachlorostannat(IV)*, R = $SnCl_6$, $C_{18}H_{26}N_4Cl_6Sn$, aus konz. wss. Phenylhydrazinhydrochlorid (**VII**), $SnCl_4$ u. Aceton, farblose Nadeln u. Prismen, F. 155° (Zers.); b) *Hexabromostannat(IV)*, R = $SnBr_6$, $C_{18}H_{26}N_4Br_6Sn$, aus $SnBr_4$, **VII**·HBr, Aceton u. HBr, gelbe Kristalle, F. 158° (Zers.). Beim Stehen in verd. Lsg. Hydrolyse zu Bis-(phenylhydrazinium)-hexabromostannat $(C_6H_5NHNH_3)_2SnBr_6$, $C_{12}H_{18}N_4Br_6Sn$, gelbliche Platten; c) *Hexachloroplatinat(IV)*, R = $PtCl_6$, $C_{18}H_{26}N_4Cl_6Pt$, aus **VII**, Aceton u. H_2PtCl_6, orange Kristalle F. 152° (Zers.). J) *Bis-(3.5.5-trimethyl-1-phenyl-pyrazoliniumsalze)*; a) *Hexachlorostannat(IV)*, $C_{24}H_{34}N_4Cl_6Sn$ (**VIII**), aus $SnCl_4 \cdot 5H_2O$, **VII**, konz. HCl u. Aceton, farblose Würfel, F. 230—231° (Zers.); b) *Hexachloroplatinat(IV)*, $C_{24}H_{34}N_4Cl_6Pt$, aus **VIII** u. H_2PtCl_6, orange Kristalle, F. 180° (Zers.). K) *Bis-(3-isobutenyl-5.5-dimethyl-1-isopropyliden-pyrazolinium)-hexachlorostannat(IV)*, $C_{24}H_{42}N_4Cl_6Sn$, aus N_2H_4, Phoron, Aceton, $SnCl_4$ u. HCl in CH_3OH, F. 189—191° (Zers.). (J. chem. Soc. [London]. **1954**. 2429—34. Juli.) U. WANNAGAT. 243

F. Seel, H. Jonas, L. Riehl und **J. Langer,** *Über „Fluorsulfinate"*. Aus Tetramethylammoniumfluorid $N(CH_3)_4F$ u. SO_2 bildet sich die unter einem SO_2-Druck von 1 at bis 150° beständige Additionsverb. $N(CH_3)_4F \cdot SO_2$. — Bei Zugabe einer Lsg. von KJ in fl. SO_2 zu einer Lsg. von $N(CH_3)_4F$ in fl. SO_2 scheidet sich ein Nd. der Zus. KF·0,85 SO_2 ab (vgl. SEEL u. MEIER, C. **1954**. 6189). Diese Substanz entsteht auch bei der Einw. von gasförmigem oder fl. SO_2 auf feingepulvertes KF. Bei der Umsetzung von NaJ oder RbJ mit $N(CH_3)_4F$ in fl. SO_2 bilden sich Ndd. der Zus. NaF·0,46 SO_2 bzw. RbF·0,98 SO_2, die ebenfalls bis 150° beständig sind. Aus der ungewöhnlichen Beständigkeit dieser SO_2-Addukte wird geschlossen, daß es sich nicht um einfache SO_2-Solvate sondern um Verbb. handelt, in denen das F-Ion ein SO_2-Mol. zum „Fluorsulfination" SO_2F^- bindet. Oberhalb 150° setzen sich die *„Fluorsulfinate"* mit SO_2 zu Fluorsulfonaten u. S um, in Ggw. von Feuchtigkeit gehen sie in Hydrogenfluoride u. Disulfite über, in W. lösen sie sich unter Bldg. von Hydrogenfluoriden u. Hydrogensulfiten, z. B. $2KSO_2F + 2H_2O \rightarrow KHF_2 + KHSO_3 + H_2SO_3$. Das „K-Fluorsulfinat" reagiert mit allen anorgan. u. organ. Säurechloriden unter Bldg. von SO_2 u. den entsprechenden Fluorverbb., z. B. $SOCl_2 \rightarrow$ *$SOClF$* $\rightarrow$ *SOF_2*; $PCl_3 \rightarrow$ *PF_3*; $(CH_3)_2PCl \rightarrow$ *$(CH_3)_2PF$*; $AsCl_3 \rightarrow$ *AsF_3*; C_6H_5–$SO_2Cl \rightarrow$ *C_6H_5–SO_2F*; C_6H_5–COCl $\rightarrow$ *C_6H_5–COF*; C_6H_5–CH=CH–COCl $\rightarrow$ *C_6H_5–CH=CH–COF*. Aus KSO_2F u. F_2 entsteht *SO_2F_2*, mit Cl_2 *SO_2ClF*. Im Autoklaven bildet sich aus KSO_2F u. Cl_2 SO_2F_2. (Angew. Chem. **67**. 32—33. 7/1. 1955. Würzburg, Univ., Chem. Inst., u. Leverkusen, Farbenfabriken Bayer, anorg. Abt.)
E. FORCHE. 253

John R. Van Wazer und **Edward J. Griffith,** *Struktur und Eigenschaften der kondensierten Phosphate*. 10. Mitt. *Allgemeine Strukturtheorie*. Vff. entwickeln, anknüpfend an frühere Überlegungen (VAN WAZER, C. **1950**. II. 2289 u. Encycl. chem. Techn., Vol. X [1953.] 403. 461) eine Theorie, um die Strukturen voraussagen zu können, die in den verschied. Systemen der Phosphate erwartet werden können. Die allgemeine Formel, der alle Phosphate vom Phosphor(V)-oxyd bis zu den Orthophosphaten genügen, ist $M_{nR}P_n \cdot O_{n(R+5)/2}$ (M = Kationäquivalent bzw. 1wertiges organ. Radikal, R = Molverhältnis M/P. Vff. bezeichnen in Abweichung von der von THILO vorgeschlagenen Nomenklatur jedes Phosphat, gleichgültig, ob es der Gruppe der Poly-, Meta- oder verzweigten Phosphate angehört, durch das griech. Zahlwort, das der Anzahl n der P-Atome im Mol. (Kondensationsgrad) entspricht: z. B. werden alle Phosphate mit n = 4 als Tetraphosphate bezeichnet (allg. Formel $M_{4R}P_4O_{2(5+R)}$). Darunter fallen das Tetrapolyphosphat (in der deutschen Literatur heute als Tetraphosphat bezeichnet) $M_6P_4O_{13}$ mit linearem Bau, das damit isomere hypothet. verzweigt gebaute Isotetrapolyphosphat, das als 8-Ring gebaute Tetrametaphosphat $M_4P_4O_{12}$, 3 (unbekannte) Isotetrametaphosphate, 3 hypothet. Ultraphosphate der Formel $Me_2P_4O_{11}$, von denen eines als Zwischenprod. bei der Hydrolyse von P_4O_{10} gebildet werden muß, sowie das Phosphor(V)-oxyd der Formel P_4O_{10} nebst einem (unbekannten) Isomeren. Mit zunehmendem Kondensationsgrad wächst die Zahl der zu erwartenden Verbb. ins Astronomische. Sehr viele der insgesamt möglichen Strukturen können nach den bisher möglichen Darstellungsweisen, denen meist Reorganisationsgleichgewichte bei hohen Tempp. zugrunde liegen, bestimmt nicht erhalten werden; jedoch sprechen die Autoren die Hoffnung aus, daß neue synthet. Methoden, die denen der organ. Chemie entsprechen, zum Ziel führen werden. (J. Amer. chem. Soc. **77.** 6140—44. 5/12. 1955. Dayton, O., Monsanto Chem. Res. Comp. Dep., inorg. Chem. Div.) W. DEWALD. 264

G. Brauer und **W.-D. Schnell,** *Beiträge zur Chemie der Halogeno-Antimonate(III,V).* 1. Mitt. Durch Bromentzug aus Rb_2SbBr_6 (I) u. Bromierung von $Rb_3Sb_2Br_9$ (II) können Vff. zwei bisher noch nicht beschriebene Salze der Formel Rb_2SbBr_5 (III) (leuchtend gelb an Luft völlig beständig) u. der wahrscheinlichen Zus. $Rb_3Sb_2Br_{11}$ (IV) (schwarz, im abgeschmolzenen Röhrchen haltbar), darstellen. Das Pulverdiagramm von **III** läßt sich tetragonal indizieren: a = 10,82 kX, c = 11,17 kX, c/a = 1,03. **IV** dagegen ist kub. mit a = 10,75 kX. Der Vgl. des Verh. u. des Gitterbaus läßt eine bes. große Ähnlichkeit zwischen den Paaren **I/IV** u. **II/III** erkennen. — Darst. der Präpp: Rb_2SbBr_5: **I** wird im Vakuumexsiccator (Wasserstrahlvakuum) über festem KOH auf 130° (max. 150°) erhitzt. Oberhalb 150° zerfällt das Salz in RbBr u. $SbBr_3$. $Rb_3Sb_2Br_{11}$: **II** wird im Exsiccator über konz. H_2SO_4 einer Bromatmosphäre ausgesetzt. Es ändert bei der Aufbromierung seine Farbe von gelb über grün nach schwarz. Zur Beschleunigung der Rk. u. um ein homogenes Endprod. zu erhalten, wird die Substanz zwischendurch mehrere Male in einer Reibschale verrieben. (Z. anorg. allg. Chem. **283.** 49—57. Jan. 1956. Freiburg/Br., Univ. chem. Labor., anorg. Abt.) H. KNOLL. 266

R. M. Barrer und **D. C. Sammon,** *Ein Ionensiebreagens für Caesium-Alkalimetalltrennungen.* Es werden eingehende Unterss. über die Verwendung von *Ag-Analcim* als Ionensiebreagens für die Trennung von *Na, K* u. *Rb* von Cs beschrieben u. diskutiert. $AgAlSi_2O_6 \cdot H_2O$ wurde durch Mörsern von $NaAlSi_2O_6 \cdot H_2O$ mit dem ca. 10fachen Gewicht $AgNO_3$, zweimaliges 4std. Erhitzen dieser Mischung auf 220—230° u. Auswaschen mit W. dargestellt. Die Darst. von $NaAlSi_2O_6 \cdot H_2O$ erfolgte hydrothermal aus einem Gel von der Zus. des natürlichen Analcims unter alkal. Bedingungen bei 200°. Der Austausch von Ag^+ gegen Na^+ u. K^+ in Gemischen mit Cs^+ (als Chloride) erfolgt glatt u. quantitativ bei ca. 100° nach der Gleichung MCl + xAgA (fest) → AgCl (fest) + $MAg_{(x-1)}A_x$ (fest) (A = anion. Gerüst des Analcims, M = K^+ oder Na^+). Bei der Entfernung von Na^+ wird kein Cs^+ ausgetauscht, so daß diese Meth. zur quantitativen Analyse geeignet ist. Bei der K^+–Cs^+-Trennung erfolgt ein Phasenwechsel unter geringfügiger Umlagerung des Ag-Analcimgitters in das Leucitgitter, wobei etwas Cs^+ eingebaut werden kann. Bei quantitativen Bestimmungen ist daher eine Korrektur erforderlich; die Meth. ist jedoch zur Abtrennung des K^+ von Cs^+ geeignet. Die Rb^+–Cs^+-Trennung ist schwieriger u. erfordert die Verwendung von Methanol oder A. als Lösungsmittel. Auch hierbei werden infolge Umlagerung der Ag-Analcimstruktur in die Rb-Analcimstruktur geringe, variierende Mengen Cs^+ in das Gitter eingebaut. Nach Ansicht der Vff. könnte die Meth. zur Reinigung von Cs^+ von Rb^+ u. umgekehrt entwickelt werden, sofern es gelingt, Ag-Analcimpräpp. mit reproduzierbaren selektiven Austauschereigg. herzustellen. Beim Behandeln von Ag-Analcim mit Lsgg. von *CsCl*, $(CH_3)_4NBr$ oder $(CH_3)_4NJ$ findet H^+-Austausch nach der Gleichung H_2O + MX + xAgA (fest) → AgX (fest) + $HAg_{(x-1)}A_x$ (fest) + MOH (X = Halogen) statt, der im Falle des Jodids bis zu 60% betragen kann. Dieser Austausch kann nur stattfinden, wenn der Analcimkristall als Sieb oder semipermeable Membran gegenüber den Kationen in Lsg. fungiert, u. wenn das ausgetauschte Ion als unlösl. Verb. gefällt wird. (J. chem. Soc. [London] **1956.** 675—82. März. Old Aberdeen, Univ. of Aberdeen.) H. HOFMANN. 277

Lars Eriksson, *Die Komplexkonstanten des Cadmiumchlorids und -bromids.* Polarograph. bestimmt Vf. bei 25 ± 0,03° in Ggw. von $NaClO_4$ bei konstanter Ionenstärke

($\mu = 3$) die Komplexkonstanten (K) der Cd–Cl- u. Cd–Br-Komplexe. Im Syst. Cd–Cl existieren die Kombinationen $CdCl^+$, $CdCl_2$ u. $[CdCl_3]^-$ mit K = 35 ± 1; 115 ± 5 u. 290 ± 30. Im Cd–Br-Syst. wurden die Komplexe $CdBr^+$, $CdBr_2$, $[CdBr_3]^-$ u. $[CdBr_4]^{2-}$ mit K = 58 ± 2; 275 ± 25; 1600 ± 200 u. 5400 ± 400 nachgewiesen. (Acta chem. scand. **7.** 1146—53. 1953. Åbo, Åbo Akad., Inst. of Analyt. and Inorg. Chem.)
H.-G. PLUST. 289

H. G. Cole und **L. F. Le Brocq,** *Die Chemie einiger komplexer Zink- und Cadmiumchromatpigmente.* Vff. stellen für die Rk. von Zink- bzw. Cadmiumdichromat mit Alkalien Kurven auf, indem sie den mit der Glaselektrode bei 22° gemessenen p_H-Wert gegen die Äquivalente Alkali pro Äquivalent Chromsäure auftragen. Die einzelnen Stufen der Kurven werden auf zugehörige Rkk. bezogen u. unter Zuhilfenahme der verbrauchten Äquivalente Alkali u. Chromsäure formelmäßig dargestellt. Zugabe von NaOH an Stelle von KOH ergibt eine undeutlicher abgestufte Kurve, die für eine weniger genau definierte Rk. spricht. Die für Cadmiumdichromat aufgenommenen Kurven verlaufen ähnlich denen von Zinkdichromat. Kaliumcadmiumchromat ist jedoch stabiler als Kaliumzinkchromat, da es sich nicht unter p_H 10,2 zu Cadmiumtetraoxychromat zersetzt. Die Löslichkeit in H_2O wird durch Hydrolyse bedingt, wobei der Komplex in eine stärker bas. u. weniger lösl. Form übergeht. Zwecks Best. der Eignung als Korrosionsinhibitor wird die Löslichkeit durch Schütteln von 30 g der Verb. in 100 cm^3 W. bei 22° ermittelt. Das Chromat im Filtrat wird als CrO_3 in 100 cm^3 angegeben. Auslaugen mit kaltem u. warmem W. führt zu 2 verschied. Verbb., die durch Röntgenaufnahmen unterscheidbar sind. Die Erkenntnisse aus der Röntgenanalyse der hergestellten Prodd. werden besprochen. (J. appl. Chem. **5.** 149—70. April 1955. Farnborough, Royal Aircraft Establ.)
R. ZEISBERGER. 335

L. E. J. Roberts, *Die Uranoxyde.* 6. Mitt. *Die Chemisorption reduzierender Gase an Uran- und Thoriumdioxyd.* (5. vgl. C. **1955.** 5023.) Mit der bereits beschriebenen App. (vgl. l. c.) wird die Adsorption von CO durch reduzierend oder oxydierend vorbehandeltes UO_2 u. ThO_2 sowie von H_2 durch „red." UO_2 bei verschied. Tempp. untersucht. Aus den Adsorptionsisothermen der CO-Adsorption durch „red." u. „oxydiertes" UO_2 bei —183° u. einem Vgl. der entsprechenden O_2- u. N_2-Adsorption durch UO_2 schließt Vf. auf eine Chemisorption des CO. Die viel geringere Adsorption bei —80° u. —23° zeigt, daß die Adsorptionswärme mit zunehmender Oberflächenbedeckung stark abnimmt u. eine vollständige Besetzung aller möglichen Plätze vielleicht nicht möglich ist. Die geringere Adsorption von CO durch bereits mit O_2 beladenes UO_2 u. das entsprechende Verh. im umgekehrten Fall lassen vermuten, daß CO an den gleichen Stellen wie O_2, nämlich den U-Plätzen adsorbiert wird. Wie aus den —183°- u. —80°-Isothermen der CO-Adsorption an ThO_2 geschlossen werden kann, ist die Chemisorption ähnlich der an UO_2. Daher muß angenommen werden, daß eine Abgabe von Elektronen des U an das adsorbierte CO im Gegensatz zur Wechselwrkg. zwischen U u. adsorbiertem O_2 (vgl. l. c.) nicht stattfindet. H_2 wird von UO_2 bei —183° nur in geringen Mengen, vermutlich physikal. adsorbiert. Die Adsorption ist bei Zimmertemp. gleich Null u. erreicht erst oberhalb 470° meßbare Werte; bei Tempp. über 700° wird das adsorbierte H_2 langsam wieder abgegeben. Die Ergebnisse der Unters. werden mit dem entsprechenden Verh. verschied. anderer Oxyde verglichen u. diskutiert. (J. chem. Soc. [London] **1955.** 3939 bis 3946. Nov. Harwell, Berks., Atomic Energy Res. Establ.) H. KNOLL. 339

J. S. Anderson, L. E. J. Roberts und **E. A. Harper,** *Die Uranoxyde.* 7. Mitt. *Die Oxydation des Urandioxyds.* (6. vgl.vorst. Ref.) Die in C. **1955.** 5023 besprochenen Untersuchungsergebnisse werden z. T. erweitert u. die Oxydation von UO_2 zwischen —130° u. 50° sowie 130° u. 180° durch O_2 u. NO_2 untersucht. Obgleich in beiden Temperaturbereichen der O_2 auf Zwischengitterplätzen eingebaut wird, ist der Reaktionsablauf verschieden. Zwischen —130° u. 50° nimmt die O_2-Adsorption sowohl von UO_2 als auch einer festen Lsg. UO_2–ThO_2 mit dem Logarithmus der Zeit zu. Die Oxydation hört unterhalb 50° bei einer Zus., die von der Größe der Oberfläche des UO_2 abhängt, auf. Zwischen 130° u. 180° ist die Reaktionskinetik charakterist. für einen Diffusionsvorgang. Aber sowohl die Reaktionsgeschwindigkeit als auch die Zus. des gebildeten Oxyds sind druckabhängig. Die entsprechende Rk. mit NO_2 läuft wesentlich schneller ab. (J. chem.Soc. [London] **1955.** 3946—3959. Nov.) H. KNOLL. 339

Therald Moeller und **M. Venketa Ramaniah,** *Einige Beobachtungen über die 8-Oxychinolin- u. 5.7-Dihalogen-8-oxychinolin-Chelatkomplexe des Uran(VI).* Vff. untersuchen die Komplexe des U(VI) mit 8-Oxychinolin (I) u. 5.7-Dihalogen-8-oxychinolin (II). Von den 1:3-Komplexen läßt sich nur der des **I** durch Erhitzen in den 1:2-Typ umwandeln. Die U(VI)-**II**-Komplexe unterscheiden sich von denen des **I** durch geringere Löslichkeit u. größere therm. Stabilität. Spektrophotometr. Messungen ergaben, daß in den 1:3-Komplexen ein Mol. **I** bzw. **II** nur durch Gitterkräfte gebunden ist u. daher in Lsg. nur der 1:2-Komplex vorliegt. Im Gegensatz zu den Befunden beim Th ist das Ausmaß der Hydrolyse in Chlf.- u. A.-Lsg. wesentlich geringer. Da jedoch die Lichtabsorption der U(VI)-Oxinate weniger stark ist, ist auch die spektrophotometr. Best. des U(VI) als I- oder II-Komplex nicht sonderlich empfindlich. (J. Amer. chem. Soc. **76.** 5251—52. 20/10. 1954. Urbana, Ill., Univ. of Illinois, Noyes Chem. Labor.) H.-G. PLUST. 339

Alfred Śliwa, *Die Chemie der Transuranelemente.* Die Entw. des Gebiets der Transurane, die einschlägigen Forschungsmethoden u. die theoret. Anschauungen u. Grundlagen werden ausführlich dargestellt. — 86 Literaturzitate. (Wiadomości chem. **7.** 337—73. 1953. Wrocław, [Breslau], T. H., Lehrst. f. anorgan. Chem.) H. FREYTAG. 341

J. A. Caton und **J. E. Prue,** *Die Dissoziationskonstante des Ionenpaares* $Co(NH_3)_6{}^{3+}\cdot OH^-$. Der Wert der Dissoziationskonstanten von $Co(NH_3)_6{}^{3+}OH^-$ wird aus der Zersetzungsgeschwindigkeit von Diacetonalkohol in Lsgg. von $[Co(NH_3)_6](OH)_3$ mittels dilatometr. Messungen bei 25° bestimmt u. die physikal. Bedeutung solcher Dissoziationskonstanten kurz diskutiert. Die Darst. von $[Co(NH_3)_6](OH)_3$ erfolgt aus $[Co(NH_3)_6]Cl_3$ durch Ionenaustausch an Amberlite IRA 400. (J. chem. Soc. [London] **1956.** 671—73. März. Reading Univ.) H. HOFMANN. 355

Louise C. Smith, Jacob Kleinberg und **Ernest Griswold,** *Die Darstellung und einige Eigenschaften von Kaliumhydroxopentacyanocobaltat(III).* Vff. stellten durch Oxydation des Kaliumpentacyanocobaltats(II) (**II**) mittels Luftsauerstoff das Kaliumhydroxopentacyanocobaltat(III) (I), $K_3[Co(CN)_5(OH)]\cdot H_2O$, dar. **I** fiel in Form brauner Kristalle an u. erwies sich als diamagnetisch. In W. löst sich **I** mit tief braunroter Farbe, die jedoch nach einiger Zeit in gelb umschlägt. Daraus u. aus potentiometr. Titrationen, sowie spektrophotometr. Unterss. schließen Vff., daß **I** in W. nicht stabil ist, sondern gemäß $2[Co(CN)_5(OH)]^{3-} \rightleftharpoons [Co(CN)_4(OH)_2]^{3-} + [Co(CN)_6]^{3-}$ reagiert. Die Unters. der Red. des Kaliumhexacyanocobaltats(III) mittels K-Amalgam zu **II** ergab, daß bei dieser Red. intermediär **I** gebildet wird.

V e r s u c h e : Darst. von **I**. Eine luftfreie Lsg. von 20 g $Co(NO_3)_2\cdot 6H_2O$ in 100 ml W. wird unter O_2-Ausschluß gekühlt u. tropfenweise mit konz. KCN-Lsg. versetzt, bis sich der anfangs gebildete Nd. wieder aufgelöst hat. Mit 95%igem A. wird **II** ausgefällt, das sofort abgenutscht wird. Durch das feuchte **II** wird so lange Luft gesaugt, bis dieses einheitlich zu braunem **I** oxydiert ist. (J. Amer. chem. Soc. **75.** 449—51. 20/1. 1953. Lawrence, Kan., Univ., Dep. of Chem.) H.-G. PLUST. 355

G. Meyer und **F. E. C. Scheffer,** *Die Eigenschaften von Nickelcarbid.* Vff. diskutieren eine Arbeit von BROWNING u. EMMETT (C. **1953.** 992.), die sich mit Gleichgewichtsmessungen im Syst. Ni–C–H_2 befaßt. In dieser Arbeit werden Abweichungen gegenüber Messungen von SCHEFFER, DOKKUM u. AL (Recueil Trav. chim. Pays-Bas **45.** [1926.] 803) festgestellt. Vff. weisen nach, daß das von BROWNING u. EMMETT angegebene Carbid nicht ident. ist mit dem früher untersuchten Ni-Carbid, da es endotherm ist. Sie zeigen mit Hilfe thermodynam. Berechnungen (freie Enthalpie), daß es erst oberhalb 510° stabil ist. Demgegenüber ist das von Vff. (Recueil trav. chim. Pays-Bas **46.** [1927.] 1) untersuchte Carbid exotherm u. unterhalb 419° beständig. Bei 700° tritt Zers. in die Elemente ein. Die Zus. beider Carbide ist unbekannt. BAHR u. BAHR (Ber. dtsch. chem. Ges. **61.** [1928.] 2177) geben ein Carbid Ni_3C an; es ist aber nicht bekannt, ob es sich um die endotherme oder exotherme Verb. handelt. (J. Amer. chem. Soc. **75.** 486. 20/1. 1953. Delft, Univ., Labor. for Inorg. and Phys. Chem.) W. KRÖNERT. 356

J. Modiano und **J.-C. Pariaud,** *Komplexe der Pyridyl- und Chinolylcarbinole.* 1. Mitt. *Kupferkomplexe des α-Pyridylphenylcarbinols.* Vff. stellten eine Reihe von Chelatkomplexen des *α-Pyridylphenylcarbinols* (I) mit *Cu* dar. Die Stabilität u. Struktur derselben wird auf potentiometr., thermogravimetr. u. spektroskop. Wege bestimmt u. sichergestellt. — Untersuchte Komplexe: *Kupfer-α-pyridylphenylcarbinolat,* violett, krist. mit $2H_2O$ bei Addition von I zu Lsg. von $CuSO_4$ bei p_H-Werten über 7,5. Verb. ist wasserfrei über P_2O_5 erhältlich. $[Cu(I)_2]SO_4\cdot H_2O$, F. 145—146°, Darst. wie vorst., beständig beim p_H 2,7—4,5. $[Cu(I)_2](OH)(SCN)$, F. 165° unter Zers., grüne Krist. aus $CuSO_4$, I u. NH_4SCN beim Erwärmen auf 80°. **II** (vgl. nebenst. Formel), dunkelgrüne Kristalle, Darst. wie vorst. unter Verwendung eines Überschusses von Cu^{2+} u. SCN^-. (Bull. Soc. chim. France, Mém. [5] **1955.** 1598—1601. Nov./Dez. Lyon, Fac. Cathol. des Sci., Labor de Chim. Phys.) K. FRENKLER. 358

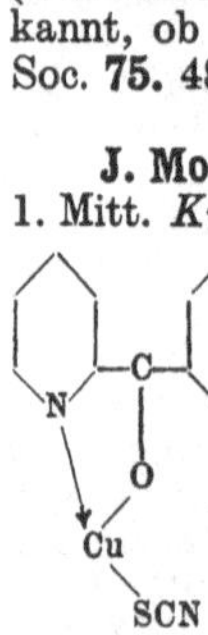

II

J. Chatt und **R. G. Wilkins,** *Gleichgewichte zwischen cis- und trans-*$[(MR_3)_2PtX_2]$ ($M = P, As, Sb$; $X =$ *Halogen*). Es werden die Gleichgewichtskonstanten K der Isomerisation cis-$[(MR_3)_2PtX_2] \rightleftharpoons$ trans-$[(MR_3)_2PtX_2]$ (M = P, As, Sb; R = *Methyl, Äthyl, n-Propyl, n-Butyl, n-Pentyl, Phenyl*; X = *Cl, J*) nach dem von Vff. beschriebenen Verf. (C. **1952.** 7942) durch Messung der DKK. in Bzl. bei 25° bestimmt u. der Einfl. von R, M u. X auf das Gleichgewicht untersucht u. diskutiert. Verschiebung des Gleichgewichts nach der trans-Seite erfolgt durch Substitution von R in der Reihenfolge CH_3, C_2H_5, C_3H_7, ferner durch Austausch von C_6H_5 gegen Alkyl, von Cl gegen J sowie von M durch Sb, P u. As in dieser Reihenfolge. Der Austausch von C_3H_7 gegen höhere n-Alkylgruppen hat nur geringen Einfl. auf das Gleichgewicht. — $\{[P(C_3H_7)_3]_2PtCl_2\}$, K = 29,5, freie Isomerisationsenergie $-\Delta G = 2005$, Isomerisationswärme $\Delta H = 1975$, Isomerisationsentropie $\Delta S = 13{,}3$; $\{[P(C_4H_9)_3]_2PtCl_2\}$, K = 25,5; $\{[P(C_5H_{11})_3]_2PtCl_2\}$, K = 28,4; $\{[P(C_3H_7)_3]_2PtJ_2\}$, K ~ 180; $\{[As(CH_3)_2(C_2H_5)]_2PtCl_2\}$, K = 55; $\{[As(C_3H_7)_3]_2PtCl_2\}$, K ~ 650, $-\Delta G \sim 3840$; $\{[As(C_4H_9)_3]_2PtCl_2\}$, K ~ 340; $\{[As(C_4H_9)_2(C_6H_5)]_2PtCl_2\}$, K = 9,6; $\{[Sb(C_3H_7)_3]_2PtCl_2\}$, K = 4,0, $-\Delta G = 818$, $\Delta H = 2200$, $\Delta S = 10{,}1$; $\{[Sb(C_4H_9)_3]_2PtCl_2\}$, K = 3,75; $\{[Sb(C_2H_5)_3]_2PtJ_2\}$, K ~ 90.

Versuche: *cis-Bis-[tri-n-pentylphosphin]-dichloroplatin(II)*, $C_{30}H_{66}Cl_2P_2Pt$, F. 124 bis 125°, durch Kochen der alkoh. Lsg. von $Na_2[PtCl_4]$ u. des entsprechenden Phosphins unter Rückfluß u. Aufarbeitung. — *cis-Bis-[äthyldimethylarsin]-dichloroplatin(II)*, $C_8H_{22}\cdot Cl_2As_2Pt$, F. 177—178°, aus $As(CH_3)_2(C_2H_5)$ in Di-n-butyläther u. wss. $K_2[PtCl_4]$-Lsg. u. Zers. des braunen Nd. von $\{[As(CH_3)_2(C_2H_5)]_4\}PtCl_4$ durch Kochen in A.; blaßgelbe Kristalle aus Alkohol. Das gelbe *trans-Isomere wird* analog der entsprechenden C_3H_7-Verb. (vgl. CHATT u. WILKINS, C. **1952.** 5700.) dargestellt u. aus Ae.-Aceton bei —70° umkristallisiert; F. 173—174°. — *trans-Bis-[tri-n-propylphosphin]-dijodoplatin(II)*, $C_{18}H_{42}\cdot J_2P_2Pt$, F. 118—119°, aus $P(C_3H_7)_3$ u. wss. $K_2[PtCl_4]$-Lsg. u. KJ im Überschuß; gelbe Kristalle aus Alkohol. Das *cis-Isomere*, F. 119—125°, wird durch Mischen der kalten Lsgg. von cis-$\{[P(C_3H_7)_3]_2PtCl_2\}$ in Aceton u. KJ in Aceton–A. (1:1) u. Extraktion des anfallenden Gemisches der Isomeren mit PAe. dargestellt. Beim Erwärmen lagert es sich in die trans-Verb. um. — Alle sonst erwähnten sowie die nachst. Komplexe wurden nach Methoden von JENSEN (Z. anorg. allg. Chem. **229.** [1936.] 137) bzw. durch Schütteln der organ. Verb. mit wss. $K_2[PtCl_4]$-Lsg. dargestellt. — *cis-Bis-[dibutylphenylarsin]-dichloroplatin(II)* (I), $C_{28}H_{46}Cl_2As_2Pt$, F. 120—121°, krist. aus Methanol. trans-I, F. 40—41°, gelbe Kristalle aus Methanol bei —70°. — *Bis-[triäthylstibin]-dijodoplatin(II)*, $C_{12}H_{30}J_2PtSb_2$, F. 69°. Die Verb. liegt in Bzl.-Lsg. zu 99% als rote trans-Form vor. Beim Abdampfen des Bzl. scheidet sich eine rote Verb. ab, die sich innerhalb von 15—20 Min. in eine stabile gelbe Form umlagert, die von Vff. als cis-Form angesehen wird. (J. chem. Soc. [London] **1956.** 525—29. März. The Frythe, Welwyn, Herts., Imp. Chem. Ind. Ltd., Akers Res. Labors.) H. HOFMANN. 368

Gmelins Handbuch der anorganischen Chemie. 8. völlig neubearb. Aufl. System-Nr. 28. Calcium. T. B. Lfg. 1. Weinheim/Bergstr.: Verl. Chemie. 1956. DM 147,—.

Erich Thilo, Anorganische Chemie in Frage und Antwort. 6. verb. Aufl. Leipzig: Barth. 1956. (133 S. m. 3 Abb.) 8°. DM 3,—.

A_9. Mineralogische und geologische Chemie.

W. Gentner, R. Präg und **F. Smits,** *Argonbestimmungen an Kaliummineralien.* 2. Mitt. *Das Alter eines Kalilagers im unteren Oligozän.* (1. vgl. SMITS u. GENTNER, C. **1954.** 9477 u. 10901). An Kalisalzen von Buggingen werden Messungen des Ar-Geh. ausgeführt. Es besteht eine Beziehung zwischen Ar-Geh. u. Größe der untersuchten Kristalle. Ein Diffusionskoeff. von $(1{,}5 \pm 1)\cdot 10^{-19}$ cm²/sec für Argon in KCl wurde gefunden. Auf Grund der Messungen ergibt sich ein Alter von 21 ± 3 Mill. Jahren für das untere Oligozän, ein Wert, der sich selbst bei ungünstigsten geolog. Bedingungen um höchstens 25% erhöhen könnte. (Geochim. cosmochim. Acta [London] **4.** 11—20. Aug. 1953. Freiburg/Br., Univ., Phys. Inst.) J.-E. HILLER. 378

W. Gentner, K. Goebel und **R. Präg,** *Argonbestimmungen an Kaliummineralien.* 3. Mitt. *Vergleichende Messungen nach der Kalium–Argon- und Uran–Helium-Methode.* (2. vgl. vorst. Ref.). Die Altersbestimmungen von Kalisalzen aus Buggingen werden durch Messungen nach der U–He-Meth. erweitert. He wird von Ar an Aktivkohle bei —180° getrennt, mit einem MCLEOD-Manometer gemessen u. spektroskop. mit Hochfrequenzanregung auf Reinheit geprüft. Die U–Th-Best. erfolgt an Salzschliffen durch Auszählung der α-Spuren in Photoplatten. Die gefundenen He-Gehh. sind niedriger als die durch die U–Th-Messungen gegebenen Erwartungswerte. Die Differenzen hängen von der Kristallgröße der Kalisalze ab u. werden durch Diffusionsverluste verursacht. Um die gemessenen Verluste an He u. Ar quantitativ zu deuten, muß angenommen werden, daß die Temp. der Lagerstätte früher $(70 \pm 30)°$ betragen hat gegenüber der heutigen Temp. von 40°. Die Diffusionskoeffizienten für He u. Ar in KCl bei 40° werden zu 20 ± 16 bzw. $(8 \pm 7)\cdot 10^{-20}$ cm²/sec bestimmt. Das Alter der Lagerstätte erhöht sich auf $(25^{+5}_{-3})\cdot 10^6$ Jahre. (Geochim. cosmochim. Acta [London] **5.** 124—33. März 1954. Freiburg/Br., Univ., Phys. Inst.) G. HERRMANN. 378

J. D. Louw, *Geologisches Alter der Witwatersrand-Uraninite.* Vf. führte Altersbestimmungen an 10 Uraninitkonzentraten, 3 „Kohlenstoff“ (*Tucholit*)-Konzentraten, 2 Proben von U-reichen „Kohlenstoff“-Erzen u. 4 *Bleiglanz*-Proben an den Konglomeraten des Witwatersrandsyst. durch. Aus den aus den Verhältnissen RaG/UI, AcD/AcU u. AcD/RaG berechneten scheinbaren Altern ergab sich, daß in den meisten Fällen ein Verlust von Radon zwischen 5 u. 27% eingetreten war, während in anderen Fällen die Diskrepanzen in dem Alter einer speziellen Probe durch einen Verlust an U oder Pb oder Zuführung von altem radiogenem Pb, zuweilen zusätzlich zu dem Verlust von Radon erklärbar sind. Obwohl die Uraninite des Gebietes nicht zu genauen Alterbestimmungen geeignet sind, kann man so viel aussagen, daß sie die gleiche geochem. u. mineralog. Geschichte haben u. daß ihr wahres Alter zwischen 1850 u. 1950 Millionen Jahren liegt. Die Mineralien sind daher als Gerölle in die sedimentären Witwatersrandablagerungen eingeführt worden, welche durch einen Erosionsprozeß einer älteren Quelle entstanden sind. Eine geolog. Tätigkeit nach der Ablagerung ergab sich aus der Beimischung von radiogenem Pb in den großen u. gut ausgebildeten Bleiglanzkristallen. (Nature [London] **175.** 349–50. 19/2. 1955. Pretoria, South African Council for Sci. and Ind. Res., Nat. Phys. Labor.) C. GOTTFRIED. 378

Michael Wyatt, *Zirkone als Herkunftsindicatoren.* Ausführliche Wiedergabe der C. **1955.** 7395 referierten Arbeit. (Amer. Mineralogist **39.** 983–90. Nov./Dez. 1954. Stanford, Calif., Univ.) C. GOTTFRIED. 378

O. M. Friedrich, *Bemerkung zum Aufsatz von G. Sterk: Vererzte Pflanzenreste aus der Kupferkieslagerstätte Mühlbach/Hochkönig (Salzburg).* Unter Bezugnahme auf die Arbeit von STERK (vgl. C. **1956.** 4083) teilt Vf. mit, daß durch Anschliffunterss. das Alter der Schichten, in denen die vererzten Pflanzenreste gefunden wurden, einigermaßen begrenzt ist. Danach scheiden Silur u. Obersilur aus, während Carbon oder Perm möglich sind. (Berg- u. hüttenmänn. Jb. montan. Hochschule Leoben **100.** 126. März 1953. Leoben.) C. GOTTFRIED. 378

D. H. James, *Die Genesis des Asbests in ultrabasischen Gesteinen.* Vf. ergänzt die Theorie über die Bldg. von Asbest von RIORDON (vgl. C. **1956.** 8025) durch Beobachtungen auf der Jeffrey Asbestgrube. (Econ. Geol. **50.** 438. Juni/Juli 1955. Willowdale, Ontario.) F. ENSSLIN. 378

Raymond Pulou, *Thermische Eigenschaften der Arsenate aus der Familie des Erythrins* $Co_3(AsO_4)_2 \cdot 8\ H_2O$. Die Fe(II)-, Mg-, Co-, Ni- u. Zn-Arsenate kommen in der Natur als *Symplesit* (**I**), *Hörnesit* (**II**), *Erythrin* (**III**), *Annabergit* (**IV**) u. *Köttigit* (**V**) vor. Mittels therm. Differentialanalyse wurden untersucht: natürlicher u. synthet. **III** u. **IV**, Gemisch von **III** u. **IV**, synthet. (Co, Ni)-Arsenat mit Co : Ni = 1, synthet. **V** u. synthet. **II**. Alle erhaltenen Diagramme sind ähnlich u. durch eine stark endotherme Rk. (Entwässerung) u. eine exotherme Rk. (Rekristallisation) charakterisiert. Für **III** liegt das exotherme Maximum bei 660°, für **IV** bei 720°. Während auf der Kurve des Gemisches von **III** u. **IV** 2 Maxima auftreten, zeigt das synthet. (Co, Ni)-Arsenat nur ein exothermes Maximum, welches zwischen denen von **III** u. **IV** liegt. Für **V** liegt das exotherme Maximum bei 525°, für **II** bei 730°; für **V** wurde ein weiteres kleines endothermes Maximum bei ca. 840° beobachtet, dessen Ursprung noch nicht zu erklären ist. Die Synth. der Arsenate erfolgte nach DE SCHULTEN (vgl. Bull. Soc. franç. Minéralog. **26.** [1903.] 91). **I** synthet. darzustellen, gelang wegen der Oxydation von Fe^{2+} zu Fe^{3+} bisher nicht. (C. R. hebd. Séances Acad. Sci. **240.** 2333–36. 13/6. 1955.) C. GOTTFRIED. 380

R. Keith Mitchell, *„Blutunterlaufener“ Iolit.* Vf. beschreibt einen Iolit mit unzähligen ultradünnen hexagonalen Platten von blutroten Einschlüssen. Nach Meinung des Vf. muß das Material als ein seltener Typ von Labradorit angesehen werden, der zufällig in Edelsteinqualität vorkommt. (Gemmologist **24.** 110–12. Juni 1955.) C. GOTTFRIED. 380

J. McAndrew und **T. R. Scott,** *Stillwellit, ein neues Seltenes Erdmineral von Queensland.* Bei der Unters. von radioakt. Erz im nordwestlichen Queensland fanden Vff. ein neues Mineral, *Stillwellit,* das dort zusammen mit Allanit, Granat u. anderen Mineralien als metasomat. Ersatz von metamorphosierten Kalksedimenten vorkommt. Die Kristalle, die bis zu 5 mm Durchmesser haben, erscheinen im Dünnschliff farblos mit einer Doppelbrechung zwischen 0,018–0,020; das Mineral ist ein- bis zweiachsig positiv mit 2 V bis zu 6°. Der Brechungsindex des ordentlichen Strahls für Na-Licht ändert sich von 1,775 bis 1,784 ± 0,003. Eine vorläufige chem. Analyse ergab für die Hauptbestandteile Ln_2O_3 (Lanthanidenoxyde) 58,4 (%); B_2O_3 11,5; SiO_2 20,1; CaO 3,96; P_2O_5 2,58. Ln_2O_3 enthält 51% Ce_2O_3. Aus Röntgeneinkristallaufnahmen ergab sich rhomboedr. Symmetrie mit a = 6,85; c = 6,64 Å. Mögliche Raumgruppen sind C 3 m; C 3_n 2 oder C $\bar{3}$ m. Mit D. 4,57 sind in der Elementarzelle 3 Mol der Zus. (Ln, Ca)$BSiO_5$ enthalten. (Nature [London] **176.** 509–10. 10/9. 1955. Melbourne, Commonwealth Sci. and Ind. Res. Org.) C. GOTTFRIED. 380

B. N. Shaub, *Neue Vorkommen von Topas.* Vf. berichtet über neue Funde von Topas etwa an der Grenze der beiden Staaten New Hampshire u. Maine. Das Gebiet ist bereits bekannt wegen des Vork. guter Turmaline. (Gemmologist **24.** 124—27. Juli 1955.) C. GOTTFRIED. 380

Claude Guillemin, *Eine neue Mineralart: der Vesignieit $Cu_3Ba(VO_4)_2(OH)_2$.* Bei der Unters. natürlicher Cu-haltiger Vanadate fand Vf., daß es sich bei mit „Calciovolborthit" bezeichneten Kristallen von Friedrichroda oder mit „Volborthit" bezeichneten aus dem Ural um eine neue Kristallart handelt, ein bas. Cu–Ba-Vanadat, dem der obige Name gegeben wurde. Gegenüber dem Volborthit unterscheidet er sich bes. durch die polsynthet. Zwillingsbldg., die den Kriställchen ein pseudohexagonales Aussehen gibt. Das Pulverdiagramm ist deutlich verschieden von denen des Volborthits, Tangeits oder Mottramits. In seinem opt. Verh. ist das Mineral zweiachsig positiv mit 2 V nahe 60°; die spitze Bisektrix steht senkrecht zur Spaltebene; die Brechungsindices sind $n_\alpha = 2{,}04$; $n_\beta = 2{,}07$; $n_\gamma = 2{,}08$. Die Auslöschungsschiefe bzgl. der Zwillingsebenen ist 10°. D. 4,05 ± 0,03; Härte zwischen 3 u. 4. Die chem. Analyse eines Minerals von Friedrichroda lieferte die folgenden Werte: CuO 37,6 (%); BaO 23,9; V_2O_5 31,2; H_2O^+ 3,5; unlösl. 3,3 Theoret. für $Cu_3Ba(VO_4)_2(OH)_2$ ist CuO 40,3; BaO 25,9; V_2O_5 30,7; H_2O 3,1. Zwischen 445 u. 530° tritt Entwässerung ein. Das Mineral konnte auf verschied. Wegen synthet. erhalten werden. (C. R. hebd. Séances Acad. Sci. **240.** 2331—33. 13/6. 1955.) C. GOTTFRIED. 380

B. Allgemeine und theoretische organische Chemie.

Jiro Higuchi, *Die Elektronenstruktur des CH-Radikals.* Die Elektronenzustände u. die Mol.-Konstanten des Grundzustandes u. der niedrigeren angeregten Zustände des CH-Radikals werden mit Hilfe der HEITLER-LONDON-Meth. u. der LCAO-SCF-Meth. berechnet. Für jene werden die s^2p^2-, sp^3- u. p^4-Konfigurationen bei der Aufstellung der Wellenfunktionen berücksichtigt, während für diese die MO des Grundzustandes u. der niedrigeren angeregten Zustände berechnet werden. Die Wechselwirkungen zwischen allen Elektronen werden in Rechnung gestellt. Zwischen den 1s-Zuständen des C u. H wird orthogonale Beziehung angenommen. Soweit wie möglich werden die Energieintegrale durch SCF-AOs berechnet. Im allg. stimmen die Ergebnisse mit den Beobachtungen u. den Voraussagen von MULLIKEN überein. Diese Übereinstimmung wird jedoch dadurch bedingt, daß das CH-Radikal ein einfaches heteronucleares Radikal ist u. die entsprechenden Energieintegrale verhältnismäßig gut gewählt wurden. (J. chem. Physics **22.** 1339—48. Aug. 1954. Ookayama, Meguro-ku, Tokyo, Inst. of Technol., Labor. of Phys. Chem.) K. FRENKLER. B 10

Per-Olov Löwdin, *Über die Molekülzustands-Theorie von konjugierten organischen Verbindungen mit Anwendung auf den gestörten Benzolring.* Vf. entwickelt auf der Grundlage der MO-LCAO-Theorie eine Theorie der π-Elektronenverteilung in konjugierten Systemen, die die Gedankengänge von COULSON u. LONGUET-HIGGINS (Proc. Roy. Soc. [London], Ser. A **195.** [1948.] 188 u. früher) verallgemeinert. Das Verh. von getrennten Mol.-Zuständen u. Zustandsenergien unter dem Einfl. von Störungen durch Einführung eines oder mehrerer Heteroatome wird untersucht, mit der Einschränkung, daß das Syst. sich im Grundzustand befinden soll. Eine Reihe von Charakteristika wird definiert, die aus den Zustandsenergien auf die gleiche Weise abgeleitet werden wie die entsprechenden Gesamtgrößen aus der Gesamtenergie. Das Störungsproblem wird mit einer früher angegebenen Meth. (vgl. C. **1953.** 1594) unter Berücksichtigung der entarteten Niveaus behandelt. Die vorst. entwickelte Theorie wird am Beispiel des *Bzl.* erläutert. (J. chem. Physics **21.** 496—515. März 1953. Durham, N. C., Duke Univ., Dep. of Chem.) K. FRENKLER. B 10

T. M. Dunn und **C. K. Ingold,** *Die Symmetrie des zweiten angeregten Singulettzustandes des Benzols.* Während die Zuordnung des ersten angeregten Singulettzustandes des *Bzl.* zur Symmetrie B_{2u} feststeht, ist die Symmetrie des zweiten angeregten Singulettzustandes (Bandensyst. bei 2000 Å) häufig diskutiert worden, ohne daß man zu einem endgültigen Ergebnis gekommen war. Vff. unternehmen deshalb eine Analyse dieses Spektralbereiches u. finden in Übereinstimmung mit den (ausführlich wiedergegebenen) theoret. Überlegungen — der Theorie der Konfigurationswechselwrkg. u. der Valenzbindungstheorie —, jedoch im Widerspruch zur MO-Theorie unter Vernachlässigung der Konfigurationswechselwrkg., für den 2. angeregten Singulettzustand des Bzl. die Symmetrie E_{2g}. (Nature [London] **176.** 65—68. 9/7. 1955. London, Univ. Coll.) K. FRENKLER. B 114

E. J. Bowen und **B. Brocklehurst,** *Die Emissionsspektren aromatischer Kohlenwasserstoffe in kristallinen Paraffinen bei —180°.* Die Fluorescenz- u. Phosphorescenzspektren von *Coronen* (I), *1.12-Benzoperylen* (II), *Perylen* (III), *Triphenylen* (IV) u. *9.10-Dichloranthracen* (V) in krist. reinen n-Paraffinen (Pentan bis Nonan) werden in Kurven u. Tabellen mitgeteilt u. mit den Spektren in glasartig gefrorenen Lsgg. verglichen (vgl. C. **1955.** 5504). Die Spektren sind im krist. Lösungsm. schärfer. Der langwellige Übergang von I ist symmetrieverboten. Die 0—0-Bande liegt bei 4261 Å; alle anderen Banden spalten, außer in Pentan, um den gleichen Betrag auf, je nach Lösungsm. bis 80 cm^{-1}. Die langlebige gelbe Phosphorescenz zeigt andere Schwingungsstruktur u. geringere Aufspaltung als die Fluorescenz. Intensität der 0—0-Bande, sowie Form u. Schärfe der anderen Banden variieren mit dem Lösungsm. u. dessen Reinheit. **II** hat die meisten u. schärfsten Banden in Pentan, die anderen Substanzen in Heptan. Das Spektr. von **III** enthält hauptsächlich zwei Frequenzen. Von **IV** wurde nur die Phosphorescenz aufgenommen. Die Banden spalten nicht auf. Ihre Intensitätsverteilung zeigt für einige Progressionen starke, für andere geringe Änderungen. Dies wird mit verschieden großen Formänderungen in Richtung der einzelnen Schwingungen bei der Elektronenanregung gedeutet. Die Banden von **V** spalten schon in glasigen Lsgg. auf. *9.10-Diphenylanthracen* hat keine Feinstruktur. Es wird angenommen, daß die schärfsten Banden dann auftreten, wenn das gelöste Mol. gut in das Gitter des Lösungsm. paßt. Die Größe der Moll. u. die Kopplung mit Gitterschwingungen des Lösungsm., bes. im angeregten Zustand, scheinen die spezif. Unterschiede zu bedingen. (J. chem. Soc. [London] **1955.** 4320—31. Dez. Oxford, Univ., Phys.-Chem. Labor.) F. Dörr. B 118

G. M. Badger und **I. S. Walker,** *Mehrkernige heterocyclische Systeme. 9. Mitt. n-π*-Übergänge in den Spektren der aromatischen Azakohlenwasserstoffe.* (8. vgl. C. **1956.** 719.) Vff. untersuchen die Spektren einer Reihe mehrkerniger heterocycl. aromat. Verbb. im sichtbaren u. UV-Gebiet. Im allg. werden bei allen Verbb. die drei Hauptabsorptionsgebiete der entsprechenden carbocycl. KW-stoffe beobachtet, die den $\pi \rightarrow \pi^*$-Übergängen zugeschrieben u. als Banden der Gruppen I, II u. III bezeichnet werden. Zusätzlich wird bei einigen der untersuchten Verbb. eine weitere Bande im langwelligen Gebiet beobachtet, die einem n—π*-Übergang zugeschrieben wird. In der Regel wird sie in nichtpolaren Lösungsmitteln (Cyclohexan) als Schulter am Bandensyst. der Gruppe III beobachtbar; in polaren Lösungsmitteln wird sie meist vollständig durch die Bande der Gruppe III verdeckt. Entsprechende Verhältnisse werden aufgefunden bei *Cinnolin, Chinoxalin, Pteridin, 1.4-Diazatriphenylen, 1.4-Diphenylphthalazin, 3.4-Benzocinnolin, 3.4;5.6-Dibenzocinnolin* ($C_{16}H_{10}N_2$, F. 156,5—157,5°, gelbe Blättchen aus Bzl.–Hexan, durch Einw. einer Lsg. von Ammoniumpersulfat in verd. H_2SO_4 auf 1-o-Aminophenyl-β-naphthylamin, Reinigung durch Chromatographie in Bzl. an Al_2O_3; 25% Ausbeute), *Phenazin* u. *5.6.11.12-Tetraazanaphthacen.* Kein n—π*-Übergang ist im Absorptionsspektr. von *Phenanthridin, o-Phenanthrolin, 1.2-Benzophenazin* u. *1.2;5.6-Dibenzophenazin* erkennbar. (J. chem. Soc. [London] **1956.** 122—26. Jan. Adelaide, South Australia, Univ.) K. Frenkler. B 118

Hermann Kienitz, *Lage- und Intensitätsänderung der γ-CH-Bande des Benzols im Ultrarotabsorptionsspektrum.* Vf. stellte durch systemat. Messung der γ-CH-Bande bei Mehrkomponentensystemen mit Bzl. (I) fest, daß die Lage u. Intensität der **I**-Bande (671,1 cm^{-1}) von der beigemischten Substanz abhängig ist: die Bande wird im Vgl. zu dem Wert von 2%ig. I-Lsg. in Hexan nach höheren Frequenzen verschoben. Die Kirkwood-Bauer-Magatsche Beziehung ist für die meisten vermessenen Substanzen (Ausnahme: Alkohole auf Grund der eigenen Assoziation, Dioxan) erfüllt. Untersucht wurden 2%ig. Lsgg. (angegebene Lage, relative integrale Extinktion): *Cyclohexan* 673,6 (1,29); *Dekalin* 673,4 (0,94); *CCl_4* 675,2 (1,37); *1.4-Dioxan* 684,0 (—); *p-Xylol* 677,0 (—); *Bzl.* 672,9 (—); *m-Xylol* 676,6 (—); *Toluol* 677,7 (—); *Äthylbenzol* 677,5 (—); *o-Xylol* 677,0 (1,18); *CS_2* 674,1 (2,34); *Trichloräthylen* 677,5 (1,55); *Ae.* 678,4 (—); *Essigsäureamylester* 678,4 (0,91); *Essigsäureäthylester* 681,7 (1,37); *Chlf.* 679,3 (—); *Tetrachloräthan* 681,7 (1,2); *Cyclohexanol* 676,1 (1,09); *Butanol-(2)* 675,2 (1,21); *n-Butanol* 675,4 (—), *Pentanol* 674,8 (—); *Cyclohexanon* 681,2 (—); *Aceton* 684,5 (1,95); *Isobutanol* 675,7 (—); *n-Propanol* 677,0 (1,39); *Acetylaceton* 682,1 (1,43); *A.* 678,4 (—); *Propanol-(2)* 676,6 (—); *Nitromethan* 687,3 (2,25); *Acetonitril* 686,8 (—). (Naturwissenschaften **42.** 511. Sept. 1955. Ludwigshafen, BASF, Ammoniaklabor.) M.-L. Klaar. B 120

Joyce Fabian, Vladimir Delaroff und **Maurice Legrand,** *Über die Infrarotabsorption von Amidinen. Die Spektren von N-Alkyl-N'-phenylbenzamidinen.* Vff. bestimmten die Infrarotspektren im Bereich 3—15 μ von 17 N-Alkyl-N'-phenylbenzamidinen. Bei den N-Monoalkylverbb. tritt die charakterist. Bande der Iminogruppe bei 1620 cm^{-1}, bei den N-Dialkylverbb. bei 1590 cm^{-1} auf, Vff. vermuten Vorliegen einer Tautomerie. Es wurden gemessen: *N-Methyl-,* F. 135°; *N.N-Dimethyl-N'-phenylbenzamidin,* F. 73°; *N-Methyl-N'-p-tolylbenzamidin,* F. 132°, aus p-Toluidin in Toluol u. dem Iminochlorid des N-Methylbenzamids, in Ggw. von Triäthylamin bei 20—25°, 92% (Ausbeute); *N-Methyl-N'-o-*, F. 91°; *-m-*, F. 85°; u. *-p-methoxyphenylbenzamidin*, F. 152°, aus dem Iminochlorid des p-Methoxybenzanilids u. Monomethylamin in Ae., 24 Std. bei Zimmertemp., 60%; *N.N-Dimethyl-*, F. 57°; *N-Äthyl-*, F. 117°; *N.N-Diäthyl-*, F. 45°; *N-Allyl-*, F. 62°; *N.N-Diallyl-*, F. 45°; *N-n-Propyl-*, F. 73°; *N-n-Amyl-*, F. 67°; *N-[6-Methylheptyl-(2)]-N'-[p-methoxyphenyl]-benzamidin*, F. 43°; *N-Methyl-N'-[p-dimethylaminophenyl]-benzamidin*, F. 153°; *N-Methyl-N'-[p-methoxyphenyl]-p-chlorbenzamidin*, F. 106°; *N-Methyl-N'-[p-methoxyphenyl]-p-nitrobenzamidin*, F. 120°. (Bull. Soc. chim. France [5] **1956**. 287—92. Febr. Serv. de Rech. Roussel-Uclaf.) M.-L. KLAAR. B 120

André Monfils, *Das Kernquadrupolspektrum des 1.2.4.5-Tetrachlorbenzols.* Vf. bestimmte die Quadrupolspektren des *1.2.4.5-Tetrachlorbenzols* bei 77, 164, 187, 238 u. 294° K. Die graph. Darst. der Quadrupolfrequenzen als Funktion der Temp. zeigt eine Diskontinuität bei 188 ± 2° K, die einem monotropen Phasenübergangspunkt entsprechen kann. Bis 188° K wurden keine Quadrupletts festgestellt, bis 174° K sind Dubletts zu beobachten. Interpolation des Wertes e Q q auf 173° K ergibt 73,28 MHz in Übereinstimmung mit den theoret. Voraussagen von DUCHESNE u. MONFILS (C. **1955.** 2859 u. 50). (C. R. hebd. Séances Acad. Sci. **241.** 561—62. 8/8. 1955.) M.-L. KLAAR. B 121

Jiří Sicher, *Stereochemische Untersuchungen. Einleitende Bemerkungen.* Vf. führte eine Reihe von Unterss. über den Einfl. ster. Faktoren auf den Verlauf der Rkk. 1.2-disubstituierter Derivv. nichtcycl. Moll. mit mittleren u. großen Ringen an. Die stereospezif. Rkk. werden in zwei Kategorien eingeteilt, u. zwar in „quantitativ" u. „qualitativ" stereospezifische. Im ersten Falle unterscheiden sich die Stereoisomeren lediglich durch verschied. Reaktionsgeschwindigkeit, im zweiten Falle reagieren die beiden Isomeren nach einem anderen Mechanismus. (Chem. Listy **49.** 1318—19. Sept. 1955 [Orig.: tschech.]; Collect. czechoslov. chem. Commun. **20.** 1389—90. Dez. 1955 [Orig.: engl.]. Praha, Českoslov. akad. věd. Chem. Ústav.) J. KUČERA/Prag. B 123

Jiří Farkaš und **Jiří Sicher**, *Stereochemische Untersuchungen.* 1. Mitt. *Der sterische Verlauf der sauer katalysierten Cyclisierung von N-Thiobenzoylderivaten der 1.2-Aminoalkohole: neue stereospezifische Reaktion.* (Vgl. vorst. Ref.) Vff. haben in der säurekatalysierten Cyclisierung von N-Thiobenzoylderivv. epimerer *1.2-Aminoalkohole* eine neue stereospezif. Rk., die der schon bekannten N → O-Acylwanderung (vgl. FODOR u. Mitarbeiter, C. **1954.** 3923 u. früher) analog ist, gefunden. threo-Epimere cyclisieren durch Einw. von A.-HCl bei 100° unter Konfigurationserhaltung (Mechanismus R) ausschließlich zu trans-Δ^2-Oxazolinen, z. T. entstehen aus diesen O-Acylderivate. erythro-Epimere, bes. jene, bei denen der OH-Gruppe ein Phenylrest benachbart ist, cyclisieren unter denselben Bedingungen unter Konfigurationsinversion zu trans-Δ^2-Thiazolinen (Mechanismus I), u. teilweise unter Konfigurationserhaltung zu cis-Δ^2-Oxazolinen.

Versuche: Allg. Darst. von N-Thiobenzoylderivv. der 1.2-Aminoalkohole: Meth. A). Die Lsg. des 1.2-Aminoalkohols (0,01 Mol) in Pyridin wurde mit Thiobenzoylthioglykolsäure (I) (0,011 Mol) 1 Std. auf 100° erwärmt. Meth. B) Die Lsg. des 1.2-Aminoalkoholhydrochlorids (0,01 Mol) in H_2O wird 5 Std. bei 20° mit Lsg. von I (0,01 Mol) in 2n NaOH stehengelassen. — Meth. C) Das entsprechende Oxazolinderiv. (0,2 Mol) wird 10 Tage in einer Methanollsg. von $(NH_4)_2S$ stehengelassen. *2-Thiobenzamidobutanol-(3)* (II), $C_{11}H_{15}ONS$, *threo-* (**IIa**), F. 80—81° (Bzl.-PAe.), Meth. B 42% (Ausbeute); *erythro-* (**IIb**), F. 85° (Bzl.-PAe.), Meth. B 54%. — *1-Phenyl-2-thiobenzamidopropanol-(1)* (**III**), $C_{16}H_{17}ONS$, *threo-* (**IIIa**), F. 79—80° (Bzl.-PAe.), Meth. A 23%, C 50%; *erythro-* (**IIIb**), F. 136° (Bzl.), Meth. A 67%. — *1-Phenyl-1-thiobenzamidopropanol-(2)* (**IV**), $C_{16}H_{17}ONS$, *threo-* (**IVa**), F. 115—116° (A.), Meth. C 32%; *erythro-* (**IVb**), F. 132° (A.), Meth. A 30%. — *N-Thiobenzoyl-β-phenylserinäthylester* (**V**), $C_{18}H_{19}O_3NS$, *threo-* (**Va**), F. 89—90° (Bzl.-PAe.), Meth. A 46%; *erythro-* (**Vb**), F. 141—144° (A.), Meth. A 61%. — *1.2-Diphenyl-1-thiobenzamidoäthanol-(2)* (**VI**), $C_{21}H_{19}ONS$, *threo-* (**VIa**), F. 158° (A.), Meth. C 65%; *erythro-* (**VIb**), F. 134—135° (A.), Meth. A 48%. — *1-Cyclohexyl-2-thiobenzamidopropanol-(1)* (**VII**), $C_{16}H_{23}ONS$, *erythro-* (**VIIb**), F. 141° (80%ig. A.), Meth. A 77%. — *1-Cyclohexyl-1-thiobenzamidopropanol-(2)* (**VIII**), $C_{16}H_{23}ONS$, *erythro-* (**VIIIb**), F. 92° (Bzl.-PAe.), Meth. A 45%. — *erythro-1-Cyclohexyl-1-aminopropanol-(2), Hydrochlorid*, $C_9H_{20}ONCl$, F. 189—190°, durch Hydrierung von erythro-1-Phenyl-1-aminopropanol-(2)-hydrochlorid in A. mit ca. 0,1% HCl an ADAMS-PtO_2 bei 15°; 42%. — Meth. der Cyclisierung: Das N-Thiobenzoylderiv. des 1.2-Aminoalkohols (0,003 Mol) wurde mit 10%ig. A.-HCl im Rohr 1—5 Std. auf 100° erhitzt bis zur Entfärbung der Lsg., $^2/_3$ des A. im Vakuum abdest., die Lsg. mit Ae. verd. (es krist. das Hydrochlorid des O-Acylderiv. des 1.2-Aminoalkohols), die Mutterlauge mit wss. NH_4OH alkal. gemacht u. mit PAe. extrahiert (im PAe. Thiazolinderiv.), in der wss. Lsg. N-Benzoylderiv. des 1.2-Aminoalkohols.

trans-2-Phenyl-4.5-dimethyl-Δ²-oxazolin, Hydrochlorid, $C_{11}H_{14}ONCl$, F. 133—144° (A.-Ae.), aus **IIa**, 64%. — *O-Benzoyl-threo-1-phenyl-2-aminopropanol-(1), Hydrochlorid,* $C_{16}H_{18}O_2NCl$, F. 198—200° (A.-W.), aus **IIIa**, 62%. — *O-Benzoyl-threo-1-phenyl-1-aminopropanol-(2), Hydrochlorid,* $C_{16}H_{18}O_2NCl$, F. 190—191° (5%ig. HCl), aus **IVa**, 57%. — *O-Benzoyl-threo-β-phenylserinäthylester, Hydrochlorid,* $C_{18}H_{20}O_4NCl$, F. 190 bis 191° (5%ig. HCl), aus **Va**, 41%. — *O-Benzoyl-threo-1.2-diphenyl-1-aminoäthanol-(2), Hydrochlorid,* $C_{21}H_{20}O_2NCl$, F. 210° (A.-W.), aus **VIa**, 73%. — *trans-2-Phenyl-4.5-dimethyl-Δ²-thiazolin,* $C_{11}H_{13}NS$, Kp.$_{15}$ 155—158°, aus **IIb**, 62%; *Pikrat,* $C_{17}H_{16}O_7N_4S$, F. 133° (Methanol). — *trans-2.5-Diphenyl-4-methyl-Δ²-thiazolin,* $C_{16}H_{15}NS$, Kp.$_{0,55}$ 162 bis 167°, aus **IIIb**, 67%; *Pikrat,* $C_{22}H_{18}O_7N_4S$, F. 141° (A.). — *trans-2.4-Diphenyl-5-methyl-Δ²-thiazolin,* $C_{16}H_{15}NS$, Kp.$_{0,3}$ 135—140°, aus **IVb**, 50%; *Pikrat,* $C_{22}H_{18}O_7N_4S$, F. 144° (Methanol). — *trans-2.5-Diphenyl-4-carbäthoxy-Δ²-thiazolin,* $C_{18}H_{17}O_2NS$, F. 65—67° (PAe.), Kp.$_{0,2}$ 175°, aus **Vb**, 55%. — *trans-2.4.5-Triphenyl-Δ²-thiazolin,* $C_{21}H_{17}NS$, F. 93° (PAe.), 78%. — *trans-2-Phenyl-4-methyl-5-cyclohexyl-Δ²-thiazolin,* $C_{16}H_{21}NS$, Kp.$_{0,2}$ 125—130°, aus **VIIb**, 63%; *Pikrat,* $C_{22}H_{24}O_7N_4S$, F. 147—148° (Methanol). — *trans-2-Phenyl-4-cyclohexyl-5-methyl-Δ²-thiazolin,* $C_{16}H_{21}NS$, Kp.$_{0,2}$ 130°, aus **VIIIb**, 55%; *Pikrat,* $C_{22}H_{24}O_7N_4S$, F. 169° (A.). — Vergleichsprodd.: *trans-4.5-Dimethyl-2-phenyl-Δ²-oxazolin, Hydrochlorid,* $C_{11}H_{14}ONCl$, F. 133—134° (A.-Ae.), durch Einw. von $SOCl_2$ auf erythro-2-Benzamidobutanol-(3), 1 Std. bei 0—15%, 86%; *Base,* $C_{11}H_{13}ON$, Kp.$_{15}$ 120°; *Pikrat,* $C_{17}H_{16}O_8N_4$, F. 148° (A.). — *erythro-1-Cyclohexyl-2-benzamidopropanol-(1)* (**IX**), $C_{16}H_{23}O_2N$, F. 126° (Bzl.), aus erythro-1-Cyclohexyl-2-aminopropanol-(1) in Bzl. mit Benzoylchlorid u. wss. NaOH, 30 Min. bei 15°, 86%. — *trans-2-Phenyl-4-methyl-5-cyclohexyl-Δ²-oxazolin,* Kp.$_{0,15}$ 135—137°, aus **IX** durch Einw. von $SOCl_2$, 3 Std. bei 5—15°, 85%; *Pikrat,* $C_{22}H_{24}O_8N_4$, F. 171° (A.). (Chem. Listy **49.** 1320—29. Sept. 1955 [Orig.: tschech.]; Collect. czechoslov. chem. Commun. **20.** 1391 bis 1401. Dez. 1955. [Orig.: engl.]) J. KUČERA/Prag. B 123

Jiří Sicher und **Miroslav Svoboda,** *Stereochemische Untersuchungen.* 2. Mitt. *Reaktion von N-Acylderivaten der 1.2-Aminomercaptane in saurem Medium.* (1. vgl. vorst. Ref.) Vff. untersuchen den Mechanismus der Cyclisierung mittels A.-HCl von N-Acylderivv. der acycl. epimeren 1.2-Aminomercaptane. Bei beiden Epimeren nehmen Vff. 2-Oxythiazolidine als Zwischenprodd. an, bei den threo-Epimeren gehen diese ausschließlich in trans-Δ²-Thiazolinderivv. über, bei den erythro-Epimeren entstehen neben cis-Δ²-Thiazolinen auch S-Acylaminomercaptanhydrochloride, bei N-Acetylderivv. mehr als bei N-Benzoylderivaten. Den verschied. Reaktionsverlauf der threo- u. erythro-Epimeren erklären Vff. auf Grund der ster. Verhältnisse in den Zwischenprodukten.

Versuche: Die Bldg. von N-Acylderivv. der 1.2-Aminomercaptane wird in der 4. Mitt. (zweitnachst. Ref.) beschrieben. *trans-2.5-Diphenyl-4-methyl-Δ²-thiazolin,* aus threo-S-Acetyl-N-benzoyl-1-phenyl-2-aminopropylmercaptan (threo-**I**) durch Einw. von A.-HCl, 8 Std. bei 100° im Rohr, Reinigung durch Chromatographie an Al_2O_3 in Bzl.; 86% (Ausbeute); *Pikrat,* F. 141—142° (A.). — *erythro-S-Benzoyl-1-phenyl-2-aminopropylmercaptan-HCl,* $C_{16}H_{18}ONSCl$, F. 190—192° (A.-Ae.), aus erythro-**I** analog. — *cis-2.5-Diphenyl-4-methyl-Δ²-thiazolin,* $C_{16}H_{15}NS$, Kp.$_{0,8}$ 145°, aus der Mutterlauge; 67%; *Pikrat,* $C_{22}H_{18}O_7N_4S$, F. 123—124° (A.). — *trans-2.4.5-Triphenyl-Δ²-thiazolin,* $C_{21}H_{17}NS$, FF. 68—69° u. 93—94° (PAe.), aus threo-S-Acetyl-N-benzoyl-1.2-diphenylaminoäthylmercaptan (threo-**II**) durch Einw. von A.-HCl, 1 Std. auf dem Wasserbad, Reinigung durch Chromatographie an Al_2O_3 in Bzl.; 91,5%. — *erythro-S-Benzoyl-1.2-diphenylaminoäthylmercaptan-HCl,* $C_{21}H_{20}ONSCl$, F. 229° (A.-Ae.), aus erythro-**II** durch Einw. von A.-HCl, 6 Std. auf dem Wasserbad, daneben *freie Base,* F. 216—217° (Bzl.); u. *cis-2.4.5-Triphenyl-Δ²-thiazolin,* $C_{21}H_{17}NS$, F. 84—85° (PAe.), Reinigung durch Chromatographie an Al_2O_3 in Bzl.; 51,5%. — *trans-2.5-Diphenyl-4-carbäthoxy-Δ²-thiazolin* (**V**), $C_{18}H_{17}O_2NS$, F. 65—66° (PAe.), a) aus threo-N-Benzoyl-β-phenylcysteinäthylester (threo-**III**) durch Einw. von A.-HCl, 6 Std. auf dem Wasserbad; 52%; b) aus threo-β-Phenylcysteinäthylesterhydrochlorid u. Benziminoäthyläther in Chlf., 1 Std. unter Rückfluß; Infrarotspektrum. Bei Darst. nach a) in PAe. unlösl.: *trans-2.5-Diphenyl-4-carboxy-Δ²-thiazolin,* F. 137—138° (Bzl.). — *cis-2.5-Diphenyl-4-carbäthoxy-Δ²-thiazolin,* F. 93—94° (Ae.), aus erythro-**III** analog, Infrarotspektr.; daneben **V.** — *trans-2-Methyl-4.5-diphenyl-Δ²-thiazolin,* $C_{16}H_{15}NS$, Kp.$_{0,15}$ 132°, aus threo-N.S-Diacetyl-1.2-diphenylaminoäthylmercaptan (threo-**IV**) durch Einw. von A.-HCl, 4 Std. auf dem Wasserbad, Reinigung durch Chromatographie an Al_2O_3 in Bzl.; 75%. — *cis-2-Methyl-4.5-diphenyl-Δ²-thiazolin,* $C_{16}H_{15}NS$, F. 67—68° (PAe.), aus erythro-**IV**; 34,5%. — Die Infrarotspektren von cis- u. trans-2.5-Diphenyl-4-carbäthoxy-Δ²-oxazolin sind angegeben. (Chem. Listy **49.** 1330—35. Sept. 1955 [Orig.: tschech.]; Collect. czechoslov. chem. Commun. **20.** 1402—08. Dez. 1955. [Orig.: engl.]) J. KUČERA/Prag. B 123

Jiří Sicher und **Magdalena Pánková**, *Stereochemische Untersuchungen.* 3. Mitt. *Sterischer Verlauf der Reaktion der N-Acylderivate von 1.2-Aminoalkoholen mit Thionylchlorid.* (2. vgl. vorst. Ref.) Durch Einw. von $SOCl_2$ auf die N-p-Nitrobenzoylderivv. von Aminoalkoholen der Zus. R·CHOH·$CHNH_2$·R' (**A**) entstehen unter Umkehrung der Konfiguration an dem C-Atom, das die Oxygruppe trägt, die entsprechenden Oxazoline, Ausnahme ist γ-Norephedrin (threo-**I**, R = C_6H_5, R' = CH_3), bei dem als Hauptprod. ein Gemisch von *threo-* u. *erythro-1-Phenyl-1-chlor-2-p-nitrobenzamidopropan* festgestellt wurde. Bei der letztgenannten Rk. ist ein Oxazolin nicht als Zwischenprod. anzusehen, denn dieses wird bei den gegebenen Versuchsbedingungen nicht in das Chlorderiv. umgewandelt. Diese Ausnahme wird durch die Verstärkung des ster. Einfl. der threo-Konfiguration u. durch den polaren Effekt der Phenylgruppe erklärt. Die Aktivierungsenergien der einzelnen tatsächlichen u. möglichen Vorgänge werden diskutiert. Zur Unters. der relativen Beständigkeit wurden einige diastereoisomere Chlorderivv. der Zus. R·CHCl·CH[$NHCOC_6H_5NO_2$-(p)]·R' (**B**) dargestellt. Die threo-Isomeren sind beim Sd. mit A. beständiger als die erythro-**B**. Weiter wurde dem niedriger schm. Isomeren (F. 85°) der Base **A** (R = CH_3, R' = C_6H_5, *Norisoephedrin*) auf Grund der Überführung in das bekannte *trans-1-Phenyl-2-methyläthylenoxyd* (Rabe u. Hallensleben [1910] die erythro-Konfiguration zugeschrieben. Vergleichshalber wurden alle 6 Oxazoline auch in üblicher Weise aus den entsprechenden Aminoalkoholen u. Benzimidoäther (**III**) dargestellt.

Versuche: *erythro-1-Phenyl-2-aminopropanol-(1)* (*Norephedrin*, **I**), F. 104 bis 105°, durch Hydrierung von Isonitrosopropiophenon in A. an Raney-Ni; 41% (Ausbeute). — *1-Phenyl-2-p-nitrobenzamidopropanon-(1)*, $C_{16}H_{14}O_4N_2$, F. 123—124°, aus α-Aminopropiophenonhydrochlorid u. p-Nitrobenzoylchlorid (**IV**); 61%. — *erythro-1-Phenyl-2-p-nitrobenzamidopropanol-(1)* (**V**), F. 189—190°, aus vorvorst. Verb. u. **IV**; 84,5%; oder aus vorst. Verb. nach Meerwein-Ponndorf 88,5%. — *threo-1-Phenyl-2-p-nitrobenzamidopropanol-(1)* (**VI**), F. 170°, durch Behandeln von threo-1-Phenyl-1-p-nitrobenzoyloxy-2-aminopropanhydrochlorid ($C_{16}H_{17}O_4N_2Cl$, F. 215°, erhalten aus **V** durch Lösen in $SOCl_2$, Abdampfen u. Behandeln mit alkoh. HCl) mit Alkali. — *threo-1-Phenyl-2-aminopropanol-(1)*, F. 71°. — *erythro-1-Phenyl-1-aminopropanol-(2)* (*Norisoephedrin*, **II**), F. 85°, durch Hydrierung von α-Isonitroso-α-phenylaceton an Raney-Ni; *Trimethylammoniumjodid* von **II**, F. 176°; gibt bei Behandlung nach Rabe u. Hallensleben (l. c.) *trans-1-Phenyl-2-methyläthylenoxyd*, $C_9H_{10}O$, Infrarotspektrum. — *1-Phenyl-1-p-nitrobenzamidopropanon-(2)*, $C_{16}H_{14}O_4N_2$, F. 156—157°, aus α-Amino-α-phenylaceton u. **IV**; 79%. — *erythro-1-Phenyl-1-p-nitrobenzamidopropanol-(2)* (**VII**), $C_{16}H_{16}O_4N_2$, aus vorst. oder vorvorst. Verb. analog **V**; Nebenprod. bei der Red. war *cis-2-p-Nitrophenyl-4-phenyl-5-methyl-Δ^2-oxazolin*, $C_{16}H_{14}O_3N_2$, F. 121—122°. — *threo-1-Phenyl-1-p-nitrobenzoylpropanol-(2)* (**VIII**), $C_{16}H_{16}O_4N_2$, F. 153—154°, aus **VII** über *1-Phenyl-1-amino-2-p-nitrobenzoyloxypropanhydrochlorid* ($C_{16}H_{17}O_4N_2Cl$, F. 207—208°), wie **VI**. — *threo-1-Phenyl-1-aminopropanol-(2)*, $C_9H_{13}ON$, F. 90,5—91,5°, durch Verseifen von **VIII**; 55%. — *erythro-1-Cyclohexyl-2-aminopropanol-(1)*, $C_9H_{19}ON$, F. 82—83°, durch Hydrierung von **I**-Hydrochlorid in alkoh. HCl an PtO_2 bei Zimmertemp. u. Normaldruck; 91%; *N-p-Nitrobenzoylderiv.* (**IX**), $C_{16}H_{22}O_4N_2$, F. 163—164° (A.). — *threo-1-Cyclohexyl-2-aminopropanol-(1)*, $C_9H_{19}ON$, F. 83—84° (PAe.), analog aus **II**; 93%; *N-p-Nitrobenzoylderiv.* (**X**), $C_{16}H_{22}O_4N_2$, F. 120—121°, durch Acylierung vorst. Verb., oder aber aus trans-2-p-Nitrophenyl-4-methyl-5-cyclohexyl-Δ^2-oxazolin (**XVI**) durch Lösen in HCl u. Behandeln des entstandenen *threo-1-Cyclohexyl-1-p-nitrobenzoyloxy-2-aminopropanhydrochlorids* ($C_{16}H_{23}O_4N_2Cl$, F. 200—201°) mit Alkali. — Durch Erwärmen von Aminoalkoholen mit **III**, 2—4 Std. auf 100°, wurden folgende Verbb. nebenst. Zus. ($C_{16}H_{14}O_3N_2$ bzw. $C_{16}H_{20}O_3N_2$) dargestellt (angegeben R, R', F.; alle krist. aus 75%ig. A.): *C_6H_5*, *CH_3*, *cis-* (**XI**) 142°, *trans-* (**XII**), 77—78°; *CH_3*, *C_6H_5*, *cis-* (**XIII**), 121—122°, *trans-* (**XIV**), 125°; *C_6H_{11}*, *CH_3*, *cis-* (**XV**), 124—125°, *trans-* (**XVI**), 113—114°. — **XII, XIII, XIV, XV** u. **XVI** wurden auch durch Lösen der Verbb. (in derselben Reihenfolge, in () Ausbeuten) **V** (78), **VIII** (53), **VII** (77), **X** (67), **IX** (60) in $SOCl_2$ erhalten. — **VI**, in gleicher Weise mit $SOCl_2$ behandelt, ergab nur 30% *threo-1-Phenyl-1-chlor-2-p-nitrobenzamidopropan*, F. 128—129°. Durch Hydrolyse des rohen Rückstandes wurden nach Abdampfen der Benzollsg. **V** u. **VI** erhalten. — Durch Behandeln des entsprechenden Oxazolinderiv. mit trockenem HCl u. Erwärmen des erhaltenen Hydrochlorids wurden folgende Verbb. der Zus. R·CHCl—CH(NH·CO·C_6H_4·NO_2-p)·R' ($C_{16}H_{15}O_3N_2Cl$ bzw. $C_{16}H_{21}O_3N_2Cl$) [angeführt: R, R', F., in () % der Verb. regeneriert nach 90 Min. Sieden in 75% wss. A.] erhalten (alle krist. aus Bzl.): *C_6H_5*, *CH_3*, *erythro-*, 132—133° (5), *threo-*, 128—129° (70); *CH_3*, *C_6H_5*, *erythro-*, 156—157° (35), *threo-*, 166 bis 167° (65); *C_6H_{11}*, *CH_3*, *erythro-*, 140° (45), *threo-*, 140—141° (100). Neben der regene-

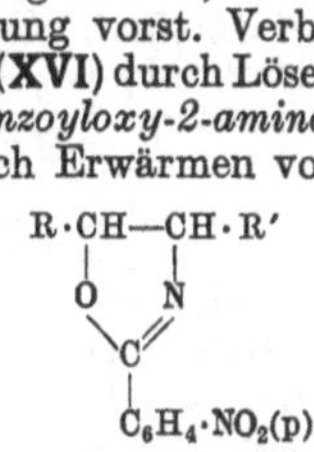

rierten Verb. wurde beim Behandeln mit A. aus den erythro-Verbb. das threo- u. aus den threo-Verbb. das erythro-Isomere der entsprechenden 1-p-Nitrobenzoyloxy-2-amin-hydrochloride erhalten. (Chem. Listy **49.** 1336–50. Sept. 1955. [Orig.: tschech.]; Collect. czechoslov. chem. Commun. **20.** 1409–25. Dez. 1955 [Orig.: engl.])

J. KOVÁŘ/Prag. B 123

Miroslav Svoboda, Jiří Sicher, Jiří Farkaš und **Magdalena Pánková,** *Stereochemische Untersuchungen.* 4. Mitt. *Reaktionen der Δ^2-Oxazoline mit Thioessigsäure. Synthesen der Diacyl-1.2-aminomercaptane.* (3. vgl. vorst. Ref.) Die Darst. von epimeren Diacyl-1.2-aminomercaptanen (**I**) durch Rk. der Oxazoline (**II**) mit Thioessigsäure (**III**) wurde untersucht. Die beobachtete bessere Reaktivität der *trans-* gegenüber den *cis*-Isomeren der 5-phenylsubstituierten Derivv. wird dadurch erklärt, daß die aktivierende Wrkg. der Phenylgruppe bei den cis-Isomeren aus ster. Gründen gehemmt wird. In 5 Fällen bleibt die Rk. ganz aus. Aus der Struktur der nichtisolierten Nebenprodd. kann der Verlauf dieser Rk. bei den von cycl. Aminoalkoholen abgeleiteten **II**, welche in manchen Fällen zu Anlagerungsprodd. der **III** an die C=N-Bindung führt, gedeutet werden. Der Mechanismus der Rk. wird diskutiert. Als zweite Meth. zur Darst. der **I** wurden Rkk. von **III** mit Äthyleniminen durchgeführt.

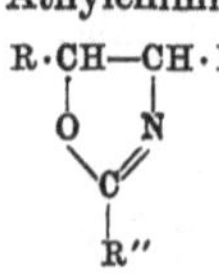

Versuche: Die **II** nebenst. Zus. wurden nach einer der folgenden Methoden dargestellt: A) durch Erhitzen des Aminoalkohols mit Benziminoäther 4–8 Std. auf dem Wasserbad oder auf 120–130°; B) aus dem N-Benzoylaminoalkohol u. konz. H_2SO_4, 10 Min. bei Zimmertemp.; C) aus dem Aminoalkohol u. Äthylacetiminoäther in Chlf., 30 Min. auf dem Wasserbad; D) aus dem N-Benzoylaminoalkohol u. $SOCl_2$ bei 0°. Dargestellte Verbb. (angeführt R, R′, R″, Bruttoformel, Konfiguration, F. oder Kp./mm, Meth., Ausbeute): *C_6H_5, CH_3, C_6H_5*, $C_{16}H_{15}ON$, *cis-*, 151°/1 mm, (A), 87,6; *C_6H_5, C_6H_5, C_6H_5*, $C_{21}H_{17}ON$, *cis-*, 83–84° bzw. 102–103° (Dimorphie), (A), 89,3; *trans-*, 83–85° bzw. 93–94° (Dimorphie), (B), 73,5; *C_6H_5, $COOC_2H_5$, CH_3*, $C_{13}H_{15}O_3N$, *cis-*, 130–131°/0,5 mm, (C), 67; *trans-*, 108–111°/1 mm, (C), 84; *p-$NO_2 \cdot C_6H_4$, $COOC_2H_5$, CH_3*, $C_{13}H_{14} \cdot O_5N_2$, *cis-*, 132°, (C), 78; *trans-*, 89–90°, (C), 67; *C_6H_5, C_6H_5, CH_3*, $C_{16}H_{15}ON$, *trans-*, 160–161°/0,65 mm, (A), 59; *C_6H_{11}, CH_3, C_6H_5*, $C_{16}H_{21}ON$, *cis-*, 81–83°, (A), 94; *trans-*, 128°/1 mm, (A), 91; *CH_3, C_6H_5, C_6H_5*, $C_{16}H_{15}ON$, *cis-*, 143°/0,55 mm, (A), 90; *trans-*, –, (D), –. — Aus den **II** wurden durch Lösen in **III** u. Stehenlassen oder Erwärmen die **I** der Zus. $R \cdot CH(S \cdot CO \cdot CH_3) \cdot CH(NH \cdot CO \cdot R'') \cdot R'$ dargestellt (R, R′, R″, in **I** u. **II** haben gleiche Bedeutung; angeführt: R, R′, R″, Bruttoformel u. Konfiguration des **I**, F., Konfiguration des Ausgangs-**II**, Ausbeute): *C_6H_5, CH_3, C_6H_5*, $C_{18}H_{19}O_2NS$, *threo-*, 133–135°, aus *cis-*, 75%; *erythro-*, 128–129,5°, aus *trans-*, 79%; *C_6H_5, C_6H_5, C_6H_5*, $C_{23}H_{21}O_2NS$, *threo-*, 152°, aus *cis-*, 38%; *erythro-*, 225°, aus *trans-*, 95%; *C_6H_5, $COOC_2H_5$, C_6H_5*, $C_{20}H_{21}O_4NS$, aus *cis-* nicht erhalten, *erythro-*, 96–98°, aus *trans-*, 72%; *C_6H_5, $COOC_2H_5$, CH_3*, $C_{15}H_{19}O_4NS$, aus *cis-* nicht erhalten; *erythro-*, 97–98°, aus *trans-*, 92%; *p-NO_2–C_6H_4, $COOC_2H_5$, CH_3* (im Original irrtümlich C_6H_5; der Referent), $C_{15}H_{18}O_6N_2S$, aus *cis-* nicht erhalten; *erythro-*, 139–140°, aus *trans-*, 73%; *C_6H_5, C_6H_5, CH_3*, $C_{18}H_{19} \cdot O_2NS$, *erythro-*, 167–168°, aus *trans-*, 41%; *C_6H_{11}, CH_3, C_6H_5*, $C_{18}H_{25}O_2NS$, *threo-*, 125°, aus *cis-*, 35%; aus *trans-* nicht erhalten; *CH_3, C_6H_5, C_6H_5*, $C_{18}H_{19}O_2NS$, *threo-*, 126 bis 127° aus *cis-*, 54%; aus *trans-* nicht erhalten. — *S-Dichloracetyl-N-benzoyl-β-phenylserinäthylester*, $C_{20}H_{19}O_4NCl_2S$, F. 96–98°, aus **II** (C_6H_5, $COOC_2H_5$, C_6H_5, *trans-*) mit Dichlorthioessigsäure, 2 Std. bei 100°. — *N-Benzoyl-S-acetyl-trans-2-aminocyclopentylmercaptan*, $C_{14}H_{17}O_2NS$, F. 136–137°, aus 2-Phenyl-cis-4.5-trimethylen-Δ^2-oxazolin u. **III**, 1 Std. auf dem Wasserbad; 62,2%. — *N-Benzoyl-trans-2-aminocyclopentylmercaptan*, $C_{12}H_{15}NOS$, F. 126–128°, aus vorst. Verb. mit Al-Isopropylat in A.; 70%. — *N-Acetyl-O-thionbenzoyl-trans-2-aminocyclohexanol*, $C_{15}H_{19}O_2NS$, F. 159–160°, aus 2-Phenyl-trans-4.5-tetramethylen-Δ^2-oxazolin u. **III**, 2 Std. auf dem Wasserbad; 51,8%. — *N-Acetyl-O-benzoyl-trans-2-aminocyclohexanol* (**IV**), $C_{15}H_{19}O_3N$, F. 120–121°, aus vorst. Verb. u. Ag_2O in Dioxan-W.; 81,5%. — *N-Acetyl-O-thiobenzoyl-cis-2-aminocyclohexanol* (?), $C_{15}H_{19}O_2NS$, F. 139–140°, aus cis-2-Phenyl-4.5-tetramethylen-Δ^2-oxazolin u. **III**, 2 Std. auf dem Wasserbad, daneben größere Mengen von *N-Benzoyl-S-acetyl-trans-2-aminocyclohexylmercaptan* (**V**), $C_{15}H_{19}O_2NS$, F. 146°, mit Ae. abgetrennt. — *N-Acetyl-trans-2-aminocyclohexanol*, $C_8H_{15}O_2N$, F. 124–125°, aus trans-2-Aminocyclohexanol u. Keten in W., quantitativ; durch Einw. von Benzoylchlorid in Pyridin entsteht **IV**, F. 120–121°. Die Angabe (F. 198–199°) von MCCASLAND u. HORSWILL (C. **1952.** 4137) ist wahrscheinlich irrtümlich. — *N-Benzoylcyclohexenimin*, $C_{13}N_{15}ON$, F. 77–78°, aus Cyclohexenimin (**VI**) u. Benzoylchlorid; gibt mit **III** **V** in 82,5%ig. Ausbeute. — *N-Acetyl-trans-2-aminocyclohexylmercaptan*, $C_8H_{15}ONS$, Kp. 120–122°, in Bzl. aus **VI** u. **III**. — *threo-N.S-Diacetyldiphenylaminoäthylmercaptan*, $C_{18}H_{19}O_2NS$, F. 140 bis 141°, aus cis-Diphenyläthylenimin u. **III**, 4 Std. Wasserbad. (Chem. Listy

49. 1351—62. Sept. 1955 [Orig.: tschech.]; Collect. czechoslov. chem. Commun. **20.** 1426—38. Dez. 1955. [Orig.: engl.]) J. KOVÁŘ/Prag. B 123

Jiří Sicher, Miroslav Svoboda und **Jiří Farkaš,** *Stereochemische Untersuchungen.* 5. Mitt. *Synthese und Konfiguration der beiden racemischen β-Phenylcysteine.* (4. vgl. vorst. Ref.) Da die Hydrolyse beider diastereomer N-Benzoyl-β-phenylcysteinäthylester zu *threo-β-Phenylcystein* (threo-**I**) führt, wurde erythro-**I** durch Hydrolyse des N-Acetyl-erythro-**I**-Äthylesters oder besser durch dessen Desacetylierung mit alkoh. HCl u. nachfolgendes Behandeln mit HCl in W. dargestellt. Als Nebenprod. entsteht dabei die *trans-2.5-Diphenyl-Δ^2-thiazolincarbonsäure-(4)* (**II**), die durch weitere Hydrolyse threo-**I** ergibt. Die N-Acylderivv. des erythro-**I** sind durch die Rk. der Oxazoline mit Thioessigsäure leicht zugänglich (vgl. vorst. Ref.), die threo-Isomeren wurden aus α-Benzamidozimtsäureäthylester u. Dichlorthioessigsäure (**IV**) erhalten. Die Konfiguration der Dichloracetylderivv. wurde nach Überführen in Acetylderivv. auf Grund der Nichtübereinstimmung mit den bekannten erythro-Isomeren bewiesen. Da sich **I** bei den hydrolyt. Vorgängen als völlig stabil erwies, ging die Isomerisation bei der Hydrolyse der N-Acylderivv. wahrscheinlich bei einem intermediär gebildeten Thiazolin vor sich. Der *cis-2.5-Diphenyl-Δ^2-thiazolincarbonsäureäthylester-(4)* (cis-**III**) konnte durch Einw. von alkoh. HCl oder alkoh. NaOH in das trans-Isomere übergeführt werden. **II** ist ident. mit der Verb., die LURJE u. GATZENKO (C. **1954.** 773) durch alkal. Hydrolyse des 2-Phenyl-4-benzylidenthiazolons-(5) erhalten u. irrtümlich als α-Thiobenzamidozimtsäure formuliert haben. Versuche: *α-Benzamido-p-nitrozimtsäureäthylester,* $C_{18}H_{16}O_5N_2$, F. 165—166°, durch Sieden von 2-Phenyl-p-nitrobenzylidenoxazolidon mit H_2SO_4 in A.; 80% (Ausbeute). — *threo-N-Benzoyl-S-dichloracetyl-β-p-nitrophenylcysteinäthylester,* $C_{20}H_{18}O_6N_2 \cdot Cl_2S$, F. 142—143°, aus vorst. Verb. u. **IV**, 5 Std. am Wasserbad; 37%. — *threo-N-Benzoyl-S-dichloracetyl-β-phenylcysteinäthylester,* $C_{20}H_{19}O_4NCl_2S$, F. 128—131°, analog aus α-Benzamidozimtsäureäthylester; 47,1%. — *threo-N-Benzoyl-β-phenylcysteinäthylester,* $C_{18}H_{19}O_3NS$, F. 125—126°, aus vorst. Verb. u. Al-Isopropylat in A., 4 Std. Sieden; 70,5%. — *erythro-N-Benzoyl-β-phenylcysteinäthylester,* $C_{18}H_{19}O_3NS$, F. 117—119°, analog aus dem erythroisomeren. — *threo-N-Benzoyl-S-acetyl-β-phenylcysteinäthylester,* $C_{20}H_{21}O_4 \cdot NS$, F. 126—128°, aus vorst. threo-Isomeren u. Acetanhydrid in Pyridin. — *trans-2.5-Diphenyl-Δ^2-thiazolincarbonsäure-(4)* (**II**), $C_{16}H_{13}O_2NS$, F. 137—138° (Bzl.), a) durch Einw. von NaOH in A. auf cis- oder trans-**II**-Äthylester; b) aus threo- oder erythro-**I**-HCl u. Äthylbenzimidoäther in Pyridin. *Na-Salz,* $C_{16}H_{12}O_2NSNa$, F. 262°; *Pikrat,* $C_{22}H_{16}O_9N_4S$, F. 165—167°; *Hydrochlorid,* $C_{16}H_{14}O_2NClS$, F. 165—167°; *Äthylester,* F. 65—66°, entsteht aus cis-**III** durch 20 std. Sieden mit alkoh. HCl. **II** entsteht auch neben threo-**I** durch 5std. Erwärmen von N-Benzoyl-threo- oder erythro-**I** mit 10%ig. HCl auf dem Wasserbad. Bei 10std. Erhitzen mit 10%ig. HCl gibt **II** threo-**I**, *Hydrochlorid,* F. 198 bis 199°, *N.S-Dibenzoyl-**I**-Äthylester,* F. 181°. **II** u. dessen *cis*-Isomeres, F. 93—94°, werden auch aus 2-Phenyl-4-benzylidenthiazolon-(5) u. alkoh. HCl erhalten. — *erythro-β-Phenylcysteinäthylester, Hydrochlorid,* $C_{11}H_{16}ONClS$, F. 180—181°, aus erythro-**I** u. alkoh. HCl quantitativ; oder aus erythro-N.S-Diacetyl-**I**-Äthylester (**VI**) u. alkoh. HCl, 10 Std. auf dem Wasserbad, neben *2-Methyl-5-phenyl-Δ^2-thiazolincarbonsäureäthylester* (**V**), $C_{12}H_{15} \cdot O_2NS$, Kp.$_{0,5}$ 125—130°. — *erythro-β-Phenylcystein, Hydrochlorid,* $C_9H_{12}O_2NClS$, F. 184 bis 185°, aus erythro-**I**-Äthylester u. 10%ig. HCl, 4 Std. Wasserbad. Wird durch 20std. Erhitzen mit konz. HCl auf 100° im Einschlußrohr nicht verändert. — *threo-β-Phenylcystein* (**I**), *Hydrochlorid,* F. 204—205°, durch 5std. Erwärmen von **V** mit 10%ig. HCl; *Äthylester,* $C_{11}H_{16}O_2NClS$, F. 148—149°. — *erythro-N.S-Diacetyl-β-phenylcysteinäthylester* (**VI**), F. 96°, aus erythro-**I**-Äthylester u. Acetanhydrid in Pyridin; gibt beim Erhitzen mit 10%ig. HCl erythro- u. threo-**I**-Hydrochlorid. — *N-Acetyl-β-phenylcystein,* $C_{11}H_{13}O_3NS$, *erythro-*, F. 169°, aus der vorst. Verb. durch 30 Min. Erwärmen mit n-NaOH *threo-*, F. 146°, durch 10std. Erwärmen mit $Ba(OH)_2$. — *threo-N.S-Diacetyl-β-phenylcysteinäthylester,* $C_{15}H_{19}O_4NS$, F. 105,5°, aus threo-**I**. — *erythro-N.S-Dibenzoyl-β-phenylcysteinäthylester,* $C_{25}H_{23}O_4NS$, F. 160—161°. (Chem. Listy **49.** 1363—74. Sept. 1955 [Orig.: tschech.]; Collect. czechoslov. chem. Commun. **20.** 1439—51. Dez. 1955 [Orig.: engl.]) J. KOVÁŘ/Prag. B 123

Miroslav Svoboda und **Jiří Sicher,** *Stereochemische Untersuchungen.* 6. Mitt. *Konfiguration der 1-Phenylpropandiole-(1.2); der sterische Verlauf der Hydrolyse von cis- und trans-1-Phenyl-2-methyläthylenoxyd.* (5. vgl. vorst. Ref.) Auf Grund der Ergebnisse der $KMnO_4$-Oxydation des cis- u. trans-ω-Methylstyrols (cis- u. trans-**I**) wurde dem sogenannten „α"-*1-Phenyl-1.2-dioxypropan* (α-**II**, F. 53—54°) die *threo-*, dem β-**II** (F. 92—93°) die *erythro*-Konfiguration zugeschrieben. Die Oxydation von **I** mit Perameisensäure verläuft ster. uneinheitlich (nach Red. mit $LiAlH_4$ erhält man aus trans-**I** mehr threo- als erythro-**II**, aus cis-**I** hauptsächlich threo-**II**), ebenso wie die Hydrolyse von cis- u. trans-1-Phenyl-2-methyläthylenoxyd (**III**).

Versuche: *1-Phenyl-2-methyläthylenoxyd* (III), *trans-*, $Kp._{15-16}$ 93—95°, n_D^{21} 1,5198, aus trans-I u. Perphthalsäure; 79,8%; *cis*-$C_9H_{10}O$, $Kp._{15}$ 78—80°, n_D^{20} 1,000, ebenso aus cis-I. — Durch 3std. Sieden mit H_2SO_4 in W. u. Dioxan wurde aus trans-III 37% threo- u. 63% erythro-**II**, aus cis-**III** 80% threo-**II** erhalten (die Zus. des Prod. wurde durch den Einfl. der beiden Epimeren auf die Dissoziationskonstante der Phenylborsäure ermittelt. — *erythro-1-Phenyl-1.2-dioxypropan*, F. 91—92°, aus cis-**I** u. $KMnO_4$ in A. bei —40°; 37% (Ausbeute). — *threo-1-Phenyl-1.2-dioxypropan*, F. 54—55°, analog aus trans-I. (Chem. Listy **49.** 1375—78. Sept. 1955. [Orig.: tschech.]; Collect. czechoslov. chem. Commun. **20.** 1452—55. Dez. 1955. [Orig.: engl.]) J. KOVÁŘ/Prag. B 123

D. Bijl und **A. C. Rose-Innes,** *Temperaturverlauf der paramagnetischen Resonanzabsorption von Lösungen freier organischer Radikale.* Vff. untersuchen die paramagnet. Resonanz von *Phenyl-[2-methylpentanon-(4)-yl-(2)]-stickoxyd-N-phenyloxim* (I), *Diphenyl-* u. *Dianisylstickoxyd* in verschied. Lösungsmitteln zwischen Raumtemp. u. 90°K, bei 10000 MHz u. 3000 Oe. Bei Raumtemp. werden drei dicht beieinanderliegende, nicht ganz aufgelöste Absorptionslinien beobachtet, die bei Abkühlung nicht schärfer werden, sondern symm. oder unsymm. reproduzierbar zu einer Linie verschmelzen. Die Aufspaltung bei Raumtemp. wird durch die Hyperfeinstruktur (H.F.S.) des ^{14}N-Kernes der NO-Gruppe bedingt. Den Temperaturverlauf führen Vff. auf das vorzeitige Auskristallisieren einer Komponente der Lsgg. zurück. Vff. beobachten bei **I** mit der Abkühlung eine einzelne Linie steigender Intensität, die mit der abklingenden zentralen Linie der H.F.S. koinzidiert. (Philos. Mag. [7] **44.** 1187—89. Okt. 1953. Oxford, Clarendon Labor.) GRETCHEN MÜLLER. B 137

Ludwig Holleck und **Hermann Schmidt,** *Reaktionswege und Zwischenprodukte bei der Reduktion der Dinitrobenzole an Quecksilberelektroden.* Es liegen die Ergebnisse potentiostat. Elektrolysen vor. Wie bei Kathodenpotentialen, die nur die Red. einer Nitrogruppe bewirken, werden auch bei Kathodenpotentialen, die zu einer vollständigen Red. führen, bei den Isomeren verschiedenartige Reduktionsprodd. erhalten. In alkal. Lsgg. entstehen als Endprodd. bei o- u. p-Dinitrobenzol die Phenylendiamine, bei m-Dinitrobenzol Azoderivate. Kinet. Messungen in Verbindung mit dem polarograph. u. spektroskop. Nachweis von Reduktionsprodd. werden zur Verfolgung des Reaktionsverlaufs herangezogen. Bei der präparativen Elektrolyse von p-Dinitrobenzol im alkal. Bereich werden folgende zwischenzeitlich auftretende Verbb. nachgewiesen: *Diaci-p-dinitrohydrobenzol* (Red. über 2e), *p-Hydroxylaminonitrobenzol* (4e), *p-Nitranilin* (6e), *p-Nitrosoanilin* (8e), *Chinondiimin* (10e), neben *p-Phenylendiamin* (12e) als Endprodukt. Ein Reduktionsschema wird angegeben. (Z. Elektrochem., Ber. Bunsenges. physik. Chem. **59.** 1039—44. Mai 1955. Hamburg, Univ., Physikal.-Chem. Inst.) W. PENK. B 141

C. P. Brown, A. R. Mathieson und **J. C. J. Thynne,** *Thermodynamik von Kohlenwasserstoffmischungen.* 1. Mitt. *Die Mischungswärmen binärer und ternärer Systeme aus Benzol, Cyclohexan und n-Heptan.* Vff. beschreiben ein Mischungscalorimeter für kleine Wärmetönungen u. teilen die Ergebnisse ihrer Messungen der Mischungswärmen (ΔH_m) der Systeme *Bzl.-Cyclohexan* (**I**), *Bzl.-n-Heptan* (**II**) u. **I**–**II** bei 20° u. für 10—13 Konzz., über das gesamte Mischungsgebiet verteilt, mit. Es ergaben sich kleine positive Werte. Die ΔH_m-x (x = Molenbruch)-Kurven sind etwas unsymm. u. weichen daher vom theoret. Verh. streng regulärer Lsgg. ab. Es werden die Wechselwirkungsenergien der Moll. (w) berechnet. Durch Vgl. der eigenen Werte bei 20° in den Systemen **I** u. **II** mit den ΔH_m für höhere Tempp., die aus Dampfdruckmessungen anderer Autoren stammen, kann dw/dT berechnet werden. — Die aus den obigen Mischungswärmen errechneten Löslichkeitsparameter (nach HILDEBRAND) stimmen nicht mit solchen von HILDEBRAND u. SCOTT aus Dampfdruckmessungen errechneten überein. — Ferner teilen Vff. die Mischungswärmen am tern. Syst., aus obigen Komponenten gebildet, mit u. vergleichen sie mit den Ergebnissen, die sich aus den Beziehungen von SCATCHARD, GOATES, TICKNOR u. MACARTNEY (C. **1953.** 7259) u. REDLICH u. KISTER (C. **1949.** I. 1402) ergeben. (J. chem. Soc. [London] **1955.** 4141—46. Dez. Nottingham, Univ.) H. SACKMANN. B 146

W. Wardlaw, *Ein Problem der Strukturchemie.* Vf. untersuchte die physikal. Eigg., bes. die Kpp. u. die Molekülkomplexzahl x von *Alkoholaten* des *Si, Ti, Zr, Hf* u. *Th.* Bestimmt wurden folgende Kpp. [in ()] der Si-, Ti- bzw. Zr-Tetraalkylate von *n-Butylalkohol* (**I**; $Kp._{0,5}$ 106,8°; $Kp._1$ 155°; $Kp._{0,3}$ 253°), *Isobutylalkohol* ($Kp._{0,5}$ 90—91°; $Kp._1$ 141°; —), *sek.-Butylalkohol* (**VIII**; $Kp._{0,5}$ 86—88°; $Kp._{0,8}$ 90—92°; $Kp._{0,5}$ 178°) u. *tert.-Butylalkohol* (**IV**; —; $Kp._1$ 62,3°; $Kp._{0,2}$ 46°). Die Kpp. steigen stärker mit der Größe des Zentralatoms M an, als nach dem Mol.-Gew. zu erwarten wäre, die Erhöhung der Flüchtigkeit durch steigende Kettenverzweigung hat die Folge Zr > Ti > Si. In der Reihe der C_5-Alkohole wurden die Ti- u. Zr-Alkoholate untersucht bei [Kpp. u. x in ()]: *n-Amylakohol* (**II**; $Kp._{0,8}$ 175°; 1,4; $Kp._{0,01}$ 256°, 3,2), *Isoamylalkohol* ($Kp._{0,1}$ 148°, 1,2;

Kp.$_{0,1}$ 247°, 3,3), *2-Methylbutanol-(1)* (Kp.$_{0,5}$ 154°, 1,1; Kp.$_{0,1}$ 238°, 3,7), *Neopentylalkohol* (**III**; Kp.$_{0,05}$ 105°, 1,3; Kp.$_{0,2}$ 188°, 2,4), *Pentanol-(3)* (**VII**; Kp.$_{0,05}$ 112°, 1,0; Kp.$_{0,05}$ 178°, 2,0), *Pentanol-(2)* (**IX**; Kp.$_{1,0}$ 135°, 1,0; Kp.$_{0,05}$ 175°, 2,0), *3-Methylbutanol-(2)* (**X**; Kp.$_{0,5}$ 131°, 1,0; Kp.$_{0,01}$ 156°, 2,0), *2-Methylbutanol-(2)* (**V**; Kp.$_{0,1}$ 98°, 1,0; Kp.$_{0,1}$ 95°, 1,0), für die Si-Verbb. von **II** u. **III** wurde gefunden: Kp.$_{0,1}$ 134° bzw. Kp.$_{0,1}$ 85°, beide sind monomer. Die Flüchtigkeit der Zr-Verbb. steht offenbar in direkter Beziehung zu den (ebullioskop. in Bzl. bestimmten) x-Werten. Vf. vermutet, daß intermol. Bindungen nach nebenst. Schema für die hohen Kpp. der weniger verzweigten Verbb. verantwortlich sind, diese mol. Assoziation wird durch einen Abschirmungseffekt der verzweigten Alkylgruppen mehr oder weniger stark vermindert, wobei der Atomradius des zentralen Atoms M sicher auch eine Rolle spielt. Die maximalen Koordinationszahlen mit O betragen für Si u. Ti 6, für Zr dagegen 8. Sämtliche Tetra-tert.-Alkylate von Ti u. Zr treten monomer auf, so auch die folgenden (für die ersten 8 wurden die Dampfdruckkurve zwischen 2 u. 10 mm, die latente Verdampfungswärme L_v u. die Verdampfungsentropie ΔS bei 5 mm bestimmt): [in () Kp.$_5$] **IV** (93,8°; 89,1°), **V** (142,7°; 138,4°), *3-Methylpentanol-(3)* (**VI**; 170,4°; 171,4°), *2-Methylpentanol-(2)* (**XIV**; 167,0°; 161,6°), sowie *2.3-Dimethylbutanol-(2)* (**XV**; Kp.$_{0,5}$ 147°; Kp.$_{0,1}$ 133°), *3-Äthylpentanol-(3)* (**XVI**; Kp.$_{0,5}$ 180°; Kp.$_{0,4}$ 180°), *2.3.3-Trimethylbutanol-(2)* (Kp.$_{0,5}$ 163°; Kp.$_{0,5}$ 168°) u. *2.3-Dimethylpentanol-(3)* (**XVII**; Kp.$_{1,0}$ 197°; Kp.$_{0,7}$ 194°). Obwohl die L_v-Werte mit der Mol.-Größe zunehmen, bleiben die ΔS-Werte für die Ti- u. Zr-Verbb. konstant (42 ± 2,5 cal/Grad·Mol). Untersucht wurden ferner Kp.$_{0,1}$ u. x-Werte der Ti- u. Zr-Tetraalkoholate folgender sek. Alkohole: *Isopropylalkohol* (**XI**; 49°, 1,4; 160°, 3,0), **VII** (112°, 1,0; 181°, 2,0), *Heptanol-(3)* (156°, 1,0; 163°, 1,0), *2.4-Dimethylpentanol-(3)* (162°, 1,0; 158°, 1,0), *Nonanol-(4)* (195°, —; 198°, —), **VIII** (81°, —; 164°, 2,5), **IX** (115°, 1,0; 178°, 2,0), **X** (117°, 1,0; 176°, 2,0), *Hexanol-(2)* (126°, —; 190°, —), *2.2-Dimethylbutanol-(3)* (127°, —; 128°, 1,0), *Octanol-(2)* (182°, —; 212°, 1,7). Aus den Daten für die Zr-Verbb. geht hervor, daß ster. Effekte, nicht aber die +I-Effekte der Alkylgruppen, für deren Verh. bestimmend sind. Für folgende Verbb. wurden ferner bei obigen Bedingungen die Dampfdruckkurven, L_v- u. ΔS-Werte bestimmt: *Tetraisopropyl-* (Kp.$_{5,0}$ 55,8°) u. *Tetra-[1-äthylpropyl]-orthosilicat* (Kp.$_{5,0}$ 139,0°), die Ti-Verbb. von **XI**, **VIII** u. **VII** sowie die Zr-Verb. von **XI**. Auf Grund von Abweichungen in den Daten vorst. Verbb. wird vermutet, daß außer den zwischenmol. Kräften zwischen M u. O noch andere starke intermol. Anziehungskräfte vorhanden sein müssen. Für diese können 1. eine gegenseitige Verstrickung benachbarter Alkylgruppen im fl. Zustand oder 2. eine stärker als im gasförmigen Zustand behinderte Rotation der Alkoxygruppen als Ursache angenommen werden. Schließlich werden die Ti- u. Zr-Tetraalkoholate untersucht von [in () Kp.$_1$ u. x-Wert]: *A.* (103°, 2,4; 180° [sublimiert], 3,6), *n-Propylalkohol* (**XIII**; 124°, —; 208°, —), *n-Hexylalkohol* (**XII**; 176°, —; 300°, —), *n-Heptylalkohol* (201°, —; —, —) u. *n-Octylalkohol* (214°, 1,4; —, 3,4). Aus den Daten der prim. Alkoholate geht hervor, daß der x-Wert unabhängig von der Kettenlänge u. für Zr- größer als für Ti-Verbb. ist; letzteres ist entweder ster. Effekten oder Unterschieden in der Stärke der intermol. Bindungen zuzuschreiben. Die x-Werte lassen eine höhere Assoziationsstufe vermuten, eine mögliche Struktur für ein Pentameres (Koordinationszahl: 6) wird angegeben, möglicherweise erreicht Zr sogar die Koordinationszahl 8. Auch die (angegebenen) L_v-Werte u. TROUTON-Konstanten für die *Si-Tetraalkoholate* von *A.*, **I**, **XII**, für die *Ti-Verbb.* von *A.*, **I**, **II**, **XII** u. **XIII** deuten darauf hin, daß Wechselwirkungen zwischen den Alkylgruppen auftreten. Die Kpp. der *Hf-Tetraalkylate* folgender Alkohole wurden noch bestimmt: *A.* (Kp.$_{0,1}$ 180—200°), **XI** (Kp.$_{0,35}$ 170°), **IV** (Kp.$_{6,5}$ 90°) u. **V** (Kp.$_{0,1}$ 92°). In keinem Falle ist die Hf-Verb. weniger flüchtig als die entsprechende Zr-Verb., die x-Werte müssen für beide Reihen ebenfalls gleich sein. Bei den obigen Bedingungen wurden für die Zr- u. Hf-Verb. von **V** L_v- u. S-Werte, Dampfdruckkurven, D. u. Mol.-Vol. (bei 25°) bestimmt, die Werte (außer D.) beider Verbb. liegen nahe beieinander. Mit BRADLEY (C. **1956**. 6028) wird angenommen, daß Unterschiede in den Dampfdrucken im Prinzip nur auf Masseneffekte zurückzuführen sind, doch wird deren Wrkg. durch das Auftreten größerer Effekte, verursacht durch zwischenmol. Kräfte, gewöhnlich verschleiert. — Durch Einw. der entsprechenden Alkohole auf Th-Tetraisopropylat wurden die *Th-Tetraalkylate* folgender Alkohole erhalten [in () Kp. u. x-Wert]: **IV** (Kp.$_{0,1}$ 160° [sublimiert], 3,4), **V** (Kp.$_{0,3}$ 208°, 2,8), **VI** (Kp.$_{0,1}$ 148°, 1,8), **XIV** (Zers. bei 120°/0,1 mm, 2,6), **XV** (—, 2,3), **XVI** (Kp.$_{0,05}$ 148°, 1,0), *3-Methylhexanol-(3)* (Kp.$_{0,1}$ 153°, 1,7) u. **XVII** (Kp.$_{0,05}$ 139°, 1,0). Die Flüchtigkeit der Th-Verbb. wird ebenfalls offenbar durch die ster. Verhältnisse bedingt. Vf. glaubt, daß sich für die flüchtigen Metallderivv. bedeutende industrielle Anwendungen dort ergeben können, wo eine hohe Reinheit der Metallkomponente gefordert wird. (J. chem. Soc. [London] **1955**. 3569—76. Okt.) B. GNAUCK. B 150

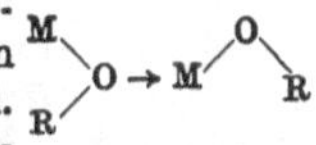

L. Tschernejewa, *Experimentelle Bestimmung der Wärmekapazität von Monoäthanolamin.* Untersucht wird die Wärmekapazität (γ) u. D. wss. Lsgg. von Monoäthanolamin in Abhängigkeit von der Temp., teilweise bei erhöhtem Druck. 8%ig. Lösung. D.: 0°, 1,006; 20°, 1,002; 40°, 0,997; 60°, 0,9891; 80°, 0,9775; 100°, 0,9662; 120°, 0,9506. γ: 5°, 0,906; 10°, 0,902; 20°, 0,897; 30°, 0,895; 40°, 0,894; 50°, 0,894; 60°, 0,894; 70°, 0,896; 80°, 0,897; 90°, 0,900; 100°, 0,902; 110°, 0,905; 120°, 0,907; 130°, 0,910; 140°, 0,913; 150°, 0,915; 160°, 0,918. — 15%ig. Lösung. D.: 0°, 1,017; 20°, 1,012; 40°, 1,005; 60°, 0,9960; 80°, 0,9862; 100°, 0,9728; 120°, 0,9578. γ: 5°, 0,890; 10°, 0,887; 20°, 0,883; 30°, 0,881; 40°, 0,881; 50°, 0,880; 60°, 0,880; 70°, 0,882; 80°, 0,885; 90°, 0,887; 100°, 0,890; 110°, 0,892; 120°, 0,895; 130°, 0,897; 140°, 0,900; 150°, 0,901; 160°, 0,904. — 25%ig. Lösung. D.: 0°, 1,026; 20°, 1,020; 40°, 1,011; 60°, 1,001; 80°, 0,9911; 100°, 0,9775; 120°, 0,9634. γ: 5°, 0,872; 10°, 0,896; 20°, 0,865; 30°, 0,864; 40°, 0,863; 50°, 0,863; 60°, 0,864; 70°, 0,866; 80°, 0,869; 90°, 0,871; 100°, 0,874; 110°, 0,877; 120°, 0,880; 130°, 0,882; 140°, 0,885; 150°, 0,888; 160°, 0,890. (Холодильная Техника [Kälte-Techn.] **32.** Nr. 4. **44**—46. Okt./Dez. 1955.) H. HUBER-EMDEN. B 151

E. J. W. Whittaker, *Die Struktur von 3.3'-Dichlor-4.4'-dioxydiphenylmethan.* 3.3'-Dichlor-4.4'-dioxydiphenylmethan (F. 104°) wurde aus wss. A. in Form kurzer monokliner Nadeln erhalten. Die Elementarzelle hat die Abmessungen a = 22,3; b = 4,93; c = 11,76 Å; β = 112° 36'. Raumgruppe ist C 2/c; Z = 4. Die Koordinaten x; y; z (in Å) wurden mit Hilfe von PATTERSON- u. FOURIER-Projektionen erhalten (Bezifferung s. nebenst. Figur): C_1: 1,37; 0,12; 3,10; C_2: 1,32; 1,07; 2,16; C_3: 2,57; 1,72; 2,30; C_4: 3,86; 1,43; 3,39; C_5: 3,89; 0,48; 4,35; C_6: 2,65; −0,16; 4,21; C_7: 0; −0,66; 2,94; O: 5,13; 2,07; 3,56; Cl: 2,52; 2,96; 0,99; H_2: 0,32; 1,29; 1,27; H_5: 4,92; 0,26; 5,23; H_6: 2,64; 0,89; 4,96; H_7: 0,27; 1,32; 3,90. In dem Mol. sind die Benzolringe eben u. um die Achsen C_7—O um 52° im entgegengesetzten Sinne gedreht. In der Struktur tritt das Mol. in 2 enantiomorphen Konfigurationen auf, die symm. zur Spiegelebene liegen. Die Bindungslängen sind alle n. innerhalb der experimentellen Fehlergrenzen. Der kürzeste intermol. Abstand benachbarter Moll. ist der Abstand O—O = 2,97 Å, er deutet auf eine schwache intermol. H-Bindung hin, die die Moll. in Schichten parallel (0 0 1), also in den a- u. b-Richtungen, zusammenhält. Zwischen diesen Molekülschichten bestehen keine H-Bindungen. In der c-Richtung liegt das Cl-Atom eines Mol. nahezu in derselben Ebene wie der Benzolring seines Nachbarmol., während in der b-Richtung das Cl-Atom eines Mol. nahe der Achse der Benzolringe beider Nachbarn liegt. (Acta crystallogr. [Copenhagen] **6.** 714—20. 10/9. 1953. Chapel-en-le-Frith, Ferodo Ltd., Techn. Div.) C. GOTTFRIED. B 195

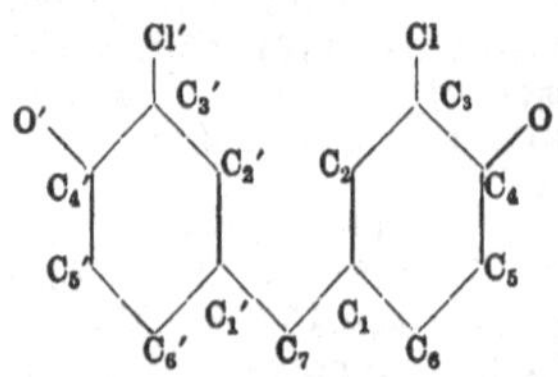

A. Bennett und **A. W. Hanson,** *Die Struktur von Diphenylennaphthacen.* Diphenylennaphthacen krist. monoklin mit den Gitterkonstanten a = 11,0 ± 0,05; b = 5,15 ± 0,03; c = 19,6 ± 0,10 Å; β = 126°; Raumgruppe ist P 2_1/c; Z = 2. Eine angenäherte Struktur war bereits früher von HANSON, LIPSON u. TAYLOR (vgl. C. **1955.** 756) mittels opt. Beugungsmethoden erhalten worden. Die Atomparameter wurden mit Hilfe von Elektronendichteprojektionen festgelegt. Die erhaltenen Parameter x; y; z sind (Bezifferung s. nebenst. Figur): C_1: 0,295; 0,16; −0,130; C_2: 0,192; 0,36; −0,174; C_3: 0,079; 0,37; −0,163; C_4: 0,073; 0,20; −0,110; C_5: 0,177; 0,03; −0,065; C_6: 0,292; 0,01; −0,077; C_7: 0,160; −0,13; −0,008; C_8: 0,027; 0,03; −0,021; C_9: 0,023; −0,21; 0,081; C_{10}: 0,153; −0,37; 0,097; C_{11}: 0,225; −0,55; 0,160; C_{12}: 0,340; −0,71; 0,179; C_{13}: 0,400; −0,64; 0,129; C_{14}: 0,338; −0,46; 0,068; C_{15}: 0,216; −0,31; 0,052. Die mittlere Entfernung C—C beträgt 1,40 Å; die einzelnen Bindungslängen liegen zwischen 1,29 u. 1,56 Å. Sowohl die Naphthacen- wie die Phenylgruppen sind eben. Die Ebene der einen Gruppe bildet mit der anderen Gruppe einen Winkel von 8°; die Linie des Schnittpunktes enthält die Atome C_4 u. C_5. (Acta crystallogr. [Copenhagen] **6.** 736—39. 10/9. 1953. Manchester, Coll. of Technol., Phys. Dep.) C. GOTTFRIED. B 195

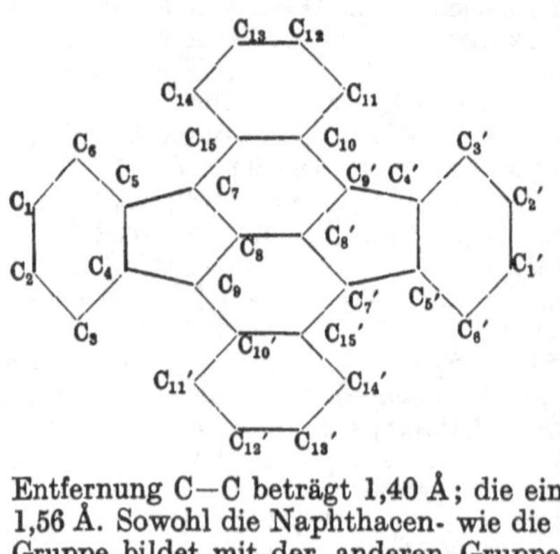

Mogens Ballund Jensen, Erik Jørgensen und **Carl Faurholt,** *Reaktionen zwischen Kohlendioxyd und Aminoalkoholen.* 1. Mitt. *Monoäthanolamin und Diäthanolamin.* Gleichgewichtsbedingungen u. Reaktionsmechanismus der Bldg. u. des Zerfalls der Carbamate aus *Mono-* (I) u. *Diäthanolamin* (II) wurden in wss. Lsg. bei 18° untersucht. Es wird angenommen, daß unter den Bedingungen die Rk. der OH-Gruppe zu Monoalkylcarbonaten vernachlässigbar ist. Zur Best. der Geschwindigkeit der Carboxylierung wurde 5 Min. lang ein 10% CO_2 enthaltender Luftstrom in die Lsgg. der Amine in Ggw. von NaOH geleitet, die CO_2-Absorption gemessen, gebildetes Carbonat mit $BaCl_2$ gefällt u. im Falle von II eine Korrektur für die Zers. des Carbamats während der Analyse angebracht. Es ist für I $k_{CO_2,Amin} = 10^{4,92}$, für II $10^{5,02}$ (t in Min.). Die Gleichgewichtskonstanten der Rk. Carbamat ⇌ Carbonat betragen für I $K = 10^{-1,71}$, für II $K = 10^{-0,82}$. Die Geschwindigkeitskonstanten dieser Umwandlung wurden in Pufferlsgg. des entsprechenden Amins (p_H ca. 9,5) u. in natronalkal. Lsg. (p_H ca. 13) ermittelt u. mit errechneten Werten verglichen. (Acta chem. scand. **8.** 1137—40. 1954. Kopenhagen, Royal Danish School of Pharm.) G. LOHAUS. B 221

Erik Jørgensen und **Carl Faurholt**, *Reaktionen zwischen Kohlendioxyd und Aminoalkoholen. 2. Mitt. Triäthanolamin.* (1. vgl. vorst. Ref.) Um den Reaktionsmechanismus u. die Gleichgewichtsbedingungen der Bldg. des Monoalkylcarbonats (I) aus *Triäthanolamin* (II) u. CO_2 nach $CO_2 + N(CH_2CH_2OH)_3 + OH^- \rightarrow N(CH_2CH_2OH)_2CH_2CH_2CO_3^-$ (I) $+ H_2O$ zu ermitteln, wurde eine wss. Lsg. von II u. NaOH bei 0° mit ca. 30% CO_2 enthaltender Luft kräftig geschüttelt, sofort auf I analysiert u. eine Korrektur für dessen Zers. angebracht. Die Geschwindigkeitskonstante (t in Min.) dieser Rk. beträgt $10^{5,14}$, die Gleichgewichtskonstante für $I + H_2O \rightleftharpoons HCO_3^- + II$ $10^{1,00}$. Die Geschwindigkeitskonstanten letzterer Rk. wurden für verschied. Anfangskonzz. an I in wss.-alkoh. NaOH ermittelt. Es wird ein zweistufiger Mechanismus angenommen: $I \rightarrow N(CH_2CH_2OH)CH_2 \cdot CH_2O^- + CO_2$ (1), $CO_2 + OH^- \rightarrow HCO_3^-$ (2). (Acta chem. scand. **8.** 1141—44. 1954.) G. LOHAUS. B 221

F. E. Murray und **W. G. Schneider**, *Über das intermolekulare Kraftfeld von Nitrilen* Vff. nehmen Schmelzpunktsdiagramme für einige Nitril-*Chlf.*- u. Nitril-*HCl*-Systeme, Nitrile: *Aceto-* (I), *Propio-* (II), *Butyro-* (III) u. *Benzonitril* (IV), auf. Es zeigt sich, daß in beiden Reihen bes. stabile 1 : 1-Komplexe gebildet werden; in der HCl-Reihe existieren daneben auch schwächere Komplexe anderer Zusammensetzung. Die Deutung der Befunde geht davon aus, daß die Nitrile ein einsames Elektronenpaar besitzen, das durch einen diagonal hybridisierten sp-Elektronenzustand, der in der Richtung der C—N-Achse liegt, beschrieben werden kann. Dieser ist weitgehend für das hohe Dipolmoment der C≡N-Gruppe maßgeblich. Vff. nehmen an, daß bei den 1 : 1-Komplexen zwischen dem N des Nitrils u. dem H-Atom des HCl u. Chlf. eine Wasserstoffbindung gebildet wird u. der Komplex eine ebene Struktur besitzt. Beim I, das keine derartigen Komplexe mit Chlf. bildet, muß angenommen werden, daß die Selbstassoziation energet. begünstigter ist als die Komplexbildung. Die Nitril–5 HCl-Komplexe kommen, wie Vff. glauben, durch Wasserstoffbindung mit den 2 π-Elektronenzuständen der C≡N-Dreifachbindung zustande. Sie wären demnach so gebaut, daß 1 HCl-Mol. durch das einsame Elektronenpaar u. von den übrigen 4 HCl-Moll. jeweils zwei durch einen π-Zustand gebunden sind. — FF. der gefundenen Komplexverbb.: II–Chlf. —90,5°; III–Chlf. —101,5°; III–3 Chlf. —91,5°*; IV-Chlf. —67,5°*; I-HCl —63,2°; 2 I–3 HCl —88°*; I–5 HCl —123,6°; I–7 HCl —125°; II–HCl —97,2°; 2 II–3 HCl —117°*; II–5 HCl —129°; III–HCl —80,6°; 2 III–3 HCl —109°*; III–5 HCl —130° (* inkongruente FF.). (Canad. J. Chem. **33.** 797—803. Mai 1955. Ottawa, Canada, Nat. Res. Council, Div. of Pure Chem.; Winnipeg, Manitoba, Univ., Dep. of Chem.) K. FRENKLER. B 223

Lloyd N. Ferguson, *Über die Wasserlöslichkeiten der Äther.* Vf. zeigt, daß es nicht möglich ist, die Wasserlöslichkeiten allein auf die Wasserstoffbrückenbindung zurückzuführen. Er vergleicht die bekannten Löslichkeiten der Dialkyläther mit denen der isomeren Alkohole u. stellt fest, daß sie trotz unterschiedlicher H-Brücken sehr ähnlich sind. Der näher diskutierte Einfl. der ster. Behinderung scheint hier zu überwiegen. (J. Amer. chem. Soc. **77.** 5288—89. 20/10. 1955. Washington, D. C., Howard Univ., Chem. Dep.) S. v. SCHIESZL. B 224

H. H. Jaffé, *Untersuchungen über die Molekülbahntheorie der Valenz. 2. Mitt. Der Übergangszustand bei Reaktionen nach Art der Walden-Umkehrung.* (1. vgl. C. **1953.** 9423.) Vf. betrachtet die einer WALDEN-Umkehrung entsprechenden Rk. $ACH_3 + A^* \rightarrow A + CH_3A^*$, wobei im (symm.) Übergangszustand A u. A* gleiche Entfernung von C besitzen u. angenommen wird, daß die ebene CH_3-Gruppe in der xy-Ebene liegt. Vf. beschreibt die Elektronenstruktur des Übergangszustandes nach der MO-Theorie, wonach jede CA-Bindung die Größe einer halben Bindung mit einer Bindungsordnung von $(2)^{-1/2}$ besitzt. Es scheint, daß die MO-Meth. mehr Einzelheiten sowie eine bessere Abschätzung der geometr. Verhältnisse u. der Energien des Übergangszustandes liefert als die VB-Beschreibung. Es müßten hiermit relative Werte für die Aktivierungsenergien eng verwandter Rkk. (z. B. Isotopenaustausch-Rkk. von A) berechnet werden können. (J. chem. Physics **21.** 1618. Sept. 1953. Chapel Hill, N. C., Univ. of North Carolina, U. S. Public Health Serv., School of Publ. Health, Ven. Dis. Exp. Labor.) B. GNAUCK. B 225

Kenneth B. Wiberg, *Der Deuterium-Isotopeneffekt bei der Methanolyse einiger Organometallverbindungen.* Bestimmt wurde der H/D-Isotopeneffekt von *Butyl-(1)-* u. *Phenyl-MgBr* u. *-Li* sowie von *Benzyl-MgCl* in Mischungen von CH_3OH u. CH_3OD (8facher Überschuß an Methanol) durch massenspektroskop. Analyse der entstandenen KW-stoffe; er betrug in gleicher Folge wie vorst. 0,84; 0,97; 1,00; 0,90; 0,96. Überraschenderweise reagiert CH_3OD offenbar schneller als CH_3OH; Vf. vermutet daher, daß die Bindung im Übergangszustand stärker als in den einzelnen Reaktanten ist. Eine andere Erklärungsmöglichkeit bietet die Annahme, daß im geschwindigkeitsbestimmenden Schritt (Spaltung der CH_3O–H-Bindung) eine Koordination der Organometallverb. mit dem alkoh. O-Atom eintritt, worauf schnelle intramol. Protonenübertragung stattfindet. Da die Aktivierungsenergie vermutlich für die Rk. ziemlich niedrig ist, könnte die Reaktionsgeschwindigkeit durch die Diffusion bestimmt sein, wobei tatsächlich kein Isotopeneffekt zu erwarten wäre. Untersucht wurde ferner der Isotopeneffekt bei der „Neutralisation" des *Na-Propionsäuremethylesters* (dargestellt aus Methylpropionat u. Triphenylmethyl-Na) durch überschüssiges $CH_3OH + CH_3OD$. Der Isotopeneffekt betrug hier 1,16. Da keine dideuterierte Verb. nachgewiesen werden konnte, wird das D nicht durch eine H/D-Austausch-Rk. eingeführt. Kinet. verfolgt wurde schließlich der H/D-Austausch von *Benzaldehyd* mit CH_3OD bei Ggw. von KCN (Benzoinkondensation). Unter Berücksichtigung des Befundes, daß in D_2O basenkatalysierte Rkk. gewöhnlich um 30% schneller ablaufen als in H_2O, trat kein Isotopeneffekt auf. Vf. zeigt, daß der von LAPWORTH [1904 u. früher] für die Benzoinkondensation vorgeschlagene Mechanismus vermutlich nicht zutrifft. (J. Amer. chem. Soc. **77.** 5987—90. 20/11. 1955. Seattle, Wash., Univ. of Washington, Dep. of Chem.) B. GNAUCK. B 225

E. A. Braude und **C. J. Timmons,** *Anionotrope Systeme.* 3. Mitt. *Die Synthese und Umlagerung von 3-Oxy-3.5-dimethylhexen-(4)-on-(2).* (2. vgl. C. **1956.** 7487.) Vff. stellen *3-Oxy-3.5-dimethylhexen-(4)-on-(2)* (**I**) aus 3.3-Dimethoxybutanon-(2) u. Isobutenyl-Li dar. Es werden noch weitere von den Vff. untersuchte Verff. diskutiert. **I** erleidet bei 65° anionotrope Umlagerung zu *5-Oxy-3.5-dimethylhexen-(3)-on-(2)* (**II**) bei 2std. Behandlung mit 0,2 mol. H_2SO_4. Die Konst. von **II** wurde durch Abbau (Ozonolyse) u. Identifizierung der Abbauprodd. sichergestellt. **II** besitzt im UV-Sepktr. Absorptionsbanden bei 2290 u. 3160 Å; seine Bldg. kann an Hand dieser Banden verfolgt werden. Läßt man auf **I** bzw. **II** länger H_2SO_4 einwirken, so entstehen unter H_2O-Abspaltung das **II** entsprechende Dienon *3.5-Dimethylhexadien-(3.5)-on-(2)* u. durch Cyclisierung von **II** zum Dihydrofuranderiv. u. dessen anschließende Verätherung *Bis-[2.3.5.5-tetramethyl-2.5-dihydrofuryl-(2)]-äther* (**VIII**).

Versuche (FF. korr.): *2.4.5.7-Tetramethyloctadien-(2.6)-diol-(4.5)* (**III**), $C_{12}H_{22}O_2 \cdot 1/_2 H_2O$, F. 65—71° (Pentan), Kp.$_{0,2}$ 80—82°, n_D^{17} 1,4907, aus Isobutenyl-Li u. Diacetyl (**IX**) in Ae.; 25% (Ausbeute). Daneben *2.5-Dimethylhexadien-(2.4)*, F. 11°, Kp. 132—133°, n_D^{19} 1,4780; 26%. — *Mesityloxyd-2.4-dinitrophenylhydrazon* (**IV**), F. 202 bis 203° (Äthylacetat), durch 1wöchige Rk. von 180 mg **III** mit $NaJO_4$ in W. u. Zugabe von 2.4-Dinitrophenylhydrazin in wss. alkoh. H_2SO_4; 65 mg. — *4-Acetyl-2.4.6-trimethylheptadien-(2.5)-2.4-dinitrophenylhydrazon,* $C_{18}H_{24}O_4N_4$, F. 130—132°, orangefarbene Kristalle aus verd. Methanol, a) analog **IV**, jedoch 1std. Rk.; b) aus 100 mg **III** u. 2.4-Dinitrophenylhydrazin in wss. alkoh. H_2SO_4; 45 mg. — *3-Oxy-3-methylbutanon-(2)* (**V**), $C_5H_{10}O_2$, Kp.$_{17}$ 49—51°, n_D^{24} 1,4158, aus Isobutenyl-MgBr u. 170 g **IX** in Ae.; 9 g. *Semicarbazon,* F. 162—165°. *2.4-Dinitrophenylhydrazon,* $C_{11}H_{14}O_5N_4$, F. 71—72° (verd. Methanol). — *2.3.5-Trimethylhexen-(4)-diol-(2.3)* (**VI**), $C_9H_{18}O_2$, Kp.$_{20}$ 102—105°, F. 33—37° (Pentan), entsteht neben **V**; 12 g, gibt bei der 6tägigen Rk. mit $NaJO_4$ in W. u. Zugabe von Dinitrophenylhydrozon **IV**, daneben *Aceton-2.4-dinitrophenylhydrazon,* F. 121—124°. — *3.3-Dimethoxybutanon-(2)* (**VII**), Kp. 145—146°, n_D^{18} 1,4084, aus **IX** u. Methanol in Ggw. von NH_4Cl; 57%. — *3.3-Diäthoxybutanon-(2)*, Kp. 164°, n_D^{18} 1,4109, aus **IX** u. absol. A. in Ggw. von konz. H_2SO_4; 5%. — *2.2-Dimethoxy-3.5-dimethylhexen-(4)-ol-(3)*, $C_{10}H_{20}O_3$, Kp.$_{16}$ 100°, n_D^{24} 1,4538, aus **VII** u. Isobutenyl-Li; 26%. — *3-Oxy-3.5-dimethylhexen-(4)-on-(2)* (**I**), $C_8H_{14}O_2$, Kp.$_{16}$ 80,5—80,7°, n_D^{25} 1,4508, a) aus vorst. Verb. in Ggw. von verd. H_2SO_4; 83%; b) neben **V**; 10 g. *Semicarbazon,* $C_9H_{17}O_2N_3$, F. 154—157° (W.). *2.4-Dinitrophenylhydrazon,* $C_{14}H_{18}O_5N_4$, F. 107—109°, orangefarbene Nadeln aus Bzl.-Hexan. *3.5-Dinitrobenzoat,* $C_{15}H_{16}O_7N_2$, F. 96—99° (Hexan). — *5-Oxy-3.5-dimethylhexen-(3)-on-(2)* (**II**), $C_8H_{14}O_2$, Kp.$_{0,3}$ 69—70,5°, n_D^{19} 1,4759, durch $2^1/_4$std. Erhitzen von **I** in Ggw. 1%ig. H_2SO_4 auf 65°; 42%. *2.4-Dinitrophenylhydrazon,* $C_{14}H_{18}O_5N_4$, F. 155—156°, rote Platten aus Bzl.-Hexan. *2.4-Dinitrophenylhydrazon des Äthyläthers,* $C_{16}H_{22}O_5N_4$, F. 152—153°, orangefarbene bzw. rote Nadeln aus Bzl.-Hexan, neben vorst. Verb. aus wss. alkoh.

H_2SO_4. *2.4-Dinitrophenylhydrazon des Methyläthers*, $C_{15}H_{20}O_5N_4$, F. 168—170°, orangefarbene Prismen aus Bzl.–Hexan. — *α-Oxyisobutyraldehyd*, Kp.$_{140}$ 88—95°, n_D^{19} 1,4424, aus Isobutyraldehyd in CS_2 u. Br_2 über α-Bromisobutyraldehyd. *2.4-Dinitrophenylhydrazon*, $C_{10}H_{12}O_5N_4$, F. 188—191°, gelbe Nadeln aus Bzl.–Hexan oder Bzl.–Chlf.; entsteht auch bei der Ozonolyse von **II** in Ggw. von 2.4-Dinitrophenylhydrazin. — *Diacetyl-bis-[2.4-dinitrophenylhydrazon]*, $C_{16}H_{14}O_8N_8$, F. 346—349°, orangefarbene Nadeln aus A.–Nitrobenzol, neben vorst. Verb. bei der Ozonolyse von **II** nach chromatograph. Trennung. — *Bis-[2.3.5.5-tetramethyl-2.5-dihydrofuryl-(2)]-äther* (**VIII**), $C_{16}H_{26}O_3$, Kp.$_{0,6}$ 107 bis 110°, n_D^{17} 1,4710, durch 26std. Erhitzen von 6 g **I** in verd. H_2SO_4 auf 65°; 2,2 g. — *3.5-Dimethylhexadien-(3.5)-on-(2)*, Kp.$_{10}$ 77°, n_D^{17} 1,4830, a) aus 6 g **I** neben **VIII**; 0,5 g; b) aus **VIII** u. verd. H_3PO_4. *2.4-Dinitrophenylhydrazon*, $C_{14}H_{16}O_4N_4$, F. 176°, rote Prismen aus Bzl.–Hexan. (J. chem. Soc. [London] **1953.** 3131—38. Okt. London, Imp. Coll. for Sci. and Technol., Org. Chem. Dep.) J. KLEINWÄCHTER. B 225

E. A. Braude und **C. J. Timmons**, *Anionotrope Systeme.* 4. Mitt. *Die Kinetik der Umlagerung von 3-Oxy-3.5-dimethylhexen-(4)-on-(2). Der Effekt einer Acetylgruppe auf die anionotrope Beweglichkeit.* (3. vgl. vorst. Ref.) Vff. untersuchen die Kinetik der Umlagerung von *3-Oxy-3.5-dimethylhexen-(4)-on-(2)* (**I**) in *5-Oxy-3.5-dimethylhexen-(3)-on-(2)* (**II**) in saurem Medium (HCl) in W.–Dioxan-Gemischen (bevorzugt 40% ig. Dioxan) bei verschied. Temperaturen. An diese Umlagerung schließt sich unter den Versuchsbedingungen eine Cyclisierung von **II** zu *2.3.5.5-Tetramethyl-2-oxydihydrofuran* (**III**) an. 2 Mol **II** können dann unter H_2O-Austritt einen Äther geben; jedoch stört diese Rk. bei den verwendeten Konzz. von **I**, **II** bzw. **III** nicht. Der Reaktionsablauf wird an Hand der UV-Absorption (Absorptionsbande λ 2290 Å) von **II** verfolgt. Die Geschwindigkeitskonstante für die Cyclisierung wird getrennt durch Rk. von **II** zu **III** gemessen, so daß die k-Werte für die Umlagerung zurückgerechnet werden können. Die Umlagerung von **I** zu **II** ist 1. Ordnung in bezug auf die Konz. an **I** u. bei niedrigen Säurekonzz. dieser direkt proportional. Mit steigender Dioxankonz. nimmt der k-Wert ab. Die E-Werte für 40% ig. Dioxan bzw. 60% ig. betragen 25 u. 19 kcal/Mol. Über 95° wird die Linearität nicht mehr befolgt. Die Werte liegen vermutlich infolge des Zusammenbruchs der H-Brücken im Lösungsm. niedriger als theoret. erwartet. Vff. nehmen an, daß prim. bei dieser Rk. Anlagerung eines Protons an die OH-Gruppe erfolgt; dann lagert sich in γ-Stellung zur CO-Doppelbindung ein H_2O-Mol. an. Im letzten Schritt der Rk. wird das H_2O-Mol. in α-Stellung zur CO-Gruppe abgespalten, da diese Abspaltung energet. begünstigt ist. Die Rk. ist völlig ident. mit den Rkk. analoger Allylsysteme. Die Differenz u. das Abfallen der E-Werte mit steigender Dioxankonz. wird mit einer — gegenüber anderen Allylsystemen ausgeprägteren — Solvatisierung an die CO-Gruppe erklärt. Ein Vgl. der gefundenen k-Werte mit denen von Verbb., die an Stelle der Acetylgruppe eine Phenyl- oder Allylgruppe haben, zeigt, daß in den beiden letzten Fällen k größer als bei **I** ist. Vff. erklären dies mit einer reaktionsverzögernden elektronenanziehenden Tendenz der CO-Gruppe; anionotrope Umlagerungen werden durch elektronenliefernde Gruppen gefördert. — Die HAMMETTsche Gleichung ist für die Umlagerung weitgehend befolgt. — Die Cyclisierung von **II** zu **III** ist vollständig. Die Rk. wird ebenfalls von Säuren katalysiert, sie ist 1. Ordnung in bezug auf **II**. Dagegen steigt k mit steigender Dioxankonz. ganz wesentlich an. E beträgt in 40 u. 60%ig. Dioxan 30 bzw. 23 kcal/Mol. Die k-Werte fallen bei Tempp. über 95° wesentlich gegenüber der ARRHENIUSschen Geraden ab. Auch hier nehmen Vff. prim. Anlagerung eines Protons an der γ-OH-Gruppe an. Anschließend erfolgt Cyclisierung u. Abspaltung der OH_2^+-Gruppe in γ-Stellung. Voraussetzung für die Cyclisierung ist cis-Konfiguration der $—CO—CH_3$- u. $—C(CH_3)_2—OH$-Gruppen. (J. chem. Soc. [London] **1953.** 3138—43. Okt.) J. KLEINWÄCHTER. B 225

T. L. Cairns und **Bruce E. Englund**, *Umlagerung von 1-Methylcyclopentylhypochlorit.* (Vgl. CHATTAWAY u. BACKEBERG, J. chem. Soc. [London] **123.** [1923.] 2999.) 1-Methylcyclopentylhypochlorit (**I**; vgl. ENGLUND, A. P. 2 691 682; C. **1956.** 2025) lagert sich spontan zu 6-Chlorhexanon-(2) (**II**) um. Eine Spaltung zu Cyclopentanon u. Methylchlorid konnte nicht beobachtet werden. **II** war das einzige Reaktionsprodukt. Diese Umlagerung eröffnet einen neuen Weg zu ω-Halogenketonen, die auf anderem Weg oft schwer herzustellen sind.

Versuche: *1-Methylcyclopentylhypochlorit*, Kp.$_8$ 32°, aus 1-Methylcyclopentanol u. NaOH in W. mit Cl_2 unter Kühlung, innerhalb 2 Std.; 76% (Ausbeute). — *6-Chlorhexanon-(2)*, $C_6H_{11}ClO$, Kp.$_{16}$ 85,5—86,5°, aus vorst. Verb. bei ca. 40° sowie bei Verss. zur Dest. (Farbwechsel von Gelb nach Schwachgrün). (J. org. Chemistry **21.** 140. Jan. 1956. E. I. du Pont de Nemours & Co., Exp. Stat., Chem. Dep.)

J. MATTNER. B 225

John D. Roberts, C. C. Lee und **W. H. Saunders jr.**, *Umlagerungen bei Carbonium-ionen-Typ-Reaktionen mit ^{14}C-markierten Norbornylderivaten.* (Vgl. C. **1956.** 1849.) Vff.

untersuchen die Hydrolyse u. Acetolyse der *Norbornyl-2-p-brombenzolsulfonate* (**I**) u. die Umsetzung von *Norbornyl-2-amin* (**II**) mit HNO_2 (vgl. auch ROBERTS u. BENNETT, C. **1955.** 3345 u. früher; WINSTEIN u. TRIFAN, C. **1955.** 4319). Dabei sollte die Annahme geprüft werden, daß bei beiden Rkk. im ersten Schritt sowohl aus der exo- als auch der endo-Verb. das gleiche Carboniumion **A** entsteht, das dann in gleicher Weise für beide Verbb. weiterreagiert. Dazu wurden bei **I** die C-Atome in 2- u. 3-Stellung, bei **II** das C-Atom in 3-Stellung durch ^{14}C markiert u. die Reaktionsprodd. der markierten Verbb. auf Isotopenverteilung geprüft; Abbau-Verf. analog C. **1956.** 1849. Die Unters. ergab, daß die ^{14}C-Atome in den Solvolyseprodd. über das gesamte Norbornylmol. verteilt sind. Diese Verteilung kann durch Annahme von **A** als alleinigem Zwischenprod. nicht geklärt werden. Es muß außerdem „Gleichgewichtseinstellung" in **A** (⇌ **B** ⇌ **C**) (vgl. WINSTEIN, l. c.) oder aber besser ein intermediäres Ion **D** angenommen werden. Nebeneinander verlaufen dann die Rkk. über **A** bzw. **D** oder die anderen Ionenformen. Bei der Umsetzung von **II** mit HNO_2 scheint die Rk. über **B**, **C** bzw. **D** weniger bedeutend zu sein (ca. 20%) als bei der Solvolyse. Die Beobachtung (vgl. WINSTEIN, l. c.), daß die Racemisierung bei **I** schneller erfolgt als die Solvolyse, erklären Vff. dadurch, daß intermediäre Bldg. eines Ionenpaares aus **A** u. p-Brombenzolsulfonation erfolgt, dies reagiert dann unter Bldg. des Solvolyseprod. oder von racem. **I**.

A B C

D

Versuche: $^{14}C_{2(1,2)}$-*Vinylacetat*, Kp. 72—74°, aus $^{14}C_2$-Acetylen u. Hg-Phosphat in Eisessig-Essigsäureanhydrid; 71% (Ausbeute). — $^{14}C_{2(2,3)}$-*Dehydronorbornylacetat*, Kp.$_{17}$ 82—83°, n_D^{25} 1,4667, durch 10std. Erhitzen vorst. Verb. u. Cyclopentadien im Rohr bei 200°; 73%. — $^{14}C_{2(2,3)}$-*Norbonylacetat*, Kp.$_6$ 69°, n_D^{25} 1,4578, durch Red. vorst. Verb. in Äthylacetat in Ggw. von PtO_2; 97%. — $^{14}C_{2(2,3)}$-*Norborneol* (**III**), durch Spaltung vorst. Verb. mit $LiAlH_4$ in Ae.; 90%. — $^{14}C_{2(2,3)}$-*Norbornyl-p-brombenzolsulfonate* (**I**), aus **III** u. p-Brombenzolsulfonylchlorid als Gemisch von *endo-* (**Ia**; F. 62 bis 63°) u. *exo-Verb.* (F. 60°); 85%. Darst. von **Ia** auch durch selektive Solvolyse von **I** in 75%ig. wss. Aceton. — *exo-*$^{14}C_{2(2,3)}$-*Norborneol*, F. 127—128° (*Phenylurethan*, F. 145 bis 146°), a) durch 48std. Kochen von **III** in Toluol in Ggw. von Na u. Fluorenon; 74%; b) durch 48std. Kochen von **Ia** in 75%ig. wss. Aceton; 54%; c) durch selektive Solvolyse von **I** in 75%ig. wss. Aceton; 60—65%. — *exo-Norbornylacetat* (**IV**), Kp.$_5$ 60—61°, a) aus **I** in Eisessig in Ggw. von K-Acetat; 44%; b) aus **Ia** analog a), jedoch 20std. Erhitzen; 66%. — *exo-Norbornylformiat*, Kp.$_{25}$ 79—80°, aus **I** in wasserfreier HCOOH in Ggw. von Na-Formiat durch 20 Min., bzw. 20 Std. kochen; 66%, bzw. 70—75%. — $^{14}C_{(1)}$-*2-Nitroäthanol*, Kp.$_1$ 59—63°, aus Nitromethan, ^{14}C-Formaldehyd, Dioxan u. Citronensäure; 58%. — $^{14}C_{(2)}$-*Nitroäthylen*, durch Abspaltung von W. aus vorst. Verb. in Ggw. wasserfreiem $CaCl_2$. — *endo-*$^{14}C_{(6)}$-*5-Nitronorbornen*, Kp.$_{4,3}$ 74—77°, aus vorst. Verb. u. Cyclopentadien in Ae.; 61%. — *endo-*$^{14}C_{(3)}$-*2-Nitroborbornan* (**V**), $C_7H_{11}O_2N$, F. 64—67°, durch Hydrierung vorst. Verb. in Eisessig in Ggw. von PtO_2 bei 2 at; 81%. Isomerisation zum Gemisch von *exo-* u. *endo-Verb.* (**Va**), Kp.$_4$ 78°, erfolgte bei Erhitzen mit Triäthylamin; 97%. — *endo-*$^{14}C_{(3)}$-*Norbornylamin* (**VI**), F. 53—59°, durch Red. von **V** mit HCl u. Fe; 70%. *Acetylderiv.*, F. 125—126° (Ligroin). Gibt bei Diazotierung u. Verkochung **IIIa**, in Eisessig **IV**. — *exo-*$^{14}C_{(3)}$-*Norbornylamin*, Kp.$_{55}$ 78°, analog **VI**, durch Red. von **Va** über das *Acetylderiv.* (F. 141—142°); 79%. — *cis-Cyclopentandicarbonsäure-(1.3)*, F. 120—121°, durch Oxydation von Norborneol in Pentan mit alkal. $KMnO_4$-Lsg.; 40—70%. — *cis-Cyclopentadiamin-(1.3)*, *Dihydrochlorid* (**VII**), hygroskop. gelbes Pulver, aus vorst. Verb., überschüssiger HN_3 in Chlf. u. 2n HCl; 70—90%. *$SnCl_2$-Komplex*, $C_5H_{14}N_2Cl_6Sn_2 \cdot H_2O$, F. 145—146°, aus 0,35 g **VII** u. $SnCl_2 \cdot 2 H_2O$ in W.; 0,88 g. *Dibenzoylderiv.*, $C_{19}H_{20}O_2N_2$, F. 213—215° (A.-W.), aus 0,1 g **VII** u. Benzoylchlorid in 10%ig. NaOH; 70—90 mg. — *Bernsteinsäure* (**VIII**), F. 188—189° (W.), durch Oxydation von 0,85 g **VII** mit $KMnO_4$ in W.; 45 mg. *Di-p-Bromphenacylester*, F. 213 bis 214° (A.-Dioxan). — *Äthylendiamindihydrobromid*, $C_2H_{10}N_2Br_2$, durch CURTIUSschen Abbau von **VIII**. (J. Amer. chem. Soc. **76.** 4501—10. 20/9. 1954. Cambridge, Mass., Inst. of Technol., Dep. of Chem. u. Nucl. Sci.) J. KLEINWÄCHTER. B 225

P. S. Rees, D. P. Tong und **G. T. Young**, *Aminosäuren und Peptide.* 11. Mitt. *Die Kinetik der Selbstkondensation von Glycylglycylglycinmethylester.* (10. vgl. CHANNING u. Mitarbeiter, C. **1956.** 8945.) Die Geschwindigkeit der Selbstkondensation von Glycylglycylglycinmethylester (I) in methanol. Lsg., die unter Bldg. von *Pentaglycylglycinmethylester* abläuft, wurde bei 0, 25 u. 60° durch Titration der freien Aminogruppen in 2%ig. Borsäurelsg. mit 0,01n HCl bestimmt. Die Rk. ist eine Rk. 2. Ordnung; die Aktivierungsenergie wurde zu 5,5 kcal/Mol berechnet. Der Frequenzfaktor A der ARRHENIUS-Gleichung ist 10^{-1} (Liter·Mol^{-1} sec^{-1}), die Aktivierungsentropie $\Delta S^{\neq}$ errechnete sich zu −63 cal/Grad·Mol. Der Frequenzfaktor ist sehr niedrig. Die niedrige Aktivierungsenergie der Selbstkondensation von I wird durch die Annahme eines Komplexes aus zwei in Kopf–Schwanz-Stellung zueinanderstehenden I-Ketten mit 2 NH···CO-Brückenbindungen zwischen jeweils der ersten NH- u. der letzten CO-Gruppe der Ketten erklärt. (J. chem. Soc. [London] **1954.** 662–65. Febr. Oxford, Univ., Dyson Perrins Labor.) K. F. MÜLLER. B 225

A. F. Reid und **C. J. Wilkins,** *Die Kinetik und der Mechanismus der Reaktionen von Halogentrimethylsilanen mit Methylmagnesiumhalogeniden.* Vff. untersuchen die Kinetik von Rkk. der Halogentrimethylsilane mit CH_3MgCl, CH_3MgBr u. CH_3MgJ (III) in Ae.; die Rkk. wurden durch jodometr. Titration des GRIGNARD-Reagens verfolgt. Als Reaktionsprodd. entstehen die Tetraalkylsilane. Bei anfänglich 0,2–0,4 mol. Lsg. der Reaktionsteilnehmer verläuft die Rk. nach der 2. Ordnung, bis sich 2 Phasen bilden, wobei die neu gebildete durch Anreicherung der Reaktionsfl. an Mg-Halogenid entsteht. — Ferner wurde die Wrkg. eines polaren Substituenten im Halogensilan untersucht, sowie das Verh. von Chlordimethylphenyl- (I) u. -p-tolylsilan (II). Folgende kinet. Daten wurden erhalten: Rk. von $(CH_3)_3SiF$ ($D.^{0}_{4}$ 0,793) mit CH_3MgBr: 8,8 [Aktivierungsenergie (kcal ± 0,6)], 20,86 [Freie Aktivierungsenergie bei 0° (kcal ± 0,05)], 12,0 (−T Δ S bei 0° (kcal ± 0,7)], 3,1 ($\log_{10}$ A); mit III: 13,5, 21,04, 7,5, 6,7. — Rk. von $(CH_3)_3SiCl$ mit CH_3MgCl: 8,0, 21,20, 13,1, 2,2, mit CH_3MgBr 8,1, 20,47, 12,3, 2,9; mit III: 10,6, 20,35, 9,2, 5,0. — Rk. von $(CH_3)_3SiBr$ mit CH_3MgBr: 10,6, 20,21, 9,6, 5,0; mit III: 11,3, 19,32, 7,9, 6,4. — Rk. von $(CH_3)SiJ$ mit III: 9,2, 18,46, 9,2, 5,3. — Rk. von $ClCH_2Si(CH_3)_2Cl$ mit CH_3MgCl: 8,3, 19,40, 11,1, 3,9; mit CH_3MgBr: 11,5 ± 2, 19,72, 8,1 ± 2, 5,9; mit III: 9,8, 20,52, 10,6, 4,2. — Rk. von I mit III: $\Delta H = 11{,}2$, $\Delta F = 20{,}12$, $-T\,\Delta S = 8{,}9$, $\log_{10} A = 5{,}6$. — Rk. von II mit III: $\Delta H = 10{,}1$, $\Delta F = 20{,}19$, $-T\,\Delta S = 10{,}1$, $\log_{10} A = 4{,}7$. — Die Einführung eines aromat. Substituenten ändert demnach den Reaktionsmechanismus nicht. Die polare Chlormethylgruppe hat auf die Aktivierungsenergie keinen merklichen Einfluß. Aus den Ergebnissen der kinet. Messungen wird geschlossen, daß eine Mg–Halogen-Koordinierung der Art $CH_3SiX \rightarrow Mg(CH_3)X$ erfolgt, die mit einem Übergang der Methylgruppe u. gleichzeitigem Bruch der Si–X-Bindung verbunden ist. Dabei wird nebenst. ringförmiges Zwischenprod. angenommen. Ein Halogenaustausch zwischen den Halogentrimethylsilanen u. den Methyl-Mg-Halogeniden läßt sich aus den kinet. Messungen herleiten.

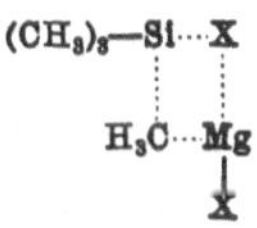

V e r s u c h e : *Chlor-[chlormethyl]-dimethylsilan,* Kp. 115–116°, durch 12 Std. Kochen von Chlortrimethylsilan, SO_2Cl_2 u. wenig Benzoylperoxyd. — *Chlordimethyl-p-tolylsilan* (II), $C_9H_{13}SiCl$, Kp. 216,5–218°. (J. chem. Soc. [London] **1955.** 4029–34. Dez. Christchurch, New Zealand, Canterbury Univ. Coll.) J. MATTNER. B 225

R. L. Heppolette, Joseph Miller und **A. J. Parker,** *Konjugierte Doppelbindungen bei aromatischer nucleophiler Substitution.* (Vorl. Mitt.) Gruppen wie −N=N−R bewirken bei aromat. nucleophiler Substitution Aktivierung von o- u. p- u. schwächere Aktivierung der m-Stellung. Sie sind deshalb als −I-, −E-Substituenten zu klassifizieren. Die Geschwindigkeitskonstanten 2. Ordnung der Rk. von methanol. Na-Methylat mit verschied. 1-substituierten 4-Chlor-3-nitrobenzolen wurden bei 50° gemessen u. daraus folgende Substituentengeschwindigkeitsfaktoren (p-H = 1; vgl. MILLER, C. **1956.** 6071) errechnet: $p\text{-}CH{=}CH{-}CO_2^-$ 16,8, $p\text{-}N{=}N{-}C_6H_5$ 415, $p\text{-}CO{\cdot}CH_3$ 1990. Der Effekt von ω-Substituenten ist sehr gering, deshalb kann auch der Faktor für $p\text{-}CH{=}CH_2$ bei 50° nur näherungsweise zu 16,8 angenommen werden. (Chem. and Ind. **1954.** 904. 17/7. Nedlands, Univ. of Western Australia, Chem. Dep.) G. LOHAUS. B 225

B. D. England, *Kinetik und Produkte bimolekularer Substitutionsreaktionen von Natriumphenolat in Methanol.* Die Substitution des Halogens in *p-Nitrofluorbenzol* (I) u. *Äthyljodid* (II) durch Na-Phenolat in Methanol wurde bei 70,2° kinet. verfolgt, unter Vernachlässigung der im Fall von II wahrscheinlich in geringem Umfang gleichzeitig erfolgenden Eliminierung von HJ. In allen Fällen werden neben dem Phenyläther beträchtliche Mengen Methyläther gebildet. Sofern nicht durch Zusatz von überschüssigem Phenol das Verhältnis $[C_6H_5O^-]/[CH_3O^-]$ während des ganzen Vers. konstant gehalten wird, weist die gemessene spezif. Geschwindigkeitskonstante einen Gang auf. Das Verhältnis $k_2^{C_6H_5O^-}/k_2^{CH_3O^-}$ der Geschwindigkeitskonstanten der Substitution durch die beiden konkurrierenden nucleophilen Reagentien (0,00467, 0,00480 für I, 0,309 für II)

u. die Gleichgewichtskonstante K = $[C_6H_5O^-]/CH_3O^-][C_6H_5OH]$ (mehrere Werte zwischen 200 u. 343) wurden ermittelt. (Chem. and Ind. **1954.** 1145–46. 11/9. Ibadan, Nigeria, Univ. Coll., Chem. Dep.) G. Lohaus. B 225

M. J. Frazer und **W. Gerrard,** *Die Einwirkung von Polyhalogeniden auf Thionylbromid–Alkohol-Systeme.* Vff. untersuchten die Prodd. der Rk. folgender Pyridiniumtrihalogenide mit Di-n-butylsulfit bei 20 bzw. 70° während 6–265 Std.: Trichlorid, Bromdichlorid (**III**), Dibromchlorid, Tribromid (**I**), Joddichlorid, Joddibromid u. Dijodchlorid. Hierbei entstanden in geringer Ausbeute *n-Butylchlorid* u./oder *n-Butylbromid*; die Jodverbb. reagierten sehr langsam, was vermutlich auf deren geringe Dissoziationstendenz zurückzuführen ist. Ferner wurden die Alkylbromidausbeuten [in ( )] bestimmt bei den Rkk. folgender Sulfite mit $SOBr_2$ bei Ggw. von 0,01 bzw. 2 Mol Pyridiniumhydrobromid (**II**) bei –80° (nach Erwärmen auf n. Temp. 3 Std. bei 70° Kochen): Butyl-(2)-(75%; 63%), Allyl-(61%; 6%), Buten-(1)-yl-(3)-(74%; 48%), Hexen-(1)-yl-(3)- (56%; 21%), 2-Methylpenten-(2)-yl-(4)- (40%; 14%) u. 2-Methylpenten-(1)-yl(4)-sulfit (34%; 21%). Das dabei wirksame **I** führt in hoher Konz. auch zur Bromierung der C=C-Doppelbindung, bei geringen Konzz. werden hauptsächlich die Rkk. $(RO)_2SO + SOBr_2 \rightarrow 2ROSOBr \rightarrow RCl + SO_2$ katalysiert. Schließlich wurden die Ausbeuten u. das opt. Drehvermögen von (+)-2-Bromoctan ermittelt, das bei der Rk. von Octyl-(2)-sulfit [aus dem (–)-Alkohol] mit $SOBr_2$ bzw. **I** bzw. Br_2 (3 Std. bei 70°) z. T. bei Ggw. von **II** oder Pyridin gebildet worden war. Die höchsten Ausbeuten (71,3%) u. die weitgehendste Erhaltung der opt. Aktivität (87%, die Rk. verläuft unter Inversion) wurde bei Zugabe von $SOBr_2$ bei Ggw. einer Spur **II** erzielt. Im Gegensatz zu den entsprechenden Cl-Verbb. (vgl. Gerrard u. Mitarbeiter, Research **8.** [1955.] S 7) ergeben also $SOBr_2$ u. **II** schnell **I**, das wie **II** + Br_2 wirkt, wodurch Ausbeuten u. opt. Aktivität der resultierenden Alkylbromide vermindert werden. Bei gemischten Trihalogeniden verbleibt das leichtere Halogen im Basenhydrohalogenid, so daß z. B. **III** als ClBr + Pyridiniumhydrochlorid (**IV**) wirkt. — Darst. der *Pyridinium (Py)-Trihalogenide*: a) durch Zugabe von fl. Cl_2 zu **IV** bei –80°, 18 Std. bei 20°: *Py·Cl₃*, hellgelb, F. 50–55°, 91% (Ausbeute); b) durch Einleiten von Cl_2 in eine CCl_4-Chlf.-Suspension von **II**: *Py·BrCl₂* (**III**), gelb, F. 136–137°, 93%; c) durch Zugabe von Br_2 zu **IV** bzw. **II**: *Py·Br₂Cl*, orange, F. 94–96°, 59% bzw. *Py·Br₃* (**I**), rot, F. 135°, 75%; d) mit dem entsprechenden Thionylhalogenid (vgl. l. c.): *Py·Cl₂J*, gelb, F. 187°, 78% u. *Py·Br₂J*, braun, F. 176–177°, 84%; e) durch Mischen von J_2 mit **IV** bzw. **II** in Eisessig: *Py·ClJ₂*, schwarz, F. 65–70°, 68% bzw. *Py·BrJ₂*, schwarz, F. 139–141°, 64%. — *1.2.3-Tribrompropan*, $Kp._{15}$ 103°, durch Zugabe von $SOBr_2$ zu Allylalkohol (**V**) u. Pyridin bei –10° (0,75 Std.), 3 Std. bei 100° erwärmen, Zugabe von Br_2 zur 1. Fraktion des Ae.-Auszugs (Gemisch aus Allylbromid–Ae.); n_D^{20} 1,5713; 35%. — *2.3-Dibrompropanol-(1)*, $C_3H_6OBr_2$, $Kp._8$ 100°, durch Zugabe von **V** zu **I**, in W. gießen; n_D^{18} 1,5600; $D.^{20}_4$ 2,122; 66%. (J. chem. Soc. [London] **1955.** 3624–28. Nov. London, North. Polytechn.) B. Gnauck. B 225

Clemens Schöpf und **Kurt Otte,** *Der Reaktionsmechanismus des Übergangs von α-Tripiperidein in Isotripiperidein in wässeriger Lösung.* 5. Mitt. *über Δ¹-Piperidein und verwandte Verbindungen.* (4. vgl. Schöpf u. Mitarbeiter, Chem. Ber. **86.** [1953.] 918.) Aus α-Tripiperidein [**I**, 0,2–0,01 mol. in bezug auf Δ^1-Piperidein (**III**)] konnten nach 25 Min. bei 25° u. p_H 9,1 79,7% *Isotripiperidein* (**II**) isoliert werden (vgl. Schöpf u. Mitarbeiter, Chem. Ber. **85.** [1952.] 937), bei 0,001 mol. **I** sinkt jedoch die Ausbeute auf 23–24%. Aus diesen u. früheren (vgl. l. c.) Ergebnissen schließen Vff., daß der Übergang von **I** in **II** über folgende drei Stufen verläuft: 1. pseudomonomol. Zerfall von **I** in 3 Mol **III**; 2. schneller Zusammentritt von 2 Mol **III** zu *Tetrahydroanabasin* (**IV**); 3. schnelle Kondensation von je einem Mol **III** u. **IV** zu **II**. Rk. 1 erfolgt langsam, wobei offenbar die Abspaltung des ersten Mols **III** geschwindigkeitsbestimmend ist. Die Rk. wurde wie l. c. verfolgt, indem durch Zugabe von o-Aminobenzaldehyd bei p_H 4,7 u. 25° u. Pikrinsäure **III** bzw. **IV** als rotes *2.3-Tetramethylen-1.2-dihydrochinazoliniumpikrat* (F. 173–174°) bzw. als *α-[2-Piperidino]-2.3-tetramethylen-1.2-dihydrochinazoliniumdipikrat* (F. 183–184°) gefällt u. durch ihre verschied. Löslichkeit in Methanol getrennt wurden, bei verd. Lsgg. wurde zuerst bei p_H 1 im Vakuum eingeengt. (Chem. Ber. **89.** 335–40. 1956. Darmstadt, Techn. Hochsch., Inst. für organ. Chem.) B. Gnauck. B 225

Peter Bruck und **Alex. H. Lamberton,** *Nitramine und Nitramide.* 9. Mitt. *Die säurekatalysierte Zersetzung von O-Methyl-N-isopropylnitramin.* (8. vgl. Denton u. Lamberton, C. **1956.** 3530.) Dargestellt wurde *N-Methyl-N-isopropylnitramin* (**I**), dessen Konst. durch Red. zu *Methylisopropylamin* u. dessen Überführung in *N-Methyl-N-isopropyl-p-toluolsulfamid* [$C_{11}H_{17}O_2NS$, F. 78–79° (Aceton)] nachgeprüft wurde (*N-Isopropyl-p-toluolsulfamid*, $C_{10}H_{15}O_2NS$, F. 48–49°). *N-Methyl-O-isopropylnitramin* (**III**), das von Franchimont u. van Dissel [1894] als **I** angesehen worden war, wurde aus dem

Ag-Salz von Methylnitramin mit $(CH_3)_2CHJ$ erhalten, *O-Methyl-N-isopropylnitramin* (**V**) aus dem Ag-Salz von Isopropylnitramin (**II**) mit CH_3J auch als Nebenprod. bei der Darst. von **I**; bei Anwendung von Dimethylsulfat bzw. CH_2N_2 entstanden dabei **I** u. **V** nebeneinander. Manometr. u. UV-spektroskop. untersucht wurde die säurekatalysierte (HCl bzw. H_2SO_4) Zers. von **V** zwischen 25 u. 85°. N_2 wird dabei kaum entwickelt, sondern N_2O gemäß der Gesamtgleichung: $RN = NOOR' + H_2O \rightarrow ROH + N_2O + R'OH$. Bei Verss. bei Ggw. von $K_2Cr_2O_7-H_2SO_4$ wurde der gebildete Methyl- u. Isopropylalkohol zu HCHO u. Aceton oxydiert. Da bei Ggw. von HCl (2 Std. am Rückfluß) nur *Isopropylchlorid*, nicht aber CH_3Cl auftritt, erfolgt offenbar die Bldg. eines Alkylkations nur aus R (nicht aber aus R'). Die Zers. von **V** erfolgt schneller als diejenige von **II**, bei der von **V** tritt kein **II** auf. Dies widerspricht der Ansicht von BACKER [1912], daß die Rk. durch Hydrolyse zur Aciform von **II** u. deren Zers. erfolgt. Vielmehr ist zu vermuten, daß analog der Esterhydrolyse folgender Mechanismus zutrifft: $RN = NOOR' + H^+ \rightarrow RN{=}NOO^+HR' \rightarrow R^+ + N_2O + R'OH$. — Die Zers. verlief nach einer Kinetik 1. Ordnung bzgl. **V**, die manometr. Ergebnisse stimmten gut mit den spektroskop. überein. Die Katalysenkonstanten k_{H^+} betrugen bei 25, 45 bzw. 85° 0,39, 3,6 (2000—3000mal so groß wie für **II** in H_2SO_4-Lsg.) bzw. 89 Liter/Mol·Minute. Da beim Auftragen von log k_{H^+} gegen die reziproke Temp. keine exakte Gerade erhalten wurde, konnte die Aktivierungsenergie nur roh (ca. 20000 cal/Mol) abgeschätzt werden. Bei 85° macht sich eine Katalyse durch H_2O bemerkbar. Weitere kinet. Verss. wurden bei 85° u. Ggw. von Essigsäure (**IV**, an Stelle von HCl bzw. H_2SO_4) u./oder Na-Acetat durchgeführt, diese Rkk. sind 1. Ordnung bzgl. **IV**. Ein Vers. bei Ggw. von 0,01 mol. NaOH zeigte, daß keine bes. Basenkatalyse erfolgt; es wird angenommen, daß OH^- unwirksam ist. Aus den Ergebnissen bei Ggw. von Na-Acetat (z. T. unter Zugabe von NaCl) wurde der k-Wert der wasserkatalysierten Rk. zu $1{,}4 \pm 0{,}2 \cdot 10^{-3}$ Min.$^{-1}$ bei 85° bestimmt. Die Katalysenkonstanten betrugen bei dieser Temp.: k_{IV} $4{,}0 \cdot 10^{-2}$, k_{H_2O} $2{,}6 \cdot 10^{-5}$ Liter/Mol·Minuten. Diese Zahlen sind in Übereinstimmung mit der BRØNSTEDschen Beziehung. Kleine Abweichungen der Reaktionsgeschwindigkeit zwischen der Rk. bei [IV] = 0 u. der wasserkatalysierten Rk. sind sicher Salzeffekten zuzuschreiben. Die k-Werte von kinet. Einzelmessungen in Bisulfat- u. Chloracetatpuffern bei 45° sind angegeben.

Versuche (Brechungsindices zwischen 18° u. 21° bestimmt): *N-Methyl-N-isopropylnitramin* (**I**), $C_4H_{10}O_2N_2$, Kp.$_{10}$ 85—86°, durch 2tägiges Schütteln von **II**, KOH u. CH_3J in A. bei n. Temp.; n_D 1,456; niedrig sd. Fraktion: *O-Methyl-N-isopropylnitramin* (**V**), $C_4H_{10}O_2N_2$, Kp.$_{40}$ 59°, besser durch Kochen des Ag-Salzes von **II** mit CH_3J in Ae. (1,5 Std.), 24 Std. bei n. Temp. schütteln; n_D 1,428; daneben **I**. — *N-Methyl-O-isopropylnitramin* (**III**), $C_4H_{10}O_2N_2$, Kp.$_{20}$ 39—40°, durch 6std. Kochen von Methylnitramin-Ag-Salz mit Isopropyljodid in Äther. — *O-Methyl-N-neopentylnitramin* (**VI**), $C_6H_{14}O_2N_2$, Kp.$_{15}$ 63—65°, durch 4std. Kochen von Neopentylnitramin-Ag-Salz mit CH_3J in Ae.; daneben: *N-Methyl-N-neopentylnitramin*, F. 65—66° (wss. A.). — *O.N-Dimethylnitramin*, $C_2H_6O_2N_2$, Kp. 113—115°, analog **VI**. — *O.N-Diisopropylnitramin* (**VII**), $C_6H_{14}O_2N_2$, Kp.$_{18}$ 58—61°, analog **VI**. — Folgende UV-Maxima in W., die bei kürzeren Wellenlängen als die von JONES u. THORN (Canad. J. Res. **27** B [1949.] 828) in organ. Lösungsmitteln bestimmten liegen, wurden bestimmt: **III** [λ_{max}] 213 mμ, [log ε] 3,81, **V** 213 mμ, 3,70, **VII** 215 mμ, 3,81, **VI** 213 mμ, 3,83, **I** (in 16%ig. A.) 238 mμ, 3,81. (J. chem. Soc. [London] **1955**. 3997—4002. Nov. Sheffield, Univ., Staveley Chem. Labors.)
B. GNAUCK. B 225

Reynold C. Fuson und **William S. Friedlander**, *Nucleophile Verdrängung von Gruppen in substituierten Durylphenylketonen durch Phenylmagnesiumbromid.* Die Verdrängung verschied. o-Substituenten aus dem Phenylkern des *Durylphenylketons* durch C_6H_5MgBr wurde untersucht. Die Leichtigkeit dieser Rk. wird durch die Natur der GRIGNARDschen Verb. nicht stark beeinflußt. Die Phenoxy- wird leichter als die Methoxy- u. die Phenylmercapto- leichter als die Methylmercaptogruppe substituiert, während bei den Sulfonylgruppen die Reihenfolge umgekehrt ist. Es ist nicht klar, ob u. in welchem Ausmaß die Substitution von der Bldg. cycl. Koordinationskomplexe, deren Möglichkeit in allen Fällen gegeben ist, abhängt.

Versuche: Eine äther. Lsg. von C_6H_5MgBr wurde in sd. Ae. hineinfiltriert, die benzol. Lsg. des Durylketons zugefügt, mehrere Std. gekocht, dann in verd. HCl gegossen, die organ. Schicht gewaschen, getrocknet, eingedunstet u. aus dem zurückbleibenden Öl durch Zusatz von Methanol das *o-Duroylbiphenyl* (**I**; $C_{23}H_{22}O$, F. 136,5—137,5° nach Sublimation) abgeschieden. o-R = C_6H_5O, 4 Std. (Kochdauer), 99% (Ausbeute an **I**); SC_6H_5 10,5 Std., 61%; SCH_3 14 Std., 37%; $SO_2C_6H_5$ 4 Std., 68%; SO_2CH_3 17,5 Std., 94%. (J. Amer. chem. Soc. **76**. 5782—83. 20/11. 1954. Urbana, Ill., Univ., Noyes Chem. Labor.)
G. LOHAUS. B 225

Joseph Weinstock und **F. G. Bordwell,** *Eliminierungsreaktionen in cyclischen Systemen.* 3. Mitt. *Mechanismus der Bildung von 1-Phenylcyclohexen aus Trimethyl-trans-2-phenylcyclohexylammoniumhydroxyd.* (2. vgl. BORDWELL u. PETERSON, C. **1955.** 9998.) Vff. widerlegen die Hypothese, daß beim HOFMANNschen Abbau von *Trimethyl-trans-2-phenylcyclohexylammoniumhydroxyd* (**I**) unter trans-Eliminierung zunächst *3-Phenylcyclohexen* (**II**) entsteht, das, wie ARNOLD u. RICHARDSON (vgl. C. **1956.** 2737) annehmen, sich dann zu 1-Phenylcyclohexen (**III**) umlagert. Vielmehr sollte das stärker acide α-H-Atom unter cis-Eliminierung reagieren, was direkt zum **III** führt. Zum Beweis wurde **III** aus cis-2-Phenylcyclohexylmethylxanthogenat (**IV**) dargestellt, dessen Konst. durch das UV-Spektr. sichergestellt ist. Unter den Bedingungen des HOFMANNschen Abbaus [1½ Std. in Ggw. von KOH u. $(CH_3)_3N$ am Rückfluß] fand keine Umlagerung zu **III** statt, ebensowenig in Ggw. von Ag_2O. Selbst unter schärferen Bedingungen (mit KOH in A. am Rückfluß) betrug die Bldg. von **III** nach 24 Std. nur 4,5%, nach 192 Std. 14,2%.

Versuche: *cis-2-Phenylcyclohexanol,* F. 42—44° (Skellysolve F) nach BERTI (C. **1955.** 2870). — *cis-2-Phenylcyclohexylmethylxanthogenat* (**IV**), F. 47—50°, aus dem Li-Salz vorst. Verb. nach ALEXANDER u. MUDRAK (C. **1953.** 3060). — *3-Phenylcyclohexen* (**II**), $Kp._{2,2}$ 85°, aus **IV**, 40 Min. bei 215° u. 10 Min. bei 235—240° Badtemp., n_D^{25} 1,5421, 95,5% (Ausbeute). — *1-Phenylcyclohexen* (**III**), n_D^{25} 1,5664. — *Phenylcyclohexan,* $Kp._{13}$ 111—113°, aus **II** bzw. **III** durch Hydrierung in Ggw. von Pd-Tierkohle. 90% bzw. 86%, n_D^{25} 1,5250. (J. Amer. chem. Soc. **77.** 6706—07. 20/12. 1955. Evanston, Ill., Northwestern Univ., Chem. Dep.) K. BECKER. B 225

R. M. Haines und **William A. Waters,** *Eigenschaften und Reaktionen freier Alkylradikale in Lösung.* 8. Mitt. *Die reduzierende Wirkung einiger wasserlöslicher Radikale.* (7. vgl. GINGRAS u. WATERS, C. **1955.** 322.) Von *4.4'-Azobis-[4-cyanpentansäure]* (**I**, vgl. A. P. 2 471 959, C. **1949.** E. 1788 u. LEWIS u. MATHESON, C. **1949.** E. 688) konnten durch Ausnutzung der verschied. Löslichkeiten in W. u. in wss. Methanol 2 Formen (meso- bzw. rac.-) erhalten werden. Ihre Identifizierung durch Aufspaltung der einen Form mißlang wegen der Empfindlichkeit der Verbb. gegenüber höheren Temperaturen. Die Zers. beider **I**-Verbb. in W. bei 90° ergab stets 22% einer Mischung von *4.5-Dicyan-4.5-dimethyloctandisäuren-(1.8),* die wieder in meso- u. (±)-Isomere getrennt werden konnten. Der Schluß von OVERBERGER u. BERENBAUM (C. **1953.** 2744), daß wegen der Bldg. von meso- u. rac.-α.β-Diisobutyl-α.β-dimethylsuccinnitril bei der Zers. von reinem meso- bzw. rac.-α.α'-Azo-bis-[α.γ-dimethylvaleronitril] die freien Radikale·C(CN)RR' ebenen Bau besitzen sollen, wird widerlegt; die bei der Homolyse sowohl von meso- als auch von (±)-Azonitrilen freigesetzten enantiomorphen (+)- u. (—)-Radikale sind nämlich während des gesamten Verlaufs der Zers. stets in äquivalenter Menge vorhanden u. führen notwendigerweise zu je 50% (theoret.) Ausbeute an meso- u. (±)-Radikaldimerem $[C(CN)_2RR']$. Das Hauptprod. der **I**-Zers. in W. oder Chlorbenzol war ein lösl. Gummi, der wegen seiner reduzierenden Wrkg. gegen kalte $KMnO_4$-Lsg. als Disproportionierungsprod. der Radikale angesehen wird. Die Zers. von 4.4'-Azo-bis-[4-cyanheptandisäure] (**II**) in W. ergab nur 10% *4.5-Bis-[2-carboxyäthyl]-4.5-dicyanoctandisäure.* Da Dialkylazonitrile gewöhnlich Ausbeuten von 50—80% an solchen Radikaldimeren liefern, scheint die Ggw. von Carboxylgruppen die Dimerisationstendenz freier Radikale zu vermindern. Untersucht wurde ferner die reduzierende Wrkg. der Radikale aus **I**, **II**, *α.α'-Azo-bis-[isobutyronitril]* u. *α.α'-Azo-bis-[α-methylbutyronitril]* (bei 100° unter N_2 oder CO_2) auf $HMnO_4$, $H_2Cr_2O_7$, Br_2-W., ammoniakal. $AgNO_3$, H_2SeO_3, $FeCl_3$ (sauer), $HgCl_2$ (p_H 7), J_2, $K_3Fe(CN)_3$ (p_H 7), Ammoniumvanadat (p_H 7), FEHLINGsche Lsg. u. FOLINs Phenol-Reagens (p_H 7, Molybdat), nicht red. wurde $SnCl_4$. Die Ergebnisse zeigen, daß für die Rk. $R\cdot \rightleftharpoons R^+ + e^-$ das Redoxpotential der 4 freien Radikale etwas weniger als +0,4 V betragen muß (bezogen auf die Normalwasserstoffelektrode). In Übereinstimmung hiermit ist das Verh. der 4 Radikale gegenüber den Indicatoren Phenol-2.6.-dichlorphenol, Phenolindophenol, 2-Chlorphenylindophenol, LAUTHsViolett, Methylenblau, K-Indigotetrasulfonat u. K-Indigodisulfonat; 2.3.5-Triphenyltetrazoliumchlorid wurde nicht angegriffen, die untersuchten Radikale sind also — offenbar infolge der Ggw. der elektronenabziehenden CN-Gruppe — weniger stark reduzierende Agentien als die früher (vgl. MACKINNON u. WATERS, C. **1955.** 9352) untersuchten Radikale $CH_3CH(OH)\cdot$ u. $(CH_3)_2C(OH)\cdot$.

Versuche: *4.4'-Azo-bis-[4-cyanpentansäure]* (**I**, Mischung aus meso- u. rac.-Form), $C_{12}H_{16}O_4N_4$, F. 115—127°, durch Zugabe (30 Min.) von wss., neutralisierter Lävulinsäure zu NaCN u. Hydrazinsulfat in W. bei 50°, 3 Std. bei 45—50° rühren, ansäuern, in Eis kühlen u. Br_2 bis zu einem geringen Überschuß zutropfen, weitere 30 Min. rühren, Br_2-Überschuß mit $NaHSO_3$ zers.; in 10%ig. CH_3OH *weniger lösl. Säure*: F. 128° (Zers., warmes W.); *stärker lösl. Isomeres*: F. 110—111° (Zers., warmes W.). Spaltungsverss. mit Brucin in Aceton ergab unreine, verharzte Salze, die Verwendung von Strychnin war noch erfolgloser. I ergab bei Zers. in W.: 22% *4.5-Dicyan-4.5-dimethyloctandisäure-(1.8)*, $C_{12}H_{16}O_4N_2$, *weniger lösl. Isomeres*: F. 207—208° (A.); *stärker lösl. Isomeres*: F. 182—183° (W.). — *4.4'-Azo-bis-[4-cyanheptandisäure]* (II), $C_{16}H_{20}O_8N_4$, F. 133—135° (Zers., wss. A.), durch Zugabe von neutralisierter γ-Oxopimelinsäure zu NaCN u. Hydrazinsulfat in W. bei 45°, 3 Std. rühren, nach 24 Std. ansäuern u. bei 0° mit Br_2 oxydieren; 39% (Ausbeute); Zers. in sd. W. ergab 10% *4.5-Bis-[2-carboxyäthyl]-4.5-dicyanoctandisäure*, $C_{16}H_{20}O_8N_2$, F. 252—254° (wss. Methanol). (J. chem. Soc. [London] **1955.** 4256—60. Dez. Oxford, Dyson Perrins Labor.) B. GNAUCK. B 225

Günther O. Schenck und **Karl-Heinz Ritter,** *Nachweis der Kohlenstoff-Radikalstellen phototropisomerer Diradikale mittels Chinon bei Chlorophyll, Eosin und Rubren.* Die durch *Chlorophyll, Eosin* usw. photosensibilisierte Addition von O_2 an geeignete Acceptoren A [in diesen Verss. z. B. *α-Terpinen* u. *1.2-Dimethylcyclohexen-(1)*] zu Peroxyden AO_2 wird durch Benzochinon (I) in charakterist. Weise gehemmt. Es ließen sich so die C-Radikalstellen in belichteten Sensibilisatoren ($Sens^{rad}$) durch die Rk. $Sens^{rad}$ + I → $Sens_{norm}$ + I + Wärme unabhängig von ihrer O_2-Affinität nachweisen. In allen Fällen ist die Inaktivierung durch I viel stärker als durch Cyclooctatetraen, das zum Nachw. von N- u. O-Radikalstellen Verwendung findet. Das chem. Verh. von $Rubren^{rad}$ wird nur durch C-Radikalstellen bestimmt, dementsprechend ist $k_{Chin}/k_{C_8H_8} = 2000$ (Bzl., 25°). Für $Eosin^{rad}$ mit einer C- u. einer O-Radikalstelle beträgt dieses Verhältnis 20 (Isopropanol, 25°), u. $Chlorophyll^{rad}$ mit $k_{Chin}/k_{C_8H_8} = 40$ muß demnach außer der C- noch eine N- oder O-Radikalstelle besitzen. — An dem aus $Chlorophyll^{rad}$ u. O_2 entstehenden kurzlebigen Zwischenprod. ließ sich mit I keine C-Radikalstelle nachweisen. (Naturwissenschaften **41.** 374—75. Aug. 1954. Göttingen, Univ., Organ. Chem. Inst.) G. LOHAUS. B 226

A. M. Rubinstein und **N. A. Pribytkowa,** *Einfluß des Strukturfaktors auf die katalytische Zersetzung von Alkoholen mit verschiedenem Molekulargewicht.* Vff. untersuchen den Einfl. der Veränderung der Kristallstruktur auf die katalyt. Wirksamkeit von MgO bei der Dehydrierung bzw. Dehydration von Alkoholen. Aus $Mg(NO_3)_2$-Lsgg. verschied. Konz. mit NH_4OH bei verschied. Tempp. gefälltes $Mg(OH)_2$ zeigt nach Glühen zu MgO bei 425—450° keine wesentlichen Unterschiede im Gitter, nach Glühen bei 1000° wird Zusammenbacken mit Verminderung der spezif. Oberfläche auf 20—25% festgestellt. Bei der Zers. von absol. *A.* bei 435—465° nimmt in allen Fällen die Aktivität mit steigender Temp. zu, der Selektivitätskoeff. (SK) = Verhältnis des Anteils der Dehydrierung zur Summe Dehydrierung + Dehydratation bleibt prakt. konstant. Die bei 1000° geglühten Proben zeigen eine über 50% verminderte Aktivität u. etwas erhöhten SK. In Verss. mit verschied. Alkoholen [*n-Butanol, Isoamylalkohol, n-Octanol-(1)*] nimmt die Aktivität mit steigendem Mol.-Gew. des Alkohols ab; der SK ist bei den höheren Alkoholen etwas größer. (Известия Академии Наук СССР, Отделение Химических Наук [Nachr. Akad. Wiss. UdSSR, Abt. chem. Wiss.] **1955.** 770—72. Juli/Aug. Zelinsky-Inst. für organ. Chem. der Akad. der Wiss. der UdSSR.) R. K. MÜLLER. B 227

M. G. Honikberg, A. E. Gabwrilowa und **B. A. Kasansky,** *Chemische Reaktionen unter sehr hohen Drucken.* 1. Mitt. *Isomerisierung von n-Hexan in Gegenwart von Aluminiumchlorid.* Ident. mit der C. **1952.** 7633 referierten Arbeit von GONIKBERG, GAWRILOWA u. KASANSKI. (Chem. Techn. **5.** 445—46. Aug. 1953. Moskau.) K. O. MÜLLER. B 227

M. G. Honikberg und **A. E. Gawrilowa,** *Chemische Reaktionen unter sehr hohen Drucken.* 2. Mitt. *Über die Wechselwirkung zwischen Benzol und Aluminiumchlorid.* Ident. mit der C. **1955.** 10478 referierten Arbeit von GONIKBERG u. GAWRILOWA (dort als 1. Mitt. bezeichnet). (Chem. Techn. **5.** 446—47. Aug. 1953. Moskau-Leningrad.) K. O. MÜLLER. B 227

B. G. Gawrilow und **Je. N. Nikitina,** *Thermokatalytische Umwandlung von Butylnaphthalinen.* α-sek.-Butylnaphthalin (I) wird bei 6std. Erhitzen in Ggw. von Gumbrin (1:1) auf 300° bei 23 at zu ~80% umgelagert. Bei der Dest. des Reaktionsprod. wurden erhalten: 22,1 (Gew.-%) *β-sek.-Butylnaphthalin*, 17,2 *Naphthalin*, 4,3 *Dibutylnaphthaline*, 3,9 *Dinaphthyl*, 2,7 *Diäthylbenzole*, 2,2 *Tetrahydronaphthalin*. Der Rückstand (12,9 Gew.-%) bestand aus hochkondensierten aromat. KW-stoffen. In den gasförmigen Prodd. wurde viel *Butan* u. daneben *CO_2* u. *CO* festgestellt. Beim 16std. Erhitzen eines techn. Di-sek.-butylnaphthalingemisches (Kp. 310—320°) entstehen außer den vorst. genannten Prodd. noch *3.4-Dimethylhexan* u. I. — Vff. sehen in den Ergebnissen eine Bestätigung der Ansicht, daß das Erdöl in der Natur unter dem Einfl. der Wärme u. der katalyt. Einw. der Tone folgenden Umwandlungen unterliegt: Aromat. KW-stoffe → Naphthen-KW-stoffe → Paraffin-KW-stoffe. (Журнал Общей Химии [J. allg. Chem.] **24** (**86**). 303—07. Febr. 1954. Leningrad, Shdanow-Univ.) F. BERNDT. B 227

C. Präparative organische Chemie. Naturstoffe.

A. D. Petrow, W. L. Ssuschtschinski und **L. D. Konowaltschikow,** *Kondensation von Isobutenylmagnesiumchlorid mit Carbonylverbindungen und tertiären Halogeniden.* Methallylchlorid (I; Isobutenylchlorid) reagiert mit Methylacetat in Ggw. von Mg zu *Dimethallylmethylcarbinol,* das über *Diisobutylmethylcarbinol* in *4-Chlor-2.4.6-trimethylheptan* übergeführt wird. Dieses gibt mit I in Ggw. von Mg *2.4.6-Trimethyl-4-methallylheptan,* das zu *2.4.6-Trimethyl-4-isobutylheptan* hydriert werden kann. I reagiert mit Pinakolin in Ggw. von Mg unter Verschiebung der Doppelbindung zu *2.2.3.5-Tetramethylhexen-(4)-ol-(3)* (II), dessen Struktur durch Oxydation zu *Aceton* u. *α-Oxy-α.β.β-trimethylbuttersäure* bewiesen wird. Aus II wird durch Hydrierung, Hydrochlorierung des erhaltenen gesätt. Alkohols, Rk. des Chlorids mit I in Ggw. von Mg u. Hydrierung des Reaktionsprod. *2.4.6-Trimethyl-4-tert.-butylheptan* erhalten. Die aus I u. Isobuttersäuremethylester, Adipinsäure- u. Bernsteinsäuredimethylester in Ggw. von Mg erhaltenen ungesätt. Alkohole werden durch Hydrierung, Dehydratisierung u. anschließende Hydrierung in *2.6-Dimethyl-4-isopropylheptan, 2.11-Dimethyl-4.9-diisobutyldodecan* u. *2.9-Dimethyl-4.7-diisobutyldecan* übergeführt. *2.2.3.3.5-Pentamethylhexan* wird durch Rk. von 2.2.3.3-Tetramethyl-3-chlorpropan mit I in Ggw. von Mg u. anschließende Hydrierung des Reaktionsprod. erhalten. Analog wird aus 2.2.3.5-Tetramethyl-3-chlorhexan mit Allylchlorid *2.4-Dimethyl-4-tert.-butylheptan* dargestellt, das auch durch Hydrochlorierung von 2.2.3-Trimethylhexanol-(3), Umsetzung des erhaltenen Chlorids mit I u. nachfolgende Hydrierung in Ggw. von Mg gewonnen wird.

Versuche: *Dimethallylmethylcarbinol,* $C_{10}H_{18}O$, Kp.$_{15}$ 90—91°, aus 226,5 g I u. 74 g Methylacetat in Ggw. von 73 g Mg in Ae. (10 Std. kochen); D.$^{20}_{4}$ 0,8568; n_D^{20} 1,4580; 63% (Ausbeute). — *Diisobutylmethylcarbinol,* $C_{10}H_{22}O$, Kp.$_{25}$ 86—87°, durch Hydrierung vorst. Verb. an Raney-Ni bei 130° u. 160 at; D.$^{20}_{4}$ 0,8252, n_D^{20} 1,4322. Daraus mit HCl bei 70° *4-Chlor-2.4.6-trimethylheptan,* $C_{10}H_{21}Cl$, Kp.$_{13}$ 72—73; D.$^{20}_{4}$ 0,8677, n_D^{20} 1,4355. — *2.4.6-Trimethyl-4-methallylheptan,* Kp.$_{11}$ 94—95°, aus 35,4 g vorst. Chlorids u. 27,18 g I in Ggw. von Mg; D.$^{20}_{4}$ 0,8804, n_D^{20} 1,4490, 42%. Daraus durch Hydrierung *2.4.6-Trimethyl-4-isobutylheptan,* $C_{14}H_{30}$, Kp.$_{18}$ 108—109°; D.$^{20}_{4}$ 0,7812, n_D^{20} 1,4352. — *2.2.3.5-Tetramethylhexen-(4)-ol-(3)* (II), Kp.$_4$ 46°, aus 100,3 g Pinakolin u. 135 g I in Ggw. von Mg; D.$^{20}_{4}$ 0,8514; n_D^{20} 1,4502; 142 g. Gibt bei der Oxydation *Aceton* u. *α-Oxy-α.β.β-trimethylbuttersäure,* F. 141°. Die Hydrochlorierung bei 0° liefert 80% *3.5*(bzw. *3.4*)*-Dichlor-2.2.4.6-tetramethylhexan,* $C_{10}H_{20}Cl_2$; D.$^{20}_{4}$ 1,023; n_D^{20} 1,4710, neben 0,5% eines Monochlorids. — *2.2.3.5-Tetramethylhexanol-(3),* $C_{10}H_{22}O$, Kp.$_{25}$ 84,6—84,8°, aus II durch Hydrierung; D.$^{20}_{4}$ 0,8393, n_D^{20} 1,4368. Daraus mit HCl bei 0° *3-Chlor-2.2.3.5-tetramethylhexan,* Kp.$_{28}$ 72,6—73,5°; D.$^{20}_{4}$ 0,8778; n_D^{20} 1,4455. — *2.4.6-Trimethyl-4-tert.-butylhepten-(1),* $C_{14}H_{28}$, Kp.$_{12}$ 92,5°, aus vorst. Chlorid u. I in Ggw. von Mg; D.$^{20}_{4}$ 0,8163; n_D^{20} 1,4584; 36%. Daraus durch Hydrierung *2.4.6-Trimethyl-4-tert.-butylheptan,* $C_{14}H_{30}$, Kp.$_{19}$ 105,5—106°; D.$^{20}_{4}$ 0,7995, n_D^{20} 1,4460. — *2.2.3.3.5-Pentamethylhexen-(5),* Kp.$_8$ 46—47°, aus 36 g 2.2.3.3-Tetramethyl-3-chlorpropan u. 36,2 g I in Ggw. von Mg; D.$^{20}_{4}$ 0,7743; n_D^{20} 1,4380; 2,8 g. — *2.2.3.3.5-Pentamethylhexan,* Kp.$_{755}$ 172—173°, durch Hydrierung vorst. Verb.; D.$^{20}_{4}$ 0,7621; n_D^{20} 1,4260. — *2.4-Dimethyl-4-tert.-butylhepten-(6),* Kp.$_4$ 66—68°, aus 94 g 2.2.3.5-Tetramethyl-3-chlorhexan u. 61,22 g Allylchlorid in Ggw. von Mg; D.$^{20}_{4}$ 0,8034, n_D^{20} 1,4521; 27,2 g. — *2.4-Dimethyl-4-tert.-butylheptan,* Kp.$_{130}$ 139—140°, Kp.$_{106}$ 129—130°; D.$^{20}_{4}$ 0,7964, n_D^{20} 1,4422; a) aus vorst. Verb. durch Hydrierung oder b) auf folgendem Wege: *2.2.3-Trimethylhexanol-(3)* [Kp.$_{55}$ 87°; D.$^{20}_{4}$ 0,8463; n_D^{20} 1,4370, erhalten durch Hydrierung von 2.2.3-Trimethylhexen-(5)-ol-(3)] wird mit HCl bei 0° in *3-Chlor-2.2.3-trimethylhexan* (D.$^{20}_{4}$ 0,9010; n_D^{20} 1,4465) übergeführt; dieses liefert mit I in Ggw. von Mg *2.4-Dimethyl-4-tert.-butylhepten-(1)* (Kp.$_6$ 72—73°, D.$^{20}_{4}$ 0,8055; n_D^{20} 1,4528; 20%), aus dem durch Hydrierung vorst. Heptan erhalten wird. — *2.6-Dimethyl-4-isopropylheptadien-(1.6)-ol-(4),* $C_{12}H_{22}O$, Kp.$_{18}$ 99,5°, aus Isobuttersäuremethylester u. I in Ggw. von Mg; D.$^{20}_{4}$ 0,8699; n_D^{20} 1,4637; 56%. — *2.6-Dimethyl-4-isopropylidenheptadien-(1.6),* $C_{12}H_{20}$, Kp.$_3$ 42°, durch Dehydratisierung vorst. Carbinols; D.$^{20}_{4}$ 0,8153; n_D^{20} 1,4768. Gibt bei der Oxydation *Aceton* u. *Diacetylaceton* (F. 48°; *Bis-phenylhydrazon,* $C_{19}H_{22}ON_4$, F. 141°). — *2.6-Dimethyl-4-isopropylheptan,* $C_{12}H_{26}$, Kp.$_2$ 35—36°, E. —102°, durch Hydrierung vorst. Verb.; D.$^{20}_{4}$ 0,7709; n_D^{20} 1,4336. — *2.6-Dimethyl-4-isopropylheptanol-(4),* $C_{12}H_{26}O$, Kp.$_4$ 78—78,7°, durch Hydrierung vorst. Carbinols; D.$^{20}_{4}$ 0,8536; n_D^{20} 1,4547. Gibt mit HCl bei 0—60° quantitativ *2.6-Dimethyl-4-isopropylidenheptan,* Kp.$_2$ 40—42; D.$^{20}_{4}$ 0,7905, n_D^{20} 1,4465. — *1.1.6.6-Tetramethallylhexandiol-(1.6),* $C_{22}H_{38}O_2$, Kp.$_3$ 160—165°, aus Adipinsäuredimethylester u. I in Ggw. von Mg (24 Std. kochen); D.$^{20}_{4}$ 0,9302; n_D^{20} 1,4950; 81%. — *1.1.6.6-Tetraisobutylhexandiol-(1.6),* $C_{22}H_{46}O_2$, Kp.$_3$ 155—160°, durch Hydrierung vorst. Verb.; D.$^{20}_{4}$ 0,8471; n_D^{20} 1,4410. — *2.11-Di-*

methyl-4.9-diisobutyldodecadien-(3.9), $C_{22}H_{42}$, 48std. Kochen von 150 g vorst. Verb. mit 350 g $(CH_3CO)_2O$ u. 160 g Na-Acetat. Gibt bei der Oxydation *Isobuttersäure* (identifiziert als *Amid*, F. 122°) u. *2.11-Dimethyldodecandion-(4.9)* (als *Bis-2.4-dinitrophenylhydrazon*, $C_{26}H_{34}O_8N_8$, F. 122—123°). — *2.11-Dimethyl-4.9-diisobutyldodecan*, $C_{22}H_{46}$, Kp.$_2$ 138—139°, E. —52°, durch 24std. Hydrierung vorst. Diolefins bei 300° u. 130 at; $D.^{20}_4$ 0,80379; n_D^{20} 1,4465. — *1.1.4.4-Tetramethallylbutandiol-(1.4)*, aus I u. Bernsteinsäuredimethylester in Ggw. von Mg. Liefert bei der Hydrierung im Autoklaven bei 280° *1.1.4.4-Tetraisobutylbutandiol-(1.4)*, das bei der Dehydratisierung mit $ZnCl_2$ u. nachfolgender Hydrierung bei 100 at u. 280—320° (20 Std.) *2.9-Dimethyl-4.7-diisobutyldecan* gibt, $C_{20}H_{42}$, Kp.$_2$ 115—118°, E. —59°; $D.^{20}_4$ 0,7921; n_D^{20} 1,4436. Die Zwischenprodd. werden nicht isoliert. (Журнал Общей Химии [J. allg. Chem.] **25** (87). 1566—71. Aug. 1955. Moskau, Chem.-Techn. Mendelejew-Inst.) A. Nowak. 500

J. Knights und **E. S. Waight**, *Beobachtungen über die Ozonolyse von Allylverbindungen. Struktur von Geraniol.* Infrarotspektr. u. Ozonolyse (OL) nach Doeuvre in der Modifikation von Naves (C. **1950.** I. 1861) sind bei der Best. der Isopropenylstruktur von äther. Ölen mit der Struktur im Einklang, aber nicht bei Allylalkoholen dieser Gruppe. Zur Aufklärung wurden die bei der OL erhaltenen CH_2O-Mengen bei *Geraniol* (**I**), **I**-*Acetat* u. verwandten Verbb. mit Schiffs Reagens bestimmt. Mehrere **I**-Proben u. *3-Methylbuten-(2)-ol* (**III**) gaben ca. 23%, **I**- u. **III**-*Acetat* dagegen $<3\%$ CH_2O. **I**-Acetat u. daher auch **I** liegen also vorwiegend in der Isopropylidenform vor. **I** gibt wie andere Allylalkohole anomale Prodd. bei der OL, wobei die Umlagerung der prim. Reaktionsprodd. nach Young u. Mitarbeitern (C. **1947.** II. 1457) u. Criegee (C. **1951.** II. 3575) bei endständiger OH-Gruppe zu CH_2O u. HCOOH (H_2O + CO), bei α.β-ungesätt. Aldehyden u. Ketonen nur zu HCOOH + CO führt. CH_3-Gruppen an der Doppelbindung beeinflussen den Verlauf der OL, indem durch die O_3-Anlagerung Zwischenprodd. entstehen, die bei einem Alkohol vom Linolooltyp die Zwitterionen CH_2—CH—CR_2OH (**A**) (mit ^+O am CH_2 und O·O$^-$ am CH)

u. CH_2—CH—CR_2OH (**B**) (mit O·O$^-$ am CH_2 und O$^+$ am CH) bilden können, nur **A** gibt bei der anomalen Umlagerung CH_2O. Die Derivv. des Spaltstücks $^+CH_2$·O·O$^-$ können unter den Bedingungen der OL kein CH_2O bilden. Schon bei partiellem Verlauf der Rk. über **B** ist daher die CH_2O-Ausbeute kleiner als die berechnete. Bei Allylalkoholen tritt **A** u. **B** etwa gleich stark auf, während bei Verbb. vom Alken-(1)-typ, wie *2.4.4-Trimethylpenten-(1)*, mit fast theoret. Ausbeuten an CH_2O nur **A** aufgetreten sein kann. Die OL nach Doeuvre-Naves ist zwar unabhängig von der oxydativen oder reduktiven Spaltung der prim. Ozonide, aber wegen des möglichen Verlaufs der Rk. nach 2 Richtungen eindeutig nur bei gleichzeitiger Kontrolle mit Modellverbindungen.

Versuche: Die OL nach Naves (l. c.) wurde mit folgenden Verbb. durchgeführt: *Geraniol* (**I**), verwendet wurden 3 über das $CaCl_2$-Addukt gereinigte Proben: Kp.$_{16}$ 118°, n_D^{19} 1,4744, $[\alpha]_D^{20}$ +0,06°; Kp.$_1$ 74—74,5°, n_D^{19} 1,4710, $[\alpha]_D^{20}$ ±0,00°; Kp. 229—230°, n_D^{19} 1,4730, $[\alpha]_D^{20}$ ±0,00°. *Acetat*, Kp.$_{21}$ 128—130°, n_D^{19} 1,4590, $[\alpha]_D^{20}$ ±0,00°. — *3-Methylbuten-(2)-säure*, F. 69,5—70,5°, aus Mesityloxyd (**II**) u. NaOCl. — *3-Methylbuten-(2)-ol* (**III**), Kp.$_{13}$ 50—51°, n_D^{21} 1,4385; aus 10 g vorst. Verb. mit $LiAlH_4$ in Ae.; 4,7 g (Ausbeute). *Acetat*, Kp. 148—149°, n_D^{22} 1,4245. — *4-Methylpenten-(3)-ol*, $C_6H_{12}O$, Kp. 138—139°, n_D^{19} 1,4330; aus 10 g **II** mit $LiAlH_4$ in Ae.; 4 g enthalten ca. 5% *4-Methylpentadien-(1.3)*. — *Penten-(1)-ol-(3)*, Kp.$_{50}$ 97,5—98,5°, n_D^{18} 1,4238, aus 5 g Acrolein u. C_2H_5MgBr in Ae.; 1,4 g. — *Hexen-(4)-ol-(3)*, Kp. 129—130°, n_D^{19} 1,4318, aus 5 g Crotonaldehyd (Kp. 103—103,5°) u. C_2H_5MgBr in Ae.; 2 g. — *Octen-(1)-ol-(3)*, Kp. 174—175°, n_D^{19} 1,4369. — *cis-Crotylalkohol*, Kp.$_{16}$ 63—64°, n_D^{25} 1,4290, aus Butin-(2)-ol durch Hydrierung. — *2.4.4-Trimethylpenten-(1)*. (J. chem. Soc. [London] **1955.** 2830—34. Aug. London, Imp. Coll. of Sci. and Technol., Dep. of Chem.) W. Schulenburg. 560

A. J. Birch, J. Cymerman-Craig und **M. Slaytor**, *Die Darstellung von Aldehyden.* Vff. beschreiben die Darst. von Aldehyden aus Amidinen oder Amidinsalzen (aus Nitrilen, Amiden oder Carbonsäuren leicht erhältlich) durch Red. mit metall. Na/A. in fl. NH_3 u. folgende Hydrolyse (gute Ausbeuten), bzw., wenn die Verbb. in fl. NH_3 unlösl. sind, mit Na/A. (geringe Ausbeuten). Die Meth. ist begrenzt auf Verbb., die keine reduzierbaren Gruppen enthalten. (Chem. and Ind. **1954.** 1559—60. 18/12. Sydney, Univ., Dep. of Organ. Chem.) G. Winkler. 660

Ivan Ernest und **Jiří Hofman**, *Die Zersetzung von Bis-diazodiketonen mit Kupferoxyd.* 1. Mitt. Die Rk. von Bis-diazodiketonen mit CuO führt mit Ausnahme von 2 Fällen, bei denen in 2—3%ig. Ausbeute wahrscheinlich ringförmige krist. Verbb. erhalten wurden, zu harzartigen Produkten.

Versuche (FF. korr.): *2-Carboxycyclopentylessigsäuredichlorid*, $C_8H_{10}O_2Cl_2$, Kp.$_{0,5}$ 86°, aus cis-2-Carboxycyclopentyl-(1)-essigsäure u. PCl_5 in Xylol, 4 Std. unter Rückfluß; mit $SOCl_2$ entsteht vorwiegend das mit Dichlorid verunreinigte *Anhydrid*, das mit PCl_5 in das Dichlorid übergeführt werden kann. — Die Bis-diazodiketone wurden aus den Dicarbonsäuredichloriden u. Diazomethan in Ae. unter Kühlen erhalten: *1.6-Bis-diazohexandion-(2.5)* (I), zers. sich beim Verdunsten der äther. Lösung. — *1.7-Bis-diazoheptandion-(2.6)* (II), $C_7H_8O_2N_4$, F. 63—64,5 (Ae.). — *cis(?)-1-Diazoacetyl-2-[ω-diazoacetonyl]-cyclopentan* (III), hellgelbes Öl, Zers. >100°. — *1.6-Dichlorhexandion-(2.5)*, $C_6H_8O_2Cl_2$, F. 87,5—88° (A.), aus I u. HCl in Äther. — *1.7-Dichlorheptandion-(2.6)*, $C_7H_{10}O_2Cl_2$, F. 76° (A.-PAe.), ebenso aus II. — *cis (?)-1-Chloracetyl-2-[ω-chloracetonyl]-cyclopentan*, Kp.$_{0,5}$ 124—125°, ebenso aus III. *Bis-2.4-dinitrophenylhydrazon*, $C_{22}H_{22}O_8N_8Cl_2$, F. 176—177° (A.-Äthylacetat). — *Pimelinsäurediamid*, $C_7H_{14}O_2N_2$, F. 174—175° (A.), aus II, NH_4OH u. $AgNO_3$ in wss. Dioxan, 45 Min. bei 60—70°. Gibt nach 2std. Sieden mit HCl *Pimelinsäure* (F. 103—106°). — Die Bis-diazodiketone wurden in Bzl. 2—3 Std. mit CuO gekocht, die Lsgg. abgedampft u. an Al_2O_3 chromatographiert. Aus I u. 1.8-Bis-diazooctandion-(2.7) wurden [neben 1.6-Dichlorhexandion-(2.5)] keine krist. Prodd. erhalten. II ergab nach Behandeln mit p-Nitrophenylhydrazin *Cyclohepten-(2)-dion-(1.4)-bis-p-nitrophenylhydrazon*, $C_{19}H_{18}O_4N_6$, F. 259—260° (Zers.), III analog *Bicyclo-[0.3.5]-decen-(3)-dion-(2.5)-bis-p-nitrophenylhydrazon*, $C_{22}H_{22}O_4N_6$, F. 233° (Zers.), beide ohne Konstitutionsermittlung. (Chem. Listy **45**. 261—64. Juni 1951. Praha, Vysoké učení tech., Ústav exp. org. chem.) J. KOVÁŘ/Prag. 720

Kurt Heyns und **Wolfgang Pyrus**, *Reaktionen an der Carbonamidgruppe*. 3. Mitt. *Die Umsetzung mit metallorganischen Verbindungen*. (2. vgl. HEYNS u. BEBENBURG, C. **1955**. 6490.) Acycl. u. cycl. Verbb. mit Carbonamid-Gruppierungen wurden mit organ. Mg- u. Li-Verbb. umgesetzt. Die ZEREWITINOFF-Best. lieferte bei genügend hoher Temp. (mit Anisol als Lösungsm. bei 120°) auch für das akt. H in Carbonamidgruppen von Peptidbindungen befriedigende Resultate. Mit GRIGNARD- u. Li-Verbb. konnte in allen Fällen eine Rk. mit Modellverbb. u. Peptidderivv. erzwungen werden, doch lag die Ketonausbeute zwischen 20% u. 40%, so daß sich die Rk. für die präparative Spaltung von Proteinen als nicht brauchbar erwies. Die bei der Umsetzung mit GRIGNARD-Verbb. entstehenden Zwischenprodd. ließen sich mit Acylchloriden zu *Diacylaminen* umsetzen, die Umsetzung mit Alkylhalogeniden gelang nicht.

Versuche: *ω-Aminoacetophenon-2.4-dinitrophenylhydrazonhydrochlorid*, $C_{14}H_{13} \cdot O_4N_5 \cdot HCl$, F. 221 (W.), a) aus Glycylglycinäthylesterhydrochlorid mit Phenyl-MgBr (10 Std. in Xylol bei 150°); 17% (Ausbeute); b) aus Glycyldiphenylglycinol (Glycylaminomethyldiphenylcarbinol) mit Phenyl-Li in Ae. bei 36°; 17% (nach 1 Std.) bzw. 25% (nach 3 Std.); c) aus Leucylglycylglycinmethylesterhydrochlorid mit C_6H_5MgBr in Xylol (10 Std. bei 150°); 22% (im Gemisch mit zweitnachst. Verb.). — *α-N-Benzaminoisocaprophenon*, $C_{19}H_{21}O_2N$, F. 107° (Methanol), aus Benzoylleucylchlorid u. $AlCl_3$ in Bzl.; 70%. — *α-Aminoisocaprophenon*, $C_{12}H_{17}ON \cdot HCl$, F. 199—203° (Zers.), aus vorst. Verb. mit konz. HCl bei 135° (15 Std.); leichtgelbliche Schuppen aus W.; 50%. *Dinitrophenylhydrazon*, $C_{18}H_{21}O_4N \cdot HCl$, F. 202°, gelbe Kristalle aus W., — *2-n-Butyl-$\Delta^{1,2}$-cyclohexamethylenimin*, Kp.$_{12}$ 97—105°, aus Caprolactam mit n-Butyl-MgBr in Xylol bei 150° (6 Std.) bzw. mit Butyl-Li in Ae.; 14,5% [*Pikrolonat*, $C_{10}H_{19}N \cdot C_{10}H_8O_5N_4$, F. 173° (A.)]; daneben 6,7% *2.2-Di-n-butylcyclohexamethylenimin*, Kp.$_{12}$ 125—136° [*Pikrolonat*, $C_{14}H_{29}N \cdot C_{10}H_8O_5N_4$, F. 118° (wss. A.)]. — *Diacetylanilin*, F. 34° (PAe.), Kp.$_{14}$ 140—145°, aus Äthyl-MgBr u. Acetanilid in Ae., dann mit Acetylchlorid; 67%. — *Acetylbutyrylanilin*, Kp.$_{14}$ 158—162°, analog vorst. Verb., aber mit Butyrylchlorid; 55%. — *N-Benzoyl-β.β-diphenylvinylamin*, $C_{21}H_{17}ON$, F. 131° (Methanol) analog vorvorst. Verb. aus C_2H_5MgBr, Benzaminomethyldiphenylcarbinol (I) u. Acetylchlorid; 53%. — *Acetaminomethyldiphenylcarbinol*, $C_{16}H_{17}O_2N$, F. 138° (Bzl.), aus C_6H_5MgBr u. Acetursäureäthylester (II); 62%. — *N-Acetyl-β.β-diphenylvinylamin*, $C_{16}H_{15}ON$, F. 161° (Methanol), a) aus C_2H_5MgBr, vorst. Verb. u. Acetylchlorid; 46%; b) aus vorst. Verb. u. Acetanhydrid (7 Std. bei 150°); 55%. — In weiteren Verss. wurde *Acetophenon* aus C_6H_5MgBr bzw. C_6H_5Li mit N-Methylacetamid, Acetanilid u. Hippursäuremethylester, *Methylbutylketon* aus C_4H_9MgBr u. Acetanilid, *Propiophenon* aus I mit C_2H_5Li sowie *Methyläthylketon* aus II mit C_2H_5MgBr gewonnen. (Chem. Ber. **88**. 678—83. 9/5. 1955. Hamburg, Univ., Chem. Inst.) H. GNICHTEL. 800

Kurt Heyns und **Walter v. Bebenburg**, *Die Umlagerung von N-Nitroso-N-alkylacylamiden*. 4. Mitt. *über Reaktionen an der Carbonamidgruppe*. (3. vgl. vorst. Ref.) Der Einfl. der Substituenten bei der Diazoesterumlagerung wird an verschied. N-Nitroso-N-alkylacylamiden untersucht. Vff. fanden, daß zum Unterschied zu den N-arylsubstituierten Nitrosoacylamiden hier eine starke Beeinflussung durch die Substituenten vorliegt. Die Umlagerungsgeschwindigkeit nimmt in der Reihe Methyl < n-Propyl = n-Butyl <

Isopropyl zu, während die Geschwindigkeit der sauren Hydrolyse der entsprechenden N-Alkylacylamide in dieser Reihenfolge abnimmt. Es wird deshalb gefolgert, daß die N–N-Bindung in den Alkylnitrosoamiden partiellen Doppelbindungscharakter aufweist. Diese Annahme konnte durch Unters. der Infrarotspektren gestützt werden. Den geringen Einfl. von verschied. Substituenten bei N-Nitroso-N-arylacylamiden erklären Vff. dadurch, daß durch die mögliche Konjugation der Anteil an der $\overset{\oplus}{N}=N-\overset{\ominus}{O}$-Doppelbindungsstruktur bereits beträchtlich höher ist als bei den Alkylverbindungen. Die Unters. von N-Nitroso-N-alkylacylamiden mit ungesätt. Alkylrest wie *N-Nitrosoacetaminozimtsäure* u. *N-Nitrosoacetaminocrotonsäureäthylester*, ergab, daß ihre Umlagerungsgeschwindigkeit wie bei den Arylverbb. sehr groß ist. Diese Verbb. sind äußerst unbeständig und zerfallen explosionsartig. Entsprechende Verbb., bei denen die Doppelbindung von der N–NO-Gruppe weiter entfernt ist, z. B. *N-Nitroso-N-allylacetamid*, zeigten ebenfalls große Unbeständigkeit. *N-Nitroso-N-tert.-butylacetamid* ließ sich nicht in reiner Form darstellen, da hier die Entnitrosierung überwiegt. Bei der Nitrosierung von N-n-Butyltrichloracetamid konnten selbst bei tiefen Tempp. nur Zersetzungsprodd. gefaßt werden, die Diazoesterumlagerungsgeschwindigkeit ist also außerordentlich groß. Versuche: *N-β-Oxyäthylacetamid*, F. 29°, $Kp._{18,5}$ 177–179,5°, $D.^{25}{}_4$ 1,1097, n_D^{23} 1,4715, aus Äthanolamin u. Acetanhydrid; 79,5% (Ausbeute). — *N-β-Chloräthylacetamid*, C_4H_8ONCl, $Kp._{10}$ 135–136°, n_D^{20} 1,4894, aus vorst. Verb. mit $SOCl_2$ in Chlf. (4 Std. kochen); bläulichfluorescierendes Öl; 5,85%. — *N-tert.-Butylacetamid*, F. 98–99°, Kp. 190–195°, aus tert.-Butanol u. Acetonitril mit konz. H_2SO_4 (35 Std. im Autoklaven bei 100° u. 10–18 at); 31%. — *N-n-Butyltrichloracetamid*, $C_6H_{10}ONCl_3$, F. 30–31°, $Kp._2$ 100–103°, aus n-Butylamin u. Trichloressigsäure in W. (24 Std.). — *N-n-Butylpropionamid*, $C_7H_{15}ON$, $Kp._{13}$ 129–130°, n_D^{19} 1,4430, $D.^{30}{}_4$ 0,8835, aus n-Butylamin u. Propionsäure; 66%. — *N-n-Butylbutyramid*, $C_8H_{17}ON$, $Kp._{13}$ 144–146°, n_D^{22} 1,4435, aus n-Butylamin u. Buttersäure; 40%. — *N-Isoamylpropionamid*, $C_8H_{17}ON$, $Kp._{13}$ 140°, $n_D^{19,5}$ 1,4368, aus Propionsäureanhydrid u. Isoamylamin; 92%. — *N-Nitroso-N-isopropylacetamid*, $C_5H_{10}O_2N_2$, a) in Essigsäure nach HEYNS u. BEBENBURG (C. **1955**. 6490) (Meth. **a**); 20–60%; b) in Ae. mit N_2O_3 bei –10 bis 0° (24–36 Std.; Meth. **b**); 50–60%. — *N-Nitroso-N-n-butylpropionamid*, $C_7H_{14}O_2N_2$, $Kp._6$ 63–65°, n_D^{21} 1,4435; nach **a** 95%. Bei Dest. Explosionsgefahr! — *N-Nitroso-N-n-butylbutyramid*, $C_8H_{16}O_2N_2$, $Kp._7$ 72–76°, n_D^{21} 1,4435, nach **a** 99%. Explosionsgefahr! — *N-Nitroso-N-amylpropionamid*, $C_8H_{16}O_2N_2$, $Kp._7$ 73–76° (Explosionsgefahr!), $n_D^{19,5}$ 1,4368, nach **a** 99%. — *N-Nitroso-N-oxyäthylacetamid*, $C_4H_8O_3N_2$, explodiert leicht bei Dest. im Vakuum; nach **a** 57%. — *N-Nitroso-N-β-chloräthylacetamid*, $C_4H_7O_2N_2Cl$, nach **a** 75%. Dämpfe sind Augengift! — Die Nitrosierung der folgenden Verbb. lieferte unbeständige, nicht rein erhaltene Prodd.: N-n-Butyltrichloracetamid, nach **a** u. **b**. N-Cyclohexylacetamid nach **a** u. **b**. N-Allylacetamid, nach **b**. β-Acetaminocrotonsäureäthylester, nach **b** *grüngelbes Öl*. tert.-Butylacetamid, nach **b** *grünes Öl*. β-Acetaminozimtsäure, nach **b** explosive *Nitrosoverb.*, gelbliche Kristalle. (Liebigs Ann. Chem. **595**. 55–68. 6/9. 1955.)

H. GNICHTEL. 800

Kurt Heyns und **Walter v. Bebenburg**, *Der Verlauf der thermischen Zersetzung von N-Nitroso-N-alkylacylamiden.* 5. Mitt. *über Reaktionen an der Carbonamidgruppe.* (4. vgl. vorst. Ref.) Bei der Einw. von Essigsäure auf N-Nitroso-N-n-butylacylamide (I) konnte selbst nach drei Monaten keine Umacylierung beobachtet werden. Ebenso ließ sich bei der Umsetzung von „diazotiertem" n-Butylamin mit Essigsäure N-Nitroso-N-n-butylacetamid nicht nachweisen. Bei der gemeinsamen Zers. zweier N-Nitroso-N-alkylacylamide konnten Vff. in den Zersetzungsprodd. keine Vertauschung der verschied. Alkyl- u. Acylgruppen feststellen. Ein Mechanismus der therm. Zers. von N-Nitroso-N-alkylacylamiden im Sinne einer Trennung des als Zwischenprod. entstehenden Diazoesters in Alkyldiazonium- u. Acylionen mußte deshalb ausgeschlossen werden. Vff. diskutieren einen Mechanismus, bei dem die N_2-Abspaltung ohne Trennung des Alkyl- vom Acylrest verläuft. Es bildet sich zunächst der Diazoester, aus dem ein Chelatzwischenprod. durch Aufrichtung einer Protonenbrücke zwischen dem α-H-Atom des Alkylrestes u. dem Acyl-O entsteht, das dann nach Umlagerung N_2 u. Säureester bildet. Werden sämtliche α-H-Atome durch Alkylreste substituiert, so bildet sich kein Ester. Ein äußerer Protonenüberschuß verhindert die Bldg. des Chelatzwischenprod. u. führt zur Entstehung von Alkyldiazoniumionen. Es wird weiterhin der Einfl. verschieden stark elektrophiler Alkyl- u. Acylreste auf den Ablauf der Zers. diskutiert. Elektronenabstoßende Alkylgruppen bewirken einen „anomalen" Zerfall unter Radikalbildung. (Liebigs Ann. Chem. **595**. 69–80. 6/9. 1955.) H. GNICHTEL. 800

I. A. Djakonow und **N. B. Winogradowa**, *Reaktionen aliphatischer Diazoverbindungen mit ungesättigten Verbindungen.* 13. Mitt. *Reaktion von Diazoessigester mit Allyl-*

jodid und mit normalen und tertiären Butylbromiden in Gegenwart von Kupferkatalysatoren. (12. vgl. C. **1955**. 9086; 19. vgl. C. **1956**. 7794.) Bei der Rk. von Diazoessigester (I) mit überschüssigem Allyljodid in Ggw. von Cu-Bronze entsteht *α-Jod-β-vinylpropionsäureäthylester* (II) neben wenig *Jodessigester*. II wird durch wss. K_2CO_3 zu *Vinylacrylsäure*, die unter den Reaktionsbedingungen polymerisiert, u. wenig *α-Oxyallylessigsäure* hydrolysiert. Die Red. von II gibt *Allylessigsäureäthylester*, dessen Struktur durch Oxydation mit $KMnO_4$ bewiesen wird. n-Butylbromid reagiert mit I in Ggw. von Cu unter Bldg. von *Fumarsäurediäthylester* (III), während bei der Rk. von tert.-Butylbromid mit I in Ggw. von $CuSO_4$ neben III noch *Bromessigester* erhalten wird. Bei dieser Rk. bildet sich vermutlich intermediär α-Bromisovaleriansäureäthylester, der unter der Einw. von überschüssigem I zu Trimethylacrylsäureäthylester u. Bromessigester dehydrobromiert bzw. umgelagert wird.

Versuche: *α-Jod-β-vinylpropionsäureäthylester* (II), $C_7H_{11}O_2J$, Kp.$_1$ 65—66°; zu 560 g sd. Allyljodid gibt man in Ggw. von 0,8 g Cu-Bronze tropfenweise ein Gemisch aus je 175 g I u. Allyljodid u. fraktioniert; $D.^{20}{}_4$ 1,558; n_D^{20} 1,5062; 183,7 g (Ausbeute). Daneben 6,3 g *Jodessigester*. — *Allylessigsäureäthylester*, $C_7H_{12}O_2$, Kp.$_{12}$ 43—44°; aus II durch Red. mit Zn in A.–Essigsäure-Gemisch; $D.^{20}{}_4$ 0,9016; n_D^{20} 1,416; 65,2%. Gibt bei der $KMnO_4$-Oxydation *Essig-* u. *Bernsteinsäure*. — Beim Erhitzen von II mit 10%ig. K_2CO_3 entsteht *polymere Vinylacrylsäure* u. wenig *α-Oxyallylessigsäure*, identifiziert als *Anilid*, F. 74—75°. — Durch Rk. von 360 g tert.-Butylbromid mit 135,7 g I in Ggw. von 0,5 g $CuSO_4$ analog II *Bromessigsäureäthylester*, $C_4H_7O_2Br$, Kp. 156—160°; n_D^{15} 1,4485; 15,1 g; u. *Fumarsäurediäthylester* (III), Kp.$_{1,5}$ 65°; $D.^{20}{}_4$ 1,0593; n_D^{20} 1,4410; 20,2 g. Daraus über Di-K-Fumarat *Diphenacylfumarat*, F. 197°. — Bei der Rk. von n-Butylbromid mit I in Ggw. von Cu wird III erhalten; 37,2%. (Журнал Общей Химии [J. allg. Chem.] **23** (**85**). 66—71. Jan. 1953. Leningrad, Shdanow-Univ., Wiss.-Chem. Forschungsinst.) O. Pollak v. Emhofen. 800

J. J. Trillat und **S. Barbezat**, *Bemerkung über die Röntgenstrahlenuntersuchung einer Säure, isoliert durch Pyrolyse aus „Acide coryno-mycolique“.* (Vortragsbericht.) *Corynomycolsäure* (F. 57—61°) wurde röntgenograph. als Palmitinsäure identifiziert (Netzebenenabstände 35,8 Å); Verunreinigung mit geringen Mengen von Myristin- oder von Stearinsäure würde die Abstände merkbar verändern. (Bull. Soc. Chim. biol. **33**. 1012. 1951. Genève.) K. Täufel. 810

Harry M. Walborsky, Robert H. Davis und **David R. Howton**, *Eine Totalsynthese der Linolsäure.* Vff. beschreiben eine von Decadiin-(1.9) (II) ausgehende 7-Stufensynth. der *Linolsäure* (I), identifiziert durch Bromierung zur *Tetrabromstearinsäure*. Aus dem Infrarotspektr. u. aus dem Gang der Synth. folgt für I cis.cis-Konfiguration.

Versuche: *Decadiin-(1.9)* (II), nach Lauer u. Gensleu (J. Amer. chem. Soc. **67**. [1945.] 1174) aus CH≡CNa u. Hexamethylenjodid [dargestellt aus Hexandiol-(1.6), NaJ u. H_3PO_4; 60—76% (Ausbeute)] bzw. -bromid, nur daß während der Zugabe des Halids kontinuierlich Acetylen in das Reaktionsgemisch eingeleitet wurde; 67%. — *Decen-(1)-in-(9)-nylthiolacetat*, $C_{12}H_{18}OS$, Kp.$_{0,2}$ 102—106°, aus II u. CH_3COSH (Erhitzen, dann exotherme Rk.); 65%, bezogen auf umgesetztes II. — *Decin-(9)-aldoxim*, $C_{10}H_{17}ON$, F. 79,2—80,6° (PAe.), aus vorst. Verb., $H_2NOH \cdot HCl$ u. CH_3COONa in sd. wss. A. über Nacht; 91%. *2.4-Dinitrophenylhydrazon*, $C_{16}H_{20}O_4N_4$, F. 73—74° (vorheriges Sintern), goldgelbe Flocken (CH_3OH), aus nachst. III. — *2-[Nonin-(8)-yl-(1)]-dioxolan-(1.3)* (III), $C_{12}H_{20}O_2$, Kp.$_{10}$ 128—131°, aus vorst. Oxim, C_4H_9ONO u. Äthylenglykol bei Ggw. von W. u. H_2SO_4 (Kühlung, Rühren); $n_D^{26,5}$ 1,4551, $D.^{23,2}{}_{20}$ 0,9388; 80%. — *2-[Heptadecadiin-(8.11)-yl-(1)]-dioxolan-(1.3)* (IV), $C_{20}H_{32}O_2$, Kp.$_{0,7}$ 179—182°, F. —1°, Nadelbüschel, durch Rk. von III mit C_2H_5MgBr in Tetrahydrofuran (3 Std.) u. Umsetzung mit 1-Bromoctin-(2) in Tetrahydrofuran bei Ggw. von Cu_2Br_2 (App. vgl. Original); $n_D^{21,3}$ 1,4781, $D._{20}{}^{21,3}$ 0,939; 53%. Daraus das *2.4-Dinitrophenylhydrazon*, F. 68—69°. — *Octadecadiin-(9.12)-säure* (V), F. 42,6—44,7°, Nadelbüschel (96%ig. A.), durch Zugeben von 2 g IV in Dioxan zu einer wss. HJO_4-Lsg., Erhitzen zum Sieden, 3std. Stehen, Zufügen von wss. $NaHCO_3$, Ausziehen mit PAe., Oxydation des entstandenen *Octadecadiin-(9.12)-als* ($C_{18}H_{28}O$, F. 8—18,6°, dest. bei 0,14 mm als viscoses Öl, nahm O_2 auf zu $C_{18}H_{28}O_3$; 2,44 g roh) mit $AgNO_3$ in absol. A. unter N_2 u. Zugabe von alkoh. NaOH; UV-Spektr.; 78% roh. Gab mit H_2/PtO_2 *Stearinsäure*, F. 68—69° (CH_3 OH). — *Linolsäure* (*cis.cis-Octadecadien-(5.12)-säure*; I), Öl, krist. bei —15°, durch Hydrierung von V in 96%ig. A. über Raney-Ni W 5 bis zur Aufnahme von 2 Mol H_2 (3 Std.). — 0,60 g des rohen Semihydrierungsprod. (**A**) u. Br_2 in PAe. (Eiskühlung) gaben 0,065 g *Linolsäuretetrabromid*, F. 113,2—113,8° (Äthylenchlorid); daraus folgt ein Geh. von 28% I in **A**. — Die Infrarotspektren von authent. **I**, **A**, *Stearolsäure*, **IV** u. **V** sind graph. dargestellt. (J. Amer. chem. Soc. **73**. 2590—94. Juni 1951. Los Angeles, Calif., Univ., School of Med.) J. Rothe. 810

F. D. Gunstone und **W. C. Russell,** *Fettsäuren.* 3. Mitt. *Konstitution und Eigenschaften der Santalbinsäure.* (2. vgl. C. **1955.** 10484.) Für *Santalbinsäure* (I), die Hauptsäurekomponente des Samenöls von *Santalum album L.*, wird die Struktur der *trans-Octadecen-(11)-in-(9)-säure* u. damit die Identität mit *Ximeninsäure* (vgl. GRIGOR u. Mitarbeiter, C. **1955.** 9302) bewiesen. Perameisensäure oxydiert **I** zu *erythro-11.12-Dioxystearolsäure* (**II**), überführbar in *erythro-11.12-Dioxystearinsäure* (**III**) mit trans-Konfiguration der C:C-Bindung. **II** gab mit HJO_4 *Heptanal* (**V**) u. *10-Formyldecin-(9)-säure* mit stärkerer UV-Absorption in Hexan- als in A.-Lsgg. (Halbacetalbldg.). Durch Red. mit vergiftetem Katalysator entstand aus **I** *Octadecadien-(cis-9.trans-11)-säure*, überführbar mit J_2 in die *trans.trans-Form.* Beim Vers., **II** unter Benutzung der stereospezif. Red. mit $LiAlH_4$ in 1.11.12-Trioxyoctadecen-(trans-9) umzuwandeln, entstand ein *acetylen. Triol*, das auch durch Oxydation des durch $LiAlH_4$-Red. aus **I** gebildeten *Eninalkohols* mit Persäuren erhältlich ist. **II** wurde katalyt. red. zu *cis-Dioxyölsäure* (**VIII**), die mit $LiAlH_4$ *1.11.12-Trioxyoctadecen-(cis-9)* gab.

V e r s u c h e: *Santalbinsäure* (**I**), F. 38,5—39,5°, aus dem mit PAe. extrahierten gelbgrünen Öl [enthält 88% **I**-Glycerid; 53,5% (Ausbeute)] aus dem Samen von *Santalum album* durch Verseifung mit sd. alkoh. KOH (1 Std.); aus PAe. Plättchen. — *p-Bromphenacylester*, $C_{26}H_{35}O_3Br$, F. 53—54°. Gibt mit 3 Mol H_2 über Pd/Kohle *Stearinsäure*, F. 69—70° (*p-Bromphenacylester*, F. 90°), mit $KMnO_4$ in Essigsäure *Heptansäure* (**VII**; *p-Bromphenacylester*, F. 68—69°) u. *Azelainsäure*, F. 104—105°. — *erythro-11.12-Dioxystearolsäure* (**II**), $C_{18}H_{32}O_4$, F. 88—89° (Essigester u. A.), aus 22 g **I** in 100% ig. Ameisensäure u. 30% ig. H_2O_2 (2½ Std. bei 40°); 8,4 g. Gibt mit HJO_4 *Önanthaldehyd* (**V**; *2.4-Dinitrophenylhydrazon*, $C_{13}H_{18}O_4N_4$, F. 105—105,5°, *Semicarbazon*, F. 108—108,5°) u. *10-Formyldecin-(9)-säure*, $C_{11}H_{16}O_3$, F. 25,5—26,5° (*2.4-Dinitrophenylhydrazon*, $C_{17}H_{20}O_6N_4$, F. 105,5—106,5°, tiefgelbes Pulver). — *erythro-11.12-Dioxystearinsäure* (**III**), $C_{18}H_{36}O_4$, F. 127—128° (A.), aus **II** mit H_2 über Pd/Kohle. Gibt mit $KMnO_4$ in Essigsäure **VII** u. *Undecandisäure-(1.11)* (**IV**), F. 108,5—109,5°; mit HJO_4 **V** u. *10-Formyldecansäure* (**VI**), $C_{11}H_{20}O_3$, F. 47—48° (aus PAe.; *2.4-Dinitrophenylhydrazon des Äthylesters*, $C_{19}H_{28}O_6N_4$, F. 59—60°). **VI** ist oxydierbar zu **IV**. — *Octadecadien-(cis-9.trans-11)-säure*, fest bei 0°, fl. bei Raumtemp.; aus **I** in A. u. Chinolin durch Red. nach LINDLAR (C. **1953.** 1312). Wird im UV- oder Sonnenlicht in Ggw. von J_2 in PAe. zu *Octadecadien-(trans-9.trans-11)-säure* [$C_{18}H_{32}O_2$, F. 53—54° (A.). *Maleinsäureanhydridaddukt*, $C_{22}H_{34}O_5$, F. 92,5—93,5°] isomerisiert. — *erythro-11.12-Dioxyölsäure* (**VIII**), $C_{18}H_{34}O_4$, F. 68—68,5° (PAe. u. CH_3NO_2), analog vorst. Verb. aus **II**. — *Octadecen-(trans-11)-in-(9)-ol*, F. 23—25° (PAe.), aus 1,6 g **I** mit $LiAlH_4$ in Ae.; 0,9 g. *α-Naphthylurethan*, F. 56 bis 57°. — *1.11.12-Trioxyoctadecin-(9)*, $C_{18}H_{34}O_3$, F. 79—80°; a) aus **II** mit $LiAlH_4$ in Ae.; b) aus vorst. Verb. mit Perameisensäure. — *1.11.12-Trioxyoctadecan*, $C_{18}H_{38}O_3$, F. 126 bis 126,5° (A.), aus **III** mit $LiAlH_4$ oder durch katalyt. Red. vorst. Verbindung. — *1.11.12-Trioxyoctadecen-(cis-9)* (?), F. 51—52°, aus **VIII** mit $LiAlH_4$. Läßt sich zu vorst. Verb. reduzieren. — Die UV-Absorptionsmaxima der meisten Verbb. sind angegeben. (J. chem. Soc. [London] **1955.** 3782—87. Nov. St. Andrews, Univ., Chem. Dep.; Glasgow, Univ., Chem. Dep.) W. SCHULENBURG. 810

Ivan Ernest, *Die Zersetzung von Diazoketonen mit CuO.* 2. Mitt. *Die Zersetzung von ω-Diazoacetylcarbonsäureestern. Eine neue Methode zur Darstellung von Paraffin-α.ω-dicarbonsäureestern.* (1. vgl. C. **1956.** 8869.) Bei der Zers. von *Diazoketoestern* (**I**) der Zus. $N_2CHCO(CH_2)_n \cdot CO_2C_2H_5$ (n = 0—5 u. 8) entstehen in befriedigenden Ausbeuten die Verbb. $(C_2H_5OCO \cdot [CH_2]_n \cdot COCH=)_2$. Die entsprechenden Säuren konnten weder durch alkal. noch durch saure Hydrolyse erhalten werden. Durch Hydrierung entstehen die gesätt. *Diketodicarbonsäureester*, die normalerweise hydrolysiert u. mittels Äthylen-1.2-dimercaptan u. RANEY-Ni in die *Paraffindicarbonsäuren* oder deren *Ester* übergeführt werden können. Die direkte Red. konnte nicht verwirklicht werden. Die Meth. ist zur Darst. von langkettigen Dicarbonsäuren geeignet.

V e r s u c h e (FF. korr.): *Diazobrenztraubensäureäthylester*, $C_5H_6O_3N_2$, F. 72,5—74°, durch 60—90 Min. langes Stehen von Äthoxalylchlorid u. CH_2N_2 in Ae. bei Zimmertemp.; die höheren Homologen (**I**, n = 1—5 u. 8) wurden roh in bzl. Lsg. weiterverarbeitet. Ohne Lösungsm. bilden sie leicht zersetzliche Öle. — Durch 20—40 Min. langes Kochen der **I** mit CuO in Bzl. wurden folgende Verbb. erhalten: *Buten-(2)-dion-(1.4)-dicarbonsäure-(1.4)-diäthylester*, F. 133—134,5° (PAe.); 2,2% (Ausbeute). — *Hexen-(3)-dion-(2.5)-dicarbonsäure-(1.6)-diäthylester*, F. 106—107° (Cyclohexan–A.); 0,9%. — *Octen-(4)-dion-(3.6)-dicarbonsäure-(1.8), Diäthylester*, $C_{14}H_{20}O_6$, F. 62—63° (PAe.); 20,8%. *Dioxim*, $C_{14}H_{22}O_6N_2$, F. 111—112°. — *Decen-(5)-dion-(4.7)-dicarbonsäure-(1.10)-diäthylester*, $C_{16}H_{24}O_6$, F. 35—35,5°; 52,6%. *Bis-p-nitrophenylhydrazon*, $C_{28}H_{34}O_8N_6$, F. 221° (Zers.). — *Dodecen-(6)-dion-(5.8)-di-carbonsäure-(1.12)-diäthylester*, $C_{18}H_{28}O_6$, F. 57—58,3°; 42,4%. *Dioxim*, $C_{18}H_{30}O_6N_2$, F. 118°. *Bis-p-nitrophenylhydrazon*, $C_{30}H_{38}O_8N_6$, F. 164° (Zers.). — *Tetradecen-(7)-*

dion-(6.9)-dicarbonsäure-(1.14)-diäthylester, $C_{20}H_{32}O_6$, F. 50,5—52°; 23,1%. — *Eikosen-(10)-dion-(9.12)-dicarbonsäure-(1.20)-diäthylester*, $C_{26}H_{44}O_6$, F. 74—75,5°; 35%. *Bis-p-nitrophenylhydrazon*, $C_{38}H_{54}O_8N_6$, F. 140—142° (Zers.). — Die ungesätt. Ester wurden in A.-Bzl. an Pd zu den *Verbb.* der Zus. $(CH_2 \cdot CO[CH_2]_n \cdot CO_2C_2H_5)_2$ hydriert: $n = 3$, $C_{16}H_{26}O_6$, F. 26°; 71,8%. $n = 4$, $C_{18}H_{30}O_6$, F. 50,5—51°; 65,8%. $n = 5$, $C_{20}H_{34}O_6$, F. 46,5 bis 48°; 66,7%. $n = 8$, $C_{26}H_{46}O_6$, F. 67—69°; 84,6%. Die *Verb.* mit $n = 2$ wurde roh weiterverarbeitet. — Durch 60—90 Min. langes Erwärmen mit HCl wurden die entsprechenden *Diketodicarbonsäuren* erhalten: $n = 2$, $C_{10}H_{14}O_6$, F. 155—156°. $n = 3$, $C_{12}H_{18}O_6$, F. 134—135°. $n = 4$, $C_{14}H_{22}O_6$, F. 128—129,5°. $n = 5$, $C_{16}H_{26}O_6$, F. 132,3 bis 133,5°. $n = 8$, $C_{22}H_{38}O_6$, F. 133—134,5°. — *δ.δ'-Pyrrylen-α.α'-divaleriansäure*, $C_{14}H_{21} \cdot O_4N$, F. 158—160,5°, aus der Säure mit n = 4 u. NH_4OH (60 Min. unter Rückfluß). — Aus den entsprechenden gesätt. Diestern wurden durch 24std. Einw. von Äthylen-1.2-dimercaptan, Na_2SO_4 u. $ZnCl_2$ in Dioxan folgende Verbb. erhalten: *Dodecandion-(5.8)-dicarbonsäure-(1.12)-diäthylester-bis-äthylenmercaptol*, $C_{22}H_{38}O_4S_4$, F. 60—61,5°; 64,6%. — *Tetradecandion-(6.9)-dicarbonsäure-(1.14)-diäthylester-bis-äthylenmercaptol*, F. 36,5 bis 39°. — *Eikosandion-(9.12)-dicarbonsäure-(1.20)-diäthylester-bis-äthylenmercaptol*, Öl. — Durch 8std. Kochen der Bis-mercaptole mit RANEY-Ni in A. wurden folgende *Diester* erhalten: *Dodecandicarbonsäure-(1.12)-diäthylester*, $C_{18}H_{34}O_4$, F. 27,5—29°. *Disäure*, $C_{14}H_{26}O_4$, F. 125—126°. — *Tetradecandicarbonsäure-(1.14)-diäthylester*, $C_{20}H_{38}O_4$, F. 37 bis 39°. *Disäure*, $C_{16}H_{30}O_4$, F. 124,5—125°. — *Eikosandicarbonsäure-(1.20)-diäthylester*, $C_{26}H_{50}O_4$, F. 61—62,5°. *Disäure*. $C_{22}H_{42}O_4$, F. 125,5—126,5°. (Chem. Listy **48**. 847—57. Juni 1954. [Orig.: tschech.]; Collect. czechoslov. chem. Commun. **19**. 1179—90. Dez. 1954. [Orig.: deutsch]. Praha, Vysoká škola chem., Ústav obec. exp. chem. org.)
J. KOVÁŘ/Prag. 820

Je. N. Silberman, *Die Gewinnung von ε-Caprolactam.* Zusammenfassende Darst.: Gewinnung von Hydroxylamin, Cyclohexanonoxim, dessen Überführung in *ε-Caprolactam* (I) u. neuere Verff. zur Gewinnung von I aus Nitrocyclohexan, Cyclohexanon u. NaN_3, Adipinsäure, ε-Aminocapronamid, Adipinsäuredinitril, aus dem Di-Na-Salz von 2.2-Diisonitraminocyclohexanon-(1) über ε.ε-Diisonitraminocapronsäure, ε-Oxycapronsäure u. deren Lacton, aus Tetrahydrofuran, Hexadiin-(2.4)-diol-(1.6) u. Butin-(2)-diol-(1.4). — 174 Literaturhinweise. (Химическая Промышленность [Chem. Ind.] **1955.** Nr. 5. 21—29. Juli/Aug.) R. K. MÜLLER. 950

J. Kato, H. Ishihara und **O. Hiwatashi,** *Untersuchung über Aminosäuren.* 1. Mitt. *Synthese von* DL-*Glutaminsäure und* DL-*Ornithin. Äthyl-α-carbäthoxy-α-acetamido-γ-cyanbutyrat* (I), $C(CO_2C_2H_5)_2(NHCOCH_3) \cdot CH_2CH_2CN$, F. 93°; bei Zusatz von 21,7 g Äthylacetamidomalonat zu einer Lsg. von 2,3 g Na in 50 cm³ absol. A. u. folgender Zugabe von 9,5 g $NC \cdot CH_2CH_2Cl$ bis zur Neutralität gegen Lackmus (5—7 Std.); 16,7 g (Ausbeute). — DL-*Glutaminsäure* (II), $C_5H_9O_4N \cdot H_2O$, F. 199° (aus W.); bei 4std. Erhitzen von 13,5 g I mit 45 cm³ konz. HCl, Entfernung der HCl im Vakuum, Aufnehmen des Rückstandes in wenig W., Zusatz von konz. NH_4OH bis p_H 3,2; 4,2 g. — 2. Verf. vgl. unten. — DL-*Ornithin · HCl*, $C_5H_{12}O_2N_2 \cdot HCl$, F. 225° (aus A.). Durch Hydrierung von 12,7 g I in 50 cm³ A. mit 4 g RANEY-Ni unter 80 at Druck bei 70° in 4—5 Std., einengen, in 6 Std. mit 50 cm³ konz. HCl heiß zers., im Vakuum einengen, Rückstand in wenig A. mit konz. NH_4OH auf p_H 3,0 stellen; 6,8 g. — *Diäthyl-α-carbäthoxy-α-acetamidoglutarat*, $C_{14}H_{23}O_7N$, F. 63—64° (aus A.); bei Zugabe von 10,85 g Acetamidomalonat zu einer Lsg. von 1,2 g Na in 100 cm³ absol. A. u. Zusatz von 12,4 g Äthyl-β-jodpropionat, auf dem Wasserbad erwärmen (6—8 Std.) bis zur Neutralität u. aufarbeiten; 13,4 g (83,3%). — Aus 10 g werden bei 5std. Kochen mit 30 cm³ konz. HCl wie bei II-Herst. 3,3 g (66%) DL-Glutaminsäure erhalten. (J. agric. chem. Soc. Japan [Nippon Nôgeikagaku Kaishi] **27.** 498—500. 1953. Ajinomoto Co. [Orig.: japan.; Auszug: engl.]) L. SCHULER. 950

J. Kato, H. Ishihara und **O. Hiwatashi,** *Untersuchung über Aminosäuren.* 2. Mitt. *Synthese von γ-Aminobuttersäure.* (1. vgl. vorst. Ref.) Es werden 3 synthet. Verff. angegeben: *Äthylcyanmethylmalonat* (I), $C_9H_{13}O_4N$, Kp.$_7$ 132—135°; bei Zugabe von 32 g Äthylmalonat zu einer Lsg. von 4,6 g Na in 110 cm³ absol. A.; nach 3—4std. Stehen den A. im Vakuum abdest., den Rückstand in absol. Ae. u. 80 cm³ Bzl. suspendieren u. 15,1 g Chloracetonitril zusetzen. Nach 12 Std. NaCl mit W. lösen. Ausäthern, fraktioniert dest.; 8,5 g (Ausbeute). Die Fraktion (14,7 g), Kp.$_{7,5}$ 162—167°, ist *Bis-[cyanmethyl]-malonester*. — Verss. über den Einfl. der Reaktionsteilnehmer, JCH_2CN, Lösungsmittel in Tabelle. — *Äthylpyrrolidon-(5)-carbonsäureester-(4)* (II), $C_7H_{11}O_3N$, F. 72—73°, Kp.$_7$ 175°; aus 15,8 g I in 50 cm³ A. durch Hydrierung mit 4 g RANEY-Ni bei 80 at, 80 bis 100° in 6 Std.; 6,8 g (54,5%). — *γ-Aminobuttersäure* (III), $C_4H_9O_2N$, F. 192°; bei 3 Std. Erhitzen von 3,2 g II mit 15 cm³ konz. HCl, Entfernung der HCl im Vakuum, Behandeln des Rückstandes in wenig W. mit Ag_2O, Durchleiten von H_2S u. Einengung des Filtrats,

Umkristallisieren aus CH_3OH; 1,7 g (85%). Oder bei 3std. Erhitzen von 3,2 g **II** mit 6,3 g Barythydrat in 50 cm^3 W. u. Ausfällen der Ba^{2+} mit berechneter Menge H_2SO_4 usw. — 2. Verf.: 2,3 g *Äthyl-β-formylpropionat*, $Kp._{10}$ 70—80°, werden in 50 cm^3 NH_3-gesätt. absol. A. mit 1 g RANEY-Ni wie bei **II** red. u. mit 10 cm^3 konz. HCl wie oben behandelt; 0,8 g (44%) **III**. — 3. Verf.: *Methyl-γ-nitrobutyrat*, $Kp._9$ 106—110°; bei 5tägiger Einw. von 17,2 g Methylacrylat auf 36,3 g CH_3NO_2 + 10 g Triäthylamin bei 30° u. fraktionierter Dest.; 5,4 g. Die Fraktion, $Kp._7$ 172—175°, ist unreines Dimethyl-γ-nitropimelat; 10,2 g. — Hydrierung mit Raney-Ni wie oben liefert in 52,6%ig. Ausbeute **III**. (J. agric. chem. Soc. Japan [Nippon Nogaikagaku Kaishi] **27**. 500—02. 1953. Ajinomoto Co. [Orig.: japan.; Auszug: engl.]) L. SCHULER. 950

W. D. John und **G. T. Young**, *Aminosäuren und Peptide*. 12. Mitt. *α- und β-L-Asparagyl-L-valin*. (11. vgl. REES, TONG u. YOUNG, C. **1956**. 8862.) Vff. zeigen, daß Benzylcarbonyl (Cbo)-L-asparaginsäureanhydrid dimorph ist u. daß sich die niedrigerschm. Form im Kontakt mit organ. Lösungsmitteln in die höherschm. umlagern kann. Das Anhydrid kuppelt sowohl in wasserfreiem als auch in wss., bicarbonathaltigem Äthylacetat mit L-Valinmethylester (**I**) zu einem Gemisch von *Cbo-α-* u. *-β-L-asparagyl-L-valinmethylester*, das durch fraktionierte Extraktion mit Na_2CO_3-Lsg. getrennt wird. Beide Verbb. werden über die *freien Säuren* zu α- (**II**) bzw. *β-L-Asparagyl-L-valin* (**III**) hydriert. Beim Erhitzen mit Ninhydrin unter den Bedingungen von VAN SLYKE u. Mitarbeitern (J. biol. Chemistry **141**. [1941.] 627) bei p_H 2,5 entwickelt **III** u. unerwarteter Weise auch **II** in 20 Min. ~1 Mol CO_2. Nach 6std. Erhitzen von **II** in W. bei 100° zeigt die papierchromatograph. Unters. die Bldg. von *Asparaginsäure*, *Valin* u. **III**, während **III** unter diesen Bedingungen u. **II** in wss. $NaHCO_3$-Lsg. unverändert bleibt.

Versuche: *Cbo-L-asparaginsäureanhydrid*, $C_{12}H_{11}O_5N$, F. 111 u. 124° (dimorph; Ae.–PAe.), durch 2std. Schütteln von Cbo-L-asparaginsäure in Acetanhydrid bei 45°, Lösen in Ae., Einengen u. Ausfällen mit PAe.; $[\alpha]^{15}$ —38,6° (c = 2,25; Eisessig) bzw. —37,3° (c = 2,88; Eisessig); 78% (Ausbeute). — *Cbo-β-L-asparagyl-L-valinmethylester*, $C_{18}H_{24}O_7N_2$, F. 163—164,5° (Äthylacetat), a) aus **I** u. vorst. Anhydrid in Äthylacetat, Extrahieren nach 48 Std. mit wss. Na_2CO_3-Lsg., Ansäuern u. Extrahieren mit Äthylacetat → *Gemisch der α- u. β-Isomeren* (95%), Trennen durch fraktioniertes Extrahieren mit n-Na_2CO_3-Lsg.; 27% (bezogen auf das Gemisch); b) durch 2std. Rühren von I-Hydrochlorid mit vorst. Anhydrid mit wss. $KHCO_3$ unter Äthylacetat bei Raumtemp. u. Ansäuern der wss. Schicht → Isomerengemisch (95%), weiter wie bei a); $[\alpha]_D^{19}$ —13,3° (c = 2,20; wss. NaOH). *Freie Säure*, F. 172—173° (Aceton), durch 20minütige Hydrolyse des Esters mit 2n NaOH; $[\alpha]_D$ —24,8° (c = 2,41; wss. NaOH). — *α-Isomeres*, F. 102—104°, $[\alpha]_D^{19}$ —8,4° (c = 2,34; wss. NaOH). *Freie Säure*, $C_{17}H_{22}O_7N_2$, F. 138 bis 140° (Äthylacetat–PAe.); 90%. — *α-L-Asparagyl-L-valin* (**II**), $C_9H_{16}O_5N_2 \cdot 1/2 H_2O$, F. 161 bis 164° (wss. n-Propanol), durch Hydrierung vorst. Cbo-Verb. in Ggw. von Pd-Schwarz; $[\alpha]_D^{20}$ 0±1° (c = 2,34; W.), +14° (c = 2,34; Eisessig); ~100%. — *β-Isomeres* (**III**), F. 197—200°, $[\alpha]_D^{20}$ —10° (c = 1,48; W.). (J. chem. Soc. [London] **1954**. 2870—73. Aug. Oxford, Univ., Dyson Perrins Labor.) R. PASEDAG. 950

W. F. Mironow, A. D. Petrow und **N. A. Pogonkina**, *Cyanäthylierung von siliciumorganischen Aminen*. Es werden einige siliciumorgan. Amine dargestellt. Diese Amine werden leicht cyanäthyliert, wenn N am C gebunden ist, schwer dagegen, wenn eine Si–N-Bindung vorliegt.

Versuche: *[Äthylaminomethyl]-trimethylsilan* (**I**), $C_6H_{17}NSi$, $Kp._{759}$ 121,2°; aus 160 g Äthylamin u. 150 g Trimethylchlormethylsilan (**II**; 10 Std. bei 150° im Autoklaven); $D.^{20}_4$ 0,7594; n_D^{20} 1,4155; 51% (Ausbeute). Daneben *Äthyl-bis-[trimethylsilylmethyl]-amin*, $C_{10}H_{27}NSi_2$, $Kp._{760}$ 194,5°; $D.^{20}_4$ 0,7914; n_D^{20} 1,4349; 15,4%. Gibt in absol. Ae. mit CH_3J (45 Tage Stehen) das *Jodmethylat*, F. 140—142°. — *[Diäthylaminomethyl]-trimethylsilan*, $C_8H_{21}NSi$, $Kp._{740}$ 148,2°; aus Diäthylamin u. **II**, a) 8 Std. Kochen; 19%; nach weiteren 53 Std. Kochen 32,4%; $D.^{20}_4$ 0,7692; n_D^{20} 1,4232. Gibt in absol. Ae. mit CH_3J (6 Std. Stehen) das *Jodmethylat*, $C_9H_{24}NJSi$, F. 118°. *Jodäthylat*, F. 170°. *Jodallylat*, F. 144—146°. — *[Äthylaminomethyl]-methyldimethoxysilan*, $C_6H_{17}O_2NSi$, $Kp._{750}$ 156,5°; aus Äthylamin u. Chlormethylmethyldimethoxysilan (4 Std. im Autoklaven bei 150°); $D.^{20}_4$ 0,9120; n_D^{20} 1,4118; 25,6%. — *Äthyl-β-cyanäthyl-[trimethylsilylmethyl]-amin*, $C_9H_{20}N_2Si$ $Kp._3$ 83,5°; aus Acrylonitril u. **I** (12 Std. bei 60°); $D.^{20}_4$ 0,8612; n_D^{20} 1,4466; 77,4%. *Jodmethylat*, F. 190°. — *Phenyl-β-cyanäthyl-[trimethylsilylmethyl]-amin*, $C_{13}H_{20}N_2Si$, $Kp._6$ 199—201°; aus Acrylonitril u. [Phenylaminomethyl]-trimethylsilan unter Zusatz von Eisessig (24 Std. bei 130°); $D.^{20}_4$ 1,9886; n_D^{20} 1,5388; 68,6%. — *Äthyl-β-cyanäthyl-[triäthylsilyl]-amin*, $C_{11}H_{24}N_2Si$, $Kp._{745}$ 265—266°; a) aus Acrylonitril u. Triäthylsilyläthylamin (61 Std. bei 77—80°); b) aus β-Cyanäthyläthylamin u. Triäthylchlorsilan in absol. Ae.; $D.^{20}_4$ 0,8923; n_D^{20} 1,4590; 13,6 bzw. 40%. (Известия Академии

Наук СССР, Отделение Химических Наук [Nachr. Akad. Wiss. UdSSR, Abt. chem. Wiss.] **1955.** 768—70. Juli/Aug. Zelinsky-Inst. für organ. Chem. der Akad. der Wiss. der UdSSR.) A. ZAPPEL. 980

K. N. Anissimow, N. Je. Kolobowa und **A. N. Nessmejanow,** *Untersuchungen auf dem Gebiet ungesättigter Phosphonsäuren.* 8. Mitt. *Tetraalkyldiamide von β-Alkoxy-(phenoxy-) vinylphosphonsäuren.* (7. vgl. C. **1956.** 7512.) Aus den früher (vgl. C. **1956.** 3854) dargestellten β-Alkoxy- (phenoxy-) vinylphosphonsäuredichloriden werden durch Rk. mit sek. Aminen in indifferenten Lösungsmitteln *β-Alkoxy- (phenoxy-) vinylphosphonsäuretetraalkyldiamide* als sirupöse, beständige Fll. erhalten.

V e r s u c h e: *β-Alkoxy- (phenoxy-) vinylphosphonsäuretetraalkyldiamide* $RO\cdot CH{=}CHP(:O)[N(R')_2]_2$. $R = C_2H_5$; $R' = CH_3$, $C_8H_{19}O_2N_2P$, Kp.$_1$ 108°; man gibt zu einem gekühlten Gemisch von 9 g Dimethylamin in 100 ml PAe. 9,45 g $C_2H_5OCH{=}CHP(:O)Cl_2$ (I), rührt 2 Std., läßt über Nacht stehen, erwärmt 2 Std. auf 55—60°, filtriert vom $(CH_3)_2N\cdot HCl$ ab, behandelt das Filtrat mit gesätt. Alkalilauge, dest. den PAe. ab, beläßt 30 Min. auf dem sd. Wasserbad u. fraktioniert im Vakuum; D.$^{20}_4$ 1,0401; n_D^{20} 1,4780; 6,4 g (Ausbeute). $R{=}R' = C_2H_5$, $C_{12}H_{27}O_2N_2P$, Kp.$_2$ 126,5°; D.$^{20}_4$ 1,0950; n_D^{20} 1,4755; 59%. $R = C_2H_5$; $R' = n\text{-}C_4H_9$, $C_{20}H_{43}O_2N_2P$, Kp.$_2$ 172°; D.$^{20}_4$ 0,9399; n_D^{20} 1,4680. $R = n\text{-}C_3H_7$; $R' = n\text{-}C_4H_9$, $C_{21}H_{45}O_2N_2P$, Kp.$_2$ 172°; D.$^{20}_4$ 0,9301; n_D^{20} 1,4678. $R = iso\text{-}C_3H_7$; $R' = CH_3$, $C_9H_{21}O_2N_2P$, Kp.$_2$ 105,5°; D.$^{20}_4$ 1,0182; n_D^{20} 1,4742; 73%. $R = iso\text{-}C_3H_7$; $R' = C_2H_5$, $C_{13}H_{29}O_2N_2P$, Kp.$_2$ 132°; D.$^{20}_4$ 0,9962; n_D^{20} 1,4709; 55%. $R = n\text{-}C_4H_9$; $R' = CH_3$, $C_{10}H_{23}O_2N_2P$, Kp.$_1$ 116°; D.$^{20}_4$ 1,0090; n_D^{20} 1,4755; 50%. $R = n\text{-}C_4H_9$; $R' = C_2H_5$, $C_{14}H_{31}O_2N_2P$, Kp.$_2$ 130°; D.$^{20}_4$ 0,9745; n_D^{20} 1,4729; 55%. $R = iso\text{-}C_5H_{11}$; $R' = n\text{-}C_4H_9$, $C_{23}H_{49}O_2N_2P$, Kp.$_2$ 192—193°; D.$^{20}_4$ 0,9249; n_D^{20} 1,4691 (an anderer Stelle 1,4665). $R = C_6H_5$; $R' = CH_3$, $C_{12}H_{19}O_2N_2P$, Kp.$_2$ 145°; D.$^{20}_4$ 1,1199; n_D^{20} 1,4858 (an anderer Stelle 1,4658); 50%. $R = C_6H_5$; $R' = C_2H_5$, $C_{16}H_{27}O_2N_2P$, Kp.$_2$ 161°; D.$^{20}_4$ 1,0402; n_D^{20} 1,5200; 58%. $R = C_6H_5$; $R' = n\text{-}C_4H_9$, $C_{24}H_{43}O_2N_2P$, Kp.$_{0,5}$ 212°; D.$^{20}_4$ 0,9886; n_D^{20} 1,5060. — *Äthoxyvinylphosphonsäuredipiperidid,* $C_{14}H_{27}O_2N_2P$, F. 60—61° (PAe.-Bzl.); aus 18 g Piperidin u. 9,45 g I; 13,8 g. — *Phenoxyvinylphosphonsäuredipiperidid,* $C_{18}H_{27}O_2N_2P$, Kp.$_1$ 202°; D.$^{20}_4$ 1,1193; n_D^{20} 1,5528. (Известия Академии Наук СССР, Отделение Химических Наук [Nachr. Akad. Wiss. UdSSR, Abt. chem. Wiss.] **1955.** 665—68. Juli/Aug. Inst. für metallorgan. Verbindungen der Akad. der Wiss. der UdSSR.) O. POLLAK v. EMHOFEN. 980

K. N. Anissimow, N. Je. Kolobowa und **A. N. Nessmejanow,** *Untersuchungen auf dem Gebiet ungesättigter Phosphonsäuren.* 9. Mitt. *Ester von β-Alkoxy- (phenoxy-) vinylthiophosphonsäuren.* (8. vgl. vorst. Ref.) Es werden aus β-Alkoxy- (phenoxy-) vinylthiophosphonsäuredichloriden (vgl. C. **1956.** 3855) u. Alkoholaten *β-Alkoxy- (phenoxy-) vinylthiophosphonsäuredialkylester* dargestellt.

V e r s u c h e: *β-Alkoxy- (phenoxy-) vinylthiophosphonsäuredialkylester* $ROCH{=}CHP(:S)(OR')_2$. $R = C_2H_5$; $R' = CH_3$, $C_6H_{13}O_3SP$, Kp.$_1$ 86°; man gibt zu CH_3ONa-Lsg. (50 ml CH_3OH; 2,3 g Na) unter Kühlung 10,2 g β-Äthoxyvinylthiophosphonsäuredichlorid, rührt 3 Std., läßt über Nacht stehen, fügt 100 ml absol. Ae. hinzu u. erwärmt 2 Std. auf dem Wasserbad; D.$^{20}_4$ 1,1373; n_D^{20} 1,4852; 6,5 g (Ausbeute). $R = iso\text{-}C_3H_7$; $R' = CH_3$, $C_7H_{15}O_3SP$, Kp.$_1$ 95°; D.$^{20}_4$ 1,1035; n_D^{20} 1,4780; 86%. $R = n\text{-}C_4H_9$; $R' = CH_3$, $C_8H_{17}O_3SP$, Kp.$_1$ 107°; D.$^{20}_4$ 1,1018; n_D^{20} 1,4790; 70%. $R = C_6H_5$; $R' = CH_3$, $C_{10}H_{13}O_3SP$, Kp.$_2$ 151°; D.$^{20}_4$ 1,1945; n_D^{20} 1,5331; 50%. — $R{=}R' = C_2H_5$, $C_8H_{17}O_3SP$, Kp.$_3$ 107°; D.$^{20}_4$ 1,0970; n_D^{20} 1,4879; 50%. $R = iso\text{-}C_3H_7$; $R' = C_2H_5$, $C_9H_{19}O_3SP$, Kp.$_1$ 105°; D.$^{20}_4$ 1,0510; n_D^{20} 1,4741; 63%. $R = n\text{-}C_4H_9$; $R' = C_2H_5$, $C_{10}H_{21}O_3SP$, Kp.$_1$ 117° (an anderer Stelle 107°); D.$^{20}_4$ 1,0687; n_D^{20} 1,4705; 60%. $R = C_6H_5$; $R' = C_2H_5$, $C_{12}H_{17}O_3SP$, Kp.$_2$ 159° (an anderer Stelle 139°); D.$^{20}_4$ 1,1263; n_D^{20} 1,5375; 75%. (Известия Академии Наук СССР, Отделение Химических Наук [Nachr. Akad. Wiss. UdSSR, Abt. chem. Wiss.] **1955.** 669—71. Juli/Aug.) O. POLLAK v. EMHOFEN. 980

M. P. Fadia, V. P. Shukla und **J. J. Trivedi,** *m-Alkylphenole.* Vff. kondensierten Alkylmagnesiumhalogenide nach JENKINS u. RICHARDS (C. **1933.** I. 2403; II. 57 u. 1522) mit m-Methoxybenzamid u. erhielten 60—70% m-Methoxyphenylalkylketone, die mit wasserfreiem $AlCl_3$ entmethyliert wurden. Die so erhaltenen m-Oxyphenylalkylketone wurden hierauf durch eine modifizierte CLEMMENSEN-Rk. nach BRADY u. DAY (C. **1934.** I. 2113) zu m-Alkylphenolen red. u. durch ihre Phthalimido-N-methylenäther charakterisiert.

V e r s u c h e: *m-Methoxyphenylalkylketone,* durch Eintragen von pulverisiertem m-Methoxybenzamid in ein Gemisch aus n-Alkylbromid in Ae. + Mg bei 60° unter H_2 eingetragen, 48 Std. Erhitzen u. Zers. des Reaktionsgemisches mit Eis u. 25%ig. H_2SO_4. — *m-Oxyphenylalkylketone,* durch 2std. Erhitzen von vorst. Verbb. in Bzl. mit $AlCl_3$ auf dem Wasserbad, Zerlegen des Reaktionsgemisches mit Eis u. HCl, Extrahieren der benzol.

Schicht mit 2% ig. NaOH u. Ansäuern des Alkaliextraktes; 80% Ausbeute. — *m-Alkylphenole* durch Red. vorst. Ketone mit Zn-Amalgam + HCl in 20 Std. am Rückfluß unter mehrmaliger Zugabe von HCl u. üblicher Isolierung der Phenole. — Erhalten wurden: *m-Methoxyphenyl-n-butylketon*, $C_{12}H_{16}O_2$, Kp.$_{30}$ 190°, D.$^{30}_4$ 1,012; $n_D^{31,5}$ 1,5242. *Semicarbazon*, $C_{13}H_{19}O_2N_3$, F. 138° (A.). *2.4-Dinitrophenylhydrazon*, $C_{18}H_{20}O_5N_4$, F. 147° (A.). — *m-Oxyphenyl-n-butylketon*, $C_{11}H_{14}O_2$, F. 67° (verd. A.). *p-Nitrophenylhydrazon*, $C_{17}H_{19}O_3N_3$, F. 111° (A.). — *m-n-Valeroylphenoxyessigsäure*, $C_{13}H_{16}O_4$, F. 70° (W.). — *m-n-Amylphenol*, $C_{11}H_{16}O$, Kp.$_{10}$ 135°, n_D^{25} 1,533. *N-Phthalimidomethylenäther*, $C_{20}H_{21}$·O_3N, F. 123° (PAe.). — *m-Methoxyphenyl-n-amylketon*, $C_{13}H_{18}O_2$, Kp.$_{20}$ 220°, D.$^{29}_4$ 0,9980, n_D^{25} 1,5189. *Semicarbazon*, $C_{14}H_{21}O_2N_3$, F. 108° (A.). *2.4-Dinitrophenylhydrazon*, $C_{19}H_{22}O_5N_4$, F. 148° (A.). — *m-Oxyphenyl-n-amylketon*, $C_{12}H_{16}O_2$, F. 63° (PAe.). *Semicarbazon*, $C_{13}H_{19}O_2N_3$, F. 101° (A.). *p-Nitrophenylhydrazon*, $C_{18}H_{21}O_3N_3$, F. 158° (A.). — *m-Caproylphenoxyessigsäure*, $C_{14}H_{18}O_4$, F. 71° (W.). — *m-n-Hexylphenol*, $C_{12}H_{18}O$, Kp.$_{10}$ 150°, n_D^{31} 1,5155. *N-Phthalimidomethylenäther*, $C_{21}H_{23}O_3N$, F. 126° (PAe.). — *m-Methoxyphenyl-n-hexylketon*, $C_{14}H_{20}O_2$, Kp.$_{20}$ 235°, D.$^{28}_4$ 1,034, n_D^{35} 1,517. *Semicarbazon*, $C_{15}H_{23}$·O_2N_3, F. 121° (A.). *2.4-Dinitrophenylhydrazon*, $C_{20}H_{24}O_5N_4$, F. 107° (A.). — *m-Oxyphenyl-n-hexylketon*, $C_{13}H_{18}O_2$, F. 62° (Bzn., Ae. oder verd. A.). *Semicarbazon*, $C_{14}H_{21}O_2N_3$, F. 121° (A.). *p-Nitrophenylhydrazon*, $C_{19}H_{23}O_3N_3$, F. 143° (A.). — *m-n-Heptoylphenoxyessigsäure*, $C_{15}H_{20}O_4$, F. 65° (W.). — *m-n-Heptylphenol*, $C_{13}H_{20}O$, Kp.$_{15}$ 175°, n_D^{36} 1,517. *N-Phthalimidomethylenäther*, $C_{22}H_{25}O_3N$, F. 131° (PAe.). — *m-Methoxyphenyl-n-heptylketon*, $C_{15}H_{22}O_2$, Kp.$_{15}$ 160°, $n_D^{31,5}$ 1,4700. *Semicarbazon*, $C_{16}H_{25}O_2N_3$, F. 72° (A.). *2.4-Dinitrophenylhydrazon*, $C_{21}H_{26}O_5N_4$, F. 90° (A.). — *m-Oxyphenyl-n-heptylketon*, $C_{14}H_{20}O_2$, F. 58° (verd. A.). *Semicarbazon*, $C_{15}H_{23}O_2N_3$, F. 94° (A.). *p-Nitrophenylhydrazon*, $C_{20}H_{25}$·O_3N_3, F. 113° (A.). — *m-n-Caprylylphenoxyessgisäure*, $C_{16}H_{22}O_4$, F. 69° (W.). — *m-n-Octylphenol*, $C_{14}H_{22}O$, Kp.$_{10}$ 110°, n_D^{35} 1,5175. *N-Phthalimidomethylenäther*, $C_{23}H_{27}O_3N$, F. 133° (PAe.). — *m-Methoxyphenyl-n-octylketon*, $C_{16}H_{24}O_2$, Kp.$_{14}$ 170°, D.$^{29}_4$ 0,9570; n_D^{37} 1,507. *Semicarbazon*, $C_{17}H_{27}O_2N_3$, F. 84° (A.). *2.4-Dinitrophenylhydrazon*, $C_{22}H_{28}O_5N_4$, F. 90° (A.). — *m-Oxyphenyl-n-octylketon*, $C_{15}H_{22}O_2$, F. 54° (verd. A.). *Semicarbazon*, $C_{16}H_{25}O_2N_3$, F. 112° (A.). *p-Nitrophenylhydrazon*, $C_{21}H_{27}O_3N_3$, F. 101° (A.). — *m-n-Pelargonylphenoxyessigsäure*, $C_{17}H_{24}O_4$, F. 60° (W.). — *m-n-Nonylphenol*, $C_{15}H_{24}O$, Kp.$_{25}$ 155°, n_D^{29} 1,575. *N-Phthalimidomethylenäther*, $C_{24}H_{29}O_3N$, F. 144° (PAe.). — *m-Methoxyphenyl-n-laurylketon*, $C_{20}H_{32}O_2$, Kp.$_{25}$ 210°, n_D^{37} 1,4405. *Semicarbazon*, $C_{21}H_{35}O_2N_3$, F. 59° (A.). *2.4-Dinitrophenylhydrazon*, $C_{26}H_{36}O_5N_4$, F. 79° (A.). — *m-Oxyphenyl-n-laurylketon*, $C_{19}H_{30}O_2$, Kp.$_{25}$ 165°, n_D^{36} 1,556. *2.4-Dinitrophenylhydrazon*, $C_{25}H_{34}O_5N_4$, F. 100° (A.). — *m-n-Tridecylphenol*, $C_{19}H_{32}O$, Kp.$_{15}$ 160°, n_D^{36} 1,5302. *N-Phthalimidomethylenäther*, $C_{28}H_{37}O_3N$, F. 124° (PAe.). (J. Indian chem. Soc. **32**. 113—16. Febr. 1955. Ahmedabad, L. D. Arts Coll. & M. G. Sci. Inst.) S. Preiss. 1060

William Bradley, James Forrest und **Oliver Stephenson**, *Die Darstellung von α-Aryläthern des Isobutantriols-(1.2.3)*. Vff. untersuchen die Darst. von *α-Aryläthern des Isobutantriols-(1.2.3)* durch Umsetzung von 2-Methylallylchlorid (**I**) bzw. -jodid mit Phenolen zu den entsprechenden *2-Methylallyläthern* u. nachfolgende Oxydation mit Acetpersäure (oder Perameisensäure). Als Nebenprodd. entstehen dabei *O-Acetate* unbestimmter Konstitution, die Ausbeuten an Methylglycerinäther sind unabhängig von der Art des Kernsubstituenten. Nach kurzzeitiger Oxydation bei höherer Temp. ließen sich oft *Epoxyde* isolieren die mit Eisessig die Methylglycerinäther u. O-Acetate bildeten so daß sie als Zwischenprodd. angenommen werden. Bessere Ausbeuten an Aryläthern werden durch Kondensation der entsprechenden Phenole mit dem durch Oxydation von **I** erhaltenen *3-Chlorisobutandiol-(1.2)* (**II**) bzw. mit β-Methylglycid (**III**) erhalten.

Versuche: *3-Chlorisobutandiol-(1.2)* (**II**), Kp.$_{0,5}$ 79—80° (Mischung mit dem *O-Acetat*), aus 181 g **I** in Essigsäure u. H_2O_2 (5 Tage bei 25°); 170—175 g (Ausbeute); b) analog, aber 1 Std. bei 70°; 140—145 g. — *1.2-Epoxy-3-oxyisobutan* (**III**; *β-Methylglycid*), Kp.$_{21}$ 80°, aus **II** mit alkoh. KOH; 80%. — *3-Aryloxyisobutandiole-(1.2)*: 3-[m-Tolyloxy]-, $C_{11}H_{16}O_3$, F. 71—72° (Ae.-PAe.), a) aus 50 g 2-Methallyl-m-tolyläther (**IV**) mit Acetpersäure bei 70° (1 Std.) u. Hydrolyse mit sd. wss.-alkoh. H_2SO_4 (Meth. **A**); 3,7 g; b) aus 40 g **IV** in HCOOH u. H_2O_2 unter Kühlung (Meth. **B**); 18 g; c) aus 10,8 g m-Kresol mit **III** in Ggw. von Pyridin (2 Std. bei 90°; Meth. **C**); 11,5 g; d) aus 5,4 g m-Kresol u. **II** in A. in Ggw. von K_2CO_3 (Meth. **D**); 6,1 g. — *3-[o-Tolyloxy]-* (**V**), $C_{11}H_{16}O_3$ Kp.$_{0,05}$ 124 bis 126°, a) aus 2-Methallyl-o-tolyläther nach **A**; 30%; b) aus o-Kresol nach **C**; 55%; d) aus o-Kresol nach **D**; 63%. — *3-[3.5-Dimethylphenoxy]-*, $C_{12}H_{18}O_3$, F. 74°, a) aus 44 g 3.5-Dimethylphenyl-2-methylallyläther nach **A** oder **B**; 3 g; b) aus 24,4 g 1.3.5-Xylenol nach **D**; 21,7 g. — *3-[3.4-Dimethylphenoxy]-*, $C_{12}H_{18}O_3$, F. 96°, a) aus 80 g 3.4-Dimethylphenyl-2-methylallyläther nach **A**; aus Ae. Nadeln; 20 g; b) aus 37 g Methylallyläther nach **B** (< 30°); 20 2 g. — *3-Phenoxy-* (**VI**), $C_{10}H_{14}O_3$, F. 91°, a) aus 2-Methylallylphenyläther nach **A**; 42%; b) aus 20 g Phenol nach **C**; 24 g; c) mit Phenol u. **III** in Ggw. von

Pyridinäthojodid (3 Std. bei 115°; Meth. **E**); 70%. — *3-[o-Methoxyphenoxy]-*, $C_{11}H_{16}O_4$, F. 77° aus Guajacol nach **D**; Nadeln. — *3-[m-Methoxyphenoxy]-*, $C_{11}H_{16}O_4$, F. 90° aus Resorcinmonomethyläther nach **D**; Prismen. — *3-[p-Methoxyphenol]-*, $C_{11}H_{16}O_4$, F. 104°, a) aus 12,4 g Hydrochinonmonomethyläther (**VII**) nach **C**; 14,3 g; b) aus 22 g **VII** nach **D**; 15 g. — *3-[4-Chlor-3-methylphenoxy]-*, $C_{11}H_{15}O_3Cl$, F. 77—78° (Ae.–PAe.), a) aus 50 g *4-Chlor-3-methylphenyl-2-methylallyläther* [$C_{11}H_{13}OCl$, Kp.$_1$ 108°, aus 4-Chlor-3-methylphenol (**VIII**) u. **I** in wss.-alkoh. KOH; 75%] nach **A**; 27 g; b) aus **VIII** nach **C**; 65%. — *3-[m-Nitrophenoxy]-*, $C_{10}H_{13}O_5N$, F. 68°, a) aus *2-Methylallyl-m-nitrophenyläther* ($C_{10}H_{11}$·O_3N, Kp.$_{0,1}$ 95—98°, aus m-Nitrophenol u. 2-Methylallyljodid in wss.-alkoh. KOH) nach **A**; 33%; b) nach **C**; 10%. — *3-[m-Carbobutoxyphenoxy]-*, $C_{15}H_{22}O_5$, blaßgelbes Öl, aus *m-Carbobutoxyphenyl-2-methylallyläther* ($C_{15}H_{20}O_3$, Kp.$_1$ 153—154°, aus m-Oxybenzoesäurebutylester u. **I** in sd. wss.-alkoh. KOH; 62%) nach **A**. — *3-[p-Carbobutoxyphenoxy]-*, $C_{15}H_{22}O_5$, F. 56°, aus *p-[2-Methylallyloxy]-benzoesäurebutylester* ($C_{15}H_{20}O_3$, Kp.$_{33}$ 218—220°, aus p-Oxybenzoesäurebutylester u. **I** in Aceton in Ggw. von K_2CO_3; 40%) nach **A**; 50%. — *p-[2-Methylallyloxy]-benzoesäure*, $C_{11}H_{12}O_3$, F. 132°, aus p-Oxybenzoesäure u. **I** in sd. wss.-alkoh. KOH; 90%. Läßt sich nicht nach **A** oxydieren. — *3-[p-Tolyloxy]-* (**IX**), $C_{11}H_{16}O_3$, F. 106°, aus 2-Methylallyl-p-tolyläther nach **A**; aus CCl_4 Nadeln; b) aus 21,6 g p-Kresol nach **C** oder **E**; 28 g. — *3-[o-Chlorphenoxy]-*, $C_{10}H_{13}O_3Cl$, F. 56°, aus o-Chlorphenol nach **D**; Nadeln. — *3-[p-Chlorphenoxy]-* (**X**), $C_{10}H_{13}O_3Cl$, F. 103°. a) aus p-Chlorphenyl-2-methylallyläther (**XI**) nach **A**; b) aus 15,8 g **XI** mit $KMnO_4$ in wss. Aceton bei 0°; aus CCl_4 Tafeln; 2 g; c) aus p-Chlorphenol nach **C** oder **E**; 60%. *Monoacetat*, $C_{12}H_{15}O_4Cl$, F. 65—66°, aus PAe. Prismen. — *3-[o-Jodphenoxy]-*, $C_{10}H_{13}O_3J$, F. 71°, aus 22 g o-Jodphenol nach **D**; 22 g. — *3-[p-Jodphenoxy]-*, $C_{10}H_{13}O_3J$, F. 106°, aus 22 g p-Jodphenol nach **D**; Prismen; 24,8 g. — *3-[p-Acetamidophenoxy]-*, $C_{12}H_{17}O_4N$, F. 147°, aus 21,5 g p-Acetamidophenol nach **D**; Nadeln; 26 g. — *1.2-Epoxy-3-[o-tolyloxy]-isobutan*, Kp.$_{0,5}$ 78—80°, bei der Darst. von **V** nach **A**, aber ohne Hydrolyse. Gibt mit Diäthylamin *1-Diäthylamino-3-[o-tolyloxy]-isobutanol-(2)*, $C_{15}H_{25}O_2N$, Kp.$_{0,5}$ 144—145°; 63%. — *1.2-Epoxy-3-phenoxyisobutan*, Kp.$_1$ 80—85°, bei der Darst. von **VI** nach **A** ohne Hydrolyse. Gibt mit Piperidin *1-Phenoxy-3-piperidinoisobutanol-(2)-hydrochlorid*, $C_{15}H_{24}O_2NCl$, F. 150°, aus Ae.–CH_3OH Tafeln. — *1.2-Epoxy-3-[p-tolyloxy]-isobutan*, Kp.$_{0,5}$ 80°, als Nebenprod. bei der Darst. von **IX** nach **A** ohne Hydrolyse. Gibt mit Diäthylamin *1-Diäthylamino-3-[p-tolyloxy]-isobutanol-(2)*, $C_{15}H_{25}O_2N$, Kp.$_{0,5}$ 146°, blaßgelbes Öl. Gibt mit sd. verd. Essigsäure **IX**. — *3-[p-Chlorphenoxy]-1.2-epoxyisobutan*, Kp.$_1$ 112°, bei der Darst. von **X** nach **A** ohne Hydrolyse. Gibt mit Diäthylamin *3-[p-Chlorphenoxy]-1-diäthylaminoisobutanol-(2)*, $C_{14}H_{22}O_2NCl$, Kp.$_{0,5}$ 155°. (J. chem. Soc. [London] **1951**. 2877—83. Nov. London, Brit. Drug Houses Ltd., Res. Dep.) J. PFLUG. 1060

J. T. Bryan, W. M. Lauter und **P. A. Foote**, *Medizinisch interessante Derivate der p-tert.-Butylbenzoesäure.* Die Darst. von *p-tert.-Butylbenzoylchlorid* (**I**), Kp. 266—268°, erfolgte durch 6 Std. Erhitzen von *p-tert.-Butylbenzoesäure* (**II**) mit $SOCl_2$, die Darst. der **II**-Ester durch spontane Rk. von **I** mit den entsprechenden Alkoholen in Ggw. von wss. NaOH. Die Hydrochloride der Ester wurden durch Einleiten von HCl in die in Ae. gelösten Ester erhalten. — *Ester von* **II**: *Diäthylaminomethyl-*, F. 55—56°; *β-Diäthylaminoäthyl-*, Kp.$_1$ 153—154°, D.$^{20}_{20}$ 0,9961, n_D^{20} 1,5040; 91,4%. *Hydrochlorid*, F. 154—155°. — *β-Dimethylaminoäthyl-*, Kp.$_1$ 143—144°, D.$^{20}_{20}$ 0,9949, n_D^{20} 1,5050; 64,7%; *Hydrochlorid*, F. 183—184°. — *γ-Diäthylaminopropyl-*, Kp.$_1$ 157—158°, D.$^{20}_{20}$ 0,9666, n_D^{20} 1,4970; 74,5%; *Hydrochlorid*, F. 188—189°. — *β-Diäthylaminopropyl-*, Kp.$_1$ 144—145°, D.$^{20}_{20}$ 0,9776, n_D^{20} 1,5116; 38%; *Hydrochlorid*, F. 179—180°. — *Diäthylamino-n-butyl-*, Kp.$_3$ 142 bis 143°;, D.$^{20}_{20}$ 0,9891, n_D^{20} 1,5082; 89%; *Hydrochlorid*, F. 79—98°. — *1-Diäthylaminopentyl-(4)-*, Kp.$_1$ 170—171°, D.$^{20}_{20}$ 0,9965, n_D^{20} 1,5093; 41,5%; *Oxalat*, F. 127—129°. — *Piperidinoäthyl-*, Kp.$_1$ 158—160°, D.$^{20}_{20}$ 1,0180, n_D^{20} 1,5149; 79,4%; *Hydrochlorid*, F. 193—194°. — *Morpholinoäthyl-*, Kp.$_1$ 167—168°, D.$^{20}_{20}$ 1,0667, n_D^{20} 1,5210; 61%; *Hydrochlorid*, F. 195—196°. — *2-Dibenzylaminoäthyl-*, Kp.$_1$ 255° (Zers.), D.$^{20}_{20}$ 1,0409, n_D^{20} 1,5508; 73%; *Hydrochlorid*, F. 181—182°. — *β-Äthylaminoäthyl-*, Kp.$_1$ 158—160°, D.$^{20}_{20}$ 1,0417, n_D^{20} 1,5240; 76%; *Hydrochlorid*, F. 178—179°. — *N-Methyldiäthylamino-bis-*, Kp.$_1$ 273° (Zers.), D.$^{20}_{20}$ 1,0681, n_D^{20} 1,5339; 50%; *Maleat*, F. 168—169°. — *N-n-Butyldiäthylamino-bis-*, Kp. 190° (Zers.), D.$^{20}_{20}$ 1,0440, n_D^{20} 1,5221; 61,2%; *Oxalat*, F. 121 bis 122°. — *N-Phenyldiäthylamino-bis-*, F. 104—105°; 12,5%; *Methyl-*, Kp.$_2$ 105—106°, D.$^{20}_{20}$ 1,0113, n_D^{20} 1,5102; 95%. (J. Amer. pharmac. Assoc., sci. Edit. **42**. 437—39. Juli 1953. Gainesville, Fla., Univ., Coll. of Pharmacy.) F. KRUSEN. 1210

A. Dobrowsky, *Eine einfache Herstellung der Piperonylsäure.* Alkoxyderivv. des Benzaldehyds lassen sich durch H_2O_2 in guter Ausbeute zu den entsprechenden *Carbonsäuren* oxydieren. — *Piperonylsäure*, F. 225°, aus der wss. Emulgation von geschmolzenem Piperonal u. NaOH durch Zugabe von 30%ig. H_2O_2 bei 80° innerhalb 2 Std. unter heftigem Rühren; nach weiteren 30 Min. konz. HCl zugeben u. über Nacht stehenlassen; helles, etwas gelbstichiges Kristallpulver; 90,3% Ausbeute. — *Veratrumsäure*, aus Veratrumaldehyd. (Mh. Chem. **86.** 325—26. 14/5. 1955. Wien, TH.) H. FECHTER. 1250

H. Bretschneider und **H. Hörmann**, *ω-Azidoacetophenone und ihre katalytische Reduktion.* 1. Mitt. *über Azidoverbindungen.* ω-Bromacetophenon (I), 3-Benzoxy-ω-bromacetophenon (II), 3.4-Dioxy-ω-chloracetophenon (III) u. 4-Acetylamino-ω-chloracetophenon (IV) ließen sich durch Rk. mit NaN_3 in die entsprechenden *ω-Azidoverbb.* **Ia, IIa, IIIa** bzw. **IVa** überführen. Die Ausbeuten liegen zwischen 70 u. 90%, **IIa, IIIa** u. **IVa** sind gut haltbar. Durch katalyt. Red. der Azide wurden die entsprechenden *Phenylalkanonamine* u. *Phenylalkanolamine* erhalten. Wegen der Instabilität der entstehenden Basen — Ringschluß zu Dihydropyrazinen — muß die Red. in saurer Lsg. vorgnommen werden. Die Darst. der Aminoacetophenone gelingt nur bei Anwendung großer Katalysatormengen mit guter Ausbeute. Als Neben-Rkk. werden bei geringer Hydriergeschwindigkeit die säurekatalysierte Spaltung der Azidoketone zu 1.2-Dicarbonylverbb. u. die Hydrogenolyse vermutet. Da bei der Hydrierung der Azidogruppe pro Mol aufgenommenen H_2 ein Mol N_2 frei wird, zeigt eine Volumenänderung die Red. der Carbonylgruppe an, die stets nach der Umwandlung der Azidogruppe einsetzt. In Eisessig verläuft die Red. auch bei Zusatz von $HClO_4$ nur bis zum *Aminoketon*; in alkoh.-mineralsaurer Lsg. setzt nach längerem Schütteln bei Raumtemp. die in diesem Falle langsame Red. zum *Carbinol* ein. Beim Einsatz reiner Aminoketonhydrochloride verläuft die Red. zum Carbinol rascher, wurde jedoch teilweise unter Druck durchgeführt. Durch vorsichtiges Alkalisieren der Lsg. von *3-Oxy-ω-aminoacetophenonhydrochlorid* wurde eine instabile Base erhalten; entweder lag die monomere Base vor, oder das entstehende Dihydropyrazin ist leicht hydrolysierbar. Bei der Red. von **IIa** in alkoh. HCl bei 80° u. 50 atü trat weitgehende, aber unvollständige Abspaltung des Benzoylrestes ein. Verss., **IVa** in einstufiger Rk. unter gleichzeitiger Verseifung des Acetylrestes zu *4-Aminophenylaminomethylcarbinoldihydrochlorid* zu red., schlugen fehl.

Versuche: *ω-Azidoacetophenon* (**Ia**), F. 17° (Blättchen aus A.), $Kp._{0,5}$ 100° (Bad, Kugelrohr), aus 20 g **I** in A. durch Zugabe von NaN_3 in W. unter Rühren im Eisbad u. 5—6std. Rühren; 83% (Ausbeute). — *ω-Aminoacetophenon, Hydrochlorid*, F. 188° (A.), aus **Ia** in Eisessig durch 6std. Schütteln mit Pd-Kohle unter H_2, mehrmaliges Verdrängen des abgespaltenen N_2 durch H_2 u. Fällung des filtrierten Hydriergemisches mit HCl-gesätt. Ae.; 70%. *Acetalverb.*, F. 85°. *Benzoylverb.*, F. 125—126°. *Perchlorat*, F. 183° (Eisessig-Ae.), aus **Ia** in Eisessig durch analoge Hydrierung in Ggw. von $HClO_4$; 75%. — *2.5-Diphenylpyrazin*, F. 193—194° (schwachgelbe Kristalle aus A.), aus vorst. Hydrochlorid oder Perchlorat in W. durch Alkalisieren. — *Aminomethylphenylcarbinol, Hydrochlorid*, F. 212—214° (nach Sintern bei 146°, aus Aceton), aus **Ia** in A.-HCl durch 2std. Schütteln mit Pd-Kohle unter H_2 unter öfterem Verdrängen des gebildeten N_2 u. 10std. Schütteln nach Beginn der meßbaren Volumenänderung; 45%. — *3-Benzoxy-ω-azidoacetophenon* (**IIa**), $C_{15}H_{11}O_3N_3$, F. 115° (Eisessig), durch Zugabe wss. NaN_3-Lsg. zu einer Suspension von **II** in A. u. Stehen über Nacht; 95%. — *3-Benzoxy-ω-aminoacetophenonhydrochlorid*, $C_{15}H_{14}O_3NCl$, Zers. bei 206° (A.), aus **IIa** durch Hydrieren in Eisessig in Ggw. von Pd-Kohle in 6 Std. u. Fällung mit HCl-gesätt. Ae.; 68%. — *3-Oxy-ω-aminoacetophenonhydrochlorid*, $C_8H_{10}O_2NCl$, F. 219—220° (glänzende Nadeln aus A.-Ae.), aus vorst. Verb. durch 2std. Kochen mit 20%ig. HCl; 80%. — *3-Oxyphenylaminomethylcarbinolhydrochlorid*, $C_8H_{12}O_2NCl$, F. 157—158° (A.-Ae.), aus **IIa** in alkoh. HCl durch 7std. Schütteln mit Pd-Kohle bei 80—90° u. 70 atü H_2 u. 2std. Kochen des Katalysatorfiltrates mit HCl; 56%. — *3.4-Dioxy-ω-azidoacetophenon* (**IIIa**), $C_8H_7O_3N_3$, Zers. bei 132° (Chlf.), aus **III** u. NaN_3 in W. durch kontinuierliche Heißextraktion mit Chlf. in 5 Std.; 80%. — *3.4-Dioxy-ω-aminoacetophenonhydrochlorid*, $C_8H_{10}O_3NCl$, F. 256° (A.), aus **IIIa** in alkoh. HCl durch 7std. Hydrierung in Ggw. von Pd-Kohle unter öfterem Verdrängen des gebildeten N_2; 65%. —*3.4-Dioxyphenylaminomethylcarbinol* (*Arterenol*), F. 191° (aus CO_2-gesätt. W.), analog vorst. Verb. durch 12std. Hydrierung bei 5 atü H_2; 84%. *Neutrales Oxalat*, Zers. bei 175°. — *3.4-Dimethoxyphenylaminomethylcarbinolhydrochlorid*, F. 163°, aus vorst. Verb. durch Lösen inKOH bei —5°, Zugabe dieser Lsg. zu eiskalter äther.-alkoh. Nitrosomethylharnstofflsg. u. 1std. Stehen. — *4-Acetamido-ω-azidoacetophenon* (**IVa**), $C_{10}H_{10}O_2N_4$, Zers. bei 167° (A.), aus **IV** in Aceton durch 30 Min. Kochen mit wss. NaN_3-Lsg.; 83%. — *4-Acetamido-ω-aminoacetophenonhydrochlorid*, $C_{10}H_{13}O_2N_2Cl$, aus **IVa** in Eisessig durch 6½ std. Hydrieren in Ggw. von Pd-Kohle u. Fällung mit HCl-gesätt. Ae.; 93%. — *4.ω-Diaminoacetophenondihydrochlorid*, $C_8H_{12}ON_2Cl_2$, aus vorst. Verb. durch 1std. Kochen mit n-HCl; 82%. *Freie Base*, F. 124—126°, aus dem Dihydrochlorid in W. durch Überschichten mit A.-Ae. u. Schütteln mit K_2CO_3-Lsg.; instabil. — *4-Aminophenylaminomethylcarbinoldihydrochlorid*, $C_8H_{14}ON_2Cl_2$, F. $>300°$ (Abspaltung von NH_4Cl oberhalb 24°; Nadeln), aus vorst. Verb. in W. durch 10std. Schütteln mit Pd-Kohle unter H_2; Reinigung durch Fällung der Methanollsg. mit HCl-gesätt. Äther. (Mh. Chem. **84**. 1021—32; 15/10. 1953; S.-B. österr. Akad. Wiss., math.-naturwiss. Kl., Abt. IIb **162**. 1021—32. 1953. Innsbruck, Univ., Inst. für Organ. u. Pharmazeut. Chem.) H. Bertsch. 1300

H. Bretschneider und **H. Hörmann**, *Eine Synthese des dl-erythro-Phenylserinols*. 2. Mitt. *über Azidoverbindungen*. (1. vgl. vorst. Ref.) Durch Kondensation von ω-Azidoacetophenon mit CH_2O in wss.-alkoh. Lsg. in Ggw. von $NaHCO_3$ wurde ein öliges, nichtdestillierbares Reaktionsprod. erhalten, dem Vff. auf Grund seiner weiteren Umformung die Konst. des *ω-Azido-ω-methylolacetophenons* (**I**) zuordnen. Die Hydrierung von **I** ergab das nur als Salz beständige *ω-Amino-ω-methylolacetophenon* (**II**). Die Hydroxylgruppe in **II** konnte durch Darst. des *O-Acetyl-ω-methylol-ω-aminoacetophenonhydrochlorids* nachgewiesen werden. Um die Möglichkeit eines Platzwechsels von Amino- u. Hydroxylgruppe bei der Red. von Azidohydrinen auszuschließen, wurde versucht, durch Rk. von **II** mit Acetylchlorid, Phenylhydrazin oder HNO_2 zu bekannten Verbb. zu gelangen. Bei diesen Rkk. wurden stets um ein C-Atom ärmere Derivv. erhalten, gegen Kochen mit verd. HCl war **II** beständig, Erhitzen mit HCOOH oder Eisessig ergab Zersetzungsprodukte. Durch Benzoylierung von **II** nach Schotten-Baumann wurde ein *Dibenzoat* erhalten, das mit der durch Schmelzen von ω-Methylol-ω-benzamidoacetophenon (**III**) mit Benzoesäureanhydrid erhaltenen Verb. ident. war, Benzoylierung von **III** mit Benzoylchlorid in Pyridin gelang nicht, vermutlich trat durch das Pyridin Kondensation der Methylolgruppe ein. Hydrierung von **II** unter Druck ergab *erythro-Phenylserinol* (**IV**). Durch Rk. von **IV**·HCl mit $SOCl_2$ in Chlf. wurde *3-Phenyl-3-chlor-2-aminopropanol-(1)-hydrochlorid* erhalten, das durch katalyt. Dehalogenierung in *dl-Phenylalaninol* übergeführt werden konnte.

Versuche: *ω-Amino-ω-methylolacetophenon* (**II**), *Hydrochlorid*, $C_9H_{12}O_2NCl$, F. 154° (A.–Ae.), aus ω-Azidoacetophenon in A. u. wss. CH_2O-Lsg. durch 1std. Erwärmen auf 30—40° in Ggw. von $NaHCO_3$, Gießen in W., Ae.-Extraktion u. 7std. Schütteln des Ae.-Extraktes (**I**) in alkoh. HCl in Ggw. von Pd-Kohle unter H_2 (0—5 atü); 50% (Ausbeute); **I** zerfällt bei der Dest. bei 0,5 Torr unter Rückbldg. des Ausgangsmaterials. — *O-Acetyl-ω-methylol-ω-aminoacetophenonhydrochlorid*, $C_{11}H_{14}O_3NCl$, F. 153° (A.–Ae.), aus **II** in Eisessig (HCl-gesätt.) durch 18std. Stehen mit Acetylchlorid. — *ω-Acetamidoacetophenon*, F. 85° (Ae.), a) aus **II** durch 5std. Kochen mit Acetylchlorid; $Kp._{0,1}$ 140 bis 155° (Badtemp., Kugelrohr); 75%; b) analog aus ω-Aminoacetophenonhydrochlorid (**V**) u. Acetylchlorid; 77%. — *Phenylglyoxal-bis-phenylhydrazon*, F. 152° (gelbe Kristalle aus wss. A.), a) aus 0,5 g **II**·HCl u. Phenylhydrazin in Eisessig durch 30 Min. Erhitzen auf dem Wasserbad; 0,1 g; b) analog aus **V** u. Phenylhydrazin in Eisessig; 75%. — *ω-Chlor-ω-isonitrosoacetophenon*, F. 132° (Bzl.–PAe.), a) aus 1 g **II**·HCl u. $NaNO_2$ in W. durch Zutropfen von 2n HCl unter Eiskühlung u. Erwärmen auf dem Wasserbad bis zur Beendigung der Gasentw.; 0,2 g; b) analog aus 0,5 g **V**; 0,15 g. — *α-Benzamido-β-benzoxypropiophenon*, $C_{23}H_{19}O_4N$, F. 148° (wss. A.), a) aus **II**·HCl in W. u. Benzoylchlorid in Ae. durch Zutropfen von NaOH unter Eiskühlung u. Rühren in 30 Min.; 28%; b) aus **III** durch 1½std. Erhitzen mit Benzoesäureanhydrid auf dem Wasserbad; 45%. — *dl-erythro-1-Phenyl-2-aminopropandiol-(1.3)* (**IV**; *dl-erythro-Phenylserinol*), *Hydrochlorid*, $C_9H_{14}O_2NCl$, F. 153—154° (A.–Ae.), aus **II**·HCl in W. durch 24std. Schütteln mit Pd-Kohle in Ggw. von wenig HCl unter 5 atü H_2-Druck; 70%. *Freie Base*, F. 104—105° (Chlf.), aus dem Hydrochlorid in W. durch Übersättigen mit K_2CO_3 u. Extraktion mit Essigester. *1.3-Diacetat*, F. 110—111° (Ae.–PAe.), aus **IV** durch 30 Min. Kochen mit Essigsäureanhydrid. — *3-Phenyl-3-chlor-2-aminopropanol-(1)-hydrochlorid*, $C_9H_{13}ONCl_2$, F. 185—186° (A.–Ae.), aus **IV**·HCl durch 30 Min. Erhitzen mit $SOCl_2$ u. Chlf. auf dem Wasserbad; 48%. — *Phenylalaninolhydrochlorid*, $C_9H_{14}ONCl$, F. 148—150° (A.–Ae.), a) aus vorst. Verb. in W. durch 30 Min. Schütteln mit Pd-Kohle unter H_2; 70%; b) aus Phenylalaninäthylester in Ae. durch Zutropfen zu äther. $LiAlH_4$-Lsg. u. 30 Min. Stehen; 62%. (Mh. Chem. **84**. 1033—42. 15/10. 1953; S.-B. österr. Akad. Wiss., math.-naturwiss. Kl., Abt. IIb **162**. 1033—42. 1953.) H. Bertsch. 1300

H. Bretschneider und **N. Karpitschka**, *Zur Stellungsisomerisierung beim Umsatz von Halohydrinen mit NaN_3 und Darstellung des 1-Phenyl-1-aminopropandiols-(2.3)*. 3. Mitt. *über Azidoverbindungen*. (2. vgl. vorst. Ref.) Das aus Zimtalkohol dargestellte *1-Phenyl-2-brompropandiol-(1.3)* (**I**) ergab durch Rk. mit NaN_3 unter Stellungsisomerisierung von Hydroxyl- u. Azidgruppe *1-Phenyl-1-azidopropandiol-(1.2)* (**II**). Der Reaktionsverlauf kann durch titrimetr. Best. des Azidionverbrauches erfaßt werden. **II** wurde nicht rein dargestellt, sondern das rohe Reaktionsprod. durch Perjodsäurespaltung untersucht; **II** verbrauchte 66% HJO_4 u. ergab 68% CH_2O, der als Dimedonderiv. erfaßt wurde. Die $LiAlH_4$-Red. der ätherlösl. Anteile des Reaktionsprod. ergab 28% *β-Oxy-α-phenyläthylamin*, das nur aus dem im Spaltgemisch vorliegenden, nicht bekannten *α-Azidophenylacetaldehyd* entstanden sein kann. Das erhaltene Azidoderiv. muß also **II** sein. Im sauren Bereich trat bei der Behandlung von **I** mit NaN_3 keine Rk. ein, was für die Bldg. eines intermediären Epoxydringes spricht. **II** konnte durch Red. mit Pd-Kohle in Ggw. von HCl mit 17,6%ig. Ausbeute, in Ggw. von NH_3 mit 39%ig. Ausbeute in *Isophenylserinol* (**III**) übergeführt werden. Die $LiAlH_4$-Red. von **II** ergab 31% **III**, bezogen auf Zimtalkohol. Die Darst. von **III** aus Zimtalkohol über **I** u. **II** ist also der einstufigen Rk. von **I** mit NH_3 weit überlegen. Weitere Beispiele für Platzwechsel der Substituenten während des Ersatzes von Halogen in Halogenhydrinen durch den Azidrest werden diskutiert.

Versuche: *1-Phenyl-2-brompropandiol-(1.3)* (**I**), $C_9H_{11}O_2Br$, n_D^{20} 1,5092, aus Zimtalkohol in A. u. Br_2 in W. durch gleichzeitiges Zutropfen zu 50%ig. A. unter Rühren innerhalb 1 Std. u. ½std. Rühren; reagiert mit HJO_4 nicht. — *1-Phenyl-1-azidopropandiol-(1.2)* (**II**), aus rohem **I** in A. durch Versetzen mit wss. NaN_3-Lsg. unter Rühren u. 7std. Kochen; braunes Öl; ergab bei 1std. Stehen in Dioxan mit $NaJO_4$-Lsg. u. H_2SO_4 bei Raumtemp. ein ätherlösl. Öl (**IV**) u. nach Fällung mit Dimedonlsg. nach Neutralisieren u. Zerstören der überschüssigen HJO_4 68% *Formaldimedon* (F. 187—189°). Daneben Spuren Benzaldehyd. — *β-Oxy-α-phenäthylaminhydrochlorid*, $C_8H_{12}ONCl$, F. 135—137°, Schmelze erstarrt zu Kristallen vom F. 145—147° (A.–Essigester), a) aus **IV** (1,02 g) in Ae. durch Zugabe zu $LiAlH_4$ in Ae. u. 2std. Kochen, Extraktion u. Fällung mit HCl-Gas; 0,327 g (Ausbeute); b) aus ω-Oxyacetophenonoxim in Ae. durch Zutropfen zu einer Suspension von $LiAlH_4$ in Ae., 3std. Kochen u. Fällung mit HCl-Gas aus Essigester; 41%. — *Phenylpropandiol-(1.3)-dibenzoat* (?), F. 49—51°, aus 3,14 g **IV** in A. durch Hydrieren in Ggw. von HCl u. Pd-Kohle in 6½ Std., Extrahieren mit HCl u. Ae. u. Benzoylieren der Neutralfraktion; 1,21 g. — *1-Amino-1-phenylpropandiol* (**III**; *Isophenylserinol*), *Hydrochlorid*, F. 224—225° (n-Propanol), a) aus **I** in A. u. NH_4OH durch 16std. Erhitzen auf 100°, Extraktion u. Fällen mit HCl; 1,8%; b) aus 16,42 g **II** in A. durch 6std. Schütteln in Ggw. von HCl u. Pd-Kohle mit H_2 (5 atü); 3,92 g; c) aus 9 g **II** in NH_3-gesätt. A. durch 7std. Schütteln in Ggw. von Pd-Kohle unter H_2 (5 atü) u. Fällen mit HCl; 4,81 g; d) aus 2,1 g **II** in Ae. durch Zutropfen zu $LiAlH_4$ in Ae. u. 2std. Kochen, Zers., Extraktion u. Fällen mit HCl; 0,884 g. *Freie Base*, F. 134—135° (Essigester–PAe.). (Mh. Chem. **84.** 1043—52. 15/10. 1953; S.-B. österr. Akad. Wiss., math.-naturwiss. Kl., Abt. IIb **162.** 1043—52. 1953.) H. BERTSCH. 1300

Raymond N. Castle, Duane L. Aldous und **Minette Hall**, *Die Reduktion von Schiffschen Basen mit Lithiumaluminiumhydrid.* $LiAlH_4$ zeigte sich als brauchbares Reagens zur Red. der Azomethinbindung von SCHIFFschen Basen zu den entsprechenden Aminen. Zur Durchführung der Rk. werden 0,04 Mol $LiAlH_4$ in Ae. zu 0,04 Mol der betreffenden SCHIFFschen Base in Ae. im Verlauf von 15 Min. gegeben, nach 40 Min. erhitzt, mit W. hydrolysiert u. Ae.-Schicht nach Trocknen eingedampft. Aus den entsprechenden SCHIFFschen Basen wurde so dargestellt: *N-[2-Oxybenzyl]-m-toluidin*, $C_{14}H_{15}ON$, F. 122°; 55% (Ausbeute), u. *-p-toluidin*, F. 122—123°; 33%; *N-[2-Oxybenzyl]-β-naphthylamin*, $C_{17}H_{15}ON$, F. 155°; 36%; *4-Methoxybenzylaminobenzylalkohol*, $C_{15}H_{17}O_2N$, F. 56°; 69%; *2-Oxybenzylaminobenzylalkohol*, $C_{14}H_{15}O_2N$, F. 110°; 40%. (J. Amer. pharmac. Assoc., sci. Edit. **42.** 435—36. Juli 1953. Albuquerque, N. Mex., Univ., Labor. of Pharmaceut. Chem.) F. KRUSEN. 1310

K. E. Hamlin und **F. E. Fischer**, *Die selektive Demethylierung von Homoveratrylamin.* Während Homoveratrylamin sich durch Na in fl. NH_3 in guter Ausbeute zu *3-Oxy-4-methoxyphenäthylamin* selektiv demethylieren läßt, gelang diese Rk. bei Veratrumaldehyd, Veratrumsäure u. Homoveratronitril nicht. Hierbei konnte nur *Guajacol* erhalten werden.

Versuche: *3-Oxy-4-methoxyphenäthylaminhydrochlorid*, $C_9H_{13}O_2N \cdot HCl$, F. 204 bis 205,5°; unter Rühren 0,35 Mol 3.4-Dimethoxyphenäthylamin in die Lsg. von 1,14 Mol Na in 700 ml NH_3 geben, 6 Std. stehen lassen u. mit Eis. zers., das nichtumgesetzte Amin mit Ae. ausschütteln, die wss. Phase nach Belüften ansäuern, nach Zugabe von überschüssigem $NaHCO_3$ mit Butanol extrahieren u. nach Trocknen HCl einleiten; 85% (Ausbeute). — *N-Acetyl-3-oxy-4-methoxyphenäthylamin*, $C_{11}H_{15}O_3N$, F. 124—125°, mit Acetanhydrid u. $NaHCO_3$; 53%. (J. Amer. chem. Soc. **75.** 5119. 20/10. 1953. North Chicago, Ill., Abbott Labors.) K. NEZEL. 1320

Je. Ss. Tschaman und **M. M. Schemjakin**, *Untersuchungen auf dem Gebiet der α-substituierten α-Aminosäuren.* 1. Mitt. *Synthese und Eigenschaften der einfachsten α-Oxy-α-acylaminocarbonsäuren.* Es wird eine Meth. zur Darst. von *α-Oxy-α-aminocarbonsäuren*, ausgehend von Derivv. des Oxazolinons-(5) beschrieben. Das durch Behandeln von Hippursäure mit $(CH_3CO)_2O$ erhältliche *2-Phenyloxazolinon-(5)* (**I**) wird zu *4-Brom-2-phenyloxazolinon-(5)* bromiert u. dieses durch Behandeln mit W. in *N-Benzoyl-α-oxyglycin* übergeführt. Analog werden *N-Benzoyl-α-oxy-α-alanin* u. *N-Benzoyl-*

α-oxy-α-aminobuttersäure dargestellt. Die erhaltenen Verbb. hydrolysieren leicht unter Bldg. der entsprechenden Ketosäuren u. Benzamid. Bei der Bromierung des Oxazolinone-(5) bilden sich als Nebenprodd. durch Einw. des entstehenden HBr auf die Oxazolinone *Oxazolinonhydrobromide* u. unter Ringöffnung die entsprechenden *α-Benzoylamincarbonsäurebromide*.

Versuche: *N-Benzoyl-α-oxyglycin*, $C_9H_9O_4N$, F. 200—202° (Dioxan + Chlf.); man gibt zu einer Lsg. von 12,8 g I in 80 ml Dichloräthan bei 4—7° tropfenweise 6,9 g Br_2 in Dichloräthan, filtriert u. rührt das Filtrat 2—3 Std. bei Zimmertemp. mit 100 ml W.; 5,5 g (Ausbeute). Wird durch kurzes Erwärmen mit 8%ig. $NaHCO_3$ hydrolysiert unter Bldg. von *Benzamid*, F. 129—130° (W.), u. *Glyoxylsäure* [identifiziert als *Aminoguanidinderiv.*, F. 141—142° (Zers.; W.) u. als *2.4-Dinitrophenylhydrazon*, F. 188—190° (verd. A.)]. — *N-Benzoyl-α-äthoxyglycinäthylester*, $C_{13}H_{17}O_4N$, Kp.$_3$ 130—135°, F. 69 bis 71° (verd. A. oder wss. Dioxan); man bromiert I analog Vorst. u. versetzt die Lsg. nach Abtrennen des Hydrobromids mit alkoh. Na-Äthylat, läßt über Nacht stehen, neutralisiert mit Eisessig, verd. mit W. u. dest. die organ. Schicht; Nadeln. — *4-Methyl-2-phenyloxazolinon-(5)* (II), Kp.$_{2-3}$ 108—112°; aus N-Benzoyl-α-alanin durch ½ Std. Erhitzen mit der 5fachen Menge $(CH_3CO)_2O$; 80%. — *N-Benzoyl-α-oxy-α-alanin*, $C_{10}H_{11}O_4N$, F. 103—105° (Dioxan + Chlf.); aus II durch Bromierung bei 10—12° u. Behandeln des Bromids mit W.; 27%. Gibt bei der Hydrolyse *Benzamid* u. *Brenztraubensäure*. — *4-Äthyl-2-phenyloxazolinon-(5)*, $C_{11}H_{11}O_2N$, F. 48—50° (PAe.-wenig Acetanhydrid); Kp.$_{2-3}$ 114—117°; 90%. Gibt beim Behandeln mit wss. NH_3 *α-Benzoylaminobutyramid*, $C_{11}H_{14}O_2N_2$, F. 198—200° (A.). — *N-Benzoyl-α-oxy-α-aminobuttersäure*, $C_{11}H_{13}O_4N$, F. 98—99°; 26%; daneben *α-Benzoylaminobuttersäure*. Gibt bei der Hydrolyse *Benzamid* u. *α-Ketobuttersäure* (*2.4-Dinitrophenylhydrazon*, F. 195—197°). (Журнал Общей Химии [J. allg. Chem.] **25** (**87**). 1360—65. Juli 1955. Inst. für biol. u. med. Chem. der Akad. der Wiss. der UdSSR.) O. Pollak v. Emhofen. 1350

A. W. Toptschijew und **N. Ss. Nametkin**, *Direkte Synthese von Alkyl- und Arylhalogensilanen.* Bei der Rk. von CH_3Br mit Si in Ggw. von Cu bei 330—340° werden als Hauptprodd. *Dimethyldibromsilan* u. *Methyltribromsilan* erhalten. Trimethylbromsilan konnte in reinem Zustand nicht isoliert werden. Brombenzol reagiert mit Si in Ggw. von Cu bei 410—420° hauptsächlich unter Bldg. von *Phenyltribromsilan* u. *Diphenyldibromsilan*. Daneben wird wenig unreines *Triphenylbromsilan* u. $SiBr_4$ erhalten.

Versuche: Man leitet in ein Gemisch aus 60 g Si u. 15 g Cu bei 330—340° während 57 Std. CH_3Br ein: *Dimethyldibromsilan*, $C_2H_6Br_2Si$, Kp.$_{760}$ 112—112,5°; *Methyltribromsilan*, CH_3Br_3Si, Kp.$_{755}$ 133—133,5°. — Analog aus Brombenzol u. Si-Cu bei 410—420° *Phenyltribromsilan*, $C_6H_5Br_3Si$, Kp.$_{12}$ 130—131°; *Diphenyldibromsilan*, $C_{12}H_{10}Br_2Si$, Kp.$_{12}$ 190—194°, E. —70°; *Triphenylbromsilan*, F. 114—118° (unrein) u. *$SiBr_4$*. (Журнал Общей Химии [J. allg. Chem.] **23** (**85**). 76—83. Jan. 1953.)
O. Pollak v. Emhofen. 1380

Leon D. Freedman und **G. O. Doak**, *Die Darstellung von Arsen- und Phosphorverbindungen aus stabilen Diazoniumsalzen.* An Stelle von Diazoniumfluoboraten lassen sich zur Darst. von P- u. As-Verbb. vorteilhaft auch Diazoniumfluosilicate verwenden, da diese bisweilen stabiler sind u. die Rkk. ruhiger ablaufen. Unter Verwendung von 0,1 Äquivalent des entsprechenden Diazoniumfluosilicates u. 0,1 Äquivalent PCl_3 wurden in Ggw. von 2 g CuBr in Äthylacetat als Lösungsm. folgende Ausbeuten an entsprechenden *Phosphon-* u. *Phosphinsäuren* erhalten: *Benzol-*, 19 bzw. 10%; *m-Chlorbenzol-*, 35 bzw. 9%; *m-Nitrobenzol-*, 48 bzw. 3%; *p-Nitrobenzol-*, 50 bzw. 3%. — Analog wurden mit $AsCl_3$ in alkoh. Lsg. *p-Nitrobenzolarsonsäure* (I) u. *Bis-[p-nitrophenyl]-arsinsäure* (II) in 1 bzw. 14%ig. Ausbeute erhalten. Ferner lassen sich die Diazoniumfluosilicate vorteilhaft zur Darst. *asymm. Diarylphosphinsäuren* verwenden, da die niedrigere Reaktionstemp. Disproportionierungen einschränkt. Nachst. Ausbeuten in % wurden aus Phenyldichlorphosphin erzielt [in () die analogen Verss. mit Diazoniumfluoborat in Ggw. von 0,8 g CuBr]: *Diphenyl-*, 33 (40); *[m-Chlorphenyl]-phenyl-*, 41 (68); *[o-Bromphenyl]-phenyl-*, 29 (31); *[m-Nitrophenyl]-phenyl-*, 41 (47); *[p-Nitrophenyl] phenyl-*, 32 (30). — Desgleichen können die stabilen u. leichtisolierbaren Diazoniumchlorozinkate (Doppelsalze aus 1 Mol $ZnCl_2$ u. 2 Mol Diazoniumchlorid) verwendet werden, haben aber gegenüber den Diazoniumfluosilicaten keine nennenswerten Vorteile. *p-Brombenzolarsonsäure*, *Bis-[p-bromphenyl]-arsinsäure* u. *p-Brombenzolphosphonsäure* entstanden hiernach in 35-, 3- bzw. 18%ig. Ausbeute; I, II u. *p-Nitrobenzolphosphinsäure* in 21-, 3- u. 1%ig. Ausbeute. — Nach der Scheller-Meth. (vgl. Doak, J. Amer. chem. Soc. **62**. [1940.] 167) entstanden unter Verwendung von p-Nitrobenzoldiazoniumsulfat 7% II u. 45% I; in Ggw. von CuBr in 80%ig. A. 3 bzw. 10%. (J. Amer. chem. Soc. **75**. 4905—06. 20/10. 1953. Chapel Hill, N. C., Univ., School of Public Health, Veneral Disease Exp. Labor.) H. Lehwald. 1380

Helmuth Scheibler und **Bruno Frenz**, *Über β-Mercaptozimtsäureester und seine Derivate.* Aus *Benzoylessigester* (**I**), dessen Darstellungsverf. verbessert wurde, entstand durch Rk. mit PCl_5 *β-Chlorzimtsäureester*, der durch Umsetzung mit NaHS neben wenig *β-Mercaptozimtsäureester* (**II**) hauptsächlich *β.β'-Sulfiddizimtsäureester* ergab. **II** ließ sich durch Rk. von **I** mit H_2S u. HCl in alkoh. Lsg. darstellen. Da die Rk. nicht vollständig verläuft, ist eine Reinigung über das Bleisalz notwendig. **II** wurde als blauviolettes Öl erhalten, das ein Isomerengemisch der beiden Thioenolformen u. der gefärbten Thioketoform darstellt. Als Thioenol bildet **II** Salze, von denen das *Pb-* u. das *Na-Salz* hergestellt wurden; das *Fe(III)-Salz* verursacht bei Zugabe von $FeCl_3$-Lsg. zu der wss.-alkoh. Lsg. von **II** intensiv blaue Färbung. Durch Rk. von **II** u. Phenylhydrazin in alkoh. Lsg. bildet sich infolge des Thioketoncharakters von **II** unter H_2S-Entw. *1.3-Diphenylpyrazolon-(5)*, das auch aus **I** u. Phenylhydrazin erhalten wurde. Durch Verseifung von **II** mit alkoh. NaOH ließ sich die freie Säure darstellen. Eine Trennung des Isomerengemisches gelang weder durch Ansäuern des Na-Salzes bzw. Zers. des Pb-Salzes bei -78^0 noch durch Kristallisation oder Destillation. Der Thioenolgeh. ließ sich jedoch durch Titration mit alkoh. J_2-Lsg. bei -5^0 zu 62% bestimmen. Unter Luftabschluß ändert sich der Thienolgeh. beim Lagern nicht, bei Luftzutritt im Licht nimmt er in 3 Monaten auf 59% ab. **II** läßt sich durch $FeCl_3$-Lsg. oder alkoh. J_2-Lsg. zum *β β'-Disulfiddizimtsäurediäthylester* oxydieren; die Ausbeute stimmt mit obiger Titration überein; durch längeres Stehen mit J_2 lagert sich die Thioketoform in den Gleichgewichtsester um. **II** liefert mit Alkyl- oder Acylhalogeniden nur S-Derivv.; das Reaktionsprod. mit Benzylchlorid zeigt alle Eigg. eines S-Substitutionsprod. u. gibt durch Verseifung *β-Benzylmercaptozimtsäure* (**III**). Durch Addition von Benzylmercaptan an Phenylpropiolsäure (**IV**) u. Verseifung wurde ebenfalls **III** erhalten. Der nach beiden Methoden dargestellte **III**-*Äthylester* ist rotviolett, obwohl er keine Thioketogruppe enthält. *β-[Carbäthoxymethylmercapto]-zimtsäureäthylester* (**V**) wurde aus **II** u. Chlorameisensäureester bzw. durch Addition von Thioglykolsäureester an **IV** dargestellt. Nach letzterer Meth. wurde eine isomere, höherschm. Form erhalten, die sich durch Dest. umlagerte. Unter milden Bedingungen geht nur das niedrigschm. Isomere innermol. Esterkondensation zu *5-Phenyl-3-oxythiophencarbonsäure-(2)-äthylester* ein, während das höherschm. Isomere unverändert zurückgewonnen wird. Aus dieser Tatsache wird geschlossen, daß bereits im Anion von **II** die cis-Stellung von —S— u. $>C=O$ begünstigt ist, u. daß das freie Thienol in der energieärmeren cis-Form vorliegt. **IV** lagert beim Zutropfen zu alkoh. NaHS- Lsg. sofort H_2S an der Dreifachbindung an, wobei das Na-Salz von **II** ausfällt. Beim Ansäuern bildet sich auch hier der Gleichgewichtsester, ohne daß das Enol rein isolierbar ist. Diese Meth. erwies sich als günstigste Darst. für **II**. Als Nebenprod. bildet sich wahrscheinlich *4.6-Diphenyl-1-thiopyron-(2)-carbonsäure-(5)-äthylester*, der auch aus **IV** u. Na-**II** erhalten wurde. **II** ist blauviolett gefärbt; beim Lagern unter Luftausschluß nimmt die Absorptionsintensität ab, das Absorptionsmaximum verschiebt sich nicht. Bei Luftzutritt, bes. im Licht, tritt Entfärbung unter Abscheidung von S ein, durch Erwärmen erneute Blauviolettfärbung. Vff. erklären dieses Verh. als Thermochromie; die Färbung soll einer angeregten Thioketoform mit entkoppeltem Elektronenpaar zwischen C u. S zukommen. Bei den S-Acylderivv. von **II** wird zur Erklärung von Farberscheinungen eine Dissoziation der C–S-Bindung u. Stabilisierung des auftretenden S-Radikals unter Bldg. von **II** angenommen. Die Dissoziation des Disulfids führt nicht zur gleichen Farberscheinung. Aus der alkoh. Lsg. von *β-[Triphenylmethylmercapto]-zimtsäureester* scheidet sich beim Aufbewahren unter Luftzutritt *Triphenylmethylperoxyd* aus. Es scheint demnach, daß in der Lsg. ein Gleichgewicht zwischen dem Ester u. den Radikalen besteht. Das Thiylradikal konnte nicht nachgewiesen werden.

Versuche: *β-Mercaptozimtsäureäthylester* (**II**), $C_{11}H_{12}O_2S$, Kp.$_{0,1}$ 114—115^0, a) aus **I** in absol. A. durch Sättigen mit HCl unter Eiskühlung, 8std. Einleiten von H_2S, 4std. Stehen u. Reinigung über das Pb-Salz; 52% (Ausbeute); b) durch Zutropfen von **IV** in A. zu einer Aufschlämmung von NaHS in A. in Ggw. von Piperidin unter H_2S, 8std. Rühren auf dem Wasserbad, 12std. Rühren bei Raumtemp. u. Zers. des Na-Salzes mit H_2SO_4; 65%; c) aus β-Chlorzimtsäureäthylester in sd. A. durch Zutropfen von NaHS-Lsg. in A. unter Einleiten von H_2S u. 1std. Kochen; 10%. *Freie Säure*, F. 110—111^0 (Zers.; gelbe Nadeln aus Chlf.–PAe.), aus **II** durch 7tägiges Stehen mit alkoh. NaOH. — *β.β'-Sulfiddizimtsäurediäthylester*, gelbe Fl., a) neben **II** nach c); b) aus 10 g **IV** in A. durch Einleiten von H_2S in Ggw. von Piperidin in 3 Std.; 9 g; c) aus Na-**II** in A. durch Zutropfen von β-Chlorzimtsäureester auf dem sd. Wasserbad. *Freie Säure*, $C_{18}H_{14}O_4S$, F. 228—230^0 (Zers.; A.), durch Verseifen des Esters mit alkoh. KOH bei Raumtemperatur. — *Benzoylessigester* (**I**), Kp.$_{0,1}$ 110^0, aus Acetessigester durch langsame Zugabe zu 10%ig. NaOH unter Eiskühlung u. Rühren, Zutropfen von 10%ig. NaOH u. Benzoylchlorid in A., so daß das Reaktionsgemisch ständig alkal. reagiert, 2std. Rühren, 10 Min. langes

Erwärmen der organ. Phase mit NH_4Cl u. NH_4OH auf 35—40° u. Abkühlen mit Eis; 65%. — *1.3-Diphenylpyrazolon-(5)*, F. 137° (A.), a) aus **II** in A. u. Phenylhydrazin unter H_2S-Entw. durch 1tägiges Stehen; b) aus **I** u. Phenylhydrazin. — *β.β'-Disulfiddizimtsäurediäthylester*, $C_{22}H_{22}O_4S_2$, F. 96° (A.), a) aus **II** durch 3tägiges Stehen mit $FeCl_3$ in A.; 35%; b) aus **II** durch 24std. Stehen in alkoh. J_2-Lsg.; 80%. — *β-[Benzylmercapto]-zimtsäureäthylester*, $C_{18}H_{18}O_2S$, $Kp._{0,1}$ 178—182°, a) aus **II** in A. durch Zugabe zu Na-Äthylatlsg., Zugabe von Benzylchlorid in A. u. 1std. Erwärmen auf dem sd. Wasserbad; 70%; b) aus **IV** u. Benzylmercaptan durch Zugabe von wenig Piperidin unter Kühlen u. 24std. Stehen bei Raumtemp.; 81%. *Freie Säure* (**III**), $C_{16}H_{14}O_2S$, F. 178° (Zers.; Blättchen aus PAe.), durch 3std. Kochen des Esters mit alkoh. NaOH; 88%. — *β-[Methylmercapto]-zimtsäureäthylester*, $C_{12}H_{14}O_2S$, $Kp._{0,1}$ 125—130°, aus Na-**II** in A. durch 1std. Kochen mit CH_3J in Alkohol. — *β-[Carbäthoxymercapto]-zimtsäureäthylester*, $C_{14}H_{16}O_4S$, $Kp._{0,1}$ 145 bis 150°, aus Na-**II** in A. durch langsame Zugabe von Chlorameisensäureäthylester in A. u. 1std. Kochen; 65%. — *β-[Carbäthoxymethylmercapto]-zimtsäureäthylester* (**V**), $C_{15}H_{18}O_4S$, F. 42—44° (Nadeln aus PAe.), $Kp._{0,1}$ 155—160°, aus Chloressigsäureäthylester in A. durch Zutropfen von Na-**II** in A. auf dem sd. Wasserbad u. 1std. Erwärmen; 78%; b) aus **IV** u. Thioglykolsäureäthylester durch Zugabe von wenig Piperidin unter Eiskühlung u. 2tägiges Stehen bei Raumtemp.; Prismen vom F. 53—55° aus PAe., die nach Dest. obigen F. zeigen; 65%. — *5-Phenyl-3-oxythiophencarbonsäure-(2)-äthylester*, $C_{13}H_{12}O_3S$, F. 69° (grobe Prismen aus A.), aus **V** in A. durch Zugabe zu Na-Äthylatlsg. u. 24std. Stehen bei Raumtemp.; 66%. *Acetylderiv.*, $C_{15}H_{14}O_4S$, F. 95° (Blättchen aus PAe.), durch 1std. Kochen mit Acetanhydrid; 86%. — *β-[Acetylmercapto]-zimtsäureäthylester*, $C_{13}H_{14}O_3S$, $Kp._{0,1}$ 135—143°, rosa bis violette Fl., a) aus 10 g **II** in Ae. durch 24std. Rk. mit Na-Pulver in Ae., Zugabe von Acetylchlorid in Ae. u. 1std. Kochen; 9 g; b) aus 5 g **IV** u. 2,2 g Thioessigsäure durch 8std. Erhitzen auf dem sd. Wasserbad u. 48std. Stehen bei Raumtemp.; 3 γ. — *Dibenzoyldisulfid*, $C_{14}H_{10}O_2S_2$, F. 129—130° (Blättchen aus PAe.), als Zersetzungsprod. bei der Dest. von β-[Benzoylmercapto]-zimtsäureäthylester; $Kp._{0,2}$ 190°. — *β-[Triphenylmethylmercapto]-zimtsäureäthylester*, $C_{30}H_{26}O_2S$, F. 124° (A.), aus **II** in Ae. u. Na-Pulver in Ae., Zugabe von Triphenylchlormethan in Ae. zur Lsg. von Na-**II** u. 2std. Kochen; daneben wenig *Triphenylmethylperoxyd*. — *α-Benzyl-β-mercaptozimtsäureäthylester*, $Kp._{0,1}$ 175°, rotviolettes Öl, aus 30 g α-Benzylbenzoylessigester in A. durch Rk. mit HCl u. H_2S analog **II**, Fällung des Bleisalzes u. Zers. mit H_2SO_4 unter Ae.; 1,5 g. *Bleisalz*, $C_{36}H_{34}O_4S_2Pb$, dunkelgelb, durch Fällung mit Pb-Acetat in wss. Alkohol. — *4.6-Diphenyl-1-thiopyron-(2)-carbonsäure-(5)-äthylester*, $C_{20}H_{16}O_3S$, F. 108° (schwach gelbe Kristalle aus PAe. bzw. A.), a) neben **II** nach b); b) aus äquimol. Mengen Na-**II** u. **IV**. (J. prakt. Chem. **2**. 127—46. Juli 1955. Berlin-Charlottenburg, Techn. Univ., Organ.-chem. Inst.) H. BERTSCH. 1650

R. Riemschneider, *Zur Chemie von Polyhalocyclohexanen. 18. Mitt. Die Konfiguration des α- und β-1.2-Dibrom-4.5-dichlorcyclohexans.* (16. vgl. C. **1956**. 3249.) Bei der Bromierung des durch partielle Chlorabspaltung aus α-1.2.4.5-Tetrachlorcyclohexan (**VII**) entstandenen 4.5-Dichlorcyclohexens-(1) (**VI**), erhielt Vf. ein *1.2-Dibrom-4.5-dichlorcyclohexan* vom F. 173° (**Ia**). Ein gleiches Prod. vom F. 242—243° (**Ib**) entsteht neben **Ia** bei der stufenweisen Halogenierung von Cyclohexadien-(1.4), indem erst Cl_2, dann Br_2 zugefügt wird. Bei umgekehrter Folge der Halogenierung entsteht sofort *α-1.2.4.5-Tetrabromcyclohexan*. Für **I** gibt es theoret. 32 Konfigurationen (vgl. Original), davon

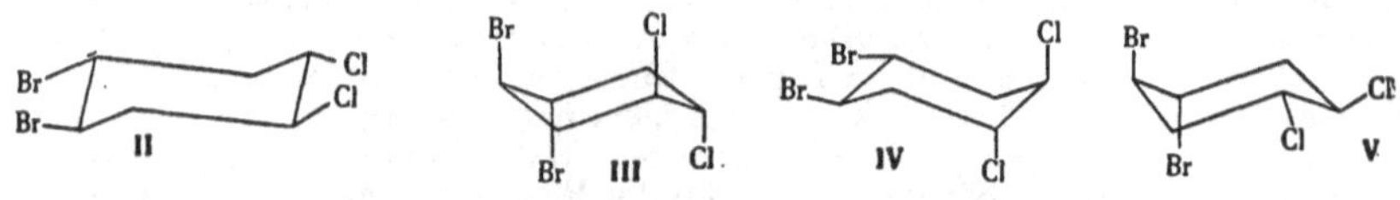

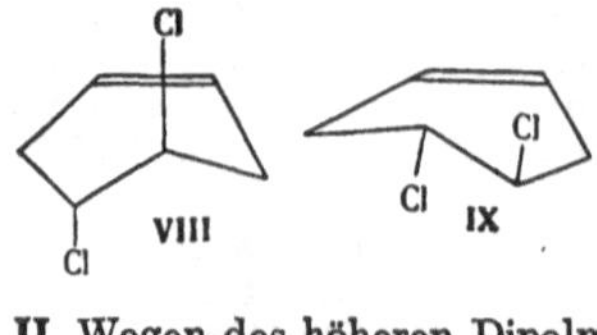

16 Spiegelbilder. Je 8 Formen gehen auf Grund ihrer Entstehung ineinander über. Auf Grund der Entstehung von **Ia** u. **Ib** kommen nur nachst. „trans"-Konfigurationen in Betracht: 1e.2e(Br).4e.5e(Cl) (**II**), 1p.2p(Br).4p.5p(Cl (**III**), 1e.2e(Br).4p.5p(Cl) (**IV**) u. 1p.2p(Br).4e.5e(Cl) (**V**). Der höhere F. von **Ib** u. sein kleineres Dipolmoment sprechen für die Konfiguration **II**. Wegen des höheren Dipolmomentes von **Ia** u. seines exakten F.-Wertes kann dieser nur die Konfiguration von **III** oder **IV** besitzen. Die Entscheidung zwischen beiden Formen ergibt sich aus der Überlegung, daß bei der partiellen Chlorabspaltung von einem **VII** mit 1e.2e.4p.5p-Konfiguration zu **VI** die beiden benachbarten Chloratome in **VI** nur p.p oder (u.) e.e sein können. Unter der Voraussetzung, daß die Konfiguration von **VI** entweder mit **VIII** (4p.5p) oder **IX** (4e.5e) ähnlich liegen, wie bei erster u. zweiter

Sesselform des trans-1.2-Dibromcyclohexans (1p.2p u. 1e.2e), ist die Entstehung einer **IV**-Konfiguration gegenüber einer **V**-Konfiguration begünstigt, da bei der Konfiguration von **VI** die **IX**-Form stabiler ist. Vff. schlägt daher vor, **Ia** u. **Ib** als α- bzw. *β-Dibromdichlorhexan* der 1.2.4.5-Reihe zu unterscheiden. (Mh. Chem. **83.** 1285—88. 15/10. 1952; S.-B. österr. Akad. Wiss., math.-naturwiss. Kl. Abt. IIb. **161.** 1285—88. 1952. Berlin-Dahlem, Freie Univ., chem. Inst.) H. Lehwald. 1810

R. Riemschneider und **A. Brand,** *Zur Chemie von Polyhalocyclohexanen.* Fortsetzung der 18. Mitt. *α- und β-1.2-Dibrom-4.5-dichlorcyclohexan.* (18. [1. Teil] vgl. vorst. Ref.) α- u. *β-1.2-Dibrom-4.5-dichlorcyclohexan* (I) entstanden durch Bromierung von 4.5-Dichlorcyclohexen-(1) (II) u. durch Chlorierung u. Bromierung von Cyclohexadien-(1.4). In 0,01 mol. 50%ig. alkoh. Lsg. wird bei 80° durch Zn-Staub in 2 Std. aus β-I 100% des abspaltbaren Halogens abgespalten, aus α-I nur 85%. Die Dipolmomente für α- u. β-I sind in Bzl. bei 26° 1,69 u. 0,2 D. Die Versuchsdaten unterscheiden sich nur wenig von denen der entsprechenden Tetrachlorderivate. Die verschied. möglichen Sesselformen von I sind tabellar. angeführt.

V e r s u c h e : α-**I**, F. 173° (A.), a) aus **II** in Eisessig u. Br_2 u. Abfiltrieren; b) aus Cyclohexadien-(1.4) in CCl_4 durch Zutropfen von Cl_2 in CCl_4, dann Br_2 in CCl_4 u. Fraktionierung aus C_2H_5OH. — β-**I**, F. 242—243° (beim Vorerhitzen auf 170°), aus der Mutterlauge bei vorst. a) in geringer Menge oder bei der Fraktionierung bei vorst. b). (Mh. Chem. **84.** 1240—42. 15/12. 1953; S.-B. österr. Akad. Wiss., math.-naturwiss. Kl., Abt. IIb **162.** 1240—42. 1953.) H. Lehwald. 1810

R. Riemschneider, O. Mater und **P. Schmidt,** *Zur Chemie von Polyhalocylohexanen und verwandten Verbindungen.* 19. Mitt. *3.4.5.6-Tetrachlorcyclohexen-(1)-isomere.* (18. vgl. vorst. Reff.) Bei den in der 9. u. 10. Mitt. (vgl. C. **1953.** 9145 bzw. **1954.** 1466 u. **1955.** 11566) erhaltenen Isomeren von *3.4.5.6-Tetrachlorcyclohexen-(1)* (I) konnte die 3.4.5.6-Stellung der Cl-Atome durch das Verh. gegenüber Alkali, Zn-Staub bzw. Cl_2 bestätigt werden: Abspaltung von 2 HCl gibt Dichlorbenzol, Abspaltung von 4 Cl gibt Bzl., Addition von Cl_2 gibt 1.2.3.4.5.6-Hexachlorcyclohexan (**II**). Da, wie l. c. berichtet, aus dem **I** vom F. 30—31° bei milder Chlorierung nur α- u. γ-**II**, bei stärkerer Chlorierung 1.1.2.2.3.4.5.6-Oktachlorcyclohexan (**III**; F. 150° 1ep.2ep.3e.4e.5e.6e) entstanden ist, besitzt **I** 3e.4e.5p.6p-Konfiguration. Zur Konstitutionsbest. der anderen beiden **I**-Isomeren genügt die Festlegung der bei der Chlorierung entstandenen **II**-Gemische auf α-, β-, γ- u. δ-Struktur. Bei längerer Chlorierung von **I** im offenen Gefäß entsteht **III** u./oder *1.1.2.3.4.4.5.6-Oktachlorcyclohexan* (**IV**; F. 260°; 1ep.2e.3e.4ep.5e.6e), im Einschlußrohr aus allen 3 **I**-Isomeren *1.1.2.2.3.4.4.5.6-Enneachlorcyclohexan* (**V**; F. 95°; 1ep.2ep.3e.4ep.5e.6e). Aus den Chlorierungsprodd. wurde α-**II** isoliert u. durch Darst. eines opt.-akt. Reaktionsprod. mit *l*-Brucin in Aceton nachgewiesen. γ-**II** wurde durch Test gegenüber *Drosophila melanogaster*, δ-**II** (bei Abwesenheit von γ-**II**) durch Hefetest, bzw. (beim Fehlen von β- u. ε-**II**) durch Bldg. von **IV** nachgewiesen. β-**II** wurde auf Grund der Stabilität gegenüber 0,2n NaOH u. Zn-Staub nachgewiesen, **III, IV** u. **V** konnten isoliert werden. Demzufolge kommt dem **I**-Isomeren vom F. 52—53° 3e.4e.5e.6e-, dem vom F. 87—88° 3e.4e.5e.6p-Konfiguration zu. (Mh. Chem. **84.** 1234—37. 15/12. 1953; S.-B. österr. Akad. Wiss., math. naturwiss. Kl., Abt. IIb **162.** 1234—37. 1953.)
H. Lehwald. 1810

Randolph Riemschneider, Herbert Karl und **Rosel Bös,** *Zur Chemie von Polyhalocyclohexanen.* 20. Mitt. *Heptachlorcyclohexane.* 3. Mitt. (19. vgl. vorst. Ref.) Zur Unters. der Frage, ob bei der Chlorierung von chlorsubstituierten Cyclohexanen ($C_6H_{11}Cl$ bis $C_6H_4Cl_8$) C—Cl-Bindungen angegriffen werden, wurden die α- bis ε-Isomeren von 1.2.3.4.5.6-Hexachlorcyclohexan ($C_6H_6Cl_6$; I) zu *1.1.2.3.4.5.6-Heptachlorcyclohexanen* ($C_6H_5Cl_7$; **II**) chloriert u. diese dann zu *Oktachlorcyclohexanen* ($C_6H_4Cl_8$; **III**) u. *Enneachlorcyclohexan* ($C_6H_3Cl_9$) weiterchloriert. Die Chlorierung von α- bis ε-**I** liefert nach Trennung durch Chromatographie 6 Isomere von **II**, von denen je 5 im offenen Gefäß zu α-**III**, β-**III** bzw. *1.1.2.2.3.4.5.6-Oktachlorcyclohexan* (**IV**), im Einschlußrohr zu *1.1.2.2.3.4.4.5.6-Enneachlorcyclohexan* (**V**) weiterchloriert wurden. Von den Isomeren von **II** war ε-**II** nicht zu **V** chlorierbar. Aus den im offenen Gefäß dargestellten η-**II**-Prodd. konnte weder α- u. β-**III**, noch **IV** isoliert werden (betreffs der genet. Beziehung der einzelnen Isomeren zueinander vgl. Ta-

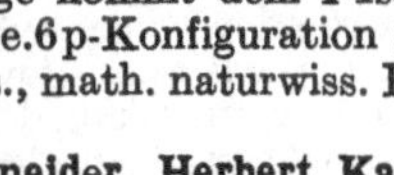
α-II (ep.e.e.e.e.e)

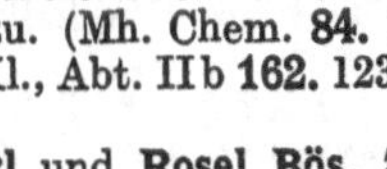
γ-II (ep.e.e.e.e.p)

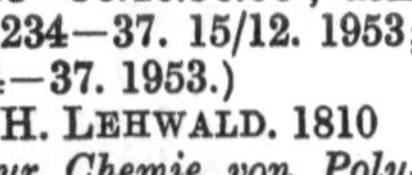
δ-II (ep.e.e.p.p.e)

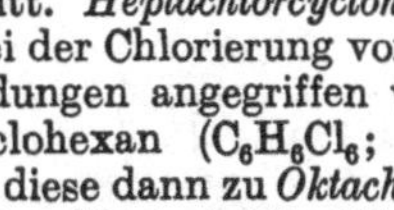
ε-II (ep.e.e.e.p.p)

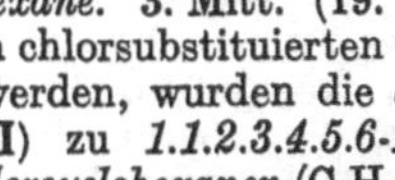
ζ-II (ep.e.e.p.e.e)

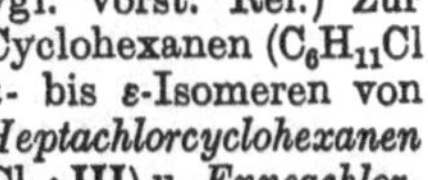
η-II (ep.e.p.e.e.p)

belle im Original). Bei der Voraussetzung, daß während der Chlorierung keine Konfigurationsänderungen stattfanden, können die Konfigurationen der 6 Isomeren von **II** angegeben werden, da die Ausgangs- u. Endprodd. in ihrer Konfiguration bekannt sind u. von den 32 theoret. möglichen Sesselformen von **II** nur 8 entstehen können. Die COUTIERschen Angaben (C. R. hebd. Séances Acad. Sci. **1951.** 532) der FF. von α-, β-, ε-, ζ- u. η-**II** erwiesen sich als unzutreffend.

Versuche: Durch Zufügen von 0,02 Mol δ-**I** (F. 138°) in 50 cm^3 CCl_4 zu 0,1 Mol Cl_2 in 200 cm^3 CCl_4 unter Rühren bei 30°, 80 Min. langes Bestrahlen mit UV, Abziehen des CCl_4 im Vakuum im Dunkeln, Aufnehmen in PAe. + CH_3NO_2 u. Chromatographie nach RAMSEY u. Mitarbeitern (J. Assoc. off. agric. Chemists, **1946.** 337) entstanden nach Elution mit gleichem Lösungsm. u. erneuter Chromatographie nachst. reine Komponenten: *α-1.1.2.3.4.5.6-Heptachlorcyclohexan* (α-**II**), F. 152°, γ-**II**, F. 85°, u. ξ-**II**, $C_6H_5Cl_7$, F. 154° (alle aus A.). Als Nebenprodd. fielen an: *β-1.1.2.3.4.4.5.6-Oktachlorcyclohexan* (β-**III**), *1.1.2.2.3.4.5.6-Oktachlorcyclohexan* (**IV**) u. *1.1.2.2.3.4.4.5.6-Enneachlorcyclohexan* (**V**). — Bei der Chlorierung von 0,005 Mol δ-**II** (F. 140°) wie vorst. u. Chromatographie entstanden 0,3 g α-**III**, F. 93°. — Die Chlorierung von 0,005 Mol γ-**II** (F. 85°) ergab 0,2 g α-**III** u. 0,5 g **IV** (F. 150° [A.]). — Mehrwöchiges Stehen von 0,01 Mol α-**III** mit 35 g Cl_2 im Bombenrohr ergab 3 g **V** (F. 95°). — Durch fraktionierte Kristallisation wurden nach Pharmazie, Erg.-Bd. **1950.** 750 aus den Benzolchlorierungsprodd. nachst. *1.2.3.4.5.6-Hexachlorcyclohexane* (**I**) abgetrennt: α-**I** (F. 158°), β-**I** (F. 309°), γ-**I** (F. 112,5°) u. δ-**I** (F. 138°), außerdem durch Chromatographie ε-**I** (F. 218°). — Die Identifizierung der isolierten **II**-Isomeren als Vertreter der 1.1.2.3.4.5.6-Reihe gelang durch Erhitzen von 1 g mit 3 g Zn-Staub in 5 cm^3 W. bei möglichst niedriger Temp., wobei nach Ausäthern *Chlorbenzol* (nachgewiesen durch Nitrierung zu *4-Chlornitrobenzol*, F. 82—83,5°) entstand. (Liebigs Ann. Chem. **580.** 191—97. 28/5. 1953.) H. LEHWALD. 1810

A. T. Blomquist, E. S. Wheeler und **Y. Chu,** *Vielgliedrige Kohlenstoffringe.* 12. Mitt. *Stereochemische Untersuchungen an einigen geminalen Dimethylcyclononanderivaten.* (11. vgl. C. **1956.** 5811.) Die aus Dimedon durch Oxydation erhaltene *β.β-Dimethylglutarsäure* wird über ihren *Diäthylester* durch $LiAlH_4$-Red. in *3.3-Dimethylpentandiol-(1.5)* verwandelt, dieses mit HBr in Essigsäure oder PBr_3 in *1.5-Dibrom-3.3-dimethylpentan* (**I**) übergeführt (mit wasserfreier HBr entsteht *4.4-Dimethyltetrahydropyran*) u. über das entsprechende *Dicyanid* zu *γ.γ-Dimethylpimelinsäure* (**II**) hydrolysiert. Die gleiche Reaktionsfolge, an **II** ausgeführt, gibt *δ.δ-Dimethylazelainsäure* (**III**), nachdem Verss., die Erweiterung um 2 CH_2-Gruppen durch Malonestersynth. an **I** zu erreichen, fehlschlugen. Die Acyloincyclisierung des *Diäthylesters* von **III** ergibt *6.6-Dimethylcyclononanol-(2)-on* (**IV**) u. die anschließende Red. mit Zn-Staub in Eisessig u. HCl *5.5-Dimethylcyclononanon* (**V**), *6.6-Dimethylcyclononen* (**VI**) (nach dem Infrarotspektr. im Gemisch aus *cis-* u. *trans-Form*) u. **IV**-*Acetat.* **VI** nahm bei der katalyt. Hydrierung 1 Mol H_2 auf u. wurde durch $KMnO_4$-Oxydation zu **III** oxydiert. Die Umsetzung von **V** mit (+)- u. (—)-δ-[α-Phenyläthyl]-semicarbazid sowie (+)-5-[α-Phenyläthyl]semioxamazid ergab jeweils nur Derivv. mit eindeutigem F.; eine durch ster. Verhältnisse oder Ringspannungen verursachte Dissymmetrie ist demnach nicht vorhanden. Dies wurde auch durch Red. von **V** zu *5.5-Dimethylcyclononanol* (**VII**) (mit asymm. C-Atom), Auftrennung der sauren *Phthalate* (**VIII**) mit (+)- u. (—)-α-Phenyläthylamin u. anschließende Hydrolyse zu nur einem (+)- u. (—)-**VII**, sowie durch die anschließende Oxydation dieser Verbb. zu einem inakt. **V** bewiesen.

Versuche (FF. korr.): *β.β-Dimethylglutarsäurediäthylester*, $Kp._2$ 89—90°, aus der Säure nach BLATT (Org. Syntheses, Coll. Vol. II. [1943] 200); n_D^{20} 1,4278; 94% (Ausbeute). — *3.3-Dimethylpentandiol-(1.5)*, $Kp._{0,25}$ 95—98°, aus vorst. Verb. u. $LiAlH_4$ in Ae. in 1 Std.; n_D^{20} 1,4575; 90%. — *1.5-Dibrom-3.3-dimethylpentan* (**I**), $C_7H_{14}Br_2$, $Kp._{1,3}$ 80—81,5°, a) durch 5—6std. Einleiten von HBr in eine auf 130° erhitzte Lsg. der vorst. Verb. in Eisessig u. Vakuumdest. der abgetrennten unteren Schicht: $D.^{20}_4$ 1,5320; n_D^{20} 1,5078; 68—71%; b), nach C. **1956.** 7213; 98%. — *4.4-Dimethyltetrahydropyran*, $C_7H_{14}O$, Kp. 125—127°, wie vorst. a) ohne Essigsäure; $D.^{20}_4$ 0,8630; n_D^{20} 1,4268; gibt in Eisessig mit HBr **I**. — *γ.γ-Dimethylpimelodinitril*, $Kp._7$ 155—157°, durch 12std. Kochen von 48 g **I** + NaCN in wss. A. unter N_2 u. Abdampfen; 30 g. — *γ.γ-Dimethylpimelinsäure* (**II**), F. 85,5—86° (W.), durch 12std. Kochen vorst. Verb. mit H_2SO_4 in Eisessig u. Gießen auf Eis; 94%. *Diäthylester*, $C_{13}H_{24}O_4$, $Kp._{0,7}$ 102—103°; $D.^{20}_4$ 0,9854; n_D^{20} 1,4394; 72% (bezogen auf **I**). — *4.4-Dimethylheptandiol-(1.7)*, $C_9H_{20}O_2$, $Kp._{1,2}$ 128°, aus vorst. Ester + $LiAlH_4$ in Ae.; $D.^{20}_4$ 0,9390; n_D^{20} 1,4620; 90%. — *1.7-Dibrom-4.4-dimethylheptan*, $C_9H_{18}Br_2$, $Kp._1$ 96,5—98°, a) aus vorst. Verb. mit HBr wie oben; 89,5%; b) wie vorst. mit PBr_3; $D.^{20}_4$ 1,4145; $D.^{20}_4$ 1,4145; n_D^{20} 1,5018; 94%. — *δ.δ-Dimethylazelaodinitril*, $C_{11}H_{18}N_2$, $Kp._{0,9}$ 146°, aus vorst. Verb. + NaCN wie oben; $D.^{20}_4$

0,9200; n_D^{20} 1,4540; 93%. — *δ.δ-Dimethylazelainsäure* (III), $C_{11}H_{20}O_4$, F. 68—69,5°, aus vorst. Verb. durch Hydrolyse; 97,5%. *Diäthylester*, $C_{15}H_{28}O_4$, Kp.$_{0,05}$ 102°; D.$^{20}_4$ 0,9562; n_D^{20} 1,4412; 86%. — *6.6-Dimethylcyclononanol-(2)-on* (IV), $C_{11}H_{20}O_2$, Kp.$_{1-1,2}$ 88—91°, aus vorst. Ester nach C. **1953**. 7074 in Xylol–Toluol (3 : 1); D.$^{20}_4$ 1,0177; n_D^{20} 1,4845. — *5.5-Dimethylcyclononanon* (V), $C_{11}H_{20}O$, Kp.$_{8,5}$ 104°, aus **IV** durch Red. mit Zn-Staub in HCl u. Eisessig, Dest. u. Reinigen der Fraktion 132—135°/33 mm über das *Semicarbazon* ($C_{12}H_{23}ON_3$, F. 172—173°; 51%); D.$^{20}_4$ 0,9389; n_D^{20} 1,4714; 87% (bezogen auf das Semicarbazon). Daneben **IV**-*Acetat*, Kp.$_5$ 135—137°. — *6.6-Dimethylcyclononen* (VI), $C_{11}H_{20}$, Kp.$_{40}$ 105—105,5°, a) bei vorst. Red.; b) aus **IV** + Zn-Staub in Eisessig u. wenig Cu-Acetat unter Zutropfen von konz. HCl u. Kühlen, ½std. Kochen u. Verdünnen; D.$^{25}_4$ 0,8531; n_D^{25} 1,4716; 80%; gibt bei der Oxydation mit 5%ig. $KMnO_4$ in Aceton (¼std. Erwärmen), Einleiten von SO_2 bis zur Entfärbung, Ansäuern u. Ausziehen mit CH_2Cl_2 **III**. — *1.1-Dimethylcyclononan*, $C_{11}H_{22}$, Kp.$_{36}$ 104,5°, aus 5 g **VI** durch Hydrieren über PtO_2 in A.; D.$^{25}_4$ 0,8402; n_D^{25} 1,4604; 3,5 g. — **V**-(+)-*δ-[α-Phenyläthyl]semicarbazon*, $C_{20}H_{31}ON_3$, F. 107,5—109,5° (absol. A. oder Hexan), aus 3,36 g **V** + (+)-δ-[α-Phenyläthyl]-semicarbazidhydrochlorid in wss.-methanol. Na-Acetat bei 50°; $[\alpha]_D$ —52,7 ± 0,8° (c = 5; absol. A.); 1,2 g. Aus der Mutterlauge das *inakt. Isomere*, F. 171—173,5°. **V**-(—)-*δ-[α-Phenyläthyl]semicarbazon*, F. 107—109°; $[\alpha]_D$ +52,2 ± 0,8° (c = 5; absol. A.). **V**-(+)-*5-[α-Phenyläthyl]-semioxamazon*, $C_{21}H_{31}O_2N_3$, F. 108—109°, aus **V** in Bzl. + (+)-5-[α-Phenyläthyl]-semioxamazid u. wenig J_2 (5 Min. Kochen); $[\alpha]_D$ +106,5° (c = 1,5); Nadeln aus Bzl.–Hexan. — *Phthalsäuremono-5.5-dimethylcyclononylester* (VIII), $C_{19}H_{26}O_4$, F. 111—112°, aus **V** in Ae. + $LiAlH_4$ u. Behandeln des isolierten *5.5-Dimethylcyclononanols* (VII) mit Phthalsäureanhydrid (12 Std. bei 110° in Toluol); 75%. (+)-**VIII**, F. 120—121,5° (Hexan), durch Erwärmen von 18 g **VIII** mit (+)-α-Phenyläthylamin in Aceton bis zur klaren Lsg., fraktionierte Kristallisation aus Aceton[(+)-*Säure*-(+)-*Base-Salz*, F. 126—129,5°; Nadeln; $[\alpha]_D$ +8 ± 1° (c = 5); 5 g] u. Zers. mit 10%ig. HCl; $[\alpha]_D$ +8,9 ± 0,8° (c = 6); 55%. (—)-**VIII**, F. 120—121,5°, aus der Mutterlauge (enthält 13,7 g (—)-angereichertes **VIII**) u. (—)-α-Phenyläthylamin [(—)-*Säure*-(—)-*Base-Salz*, F. 127—129°; $[\alpha]_D$ —9,4 ± 0,9° (c = 5); 6,9 g] u. Zers.; $[\alpha]_D$ —16,0 ± 1° (c = 6); Prismen aus Hexan; 69%. — (+)-**VII**, $C_{11}H_{22}O$, F. 15—17°, Kp.$_2$ 76—77°, aus (+)-**VIII** mit 25%ig. NaOH (2 Std. kochen) u. Ausziehen mit Pentan; n_D^{25} 1,4805; $[\alpha]_D$ +20,2 ± 0,4° (c = 11); 97%. (—)-**VII**, F. 16—17°, Kp.$_2$ 75°, analog aus (—)-**VIII**; n_D^{25} 1,4855; $[\alpha]_D$ —30,3 ± 0,4° (c = 11); 93%; beide geben bei der $KMnO_4$-Oxydation inakt. **V**. (J. Amer. chem. Soc. **77**. 6307—10. 5/12. 1955. Ithaca, N. Y., Cornell Univ., Baker Labor. of Chem.) H. LEHWALD. 1860

A. T. Blomquist und **Peter R. Taussig**, *Vielgliedrige Kohlenstoffringe*. 13. Mitt. *Ringspaltung über eine transannulare 1.4-Eliminierung in Cycloalkanderivate*. (12. vgl. vorst. Ref.) Wird Cyclononylacetat bei 500° über Carborundstücke geleitet, so entsteht in 78%ig. Ausbeute ein Pyrolysat mit 70% *Nonadien-(1.8)* (I; C_9H_{16}, Kp. 142—144°; D.$^{23}_4$ 0,748; n_D^{20} 1,4280) u. 25% *Cyclononen* (II; Kp. 172—174,5°; n_D^{25} 1,4775). Letzteres besteht zufolge der Infrarotspektren aus 4,8% trans- u. 88,6% cis-**II**. **I** wurde durch oxydative Ozonolyse zu 18% in *Pimelinsäure* verwandelt. Die analoge Pyrolyse von Cyclononanol ergab in 41%ig. Ausbeute ein Pyrolysat mit 30% **I** u. 60% **II** (10% trans- u. 77% [?] cis-**II**), die von **II** (90% cis- u. 5% trans-**II**) in Ggw. von Essigsäure 19% **I** u. 50% cis-**II**. Unter gleichen Bedingungen werden Cyclooctyl- u. Cyclodecylacetat in wesentlich geringerem Maße pyrolysiert u. zwar ersteres zu 10% in *Octadien-(1.7)* (n_D^{20} 1,4328—1,4366) u. letzteres zu 20% in *Decadien-(1.9)* (n_D^{25} 1,4335). Es wird vermutet, das die Ringspaltung der Acetate über eine transannulare 1.4-Eliminierung der Essigsäure erfolgt, bei der sich zunächst ein sechsgliedriger Pseudoring ausbildet. (J. Amer. chem. Soc. **77**. 6399. 5/12. 1955.) H. LEHWALD. 1860

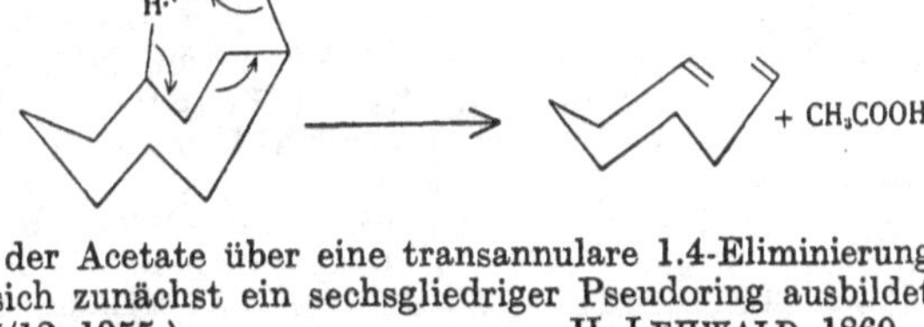

Werner Herz, *Die Synthese verschiedener vom Cyclopentan abgeleiteter Säuren*. Nach bekannten Methoden werden die *α-Cyclopentylpropionsäure* (I), *β-Cyclopentylbuttersäure* (II) u. *γ-Cyclopentylvaleriansäure* (III) dargestellt, sowie die *cis-* u. *trans-2-Methylcyclopentylessigsäure* (IV), *trans-β-[2-Methylcyclopentyl]-propionsäure* (V) u. *trans-γ-[2-Methylcyclopentyl]-buttersäure* (VI). Die Konfiguration des trans-**IV** ergibt sich dabei aus der nach PINES u. HOFFMAN (J. Amer. chem. Soc. **76**. [1954.] 4417 gesicherten Struktur des Ausgangsprodukts trans-1-Acetyl-2-methylcyclopentan (**VII**). Das cis-**IV** wird aus *2-Methylcyclopentylidencyanessigsäureäthylester* [**VIII**, aus 2-Methylcyclopentanon (**IX**) u. Cyanessigester (**X**)] durch Hydrierung, Verseifung u. Decarboxylierung erhalten; außer der Darst. spricht die bei der cis-Verb. durch ster. Hinderung erwartete schwierige Hydrolyse des Hydrierungsprodukts für die cis-Konfiguration.

Versuche: *α-Cyclopentylpropionsäure* (I), *Amid*, F. 140,5—141°. — *Chlorid* (XI), Kp.$_{11}$ 74—78°. — *β-Cyclopentylbuttersäure* (II), $C_9H_{16}O_2$, Kp.$_3$ 115—118°, n_D^{23} 1,4604, durch Hydrolyse des nachst. Amids; 75% (Ausbeute); oder durch 1std. Erhitzen von 9,5 g *β*-[2-Oxocyclopentyl]-propionsäure in 45 cm³ Triäthylenglykol mit 7 g KOH u. 8 cm³ Hydrazinhydrat auf 100°, dann 2 Std. auf 200°, Verdünnen mit W. u. Ausäthern 64%. *Amid* (**XII**), $C_9H_{17}ON$, F. 120,5—121° (Bzl./Ligroin), durch 1std. Erhitzen des aus **XI** u. Diazomethan in Ae. dargestellten Diazoketons (krist. nicht) in Dioxan mit konz. NH_3 u. 10%ig. $AgNO_3$. *p-Bromphenacylester*, $C_{17}H_{21}O_3Br$, 77,5—78,5° (verd. A.). — *2-Cyclopentylpropanol*-(1) (**XIII**), $C_8H_{16}O$, Kp.$_{2,5}$ 65—67°, n_D^{24} 1,4607, durch Red. von 68 g **I** in absol. Ae. mit 23 g $LiAlH_4$; 91%. *Tosylat* (**XIV**, krist. nicht), aus 54 g **XIII** u. 83 g p-Toluolsulfonylchlorid (**XV**) mit 54 g Pyridin (**XVI**) in 150 cm³ Bzl.; 86%. — *α-Carbäthoxy-γ-cyclopentylvaleriansäureäthylester* (**XVII**, $C_{15}H_{26}O_4$, Kp.$_{1,8}$ 128—131°, n_D^{23} 1,4495, durch 12std. Kochen von 94 g **XIV** in 150 cm³ Bzl. mit Natrium-Malonester (aus 8,7 g Na in 150 cm³ A. mit 60 g Malonester), Versetzen mit W. u. Dest. der organ. Phase; 60%. — *α-Carboxy-γ-cyclopentylvaleriansäure* (**XVIII**), $C_{11}H_{18}O_4$, F. 114—115° (Bzl./Ligroin), durch Verseifen von **XVII** mit wss.-alkoh. KOH. — *γ-Cyclopentylvaleriansäure* (**III**), $C_{10}H_{18}O_2$, Kp.$_2$ 123—126°, Kp.$_7$ 145—150°, n_D^{22} 1,4600, durch Decarboxylierung von **XVIII** in der Hitze bei Unterdruck. — *trans-2-Methylcyclopentylcarbonsäure* (**XIX**), aus trans-1-Acetyl-2-methylcyclopentan (**VII**) durch 20std. heftiges Rühren mit NaOBr; 66%. — *trans-1-Methyl-2-oxymethylcyclopentan* (**XX**), aus **XIX** mit $LiAlH_4$; 90%. — *trans-1-Methyl-2-chlormethylcyclopentan* (**XXI**), $C_7H_{13}Cl$, Kp.$_{45}$ 70—72°, n_D^{22} 1,4530, aus 29 g **XX** in 16 g **XVI** durch Zutropfen von 35 g $SOCl_2$ bei —10—0° u. dann mehrstd. Erhitzen; 52%. — *trans-2-Methylcyclopentylessigsäure* (**IV**), $C_8H_{14}O_2$, Kp.$_2$ 98—100°, n_D^{22} 1,4502, aus der Grignard-Verb. aus 16,5 g **XXI** u. 3,1 g Mg (40 Std. Kochen am Rückfluß) mit fester CO_2 in Ae.; 6,6 g; oder beim 6std. Erhitzen von 25,2 g **VII** mit 17 g Morpholin u. 6,4 g S u. 15 std. Kochen mit 100 cm³ 25%ig. NaOH; 1,5 g. — *Amid*, $C_8H_{15}ON$, F. 140,5—141,5° (Bzl.-Ligroin). *p-Bromphenacylester*, $C_{16}H_{19}O_3Br$, F. 65 bis 66,5° (A.-W.). — *trans-β-[2-Methylcyclopentyl]-α-carbäthoxypropionsäureäthylester* (**XXII**), $C_{14}H_{24}O_4$, Kp.$_2$ 118—123°, n_D^{23} 1,4441, aus **XX**-Tosylat u. Na-Malonester, 35%. — *trans-β-[2-Methylcyclopentyl]-α-carboxypropionsäure* (**XXIII**), $C_{10}H_{16}O_4$, F. 100,5—101,5°, aus **XXII** durch Verseifung mit wss.-alkoh. KOH, Nadeln (aus Bzl.-Ligroin). — *trans-β-[2-Methylcyclopentyl]-propionsäure* (**V**), $C_9H_{16}O_2$, Kp.$_{2,5}$ 111—114°, n_D^{24} 1,4540, durch Decarboxylierung von **XXIII**. *Amid*, F. 93—93,5°. *p-Bromphenacylester*, $C_{17}H_{21}O_3Br$, F. 68° (wss. A.). — *trans-3-[2-Methylcyclopentyl]-propanol-(1)* (**XXIV**), $C_9H_{18}O$, Kp.$_7$ 92—96°, n_D^{22} 1,4561, aus **V** mit $LiAlH_4$, 80%. — *trans-3-[2-Methylcyclopentyl]-1-brompropan* (**XXV**), $C_9H_{17}Br$, Kp.$_{14}$ 95—100°, n_D^{22} 1,4773, aus **XXIV** mit PBr_3; 82%. — *trans-γ-[2-Methylcyclopentyl]-buttersäure* (**VI**), $C_{10}H_{18}O_2$, Kp.$_1$ 117—120°, n_D^{22} 1,4564, aus der Grignard-Verb. von **XXV** u. CO_2, 72%. *Amid*, $C_{10}H_{19}ON$, F. 72,5—73° (Bzl.-PAe.). *p-Bromphenacylester*, $C_{18}H_{23}O_3Br$, F. 70—71° (A.). — *2-Methylcyclopentylidencyanessigsäureäthylester* (**VIII**), $C_{11}H_{15}O_2N$, Kp.$_{1,6}$ 103—106°, n_D^4 1,4880, durch Kochen von 63 g 2-Methylcyclopentanon (**IX**) mit 74 g Cyanessigester (**X**), 30 g Essigsäure, 10 g NH_4-Acetat u. 500 cm³ Bzl.; 79%. — *cis-[2-Methylcyclopentyl]-cyanessigsäureäthylester* (**XXVI**), $C_{11}H_{17}O_2N$, Kp.$_{1,8}$ 96—98°, n_D^{23} 1,4520, aus **VIII** durch Hydrierung unter 2—3 at Druck mit 5%ig. Pd-Kohle in A. — *cis-[2-Methylcyclopentyl]-cyanessigsäure* (**XXVII**), $C_9H_{13}O_2N$, Kp.$_{1,3}$ 146—148°, n_D^{22} 1,4702, in geringer Ausbeute neben nachst. cis-**IV** aus 66,5 g **XXVI** durch 16std. Kochen mit 400 cm³ konz. HCl, Isolierung durch mehrmalige Dest. der höhersd. Fraktion vom Kp.$_3$ 155—160°. — *cis-2-Methylcyclopentylmalonsäure*, $C_9H_{14}O_4$, F. 85—86° (Ligroin), aus **XXVII** mit alkoh. KOH (12 Std. Kochen). — *cis-2-Methylcyclopentylessigsäure* (cis-**IV**), $C_8H_{14}O_2$, Kp.$_{1,4}$ 95—97°, n_D^{22} 1,4560, neben **XXVII** (vgl. dort); 41%. *Amid*, $C_8H_{15}ON$, F. 149—149,5° (Bzl.-Ligroin). *Methylester*, $C_9H_{16}O_2$, Kp.$_2$ 64—68°, n_D^{23} 1,4423. *p-Bromphenacylester*, $C_{16}H_{19}O_3Br$, F. 60,5—61,5° (wss. A.). (J. org. Chemistry **20**. 1062—68. Aug. 1955. Tallahassee, Fla., State Univ.)

F. J. Meyer. 2010

A. N. Kosst und **I. I. Grandberg**, *Reduktion durch Ameisensäure und ihre Derivate. 1. Mitt. Über die Reduktion von Azinen und Hydrazonen.* Cyclohexanon reagiert mit Hydrazin in Ggw. von HCO_2H je nach den Versuchsbedingungen unter Bldg. von *Cyclohexylhydrazin* (**I**), *N.N'-Dicyclohexylhydrazin* (**II**) oder *3.4-Tetramethylen-5.5-pentamethylenpyrazolin* (**III**). Cyclohexanonazin wird durch Formiate zu **II** red., wobei Ausbeuten von 80—90% erreicht wurden. Für **II** wird F. 62° gefunden, abweichend von der Literaturangabe (6—10°); da aber das Dihydrochlorid u. andere Derivv. den in der Literatur angegebenen F. zeigen, ist an der Identität von **II** nicht zu zweifeln. **III**, dessen Konst. der eines cycl. Hydrazons entspricht, wird durch HCO_2H nicht red.;

ebenso nicht Cyclohexanonphenylhydrazon, Azobenzol u. die Azine von Benzaldehyd u. Acetophenon. Die Azine von Butyraldehyd, Aceton u. Cyclopentanon geben keine Hydrazine, sondern Kondensationsprodukte. Die Azine von Pinakolin u. Butyron werden prakt. völlig hydrolysiert. Benzophenonhydrazon liefert bei 15std. Erhitzen mit Formamid auf 160° *Diphenylmethan* u. *Benzophenonazin.*

Versuche: *Cyclohexanonazin*, F. 35°; Kp.$_{13}$ 147°; n_D^{21} 1,5261 (unterkühlt). *Cyclohexanonhydrazon-Hydrat*, Kp.$_{24}$ 96—102°; n_D^{21} 1,5088. — *N.N'-Dicyclohexylhydrazin* (II), F. 62°; sd. im N_2-Strom bei 265—272°/768 mm u. 150—158°/10 mm, wobei der Erstarrungspunkt auf 0—2° bzw. 15—20° sinkt; man erhitzt 19,2 g Cyclohexanonazin, 50,4 g $(C_2H_5)_3N$ u. 17 g 85 %ig. HCO_2H in Ggw. von 0,5 g Skelett-Ni 3 Std., danach noch 7 Std. zum Sieden, wobei 85%ig. HCO_2H (insgesamt 10,8 g) zugesetzt wird; Isolierung als *Dihydrochlorid*, $C_{12}H_{26}N_2Cl_2$, F. 271°; 89% (Ausbeute). Die Red. des Azins unter analogen Bedingungen, aber mit HCO_2Na oder HCO_2NH_4, gibt etwas niedrigere Ausbeuten. *Dibenzoylderiv.*, $C_{26}H_{32}O_2N_2$, F. 397° (in geschlossenen Röhrchen). *Diacetylderiv.*, F. 146°. *Phenylcarbamidoderiv.*, F. 123°. — *Cyclohexylhydrazin* (I), F. 44—47°; Kp.$_{751}$ 190—195°; in ein sd. Gemisch von Cyclohexanonhydrazon-Hydrat, HCO_2Na + HCO_2H (100%ig). + Skelett-Ni werden in 5 Std. weitere Mengen HCO_2H (100%ig) eingetragen; das Reaktionsprod. wird durch Kochen mit konz. HCl hydrolysiert; 31% (neben 49,5% II-*Dihydrochlorid*). *Benzalderiv.*, F. 178°. *Dibenzoylderiv.*, F. 195°. — *3.4-Tetramethylen-5.5-pentamethylenpyrazolin* (III), F. 60°; Kp.$_{15}$ 165—167°; zu einem sd. Gemisch von Cyclohexanon, HCO_2Na u. Skelett-Ni wird tropfenweise ein Gemisch von 85%ig. $NH_2NH \cdot H_2O$ u. 85%ig. HCO_2H zugesetzt; man kocht 4 Std. u. hydrolysiert das Reaktionsprod. durch sd. konz. HCl; 25% (neben 46,3% II-Dihydrochlorid u. 3,5% I). *Phenylcarbamidoderiv.*, F. 122°. (Журнал Общей Химии [J. allg. Chem.] 25 (87). 1719—23. Sept. 1955. Moskau, Univ.) R. Knobloch. 2110

A. Kaluszyner und **S. Reuter**, *Die Reaktion des Trichloressigsäureäthylesters mit aromatischen Grignard-Verbindungen.* Die Umsetzung von 4 Mol Aryl–MgBr mit 1 Mol Trichloressigsäureäthylester (I) führte nicht in einer n. Grignard-Rk. zum entsprechenden chlorierten tert. Alkohol. Vielmehr wurden aus I u. Phenyl–MgBr erhalten: 0,4 Mol *Diphenyl*, 1 Mol *Chlorbenzol* (Kp. 132°; D_4^{28} 1,104; n_D^{20} 0,5252) u. $^1/_3$ des Chlorgeh. von I als Chloridion. Phenyl-Li reagiert mit I gleichartig. Die Umsetzung von I mit p-Tolyl-MgBr gab 0,6 Mol *p-Chlortoluol* (*p-Chlorbenzoesäure*, F. 238°), 0,8 Mol *4.4'-Dimethylbiphenyl* (F. 120°) u. 80% des Chlorgeh. von I als ionogenes Chlor. Aus I u. p-Chlorphenyl-MgBr entstandene 0,2 Mol *p-Dichlorbenzol* (F. 52—53°), 0,8 Mol *4.4'-Dichlorbiphenyl* (F. 146—147°) u. 72% ionogenes Chlor vom Chlorgeh. von I. Die wahrscheinliche Umsetzung wird durch die Gleichungen $ROOC \cdot CCl_3 + ArMgBr \rightarrow ArCl + [ROOCCCl_2]^- \cdot MgBr^+$ u. $ROOC \cdot CCl_3 + 2ArMgBr \rightarrow Ar \cdot Ar + [ROOCCCl_2]^- MgBr^+ + MgBrCl$ wiedergegeben. (J. Amer. chem. Soc. **75**. 5126—27. 20/10. 1953. Tel-Aviv, Israel Defence Forces, Med. Corps, Labors.) K. Nezel. 2210

Wolfgang Riedl und **Ferdinand Imhof**, *Zur Konstitution des Phloroglucids; Synthese des Phloroglucidpentamethyläthers.* Vff. beweisen die Konst. von *Phloroglucid* (I) durch eine „gekreuzte" Ullmann-Rk. mit 2.4.6-Trimethoxyjodbenzol u. 3.5-Dimethoxyjodbenzol (II), wobei erwartungsgemäß *3.5.3'.5'-Tetramethoxydiphenyl* (III), *2.4.6.3'.5'-Pentamethoxydiphenyl* (IV) u. *2.4.6.2'.4'.6'-Hexamethoxydiphenyl* entstehen, die chromatograph. getrennt werden. IV ist mit dem bekannten I-Pentamethyläther identisch. Das verwendete II wurde aus 3.5-Dimethoxyanilin dargestellt u. seine Konst. durch seine Umsetzung nach Ullmann zu III bewiesen.

Versuche: *Phloroglucid* (I; *2.4.6.3'.5'-Pentaoxydiphenyl*), Zers. bei 285° (Verfärbung bei 250°), aus Phloroglucin mit konz. HCl (4 Std. am Rückfluß); kleine, schwachgelbe, radialfaserige Kristallaggregate aus W.; 77% (Ausbeute); $FeCl_3$-Rk. negativ, Fichtenspan-Rk. schwach rot. *Pentamethyläther* (IV; *2.4.6.3'.5'-Pentamethoxydiphenyl*), $C_{17}H_{20}O_5$, F. 117,5° aus A. rhomb. Kristalle. — *3.5-Dimethoxyanilin*, Kp.$_{20}$ 178° aus 5-Nitroresorcindimethyläther mit Sn, $SnCl_2$ u. konz. HCl in 50%ig. Essigsäure bei 40° (5 Std.); gelbes Öl; 70%. — *3.5-Dimethoxyjodbenzol* (II), $C_8H_9O_2J$, F. 76,5°; aus vorst. Verb. durch Diazotieren u. anschließende Umsetzung mit KJ; rhomb. Blättchen aus Methanol; 50,5%. — *3.5.3'.5'-Tetramethoxydiphenyl* (III), $C_{16}H_{18}O_4$, F. 106°. a) aus II mit Naturkupfer C bei 230° (5 Std.); 37%; b) analog aus II u. 2.4.6-Trimethoxyjodbenzol u. anschließende Chromatographie an Kieselgel mit Bzl. als mobiler Phase; 28,8%, daneben 17,5% IV u. 5% *2.4.6.2'.4'.6'-Hexamethoxydiphenyl*, F. 156°. (Liebigs Ann. Chem. **597**. 153—57. 23/12.1955. München, TH, Organ.-chem. Inst.) H. Leube. 2260

Harold E. Zaugg, Morris Freifelder und **Bruce W. Horrom**, *Vom 3.3-Diphenylbutanon-(2) und 2.2-Diphenylcyclohexanon abgeleitete Amine.* Vff. synthetisierten einige Derivv. des *3.3-Diphenylbutanons-(2)* (I) u. des *2.2-Diphenylcyclohexanons* (II), die mit dem Methadon die an einem quartären C-Atom haftenden beiden Phenylreste u. die bas. Seitenkette gemeinsam haben. Keine dieser Verbb. zeigte eine bemerkenswerte analget. Wirkung. Das *2.2-Diphenyl-6-piperidinocyclohexanon* wirkt stark lokalanästhet., hat jedoch für prakt. Zwecke eine zu starke Reizwirkung.

Versuche: *3.3-Diphenylbutanon-(2)* (I), F. 40—41°, Kp.$_{0,3}$ 101—103°, nach MEERWEIN durch Einrühren von 1.1-Dimethyl-2.2-diphenyläthylenglykol in konz. H_2SO_4 (Temp. < 5°) u. 2std. Stehen bei Raumtemp.; 73% (Ausbeute). *Oxim*, $C_{16}H_{17}ON$, F. 149—151° (CH_3OH); 87%. — *2.2-Diphenylcyclohexanon* (II), F. 97—99° (Skellysolve B), nach MEERWEIN aus Cyclopentanon durch Einw. von trockenem HCN u. Hydrolyse (→ *1-Oxycyclopentancarbonsäure*; 85%), Veresterung mit CH_3OH (→ *Methylester*; 80%), Einw. von Phenyl-MgBr (→ α-[*1-Oxycyclopentyl*]-*benzhydrol*; 94—98%) u. von 1 Vol. H_2SO_4 + 1 Vol. Ae. (Temp. zuerst < 5°, dann 2 Std. Raumtemp.); 99%. *Oxim*, $C_{18}H_{19}ON$, F. 203—204° (A.), mit $NH_2OH \cdot HCl$ in Pyridin/A.; 77%. — *3.3-Diphenyl-2-aminobutanhydrochlorid*, $C_{16}H_{20}NCl$, F. 224—225° (Isopropanol), durch 8std. Einw. von alkoh. NH_3, Pt-aktiviertem RANEY-Ni u. 1000 lbs. H_2-Druck auf das I-Oxim bei 75°; 40%. — *2.2-Diphenylcyclohexylaminhydrochlorid*, $C_{18}H_{22}NCl$, F. 267—268° (Isopropanol/Ae.), durch Hydrierung von II-Oxim in absol. methanol. NH_3 analog vorst. Verb. (1400 lbs., 1 Std.); 75%. *Freie Base*, $C_{18}H_{21}N$, F. 91—92° (Skellysolve B). — *N.N-Dimethyl-2.2-diphenylcyclohexylaminhydrochlorid*, $C_{20}H_{26}NCl$, F. 235—236° (A./Ae.), durch 4std. Kochen von 1,4 g vorst. Base mit Paraformaldehyd in 90%ig. HCOOH; 1,3 g. — *1-Brom-3.3-diphenylbutanon-(2)* (III), $C_{16}H_{15}OBr$, Kp.$_{0,8}$ 164—165°, aus I in Ae. mit Br_2 in Chlf.; krist. nicht; n_D^{23} 1,5980; 86%. — *6-Brom-2.2-diphenylcyclohexanon* (IV), $C_{18}H_{17}OBr$, F. 114—115° (Skellysolve B), wie III aus II; 98%. — *1-Piperidino-3.3-diphenylbutanon-(2)-hydrochlorid* (V), $C_{21}H_{26}ONCl$, F. 194—196° (Isopropanol/Ae.), aus III mit Piperidin (VI) in Ae. bei Raumtemp.; die in Ae. gelöste Rohbase mit äther HCl fällen; 59%. — *1-Dimethylamino-*, *Hydrochlorid*, $C_{18}H_{22}ONCl$, F. 238—239°, wie V aus III mit Dimethylamin (VII); 70%. — *1-Morpholino-*, *Hydrochlorid*, $C_{20}H_{24}O_2NCl$, F. 219—221°, wie V aus III mit Morpholin (VIII); 75%. — *6-Morpholino-2.2-diphenylcyclohexanon*, *Hydrochlorid* (IX), $C_{22}H_{26}O_2NCl$, F. 238—239° (Isopropanol), durch 5std. Kochen von IV mit VIII in Toluol; 78%. — *6-Diäthylamino-*, *Hydrochlorid*, $C_{22}H_{28}ONCl \cdot CH_3OH$, F. 186—187° ($CH_3OH$/Ae.), wie IX aus IV u. Diäthylamin (X); 1%. — *6-Piperidino-*, *Hydrochlorid*, $C_{23}H_{28}ONCl \cdot CH_3OH$, F. 200—201° ($CH_3OH$/Ae.), wie IX aus IV u. VI; 68%. — *6-Pyrrolidino-*, *Hydrochlorid*, $C_{22}H_{26}ONCl \cdot CH_3OH$, F. 187—191° ($CH_3OH$/Ae.), wie IX aus IV u. Pyrrolidin; 81%. *Freie Base*, $C_{22}H_{25}ON$, F. 111—113° (Skellysolve B). — *1-Dimethylaminomethyl-3.3-diphenylbutanon-(2)-hydrochlorid* (XI), $C_{19}H_{24}ONCl$, F. 170—171° (CH_3OH/Ae.), durch 12std. Kochen von I mit Paraformaldehyd, VII-*Hydrochlorid* u. etwas konz. HCl in A.; 33%. — *1-Diäthylaminomethyl-*, *Hydrochlorid*, $C_{21}H_{28}ONCl$, F. 112—113° (CH_3OH/Ae.), wie XI aus I, CH_2O u. X-Hydrochlorid; 1%. — *1-Morpholinomethyl-*, *Hydrochlorid*, $C_{21}H_{26}O_2NCl$, F. 177—178° CH_3OH/Ae.), wie XI aus I, CH_2O u. VIII; 17%. — *1-Piperidinomethyl-*, *Hydrochlorid*, $C_{22}H_{28}ONCl$, F. 188—189° (CH_3OH/Ae.), wie nachst. XII aus I, CH_2O u. VI-*Hydrochlorid*; 36%. — *6-Dimethylaminomethyl-2.2-diphenylcyclohexanonhydrochlorid* (XII), $C_{21}H_{26}ONCl \cdot CH_3OH$, F. 165—166° ($CH_3OH$/Ae.), durch Kochen von II mit VII-Hydrochlorid u. Paraformaldehyd in Isoamylalkohol (erst 10 Min., dann weitere 30 Min. mit frischem Paraformaldehyd u. zuletzt 5 Min. nach Zusatz von wenig konz. HCl); 27%. — *6-Diäthylaminomethyl-*, *Hydrochlorid*, $C_{23}H_{30}ONCl \cdot CH_3OH$, F. 158—159° ($CH_3OH$/Ae.), wie XII aus II, CH_2O u. X-Hydrochlorid; 31%. — *6-Piperidinomethyl-*, *Hydrochlorid*, $C_{24}H_{30}ONCl$, F. 229—230° (Isopropanol), wie XII aus II, CH_2O u. VI-*Hydrochlorid*; 30%. — *6-Morpholinomethyl-*, *Hydrochlorid*, $C_{23}H_{28}O_2NCl$, F. 173—174° (Isopropanol), wie XII aus II, CH_2O u. VIII-Hydrochlorid; 8%. (J. org. Chemistry **15**. 1191—96. Nov. 1950. North Chicago, Ill., Abbott Labors., Organ. Res. Dep.) H. PRACEJUS. 2360

A. C. Faber und **W. Th. Nauta**, *Die Einwirkung von Aryllithiumverbindungen auf Diarylketone*. 3. Mitt. *Synthese von 2.2'-Bis-[2.6-dimethylbenzoyl]-3.3'-dimethyldibenzyl*. (2. vgl. C. **1944**. I. 930.) Die Struktur des l. c. aus 2.6-Dimethylphenyl-Li u. 2.6.2'.6'-Tetramethylbenzophenon erhaltenen *2.2'-Bis-[2.6-dimethylbenzoyl]-3.3'-dimethyldibenzyls* wurde durch Synth. wie folgt bewiesen: 2.6-Dimethylbrombenzol wird über die GRIGNARD verb. zu *2.6-Dimethylbenzoesäure* carbonisiert u. diese mit $K_2S_2O_8$ in *3.3'-Dimethyldibenzyl-2.2'-dicarbonsäure* u. deren *Dichlorid* übergeführt, das mit 2.6-Dimethylphenyl-MgBr kondensiert wird.

Versuche: *2.6-Dimethylbenzoesäure*, $C_9H_{10}O_2$, F. 116°, aus 2.6-Dimethylbrombenzol + Mg in Trockeneis in Ae., Zers. mit HCl-Eis, Ausäthern, Zufügen von $NaHCO_3$, Ausäthern u. Ansäuern der wss. Lsg.; 81,3% (Ausbeute). — *3.3'-Dimethyldibenzyl-2.2'-dicarbonsäure*, $C_{18}H_{18}O_4$, F. 277° (Dioxan), aus vorst. Verb. in wss. Na_2CO_3 + $Na_2S_2O_8$

bei Siedehitze in 3 Std., 2 std. Kochen, Abgießen u. Reinigen mit Äther. *Dimethylester*, $C_{20}H_{22}O_4$, F. 103,6—104° (CH_3OH). *Säuredichlorid*, $C_{18}H_{16}O_2Cl_2$, F. 110—115° (Bzl.). — *2.2'-Bis-[2.6-dimethylbenzoyl]-3.3'-dimethyldibenzyl*, $C_{34}H_{34}O_2$, F. 245—246°, aus 2.6-Dimethylbrombenzol + Mg in Ae., Zutropfen der GRIGNARD-Verb. zu vorst. Säuredichlorid in Ae., 1 std. Rühren u. Gießen in NH_4Cl; gibt bei der Red. in Bzl. mit Na-Amalgam in Ae. (4 std. Kochen) eine *Verb. vom F. 217—219°* (Bzl.) (Recueil Trav. chim. Pays-Bas. **70.** 659—62. Aug. 1951.) H. LEHWALD. 2370

Nelson J. Leonard, Sherlock Swann jr. und **Glenn Fuller,** *2.3-Bis-[p-aminophenyl]-butandiol-(2.3).* Die Darst. von *2.3-Bis-[p-aminophenyl]-butandiol-(2.3)-dihydrochlorid*, Zers. > 230°, erfolgte durch elektrolyt. Red. von p-Aminoacetophenon an einer Zinnkathode u. Pt-Anode in 1,6n HCl bei 24—30°, einer Stromdichte von 0,01—0,02 Amp./cm^2 u. 6 V während 5 Std.; 59% (Ausbeute). *Freie Base*, F. 239—242° (Zers.), gelbliche Plättchen aus Aceton. (J. Amer. chem. Soc. **75.** 5127—28. 20/10. 1953. Urbana, Ill., Univ. of Illinois, Chem. Labors.) K. NEZEL. 2520

DeLos F. DeTar und **Constance S. Savat,** *Reaktionen des N-Nitroso-2-acetamidobenzophenons.* Die Umwandlungsprodd. von *N-Nitroso-2-acetamidobenzophenon* [I; $C_{15}H_{12}O_3N_2$, F. 72° (Zers.)] in Bzl., in schwefelsaurem CH_3OH u. in Essigsäure wurden untersucht. Nach 15 std. Aufbewahren von I in Bzl. u. anschließender erschöpfender Dampfdest. wurden gefunden: 15% *2-Benzoylbiphenyl* (F. 83,3—85,3°) u. 7% *Fluorenon* (F. 83 bis 84°); durch 1 std. Erhitzen in schwefelsaurem CH_3OH auf 50—65° u. 2 tägigem Stehen bei 20° entstanden aus I 20% *Fluorenon*, 40% *2-Methoxybenzophenon* u. 40% *2-Aminobenzophenon*, durch 1 std. Erhitzen in Eisessig bei 100° u. 2 tägigem Stehen bei 20° 23% *Fluorenon*, 25% *2-Acetoxybenzophenon* u. 45% *2-Aminobenzophenon*. Die Identifizierung der Verbb. wurde über die Infrarotabsorptionsspektren durchgeführt. I, aus 2-Aminobenzophenon über *2-Acetamidobenzophenon* (F. 87—88,5°), das mit Nitrosylchlorid in Eisessig/Acetanhydrid in Ggw. von K-Acetat umgesetzt wird; gelbe Kristalle, unbeständig bei 20°, bei Trockentemp. mehrere Tage haltbar. (J. Amer. chem. Soc. **75.** 5117—18. 20/10. 1953. Ithaca, Cornell Univ., Baker Labor. of Chem.) K. NEZEL. 2540

R. D. Haworth und **G. N. Walker,** *Identität einiger 1-[3'.4'-Dimethoxyphenyl]-6.7-dimethoxytetralinderivate.* Ein Vgl. der FF. u. Kristallformen sowie die Best. der Misch-FF. ergaben, daß die folgenden, kürzlich von WALKER (C. **1954.** 2389 u. C. **1956.** 3286) beschriebenen *Derivv.* des *1-[3'.4'-Dimethoxyphenyl]-6.7-dimethoxy-1.2.3.4-tetrahydronaphthalins* (I) strukturell u. ster. mit den früher von HAWORTH u. Mitarbeitern (J. chem. Soc. [London] **1935.** 636; **1938.** 813 u. **1941.** 192) auf anderen Wegen synthetisierten Verbb. ident. sind: *4-Keto-2-carbonsäureäthylester*, *4-Keto-2-carbonsäure*, *2-Carbonsäure*, *4-Keto-3-formyl-2-carbonsäureäthylester*, *4-Oxy-3-oxymethyl-2-carbonsäure*, *3-Methyl-2-carbonsäure* u. *3-Oxymethyl-2-carbonsäurelacton* (II, „*α-Lacton*" von HAWORTH u. SHELDRICK) von I. Das „*β-Lacton*", dem HAWORTH u. SHELDRICK ebenfalls die Struktur II zugeschrieben hatten, erwies sich als ident. mit dem von WALKER dargestellten *3-Oxymethyl-1-[3'.4'-dimethoxyphenyl]-6.7-dimethoxy-1.4-dihydronaphthalin-2-carbonsäurelacton*. (J. Amer. chem. Soc. **76.** 3596—97. 5/7. 1954. Sheffield, Univ.; Bethesda, Md., Nat. Heart Inst., Labor of Chem. of Natural Product.) H. PRACEJUS. 2700

Lee Irvin Smith und **Philip N. Gordon,** *Cyclisierung von β-[Tetralyl-(6)]-isovaleriansäure und 6-Senecioyltetralin.* (Vgl. auch J. Amer. chem. Soc. **70.** [1948.] 2215.) Bei der Cyclisierung von β-[Tetralyl-(6)]-isovaleriansäure (I) mit 95% ig. H_2SO_4 bei Raumtemp. entsteht ein Gemisch aus *3.3-Dimethyl-5.6-[tetrahydrobenz]-hydrindon-(1)* (II) u. *-6.7-[tetrahydrobenz]-hydrindon-(1)* (III), das nur schwierig über die *2.4-Dinitrophenylhydrazone* getrennt werden kann. Die Rk. ist von der Temp. abhängig u. liefert bei niedriger Temp. überwiegend **III.** *6-Senecioyltetralin* (IV), dargestellt durch FRIEDEL-CRAFTS-Rk. von Senecioylchlorid u. Tetralin, wird mit H_2SO_4 oder $AlCl_3$ zu II u. *3.3-Dimethyl-4.5-[tetrahydrobenz]-hydrindon-(1)* cyclisiert.

V e r s u c h e: *Seneciosäure*, F. 69—70°, aus Mesityloxyd u. NaOCl; 65% (Ausbeute). — *3.3-Dimethyl-5.6-[tetrahydrobenz]-hydrindon-(1)* (II), $C_{15}H_{18}O$, F. 76—78°, a) durch 1 wöchiges Stehen von I in 95% ig. H_2SO_4, Überführung in das Dinitrophenylhydrazon u. Kristallisation aus Aceton oder Chromatographie in PAe. an Al_2O_3 u. Elution mit CCl_4; Zers. durch Hydrolyse mit 60% ig. H_2SO_4, b) analog, aber durch 2 std. Rk. bei 0°; höchstens 10% (Ausbeute); c) aus IV wie unter a). *2.4-Dinitrophenylhydrazon*, $C_{21}H_{22}O_4N_4$, F. 258—259° (Zers.), rote Kristalle. — *3.3-Dimethyl-6.7-[tetrahydrobenz]-hydrindon-(1)* (III), F. 69—70°, als Nebenprod. bei der Darst. von II, a) bzw. nach Meth. b) 90%. *2.4-Dinitrophenylhydrazon*, F. 255—258° (Zers.), orangefarbene Kristalle. *Oxim* (rein), $C_{15}H_{19}ON$, F. 144,5—146,5°. — *6-Senecioyltetralin* (IV), $C_{15}H_{18}O$, $Kp._2$

140,7—141°, aus Tetralin u. Senecioylchlorid in CS_2 mit $AlCl_3$ bei —5° (3 Std. stehen); n_D^{25} 1,5370; 9%. *2.4-Dinitrophenylhydrazon*, $C_{21}H_{22}O_4N_4$, F. 273—275°, aus Aceton rote Kristalle. — *3.3-Dimethyl-4.5-[tetrahydrobenz]-hydrindon-(1)*, $C_{15}H_{18}O$, F. 80—84° (PAe.), a) als Nebenprod. bei der Darst. von **II**, c): b) aus **IV** mit $AlCl_3$ u. HCl in CS_2. *2.4-Dinitrophenylhydrazon*, F. 273—274° (Zers.), aus Aceton rote, federartige Kristalle. — *Tetralincarbonsäure-(6)*, F. 151—153° (A.), aus 1,5 g **IV** u. $KMnO_4$ in Aceton; 0,3 g. (J. Amer. chem. Soc. **73**. 3747—49. Aug. 1951. Minneapolis, Minn., Univ., School of Chem.) H. LEHWALD. 2700

William G. Dauben, Robert C. Tweit und Robert L. MacLean, *Konfiguration und Reaktivität 9-substituierter Dekaline.* (Vgl. C. **1955**. 4790.) Im Gegensatz zu HUSSEY, LIAO u. BAKER (C. **1954**. 1473) konnten Vf. u. seine Mitarbeiter zeigen, daß die durch Hydrierung u. WOLFF-KISHNER-Red. von 2-Keto-10-carbäthoxy-$\Delta^{1,9}$-oktahydronaphthalin (**II**) nach Rekristallisation des Stereoisomerengemisches erhältliche *Dekalin-9-carbonsäure* (**I**; F. 133—134°) nicht cis-, sondern *trans*-**I** ist. Vff. fanden nun, daß ster. einheitliches *trans*-**I** besser über das durch Hydrierung u. therm. Alkoholabspaltung von **II** zugängliche *Lacton* der *trans-cis-2-Oxydekalin-10-carbonsäure* (**III**-*Lacton*) (trans-Dekalinring mit cis-ständigem OH u. COOH) u. deren *trans.trans-2-Bromderiv.* (**IX**) durch HBr-Abspaltung u. Red. gewonnen wird. Ein bei der WOLFF-KISHNER-Red. von trans-2-Keto-10-carbäthoxydekalin (**IV**) in größerer Menge entstehendes Nebenprod. erkannten Vff. als *trans*-**I**-*Hydrazid* (**V**). Es bildet sich wahrscheinlich durch intramol. N_2H_4-Übertragung aus **IV**-Hydrazon. **V** ließ sich nicht durch Rk. von trans-**I**-Methylester (**VI**) mit N_2H_4 erhalten. Es ist andererseits extrem schwer verseifbar, was auf eine starke ster. Behinderung der COOH-Gruppe des trans-**I** hinweist. Auch die alkal. Verseifung von **VI** u. die Ammonolyse von trans-**I**-Chlorid sind offenbar sehr stark ster. behindert. Im **III**-Äthylesteracetat werden dagegen beide Estergruppen durch Alkali leicht hydrolysiert. Die Hydroylse der Carbäthoxygruppe erfolgt hier wahrscheinlich über eine prim. Cyclisierung zum **III**-*Lacton*, das neben **III** aus dem Reaktionsprod. isoliert wurde. Der ster. Verlauf der Hydrierung der C=C- u. C=O-Bindung von **II** wird eingehend diskutiert. — Durch HOFMANN-Abbau von trans-**I**-Amid oder CURTIUS-Abbau von **V** erhielten Vff. *trans-9-Aminodekalin* (*trans*-**VII**), das mit dem von HÜCKEL beschriebenen trans-Amin ident. ist. Auch beim *trans-Dekalol-(9)* (*trans*-**VIII**) konnten Vff. die HÜCKELsche Konfigurationszuordnung bestätigen, indem sie dieses durch $LiAlH_4$-Red. von Δ^9-Oktalinepoxyd in ster. eindeutiger Weise darstellten. Die Ergebnisse der bereits von HÜCKEL untersuchten Desaminierung von cis- u. trans-**VII** mit HNO_2 werden bzgl. des Mechanismus u. der ster. Gegebenheiten ausführlich diskutiert. Dabei kommen Vff. zu dem Schluß, daß der Reaktionsverlauf weder den polaren Charakter der Substitution noch die energet. Verhältnisse widerspiegelt. Wesentlich für das gegenseitige Mengenverhältnis der Reaktionsprodd. (*cis*- u. *trans*-**VIII**, *$\Delta^{1,9}$-Oktalin* u. *Δ^9-Oktalin*) scheint vielmehr die Konformation der NH_2-Gruppe u. der ihr benachbarten H-Atome zu sein.

V e r s u c h e: (FF. korr.): *2-Keto-10-carbäthoxy-$\Delta^{1,9}$-oktahydronaphthalin* (**II**), Kp.$_{3,8}$ 154—156°, aus 2-Carbäthoxycyclohexanon nach DEFEU, MCQUILLIN u. ROBINSON (J. chem. Soc. [London] **1937**. 53); n_D^{25} 1,5043; 73% (Ausbeute). *Semicarbazon*, F. 205—208°. — *trans-10-Carbäthoxydekalon-(2)* (**IV**), $C_{13}H_{20}O_3$, Kp.$_{0,5}$ 111—113°, Kp.$_{3,5}$ 135—136°, aus **II** in absol. A. mit H_2 + $Pd(OH)_2/SrCO_3$; n_D^{25} 1,4829; 87%. *Semicarbazon*, $C_{14}H_{23}O_3N_3$, F. 193,5—194° (wss. A.); 96%. *2.4-Dinitrophenylhydrazon*, $C_{19}H_{24}O_6N_4$, F. 130,6—131,9° (wss. A.), durch Chromatographie an Kieselsäure-Super-Gel gereinigt. — *trans-Dekalin-9-carbonsäure* (*trans*-**I**) $C_{11}H_{18}O_2$, F. 133—134° (wss. A.), a) durch $1^1/_2$std. Rückflußkochen von **IV** mit $N_2H_4 \cdot H_2O$ u. KOH in Diäthylenglykol, Dest. bis 210° (Innentemp.) u. weiteres 16std. Kochen; 55%; b) aus **IX** mit H_2 + RANEY-Ni in CH_3OH; 86%. *Hydrazid* (**V**), $C_{11}H_{20}ON_2$, F. 139—143° (aus wss. A., dann aus CCl_4, dann sublimiert), als Alkaliunlösl. Nebenprod. des nach a) erhaltenen *trans*-**I**; 32%; wird durch 16std. Kochen mit Lauge nicht verändert. *N-Isopropylidenhydrazid*, $C_{14}H_{24}ON_2$, F. 170,7—171,9°, aus **V** mit Aceton. *Methylester* (**VI**), aus *trans*-**I** mit CH_2N_2; liefert mit absol. N_2H_4 bei 200° kein **V**. *Säurechlorid*, $C_{11}H_{17}OCl$, Kp.$_8$ 110—111°, mit $SOCl_2$; 88%. *Amid*, $C_{11}H_{19}ON$, F. 125,1—125,7° (Chlf./Hexan), durch 1std. Rk. des rohen, in Ae. gelösten Chlorids aus 1,0 g Säure mit $LiNH_2$ in fl. NH_3 bei —35°; 0,881 g. — *cis*-**I** (?, unrein), $C_{11}H_{18}O_2$, F. 85—105°, aus den Mutterlaugen von trans-**I**. — *trans-Dekalyl-(9)-carbinol*, $C_{11}H_{20}O$, Kp.$_{1,7}$ 96—100°, F. 77—78° (wss. A.), durch 4tägiges Rühren von trans-**I** mit $LiAlH_4$ in n-Dibutyläther bei 100°; 95%. *3.5-Dinitrobenzoat*, $C_{18}H_{22}O_6N_2$, F. 131—133°. *p-Tosylat*, $C_{18}H_{26}O_3S$, F. 139,7—141,7° (Bzl./Hexan); 96%. — *trans-cis-2-Oxydekalin-10-carbonsäure* (**III**), $C_{11}H_{18}O_3$, F. 152,4—152,9° (A./Hexan), durch mehrst. Kochen von 9,45 g **III**-*Äthylesteracetat* mit 6n methanol. KOH; 4,23 g neben 0,85 g des *Lactons*. *Lacton*, $C_{11}H_{16}O_2$, Kp.$_{1,7}$ 125—126°, durch Hydrierung von **IV** in absol. A. in

Ggw. von PtO_2 u. nachfolgende Dest.; 87%; oder durch Dest. von **III**; n_D^{25} 1,5000. *Äthylesteracetat*, $C_{15}H_{24}O_4$, Kp.$_{0,5}$ 172—175°, durch 4std. Rk. des rohen Hydrierungsprod. von **IV** mit Acetanhydrid bei 100°; 88%. — *trans-trans-2-Bromdekalin-10-carbonsäure* (**IX**), $C_{11}H_{17}O_2Br$, F. 157,9—158,3° (Zers.; Hexan), durch 23std. Erhitzen des **III**-Lactons mit HBr-gesätt. Eisessig auf 100°; 86,5% (bezogen auf umgesetztes Lacton). — *trans-9-Aminodekalin* (*trans*-**VII**), a) durch Zutropfen von Br_2 zu einer Lsg. von trans-**I**-Amid u. $NaOCH_3$ in CH_3OH, 20 minütiges Kochen u. Wasserdampfdest. des rohen Urethans mit CaO; 29% (isoliert als *Acetylderiv.*); b) durch Einengen einer benzol. Lsg von rohem *trans*-**I**-*Azid* (aus **V**) u. 9std. Kochen mit konz. HCl; 36% (als *Acetylderiv.*) oder 43% (als *Formiat* isoliert). *Acetylderiv.*, $C_{12}H_{21}ON$, F. 183,0—183,4° (Bzl.). *Formiat*, F. scharf zwischen 165 u. 169° (je nach Erhitzungsgeschwindigkeit). — *cis-* u. *trans-Dekalol-*(*9*) (**VIII**) (Isomerengemisch), Kp.$_6$ 83—85°, durch 3½std. Erhitzen von trans-**VII**-*Formiat* mit $NaNO_2$ in verd. CH_3COOH auf dem Dampfbad; n_D^{25} 1,4932; 19% (bezogen auf umgesetztes Amin). — Δ^9- u. $\Delta^{1,9}$-*Oktalin* (Isomerengemisch), Kp.$_{11}$ 72—74°; neben **VIII** aus trans-**VII**-Formiat; n_D^{25} 1,4957; 62% (bezogen auf umgesetztes Amin). — *9-Nitroso-10-chlordekalin*, F. 89,9—90,4° (Aceton), aus vorst. Oktalingemisch mit Äthylnitrit u. konz. HCl; blau; 34%; aus der Mutterlauge wenig $\Delta^{1,9}$-*Oktalinnitrosochlorid*, F. 112° (Zers.), farblos. —Δ^9-*Oktalinepoxyd*, Kp.$_{16}$ 88°, durch 3tägige Rk. von Δ^9-Oktalin mit Perbenzoesäure in Chlf. bei Raumtemp. im Dunkeln; n_D^{19} 1,4851; 71%. — *trans*-**VIII**, F. 50,0—51,5° (nach Reinigung über das *Chromat* sublimiert), Kp.$_{1,4}$ 61—62°, durch 12std. Einw. von äther. $LiAlH_4$ auf vorst. Verb. bei Raumtemp.; 48%. *Chromat*, F. 78—86° (aus PAe. durch Tiefkühlung), durch 3std. Rühren von **VIII** in PAe. mit wss. CrO_3; 62%. — *1.2-Bis-[trans-dekalyl-(9)]-äthylenglykol*, $C_{22}H_{38}O_2$, F. 167,7 bis 168,7° (wss. A.), durch Zutropfen einer äther. Lsg. von trans-**I**-Chlorid (aus 1,0 g trans-**I**) zu einer dunkelblauen Lsg. von Na in fl. NH_3; 0,31 g; daneben 0,36 g *trans*-**I**. (J. Amer. chem. Soc. **77**. 48—55. 5/1. 1955. Berkeley, Calif., Univ., Chem. Labor.)
H. Pracejus. 2700

Kazufumi Yagi, *Bemerkungen über aromatische Cyancarbonsäuren.* (*Ergänzung.*) Die nach Waldmann [1930] synthetisierte sogenannte *2.3-Cyannaphthoesäure* (**I**) erweist sich als ident. mit dem aus Naphthalin-2.3-dicarbonsäureanhydrid hergestellten *Naphthalin-2.3-dicarbonsäureimid*, wodurch sich die Abnormität der sogenannten **I** erklärt. Vgl. der UV-Spektren.

Versuche: *Naphthalin-2.3-dicarbonsäureimid*, $C_{12}H_7O_2N$, F. 273—274°; aus 1 g Naphthalindicarbonsäureanhydrid mit 1 g $(NH_4)_2CO_3$ bei 10 Min. Erhitzen im Sandbad auf ca. 300°, umkrist. aus sd. 94%ig. A. Farblose Schuppen. 0,8 g. (J. agric. chem. Soc. Japan [Nippon Nôgeikagaku Kaishi] **27**. 559—61. 1953. Osaka Univ. [Orig.: japan., Auszug: engl.])
L. Schuler. 2700

Harold E. Zaugg, Morris Freifelder und **Bruce W. Horrom**, *1-Phenyltetralon-(2) und 1-Phenylnaphthyl-(2)-amin.* Der Vers., 1-Phenyl-1-diäthylaminoäthyltetralon-(2) (**I**) als cycl. Analogon des Methadons zu synthetisieren, scheiterte. Aus *1-Phenyltetralon-(2)* (**II**), das aus 1-Phenyl-3.4-dihydronaphthalin mit Perbenzoesäure erhalten wurde, entstand bei der Alkylierung mit Diäthylaminoäthylchlorid + $NaNH_2$ an Stelle des erwarteten **I** nur der *Enoläther* von **II**. — Das *Oxim* von **II** erleidet bei der Einw. von Säuren u. auch bei der katalyt. Hydrierung in saurer Lsg. eine merkwürdige Dehydratisierung, die zum *1-Phenylnaphthyl-(2)amin* (**III**) führt. **III** entsteht aus **II**-*Oxim* auch unter den Bedingungen der katalyt. Dehydrierung. Eine analoge Rk. wurde beim unsubstituierten β-Tetralonoxim nicht beobachtet.

Versuche: *1-Phenyltetralon-(2)* (**II**), $C_{16}H_{14}O$, Kp.$_1$ 156—158°, durch Zutropfen von 17,4 g Perbenzoesäure in Chlf. zur Lsg. von 24 g 1-Phenyl-3.4-dihydronaphthalin in Chlf. bei —10 bis —4°, 2½std. Stehen bei 0° u. 3½std. Kochen des neutralen, vom Chlf. befreiten Reaktionsprod. mit 30%ig. H_2SO_4; n_D^{24} 1,6089; 18 g (Ausbeute). *Phenylhydrazon*, $C_{22}H_{20}N_2$, F. 146—147, 5°(W./A.). *Oxim*, $C_{16}H_{15}ON$, F. 184—185° (A./W. 20:1), 5 g (rein) aus 10 g **II**. — *Verb.* $C_{16}H_{14}O_2$ (lactonartiges Oxydationsprod. von **II** ?), F. 124 bis 125,5° (95%ig. A.), in geringen Mengen neben **II**. — *1-Phenylnaphthyl-(2)-amin* (**III**), $C_{16}H_{13}N$, F. 93—94° (Skellysolve B), a) durch 36std. Schütteln von 6g **II**-*Oxim* in HCl-haltigem A. mit Pd-Kohle bei 55° u. 35 lbs. H_2-Druck; 4,0 g *Hydrochlorid*; b) durch 65 std. Einw. von 0,25 g HCl in 200 cm³ absol. A. auf 0,5 g **II**-Oxim bei 40°; 0,27 g *Hydrochlorid*; c) durch 4std. Kochen von **II**-Oxim mit Pd-Kohle in p-Cymol, Ausbeute sehr gering; zeigt mit CH_3MgJ bei 100° 1,0, mit $LiAlH_4$ 1,94 akt. H-Atome. *Hydrochlorid*, $C_{16}H_{14}NCl$, F. 235—236° (Zers.; aus verd. HCl oder A./Ae.). *N.N-Diacetylderiv.*, $C_{20}H_{17}O_2N$, F. 105—107° (Skellysolve B), durch 3std. Kochen von 0,6 g **III** mit Acetanhydrid; 0,57 g. — *1-Phenyl-2-[β-diäthylaminoäthoxy]-3.4-dihydronaphthalin*, durch Rühren von 5 g **II** mit 3,9 g Diäthylaminoäthylchlorid + $NaNH_2$ in Toluol, erst bei

$< 35^0$, dann 5 Std. bei 90—92° u. 1 Std. bei 110°; Öl, 5,1 g (roh). *Oxalat*, $C_{22}H_{27}ON \cdot C_2H_2O_4$, F. 155—156° (absol. A.), 6,5 g (roh) bzw. 4,0 g (rein) aus 5,1 g roher Base; wird von warmer verd. wss. Säure zers., wobei keine wasserunlösl. Base entsteht. (J. org. Chemistry **15.** 1197—99. Nov. 1950. North Chicago, Ill., Abbott Labors., Organ. Res. Dep.) H. PRACEJUS. 2700

Wyman R. Vaughan und **Masao Yoshimine,** *9.10-Dihydro-9.10-methanoanthracen.* Die Darst. u. Konst. vorst. Verb. (I) ist nach den Angaben der Literatur als nicht gesichert anzusehen. Vff. können I aus Bicyclo-[2.2.1]-heptadien (II) darstellen. Die Konst. des so gewonnenen I ergab sich aus der C=C-Bande bei 1640 cm^{-1} u. der gleichmäßigen Aufnahme von 12 H-Atomen bei der katalyt. Hydrierung; bei der Chromsäureoxydation wurde kein Anthrachinon gebildet. Die formale Ähnlichkeit des UV-Spektr. von I mit dem von 9.10-Dihydro-9.10-äthanoanthracen (III) schließt eine Anthracenstruktur aus. Durch Messung der magnet. Kernresonanzspektren von I u. III konnte die Anwesenheit einer CH-Gruppe in I ausgeschlossen werden. — *1.4.4a.5.8.8a.9.9a.10.10a-Dekahydro-9.10-methanoanthracen*, $C_{15}H_{20}$, F. 54—55,5° (A.), aus II u. Butadien in Bzl. in Ggw. von Hydrochinon bei 200—205°; 9,4% (Ausbeute). — *9.10-Dihydro-9.10-methanoanthracen* (I), $C_{15}H_{12}$, F. 154,5—155,5° (A.), durch Dehydrieren vorst. Verb. in Bzl. in Ggw. von 5%ig. Pd-Kohle unter 450 lbs./sq.in. N_2 bei 230° (14 Std.); Tafeln; 19%; λ_{max} 2640, 2720 u. 2780 Å (log ε = 3,07, 3,3 bzw. 3,41, in A.). — *Perhydro-9.10-methanoanthracen*, $C_{15}H_{24}$, F. 76,5—77,8° (A.), durch Hydrieren von I in Eisessig in Ggw. von ADAMS-Katalysator; Nadeln. (J. org. Chemistry **21.** 263—64. 17/2. 1956. Ann Arbor., Mich., Univ., Dep. of Chem.) H. GOLD. 2800

S. Hünig und **K. Requardt,** *9-Amino-10-nitro-anthracen. 9-Amino-10-nitroanthracen* [$C_{14}H_{10}O_2N_2$, F. 200—201° (Isoamylalkohol)] entsteht glatt aus dem in 39%ig. Ausbeute aus 9-Nitroanthracen, Brom u. Pyridin erhältlichen *9-Nitroanthracen-10-pyridiniumbromid* beim Stehen mit Methylamin in Methanol; 89% Ausbeute. Es bildet schwarzrote Kristalle, ist sehr schwach bas. u. liefert mit Säuren u. Basen *Anthrachinon.* (Angew. Chem. **68.** 152. 21/2. 1956. Marburg, Univ., Chem. Inst.) F. SCHAUDER. 2800

Ernst D. Bergmann, Harold Davies und **Raphael Pappo,** *Dienreaktionen mit Dicyclohexenyl.* Dicyclohexenyl (I) reagiert als Dien mit Acrylnitril oder Vinylmethylketon (II) zu *9-Cyan-* (III) bzw. *9-Acetyl-$\Delta^{4a,5a}$-dodekahydrophenanthren* (IV), das auch aus III synthetisiert wird. IV geht mit Piperidin (V) die MANNICH-Rk. ein, u. das Prod. geht in der Hitze unter V-Abspaltung in das *9-Acryloylderiv.* (VI) über. In den übrigen dargestellten *Addukten* von I ist die Lage der Doppelbindung nicht bewiesen.

Versuche: *9-Cyan-$\Delta^{4a,5a}$-dodekahydrophenanthren* (III), $C_{15}H_{22}N$, F. 84° (CH_3OH), Kp.$_8$ 155—175°, durch 18std. Kochen von I u. Acrylnitril in Ggw. von Hydrochinon (VII); 23% (Ausbeute) u. 23% öliges *Isomeres. 9-Carboxamidoverb.* $C_{15}H_{23}ON$, F. 250° (Butanol), mit 50%ig. NaOH u. n-Butanol (9 Std. kochen); Nädelchen; daneben etwas *Isomeres*, F. 267°, u. *freie Säure*, $C_{15}H_{22}O_2$, F. 148—150° (CH_3COOH oder Bzl.). — *9-Cyanphenanthren* (VIII), F. 108—111° (CH_3OH), aus III u. Se bei 350° (4 Std.). Liefert zwei *Bromderivv.*, F. 80—100° (Zers.; lösl. in CH_3OH), u. F. 170—185° (Zers.). — *9-Acetyl-$\Delta^{4a,5a}$-dodekahydrophenanthren* (IV), $C_{16}H_{24}O$, F. 67—68° CH_3OH, a) aus I u. II; 90% (roh); b) aus III u. CH_3MgJ in sd. Ae. (2 Std.); 70%. *Semicarbazon*, $C_{17}H_{27}ON_3$, F. 243° (Zers.), Prismen aus wss. CH_3COOH, dann Butanol. — *9-[α-Oxyisopropyl]-dodekahydrophenanthren*, $C_{17}H_{28}O$, Kp.$_3$ 161—163°, aus IV u. CH_3MgJ; zähes Öl. — *[β-Piperidinoäthyl]-[dodekahydrophenanthryl-(9)]-ketonhydrochlorid* (IX), $C_{22}H_{36}ONCl$, F. 188—189°, durch 14std. Kochen von V in 2n Isopropanol–HCl, Paraformaldehyd, IV u. Isopropanol; seidige Kristalle aus W. oder Isopropanol; 80% (roh). *Nitrat*, $C_{22}H_{36}O_4N_2$, F. 159° (Zers.; W.), in W. mit KNO_3. *Salicylat*, $C_{29}H_{41}O_4N$, F. 130—131°, blaßgelbe Kristalle aus Aceton. IV läßt sich nicht mit Diäthylamin u. CH_2O kondensieren. — *9-Acryloyldodekahydrophenanthren* (VI), $C_{17}H_{24}O$, Kp.$_4$ 155°, aus der freien Base vorst. Verb. durch Erhitzen im Vakuum. — *9.9'-Bis-[dodekahydrophenanthryl]-keton* (?), $C_{29}H_{42}O$, F. 171—173° (Bzl.), aus VI, I u. VII (7 Std. bei 150—160° u. 6 Std. bei 160—185°); 5%. — *9-[α-Oxyisobutyryl]-dodekahydrophenanthren*, $C_{18}H_{28}O_2$, F. 92—93°, aus I, Vinyl-α-oxyisopropylketon u. VII (2 Std. bei 100°); 34%, daneben *Isomeres*, Kp.$_4$ 185°, F. 82—83° (PAe.); 22%, u. *2.2-Dimethyl-3-ketotetrahydrofuran (?)-Semicarbazon*, $C_7H_{13}O_2N_3$, F. 207°, Prismen aus Bzl.-CH_3OH. — *Dodekahydrophenanthryl-9-essigsäurecarbonsäure-(9)*, $C_{17}H_{24}O_4$, F. 199° (Zers.; PAe.), aus Itaconsäure u. I in sd. Dioxan (5 Std.); 70%. *Anhydrid*, $C_{17}H_{22}O_3$, F. 121,5° (Methylcyclohexan), bei 200° oder in sd. $(CH_3CO)_2O$. — *cis-9-Methyldodekahydrophenanthrendicarbonsäure-(9.10)-anhydrid*, $C_{17}H_{22}O_3$, F. 112,5 bis 113° (Methylcyclohexan), durch 3std. Erhitzen von Citraconsäureanhydrid u. I auf 100°; 88,8%. *trans-Disäure* (?), $C_{17}H_{24}O_4$, F. 225—226° (Zers.), durch 5std. Kochen von Mesaconsäure u. I in Dioxan; *Anhydrid*, $C_{17}H_{22}O_3$, F. 117—117,5° (PAe.). — *Addukt*

$C_{22}H_{28}$, Kp.$_{0,8}$ 225–230° (Bad), aus I u. 1.2-Dihydronaphthalin im Rohr (24 Std. bei 280°); zähes Öl, 28%. — *Tetrahydro-3.4;9.10-dibenzophenanthren*, $C_{22}H_{18}$, F. 147°, aus vorst. Verb. u. Se (20 Std. bei 320°); Prismen. — *Addukt* $C_{24}H_{28}$, Kp.$_{0,3}$ 215°, aus I u. 1-Vinylnaphthalin (24 Std. bei 250°); zähes gelbes, grün fluorescierendes Öl; 16%. — I gibt keine Rk. mit Tolan, **VIII**, β-[Phenanthryl-(9)]-acrylsäure u. den beiden nachst. Verbindungen. — *4-Methyl-1.2-dihydrophenanthren*, Kp.$_{0,6}$ 135–140°, durch 2std. Kochen des rohen Carbinols aus 4-Keto-1.2.3.4-tetrahydrophenanthren u. CH_3MgJ mit HCOOH. — *1-Methyl-3.4-dihydrophenanthren*, $C_{15}H_{14}$, F. 82° Kp.$_{0,6}$ 135–140°, analog vorst. Verb. aus 1-Keto-1.2.3.4-tetrahydrophenanthren. (J. org. Chemistry **17**. 1331–40. Okt. 1952. Rehovoth, Israel, Daniel Sieff Res. Inst.) K. LEHMSTEDT. 2850

Wilhelm Treibs, Martin Quarg und **E. J. Poppe,** *Über bi- und polycyclische Azulene.* 23. Mitt. *Synthese von Azulenen durch Ringerweiterung mit aliphatischen Diazoverbindungen „in statu nascendi“.* (22. vgl. C. **1956**. 3298.) Die Ringerweiterung von Aromaten mit Diazokomponenten gelingt mit befriedigenden Ergebnissen, wenn Diazokörper „in statu nascendi“ verwendet werden, wobei das zugetropfte Ausgangsmaterial für den Diazokörper, das N-Nitrosourethan, sofort zers. werden muß, da bei Anreicherung später explosionsartiger Zerfall eintritt. Mit N-Nitrosomethylurethan (**I**) u. -benzylurethan (**II**) wurde aus Hydrinden (**IV**) bzw. Fluoren *Azulen, 5-Phenylazulen* (**III**), *1.2-Benzazulen* u. *5-Phenyl-1.2-benzazulen* erhalten. Neben **III** wurde in geringer Menge ein *Isomeres vom F. 163–164°*, möglicherweise ein *Dimeres von* **III** (UV-Spektr.) erhalten. Rkk. mit Diazoverbb. „in statu nascendi“ ließen sich auch bei der Einw. von gelbem HgO auf Aldehydhydrazone nach CURTIUS u. RAUTENBERG [1891] durchführen, z. B. entsteht aus β-Naphthaldehydhydrazon in **IV** mit HgO bei 130° *5-[β-Naphthyl]-azulen*, wobei allerdings das sich bildende W. die Rk. stört. Die zahlenmäßig u. graph. abgebildeten UV-Spektren der Verbb. werden diskutiert.

V e r s u c h e: *Azulen*, F. 98–99° (PAe.), durch Zutropfen von **I** in **IV** zu einem sd. Gemisch von **IV**, Octanol u. Soda, Dehydrieren der nach beendeter N_2-Entw. filtrierten Lsg. mit Chloranil in der Wärme bis zur bleibenden Grünfärbung, Chromatographieren an Al_2O_3, Eluieren mit Cyclohexan, Ausschütteln mit 60%ig. H_2SO_4, Zers. des gebildeten Adduktes mit Eis u. Aufnehmen in PAe.; 12% (Ausbeute). — *1.2-Benzazulen*, F. 192° (A.), durch Zutropfen von **I** zu sd. Fluoren + Soda in Octanol, Zufügen von S zu der mit Dekalin verd. sd. Lsg. bis zur bleibenden Grünfärbung, Auflösen in Cyclohexan, Ausschütteln mit H_2SO_4 u. Aufarbeiten wie vorst.; 6,7%. — *5-Phenylazulen* (**III**), $C_{16}H_{12}$, F. 98–99°, aus **IV**, Octanol, Soda u. **II** wie vorst., Vakuumverdampfen des überschüssigen **IV**, Dehydrieren in Cyclohexan mit Chloranil, Chromatographieren, Behandeln mit H_2SO_4, Zers. u. fraktionierte Kristallisation aus PAe.; glänzende blaue Schuppen. *Bis-trinitrobenzolat*, $C_{28}H_{18}O_{12}N_6$, F. 101–102°, aus A. braune, glänzende Nadeln. Daneben als schwerer lösl. Komponente das *Dimere* (?) *von* **III**, F. 163 bis 164° (KOFLER-Block), dunkelblaue Nadeln. *Trinitrobenzolat*, $C_{22}H_{15}O_6N_3$, F. 117°, aus A. braune Nadeln. — *5-Phenyl-1.2-benzazulen*, F. 215–216°, aus Fluoren, Octanol, Soda u. **II** wie vorst. u. Dehydrieren mit S; aus A. grüne Schuppen. *Trinitrobenzolat*, $C_{26}H_{17}O_6N_3$, F. 147–148°, aus A. blauviolette Nadeln. — *β-Naphthaldehydhydrazon*, $C_{11}H_{10}N_2$, F. 151–152°, aus 44 g β-Naphthaldehyd in Ae. + 27 g 70%ig. Hydrazinhydrat in W., Stehen u. Erwärmen mit A.; perlmutterartig glänzende Blättchen; 34 g. — *5-[β-Naphthyl]-azulen*, $C_{20}H_{14}$, F. 126–129°, durch einmaliges Zufügen von 50 g gelbem HgO (Explosionsgefahr!) zu 15 g vorst. Verb. in 400 cm³ **IV** bei 130–150°, kurzes Kochen, Abtrennen des Hg, 2std. Dehydrieren des Vakuumabdampfrückstandes mit 1,5 g Chloranil, Chromatographieren, H_2SO_4-Behandlung u. Aufarbeiten wie vorst., aus PAe. blaue Rhomben. *Bis-trinitrobenzolat*, F. 191°, aus A. rotbraune Spieße. (Liebigs Ann. Chem. **598**. 32–37. 16/3. 1956. Leipzig, Univ., Inst. für organ. Chem.)
H. LEHWALD. 2950

Wilhelm Treibs und **Martin Quarg,** *Über bi- und polycyclische Azulene.* 24. Mitt. *Synthese von Azulenketonen mit Diazoketonen.* (23. vgl. vorst. Ref.) Ringerweiterung von Hydrinden (**I**) mit Diazoaceton in Ggw. von Cu u. anschließende Dehydrierung mit Chloranil führten zu *5-Acetylazulen*, das bei der NaOJ-Oxydation *Azulen-5-carbonsäure* lieferte. Analog entstand mit Diazoacetophenon *5-Benzoylazulen* u. als Nebenprod. ein *Phenacylindan*. Spektren vgl. Original.

V e r s u c h e: *5-Benzoylazulen*, $C_{17}H_{12}O$, F. 122–123° (KOFLER-Block), durch Zutropfen von Diazoacetophenon in **I** zu sd. **I** + Cu-Pulver (Vorsicht!), Zufügen von Chloranil nach beendeter N_2-Entw. bei 120–130° bis zur bleibenden Grünfärbung, Chromatographieren an Al_2O_3 u. Eluieren mit Ae.-Cyclohexan; schwarzviolette Nadeln (PAe.). Daneben ein *Phenacylindan*, $C_{17}H_{16}O$, 152–153°, aus A. Nadeln [*2.4-Dinitrophenylhydrazon*, $C_{23}H_{20}O_4N_4$, F. 191–192°, orangefarbene Nadeln. *Oxim*, $C_{17}H_{17}ON$, F. 163°,

Nadeln]. — *5-Acetylazulen*, $C_{12}H_{10}O$, F. 39°, analog vorst. Verb. aus **I** + Diazoaceton; aus PAe. schwarzviolette Nadeln. *Semicarbazon*, $C_{13}H_{13}ON_3$, F. 217—219°, aus A. stahlblaue Schuppen. (Liebigs Ann. Chem. **598**. 38—40. 16/3. 1956.)

H. LEHWALD. 2950

H. Piffko, W. Treibs und **R. Mayer**, *Über bi- und polycyclische Azulene*. 25. Mitt. *Azulensynthesen durch Ringerweiterung peralkylierter Hydrindene*. (24. vgl. vorst. Ref.) Das durch Selbstkondensation von Cyclopentanon leicht zugängliche 1.2;3.4;5.6-Tris-trimethylenbenzol (**I**) gibt bei der Ringerweiterung mit Diazoessigester ein isomeres Gemisch, aus dem nach der S-Dehydrierung *4.5;7.8-Bis-trimethylenazulen-6-carbonsäureäthylester* isoliert wurde. Analog entsteht aus **I** u. Diazomethan ein unbeständigeres *4.5;7.8-Bis-trimetylenazulen*. Auch stärker ster. behinderte Hydrindene sind der Ringerweiterung zugänglich. Das aus Truxen (Tribenzylenbenzol) durch Hydrierung entstandene Oktadekahydrotribenzylenbenzol(**II**) wurde mit Diazomethan in Ggw. von wenig Se in **IIIa** oder **IIIb**, mit Diazoessigester in **IVa** oder **IVb** verwandelt. Spektren vgl. Original.

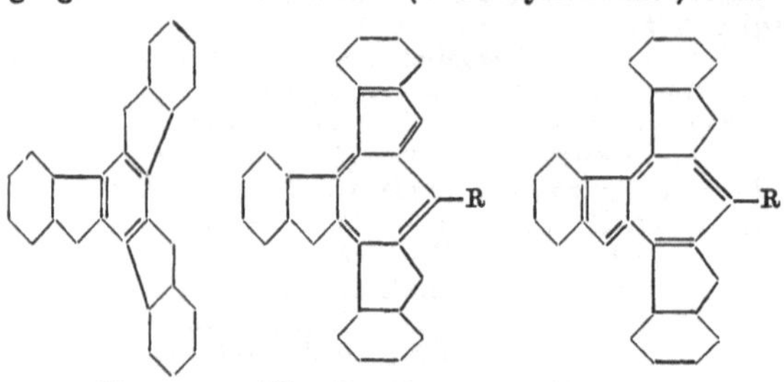

II; IIIa R = H, IVa R = $COOC_2H_5$; IIIb R = H, IVb R = $COOC_2H_5$

V e r s u c h e: *4.5;7.8-Bistrimetylenazulen-6-carbonsäureäthylester*, $C_{19}H_{20}O_2$, F. 141,5 bis 142°, durch Zutropfen von Diazoessigsäureäthylester zu **I** bei 130°, $^1/_2$ Std. Erhitzen auf 180°. Kochen des in Dekalin aufgenommenen Prod. mit S, Chromatographieren der filtrierten u. eingeengten Lsg. in Cyclohexan an Al_2O_2 u. Reinigen durch Adduktbldg. mit 50%ig. H_2SO_4; aus PAe. blaue Nadeln; löst sich in organ. Lösungsmitteln mit blauer Farbe. *Trinitrobenzolat*, $C_{25}H_{23}O_8N_3$, F. 133—134°; aus absol. A. violette Spieße. — *Oktadekahydrotribenzylenbenzol* (**II**), $C_{27}H_{36}$, F. 156—157,5° (A.), a) durch 1std. Hydrieren von Truxen in Dekalin über RANEY-Ni bei 260°/250 at u. Chromatographie; b) durch 3std. Red. von Truxen in Isoamylalkohol mit Na, Neutralisieren, Dampfdest. u. Chromatographie des Destillierrückstandes an Al_2O_3. — *Heptacycl. Azulen* **IIIa** oder **IIIb**, $C_{28}H_{34}$, durch Zutropfen von CH_2N_2 in Cyclohexan zu **II** bei 180—190° in Ggw. von wenig Se, Chromatographieren wie vorst. u. Eluieren der blauen Zone mit Cyclohexan–Ae.; blaue Flocken. — *Heptacycl. Azulencarbonsäureäthylester* **IVa** oder **IVb**, $C_{31}H_{38}O_2$, durch Zutropfen von Diazoessigsäureäthylester zu **II** bei 135—140°, $^1/_2$std. Erhitzen mit Se bei 200°, Chromatographie, Eluieren der blauen Zone, Behandeln mit 65%ig. H_2SO_4, Zers. des Adduktes mit Eis u. Chromatographie; grünblaue Masse. (Liebigs Ann. Chem. **598**. 41—45. 16/3. 1956.) H. LEHWALD. 2950

Rainer Klimke und **Wilhelm Treibs**, *Über bi- und polycyclische Azulene*. 26. Mitt. *Synthese von Azulenen durch drucklose katalytische Dehydrierung*. (25. vgl. vorst. Ref.) Bei der Cyclodehydrierung eines n- u. Isobutangemisches in einer bes. (abgebildeten) App. über einem CrO_3-Katalysator bei 600° in einer Verweilzeit von 10 Sek. entsteht *4.7-Dimethylazulen* (**I**). Während bei der analogen Dehydrierung von Butadien, dessen Entstehung bei der n-Butan-Dehydrierung festgestellt wurde, kein **I** gebildet wird, entsteht dieses in besserer Ausbeute als vorst. bei der Cyclodehydrierung eines Gemisches von n-Butan, Isobutan u. Butadien. Daneben konnte hier papierchromatograph. in geringer Menge *1.5-Dimethylazulen* festgestellt werden. — Bei der Cyclodehydrierung von Isamylen entsteht ein *Azulen* (**II**) der Zus. $C_{15}H_{18}$, möglicherweise *1-Isopropyl-4.8-dimethyl-* oder *1.4-Dimetyl-8-isopropylazulen*, dessen UV-Spektr. gegenüber dem des Guajazulens (**III**) hypsochrom verschoben ist. Aus einem Pentangemisch vom Kp. 28—35° entstanden 18% *Olefine* u. 24% Aromaten mit erheblichen Mengen *p-Cymol* u. **II**. Damit dürfte bewiesen sein, daß **III** aus dem Braunkohlenteer nicht erst während der Verschwelung aus Isopentanbausteinen, sondern durch Dehydrierung von Azulenbildnern (Proazulenen), die den Inkohlungsprozeß überdauern, entstanden ist (vgl. TREIBS u. KRUMBHOLZ, C. **1956**. 3293.). Mit den gleichen Ergebnissen wurde ferner ein Einstufenverf. angewandt, bei dem die Dehydratisierung u. Dehydrierung in einem Arbeitsgang stattfindet (UV-Spektren vgl. Original).

V e r s u c h e: Bei den Verss. wurde als Katalysator 5% CrO_3 enthaltendes, 10 Std. bei 600° mit N_2 bespültes Al_2O_3 verwendet, der eine größere Lebensdauer hat als das maximal wirksame 25%ig. CrO_3-Al_2O_3-Gemisch. Nach 30std. Anwendung wurde der Katalysator durch Erhitzen im Luftstrom bei 700° regeneriert. — *4.7-Dimethylazulen* (**I**), $C_{12}H_{12}$, Kp.$_{10}$ 110—118°, a) durch stündliches Überleiten von 58 g n-Butan–Isobutan.

(1:1-Gemisch) bei 600°/10,2 Sek. (Verweilzeit), Chromatographieren des grünblaugefärbten Kondensates, Ausschütteln mit 60% ig. H_2SO_4, Zers. mit Eis u. erneute Chromatographie; D^{20}_4 1,0361; n_D^{20} 1,5678; violettes Öl. *Trinitrobenzolat*, F. 161—162°, schwarzbraune Nadeln. b) Analog aus einem 3:1-Gemisch von Isobutan–Butadien bei 500°/8 Sekunden. — *Isoamylen*, durch Überleiten von Isoamylalkohol über gefälltes γ-Al_2O_3 bei 550°/4,7 Sek. u. Reinigen durch Ausschütteln mit 60% ig. H_2SO_4; 90% bzw. 65% (Ausbeute). — **II**, $C_{15}H_{18}$, a) durch Cyclodehydrieren von stündlich 70 g vorst. Verb. bei 600°/10,2 Sek.; b) durch Rk. von stündlich 72 g Pentan wie a). *Trinitrobenzolat*, F. 147—148°, braune Nadeln. Daneben entstand *p-Cymol*, Kp. 177°; D.$^{20}_4$ 0,8581; n_D^{20} 1,49905; gibt bei der $KMnO_4$-Oxydation *p-Oxyisopropylbenzoesäure*. — *1.5-Dimethylazulen, Trinitrobenzolat*, $C_{18}H_{15}O_6N_3$, F. 152° (PAe.), aus einem bei der techn. Butan-Dehydrierung anfallenden Dimethylazulengemisch durch Rk. mit Trinitrobenzol u. Papierchromatographie. (Liebigs Ann. Chem. **598**. 46—50. 16/3. 1956.) H. Lehwald. 2950

R. M. Lagidse und **A. I. Dwalischwili**, *Alkylierung von Benzol mit dem Diacetat von 1.1'-Äthinylen-bis-cyclopentanol in Gegenwart von wasserfreiem $AlCl_3$.* Bei der Rk. des Diacetats (I) von Bis-[1-oxycyclopentyl-(1)]-acetylen (1.1'-Äthinylen-bis-cyclopentanol) mit Bzl. in Ggw. von $AlCl_3$ erhält man eine *Verb. $C_{18}H_{20}$* (II), deren Konst. vielleicht nebenst. Formel entspricht. **II** läßt sich bei gewöhnlicher Temp. an Pt nicht hydrieren, entfärbt nicht Bromwasser u. verd. alkal. $KMnO_4$-Lsg. u. gibt beim Oxydieren mit CrO_3 in Eisessig *Benzoe-, Glutar-* u. *Phthalsäure.* Ein weiteres Kondensationsprod. ist *1-Acetoxy-2-phenyl-1.2-bis-[cyclopentyliden]-äthan* (III), das aus I unter Änderung der Bindungen gebildet wird. Trotzdem **III** durch intramol. Cyclisierung **II** liefert, wird die zunächst naheliegende Formulierung von **II** als 1.2-Bis-[cyclopentyliden]-3.4-benzocyclobutan in Anbetracht des inerten Charakters von **II** für unwahrscheinlich gehalten. Ferner befindet sich unter den Reaktionsprodd. von **I** mit $AlCl_3$ in Bzl. *1-Chlor-2-acetoxy-1.2-bis-[cyclopentyliden]-äthan* (IV), das ohne Mitwrkg. von Bzl. entsteht u. auch aus **I** u. $AlCl_3$ in Ligroin erhalten wird.

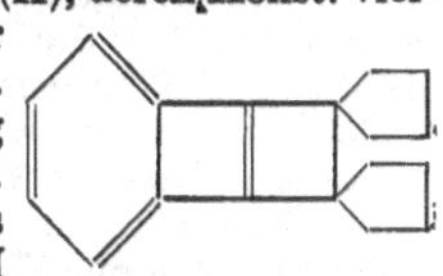

Versuche: *Bis-[1-oxycyclopentyl-(1)]-acetylen*, F. 110—111°; aus Cyclopentanon u. BrMgC≡CMgBr. *Diacetat* (I), F. 43—44°; Kp.$_{2-3}$ 132—133°. — Rk. von **I** mit Bzl. + $AlCl_3$: man läßt zu 120 ml Bzl. + 25 g $AlCl_3$ unter Rühren bei 16—20° (Eiskühlung) 25 g **I** in 40 ml Bzl. zutropfen, erwärmt innerhalb einiger Std. auf 75—80° u. erhält 25,73 g Reaktionsprod., das bei 1—1,5 mm fraktioniert wird; die von 155—180° sd. Fraktion (4,8 g) wird mit Aceton behandelt, wobei sie zu 3/4 ihrer Gewichtsmenge Kristalle von **II** liefert; **III** ist die Fraktion (16—20% vom Reaktionsprod.) vom Kp.$_{1-2}$ 137—140°, **IV** die Fraktion (10—12%) vom Kp.$_{1-1,5}$ 113—115°; in einer Fraktion vom Kp.$_{1,5-2}$ 69—71° wird eine Verb. vermutet, die durch Abspaltung von HCl aus [1-Chlorcyclopentyl-(1)]-[1-acetoxycyclopentyl-(1)]-acetylen entsteht. — *Verb. $C_{18}H_{20}$* (II), F. 83—83,7° (A.); aus **III** in Ggw. von $AlCl_3$ in Ligroin bei 80—90° wird die Verb. nach Chromatographieren in PAe. an Al_2O_3 rein erhalten. — *1-Chlor-2-acetoxy-1.2-bis-[cyclopentyliden]-äthan* (IV), $C_{14}H_{19}O_2Cl$, Kp.$_{1-1,5}$ 113—115°; n_D^{20} 1,5184; entfärbt augenblicklich Bromwasser u. verd. alkal. $KMnO_4$-Lsg.; Rk. auf 3fache Bindung negativ; unter den Prodd. der $KMnO_4$-Oxydation befinden sich *Glutarsäure* u. *Oxalsäure*. — *1-Acetoxy-2-phenyl-1.2-bis-[cyclopentyliden]-äthan* (III), $C_{20}H_{24}O_2$, Kp.$_{1-2}$ 137—140°; D.$^{20}_4$ 1,0814; n_D^{20} 1,5445; entfärbt Bromwasser u. verd. alkal. $KMnO_4$-Lsg.; nimmt beim Hydrieren (Pt-Schwarz; absol. A.) 2 Mol H_2 auf; bei der Oxydation mit CrO_3 in Eisessig entstehen *Benzoesäure* u. *Oxalsäure*. (Сообщения Академии Наук Грузинской ССР [Mitt. Akad. Wiss. GrusinSSR] **16**. 205—12. 1955. Tbilissi, Chem. Melikischili-Inst. der Akad. der Wiss. der GrusinSSR.)
O. Pollak v. Emhofen. 2950

Charles Dufraisse, André Étienne und **Jaime Valls**, *Strukturbestimmung von acht Methoxytetraphenylnaphthacenen.* Vff. bestimmten die Konst. von verschied. *Polymethoxyrubrenen*, die durch Dimerisierung von p-Methoxytriphenylpropargylalkoholen erhalten worden waren (vgl. C. R. hebd. Séances Acad. Sci. **239**. [1954.] 1101) durch Unters. des chromatograph. Verh., der FF. u. der Absorptionsspektren im Sichtbaren. Aus allen drei Methoden konnten dieselben Ergebnisse für die Verbb. erhalten werden. Danach ist das Dimethoxyrubren vom F. 252° aus 3-[p-Methoxyphenyl]-1.1-diphenylpropargylalkohol als *10.11-Diphenyl-9.12-di-p-anisylnaphthacen* (I), das Tetramethoxyrubren vom F. 257° aus 1.1-Di-[p-anisyl]-3-phenylpropargylalkohol als *10.11-Diphenyl-9.12-di-p-anisyl-2.6-dimethoxynaphthacen* u. das Hexamethoxyrubren, F. 255°, aus 1.1.3-Tris-[p-anisyl]-propargylalkohol als *9.10.11.12-Tetrakis-[p-anisyl]-2.6-dimethoxynaphthacen* aufzufassen. Aus 1.3-Diphenyl-1-p-anisylpropargylalkohol entstehen nebeneinander *2.6-Dimethoxyrubren* (F. 259°), *2-Methoxy-9-p-anisyl-10.11.12-triphenylnaphthacen* (F. 227°) u. **I**, aus 1.3-Di-[p-anisyl]-1-phenylpropargylalkohol analog *2.6-Dimethoxy-9.12-diphenyl-10.11-di-[p-anisyl]-naphthacen* (F. 250°), *2-Methoxy-9.10.11-tris-[p-anisyl]-12-phe-*

nylnaphthacen (F. 226°) u. *9.10.11.12-Tetrakis-[p-anisyl]-naphthacen* (F. 282°). (C. R. hebd. Séances Acad. Sci. **240**. 2097–2100. 1/6. 1955. M.-L. KLAAR. 2950

W. I. Panssewitsch-Koljada und **S. B. Ideltschik,** *Untersuchungen auf dem Gebiet der Oxidoverbindungen.* 6. Mitt. *Eigenschaften der α-Oxyde der Allyl- und Propenylderivate von m- und p-Kresol und Guajacol.* (5. vgl. Журнал Общей Химии [J. allg. Chem.] **25** (**87**). [1955.] 2090.) Durch die CLAISENsche Umlagerung werden aus m-Kresolallyläther (**I**), p-Kresolallyläther (**II**) u. Guajacolallyläther (**III**) *o-Allyl-m-kresol* (*3-Methyl-6-allylphenol*; **IV**), *o-Allyl-p-kresol* (*4-Methyl-2-allylphenol*; **V**) u. *o-Eugenol* (*2-Methoxy-6-allylphenol*; **VI**) hergestellt. **IV**, **V** u. **VI** werden zu den entsprechenden Propenylverbb.: *o-Propenyl-m-kresol* (*3-Methyl-6-propenylphenol*; **VII**), *o-Propenyl-p-kresol* (*4-Methyl-2-propenylphenol*; **VIII**) u. *o-Isoeugenol* (*2-Methoxy-6-propenylphenol*; **IX**) isomerisiert. Vorst. Allyl- u. Propenylverbb., mit Ausnahme von **I**, werden mit Acetylhydroperoxyd behandelt. Aus **II** entsteht *1-[p-Tolyloxy]-2.3-oxidopropan*, aus **III** *1-[o-Methoxyphenoxy]-2.3-oxidopropan*, aus **IV** *3-Methyl-6-[2'.3'-oxidopropyl]-phenol* (**X**), aus **V** *4-Methyl-2-[2'.3'-oxidopropyl]-phenol* (**XI**), aus **VI** *2-Methoxy-6-[2'.3'-oxidopropyl]-phenol* (**XII**), aus **VII** *3-Methyl-6-[1'.2'-oxidopropyl]-phenol* (**XIII**) u. aus **IX** *2-Methoxy-6-[1'.2'-oxidopropyl]-phenol* (**XIV**). Aus **VIII** entstehen beim Behandeln mit Acetylhydroperoxyd — wahrscheinlich über die entsprechende Oxidoverb. — *2.5-Dimethylbenzofuran*, *1-Acetoxy-1-[3'-methyl-6'-oxyphenyl]-propanol-(2)* u. hieraus durch Abspaltung von W. *2.5-Dimethyl-3-acetoxy-2.3-dihydrobenzofuran.* Einige der Oxidoverbb. werden mit dehydratisierenden Mitteln behandelt (vgl. C. **1955.** 4813). Bei der Einw. von $(CH_3CO)_2O$ auf **XI**, **XII** u. **XIV** bleibt der Oxidoring erhalten u. nur das phenol. OH wird acetyliert. **XIV** gibt beim Erhitzen mit $KHSO_4$ auf dem Wasserbad *2-Methyl-7-methoxybenzofuran.* **XIII** geht beim Aufbewahren im Exsiccator über H_2SO_4 unter Abspaltung von W. in *2.6-Dimethylbenzofuran* über (Zwischenprod. 3-Methyl-6-[2'-oxypropen-(1')-yl-(1')]-phenol ?); hiermit ist gleichzeitig die Identität von **IV**, **VII** u. **XIII** gesichert; denn bei der Umlagerung von **I** mußte mit der Möglichkeit gerechnet werden, daß sich nicht **IV**, sondern das isomere 3-Methyl-2-allylphenol bildet.

Versuche: *m-Kresolallyläther* (**I**), Kp.$_3$ 81–84°; D.$^{20}_4$ 0,9687; n_D^{20} 1,5180. — *o-Allyl-m-kresol* (**IV**), $C_{10}H_{12}O$, Kp.$_4$ 100°; durch 3std. Kochen von **I** im CO_2-Strom; D.$^{20}_4$ 1,0180; n_D^{20} 1,5420. — *3-Methyl-6-[2'.3'-oxidopropyl]-phenol* (**X**), $C_{10}H_{12}O_2$, Kp.$_{1,5}$ 108°; man gibt zu 15 g **IV** in 40 ml absol. Ae. bei 20–25° 8,6 g 95,3%ig. Acetylhydroperoxyd; dunkelrotes Öl; D.$^{20}_4$ 1,1365; n_D^{20} 1,5510; 3,5 g (Ausbeute). — *o-Propenyl-m-kresol* (**VII**), Kp.$_4$ 99°; aus **IV** durch Erwärmen in methanol. KOH; D.$^{20}_4$ 1,0185; n_D^{20} 1,5492. — *3-Methyl-6-[1'.2'-oxidopropyl]-phenol* (**XIII**), $C_{10}H_{12}O_2$, Kp.$_5$ 135–140°; aus **VII**; bewegliche Fl.; D.$^{20}_4$ 1,1074; n_D^{20} 1,5455; 3 g aus 8 g. — *2.6-Dimethylbenzofuran*, $C_{10}H_{10}O$, Kp.$_5$ 72–82°; aus **XIII** bei 48std. Aufbewahren im Exsiccator über H_2SO_4; D.$^{20}_4$ 1,0325; n_D^{20} 1,5480; 1 g aus 2 g. *Pikrat*, F. 56–58°. — *p-Kresolallyläther* (**II**), Kp.$_{17}$ 102°; D.$^{20}_4$ 0,9726; n_D^{20} 1,5204. — *1-[p-Tolyloxy]-2.3-oxidopropan*, $C_{10}H_{12}O_2$, Kp.$_5$ 115–117°; aus **II** bei einer Reaktionsdauer von 12 Tagen; Öl; D.$^{20}_4$ 1,0831; n_D^{20} 1,5258; 17 g aus 40 g. — *o-Allyl-p-kresol* (**V**), $C_{10}H_{12}O$, Kp.$_2$ 79–80°; man erhitzt **II** 14 Std. auf 200° im CO_2-Strom; D.$^{20}_4$ 1,0120; n_D^{20} 1,5405; 88%. — *4-Methyl-2-[2'.3'-oxydopropyl]-phenol* (**XI**), $C_{10}H_{12}O_2$, Kp.$_4$ 129°; aus **V**; Öl; D.$^{20}_4$ 1,1307; n_D^{20} 1,5485; 17 g aus 40 g. *Acetat*, $C_{12}H_{14}O_3$, Kp.$_{13}$ 160°; durch 4std. Kochen von 3 g **XI** mit 10 g $(CH_3CO)_2O$; D.$^{20}_4$ 1,1510; n_D^{20} 1,5200; 1 g. — *o-Propenyl-p-kresol* (**VIII**), Kp.$_4$ 101–106°; aus **V**; D.$^{20}_4$ 1,0230; n_D^{20} 1,5688. — *1-Acetoxy-1-[3'-methyl-6'-oxyphenyl]-propanol-(2)*, $C_{12}H_{16}O_4$, F. 143° (im geschlossenen Röhrchen); aus 37 g **VIII** in 80 ml Ae. mit 20 g Acetylhydroperoxyd in 2 Tagen; Kristalle; 1 g neben *2.5-Dimethylbenzofuran*, $C_{10}H_{10}O$, Kp.$_5$ 77°; D.$^{20}_4$ 1,0328; n_D^{20} 1,5469 (*Pikrat*, F. 70–72°) u. *2.5-Dimethyl-3-acetoxy-2.3-dihydrobenzofuran*, $C_{12}H_{14}O_3$, Kp.$_4$ 140°; Öl; D.$^{20}_4$ 1,1241; n_D^{20} 1,5425 (*Pikrat*, F. 68°). — *Guajacolallyläther* (**III**), Kp.$_8$ 114,5°; D.$^{20}_4$ 1,0540; n_D^{20} 1,5338. — *1-[o-Methoxyphenoxy]-2.3-oxidopropan*, $C_{10}H_{12}O_3$, Kp.$_5$ 138°; aus **III** bei einer Reaktionsdauer von 12 Tagen; D.$^{20}_4$ 1,1630; n_D^{20} 1,5390; 9,1 g neben viel unverbrauchtem **III**. — *o-Eugenol* (**VI**), Kp.$_{26}$ 152°; aus **III** (3½ Std.; 240°; CO_2); D.$^{20}_4$ 1,0671; n_D^{20} 1,5395; 80%. — *2-Methoxy-6-[2'.3'-oxidopropyl]-phenol* (**XII**), $C_{10}H_{12}O_3$, Kp.$_5$ 153–158°; aus **VI**; D.$^{20}_4$ 1,2090; n_D^{20} 1,5545; 12 g aus 40 g *Acetat*, $C_{12}H_{14}O_4$, Kp.$_5$ 163–164°; aus **XII** bei 2½std. Kochen mit $(CH_3CO)_2O$; D.$^{20}_4$ 1,1980; n_D^{20} 1,5293. — *o-Isoeugenol* (**IX**), F. 72° (Hexan). — *2-Methoxy-6-[1'.2'-oxidopropyl]-phenol* (**XIV**), $C_{10}H_{12}O_3$, F. 88–89° (Bzl.); 12 g aus 30 g **IX**. *Acetat*, $C_{12}H_{14}O_4$, Kp.$_5$ 158°; D.$^{20}_4$ 1,1565; n_D^{20} 1,5230. (Журнал Общей Химии [J. allg. Chem.] **25** (**87**). 2215–22. Nov. 1955. Inst. für Chem. der Akad. der Wiss. der WeißrussSSR.)

O. POLLAK V. EMHOFEN. 3030

William L. Yost und **Alfred Burger,** *Umlagerung von 3-Phenylphthalidyl-(3)-malonsäurediäthylester in Derivate der 3-Phenylindoncarbonsäure-(2).* Die Kondensation des Pseudochlorids der o-Benzoylbenzoesäure mit Äthoxymagnesiummalonsäureäthylester liefert *3-Phenylindoncarbonsäure-(2)-äthylester* (I) u. *3-Phenylphthalidyl-(3)-malonsäurediäthylester* (II), der sich beim Erwärmen mit verd. Na_2CO_3-Lsg. in I umlagert. Säurehydrolyse von II liefert die rote *3-Phenylindoncarbonsäure-(2)* (III), während bei der Hydrolyse mit alkoh. KOH wenig *3-Phenylphthalidyl-(3)-essigsäure* erhalten wird, die auch durch Oxydation von *3-Allyl-3-phenylphthalid* (IV) gewonnen werden kann. Die cycl. Struktur von IV wurde durch Vgl. des UV-Spektr. mit dem von 3-Methyl-3-phenylphthalid u. Phthalid bestätigt. Die Struktur von I wurde durch Hydrierung, Hydrolyse u. Decarboxylierung zum bekannten *3-Phenylindanon-(1)* bewiesen, das auch durch Hydrierung u. gleichzeitige Decarboxylierung von III sowie durch Cyclisierung von β.β-Diphenylpropionsäure erhalten wird. Ein Mechanismus für die Umlagerung wird diskutiert.

V e r s u c h e: *3-Phenylphthalidyl-(3)-malonsäurediäthylester* (II), $C_{21}H_{20}O_6$, F. 77 bis 79° (Ae.), aus *o-Benzoylbenzoesäurepseudochlorid* (aus der Ketosäure u. $SOCl_2$) u. Äthoxymagnesiummalonsäurediäthylester in absol. Ae. (1 Std. unter Rückfluß u. Stehen über Nacht) u. Zers. mit 37%ig. H_2SO_4; 24% (Ausbeute), daneben 23,4% I. — *3-Phenylindoncarbonsäure-(2)-äthylester* (I), $C_{18}H_{14}O_3$, F. 87—88°, aus II mit 10%ig. wss. Na_2CO_3 (20 Min. bei 50°) u. Neutralisieren mit 6n HCl; aus absol. Ae. tiefgelbe Kristalle; 88,8%. *Freie Säure* (III), $C_{16}H_{10}O_3$, F. 153,5—156°, durch Erhitzen von II in Eisessig in Ggw. von konz. H_2SO_4; aus 50%ig. A. rote Nadeln. — *3-Phenylindanon-(1)-semicarbazon*, $C_{16}H_{15}ON_3$, F. 218,5—220,5° (Sintern bei 212°), a) durch Hydrieren von I in absol. A. bei 34° in Ggw. von RANEY-Ni, Hydrolyse des rohen *3-Phenylindanoncarbonsäure-(2)-äthylesters*, F. 86—87,5°, in Eisessig in Ggw. von 50%ig. H_2SO_4 (1 Std. bei 90°) u. Überführen des rohen *Ketons* in das Semicarbazon; b) durch Hydrieren von III in absol. A. bei 34° in Ggw. von $PdCl_2$ unter Decarboxylierung u. Überführen in das Semicarbazon. — *3-Phenylphthalidyl-(3)-essigsäure*, $C_{16}H_{12}O_4$, F. 175—177° (wss. A.), a) aus II in absol. A. mit 40%ig. wss. KOH (1 Std. unter Rückfluß); b) aus IV mit wss. $KMnO_4$ (35 Min. unter Rückfluß. — *3-Allyl-3-phenylphthalid* (IV), $C_{17}H_{14}O_2$, $Kp._{0,2}$ 153—154°, aus Allyl-MgCl u. o-Benzoylbenzoesäure in absol. Ae., nach Abdest. des Ae. u. Zusatz von Bzl. 11 Std. bei 80°; n_D^{25} 1,5848; 57,1% (roh). (J. org. Chemistry **15**. 1113—18. Sept. 1950. Charlottesville, Va., Univ. of Virginia, Cobb. Chem. Labor.) R. LORENZ. 3061

Wolfgang Riedl, *Synthesen in der Reihe des 2.4.5.7-Tetraoxydiphenylenoxyds. 1. Mitt. über Usninsäure.* Vf. synthetisierte *2.4.5.7-Tetraoxydiphenylenoxyd* (I) mit dem Ziel, daraus 3-Desmethylusninsäure zu gewinnen. Durch Jodierung von Phloroglucintrimethyläther erhaltenes *2.4.6-Trimethoxyjodbenzol* liefert mit Cu nach ULLMANN *Diphloroglucinhexamethyläther*. Durch Entmethylieren u. Wasserabspaltung aus dem intermediär gebildeten *Diphloroglucin* entsteht I.

V e r s u c h e: *Phloroglucintrimethyläther*, aus Phloroglucin mit Alkali u. Dimethylsulfat in Aceton–W. bei p_H 8—9; 85% (Ausbeute). — *2.4.6-Trimethoxyjodbenzol*, $C_9H_{11}O_3J$, F. 119—121°, aus vorst. Verb. mit J_2 u. HgO, a) in A. (4 Tage schütteln); rötliche Nadeln aus Hexan; 66%; b) in der Schmelze bei 70° u. Temperatursteigerung bis 120° innerhalb 20 Min.; 79%. Bei einem Ansatz nach b) trat bei 100° unter Entw. von J_2 Zers. ein. — *2.4.6.2'.4'.6'-Hexamethoxydiphenyl* (*Diphloroglucinhexamethyläther*) $C_{18}H_{22}O_6$, F. 156°, a) aus vorst. Verb. u. Naturkupfer C bei 230—270° (6 Std.); Nadeln nach Sublimation bei 120°/0,01 mm; b) aus 2.4.6-Trimethoxybrombenzol (F. 99°) u. Naturkupfer C bei 270—305°; 24%. — *3.5.3'.5'-Tetrabromderiv.*, $C_{18}H_{18}O_6Br_4$, F. 189—190°, mit Br_2 in Chlf. bei —10°; nach Sublimation bei 170°/0,01 mm derbe Prismen; 76%. — *2.4.5.7-Tetraoxydiphenylenoxyd* (I), $C_{12}H_8O_5$, Zers. bei 320° (W.), aus vorst. Verb. u. HJ (D. 1,7) bei 40—45°; 95%. *Tetraacetat*, $C_{20}H_{16}O_9$, F. 196—198°, mit Essigsäureanhydrid, Pyridin u. Zn-Staub (5—10 Min. unter Rückfluß); sublimiert bei 160—170°/0,01. *Tetramethyläther*, $C_{16}H_{16}O_5$, F. 118—119°, nach Sublimation feine, kurze Nadeln (*Tetrabromderiv.*, $C_{16}H_{12}O_5Br_4$, F. 167—168°, rechteckige Kristalle aus Methanol). (Liebigs Ann. Chem. **597**. 148—52. 23/12. 1955. München, TH, Organ.-chem. Inst.) H. LEUBE. 3061

Ja. L. Goldfarb und **M. L. Kirmalowa**, *Synthese und Eigenschaften einiger Derivate von Bis-[thienyl-(2)]-methan.* (Vgl. C. **1956**. 5816.) Bei der Einw. von n-Butyl-Li auf Bis-[thienyl-(2)]-methan (I) entstehen je nach dem Mengenverhältnis (1: 1 oder 2: 1 hauptsächlich 5-Li- bzw. 5.5'-Di-Li-bis-[thienyl-(2)]-methan, die mit Äthylenoxyd unter Bldg. von *5-[β-Oxyäthyl]-bis-[thienyl-(2)]-methan* (II) bzw. *Bis-[5-(β-oxyäthyl)-thienyl-(2)]-methan* (III) reagieren. Die Struktur von II u. III wurde durch Hydrierung an RANEY-Ni zu *Undecylalkohol* bzw. *Tridecandiol-(1.13)* bewiesen. Das 5-Li-Deriv. von I gibt mit CO_2 *5-Carboxy-bis-[thienyl-(2)]-methan*, das über Ni zu *Caprinsäure* hydriert wird. Das 5.5'-Di-Li-Deriv. gibt mit CO_2 ein Gemisch von Mono- u. Dicarbonsäuren, deren Trennung nicht gelang. Daneben entsteht wenig *5-Valeroyl-bis-[thienyl-(2)]-methan*.

V e r s u c h e: *5-[β-Oxyäthyl]-bis-[thienyl-(2)]-methan* (II), $C_{11}H_{12}OS_2$, $Kp._3$ 188 bis 190°; man gibt zu einer Lsg. von 0,03 Mol I in Ae. bei —5 bis 0° 0,03 Mol n-Butyl-Li in Ae., rührt 20 Min., setzt bei 0° 0,05 Mol Äthylenoxyd in Ae. zu u. zers. das Gemisch mit A. u. angesäuertem W.; 73,6% (Ausbeute . *Phenylurethan*, $C_{18}H_{17}O_2NS_2$, F. 73,5—74° (A.). Daneben III; 13,1%. — *Bis-[5-(β-oxyäthyl)-thienyl-(2)]-methan* (III), $C_{13}H_{16}O_2S_2$, F. 50—51° (Ae.); Kp.$_2$ 221—231°; a) analog Vorst. aus 0,05 Mol I, 0,11 Mol n-Butyl-Li u. 0,15 Mol Äthylenoxyd; 77%; b) man gibt 5,2 g 2-[β-Oxyäthyl]-thiophen bei —30° zu 55 g konz. H_2SO_4 in 65 ml W., gibt 3 ml 35%ig. Formalin zu u. schüttelt 5 Std. bei Zimmertemperatur. *Phenylurethan*, $C_{27}H_{26}O_4N_2S_2$, F. 140,5—141° (A.). Daneben II; 12,5%. II wird in A. an RANEY-Ni (3 Std. kochen) zu *Undecylalkohol* [$C_{11}H_{24}O$, Kp.$_6$ 118 bis 120°; n_D^{23} 1,4403; *Phenylurethan*, F. 61—62° (A.)] hydriert, III zu *Tridecandiol-(1.13)*, $C_{13}H_{28}O_2$, F. 76° (Ae.). — *5-Carboxy-bis-[thienyl-(2)]-methan*, $C_{10}H_8O_2S_2$, F. 104—105° (W. u. 50%ig A.); aus I u. n-Butyl-Li (1: 1) u. Gießen des 5-Li-Deriv. auf ein Trockeneis-Ae.-Gemisch; 71%. Gibt bei der Hydrierung in wss. Soda an RANEY-Ni (1 Std. bei 80—90°) *Caprinsäure*. — Bei der Rk. des I-5.5'-Di-Li-Deriv. mit CO_2 erhält man ein Gemisch aus *Mono-* u. *Dicarbonsäuren* u. wenig *5-Valeroyl-bis-[thienyl-(2)]-methan* [identifiziert als *2.4-Dinitrophenylhydrazon*, $C_{20}H_{20}O_4N_4S_2$, F. 112° (A.)]. — *2-[β-Oxyäthyl]-thiophen*, Kp.$_{37}$ 98—102°; aus Thiophen, n-Butyl-Li u. Äthylenoxyd; n_D^{20} 1,5445; 78%; *Phenylurethan*, $C_{13}H_{13}O_2NS$, F. 60,5° (A. + PAe.). Daneben wenig *2.5-Bis-[β-oxyäthyl]-thiophen*; *Phenylurethan*, $C_{22}H_{22}O_4N_2S$, F. 154,5—155° (A.). (Журнал Общей Химии [J. allg. Chem.] **25** **(87)**. 1373—77. Juli 1955. Inst. für organ. Chem. der Akad. der Wiss. der UdSSR.) O. POLLAK v. EMHOFEN. 3071

Paul B. Hamilton, *Prolin: Synthese aus Ornithin, Citrullin oder Arginin.* Durch NOCl wird die NH_2-Gruppe von α-Aminosäuren leicht gegen Cl ausgetauscht, während die δ-NH_2- bzw. δ-NH_2·C(NH)·NH-Gruppe von Ornithin (**I**) bzw. Arginin (**II**) sowie die δ-NH_2CONH-Gruppe von Citrullin (**III**), weit weniger angegriffen wird. Aus **I** erhaltene *α-Chlor-δ-amino-n-valeriansäure* (**IV**) wurde durch Erhitzen in alkal. Lsg. bzw. in W. in *Prolin* (**VI**), bei 165° im Vakuum teilweise in *3-Chlorpiperidon-(2)* übergeführt. Aus **II** erhaltene *α-Chlor-δ-guanidino-n-valeriansäure* (**V**) gibt beim Erhitzen in W. *α-Oxy-δ-guanidino-n-valeriansäure*, in überschüssiger n-NaOH *N-Guanylprolin* (**VII**). Die aus *L*-**I** oder *L*-**II** mit NOCl bei 110° erhaltene **IV** bzw. **V** war opt.-inakt., bei 60° erhaltene linksdrehend. Alkal. Lsgg. von *l*-**IV** oder *l*-**V** wurden stark rechtsdrehend (Bldg. von *D*-**VI**). Während **IV** bzw. **V** aus *L*-**I** u. *L*-**II** die *L*-Konfiguration beibehalten, tritt beim Ringschluß zu **VI** bzw. **VII** WALDENsche Umkehrung ein.

Versuche (FF. korr.): *dl-α-Chlor-δ-amino-n-valeriansäure* (*dl*-**IV**), $C_5H_{10}O_2NCl$, F. 163—164° (90%ig. A. oder Aceton-W.), aus *DL*- oder *L*-**I**-Monohydrochlorid sowie aus *DL*-**III** durch Eindampfen einer Lsg. in 9n HCl mit einer zentrifugierten Lsg. von $AgNO_2$ in n-HCl; 72% (Ausbeute). *l*-**IV**, $[\alpha]_D^{25}$ —3,9° (c = 19,3%; W.), analog aus *L*-**I**, aber bei 60°. — *Piperidon-(2)-hydrochlorid*, F. 115° (A.-Ae.), aus **IV** mit Zn-Amalgam in sd. HCl. — *Prolin* (*DL*-**VI**), $C_5H_9O_2N$, F. 210° (A.-Ae.), aus *dl*-**IV** durch kurzes Erhitzen mit 0,5n $Ba(OH)_2$; 98% (*Phenylhydantoinsäurederiv.*, F. 176°. *Phenylhydantoinderiv.*, F. 118°). *D*-**VI**, F. 206°, $[\alpha]_D^{25}$ +74° (7,57% in W.), analog aus *l*-**IV**, *L*-**VI**-*Monohydrochlorid*, F. 115°, *Bis-[L-VI]-Monohydrochlorid*, F. 159° (A.-Ae.). *Bis-[DL-VI]-monohydrochlorid*, F. 200° (A.-Ae.). — *3-Chlorpiperidon-(2)*, C_5H_8ONCl, F. 121—122°, aus *dl*-**IV** durch Erhitzen auf 165° im Vakuum, wobei ein wachsartiges Material sublimiert; Nadeln aus Ae.-PAe.; ca. 25%, neben 66% *DL*-**VI**, gibt beim Erhitzen mit gesätt. $Ba(OH)_2$-Lsg. 62% *DL*-**VI**. — *L-Prolinphenylhydantoinsäure*, F. 172° (W.). — *L-Prolinphenylhydantoin*, F. 145°. — *l-α-Chlor-δ-guanidino-n-valeriansäure* (*l*-**V**), $C_6H_{12}O_2N_3Cl$, F. 208° (wss. Aceton), aus *L*-**II**-Monohydrochlorid in konz. HCl-HNO_3 (30 Min. bei 60°); $[\alpha]_D^{25}$ —7,6° (3,76% in 6n HCl); 75%. — *l-α-Oxy-δ-guanidino-n-valeriansäure* (*Argininsäure*, $C_6H_{13}O_3N_3$, F. 225°, durch 48 std. Kochen der wss. Lsg. von *l*-**V**, $[\alpha]_D^{25}$ —11,5° (10% in W. 96%. — *D-N-Guanylprolin* (*D*-**VII**), $C_6H_{11}O_2N_3$, F. 243°, aus *l*-**V** in wss. NaOH bei Raumtemp. (30 Min.; Isolierung als *Monohydrat*, $[\alpha]_D^{25}$ +92° (5% in W.); 74%. *DL*-**VII**, F. 267°, aus *DL*-**VI** nach KAMPFHAMMER u. MÜLLER (Hoppe-Seylers Z. physiol. Chem. **225**. [1934.] 1). *L*-**VII**-*Monohydrat*, F. 248°, aus *L*-**VI** analog *DL*-**VII**. Alkal. Hydrolyse von **VII** gibt **VI** u. *Harnstoff*. — *α-Chlor-δ-carbamido-n-valeriansäure*, $C_6H_{11}O_3N_2Cl$, F. 210° (80%ig. A.), aus *DL*-**III** analog **IV**; 10%. Gibt beim Kochen in n-NaOH (10 Min.) bzw. in W. (24 Std.) **VI** (87 bzw. 57%) u. etwas *α-Oxy-δ-carbamido-n-valeriansäure*. — Die Infrarotspektren von *L*- u. *DL*-**VI** in Nujol werden angegeben. (J. biol. Chemistry **198**. 587—97. Okt. 1952. Wilmington, Del., Nemours Found., Alfred I. du Pont Inst.) K. MAIER. 3081

W. F. Martynow und **G. Olman**, *Untersuchung auf dem Gebiet der Verbindungen mit dreigliedrigem Oxidoring. 14. Mitt. Reaktion einiger Äthylester von β-monoalkylsubstituierten Glycidsäuren mit Anilin.* (13. vgl. C. **1956**. 705.) Die Rk. von β-Propylglycidsäureäthylester (**I**) mit Anilin führt unter Öffnung des Oxidorings zu *α-Oxy-β-anilinocapronsäureäthylester* (**II**). Analog reagieren β-Isopropyl- (**III**), β-Isobutyl- (**IV**) u.

β-n-Hexylglycidsäureäthylester (V). Im Falle von **III** u. **IV** bilden sich außer den Estern der α-Oxy-β-anilinosäuren auch ihre *Anilide*. Die α-Stellung der OH-Gruppe folgt daraus, daß bei der Einw. von konz. H_2SO_4 *CO* entwickelt wird. Hierbei entstehen *2-Alkylindole*, z. B. aus **II** *2-Propylindol*.

Versuche: *β-Propylglycidsäureäthylester* (I), $C_8H_{14}O_3$, Kp.$_{19}$ 97—98°; zu 72 g Butyraldehyd u. 122,5 g Chloressigsäureäthylester wird in Anteilen C_2H_5ONa (1 Mol) bei maximal 0° hinzugefügt; D.$^{20}_4$ 0,9789; n_D^{20} 1,4327; 32,4 g (Ausbeute). — *α-Oxy-β-anilinocapronsäureäthylester* (II), $C_{14}H_{21}O_3N$, Kp.$_{0,5}$ 131,5—132°; 15,4 g I werden mit 27 g Anilin 6 Std. im geschlossenen Gefäß auf 150—155° erhitzt; D.$^{20}_4$ 1,0696; n_D^{20} 1,5264; 16,8 g. — *2-Propylindol*, $C_{11}H_{13}N$, F. 33—34° (wss. A.); Kp.$_1$ 119—120°; 3,6 g II werden mit 25 ml konz. H_2SO_4 auf 95—115° erhitzt; nach Beendigung der CO-Entw. (ca. 30 Min.) wird auf Eis gegossen, neutralisiert u. mit Wasserdampf dest.; 1,1 g. *Pikrat*, F. 144—145,5° (Zers.); rote Nadeln. — *β-Isopropylglycidsäureäthylester* (III), $C_8H_{14}O_3$, Kp.$_{13}$ 86—87,5°; aus äquimol. Mengen Isobutyraldehyd, Chloressigester u. C_2H_5ONa in Ae. bei maximal 0°; D.$^{20}_4$ 1,0024; n_D^{20} 1,4313. — *α-Oxy-β-anilinoisocapronsäureäthylester*, $C_{14}H_{21}O_3N$, F. 69° (PAe.); Kp.$_{0,5}$ 120—125°; aus **III** u. Anilin, 15 Std. bei 134—135°; 28% neben wenig *α-Oxy-β-anilinoisocapronsäureanilid*, $C_{18}H_{22}O_2N_2$, F. 133,5°; Kp.$_{0,5}$ 160 bis 170°. — *2-Isopropylindol*, $C_{11}H_{13}N$, F. 73,5°; Blättchen; 0,5 g aus 1,5 g vorst. Verbindung. *Pikrat*, F. 120° (Zers.); rote Nadeln. — *β-Isboutylglycidsäureäthylester* (IV), $C_9H_{16}O_3$, Kp.$_{12}$ 105—106°; D.$^{20}_4$ 0,9936; n_D^{20} 1,4396; 31 g aus 43 g Isovaleraldehyd. — *α-Oxy-β-anilinoisoönanthsäureäthylester*, $C_{15}H_{23}O_3N$, F. 63—63,5° (PAe.); Kp.$_{0,5}$ 125 bis 130°; aus **IV** u. Anilin, 10 Std. bei 145—155°; 33,1% neben einer Verb., die wahrscheinlich das entsprechende *Anilid* ist; F. 187—188° (Zers.), Kp.$_{0,5}$ 180—190°. — *2-Isobutylindol*; aus vorst. Verbindung. *Pikrat*, F. 91—92°; rot. — *β-n-Hexylglycidsäureäthylester* (V), Kp.$_6$ 117—119°; D.$^{20}_4$ 0,9882; n_D^{20} 1,4448; 17 g aus 42 g Önanthaldehyd. — *α-Oxy-β-anilinopelargonsäureäthylester*, $C_{17}H_{27}O_3N$, Kp.$_{0,5}$ 153—155°; aus **V** u. Anilin, 6 Std. bei 145—155°; 41%. (Журнал Общей Химии [J. allg. Chem.] **25** (87). 1561—66. Aug. 1955. Leningrad, Univ.) R. Knobloch. 3081

Richard J. Garascia, Albert A. Carr und **Thomas R. Hauser**, *Einige neue 2- und 3-substituierte Dibenzarsenolsäuren.* Die von Feitelson u. Petrow (C. **1953**. 1643) als orangefarbene bzw. rosagefärbte Verb. beschriebene 2- (I) bzw. *3-Aminodibenzarsenolsäure* (II) wurden farblos erhalten. Die Verfärbung wird auf Polynitroverbb. als Verunreinigung der Zwischenprodd. zurückgeführt. Eine genaue Vorschrift zur Darst. von *2-Tosylamino-5-nitrobiphenyl* aus 2-Tosylaminobiphenyl (III) wurde ausgearbeitet. Verss., Dibenzarsenolsäure (IV) mit Zn u. HCl zu Dibenzarsenol zu reduzieren, schlugen fehl. Es wurde stets 5-Chlordibenzarsenol (V) erhalten, das sich mit Zn u. HCl nicht reduzieren ließ. Durch 2tägige Rk. von **V** mit Zn u. Säure in A. wurde in einem Fall eine nichtidentifizierte *Verb. vom F. 262°*, die in den üblichen organ. Lösungsmitteln u. in verd. NaOH unlösl. war, erhalten. Unerwarteterweise ließen sich **IV** u. **V** nicht direkt bromieren, obwohl das Reaktionsmedium, die Temp. u. der Katalysator variiert wurden.

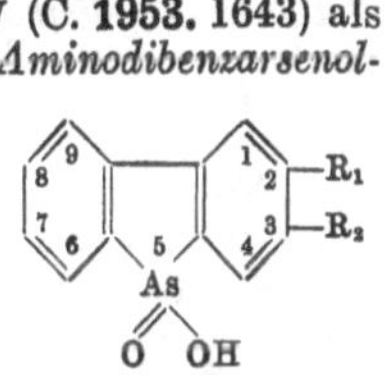

I $R_1 = NH_2$, $R_2 = H$
II $R_1 = H$, $R_2 = NH_2$

Versuche: *2-Tosylamino-5-nitrobiphenyl*, F. 172° (hellgelbe Kristalle aus A.–Bzl.), aus **III** in Eisessig durch Erhitzen zum Sieden, Zutropfen von rauchender HNO_3 u. Eisessig nach Abkühlen um 5°, Abkühlen auf 95° u. weitere Zugabe des Nitriergemisches innerhalb 3 Std.; 91,7% (Ausbeute). — *2-Acetamidodibenzarsenolsäure*, $C_{14}H_{12}O_3NAs$, F. 245°, aus **I** u. Acetanhydrid durch 2std. Rühren bei 75—80° u. Reinigung über das Na-Salz; 80,6%. — *2-Carbamylmethylaminodibenzarsenolsäure*, $C_{14}H_{13}\cdot O_3N_2As$, Zers. beim Erhitzen, aus **I** in wss. KOH durch 2½std. Rühren mit KJ u. Chloracetamid auf dem sd. Wasserbad; 12,5%. — *2-Chlordibenzarsenolsäure* (VI), $C_{12}H_8O_2\cdot ClAs$, Zers. >300°, aus **I** in NaOH durch Zugabe von $NaNO_2$, Kühlen auf 0° u. Zutropfen zu HCl bei 0°, Zugabe der Diazoniumsalzlsg. zu CuCl in konz. HCl u. Erwärmen auf 60—70°; 27%. — *2.5-Dichlordibenzarsenol*, $C_{12}H_7Cl_2As$, F. 135—136° (Chlf.), aus **VI** in warmem Chlf. durch Zutropfen von PCl_3, Filtrieren u. Stehen im Eiskasten über Nacht; 26,8%. — *3-Bromdibenzarsenolsäure*, $C_{12}H_8O_2BrAs$, F. 314—315°, aus **II** analog **VI** unter Zugabe der Diazoniumsalzlsg. zu CuBr in konz. HBr; 54%. — *3-Brom-5-chlordibenzarsenol*, F. 176° (Nadeln aus Bzl.), aus vorst. Verb. durch 4—5std. Rühren mit amalgamiertem Zn in Bzl. unter Zutropfen von konz. HCl u. leichtem Erwärmen; 40%. — *3-Chlordibenzarsenolsäure* (VII), $C_{12}H_8O_2AsCl$, F. 313—314°, aus **II** analog **VI**; 44%. — *3.5-Dichlorbenzarsenol*, F. 154—155° (gelbe Kristalle aus Eisessig), aus **VII** durch Suspendieren in Eisessig, Zutropfen von PCl_3 bei 80° u. 15 Min. Erwärmen auf dem Wasserbad; 50%. — *3-Chlor-5-bromdibenzarsenol*, F. 153°, analog aus **VII** in Chlf. mit PBr_3; 43%. — *3-Cyandibenzarsenolsäure*, $C_{13}H_8O_2NAs$, F. >360°, aus **II** durch Diazotieren bei 0—5° mit $NaNO_2$ in verd. HCl, Zutropfen der Diazoniumsalzlsg. zu CuCN u. NaCN in 60—70° warmem W. u. 20 Min. Erwärmen auf dem sd. Wasserbad; 38,7%. (J. org. Chemistry **21.** 252—54. 17/2. 1956. Cincinnati, O., Xavier Univ., Dep. of Chem.)

H. Bertsch. 3091

Mario Ridi (unter Mitarbeit von **L. Zilletti** und **M. Vittoria Del Guzzo**), *Der Einfluß von Radikalen auf den Verlauf einiger Reaktionen. 1. Mitt. Reaktion von Pyrazolonderivaten mit Formamid, Formanilid und Formyl-p-phenetidin.* Die Rk. von 3-Phenyl-pyrazolon-(5) (**I**) mit Formamid (**II**) bei 160° führt über *4.4'-Methin-bis-[3-phenylpyrazolon-(5)]* (**III**) zu *3-Phenyl-4-[aminomethylen]-pyrazolon-(5)* (**IV**). Analog reagieren Formanilid (**V**) u. Formyl-p-phenetidin (**VI**) mit **I** unter Bldg. von *3-Phenyl-4-[anilinomethylen]-pyrazolon-(5)* (**VII**) bzw. *3-Phenyl-4-[p-phentidinomethylen]-pyrazolon-(5)* (**VIII**). Zum Strukturbeweis wird **III** auch aus **I** u. Diformylhydrazin (**XII**) oder Orthoameisensäuretriäthylester (**XI**) sowie **VII** u. **VIII** aus **I** u. **XI** in Ggw. von Anilin bzw. p-Phenetidin dargestellt. Entsprechend werden **VII** u. **VIII** aus **I** u. N.N'-Diphenyl- bzw. N.N'-Bis-[4-äthoxyphenyl]-formamidin erhalten. **VII** u. **VIII** geben mit **II** bei höherer Temp. **IV**. Durch Alkali werden **IV**, **VII** u. **VIII** zu *3-Phenyl-4-oxymethylenpyrazolon-(5)* (bzw. dem tautomeren *Aldehyd*) verseift, das mit Anilin oder p-Phenetidin in die Schiffschen Basen **VII** u. **VIII** u. beim Erhitzen auf den F. in **III** übergeht. **I** gibt mit Acetamid (**IX**) oder Acetamidinhydrochlorid (**X**) *3-Phenyl-4-[α-aminoacetyliden]-pyrazolon-(5)* (bzw. die tautomere *Iminform*), das sich zu *3-Phenyl-4-acetylpyrazolon-(5)* verseifen läßt.

Versuche: *4.4'-Methin-bis-[3-phenylpyrazolon-(5)]*, (**III**), $C_{19}H_{14}O_2N_4$, F. >300° (Essigsäure), a) aus **I** u. **II** (10 Min. bei 160°); gelb; b) aus 0,5 g **I** u. 0,3 g **XII** (10 Min. bei 210°); 0,2 g (Ausbeute); c) aus 0,3 g **I** mit sd. **XI**; 0,27 g. — *3-Phenyl-4-[aminomethylen]-pyrazolon-(5)* (**IV**), $C_{10}H_9ON_3$, F. 283° (Zers.), a) aus **I** u. **II** beim längeren Erhitzen auf 160—180°; aus Dioxan–A. Prismen; b) aus **VII** bzw. **VIII** u. **II** bei 180°. — *3-Phenyl-4-oxymethylenpyrazolon-(5)* [*3-Phenylpyrazolon-(5)-aldehyd-(4)*], $C_{10}H_8O_2N_2$, F. 215° (Zers.), a) aus **IV**, **VII** oder **VIII** mit sd. 10%ig. KOH; Nadeln; b) aus **III** mit 5%ig. KOH beim Erwärmen, Einengen u. 12std. Stehen; daneben **I**. Gibt nach 5 Min. Erhitzen beim F. **III**. *Oxim*, $C_{10}H_9O_2N_3$, F. 202°, aus 80%ig. A. Nadeln. *Azin*, $C_{20}H_{16}O_2N_6$, F. 282° (Essigsäure), a) mit Hydrazinhydrat in sd. Essigsäure; b) analog aus **IV**. — *3-Phenyl-4-[anilinomethylen]-pyrazolon-(5)* (**VII**), $C_{16}H_{13}ON_3$, F. 263°, a) aus **I** u. **V** (1 Std. bei 200°); b) aus **I**, **XI** u. Anilin bei 160°; c) aus **I** u. N.N'-Diphenylformamidin bei 160°; d) aus vorst. Verb. u. Anilin in sd. Essigsäure; gelbe Nadeln. — *3-Phenyl-4-[p-phenetidinomethylen]-pyrazolon-(5)* (**VIII**), $C_{18}H_{17}O_2N_3$, F. 240°, a) aus **I** u. **VI** (45 Min. bei 200°); b) aus **I** u. N.N'-Bis-[4-äthoxyphenyl]-formamidin; c) aus vorvorst. Verb. u. p-Phenetidin in sd. Essigsäure; aus Dioxan u. 50%ig. Essigsäure gelbe Prismen. — *4.4'-Methylen-bis-[3-phenylpyrazolon-(5)]*, $C_{19}H_{16}O_2N_4 \cdot \frac{1}{2}H_2O$, F. 270° (Zers.), aus **III** mit Zn in sd. Eisessig. — *4.4'-Methin-bis-[1-phenyl-3-methylpyrazolon-(5)]*, F. 181° (Essigsäure), aus 1-Phenyl-3-methylpyrazolon-(5) u. **VI** (30 Min. bei 140—150°); gelb. — *3-Phenyl-4-[α-aminoäthyliden]-pyrazolon-(5)*, $C_{11}H_{11}ON_3$, F. >300°, a) aus **I** u. **X** bei 230°; b) aus **I** u. **IX** (2 Std. bei 200—220°). — *3-Phenyl-4-acetylpyrazolon-(5)*, $C_{11}H_{10}O_2N_2$, F. 204°, aus vorst. Verb. mit sd. 8%ig. KOH; aus 80%ig. A. Prismen. (Gazz. chim. ital. **82.** 746—55. Nov./Dez. 1952. Firenze, Univ., Ist. di Chim. farmac. e tossicol.)

R. K. Müller. 3122

T. R. Govindachari und **N. S. Narasimhan,** *Stereochemie der Carpamsäure.* (—)-*Desoxycarpamsäure* (**I**) ist aus Carpamsäure (ω-[6-Methyl-5-oxypiperidyl-(2)]-caprylsäure) nur indirekt über die *N-Methylcarpamsäure* zugänglich. *Desoxycarpyrinsäure* (ω-[6-Methylpyridyl-(2)]-caprylsäure (**III**), durch Dehydrierung aus Carpain gewonnen, gab bei der katalyt. Hydrierung in saurem Medium *rac. Desoxycarpamsäure* (**II**). Da die katalyt. Red. 2.6-disubstituierter Pyridine in saurem Medium nur zu cis-Isomeren führt (Scheuing u. Winterhalder, Liebigs Ann. Chem. **473.** [1929.] 126), sollten die Substituenten von **II** in cis-Stellung zueinander stehen. Bei der Na/A.-Red. von **III** wurden *zwei Isomere* erhalten, von denen das höherschm. dem durch katalyt. Red. von **III** gewonnenen **II** entspricht. Da bei 2.6-disubstituierten Piperidinen das F.-Verh. bei cis-trans-Isomeren umgekehrt ist, mußte das höherschm. das 2.6-disubstituierte *cis-Isomere* sein. Das Infrarotspektr. von **II** ist mit dem von **I** identisch. Danach wird für den 2- u. den 6-Substituenten der Carpamsäure cis-Beziehung u. äquatoriale Stellung angenommen. Auf die äquatoriale Stellung der Hydroxylgruppe deuten der Widerstand der Carpamsäure gegen Dehydratisierung, der leichte Austausch der OH-Gruppe gegen Cl bei der N-Methylcarpamsäure sowie auch die fehlende Epimerisierung der OH-Gruppe trotz längeren Erhitzens in Na-Pentylatlsg. hin.

Versuche: *N-Methylcarpain*, $C_{15}H_{27}O_2N$, F. 84° (Aceton/W.), Carpain u. HCHO/HCOOH in Toluol während 4 Std. unter Rückfluß kochen. — *N-Methylcarpamsäureäthylester*, $C_{17}H_{33}O_3N$, $Kp._{0,3}$ 146—150°, aus vorst. Verb. durch Rückflußkochen mit konz. HCl während 3 Std. u. Veresterung des sehr hygroskop. Hydrochlorids der

Säure. — *Chlordesoxy-N-methylcarpamsäureäthylester*, $C_{17}H_{32}O_2NCl$, Kp.$_{0,3}$ 190—200°, aus vorst. Ester mit $SOCl_2$ in Chlf. unter Rühren. — *Desoxy-N-methylcarpamsäureäthylester*, $C_{17}H_{33}O_2N$, Kp.$_{0,3}$ 130°, n^{28} 1,448, aus der rohen Chlorverb. in absol. A. mit PtO_2/H_2 neben etwas *N-Methylcarpamsäureäthylester*. — (—)-*Desoxycarpamsäureäthylesterhydrochlorid*, $C_{16}H_{32}O_2NCl$, F. 130—131°; $[\alpha]_D^{28}$ —10,3° (c = 2,6; A.); in die benzol. Lsg. von CNBr unter Rühren vorst. Ester eintropfen, nach Stehen über Nacht, das Lösungsm. abtreiben, den Rückstand in 20%ig. H_2SO_4 kochen, nach dem Abkühlen nichtbas. Anteile mit Ae. abtrennen, die Lsg. mit $BaCl_2$ versetzen u. den Vakuumrückstand nach FISCHER verestern. — *cis*-(±)-*Desoxycarpamsäureäthylesterhydrochlorid*, $C_{16}H_{32}O_2NCl$, F. 127 bis 128°, aus Desoxycarpyrinsäurehydrochlorid in salzsaurem A. mit PtO_2/H_2. Die Red. von **III** mit Na in A. u. anschließende FISCHER-Veresterung gab vorst. Verb. u. *trans-Desoxycarpamsäureäthylesterhydrochlorid*, F. 83—85°. (J. chem. Soc. [London] **1955**. 1563—65. Mai. Madras, Presidency Coll.) K. NEZEL. 3231

H. J. den Hertog, C. H. Henkens und **J. H. van Roon**, *Reaktionsfähigkeit von 4-Nitropyridin-N-oxyd.* 3. Mitt. *Reduktion in alkalischem Medium.* 6. Mitt. *über Derivate von Pyridin-N-oxyd.* (2. bzw. 5. vgl. C. **1953**. 7542; vgl. auch 7. Mitt., C. **1955**. 2900.) Bei der Red. von 4-Nitropyridin-N-oxyd (**I**) in alkal. Medium bildet sich *4.4'-Azopyridin*, *4.4'-Azopyridin-N-oxyd* (**II**) u. *4.4'-Azopyridin-N.N'-dioxyd.* Die Darst. von *4.4'-Azoxypyridin*, seinem *Monoxyd* u. *Dioxyd* aus 4-Nitropyridin wird beschrieben. Die Struktur der Verbb. wird auf Grund der UV-Absorptionsspektren diskutiert.

Versuche (FF. korr.): *4.4'-Azopyridin-N.N'-dioxyd*, $C_{10}H_8O_2N_4$, F. 253—254°, aus **I** mit As_2O_3 in sd. 10%ig. NaOH; aus A. lange blutrote Nadeln; daneben **II**. — *4.4'-Azopyridin-N-oxyd* (**II**), $C_{10}H_8ON_4$, F. 160—161°, aus **I** mit alkal. Na-Stannit; orangerote Nadeln aus Ligroin. — *4.4'-Azopyridin*, F. 107,5—108°, aus **I** mit Zn in NaOH oder mit 4 Mol Na-Stannit; daneben **II**. — *4.4'-Azoxypyridin*, $C_{10}H_8ON_4$, F. 125 bis 126° (W.), aus 4-Nitropyridin mit As_2O_3 u. NaOH in W. (2 Std. kochen); 90—100% (Ausbeute). *N-Oxyd*, $C_{10}H_8O_2N_4$, F. 160—161°, mit Benzopersäure in Chlf. (4 Tage stehen); aus Toluol orangefarbene Nadeln, aus Ligroin gelbe Kristalle; 65—75%. *N.N'-Dioxyd*, $C_{10}H_8O_3N_4$, F. 223—224° (Zers.), mit Benzopersäure; aus A. lange glänzende rote Nadeln. (Recueil Trav. chim. Pays-Bas **71**. 1145—51. Sept./Okt. 1952. Wageningen, Agric. Univ., Labor. of Organ. Chem.) H. GOEBEL. 3231

Mario Ridi, *Der Einfluß von Radikalen auf den Verlauf einiger Reaktionen.* 2. Mitt. *Einige Untersuchungen über heterocyclische Verbindungen.* (1. vgl. C. **1956**. 8902; vgl. auch C. **1951**. II. 1884.) Bei der Rk. von 1.3-Diphenylbarbitursäure, 1.3-Diphenyl-6-thiobarbitursäure, 1.3-Di-p-tolyl-6-thiobarbitursäure u. 3-Phenylbarbitursäure (**I**) mit Formamid, Formanilid u. Formyl-p-phenetidin werden die entsprechenden *5-Aminomethylenderivv.* erhalten. *1.3-Diphenyl-5-[aminomethylen]-barbitursäure* (**II**) wird beim Kochen mit wss. KOH zu *Malonyldianilid* (**III**) zers., beim Kochen mit wss. $Ba(OH)_2$ geht dagegen die Aminomethylengruppe in die Formylgruppe über. Die dabei gebildete *1.3-Diphenyl-5-formylbarbitursäure* (**IV**) kondensiert leicht mit Arylaminen, Phenylhydrazin oder Hydrazinhydrat u. verliert beim Kochen mit W. oder 95%ig. A., nicht aber mit sd. wasserfreiem Bzl. oder Dioxan die Formylgruppe. *1.3-Diphenyl-5-[p-phenetidinomethylen]-barbitursäure* (**V**) liefert auch beim Kochen mit $Ba(OH)_2$ **III**. *3-Phenyl-5-[aminomethylen]-barbitursäure* geht beim Kochen mit KOH in *3-Phenyl-5-[oxymethylen]-barbitursäure* (**VI**; bzw. die tautomere *Formylform*) über; die CH-Gruppe wird in beiden Verbb. durch die Kondensation mit Phenylmethylpyrazolon nachgewiesen. Mit Hg-Fulminat in Form von $Hg(ONC)_2 \cdot NaCN$ oder $Hg(ONC)_2 \cdot KJ$ reagiert **I** unter Bldg. von *3-Phenyl-5-cyanbarbitursäure*, die durch ihre Überführung in *3-Phenyl-3.6-dioxohexahydropyrimidincarbonsäure-(5)-amid* mit 66%ig. H_2SO_4 identifiziert wird. Die Rk. von Barbitursäure mit Urotropin führt zu einem Prod., das wahrscheinlich das *NH_4-Salz der 5-Methylenbarbitursäure* darstellt u. mit HCl in der Wärme *5.5'-Methylendibarbitursäure* liefert; **I** bildet unter gleichen Bedingungen ein Gemisch von *NH_4-Salzen.*

Versuche: *3-Phenyl-5-[aminomethylen]-barbitursäure* (**V**), $C_{11}H_9O_3N_3$, F. >300°, aus **I** u. $HCONH_2$ bei 160° (2 Std.), aus Essigsäure glänzende Prismen. Gibt mit Bis-[4-äthoxyphenyl]-formamidin (2 Std. bei 160°) *N-Phenyl-5-[p-phenetidinomethylen]-barbitursäure*, $C_{19}H_{17}O_4N_3$, F. 295° (A.–Dioxan); mit Hydrazinhydrat in sd. Eisessig nachst. Hydrazon. — *3-Phenyl-5-[oxymethylen]-barbitursäure* (**VI**), $C_{11}H_8O_4N_2$, F. 255° (Essigsäure), aus vorst. Verb. mit sd. 5%ig. KOH (1 Std.). *Phenylhydrazon*, $C_{17}H_{14}O_3N_4$, F. 238°. *Azin*, $C_{22}H_{16}O_6N_6$, Zers. >300°. *Hydrazon*, $C_{11}H_{10}O_3N_4$, F. >300°. Gibt mit 1-Phenyl-3-methylpyrazolon-(5) bei 145° *4.4'-Methin-bis-[1-phenyl-3-methylpyrazolon-(5)]*, F. 181°, u. **I**, in Eisessig außerdem *4.5'-Methin-[1-phenyl-3-methylpyrazolon-(5)]-[3-phenylbarbitursäure]*, $C_{21}H_{16}O_4N_4$, F. 308°; mit 1-[4'-Äthoxyphenyl]-3-methylpyrazolon-(5) in Essigsäure *Verb. $C_{23}H_{20}O_5N_4$*, F. >300°; mit 3-Methylpyrazolon-(5) in Essigsäure

4.5'-Methin-[3-methylpyrazolon-(5)]-[N-phenylbarbitursäure], $C_{15}H_{12}O_4N_4$, F. 265° (Zers.; Dioxan–A., 1:1); mit 1.3-Diphenylpyrazolon-(5) *4.4'-Methin-bis-[1.3-diphenylpyrazolon-(5)]*, F. 250°. — *3-Phenyl-5-[anilinomethylen]-barbitursäure*, $C_{17}H_{13}O_3N_3$, F. 262°, a) aus I u. N.N'-Diphenylformamidin bei 160°; hellgelbe Prismen; b) aus VI beim Kochen in A. mit Anilin. — *3-Phenyl-5-cyanbarbitursäure*, aus I beim Kochen mit $Hg(ONC)_2 \cdot NaCN$ oder mit $Hg(ONC)_2 \cdot KJ$ in 50%ig. A. (2 Std.); charakterisiert durch Überführung mit sd. 66%ig. H_2SO_4 in *3-Phenyl-2.6-dioxohexahydropyrimidincarbonsäure-(5)-amid*, F. 280°. — *1.3-Diphenyl-5-[aminomethylen]-barbitursäure* (**II**), $C_{17}H_{13}O_3N_3$, F. >300°, aus 1.3-Diphenylbarbitursäure mit $HCONH_2$ bei 150°; glänzende Prismen. — *1.3-Diphenyl-5-[aminomethylen]-2-thiobarbitursäure* (**VII**), $C_{17}H_{13}O_2N_3S$, F. 290°, analog **VI** aus 1.3-Diphenyl-6-thiobarbitursäure; aus Essigsäure–W. Prismen. — *1.3-Di-p-tolyl-5-[aminomethylen]-2-thiobarbitursäure*, $C_{19}H_{17}O_2N_3$, F. 265° (A.). Gibt mit Hydrazinhydrat hellgelbe *Kristalle* $C_{19}H_{18}O_2N_4S$, F. 166° (A.–Dioxan, 1:1). — *1.3-Diphenyl-5-formylbarbitursäure* (**IV**), $C_{17}H_{12}O_4N_2$, F. 185°, aus **VII** mit sd. wss. $Ba(OH)_2$; glänzende Prismen. Gibt beim Kochen mit Anilin in A. *1.3-Diphenyl-5-[anilinomethylen]-barbitursäure*, F. 228°; mit p-Phenetidin *1.3-Diphenyl-5-[p-phenetidinomethylen]-barbitursäure*, F. 247°, gelb. *Phenylhydrazon*, $C_{23}H_{18}O_3N_4$, F. 210—213°, aus **II** mit Phenylhydrazin. — *1.3-Diphenyl-5-formyl-2-thiobarbitursäurephenylhydrazon*, $C_{23}H_{18}O_2N_4S$, F. 245° (Zers.), aus **VII** mit Phenylhydrazin; hellgelb. — *5-Methylenbarbitursäure(?)*, $C_5H_4O_3N_2$, aus Barbitursäure mit sd. wss. Urotropin. Gibt mit verd. HCl *5.5'-Methylendibarbitursäure*, $C_9H_8O_6N_4$. — *5.5'-Methylen-bis-[3-phenylbarbitursäure]*, $C_{21}H_{16}O_6N_4$, F. 230° (Zers.), analog vorst. Verb. mit I bzw. aus I u. CH_2O. —*5.5'-Methylen-bis-thiobarbitursäure*, $C_9H_8O_4N_4S_2$, F. >300°, aus 2-Thiobarbitursäure u. CH_2O in W. mit HCl. — *5.5'-Methylen-bis-[3-p-äthoxyphenylbarbitursäure]*, $C_{25}H_{24}O_8N_4$, F. 230—234°, analog vorst. Verb. aus 3-[4-Äthoxyphenyl]-barbitursäure. (Gazz. chim. ital. **82.** 756—67. Nov./Dez. 1952.)

R. K. MÜLLER. 3272

L. Hough und **J. K. N. Jones,** *Die Synthese von Zuckern aus einfacheren Substanzen.* 5. Mitt. *Enzymatische Synthese von Sedoheptulose.* (4. vgl. C. **1954.** 1495.) In Ggw. einer Aldolaselsg. aus Erbsen (vgl. C. **1954.** 1494 u. l. c.) entsteht aus *D*-Erythrose oder ihrem 2.4-Äthylidenderiv. u. Triosephosphat *Sedoheptulose* (*D-altro-2-Ketoheptit*), die chromatograph. aus dem Reaktionsgemisch abgetrennt u. als *Sedoheptulosan* (*2.7-Anhydroheptulose*) u. ihr *Tetrabenzoylderiv.* indentifiziert wird. — Dioxymaleinsäure u. Triosephosphat bilden in Ggw. der Erbsenaldolase *D-Xylulose*, die als *2.3-Isopropylidenderiv.* gewonnen wurde. — Die Bldg. von D-Erythrose in der Pflanze wird diskutiert. Verss. ergaben, daß sie nicht aus Glykolaldehyd entsteht.

V e r s u c h e : *Sedoheptulose*, identifiziert als *Sedoheptulosan*, $C_7H_{12}O_6 \cdot H_2O$, F. 100 bis 101°, $[\alpha]_D^{20}$ —136° (c = 1,4; W.), aus 5,5 g D-Erythrose oder 2.4-Äthylidenerythrose in W., Hexosediphosphat in W. u. Erbsenenzym bei p_H 7,2; nach 72 Std. wird bei 30° erhitzt, filtriert u. über Amberlite IR 120 u. IR 4–B deionisiert; die eingeengte Lsg. wird durch eine Cellulosekolonne mit Butanol/W. (halbgesätt.) chromatographiert, die Ketoheptosefraktion (Orcinreagens) eingeengt, der Sirup mit n-H_2SO_4 5 Std. erhitzt, $Ba(OH)_2$ zugegeben u. weitere 2 Std. erhitzt; 42 mg bzw. 31 mg (Ausbeute). *Tetrabenzoylderiv.*, F. u. Misch-F. 165°. — *2.3-Isopropyliden-D-xylulose*, F. u. Misch-F. 68 bis 71°, aus Dioxymaleinsäure, Hexosediphosphat u. Enzymlsg. bei p_H 8 durch 72std. Erwärmen auf 35° u. weiter wie vorst.; die Ketopentosefraktion wird 3 Std. mit Aceton + 1% HCl behandelt, neutralisiert, eingeengt u. der Sirup durch Dest. fraktioniert; 48 mg. (J. chem. Soc. [London] **1953.** 342—45. Jan. Bristol, Univ.)

H. ROSSOW. 3400

P. A. J. Gorin und **J. K. N. Jones,** *Die Synthese von Zuckern aus einfacheren Substanzen.* 6. Mitt. *Enzymatische Synthese von D-Idoheptulose.* (5. vgl. vorst. Ref.) Erbsenaldolase katalysiert auch die Synth. von *D-Idoheptulose* aus D-Threose u. einem Triosephosphat (aus D-Fructose-1.6-diphosphat). Dies ist ein weiteres Beispiel für die Entstehung eines Zuckers mit D-Xylulose-Konfiguration am $C_{(1)}$, $C_{(2)}$, $C_{(3)}$ u. $C_{(4)}$ durch Einw. von Aldolase auf Hexosediphosphat u. einen Aldehyd.

V e r s u c h e : *D-Threose* (aus D-Xylose über Ca-D-Xylonat nach OVEREND, STACEY u. WIGGINS, C. **1950.** II. 172) wird mit dem Na-Salz von Hexosediphosphat in W. bei p_H 7,5 mit Erbsenaldolase 90 Std. bei 20° gehalten, 30 Min. auf 90° erhitzt u. zu einem Sirup eingeengt, der mit 2n H_2SO_4 $3^1/_2$ Std. auf 90° erhitzt wird; aus dem Gemisch von 20% *D-Idoheptulose* u. 80% *D-Idoheptulosan* durch Neutralisieren, Deionisieren über Amberlite IR 4B u. papierchromatograph. Fraktionierung *D-Idoheptulosan*, $C_7H_{12}O_6$, F. u. Misch-F. 172° (A. oder Dioxan); $[\alpha]_D^{20}$ —34 ± 8° (c = 0,3). (J. chem. Soc. [London] **1953.** 1537—38. Mai.)

H. ROSSOW. 3400

P. A. J. Gorin, L. Hough und **J. K. N. Jones,** *Die Synthese von Zuckern aus einfacheren Substanzen.* 7. Mitt. *Enzymatische Synthese von 5-Desoxy-D-xylulose.* (6. vgl.

vorst. Ref.) Acetaldehyd u. Triosephosphat kondensieren in Ggw. von Erbsenenzym zu *5-Desoxy-D-xylulose* (I), die chromatograph. von Nebenprodd. getrennt wurde u. ein *Phenylosazon* bildet, das mit dem Osazon der durch Isomerisierung von 5-Desoxy-D-xylose (II) erhaltenen Verb. ident. ist. Eines der Nebenprodd., das wahrscheinlich durch Umlagerung von I (bei p_H 8) entsteht, wird auf Grund seines Verh. bei der papierchromatograph. Analyse für II gehalten. Die Umwandlung von 1.2-Isopropyliden-5-desoxy-5-jod-D-xylose (III) in *1.2-Isopropyliden-5-desoxy-D-xylose* für die Synth. von II aus D-Xylose wird mit $LiAlH_4$ auf bequemere Weise erreicht als durch Hydrieren mit RANEY-Ni.

Versuche: *1.2-Isopropyliden-5-desoxy-D-xylose*, $C_8H_{14}O_4$, F. 68—69° (Ae.-PAe.), aus 9,2 g III in trockenem Ae. mit $LiAlH_4$; nach 30 Min. langem Rühren u. Zugabe von W. einengen, in Chlf.-W. aufnehmen, die wss. Phase mit Chlf. ausschütteln u. den Extrakt eindampfen; $[\alpha]_D^{20}$ $-20\pm2°$ (c = 3,0; W.); 3,7 g (Ausbeute). — *5-Desoxy-D-xylulose* (I), a) aus II durch 20std. Erhitzen in trockenem Pyridin auf 100° u. papierchromatograph. Trennung des Reaktionsgemisches mit Butanol–A.–W. (40 : 11 : 19 Vol.); Sirup; $[\alpha]_D^{20}$ $-4\pm1°$. Der Sirup wird mit NaJO nach CHANDA u. Mitarbeitern (C. 1951. II. 235) zu 26% oxydiert. Daraus durch 18std. Erwärmen mit Phenylhydrazinacetat auf 50° *5-Desoxy-D-xylosephenylosazon*, $C_{17}H_{20}O_2N_4$, F. u. Misch-F. 174—175° (wss. CH_3OH); $[\alpha]_D^{20}$ $67 \rightarrow 0\pm7°$ (c = 0,6; Pyridin–A. 3 : 2 Vol.); b) durch Zutropfen von CH_3CHO in W. bei p_H 8 (NaOH) zu Na-Hexosediphosphat in W. u. Erbsenaldolase u. 4tägiges Stehen bei 37°, Koagulation des Proteins durch 1std. Erhitzen auf 90°; Deionisieren u. chromatograph. Fraktionierung der CH_3OH-Lsg. durch eine Cellulosekolonne; Eluieren mit Bzl.–A.–W. (30 : 10 : 3 Vol. obere Phase) gibt Sirup I (146 mg); $[\alpha]_D^{20}$ $-5\pm1°$ (c = 1,49; CH_3OH), identifiziert als II-*Phenylosazon*. Sirup II (51 mg; $[\alpha]_D^{20}$ $+16°$) gibt auf dem Papierchromatogramm beim Besprühen mit p-Anisidin eine Orangefärbung, mit Diphenylamintrichloressigsäure eine Blaugrünfärbung. (J. chem. Soc. [London] **1953**. 2140—42. Juli.) H. ROSSOW. 3400

J. C. Hess, A. Hunger und **T. Reichstein,** *Glykoside und Aglykone.* 101. Mitt. *Die Glykoside von Adenium Boehmianum Schinz.* (100. vgl. v. EUW u. Mitarbeiter, C. **1955.** 7912.) Aus den ganzen Pflanzen von *Adenium Boehmianum Schinz* isolierten Vff. 0,107% *Echujin* (I), 0,0327% *Somalin*, 0,0049% *Abobiosid* (II) u. nach Acetylierung noch 0,019% *Digitalinum-verum-hexaacetat* u. 0,0058% einer Verb., die vorerst als *Nebenprod. E-Acetat* bezeichnet wird. Somalin wurde in einer tiefschmelzenden Modifikation, die beim Impfen in die hochschmelzende übergeführt werden konnte, erhalten. Für *Echujin* konnte die Formel I abgeleitet werden. Mit Strophanthobiase bzw. aus dem Enzym aus den Samen von *Adenium multiflorum* wurden aus I 2 Moll. *Glucose* frei gemacht, dabei entstand *Somalin.* Durch milde Säurehydrolyse wurde *Digitoxigenin* u. *Strophanthotriose* erhalten. Glucosidase aus Hefe gab *D-Glucose* u. ein Diglykosid, das *Echubiosid* genannt wird. Die aus I erhaltene *Oktaacetylthrophanthotriose* lieferte bei milder Acetolyse mit $ZnCl_2$ *α-Oktaacetylgentiobiose.* Die Konst. von II wurde nicht vollständig aufgeklärt. Bei der Einw. des Enzyms aus den Samen von Adenium multiflorum lieferte es *Abomonosid,* dieses wiederum bei der milden sauren Hydrolyse *D-Cymarose, Abogenin* u. *Anhydroabogenin.* Abogenin gab mit Tetranitromethan keine Färbung, wohl aber ein *Acetat.* Die Anhydroverb. blieb bei der Acetylierung unverändert u. gab mit Tetranitromethan eine intensive Gelbfärbung. Die Acetylbest. ergab eine Acetylgruppe.

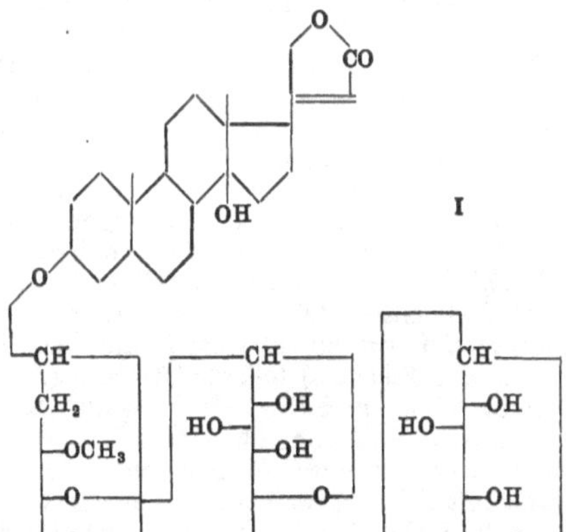

I

Versuche (FF. korr.; KOFLER-Block): *Somalin*, $C_{30}H_{46}O_7$, F. 130—135°/150 bis 152° (Aceton/Ae.); $[\alpha]_D^{19}$ $+13,1\pm2°$ (c = 1,108; Chlf.); aus dem Ae.-Extrakt der ganzen Pflanzen von *Adenium Boehmianum Schinz* fielen Somalin-Rohkristalle in Nadeln (Doppel-F. 111—113°/150—152°) aus, die aus CH_3OH/Ae. krist. wurden. *Acetat*, $C_{32}H_{48}O_8$, F. 169—171°; $[\alpha]_D^{19}$ $+22,9\pm2°$ (c = 1,072; Chlf.). Die Hydrolyse des Somalins (0,400 g) gab 0,320 g rohes *Digitoxigenin* [$C_{23}H_{34}O_4$, F. 248—252°; $[\alpha]_D^{19}$ $+18,2\pm2°$ (c = 1,018; CH_3OH). *Acetat*, F. 220—223°; $[\alpha]_D^{19}$ $+19,3\pm2°$ (c = 1,217; Chlf.)] u. 73 mg rohe *Cymarose* [$C_7H_{14}O_4$, F. 70—77°; $[\alpha]_D^{21}$ $+55,8\pm2°$ (c = 0,974; W.). *Cymaron-*

säurephenylhydrazid, $C_{13}H_{20}O_4N_2$, F. 152—153°; $[\alpha]_D^{19}$ +0,8 ± 2° (c = 0,981; CH_3OH)]. — *Abobiosid* (II), $C_{36-38}H_{56-58}O_{14}$, F. 244—249°; $[\alpha]_D^{24}$ —26,2 ± 2° (c = 0,949; CH_3OH); das amorphe Rohprod. des Chloroformextraktes wurde mehrmals aus CH_3OH/Ae. krist.; Nadeldrusen oder Stäbchen. *Tetraacetat*, $C_{46}H_{66}O_{18-19}$, F. 225—228°; $[\alpha]_D^{23}$ —18,8 ± 2° (c = 0,981; Chlf.). — *Abomonosid*, $C_{30-32}H_{46-48}O_{8-9}$, F. 128—131°; $[\alpha]_D^{16}$ —18,0 ± 2° (c = 0,924; Chlf.), Nadeldrusen aus Aceton/Ae., durch Hydrolyse von II in wss. Lsg. mit dem Enzym aus den Samen von *Adenium multiflorum* während 4 Tagen bei 37°. *Abomonosidacetat*, $C_{34}H_{50}O_{10}$, Doppel-F. 90—120°/209—212°; $[\alpha]_D^{18}$ —12,7 ± 2° (c = 1,093; Chlf.). Die saure Hydrolyse von Abomonosid gab *Cymarose*, *Anhydroabogenin* [$C_{25}H_{32-34}O_5$, F. 244—251° (Zers.), Nadeln aus Aceton; $[\alpha]_D^{17}$ —111,2 ± 2° (c = 1,011; Chlf.)] u. *Abogenin*, $C_{23-25}H_{34-36}O_{5-6}$, F. 210—217°, feine Körner oder Blättchen aus Aceton/Ae.; $[\alpha]_D^{20}$ —11,0 ± 2° (c = 1,064; CH_3OH). *Acetat*, $C_{27}H_{38}O_7$, F. 262—270° (Zers.), quadrat. Blättchen aus Aceton/Ae.; $[\alpha]_D^{19}$ —24,9 ± 2° (c = 1,040; Chlf.). — *Echujin* (I), $C_{42}H_{66}O_{17}$, F. 165—172°, zu Drusen vereinigte Blättchen aus Aceton; $[\alpha]_D^{20}$ —6,5 ± 2° (c = 0,964; CH_3OH; $[\alpha]_D^{24}$ —9,8 ± 2° (c = 0,969; W.), aus dem Chlf./Ae.-(2 : 1) Auszug. *Heptaacetat*, $C_{56}H_{80}O_{24}$, F. 216—219°, verfilzte Nadeln aus Bzl./Ae.; $[\alpha]_D^{19}$ —2,0 ± 2° (c = 1,02; Chlf.). Spaltung mit dem Enzym aus *Adenium multiflorum* gab *Somalin*, F. 130—135°/149—152° (*Acetat*, F. 167—170°), mit Strophanthobiase ebenfalls *Somalin*, mit Hefeglucosidase *Echubiosid*, $C_{36}H_{56}O_{12}$, F. 231—234°, feine zu Drusen vereinigte Kristalle aus CH_3OH/W.; $[\alpha]_D^{21}$ +4,2 ± 2° (c = 0,959; CH_3OH). *Tetraacetat*, $C_{44}H_{64}O_{16}$, F. 207—209°; $[\alpha]_D^{18}$ +6,5 ± 2° (c = 0,988; Chlf.), aus Aceton/Ae. rechteckige Blättchen. Durch saure Hydrolyse von I *Digitoxigenin* (F. 247—252°) u. *Strophanthotriose* [$C_{19}H_{34}O_{14}$, F. 213—215°, Stäbchen aus CH_3OH/Ae.; $[\alpha]_D^{16}$ +7,6 ± 2° (c = 1,015; W.). *Oktacetat*, $C_{35}H_{50}O_{22}$, F. 190—192°; $[\alpha]_D^{17}$ —5,8 ± 2° (c = 1,005; Chlf.)]. Aus dem Oktaacetat in Acetanhydrid mit $ZnCl_2$ auf dem sd. Wasserbad *α-Gentiobioseoktaacetat*, $C_{28}H_{38}O_{19}$, F. 189—190°[$[\alpha]_D^{17}$ +51,6 ± 2° (c = 1,018; Chlf.). — *Digitalinumverumhexaacetat*, $C_{48}H_{68}O_{20}$, F. 156—172°, durch Hydrolyse der amorphen Anteile des Chlf./A.-Auszuges mit wss.-methanol. H_2SO_4 u. Acetylierung; aus CH_3OH/Ae. feine Nadeln; $[\alpha]_D^{17}$ —16,4 ± 2° (c = 0,285; Chlf.); ferner das *Nebenprod. E-Acetat*, $C_{50}H_{70}O_{22}$, F. 217 bis 220°; $[\alpha]_D^{16}$ —15,4 ± 2° (c = 1,116; Chlf.). (Helv. chim. Acta **35**. 2202—26. 1/12. 1952. Basel, Univ., Organ.-chem. Anstalt.) K. NEZEL. 3450

F. Reber und **T. Reichstein**, *Glykoside und Aglykone*. 102. Mitt. *Trennung der Sarmentoside A, C, D und E*. (101. vgl. vorst. Ref.) Die Auftrennung des Sarmentosid-A-Rohkristallisats gelang am besten über die Acetate. Hierbei wurden neben *Sarmentosid-A-acetat* noch 3, wahrscheinlich einheitliche Stoffe erhalten, die als *Sarmentosid-C-acetat*, *Sarmentosid-D-acetat* u. *Sarmentosid-E-acetat* bezeichnet werden. Obwohl zur Auftrennung von krist. Material ausgegangen worden war, wurden nur 48% an Kristallen erhalten. Die Behandlung des Rohkristallisates mit GIRARD-Reagens T gab 28% aldehydfreies Material. Aus dem Aldehydgemisch konnten keine reinen aldehyd. Komponenten abgetrennt werden. Aus dem aldehydfreien Anteil ließ sich *Sarmentosid-D* isolieren, obwohl diese Verb. nach der UV-Absorption eine Aldehydgruppe vom Typ des Cymarins enthalten sollte. Bei der Verseifung von Sarmentosid-A-acetat mit $KHCO_3$ entstand ein *Monoacetat*, dessen Reacetylierung das Ausgangsacetat u. dessen Benzoylierung ein *Monoacetattribenzoat* lieferte. Bei der Einw. von Schneckenferment auf das Monoacetat entstand eine *Verb.*, die zunächst als „Sarmentosid-A-Schneckenfermentpräp." bezeichnet wird u. wahrscheinlich acetylfrei ist. Bei der Reacetylierung entstand nur in sehr schlechter Ausbeute Sarmentosid-A-acetat. Sarmentosid-C-acetat ist nach der Verseifung mit $KHCO_3$ wahrscheinlich acetylfrei. Die Reacetylierung gab das krist. Acetat zurück. Sarmentosid-D-acetat lieferte bei der Verseifung mit $KHCO_3$ nur 10% kristalline Substanz. Die Reacetylierung der amorphen Anteile gab das Acetat zurück. Sarmentosid-E-acetat führte bei der $KHCO_3$-Verseifung nur zu einem amorphen Produkt.

Versuche (FF. korr.; KOFLER-Block): Für die Verss. diente Sarmentosid-A-Rohkristallisat [F. 225—243°; $[\alpha]_D^{19}$ —37,4 ± 1° (c = 2,1367; 95%ig. Dioxan)], das nach Acetylierung chromatograph. an Al_2O_3 aufgetrennt wurde (s. hierüber Original). — *Sarmentosid-A-tetraacetat*, $C_{37}H_{50}O_{15} \cdot H_2O$, F. 167—169°, Nadeln aus CH_3OH/Ae.; $[\alpha]_D^{20}$ —45,8 ± 1° (c = 1,8989; Chlf.). Die Oxydation mit CrO_3 gab einen sauren Anteil [hieraus *Methylester*, F. 283—286° (Zers.)] u. einen neutralen, der eine kleine Menge Kristalle vom F. 276—278° lieferte. Die Red. mit $NaBH_4$ in Dioxan gab eine amorphe Substanz. Hieraus nach Acetylierung *Verb.* $C_{39}H_{54}O_{16}$, F. 278—279°, aus CH_3OH Nadeln; $[\alpha]_D^{17}$ —44,7 ± 3° (c = 0,8878; Chlf.). — *Sarmentosid-A-monoacetat*, $C_{31}H_{44}O_{12}$, F. 229—234°, aus CH_3OH Stäbchen, $[\alpha]_D^{18}$ —43,0 ± 1,5° (c = 1,6503; 95%ig. Dioxan), aus dem Tetraacetat mit $KHCO_3$ in wss. CH_3OH bei 18°. — *Sarmentosid-A-monoacetattribenzoat*, $C_{52}H_{56}O_{15}$, F. 272—273°, aus CH_3OH Nadeln, $[\alpha]_D^{17}$ —63,5 ± 1° (c = 1,9830; Chlf.), aus vorst. Verb. u. Benzoylchlorid/Pyridin. — *Sarmentosid-A-Schneckenfermentpräp.*, $C_{29}H_{42}O_{11}$, F. 225—240°, Drusen aus CH_3OH, $[\alpha]_D^{18}$ —40,7 ± 2° (c = 1,2770; 95% ig. Dioxan), durch Hydrolyse des Monoacetats mit Schneckenferment in W. während 4 Tagen bei 34°. — *Sarmentosid-C-acetat*, $C_{37-39}H_{52-54}O_{15-16}$, Doppel-F. 184—185/254—257°, $[\alpha]_D^{20}$ +2,2 ± 2° (c = 1,3602; Chlf.). — *Sarmentosid-C*, $C_{29}H_{42-44}O_{11}$, F. 237—244° (Zers.), $[\alpha]_D^{18}$ —34.5 ± 2° (c = 1,0913; 95% ig. Dioxan), aus vorst. Acetat u. $KHCO_3$ in wss. CH_3OH. — *Sarmentosid-D-acetat*, $C_{35-37}H_{48-50}O_{14-15}$, Doppel-F. 206—215/288—290°, $[\alpha]_D^{18}$ —45,7 ± 2° (c = 1,2459; Chlf.). — *Sarmentosid-D*, $C_{29-31}H_{42-44}O_{11-12}$, F. 280 bis 287°, $[\alpha]_D^{20}$ —44,1 ± 4° (c = 0,5446; 95% ig. Dioxan). — *Sarmentosid-E-acetat*, $C_{35-37}H_{48-52}O_{14-15}$, F. 288—289°, $[\alpha]_D^{18}$ —25,8 ± 1,5° (c = 1,5526; Chlf.). (Pharmac. Acta Helvetiae **28**. 1—21. 31/1. 1953. Beilage zu: Schweiz. Apotheker-Ztg. Basel, Univ., Pharmazeut. u. organ.-chem. Anstalt.) K. NEZEL. 3450

J. C. Hess und **A. Hunger,** *Glykoside und Aglykone.* 103. Mitt. *Identifizierung von Honghelosid G mit Somalin.* (102. vgl. vorst. Ref.) Das in den Wurzeln von *Adenium Honghel* (Nigeria) vorkommende *Honghelosid G* ist mit der tiefschmelzenden Modifikation des *Somalins* (vgl. zweitvorst. Ref.) identisch. Auch in den Stengeln dieser Pflanzen kommt es vor. Die physikal. Eigg. der Glykoside u. ihrer Acetate stimmten überein. (Helv. chim. Acta **36**. 85—87. 1953. Basel, Univ., Organ.-chem. Anstalt.) K. NEZEL. 3450

H. Hauenstein, A. Hunger und **T. Reichstein,** *Glykoside und Aglykone.* 104. Mitt. *Evomonosid aus den Samen von Evonymus europaea L.* (103. vgl. vorst. Ref.) Wenn die entfetteten Samen von *Evonymus europaea L.* durch Aufweichen in W. während mehrerer Tage der Einw. ihrer eigenen Fermente ausgesetzt sind, erhält man *Evomonosid*, das wahrscheinlich die um ein O-Atom ärmere Summenformel $C_{29}H_{44}O_8$ besitzt, F. 238 bis 240° (alle FF. korr.; KOFLER-Block); $[\alpha]_D^{20}$ —30,6 ± 2° (c = 1,242; CH_3OH). *Evomonosidtriacetat*, $C_{35}H_{50}O_{11}$, F. 124—126°. (Helv. chim. Acta **36**. 87—90. 1953.) K. NEZEL. 3450

H. Hegedüs, Ch. Tamm und **T. Reichstein,** *Glykoside und Aglykone.* 105. Mitt. *Die Glykoside von Strophanthus intermedius Pax.* 2. Mitt. *Trennung des Kristallisats Nr. 790.* (104. bzw. 1. vgl. vorst. Ref. bzw. v. EUW u. Mitarbeiter, C. **1952**. 4774.) Das aus *Strophanthus intermedius Pax* isolierte Kristallisat Nr. 790, das ein schwer trennbares Gemisch darstellt, konnte durch Verteilungschromatographie mit W. als stationärer Phase u. Kieselgur als Träger in vier einheitliche Stoffe aufgeteilt werden. Als mobile Phase dienten PAe./Bzl.-Gemische, reines Bzl., Bzl./Chlf.-Gemische, reines Chlf. u. Chlf./Butanol-Gemische (Einzelheiten vgl. Original). Es wurden isoliert: *Intermediosid*, F. 199—201° (alle FF. korr.; KOFLER-Block), $[\alpha]_D^{19}$ +22,0 ± 2° (c = 1,185; CH_3OH); *Sarverogenin* (wahrscheinlich aus Intermediosid entstanden), F. 134—140°, nach Impfen mit der hochschmelzenden Form F. 227—230°, *Panstrosid*, F. 212—216°, $[\alpha]_D^{18}$ +30,0 ± 2° (c = 1,164; CH_3OH), nach Impfen mit der hochschmelzenden Form, F. 230 bis 236°, u. als neue Glykoside: *Inertosid*, $C_{30}H_{44}O_{10} \cdot H_2O$, F. 155—168° (gelegentlich auch Doppel-F. 155—168/227—244°, $[\alpha]_D^{20}$ —45,8 ± 3° (c = 0,786; CH_3OH). Acetylierung u. Benzoylierung gaben keine krist. Substanzen. *Leptosid*, $C_{30}H_{44}O_{10}$, F. 199—202°, $[\alpha]_D^{17}$ +22,0 ± 3° (c = 1,0045; CH_3OH). Durch Acetylierung u. Benzoylierung keine krist. Substanzen. (Helv. chim. Acta **36**. 357—69. 16/3. 1953.) K. NEZEL. 3450

O. Schindler und **T. Reichstein,** *Glykoside und Aglykone.* 106. Mitt. *Christyosid (Substanz Nr. 764).* (105. vgl. vorst. Ref.) Das bisher provisor. als Substanz Nr. 764 bezeichnete Glykosid aus Strophanthus speciosus (vgl. v. EUW u. Mitarbeiter, C. **1950**. II. 2437) wird nach dem Vork. in *Christya speciosa* als *Christyosid* (**I**) bezeichnet. Bei der MANNICH-Spaltung wurde *D-Digitalose* [F. 122—126° (alle FF. korr.; KOFLER-Block), $[\alpha]_D^{18}$ +105,2 ± 4° (nach 16 Std.; c = 0,5222; W.), *D-Digitalonsäurelacton*, F. 129—134°] u. *Uzarigeninsäure-(19)-lacton-(19→3)* [**II**; $C_{23}H_{30}O_5$, F. 235—247°, $[\alpha]_D^{22}$ +11,7 ± 2° (c = 0,9736; CH_3OH)] erhalten. Nach dem UV-Spektr. sollte **I** eine Carbonylgruppe besitzen. Das erhaltene Genin war aber nicht zu acetylieren u. gegen CrO_3 beständig. Eine sek. OH-Gruppe war somit nicht vorhanden u. auch die Carbonylgruppe war verschwunden. Vff. nehmen an, daß Corotoxigenin das eigentliche Genin von **I** ist, durch Luftoxydation aber **II** entstand. Ein indirekter Beweis für das Vork. von Corotoxigenin konnte dadurch erbracht werden, als es gelang, aus den Mutterlaugen von **II** durch Acetylierung u. CrO_3-Oxydation *Acetyluzarigeninsäure-(19)* (durch Veresterung mit CH_2N_2 als *Methylester*, F. 272—276°, identifiziert) zu isolieren. Bei der energ. Hydrierung mit Pt in Eisessig nahm **I** 2 Mol H_2 auf. Nach den Drehungswerten ist **I** das *β-D-Digitalosid* des *Corotoxigenins* (vgl. v. EUW u. REICHSTEIN, C. **1955**. 7912). — *Dihydrouzarigeninsäure-(19)-lacton-(19→3)*, F. 197—204°, $[\alpha]_D^{20}$ +12,6 ± 3° (c = 0,9629; Chlf.). (Helv. chim. Acta **36**. 370—76. 16/3. 1953.) K. NEZEL. 3450

W. Rittel, A. Hunger und **T. Reichstein**, *Glykoside und Aglykone.* 107. Mitt. *„Odorosid E", Odorosid H, Odorosid-K-acetat und „Kristallisat J". Die Glykoside von Nerium odorum Sol.* 4. Mitt. (106. bzw. 3. vgl. vorst. Ref. bzw. RHEINER u. Mitarbeiter, C. **1955.** 7908.) Zur Aufklärung von *„Odorosid E"* (**I**), von dem schon früher vermutet wurde, daß es sich um ein Gemisch handelt (RANGASWAMI u. REICHSTEIN, Pharmac. Acta Helvetiae **24.** [1949.] 159), wurde eine größere Menge Zweig- u. Stammrinde von *Nerium odorum Sol.* extrahiert. Neben den verschied. Odorosiden wurden dabei noch *Scopoletin* ($C_{10}H_8O_4$, F. 202—204°; alle FF. korr.; KOFLER-Block) u. *Scopolin* als *Tetraacetat* ($C_{24}H_{26}O_{13}$, F. 170—171°; $[\alpha]_D^{16}$ $+2,0\pm1°$) isoliert. *„I-Acetat"* ließ sich nicht direkt in einheitliche Acetate auftrennen. Erst nach K_2CO_3-Verseifung u. anschließender Chromatographie wurden *Digitalinum-verum-monoacetat* ($C_{38}H_{58}O_{15}$, F. 254—259° (Zers.); $[\alpha]_D^{17}$ $+1,1\pm2°$. *Hexaacetat*, $C_{48}H_{68}O_{20}$, Doppel-F. 176—180/220—230°; $[\alpha]_D^{17}$ $-15,5\pm2°$) u. *16-Anhydrodigitalinum-verum-monoacetat* [$C_{38}H_{56}O_{14}$, F. 284—289° (Zers.); $[\alpha]_D^{17}$ $-11,2\pm3°$. *Pentaacetat*, $C_{46}H_{64}O_{18}$, F. 254—259° (Zers.); $[\alpha]_D^{17}$ $+26,4\pm2°$] gewonnen. Nach Einw. eines Enzympräp. aus den Samen von *Adenium multiflorum* auf die Mutterlaugen dieser beiden Glykoside konnten noch *Strospesidmonoacetat* ($C_{32}H_{48}O_{10}$, F. 226 bis 233°; $[\alpha]_D^{18}$ $+18,4\pm1,5°$. *Triacetat*, $C_{36}H_{52}O_{12}$, F. 227—230°; $[\alpha]_D^{19}$ $-5,3\pm2°$. *Tribenzoat*, $C_{51}H_{58}O_{12}$, F. 230—233°; $[\alpha]_D^{18}$ $+60,6\pm2°$. *Monoacetatdibenzoat*, $C_{46}H_{56}O_{12}$, F. 227—236°; $[\alpha]_D^{19}$ $+34,2\pm2°$) u. *16-Anhydrostrospesidmonoacetat* ($C_{32}H_{46}O_9$, Doppel-F. 166—175°/220—230°; $[\alpha]_D^{17}$ $+62,7\pm4°$. *Diacetat*, $C_{34}H_{48}O_{10}$, F. 240—246°; $[\alpha]_D^{16}$ $+55,0\pm3°$) isoliert werden, die offenbar durch Glucoseabspaltung aus den Digitalinum-verum-Verbb. entstanden waren. Die Auftrennung von **I** über das Acetat gestattete keine Aussage darüber, ob die isolierten Verbb. in der untersuchten Rinde frei oder in partiell acetylierter Form vorkommen. Es wurde daher **I** enzymat. zu den Monoglykosiden abgebaut u. diese papierchromatograph. untersucht. Dabei wurden *16-Anhydrostrospesid* u. *Odorosid-H* festgestellt. Ein dem Strospesid entsprechender Fleck fehlte. Er hätte auftreten müssen, wenn **I** freies Digitalinum verum enthalten hätte. Falls aber dessen 16-Monoacetat darin enthalten war, so mußte nach dem Fermentabbau das 16-Monoacetat des Strospesids resultieren, das aber sehr ähnliche Laufgeschwindigkeit wie 16-Anhydrostrospesid besitzen dürfte. Nach der $KHCO_3$-Verseifung der enzymat. aus **I** erhaltenen Monoglykoside wurden dann auch bei der Papierchromatographie 3 Flecken erhalten, deren Laufstrecken denen von *Odorosid-H, 16-Anhydrostrospesid* u. *Strospesid* entsprachen. Danach ist anzunehmen, daß **I** aus einem Gemisch von *Gracilosid* (*Odorosid-F*), *Digitalinum-verum-16-monoacetat* u. *16-Anhydrodigitalinum-verum* besteht. In geringer Menge wurde *Odorosid-K-acetat* [$C_{56}H_{80}O_{24}$, F. 178—188°, aus Aceton/Ae. feine, zu Sternen vereinigte Nadeln; $[\alpha]_D^{18}$ $-35,4\pm2°$ (c = 1,001; Chlf.)] erhalten. Es wurde noch nicht näher untersucht. Aus dem Chloroformextrakt wurde nach Chromatographie an Al_2O_3 außer Odorosid A, B u. Scopoletin noch *Odorosid-H* [$C_{30}H_{46}O_8$, F. 231—238°; $[\alpha]_D^{21}$ $+7,8\pm3°$ (c = 0,841; CH_3OH). *Diacetat*, $C_{34}H_{50}O_{10}$, F. 232—244°; $[\alpha]_D^{21}$ $+12,7\pm2°$ (c = 1,027; Chlf.). *Monoacetat*, F. 238—250°, aus dem Diacetat mit $KHCO_3$ in wss. CH_3OH. *Dibenzoat*, $C_{44}H_{54}O_{10}$, F. 373—315° (Zers.); $[\alpha]_D^{19}$ $+61,0\pm2°$ (c = 1,095; Chlf.). *Acetatbenzoat*, F. 256—262°[;$[\alpha]_D^{18}$ $+35,0\pm2°$ (c = 1,1207; Chlf.)] isoliert. Odorosid-H ist mit dem von RANGASWAMI (l. c.) beschriebenen Nebenprod. IV identisch. Ein weiteres, schwer auftrennbares Gemisch wurde als „Kristallisat J" bezeichnet. Nach Acetylierung wurden aus ihm zwei Stoffe isoliert: *Odorosid-L-acetat*, $C_{34-36}H_{48-50}O_{10-11}$, F. 178—183°; $[\alpha]^{19}_D$ $+74,0\pm2°$ (c = 1,045; Chlf.). Mit $KHCO_3$ ließ sich das Acetat nicht verseifen. Die Hydrolyse mit methanol. KOH lieferte *D-Digitalose*, F. 124—132°. *Odorosid-M-acetat*, $C_{34}H_{48}O_{10}$ (?), Doppel-F. 219—224°/230—240°; $[\alpha]_D^{20}$ $+31,9\pm3°$ (c = 0,665; Chlf.). (Helv. chim. Acta **36.** 434—62. 16/3. 1953. Basel, Univ., Pharmaz. u. organ.-chem. Anstalt.)

K. NEZEL. 3450

W. Rittel und **T. Reichstein**, *Glykoside und Aglykone.* 108. Mitt. *Odorosid D und Odorosid F. Die Glykoside von Nerium odorum Sol.* 5. Mitt. (107. bzw. 4. vgl. vorst. Ref.) Reines *Odorosid D* [$C_{36}H_{56}O_{12}$, F. 254—262° (alle FF. korr.; KOFLER-Block); $[\alpha]_D^{15}$ $-19,2\pm1,5°$ (c = 1,570; Dioxan)] wurde aus dem *Odorosid-D-tetraacetat* [F. 220—227°; $[\alpha]_D^{17}$ $-12,0\pm1°$ (c = 1,782; Chlf.)] dargestellt. Das reine Präp. ist merklich toxischer (0,594±0,055 mg/kg) als das alte (RANGASWAMI u. REICHSTEIN, Pharmac. Acta Helvetiae **24.** [1949.] 159). Nach der Spaltung mit einem Enzympräp. aus den Samen von *Adenium multiflorum* wurde ein Monoglykosid erhalten, das mit *Odorosid A* [F. 206 bis 208°; $[\alpha]_D^{17}$ $-7,3\pm2°$ (c = 1,072; Chlf.). *Acetat*, $C_{32}H_{48}O_8$, F. 223—230°; $[\alpha]_D^{19}$ $+0,3\pm2°$] ident. ist. Der abgespaltene Zucker, der D-Glucose gewesen sein dürfte, wurde nicht identifiziert. Nach den Drehwerten folgt, daß eine β-glucosid. Bindung vorliegt. *Odorosid F* erwies sich mit *Gracilosid* identisch. *Gracilosidpentabenzoat*, $C_{71}H_{76}O_{18}$, F. 186 bis 195°; $[\alpha]_D^{28}$ $+18,7\pm2°$ (c = 0,915; Chlf.), aus Odorosid F. (Helv. chim. Acta **36.** 554—62. 30/4. 1953.)

K. NEZEL. 3450

J. P. Rosselet und **T. Reichstein,** *Glykoside und Aglykone.* 109. Mitt. *Die Glykoside von Strophanthus gracilis D. Schum. et Pax.* 2. Mitt. *Odorosid H und Gracilosid.* (108. bzw. 1. vgl. vorst. Ref. bzw. AEBI u. REICHSTEIN, C. **1952.** 4612.) Die bereits von AEBI (l. c.) isolierten Substanzen AA 53 u. AA 55 wurden näher untersucht. AA 53 erwies sich mit *Odorosid H* identisch. Substanz AA 55 wird *Gracilosid* (**I**) genannt. Die Behandlung von **I** mit dem Enzym aus den Samen von *Adenium multiflorum* gab *Odorosid H* [F. 234–238° (korr.); $[\alpha]_D^{20}$ +9,2±2°. *Dibenzoat,* F. 306–320° (Zers.)] u. *D-Glucose.* Aus der spezif. Drehung folgt *β*-glykosid. Verknüpfung. Gleiche Befunde wurden auch bei Odorobiosid G gemacht. Eine Identität der beiden Substanzen scheint jedoch nach der Ansicht der Vff. nicht vorzuliegen, obwohl die Infrarotabsorptionsspektren fast gleich waren. Das Pentabenzoat von Odorobiosid G schm. ca. 20° tiefer als als Pentabenzoat von I. Eine deutliche Misch-F.-Depression trat jedoch nicht ein. Es wird vermutet, daß es sich bei beiden Substanzen um Isomere handelt, bei denen die Glucose an verschied. OH-Gruppen (2 oder 4) der Digitalose gebunden ist.

Versuche (FF. korr.; KOFLER-Block): *Gracilosid* (I), $C_{36}H_{56}O_{13}$, F. 298–302° (Zers.); $[\alpha]_D^{25}$ −15,3±3° (c = 0,850; CH_3OH). *Pentaacetat,* $C_{46}H_{66}O_{18}$, F. 283–286° (Zers.); $[\alpha]_D^{20}$ −1,71±2° (c = 1,11; Chlf.). *Pentabenzoat,* $C_{71}H_{76}O_{18}$, F. 182–184° $[\alpha]_D^{19}$ +14,5±2° (c = 1,016; Chlf.). — *Odorobiosid-G-pentaacetat,* F. 238–241°; $[\alpha]_D^{19}$ −9,6 ±2°. *Pentabenzoat,* $C_{71}H_{76}O_{15}$, F. 161–162°; $[\alpha]_D^{19}$ +9,6±2° (c = 0,987; Chlf.). (Helv. chim. Acta **36.** 787–801. 15/6. 1953.) K. NEZEL. 3450

O. Schindler und **T. Reichstein,** *Glykoside und Aglykone.* 110. Mitt. *Die Glykoside der Samen von Strophanthus sarmentosus var. glabriflorus Monach.* (109. vgl. vorst. Ref.) Aus den sehr glykosidreichen Samen von *Strophanthus sarmentosus var. glabriflorus Monach* wurden nach vorangegangener Fermentierung durch Ae.-, Chlf.- u. Chlf./A. (2: 1)-Extraktion ca. 1% *Intermediosid* [$C_{33}H_{44}O_{10}$, F. 200–203° (alle FF. korr.; KOFLER-Block); $[\alpha]_D^{22}$ +16,3±2° (c = 0,9250; Aceton)], 0,6% *Panstrosid* [F. 235–244°; $[\alpha]_D^{22}$ +27,0±2° (c = 1,0382; CH_3OH). *Acetat,* F. 263–268°; $[\alpha]_D^{21}$ +20,2±2°], 0,16% *Inertosid* [F. 150–153°; $[\alpha]_D^{18}$ −42,0±3° (c = 0,8087; CH_3OH)] u. ca. 0,14% *Leptosid* [F. 201–203°; $[\alpha]_D^{17}$ +19,9±3° (c = 0,5986; CH_3OH)] isoliert. Diese Strophanthusart unterscheidet sich in ihrem Glykosidgeh. wesentlich von Strophanthus sarmentosus, ähnelt aber Strophanthus intermedius Pax. (Helv. chim. Acta **36.** 921–30. 1/8. 1953.) K. NEZEL. 3450

H. P. Sigg, Ch. Tamm und **T. Reichstein,** *Glykoside und Aglykone.* 111. Mitt. *3-Epidigitoxigenin.* (110. vgl. vorst. Ref.) Digitoxigenon konnte mit $NaBH_4$ zu 3-Epidigitoxigenin (I) in 75%ig. Ausbeute red. werden. Der ungesätt. Lactonring wird dabei nicht angegriffen. I erwies sich bei intravenöser Infusion an der Katze bei 36,76 mg/kg völlig unwirksam. Digitoxigenin zeigte bei gleicher Prüfung eine DL von 0,459±0,0363 mg/kg.

Versuche (FF. korr.; KOFLER-Block): *3-Epidigitoxigenin* (I), $C_{23}H_{34}O_4$, F. 274 bis 282°; $[\alpha]_D^{22}$ +26,8±3° (c = 0,3357; CH_3OH), Prismen aus CH_3OH; aus Digitoxigenin durch CrO_3-Oxydation erhaltenes *Digitoxigenon* (F. 203–205°) wird in 80%ig. wss. Dioxan innerhalb 1 Std. mit dem 15fachen Überschuß von $NaBH_4$ in gleicher Dioxanlsg. versetzt; nach 6 Std. bei 20° wird mit 2n H_2SO_4 bei 0° auf p_H 3 angesäuert das Dioxan unter allmählicher Zugabe von W. im Vakuum abgetrieben, die wss. Lsg. mit Chlf. ausgeschüttelt, der über Na_2SO_4 getrocknete Auszug eingedampft, der Rückstand in CH_3OH mit d-Mannit u. 0,1n H_2SO_4 versetzt u. 30 Min. unter Rückfluß gekocht; nach Abtreiben des CH_3OH im Vakuum wird die wss. Lsg. mit Chlf. ausgeschüttelt u. der Rückstand aus CH_3OH kristallisiert. *Acetat,* $C_{25}H_{36}O_5$, F. 208–210°; $[\alpha]_D^{22}$ +42,5±1,5° (c = 1,6906; Chlf.). — *Digitoxigeninformiat,* $C_{24}H_{34}O_5$, F. 198–201°; $[\alpha]_D^{23}$ +18,0±3° (c = 0,7673; Chlf.), aus Digitoxigenin in Pyridin mit HCOOH u. Acetanhydrid während 2 Tagen bei 18°; aus CH_3OH/Ae. Prismen. — **I**-*Formiat,* $C_{24}H_{34}O_5$, F. 237–239°; $[\alpha]_D^{21}$ +41,7±2° (c = 1,249; Chlf.), aus **I** wie vorst.; aus Chlf./Ae. Prismen. **I**-Formiat u. Acetat werden viel leichter hydrolysiert als Digitoxigeninacetat. — *Epikoprostanolacetat,* $[\alpha]_D^{23}$ +47±2°. — *Koprostanolacetat,* $[\alpha]_D^{25}$ +24±2°. (Helv. chim. Acta **36.** 985–89. 1/8. 1953.) K. NEZEL. 3450

O. Schindler und **T. Reichstein,** *Glykoside und Aglykone.* 112. Mitt. *Die Glykoside der Samen von Strophanthus divaricatus (Lour.) Hook. et Arn.* (111. vgl. vorst. Ref.) Samen von *Strophanthus divaricatus* aus Südchina wurden in der üblichen Weise durch Fermentierung mit den Eigenfermenten der Samen aufgearbeitet. Im Ae.-Extrakt wurden nach Chromatographie u. fraktionierter Kristallisation zwei neue Glykoside gefunden: *Divaricosid* (I) u. *Caudosid* (II). Insgesamt wurden gefunden 0,46% **I**, 0,19% **II**, außerdem ein Glykosid, das vorläufig „*Substanz A*" u. ein weiteres, das „*Substanz D*" genannt wird.

Versuche (FF. korr.; KOFLER-Block): *Divaricosid* (I), $C_{30}H_{46}O_8$, F. 220 bis 223°; $[\alpha]_D^{17}$ −46,0 ± 3° (c = 0,8880; CH_3OH), Blättchen aus Ae./Aceton; DL (Katze) 0,1653±0,0112 mg/kg. Acetat u. Benzoat kristallisierten nicht. — *Caudosid* (II), $C_{30}H_{44}O_9$, F. 249—252°; $[\alpha]_D^{18}$ −99,8±3° (c = 0,8523; CH_3OH), aus CH_3OH längliche Sechsecke, Blättchen oder flache Nadeln. Enthält wahrscheinlich eine reaktionsträge Carbonylgruppe. *Diacetat*, $C_{34}H_{48}O_{11}$, F. 183—185°; $[\alpha]_D^{16}$ −75,8±3° (c = 0,8934; Chlf.), aus Aceton/Ae. Nadeln. *Dibenzoat*, $C_{44}H_{52}O_{11}$, F. 211—213°; $[\alpha]_D^{16}$ −66,4±2° (c = 1,2934; Chlf.), aus CH_3OH/Ae. Nadeln. — „*Substanz D*", $C_{30}H_{46}O_8$, $[\alpha]_D^{16}$ −43,4±2° (c = 1,149; CH_3OH). Acetat kristallisierte nicht. *Dibenzoat*, $C_{44}H_{54}O_{10}$, F. 235—238°; $[\alpha]_D^{21}$ −51,3±3° (c = 0,6065; CH_3OH). Hier handelt es sich wahrscheinlich um das Benzoat eines Nebenproduktes. (Helv. chim. Acta **36.** 1007—24. 1/8. 1953.)
K. NEZEL. 3450

R. Richter, K. Mohr und **T. Reichstein,** *Glykoside und Aglykone*. 113. Mitt. *Sarmutosid und Musarosid. Glykoside der Samen von Strophanthus sarmentosus A.P.DC.* 4. Mitt. (112. bzw. 3. vgl. vorst. Ref. bzw. v. EUW u. REICHSTEIN, C. **1952.** 3651.) In den Samen von zwei Einzelpflanzen von *Strophanthus sarmentosus A.P.DC.* aus franz. Senegal fanden Vff. nach vorangehender Fermentierung im Ae.- u. Chloroformauszug zwei neue Glykoside, *Sarmutosid* u. *Musarosid* genannt. In Form der Acetate wurden noch die *Sarmentoside A, C* u. *E* isoliert. — *Sarmutosid*, $C_{30}H_{44}O_9$, F. 250—252° (Zers.) (alle FF. korr.; KOFLER-Block); $[\alpha]_D^{18}$ +11,4±2° (c = 1,1416; CH_3OH), aus Aceton/Ae. Nadelbüschel. Acetat u. Benzoat krist. nicht. — *Musarosid*, $C_{30}H_{44}O_{10}$, F. 229—232°, $[\alpha]_D^{18}$ +29,0±2° (c = 0,9137; CH_3OH), aus CH_3OH/Ae. grobe Körner oder Spieße. *Triacetat*, $C_{36}H_{50}O_{13}$, F. 244—245°; $[\alpha]_D^{17}$ +32,0±2° (c = 0,9049; CH_3OH). (Helv. chim. Acta **36.** 1073—88. 1/8. 1953.)
K. NEZEL. 3450

Gurnos Jones und **T. S. Stevens,** *Die Alkaloide von Gelsemium sempervirens.* 2. Mitt. (1. vgl. FORSYTH u. Mitarbeiter, C. **1946.** I. 1720.) Dihydrogelsemin reagiert mit BrCN unter Bldg. eines Cyanamids, das zu *Desmethyldihydrogelsemin* hydrolysiert werden kann. Remethylierung führt zu *Dihydrogelseminmethojodid.* Da das Cyanamid nicht bas. ist, erfolgt der Angriff offenbar am alicycl. N, der demnach auch die Methylgruppe tragen muß. Die Pyrolyse von Dihydrogelseminmethohydroxyd bei 190° führt zu *Dihydro-N-methylgelsemin.* Der EMDE-Abbau von Gelsemin (I)-methosulfat unter Verwendung von Na/Pb-Legierung gab kein charakterisierbares Prod., während bei Benzyltrimethylammoniumjodid durchaus günstige Ergebnisse erzielt wurden. Benzyltrimethylammoniummethylsulfat gab bei der Hydrierung mit Pt-Kohle Toluol u. Trimethylamin, I-Methosulfat dagegen kein nichtquaternäres Produkt. Auch Na in fl. NH_3 war wirkungslos. Der Vgl. des Reaktionsverlaufs von Bromsuccinimid mit tert. Allylaminen einerseits u. I andererseits führte ebenfalls zu dem Schluß, daß das Alkaloid nicht als ein Allylaminderiv. aufzufassen ist. Der Vgl. der UV-Absorptionsspektren verschied. Indolderivv. mit dem von I sicherte die Anwesenheit eines Oxindolsyst. mit freier Iminogruppe im Gelsemin.

Versuche: *Gelsemin* (I)-*methomethylsulfat*, $C_{22}H_{28}O_6N_2S \cdot C_2H_5OH$, F. 298° (Zers.; A.), aus I (aus den Wurzeln von *Gelsemium sempervirens*) u. Dimethylsulfat in Aceton (10 Min. kochen). — *Dihydrogelsemin*, F. 224°, aus I mit RANEY-Ni bei 150°/100at. — *N-Cyandesmethyldihydrogelsemin*, $C_{20}H_{21}O_2N_3$, F. 269°, aus Dihydrogelsemin u. BrCN in Ae. nach kurzem Sieden. — *Desmethyldihydrogelseminpikrat*, $C_{25}H_{25}O_9N_5$, F. 281—282° (Zers.), durch Erhitzen vorst. Verb. mit HCl während 8 Std. bei 160°, nach Alkalisieren Extraktion mit Ae. u. Ausfällen mit Pikrinsäure; Prismen (A.). Aus Desmethyldihydrogelsemin mit CH_3J in Aceton *Dihydrogelseminmethojodid*, F. 300—302° (Zers.), Nadeln (A.). — *Dihydro-N-methylgelsemin*, F. 163—165°, Prismen (Ligroin), aus vorst. Methojodid durch Überführung ins Methohydroxyd u. Erhitzen auf 190° während 30 Min. bei 0,1 mm. *Methojodid*, F. 289°. *Pikrat*, $C_{27}H_{29}O_9N_5$, F. 216—218°. — *Hydrohydrastininmethosulfat*, $C_{13}H_{19}O_6NS$ (F. 188°), gab bei der Red. mit Na/Pb-Legierung u. H_2SO_4 im leichten H_2-Strom *N.N-Dimethyl-4.5-methylendioxy-2-vinylbenzylamin* als braunes Öl. *Pikrat*, $C_{18}H_{18}O_9N_4$, F. 181°. Ensteht auch beim Erhitzen des Methosulfats mit verd. NaOH-Lsg. als n. Prod. des HOFMANNschen Abbaus. — *Cinnamyldimethylamin*, Kp.$_{12}$ 107° (*Pikrat*, F. 123—124°), aus Cinnamylbromid u. Dimethylamin in Nitromethan bei −10° während 1 Std. zusammen mit *Dicinnamylmethylamin* [Kp.$_{0,5}$ 180—182°. *Methojodid*, $C_{20}H_{24}NJ$, F. 170—170,5°, gefiederte Blättchen (Aceton]. Die Umsetzung von Cinnamyldimethylamin mit N-Bromsuccinimid in CCl_4 u. anschließende Hydrolyse gab *Zimtaldehyd* (*Oxim*, F. 140°. *2.4-Dinitrophenylhydrazon*, F. 142°). — *3.3-Diphenylallyldimethylamin*, Kp.$_{0,3}$ 124° (aus 3.3-Diphenylallylbromid wie oben) gab nach Behandlung mit Bromsuccinimid wie vorst. *β.β-Diphenylacrolein* (*Semicarbazon*, $C_{16}H_{15}ON_3$, F. 219 bis 221°. *2.4-Dinitrophenylhydrazon*, F. 193,5°. — *3-Piperidinocyclohexenpikrat*, $C_{17}H_{22}$·

O_7N_4, F. 108,5°. *Base*, Kp.$_{15}$ 106—108°, nach Behandlung mit Bromsuccinimid konnte nur etwas unveränderte Base isoliert werden. — *3-Morpholinocyclohexen*, Kp.$_{16}$ 110 bis 115°; 1.2-Dibromcyclohexan u. Morpholin werden 2 Std. bei 100° erhitzt u. das Reaktionsgemisch mit W. u. Ligroin geschüttelt. *Pikrat*, $C_{16}H_{20}O_8N_4$, F. 148—149°, Nadeln (A.). Die Bromsuccinimidbehandlung der Base gab etwas *p-Bromphenol* (*Benzoylderiv.*, F. 103—104°) u. *1.2-Dibrom-3-morpholinocyclohexan* [*Pikrat*, $C_{16}H_{20}O_8N_4Br_2$, F. 174 bis 175°, gelbe Nadeln (A.)]. Die gleiche Behandlung von I gab wahrscheinlich *Allogelsemindibromid*, $C_{20}H_{22}O_2N_2Br_2$, Zers. bei 310°, gelbliches Pulver, das mit Diazobenzol-p-sulfonsäure einen gelben Nd. bildet, der in alkal. Lsg. tieforange wird. — *3.3-Dimethyloxindol*, $C_{10}H_{11}ON$, F. 154—154,5°. *Hexahydro-3.3-dimethyloxindol*, $C_{10}H_{17}ON$, F. 126—127°. — *Cyclohexanspiro-3-oxindol*, $C_{13}H_{15}ON$, F. 121—122°, aus Hexahydrobenzoesäure über *Hexahydrobenzoesäurephenylhydrazid* [$C_{13}H_{18}ON_2$, F. 171°, Plättchen (Bzl.)] durch Erhitzen über CaO während 6 Std. bei 195° u. 1 std. Kochen mit konz. HCl. Auch durch Oxydation des Cyclohexanspiro-3-indolenin–$ZnCl_2$-Komplexes mit $KMnO_4$. — *2.3-Cycloheptenoindol*, $C_{13}H_{15}N$, F. 143—145°, Blättchen (Ligroin, durch Erhitzen von Hexahydrobenzaldehyd (3,7 g) u. Phenylhydrazin (3,3 g) bis zur beendeten Rk. u. Erhitzen des vakuumtrockenen Prod. mit $ZnCl_2$. — *Cyclohexanspiro-3-indolenin*, Kp.$_{20}$ 85°, aus Hexahydrobenzaldehydphenylhydrazon u. $ZnCl_2$ in A. durch 3std. Kochen unter N_2. *$ZnCl_2$-Komplex*, $C_{26}H_{30}N_2Cl_2Zn$, F. 205,5°, Plättchen (A.). (J. chem. Soc. [London] **1953**. 2344—50. Aug. Sheffield, Univ.) K. NEZEL. 3500

A. Stoll, A. Hofmann und **R. Brunner**, *Alkaloide aus den Blättern von Rauwolfia canescens L.* 4. Mitt. *über Rauwolfiaalkaloide.* (3. vgl. Helv. chim. Acta **37.** [1954.] 849.) Aus den Blättern von Rauwolfia canescens L. wurden neben *Rauwolscin*, das mit *α-Yohimbin* (**I**) ident. u. schon früher gewonnen worden ist, die 4 Alkaloide *Aricin* (**II**), ident. mit dem aus einer peruan. Chinarinde isolierten, *Reserpilin* (**III**), ident. mit dem von KLOHS u. Mitarbeitern (C. **1956.** 3046) aus den Wurzeln von Rauwolfia serpentina gewonnenen, sowie die beiden bisher unbekannten *Isoreserpilin* (**IV**) u. *Isoreserpinin* (**V**) isoliert. Nach Abtrennen des schwer lösl. Oxalats von I wurde der leicht lösl. Oxalate enthaltende Anteil der Alkaloidfraktion nach Gewinnung der freien Basen durch Chromatographieren an Al_2O_3 unter Verwendung von mit steigenden Mengen A. versetztem Bzl. als Lösungsm. in seine Bestandteile zerlegt. Alle isolierten Alkaloide sind Methoxyderivv. des gleichen Grundkörpers, des *Ajmalicins* (*δ-Yohimbin, Py-Tetrahydroserpentin, Tetrahydroalstonin, Normelinonin A, Mayumbin*) (**VI**) u. seiner stereoisomeren Formen. — **II** ist ein 10-Methoxyderiv. von **VI** u. isomer mit Reserpinin (11-Methoxyverb. von **VI**), das sowohl in Rauwolfia-Arten als auch im Immergrün (Vinca major L.) vorkommt. Die chem. Eigg. u. die UV- u. Infrarotspektren von **II** stimmen mit den Angaben von GOUTAREL u. Mitarbeitern (C. **1955. 7914**) überein, doch geben die genannten Autoren nach Hydrolyse von **II** zur Säure, die nach ihrer Meinung noch 2 Methoxygruppen enthält, für **II** die Konst. **VII** an, die sich von der von **VI** durch Formulierung des Ringes E als Lactonring unterscheidet. Vff. stellten jedoch fest, daß die schwer zu isolierende Säure nur 1 Methoxygruppe enthält u. durch Hydrolyse der Estergruppe von **II** entstanden ist, eine Möglichkeit, die GOUTAREL u. Mitarbeiter (l. c.) auch in Erwägung zogen; die Säure kann mit Diazomethan glatt wieder in **II** übergeführt werden. — **III** u. **IV** sind stereoisomere 10.11-Dimethoxyderivv. von **VI**; **III**, das gut krist. Salze liefert, aber als freie Base bisher nicht kristallin erhalten werden konnte, wird über sein *Phosphat* gereinigt. — **V** stimmt in seinen chem. Eigg. mit dem Reserpinin überein. — **II, III, IV** u. **V**, von denen die UV- u. Infrarotabsorptionsspektren aufgenommen wurden (UV-Spektren in A.), geben Farb-Rkk. nach KELLER; **III** u. **IV** lösen sich wie Brucin in HNO_3 mit orangeroter Farbe, was auf die beiden o-ständigen Methoxygruppen des aromat. Ringes zurückzuführen ist. Die Infrarot-Absorptionsspektren von **III** u. **IV** sowie von Reserpinin u. **V** zeigen nur im Fingerprint-Gebiet die zwischen Stereoisomeren zu erwartenden Unterschiede. **II, III, IV** u. **V** sowie **II**-Säure wurden auch potentiometr. titriert. — Es wird auf die Verwandtschaft zwischen Rauwolfia- u. Strychnosalkaloiden, die sich biogenet. aus den 2 Hauptkomponenten Tryptophan u. Oxy- bzw. Dioxyphenylalanin aufbauen u. auch am Indolsyst. gleichartig substituiert sind, hingewiesen.

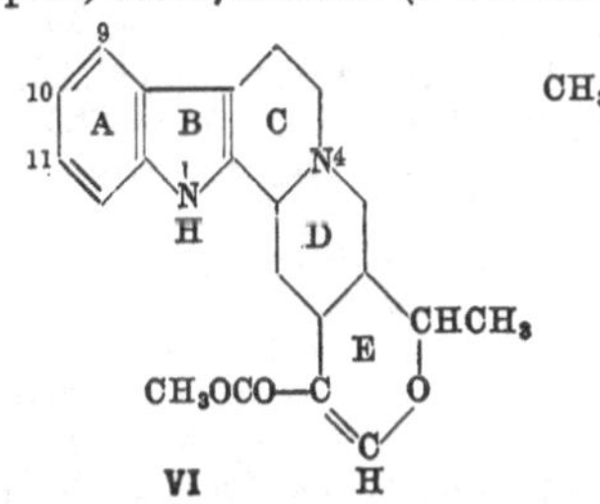

VI

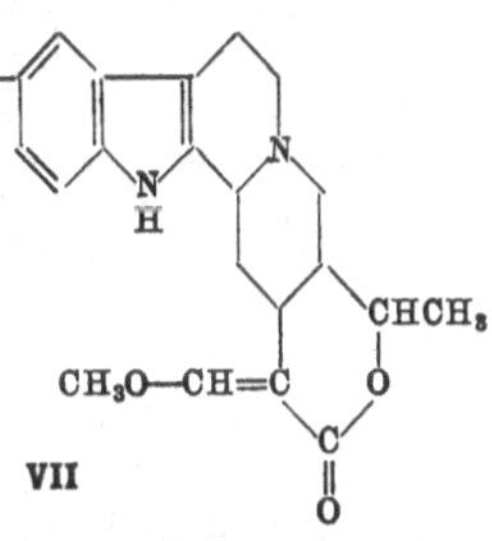

VII

Versuche (FF. korr.): Nach $^1/_2$std. Extraktion von 1,2 kg getrockneten, gemahlenen Blättern von Rauwolfia canescens mit 2%ig. Weinsäurelsg. in 70%ig. wss. Aceton bei Raumtemp., die dreimal wiederholt wird, Eindampfen der Auszüge bei 50° Badtemp. auf $^1/_3$ des Vol., Entfernen der Verunreinigungen durch mehrmaliges Ausschütteln mit Ae., Alkalisieren mit $NaHCO_3$, Extrahieren mit Ae., Alkalisieren mit NaOH, Sättigen mit NaCl, Extrahieren mit Ae., Eindampfen u. Filtrieren von einer schwer lösl. Fraktion A werden die Alkaloide mit gesätt. äther. Oxalsäurelsg. gefällt; A wird in Methanol gelöst, mit Ae. verd. u. ebenfalls mit Oxalsäure gefällt. — *α-Yohimbin* (I), $C_{21}H_{26}O_3N_2$, F. 239—241° (Zers.; Bzl.-PAe., dann A.), durch Auskochen der mit Ae. gewaschenen Oxalate mit A., Behandeln des ungelösten Oxalats mit Soda u. Extrahieren mit Chlf.; $[\alpha]_D^{20}$ —26° (c = 1,3; A.); $[\alpha]_D^{20}$ —15° (c = 1,3; Pyridin); 3,7 g (Ausbeute). — Aus den in A. lösl. Oxalaten wurden durch Behandeln mit Soda u. Ausschütteln mit Chlf. 31 g rohes Basengemisch erhalten, das an einer Säule aus 6 kg Al_2O_3 (95 cm lang mit 9,5 cm Durchmesser) zerlegt u. mit Bzl., dem wachsende Mengen A. zugesetzt wurden, eluiert u. in Fraktionen von je 1 Liter aufgefangen wurde. — Die Fraktionen 1—10 (Bzl.) enthielten alkaloidfreies Öl; 0,70 g. — *Aricin* (II), $C_{22}H_{26}O_4N_2$, F. 190 (Zers.), aus den Fraktionen 11—21 (Bzl.); aus Ae. oder A. Prismenbüschel; $[\alpha]_D^{20}$ —91°, $[\alpha]_{5461}^{20}$ —113° (c = 1,4; Chlf.); $[\alpha]_D^{20}$ —63°, $[\alpha]_{5461}^{20}$ —79° (c = 1,5; Pyridin); $[\alpha]_D^{20}$ —57° (c = 1,0; A.); 2,84 g. *Hydrochlorid*, F. 254°, aus dem Eindampfrückstand der Titrationslsg.; aus Methanol beim Verdünnen mit Aceton viereckige Platten; $[\alpha]_D^{20}$ —5° (c = 0,9; 50%ig. A.). *Hydrobromid*, $C_{22}H_{26}O_4N_2 \cdot HBr$, F. 262—263° (Zers.), aus Methanol Nadeln. *Neutrales Oxalat*, F. 234—235° (Zers.), aus A. oder Methanol kleine Polyeder. *Neutrales Tartrat*, F. 208—209° (Zers.); $[\alpha]_D^{20}$ —10° (c = 0,8; 50%ig. A.); aus Methanol achteckige Plättchen. *Di-[p-toluyl]-L-bitartrat*, F. 159—161° (Zers.); $[\alpha]_D^{20}$ +34° (c = 0,39; A.); aus Methanol Nadeln. **II**-*Säure*, $C_{21}H_{24}O_4N_2$, durch 5std. Kochen von **II** in 2n-methanol. KOH, Ansäuern mit HCl gegen Kongorot, Aufnehmen der eingedampften Lsg. in absol. A. zur Trennung von KCl, Lösen des nach Eindampfen erhaltenen Hydrochlorids der **II**-Säure in wenig W. Alkalisieren mit überschüssigem NH_4OH, Eindampfen unter Zerfall des NH_4-Salzes, Verreiben der Säure mit W. u. nochmalige Reinigung über das NH_4-Salz; $[\alpha]_D^{20}$ —38° (c = 1,0, Methanol). Durch Veresterung der Säure mit äther. CH_2N_2 in Aceton wird **II** zurückgewonnen. — Die Fraktionen 22—43 (Bzl. + 0,25% A.) enthielten 1,16 g alkaloidfreies Öl. — *Isoreserpilin* (IV), $C_{23}H_{28}O_5N_2$, F. 211—212° (Zers.), aus den Fraktionen 44—48 (Bzl. + 0,5% A.); $[\alpha]_D^{20}$ —82°, $[\alpha]_{5461}^{20}$ —100° (c = 0,5; Pyridin); $[\alpha]_D^{20}$ —88° (c = 0,7; A.); aus Ae. oder Essigester-Methanol-Ae. (1: 1: 8) Prismen; 4 g. *Hydrochlorid*, $C_{23}H_{28}O_5N_2 \cdot HCl$, F. 253—264° (Zers.) — $[\alpha]_D^{20}$ —44° (c = 0,6; W.); aus Aceton sechseckige Plättchen. *Hydrobromid*, $C_{23}H_{28}O_5N_2 \cdot HBr$, F. 270—272° (Zers.); $[\alpha]_D^{20}$ —39° (c = 0,7; W.); aus Methanol oder A. rechteckige Platten. *Methansulfonat*, $C_{23}H_{28}O_5N_2 \cdot CH_3SO_3H$, F. 282—284° (Zers.); $[\alpha]_D^{20}$ —35° (c = 0,5; W.); aus Methanol trapezförmige Plättchen. *Oxalat*, F. 245—246° (Zers.), aus Methanol oder A. Nadeln. *Hydrogentartrat*, F. 201—202° (Zers.), aus Methanol oder A. Nadeln. — *Isoreserpinin* (V), $C_{22}H_{26}O_4N_2$, F. 225—226° (Zers.), aus den Fraktionen 49 u. 50 (Bzl. + 0.5% A.); $[\alpha]_D^{20}$ —5° $[\alpha]_{5461}^{20}$ —9° (c = 0,7; Pyridin); aus Ae., dann A. oder Methanol-A.-Aceton (6: 4: 2,5) drei- oder sechseckige Platten; 1,18 g. *Nitrat*, $C_{22}H_{26}O_4N_2 \cdot HNO_3$, F. 265—270° (Zers.); $[\alpha]_D^{20}$ —32° (c = 1,0; 50%ig. A.); aus Methanol oder A. Prismen. *Tartrat*, $C_{22}H_{26}O_4N_2 \cdot {}^1/_2\, C_4H_6O_6$, F. 214—216° (Zers.) aus A. oder Methanol Nadeln. *Di-[p-toluyl]-L-tartrat*, F. 213—214° (Zers.), aus Methanol oder A. Nadeln. — *Reserpilin* (III), $C_{23}H_{28}O_5N_2$, aus den Fraktionen 51—67 (Bzl. + 0,5% A.) über das Phosphat; $[\alpha]_D^{20}$ —14°, $[\alpha]_{5461}^{20}$ —19° (c = 1,5; Pyridin); $[\alpha]_D^{20}$ —12° (c = 1,7; Chlf.); $[\alpha]_D^{20}$ —38° (c = 1,0; A. ; 7,42 g. *Phosphat*, Zers. ab 200°; $[\alpha]_D^{20}$ —52° (c = 0,9; W.); aus A. sechseckige Plättchen. *Oxalat*, $C_{23}H_{28}O_5N_2 \cdot (COOH)_2$, F. 244—245° (Zers.); $[\alpha]_D^{20}$ —4° (c = 0,2; 50%ig. A.); aus Methanol oder A. Nadeln. *Tartrat*, F. 190—192° (Zers.); $[\alpha]_D^{20}$ —50° (c = 1,0; W.); aus A dünne Prismen. *Di-[p-toluyl]-L-tartrat*, F. 194—195° (Zers.), aus Methanol viereckige, aus A. sechseckige Plättchen. — Die Fraktionen 68—89 (Bzl. + 1% A.) enthielten 5,9 g **I** u. die Fraktionen 90—125 (Bzl. + 5% A.) 3,55 g einer amorphen, meist dunkelgefärbten Masse. (Helv. chim. Acta **38**. 270—83. 1/2. 1955. Basel, Sandoz, Pharmazeut.-Chem. Labor.) I. BUCHTA. 3500

A. Stoll und **A. Hofmann**, *Canescin und Pseudoyohimbin aus den Wurzeln von Rauwolfia canescens L.* 5. Mitt. *über Rauwolfiaalkaloide*. (4. vgl. vorst. Ref.) Aus der methanol. Mutterlauge des aus den Wurzeln von Rauwolfia canescens L. gewonnenen Reserpins (I) werden durch Chromatographie 2 weitere Alkaloide, *Pseudoyohimbin* (II), ident. mit dem aus der Yohimberinde erhaltenen, u. das bisher unbekannte *Canescin* (III) isoliert. Von beiden Alkaloiden, die Farb-Rkk. nach KELLER zeigen, werden die UV-Absorptionsspektren in A. aufgenommen; außerdem werden sie zur Mol.-Gew.-Best. potentiometr. titriert. **II**, $C_{21}H_{26}O_3N_2$, F. 265—278° (korr.; Zers.), $[\alpha]_D^{20}$ + 27 ± 2°

(c = 0,3; Pyridin); aus Methanol hexagonale Platten. *Hydrochlorid*, $C_{21}H_{26}O_3N_2 \cdot HCl$, F. 250—260° (korr.; Zers.), aus A. Nadeln. — **III**, $C_{32}H_{38}O_8N_2$, F. 230—234° (korr.; Zers.), $[\alpha]_D^{20}$ −163° ± 2° (c = 0,5 in Pyridin), aus Methanol pentagonale u. hexagonale Platten. *Hydrochlorid*, $C_{32}H_{38}O_8N_2 \cdot HCl$, F. 247—253° (korr.; Zers.), aus wss. Aceton rechteckige Platten. Bei der alkal. Hydrolyse von **III** wird *Trimethoxybenzoesäure* (**IV**), $C_{10}H_{12}O_5$, F. 170° (korr.) erhalten; durch Kochen von **III** mit $NaOCH_3$ in Methanol entstehen **IV**-*Methylester* u. *Canescinsäuremethylester*, $C_{22}H_{28}O_4N_2$; $[\alpha]_D^{20}$ −80 ± 2° (c = 0,5; Pyridin). — Aus den chem. Daten u. biogenet. Betrachtungen wird gefolgert, daß **III** die Struktur eines *11-Desmethoxyreserpins* hat. Da seine pharmakol. Eigg. denen von **I** ähnlich sind, scheint die Methoxygruppe in 11-Stellung des **I**-Mol. keinen bedeutenden Einfl. auf die pharmakol. Wirksamkeit der Alkaloide zu haben. (J. Amer. chem. Soc. **77**. 820—21. 5/2. 1955.) I. BUCHTA. 3500

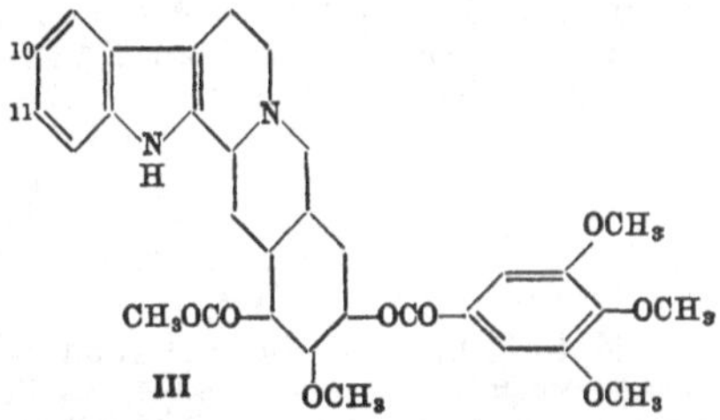

III

A. Hofmann, *β-Yohimbin aus den Wurzeln von Rauwolfia canescens L.* 6. Mitt. *über Rauwolfiaalkaloide.* (5. vgl. vorst. Ref.) Mit der Isolierung des *β-Yohimbins* (**I**) aus den Wurzeln von Rauwolfia canescens L. sind 5 der früher aus der Rinde von Coryanthe Yohimbe gewonnenen, mit Yohimbin (**II**) stereoisomeren Alkaloide **II**, α-Yohimbin (Rauwolscin), **I**, Pseudo- u. Alloyohimbin sowie Corynanthin in Rauwolfiaarten aufgefunden worden; lediglich Alloyohimbin wurde bisher noch nicht aus Rauwolfiaarten isoliert. **I** unterscheidet sich von den anderen Isomeren von **II** durch größere Haftfestigkeit an der Al_2O_3-Säule, so daß es leicht aus dem Alkaloidgemisch abgetrennt werden kann. In seinem UV-Spektr. u. in der Farb-Rk. nach KELLER stimmt es vollständig mit **II** überein.

V e r s u c h e: *β-Yohimbin* (**I**), $C_{21}H_{26}O_3N_2$, F. 246—249° (korr.; Zers. nach Sintern bei 140°), durch Chromatographie eines Gemisches der schwach bas., aus den Wurzeln von Rauwolfia canescens L. isolierten Alkaloide an Al_2O_3 u. Eluieren — nach Entfernen von Ajmalicin (δ-Yohimbin) mit absol. Chlf. bzw. Canescin, Reserpin, Pseudoyohimbin, **II** u. Corynanthin mit Chlf. + 0,5% A. — mit Chlf. + 1% A.; $[\alpha]_D^{20}$ −48 ± 2° (c = 0,5; Pyridin); $[\alpha]_D^{20}$ −16 ± 2° (c = 0,5; A.); aus Methanol rechteckige Platten; krist. auch aus A., Aceton, Chlf. oder Benzol. *Hydrochlorid*, $C_{21}H_{26}O_3N_2 \cdot HCl$, F. 294 bis 299° (korr.; Zers.), aus Methanol rhombenförmige Blättchen. (Helv. chim. Acta **38**. 536—38. 15/3. 1955.) I. BUCHTA. 3500

S. Morris Kupchan, Mary Fieser, C. R. Narayanan, Louis F. Fieser und Josef Fried, *Die Germin—Isogermin—Pseudogermin-Isomerisationen.* Auf Grund bekannter u. neuer Arbeiten stellen Vff. für *Pseudogermin*, *Germin* bzw. *Isogermin* die Partialstrukturen **I**, **II** bzw. **III** auf. Die Isomerisierung von **II** oder **III** mit $NaOC_2H_5$/A. führt zu **I**. **I**-*Acetonidhydrochlorid* wird mit KJO_4 zu dem gleichem *Aldehyd-γ-lacton* oxydiert, das nach CRAIG u. JACOBS (J. biol. Chemistry **148**. [1943.] 57) ebenso aus **II** entsteht. **I**, **II** u. **III** werden zu *Tetraacetaten* acetyliert, von denen das erstere gegen CrO_3 stabil ist. Gleiches gilt von dem *Dihydrogerminpentaacetat*.

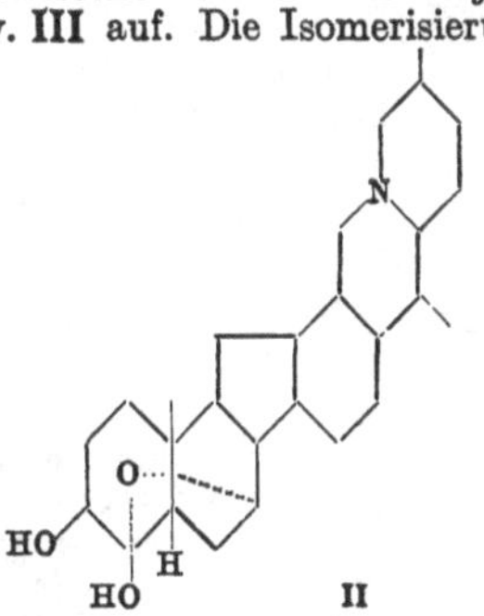

II

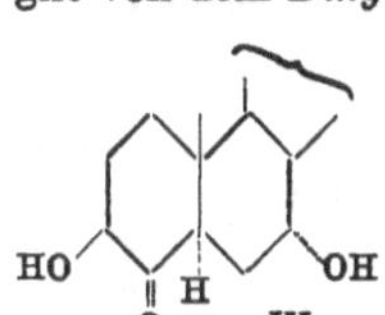

III

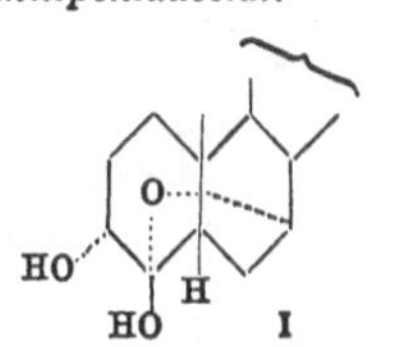

I

V e r s u c h e: *Aldehyd-γ-lacton* $C_{30}H_{45}O_8N$, F. 274—276° (Zers.; Aceton–Ae.), dunkelt ab 230°, a) durch 4std. Stehen von 1,09 g **II**-Acetonidhydrochlorid mit 0,15 mol. KJO_4-Lsg. bei Raumtemp., 15 Std. bei 0°, Alkalisieren mit 20%ig. Na_2CO_3-Lsg. u. Ausziehen mit Chlf.; verlängerte Prismen, $[\alpha]_D^{23}$ +2° (c = 1,54; A.); 477 mg (Ausbeute); b) analog aus 587 mg **I**-Acetonidhydrochlorid; 182 mg. *Oxim*, $C_{30}H_{46}O_8N_2$, F. 277—279° (Zers.; CH_3OH), Prismen, $[\alpha]_D^{23}$ +4° (c = 1,47; A.). — *Pseudogermin* (**I**), F. 205—208° (CH_3OH-W.) nach Erweichen bei 165—175°, a) durch 4std. Kochen von 600 mg **II** mit $NaOC_2H_5$/A., Einstellen auf p_H 6,5 mit verd. HCl (1:2), Zugeben von W., Einengen, Alkalisieren mit wss. NH_4OH u. Ausziehen mit Chlf.; Prismen, $[\alpha]_D^{24}$ +12° (c = 1,47; A.); 328 mg; b) analog aus 200 mg **III**; 54 mg. *Acetonidhydrochloridhydrat*, $C_{30}H_{47}O_8N \cdot$

$HCl \cdot H_2O$, F. 283—284° (Zers.; absol. A.), Platten. *Acetonid*, $C_{30}H_{47}O_8N$, F. 237—239° (Zers.; Chlf.), durchscheinende Platten. *Tetraacetathydrat*, $C_{27}H_{39}O_8N(COCH_3)_4 \cdot H_2O$, F. 190 bis 210° (Ae.–PAe.), $[\alpha]_D^{24}$ −59° (c = 1,70; Pyridin). — **II**-*Tetraacetat*, $C_{27}H_{39}O_8N \cdot (COCH_3)_4$, F. 260—261° (Zers.; Aceton), aus 1 g **II** mit Acetanhydrid/Pyridin; Prismen, $[\alpha]_D^{23}$ −98° (c = 1,57; Pyridin); 938 mg. — **III**-*Tetraacetat*, $C_{27}H_{39}O_8N(COCH_3)_4$, F. 222—226° (Zers.; Ae.–PAe.), kleine Nadeln, $[\alpha]_D^{24}$ −80° (c = 1,63; Pyridin). — *Dihydrogerminpentaacetat*, $C_{27}H_{40}O_8N(COCH_3)_5$, F. 284—285° (Zers.; Chlf.–Ae. u. Aceton), Prismenbüschel, $[\alpha]_D^{28}$ −64° (c = 1,41; Pyridin). (J. Amer. chem. Soc. **77.** 5896—98. 20/11. 1955. Cambridge, Mass., Harvard Univ., Dep. of Chem.; New Brunswick, N. J., Squibb Inst. for Medic. Res.) R. PASEDAG. 3500

M. S. Fish, N. M. Johnson und **E. C. Horning,** *Piptadenia-Alkaloide. Indolbasen von P. peregrina (L.) Benth und verwandten Arten.* Nach Isolierung durch Papierchromatographie in einem Propanol–NH_4OH- u. verschied. anderen Systemen wurden durch Vgl. der R_f-Werte, UV-Spektren u. Fluorescenzanalysen mit authent. Proben in den Hülsen von P. peregrina (L.) Benth. u. P. macrocarpa Benth. *N.N-Dimethyltryptamin* (**IV**) u. in den Samen *Bufotenin* (**III**), *Bufoteninoxyd* (**I**) u. *N.N-Dimethyltryptaminoxyd* (**II**) sowie in P. macrocarpa-Samen zusätzlich eine *5-Oxyindolbase* unbekannter Konst. aufgefunden. **I** u. **II** werden durch Peroxydoxydation von **III** bzw. **IV** synthetisiert u. lassen sich mit Zn/Essigsäure wieder reduzieren. **IV** wird in Lsg. schon an der Luft zu **II** oxydiert. Das Vork. der aufgefundenen Basen in altindian. Schnupftabak aus karib. u. südamerikan. Gebiet wird bewiesen. Ferner werden biochem. Fragen im Zusammenhang mit dem Tryptophanstoffwechsel diskutiert.

V e r s u c h e: Es wird eine genaue Anleitung zur Papierchromatographie des natürlichen u. künstlichen Schnupftabaks gegeben. — *N.N-Dimethyltryptaminoxyd* (**II**)-*Hydrat*, $C_{12}H_{16}ON_2 \cdot H_2O$, F. 123—128° (A.–Ae.), durch 2std. Behandeln von **IV** in A. mit 30%ig. H_2O_2. *Pikrat*, $C_{18}H_{19}O_8N_5$, F. 178—183° (A.). — *Bufoteninoxyd* (**I**), $C_{12}H_{16} \cdot O_2N_2$, F. 211—214°, analog aus **III**. (J. Amer. chem. Soc. **77.** 5892—95. 20/11. 1955. Bethesda, Md., U. S. Dep. of Health, Educat. and Welfare, U. S. Public Health Serv., Nat. Inst. of Health, Nat. Heart Inst., Labor. of Chem. of Nat. Prodd.)
R. PASEDAG. 3500

David A. Shirley und **William C. Sheehan,** *Struktur und Reaktionen von Gossypol.* 1. Mitt. *Die Reduktion von Gossypol mit Lithiumaluminiumhydrid.* Um einen weiteren Einblick in die Konst. des *Gossypols* (**I**), dem wichtigsten Pigment des Baumwollsamens, zu gewinnen, wird die Red. von **I** mit $LiAlH_4$ vorgenommen (vgl. auch ADAMS u. DIAL, J. Amer. chem. Soc. **61.** [1939.] 2077). Bei der Acetylierung des prim. Reduktionsprod., aus dem keine definierte Verb. isoliert werden konnte, entstand ein Gemisch von *Methylapogossypolhexaacetat* (**II**) u. *Desoxygossypoltetraacetat* (**III**), das durch Chromatographieren an „Florisil" getrennt werden konnte. Obwohl bei der Red. von **I** mit $LiAlH_4$

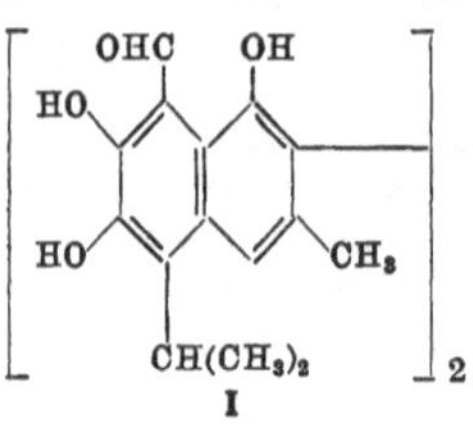
I

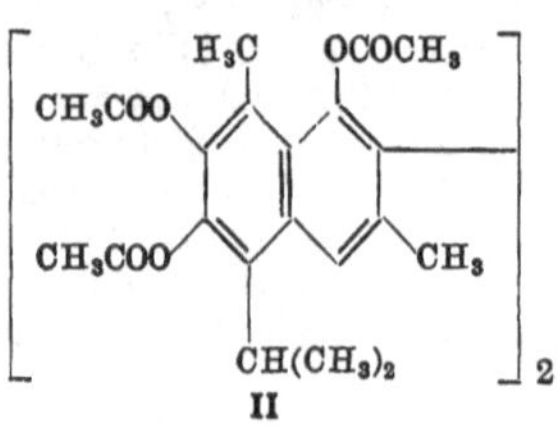
II

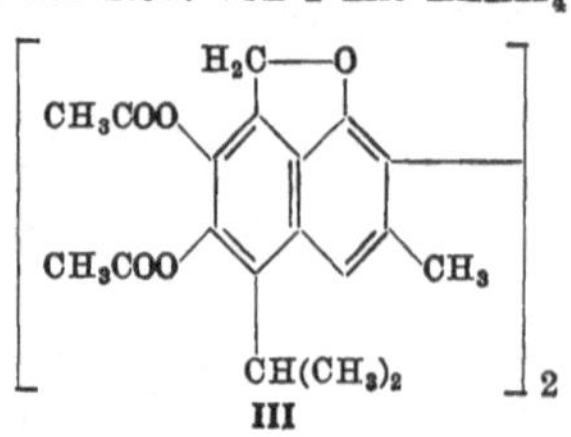
III

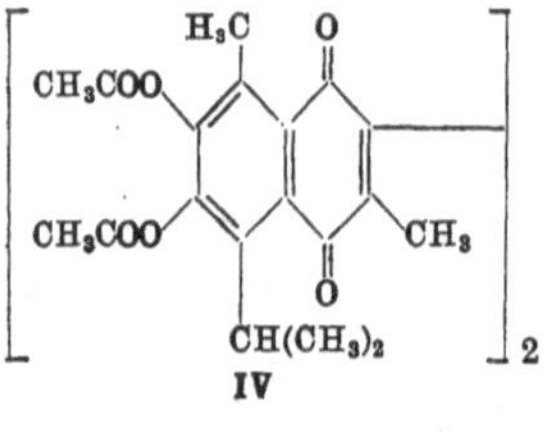
IV

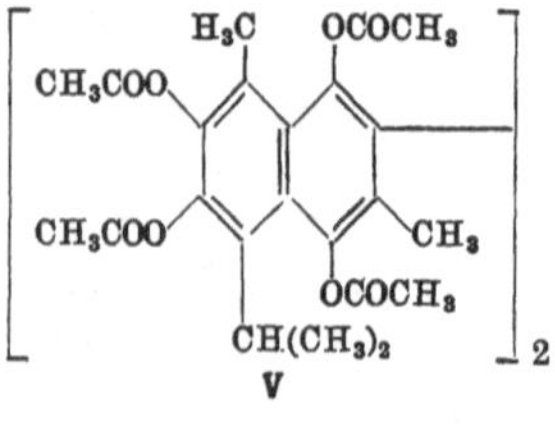
V

die CHO-Gruppe zu CH_3 red. wird, konnte bei der Red. von 2-Oxy-α-naphthaldehyd unter den gleichen Bedingungen kein 1-Methyl-2-oxynaphthalin erhalten werden. Die Chromsäureoxydation von **III** liefert *Methylapogossypolontetraacetat* (**IV**), das bei der reduzierenden Acetylierung in *Methylapohydrogossypolonoktaacetat* (**V**) überging. — Dianilinogossypol konnte unter den gleichen Bedingungen wie **I** mit $LiAlH_4$ nicht red. werden. Infrarotabsorption von **II** u. **V** u. UV-Absorptionsspektren von **II**, **IV** u. **V** vgl. Original.

V e r s u c h e: *Methylapogossypolhexaacetat* [*3.3'.8.8'-Tetramethyl-5.5'-diisopropyl-1.1'.6.6'.7.7'-hexaacetoxybinaphthyl-(2.2')* (**II**)], $C_{42}H_{46}O_{12}$, F. 277—279° (Bzl. + Bzn), aus 5 g I oder Gossypol-Essigsäure-Komplex mit $LiAlH_4$ in Ae. unter N_2 (18 Std.), Hydrolyse mit W. u. verd. Säure, Acetylieren des Verdampfungsrückstandes der äther. Lsg. in sd. Essigsäureanhydrid (125°), Chromatographieren in PAe. (Kp. 80—120°) an „Florisil" u. Eluieren mit Bzl. u. Bzl. + 5—20% Ae.; 0,1—0,4 g (Ausbeute). — *Desoxygossypoltetraacetat* (**III**), $C_{38}H_{38}O_{10}$, F. 219—225° (Isopropanol u. PAe.), durch analoge Red. wie bei **II** u. Eluieren mit Bzl. + Ae. (95:5 u. 90:10). — *Methylapogossypolontetraacetat* (**IV**), $C_{38}H_{38}O_{12}$, F. 262—264° (Essigsäure u. W.; A. + Essigester), aus **II**, CrO_3 u. H_2SO_4 in Eisessig nach CLARK (J. Amer. chem. Soc. **51.** [1929.] 1475); gelbe Kristalle; 22%. — *Methylapohydrogossypolonoktaacetat* (**V**), $C_{46}H_{50}O_{18}$, F. 270—272° (Zers., Aceton + Methanol), aus **IV** mit Zn u. Essigsäureanhydrid nach ADAMS u. BUTTERBAUGH (J. Amer. chem. Soc. **60.** [1938.] 2174); 19%. — *1-Oxymethylnaphthol-(2)*, F. 189—191° (Bzl. + Bzn. u. Chlf.), aus 2-Oxy-α-naphthaldehyd u. $LiAlH_4$ wie bei **II**. (J. Amer. chem. Soc. **77.** 4606—08. 5/9. 1955. Knoxville, Tenn., Univ., Dep. of Chem.) H. GOLD. 3550

M. V. Mijović, W. Voser, H. Heusser und **O. Jeger**, *Zur Kenntnis der Triterpene. 173. Mitt. Über weitere Umwandlungen in den Ringen B und C des Lanostenols.* (172. vgl. VOSER u. Mitarbeiter, C. **1953.** 4868.) Dihydroagnosterinacetat (**I**) liefert bei der milden Oxydation mit Phthalmonopersäure das *Ring-B-epoxyd* (**II**), mit H_2O_2 in Eisessig das α.β-ungesätt. *Ring-B-keton* (**III**), wobei als Zwischenprod. das entsprechende *β.γ-ungesätt. Keton* (**IV**) gefaßt werden kann. Acetoxylanostendion (**V**) wird durch reduktive Entschwefelung seines *Monoäthylendithioketals* in das zu **IV** isomere *Keton* **VI** übergeführt, das sich zum ent-

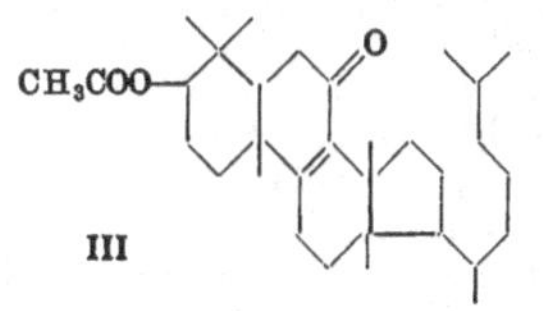
III

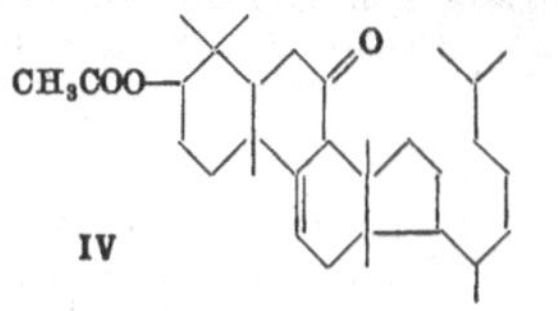
IV

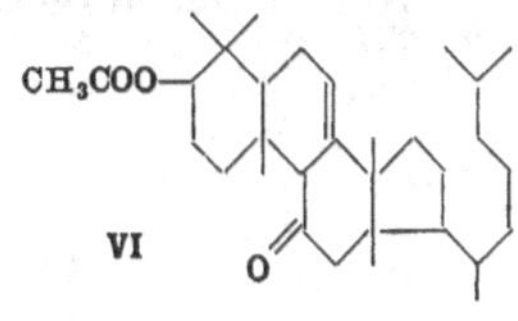
VI

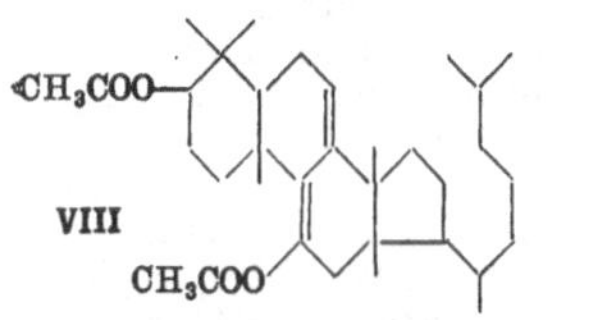
VIII

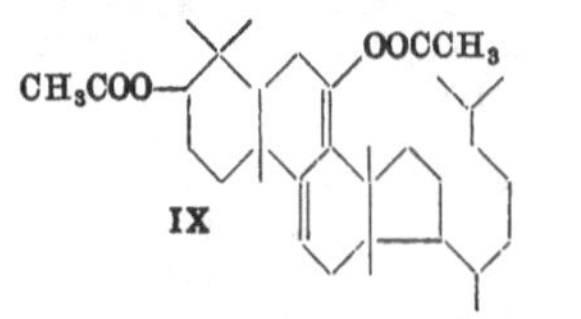
IX

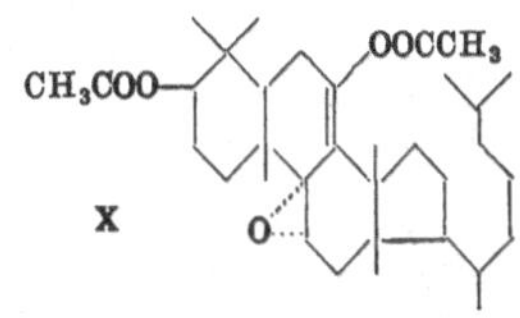
X

sprechenden *α.β-ungesätt. Keton* (**VII**) umlagern läßt. **VII** u. **III** geben mit Acetanhydrid u. p-Toluolsulfonsäure die entsprechenden isomeren *Enolacetate* **VIII** bzw. **IX**, die in gleicher Weise auch aus **VI** bzw. **IV** erhältlich sind. **IX** gibt das auf Grund seines Infrarotspektr. als **X** formulierte *Epoxyd*, das sich leicht zum *α.β-ungesätt. γ-Oxyketon* (**XIa**) verseifen läßt. **XIa** wird unter gleichzeitiger Verseifung zum entsprechenden *gesätt. Dioxyketon* hydriert, dessen *Diacetat* bei der Entfernung der Ketofunktion über das *Monoäthylendithioketal* das gewünschte *Diacetoxylanostan* liefert. Das daraus erhaltene freie *Diol* läßt sich zu *Lanostandion* oxydieren.

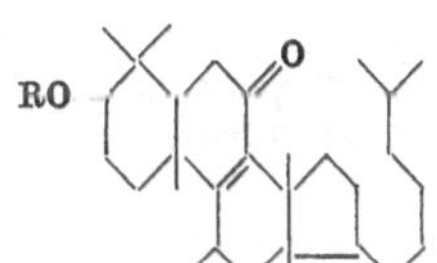
XIa R = CH_3CO, R′ = H
XIb R = R′ = H
XIc R = R′ = CH_3CO

V e r s u c h e (FF. korr., Vakuum; opt. Drehungen in Chlf. im 1 dm-Rohr): *Dihydroagnosterinacetatepoxyd* (**II**), $C_{32}H_{52}O_3$, F. 185—186° (Ae.), aus **I** mit Phthalmonopersäure in Ae. (6 Tage stehen); mit $C(NO_2)_4$ rein gelb; $[\alpha]_D$ —8° (c = 1,32). — *β.γ-ungesätt. Ring-B-keton* (**IV**), $C_{32}H_{52}O_3$, F. 153—154° (Ae.-CH_3OH), aus 1,8 g **I** mit 30%ig. H_2O_2 in Eisessig (3 Tage bei 20° schütteln); mit $C(NO_2)_4$ citronengelb; $[\alpha]_D$ +119° (c = 0,85); 1,79 g (roh; Ausbeute). — *α.β-ungesätt. Ring-B-keton* (**III**; *Acetoxylanostenon*), $C_{32}H_{52}O_3$, F. 149—150° (CH_2Cl_2-CH_3OH), a) aus 230 mg **IV** mit BF_3-Ätherat in Bzl. (84 Std. stehen); $[\alpha]_D$ +20° (c = 1,30); 220 mg; b) analog aus **II**. *Oxim*, $C_{32}H_{53}O_3N$, F. 162—163° (CH_2Cl_2-CH_3OH). — *Acetoxylanostendionmonoäthylendithioketal*, $C_{34}H_{54}$·O_3S_2, F. 205—206°, aus **V** u. Äthylendithioglykol in Chlf. mit HCl; aus CH_2Cl_2-CH_3OH Nadeln oder Prismen; $[\alpha]_D$ +94° (c = 1,18). — *β.γ-ungesätt. Ring-C-keton* (**VI**), $C_{32}H_{52}O_3$, F. 122—123° (nach Chromatographie aus CH_3OH), aus 550 mg vorst. Verb. mit RANEY-Ni in sd. Dioxan (6 Std.); $[\alpha]_D$ +78° (c = 1,08); 330 mg. — *α.β-ungesätt. Ring-C-keton* (**VII**), $C_{32}H_{52}O_3$, F. 130—132° (CH_3OH-W.), a) aus **VI** analog **III** (60 Std.); $[\alpha]_D$ +148° (c=1,00); b) aus **VI** mit 0,1n KOH (15 Std. stehen); verfilzte Nadeln. — *Enolacetat* **VIII**, $C_{34}H_{54}O_4$, F. 95—96° (CH_3OH-W.), aus **VII** in Acetanhydrid u. p-Toluolsulfonsäure unter langsamer Dest. (4½ Std.); $[\alpha]_D$ +83° (c = 1,10). — *Enolacetat* **IX**, $C_{34}H_{54}O_4$, F. 153—154° (Ae.-CH_3OH), aus **III** oder **IV** analog **VIII**; $[\alpha]_D$ +110° (c = 1,41). — *Epoxyd* **X**,

$C_{34}H_{54}O_5$, F. 109—111° (nach Chromatographie), aus **IX** analog **II**; daneben etwas **XIa**; $[\alpha]_D$ +13° (c = 1,11). — *α.β-ungesätt. γ-Oxyketon* (**XIa**), $C_{32}H_{52}O_4$, F. 185—186° (Ae.–Hexan), aus 500 mg **X** in sd. CH_3OH-Eisessig (1 Std.); $[\alpha]_D$ +6,5° (c = 1,26); 440 mg. *Freies Diol* (**XIb**), $C_{30}H_{50}O_3$, F. 227—228°, aus **XIa** mit 0,1n alkoh. KOH (18 Std. bei 20°); aus Ae.-Hexan Nadeln; $[\alpha]_D$ +5,5° (c = 1,10). *Diacetat* (**XIc**), $C_{34}H_{54}O_5$, F. 131—132° (CH_3OH), $[\alpha]_D$ +41° (c = 1,20). — *Gesätt. Dioxyketon*, $C_{30}H_{52}O_3$, F. 215—216° (Hexan), aus **XIa** mit H_2 in 0,1n alkoh. KOH über Pt; $[\alpha]_D$ +21° (c = 1,26). *Diacetat*, $C_{34}H_{56}O_5$, F. 133—134° (CH_3OH-W.); $[\alpha]_D$ +30° (c = 1,22). *Diacetatmonoäthylendithioketal*, $C_{36}H_{60}O_4S_2$, F. 226—227° (CH_2Cl_2-CH_3OH); $[\alpha]_D$ +8,5° (c = 1,19). — *Dioxylanostan*, $C_{30}H_{54}O_2$, F. 195—196° (CH_2Cl_2-Hexan), aus dem Diacetat mit $LiAlH_4$ in Ae.; $[\alpha]_D$ ±0° (c = 1,23). *Diacetat*, $C_{34}H_{58}O_4$, F. 127—128° (CH_3OH), aus vorst. Verb. analog **VI** u. Chromatographie; $[\alpha]_D$ +13° (c = 0,86). — *Lanostandion*, $C_{30}H_{50}O_2$, F. 120—123°, aus vorst. Verb. in CH_2Cl_2 mit CrO_3 in Eisessig (14 Std. stehen); $[\alpha]_D$ +69° (c = 0,91). — *Acetoxylanostendion* (**V**), $C_{32}H_{50}O_4$, F. 155—156° (CH_2Cl_2-CH_3OH), aus **IX** analog vorst. Verb.; $[\alpha]_D$ +96° (c = 1,00). *Oxim*, $C_{32}H_{51}O_4N$, F. 180—181° (nach Chromatographie aus CH_3OH-W.). *Oximacetat*, $C_{34}H_{53}O_5N$, F. 164—167° (unscharf), aus CH_2Cl_2-CH_3OH gelbe Nadeln. — *Lanostanon* (Ring-A-keton), $C_{30}H_{52}O$, F. 124—126°, aus Acetoxylanostanon mit Hydrazinhydrat u. Na in A. im Rohr (über Nacht bei 210°), Oxydation mit CrO_3 u. Chromatographie; $[\alpha]_D$ +26° (c = 0,98). (Helv. chim. Acta **35**. 964—80. 2/5. 1952. Zürich, ETH, Org.-Chem. Labor.) W. LINDENBERG. 3600

K. Christen, M. Dünnenberger, C. B. Roth, H. Heusser und **O. Jeger**, *Zur Kenntnis der Triterpene. 174. Mitt. Über weitere Beiträge zur Konstitution des Euphadienols und seine nahe Verwandtschaft mit dem Lanostadienol.* (173. vgl. vorst. Ref.) Auf Grund verschied. Abbau-Rkk. gelingt es, im *Euphadienol* (**I**; *Euphol*, $C_{30}H_{50}O$; vgl. CHRISTEN, JEGER u. RUZICKA, C. **1953**. 4702) 29 von den insgesamt 30 C-Atomen in der fast vollständigen Konstitutionsformel **I** zuzuordnen. Das aus **I** gewonnene Euphenon (**II**; vgl. ROTH u. JEGER, C. **1950**. I. 2360) läßt sich mit Äthylformiat zur *Oxymethylenverb.* (**III**) kondensieren, die zur *tricycl. Dicarbonsäure* **IV** abgebaut wird. **IV** geht unter Abspaltung von CO_2 u. H_2O in *Noreuphenon* (**V**) über. Euphenol (**VI**; Dihydroeuphol) liefert bei der Wasserabspaltung den *KW-stoff* $C_{30}H_{50}$ (**VII**), der durch Hydroxylierung mit OsO_4 u. Behandlung des entstandenen *Diols* mit Pb-Tetraacetat in das *Keton* **VIII** übergeht. Aus diesen Rkk. sowie aus den Infrarotspektren u. den Differenzen der mol. Drehungen ergibt sich ein dem Lanostenol analoger Bau des Ringes A von **I**. **VI**-Acetat (**VIa**) liefert ein Epoxyd, das mit H_2SO_4 in ein Dien (vgl. BARBOUR, BENNETT u. WARREN, J. chem. Soc. [London] **1951**. 2540) der Konst. **IX** übergeht. **IX** läßt sich ebenso wie **VIa** zu *Acetoxyeuphendion* (**X**) oxydieren, das mit SeO_2 in Eisessig-Acetanhydrid in *Acetoxyeuphadiendion* (**XI**) übergeführt wird. **XI** gibt bei der weiteren Behandlung mit SeO_2 *Acetoxyeuphadientrion* (**XII**), das weiter zur *Dicarbonsäure* **XIII** oxydierbar ist. Bei der

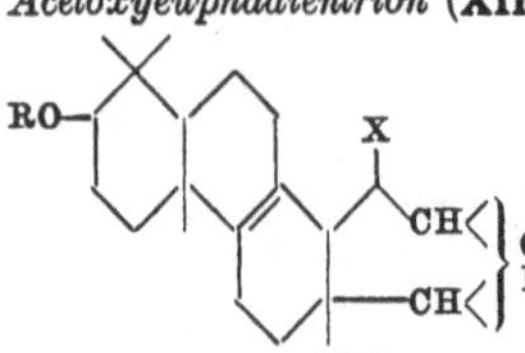

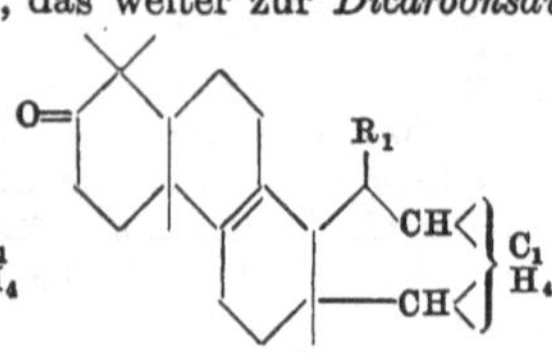
II

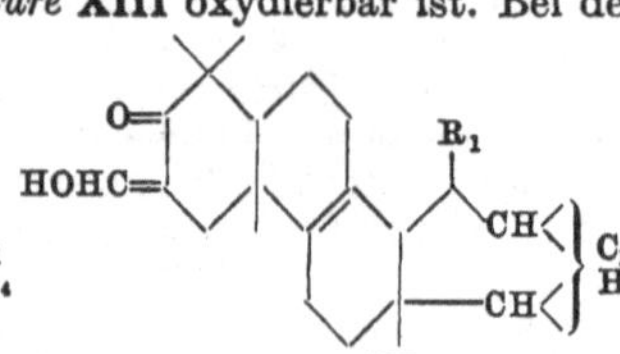
III

I R = H, X = 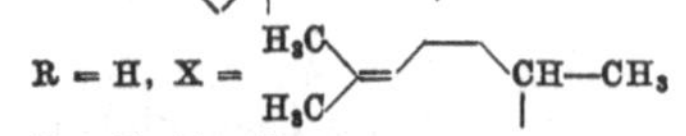

VI R = H, X = R_1

VIa R = CH_3CO, X = R_1

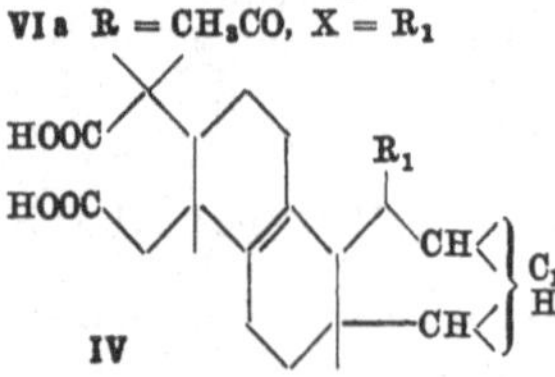
IV

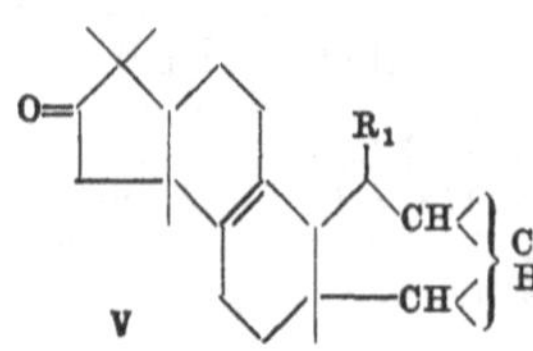
V

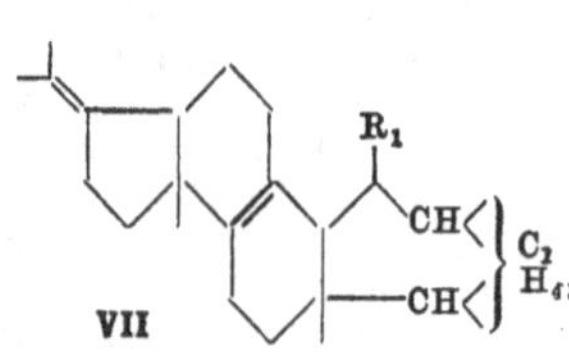
VII

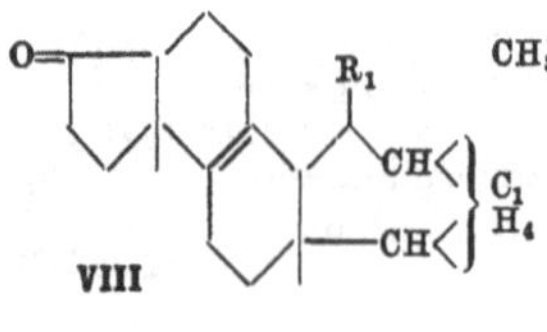
VIII

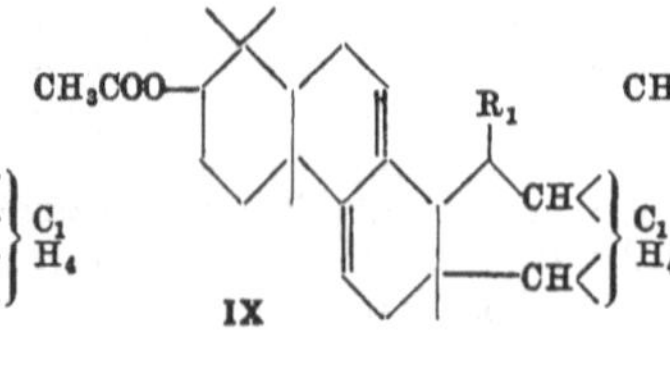
IX

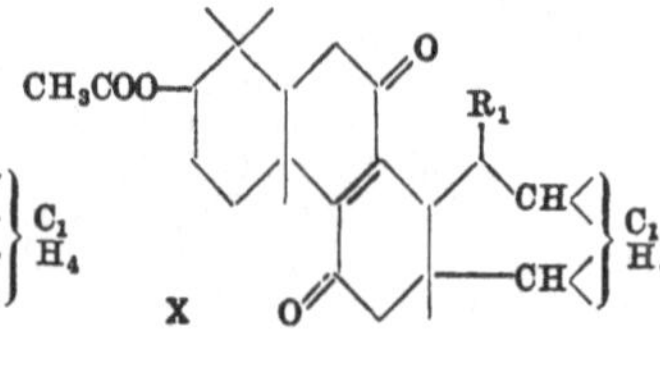
X

Red. von **X** mit Zn/Eisessig entsteht das entsprechende gesätt. *Acetoxyeuphandion*, das mit Na/Propanol zu *Euphantriol* (**XIV**) red. wird. Daraus ergibt sich auch für die Ringe B u. C eine dem Lanostadienol analoge Konst. von **I**. Zur Aufklärung der Konst. von Ring D werden folgende Verss. durchgeführt: Das aus **VIa** mit Mineralsäuren erhältliche

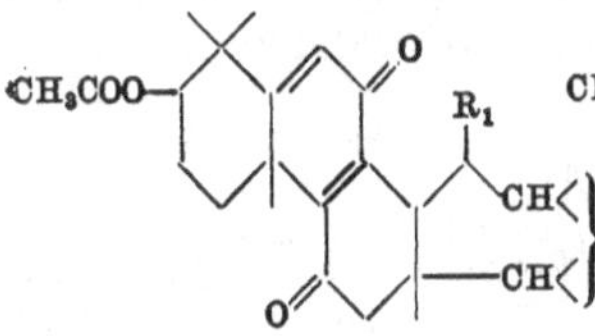
XI

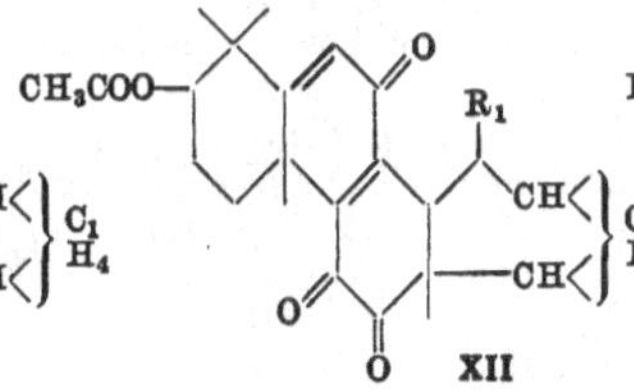
XII

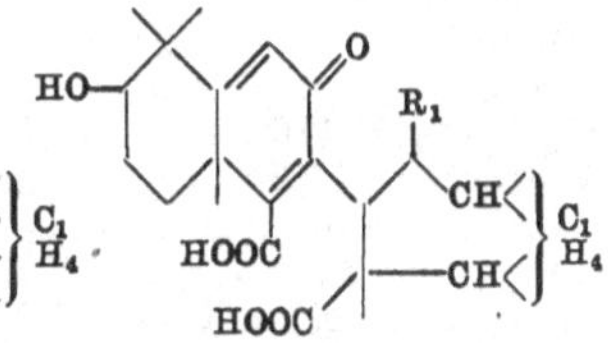
XIII

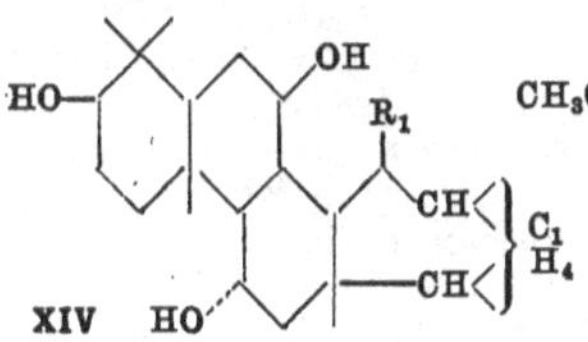
XIV

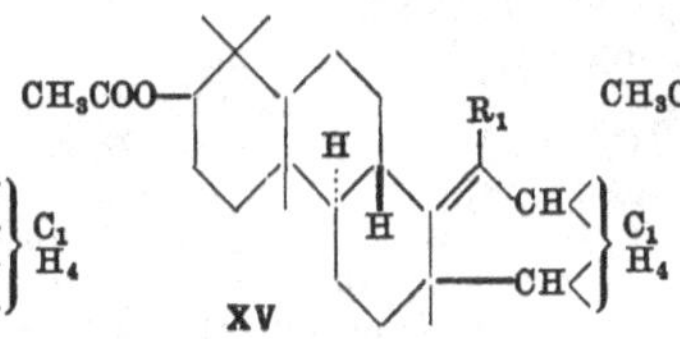
XV

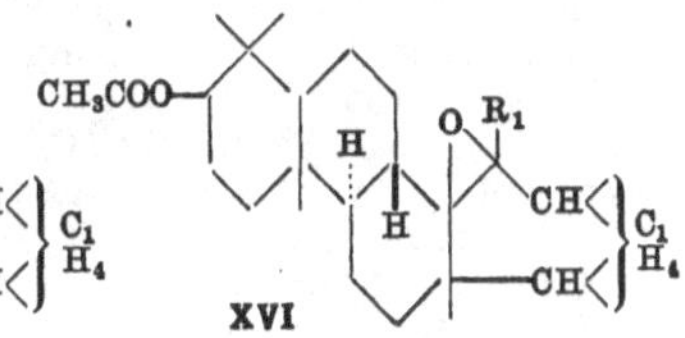
XVI

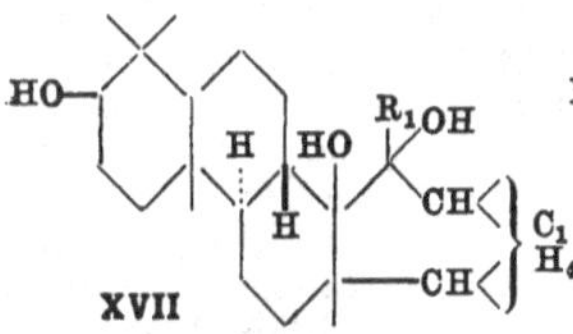
XVII

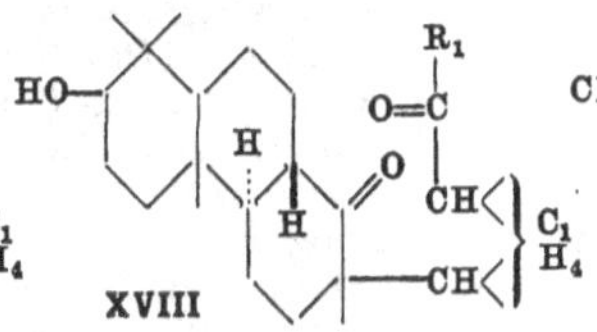
XVIII

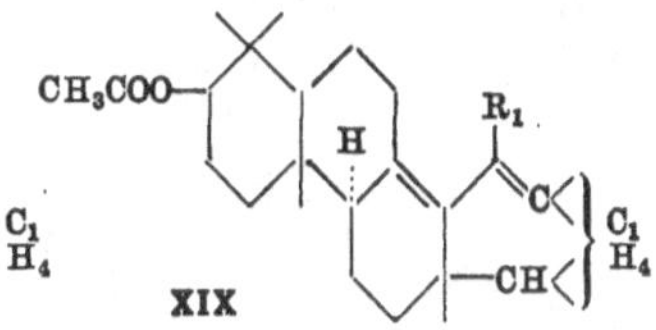
XIX

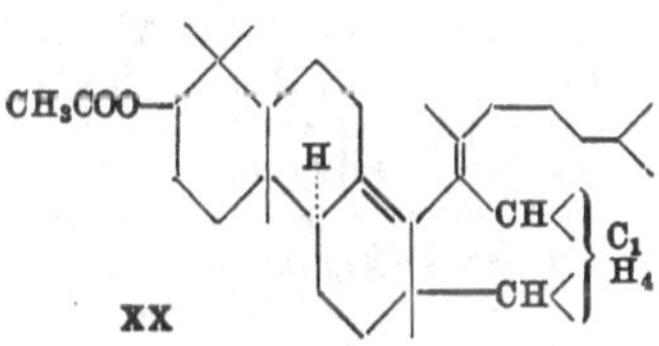
XX

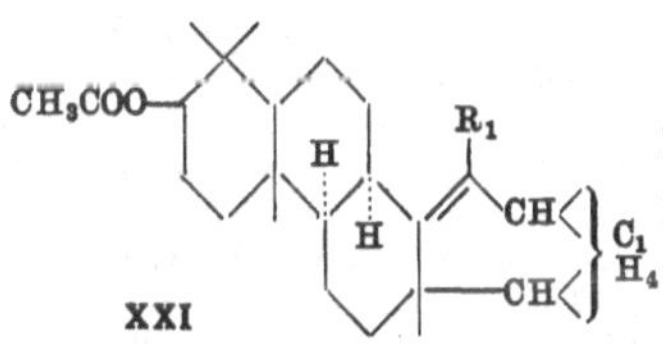
XXI

II—XXI R_1 =

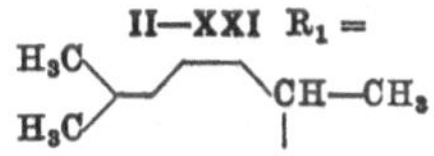

Isomere der wahrscheinlichen Konst. **XV** liefert ein *Epoxyd* (**XVI**) u. läßt sich im Gegensatz zu **VIa** mit OsO_4 in das *Oxyglykol* **XVII** überführen. **XVII** gibt mit Pb-Tetraacetat ein *tricycl. Oxydiketon* (**XVIII**), dessen *Acetat* (**XVIIIa**) auch direkt aus **XV** durch Ozonolyse zugänglich ist. **XVI** liefert mit H_2SO_4 ein dem **IX** isomeres *Dien* der Konst. **XIX** oder **XX**, das zu einem weiteren *Isomeren* (**XXI**) von **VIa** hydriert werden kann. **XXI** gibt beim oxydativen Abbau ebenfalls **XVIIIa**. Abschließend werden die Gesamtformeln **Ia** u. **Ib**, von denen nur **Ib** in 6 Isoprenreste aufteilbar ist, zur Diskussion gestellt.

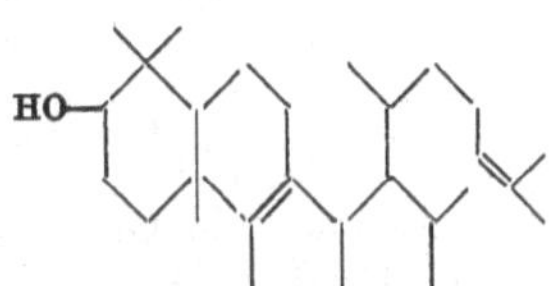
Ia

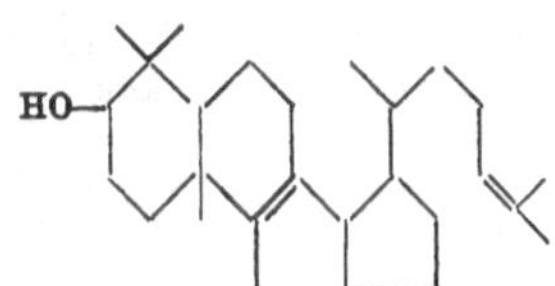
Ib

V e r s u c h e (FF. korr., Hochvakuum; opt. Drehungen in Chlf. im 1 dm-Rohr): *Euphadienon*, F. 117,5—118° (CH_2Cl_2-CH_3OH), aus 20 g „Euphorbon" (vgl. BAUER u. SCHENKEL, Arch. Pharmaz. Ber. dtsch. pharmaz. Ges. **266.** [1928.] 633) in Bzl.-Eisessig mit $Na_2Cr_2O_7$ in verd. $H_2SO_4 < 10°$ u. Chromatographie; Prismen; $[\alpha]_D + 73°$ (c = 1,54); 13,68 g (Ausbeute). — *Oxymethyleneuphenon* (**III**), $C_{31}H_{50}O_2$, aus **II** in Ae. mit $NaOCH_3$ in Ameisensäureäthylester (78 Std. stehen) u. Dest. im Hochvakuum bei 200°; $[\alpha]_D + 60°$ (c = 0,91); mit $C(NO_2)_4$ oder $FeCl_3$ braun. — *Dicarbonsäure* (**IV**), $C_{30}H_{50}O_4$, F. 230—233° (Ae.-PAe.), aus 333 mg **III** in sd. wss.-alkoh. NaOH mit 30%ig. H_2O_2 innerhalb 3 Std.; 153 mg. — *Noreuphenon* (**V**), $C_{29}H_{48}O$, F. 117—118° (Ae.-CH_3OH), aus 168 mg **IV** unter Hochvakuum bei 330° (1 Std.), Behandlung mit sd. alkoh. KOH u. Chromatographie; 121 mg. — *KW-stoff* (**VII**), $C_{30}H_{50}$, Öl, aus 2,0 g **VI** in PAe. mit PCl_5 (1 Std. stehen u. 2 Std. kochen), Chromatographie u. Dest. im Hochvakuum bei 150°; $[\alpha]_D + 54°$ (c = 1,35); 1,31 g (roh). — *Tris-norketon* (**VIII**), $C_{27}H_{44}O$, F. 82° (CH_3OH-W.), aus 940 mg **VII** in Pyridin mit OsO_4 (4 Tage stehen), Behandlung mit Mannit u. KOH in sd. wss. A.,

Chromatographie, Oxydation mit Pb-Tetraacetat in Eisessig (5 Std. bei 20°) u. Chromatographie; $[\alpha]_D$ +180° (c = 0,67); 233 mg, daneben *Aceton* (*2.4-Dinitrophenylhydrazon*, F. 126°). *2.4-Dinitrophenylhydrazon*, $C_{33}H_{48}O_4N_4$, F. 143° (CH_3OH). — *Oxyeuphendion* (**Xa**; *Diketoeuphenol*), $C_{30}H_{48}O_3$, F. 118—119° (CH_3OH), aus dem Acetat mit 2%ig. alkoh. KOH; $[\alpha]_D$ +24° (c = 0,99). *Acetat* (**X**), $C_{32}H_{50}O_4$, F. 113—114°, aus 14 g **VIa** in CH_2Cl_2-Eisessig mit CrO_3 in 90%ig. Essigsäure (4 Std. bei 50°) u. Chromatographie; aus CH_2Cl_2—CH_3OH Nadeln; $[\alpha]_D$ +20° (c = 0.91); 8,3 g. — *Acetoxyeuphadiendion* (**XI**), $C_{32}H_{48}O_4$, F. 116°, aus 3 g **X** in Acetanhydrid-Eisessig (1 : 1) mit SeO_2 in W. (4 Std. kochen); nach Chromatographie aus CH_3OH gelbe Nadeln; $[\alpha]_D$ —65° (c = 1,22); 1,45 g, daneben wahrscheinlich etwas **XII**. — *Acetoxyeuphadientrion* (**XII**), $C_{32}H_{46}O_5$, F. 186°, aus 220 mg **XI** (auch aus **X**) mit SeO_2 im Dioxan im Rohr bei 180° (4 Std.); nach Chromatographie gelbe Nadeln; $[\alpha]_D$ —14° (c = 1,03); 200 mg. — *Tricycl. Dicarbonsäure* **XIII**, $C_{30}H_{46}O_6 \cdot 2\,H_2O$, F. 174—175° ($CH_3OH$-W.), aus **XII** in Dioxan mit methanol. KOH u. 30%ig. H_2O_2; $[\alpha]_D$ +6° (c = 0,97; Pyridin). — *Oxyeuphandion*, $C_{30}H_{50}O_3$, F. 123°, aus **Xa** mit Zn in sd. Eisessig; aus CH_3OH-W. Nadeln; $[\alpha]_D$ —143° (c = 0,84). *Acetat*, $C_{32}H_{52}O_4$, F. 156—157° (CH_2Cl_2-CH_3OH), aus **X** mit Zn in sd. Eisessig; $[\alpha]_D$ —132° (c = 0,86). — *Euphantriol* (**XIV**), $C_{30}H_{54}O_3$, F. 212—213°, aus vorst. Acetat in sd. Propanol mit Na; aus CH_3OH Nadeln; $[\alpha]_D$ —112° (c = 0,40). — *Isomeres* **XV** (von **VI a**), $C_{32}H_{54}O_2$, F. 113°, aus **VIa** in Eisessig mit 2n H_2SO_4 (2 Std. kochen) u. Chromatographie; aus CH_2Cl_2-CH_3OH glänzende Blättchen; $[\alpha]_D$ —10° (c = 1,37). — *Oxyglykol* $C_{30}H_{54}O_3$ (**XVII**), F. 186° (CH_2Cl_2-Hexan), aus 515 mg **XV** mit OsO_4 in Pyridin (90 Std. bei 20°) u. Zers. in Bzl.-CH_3OH mit KOH u. Mannit in wss. A. (6 Std. kochen); Nadeln; $[\alpha]_D$ +45°, +50° (c = 0,65, 0,96); 530 mg (roh). — *Tricycl. Oxydiketon* $C_{30}H_{52}O_3$ (**XVIII**), F. 117 bis 117,5°, aus **XVII** mit Pb-Tetraacetat in Eisessig (20 Std. stehen); aus CH_2Cl_2—CH_3OH Nadeln; $[\alpha]_D$ —12° (c = 0,55). *Acetat* (**XVIIIa**), $C_{32}H_{54}O_4$, F. 138°, a) durch Acetylierung von **XVIII**; b) aus 200 mg **XV** in Äthylacetat mit O_3 bei —10° u. anschließende Red. mit Zn in Eisessig; aus CH_3OH Blättchen; $[\alpha]_D$ —6° (c = 1,64); 200 mg; c) aus **XXI** wie unter b). *Dioxim*, $C_{32}H_{56}O_4N_2$, F. 188°, aus CH_3OH Nadeln. — *Epoxyd* $C_{32}H_{54}O_3$ (**XVI**), F. 134°, aus **XV** mit Phthalmonopersäure; aus CH_3OH Blättchen; $[\alpha]_D$ +6° (c = 1,04). — *Acetoxydien* $C_{32}H_{52}O_2$ (**XIX** oder **XX**), F. 91—92°, aus **XVI** mit H_2SO_4 in Eisessig u. Chromatographie; $[\alpha]_D$ +17° (c = 1,16). — *Isomeres* **XXI** (von **VIa**), $C_{32}H_{54}O_2$, F. 103—104°, $[\alpha]_D$ —6° (c = 0,83). — Die UV-Absorptionsmaxima von **XI** u. **XIII** u. die Infrarotabsorptionsmaxima von **XIV** sind angegeben. (Helv. chim. Acta **35**. 1756—74. 1/8. 1952.) W. LINDENBERG. 3600

R. Dulou, J. Chopin und **Y. Raoul,** *Struktur zweier bei der Salkowski-Reaktion aus Cholesterin gebildeter Bicholestadienyle.* Aus dem hochschm. Stoff, der nach LIEBERMANN-BURCHARD oder bei der SALKOWSKI-Rk. aus Cholesterin entsteht, lassen sich 2 *isomere KW-stoffe* (I) u. (II) isolieren, von denen der erste ohne Bestrahlung, durch einfaches Erhitzen mit Dichloräthan u. Essigsäure in eine antirachit. wirksame Verb. übergeht. Verb. **I**, F. 375—395°, λ_{max} 280 mμ, deren Absorptionsspektr. dem des Tachysterins sehr ähnlich ist, hat die Zus. $C_{54}H_{86}$ ($C_{54}H_{88}$?). Beim Dehydrieren mit Se entsteht u. a. *γ-Methylcyclopentenophenanthren*. Oxydation mit $KMnO_4$, CrO_3 oder HNO_3 gibt keine charakterist. Abbauprodd., bei der Hydrierung entsteht eine *Verb.* $C_{54}H_{94}$, F. 420—440°. Verb. **II**, F. 330—375°, λ_{max} 312 mμ, wird aus den Mutterlaugen von **I** gewonnen u. hat die Zus. $C_{54}H_{86}$. Sie enthält 4 Doppelbindungen u. ist ident. mit dem von BUTENANDT u. POSCHMANN (C. **1940.** II. 2165) beschriebenen *3.3'-Bicholestadienyl*, das aus dem Pinakon (**III**) des Δ^4-Cholesten-3-ons dargestellt werden kann. Durch Vgl. der Spektren u. des chem. Verh. ergibt sich für **I** als wahrscheinlichste Struktur die des *3.3'-Bi-$\Delta^{2.4}$-cholestadienyls*. Eine dem Tachysterin entsprechende Struktur wird verworfen, da **I** nicht oxydierbar ist.

V e r s u c h e (FF. im Kupferblock; Fg. = F. in geschlossener Capillare; Drehungen in Chlf.): *3.3'-Bi-$\Delta^{2.4}$-cholestadienyl* (**I**), $C_{54}H_{86}$, F. 210—220° (Zers.), Fg. 375—395°. 45 g Cholesterin werden in Chlf. 30 Min. mit Al_2SO_4 behandelt; der aus der Chloroformlsg. nach Versetzen mit Sodalsg. anfallende Nd. ergibt aus Bzl. 5 g **I**; nach Abdampfen des Chlf. u. Aufnehmen in Ae. (Lsg. **B**) werden aus dem Rückstand weitere 2,4 g **I** erhalten; $[\alpha]_{D578\,m\mu}^{17}$ —41 ± 5° (c = 0,1088); UV-Spektrum. Dehydrieren von **I** mit Pd-Kohle oder Se bei 340—360° → *γ-Methylcyclopentenophenanthren*, daneben *Substanzen vom F. 220°*, UV-Spektrum. — Hydrieren von **I** über Pt in Cyclohexan bei 50—60° → *Substanz $C_{54}H_{94}$*, Fg. 420—440°; $[\alpha]_{578\,m\mu}^{19}$ +38° (c = 0,118). — *3.3'-Bi-$\Delta^{3.5}$-cholestadienyl* (**II**), $C_{54}H_{86}$, F. 200—220° (Zers.), Fg. 330—375°, aus Lsg. **B** nach Abdampfen des Ae. u. Chromatographie an Al_2O_3 aus PAe.; 7 mg; $[\alpha]_{578\,m\mu}^{18}$ —243 ± 11° (c = 0,1338); UV-Spektrum. — *Cholestenonpinakon* (**III**), $C_{54}H_{90}O_2$, Fg. 223—224° (Bzl.), aus Δ^4-Cholesten-3-on (F. 79 bis 80°) mit Na-Amalgam mit in Ggw. von wenig Essigsäure; $[\alpha]_{578\,m\mu}^{18}$ +86 ± 1,5° (c = 1,08). **III** wird durch Pb-Tetraacetat in Cholestenon zurückverwandelt. Durch 8std. Er-

hitzen von 1 g **III** in 25 ml Chlf. mit 10 ml Acetanhydrid erhält man 0,7 g **II**. (Bull. Soc. chim. France, Mém. [5] **18.** 616–21. Sept./Okt. 1951. École Normale Supérieure.)
W. WUNDERLICH. 3700

William R. Nes und **Hans Lettré,** *Über vielwertige quartäre Ammoniumverbindungen.* 2. Mitt. *Sterine als Ausgangsmaterialien.* (1. vgl. C. **1952.** 5066.) 2.3-Secocholestan-2.3-disäuredimethylester gibt bei der Red. mit $LiAlH_4$ *2.3-Secocholestandiol-(2.3)*, das ebenfalls bei der Red. des Disäureanhydrids entsteht. Bei der Rückoxydation mit CrO_3 bildet sich neben der entstehenden *Disäure* (**I**) ein Gemisch isomerer *ε-Lactone* $C_{27}H_{46}O_2$, das durch Oxydation von nur einer der beiden Oxymethylgruppen entstanden ist. **I** wird über das Säurechlorid in das *Diamid* u. *Bis-dimethylamid* verwandelt, von denen sich aber nur das letztere mit $LiAlH_4$ in *2.3-Secocholestan-2.3-bis-dimethylamin* (**II**) verwandeln läßt, das mit CH_3J in das *Bis-trimethylammoniumjodid* übergeführt wurde. Bei der Prüfung der Verbb. an tier. Zellen in Gewebekulturen ruft **II** an Fibroblasten u. Tumorzellen eine starke Bldg. von Plasmavakuolen hervor, die bes. fettreich u. groß sind. In Kombination mit Colchicin zeigt **II** eine synergist. Wrkg. zu der des Mitosegiftes. — Versuche: *2.3-Secocholestan-2.3-disäureanhydrid*, $C_{27}H_{44}O_3$, F. 139–140°, aus **I** + Acetanhydrid (½std. Kochen); aus PAe. Blättchen. — *2.3-Secocholestandiol-(2.3)*, $C_{27}H_{50}O_2$, F. 156–157°, a) aus **I**-Dimethylester + $LiAlH_4$ in Ae.; 77% (Ausbeute); b) aus vorst. Verb. + $LiAlH_4$; 84%. *Di-p-nitrobenzoylderiv.*, $C_{41}H_{56}O_8N_2$, F. 134–135°, Nadeln. — *ε-Lacton* $C_{27}H_{46}O_2$, F. 179–180° (A.), durch 15std. Stehen von 1 g vorst. Verb. mit CrO_3 in Eisessig u. Chromatographieren der neutralen Bestandteile in CCl_4 an Al_2O_3; 0,05 g. Daneben ein *Isomeres* vom *F. 135–137°* (wss. CH_3OH; 0,2 g) u. **I**, F. 188 bis 190°; 0,25 g. Beide Isomeren bilden bei der $LiAlH_4$-Red. wieder das Diol. — *2.3-Secocholestan-2.3-disäurediamid*, $C_{27}H_{48}O_2N_2$, F. 237–238° (wss. CH_3OH), durch Erwärmen von **I** mit $SOCl_2$, Vakuumabdampfen u. Behandeln der benzol. Lsg. mit äther. NH_3. — *2.3-Secocholestan-2.3-disäure-bis-dimethylamid*, $C_{31}H_{56}O_2N_2$, F. 124–125°, analog vorst. Verb. mit Dimethylamin; aus wss. Aceton Blättchen. — *2.3-Secocholestan-2.3-bis-dimethylamin* (**II**), $C_{31}H_{60}N_2$, F. 57–58°, aus vorst. Verb. + $LiAlH_4$ in Ae. (2 Std. kochen), Reinigen über das *Dihydrochlorid* (F. 318–319°; aus CH_3OH Blättchen) u. Aufbewahren unter H_2O-Dampf; 66%; wird an der Luft oder beim Trocknen ölig. — *2.3-Secocholestan-2.3 bis [trimethylammoniumjodid]*, $C_{33}H_{66}N_2J_2$, F. 310 312°, mit CH_3J in absol. Ae.; Pulver. (Liebigs Ann. Chem. **598.** 65–69. 16/3. 1956. Heidelberg, Inst. für exp. Krebsforsch.)
H. LEHWALD. 3700

William R. Nes, *Die Anthrasteroid-Umlagerung.* 3. Mitt. *Der Umwandlungsweg des Dehydroergosterins in Anthraergostapentaen.* (2. vgl. C. **1956.** 1613.) 9,11-Dehydroergosterin (**I**) ergab bei Einw. von 0,0053 mol. HCl einen KW-stoff $C_{28}H_{40}$ (**II**), der auf infrarot- u. UV-spektroskop. Wege (UV-Spektr. zwischen 220 u. 360 mμ in Isooctan angegeben) als *Ergostapentaen-(5.7.9,11.14.22)* erkannt wurde. **II** ergab bei Hydrieren mit Pt in Essigsäure–Äthylacetat *Ergosten-(8,14)*, mit RANEY-Ni in Bzl. *Ergostadien-(7.9,11)*. Bei weiterer Einw. von HCl wurde **II** in *Anthraergostapentaen* (**III**) umgelagert. UV-spektrophotometr. verfolgt wurde die Kinetik der Rk. von **I**, dessen *Benzoat*, *Acetat*, *Dichloracetat*, *3.5-Dinitrobenzoat* u. von **II** mit HCl verschied. Konzz. bei 20° in Chlf. (ca. 0,75% A. enthaltend). Die Rkk. erfüllten die Geschwindigkeitsgleichung $v = k[HCl]^n[S]$, wobei S = Steroid; folgende n- u. k-Werte (in Liter/Mol·Sek.) wurden in obiger Folge erhalten: 1,8, 1,3; 1,7, 0,14; 1,7, 0,13; 1,7, 0,074; 1,6, 0,050; —, —. Die Daten lassen vermuten, daß im geschwindigkeitsbestimmenden Schritt der Veränderung des 5.7.9,11-Triensyst. die Estergruppe eine Rolle spielt, was mit den Ansichten über 1.3-Wechselwirkungen (vgl. SIMONETTA u. WINSTEIN, J. Amer. chem. Soc. **76.** [1954.] 18) in Übereinstimmung ist. Vf. zeigte UV-spektroskop., daß — abweichend vom Verh. von **I** selbst — beim direkten Übergang der **I**-Ester in **III** sich **II** während der Rk. nicht anreichert. Die Möglichkeit, daß *3,5-Cycloergostatetraen-(6.8,14.9,11.22)* (**IV**), dessen Struktur infrarot- u. UV-spektroskop. erhärtet wurde [UV-Spektr. zwischen 220 u. 360 mμ in Isooctan angegeben, dargestellt aus **I** mit p-Toluolsulfonylchlorid (**VI**) in Pyridin], bei Umwandlung von **I** in **II** zwischendurch entsteht, konnte ausgeschlossen werden, **IV** ergab nämlich mit 0,0056 mol. HCl *3-Chlorergostatetraen-(5.7.9,11.12)* (**V**), das bei den Reaktionsbedingungen stabil u. dessen Ausbeute der Anfangskonz. an HCl direkt proportional ist. Bei 10facher [HCl] dagegen unterlag **V** einer autokatalyt. Dehydrohalogenierung, d. h. **IV** wurde in **III** übergeführt. Bei der acetatgepufferten Hydrolyse des **I**-Tosylats (**Ia**) wurde ebenfalls **IV** (als Nebenprod.!) erhalten, wobei noch ein weiterer KW-stoff entstand, der offenbar ebenfalls ein Isodehydroergosterin ist, aber wegen des abweichenden F. nicht mit dem von REES u. SHOPPEE (J. chem. Soc. [London] **1954.** 3422) bei der Hydrolyse von **Ia** unter Pufferung gefundenen (u. irrtümlich als **VI** bezeichneten) Nebenprod. ident. ist. Unter den genannten Umlagerungsbedingungen waren *β-Tetralol*, *Neoergosterin* u. *22-Dihydroneoergosterylacetat* stabil.

Versuche (FF. im KOFLER-Block, $[\alpha]_D$-Werte von 1%ig. Lsgg. bei 20° in Chlf.): Aus den entsprechenden Säurechloriden u. I wurden in Pyridin erhalten: *9,11-Dehydroergosteryldichloracetat*, $C_{30}H_{42}O_2Cl_2$, F. 121,5—122,5° (Aceton–Methanol); *-benzoat*, $C_{35}H_{46}O_2$, F. 149,5—150,5° (Bzl.–A.); *-3.5-dinitrobenzoat*, $C_{35}H_{44}O_6N_2 \cdot 0{,}5\ C_6H_6$, F. 193 bis 194° (Bzl.–Methanol), gelb, bei Ggw. von Äthylacetat oder Aceton Verlust des Kristallbenzols unter Bldg. tiefroter, hexagonaler Prismen (nicht solvatisiert, F. 195—196°), die Thermochromie zeigen (über ca. 170° hellgelb ohne Änderung der Kristallform). — *Ergostapentaen-(5.7.9,11.14.22)* (II), $C_{28}H_{40}$, F. 94—95° (Aceton), durch Zugabe von 0,263 mol. HCl in Chlf. zu I in Chlf. bei 19,8°, grüne Lsg. mit wss. Na_2CO_3-Lsg. extrahieren (Farbumschlag nach Orangerot), in PAe. an neutralem Al_2O_3 chromatographieren; $[\alpha]_D$ +164°; II wird an der Luft gelb. — *Ergosten-(8,14)*, F. 78—79° (Aceton–A.), durch Zugabe von II zu PtO_2 in Äthylacetat–Essigsäure unter H_2 bei 19°; $[\alpha]_D$ +12°. — *Ergostadien-(7.9,11)*, F. 141—142° (Aceton), durch Zugabe von II zu RANEY-Ni (mit A. angefeuchtet) in Bzl. unter H_2; $[\alpha]_D$ +37°; UV-Maxima: 235,6, 243,0 bzw. 251,3 mμ (ε = 14600, 17900 bzw. 11300). — *Anthraergostapentaen* (III), F. 105—106° (Aceton), durch Einw. von 0,060 mol. HCl auf II in Chlf. (30 Min. bei 19,8°); UV-Maxima: 221,5, 227,0, 266,0, 296,5 bzw. 308,0 mμ (ε = 24600, 25900, 17000, 2560, 2020). — *3,5-Cycloergostatetraen-(6.8,14.9,11.22)* (IV), $C_{28}H_{40}$, F. 98—100° (Aceton), aus I u. VI in Pyridin (30 Std. bei 27° im Dunkeln), Zugabe von W. (weitere 20 Std. bei 27°), mit PAe. extrahieren, Extrakt an bas. Al_2O_3 chromatographieren; $[\alpha]_D$ +65°; UV-Maxima 244 u. 295 mμ (ε = 16300 u. 11700); Rückstand der Extraktion: *9,11-Dehydroergosteryl-p-toluolsulfonat* (Ia), $C_{35}H_{48}O_3S$, F. 103—113° (Aceton oder Isooctan); $[\alpha]_D$ +191°; UV-Maxima 221,5, 311,0, 324,5 bzw. 341,0 mμ (ε = 17700, 10300, 12000, 7300); wird beim Schmelzen grün u. wechselt über Rot in grünschwarze Farbe. — *3-Chlorergostatetraen-(5.7.9,11.22)* (V), $C_{28}H_{41}Cl$, F. 119—121° (Aceton, durch Zugabe von HCl in Chlf. zu IV in Chlf. bei 19,8°, (71 Min.); $[\alpha]_D$ +181°; UV-Maxima 311,0, 325,3 u. 342,0 mμ (ε = 11000, 12100 u. 7300). — *9,11-Dehydroergosterin* (I), $C_{28}H_{42}O$, F. 125—126° (Aceton), aus Ia in wss. Aceton bei Ggw. von K-Acetat (30 Min. am Rückfluß), bei 0° I auskristallisieren; $[\alpha]_D$ +126°; UV-Maximum 247 mμ (ε = 16400); Rest des Reaktionsgemisches ergab nach 5,5std. Kochen, Eindampfen im Vakuum, Zugabe von Bzl., Chromatographie an bas. Al_2O_3 u. Elution mit PAe., IV (F. 101—102°, Aceton). (J. Amer. chem. Soc. **78.** 193—98. 5/1. 1956. Bethesda, Md., Nat. Inst. of Health, Nat. Inst. of Arthritis u. Metabol. Diseases.) B. GNAUCK. 3700

R. J. Collins, B. Ellis, S. B. Hansen, H. S. Mackenzie, R. J. Moualim, V. Petrow, O. Stevenson und **B. Sturgeon,** *Einige Beobachtungen über die strukturellen Voraussetzungen für antibiotische Aktivität in der Chloramphenicolreihe.* 2. Mitt. (1. vgl. DEITELSON u. Mitarbeiter, C. **1953.** 1970.) Zur Unters. der Zusammenhänge zwischen Konst. u. Wirksamkeit in der Chloramphenicol (I)-Reihe wurden einige Analoge, bei denen H-Atome der Propandiolseitenkette durch CH_3-Gruppen ersetzt sind, dargestellt. Das Kondensationsprod. aus Acetaldehyd u. ω-Acetamido-p-nitroacetophenon (II), *α-Acetamido-β-oxy-p-nitrobutyrophenon* gab bei der Red. nach PONNDORF *2-Acetamido-1-p-nitrophenyläthanol-(1)* u. „β"*-2-Acetamido-1-p-nitrophenylbutandiol-(1.3)* (β-III), das in „β"*-3-Methylchloramphenicol* (β-V) übergeführt wurde. β-V besitzt wahrscheinlich eine *erythro*-Konst., da es durch $SOCl_2$ in ein neues Isomeres, „γ"*-3-Methylchloramphenicol* (γ-V), dem eine *threo*-Struktur zukommen dürfte, umgewandelt wird. Das zweite mögliche *threo*-Enantiomorphe von V ist wahrscheinlich mit „α"*-3-Methylchloramphenicol* von REBSTOCK (C. **1952.** 4939) identisch. Die Kondensation von II mit Chloral lieferte *α-Acetamido-β-oxy-$\gamma.\gamma.\gamma$-trichlor-p-nitrobutyrophenon*, das durch Red., Hydrolyse u. Dichloracetylierung in das 3-Trichlormethylderiv. von I, *2-Dichloracetamido-1-p-nitrophenyl-4.4.4-trichlorbutandiol-(1.3)*, übergeführt wurde. Die Kondensationsprodd. von II mit Benzaldehyd u. p-Nitrobenzaldehyd wurden bei der Red. in die Komponenten gespalten. Bei der Nacharbeitung der Verss. von ŠORM u. Mitarbeitern (Collect. Trav. chim. Tchècoslov. **15.** [1950.] 501) zur Darst. von „2-Oxymethylchloramphenicol" durch PONNDORF-Red. des aus dem Oxymethylierungsprod. von II [*2-Acetamido-2-p-nitrobenzoylpropandiol-(1.3)*] erhaltenen *Dichloracetylderiv.* wurde CH_2O abgespalten u. I gebildet. Analog verliefen die Verss. mit dem Acetylderiv. selbst sowie mit dem *Propionylanalogen*; die entsprechenden *Isopropylidenderivv.* ließen sich nicht reduzieren. Das von ŠORM (l. c.) erhaltene Präp. dürfte danach mit I ident. sein. Zur Darst. von *N-Methylchloramphenicol* wurde DL-threo-2-Amino-1-p-nitrophenylpropandiol-(1.3) (VII) mit CH_2O kondensiert, mit HCOOH red., alkal. u. dann sauer zu *N-Methyl*-VII verseift u. mit Pentachloraceton dichloracetyliert. Bei Verss., die I-Base durch Aldolkondensation von p-Nitrobenzaldehyd mit Derivv. von Aminoacetaldehyd u. anschließende Red. zu erhalten, wurde im Falle des Benzamidoacetaldehyds unter Dehydratisierung *2-Benzamido-p-nitrozimtaldehyd* gebildet, der bei der Red. den entsprechenden *Alkohol* gab. — Die dargestellten I-Derivv. zeigten keine merkliche antibiot. Aktivität.

Bei der Diskussion der antibiot. Wrkg. wird hervorgehoben, daß im I-Mol. in der Propandiolseitenkette, deren Abwandlung eine Aufhebung der Wrkg. zur Folge hat, eine spezif. (als „σ-Typ" bezeichnet), in der Nitrophenylgruppe, die unter Einhaltung der Wirksamkeit geringfügig verändert werden kann, dagegen eine nichtspezif. („ν-Typ") pharmakodynam. Gruppierung vorliegt.

Versuche: *α-Acetamido-β-oxy-p-nitrobutyrophenon*, $C_{12}H_{14}O_5N_2$, F. 192—194°, aus II u. Acetaldehyd in A.–W. mit $NaHCO_3$ (2 Std. bei 35°); aus A. Nadeln. — *„β"-2-Acetamido-1-p-nitrophenylbutandiol-(1.3)* (β-III), $C_{12}H_{16}O_5N_2$, F. 195°, aus 98 g vorst. Verb. u. Acetaldehyd in A.–W. (5 Tage rühren); aus CH_3OH–Äthylacetat–PAe. Tafeln; 10,2 g (Ausbeute), neben 19 g (roh) *2-Acetamido-1-p-nitrophenyläthanol-(1)*, $C_{10}H_{12}O_4N_2$, F. 160°, aus Äthylacetat Nadeln. — *„β"-2-Amino-1-p-nitrophenylbutandiol-(1.3)* (β-IV), $C_{10}H_{14}O_4N_2$, F. 155°, aus β-III mit sd. 6n HCl; aus W. Nadeln. „γ"-IV, $C_{10}H_{14}O_4N_2$, F. 109—110°, aus 5 g β-III mit $SOCl_2$ (1 Std. stehen), dann mit W. 1 Std. kochen; aus W. Nadeln; 2,0 g. *„β"-Dichloracetylderiv.* (β-V; *„β"-3-Methylchloramphenicol*), $C_{12}H_{14}O_5N_2Cl_2$, F. 109—110°, aus Äthylacetat–PAe. Platten. „γ"-V, $C_{12}H_{14}O_5N_2Cl_2$, F. 128°, aus Ae.–PAe. Rhomben. — *α-Dichloracetamido-β-oxy-p-nitrophenylbutyrophenon*, $C_{12}H_{12}O_5N_2Cl_2$, F. 170—172°, aus ω-Dichloracetamido-p-nitroacetophenon ($C_{10}H_8O_4N_2Cl_2$, F. 146—147°, aus Äthylacetat–Hexan Nadeln; wird beim Vers. der Red. des Kondensationsprod. analog III zu 25% zurückerhalten) u. CH_3CHO in alkal. Lsg.; prismat. Nadeln aus CH_3OH; 50%. — *α-Acetamido-β-oxy-γ.γ.γ-trichlor-p-nitrobutyrophenon*, $C_{12}H_{11}O_5N_2Cl_3$, F. 180—181° (Zers.), aus II u. Chloral in Ggw. von $NaHCO_3$; Nadeln aus CH_3OH; 60%. — *2-Acetamido-1-p-nitrophenyl-4.4.4-trichlorbutandiol-(1.3)*, $C_{12}H_{13}O_5 \cdot N_2Cl_3$, F. 188—189°, durch Red. vorst. Verb. nach PONNDORF; Plättchen aus Äthylacetat; 25%. — *2-Amino-1-p-nitrophenyl-4.4.4-trichlorbutandiol-(1.3)*, $C_{10}H_{11}O_4N_2Cl_3$, F. 149 bis 150°, durch 3std. Hydrolyse vorst. Verb. mit 7,5%ig. HCl bei 100°; Nadeln aus Äthylacetat–Hexan. *Dichloracetylderiv.*, $C_{12}H_{11}O_5N_2Cl_5$, F. 174—175°, prismat. Nadeln aus Äthylacetat; wahrscheinlich *threo*-Form. — *β-Phenyl-α-acetamido-β-oxy-p-nitropropiophenon*, $C_{17}H_{16}O_5N_2$, F. 172—173°, aus II u. Benzaldehyd; prismat. Nadeln aus CH_3OH; 25%. — *β-p-Nitrophenyl-α-acetamido-β-oxy-p-nitropropiophenon*, $C_{17}H_{15}O_7N_3$, F. 175°, aus II u. p-Nitrobenzaldehyd; aus A. Nadeln. — *β-p-Nitrophenyl-α-dichloracetamido-β-oxy-p-nitropropiophenon*, $C_{17}H_{13}O_7N_3Cl_2$, F. 211°, aus A. hellgelbe Blättchen. — *ω-Dichloracetamidoacetophenon*, $C_{10}H_9O_2NCl_2$, F. 122—123°, aus dem Sn-Salz-Komplex von ω-Aminoacetophenon; aus PAe. Nadeln. — *α-Dichloracetamido-β-oxy-β-p-nitrophenylpropiophenon*, $C_{17}H_{14}O_5N_2Cl_2$, F. 174—175° (CH_3OH), aus vorst. Verb. u. p-Nitrobenzaldehyd in A. in Ggw. von Piperidin; 80%. — *α-Acetamido-β-oxy-β-p-nitrophenylpropiophenon*, $C_{17}H_{16}O_5N_2$, F. 171—172°, gelbe Kristalle. — *2-Acetamido-2-p-nitrobenzoylpropandiol-(1.3)*, $C_{12}H_{14}O_6N_2$, F. 151—154°, durch Einw. von 36%ig. CH_2O auf II in heißem A., Zugabe von $NaHCO_3$ bei 45° u. 2tägiges Stehen; aus A.–PAe. Nadeln. *Isopropylidenderiv.*, $C_{15}H_{18}O_6N_2$, F. 199—200°, Nadeln aus CH_3OH. — *ω-Propionamido-p-nitroacetophenon*, $C_{11}H_{12}O_4N_2$, F. 128°, aus ω-Amino-p-nitroacetophenonhydrochlorid in W. mit Propionsäureanhydrid u. Na-Acetat; gelbliche Nadeln aus Äthylacetat. — *β-Oxy-α-propionamido-p-nitropropiophenon*, $C_{12}H_{14}O_5N_2$, F. 116°, aus vorst. Verb.; aus Chlf.–PAe. prismat. Nadeln. — *2-p-Nitrobenzoyl-2-propionamidopropandiol-(1.3)*, $C_{13}H_{16} \cdot O_6N_2$, F. 172—174°, aus vorvorst. Verb. in A. mit wss. CH_2O u. $NaHCO_3$ bei 40° (2 Std.); aus Bzl.–CH_3OH prismat. Nadeln. *Isopropylidenderiv.*, $C_{16}H_{20}O_6N_2$, F. 169—170°, aus A.–PAe. Nadelrosetten. — *DL-threo-1-p-Nitrophenyl-2-propionamidopropandiol-(1.3)*, $C_{12}H_{16}O_5N_2$, F. 132°, a) durch Red. vorst. Verb. nach PONNDORF; b) aus VII mit Propionsäureanhydrid in Äthylacetat–A.; faserige Nadeln aus Äthylacetat. — *2-Dichloracetamido-2-p-nitrobenzoylpropandiol-(1.3)*, $C_{12}H_{12}O_6N_2Cl_2$, F. 136—137° feine Nadeln aus Bzl.–CH_3OH. Gibt bei der PONNDORF-Red. *DL*-I; 35%. — *DL-threo-1-p-Nitrophenyl-2-p-toluolsulfonamidopropandiol-(1.3)*, $C_{16}H_{18}O_6N_2S$, F. 210°, aus VII mit Tosylchlorid u. Na-Acetat in sd. A.; Plättchen aus Äthylacetat–CH_3OH. — *O-Formyl-DL-chloramphenicol*, $C_{12}H_{12}O_6N_2Cl_2$, F. 146°, aus *DL*-I mit sd. HCOOH (1 Std.); aus wss. A. flache Nadeln. — *4-p-Nitrophenyl-5-dichloracetamido-1.3-dioxan*, $C_{12}H_{12}O_5N_2Cl_2$, F. 147—148°, durch 1std. Erhitzen von DL-I mit 36%ig. CH_2O u. HCOOH auf dem Dampfbad aus wss. A.; lange, flache Nadeln. — *DL-threo-2-Formmethylamido-1-p-nitrophenylpropandiol-(1.3)*, $C_{11}H_{14}O_5N_2$, F. 196°, aus 10 g VII in A. mit 36%ig. CH_2O (10 Min. bei 100°), dann mit HCOOH (90 Min. bei 100°) u. Verseifung mit KOH; cremefarbene Prismen aus Äthylacetat. — *DL-threo-2-Methylamino-1-p-nitrophenylpropandiol-(1.3)-hydrochlorid*, $C_{10}H_{14} \cdot O_4N_2 \cdot HCl$, F. 176—177°, durch 1std. Hydrolyse vorst. Verb. mit 4n HCl bei 100°; Nadeln aus Äthylacetat–CH_3OH. *Freie Base*, $C_{10}H_{14}O_4N_2$, F. 107°, Prismen aus Äthylacetat. *Pikrat*, F. 186—187°, aus W. flache gelbe Nadeln. — *DL-threo-2-Dichloracetomethylamido-1-p-nitrophenylpropandiol-(1.3)* (*N-Methylchloramphenicol*), $C_{12}H_{14}O_5N_2Cl_2$, F. 141—142°, aus vorst. Base mit Pentachloraceton–Tetrachloraceton in A.; aus A.–PAe.

Prismen. — *Phthalimidoacetal*, $C_{14}H_{17}O_4N$, F. 69°, Kp.$_{0,5}$ 180°, durch 4std. Erhitzen von K-Phthalimid, Bromacetal u. KJ in Äthylenglykol auf 145°; aus PAe. Platten. — *Phthalimidoacetaldehyd* (**VI**), F. 112° (Chlf.-PAe.), a) aus vorst. Verb. mit n-HCl (20 Min. bei 100°); b) aus Phthalylglycylchlorid in Xylol mit 5% ig. Pd-$BaSO_4$ u. Chinolin-S-Kontaktgift im H_2-Strom (10 Std. am Rückfluß); 75%. *Diacetat*, $C_{14}H_{13}O_6N$, F. 128—129° ($CHCl_3$–PAe.). — *Acetamidoacetaldehyd, Diäthylacetal*, $C_8H_{17}O_3N$, Kp.$_{10}$ 136—138°, aus Aminoacetal u. Acetanhydrid in Ae.; Öl. *2.4-Dinitrophenylhydrazon*, $C_{10}H_{11}O_5N_5$, F. 182°, aus A. Nadeln. — *Toluolsulfonamidoacetal*, $C_{13}H_{21}O_4NS$, F. 68—69°, aus Aminoacetal in Pyridin u. p-Toluolsulfonylchlorid unter Kühlung; aus Ae.-PAe. flache Nadeln. — *Toluolsulfonamidoacetaldehyd-2.4-dinitrophenylhydrazon*, $C_{15}H_{15}O_6N_5S$, F. 184—185°, aus A. gelbe Blättchen. — *Pivalylaminodiäthylacetal*, $C_{11}H_{23}O_3N$, F. 43—44°, aus Aminodiäthylacetal in Ae. mit Pivalylchlorid u. KOH; aus PAe. Nadeln. — *p-Nitrobenzylidenphthalimidoacetaldehyd*, $C_{17}H_{10}O_5N_2$, F. 176—177°, aus **VI** u. p-Nitrobenzaldehyd in A. in Ggw. von Piperidin (7 Tage stehen); aus A. cremefarbene Nadeln. — *2-Benzamido-p-nitrozimtaldehyd*, $C_{16}H_{12}O_4N_2$, F. 193°, aus Benzamidoacetaldehyd u. p-Nitrobenzaldehyd in sd. A. in Ggw. von Kollidin; gelbe Mikrokristalle aus Chlf.; 56%. *Semicarbazon*, $C_{17}H_{15}$·O_4N_5, F. 210—225° (Zers.), Nadeln aus CH_3OH. — *2-Benzamido-p-nitrozimtalkohol*, $C_{16}H_{14}O_4N_2$, F. 175°, durch PONNDORF-Red. vorst. Aldehyd; aus Bzl. Mikronadeln. *Acetat*, $C_{18}H_{16}O_5N_2$, F. 145°, aus wss. A. seidige Nadeln. — *2-Keto-3-p-nitrophenylpropylbenzoat*, $C_{16}H_{13}O_5N$, F. 162—163°; aus vorst. Verb. in A. mit konz. HCl (½ Std. kochen); aus wss. Aceton Tafeln; daneben *braune Prismen*, $C_{17}H_{16}O_4N_2$, F. 121° (wss. CH_3OH). *Oxim*, F. 121—123° (wss. A.). (J. Pharmacy Pharmacol. **4.** 693—710. Okt. 1952. London, Brit. Drug Houses Ltd., Res. Labors.) K. MAIER. 3900

Z. Čekan, V. Herout und **F. Šorm**, *Eine Vorstufe des Chamazulens aus der Kamille* (*Matricaria chamomilla L.*). Aus *M. chamomilla L.* wurde nach dem Verf. von JUNG u. WENDLER (C. **1953.** 6532) eine neue Vorstufe des *Chamazulens* (I), das *Prochamazulen* (III), $C_{17}H_{22}O_5$, F. 158 bis 160° (Zers. zu einer blauen Schmelze), gut ausgebildete Plättchen (A./Isopropyläther), erhalten, das zum Unterschied von dem *Prochamazulenogen* (II) aus *Artemisia absinthium* (vgl. ŠORM u. Mitarbeiter, Chem. Listy **48.** [1954.] 281 u. MEISELS u. WEIZMANN, C. **1954.** 7199) eine Acetoxygruppe enthält. Das UV-Spektr. (λ_{max} 243 μ; log ε 4,32) spricht für 2 konjugierte Doppelbindungen. Durch Hydrogenolyse mit 2,9 Äquivalenten H_2 entstehen als einzige Prodd. 2 wahrscheinlich stereoisomere *Acetoxylactone*, $C_{17}H_{26}O_4$, F. 115,5 u. F. 122—123°. **I** entsteht aus **III** durch Dampfdest. aus schwach saurer Lsg., (70—75% Ausbeute) unter Annahme der Abtrennung von 3 OH-Gruppen u. Abspaltung von 1 Mol CO_2. Für das hierbei auftretende *Zwischenprod.*, eine *blaue Verb.*, wird die Struktur **IV** u. der Name *Guajazulensäure* vorgeschlagen. Bei Bezeichnung der sich vom Guajanskelett ableitenden Verbb. mit Lactonring als *Guajanolide* ist **II** ein *Oxyguajadienolid* u. **III** ein *Oxyacetoxyguajadienolid*. Die entzündungshemmende Wrkg. von **III** ist mindestens gleich der von **I**. (Chem. and Ind. **1954.** 604—05. 22/5. Prag, Tschechosl. Akad. der Wiss., Inst. der Organ. Chem.) W. SCHULENBURG. 3950

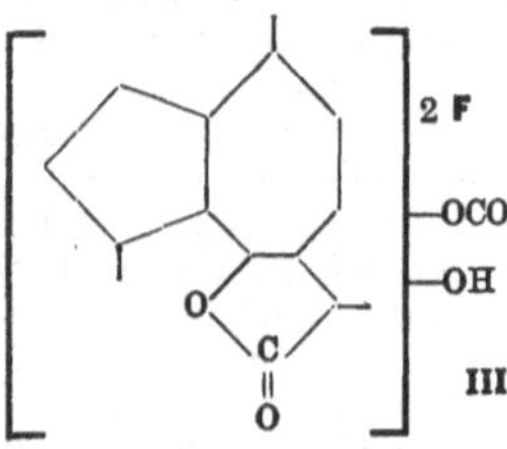

III

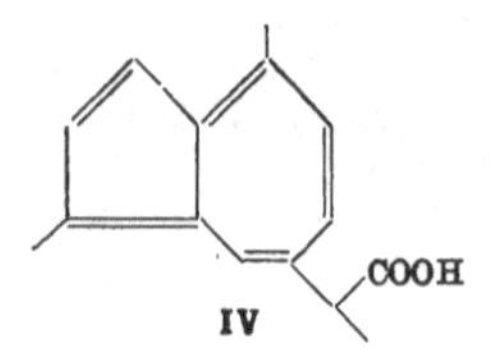

IV

H. Kotake jr., T. Sakan und **T. Kubota**, *Über die chemische Konstitution von Alpinon*. Da nach den Ergebnissen von GRIPENBERG (C. **1955.** 9565) der Monomethyläther von „*Apoalpinon*" nicht die von KIMURA u. HOSHI [1937] vorgeschlagene Struktur $\mathbf{A_1}$ besitzt, sondern ein 2-Benzyl-2-oxy-4.6-dimethoxycumaranon ist, ist auch die von KIMURA u. HOSHI (J. Pharm. Soc. Jap. [Yakugakuzasshi] **54.** [1934.] 47) vorgeschlagene Struktur **B** für *Alpinon* (**I**) in Zweifel zu ziehen. Es ist vielmehr anzunehmen, daß **I** die Struktur $\mathbf{A_2}$ besitzt. Vff. führen deshalb eine Synth. von $\mathbf{A_2}$ = *3.5-Dioxy-7-methoxyflavanon* (**II**), ausgehend von 5.7-Dioxyflavanon (**III**), durch u. finden vollkommene Übereinstimmung in den physikal. Eigg. von **II** u. dem aus *Alpinia japonica* Miq. isoliertem **I**.

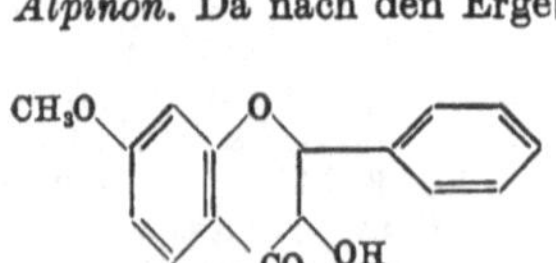

A_1 (R = CH_3)
A_2 (R = H)

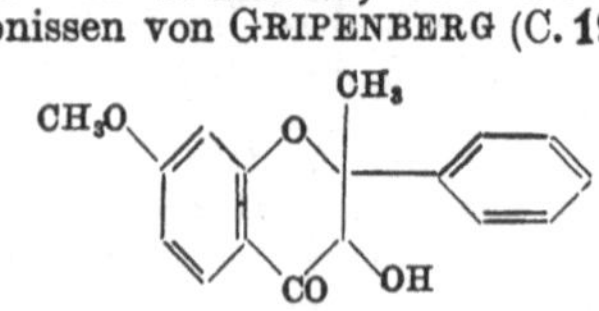

B

Versuche: *5-Acetoxy-7-methoxyflavanon*, F. 147°, durch Methylierung von **III** mit Diazomethan u. Acetylierung mit Acetanhydrid in Pyridin. — *3.5-Dioxy-7-methoxyflavanon* (**I** = **II**, *Alpinon*), $C_{16}H_{14}O_5$, F. 186—187° (Methanol), aus vorst. Verb. durch Oxydation mit Pb-Tetraacetat in Essigsäure bei 80—90° u. anschließende Hydrolyse mit verd. alkoh. HCl, (+)-*Form*, F. 185—186°, aus dem Samen von *Alpinia japonica* Miq. durch Extraktion, $[\alpha]_D^{30}$ +84,3°; gibt mit Mg–HCl hellgelbe, mit $FeCl_3$ purpurrote u. mit rauchender HNO_3 eine grünliche, indigofarbene Färbung; mit 20%ig. NaOH entsteht *Izalpinin*, mit 20%ig. KOH *Apoalpinon*, F. 148°. (Chem. and Ind. **1954**. 1562—63. 18/12. Osaka City Univ., Inst. of Polytechn.) G. WINKLER. 3950

D. H. R. Barton, T. Bruun und **N. A. Sörensen,** *Die Konstitution von „Kryptopinon"*. Das aus *Pinus sylvestris L.* isolierte *Kryptopinon* (vgl. SÖRENSEN u. BRUUN, Acta chem. scand. **1.** [1947.] 112) ist auf Grund seiner physikal. Eigg. mit *d-Pimarinal* ident., das zum Vgl. aus d-Pimarsäure durch Red. mit $LiAlH_4$ zu *d-Pimarinol* u. anschließende Oxydation dargestellt wird. Im Gegensatz zu der Annahme von HARRIS u. SANDERSON (C. **1948.** E. 920) ist es deutlich verschieden von dem analog aus d-Isopimarsäure erhaltenen *d-Isopimarinal.*

Versuche (opt. Drehungen in Chlf. bei 15—20°): *„Kryptopinon"* (*d-Pimarinal*), *Semicarbazon*, F. 228—230° (Zers.), aus den l. c. beschriebenen Präpp.; aus Äthylacetat lange Nadeln; $[\alpha]_D$ +57° (c = 1,91). *2.4-Dinitrophenylhydrazon*, $C_{26}H_{34}O_4N_4$, F. 195 bis 196° (Zers.), a) aus dem Semicarbazon; aus Chlf.-CH_3OH orangefarbene Nadeln; $[\alpha]_D$ —26° (c = 2,09); b) aus d-Pimarsäure mit $LiAlH_4$ in Ae., Oxydation des entstandenen *d-Pimarinol* mit CrO_3 in Essigsäure (über Nacht stehen) u. Rk. mit 2.4-Dinitrophenylhydrazin; $[\alpha]_D$ —27° (c = 3,15). — *d-Isopimarinal-2.4-dinitrophenylhydrazon*, $C_{26}H_{34}O_4N_4$, F. 180—182° (Zers.), aus d-Isopimarsäure analog vorst. Verb., b); gelb; $[\alpha]_D$ +104° (c = 0,41). — Die UV-Absorptionsmaxima der einzelnen Präpp. sind angegeben. (Acta chem. scand. **5.** 1356—58. 1951. London, Birkbeck Coll. u. Trondheim, Norges Tekn. Högsh.) W. LINDENBERG. 3950

D. Makromolekulare Chemie.

S. A. Rogowin, *Neue Arbeiten auf dem Gebiet der Chemie der Polymeren.* Übersicht: Neue Methoden der Modifikation der Eigg. von Polymeren durch Bldg. verzweigter Polymeren unter Einw. von Ultraschall; Synth. hydroaromat. Polyester u. deren Eigg.; Darst. neuer Typen F-haltiger Polymeren u. Harze; Polymerisation von HOCN u. Unters. der Struktur der erhaltenen Polymeren. — 18 Literaturhinweise. (Химическая Промышленность [Chem. Ind.] **1955.** Nr. 6. 49—52. Sept.) R. K. MÜLLER. 4000

C. S. Marvel, Lester E. Coleman jr. und **George P. Scott,** *Pyridinanaloge des Chalkons und ihre Polymerisationsreaktionen.* Die Darstellungsmeth. für Benzalacetophenon aus Benzaldehyd u. Acetophenon in A. (KOHLER u. CHADWELL, Org. Syntheses, Coll. Vol. I. [1941.] 78) kann mit den entsprechenden Ausgangsstoffen auch zur Gewinnung von Pyridinanalogen der Chalkone dienen, wobei jedoch als Haupt- bzw. Nebenprodd. auch die entsprechenden *Aldole* u. MICHAELschen *Additionsprodd.* erhalten werden. Ein Überschuß an A. begünstigt die Entstehung der Additionsprodd., während ein Arbeiten in alkoholfreier Lsg. hauptsächlich zu Aldolen führt (vgl. die Darst. von Pyridal-(2)-acetophenon (**I**) von ENGLER u. ENGLER [1902]). Durch Anwendung von Methanol als Lösungsm. u. langsames Zugeben des Ketons zum Aldehyd wird Aldolbldg. u. MICHAELsche Addition des Ketons an bereits gebildetes Chalkon in vielen Fällen vermieden. Auf diese Weise wurden ohne Nebenprod. *Pyridal-(3)-acetophenon* (**II**; *Picolyliden-(3)-acetophenon*), *2-* (**III**) u. *4-Cinnamoyl-* (**IV**), *2-Methyl-5-cinnamoyl-* (**V**), *2-[Pyridal-(2')-acetyl]-pyridin* (**VI**), *Pyridal-(2)-p-chlor-* (**VII**) u. *Pyridal-(2)-p-aminoacetophenon* erhalten. — Geringe Mengen von MICHAELschem *Additionsprod.* [*Pyridal-(4)-* oder *Picolyliden-(4)-diacetophenon*] entstehen bei der Synth. von *Pyridal-(4)-acetophenon* (**IX**), während bei der Rk. zwischen Pyridin-2-aldehyd u. Propiophenon ausschließlich das Aldol *α-Methyl-β-oxy-β-pyridyl-(2)-propiophenon* entsteht, aus dem sich kein W. abspalten läßt. — Zur Darst. von *β-[Pyridyl-(2)]-* (**X**) u. *β-[Pyridyl-(4)]-acrylsäure* (**XI**) aus Malonsäure u. dem entsprechenden Aldehyd kann das Verf. zur Darst. von *β-[Pyridyl-(3)]-acrylsäure* (**XII**) (DORNOW u. SCHACHT, C. **1949.** I. 398 u. früher) benutzt werden. — *Mischpolymerisate mit Acrylonitril* (**XIII**) geben **I** bis **VII** u. **IX**. *Mischpolymerisate mit Isopren* (**XIV**), *Acrylsäure-* (**XV**), *Methacrylsäuremethylester* (**XVI**) u. *Styrol* (**XVII**) geben alle Chalkonanalogen mit Ausnahme von **III** u. **VI** in freie-Radikale-initiierten Systemen. Keine der Verbb. läßt sich in letzteren Systemen mit Isobutylvinyläther, Maleinsäureanhydrid, Trichloräthylen, Essigsäurevinylester (**VIII**), Vinylchlorid oder 2-Vinylpyridin polymerisieren. Ebenso geben **X, XI, XII** keine Mischpolymerisate mit

XV, XVI, XVII u. VIII, polymerisieren aber mit XIII. Schließlich gelingt es nicht, durch freie Radikalinitiierung die Monomeren im Block, in Lsg. oder Emulsion zu homopolymerisieren. Die UV- u. Infrarotspektren der Monomeren u. Mischpolymerisate sind angegeben.

Versuche: Allg. Darst. der *Pyridinanalogen der Chalkone*: Zu einer 10%ig. wss.-methanol. NaOH-Lsg. wird unter Rühren bei 0—10° der Aldehyd auf einmal zugegeben, dann bei 1—10° während 1 Std. das Keton in kleinen Portionen; nach 3—5std. Rühren wird aus 40—50%ig. A. umkristallisiert. — *Pyridal-(2)-acetophenon* [I; *Picolyliden-(2)-acetophenon*], $C_{14}H_{11}ON$, F. 60—61°, aus 175 g Pyridin-2-aldehyd u. 200 g Acetophenon in 1 Liter 20%ig. NaOH u. 50 cm³ A., Abtrennen des *Addukts* aus I u. *Acetophenon* ($C_{22}H_{19}O_2N$, F. 119—121°, aus A. Kristalle; 30 g Ausbeute) u. Verdünnen der Mutterlauge mit W. bis zur 50%ig. alkoh. Lsg.; 42%. *Pikrat*, $C_{20}H_{14}O_8N_4$, F. 190—192°. — *Aldol* von I [*β-Oxy-β-pyridyl-(2)-propiophenon*], $C_{14}H_{13}O_2N$, F. 83—84°, aus 10 g Pyridin-2-aldehyd u. 10 g Acetophenon in 100 ml NaOH; 5 g. — *Pyridal-(2)-p-aminoacetophenon*, $C_{14}H_{12}ON_2$, F. 158—160°, aus gleichen Gewichtsteilen p-Aminoacetophenon u. Pyridin-2-aldehyd in NaOH u. Methanol; hellgelbe Verb.; 42%. *Pikrat*, $C_{20}H_{15}O_8N_5$, F. 170—171°. — *Pyridal-(2)-p-chloracetophenon* (VII), $C_{14}H_{10}ONCl$, F. 85 bis 86°, aus 154 g p-Chloracetophenon u. 200 g Pyridin-2-aldehyd in NaOH u. Methanol; 140 g (roh). — *Pyridal-(3)-acetophenon* (II), $C_{14}H_{11}ON$, F. 101—102°, aus 1 Mol Acetophenon u. 2 Mol Pyridin-3-aldehyd in NaOH u. Methanol; gelb; 40%. *Pikrat*, $C_{20}H_{14}O_8N_4$, F. 180—181°. — *Pyridal-(4)-acetophenon* (IX), $C_{14}H_{11}ON$, F. 70—71°, aus 120 g Acetophenon, 214 g Pyridin-4-aldehyd u. 10%ig. NaOH, Behandeln des Rohprod. mit heißem A., Verdampfen des Filtrats u. Vakuumdest.; aus 40%ig. A. hellbraune Kristalle; 45 g. *Pikrat*, $C_{20}H_{14}O_8N_4$, F. 209—210°. Daneben aus dem in heißem A. unlösl. Anteil das *Addukt* aus IX u. *Acetophenon*, $C_{22}H_{19}O_2N$, F. 125—126°; 10 g. — *4-Cinnamoylpyridin* (IV), $C_{14}H_{11}ON$, F. 87—88°, aus äquimol. Mengen Benzaldehyd u. 4-Acetylpyridin in NaOH; gelbe Kristalle; 26%. *Pikrat*, $C_{20}H_{14}O_8N_4$, F. 198—199°. — *2-Methyl-5-cinnamoylpyridin* (V), $C_{15}H_{13}ON$, F. 74—75°, aus äquimol. Mengen Benzaldehyd u. 2-Methyl-5-acetylpyridin in methanol. NaOH; hellgelb; 49%. *Pikrat*, $C_{21}H_{16}O_8N_4$, F. 228—229°. — *2-Cinnamoylpyridin* (III), F. 71—72°, analog V; hellgrün; 61%. *Pikrat*, $C_{20}H_{14}O_8N_4$, F. 121—122°. — *2-[Pyridal-(2')-acetyl]-pyridin* (VI), $C_{13}H_{10}ON_2$, F. 62—64°, aus 2-Acetylpyridin u. überschüssigem Pyridin-2-aldehyd in NaOH; gelbe Kristalle; 40%. *Pikrat*, $C_{19}H_{13}O_8N_5$, F. 142°. — *Aldol aus Propiophenon* u. *Pyridin-2-aldehyd* [*α-Methyl-β-oxy-β-pyridyl-(2)-propiophenon*], $C_{15}H_{15}O_2N$, F. 95—96°, analog I; Kristalle; 40%; läßt sich durch Vakuumdest. oder Rückflußkochen mit Säure u./oder Jod nicht dehydratisieren. — *4-Acetylpyridin*, Kp.$_{2,1}$ 64,5—65,5°, aus Isonicotinsäureäthylester nach Koloff u. Hunter (J. Amer. chem. Soc. **63**. [1941.] 490). — *β-[Pyridyl-(3)]-acrylsäure* (XII), $C_8H_7O_2N$, F. 233° (Zers.), durch zweistd. Erhitzen äquimol. Mengen Pyridin-3-aldehyd u. Malonsäure in Pyridin u. etwas Piperidin; 45%. — *β-[Pyridyl-(2)]-acrylsäure* (X), $C_8H_7O_2N$, F. 198° (Zers.), wie vorst. mit Pyridin-2-aldehyd; 45%. — *β-[Pyridyl-(4)]-acrylsäure* (XI), $C_8H_7O_2N$, F. 295° (Zers.), mit Pyridin-4-aldehyd; 49%. — Die Mischpolymerisationen wurden nach folgenden Methoden durchgeführt: **A.** nach Frank u. Mitarbeitern (C. **1948**. I. 180) aus je 5,0 g Monomerem, $K_2S_2O_8$ als Initiator u. Hookers Laurylmercaptan bei 50°; **B.** nach Potts (Privatmitt.) in O_2-freiem W. mit Azo-bis-isobutyronitril, Hookers Laurylmercaptan u. dem Emulgator MP-635-S (49,5% Na-Alkansulfonat, 10,3% KW-stoff, 0,86% NaCl, 0,4% Na_2SO_4, W. u. 3% Isopropanol) bei 50°; **C.** durch Blockpolymerisation mit Azo-bis-isobutyronitril bei 60°; **D.** durch Polymerisation in Lsg. (Bzl. oder Dimethylformamid) bei 60°. — *Mischpolymerisate*: *Pyridal-(2)-acetophenon* (I) *mit Acrylonitril* (XIII): nach **A** in 24 Std. mit 20% Umsatz; Erweichungspunkt (Ep.) >200°; Löslichkeit in Dimethylformamid (L_D) 100%; Viscosität in vorst. Amid (V_D) bei 25° 1,75 (im Oswald-Viscosimeter); Geh. an eingebautem Ketonmonomeren (KM) 5%; Pulver. — I *mit Isopren* (XIV): **A**, 24 Std., 100%; Löslichkeit in Bzl. (L_B) 100%; Viscosität in Bzl. (V_B) 1,15; elast.; KM 10%. — I *mit Methylacrylat* (XV): **C**, 3,5 Std., 30%; zäh, elast.; L_B 100%; V_B 0,32; KM 12%. — I *mit Methylmethacrylat* (XVI): **C**, 3 Std., 90%; zäh, klar; L_B 64%; V_B 1,10; KM <3%. — I *mit Styrol* (XVII): **C**, 3 Std., 20%; Pulver; Ep. 152—160°; L_B 100%; V_B 0,27; KM 19%. — *Pyridal-(2)-p-chloracetophenon* (VII) *mit* XIII: **A**, 24 Std., 20%; Ep. >200°; Pulver; L_D 100%; V_D 1,54; KM 6%. — VII *mit* XIV: **A**, 24 Std., 100%; elast.; L_B 100%; V_B 1,04; KM 10%. — VII *mit* XV: **C**, 3½ Std., 30%; zäh; L_B 100%; V_B 0,34; KM 16%. — VII *mit* XVI: **C**, 3 Std., 90%; zäh, klar; L_B 80%; V_B 1,58; KM <3%. — VII mit XVII: **C**, 3½ Std., 20%; Ep. 140—145°; Pulver; L_B 100%; V_B 0,26; KM 20%. — *Pyridal-(3)-acetophenon* (II) mit XIII: **A**, 24 Std., 20%; Ep. >200°; Pulver; L_D 100%; V_D 1,57; KM 4%. — II *mit* XIV: **A**, 24 Std., 100%; elast.; L_B 40%; V_B 0,20; KM 10%. — II *mit* XV: **C**, 3½ Std., 30%; zäh, klebrig; L_B 100%; V_B 0,48; KM 11%. — II *mit* XVI:

C, 3 Std., 90%; zäh, klar; L_B 97%; V_B 1,20; KM <3%. — **II** *mit* **XVII**: **C**, 3½ Std., 20%; Ep. 127—132°; Pulver; L_B 100%; V_B 0,24; KM 16%. — *Pyridal-(4)-acetophenon* (**IX**) *mit* **XIII**: **A**, 24 Std., 20%; Ep. >200°; blaßrotes Pulver; L_D 100%; V_D 0,96; KM 7%. — **IX** *mit* **XIV**: **A**, 24 Std., 100%; elast.; L_B 40%; V_B 0,20; KM 10%. — **IX** *mit* **XV**: **C**, 3½ Std., 30%; zäh, klebrig; L_B 100%; V_B 0,47; KM 13%. — **IX** mit **XVI**: **C**, 3 Std., 90%; zäh; L_B 70%; V_B 1,11; KM <3%. — **IX** *mit* **XVII**: **C**, 3½ Std., 20%; Ep. 145—150°; Pulver; L_B 100%; V_B 0,28; KM 18%. — *2-Cinnamoylpyridin* (**III**) *mit* **XIII**: **C**, 8 Std., 20%; Ep. >200°; purpurnes Pulver; L_D 100%; V_D 0,25; KM 11%. — *2-Methyl-5-cinnamoylpyridin* (**V**) *mit* **XIII**: **A**, 24 Std., 20%; Ep. >200°; Pulver; L_D 100%; V_D 1,90; KM 15%. — **V** mit **XIV**: **A**, 24 Std., 100%; elast.; L_B 100%; V_B 1,21 KM 10%. — **V** *mit* **XV**: **C**, 3½ Std., 30%; zäh, klebrig; L_B 100%; V_B 0,64; KM 8%.— **V** *mit* **XVI**: **C**, 3 Std. 95%; zäh; L_B 86%; V_B 0,97; KM <3%. — **V** *mit* **XVII**: **C**, 3½ Std., 20%; Ep. 132—137°; Pulver; L_B 100%; V_B 0,26; KM 14%. — *4-Cinnamoylpyridin* (**IV**) *mit* **XIII**: **A**, 24 Std., 20%; Ep. >200°; Pulver; L_D 100%; V_D 0,56; KM 15%. — **IV** *mit* **XIV**: **A**, 24 Std., 100%; elast.; L_B 100%; V_B 1,51; KM 10%. — **IV** *mit* **XV**: **C**, 3 Std.; 35%; Ep. 105—110°; zäh, klebrig; L_B 98%; V_B 0,57; KM 10%. — **IV** *mit* **XVI**: **C**, 3 Std., 90%; zäh; L_B 99%; V_B 1,33; KM <3%. — **IV** *mit* **XVII**: **C**, 3 Std., 75%; Pulver; L_B 100%; V_B 0,28; KM 16%. — *2-[Pyridal-(2')-acetyl]-pyridin* (**VI**) *mit* **XIII**: **C**, 8 Std., 10%; Ep. >200°; Pulver; L_D 100%; V_D 0,16; KM 5%. — *β-[Pyridyl-(2)]-acrylsäure* (**X**) *mit* **XIII**: **B**, 36 Std., 10%; Ep. 200°; Pulver; L_D 100%; V_D 0,34; KM 16%. — *β-[Pyridyl-(3)]-acrylsäure* (**XII**) *mit* **XIII**: **B**, 36 Std., 36%; Ep. >200°; Pulver; L_D 100%; V_D 1,08; KM 21%. — *β-[Pyridyl-(4)]-acrylsäure* (**XI**) *mit* **XIII**: **B**, 36 Std., 28%; Ep. >200°; grünes Pulver; L_D 100%; V_D 1,35; KM 15%. — Nicht polymerisieren lassen sich einige Pyridylketone mit Isobutylvinyläther nach **C** in 72 Std., mit Maleinsäureanhydrid nach **C** in 36 Std., mit 2-Vinylpyridin nach **C** in 24 Std., mit Vinylacetat u. Vinylchlorid nach **A** in 24 Std. oder **C** in 12 Stunden. Ebenso polymerisiert Vinylacetat mit keiner der Pyridylacrylsäuren nach **B**; setzt man letztere mit **XV**, **XVI** u. **XVII** um, entsteht ein Polymerisat, das aber keine Pyridylacrylsäure enthält. **III** u. **VI** reagieren nach **C** in 12 Std. nicht mit **XV**, **XVI** u. **XVII** u. nach **II** (in Bzl.) in 24 Std. nicht mit **XIV**. (J. org. Chemistry **20**. 1785—92. Dez. 1955. Urbana, Ill., Univ. of Illinois, Noyes Chem. Labor.) H.-K. WURZLER. 4010

Helmut Schuller, *Oberflächenkompressibilität und Molekülpackung gespreiteter hochpolymerer Substanzen.* Die monomol. Oberflächenfilme vieler hochpolymerer Substanzen auf W. zeigen die theoret. geforderte lineare Abhängigkeit der Oberflächenkompressibilität $\varkappa$ von der zur Verfügung stehenden Filmfläche F. Erst bei Flächen, die dem ca. 2—5fachen des Eigenflächenbedarfs der Moll. entsprechen, nimmt die Kompressibilität rasch ab. Der Verlauf der $\varkappa$–F-Kurve stimmt dabei in charakterist. Weise für viele hochpolymere Substanzen überein. Durch die Deutung zweier kennzeichnender Knickpunkte der Kurve ist es möglich, die Molekülpackung der einzelnen auf der Oberfläche gespreiteten Molekülknäuel zahlenmäßig zu erfassen. Der Einfl. der Länge der Seitenketten, deren Bau u. der Substitution der Hauptvalenzkette wird diskutiert u. das Flächenverhältnis der gespreiteten Hochpolymerenfilme von *Polymethylacrylat, Polyäthylacrylat, Poly-n-butylacrylat, Polymethylmethacrylat, Polyäthylmethacrylat, Poly-n-propylmethacrylat, Polyvinyläthyläther, Polyvinylisobutyläther, Polyvinyldekalyläther, Polyvinyloctadecyläther, Polyvinylacetat, Poly-β-äthoxyäthylmethacrylat* u. *Cellulosetriacetat* angegeben. (Z. Elektrochem., Ber. Bunsenges. physik. Chem. **60**.147—48. März 1956. München, TH, Phys.-Chem. u. Elektrochem. Labor.) W. KRÖNERT. 4010

Kurt Hess, *Über Langperiodeninterferenzen bei synthetischen Fasern und über ein neues Fasermodell.* (Vgl. C. **1954**. 2736.) Aus den im Röntgendiagramm von synthet. Fasern gefundenen Langperiodeninterferenzen u. deren Änderung wird auf eine allg., zumindest für synthet. Fasern charakterist. Erscheinung geschlossen, die durch Mol.-Bündel (Kristallite) hervorgerufen wird, deren Dicke u. Länge sich mit der Verstreckung u. dem Tempern ändern. Andererseits hat die Kettenlänge (z. B. von *Nylon*) keinen Einfl. auf die große Periode. Auf Grund dieser Erscheinungen wird ein Strukturschema für Faserstoffe angegeben, das durch 2 weitere Beobachtungen (Verh. der Langperiodenreflexe bei Orientierungsverss. von *Perlon L* u. elektronenopt. Bestätigung dieser Periode bei *Polyviol*-Fäden) bestätigt wird. Faserpräpp. aus Perlon L wurden durch Walzen einkristallähnlich orientiert. Diese Beobachtung beweist, daß die Micellen ähnlich der Cellulose bändchenförmig sind, u. bestätigt, daß es sich bei den meridialen Kleinwinkelreflexen um Interferenzen handelt, die durch die Größe der Ordnungsbereiche verursacht werden. Mit CH_2O gehärtete Polyviolfäden lagern J_2 dichroit. ohne Änderung der Röntgeninterferenzen des Gitters, u. daher offensichtlich in den nicht gittergeordneten Bereichen, ein. Durch eine besondere Aufnahmetechnik wurde eine Periode von ca. 153 Å festgestellt, die mit der röntgenograph. bestimmten Periode von 159 Å gut übereinstimmt. (J. Colloid Sci., Suppl. **1.** 1954. 135—45. Hannover.) R. Schäff. 4010

Harry L. Yakel jr., *Eine Röntgenbeugungsuntersuchung von Poly-ε-carbobenzoxy-L-lysin und einer komplexen Form von Poly-γ-methyl-L-glutamat.* Orientierte Proben von *Poly-ε-carbobenzoxy-L-lysin* (I) u. *Poly-γ-methyl-L-glutamat* (II) wurden durch Gießen einer konz. Lsg. des Peptids in Dimethylformamid auf Glas in Form eines Films erhalten. Nach Trocknen wurde der Film abgestreift u. zu einer Faser gerollt. Für I ergab sich eine hexagonale Zelle mit a = 16,69 ± 0,15 Å; c = 26,90 ± 0,30 Å. Aus Berechnungen der Netzebenenabstände u. aus rohen Messungen der Äquatorinterferenzen muß geschlossen werden, daß die Moll. der Verb. die 3,60-Reste umfassenden α-Schraubenkonfiguration besitzen, u. zwar mit 1 Mol. in der obigen hexagonalen Zelle. Die Orientierung des II war weniger gut als die von Yakel, Pauling u. Corey (vgl. C. **1953.** 7567) durch Ziehen erhaltene; außerdem war die Elementarzelle größer als die der gezogenen Faser. Die Zelle ist monoklin mit a = 29,22 ± 0,30; b = 8,39 ± 0,06; c = 26,74 ± 0,30 Å; β = 110,0° ± 1,0°. Die Struktur dieser Form basiert wahrscheinlich auch auf der 3,60-Reste umfassenden α-Schraube, doch scheint die Schraubenkonfiguration leicht gestört zu sein. (Acta crystallogr. [Copenhagen] **6.** 724—27. 10/9. 1953. Pasadena, Calif., Inst. of Technol., Gates and Crellin Labor. of Chem.) C. Gottfried. 4010

L. P. Witnauer, F. R. Senti und **M. D. Stern,** *Lichtstreuungsuntersuchungen an Kartoffelamylopektin.* Vff. isolieren nach 2 verschied. Methoden aus *Kartoffelstärke* (I) *Amylopektin* (II), u. zwar wird eine 2%ig. I-Paste bei 90° mit W. erhitzt, durch 15 bis 30 Min. langes Rühren dispergiert u. mit Pentanolgemischen fraktioniert, wobei in einer Ausbeute von 67% (bezogen auf I) eine 1,5%ig. II-Lsg. erhalten wird (**IIa**). In einem 2. Vers. wird die 2%ig. I-Paste im Autoklaven bei 120° u. p_H 6,0 dispergiert u. die *Amylose* mit Nitrobenzol gefällt (**IIb**). Aus Lichtstreuungsmessungen bei einer Wellenlänge von 436 mμ (bzw. 546 mμ) ergibt sich für **IIa** ein mittleres Mol.-Gew. von 36 (± 4) · 10^6 u. ein Mol.-Radius von 1880 ± 80 Å, für **IIb** 14 · 10^6 bzw. 1090 Å. Eine Dissoziation beider II-Präpp. in kleinere Bruchstücke läßt sich weder bei Verdünnung auf Konzz. bis zu 10^{-6} g/ml herab noch bei höherer Temp. (90°) u. 2std. Einw. von 0,5n NaOH beobachten. Die Polydispersität von **IIb** u. einer Teilfraktion von **IIa** (0,14—0,30%ig. Lsgg.) wird durch ultrazentrifugale Sedimentationsdiagramme von Präpp. mit Mol.-Geww. zwischen 7 bis 73 · 10^6 festgestellt. — Als Sedimentationskonstanten werden für **IIa** (0,15%ig. Lsg.) 44,8 · 10^{-13}, für **IIb** (0,14%ig.) 8,8 · 10^{-13} erhalten. In KCl-Lsgg. (Konzz. 1 bis 5 · 10^{-3} Mol) findet eine Aggregation von **IIb** statt. Eine Erniedrigung des Mol.-Gew. von **IIb** (1%ig. Lsg.) bis auf 5 · 10^6 tritt durch dessen Behandlung (30 Min.) in einer Waring-Kolloidmühle mit hoher Schubgeschwindigkeit in Ggw. von Luft ein. Acetyliertes **II** (CH_3CO-Geh. 38—40%; aus **II** durch Dispergieren in Formamid bei 60° u. Zusatz von Pyridin u. Acetanhydrid), das in Nitromethan, Chlf., Aceton, Dioxan u. Acetonitril lösl. ist, läßt bei niedrigen Konzz. keine Zunahme der reziproken spezif. Trübung erkennen. Die Stabilität von II-Präpp. tritt auch bei deren Desacetylierung mit 0,2n NaOH hervor, in dem deren Mol.-Geww. konstant bleiben. (J. Polymer Sci. **16.** 1—17. März 1955. Philadelphia, Pa., Temple Univ., Dep. of Chem. u. East. Utilization Res. Branch, Agricult. Res. Serv., US Dep. of Agricult., u. Peoria, Ill., North. Utilization Res. Branch, Agricult. Res. Serv., U. S. Dep. of Agricult.) P. Fahrnlaender. 4050

R. Lontie, A. Crevecoeur und **J. Dulcino,** *Die elektrophoretische Untersuchung der Proteine von Weizenkleber.* Elektrophoret. Unterss. der Proteine von Weizenkleber zeigen in einer Lactatpufferlsg., die 0,015 mol. bzgl. Milchsäure u. Na-Lactat ist, oder in einer Formiatpufferlsg., die 0,01 mol. bzgl. HCOOH u. HCOONa ist, u. in Ggw. von 0,1% 2-Mercaptoäthanol die Anwesenheit von mindestens 3 Haupt- u. 2 Nebenkomponenten an. (Meded. vlaamse chem. Veren. **16.** 53—57. März/April **1954.** Löwen, Univ., Labor. voor Biochemie.) W. Wesly. 4070

R. D. B. Fraser, *Seitenkettenorientierung in Faserproteinen.* Von den Unterss. Elliotts (vgl. Proc. Roy. Soc. [London], Ser. A **211.** [1952.] 490) ausgehend, der aus dem Dichroismus der Infrarotabsorptionsbande der *Ribonuclease* bei ca. 5050 cm^{-1} auf eine bevorzugte Orientierung der Seitenkettenamidgruppen, u. zwar mit der HH-Richtung parallel der kristallograph. b-Richtung geschlossen hatte, untersuchte Vf. die Infrarotabsorptionsspektren von *Wolle, Seidenfibroin, Gliadin* u. *Menschenhaar* unter besonderer Berücksichtigung der Bande bei 5050 cm^{-1}. Um eine Überschneidung mit der Absorptionsbande des Restwassers in den Proben zu vermeiden, wurden diese nach 90%ig. Dehnen im Dampf 3 Std. bei 105° getrocknet. Der starke senkrechte Dichroismus der Seitenkettenamidbande in Wolle, der auch in ungedehntem Haar beobachtet wurde, weist auf eine bevorzugte Orientierung der $CONH_2$-Gruppen hin, die derart ist, daß die die 2 H-Atome verbindende Linie senkrecht zu der Faserachse liegt. In Haar, das in Dampf gedehnt ist, verschwindet der Dichroismus dieser Bande, obwohl die benachbarte Peptidabsorptionsbande beträchtlichen Dichroismus zeigt. Dies ist wahrscheinlich auf eine Reorientierung der Amidgruppe zurückzuführen, u. zwar derart, daß entweder das Übergangsmoment ca. 55° gegen die Faserachse geneigt ist oder daß die HH-Richtung in dem gedehnten Zustand regellos orientiert ist. Eine weitere Kenntnis über die Lage der Amidseitenketten erhält man durch Rk. der ofentrocknen Wolle mit *D_2O*. Nach 16std. Behandeln mit D_2O bei 20° war die opt. Dichte der Peptidbande auf etwa ihren halben ursprünglichen Wert gesunken, während die Amidbande nicht mehr beobachtbar war. Es wird angenommen, daß der dem D_2O unzugängliche Anteil kristallin ist. Ist dies der Fall, dann müßten die Amidseitenkettengruppen in den amorphen Gebieten der Faser angereichert sein, aber an Punkten, wo eine beträchtliche bevorzugte Orientierung der Molekülketten parallel zur Faserachse besteht. Andererseits könnte angenommen werden, daß die Amidgruppen in den kristallinen Gebieten auftreten, aber gegenüber D_2O reaktionsfähig sind. (Nature [London] **176.** 358–59. 20/8. 1955. Melbourne, Commonwealth Sci. and Ind. Res. Organization, Wool Textile Res. Labor., Biochem. Unit.) C. GOTTFRIED. 4070

V. J. Kärkkäinen, *Über die Gruppierung und Bindung der Elementarteilchen in Verbindungen vom Polypeptidtypus, besonders bei Faserproteinstrukturen.* Übersicht über die Untersuchungsmethoden der Struktur u. Eigg. der Proteine, die Kettenstruktur der Proteine u. die dabei wirksamen Bindungskräfte, sowie die zwischen den Polypeptidketten bestehenden Bindungsarten. (Suomen Kemistilehti A **27.** 86–93. 1954. Helsinki, Yliopiston biokemian labor.) S. BECKMANN. 4070

F. B. Schtraub, *Über die Synthese der Eiweißkörper.* Ausführungen über den heutigen Stand der Eiweißsynthese. (Природа [Natur] **45.** Nr. 2. 38–43. Febr. 1956.) OTTO MAIER. 4070

John A. Schellman, Rufus Lumry und **Leo T. Samuels,** *Die Bindung von ungeladenen Molekülen an Proteine.* 2. Mitt. *Testosteron und Rinderserumalbumin.* (1. vgl. EIK-NES u. Mitarbeiter, C. **1954.** 7218.) Vff. untersuchten die Bindungs-Rk. zwischen *Rinderserumalbumin* (BSA) u. *Testosteron* (I) in Abhängigkeit von der I-Konz. u. der Darst. des Proteins bei 8,25 u. 37,5° u. p_H-Werten zwischen 6,5 u. 8,5 mittels Dialyse- u. Verteilungstechniken. Einige Verss. wurden auch mit *Cortison* u. *Östradiol* ausgeführt. Zwischen der reziproken Anzahl der an ein Proteinmol. gebundenen Substratmoll. u. der reziproken Substratkonz. besteht eine lineare Beziehung, zumindest bei niedrigen Substratkonzentrationen. Mit der Reinheit der Proteine u. mit der Temp. nimmt die Gesamtbindung zu; die Anzahl der Bindungen steigt mit dem p_H u. wird in Ggw. von SCN^-, Zn^{2+} oder Methylorangeanionen herabgesetzt. Mit geladenen u. ungeladenen organ. Moll. wurde die gleiche freie Bindungsenergie beobachtet. Die Änderung der Enthalpie ist positiv, so daß die Bindung von einer großen Entropieänderung abhängt. Als Ursache für diesen Befund u. im allg. für konfiguratives Anpassungsvermögen (Änderung in der Struktur des Proteins) wird lokale Entspannung bei der „tert.“ Faltung des Proteins diskutiert. (J. Amer. chem. Soc. **76.** 2808–13. 20/5. 1954. Salt Lake City, Ut., Univ., Dep. of Biol. Chem., u. Minneapolis, Minn., Univ. of Minnesota, School of Chem.) J. ROTHE. 4070

Helga Boedtker und **Paul Doty,** *Eine Untersuchung von Gelatinemolekülen, Aggregaten und Gelen.* Zur Aufklärung der Zusammenhänge zwischen Gelatinelsgg. u. -gelen haben Vff. Unterss. über das Mol.-Gew. u. die Molekülstruktur von *Gelatine* in Lsg., über die Aggregatbldg. in verd. u. konz. Elektrolytlsgg., sowie über die Bldg. von Gelen u. ihre Eigg. durchgeführt. Im einzelnen wurden die isoelektr. Punkte, die Säuren- u. Basenbindungskapazitäten, die Brechungsindices, die Viscositäten u. das Lichtstreuungsvermögen verschied. Lsgg. u. Gele untersucht. Als Elektrolyte dienten 0,15 mol. NaCl- (bei 40°) u. 2 mol. KSCN-Lsgg., in denen die hochmol. Gelatine molekulardispers vorliegt. Die Konfiguration kann mit der von synth. Polymeren verglichen werden. Eine Gelbldg. von Gelatinelsgg. kann durch Temperaturerniedrigung erreicht werden, wenn die Konz. einen bestimmten Grenzwert übersteigt (bei Anwesenheit von KSCN). Im anderen Falle erfolgt Bldg. von Aggregaten, deren Struktur verzweigten Polymeren entspricht. In reinem W. werden Aggregate höherer D. u. mehr sphär. Struktur gebildet. Vff. vermuten, daß es sich bei den Aggregaten um sehr kleine Kristallite handelt, deren Größe u. Gewicht mit fallender Temp. u. steigender Gelatinekonz. zunimmt. Auch das Verh. der untersuchten Gele steht mit dieser Annahme im Einklang. Die Lichtstreuung der Gele ist bei 18° größer als die der Lsgg. bei 40° u. nimmt mit der Konz. ab. Dies muß jedoch nicht durch kleinere Streuzentren bedingt sein. Bes. das Verh. der Gele beim Schmelzen u. das Auftreten scharfer Ringe im Röntgendiagramm deuten

darauf hin, daß die Kristallitbldg. die Vorstufe der Gelbldg. ist. (J. physic. Chem. **58.** 968—83. Nov. 1954. Cambridge, Mass., Harvard Univ., Chem. Dep., Gibbs Labor.)
H. U. WOELK 4070

J. L. Farrant, *Eine elektronenmikroskopische Untersuchung von Ferritin.* Aus Pferdeleber wurde Ferritin durch Umkristallisieren in 6%ig. $CdSO_4$-Lsg. bzw. das sogenannte „nichtkristallisierbare" aus der Mutterlauge gewonnen. Durch Red. u. Dialyse wurde *Apoferritin* gewonnen. Elektronenmkr. Aufnahmen zeigen, daß der $Fe(OH)_3$-Komplex, der bis zu 40% des Trockengewichts des Proteins ausmacht, in Micellen von ca. 55 Å Durchmesser angeordnet ist, diese zeigen eine Innenstruktur u. bestehen wahrscheinlich aus 4 Untereinheiten von ca. 27 Å Durchmesser. Beschattung mit dünnen U-Schichten aus 2 verschied. Richtungen läßt den Durchmesser des Gesamtmol. von ca. 94 Å erkennen, die Micellen befinden sich im Innern der Proteinmoleküle. Apoferritin besitzt ebenfalls einen Durchmesser von ca. 94 Å. Der Wert der Durchmesser von Ferritin u. Apoferritin paßt gut zu röntgenograph. Befunden u. Messungen in der Ultrazentrifuge. Die Möglichkeit der Entfernung des Fe aus Ferritin durch Cystein u. die Koagulation von Ferritinlsgg. bei 60°, während Apoferritin dies nicht tut, kann durch die Annahme eines Gleichgewichts zwischen den Fe(III)-Ionen in den Micellen u. solchen zwischen den Peptidketten oder an der Oberfläche erklärt werden. Wiedergabe der elektronenmkr. Aufnahmen. (Biochim. biophysica Acta [Amsterdam] **13.** 569—76. April 1954. Melbourne, Commonwealth Sci. and Ind. Res. Organization, Div. of Ind. Chem., Chem. Phys. Dep.)
M. WIEDEMANN. 4070

Bertil Jacobson und **Malin Wenner,** *Dielektrische Strömungsuntersuchung von Hämocyanin von Helix pomatia.* 0,78—3,1%ig. Lsg. des Proteins von *Helix pomatia* strömten in dem Ring zwischen 2 konzentr. Zylindern, von denen der innere entsprechend Geschwindigkeitsgradienten von 0—10000 bzw. 3600 sec^{-1} rotierte. Für ein senkrecht zur Strömungsrichtung angelegtes elektr. Feld erwies sich die dielektr. Dispersion u. das dielektr. Inkrement als unabhängig vom Geschwindigkeitsgradienten. Das Inkrement betrug für eine Frequenz von 0,2 MHz 3,7 Einheiten je g Hämocyanin in 100 ml Lösung. Die krit. Frequenz stieg mit der Konz. von 0,69 MHz auf 1,1 MHz. Zwischen der aus der Dispersionskurve berechneten Relaxationszeit u. den aus den Moleküldimensionen von 890 Å Länge u. 125 Å der kleinen Achse berechneten Werten besteht mindestens ein Unterschied um den Faktor 30. Weder die Rotation der ganzen Makromoll. noch die der Achtel-Untereinheiten kann die dielektr. Eigg. erklären. (Biochim. biophysica Acta [Amsterdam] **13.** 577—82. April 1954. Stockholm, Karolinska Inst., Biochem. Dep.)
M. WIEDEMANN. 4070

Rosalind E. Franklin und **R. G. Gosling,** *Die Struktur von Fasern aus Natriumthymonucleat.* 1. Mitt. *Der Einfluß des Wassergehaltes.* Es wurden Aufnahmen von Fasern von *Natriumthymonucleat* (I) in H_2-Atmosphäre u. bei konstanter relativer Feuchtigkeit hergestellt. Die höchste Kristallinität wurde bei einer relativen Feuchtigkeit von 75% beobachtet (Struktur A). Bei Erhöhung der Feuchtigkeit traten deutlich strukturelle Änderungen auf, die zu einem neuen Typ von Faserdiagrammen führten (Struktur B). Es wird jedoch darauf hingewiesen, daß der Typ des Diagramms nicht nur von der relativen Feuchtigkeit abhängt, sondern auch von der Vorgeschichte der zu untersuchenden Probe. So wurde z. B. ein Diagramm der hochkristallinen Form bei einer Probe mit 92% relativer Feuchtigkeit erhalten, die zuvor lange über P_2O_5 getrocknet worden war. Bei dem Übergang von Struktur A zu Struktur B erhöht sich der Schichtlinienabstand von 28 auf 34 Å, gleichzeitig wird die Länge der makroskop. Faser größer. Wird die relative Feuchtigkeit in der Kamera beträchtlich unter 75° herabgesetzt, dann nimmt die Intensität der Interferenzen relativ zu der des diffusen Untergrundes ab. Dieser Effekt nimmt progressiv mit abnehmender Feuchtigkeit zu u. ist von einer geringen Längenschrumpfung der Struktur begleitet. Nach langem Trocknen bei Zimmertemp. tritt nur noch ein diffuser Ring auf, der nach Trocknen bei 80° verschwindet; zu beobachten ist dann nur noch eine diffuse Streuung bei kleinen Winkeln. Die strukturellen Änderungen, die bei wachsendem Wassergeh. in den I-Fasern auftreten, lassen sich durch die Annahme erklären, daß die grundlegende strukturelle Einheit eine Gruppe von Moll. ist, die so angeordnet sind, daß die Phosphatgruppen dem W. zugänglich sind. Dagegen liegen die H-Bindungen bildenden CO- u. NH_2-Gruppen an den (den Phosphatgruppen entgegengesetzten) Enden der Nucleotide u. sind in wss. Lsgg. von I zwischen p_H 5,0 u. 11,0 dem W. unzugänglich. Wahrscheinlich verbinden H-Bindungen benachbarte Ketten durch ihre CO- u. NH_2-Gruppen. Solch eine Gruppe von Moll., in denen die H-gebundenen Gruppen nach innen, die Phosphatgruppen nach außen gerichtet sind, erklärt die leichte Bereitschaft der Phosphatgruppen zur Wechselwrkg. mit Proteinen. (Acta crystallogr. [Copenhagen] **6.** 673—77. 10/9. 1953. London, King's Coll., Wheatstone Phys. Labor.)
C. GOTTFRIED. 4090

Rosalind E. Franklin und **R. G. Gosling,** *Die Struktur von Fasern aus Natriumthymonucleat.* 2. Mitt. *Die zylindrisch-symmetrische Patterson-Funktion.* (1. vgl. vorst. Ref.) Ausgewertet wurde ein Faserdiagramm einer Probe mit 75% relativer Feuchtigkeit (Struktur A). Die Messung der Koordinaten im reziproken Raum, die anzubringenden Korrekturen, die Messungen der Intensitäten u. die Berechnung der zylindr. Patterson-Funktion werden genau beschrieben. Aus der Patterson-Funktion ergab sich eine C-flächenzentrierte monokline Zelle mit den Abmessungen: a = 22,0; b = 39,8; c = 28,1 Å; $\beta = 96,5^0$. Raumgruppe ist wahrscheinlich C 2. Messung der D. der trockenen Faser ergab $1,625 \pm 0,002$ bei 4 ± 1^0 u. mit 75% relativer Feuchtigkeit $1,471 \pm 0,002$. Die Wasseraufnahme der Proben mit 75% Feuchtigkeit betrug 34—38%. Für die Anzahl von Nucleotiden in der Elementarzelle kann nur eine obere u. untere Grenze angegeben werden, nämlich 54,0 bzw. 45,7. (Acta crystallogr. [Copenhagen] **6.** 678—85. 10/9.1953.) C. Gottfried. 4090

W. E. Cohn und **R. Markham,** *Nucleotidsequenzen in Heferibonucleinsäuren.* Von den 16 in *Ribonucleinsäuren* (I) möglichen Dinucleotidkombinationen mit 3′ → 5′-Verknüpfung u. freier 3′-Phosphatgruppe wurden bislang 4 als Dinucleotide in Ribonuclease (II)-Digestaten (*AC, AU, GC, GU, A, G, C, U* = Adenylsäure, Guanylsäure, Cytidylsäure bzw. Uridylsäure) u. 4 weitere als Teile von Tri- u. größeren Polynucleotiden (*AA, GA, AG, GG*) aufgefunden. Umgefällte Heferibonucleinsäure (**IV**, Handelspräp.) wurde $2^1/_2$ Min. mit 6n HCl bei 20° behandelt u. nach Neutralisieren papierchromatograph. in Polynucleotidfraktionen getrennt. Aus letzteren wurden papierelektrophoret. Paare isomerer Dinucleotide (**III**; z. B. *GC* u. *CG*) mit ident. elektrophoret. Beweglichkeit isoliert, mit **II** behandelt, chromatographiert, die freigesetzten Mononucleotide chromatograph. u. durch das Spektr. identifiziert, u. die nichthydrolysierten **III** zur Identifizierung hydrolysiert u. chromatographiert. Die früher nicht aufgefundenen Sequenzen waren auf diese Weise in **IV** in ähnlichen Mengen wie die übrigen nachweisbar. (Biochem. J. **62.** 17P—18P. Febr. 1956. Cambridge, Univ., Chem. Labor., u. Molteno Inst., Agric. Res. Council Virus Res. Unit.) K. Maier. 4090

E. Biologische Chemie. Physiologie. Medizin.

E_1. Allgemeine Biologie und Biochemie.

Tauno Voitila, *Über die Biogenese der organischen Verbindungen.* Vortrag. Behandelt werden: der Chemismus der Assimilation, die Beziehungen zwischen Polycarbonsäuren u. Krebs-Cyclus, die Transmethylierung, die Bldg. der S-haltigen Aminosäuren, Fette, Isoprenverbb., Alkaloide, Flavonoide u. Porphyrinderivate. (Suomen Kemistilehti A **27.** 67—86. 1954.) S. Beckmann. 4100

Drew Schwartz, *Betrachtungen über Genwirkung und Proteinspezifität.* Die Gene vermögen einen Organismus zu bestimmen u. zu entwickeln. Vf. stellt daher die Hypothese auf, daß die Nucleinsäure (**I**)-Spezifität mit der Fähigkeit, die Eigg. der **I** auf Proteine zu übertragen, zusammenhängt. Die Genträger, Chromosomen, bestehen aus *Desoxyribonucleinsäure* (**II**). Da zwischen **II** u. *Ribonucleinsäure* (**III**) Parallelen bestehen, werden die Studien an **III** ausgeführt. Vf. vermutet, daß die Spezifität in der Anordnung der Basen: *Pyrimidin–Cytosin, Thymin* oder *Uracil, Purin–Guanin* u. *Adenin* liegt. Die Proteinspezifität besteht in der Anordnung von ca. 20 Aminosäuren (AS), allerdings besteht zwischen beiden Spezifitäten keine Gleichwertigkeit, da die Anordnungsmöglichkeiten von AS sehr überwiegen. Vf. nimmt an, daß die AS in die Zwischenräume der **I**-Kette hineinragen. In einer solchen Anordnung herrscht Spezifität zwischen AS u. Basen. Allerdings reichen die 16 Zwischenräume der möglichen Basenpaare nicht für alle **I** aus. Vf. vermutet, daß sich auf Grund dieser Spezifität Aussagen über die Sequenz von AS u. **I** machen lassen, durch Verwendung zweier benachbarter Basen zur Best. einer AS für die mögliche Anordnung im Protein entstehen gewisse Einschränkungen. So können 8 AS einer gegebenen AS benachbart sein, weil eine Base, welche diese AS bestimmt, festgelegt ist. Es ist nur eine mögliche AS, welche zwischen irgend zwei AS vorkommen kann, weil die 2 Basen, welche die zentrale AS bestimmen, schon durch solche auf jeder Seite besetzt sind. Diese Beschränkung kann jedoch nicht aufrechterhalten werden, unter der Annahme, daß zwei benachbarte AS in die Zwischenräume zweier benachbarter Basenpaare passen. Vf. stellt die Hypothese auf, daß mit der Reihenfolge der Basen in **I** auch der Ort der aromat. AS bestimmt wird. Er nimmt an, daß z. B. *Phenylalanin* u. *Tyrosin* etwa durch 2 *Pyrimidine, Histidin* etwa durch zwei *Purine* gebunden wird. Die die Proteinkette spezifizierende **I**-Kette ist viel länger, die sich wiederholenden **I**-Ketten bestimmen die AS-Reihenfolge; das Zwischenraummuster wird selbst vermutlich durch aromat. AS gebildet, allerdings treten durch Transpeptisierung

Änderungen dieser Voraussetzungen auf. Vf. gibt am *Insulin*, Fraktion A u. B, u. *β-Corticotropin* ein Beispiel der Anwendung seiner Hypothese. (Proc. nat. Acad. Sci. USA **41.** 300—07. Mai 1955. Oak Ridge, Tenn., Nat. Labor., Biol. Div.)
J. Miller. 4130

A. B. Chowdhury, B. Dasgupta und **H. N. Ray,** *Kernechtrot oder „Nuclear fast red" zum histochemischen Nachweis von Kalkkorpuskeln bei Taenia saginata.* Die regelmäßig im Plasma von Taenia saginata vorkommenden Kalkpartikeln bestehen aus einer organ. Trägersubstanz, die *Desoxyribo-* u. *Ribonucleinsäure,* einfache *Proteine, Glykogen* u. *Hyaluronsäure* enthält. Mit der Gomori-Meth. lassen sich in ihnen alkal. *Phosphatasen* nachweisen. Mit Kernechtrot sind in den Korpsukeln anorgan. Ca-Salze nachweisbar. (Nature [London] **176.** 701—02. 8/10. 1955. Calcutta, School of tropical Med.)
Heinrich Hermann. 4150

K. S. Kirby, *Nachweis von Desoxyribonucleinsäuren mit Proteinen verbindenden metallischen Bindungen in Säugergeweben.* Bei Extraktion bestimmter Säugergewebe mit einem 2phas. W.-Phenol-Syst. gingen alle *Ribonucleinsäuren* in die wss. Phase, während die *Desoxyribonucleinsäuren* (I) unlösl. blieben. Bei Ersatz des W. durch gewisse Salzlsgg. (KCN, NaF, KCNS, Na-Salicylat, Na-Diäthyldithiocarbamat, Cupferron, NaN_3, 0,155mol.) erschienen I in der wss. Schicht gelöst. Anscheinend entfernen die Salze Metallionen. Bei Behandlung von Zellkernen aus Rattenleber mit Phenol–W., mit u. ohne die genannten komplexbildenden Agentien, erfolgte ohne letztere keine Freisetzung von I. Phenol war für die Rk. notwendig, da bei Ersatz durch Harnstoff keine I frei wurde. Der unlösl. I-Protein-Komplex aus Rattenleber wies eine Zunahme des Fe- u. Mn-Geh. gegenüber dem Organ selbst auf. Die Aufnahme von I durch Kollagen wurde durch Ggw. von Fe, Co, Cu, Mn u. Zn gefördert, während K-Ionen ohne Wrkg. waren. Wahrscheinlich erfolgt ein Teil der I-Absorption über eine Metallbindung zwischen Eiweiß-COOH- u. Phosphatgruppen von I. (Biochem. J. **62.** 31P—32P. März 1956. London, Royal Cancer Hosp., Inst. of Cancer Res., Chester Beatty Inst.)
K. Maier. 4150

Heinz Tiedemann und **Hildegard Tiedemann,** *Einbau von $^{14}CO_2$ in gefurchte und ungefurchte Eihälften und in verschiedene Entwicklungsstadien von Triton.* Durch Schnürung befruchteter u. unbefruchteter Eier von *Triton taeniatus* wurden Eihälften mit verschied. Kernzahl erzeugt. Die geschnürten Eier u. n. *Triton alpestris*-Keime verschied. Entwicklungsstadien wurden 8—12 Std. unter sterilen Bedingungen mit einer $NaH^{14}CO_3$ enthaltenden Lsg. incubiert. Es wird gezeigt, daß in die Proteine der ungefurchten Eier $^{14}CO_2$ eingebaut wird; zwischen der Aktivität der kernhaltigen u. der kernlosen Eihälften besteht kein Unterschied. (Naturwissenschaften **41.** 535. 2. Nov.-H. 1954. Heiligenberg/Bodensee, Heiligenberg-Inst., Abt. O. Mangold.) K. F. Müller. 4150

R. B. Chessin und **Ss. K. Petraschkaite,** *Die Synthese der Proteine bei der Incubation cytoplasmatischer Granula aus Leberzellen.* Bei der Incubation von cytoplasmat. Granula aus der Rattenleber kann eine Zunahme der Proteine beobachtet werden. Die Proteinsynth. durch die Granula erfolgt nur in Ggw. der von den Mitochondrien zuvor erzeugten Stoffe u. wird beim Fehlen einiger Aminosäuren stark gehemmt. Mit Granula aus regenerierender Leber ist die Eiweißsynth. intensiver als mit Granula aus n. Leber. Die aus dem Cytoplasma der regenerierenden Leber isolierten „leichten großen" Granula zeigen ein stärkeres Proteinsynthesevermögen als die Mikrosomen aus dem gleichen Gewebe u. annähernd das gleiche Synthesevermögen wie die Granula aus n. Leber. Es bestätigt sich, daß in den Leberzellen spezif. cytoplasmat. Granula vorhanden sind, die sich sowohl von den Mitochondrien wie von den Mikrosomen unterscheiden u. daß diese spezif. Granula den reifenden zymogenen Granula der endokrinen Zellen der Bauchspeicheldrüse ähnlich sind. (Биохимия [Biochemie] **20.** 597—609. Sept./Okt. 1955. Kaunas, Med. Inst., Lehrstuhl für Biochemie.) O. Lebtag. 4150

G. Gerzeli, *Histochemische und histomorphologische Untersuchungen über Trypanosomen (Phasenkontrast- und Interferenzmikroskopie).* Die Unterss. ergaben keinen Anhalt für das Vork. von *Polysacchariden. Lipoide* waren nur in geringen Mengen in einigen Exemplaren von Trypanosoma gambiense u. Crithidia inflata nachzuweisen. In den Kernen aller Parasiten wurden mit mehreren Methoden *Nucleinsäuren* nachgewiesen; *Phosphatase* in Gobius fluviatilis, Tr. gambiense u. Leishmania tropica. Die Ergebnisse auf Grund der histomorpholog. Präpp. weisen auf Stoffwechselcharakteristicken hin, die auf gemeinsame biol. Grundlagen der untersuchten Stämme schließen lassen. (Riv. Parassitol. **16.** 209—15. Okt. 1955. Pavia, Univ., Ist. di Anatomia Comp., u. Labor. Med.-micrografico Provinc.) A. Kraushaar. 4150

M. U. Dianzani und **S. Scuro,** *Der Einfluß einiger Inhibitoren der oxydativen Phosphorylierung auf die Morphologie und die enzymatischen Aktivitäten von Mitochon-*

drien. Die *oxydative Phosphorylierung* durch Mitochondrien aus Leber, Niere, Hirn, Herz u. Skelettmuskel von Ratten wird durch *2.4-Dinitrophenol* (I), *Methylenblau, Kresolbrilliantblau* (II), *Thionin* u. *Phenosafranin* (III) in vitro u. in vivo stark gehemmt. —*Adenosintriphosphatase, 5'-Nucleotidase* u. *saure* wie *alkal. Phosphatase* werden in vitro u. in vivo durch I u. II aktiviert. — *Myokinase* wird durch III in vitro u. in vivo stark gehemmt. — Verlängerte Behandlung von Ratten mit den genannten Substanzen führt zu Fettinfiltration in der Leber. I bewirkt statt dessen Glykogenanhäufung. (Biochem. J. **62.** 205—15. Febr. 1956. Genua, Univ., Dep. of Gen. Pathol.)
A. Hesse. 4150

Augusto Picco, Piero Caldera und **Giacinto Dogliotti,** *Vergleichende Untersuchungen über einige Kationen und Anionen in Tumoren und normalen menschlichen Geweben.* Im Zusammenhang mit einer Reihe von Stoffwechselunterss. von Tumoren wurden organ. Bestandteile von Neoplasien quantitativ analyt. erfaßt u. zum Geh. der gleichen Ionen in n. Gewebe in Beziehung gesetzt. Es wurden in 40 Tumoren Ca, Na, Mg, Cl, SO_4, S, Fe, P, N, Co, Ni, J, As, Mn analysiert u. außerdem der Wasser- u. Aschegeh. bestimmt. Die Ergebnisse zeigen, daß der Wassergeh. der neoplast. Gewebe um 8% höher liegt als der normale. Dagegen differiert der Aschegeh. nur um 0,3g-%, der Geh. an Ca liegt um 0,2 g-%, von Mg um 0,2 g-%, von Cl um 0,1 g-% u. von SO_4 um 0,1 g-% höher als im n. Gewebe. Alle anderen untersuchten Ionen sind im Carcinomgewebe verringert, im Maximum um 0,05 g-%. Auf alle untersuchten anorgan. Stoffe bezogen war der Geh. im Tumorgewebe um 9,3 g-% erhöht. (Tumori **41.** 627—43. Sept./Okt. 1955.)
A. Kraushaar. 4160

G. Ceriotti und **L. Spandrio,** *Untersuchungen über die Antikatalasewirkung von Tumor- und normalen Organextrakten in vitro.* Die bekannte Antikatalasewrkg. von Tumorextrakten wird mit dem Sarkom **180,** dem spontanen Mammacarcinom der Stämme 4B u. 50 (Inst. Pasteur) im Vgl. mit Organextrakten von n. Tieren untersucht. An Organen wurden verwendet: Leber, Skelettmuskel, Niere, Milz, Pankreas, Magenschleimhaut, Lunge, Speicheldrüsen, Gehirn, Hoden u. außerdem das Serum von Albinoratten. Die untersuchten menschlichen Gewebe wurden bei Operationen gewonnen u. sofort aufgearbeitet. Vff. stellen fest, daß auch die Extrakte n. Organe fähig sind, die Aktivität der Katalase zu senken. Dabei sind die Extrakte der Magenschleimhaut, der Leber u. der Muskulatur am wirksamsten, während das Serum die Katalaseaktivität am wenigsten beeinflußt. Im Gegensatz zu diesen Verss. an Ratten senkt das Serum von n. Mäusen die Katalaseaktivität beträchtlich (0,4 cm^3 nahezu 70%). Eine direkte Beziehung zwischen der Aktivitätserhöhung u. der quantitativen Abstufung der Zugabe der Tumorextrakte konnte nicht festgestellt werden. Bei den Extrakten aus menschlichen Geweben bzw. Tumoren wurde eine paradoxe Rk. insofern beobachtet, daß die Tumorextrakte weniger Katalasehemmung zeigten als die zum Vgl. hinzugezogenen Gewebe. Bei dem Vgl. der Herstellungsverff. der zu untersuchenden Extrakte wurde kein Unterschied zwischen dem einfachen „Kochsaft" u. dem durch Alkoholpräcipitation gereinigten Gewebe festgestellt. (Tumori **41.** 538—56. Sept./Okt. 1955. Busto Arsizio, Centro Tumori.)
A. Kraushaar. 4160

Augusto Picco und **Walter Somaglino,** *Experimentelle Untersuchungen über die cocarcinogene Wirkung von Follikelhormon in Verbindung mit Crotonöl.* Ausgehend von der Hypothese, daß zwei voneinander unabhängige Komponenten für das Zustandekommen der Carcinogenese vorhanden sein müssen, untersuchten Vff. — nach eingehender theoret. Diskussion — an 40 virginellen Albinoratten von $\sim$150 g den Einfl. von *Follikelhormon* (I) in Verbindung mit *Crotonöl* (II) auf die Entw. von Neoplasien. Alle Tiere wurden mit krist. I (400 I.E. „Cristallovar") vorbehandelt, dann in 2 Serien unterteilt, wovon die eine alle 3 Tage 0,1 cm^3 eines öligen Gemisches von 5%ig. II + 5 mg I pro cm^3 subcutan in die eine Flanke injiziert u. das gleiche Gemisch auf die andere Seite aufgetragen bekamen. Außerdem wurde ein Röhrchen mit 0,1 cm^3 in die Vagina eingeführt. Die Tiere der zweiten Serie wurden ebenso behandelt, nur wurde II mit Olivenöl gemischt. Die meisten Tiere starben nach wenigen Tagen, nur 4 der ersten u. 5 der zweiten Serie konnten ausgewertet werden. Die Ergebnisse zeigen, daß die verabreichten Gemische Nekrosen, degenerative u. atroph. Rkk. auslösen, ebenso Entzündungen u. Hyperplasien, daß aber mit Sicherheit keine Neoplasien beobachtet werden konnten. Auf Grund eines bei einem Tier aufgetretenen Ovarialcarcinoms mit zahlreichen Metastasen diskutieren Vff. die Möglichkeit, daß östrogene Gewebe für carcinogene Rkk. vorbereiten könnten. (Tumori **41.** 591—616. Sept./Okt. 1955. Torino, Univ., Ist. di Patol. Spec. Chirurg. e Proped. Clin.)
A. Kraushaar. 4160

I. B. Sbarski und **K. A. Perewoschtschikowa,** *Der Einfluß von Histonen auf das Wachstum eines experimentellen Sarkoms bei Mäusen. Histone* (I) aus verschied. malignen

Tumoren, aus Ochsen- u. aus menschlicher Milz zeigen bei Verss. an Mäusen gleiche Toxizität (minimale DL 357—434 mg/kg); noch höher ist sie bei der in NH_4OH lösl. Fraktion (**II**; (290), geringer bei dem in NH_4OH unlösl. Anteil (723). 1,5 mg **I** täglich hemmen das Wachstum experimenteller Sarkome. (Бюллетень Эксперименталъной Биологии и Медицины [Bull. exp. Biol. Med.] **38.** Nr. 10. 61—64. Okt. 1954. Onkolog. Hertzen-Inst., Biochem. Labor.) R. K. MÜLLER. 4160

T. Terranova und **V. Castro,** *Über den Stoffwechsel der Organe von Ratten mit Benzpyrensarkomen.* Vff. bestimmten den Geh. an *Serin-Glycin* (I), *Valin, Glutaminsäure* (II), *Asparaginsäure, Alanin* u. *Threonin* (III) in Gehirn, Lungen, Leber, Milz, Nieren, Herz u. Muskulatur von Ratten mit Benzpyrensarkomen. Je nach der Größe des Tumors sind I, II u. III in den Sarkomen vermehrt, während in den Organen während der ersten Wachstumsstadien die Aminosäuren vermindert sind, um später ebenfalls zuzunehmen. (Tumori **41.** 336—54. Mai/Juni 1955. Palermo, Univ., Ist. Fisiol. Umana.) P. G. SCHEURLEN. 4160

Silvano Focaccia, *Neuere Chemotherapeutica in der Geschwulstbehandlung.* In einer Übersicht werden die hauptsächlich bei verschied. malignen Blutkrankheiten wirkenden folgenden Verbb. aufgeführt: *Chloramin, Chloronaphthin, Triäthylenmelamin, N-Lost, Aminopterin, 2.6-Diaminopurin, 6-Mercaptopurin, 8-Azaguanin.* (Chimica [Milano] [N. S.] **9** (**30**). 259—64. Aug. 1954.) P. G. SCHEURLEN. 4160

Bernhard Zorn, *Über die Wirkung eines tumorauflösenden Mittels.* Mittels einer oberflächenakt. Verb., deren Konst. noch nicht bekanntgegeben wird, ließ sich das Protoplasma von Tumorzellen zur Auflsg. bringen, wodurch gleichzeitig der Zellkern geschädigt wird, so daß die Geschwulstzelle in ihrer Lebensfähigkeit beeinträchtigt wird u. zugrunde geht. Das in entsprechender Verdünnung fast ungiftige Mittel wird in die Muskulatur oder die Venen eingespritzt; seine Wrkg. ist anscheinend selektiv. Bei Versuchsratten mit WALKER-Carcinom u. JENSEN-Sarkom, sowie bei Mäusen mit EHRLICH-Carcinom kam es im Verlauf der Behandlung in einem verhältnismäßig hohen Prozentsatz der Fälle zu einer Schrumpfung oder zu Erweichung u. Zerfall der Tumoren. Auch bei der Behandlung von Spontantumoren bei Hunden trat unter täglichen Einspritzungen entweder Schrumpfung oder Zerfall der Geschwulst ein. Etwa vorhandene Metastasen pflegten bei den Hunden (oft schon nach der 2. oder 3. Einspritzung) zu erweichen u. zu zerfallen. Gutartige Geschwülste bleiben unbeeinflußt. (Naturwissenschaften **41.** 533—34. 2. Nov.-H. 1954. Jena, Friedrich-Schiller-Univ., Physiol.-Chem. Inst.) K. F. MÜLLER. 4160

G. F. Gause, *Über den Einfluß von Antibioticis auf den Wuchs maligner Geschwülste.* Aus den Eigg. von *Actinomycin C, Sarkomycin* u. *Trichomycin* wird geschlossen, daß sie die Fähigkeit besitzen, das Wachstum maligner Geschwülste selektiv zu unterdrücken, so daß dieses stärker unterdrückt wird als das Wachstum des tier. Gesamtkörpers. Als wichtiges Testobjekt bei der Auffindung neuer Antibiotica mit Antikrebswrkg. ist die Hefe Kloeckera brevis anzusehen. (Вестник Академии Медицинских Наук СССР [Nachr. Akad. med. Wiss. UdSSR] **1954.** Nr. 4. 29—34. Inst. zur Erforschung neuer Antibiotica der Akad. der med. Wiss. der UdSSR.) E. KOCH. 4160

H. N. Mukherjee, *Krebschemotherapie mit einer komplexen Phosphowolframmolybdänsäureverbindung. Krankheitsbericht. Phosphowolframmolybdänsäure*-Präpp. enthalten einen anticarcinogenen, mit Coffein (**I**) fällbaren Komplex (**II**). Die beste **II**-Ausbeute geben Präpp., die mit Na-Taurocholat die tiefste Farb-Rk. zeigen. Die **I**-Fällung von **II** bildet hellbraune bis leicht grünlichbraune, stäbchenförmige längliche, sechseckige oder dunkelbraune, rhomb. Kristalle. **II** ist eine chem. Verb., die sich in einer Lsg. von 8 g Urethan u. 5 g Na-Benzoat in 100 cm^3 W. gut löst (0,1 g/2 cm^3). Ein Patient mit Adenocarcinom des Dickdarms erhielt täglich intravenös 0,2 g **I**–**II** in 4 cm^3 Lösungsm., worauf innerhalb eines Monats das Carcinom, Schmerzen u. Nebenerscheinungen bereits nach einer Woche verschwanden. (Calcutta med. J. **52.** 185—86. Juni 1955. Calcutta, R. G. Kar Med. Coll.) K. MAIER. 4160

Henry L. Jaffe, *Behandlung maligner seröser Ergüsse mit radioaktivem kolloidem Chromphosphat.* Intrapleurale bzw. intraperitoneale Injektion von radioakt. koll. *Chromphosphat* (**I**) ergab bei 66 bzw. 60% von 50 Fällen mit fortgeschrittenem Carcinom palliative Besserung. Bei bequemerer Handhabung zeigt **I** gleiche Wirksamkeit wie ^{198}*Au.* (Amer. J. Roentgenol. Radium Therapy Nuclear Med. **74.** 657—66. Okt. 1955. Los Angeles, Calif.) H. DOSSMANN. 4160

E₂. Enzymologie. Gärung.

V. Defendi und **A. G. E. Pearse,** *Bedeutung der Kupplungsgeschwindigkeit bei den histochemischen Methoden mit Azofarbstoffen für Enzyme.* Bei der Kupplung von Echtblau B-Diazoniumsalz mit verschied. Naphtholen ergab sich bei photoelektr. Verfolgung, daß die im allg. bestehende Beziehung zwischen der bimol. Geschwindigkeit der Kupplung u. dem p_H an gewissen „krit. Punkten" abweicht. Der krit. Punkt liegt für β-Naphthol bei p_H 7,4—7,0, für α-Naphthol bei p_H 5,3—5,0. Histochem. Unterss. zeigten, daß dieser krit. Punkt bes. bedeutsam bei den Naphtholen mit größerer Löslichkeit ist, während die weniger lösl. Verbb. gute Ergebnisse bei der histochem. Lokalisierung von Enzymen geben. (J. Histochem. Cytochem. **3.** 203—11. Mai 1955.) A. HESSE. 4210

E. Frank, *Enzympathologie.* Vf. bezeichnet mit funktionellen Gesichtspunkten die Cellularpathologie als „Enzympathologie" u. gibt hierfür Beispiele. (New Istanbul. Contr. clin. Sci. **3.** 83—94. 1954.) A. HESSE. 4210

M. L. Wolfrom und **A. Thompson,** *Beeinflussung der Hämsynthese und CO_2-Bildung aus $^{14}C_{(2)}$-Glycin in vitro durch Pyridoxal-5-phosphat.* Herzblut *Vitamin B_6* (I)-avitaminot. Entenküken wurde in Ggw. von bzw. ohne *Pyridoxal-5-phosphat* (II) mit $^{14}C_{(2)}$-*Glycin* (III) incubiert. Die Best. des gebildeten $^{14}CO_2$ u. radioakt. *Hämins* zeigte, daß in den Erythrocyten I-avitaminot. Tiere die Hämsynth. aus $^{14}C_{(2)}$-III mit halber oder noch kleinerer Geschwindigkeit als bei den Kontrollen erfolgt, II-Zusatz in vitro die n. Synthesefähigkeit der Mangelzellen wieder herstellt, bei n. Küken II keine stimulierende Wrkg. auf die Hämbldg. hat u. II-Zusatz bei n. wie Mangelerythrocyten die Umwandlung von $^{14}C_{(2)}$-III in $^{14}CO_2$ beschleunigt. Da auch in Hämolysaten von Entenerythrocyten eine Stimulierung der Hämsynth. durch II stattfindet, ist der beobachtete Effekt nicht an intakte Zellen geknüpft. (J. Amer. chem. Soc. **77.** 6402—03. 5/12. 1955. Columbus, O., Ohio State Univ., Dep. of Chem.) K. MAIER. 4210

D. Keilin und **E. F. Hartree,** *Die Beziehung zwischen einigen Komponenten des Cytochromsystems.* Extrahiertes, lösl. oder exogenes *Cytochrom c* (I) unterscheidet sich in einigen Eigg. von der endogenen, in Zellen oder zellfreien Präpp. enthaltenen Form. Diese Unterschiede beruhen nicht auf einer wesentlichen Strukturänderung bei der Extraktion u. Reinigung von I, da solches I, wenn man Herzmuskelpräpp. mit fehlendem I zusetzt, wieder die ursprünglichen Eigg. des endogenen I zeigt. Die Unterschiede in den Absorptionsspektren beider Formen im red. Zustand beruhen auf der Ggw. einer weiteren *Cytochromkomponente* (II) in Zellen oder zellfreien Herzmuskelpräpp., deren α-Bande mit der von I (550 mμ) eine gemeinsame (Maximum 552 mμ) bildet. II ist mit *Cytochrom c_1* von YAKUSHIJI u. OKUNUKI (Proc. Imp. Acad. [Tokio] **16.** [1940.] 299; **17.** [1941.] 263) u. *Cytochrom e* der Vff. (Nature [London] **164.** [1949.] 254) identisch. Der Nachw. der Existenz von II beruht auf folgenden Befunden: Die I-α-Bande kann zusammen mit allen anderen Komponenten des Cytochromsyst. gut in Zellen u. zellfreien Herzmuskelpräpp. beobachtet werden, die in wss. Glycerin suspendiert u. auf die Temp. fl. Luft gekühlt worden sind (Auflsg. der α-Bande von I u. II). Die II-α-Bande liegt in einem Herzmuskelpräp., das I-frei u. mit Ascorbinsäure red. ist, bei 553—554 mμ. In einem opt. Gemisch von red. I-freien Herzmuskelpräpp. u. red. lösl. I ist die α-Bande des letzteren von 550 nach 552 mμ verschoben. Andererseits verschiebt sich die α-Bande von endogenem I (=Mischung von I + II) von 552 mμ nach 550 mμ, wenn II denaturiert oder oxydiert wird. Ein aus Herzmuskel isoliertes, mit Na-Cholat lösl. gemachtes II-Präp. zeigte λ_{max} 553 (α), 524 (β) u. 418 (γ) mμ. II ist nicht mit *Cytochrom b_5* ident. [Unterschiede hinsichtlich Lokalisierung in der Zelle, in den Rkk. mit biol. red. Systemen mit u. ohne *Antimycin A* (III), sowie mit O_2]. II ist wie I nicht autoxydabel. Die Red. durch das *Bernsteinsäuredehydrogenase*-Syst. oder durch *red. Coenzym I* wird durch Narkotica u. III gehemmt. II reagiert weder mit CO noch mit Cyanid. Im Gegensatz zu I u. in Übereinstimmung mit anderen Cytochromkomponenten ist II thermolabil u. stärker mit Strukturelementen der Zelle verbunden. II ist eine weitverbreitete Komponente, die ein Glied der intracellulären Elektronenübertragung zwischen aktivierten Substratmoll. u. O_2 ist. — 33 Literaturangaben. (Nature [London] **176.** 200—06. 30/7. 1955. Cambridge, Univ., Molteno Inst.) K. MAIER. 4210

L. K. Mee und **G. Stein,** *Die Reduktion von Cytochrom c durch freie Radikale in bestrahlten Lösungen.* Bei Bestrahlung wss. *Cytochrom c* (I)-Lsgg. (10^{-5}mol.) mit Röntgenstrahlen (30000 r; p_H 7) in Abwesenheit von O_2 u. Ggw. von 0,1mol. Benzoat (II) oder Succinat (III) entstand red. I, das mit dem durch enzymat. Red. (Bernsteinsäuredehydrogenasesyst.) gebildeten Prod. ident. u. durch Cytochromoxydase wieder zu I rückoxydierbar war. In Ggw. von CH_3OH, A. oder n-Butanol entstand ein Prod., das sich von dem durch enzymat. Red. erhaltenen unterschied. Dieses gleiche Prod. wurde auch in Ggw. von H_2 gebildet u. besaß ein ähnliches Spektr. wie *Porphyrin c.* Die beobachteten Rkk. beruhen auf der Wrkg. organ. freier Radikale, die nach $AH_2 + OH \rightarrow AH + HOH$ aus II, III oder Alkoholen entstehen u. auf I reduzierend wirken. (Biochem. J. **62.** 377—80. März 1956. Cambridge, Univ., Dep. of Radiotherapeutics; Jerusalem, Hebrew Univ., Dep. of Physical Chem.) K. MAIER. 4210

June Lascelles, *Die Synthese von Porphyrinen und Bakteriochlorophyll durch Zellsuspensionen von Rhodopseudomonas spheroides.* Gewaschene Zellsuspensionen von *R. spheroides* führen *Glycin* (I) u. *α-Oxoglutarat* (II) in *Porphyrine* (III) über, wobei maximale Synth. Ggw. von Mg-, NH_4- u. Mn-Ionen u. eines oxydablen Substrates erfordert. III-Bldg. erfolgt aus I u. II nur im Licht. Unter aeroben Bedingungen wird die Synth. im Licht gehemmt, im Dunkeln vollständig unterbunden. Nicotinsäure-, Thiamin- oder Biotinmangelzellen bilden aus I u. II wenig oder keine III, jedoch bei Zusatz dieser Faktoren. Zellsuspensionen wandeln *δ-Aminolävulinsäure* (IV) in III um. IV verhält sich wie ein Kondensationsprod. aus I u. II oder deren Derivaten. Während der ersten Stufen der Incubierung mit IV wird *Porphobilinogen* gespeichert, das allmählich wieder verschwindet. IV wird anaerob im Licht oder aerob im Dunkeln in III übergeführt. Im Licht erfolgt aus IV maximale III-Bldg. nur in Ggw. von Phosphat u. Mg^{2+}-Ionen. Unter aeroben Verhältnissen ist außerdem ein oxydables Substrat notwendig. Die III-Synth. aus IV wird durch p-Chlormercuribenzoat, 2.4-Dinitrophenol u. Cyanid merklich gehemmt. Fe-Salze hemmen die III-Bldg. aus I u. II nahezu völlig, steigern jedoch die von *Bakteriochlorophyll* (V) u. Hämverbindungen. Die III-Synth. aus IV wird durch Fe nicht beeinflußt. Die Hauptkomponente der aus I u. II sowie aus IV gebildeten III ist *Koproporphyrin III. Uroporphyrin I* u. *III* entstehen in kleinen Mengen. Daneben sind chromatograph. Spuren weiterer III mit 3 u. 6 COOH-Gruppen nachweisbar. Die aus IV anaerob im Licht, in Ggw. von Fe-Citrat u. eines oxydablen Substrates (Fumarat) gebildeten III enthalten 20—30% *Protoporphyrin* (VI). Aerob gezüchtete Zellen bilden VI aus IV unter aeroben Bedingungen ohne Fe. Vf. nimmt an, daß die III-Bldg. bei *R. spheroides* mit der Synth. von V verbunden u. Fe bei der Umwandlung von III oder Derivv. in V beteiligt ist. (Biochem. J. **62.** 78—93. Jan. 1956. Oxford, Univ., Dep. of Biochem., Microbiol. Unit.) K. MAIER. 4210

W. M. Dale und **C. Russell,** *Untersuchung über die Bestrahlung von Katalase mittels ionisierender Strahlungen in Gegenwart von Cystein, Cystin und Glutathion. Katalase* (I; krist. aus Ochsenleber) wird bei Bestrahlen mit Röntgenstrahlen, γ-Strahlen (aus ^{60}Co) u. Elektronen (aus einem linearen Beschleuniger) wesentlich in ihrer Aktivität sowie ihrem elektrophoret. u. chromatograph. Verh. verändert. Die auftretenden Schädigungen sind in Ggw. von *Cystein, Cystin* oder *Glutathion* (die an sich die Wrkg. der I hemmen) geringer. (Biochem. J. **62.** 50—57. Jan. 1956. Manchester, Christie Hosp. u. Holt Radium Inst., Dep. of Biochem.) A. HESSE. 4210

T. W. Wenkstern und **W. A. Engelgardt,** *Die an der Oberfläche der kernhaltigen Erythrocyten lokalisierte Adenosinpolyphosphatase.* Unbeschädigte Erythrocyten von Tauben haben auf ihrer Oberfläche eine sehr akt. Adenosinpolyphosphatase (I). I ist nicht fähig, auf das Adenosintriphosphat (II) im Innern der Zelle zu wirken, spaltet aber das in der Umgebung der Zelle vorhandene II mit großer Schnelligkeit. Vff. sprechen von einem Ektoferment, zum Unterschied von Exofermenten, die von einer Zelle in ihre Umgebung ausgeschieden werden. Bei Zugabe von 5,1 μMol labilem II-P zu den Erythrocyten wurden bei 30 Min. Bebrütung 4,3 μMol gespalten. Der Geh. an II innerhalb der Erythrocyten änderte sich während der gleichen Zeit prakt. nicht. Im Gegensatz zu der hohen I-Aktivität der kernhaltigen Erythrocyten der Taube fehlte diese vollkommen bei den kernfreien Erythrocyten des Kaninchens. Hämolyse ruft bei den Erythrocyten des Kaninchens die Fähigkeit hervor, auf II einzuwirken. Bei den Erythrocyten der Taube wird demgegenüber die Ekto-I um ca. 50% herabgesetzt. Die Ursache dieser Herabsetzung bleibt zunächst unklar. Hemmte man die Atmung durch Cyanid, so wurde aus II innerhalb der Erythrocyten mit Hilfe von Endo-I nur 1 μMol P/cm^3 innerhalb von 5 Min. abgespalten. Ekto-I leistete zu gleicher Zeit das 18fache. Eine intensive Spaltung der Adenylsäure konnte nicht festgestellt werden. (Доклады Академии Наук СССР [Ber. Akad. Wiss. UdSSR] **102.** 133—36. 1/5. 1955. Biochem. Inst. der Akad. der Wiss. der UdSSR.) F. DU MANS. 4210

Agnete Munch-Petersen, Herman M. Kalckar und **Evelyn E. B. Smith,** *Uridyltransferase; ihr Vorkommen und ihre physiologische Rolle.* (Vgl. C. **1955.** 4126.) Übersichtsbericht mit 38 Literaturangaben. (Kgl. danske Vidensk. Selsk., biol. Medd. **22.** Nr. 7. 1—22. 1955.) A. HESSE. 4210

R. I. Tatarskaja, Je. W. Budilowa und **E. I. Pawlow,** *Über die Natur des Cofermentes der Thiaminase.* (Vgl. C. **1955.** 6311.) Auf Grund eigener Verss. über die Stabilität der *Cothiaminase* (I) bei der Hydrolyse, die I-Abtrennung durch fraktioniertes Aussalzen mit $(NH_4)_2SO_4$ oder nach GULEWITSCH u. KRIMBERG u. die I-Reinigung durch Elektrophorese sowie auf Grund des Literaturmaterials (15 Literaturangaben) schließen Vff., daß I bei der Hydrolyse durch Säuren u. Basen eine hohe Stabilität aufweist. Einige I geben nicht nur mit organ., sondern auch mit anorgan. N-Verbb. akt. Komplexe. Die

Frage nach dem Vorhandensein oder Nichtvorhandensein von spezif. I in der unverletzten Zelle kann nach den bisher üblichen Verff. nicht eindeutig beantwortet werden, da die verschied. N-Komponenten der Gewebeauszüge konkurrierende Beziehungen zueinander aufweisen. Die Literaturangaben, wonach bei Weichtieren das I ein Taurin ist, sind nicht genügend begründet. (Биохимия [Biochemie] **20.** 554—65. Sept./Okt. 1955. Moskau, Bach-Inst. für Biochem. der Akad. der Wiss. der UdSSR.) O. LEBTAG. 4210

J. L. Peel und **H. A. Barker,** *Die Reduktion von Vinylacetat durch Clostridium kluyveri und deren Abhängigkeit von katalytischen Mengen energiereichen Acetats.* Getrocknete *Cl. kluyveri*-Zellen red. in Ggw. von H_2 *Vinylacetat* (I) zu *Butyrat*, wobei manche Präpp. einen Zusatz von Extrakt aus erhitzter Hefe benötigen. Letzterer ist durch katalyt. Mengen von *Acetylphosphat* (II) oder *Acetyl-CoA*, nicht jedoch durch verschied. andere Cofaktoren, z. B. Coenzym A, ersetzbar. In Abwesenheit von I u. Ggw. von H_2 zerstören die Präpp. II. II stimuliert die Red. von I nur dann, wenn es gleichzeitig mit oder nach I zugesetzt wird. Bei Ablauf der Red. waren die Geschwindigkeit der H_2-Aufnahme u. die Gesamt-H_2-Aufnahmen, unabhängig von der zugesetzten II-Menge, gleich. Die kleinste II-Menge, die noch die Red. stimulierte, betrug 0,003 μMol/2 cm^3. Die I-Red. wird durch 0,005mol. Acetat oder 0,025mol. Arsenat völlig gehemmt. Die Befunde lassen sich dadurch deuten, daß I nicht in freier Form, sondern als *Vinylacetyl-CoA*, das durch Übertragung von CoA von Acetyl- oder Butyryl-CoA entstehen könnte, red. wird. (Biochem. J. **62.** 323—32. Febr. 1956. Berkeley, Calif., Univ. of California, Dep. of Plant Biochem.) K. MAIER. 4210

H. R. Mahler, *Butyryl-Coenzym A-Dehydrogenase, ein kuperhaltiges Flavoprotein.* Die *Dehydrogenase* (I) des *Butyryl-Coenzyms A* (II), ein grünes Flavoprotein, enthält Cu. In Zerlegungsverss. mit hochreiner I konnte Cu spektroskop. in der prosthet. Gruppe nachgewiesen werden. Das Mengenverhältnis Cu^{2+}/Flavin wurde mit ca. 2:1 bestimmt. Aus dem Nachw. von Cu in I u. von Mo in einer Xanthinoxydase läßt sich eine generelle Bedeutung der Schwermetalle für die Flavoproteine vermuten. (J. Amer. chem. Soc. **75.** 3288—89. 5/7. 1953. Madison, Wis., Univ. of Wisconsin, Inst. for Enzyme Res.) E. SPEYER. 4210

C. C. Kratzing, *Wirkungen von Azid auf den Stoffwechsel von elektrisch gereizter Hirnrinde.* Nach Verss. an mit *Glucose* (I), *Brenztraubensäure* (II) u. *Glutaminsäure* (III) ernährten Hirnschnitten von Meerschweinchen wird der O_2-Verbrauch im Ruhestoffwechsel durch *Na-Azid* (IV) nur bei I u. III gesenkt, in der Erregung in der Reihenfolge I, III, II abnehmend vermindert, wobei der O_2-Verbrauch bei III a priori sehr gering ist. Die Milchsäureproduktion steigt unter IV proportional der Konz. von IV in Ruhe u. bei Erregung. Energiereiche *Phosphate* nehmen unter IV ab, während *anorgan. Phosphate* ansteigen, am stärksten unter II, bei Erregung deutlicher als in Ruhe. (Biochem. J. **62.** 127—32. Jan. 1956. Canberra, Australia, Austr. Nat. Univ., John Curtin School of Med. Res., Dep. of Biochem.) D. ZEMKE. 4210

Friedrich Bruns und Walter Puls, *Die Aktivität der Serumaldolase bei Erkrankungen der Leber. Ein neuer enzymatischer Test.* Bei akuter Virushepatitis ist die *Aldolase*-Aktivität (I) des Serums regelmäßig stark erhöht, während man bei Stauungsikterus u. Lebercirrhose n. Werte findet. Deshalb läßt sich dieser Test differentialdiagnost. anwenden. Die Erhöhung der I scheint durch die Schädigung der Leberzellen zu kommen. Intraperitoneale Injektionen von CCl_4 in Olivenöl steigern sehr stark die I des Serums. (Klin. Wschr. **32.** 656—60. 15/7. 1954. Düsseldorf, Med. Akad., Inst. für Physiol. Chem.) H.-R. SCHÜTTE. 4210

Irwin A. Rose und **Sidney V. Rieder,** *Der Mechanismus der Wirkung der Muskelaldolase.* Bei der Kondensation von Dioxyacetonphosphat (I) u. Glycerinaldehyd-3-phosphat zu Fructose-1.6-diphosphat (II) durch *Muskelaldolase* tritt ein neues asymm. C-Atom auf. Hierfür sind 2 Reaktionsmechanismen denkbar: a) ein einstufiger Ablauf, bei dem eine akt. Enzymoberfläche zur Aktivierung des fraglichen H-Atoms vorausgesetzt werden muß u. b) ein zweistufiger Ablauf, bei dem sich zunächst ein I-Enzymkomplex bildet u. dann der Austausch des Enzyms gegen II stattfindet. — Verss., bei denen das Enzym in Ggw. von tritiertem W. entweder auf I allein, auf II allein oder auf I + II einwirkt, sprechen zugunsten der zweistufigen Rk., da T nur in I eingebaut wird. — Ob in der ersten Stufe tatsächlich ein I-Enzymkomplex auftritt, der den Austausch gegen T vermittelt, kann nach den Verss. jedoch noch nicht eindeutig entschieden werden. (J. Amer. chem. Soc. **77.** 5764—65. 5/11. 1955. New Haven, Conn., Yale Univ., School of Med., Dep. of Biochem.) A. HESSE. 4210

A. P. Barchasch und **M. Ja. Timofejewa,** *Über Etappen der „direkten" (apotomischen) Oxydation der Glucose. Umwandlung des Ribose-5-phosphats in Heptulosephosphat und Hexosemonophosphat in tierischen und pflanzlichen Geweben.* Es wird nachgewiesen, daß das bei der oxydativen Zers. von 6-Phosphogluconat entstehende *Ribose-5-phosphat* im tier. u. pflanzlichen Gewebe eine Reihe von Umwandlungen durchläuft, als deren 1. Etappe die Umwandlung von 2 Mol Pentosephosphat in *Sedoheptulosephosphat* (I) u. *Phosphotriose* (II) anzusehen ist. Bei Anwendung von nicht hoch gereinigten Fermentpräpp. aus Hefe, Leber usw. läßt sich I nur im Anfangsstadium nachweisen. Bei längerer Incubation wird I weiterumgewandelt, wobei *Hexosemonophosphat* u. *Tetrosephosphat* (III) entstehen. Bei der Umwandlung des Pentosephosphats in I u. II wird die 2 C-Kette des Glykolaldehyds übertragen, bei der Umwandlung von I u. II in Hexosemonophosphat die 3 C-Kette des Dioxyacetons. Vff. nehmen an, daß diese beiden Rkk. zur Bldg. von III aus Phosphopentosen führen können u. daß sie die Hypothese von der apotom. Umwandlung der Hexose bestätigen. Der oxydative Hexose–Pentose-Prozeß u. der anaerobe Pentose–Tetrose-Prozeß bilden einen cycl. Prozeß, bei welchem von zwei an der Rk. beteiligten Moll. des Hexosephosphates das eine Mol. unter Bldg. von III gespalten, das 2. Mol. regeneriert wird. (Биохимия [Biochemie] **20.** 623—35. Sept./Okt. 1955. Moskau, Bach-Inst. für Biochem. der Akad. der Wiss. der UdSSR.) O. LEBTAG. 4210

H. Beaufay und **Chr. de Duve,** *Das System Hexose-Phosphatase.* 6. Mitt. *Versuche zur Zertrümmerung der Mikrosomen-Träger der Glucose-6-phosphatase.* (5. vgl. C. **1956.** 8111.) Untersucht wurde der Einfl. verschied. Behandlungsweisen auf *Glucose-6-phosphatase* (I). Ohne Einfl. sind: Hydrolyse der Nucleinsäuren mittels Ribonuclease; Behandlung mit Lösungsmitteln. — *Chymotrypsin* fördert zwar nicht das Löslichwerden der I, führt jedoch zu einer geringen Inaktivierung, die aber nicht auf Wrkg. der Spaltprodd. beruht, da Eiweißabbauprodd. sogar schützend wirken. — *Lecithinase* (II) (aus Clostridium welchii) inaktiviert parallel zum Abbau der Phospholipoide u. labilisiert die I so, daß sie sehr empfindlich gegen therm. Denaturierung wird. *Glucose-6-phosphat* (III) schützt gegen diese Inaktivierung, verhindert aber nicht die erste Wrkg. der II. — Behandlung der Mikrosomen mit *Natriumdesoxycholat* macht die I lösl., ohne sie zu denaturieren. Die so erhaltenen Präpp. scheinen eine gewisse Menge von Desoxycholat in nichtdialysierbarer Form zu enthalten. Sie sind sehr empfindlich gegen die Wrkg. von II sowie gegen therm. Denaturierung, gegen welche aber III schützt. — Offenbar ist I ein *Lipoprotein,* in dessen Komplex die *Cholinphospholipoide* den Proteinanteil gegen Denaturierung schützen u. außerdem an der Spezifität der I Anteil haben. (Bull. Soc. Chim. biol. **36.** 1551—68. 1954.) A. HESSE. 4210

A. K. Woltschok, W. I. Iwanow und **A. W. Lobanowa,** *Eigenschaften der Phosphorylase und Amylase von B. perfringens.* In Verss. mit *Bacterium perfringens,* Stamm SR-12 (B.p.) ist die Aktivität der *Phosphorylase* (I) bei Züchtung der Bakterien in Ggw. von Dextrin 3—4mal höher als in Ggw. von Glucose. Auch in Ggw. von Maltose ist die I-Aktivität gegenüber Glucose erhöht. In Ggw. von Glucose gezüchtete Kulturen von B.p. zeigen gegenüber Saccharose u. Lactose keine Phosphorolyse, jedoch gegenüber Maltose. I aus Kartoffeln oder Muskeln ist gegenüber Maltose fast inaktiv. Das Optimum der Aktivität von I aus B.p. liegt bei p_H 6,5—7,0. In Verss. mit Glucose, Dextrin, Stärke u. Glykogen zeigt auch die *Amylase* von B.p. eine Zunahme der Aktivität in Ggw. von Polysacchariden. Die Amylaseaktivität ist auch erhöht, wenn die Kultur-Fl. keine Mikrobenkörper enthält. Das Optimum der Amylaseaktivität liegt bei p_H 5,5—7,5. Zum Unterschied von tier. Amylasen wird die aus B.p. durch Chloride nicht aktiviert. 15 Min. langes Erhitzen auf 70° vermindert die Aktivität stärker als eine saure Lsg. (p_H 3,3). In B.p. liegen demnach 2 Amylasen vor, wobei die β-Form vorherrscht. (Биохимия [Biochemie] **20.** 522—26. Sept./Okt. 1955. Moskau, Kontrollinst. für Seren u. Vaccine des Gesundheitsminist. der UdSSR, Biochem. Labor.) O. LEBTAG. 4210

R. K. S. Wood, *Untersuchungen über die Physiologie des Parasitismus.* 18. Mitt. *Durch Bacterium aeroideae abgesonderte Pektinenzyme.* (14. vgl. Ann. Botany **98.** [1934.] 187. Zellfreie Filtrate aus Kulturen von Bacterium aeroideae, die auf einem einfachen synthet. Medium gewachsen waren, enthalten ein vorläufig als *Depolymerase* (I) bezeichnetes Enzym, welches rasch die Viscosität von Pektinlsgg. verringert, sowie eine *Protopektinase* (II), welche das Gewebe von Kartoffelscheiben auflöst. Es war nur eine geringe Menge *Pektinesterase* vorhanden. Die Wrkg. von I ist der Konz. direkt proportional; die Wrkg. von II ist annähernd proportional der Quadratwurzel aus der II-Konzentration. Reinigung der Enzymlsgg. gelingt teilweise durch Fällen mit Aceton oder A.; Ammoniumsulfat ist als Fällungsmittel weniger geeignet. Lsgg., welche starke I- u. II-Wrkg. zeigten, enthalten nur geringe Mengen von *Polygalakturonase.* I wirkt optimal bei p_H ca. 9; es wird durch Ca^{2+}, nicht aber durch andere Kationen aktiviert; der bei Dialyse beobachtete Aktivitätsverlust wird durch Ca^{2+} weitgehend wiederhergestellt. Rasche Inaktivierung erfolgt bei Tempp. oberhalb 60° u. bei p_H 2,7. — Die Eigg. der II ähneln stark denen der I. — Papierchromatograph. wurde festgestellt, daß sich unter den zahlreichen Abbauprodd. von Pektin u. Pektat nicht die Galakturonsäure findet. (Ann. Botany [N. S.] **19**. 1–27. Jan. 1955. London, Imp. Coll., Plant Pathol. Labor.) A. HESSE. 4210

Arnold L. Demain und **H. J. Phaff**, *Hydrolyse von Oligogalakturoniden und Pektinsäure durch Hefepolygalakturonase.* Die Wrkg. von *Hefepolygalakturonase* (I) auf *Pektinsäure* u. 4 niedere Oligouronide wurde bei verschied. p_H-Werten papierchromatograph. geprüft. Die Pektinsäurespaltung bestand aus 2 linear verlaufenden Phasen, wobei sich in der ersten Phase ein Gemisch von Penta-, Tetra- (II), Tri- (III) u. Digalakturonsäure bildete, das sich in der zweiten Phase aus **II**, **III** u. Galakturonsäure zusammensetzte. Bei der Einw. von I auf Polyuronide war ein höherer p_H-Wert im Gegensatz zu **II** u. **III** günstiger. Es wird eine Hypothese der beobachteten Tatsachen besprochen. (J. biol. Chemistry **210**. 381–93. Sept. 1954. Davis, Univ., Dep. of Food Technol.) H. HENNERSDORF. 4210

Jacques Mahaux, *Die Standardisierung des Spreadingtestes mit Hyaluronidase/Hämoglobin.* Eine Ampulle *Hyaluronidase* (*Kinetin;* SCHERING) u. eine Ampulle Hämoglobin (80 mg; SCHERING) werden gemeinsam in 0,5 cm^3 physiol. NaCl-Lsg. gelöst; 0,1 cm^3 hiervon werden an der Außenseite des Arms intradermal injiziert u. die Farbstoffausbreitung nach 24 Std. gemessen. Der Test spricht auf Störungen des NNR-Syst. u. Medikation von z. B. ACTH an. (Ann. d'Endocrinol. **13**. 876–80. 1952. Bruxelles, Univ., Clin. Méd. de l'Hôpital Saint-Pierre.) H. GIBIAN. 4210

H. Heinlein und **R. Rathscheck**, *Hyaluronidase und Rheumatismus.* Im Hinblick auf theoret. Vermutungen über einen Zusammenhang zwischen *Hyaluronidase* (I) u. Rheumatismus wurden an Kaninchen Spreadingverss. (intravenös **I**, intraperitoneal Trypanblau) angestellt. ACTH, Gentisinsäure u. Avil zeigten hierbei keine sichere Hemmwrkg. gegen I. (Aerztl. Wschr. **7**. 385–87. 23/4. 1952. Koblenz-Horchheim, Pathol. Inst.) H. GIBIAN. 4210

W. E. Balfour und **Catherine Hebb**, *Mechanismen der Acetylcholin-Synthese.* Bei der Unters. der Bedingungen, unter welchen die *Acetylcholin* (I)-Synth. durch Extrakte von acetongetrocknetem Säugetiergehirn sowohl durch Acetat als auch durch Citrat beschleunigt werden kann, konnte gezeigt werden, daß beide Substanzen als Acetyldonatoren für das Syst. wirken können. Es wurde bewiesen, daß die bei der I-Synth. beteiligten Enzyme völlig von dem *Coenzym A* abhängen. (J. Physiology **118**. 94–106. 26/9. 1952. Edinburgh, Univ., Dep. of Physiol.) E. FRÜHWALD. 4210

Nora Frontali, *Die Aktivität der Cholinesterase bei gegen DDT empfindlichen bzw. resistenten Stämmen der Musca domestica L.* Nach der WARBURG-Technik wurden Homogenate von Köpfen *DDT*-resistenter bzw. -empfindlicher Fliegenstämme auf *Cholinesterase* (I)-Aktivität untersucht. Zusatz von DDT zu den Homogenaten verringerte die I-Aktivität nicht. Ebensowenig konnte eine Beziehung zwischen Enzymaktivität u. Resistenz bei verschieden empfindlichen Stämmen festgestellt werden. (Riv. Parassitol. **16**. 241–51. Okt. 1955. Roma, Ist. Sup. di Sanitá.) A. KRAUSHAAR. 4210

Brenda J. Bayliss und **A. Todrick**, *Die Verwendung eines selektiven Acetylcholinesteraseinhibitors bei der Bestimmung der Aktivität der Pseudocholinesterase in Rattenhirn.* Die Best. von *Pseudocholinesterase* (I) mit Butyrylcholin oder Benzoylcholin als Substrat ist nur relativ spezif., da diese Substrate auch durch echte *Cholinesterase* (II) — allerdings langsamer als deren typ. Substrate Acetylcholin bzw. Acetyl-β-methylcholin — gespalten werden. Man kann aber die Wrkg. der **II** durch spezif. Inhibitoren hemmen, wobei sich „*62C47*" (*1.5-Bis-[4-trimethylammoniumphenyl]-pentanon-3-dijodid*) als bes. geeignet erwies. — Entsprechend kann die Wrkg. von überschüssiger **I** in Ggw. von **II** durch *Lysivan* (*N-[2-Diäthylamino-2-methyläthyl]-dibenzo-p-thiazinmethosulfat*) so unterdrückt werden, daß einwandfreie Best. von **II** ermöglicht wird. — Diese Feststellungen werden bei Best. von **I** neben **II** verwendet. — Durch postmortale Perfusion werden die Aktivitäten von **I** u. **II** des Rattenhirnes nicht wesentlich geändert. (Biochem. J. **62**. 62–67. Jan. 1956. Birmingham, Med. School, Dep. of Exp. Psych.) A. HESSE. 4210

N. N. Demin, *Die Wirkung von Acetylcholin auf die Aktivität des Kathepsins. Acetylcholin* (I) beeinflußt in einer Konz. von $1 \cdot 10^{-5}$ beim p_H 4,0 die Aktivität des *Kathepsins* (II) in einer Reihe von Organen. I kann die proteolyt. Vorgänge in Niere, Dünndarm u. Skelettmuskel der Säugetiere u. im Froschherzen stimulieren, aber nicht im Gehirn. I zeigt auch die Tendenz, bes. bei Konzz. von $1 \cdot 10^{-8}$ bis $1 \cdot 10^{-7}$, die Wirksamkeit von **II** in der Leber zu hemmen. Die **I**-Wrkg. auf das Herz der weißen Ratte ist vom funktionellen Zustand des Zentralnervensyst. abhängig. Die Behandlung des Herzgewebes u. der Skelettmuskeln von Tieren in Ae.-Narkose mit 1%ig. Harnstoff stört den I-Effekt. Die Wrkg. nähert sich hier der Wrkg. bei Tieren, die im Erregungszustand getötet wurden. (Известия Академии Наук СССР, Серия Биологическая [Nachr.Akad.

Wiss. UdSSR, biol. Ser.] **1955.** Nr. 6. 67—78. Nov./Dez. Inst. für Tiermorphol. der Akad. der Wiss. der UdSSR.) REINHARD HÜTTENRAUCH. 4210

P. R. Krishnaswamy und **K. V. Giri**, *Glutaminsäuredecarboxylase in Rhodotorula glutinis.* In Rhodotorula glutinis wird Vork. einer *Glutaminsäuredecarboxylase* (I) nachgewiesen. Bei papierchromatograph. Unters. ergab sich quantitative Decarboxylierung bei p_H 4,5 u. 30°; MICHAELIS-Konstante $2{,}75 \cdot 10^{-3}$ Mol; die bei Dialyse verlorene Aktivität wird durch *Pyridoxalphosphat* (II) wiederhergestellt; die Hemmung durch Hydroxylamin wird durch **II** wieder aufgehoben. — **I** (durch Ansäuern der Rohextrakte ausgefällt) kann durch Adsorption an Aluminiumhydroxyd C_γ, Elution u. fraktionierte Fällungen mittels $(NH_4)_2SO_4$ gereinigt werden. (Biochem. J. **62.** 301—03. Febr. 1956. Bangalore, Indian Inst. of Science, Dep. of Biochem.) A. HESSE. 4210

J. R. Beaton und **G. Ozawa**, *Aktivität der Leberglutaminasen in Ratten mit Vitamin-B_6-Mangel.* Die Aktivität der durch Phosphat aktivierbaren *Glutaminase I* (I) ist in der Leber von Ratten mit Vitamin-B_6-Mangel wesentlich höher als bei den Kontrolltieren. Die durch Pyruvat aktivierbare *Glutaminase II* (**II**) wird dagegen in Ratten mit Vitamin-B_6-Mangel bedeutend erniedrigt gefunden. Zusatz von Pyridoxalphosphat zu den Leberextrakten bewirkt eine Wiederherst. nur eines kleinen Teiles der **II**, wogegen derselbe Zusatz eine regellose, aber stets positive Stimulierung von **II** in dialysierten Leberextrakten bewirkte. — Da in den Lebern der Ratten mit Mangel an Vitamin B_6 die Konz. an freiem *Glutamin* höher als bei den Kontrolltieren war, beruht die beobachtete Abnahme an **II** u. **I** der Niere (vgl. BEATON u. GOODWIN, C. **1956.** 1362) nicht auf einer etwaigen Anpassung an einen Substratmangel. (J. biol. Chemistry **214.** 685—91. Juni 1955. Toronto, Univ., Dep. of Public Health Nutrit.) A. HESSE. 4210

W. F. Markelowa, *Die Synthese der Glutamohydroxamsäure im Herzmuskel.* Im Herzmuskel des Kaninchens wurde eine *Glutamotranspherase* (I) nachgewiesen, welche die Synth. von *Glutamohydroxamsäure* (II) aus Glutamin u. Hydroxylamin bewirkt. Beim Zentrifugieren des Herzmuskelhomogenates findet sich **I** in der Fl. über dem Niederschlag. Die **II**-Synth. erfolgt nur in Ggw. von Mg- oder Mn-Ionen, wobei Mn stärker aktivierend wirkt als Mg. Mit u. ohne Luftzutritt verläuft die **II**-Synth. mit der gleichen Geschwindigkeit. Ein Zusatz von Adenosintriphosphat ist in Ggw. von Mg^{2+} von geringem, in Abwesenheit von Mg^{2+} von keinem Einfl. auf die **II**-Synthese. (Биохимия [Biochemie] **20.** 610—13. Sept./Okt. 1955. Moskau, 1. Med. Inst., Lehrstuhl für Biochem.) O. LEBTAG. 4210

Vagn Møller, *Vereinfachte Teste für einige Aminosäuredecarboxylasen und für das Arginindihydrolasesystem.* Zum Nachw. der *Aminosäuredecarboxylasen* wurden die Bakterien auf Nährböden gezüchtet, denen 1% der betreffenden Aminosäure zugesetzt war; die in engen Reagensgläsern (1,1 cm³ Nährlsg. bei 2 cm Höhe) sterilisierten Nährböden wurden mit einer 5 mm hohen Schicht von sterilem Paraffinöl überschichtet, dann beimpft u. bei 37° (bzw. für Glutaminsäure auch bei 25°) 24 Std. gehalten. Täglich wird die Farbänderung ermittelt, die das dem Nährboden zugesetzte *Kresolrot* erfährt. — Die Meth. wurde auf Nachw. von *Lysindecarboxylase, Arginindecarboxylase, Ornithindecarboxylase* u. *Glutaminsäuredecarboxylase* angewendet, wobei sich eine Möglichkeit zur Differenzierung von Enterobacteriaceen ergab. Bei Glutaminsäure als Substrat werden nach 24 Std. 0,25 cm³ 0,25n HCl zugesetzt, das Paraffinöl abgeschleudert u. dann noch 48 Std. (bzw. 5 Tage bei 25°) bebrütet, worauf nach Zusatz von genau 0,2 cm³ einer genau auf die Säure eingestellten 0,25n NaOH u. Durchschütteln die Färbung ermittelt wird. — Ferner konnte Ggw. von *Agmatinase* in diesen Bakterien sowie in Streptococcus faecalis nachgewiesen werden; *Agmatin* wird durch Streptococcus über Monocarbaminylputrescin zu *Putrescin* abgebaut. (Acta pathol. microbiol. scand. **36.** 158—72. 1955. Copenhagen, Statens Seruminst.) A. HESSE. 4210

L. Ekladius und **H. K. King**, *Die Valin/Leucin-Decarboxylase von Proteus vulgaris; eine Untersuchung der Coenzymdissoziation.* Die Decarboxylierung von *Valin* (I) durch *Decarboxylase* von Proteus vulgaris verläuft mindestens 30 Min. linear, während *Leucin*(**II**) zwar anfänglich mit gleicher Geschwindigkeit, nach wenigen Min. jedoch wesentlich langsamer decarboxyliert wird. Wird *Pyridoxal* (III) oder *Pyridoxalphosphat* (**IV**) zugesetzt, so verläuft die Decarboxylierung von **II** weiter mit der anfänglichen Geschwindigkeit; die Geschwindigkeit der I-Decarboxylierung wird durch die Ggw. des Coenzyms nicht beeinflußt. Zellfreie Extrakte decarboxylieren **I** langsam u. **II** gar nicht; Zusatz von **IV**, aber nicht von **III**, stellt die Aktivität wieder her. Nach Ansicht der Vff. beeinflußt das Substrat in diesem Falle die Affinität des Enzyms zu seinem Coenzym, wobei die Rk. mit **II** die Bindung zwischen Enzym u. Coenzym zu lockern scheint. (Biochem. J. **62.** 7 P. Jan. 1956. Liverpool, Univ., Dep. of Biochem.) E. SCHWERDTFEGER. 4210

H. Gooder und **Frank C. Happold**, *Tryptophan–Tryptophanase-Reaktion. Betrachtungen über die Natur des Enzym–Coenzym–Substrat-Komplexes.* Während Indol u.

Indolylessigsäure, weniger α-Amino-β-indenyl-(3)-propionsäure die Tryptophan–*Tryptophanase*-Rk. hemmen, sind Inden, D-Tryptophan u. Indolyläthylamin ohne Wirkung. Man nimmt an, daß L-Tryptophan an der Enzymoberfläche sowohl durch den Ringstickstoff als auch die Carboxylgruppe festgehalten wird, wobei sich die Aminogruppe des L-Tryptophans mit der freien Carboxylgruppe verbinden könnte. Ein möglicher Reaktionsmechanismus für die enzymat. Umsetzung wird diskutiert. (Biochem. J. **55.** XXXII. Dez. 1953. Leeds, Univ., Dep. of Biochem.) G. FAUST. 4210

J. W. Baker, *Ein mögliches Modell für die Tryptophan-Tryptophanase-Wirkung.* Ausgehend von der Beobachtung, daß biol. außerordentlich wirksame Verbb. häufig planare Konfiguration besitzen, wurde am Modell für den Komplex von Pyridoxalphosphat u. L-Tryptophan gezeigt, daß für L-Tryptophan bei großer Annäherung der Aldehydgruppe des Coenzyms u. der Aminogruppe des Tryptophans sämtliche von GOODER u. HAPPOLD angenommenen Substratbindungen in einer Ebene zu liegen kommen. Es wird auf verschied. Zersetzungsmöglichkeiten dieses Komplexes (Indolspaltung, Desaminierung u. Decarboxylierung) hingewiesen. (Biochem. J. **55.** XXXII–XXXIII. Dez. 1953. Leeds, Univ., Dep. of Org. Chem.) G. FAUST. 4210

I. Arthur Mirsky, Perry Futterman, Stanley Kaplan und **R. H. Broh-Kahn,** *Blutplasmapepsinogen.* 1. Mitt. *Entstehung, Eigenschaften und Bestimmung der proteolytischen Aktivität im sauren Bereich.* Das Plasma gesunder Versuchspersonen enthält wenigstens 3 Systeme, die eine proteolyt. Aktivität im sauren Bereich zeigen. Ein Syst., bei p_H 3,5 bis 4,0 akt., ist nicht abhängig von der Anwesenheit des Magens u. wird bei p_H 1,5 inaktiviert. Das 2. Syst., bei p_H 1,5–3 akt., ist ebenfalls unabhängig von der Anwesenheit des Magens u. wird durch Alkali nicht beeinflußt. Das 3. Syst. wirkt nur in Ggw. der n. funktionierenden Magenmucosa u. wird durch Alkali inaktiv. Der größte Teil der Plasmaaktivität bei p_H 1,5 ist zurückzuführen auf das Syst., das sich wie Pepsin verhält u. dessen Vorhandensein durch die autokatalyt. Umwandlung des Pepsinogens bedingt ist. — Die Vff. beschreiben ferner ein Verf. zur Best. des Plasmapepsinogens. Im übrigen bestätigen die Verss., daß die pept. Zellen des Magens sowohl endokrine als auch exokrine Funktionen ausüben. (J. Lab. clin. Med. **40.** 17–26. Juli 1952. Cincinnati, Ohio and Pittsburgh, Pa., Univ. of Pittsburgh, School of Med., Dep. of Clin. Sci., May Inst. for Med. Res., Jew. Hosp. Cincinnati-Ohio.) H. P. FIEDLER. 4210

I. Arthur Mirsky, Perry Futterman und **Stanley Kaplan,** *Blutplasmapepsinogen.* 2. Mitt. *Die Aktivität des Plasmas von „normalen" Personen, Patienten mit Zwölffingerdarmulcus und Patienten mit perniciöser Anämie.* (1. vgl. vorst. Ref.) Das *Pepsinogen* (I) im Blutplasma wurde mittels einer Modifikation der Meth. von ANSON (J. gen. Physiol. **22.** [1938.] 79) bestimmt u. die Werte als aus 1 ml Plasma bei p_H 1,5 freigesetztes Tyrosin in γ ausgedrückt. Die Schwankungen des I-Geh. im Laufe eines Tages betrugen bei n. Einzelpersonen 2–22%, im Laufe eines Monats 12–18%. Die Ernährung war ohne Einfluß. Der I-Geh. steigt bis zum 3. Jahrzehnt an u. bleibt dann ziemlich konstant. Außer bei über 70jährigen war der Unterschied bei den Geschlechtern unbedeutend. Patienten mit Zwölffingerdarmulcus zeigten erhöhten I-Geh., Patienten mit perniciöser Anämie dagegen sehr geringe, weitgehend nicht auf I zurückgehende Tyrosinwerte. Wenn auch die Werte für n. u. kranke Personen nicht scharf voneinander getrennt sind, dürfte die I-Best. doch diagnost. Wert haben. Möglicherweise deuten anomale Werte ohne sonstigen Befund auf Disposition zu Duodenalulcus bzw. perniciöser Anämie hin. (J. Lab. clin. Med. **40.** 188–99. Aug. 1952. Cincinnati, O., Jewish Hosp., May Inst. for Med. Res.; Pittsburgh, Pa., Univ., School of Med., Dep. of Clin. Sci.) W. WILLENBERG. 4210

N. Raphael Shulman, *Ein Proteolysehemmstoff mit gerinnungshemmender Eigenschaft, isoliert aus menschlichem Urin und Plasma.* Vf. isoliert aus menschlichem Urin durch Ammoniumsulfat- u. Säurefällungen einen Hemmstoff (I), der *Trypsin* irreversibel u. *Chymotrypsin* reversibel hemmt. **I** wird durch Erhitzen auf 80° (10 Min.) in 2,5%ig. Trichloressigsäure nicht inaktiviert u. ist nicht dialysierbar; **I** ist fällbar mit Ammoniumsulfat u. 85%ig. Äthylalkohol. In Laugen ist **I** wenig beständig. Das Mol.-Gew., berechnet aus der Sedimentations- u. Diffusionskonstanten, beträgt ca. 16700. Der isoelektr. Punkt von **I** liegt bei p_H 2,6, der des Trypsininhibitorkomplexes bei p_H 6,2. Trypsin wird durch **I** in stöchiometr. Verhältnis von 1 γ/2,2 γ gehemmt. Für Chymotrypsin beträgt K (50%ig. Hemmung) 0,058 mg **I**/ml (Hämoglobin als Substrat). In der Ultrazentrifuge erweist sich **I** als einheitlich, in der Elektrophorese ergeben sich 2 Banden. Die langsamere Komponente (78%) enthält die Hemmstoffaktivität. **I** verzögert die Blutgerinnung; es verlängert die Prothrombinzeit u. die Recalcifizierungszeit. Vf. nimmt an, daß **I** nicht direkt mit Prothrombin reagiert, sondern mit einem Intermediärprod. zwischen Prothrombin u. Thrombin. — Der zum Vgl. aus dem Plasma (Euglobulinfraktion) gewonnene Inhibitor zeigt etwa gleiche Eigg. wie **I**. (J. biol. Chemistry **213.** 655–71. April 1955. Bethesda, Md., United States Naval Med. Res. Inst.) H. SCHIMASSEK. 4210

H. Zwarenstein, *Eine Demonstration der Pepsinsekretion am isolierten Froschmagen.* Die Anwesenheit von Pepsin in der Magenschleimhaut eines Amphibiums (*Xenopus laevis*) wird demonstriert. Durch die Versuchsanordnung (der Magen wird isoliert, mit einer angesäuerten Lsg. gefüllt, verschlossen u. in die entsprechende Lsg. gelegt, worauf nach einiger Zeit Perforation der Magenwand eintritt) kann die Wrkg. des Pepsins in situ, ohne vorherige Isolierung von Enzym u. Substrat, beobachtet werden. Das p_H-Optimum des Pepsins wird bei 30° zu 0,45, bei 40° zu 1,0, bei 50° zu 1,32 bestimmt. Der p_H-Bereich, innerhalb dessen Pepsin noch seine Aktivität entwickelt, reicht bei 30° von p_H 0—3,75, bei 40° von p_H 0,05—3,95 u. bei 50° von p_H 0,39—5,35. (Quart. J. exp. Physiol. cognate med. Sci. **38.** 217—23. 1953. Cape Town, Univ., Dep. of Physiol. and Pharmacol.) U. Baumann. 4210.

W. W. Oppel, *Zur Charakteristik der Zwischenprodukte der fermentativen Proteinspaltung. Die Pepsinspaltung von Actomyosin.* Bei mehrstd. Spaltung von *Actomyosin* (I) durch Pepsin gelingt es, aus dem Hydrolysat 3 Fraktionen zu isolieren: die im isoelektr. Punkt ausfallenden *Acidalbumine* (II); die durch A. fällbaren *Proteosen* (III); die in der Lsg. verbleibenden *Peptone* (IV). **II, III** u. **IV** zeigen eine lineare Abhängigkeit der Viscosität von der Konz. nach dem Arrheniusschen Gesetz. Die aus der Gleichung sich ergebenden Konstanten sind sehr klein: 0,014; 0,011; 0,0021. Sie sind bedeutend geringer als die der Prodd. der **I**- u. Myosinspaltung durch Trypsin (0,0843 bzw. 0,0259). Für das Verhältnis der mol. Achsen ergeben sich aus der charakterist. Viscosität folgende Werte: **II** 1:13,5; **III** 1:11,0; **IV** 1:2,5. Aus der Best. des Geh. an freien Aminogruppen ergeben sich nachst. mittlere Werte: **II** 10,6%; **III** 14,1%; **IV** 20,5%. Die Zahl der Aminosäurereste im Mol. beträgt 12 bei **II**, 8 bei **III** u. 4—5 bei **IV**. **I** gehört zu jener Kategorie von Proteinen, deren fermentative Spaltung über eine Reihe von Zwischenprodd. erfolgt, die allmählich ineinander übergehen. Vf. diskutiert die mit verschied. Geschwindigkeit erfolgende Sprengung der Peptidbindungen bei der **I**-Spaltung durch Pepsin. (Биохимия [Biochemie] **20.** 576—84. Sept./Okt. 1955. Karaganda, 4. Städt. Krankenhaus, Biochem. Labor.) O. Lebtag. 4210

E₃. Mikrobiologie. Bakteriologie. Immunologie.

Costanzo Gastaldi, *Untersuchungen über die oxydativen Fähigkeiten von Varianten von S. anatum und S. newington mit der manometrischen Methode nach Warburg.* Salmonella anatum u. S. newington wurden in Ggw. von Anti-O-Serum gezüchtet u. gaben 7 Varianten. Bei Veratmung verschied. Kohlenhydrate (Dulcit, Mannit, Arabinose, Rhamnose, Xylose, Glucose, Maltose, Trehalose) zeigten die Varianten unter sich u. gegen die Originalstämme unterschiedlichen O_2-Verbrauch. Im allg. war die Aktivität der Varianten geringer. (Boll. Ist. sieroterap. milanese **34.** 425—40. Juli/Aug. 1955. Mailand, Ist. di Igiene.) G. Gerber. 4320

P. B. Hamilton und **P. W. Wilson,** *Die Stickstoffbindung durch Aerobacter aerogenes.* Reinkulturen von *A. aerogenes*, Stamm *UWI* (sowie 3er weiterer Stämme *B*, *M5aL* u. *199*), fixierten in einer 30 γ N/cm³ enthaltenden Nährlsg. N_2. Bei Aufrechterhaltung physiol. p_H-Werte wurden anaerob 17 At.-% Überschuß ^{15}N, in Ggw. von O_2 dagegen nur 0,02—0,2% gebunden. 17% entsprachen etwa einer Verdopplung des ursprünglich vorhandenen N. Verss., den Stamm in Burks N-freier Nährlsg. zu züchten, verliefen erfolglos. Wahrscheinlich sind anfänglich geringe Mengen von gebundenem N zur Einleitung der N_2-Fixierung deshalb erforderlich, weil das Enzym *Nitrogenase* adaptiven Charakter hat. (Suomalaisen Tiedeakatemian Toimituksia [Ann. Acad. Sci. fennicae], Sarja A. II. Nr. **60.** 139—50. 1955. Madison, Wis., Univ. of Wisconsin, Dep. of Bacteriol.) K. Maier. 4320

S. C. Agarwala, C. R. Krishna Murti und **D. L. Shrivastava** (unter Mitarbeit von **A. Sen Gupta**), *Stoffwechsel von Purin und Pyrimidinverbindungen in Vibrionen.* Es wurde die Wrkg. von 18 *Purin*- u. *Pyrimidin*-Verbb. auf den Stoffwechsel von Vibrionen untersucht. Auf die Sauerstoffaufnahme haben sie keinen Einfluß. Aus *Adenosin* wird am meisten NH_3 in Freiheit gesetzt; danach folgen in ihrer Stärke *Cytidin, Adenylsäure* (I), *Cytidylsäure* (II), *Guanosin* u. *Cytosin. Adenin, Guanin, ATP* (III) u. *Guanylsäure* (IV) geben wenig NH_3, während *Xanthin, Xanthosin, Hypoxanthin, Inosin, Uracil, Uridin, Uridylsäure* (V) u. *Allantoin* kein NH_3 in Freiheit setzen. *Harnsäure* u. *Allantoin* werden nicht gebildet. **I, II, III, IV** u. **V** werden dephosphoryliert. Die Wrkg. des p_H sowie der Substrat- u. Enzymkonz. auf die Desaminierung wurde untersucht. *Ag, Hg* u. *Cu*-Ionen inaktivieren das Enzym, *Zn* u. *Mn* hemmen teilweise, *Mg* hat keine Wirkung. H_2O_2 u. *8-Oxychinolin* hemmen vollständig; aus letztem ist zu schließen, daß ein Metall zur vollen Aktivität notwendig ist. *Hydroxylamin, Jodacetat, Cystein, Glutathion, Natriumarsenit* u. *Ascorbinsäure* haben ziemliche Hemmwirkung. *NaF, Cyanid* u. *Azid* besitzen einen stimulierenden Effekt auf die Desaminierung, während *Semicarbazid, Hydrazin* u. *Hefe* keine Wrkg. zeigen. Aus den Versuchen wird geschlossen, daß keine SH-Gruppen bei der Rk. beteiligt sind. (Enzymologia [Den Haag] **16.** 322—28. 15/3. 1954. Lucknow, India, Central Drug Res. Inst.) H. R. Schütte. 4320

Glen R. Gale, *Die Oxydation von Benzoesäure durch Mycobakterien.* 2. Mitt. *Der Stoffwechsel von angenommenen Zwischenstufen der Benzoatoxydationskette durch vier avirulente und zwei virulente Organismen.* (1. vgl. C. **1952.** 7193.) Es wurde die Umwandlung von *Benzoesäure* (**I**) durch 3 nichtpathogene Mycobakterien-Species, *M. smegmatis, M. stercoris, M. leprae,* untersucht, u. die Ergebnisse mit dem Verh. von **I** u. ihrer geforderten Abbauprodd. [*Protocatechusäure, Brenzcatechin* (**II**), *β-Ketoadipinsäure*] gegenüber 2 virulenten u. 1 avirulenten *M. tuberculosis*-Stamm (*H 37 Ra, H 37 Rv, A 27*) unter Verwendung nichtadaptierter u. I-adaptierter Zellen verglichen. Bei den beiden apathogenen, **I** oxydierenden Organismen, *M. smegmatis* u. *M. stercoris,* verlief der Abbau über **II.** Darüber hinaus verlief die Oxydation jedoch anders als bei verschied. *Pseudomonas-* u. *Vibrio*-Species. *M. leprae* oxydierte **I** nicht, jedoch **II.** Die 3 *M. tuberculosis*-Stämme oxydierten keine der geprüften Verbindungen. Die Verss. wurden aerob in der Warburg-App. unter Messung der CO_2-Entw. durchgeführt. Zur Prüfung, ob die betreffende Verb. ein echtes Zwischenprod. der I-Oxydation darstellte, diente die Technik der simultanen Adaptation nach Stauer (J. Bacteriol. **54.** [1947.] 339). (J. Bacteriol. **64.** 131—35. Juli 1952. Durham, N. C., Duke Univ., School of Med., Dep. of Physiol. and Pharmacol.) K. Maier. 4320

T. W. Goodwin und **Malini Jamikorn,** *Untersuchungen über die Carotinogenese.* 17. Mitt. *Die von verschiedenen Stämmen von Mycobacterium phlei produzierten Carotinoide.* (16. vgl. C. **1956.** 8944; 18. vgl. nachst. Ref.) Die untersuchten 3 Stämme von Mycobacterium phlei (Fleole, Crottin, Haudroy) produzieren die gleichen Carotinoide (*β-Carotin, ζ-Carotin, Leprotin, Lycopin* u. 2 unidentifizierte Xanthophylle, die jedoch nicht mit Kryptoxanthin oder Zeaxanthin ident. sind) in den gleichen relativen Mengen. Diphenylamin stimuliert die Synth. der gesättigteren Polyene u. hemmt die der ungesättigteren. Phenol inhibiert die Synth. von β-Carotin, ohne die Synth. der gesättigteren Polyene zu stimulieren. Fe^{2+} hebt die Wirkungen von Diphenylamin oder Phenol nicht auf. In Ggw. von Diphenylamin werden zusätzliche Polyene gebildet, die auch in den Diphenylaminkulturen von Phycomyces blakesleeanus u. Rhodospirillum rubrum auftreten (Phytoin, Phytofluin, Neurosporin u. Pigment X). (Biochem. J. **62.** 269—75. Febr. 1956.) E. Schwerdtfeger. 4320

T. W. Goodwin und **Malini Jamikorn,** *Untersuchungen über die Carotinogenese.* 18. Mitt. *Carotinoidproduktion eines aus Butter isolierten, stark chromogenen Bakteriums.* (17. vgl. vorst. Ref.) Das als Mycobacterium phlei, Stamm Pelligrino bezeichnete Bakterium, dessen Zugehörigkeit von anderer Seite in Zweifel gestellt wird, synthetisiert *Phytofluin, β-, ζ-* u. *γ-Carotin, Leprotin* u. 3 weitere unidentifizierte Xanthophylle, von denen 2 auch in verschied. Stämmen von Mycobacterium phlei vorkommen. Diphenylamin hemmt die Synth. der ungesättigteren Polyene u. stimuliert die Synth. von Phytoin, Phytofluin, ζ-Carotin, Neurosporin u. Pigment X. Die Wrkg. von Diphenylamin wird nicht durch Riboflavin, Adenosin-5'-phosphat, Fe^{2+} oder Fe^{3+} aufgehoben. Wird Asparagin im Nährmedium durch Ammoniumsalze ersetzt, so gehen Wachstum u. Carotinogenese zurück. Streptomycin in Konzz. $<0,001\%$ hemmt die Carotinogenese stärker als das Wachstum. Tween 80 (0,02%) hemmt das Wachstum völlig; diese Wrkg. kann durch Dispersion einer fettlösl. Verb. (Squalen oder fl. Paraffin) im Medium aufgehoben werden. (Biochem. J. **62.** 275—81. Febr. 1956.) E. Schwerdtfeger. 4320

M. Henry, L. Joubert und **P. Goret,** *Biochemischer Mechanismus der Nitritwirkung bei der Fleischkonservierung. Die bakteriostatische Wirkung begünstigenden physikochemischen Bedingungen.* Unterss. mit Proteus vulgaris, Bacillus subtilis u. Escherichia coli ergaben, daß die bakteriostat. Wrkg. von NO_2^- im p_H-Bereich von 5,6—5,8 optimal ist. Bei alkal. Werten hat NO_2^- eine wachstumsfördernde Wrkg., bei Werten unter 5,3 ist es ohne Effekt. Bei p_H 7,5 ist jedoch ebenfalls eine hemmende Wrkg. festzustellen, wenn ein starkes Reduktionsmittel, wie *Ascorbinsäure,* vorhanden ist. Vff. führen die p_H-Abhängigkeit auf die Einstellung eines Gleichgewichtes $NO_2^- + 2H^+ + e \rightleftharpoons NO + H_2O$ bei den optimalen p_H-Werten zurück, das die bakteriostat. Wrkg. hervorruft. (C. R. Séances Soc. Biol. Filiales **148.** 819—21. Mai 1954. Levallois, Labor. de' Rech. des Usines Olida; Lyon, École Nat. Vétérin., Labor. de Bactériol.) F. Krusen. 4330

P. Pichat und **A. Reveilleau,** *Parallele zwischen der baktericiden Wirkung in vitro und in vivo des Vitamins C und seiner Zersetzungsprodukte und Ascorbinsäurewerte.* Die Zersetzungsprodd. von *Vitamin C* (**I**) zeigen in vitro u. in vivo ähnliche baktericide Wrkg. gegen *Mycobacterium tuberculosis* wie **I** selbst. (Ann. Inst. Pasteur **80.** 212—13. Febr. 1951. Lyon, Labor. de Méd. expérimentale; Dijon, École de Méd.) R. Rutkowski. 4330

H. T. Epstein, *Die Eigenschaften von Bakteriophagen.* Übersicht. Biophysikal. Eigg. der Phagen, Biochemie (chem. Konst., Herkunft der chem. Phagenkomponenten, Eiweiß- u. Nucleinsäuresynth., Wachstumsbedürfnisse der Phagen), Genetik, Lebenscyclus(Adsorption auf die empfindliche Wirtszelle, Invasion, Duplikation des phagenspezif. Materials, Bldg. des reifen Phagenpartikels, Freisetzung der Phagen), weitere Aspekte der Phagenvermehrung. — 124 Literaturangaben. (Advances Virus Res. **1.** 1—38. 1953. Pittsburgh, Univ., Dep. of Biophysics.) K. MAIER. 4331

H. Fischer und **H. Brandis,** *Die Wirkung basischer Proteine auf Bakteriophagen und Bakterien. Protamin* (I) u. *Histon* (II) üben auf den Coli-T_1-Phagen eine deutlich inaktivierende Wrkg. aus, während Rinderserumalbumin unter gleichen Bedingungen diese Wrkg. nicht hat. Die Prüfung des Wirtsstammes der Breslauphagen S. typhimurium Nr. 9328 ergab, daß I bei einer Verdünnung 1:12800 bakteriostat. u. bei einer Verdünnung 1:3200 baktericid wirkt, während II das Wachstum dieses Bakterienstammes nicht beeinflußt. (Naturwissenschaften **41.** 533. 2. Nov.-H. 1954. Frankfurt/M., Univ., I. Med. Klin. u. Hygien. Inst.) K. F. MÜLLER. 4331

Stefan Kryński, Jerzy Borowski, Eugeniusz Becla und **Włodzimierz Kędzia,** *Untersuchungen der Resistenz von Staphylococcus-Stämmen gegen Sulfonamide und vier Antibiotica.* 600 Staphylococcus-Stämme klin. (A) u. außerklin. (B) Herkunft wurden auf ihre *Koagulase*-Erzeugung sowie Resistenz gegen *Sulfonamide, Penicillin, Streptomycin, Chloromycetin* u. *Aureomycin* getestet, da diese Eigg. mit der Herkunft der Stämme als einzige parallel gingen. In der Gruppe A überwogen Stämme mit gleichzeitiger Resistenz gegen Sulfonamide u. Antibiotica, bei B solche mit Resistenz gegen Sulfonamide allein. 93,4% aller Stämme waren sulfonamidresistent. Bei A war die Penicillinresistenz ziemlich häufig. (Med. doświadczalna Mikrobiol. **7.** 409—15. 1955. Gdańsk, Zakł. Mikrobiol.) F. URBAN. 4340

A. M. Besborodow und **W. W. Dobromysslow,** *Antibakterielle Wirkung einiger Carotinoide aus Mikroben.* Aus Sporobolomyces roseus, Torula rosea u. Staphylococcus aureus wurde je ein Pigment in der Epiphase u. in der Hypophase bei der Verteilung im Methanol–Bzn.-Gemisch isoliert, die nach den Absorptionsmaxima als Carotinoide anzusehen sind. Gegenüber Staphylococcus aureus, St. albus, Bac. subtilis, Bac. mycoides, Bac. coli u. Diphtheroid zeigten sie eine abtötende Wirkung. Alle isolierten Pigmente waren unlösl. in W., lösl. in Fetten, A., Methylalkohol, Chlf., CS_2, PAe., Bzl. u. Aceton. (Микробиология [Mikrobiologie] **24.** 697—99. Nov./Dez. 1955. Leningrad, Chem.-Pharmazeut. Inst.) OTTO MAIER. 4340

Maxwell Finland, *Beobachtungen über die wechselnde Resistenz einiger pathogener Bakterien gegenüber antimikrobiellen Stoffen.* Bericht über die Ausbldg. von Resistenz u. Kreuzresistenz häufig vorkommender pathogener Keime gegenüber neueren Antibioticis u. Sulfonamidpräpp. auf Grund klin. Befunde. (Antibiotics Annu. **1954/55.** 35—50. Boston, Mass., Thorndike Memorial Labor., Boston City Hosp., u. Harvard Med. School, Dep. of Med.) H. GOEBEL. 4340

F. A. Barkley und **Jeannette M. Norsen,** *Antiseptische Wirkung von Biomydrin.* 2. Mitt. *Aktivität von Biomydrindialysat gegen pathogene Organismen.* (1. vgl. C. **1956.** 8661.) *Biomydrin* dialysiert in genügendem Maß durch Membranen (Gummi, Cellophan, Harnblase, Schwimmblase von Fischen) u. gewährleistet so genügende Hemmung pathogener Keime. (Antibiotics Annu. **1954/55.** 206—09.) H. GOEBEL. 4340

E. P. Abraham, G. G. F. Newton, William Dunn, J. R. Schenck, M. P. Hargie, B. H. Olson, D. M. Schuurmans, M. W. Fisher und **S. A. Fusari,** *Die Identität von Cephalosporin N und Synnematin B.* Die Identität von *Cephalosporin N* (I), einem Penicillin, dessen Seitenkette sich von *D-α-Aminoadipinsäure* (II) ableitet, u. *Synnematin B* (III), einem Antibioticum aus *Cephalosporium salmosynnematum,* ergibt sich aus folgenden Befunden: gleiche Aktivität gegenüber *S. aureus, S. typhi, S. typhimurium* u. *Sarcina lutea,* die durch *Penicillinase*-Einw. zerstört wird, keine Unterscheidbarkeit hinsichtlich antibakterieller Aktivität durch das Papierchromatogramm in verschied. Lösungsmittelsystemen u. durch das Papierionopherogramm bei p_H 7, Bldg. von *Penicillamin* u. II aus I u. III bei saurer Hydrolyse. (Nature [London] **176.** 551. 17/9. 1955. Oxford, Univ., Sir William Dunn School of Pathol.; North Chicago, Abbott Labors; Michigan, Dep. of Health; Detroit, Parke, Davis & Co.) K. MAIER. 4340

W. F. Dudman und **J. F. Wilkinson,** *Die Zusammensetzung der extracellulären Kohlenhydrate von Aerobacter–Klebsiella-Stämmen.* Vff. isolieren die extracellulären *Polysaccharide* (I) von 6 Klebsiella- u. 2 Aerobacter cloacae-Stämmen, die auf einem Medium, bestehend aus *Glucose* (1%), $(NH_4)_2SO_4$ (0,03%), Na_2HPO_4 (1%), KH_2PO_4 (0,3%), K_2SO_4 (0,1%), NaCl (0,1%), $MgSO_4 \cdot 7H_2O$ (0,02%), $CaCl_2 \cdot 6H_2O$ (0,002%) u. $FeSO_4$ (0,0001%) kultiviert worden sind, durch Fällung der zentrifugierten Nährlsg. mit

Aceton. Die Identifizierung u. Best. der I wird nach deren Hydrolyse (96% ig. H·COOH, 24 Std., 100° u. n-H_2SO_4, 6 Std., 100°) auf chromatograph. Wege unter Verwendung von n-Butanol-A.-W. (5:1:4) bzw. n-Butanol-Essigsäure-W. (4:1:5) als Lösungsm. durchgeführt. Es wird gefunden, daß sich die I eines jeden Klebsiella-Stammes in ihrer Zus. u. Menge voneinander unterscheiden; die Ausbeuten betragen zwischen 0,05 u. 0,4 g/Liter. Die I stellen grauweiße, sehr hygroskop. Massen (Wasserabsorption bis zu 15% in 4 Std.) dar, die beim Anfeuchten zu Gelen aufquellen u. sich nur schwer in W. (bis zu 2%) unter Bldg. viscoser Lsgg. auflösen. Alle I enthalten *Uronsäure* (17—30%); an Zuckerarten werden *Glucose* (bis 48%), *Galaktose* (1—51%), *Fucose* (bis 25%) u. bei einigen Stämmen *Mannose* (bis 44%) gefunden; der Reduktionswert der nichthydrolysierten I beträgt 0,6—1,6% (berechnet als Glucose), $[\alpha]_D^{15}$ —82 bis +138°. Die chem. u. immunolog. Eigg. der I einiger Stämme stehen miteinander in Beziehung u. zeigen selbst in einer Verdünnung von 1:10^6 einen hohen Grad von serolog. Aktivität. (Biochem. J. **62.** 289—95. Febr. 1956. Edinburgh, Univ., Dep. of Bacteriol.) P. FAHRNLAENDER. 4350

Ludwik Rzucidło, Danuta Weyman, Aleksandra Stachów und **Genowefa Rzęsa,** *Der chemische Bau und die serologischen Eigenschaften des Polysaccharids von Candida albicans.* Candida albicans u. Verwandte dieser Gruppe enthalten gemeinsame Antigene. Bei der Suche nach diesen isolierten Vff. 7 Polysaccharide, die alle gruppenserolog. akt. sind. Sie wurden chem. u. chromatograph. analysiert. Ihr Hauptbestandteil ist Mannose. Eine Fraktionierung mit A. gelang nicht. (Med. doświadczalna Mikrobiol. **7.** 315—22. 1955. Warszawa, Inst. Dermatolog.) F. URBAN. 4370

Bernard Zabłocki, Krystyna Kotełko und **Stanisław Szydłowski,** *Der Einfluß der Staphylokokken-Antihyaluronidase auf den Verlauf der Hautreaktionen auf Corynebacterium diphtheriae bei Meerschweinchen.* Der Einfl. von Antihyaluronidase (AH) auf den Verlauf der Haut-Rk. wurde im Tiervers. an Meerschweinchen studiert. Die Zugabe von AH zum antitox. Serum hebt die Heilwrkg. beträchtlich. Der Wirkungsmechanismus von AH wird diskutiert. AH ist ein gutes, leicht gewinnbares Antigen. (Med. doświadczalna Mikrobiol. **7.** 353—60. 1955. Łódź, Uniw., Kat. Mikrobiol.) F. URBAN. 4370

G. Gillissen, *Versuche an Kaninchen über die Wirkung von Kobalt auf den Antikörpertiter des Blutes.* Angabe von Verss. am Kaninchen über die Wrkg. von Co bei Tuberkulose durch Best. des Einfl. von Co auf den Antikörpertiter nach Immunisierung mit *Methylantigen* (BOQUET u. NÈGRE). Subcutane $CoCl_2$-Injektionen 10 mg/Tag zeigten keinen Einfl. auf die Antikörperbildung. (Z. Hyg. Infektionskrankh. **134.** 173—76. 1952. Mainz, Univ., Hygiene-Inst.) H. DOSSMANN. 4370

F. H. C. Crick und **J. D. Watson,** *Die Struktur kleiner Virusarten.* Grundsätzlich ist eine relativ große Proteinhülle um einen kleinen, die Virusspezifität bestimmenden Kern aus Ribonucleinsäure anzunehmen. Die Hülle besteht aus einer sehr großen Zahl kleiner Moleküle. Diese sind zu Aggregaten vereinigt, die bei der Stäbchenform des Virus stets als symm. Gebilde, bei der Kugelform z. T. auch als asymm., in jedem Falle aber von untereinander gleicher Gestalt, zusammengefügt das elektronenmkr. sichtbare Bild ergeben. (Nature [London] **177.** 473—75. 10/3. 1956. Cambridge, Cavendish Labor.) E. FISCHOEDER. 4374

G. H. Bergold, *Insektenviren.* Übersicht. Pathol. (Polyederkrankheiten, Kapsulkrankheiten), Virusisolierung (Reinigung, Isolierung), Einschlußkörperproteine (physikal. Eigg., chem. Zus., serolog. Eigg.), Viren (physiol. Eigg., Morphologie, Vermehrung, chem. Zus.), Beziehung zwischen Einschlußkörperprotein, Virus u. Wirt, zwischen Virus u. Wirt, Infektiosität, Übertragungsmethoden, Klassifizierung u. Nomenklatur. — 164 Literaturangaben. (Advances Virus Res. **1.** 91—139. 1953. Sault Ste. Marie, Ontario, Can., Labor. of Insect Pathol.) K. MAIER. 4374

J. Singh und **T. K. Walker,** *Änderungen in der Fettzusammensetzung von Aspergillus nidulans mit dem Alter der Kultur.* Literaturüberblick über die Vorstellungen hinsichtlich der Biogenese *ungesätt. Fettsäuren.* Auf definiertem Nährboden wird *Aspergillus nidulans* EIDAM (Oberflächenkultur) kultiviert (25°, p_H 3,8); die Ernte erfolgt nach 5, 7, 9, 14 bzw. 21 Tagen; die durch Erhitzen abgetöteten u. gewaschenen Mycele werden getrocknet, vermahlen u. im SOXHLET mit PAe. (40—60°) extrahiert; das aus dem Extrakt gewonnene Fett wird in üblicher Weise analyt. charakterisiert. Zusätzlich wird in dem vom Mycel abgefilterten Nährsubstrat jeweils die noch vorhandene Saccharose bestimmt u. mit der Fettausbeute in Beziehung gesetzt. Die Ausbeute stellt sich (g/100 g trockenes Mycel) bei 5 (7-, 9-, 14- u. 21-)-tägiger Kultur auf 14,8% (15,4; 44,7; 39,8; 29,9). Die Kennzahlen sind dem Alter entsprechend: SZ. 2,9 (1,7; 0,84; 0,60; 1,50), JZ. 85,5 (83,8; 73,7; 80,8; 88,3), Verseifungsäquivalent 291,2 (292,9; 290,2; 289,1; 292,5), Unverseifbares 8,0% (5,2; 1,3; 1,7; 2,8). Hinsichtlich Art u. Menge der konstituierenden Fettsäure ergibt sich für die 5 (7-, 9-, 14- u. 21-)-tägige Kultur: gesätt. Vertreter 0,15 mg/175 ml Nährsubstrat (0,21; 2,09; 1,74; 1,13), Ölsäure 0,25 g (0,46; 2,80; 2,48; 1,83), Linolsäure 0,10 g (0,13; 1,01; 0,88; 0,80); Linolensäure tritt erst in der 21tägigen Kultur auf (0,04 g). Es wird festgestellt, daß die Biogenese des Fettes bei A. nidulans während der ersten Woche der Incubation langsam verläuft; am 8./9. Tag (maximale Entw. des Schimmels) wird die Synth. beschleunigt; anschließend sinkt der Geh. an Fett wieder ab. Krit. Betrachtungen über die bisherigen Vorstellungen über die Bldg. der Fettsäuren. Es liegen keine Anhaltspunkte dafür vor, daß die ungesätt. Vertreter sek. durch Dehydrierung der gesätt. Säuren entstehen. Es wird gefolgert, daß beide Gruppen von Fettsäuren im Einklang mit der Ansicht von BLOCH (Cold Spring Harbor Sympos. quantitat. Biol. **13.** [1948.] 29) auf verschied. Wegen nebeneinander synthetisiert werden. (Biochem. J. **62.** 286—89. Febr. 1956. Manchester, Univ., Coll. of Technol.) K. TÄUFEL. 4380

J. Singh, Sudha Shah und **T. K. Walker,** *Die konstituierenden Fettsäuren des Fettes von Penicillium lilacinum.* Aus einer Kultur von P. lilacinum THOM (14 Tage; p_H 6,8; 25°) wird durch Extraktion ein bei Zimmertemp. festes Fett mit gelblichem Stich, der JZ. 63,7, dem Verseifungsäquivalent 286,9, einem Geh. an freien Fettsäuren (als Ölsäure) von 0,2%, an Unverseifbarem von 2,9% isoliert. Die Gesamtfettsäuren werden in üblicher Weise fraktioniert (Tieftemperaturkristallisation; frakt. Dest. der Methylester im Hochvakuum) u. analyt. charakterisiert (VZ., JZ., spektrometr.). Die Zus. ist wie folgt: *Myristin-* (0,1%), *Palmitin-* (32,3), *Stearin-* (9,4), *Arachin-* (1,4), *Hexadecen-* (3.4), *Öl-* (38,6), *Linol-* (13,4), *ungesätt. C_{20}-Säure* (1,4); Hinweis, daß der Geh. an Hexadecensäure gegenüber demjenigen anderer fettreicher Mikroorganismen relativ niedrig liegt, u. daß das Fett — geringer Geh. an Linolsäure, Fehlen von Linolensäure — vergleichsweise oxydationsstabil ist. Tabellar. wird gezeigt, daß die Fettsäurezus. des Fettes von P. lilacinum derjenigen von Schweinefett u. von Palmöl recht ähnlich ist. (Biochem. J. **62.** 222—24. Febr. 1956.) K. TÄUFEL. 4380

J. Friend, T. W. Goodwin und **L. A. Griffiths,** *Untersuchungen über die Carotinogenese. 15. Mitt. Die Rolle der Carbonsäuren bei der Biosynthese des β-Carotins bei Phycomyces blakesleeanus.* (14. vgl. GOODWIN u. Mitarbeiter, Biochem. J. **59.** [1955.] 491; 12. vgl. C. **1955.** 6776.) Enthielt das Kulturmedium von Phycomyces blakesleeanus Acetat als einzige C-Quelle, so ist das Wachstum besser, u. es wird mehr *β-Carotin* produziert, als wenn Lactat oder Pyruvat als einzige C-Quelle dienen. 0,05—0,1% Hefeextrakt stimuliert beim Acetatmedium sowohl Wachstum als auch Carotinogenese, hatte aber bei einem Glucosemedium keine Wirkung. Der Ersatz von NH_4-Acetat durch -Nitrat war beim Acetatmedium ohne Wrkg. auf die Carotinsynth., während der Ersatz des Asparagins die Synth. reduziert. Die carotinogene Wrkg. des Leucins ist auch beim Acetatmedium zu beobachten. Gaben von Acetat oder Säuren des Tricarbonsäurencyclus (0,02mol.) zu einem Medium mit Glucose u. NH_4-Nitrat stimuliert das Wachstum in allen Fällen gleichmäßig, jedoch die Carotinsynth. unterschiedlich, was Vff. hauptsächlich auf die p_H-Änderungen zurückführen. β-Ionon oder Diphenylamin wirken im Acetatmedium in gleicher Weise auf die Carotinsynth. wie im Glucosemedium. (Biochem. J. **60.** 649—55. Aug. 1955. Liverpool, Univ., Dep. of Biochem.) K. NEHRING. 4380

T. W. Goodwin, L. A. Griffiths und **V. V. Modi,** *Untersuchungen über die Carotinogenese. 16. Mitt. Die Wirkung einiger Antibiotica, besonders von Streptomycin, auf die Carotinogenese bei Phycomyces blakesleeanus.* (15. vgl. vorst. Ref., 17. u. 18. vgl. C. **1956.** 8941.) Auf einem *Glucose* (**I**)—*Asparagin* (**II**)-Medium inhibiert *Streptomycin* (**III**) die Carotinogenese, aber nicht das Wachstum. Maximale Hemmung erfolgt bei **III**-Konzz. von 0,05—0,1%; eine weitere Erhöhung der **III**-Konz. hat keine Wrkg. auf die Carotinogenese. Die Carotinogenese im Dunkeln u. die carotinogene Wrkg. von Leucin u. β-Ionon sind ebenfalls **III**-empfindlich. Wird **II** durch NH_4-Salze ersetzt, so wird die **III**-Wrkg. auf die Carotinogenese aufgehoben. Von den **III**-Spaltprodd. hemmt nur Streptobioseamidindimethylacetal die Carotinogenese. Wird **I** im Nährmedium durch Acetat ersetzt, so hemmt **III** Wachstum u. Carotinogenese. Bei der **III**-Hemmung treten 2 Carbonylverbb. im Medium auf; eine identifizieren Vff. mit ziemlicher Sicherheit als Methylglyoxal, während die andere ein der Oxytetronsäure verwandtes ungesätt. Diol ist. Über die Wrkg. weiterer Antibiotica wird kurz berichtet. (Biochem. J. **62.** 259—68. Febr. 1956.) E. SCHWERDTFEGER. 4380

E4. Pflanzenchemie. Pflanzenphysiologie. Pflanzenpathologie.

B. F. Folkes und **E. W. Yemm,** *Der Aminosäuregehalt der Proteine des Gerstenkorns.* Vff. fraktionieren die Proteine des Gerstenkorns nach OSBORNE in Albumin (**I**), Globulin (**II**) u. Hordein (**III**) u. isolieren das Hordenin (**IV**) nach einer modifizierten Meth. nach CSONKA u. JONES (J. biol. Chemistry **82.** [1929.] 17) durch Extraktion mit alkoh. NaOH u. wiederholte Fällung durch Ansäuern mit HCl auf p_H 6,4. Es wurden die *Amino-*

säure-Gehh. von I, II, III u. IV (hauptsächlich mikrobiol.) bestimmt u. mit der Zus. des protoplasmat. Proteins von Gerstenkeimlingen verglichen. Während I u. II dem protoplasmat. Protein ähnlich sind, zeigen III u. IV stärkere Abweichungen im Aufbau u. sind bes. durch einen hohen *Amid-*, *Glutaminsäure-* u. *Prolin*-Geh. gekennzeichnet. Die Ergebnisse werden im Hinblick auf die Vorgänge bei der Keimung diskutiert. (Biochem. J. **62.** 4—11. Jan. 1956. Bristol, Univ., Dep. of Botany.) E. SCHWERDTFEGER. 4420

D. M. Channing und **G. T. Young,** *Aminosäuren und Peptide.* 10. Mitt. *Die stickstoffhaltigen Bestandteile einiger Meeresalgen.* (9. vgl. ROWLANDS u. YOUNG, C. **1954.** 3913; 11. vgl. C. **1956.** 8862.) Die chem. Verteilung des Stickstoffs in den Braunalgen *Laminaria saccharina, Laminaria cloustoni, Ascophyllum nodosum* u. *Pelvetia canaliculata* sowie in der Rotalge *Rhodymenia palmata* wurde bestimmt. Der größte Teil des organ. N liegt als Peptid-N u. Protein-N vor; außerdem sind geringe N-Mengen in Form flüchtiger Basen vorhanden. In *L. cloustoni* u. *R. palmata* wurden als freie α-Aminosäuren *Alanin* (I), *Asparaginsäure* (II) u. *Glutaminsäure* (III) sowie *Valin* (IV), die *Leucine* u. *Prolin* (V; letzte nur in *R. palmata*) papierchromatograph. nachgewiesen. In Säurehydrolysaten von *L. saccharina* u. *A. nodosum* wurden papierchromatograph. identifiziert: *Glycin*, I, IV, *Leucin* (VIa) u. *Isoleucin* (VIb), *Phenylalanin, Serin, Threonin*, II, III, V, *Lysin* u. *Arginin*; Säurehydrolysate von *P. canaliculata* u. *R. palmata* enthalten außerdem: *Methionin, Tyrosin* (VII) u. *Histidin*. Die quantitative Aminosäurebest. in den Säurehydrolysaten von *P. canaliculata* u. *R. palmata* ergab (bezogen auf Trockensubstanz): I 0,65 bzw. 1,85%; VIa 0,25 bzw. 0,71%; VIb 0,28 bzw. 0,66%; IV u. VII 0,60 bzw. 1,46%; II 0,75 bzw. 2,20%; III 1,98 bzw. 2,37%. Durch Gegenstromverteilung der Bromdinitrophenylderivv. wurde versucht, die Zus. des Peptid- u. Proteingemisches in der *P. canaliculata*-Probe zu bestimmen. Zur Best. gewisser reakt. Gruppen in Peptiden erwies sich ein neues Reagens, *1-Brom-2-fluor-3.5-dinitrobenzol* (VIII), durch das die Peptide in die 2-Brom-4.6-dinitrophenyl („BDNP")-Derivv. übergeführt werden, als geeignet.

Versuche: *1.3-Dibrom-2-chlor-5-nitrobenzol* (IX), F. 89,5—91°, aus *2.6-Dibrom-4-nitranilin* (F. 200—202°, durch Bromierung von p-Nitranilin; 96% [Ausbeute]) nach SANDMEYER; 70%. — *1-Brom-2-fluor-3.5-dinitrobenzol*, $C_6H_2O_4N_2BrF$, F. 69°, schwach gelbe Nadeln aus Ae. u. wss. A., aus *1-Brom-2-chlor-3.5-dinitrobenzol* (F. 58—59°, aus 2-Brom-4.6-dinitroanilin [145—148°] nach SANDMEYER; 66%) mit KF nach COOK u. SAUNDERS (Biochem. J. **41.** [1947.] 558); 46%; letztere Rk. geht nicht mit IX. — *2-Brom-4.6-dinitrophenyl (BDNP)-glycin*, $C_8H_6O_6N_3Br$, F. 181,5°, krist. aus CH_3OH oder wss. CH_3OH durch Schütteln der Aminosäure oder des Peptids (allg. Meth.) mit überschüssigem VIII in wss.-alkoh. Lsg. in Ggw. von $NaHCO_3$ bei Raumtemperatur. — *BDNP-Glycylglycin*, $C_{10}H_9O_7N_4Br$, F. 191°. — *BDNP-Triglycin*, F. 187°; *BDNP-Tetraglycin*, F. 214°; *BDNP-Leucylglycin*, F. 80° (alle FF. nach vorherigem Sintern). (J. chem. Soc. [London] **1953.** 2481—91. Aug.) K. F. MÜLLER. 4420

K. M. Dshemuchadse und **G. A. Schalnewa,** *Gerbstoffe von Teeblättern aus dem Gebiet Krasnodar.* Der Gerbstoffgeh. des Tees beträgt ca. 30% der Trockensubstanz. Vff. geben folgende Zus. in % an: 17,16 *l-Epigallocatechin*, 2,82 *dl-Gallocatechin*, 1,69 *l-Epicatechin*, 0,98 *dl-Catechin*, 60,38 *l-Epigallocatechingallat* (I), 15,56 *l-Epicatechingallat*. Der Gerbstoffgeh. der Blätter ist im Juli am höchsten, im Herbst am geringsten. Die jahreszeitlichen Schwankungen sind bes. groß bei I. Dies spricht für die große biol. u. techn. Rolle von I. (Известия Академии Наук СССР, Серия Биологическая [Nachr. Akad. Wiss. UdSSR, biol. Ser.] **1955.** Nr. 6. 59—66. Nov./Dez. Bach-Inst. für Biochem. der Akad. der Wiss. der UdSSR.) REINHARD HÜTTENRAUCH. 4420

D. K. Chaudhuri, *Die Verteilung der gebundenen Nicotinsäure in Reinzuchtstämmen von Reis.* Die Best. des *Nicotinsäure* (I)-Geh. von 24 ind. Reisreinzuchtstämmen vor u. nach Alkalibehandlung bei Raumtemp. ergab bei allen Proben, daß fast die gesamte I-Menge in gebundener Form vorlag. Die Gesamt-I-Werte schwankten zwischen 52 bis 100 γ/g. (Sci. and Cult. **20.** 561—62. Mai 1955. Calcutta, Univ., Coll. of Technol., Dep. of Appl. Chem., Nutrition Res. Unit.) K. MAIER. 4420

W. G. Macmillan, A. B. Sen Gupta und **A. S. Dutt,** *Beobachtungen über die chemische Zusammensetzung der Jute in verschiedenen Stadien des Pflanzenwachstums.* Es wurde die Zus. der Fasern der Jutepflanze (Corchorus capsularis) in Abhängigkeit vom Alter untersucht. In der Rindenschicht erfolgt am 9. Tage nach der Keimung gleichzeitig Bldg. von *Lignin* (I) u. *Cellulose*, wobei der I-Geh. allg. mit dem Wachstum zunimmt. Der anfänglich kleine I-Geh. der Faser steigt nach 35 Tagen an, bleibt dann bis zur völligen Reife konstant, u. nimmt im Stadium der Überreife nochmals zu. *Holocellulose* (II), I-Geh. u. I–OCH_3 bleiben vom 50. Tag an bis zur Reife prakt. konstant. Mit zunehmender Entw. der Pflanze wird die Faser gröber u. kräftiger. Faserzus. nach 71 Tagen (Blühstadium): **II** 87,5, *Xylan* 14,0, **I** 11,5, I-OCH_3 19,5, 98 Tagen (Samenbldg.): 87,8, 14,1, 11,5, 20,3, 130 Tagen (Samenreifung): 88,2, 14,2, 12,6, 20,6%. (Sci. and Cult. **20.** 566—68. Mai 1955. Calcutta, Indian Jute Mills Assoc., Res. Inst.) K. MAIER. 4420

K. Hess, H. Mahl, E. Gütter und **E. Dodt,** *Elektronenmikroskopische Beobachtungen an Schnittflächen von Weizenkörnern.* An quergeschnittenen Weizenkörnern wird die Existenz eines Fibrillenfilzes von Haftprotein auf Stärkekörnern nachgewiesen. (Mikroskopie [Wien] **10.** 6—12. Juli 1955. Hannover, H. Bahlsens Keksfabrik K.-G., Forschungslabor.; Oberkochen, Firma Carl Zeiß, Abt. für Elektronenoptik.) C. GOTTFRIED. 4450

V. M. Sivaramakrishnan und **P. S. Sarma,** *Der Glutaminsäurestoffwechsel in Bohnensamen.* *^{14}C-Glutaminsäure* (I) wird in keimenden Samen von Phaseolus radiatus sehr rasch abgebaut, wobei zum größten Teil CO_2 entsteht; auch Asparaginsäure u. Asparagin sind wichtige Abbauprodd. aus **I.** Es wurde auch eine geringe Umwandlung von **I** in Arginin u. Prolin festgestellt. Gleichzeitig findet rasche Synth. von **I** statt; ^{14}C-Glucose geht z. T. in **I** über. (Biochem. J. **62.** 132—35. Jan. 1956. Madras, Univ., Biochem. Labor.) A. DILLMANN. 4455

L. W. Mapson und **E. M. Moustafa,** *Ascorbinsäure und Glutathion als Atmungsträger in der Atmung von Erbsensamen.* Red. *Glutathion* u. *Ascorbinsäure* (I) dienen in Extrakten aus keimenden Erbsensamen als Atmungsträger. Die dabei beteiligten Enzyme sind eine an Triphosphopyridinnucleotid gebundene Substratdehydrogenase, Glutathionreduktase, *Dehydroascorbinsäurereduktase* (II) u. Ascorbinsäureoxydase. Das Vork. von **II** ist auf den lösl. Anteil des Cytoplasmas beschränkt; Mitochondrien sind davon frei. Der O_2-Verbrauch von intaktem Gewebe, von Cotyledonensuspensionen u. von Suspensionen abgetrennter Embryonen wurde gemessen. Sowohl CN^- als auch Diäthyldithiocarbamat, welche die Oxydation der **I** völlig hemmen, verhinderten auch die Atmung der lösl. Cytoplasmafraktion. Aus den Verss. wird geschlossen, daß 25% der gesamten Atmung der Cotyledonen auf diesem Wege abläuft. Die Bedeutung dieser Atmungsträger für die abgetrennten Embryonen konnte nicht bestimmt werden. (Biochem. J. **62.** 248—59. Febr. 1956. Cambridge, Univ., Low Temp. Stat. for Res. in Biochem. u. Biophys., u. Dep. of Sci. and Ind. Res.) A. DILLMANN. 4455

T. F. Andrejewa, *Untersuchung der Eiweißbildung während der Photosynthese.* In Verss. mit Machorkapflanzen unter Anwendung von ^{15}N u. ^{14}C wird gezeigt, daß bei Belichtung in Ggw. von CO_2 ^{14}C u. ^{15}N in die Proteine der Chloroplasten eingebaut werden. Damit wird die Abhängigkeit der Eiweißbldg. von der Photosynth. bestätigt. Wird die Intensität der Eiweißsynth. durch Phenylurethan bei unveränderter Atmung um das 2fache vermindert, so wird der Eintritt von ^{15}N u. ^{14}C in das Eiweiß der Chloroplasten als Folge der verminderten Eiweißsynth. vermindert. Durch Einführung von N-Verbb. in das mit N nicht ausreichend versorgte Blatt wird die Synth. intensiviert. Der Eintritt von ^{14}C in die Chloroplastenproteine wird hierbei sehr verstärkt. Die Zufuhr von N-Verbb. verursacht beim n. mit N versorgten Blatt keine Änderung des ^{14}C-Einbaues in die Proteine. Chromatograph. läßt sich im Eiweißhydrolysat nach 50 Min. Photosynth. ^{14}C in Cystin, Lysin, Histidin, Arginin, Asparaginsäure, Glutaminsäure, Glykokoll, Serin, Threonin, Alanin u. Prolin nachweisen, am stärksten in Alanin, Serin u. Glykokoll. Dies zeigt, daß bei der Photosynth. die Proteine direkt über die Aminierung der α-Ketosäuren entstehen. Daneben entstehen unabhängig von der Belichtung Proteine durch eine Umwandlung der als Photosyntheseprod. auftretenden Kohlenhydrate. (Доклады Академии Наук СССР [Ber. Akad. Wiss. UdSSR] **102.** 165—67. 1/5. 1955.) O. LEBTAG. 4460

F. Eberhardt, *Der Atmungsverlauf alternder Blätter und reifender Früchte.* Der Atmungsverlauf an Blättern in der Entwicklungsperiode vor dem Laubfall zeigt große Ähnlichkeit mit demjenigen reifender Früchte. Der „klimakter. Atmungsanstieg" fällt bei *Parthenocissus*-Blättern ebenso wie bei *Holunder*-Früchten mit der Anthocyanproduktion zusammen. Während bei reifenden Früchten oft ein Anstieg des RQ über 1 beobachtet wird, liegt der Quotient bei herbstlichen Blättern unter 1 u. unterliegt nur geringen Schwankungen. Mögliche Ursachen des „climacteric rise" werden diskutiert. (Planta **45.** 57—67. 1955. Tübingen, Univ., Bot. Inst.) R. STAAB. 4462

R. Bastin, *Vorkommen und Bedeutung natürlicher, wachstumhemmender Substanzen.* Sammelref. über Vork., Chemie u. biol. Bedeutung pflanzlicher Hemmstoffe. — 97 Literaturangaben. (Rev. Fermentat. Ind. aliment. **9.** 15—24. Febr. 1954. Louvain, Univ. cathol., Labor. de rech. chim.) H. WALTER. 4485

William G. Boll, *Norvalin: Ein Wachstumsfaktor für isolierte Tomatenwurzeln.* An isolierten Tomatenwurzeln wurde die Fähigkeit einer Serie von Aminosäuren untersucht, Pyridoxin (I) als Ernährungsfaktor zu ersetzen. Dabei zeigte sich, daß der Ersatz von I durch dl-Norvalin bei einer Konz. von $4 \cdot 10^{-6}$mol. 50% der Wachstumsförderung von I hervorruft. (Nature [London] **174.** 517. 11/9. 1954. Austin, Tex., Univ., Plant Res. Inst. and Clayton Found. for Res.) R. STAAB. 4485

Toshio Fujita und **Tetsuo Mitsui,** *Untersuchungen über Pflanzenhormone.* 10. Mitt. *Über die Inversion des Tetralinkerns.* Vff. untersuchten die Mol.-Struktur des *Tetralin*-Kerns durch Messung der Dipolmomente von *2.3-Dichlor-1.2.3.4-tetrahydronaphthalin* (I) in verschied. Lösungsmitteln u. bei verschied. Temperaturen. Der alicycl. Ring im Tetralin hat Sesselform, u. I besteht in Lsg. aus einem Gleichgewichtsgemisch zweier Spiegelbildisomerer. Es kann angenommen werden, daß die Verhältnisse bei *1.2.3.4-Tetrahydronaphthoesäure-(1)* ebenso liegen. (J. agric. chem. Soc. Japan [Nippon Nôgeikagaku Kwaisi] **28.** 784—88. Okt. 1954. Kyoto, Univ., Dep. of Agric. Chem. [Orig.: japan., Auszug: engl.]) H. GOEBEL. 4485

K. Lakshminarayanan und **D. Subramanian,** *Ist Fusarsäure ein Vivotoxin?* Zum in vivo-Nachw. von *Fusarsäure* (I) wurden für die Fusariumwelke empfindliche Baumwollpflanzen in sterilem Gartenboden, der mit 10% Boden-Hafer-Inoculum von *F. vasinfectum* ATK. gemischt war, gezogen (Welkesymptome nach 10 Tagen) u. der aus den Wurzeln, Stengeln u. Blättern durch Maceration erhaltene Saft der Rundfilterchromatographie unterworfen. Zum besseren Nachw. wurde I mittels $CuSO_4$ in den Cu-Komplex (II) übergeführt. Die Entw. erfolgte durch 7 Lösungsmittelsysteme, die Markierung der Zonen durch Besprühen mit 0,05%ig. Rubeansäure in Aceton (II als grüne Bande). In Chromatogrammen des Saftes gesunder Pflanzen war I (bzw. II) nicht nachweisbar. (Nature [London] **176.** 697—98. 8/10. 1955. Madras, Univ., Bot. Labor.) K. MAIER. 4490

E₅. Tierchemie. Tierphysiologie. Tierpathologie.

J. V. Evans, *Eine zur halbquantitativen Bestimmung von Harn und Faeces geeignete, einfach gebaute Stoffwechselvorrichtung für Meerschweinchen.* Bauanweisung mit Abbildungen. (New Zealand J. Sci. Technol., Sect. A **34.** 372—74. Dez. 1952. Wallaceville, Animal Res. Stat., Dep. of Agric.) P. LOCH. 4500

A. Drèze, *Stabilität von Tryptophan bei der alkalischen Proteinhydrolyse.* Die Zerstörung von *Tryptophan* (I) in reinen I-Lsgg. in 5n NaOH beim Erhitzen (20 Std. bei 120°) kann durch Ggw. von 5% $SnCl_2$ verhindert werden. In verd. Lsgg. [0,01mmol I in 15—25 ml 6n $Ba(OH)_2$] erfolgt auch durch die Ggw. von bis zu 0,5 g Stärke keine Zerstörung. Während in Abwesenheit von Kohlenhydraten die Ggw. von Cystin, Serin oder Threonin zerstörend auf I wirkt, verhindert ein Zusatz von 0,5 g Stärke je 15—25 ml Lsg. diese Zerstörung. Wird Rinderserumalbumin einmal unter den üblichen Bedingungen (100 mg Protein, 5 ml 5n NaOH) u. zum anderen nach der Meth. des Vf. [100 mg Protein, 15 ml 6n $Ba(OH)_2$, 500 mg Stärke] hydrolysiert, so ergeben sich 0,48 bzw. 0,63% I. (Biochem. J. **62.** 3P. Jan. 1956. Brüssel, Univ., Fac. of Med., Dep. of Biochem.) E. SCHWERDTFEGER. 4520

A. Rossi-Espagnet und **M. Capone,** *Erste Ergebnisse der elektrophoretischen Fraktionierung von Proteinextrakten aus Parasiten.* Die Unterss. wurden an Parascaris equorum, Taenia saginata, Echinokokkencysten u. Cysticercus bovis durchgeführt, nach vorhergehender Aufarbeitung durch Waschen, Einfrieren auf —20° für 6 Std., Homogenisieren mit Quarzsand u. starke Zentrifugierung. In der Cavum-Fl. von Parascaris konnten 5 Fraktionen gefunden werden, wovon die zweite den stärksten Proteingeh. zeigte, allerdings war sie von der ersten nicht einwandfrei trennbar. Die Fraktionen 3—5 waren sehr gering. In der Cuticula ließen sich ebenfalls 5 Fraktionen trennen, doch ist hier die dritte am stärksten. Das Stratum musculare zeigte 4 Fraktionen mit Maximum in der vierten. Bei den Extrakten der Verdauungsorgane ergaben sich 2 Gipfel mit einer breiten Zwischenzone, die vermuten läßt, daß noch verschied. Teilfraktionen ungetrennt vorhanden sind. Ob die charakterist. Elektrophoresebanden für die ganze Species Bedeutung haben, wollen Vff. in Vergleichsverss. mit Ascaris lumbricoides feststellen. Bei Taenia saginata wurden 3 u. bei den Echinokokkencysten 2 Fraktionen gefunden, während die Ergebnisse bei Cysticercus bovis noch nicht eindeutig waren. Vff. stellen fest, daß die Proteinzus. bei den einzelnen Parasiten verschieden ist, u. daß in dem gleichen Parasiten eine wesentliche Spezifität für die verschied. Organe besteht. (Riv. Parassitol. **16.** 225—29. Okt. 1955. Roma, Univ., Ist. di Clin. Med. Gen. e Terapia.) A. KRAUSHAAR. 4520

Thomas G. Morrione, *Die Bildung von Kollagenfasern durch die Einwirkung von Heparin auf lösliches Kollagen. Eine elektronenmikroskopische Untersuchung.* Bei Zusatz einer essigsauren Lsg. von *Heparin* (I) zu einer essigsauren Lsg. von *Kollagen* (II, erhalten durch Extraktion von Dura mater mit wss. Essigsäure u. Reinigung durch Zen-

trifugieren) bilden sich bei Raumtemp. sofort *Kollagenfasern* (**III**); gleichzeitig wird die **II**-Lsg. klar u. niedriger viscos. Die Fasern zeigen Doppelbrechung. Die Konz. von **I** kann in weiten Grenzen (1:200 bis 1:80000) variiert werden. Ähnlich wie **I** wirkt auch *Paritol* (= *Na-Polyanhydromannuronsäuresulfat*), während Glucuronsäure, salzsaures Glucosamin, K-Äthylsulfat u. N-Acetylglucosamin negative Resultate ergaben. **III** besteht nach elektronenmkr. Unterss. aus 500—8000 Å dicken langgestreckten Fasern, die mitunter längs der Faserachse eine Struktur mit einer Periode von ca. 650 Å aufweisen. In der Diskussion, in der Vf. näher auf die verschied. Theorien über den **III**-Bildungsmechanismus eingeht, wird gezeigt, daß bei der Bldg. von **III** Mastzellen eine wesentliche Rolle spielen. (J. exp. Medicine **96.** 107—14. 1/8. 1952. Brooklyn, Long Island Coll. Hosp.)
O. Fuchs. 4520

N. A. Barnicot, *Das Pigment Trichosiderin im roten Menschenhaar.* Vf. beschreibt Verss. mit dem orangegelben Alkaliextrakt einer Probe roter Menschenhaare. Die bei vorsichtiger Neutralisation u. anschließender Zugabe von HCl (spezif. Gew. 1,18) auftretende weiße Fällung wird abgetrennt. Im Extrakt erscheint beim Erhitzen die für *Trichosiderin* (**I**) charakterist. rosa Farbe. Danach muß im schwach alkal. Extrakt eine Vorstufe zum **I** vorliegen, die erst durch Ansäuern u. Erhitzen in **I** übergeht. Vf. nimmt an, daß die Vorstufe zum **I** ein säurelösl. gelbes oder orangefarbenes Pigment ist, das, wie Verss. an andersfarbigen Haarproben erweisen, für die rote Haarfarbe spezif. ist. (Nature [London] **177.** 528—29. 17/3. 1956. London, Univ. Coll., Dep. of Anthropology.)
R. Lenschau. 4520

H. G. Klingenberg, E. Schauenstein und **H. Bayzer,** *UV-spektrographische Untersuchungen an Antigen–Antikörper-Filmen.* Änderungen im Vernetzungszustand eines Proteins durch interpeptid. H-Brücken $-\underset{|}{C}=O\cdots\underset{|}{H}-N-$ sind im UV-Spektr. zu erkennen. Vergleicht man die konsumptive UV-Absorptionskurve eines auf Quarz aufgetragenen Antigen–Antikörper-Films mit dem aus reinstem γ-Globulin, so stimmen die Kurven überein. Es wird daher angenommen, daß die Antigen–Antikörper-Rk. (Ovalbumin als Antigen) nicht auf der Ausbldg. einer H-Brücke beruht, sondern unter Bldg. salzartiger Brücken zwischen NH^{3+} u. entsprechenden negativen Gruppen erfolgt. Eine Denaturierung des Proteins kommt nicht in Frage. (Z. Naturforsch. **11b.** 79—82. Febr. 1956. Graz, Univ., Physiol. Inst. u. Inst. für theoret. u. physikal. Chem.)
E. Fischoeder. 4551

Leo Norpoth, Joseph Cloesges, Margret Finger und **Maria Schulze,** *Elektrophoretische Studien am menschlichen Magensaft.* Differenzierung der Eiweißkörper des Magensaftes durch Papierelektrophorese gelang nach Anreicherung mittels Trockentropfenmeth. nach Grossmann u. Henning bei p_H 8,6, Ionenstärke 0,12. Laufzeit betrug 11 Stunden. Festgestellt wurde ein sehr hoher Anteil langsam wandernder Eiweißkörper. Vff. schließen in Analogie zur Serumunters. auf hohen Geh. an β- u. γ-Globulinen, was durch frühere Unterss. bestätigt wird. (Dtsch. med. Wschr. **77.** 563—64. 25/4. 1952. Essen, Elisabeth-Krankenhaus, Med. Klin.)
F. Lüpnitz. 4555

Makoto Honda, *Gallensäurezusammensetzung und Leberfunktion bei Pankreatitis.* Bei *Pankreatitis* ist ähnlich wie bei Cholelithiasis der Anteil der *freien Gallensäuren* in der Gallen-Fl. erhöht, der Anteil der *Cholsäure* vermindert (Ergebnisse beim Menschen u. beim Hund). Bei experimentell induzierter akuter Pankreatitis (Hund) ist die *Histozym*-Aktivität der Leber gesteigert. (Proc. Japan Acad. **31.** 243—46. April 1955. Okayama, Univ., Med. School, Dep. of Biochem., u. Kyushu, Univ., Med. School, Dep. of Surg. [Orig.: engl.])
H. Goebel. 4555

Konrad Seige, *Untersuchungen über die Funktion der Ohrspeicheldrüse.* 1. Mitt. *Eine neue Gewinnungsmethode des Parotissekretes und Untersuchungen an Gesunden.* Mittels einer neuen Meth. wurde 50 Versuchspersonen Parotisspeichel entnommen. Er enthielt 0,84 (0,22—1,83) % Trockensubstanz u. 24,6 (10,2—41,8) E. *Amylase.* (Dtsch. Z. Verdauungs- u. Stoffwechselkrankh. **14.** 263—71. Dez. 1954. Leipzig, Univ., Med. Klin.)
P. Loch. 4555

Konrad Seige und **Gerhard Klein,** *Untersuchungen über die Funktion der Ohrspeicheldrüse.* 2. Mitt. *Der Amylasegehalt des Parotissekretes in den verschiedenen Altersstufen.* (1. vgl. vorst. Ref.) Bei 135 gesunden Personen aller Altersstufen von 2—89 Jahren wurde die exkretor. Funktion der Ohrspeicheldrüse durch subcutane Injektion von 5 mg Pilocarpinhydrochlorid beidseitig angeregt; im isolierten Sekret wurde die Konz. an *Amylase* (**I**; Meth. von Willstätter, Waldschmidt-Leitz u. Hesse) sowie der Geh. an Trockensubstanz (**II**) gemessen. Im ersten Jahrzehnt liegt die Konz. an **I** wesentlich höher als im 6.—9. Jahrzehnt; im 2. Jahrzehnt liegt sie höher als in der Gruppe von 70—79 Jahren. Auffallend waren die niedrigen Werte für **I** bei einem Kind von 20 Monaten u. einzelne relativ hohe Werte im 9. Jahrzehnt. — Die Werte für **II** sind in allen

Altersgruppen uncharakterist. u. zeigen keine Beziehung zur Konz. von I. (Z. Altersforsch. **8.** 309—17. April 1955.) A. HESSE. 4555

J. T. Baldini und **M. X. Zarrow,** *Östrogen und Blutcalciumspiegel bei der Schnepfe.* Bei der Schnepfe liegen die n. Blutcalciumwerte höher als bei Säugern u. Küken (Männchen 14,6 mg%, nichtlegende Weibchen 14,2 mg%, beim Legen Anstieg auf 29,3%). Durch Behandlung mit östrogenen Substanzen (*Östradiol* 100 γ, 21 Tage täglich bzw. *Stilböstrol*-Kapaunetten oder Injektion) läßt sich der Calciumspiegel auf 34,5—140 γ erhöhen. Beim hungernden Tier sinkt der Ca-Spiegel sofort u. steigt mit der Fütterung wieder an. Injektion (1 γ Östradiol) rief hier 45%ig. Anstieg hervor, beim gut ernährten Vogel einen 86%igen. Die Wrkg. tritt sehr schnell ein. Das Östrogen erhöht die Ca-Resorption durch den Verdauungskanal ebenso wie die Retention von ^{45}Ca. Da es auch beim hungernden Tier den Blutcalciumspiegel erhöht, wirkt es auch auf den im Skelett abgelagerten Kalk mobilisierend, doch ist der Nahrungskalk physiol. leichter verwertbar. (Poultry Sci. **31.** 800—04. Sept. 1952. Lafayette, Ind., Purdue Univ., Dep. of Poultry Husbandry and Biol. Sci.) K. NEHRING. 4559

Elvira Mardones, Dusan Jadrijevic und **A. Lipschutz,** *Vergleich über die antiöstrogene Wirkung von Progesteron und 17-α-Oxyprogesteron.* Bei einem Vgl. der antiöstrogenen Wrkg. von *Progesteron* u. verschied. Oxyderivv. ergab sich bei *17-α-Oxyprogesteron* eine geringere antifibromatogene u. antihysterotrope Wrkg. als bei 11β-Oxyprogesteron, 11-Ketoprogesteron u. Desoxycorticosteron. — Progesteron ist nach intramuskulärer Injektion bei Frauen ohne progestationale Wrkg., während der Capronsäureester dieser Verb. diese Wrkg. zeigt. Eine entsprechende Unters. mit 17α-Oxyprogesteron wurde nicht durchgeführt. (Nature [London] **177.** 478—79. 10/3. 1956. Santiago, Chile, Servicio Nacional de Salud, Inst. de Medicina Experimental.) H. GOHR. 4559

R. H. Dutt, *Induktion von Östrus und Ovulation in östrischen Mutterschaften durch Progesteron und Serum schwangerer Stuten.* Östrischen Mutterschafen wurde Serum schwangerer Stuten (**I**; Handelspräp. *Anteron*) allein, *Progesteron* (**II**) allein u. **II** für verschied. Zeiten zusammen mit **I** injiziert. Der Eintritt von Östrus, Ovulation u. Befruchtung wurde beobachtet. Bei keinem der Kontrolltiere traten weder Östrus noch Ovulation während der Versuchsdauer auf. Injektion von 500 I.E. von **I** allein in anöstr. Schafe führte zur Ovulation, aber nicht gleichzeitig zum Östrus. Wenn **II** in annähernd physiol. Dosen eine Zeit von 15 Tagen vor **I** injiziert wurde, traten bei allen Tieren Östrus u. Ovulation zusammen auf. Eine 15tägige Behandlung mit **II** allein bewirkte Östrus u. Ovulation bei 4 von 9 Schafen. Bei anöstr. Schafen auf **I**-Injektion nach **II**-Behandlung ausgetretene Eier waren befruchtungsfähig. Der hierdurch induzierte Östrus war von ungefähr n. Dauer (im Mittelwert 33,6 Std.). (J. Animal Sci. **12.** 515—23. Aug. 1953. Kentucky, Agric. Exp. Stat.) H. AMAN. 4559

H. H. Kraus, *Ursachen der Prothrombinspiegelschwankungen während des normalen Cyclus.* An 5 Frauen stellte Vf. kurz vor der Periodenblutung eine Senkung des *Prothrombin* (**I**)-Spiegels fest; da Verabreichung von *Hormonen* in Tierverss. u. an 18 Versuchspersonen auch eine Verringerung des **I**-Index bewirkte, wird die Ursache in Einw. der Sexualhormone auf das vegetative Syst. gesehen. (Zbl. Gynäkol. **74.** 1661—65. 1952. Ludwigshafen/Rh., Städt. Frauenklin.) H. DOSSMANN. 4559

Edmund Cheng, Charles D. Story, Loyal C. Payne, L. Yoder und **Wise Burroughs,** *Auffindung von östrogenen Substanzen in Luzerne- und Kleeheufutter für Mastlämmer.* Die Aktivität wurde gegen Standarddosen von *Stilböstrol* (**I**) durch Beobachtung der Stimulierung der Uterusgewichte an unreifen weiblichen Mäusen gemessen. Die Stärke des Klee- u. Luzerneheus schwankte von 0,8—2,7 μg von Stilböstrolaktivität/Pfund Heu. Die mögliche prakt. Bedeutung der Verfütterung dieser Östrogenanteile für Zuchtleistung, Milchproduktion u. Mast wird besprochen. (J. Animal Sci. **12.** 507—14. Aug. 1953. Iowa, Agric. Exp. Stat.) H. AMAN. 4559

W. Klyne und **A. A. Wright,** *Isolierung von 17α-Östradiol und Equol aus dem Harn schwangerer Ziegen.* In dem Harn schwangerer Ziegen wurden bereits Östron (ca. 0,4 mg/Liter) u. 5β-Pregnan-3α.20α-diol (ca. 2 mg/Liter) u. verschied. 17-Ketosteroide nachgewiesen. In der nichtketon. phenol. Fraktion konnten nunmehr ferner *17α-Östradiol* (**I**) u. *Equol* [**II**, *Isoflavandiol-(7.4')*], u. zwar durch Behandlung der nichtketon. Fraktion mit W. bzw. Bzl.–PAe., ermittelt werden. In der wss. Fraktion wurde **II** (ca. 10 mg/Liter) gefunden u. als freies Phenol, Dimethyläther, Diacetat u. Dibenzoat durch F. u. Infrarotspektr. identifiziert. Die Bzl.–PAe.-Fraktion wurde über Al_2O_3 chromatographiert. Die anfallenden Fraktionen zeigten eine positive KOBER-Rk., sie wurden methyliert u. die Methyläther erneut chromatographiert. Auf diese Weise wurde der **I**-Dimethyläther (ca. 0,1 mg/Liter) von dem **II**-Dimethyläther abgetrennt u. durch F., Misch-F. u. Infrarotspektr. identifiziert; er lieferte die typ. Farb-Rk. mit H_2SO_4 u.

Essigsäure, unterscheidet sich daher deutlich von der 17β-epimeren Form. II entstammt offensichtlich der Nahrung, da Isoflavone in verschied. Pflanzen, wie Klee, Wicken u. Sojabohnen, als Glykoside vorliegen u. schon gezeigt werden konnte, daß einige von ihnen, z. B. das Genistein, schwache östrogene Eigg. besitzen. (Biochem. J. **62**. 21 P. März 1956. London, Postgraduate Med. School.) H. P. FIEDLER. 4559

H. Waring und **R. L. Kirk**, *Beobachtungen über die Umwandlung von melanophorerhöhendem hypophysärem („B")-Hormon und über den Effekt dieser Hormone auf den Kohlenhydratstoffwechsel in Säugetieren.* Unterss. größerer Harnserien bestätigten, daß im Harn das *melanophore („B")-Hormon* nicht enthalten ist. Zellfreie Extrakte der Leber inaktivieren in vitro das Hormon. Gekochte Extrakte sind dagegen ohne Einfluß. Injektionen eines „B"-enthaltenden Extrakts verhindern die adrenaline Hyperglykämie. (Austral. J. exp. Biol. med. Sci. **30**. 409—13. Okt. 1952. Univ. of Western Austral., Zool. Dep.) H. NIEMANN. 4560

J. Dekanski, *Die quantitative Bestimmung von Vasopressin.* Es wird eine Meth. zur genauen Best. der vasopressor. Wirksamkeit von Hypophysenhinterlappenpräpp. beschrieben. Als zweckmäßigste Versuchsanordnung wurde die Blutdruckregistrierung an der Ratte nach Vorbehandlung mit *Dibenamin* gewählt. (Brit. J. Pharmacol. Chemotherapy **7**. 567—72. Dez. 1952. Edinburgh, Univ., Dep. of Pharmacol., Organon Labor.) A. DAUTZENBERG. 4560

H. B. F. Dixon, *Die Wirkung von Perjodat auf ACTH.* Wird *Corticotropin A_1* (**I**) 8 Min. mit 0,01 mol. *Perjodat* (**II**) bei p_H 9,2 behandelt u. das Reaktionsprod. durch Dialyse gegen verd. Essigsäure unter Verwendung einer Kollodiummembran abgetrennt u. anschließend chromatographiert, so erweist sich das Reaktionsprod., im ACTH-Test geprüft, als inakt., während die melanophorenstimulierende Aktivität (**III**) erhalten bleibt. Damit verhält sich **I** gegenüber **II** anders als gegenüber Peroxyd, welches nach früheren Unterss. sowohl die ACTH-Aktivität als auch **III** beseitigt. Beide Aktivitäten sind dem **I**-Mol. eigen, die **II**-labile Gruppe ist dagegen nur für die ACTH-Aktivität erforderlich. (Biochem. J. **62**. 25 P—26 P. März 1956. Cambridge, Univ., Dep. of Biochem.) H. P. FIEDLER. 4560

N. A. Judajew, *Die Steroidhormone der Nebennierenrinde.* Übersicht. — 93 Literaturzitate. (Проблемы Эндокринологии и Гормонотерапии [Probleme Endokrinol. Hormontherap.] **1**. Nr. 2. 95—111. März/April 1955. Moskau.) F. DU MANS. 4561

M. Hein-Sekula und **H. Siedek**, *Über die Einwirkung von ACTH und Cortison auf den Lävuloseumsatz.* In 80 Verss. an 35 stoffwechselgesunden Personen wurden Blutzucker, *Milchsäure* (**I**) u. *Brenztraubensäure* (**II**) im Blut, Kreatinin im Blut u. Harn, fallweise *Lävulose* (**III**) im Blut u. Harn unter einmaliger Belastung von *Cortison* (**IV**), *ACTH*, **III**, **III** + **IV**, **III** + ACTH, *Glucose* (**V**) + **IV** u. **V** + ACTH kurvenmäßig erfaßt u. miteinander verglichen. Es ergab sich: **IV** (300 mg) u. ACTH (30 mg) steigern den Blutzucker etwa gleich stark; der Kurvenverlauf ist jedoch verschieden. ACTH u. **IV** senken die Nierenschwelle für **III**. Unter **IV** kommt es zu einem bes. hohen **II**-Anstieg. ACTH steigert bes. die **I**. Es wurden folgende Schlüsse gezogen: **IV** unterscheidet sich in seiner Wrkg. auf den Kohlenhydratstoffwechsel wesentlich vom ACTH. Es zeigt einen geringeren Insulinantagonismus als ACTH. Bei einmaliger Gabe kommt es im Gegensatz zu ACTH zu keiner diabet. Stoffwechsellage. Aufbau u. Abbau der **III** werden durch **IV** gesteigert; ACTH steigert mehr den **III**-Abbau. **IV** scheint mehr die Glykoneogenie zu fördern als ACTH, dieses mehr die Glykolyse. **III** wirkt im Spiegel der Belastungskurven auf den Kohlenhydratstoffwechsel ähnlich wie **IV** u. ACTH. Die Wirkungen von **IV** u. ACTH summieren sich zu denen der **III**. **III** setzt den Adaptationsmechanismus SELYES in geringerer Intensität in Gang als **V** u. wirkt mehr corticoidsparend. (Wiener klin. Wschr. **64** ([N. F.] **7**). 391—95. 30/5. 1952. Wien, I. Med. Univ.-Klinik.) K. F. MÜLLER. 4561

T. Nicol und **D. L. J. Bilbey**, *Cortisonwirkung auf das Blut.* Bei Meerschweinchen bewirken Gaben von *Cortisonacetat* im Blut das Auftreten unreifer Erythrocytenformen, Absinken des Hämoglobingeh., Abfall der Lymphocyten-, Monocyten- u. Leukocytenzahlen. (Nature [London] **177**. 524. 17/3. 1956. London, King's Coll., Dep. of Anatomy.) HEINRICH HERMANN. 4561

Ray H. Rosenman, S. Charles Freed und **Malcolm K. Smith**, *Wirkung von Cortison auf die Gefäßreaktionsfähigkeit von kaliumarmen und normalen Ratten.* Durch K-arme Nahrung bei gesunden Ratten hervorgerufene Hypotonie wurde durch *Cortison* (**I**) normalisiert; die Gefäßreaktionsfähigkeit dieser Tiere sowie von intakten u. einseitig nephrektomierten Ratten auf Blutdruckmittel, wie *Norepinephrin, Methoxaminhydrochlorid = Vasoxyl, Renin, Angiotonin*, wird durch **I** nicht signifikant beeinflußt. (Proc. Soc. exp. Biol. Med. **87**. 292—95. Nov. 1954. San Francisco, Calif., Mount Zion Hosp., Harold Brunn Inst.) H. DOSSMANN. 4561

F. Gross und **E. Tschopp,** *Über einen neuen langwirkenden Ester des Desoxycorticosterons.* Vff. berichten über pharmakol. Unterss. an adrenalektomierten Hunden u. Ratten mit *Desoxycorticosterontrimethylacetat* (I), das dem bisher hauptsächlich verwendeten *Desoxycorticosteronacetat* (II) in verschied. Hinsicht überlegen ist. Die Schwellendosis bei täglicher subcutaner Injektion von I in öliger Lsg. ist bei beiden Versuchstierarten nur halb so hoch wie bei Verwendung von II. Bei einmaliger Gabe von I ist bei subcutaner Injektion sowohl einer öligen Lsg. als auch einer Kristallsuspension die Wirkungsdauer etwa verdoppelt gegenüber der Anwendung der gleichen Menge II, selbst wenn im Falle der Kristallsuspension größere II-Kristalle verwendet wurden. (Experientia [Basel] **8.** 75–76. 15/2. 1952. Basel, Ciba Akt.-Ges., wissenschaftl. Laborr.)
W. FRUHSTORFER. 4561

Denis Abelson und **Philip K. Bondy,** *Fluorometrische Bestimmung von Δ^4-3-Ketosteroiden.* Es wird eine einfache fluorometr. Meth. zur quantitativen Best. von *Δ^4-3-Ketosteroiden* (I) beschrieben, die auf der Rk. mit K-tert.-Butoxyd in tert.-Butanol beruht (Entw. einer orangegelben Fluorescenz). Sie ist zur Best. von Testosteron, Progesteron u. der biol. akt. C_{21}-Nebennierenrindensteroide geeignet u. erlaubt noch 0,01 γ I nachzuweisen. Die korr. Emissionsspektren der gebildeten fluorescierenden Verbb. zeigen ein Maximum im 580 mμ-Bereich, dessen Intensität je nach Art des Steroids schwankt, die Absorptionsspektren eines bei 385 mμ. (Arch. Biochem. Biophysics **57.** 208–17. Juli 1955. New Haven, Conn., Yale Univ., School of Med., Dep. of Physiol. and Internal Med.)
K. MAIER. 4561

D. Abelson und **P. K. Bondy,** *Wirkung von Alkalien auf den A-Ring der Steroide.* In einer früheren Unters. (vgl. vorst. Ref.) wurde gezeigt, daß der NaOH-Fluorescenz-Test auf Papierchromatogrammen zur quantitativen Best. der *Δ^4-3-Ketosteroide* (I) verwendet werden kann. Als bestes Lösungsm. erwies sich K-tert.-Butoxyd gelöst in tert.-Butylalkohol. Unter Verwendung des FARRAND-Fluorometers können mit Hilfe dieser Meth. noch 0,01 μg I nachgewiesen werden. Neben der gelborangen Fluorescenz zeigen die Lsgg. an sich eine Gelbfärbung. Das Absorptionsspektr. – gemessen im BECKMAN DU-Spektrophotometer – zeigte Maxima bei 260 u. 385 mμ. Das Maximum bei 385 mμ bleibt trotz 2std. Stehen der Lsg. bei Zimmertemp. unverändert u. dürfte für I charakterist. sein. Lediglich das Cholestan-3.6-dion zeigt ebenfalls ein Maximum bei 385 mμ. Andere Steroide zeigen zwischen 230 u. 600 mμ keine bemerkenswerte Absorption oder ein Maximum unter 385 mμ. Östradiol, Östron u. Östriol haben ihr Maximum bei 310 mμ, wahrscheinlich bedingt durch die Phenolgruppe im A-Ring. – Die Gelbfärbung entspricht in der I-Konz. dem BEERschen Gesetz. Die Struktur der gelbgefärbten Komponente konnte noch nicht aufgeklärt werden. (Biochem. J. **62.** 35 P. März 1956. London, Postgraduate Med. School., Dep. of Med.; New Haven, Conn., Yale Univ., School of Med., Dep. of Internal Med.)
H. P. FIEDLER. 4561

Erd. Keeser und **H. Oelschläger,** *Über die Regulierung der Schilddrüsenfunktion und die Wirkungsweise von Rhodanbenzoesäuren.* Vff. beschreiben die Synth. des Schilddrüsenhormons im Organismus, die Möglichkeiten ihrer Beeinflussung durch antithyreoide Substanzen (Thiouracile) sowie die Vor- u. Nachteile dieser Therapie. *p-Oxypropiophenon, o-* u. *p-Rhodanbenzoesäure* zeigten beim Meerschweinchen in der Versuchsanordnung nach PICK u. GLAUBACH keinen Antagonismus gegen Thyroxin. (Arch. Pharmaz. Ber. dtsch. pharmaz. Ges. **285/57.** 368–72. Okt. 1952. Hamburg, Univ., Pharmakol. Inst.)
K. BÖHM. 4562

N. M. Bleehen und **R. B. Fisher,** *Die Wirkung von Insulin auf das überlebende Rattenherz.* (Vgl. C. **1955.** 6061.) Vff. führen an Rattenherzen in vivo Perfusionsverss. in mit 5 mg Ca u. 150 mg/100 ml *Glucose* (I) versetzter KREBS-HENSELEIT-Bicarbonat-Nährlsg. durch. Es wird beobachtet, daß die I-Nutzbarmachung in Ggw. von 0, mE. *Insulin* (II) pro ml nicht größer ist als in II-freiem Substrat. Erst bei höheren II-Gehh. (oberhalb 2,0 mE.) steigt die I-Aufnahme an. Die Ergebnisse zeigen, daß das isolierte Herz auf II fast genauso empfindlich anspricht, als das Diaphragma. Der maximale I-Verbrauch bei Abwesenheit von II beträgt ca. 50% des bei Ggw. von II stattfindenden I-Stoffwechsels. II wandert innerhalb von 15 Min. aus dem Muskel ab. (J. Physiology **118.** 27 P–28 P. 28/10. 1952. Oxford, Univ., Dep. of Biochem.)
P. FAHRNLAENDER. 4564

W. Rössel und **L. Wullen,** *Weitere experimentelle Untersuchungen zur Kreislaufwirkung von Insulin.* (Vgl. C. **1955.** 855.) Die Kreislaufwrkg. von *Insulin* (I) wird an gesunden männlichen Versuchspersonen unter Grundumsatzbedingungen untersucht. Blutdruckamplitude, Schlag- u. Minutenvol. nehmen um so früher u. stärker zu, je mehr I verabfolgt wurde. Die Herzfrequenz steigt anfänglich, u. nimmt beim Minimum des *Blutzuckers* (BZ) wieder ab, wobei die Ausgangswerte proportional der I-Dosis überschritten werden. Bei intravenöser Injektion von 40 E. (130 E.) I ändert sich beispielweise die Amplitude um +40% (+122%), die Herzfrequenz in tachycarder Phase um +40% (+8%), in bradycarder Phase um −27% (−28%). Die fraktionierte Verabfolgung der gleichen I-Dosis hatte einen schnelleren Anstieg der Amplitudenvergrößerung u. der Herzfrequenz zur Folge, während das Ausmaß der Amplitudenvergrößerung in beiden Fällen etwa gleichbleibt. Dagegen verstärkt fraktionierte Injektion nicht mehr die Tachy-, sondern nur die Bradycardie. Beziehungen zum BZ bestehen nicht. — Bei intramuskulärer Injektion schwankt die Herzfrequenz gering um den Ausgangswert. Die BZ-Amplitude nimmt, allerdings verzögert, stärker zu u. verharrt längere Zeit auf einem überhöhten Plateau. Diese Kreislaufwirkungen können durch *Glucose* (**II**) (100 g per os) abgestoppt u. normalisiert werden. Intravenöse **II** verschwindet schnell aus dem Blut. Die hypoglykäm. u. hypoxäm. Kreislauf-Rkk. ähneln sich weitgehend u. werden über das Zentralnervensyst. reguliert, während die Frequenzänderungen über die Pressoreceptoren gehen. (Pflügers Arch. ges. Physiol. Menschen Tiere **256.** 55—65. 1952. Köln, Univ., Physiol. Inst.) V. KLINGMÜLLER. 4564

S. K. Bhattacharya, J. S. Robson und **C. P. Stewart,** *Der Glutathiongehalt von Blut und Geweben nach Injektion von Alloxan und Dehydroascorbinsäure.* Wird Kaninchen oder Ratten Alloxan in diabetogenen Mengen intravenös injiziert, so sinken die Konzz. an *Glutathion* (**I**) u. Gesamtglutathion (**I** + oxydiertes **I**) im Blut stark ab. Der **I**-Geh. der Leber nimmt bei der Ratte ab, während der **I**-Geh. im Pankreas prakt. konstant bleibt. Oxydiertes **I** tritt in der Leber nicht in signifikanten Mengen auf. Durch intravenöse Injektion von *Dehydroascorbinsäure* (**II**) konnte nur bei Ratten, nicht aber bei Kaninchen Hyperglykämie erzeugt werden. Werden Ratten durch **II** permanent hyperglykäm. gemacht, so ändern sich die **I**-Konzz. in Blut, Leber u. Pankreas nicht. Sofort nach intravenöser **II**-Injektion wird der **I**-Geh. der Leber, ohne Auftreten von oxydiertem **I** vermindert. Vff. schließen aus ihren Ergebnissen, daß die Verminderung der **I**-Konz. nach Injektion von **I** oder **II** nicht nur auf einer Oxydation von **I** beruht. (Biochem. J. **62.** 12—21. Jan. 1956. Edinburgh, Royal Infirmary, Clin. Labor. and Univ., Dep. of clin. Chem.) E. SCHWERDTFEGER. 4564

W. C. Stewart, *Anhäufung von Acetylcholin im Gehirn und Blut von Tieren, die mit Cholinesterasehemmstoffen vergiftet sind.* Bei Ratten, die durch *Tetraäthylpyrophosphat* (*TEPP*), *Diisopropylfluorphosphonat* (*DFP*), *Diäthyl-p-nitrophenylphosphat* (*Paraoxon;* **I**) oder *Eserin* getötet waren, konnten im Gehirn höhere Werte an *Acetylcholin* (**II**) nachgewiesen werden als bei Ratten, die durch Erstickung, Strychnin oder Chlf. abgetötet worden waren. Bei Tieren, die mit letalen Dosen von **I** vergiftet waren, wurde im Blut freies **II** (0.008—0 03 μg **II**/cm³ Blut) festgestellt. (Brit. J. Pharmacol. Chemotherapy **7.** 270—76. Juni 1952. Alberta, Can., Univ. of Alberta, Edmonton.) W. KIRSTEN. 4569

Klaus Speckmann und **Heinz Kleinbaum,** *Über die Beeinflußbarkeit Head'scher Zonen durch Histamin und Antihistamin. Ein Beitrag zur Pathophysiologie des übertragenen Schmerzes und des Funktionswandels.* Bei 34 neuerlich Kranken mit HEADschen Zonen wurde der hyperpath. Schmerz durch subcutane *Histamin* (**I**)-Injektion elektiv verstärkt, durch intragluteale Injektion des Antihistamins *Luvistin* (**II**) abgeschwächt, meist sogar ausgelöscht. Danach müssen **I**-artige Substanzen bei der Entstehung der Hyperpathie eine Rolle spielen, möglicherweise durch Einw. auf eine zentrale Schmerzwelle. — Die Bedeutung dieser Befunde im Zusammenhang mit dem LEWISschen „nocifensorischen" Syst. u. der Beeinflußbarkeit des „funktionellen" Funktionswandels wird diskutiert, ebenso ihre Bedeutung für eine rationelle Begründung der „Heilanästhesie". (Dtsch. Z. Nervenheilkunde **167.** 317—26. 1952. Kiel, Univ., Med. Klinik.) E. FRÜHWALD. 4569

A. Cerletti und **E. Rothlin,** *Die Rolle des 5-Oxytryptamins bei Geisteskrankheiten und sein Antagonismus zu Derivaten der Lysergsäure.* Im Gegensatz zum *Lysergsäurediäthylamid* führt sein Deriv. *2-Brom-d-lysergsäurediäthylamid* (*BOL 148*) nicht zu psychot. Erscheinungen, sondern wirkt sedativ u. verhält sich inakt. gegenüber dem Blutdruck, der Herzfrequenz u. dem Uterus. Antagonist. gegenüber dem *5-Oxytryptamin* verhält es sich nur bei der Nieren- u. Mesenterialdurchblutung, in Hinsicht auf den arteriellen Druck, die Bronchostriction u. den Einfl. auf die Wrkg. der *Barbiturate.* Es ist kein Antagonist des *Histamins,* des *Adrenalins* oder des *Acetylcholins.* Die Ursache der Differenzen ist den Vff. nicht bekannt. (Nature [London] **176.** 785—86. 22/10. 1955. Basel, Sandoz Ltd., Dep. of Pharmacol.) D. ZEMKE. 4569

W. T. J. Morgan und **Winifred Watkins,** *Das Produkt aus den Humanblutgruppengenen A und B bei Individuen der Blutgruppenzugehörigkeit AB.* Ein Präcipitat aus Anti-A-Serum + reiner AB-Blutgruppensubstanz (hergestellt nach dem Phenolextraktionsverf. aus Cysteninhalt einer Patientin der Blutgruppe AB) enthält nicht nur die A-spezif., sondern auch die B-spezif. Aktivität (Agglutinationshemmungsvers.). Das Präcipitat aus Anti-A-Serum + Gemisch von gesondert gewonnener A- u. B-Substanz dagegen enthält nur die A-spezif. Aktivität. Gleichsinnig verlaufene Verss. mit Anti-B-Serum. Die einzelnen Moll. der AB-Substanz müssen also nebeneinander die A- u. die B-Spezifität charakterisierende Struktur besitzen u. sich chem. von der nur A- bzw. B-Substanz unterscheiden. Die möglichen, genet. bedeutungsvollen Schlußfolgerungen aus diesem Befund werden erörtert. (Nature [London] **177.** 521—22. 17/3. 1956. London, S. W. I. Lister Inst. of prevent. Med.) E. FISCHOEDER. 4572

J. J. Scott, *Die Synthese kristallisierbaren Porphobilinogens.* Es werden Verss. mitgeteilt, die zeigen, daß *δ-Aminolävulinsäure* (I) chem. in *Porphobilinogen* (II) überführbar ist, u. diese Rk. allg. für *α-Aminoketone* (III) gilt, wobei in jedem Falle ein *α-Aminomethylpyrrol* entsteht. I-Hydrochlorid wird im Vakuum mit Alkali versetzt, nach mehreren Tagen (18°) Luft zugelassen u. II isoliert (Ausbeute 3% krist. II), das in jeder Hinsicht mit II biol. Herkunft ident. ist. Andere III wurden analog zu Pyrrolen kondensiert. Der Einfl. von p_H u. Temp. auf den Reaktionsverlauf ist komplexer Natur. (Biochem. J. **62.** 6 P. Jan. 1956. London, Nat. Inst. for Med. Res.) K. MAIER. 4572

Andrée Drilhon, Constantin Vago und **René-Guy Busnel,** *Versuch vorzeitiger Diagnose von Fettsucht und Schlafsucht durch Chromatographie des Blutes von Bombyx mori.* Da die Krankheitsbilder der Fettsucht (Grasserie) u. der Schlafsucht (Flacherie) bei Seidenraupen mit starken Veränderungen des Aminosäuregeh. des Blutes verbunden sind, untersuchen Vff. die Möglichkeit einer frühzeitigen Diagnose auf Grund papierchromatograph. Befunde. Es zeigt sich jedoch, daß die Veränderungen des Blutes bei beiden Krankheiten erst in so späten Stadien erfolgen, daß eine Frühdiagnose auf diesem Wege nicht möglich ist. (C. R. Séances Soc. Biol. Filiales **146.** 11—12. Jan. 1952.) K. NEHRING. 4572

E. J. Harris und **M. Maizels,** *Ionenverteilung in Suspensionen menschlicher Erythrocyten.* Die Verteilung von Chlorid (I) inner- u. außerhalb von menschlichen Erythrocyten, die sich in einem I-Medium befinden, hängt prim. vom p_H u. nicht vom Stadium des Zellstoffwechsels oder von der qualitativen Verteilung der Kationen ab. — Die Änderungen des I-Geh. mit dem p_H nähern sich auch denen, die man von den Eigg. des Zellhämoglobins erwarten kann, u. das Verhältnis der Konzz. von Zell-I u. äußerem I scheint nur von physikal. Gründen bestimmt zu sein. Das Verhältnis von äußerer zu innerer H-Ionenkonz. ist innerhalb der Fehlergrenzen die Umkehrung des I-Verhältnisses, aber die Konzz. von K in aktivstoffwechseltätigen Zellen u. im äußeren Medium zeigen keine solche Beziehung, u. es erscheint notwendig, einen chem. Träger anzunehmen, um die charakterist. Verteilung des Phosphats in solchen akt. Systemen zu erklären. Zellen bei 4° mit minimalem Stoffwechsel haben ein Verhältnis: äußeres/inneres [Na], das sich langsam 1 nähert. Einige Beobachtungen legen nahe, daß der Endwert dem Verhältnis: inneres/äußeres [Cl] entspricht. Die Geschwindigkeitskonstante für den Na-Transfer bei 4° liegt gewöhnlich zwischen 0,0025 u. 0,005 h^{-1}. — Das Verhältnis äußeres/inneres [K] steigt bei 4° nach 4 Wochen auf ca. 0,5. Die Geschwindigkeit des Na-Geh. ist größer als die des K-Gehaltes. Das stellt bei Kaltlagerung einen größeren Faktor der Zellquellung dar. — Bei der Berechnung der Transferkonstanten muß die Änderung im Zellvol. berücksichtigt werden. (J. Physiology **118.** 40—53. 26/9. 1952. London, Univ. Coll., Dep. of Biophysics, u. Univ. College Hosp., Dep. of Clinical Pathol.) E. FRÜHWALD. 4573

Günther Schulze, *Quantitative Untersuchungen an den Lipoiden des menschlichen Blutserums.* Im Nüchternserum gesunder Versuchspersonen wurden chromatograph. unter Anwendung von Zucker- u. Al_2O_3-Säulen die Lipoide untersucht u. dabei folgende Bestimmungen durchgeführt: Gesamtlipoide, Phosphatide, Cholesterinester, freies Cholesterin, Neutralfett, freie Fettsäuren, KW-stoffe, Wachse u. eine Stoffgruppe unbekannter Natur. Auf der Höhe der Dünndarmverdauung waren die Gesamtlipoide bei gleichzeitigem Anwachsen der Phosphatide u. Cholesterinester vermehrt, während die freien Fettsäuren auf Null absanken. Die übrigen Stoffe erfuhren keine Änderung. Das Mengenverhältnis von Phosphatiden u. Cholesterinester im Serum war veränderlich u. die Summe beider Stoffe nicht konstant. Die Gesamtmenge von Phosphatiden u. Cholesterinestern stand in linearer Abhängigkeit zur Gesamtmenge von Neutralfetten u. freien Fettsäuren. — Nach Ansicht des Autoren sind für die Regulierung des Lipoidgleichgewichtes im Serum die Cholesterinester u. die freien Fettsäuren von Bedeutung. (Naunyn-Schmiedebergs Arch. exp. Pathol. Pharmakol. **214.** 473—79. 1952. Göttingen, Med. Univ. Klin.) H. GOHR. 4574

M. Suchan, Z. Vodrážka und **R. Praus,** *Photooxydation der Bluteiweißkörper.* 5. Mitt. *Der Einfluß der Photooxydation auf die Antigenität der Eiweißstoffe.* (4. vgl. VODRÁŽKA u. SPONAR, C. **1956.** **3322.**) Es wurden serolog. Verss. mit photooxydierten reinen Fraktionen von Blutplasma u. mit Globin (I) vorgenommen, deren chem. u. phys.-chem. Veränderungen in vorhergehender Mitt. beschrieben worden sind. Die Ergebnisse der serolog. Teste bei Serumalbumin (Pferd; II), humanem γ-Globulin (III) u. I stehen im Einklang. I, welches artspezif. ist, verliert nach der Photooxydation (PO.) die Fähigkeit, Antikörper zu bilden. Die Eiweißstoffe nach FO. präcipitieren weder das spezif. Antiserum, welches durch Immunisation mittels FO. behandeltem Antigen erhalten wurde, noch das Antiserum aus einem mit nichtbehandeltem Eiweißstoff immunisierten Tier. Es wurde bestätigt, daß mit dem Sinken der Anzahl der heterocycl. u. aromat. Ringe die Antigenität stark sinkt. Die Senkung der Antigenität der Eiweißstoffe durch FO. mit sichtbarem Licht kann zur Spezifikation der sogenannten heterologen Eiweißstoffe benützt werden, wobei diese Spezifikationsmeth. gegenüber anderen Methoden unter milden Bedingungen anwendbar ist. Der Geh. an Histidin (**IV**), Tryptophan (**V**) u. Tyrosin (**VI**) sinkt nach der FO. bei allen zu den serolog. Verss. verwendeten Eiweißstoffen. Der Aminosäuregeh. (in %) beträgt vor (bzw. nach der Oxydation) bei **I**: **IV** 8,4 (0,5), **V** 1,5 (0), **VI** 2,9 (1,8); bei **II**: **IV** 4,3 (1,0), **V** 0,3 (0), **VI** 4,6 (3,9); bei **III**: **IV** 2,5 (1,2), **V** 2,9 (0,4), **VI** 6,7 (1,9). (Chem. Listy **49.** 1573—74. Okt. 1955. Praha, Fakultní nemocnice, Ústřední haematolog. labor., ústav hematologie a krevni transfuse. [Orig.: tschech.]) B. MELOUN/Prag. 4574

Rosemary Biggs, *Plasma-Thromboplastin.* Untersucht man die Neubldg. von *Thrombin* (**I**) durch Zugabe von Anteilen vorher gewonnenen n. Gesamtblutes zu *Fibrinogen* (**II**) in gewissen Zeitabständen, so zeigen sich für die **I**-Bldg. auf Grund der Proportionalität zwischen Koagulationszeit von **II**- u. **I**-Menge 2 markante Phasen. In den ersten 3—4 Min. läßt sich kein **I** feststellen, danach setzt eine äußerst schnelle **I**-Bldg. ein, u. nach 2—3 Min. ist das gesamte *Prothrombin* (**III**) in **I** umgewandelt. Es tritt also eine starke thromboplast. Aktivität auf, zu deren Bldg. 3—4 Min. erforderlich sind. Als gut brauchbar für die Darst. der Plasmathromboplastinaktivität erwies sich das Plasma eines Patienten, bei dem, abgesehen von einem **III**-Mangel, alle anderen Faktoren vorhanden waren. Die Unters. über die Bldg. von *Thromboplastin* (**IV**) aus von n. Plasma u. Serum isolierten Faktoren läßt es als wahrscheinlich erscheinen, daß Plättchen die Hauptvorläufer des **IV** sind u. daß das antihämophyl. Globulin u. Faktor VII nur in relativ geringen Mengen notwendig sind. (Nature [London] **170.** 280. 18/8. 1952. Oxford, Dep. of Hämatol. Radcliffe Infirmary.) W. KÖNIGSDORF. 4574

Peter R. Morrison und **Katherine C. Morrison**, *Blutung und Blutgerinnung bei einigen Bermuda-Crustaceen.* Blutungsvolumen u. Natur der Koagulation (Agglutination der Zellen, Polymerisation des Fibrinogens zu Fibrin) werden bei 12 Species der Bermuda-Crustaceen untersucht. (Biol. Bull. **103.** 395—406. Dez. 1952. Wisconsin, Univ., Dep. of Zool. and Physiol.) G. NIESWANDT. 4574

Fritz Souchon, *Papierchromatographische Untersuchungen der freien Aminosäuren im Säuglingsharn.* Es wurden mehrere Reihen von Urinproben Neugeborener u. Frühgeborener untersucht (Gesamt-N nach KJELDAHL, freie Aminosäuren papierchromatograph.). *Glykokoll* (**I**) steht hinsichtlich der Menge an der Spitze der ausgeschiedenen Aminosäuren (AS), es folgen *Serin, Glutaminsäure* (**II**) u. *Cystein* (**III**). Am 1. Lebenstag wurde fast immer *Taurin* gefunden, am 7. jedoch seltener. Auffallend ist die hohe Zahl der *Prolin*-haltigen Urinproben am 3. Lebenstag. Die Gehh. an **II** u. **III** nehmen vom 1. bis zum 7. Lebenstag ab, während die von **I** u. *Methionin* zunehmen. Die Zahl der ausgeschiedenen AS ist bei muttermilchernährten Kindern größer als bei Flaschenkindern, mit *Eledon* ernährte weisen einen höheren Geh. an **I** u. **II** auf. (Z. ges. exp. Med. **118.** 219—29. 1952. Kiel, Univ.-Kinderklinik.) H. ENDRASS. 4577

A. Vantienhoven, G. W. Salisbury, N. L. Vandemark und **R. G. Hansen**, *Über die bevorzugte Verwertung von Glucose im Verhältnis zu Fructose durch Stierspermatozoen.* Eigelb vermindert den *Fructose*-Verbrauch der Stierspermatozoen bei einer anaeroben Bebrütung bei 37 oder 46,5°. Diese Erscheinung kann durch die Ggw. von *Glucose* im Eigelb u. deren bevorzugte Verwertung im Verhältnis zu Fructose erklärt werden. Bei 85% Fructose + 15% Glucose kann ein gleichmäßiger Verbrauch an Fructose u. Glucose bei einer Bebrütung unter Stickstoff bei 37° erwartet werden, wenn die Anfangskonzentration bei 0,67 mg reduzierbarer Substanz in der Lsg. 10^8 Zellen beträgt. (J. Dairy Sci. **35.** 637—41. Juli 1952. Urbana, Univ. of Illinois, Dep. of Dairy Science.) G. HECK. 4582

Norma Ornstein und **John R. Gregg**, *Atmungsstoffwechsel der Amphibien-Gastrula-Gewebekultur.* Zur Feststellung des unterschiedlichen Verh. der dorsalen u. ventralen Seite der Amphibiengastrula bzgl. des Stoffwechsels werden folgende Punkte untersucht: 1. Dorsoventraler Unterschied in der Atmungsgeschwindigkeit, 2. Atmungs-Rk. des Gastrulagewebes nach Einw. von Stoffwechselgiften, die die Gastrulation unterdrücken, 3. Anaerobe CO_2-Produktion dorsaler u. ventraler Gewebe. Gasaustauschmessungen nach HOLTER (C. R. hebd. Séances Acad. Sci. **24.** [1943.] 399) ergeben: Dorsale Gewebe der *Rana pipiens*-Gastrula in HOLTFRETERs Lsg. atmen 20mal schneller als ventrale. *Azid, Cyanid, Malonat, p-Chlormercuribenzoat* u. *Fluorid* hemmen oder blockieren die Gastrulationsbewegungen des Embryos u. reduzieren die Atmungsgeschwindigkeit der

dorsalen u. ventralen Gewebeproben. *2.4-Dinitrophenol* hemmt die Gastrulation, verdoppelt aber die Atmungsgeschwindigkeit des dorsalen u. ventralen Gewebes. Die Atmungsaktivität ist nicht in einfacher Weise mit den Bewegungen der Gastrulation verknüpft, da manche der untersuchten Inhibitoren nicht im gleichen Sinne auf beide Vorgänge wirken. Dorsale sowie ventrale Gewebe produzieren CO_2 anaerob ohne wesentlichen Unterschied. (Biol. Bull. **103.** 407—20. Dez. 1952. New York, N. Y., Columbia Univ., Dep. of Zool.)
G. NIESWANDT. 4583

William F. Lynch, *Faktoren, die die Metamorphose von Bugulalarven beeinflußen.* Die Rolle der Ionen des Seewassers bei der Metamorphose der Larven von *Bugula flabellata,* sowie die Wirkungen von Medien, die nur drei oder zwei Ionen oder ein Gemisch dieser mit Vitalfarbstoffen (Neutralrot, Methylenblau, Eosin) enthalten, werden bei genau kontrollierbaren Bedingungen des Lichtes, osmot. Druckes, des p_H der Medien u. der Temp. untersucht. In Ca-freier VAN'T HOFF's-Lsg. u. Na- u. K-freien Gemischen (p_H 7,1—8,0), in denen sich die anderen Ionen in demselben Verhältnis wie im Seewasser befinden, erfolgt, wie bei einem Überschuß von $MgCl_2$, keine Metamorphose. Stark beschleunigt ist sie dagegen in isotoner Mg-freier Lsg. (p_H 8,0). Von den Vitalfarbstoffen ist Neutralrot am wirksamsten. Es beschleunigt die Metamorphose schon bei einer Konz. von 1:1000000 Teilen Seewasser. Diese beschleunigende Wrkg. des Farbstoffs wird durch die Abwesenheit von Ca-, Na- u. K-Ionen sowie durch Senkung der Temp. (4 u. 12°) negativ, durch Abwesenheit von Mg-Ionen positiv beeinflußt. (Biol. Bull. **103.** 369—83. Dez.1952. Davenport, Io., St. Ambrose Coll., u. Woods Holl., Mass., Marine Biol. Labor.)
G. NIESWANDT. 4583

G. De Bastiani und **L. Sperti,** *Wirkung des p-Oxypropiophenons auf die somatische Entwicklung und die Metamorphose der Larven von Bufo viridis und Rana agilis.* Zur Testung der somatotropen u. thyreotropen Wirksamkeit des *p-Oxypropiophenons* (I) werden an Amphibienlarven von *Bufo viridis* u. *Rana agilis* Wachstum u. Zeitdauer der Metamorphose nach Behandlung mit I untersucht. Eine geringe Inhibition der somat. Entw. u. der Metamorphose wird beobachtet. Histolog. Unterss. der Hypophyse ergeben eine Erhöhung der thyreotropen Aktivität (vgl. dagegen LACASSAGNE u. Mitarbeiter, C. **1952.** 3341, u. SOULAIRAC u. Mitarbeiter, Presse méd. **59.** [1951.] 275). Der hyperplast. u. hypertroph. Zustand der Schilddrüse selbst wird als Folge der direkten Einw. von I auf die n. Funktion (z. B. Störung der Hormonbldg.) der Drüse angesehen. (Arch. int. Pharmacodynam. Thérap. **91.** 211—23. 1/9. 1952. Padua, Univ., Inst. de Physiol.)
G. NIESWANDT. 4583

Dwain D. Hagerman und **Claude A. Villee,** *Der Transport von Fructose durch die menschliche Placenta.* Absorptionsspektr. des Resorcinreaktionsprod. u. Papierchromatographie beweisen die Anwesenheit von *Fructose* (I) im Nabelschnurblut des Menschen. Der Geh. dieses Blutes an I liegt zur Zeit der Geburt ca. 45% über dem des mütterlichen Blutes. Incubation in vitro zeigt, daß die menschliche Placenta fähig ist, kleinere Mengen von I auszuscheiden. (J. clin. Invest. **31.** 911—13. Okt. 1952. Boston, Mass., Harvard Med. School.)
G. NIESWANDT. 4583

Seymour L. Romney, Duncan E. Reid, James Metcalfe und **C. Sidney Burwell,** *Ausnützung von Sauerstoff durch den menschlichen Fetus im Uterus.* Der durchschnittliche O_2-Verbrauch im graviden Uterus ist ungefähr 23,5 cm^3/Min. u. der des fetalen Gewebes ca. 5,0 cm^3/Min. Der O_2-Verbrauch von feuchtem, placentarem Gewebe in vitro wurde zu 4,5 cm^3/kg/Min. festgestellt, genauso hoch wie der des Myometriums; Myometrium, Placenta u. Fetus nützen O_2 im Verhältnis ihres relativen Gewichts. Die arteriovenösen O_2-Unterschiede in der uterinen Arterie u. Vene u. der Nabelarterie u. -vene sind in ihrem Wert fast gleich. Es ist denkbar, daß ein bedeutender Prozentsatz der fetalen Energie aus dem anaeroben Stoffwechsel herstammt, ist doch der Brenztraubensäure- u. Milchsäuregeh. des Nabelschnurblutes höher als der des mütterlichen Blutes. Daher der größere Widerstand des Fetus gegen O_2-Defizit. Der menschliche Fetus besitzt demnach mindestens bis zur 7. Woche ein Milchsäuredehydrogenaseenzymsystem. Der Koeff. der O_2-Nutzung seitens des Fetus ist deutlich größer als der des Uterus, woraus hervorgeht, daß der Fetus eine größere O_2-Menge aus einer gegebenen Blutmenge aufnimmt. Der Energiebedarf des Fetus hängt sehr von seinem Wachstum ab. In den letzten Wochen der Schwangerschaft ist er deutlich gesteigert, was einen Anstieg des gesamten O_2-Verbrauchs zur Folge hat. Ein großer Teil der Gewichtszunahme jedoch ist das Ergebnis von Fettablagerung, wofür wieder ein Anteil der Glykolyse nötig ist zur Synth. der Fettsäuren. Bis zu welchem Ausmaße in dieser Zeit der aerobe Stoffwechsel gleichzeitig steigt, bedarf noch der Untersuchung. Vff. schließen aus ihren Verss., daß der O_2-Verbrauch des Fetus mit dem der Mutter vergleichbar ist. (Amer. J. Obstetr. Gynecol. **70.** 791—99. Okt. 1955. Boston, Mass., Lying-in Hosp., and Harvard Med. School, Dep. of Obstetrics and Med.)
H. AMAN. 4583

Alfred E. Harper, Mitsuru C. Katayama und **Bohdan Jelinek,** *Der Einfluß von Nahrungskohlenhydraten auf den Grad der Aminosäuren im Faeces der weißen Ratte.* Der Einfl. von verschied. Kohlenhydraten auf den Grad der Aminosäureausscheidung in den Faeces der weißen Ratte wurde studiert. Kartoffelstärke, autoklavierte Kartoffelstärke oder Dextrin bewirkten eine stärkere Exkretion an Aminosäuren in den Faeces als Rohrzucker oder Glucose. Steigerung an *Lysin* u. *Histidin* in den Faeces wurde durch 10%ig. Lactosezugabe zur Rohrzuckerration erreicht. Ammoniumsalze mit unbehandelter Kartoffelstärke oder autoklavierter Getreidestärke neigten zu einer geringen Steigerung der Aminosäureausscheidung. Wurden jedoch die Ratten mit unveränderter Kartoffelstärke u. mit autoklavierter Kartoffelstärke gefüttert, so ergaben sich bes. hohe Aminosäurewerte. (Canad. J. med. Sci. **30.** 578—84. Dez. 1952. Alberta, Univ., Dep. of Biochem.)
H. HENNERSDORF. 4585

Agnes Fay Morgan, *Die Wirkung der Hitze auf den biologischen Wert der Proteine.* Das Erhitzen der Proteine bedingt vielfach eine Änderung in ihrem biol. Wert. Der Nährwert der Sojabohnen wird durch mäßiges Erhitzen erhöht, durch stärkeres u. längerdauerndes dagegen vermindert. Die Erhöhung der Wrkg. wird in einem vermehrten Freiwerden des *Methionins* bei der Verdauung der rohen Sojabohnen gesehen. Die anderen Proteine werden im allg. beim Erhitzen in ihrem Nährwert vermindert. Das Ausmaß des Rückganges ist abhängig von der Temp., der Dauer des Erhitzens, der Ggw. der Kohlenhydrate, Vorhandensein von Feuchtigkeit u. der Art der Proteine. Die Ursachen für den Rückgang sind z. T. in der Rk. von Aminogruppen mit Zuckern zu suchen, bes. der ε-Aminogruppe des Lysins (I). Deswegen ist eine Wertverminderung durch Erhitzen z. T. durch Zufuhr von I auszugleichen. Aber auch eine Herabsetzung der Zugänglichkeit von anderen Aminosäuren, wie Histidin, Tryptophan, Arginin u. Cystin, kann in Frage kommen. Darüber hinaus können auch Ursachen mitspielen, die im einzelnen noch nicht bekannt sind. Die einzelnen Proteinarten, wie Getreide, Milch, Fleisch, Fisch, Eier usw., werden besprochen. (J. Home Econ. **44.** 761—64. Dez. 1952. Berkeley, Calif., Univ. of California, Dep. of home economics.)
K. NEHRING. 4585

J. T. van Bruggen, T. T. Hutchens, C. K. Claycomb, W. J. Cathey und **Edward S. West,** *Die Wirkung des Fastens auf die Lipogenese bei der normalen Ratte.* Nach einer bestimmten Fastenzeit wurde n. ausgewachsenen männlichen Ratten intraperitoneal eine Dosis von $1 \cdot 10^6$ c.p.m./100 g Körpergewicht Carbonyl-^{14}C-markiertes Acetat injiziert u. nach 1std. Eingang in den Stoffwechsel dessen Einbau in die Fettsäuren (I) u. das Cholesterin (II) überprüft. 120 Std. fastende Ratten verloren ca. 25% ihres Körpergewichtes u. ca. 75% ihrer I. Der II-Geh. blieb dagegen im wesentlichen konstant. Die Aktivität des ausgeatmeten CO_2 änderte sich mit zunehmender Fastenzeit von 1 bis auf 120 Std. nicht. Der in I u. II auftretende ^{14}C-Geh. sank in dieser Periode auf ca. $^1/_3$ ab. (J. biol. Chemistry **196.** 389—94. Mai 1952. Portland, Ore., Univ. of Oregon Med. School, Dep. of Biochem.)
W. KÖNIGSDORF. 4585

F. A. Kummerow, H. P. Pan und **H. Hickman,** *Der Einfluß von Diätfett auf die Fortpflanzung und die Fettsäurezusammensetzung von an Fettmangel leidenden Ratten.* Weibliche Ratten, welche bei einer fettlosen Diät aufwuchsen, warfen tote oder rasch sterbende Junge. Enthielt die Diät zusätzlich 5% hydriertes Fett, warfen die Tiere lebende Junge, welche aber nicht länger als 72 Std. am Leben blieben. Bei Zusatz von 5% Maisöl entwöhnten die Ratsen 85% ihrer Jungen. Eine Analyse der Fettzus. bei mit einer fettlosen Diät ernährten Ratten u. ihrer Jungen zeigte, daß die Tiere an einem Mangel an *Arachidonsäure* u. nicht an Fett litten. Die größten Unterschiede zeigten sich in der Phosphorlipoidfraktion der Jungen. (J. Nutrit. **46.** 489—98. 10/4. 1952.)
K. HEYNS. 4585

Stig Kyrning, *Über die chemische Untersuchung von Vitamin A und Carotinoiden in Hühnereiern.* Vf. beschreibt Meth. zur Best. von *Vitamin A* (I) u. *Carotinoiden* mit *β-Carotin* als Standardsubstanz im Hühnerei.

V e r s u c h e: 80 g unter CO_2-Atmosphäre homogenisierte Hühnereier werden mit 80 ml Methanol u. 20 ml gesätt. wss. KOH-Lsg. verseift u. 5 Min. auf dem Dampfbad erhitzt. Das gekühlte Hydrolysat wird mit 150 ml (u. dann mit 120, 120, 100, 100, 100, 100) peroxydfreiem Ae. u. mit 200 ml W. extrahiert. Die Ätherextrakte werden mit W. 5mal gewaschen u. mit 80 g Na_2SO_4 sicc. getrocknet u. im Vakuum eingedampft bis zur völligen Ätherfreiheit. Der Rückstand wird mit 100 ml PAe. gelöst u. an $CaCO_3$ chromatographiert, mit 5% Aceton in PAe. entwickelt u. die mechan. getrennten Zonen mit Ae. extrahiert u. die einzelnen Fraktionen eingedampft. I u. *Lutein* mit *Cyclohexan,* Carotinoid-Oxydationsprodd. mit A. gelöst. I wird bei 620 mμ in $SbCl_3$-Ggw., die Carotinoide, die ca. 6% der I-Fraktion ausmachen, bei 450 mμ spektroskop. gemessen. Die Meth. wird durch Zugabe von I-Mengen zu homogenisierten Hühnereiern getestet. Die Genauigkeit lag bei 93—99%. Bei Fütterungsverss. von *β-Carotin*, *Lutein* u. *Kryptoxanthin* an Hennen genügt die Meth. völlig zur Überwachung der Erfolge. — Tabellen. (Int. Z. Vitaminforsch. **24**. 263—71. 1952. Tompteboda, Stockholm, National. Inst. of Public Health, Vitamin Dep.) J. MILLER. 4587

Herbert G. Luther, E. J. Goett und **G. O. Cragwall**, *Neuere Entwicklung auf dem Gebiet des Vitamins A. Ausnutzungsquote und Stabilität.* Die Ausnutzung von *Vitamin A* (I) durch den Organismus (gemessen am Serumspiegel, Leberdepot oder Exkretion) ist nicht so sehr von der Natur des I, wie von der Art der Verdünnungsmittel (Fette oder Emulsion) abhängig. Die beste Retention ergab sich bei I-Acetat, das in Gelatine eingebettet u. mit Gelatine überzogen ist, bei dem sich die Teilchengröße der Kristalle zwischen 0,5 u. 1 μ bewegt. Das trockene, feste, geschmack- u. geruchlose Präp. ist in W. lösl. u. auch in Ggw. sonst zers. wirkender Katalysatoren sowie beim Backprozeß oder beim Kochen stabiler als alle anderen I-Präpp. u. neigt nicht zur autokatalyt. oxydativen Zersetzung. Es läßt sich Magermilchpulver, Margarine u. Fetten ohne Schwierigkeit zusetzen u. bewirkte bei Zusatz zu Hühnerfutter Gewichtszunahmen. Der Effekt wurde durch Zusatz geringer Mengen Antibiotica (Terramycin für Schweine u. Kälber, Penicillin oder Bacitracin bes. für Geflügel, Rimocidin, welches gegen Hefen u. Schimmel aber wenig gegen Bakterien wirkt, sowohl für Schweine als auch Geflügel) erzielt. Das Verfüttern synthet. Milch an Kälber, Füllen u. Schweine wurde untersucht. Der Ersatz von Colostrum, bes. in den ersten 2 Tagen, war nicht möglich. Die Ursache dieser Wrkg. der Antibiotica ist noch nicht geklärt. (Int. Z. Vitaminforsch. **23**. 362—80. 1952. Chas. Pfizer & Co. H. L. DUMONT. 4587

B. Lionel Truscott und **G. van Wagenen**, *Serum-Vitamin-A in normalen und A-Mangel-Affen (Macaca mulatta).* Der *Vitamin-A*-Geh. (111—175 I.E.%) von 6 bis 14 Jahre alten weiblichen Affen (Macaca mulatta) ist recht konstant, trotz verschied. Gewichts (5950—11310 g) bei n. Ernährung, ist aber im Alter etwas geringer. Er hängt jedoch stark vom Menstruationscyclus ab, sinkt in den ersten u. letzten Wochen u. steigt in den mittleren 2 Wochen. Dauernder **A**-Mangel erniedrigt I-Geh. bei jungen Tieren in 6—7 Monaten, bei älteren in über 15 Monaten. Bei **A**-Mangel sinkt in der 1. Woche des Menstruationscyclus der I-Geh. ab u. steigt dann länger als bei n. Tieren an. Bei Umstellung auf n. Diät steigen bes. bei jungen Tieren I-Spiegel u. Gewicht schneller an. In den ersten Monaten der Schwangerschaft zeigten sich hohe I-Werte. Eine Beurteilung des I-Spiegels ist daher nur unter Berücksichtigung des Menstruationscyclus (ca. 4 Wochen) sinnvoll. (Yale J. Biol. Med. **25**. 139—46. Nov. 1952. Yale Univ., School of Medicine, Dep. of Anatomy and Obstetrics and Gynecology.) H. L. DU MONT. 4587

R. Koch, *Einfluß der Vitamine A und E auf den Glykogengehalt der Leber.* Vf. gibt Ratten innerhalb von 6 Tagen 60000 I. E. (ca. 33 mg) *Vitamin-A-Palmitat* (I) bzw. 30 mg *Vitamin E* (II) pro Tag subcutan u. beobachtet einen Anstieg des Leberglykogengeh. um 23,8% (bei Einw. von I) bzw. 17,1% (bei II), wobei das Lebergewicht mit dem Körpergewicht u. Lebensalter ansteigt. Die postmortale Glykogenolyse wird durch I oder II nicht beeinflußt. Während die Wrkg. von II, das wahrscheinlich mit einem reversiblen Redoxsyst. in Verbindung steht, ungeklärt ist, wird der I-Effekt auf eine Hemmung der Schilddrüsenfunktion bzw. einen direkten Angriff am Leberparenchym zurückgeführt. (Int. Z. Vitaminforsch. **24**. 68—75. 1952. Marburg/Lahn, Univ.-Kinderklin.) P. FAHRNLAENDER. 4587

O. Kresse, *Die Behandlung der Peritonealtuberkulose mit Vitamin D_2 (Oldevit).* Bericht über 10 schwere Fälle mit Ascites, die mit *Vitamin D_2 = Oldevit/ ~ Dekristol* (JENAPHARM) geheilt werden konnten. Durchschnittlich wurde ein Tropfen I als öliges Konzentrat 3 Mon. lang verabreicht = ca. $4 \cdot 10^4$ E. täglich. Verabreichungsschema wird angegeben u. an 1 Fall, der für alle typ. war, besprochen. Ferner Besprechung histol. Erscheinungen, die durch wiederholte Operation in 1 Fall untersucht werden konnten; bei diesem lag gleichzeitig eine Genitaltuberkulose vor, für die I-Therapie nicht ausreichte. (Dtsch. Gesundheitswes. **7**. 1301—05. 9/10. 1952. Naumburg/Saale, Krankenhaus.) H. DOSSMANN. 4587

Schepp, *Vitamin D_2 und Vitamin D_3 in der tierärztlichen Praxis.* Die unterschiedliche Wrkg. von *Vitamin D_3* gegenüber D_2 wird hervorgehoben. Über die Herstellungsweise des Vitamin D_3-Öls Dr. SCHEPP durch stufenweise Molekulardest. von Dorschleberöl im Vakuumverf. wird berichtet. (Dtsch. tierärztl. Wschr. **58**. 271. 1/9. 1951. Hamburg.) G. RUHNKE. 4587

F. P. Debrit, *Über Vitamin B_6 in Milch und Milchprodukten.* Vf. gibt Übersicht über Bestimmungsmethoden von *Vitamin B_6* (I) mit Hilfe von *Nemospora sitophila*- u. *Saccharomyces carlsbergensis*-Kulturen. Die Bedeutung des Sterilisations- u. PASTEUR-Effektes, der Einfl. von A. u. I auf den Neurospora-Test (Tabellen) u. Berechnung der

I-Mengen in Milch werden erläutert. Lichteinfl. erniedrigt den I-Geh. (Tabellen). Milch enthält 100—200 γ%, Hartkäse 300—800 γ% I. (Int. Z. Vitaminforsch. **24.** 331—45. 1952. Bern, Milchwirtsch. Inst. u. Bakteriol. Liebefeld Inst.) J. MILLER. 4587

Karl Guggenheim und **Robert E. Olson,** *Untersuchungen der Lipogenese bei gewissen Vitamin-B-Mangelzuständen. Thiamin-, Pantothensäure-, Biotin-* u. *Cholin*-Mangelerscheinungen wurden bei jungen männlichen Ratten durch entsprechende Ernährung erzeugt. Die Versuchstiere erhielten 3 Tage lang $CH_3 \cdot {}^{14}COOH$ in ihrer Kost. Anschließend wurden die Tiere getötet u. ihre Leber auf *Fettsäuren* (I) u. *Cholesterin* (II), ihr Herz, ihr Blutserum u. ihre Nebennieren auf II analysiert; die ^{14}C-Aktivität von I u. II wurde gleichfalls bestimmt. — In keiner der untersuchten Avitaminosen wurde eine Wrkg. des Vitaminmangels auf die spezif. Aktivität von I u. II in Leber, Herz u. Serum beobachtet. Die gesamte ^{14}C-Aufnahme in den Leber-I u. -II variierte entsprechend den Änderungen in der Absolutmenge dieser Lipoide in der Leber. Die spezif. Aktivität des Nebennieren-II war bei allen Mangelzuständen u. in den Kontrollen reduziert. — Diese verhielten sich wie die entsprechenden Mangelgruppen, ausgenommen hinsichtlich der I-Menge u. -Aktivität in der Cholinmangelgruppe, die bei den Kontrollen beträchtlich erhöht waren. Die Verss. sprechen dafür, daß die Lipogenese als solche bei den untersuchten Avitaminosen nichtspezif. verändert ist. (J. of Nutrit. **48.** 345—58. 10/11. 1952. Boston, Mass., Harvard School of Public Health, Dep. of Nutrit.) W. FRANKE. 4587

George J. Gabuzda jr., Gerald B. Phillips, Robert F. Schilling und **Charles S. Davidson,** *Stoffwechsel der Pteroylglutaminsäure und des Citrovorumfaktors bei Skorbutpatienten.* Die Ausscheidung von *Citrovorumfaktor* (I) im Harn wurde mikrobiol. bei 2 skorbutkranken Männern u. einem nichtskorbut. Erwachsenen, denen *Pteroylglutaminsäure* (II) peroral verabreicht wurde, bestimmt, u. zwar vor, während u. nach einer *Ascorbinsäure* (III)-*Therapie.* Bei den 3 Versuchspersonen wurde während der anfänglichen Kontrollperiode eine geringe Menge I ausgeschieden. Bei den Skorbutkranken nahm bei peroraler Verabreichung von II die I-Ausscheidung etwas zu. Eine maximale I-Ausscheidung, die mit der der nichtskorbut. Versuchsperson vergleichbar war, fand jedoch bei den Skorbutkranken erst nach einer hinreichenden III-Therapie statt. Die Verss. zeigen, daß der I stoffwechselmäßig der II verwandt ist u. daß eine Aufgabe der III beim Menschen darin besteht, die Umwandlung von II in I zu begünstigen. (J. clin. Invest. **31.** 756—61. Aug. 1952. Boston, Mass., Thorndike Memorial Labor., Boston City Hosp. u. Dep. of Med., Harvard Med. School.) K. F. MÜLLER. 4587

K. Guggenheim, S. Halevy, Hannah Neumann und **Varda Usieli,** *Der Stoffwechsel von Pteroylglutaminsäure in der Ratte.* Nach subcutaner Injektion steigender Mengen (0,05 bis 20 mg) *Folsäure* (I) in Ratten steigt die Ausscheidung von I im Urin von 2,7 auf 456 γ/100 g Körpergewicht (bestimmt mit Streptococcus faecalis) u. die von *Citrovorum Faktor* (II) von 0,025 auf 4,17 γ/100 g (Best. mit Pediococcus cerevisiae 8081), wobei maximal nur 30% der eingesetzten Folsäureaktivität wiedergefunden wurden, während in der Leber der Geh. an I (etwa 0,5 γ) u. an II (von 3,3 bis 9,8 γ) nahezu konstant bleibt. Erst große Mengen I erhöhen den Geh. an I in der Leber. Zusätzliche Injektion von *Ascorbinsäure* (III) erhöht die Ausscheidung von I u. II im Urin, steigert den Geh. an II in der Leber u. bei Angebot von 25 mg III auch den Geh. an I. III hat also Schutzwrkg. für I u. II. Gleichen Effekt hat Behandlung der Ratten mit Phenobarbital. Variation im Fettgeh. der Rattendiät u. Cholinmangel haben keinen Einfl. auf die Bldg. von II, dagegen erniedrigt geringerer oder gar kein Proteingeh. in der Diät den Geh. an II in der Leber. (Biochem. J. **62.** 281—86. Febr. 1956. Jerusalem, Israel, Hebrew Univ., Hadassah Med. School, Dep. of Biochem., Labor. of Nutrit.) A. TREBST. 4587

H. R. V. Arnstein und **V. Stanković,** *Die Wirkung gewisser Vitaminmängel auf die Biosynthese von Glycin.* Nach Verfütterung von ^{15}N-*Glycin* an Ratten oder Meerschweinchen untersuchen Vff. den Geh. an markiertem Glycin in den Proteinen der homogenisierten Eingeweide. Die Mengen des unter n. Bedingungen u. unter Vitaminmangel synthetisierten Glycins lassen sich aus der Verdünnung des verfütterten markierten Glycins errechnen. Die n. Glycinbiosynth. beträgt bei Ratte u. Meerschweinchen 2,7 bzw. 4 mMol/100 g Körpergewicht/Tag. *Vitamin-*B_{12}-Mangel bei Ratten u. *Ascorbinsäure*-Mangel bei Meerschweinchen hatten keinen Einfl. auf die Glycinsynthese. Mangel an *Pteroylglutaminsäure* vermindert bei der Ratte die Glycinsynth. u. die Umwandlung von Glycin in Serin, Alanin, Asparaginsäure u. Glutaminsäure. Die Ergebnisse werden im Hinblick auf die Bedeutung von Serin u. Pteroylglutaminsäure für die Glycin-Synth. diskutiert. (Biochem. J. **62.** 190—98. Febr. 1956. London, Mill Hill, Nat. Inst. for Med. Res.) E. SCHWERDTFEGER. 4587

Everett H. Sanneman jr. und **Marion F. Beard,** *Parenterale Vitamin-*B_{12}*-Folsäure-Behandlung der perniciösen Anämie.* Nach Blutbildstabilisierung unter parenteraler Behandlung mit *Vitamin* B_{12} (I) setzten Vff. die Therapie bei 8 Patienten einer I-*Folsäure*-Kombination (*Rubrafolin*, SQUIBB =) fort. Keiner der Patienten zeigte dadurch eine weitere Besserung, vielmehr verschlechterten sich sieben wieder. Dies Ergebnis dürfte aber nach Meinung der Vff. statist. nicht gesichert sein. (Ann. intern. Med. **37.** 755—60. Okt. 1952. Louisville, Ky.) H. IPPEN. 4587

Lotte Ludwig und **Hans Wilhelm Bansi**, *Zur Pathogenese und Vitamintherapie der perniciösen Anämie.* Die Bedeutung der Vitamine der *Folsäure-* u. *Vitamin-*B_{12} (I)-Gruppe für die Erforschung der Pathogenese u. für die Therapie der perniciösen Anämie wird krit. beleuchtet. Die Anschauungen von CASTLE über die Pathogenese der Perniciosa sind weiterhin gültig u. durch neuere Unterss. dahingehend erweitert worden, daß I zugleich der „extrinsic factor" u. nach Resorption oder parenteraler Zufuhr das Antiperniciosaprinzip ist. Folsäure u. I sind prosthet. Gruppen von Fermenten, die die Synth. der Thymonucleinsäure katalyt. beeinflussen. Für die Therapie der perniciösen Anämie ist es gleichgültig, ob I in kristallisierter Form, als Wirkstoff von Leberextrakten injiziert oder oral zusammen mit „intrinsic factor" verabreicht wird. (Aerztl. Forsch. **6.** I/481—86. 10/11. 1952. Hamburg, Allg. Krankenhaus St. Georg.) K. F. MÜLLER. 4587

A. C. Wiese, C. F. Petersen, R. V. Dahlstrom und **C. E. Lampman**, *Die Wirkung der Vitamin-*B_{12}*-Aufnahme der Hennen auf seine Übertragung auf das Küken.* Zuchthennen wurden 0,5, 1,0, 2,0 u. 4,0 γ *Vitamin* B_{12} (I) injiziert (= etwa 0,75, 1,5, 3,0 u. 6,0 γ/kg Futter). Ungenügende Übertragung von I auf die Küken führt zu hoher Sterblichkeit u. geringer Wüchsigkeit, wenn es den Küken selbst an diesem Vitamin fehlt (Futtergemische ohne tier. Eiweiß). Hohe Schlupfprozente sind kein Anzeichen für bes. gute I-Übertragung von den Hennen auf die Küken. 4 γ B_{12}, den Hennen injiziert, waren erforderlich, um die Küken im 4. Wochenalter zum optimalen Wachstum zu bringen. 3% Heringsfischmehl in einem Zuchtfuttergemisch sichert den gleichen Erfolg. (Poultry Sci. **31.** 851—54. Sept. 1952. Moscow, Univ. of Idaho, Dep. of Agric. Chemistry and Poultry Husbandry.) K. NEHRING. 4587

R. C. Salander und **A. R. Patton**, *Änderung des Gehaltes an freien Aminosäuren in Kükenlebern durch Vitamin* B_{12} *und Fasten.* Im proteinfreien Leberextrakt 48 Std. fastender *Vitamin-*B_{12}-Mangel-Hähnchen (a) sinkt der Geh. an *Glutaminsäure* (I) u. *Taurin* (II) ab, dagegen nimmt er bei fastenden, zuvor mit Vitamin-B_{12}-Diät gefütterten Hähnchen (b) zu; der *Alanin* (III)-Geh. steigt bei a leicht, bei b beträchtlich an. Während der Geh. an einem Glutathion-ähnlichen, wahrscheinlich aus *Asparaginsäure*, I, *Glycin* (IV), *Cystein* u. *P* (Papierchromatographie) bestehenden *Leberpeptid* (V) bei b auf sehr niedrige Werte absinkt, verschwindet V bei a prakt. ganz. Bei fastenden *„animal protein factor"*-Diät-Hähnchen (c) verhalten sich III u. V wie bei b, I nimmt ab u. II bleibt unverändert. 4 Std. nach Rückkehr der Tiere zu ihrer Diät findet man im Vgl. zu den Fastenwerten bei a u. c einen Anstieg, bei b eine Abnahme des I-Geh., eine Zunahme des II- u. III-Geh. bei a (Abnahme bei b u. c) u. des V-Geh. in allen Fällen. — Im Leberextrakt wurden ferner Spuren von IV u. *Threonin* gefunden. — Tabelle, Diskussion. (J. Nutrit. **47.** 469—76. 11/8. 1952. Fort Collins, Colorado, A. and M. Coll. Agricult. Exp. Stat., Chemistry Dep.) G. BRESSAU. 4587

W. R. Mottram, *Die Bestimmung der Vitamine der B-Gruppe durch mikrobiologische Methoden.* Kurzer, allgemein gehaltener Übersichtsbericht. (South African ind. Chemist **6.** 128—32. Juni 1952. South African Bureau of Standards.) K. F. MÜLLER. 4587

Albert Edward Sobel, *Das Problem der Resorption und des Transports von fettlöslichen Vitaminen.* Hypovitaminosen, die trotz genügenden Angebots in der Nahrung durch ungenügende Resorption oder mangelhaften Transport entstehen, werden besser durch wss. Dispersionen der fettlösl. Vitamine A, D, E, K mit *Sorethytanlaurat, -oleat, Lecithin, Gallensäuren, „Methocel", „Carbowax"* oder *Propylenglykol* als Dispersionsmittel anstatt durch ölige Lsgg. der Vitamine bei oralen Gaben bekämpft, sofern man nicht intravenöse Injektion vorzieht. Der Serumspiegel wird schneller u. stärker erhöht, der Übergang in Milch, Embryo u. Säugling ist sicherer. Der durch Schäden der Zellmembranen u. Capillarwände in verschied. Geweben verursachte Vitaminmangel erfordert im Serum höhere Vitaminkonzentrationen, Hinweise auf klin. Probleme werden gegeben (Nephrolithiasis u. Urin-Citratgeh., Hormonbeeinflussung im Sexualcyclus u. Altersbeschwerden u. Vitamin A). (Vitamins and Hormones **10.** 47—67. 1952.) H. L. DU MONT. 4587

W. Knoth, *Untersuchungen über den „Vitamin-T-Komplex Goetsch" mit Hilfe der Gewebezüchtung.* Angeregt durch die Wundheilungsverss. von BARON (Aerztl. Forsch. **4.** [1950.] 596) wurden zur Prüfung des wachstumsanregenden Effekts von *„Vitamin-T-Komplex Goetsch"* (I) auf mesenchymale Zellen 1997 Einzelkulturen mit I-Konzz. von 1:20 bis 1:1000000 behandelt. Dabei ergab sich für Konzz. von 1:20 bis 1:50 eine absol.

emigrations- u. wachstumshemmende Wrkg. für Makrophagen u. Fibroblasten. I-Konz. von 1:100 bis 1:100000 regten das Wachstum der Fibroblasten nach anfänglich geringer Verzögerung deutlich an. Das Wirkungsoptimum lag bei 1:500000. Die Wachstumsanregung erreichte jedoch nicht diejenige von Embryonalextrakt. (Naunyn-Schmiedebergs Arch. exp. Pathol. Pharmakol. **214**. 501—06. 1952. Gießen, Akad. für med. Forsch. u. Fortbildung, Patholog. Inst.) K. F. MÜLLER. 4587

Alvin J. Cummins, *Resorption von Glucose und Methionin durch das menschliche Eingeweide; der Einfluß der Glucosekonzentration in dem Blut und dem Intestinallumen.* Unters. der Resorption von *Glucose* (I) u. *dl-Methionin* (II) durch den Dünndarm bei 98 n. Personen nach der Meth. von NICHOLSON u. CHORNOCK (vgl. J. clin. Invest. **21.** [1942.] 505). Verwendet werden 5 u. 10%ig. Lsgg. von I u. 0,25 u. 0,50%ige Lsgg. von II. Vf. findet, daß die Resorptionsgeschwindigkeit bei I u. II von der Konz. abhängig ist, daß also CORIs Gesetz für Glucosekonzz., wie sie im menschlichen Eingeweide vorliegen, nicht anwendbar ist. Hyperglykämie u. Insulin-induzierte Hypoglykämie beeinflussen die Resorptionsgeschwindigkeit von I u. II nicht. — Techn. u. physiol. Grenzen der angewandten Untersuchungsmeth. werden aufgezeigt. (J. clin. Invest. **31.** 928—37. Okt. 1952. New York, N. Y., Hosp.-Cornell-Med. Center, Dep. of Med.) G. NIESWANDT. 4594

Herbert Wendel, *Eisendosierung und Eisenresorption.* Auf Grund klin. Beobachtungen u. Erfahrungen entwickelt Vf. eine Theorie der Fe-Resorption bei enteraler Gabe. Es ist an sich gleichgültig, welche Fe-Verb. verabreicht wird, da bei genügender Dosis die Resorption gleich ist. Ein Teil des Fe wird in den Histocyten der Darmwand abgelagert u. so der eigentlichen Verwertung entzogen. Der größte Teil wird in den Mucosazellen des Darmes als *Ferritin* gespeichert u. je nach Bedarf des Organismus als Fe(II) ins Blut zur Blutregeneration abgegeben. Bei noch vorhandenen Fe-Reserven des Körpers wird enteral verabreichtes Fe nicht resorbiert. (Dtsch. med. Wschr. **77.** 268—71. 29/2. 1952. Mainz, Univ., Pharmakol. Inst.) R. GRAU. 4594

C. N. D. Cruickshank und **M. D. Trotter,** *Die Sauerstoffaufnahme, Glucoseverwertung und Milchsäurebildung in der Haut des Meerschweinchens in Beziehung zum Sauerstoffdruck.* Vff. untersuchen O_2-Aufnahme, *Glucose* (I)-Verwertung u. *Milchsäure* (II)-Bldg. von Hautschnitten des Meerschweinchens in Abhängigkeit vom O_2-Druck (0—1,5 at) innerhalb von 5 u. 24 Std. (KREBS-RINGER-Phosphatlsg. + 5%ig. I 3:1 u. *Streptomycin* [500 µg pro ml]). Es wird beobachtet, daß die maximale Atmung bei einer O_2-Tension von 0,75 at während der ersten 5 Std. erreicht wird, während ein weiterer Druckanstieg auf 1,5 at den O_2-Verbrauch nicht weiter erhöht. In Luft (0,2 at) werden durchschnittlich 1,05, u. in O_2 1,27 µl/mg/Std. Gas veratmet. Eine 24std. Exposition in reinem O_2 setzt die Respiration auf 0,38 µl/mg/Std. herab. Die Dicke der Hautschnitte steht ebenfalls in Abhängigkeit vom O_2-Druck. Als Grenzwerte werden 0,19 mm (0,75 at O_2 in Luft) bzw. 0,14 mm (0,1 at O_2) ermittelt. I-Verbrauch u. II-Bldg. werden bei steigender O_2-Tension u. 24std. Einw. von O_2 erniedrigt, jedoch bleibt die Glykolyse auch bei hohen O_2-Drucken erhalten. Ein Vgl. zwischen beobachteter u. theoret. zu erwartender II-Bldg. läßt eine Diskrepanz bei allen O_2-Drucken während der ersten 5 Std. von 10—30% erkennen, die bei den 24 Std.-Verss. u. steigenden O_2-Tensionen erniedrigt wird. Die Ergebnisse weisen auf die Empfindlichkeit der Haut gegen Intoxikationen mit O_2 hin, die jedoch keine histolog. Schädigungen hervorrufen. Ferner entstehen Stoffwechselprodd. von I (außer II) nur bei niedrigen O_2-Tensionen. (Biochem. J. **62.** 57—61. Jan. 1956. Birmingham, Univ., Med. School, Med. Res. Counc., Unit for Res. on the Exp. Pathol. of the Skin.) P. FAHRNLAENDER. 4596

Jacob Joseph Weinstein und **Joseph H. Roe,** *Die Ausnützung der Fructose durch Mensch und Tier.* Toleranzstudien an Versuchspersonen, die 47—50 g *Fructose* (I) in 1000 ml W. gelöst, u. zwar pro Std. 0,76 g/kg Körpergewicht erhielten, zeigten, daß I relativ schnell aus dem Blut entfernt wird. Nach der Infusion der ersten 25 g I betrug der durchschnittliche Wert für reduzierende Substanzen im Blut 144,5 mg%, nach Beendigung der 50 g-Infusion 143,9 mg%. 1 Std. später waren die Blutzuckerwerte wieder zur Norm zurückgekehrt. Ein Teil der I wird offensichtlich in *Glucose* (II) umgewandelt; diese ist jedenfalls während der Infusion im Blut nachweisbar. 47% der maximalen Blutzuckerwerte am Ende der Infusion sind auf II zurückzuführen. In allen untersuchten Fällen trat Fructosurie ein. Die durchschnittliche Menge an festgestellten reduzierenden Substanzen betrug 2,3, dies entspricht einem Verlust an I von 4,6%. Die Harn-Glykosurie betrug im Durchschnitt 0,96—7,4 g. Danach liegt der Toleranzwert für I unter 0,76 g/kg/Std. — Die beobachtete Fructosurie mit gleichzeitig niedrigem Fructosämiespiegel spricht für eine niedrige renale I-Schwelle beim Menschen. Bei Kaninchen u. Hunden wurde nach der intraduodenalen I-Injektion ein starker Abfall des I-Geh. in dem Blut nach der Leberpassage festgestellt. I-Best. in Blutproben, die gleichzeitig der Femoralarterie u. -vene bei Hunden nach Injektion von 3 g I/kg Körpergewicht entnommen wurden, zeigten eine direkte I-Auswertung durch den Muskel. Diese Ergebnisse bestätigen bereits vorliegende in vitro-Unterss. anderer Autoren. Die schnelle I-Auswertung lassen einen Einsatz von I in all den Fällen, in denen eine schnelle Glykogenbldg. angestrebt wird, lohnenswert erscheinen. (J. Lab. clin. Med. **40.** 39—47. Juli 1952. Washington, D. C., G. Washington Univ., School of Med. and Hosp., Dep. of Surg. and Biochem. and Gallinger Municipal Hosp.) H. P. FIEDLER. 4596

Harry Boström, *Über den Stoffwechsel der Sulfatgruppe der Chondroitinschwefelsäure.* Ausgewachsenen weißen Ratten wird $Na_2{}^{35}SO_4$ intraperitoneal injiziert u. im Blut Gesamt-SO_4 u. Aktivität bestimmt. Die *Chondroitinschwefelsäure* aus Rippenknorpel u. Intercostalmuskulatur wird als Na_2-Salz isoliert u. als $BaSO_4$ auf ihre Aktivität untersucht. Die Aktivität nimmt in Blut u. Muskulatur wegen der schnellen Ausscheidung schnell ab, während die in der Chondroitinschwefelsäure des Knorpels anfangs noch zunimmt, u. dann so langsam abfällt, daß die Hälfte der maximalen Aktivität erst etwa am 17. Tag erreicht wird. (J. biol. Chemistry **196.** 477—81. Juni 1952. Stockholm, Karolinska Inst., Chem. Dep. II.) V. KLINGMÜLLER. 4596

Catherine M. Clark, D. J. Naismith und **H. N. Munro,** *Der Einfluß der Nahrung auf den Einbau von ^{14}C-Glycin in die Ribonucleinsäure der Rattenleber.* Bei Ratten mit *Eiweiß* (I)-freier Diät bzw. solcher mit n. I-Geh. (1 Woche), die Injektionen von $^{14}C_{(2)}$-*Glycin* (II) u. ^{32}P erhielten, wurde in Leberproben, nach II-Isolierung als Dinitrophenylderivat, die spezif. Aktivität von II im freien Aminosäurepool, Leberprotein u., nach Abbau zu II, im *Adenin* (III) u. *Guanin* (IV) der *Ribonucleinsäure* (V) u. der $HClO_4$-lösl. Leberfraktion bestimmt. Im postabsorptiven Zustand zeigten Ratten mit I-haltiger Diät etwa die halbe ^{32}P-Aufnahme in V als Tiere mit I-freier. Die ^{14}C-II-Aufnahme durch III u. IV war noch stärker verringert. Caseinverfütterung vor der Injektion steigerte eine Aufnahme bis zu der bei I-freier Diät beobachteten Höhe. Hungernde Ratten wiesen nach I-halt. Nahrung eine Verminderung der Leber-V auf. Dies zeigt, daß die verminderte ^{32}P- u. ^{14}C-II-Aufnahme auf Verdünnung der Tracer mit Abbauprodd. von V beruht. Die ^{14}C-II-Aufnahme durch die säurelösl. III- u. IV-Verbb. unterliegt bei I-Entzug u. -Zufuhr ähnlichen Veränderungen, wie sie bei V beobachtet wurden. Stabilität u. damit auch die Menge der Leber-V stehen in engem Zusammenhang zur Intensität der I- Synth. in der Leber. (Biochem. J. **62.** 32 P. März 1956. Glasgow, Univ., Dep. of Biochem.)
K. MAIER. 4596

H. R. V. Arnstein und **Dina Keglević,** *Ein Vergleich von Alanin und Glucose als Vorstufen von Glycin und Serin.* Vff. verfüttern an wachsende Ratten $^{14}C_{(3)}$-*L-Alanin*, gleichmäßig markiertes ^{14}C-*L-Alanin*, $^{14}C_{(1)}$-*D-Glucose* (I) oder gleichmäßig markierte ^{14}C-*D-Glucose* (II) in Ggw. oder Abwesenheit von *Pteroylglutaminsäure* (III) u. *Vitamin* B_{12} (IV) u. bestimmen nach 13—20 Tagen die Aktivität verschied. aus den Proteinen der homogenisierten Eingeweide isolierten Aminosäuren [*Alanin* (V), Asparaginsäure, Glutaminsäure, *Serin* (VI) u. *Glycin* (VII)]. Nach Verfütterung von II zeigten alle isolierten Aminosäuren ähnliche Aktivitäten, u. VI u. VII waren gleichmäßig markiert. Nach I-Fütterung wiesen VI u. VII ähnliche Markierungen auf; VI enthielt 55—65% der Gesamtaktivität im β-C-Atom. Nach Verfütterung von markiertem V zeigten VI u. VII eine geringere Aktivität als die übrigen isolierten Aminosäuren. III-Mangel, aber nicht IV-Mangel vermindert spezif. den ^{14}C-Einbau in VII, aber nicht in VI. Vff. nehmen daher an, daß VI eine wichtige Zwischenstufe bei der Synth. von VII darstellt u. daß die VI-Synth. unabhängig von III verläuft. Da die Markierung von V nach Verfütterung von I oder II gleich ist, schließen Vff., daß bei der intakten Ratte keine Brenztraubensäure durch oxydativen Glucoseabbau gebildet wird. (Biochem. J. **62.** 199—205. Febr. 1956. London, Mill Hill, Nat. Inst. for med. Res.) E. SCHWERDTFEGER. 4596

W. G. Verly, S. Gregoire, P. Rayet und **M. F. Urbain,** *β-Mercaptoäthylamin-Stoffwechsel.* 1. Mitt. *Bei Mäusen.* Meth. zur Herst. von ^{35}S-*Cysteamin-Cystamin* (I) u. Nachw. von I in der Maus. Von 3 mg intraperitoneal injiziertem markiertem *Cysteamin* (II) waren in der Maus nach 40 Min. noch 50% nachweisbar, nach 24 Std. nur noch 2%. Vff. glauben, daß II in den ersten Min. nach der Injektion unverändert, später jedoch z. T. im Gewebestoffwechsel umgebaut u. in einem Gemisch von I u. radioakt. Metaboliten über die Nieren ausgeschieden wird. — Verss. an 7 Mäusen.

Versuche: ^{35}S-*β-Mercaptoäthylamin* durch Einleiten von $H_2{}^{35}S$ in Methanol bei —78° u. Zugabe von Äthylenimin in Methanol von gleicher Temperatur, Entfernen von H_2S u. Methanol bei Raumtemperatur. Der mit Ae. gewaschene Rückstand, zur Lsg. gebracht u. sterilisiert, bestand zu 85—88% aus *Cysteamin* u. zu 12—15% aus *Cystamin* (Basenäquivalent u. Titration der SH-Gruppen mittels J). (Biochem. J. **58.** 660—62. Dez. 1954.) H. BASFELD. 4596

W. G. Verly und **G. Koch,** *β-Mercaptoäthylamin-Stoffwechsel.* 2. Mitt. *Beim Hunde.* (1. vgl. vorst. Ref.) Innerhalb 8 Std. nach intravenöser Injektion von 104 mg ^{35}*S-Cysteamin* konnten beim 7 kg schweren Hund 16% ^{35}*S* im Harn, u. zwar etwa 6,5% als *Sulfat*, 4,5% als *Cysteamin–Cystamin*, 1% als *Taurin*, der Rest als nichtidentifizierte Stoffwechselprodukte, nachgewiesen werden. — Im Harn wurde Sulfat als Ba-Salz abgetrennt, Cystamin u. Taurin wurden durch Säulenchromatographie fraktioniert u. deren Radioaktivität nach nasser Veraschung als Benzidinsulfat bestimmt. (Biochem. J. **58.** 663 bis 665. Dez. 1954. Lüttich, Univ. Dep. Gen. Pathol.) H. BASFELD. 4596

A. Leonhard Sheffner und **Olaf Bergeim,** *Die Wirkung der Pepton- und Aminosäureingestion auf den Gehalt an Aminosäuren in den Geweben.* Nach Verabreichung von Difcobakterienpepton in relativ reichlicher Gabe durch Magensonde an Ratten werden in verschied. Zeitabständen Bestimmungen der vorhandenen freien Aminosäuren in Muskel, Leber, Niere, Milz durchgeführt. Die Verss. ergaben eine verschieden starke Anreicherung an den 9 einzelnen Aminosäuren in den Geweben in Abhängigkeit von der Zufuhr. Der erhöhte Geh. an *Lysin* blieb verhältnismäßig lange erhalten, ein Zeichen, daß dieses in den Geweben nicht so schnell verwertet oder zerstört werden kann. Die Ergänzung der Ration mit größeren Mengen an *DL-Methionin* (**I**) ergab einen erhöhten Geh. im Plasma u. Muskel, aber niedrigere Werte in Niere u. Lebergewebe. In einer Ration mit hohen Mengen an *DL-Phenylalanin* (**II**) ergab sich keine sichere Änderung. Bei hungernden Ratten nahmen die Gehh. an **II** u. Arginin in der Niere zu. Die **I**-Konz. änderte sich nicht wesentlich. (J. Nutrit. **48.** 139—48. 10/10. 1952. Chicago, Univ. of Illinois, Coll. of Med., Dep. of Biol. Chem.) K. NEHRING. 4596

Helmut Gros und **Ernst-Josef Kirnberger,** *Stoffwechseluntersuchungen bei progressiver Muskeldystrophie.* Bei progressiver Muskeldystrophie stellten Vff. im Harn der Patienten zunächst erhöhte *Hippursäure* (**I**)-Konzz. fest, die mit Fortschreiten der Krankheit, bes. bei der infantilen Form, absanken. Die erhöhten Werte können durch Ggw. größerer *Glykokoll* (**II**)-Mengen (für die **I**-Synth.), infolge Störung der **II**-Einlagerung durch die Zellfermente, erklärt werden. Für das spätere Absinken der **I**-Konzz. ist wahrscheinlich nicht **II**-Mangel, sondern eine Störung der **I**-Synth. verantwortlich. Orale Verabreichung von *Vitamin E* (*Tocopherol, Ephynal* „ROCHE"; über 3 Monate 400 mg/Tag) wirkt normalisierend auf die **I**-Ausscheidung. — Ferner wurde *Kreatin*-Urie beobachtet, die bei der infantilen Form der Krankheit erheblich stärker ausgeprägt ist als bei der juvenilen. — Diskussion. (Klin. Wschr. **30.** 780—82. 1/9. 1952. Mainz Univ. Med. Klinik.) G. BRESSAU. 4596

F. H. Mattson, J. H. Benedict, J. B. Martin und **L. W. Beck,** *Während der Verdauung von Triglyceriden gebildete Zwischenprodukte.* Die Fettsubstanzen, die aus dem Magen- u. Darmlumen von Ratten auf Fütterung mit *Triglycerid* (partiell hydriertes Pflanzenöl) nach 0, 2, 3 u. 4 Std. erhalten wurden, wurden auf ihren Geh. an Monoglyceriden u. freien Fettsäuren analysiert sowie Hydroxylgruppen u. JZ. bestimmt. Die Monoglycerid-Best. erfolgte mit Perjodat vor u. nach Isomerisierung mit $HClO_4$ (30 Min. lange Einw. bei Zimmertemp. auf die Chlf.-Lsg. des Fettes im Verhältnis 1 $HClO_4$: 4 Monoglycerid), die eine 70—85%ige Umwandlung von 2-Monoglycerid in 1-Monoglycerid bewirkt. Die Fettsubstanzen wurden auch im Gegenstromverteilungsapp. nach CRAIG fraktioniert, in dem sich Monoglyceride (allerdings nicht die Isomeren), freie Fettsäuren u. Di- u. Triglyceride auftrennen ließen; ferner wurden Monoglyceride durch das Röntgenbeugungsdiagramm u. das Infrarotspektrum identifiziert. — In der Versuchszeit werden beträchtliche Mengen von freien Fettsäuren sowie Mono- u. Diglyceriden im Darm, nicht aber im Magen gebildet. Mono- u. Diglyceride können bis 16 bzw. 36% der gesamten Fettsubstanzen ausmachen. Ein Teil der Monoglyceride zeigte die 2-Konfiguration; doch handelt es sich hier um Minimalwerte, da offenbar schon im Darm u. während der Aufarbeitung teilweise Isomerisierung erfolgt. Verss. mit reinem 2-Oleyldipalmitin sprechen dafür, daß über 90% der Monoglyceride ursprünglich als 2-Isomere auftreten. Den Diglyceriden kommt wahrscheinlich die 1.2-Konfiguration zu. (J. Nutrit. **48.** 335—44. 10/11. 1952., Cincinnati, Ohio, Procter and Gamble Comp.) W. FRANKE. 4596

Gerd Klaus Steigleder, *Histochemische Untersuchungen im psoriatischen Herd über Oxydation, Reduktion und Lipoidstoffwechsel.* Mit der NADI-Rk. (Indophenolblau-Bldg. aus α-Naphthol + Dimethyl-p-phenylendiamin) wurden 17, mittels der Formazan-Bldg. aus Triphenyltetrazoliumchlorid 38 Fälle von Psoriasis untersucht, indem Hautstückchen in die Reagens-Lsgg. eingebracht, incubiert u. teils mit, teils ohne Formolfixierung gefriergeschnitten u. mkr. hinsichtlich Einfärbung beobachtet wurden. Bei optimalen Bedingungen für die Indicatoren fand sich eine Übereinstimmung der Gewebeabschnitte, die oxydierende u. reduzierende Eigg. aufwiesen. Der O_2-Verbrauch in der psoriat. Papel kann durch die Vermehrung der Epidermiszellen, durch die perivasculären Infiltrate u. schließlich durch eine bes. Aktivität der acanthotischen Epithelleisten gesteigert sein. Ob dies in situ immer der Fall ist, läßt sich aus den vorliegenden ebensowenig wie aus früheren nach der WARBURG-Meth. ausgeführten Verss. schließen. — 18 Fälle von Psoriasis wurden mit Sudanschwarz B u. Sudan III-Lsg. in 40%ig. A. gefärbt. Die Ergebnisse von GRÜTZ (Arch. Dermatologie Syphilis **177.** [1938.] 246), die zur Auffassung der Psoriasis als Lipoidose führten, wurden bestätigt. Der Vgl. mit anderen Dermatosen (Sklerodermie, seborrhoisches Ekzem, Neurodermitis, Mykosis fungoides) zeigt jedoch, daß es hier zu ähnlichen Bildern, bes. der Auswanderung lipoidhaltiger Zellen aus den Gefäßen, kommen kann, u. daß nur graduelle Unterschiede in der Fettablagerung zwischen Psoriasis u. anderen Dermatosen bestehen. (Arch. Dermatologie Syphilis. **194.** 296—307. 1952. Frankfurt/M., Univ., Hautklinik.) W. FRANKE. 4596

Emile-F. Metzger und **Pierre Favarger,** *Die Veresterung von Deutero-Cholesterin im tierischen Organismus.* Angabe von Verss. an Ratten, Hunden u. n. Versuchspersonen zur Feststellung des Verbleibs von *Cholesterin* (I) durch Verabreichung von *D*-markiertem I mit der Nahrung. Die I-Veresterung ist offenbar ein extracellulärer Vorgang. Beim Hund wird die Hälfte des I im Blutserum verestert, der Geh. der Ester in der Leber ist minimal. Durch die D-Markierung läßt sich der wahre I-Resorptionskoeff. aus der eingenommenen u. ausgeschiedenen I-Menge bestimmen; er betrug für 2 gesunde Versuchspersonen 57 bzw. 75%, je nachdem, ob die verabreichte Nahrung arm oder reich an Proteinen war. (Arch. des Sci. **5.** Nr. 2. C. R. Séances. Soc. Physique Hist. natur. Genève 95—97. 1952. Genève, Univ., Inst. de Chimie physiologique.)
H. DOSSMANN. 4596

M. Narayana Rao und **S. S. De,** *Die Wirkung verschiedener Fettsäurefraktionen von Cocosnußöl auf den Calciumstoffwechsel in normalen wachsenden Ratten.* Einschluß von 10% Cocosfett bzw. der gesätt. oder ungesätt. Fraktion desselben in eine n. Kost erhöhte die Verwertung des darin enthaltenen Ca durch junge wachsende Ratten. Die Ca-Ausscheidung im Harn wurde nur indirekt durch die Ggw. von Fett in der Nahrung beeinflußt. Einer erhöhten fäkalen Ca-Ausscheidung entsprach eine verminderte Ausscheidung im Harn. (Indian. J. med. Res. **40.** 235—42. April 1952.) W. FRANKE. 4596

Ray L. Shirley, J. Clyde Driggers, John T. McCall und **George K. Davis,** *Ausscheidung von ^{32}P und ^{45}Ca in den verschiedenen Abschnitten des Verdauungskanals bei Hennen.* Bei 7 Leghornhennen banden Vff. die einzelnen Darmabschnitte ab u. injizierten dann ^{32}P (100 mC) u. ^{45}Ca (50 mC) intramuskulär. $^1/_4$, $^1/_2$, 1, 2, 3 u. 8 Std. nach der Injektion untersuchten sie den Inhalt der isolierten Organe auf die Isotopen. Speiseröhre u. Kropf enthielten kein ^{32}P, Drüsen-Muskelmagen u. N-Darm nur geringe Mengen. Den höchsten Geh. wies der Dünndarm auf, dann folgten Kloake, Blinddärme u. Zwölffingerdarm. Der P-Geh. nahm allg. durch Rückresorption schnell ab. Im Gewebe der betreffenden Organe erreichte ^{32}P den höchsten Wert 1—3 Std. nach der Injektion. Die ^{45}Ca-Ausscheidung war ebenfalls in Speiseröhre, Kropf u. Muskelmagen sowie N-Darm sehr gering, in den übrigen Organen höher. (Poultry Sci. **31.** 316—27. März 1952. Gainsville, Univ. of Florida, Agricult. Exp. Stat.) K. NEHRING. 4596

H. Hörnicke, *Eisenstoffwechsel und Blutbildung.* Übersicht. 40 Literaturangaben. (Dtsch. tierärztl. Wschr. **58.** 326—27. 15/10. 1951. Göttingen.) G. RUHNKE. 4596

K. Felix und **G. Leonhardi,** *Eine neue Reaktion zum Nachweis und zur Bestimmung der p-Oxyphenylbrenztraubensäure im Harn. p-Oxyphenylbrenztraubensäure* (I) wird nur in der Leber abgebaut u. eignet sich daher als Testsubstanz zur Leberfunktionsprüfung. Ihr Nachw. wurde bisher mit der MILLONschen Rk. oder als Hydrazon geführt. Beide Verff. erfassen aber auch andere Bestandteile. Vff. beschreiben eine Kupplungs-Rk. an *4-Chlor-2-nitroanilin* bei saurer Rk. (p_H 3—6). Es entsteht ein intensiv rot gefärbter Farbstoff, der in Prismen kristallisiert, F. 227—228°. Andere Oxyphenylderivv. reagieren unter gleichen Bedingungen nicht. Die Rk. ist mithin spezif. u. kann zur quantitativen colorimetr. Best. der I benutzt werden. (Experientia [Basel] **6.** 61—62. 15/2. 1950. Frankfurt, Univ., Inst. f. vegetat. Physiol.) K. BÖHM. 4597

Ewald E. Selkurt (unter techn. Mitarbeit von **Helen K. Grodeck**), *Vergleich von Kreatinin- und Inulinclearance beim Hund während Hypoxie.* Das Verhältnis von *Kreatinin*-(I)- zu *Inulinclearance*, das bei Beatmung mit n. Luft zu 1,01 festgestellt wurde, sank bei Zufuhr von 92% N_2 u. 8% O_2 entsprechend dem Blut-O_2-Geh. ab u. erreichte bei 2,1 Vol.-% den niedrigsten Wert von 0,82. Die Abnahme der Relation entsteht durch Verringerung der I-Clearance, was durch eine Rückresorption von I durch das Tubularepithel erklärt wird. (Proc. Soc. exp. Biol. Med. **81.** 374—76. Nov. 1952. Cleveland, O., Western Reserve Univ., School of Med., Dep. of Physiol.) F. KRUSEN. 4597

D. Richter, *Stoffwechsel im Gehirn bei zentraler Aktivität.* Die Reizbarkeit sowohl des Großhirns als auch der niederen Zentren bedingt einen laufenden Energieumsatz, der unter Grundumsatzbedingungen sich im O_2-, Glucoseumsatz u. in der Temperatursteigerung ausdrückt. Er steigt bei Krämpfen u. Erregungen, sinkt in Anästhesie u. im Schlaf. Feststellbar sind Veränderungen der Phosphatester, der Lipoide, des Acetylcholins u. der Nucleoproteide. Angewandte Methode: Einfrierung mit flüssiger Luft, radioakt. Markierung u. Mikro-Spektralphotometrie im ultravioletten Bereich. (Biochem. J. **50.** XXIV—XXV. Febr. 1952. Cardiff, Neuropsychiatric Res. Centre.) LUDWIG BARTH. 4597

P. Fatt und **B. Katz,** *Wirkung von Na-Ionen auf die neuromuskuläre Transmission.* Die Unterss. wurden mit bes. Berücksichtigung der Wrkg. von Na-Ionen auf die elektr. Antwort einzelner Endplatten auf den Impuls eines motor. Nerven u. auf eine Acetylcholin (I)-Gabe durchgeführt. Der Austritt von I aus den Nervenenden wird als Folge des Na-Eintritts u. als Kationen-Austauschprozeß verstanden, analog dem Austritt von K-Ionen aus akt. Nerven- oder Muskelfasern. (J. Physiology **118.** 73—87. 26/9. 1952. London, Univ. Coll. Dep. of Biophysics and Physiol.) E. FRÜHWALD. 4598

R. M. C. Dawson, *Die Anwendung von Isotopen beim Studium des Stoffwechsels des Nervensystems.* Radioakt. P (I) wandert vom Blut über die Cerebrospinal-Fl. (II) in das Gehirn. Wenn I sich im Liquor befindet, erfolgt rascher Eintritt in das Gehirn u. Austausch mit P des Phosphorkreatins u. der Adenosinphosphorsäure, von wo er in die Phosphorlipoide u. Nucleoproteine übergeht. Besprechungen von Arbeiten über physiol. Faktoren, die den Isotopenwechsel u. den Stoffwechsel des Nervensystems beeinflussen. (Biochem. J. **50.** XXV. Febr. 1952. Cardiff, Neuropsychiatric Res. Centre.) LUDWIG BARTH. 4598

E_6. Pharmakologie. Therapie. Toxikologie. Hygiene.

J. Fransen und **W. J. Oosterkamp,** *Ein universaler Röntgenstrahlendosismesser.* Beschreibung der Meßvorrichtung, die speziell für medizin. Zwecke gedacht ist. (Instruments and Measurements Conf. Stockholm, Trans. **1952.** 93—94. Eindhoven, Philips Res. Labor.) C. GOTTFRIED. 4600

J. H. Draize, *Die Berücksichtigung der Toxizität von Sonnenstrahl-Schutzmitteln.* Vf. behandelt die Voraussetzungen, die ein Schutzmittel gegen die schädliche Wrkg. der Sonneneinstrahlungen auf der Haut erfüllen muß (Absorption im erythem-wirksamen Teil des Sonnenspektrums). Daneben dürfen Hautreizungen durch das Mittel selbst nicht hervorgerufen werden. Vf. hat als Beispiele *Hydrochinon, Gerbsäure* u. *β-Methylumbelliferon* auf der rasierten Haut von Albino-Ratten erprobt, wobei sich Hydrochinon als ungeeignet erwies, da es neben mäßiger *Dermatitis* bei hoher Dosis eine schwache *Hyperthyreose* hervorruft. (Arch. Dermatol. Syphilology **64.** 585—87. Nov. 1951. Washington.) W. REUSSE. 4601

Frederic T. Jung, *Physiologische und chemische Veränderungen in Verbindung mit Strahlenschäden.* Vf. bringt eine zusammenfassende Darstellung der Wrkg. ionisierender Strahlen auf die biol. Substanz (α-, β-, γ-Strahlen, Röntgen- u. Grenzstrahlen, Ultraviolettstrahlen u. Neutronen). Bes. der Einfl. des Wassergeh. der Gewebe u. die Voraussetzungen für Strahlensensibilität u. Unempfindlichkeit gegen die ionisierenden Strahlen werden herausgestellt. (Arch. Dermatol. Syphilology **64.** 555—61. Nov. 1951. Chicago.) W. REUSSE. 4601

J. Walter Wilson und **Ralph Luikart,** *Wismut-Paste als Röntgenstrahlenschutz. Wirksamkeit und praktische Vorteile.* Als Ersatz für Pb für die Abschirmung bestimmter Flächen bei therapeut. Röntgenbestrahlungen haben Vff. einen plast. Kitt aus 85% Wismutsubnitrat u. 15% wasserfreiem Baumwollfett entwickelt, der sich in der Praxis gut bewährt hat. Ein Kurvenbild zeigt die Strahlendurchlässigkeit der M. als Funktion der Schichtdicke mit der Strahlenhärte als Parameter. (A.M.A. Arch. Dermatol. Syphilol. **64.** 580—84. Nov. 1951. Los Angeles u. Santa Barbara, Calif.) W. REUSSE. 4601

William R. Christensen und **Merrill C. Sosman,** *Vorläufiger Bericht über Telepaque, ein neues Kontrastmedium für die Cholecystographie.* Vff. berichten über die Verwendung von *Telepaque* (*3-[3-amino-2.4.6-trijodophenyl]-2-äthylpropionsäure*) in der *Cholecystographie.* Bei 50 Fällen konnte in 96% eine einwandfreie Diagnose über den Gallenbefund gestellt werden. Bezüglich etwaiger Nachwirkungen bei den Patienten ergab die Versuchsreihe, daß bei 78% keine Nachwirkungen auftraten, bei 10% stellte sich Übelkeit, bei 8% Diarrhoe ein. Erbrechen u. Schmerz-Rkk. traten in keinem Fall auf. (Amer. J. Roentgenol., Radium Therapy **66.** 764—68. Nov. 1951. Boston, Mass., Pete Bent Brigham Hosp.) W. REUSSE. 4601

T. C. Helvey, *Zur insekticiden Wirkung inerter Trägersubstanzen.* Bekanntlich entfalten manche Trägersubstanzen handelsüblicher Schädlingsbekämpfungspräpp. selbst ihrerseits eine gewisse insekticide Wirkung. In systemat. Unterss. erwiesen sich z. B. *Fullererde* u. *Asbeststaub* als sehr u. verschied. Talkumsorten als wenig oder überhaupt nicht insektenschädigend. Der Schädigungseffekt des Staubes nimmt zu mit sinkendem SiO_2/Al_2O_3-Verhältnis. Das elektronenmkr. Bild offenbart bei Trägersubstanzen mit geringer oder fehlender insekticider Wrkg. scharfkantige Partikelchen, während diese bei den hochwirksamen Medien abgerundet, d. h. viel weniger abrasiv erscheinen. (Science [Washington] **116.** 631—32. 5/12. 1952. Oneonta, State Univ., Teachers Coll.) J. KEIL. 4606

D. Cordier und **G. Cordier,** *Der Einfluß des Waschens der Erythrocyten Phosgenvergifteter Tiere auf die Sauerstoffbindungskurve des Hämoglobins.* Bei Hunden treten während einer Phosgenvergiftung vermehrte Ae.-lösl. organ. Säuren in den Erythrocyten auf. Werden die roten Blutkörperchen mehrmals mit einer Lsg. nach CORDIER u. CORDIER gewaschen, wobei diese organ. Säuren entfernt werden, so zeigen diese Erythrocytensuspensionen eine verminderte O_2-Affinität, d. h. die O_2-Bindungskurve verläuft flacher u. ist nach rechts verschoben. (Experientia [Basel] **10.** 258. 15/6. 1954. Lyon, Univ., Faculté des sci., Lab. de physiol. génér.) W. SCHELER. 4607

M. J. H. Smith, *Monooxybenzoesäuren und Ascorbinsäureverarmung der Nebennieren der intakten Ratte.* Ratten erhielten m- oder p-Oxybenzoat intraperitoneal u. wurden 1½ bis 2 Std. später auf den *Ascorbinsäure*-Geh. ihrer Nebennieren untersucht. Es stellten sich erhebliche Senkungen ein u. zwar bei allen drei Isomeren. Der Effekt war im allg. der Dosis proportional. Er kann in keiner Beziehung zum antirheumat. Effekt des Salicylats stehen. (Lancet **262.** 991—93. 17/5. 1952. London, King's Coll. Hosp., Med. School.) F. JUNG. 4607

William F. Perry, *Die Wirkung von Propylthiouracil auf Gewicht sowie Cholesterin- und Ascorbinsäurekonzentrationen der Nebenniere.* Besprechung von Verss. über den Einfl. von *Propylthiouracil* (**I**) auf die Nebenniere von Ratten. Bei Gleichhaltung des Körpergewichts von Kontroll- u. Versuchstieren wird aus dem Gewicht der Nebenniere abgeleitet, daß **I** keine Atrophie hervorruft u. daß kein Versagen in der Rk. der Nebennierenrinde auf exogenes u. endogenes *ACTH* vorliegt. Es wurden jedoch Zunahme der *Cholesterin*-Konz. u. Abnahme der *Ascorbinsäure*-Konz. festgestellt; diese Änderungen sind unabhängig von Stoffwechselunterfunktionszuständen durch **I**-Verabreichung; sie werden auf die direkte **I**-Wrkg. auf die Nebennierenrinde zurückgeführt. (Canad. J. med. Sci. **30.** 36—41. Febr. 1952. Winnipeg, Can., Univ. of Manitoba, Dep. of Physiol. and Med. Res.) H. DOSSMANN. 4607

Z. H. Levinson, *Chemikalien, die die Präimagostadien der Hausfliege beeinflussen. 5. Mitt. Toxizität von verdampftem Dichlorbenzol auf die Puppen von Hausfliegen.* (4. vgl. Riv. Parassitol. **15.** [1954.] 111.) Dichlorbenzol wurde in seinen 3 isomeren Formen in seiner tox. Wrkg. auf die Puppen eines Laborstammes von Musca vicina untersucht. Die Puppen wurden einer gesätt. Dampfatmosphäre der zu testenden Substanz ausgesetzt (30° für 3, 6 u. 10 Std.). Die geringste Toxizität hatte *1.4-Dichlorbenzol*, das bei 6std. Anwendungszeit 85%, bei 3std. 54% der Puppen zum Absterben brachte. *1.3-Dichlorbenzol* tötet in 6 Std. 100%, in 3 Std. 85%. Bei *1.2-Dichlorbenzol* überlebten nach 3 Std. lediglich 2%. (Riv. Parassitol. **16.** 253—56. Okt. 1955. Israel, Dep. of Entomol., Med. Res. Labor., Med. Corps Defence Forces.) A. KRAUSHAAR. 4607

D. Robinson und **R. T. Williams,** *Glucuronide der Salicylsäure.* Aus dem 24-Std.-Urin eines Patienten, der täglich 14 g *Salicylsäure* (**I**) erhielt, wurde durch Pb-Acetattrennung ein Rohglucuronid erhalten, das bei der Methylierung u. Acetylierung 25 mg [*o-Acetoxybenzoyl-tri-O-acetyl-β-D-glucosid*]*-uronsäuremethylester*, $C_{22}H_{24}O_{13}$, F. 134—137°, $[\alpha]_D$ —30,5° (Chlf.), gab, der red. wirkte u. bei der Hydrolyse **I** lieferte. Wiederholung des Vers. bei Kaninchen führte nicht zu krist. Material. Nach Verfütterung von **I**-*Methylester* wurde in minimaler Ausbeute [*o-Carbomethoxyphenyl-tri-O-acetyl-β-D-glucosid*]*-uronsäuremethylester*, $C_{21}H_{24}O_{12}$, F. 112°, $[\alpha]_D$ —40,7° (Chlf.), isoliert, der nicht reduzierte. Behandlung mit alkoh. NH_3 führte zu *o-Carbomethoxyphenyl-β-D-glucosiduronamid*, $C_{14}H_{17}O_8N \cdot H_2O$, F. 196°, $[\alpha]_D$ —57,5° (wss. A.). Von o-Methoxybenzoylglucuronid u. Salicylamidglucuronid ausgehende Syntheseverss. verliefen negativ. (Biochem. J. **62.** 23P. März 1956. London, St. Mary's Hospital, Med. School, Dep. of Biochem.) K. MAIER. 4607

W. M. McIsaac und **R. T. Williams,** *Die Umwandlung von 5-Bromsalicylhydroxamsäure in 5-Bromsalicylamid in vivo.* Nach dem Verfüttern von *5-Bromsalicylhydroxamsäure* (**V**) an Kaninchen treten im Harn 2 Stoffwechselprodd. auf, die als *4-Brom-2-carbamoylphenylglucosiduronsäure* (**I**), $C_{13}H_{14}O_8NBr$, F. 213—214°, $[\alpha]_D$ —75° (0,1n

NaOH) u. *4-Brom-2-oxycarbamoylphenylglucosiduronsäure* (II), $C_{13}H_{14}O_9NBr \cdot H_2O$, F. 192°, $[\alpha]_D$ −71° (0,1n NaOH), identifiziert wurden. I lieferte bei Hydrolyse mittels *β-Glucuronidase* (IV) *5-Bromsalicylamid* (III) u. war mit dem durch Verfüttern von III an Kaninchen erhaltenen Glucuronid identisch. II gab bei der enzymat. Spaltung mit IV V, bei Säurehydrolyse III u. V. *Salicylhydroxamsäure* wird im Kaninchenorganismus nicht in Salicylamid übergeführt, sondern liefert vorwiegend *2-Oxycarbamoylphenylglucosiduronsäure*; *p-Toluidinsalztrihydrat*, $C_{19}H_{15}O_9N$, $C_7H_9N \cdot 3H_2O$, Sintern bei 100 bis 110°, $[\alpha]_D$ −56° (W.). III zeigte in vitro gegenüber Stamm $H_{37}R_v$ in DUBOS-Medium 1/4—1/2 der tuberkulostat. Wirksamkeit von V („T40"). (Biochem. J. **62**. 23P. März 1956. London, St. Mary's Hospital, Med. School, Dep. of Biochem.) K. MAIER. 4607

Z. Horáková und **V. Pujman**, *Vergleich einiger pharmakologischer Eigenschaften von Mesantoin, Milontin und Phenuron. Mesantoin* (*3-Methyl-5-phenyl-5-äthylhydantoin*) (I), *Milontin* (*N-Methyl-α-phenylsuccinimid*) (II) u. *Phenuron* (*Phenacetylharnstoff*) (III) werden pharmakolog. verglichen, u. dabei wird festgestellt, daß die Toxizität von I nach III zunimmt, Zufuhr höherer Dosen verändert das Blutbild (Abnahme der roten Blutkörperchen), am meisten I, Lymphocytose tritt ein. Höhere Dosen von I u. III bewirken beim Kaninchen Interessenlosigkeit für Futter u. Umgebung. Narkotisierte Kaninchen zeigen bei Zufuhr der Stoffe keine Änderung des Blutdruckes u. der Atmung. — 11 Literaturangaben. (Českoslov. Farmac. **4**. 333—37. Sept. 1955. Praha, Výzk. úst. pro farm. a biochem.) E. VEVERA. 4607

A. Standaert und **L. Massart**, *Der Antagonismus Trypaflavin/Salze, untersucht an Anguillula silusiae.* Vff. haben an Anguillula silusiae die antagonist. Wrkg. der Chloride von K, Na, Ca, Mg, Sr, Ba, Mn u. der Sulfate von Mg u. Zn gegenüber *Trypaflavin* (I; 1/50000—1/2000 mol. Lsgg.) untersucht. Bei beiden I-Konzz. wirken Ca^{2+} u. Mn^{2+} am stärksten antagonist.; Ba^{2+} u. Sr^{2+} besitzen geringe tox., aber auch etwas antagonist. Wrkg.; Reihenfolge der antagonist. Aktivität gegenüber I: $Ca^{2+} > Mn^{2+} > Ba^{2+} > Sr^{2+} > Mg^{2+} > K^+ > Na^+$. Dieselben Ergebnisse wurden erhalten an Allium cepa. (Arch. int. Pharmacodynam. Thérap. **83**. 350—52. 1950. Gand, Univ., Labor. de Biochim.) H. GOEBEL. 4607

Thomas W. Tusing, John R. Elsea und **Anita B. Sauveur**, *Über die chronische Hauttoxizität einer Reihe von Polyäthylenglykolen.* Die fl. (*E 300* u. *E 400*) u. festen, wachsartigen *Polyäthylenglykole* (I) (*E 1000, E 2000, E 4000, E 6000* u. *E 8000*) wurden in einem 90 Tagevers. an Kaninchen auf ihre Hautgiftigkeit hin untersucht. Dabei wurden weder bei einmaliger noch wiederholter Applikation Hautschäden beobachtet. Versuchs- u. Kontrolltiere zeigten keine patholog. Veränderungen der Gewebe innerer Organe. Es ist anzunehmen, daß I auch auf die menschliche Haut nicht giftig wirken. (J. Amer. pharmac. Assoc. **43**. 489—90. Aug. 1954. Falls Church, Va., Hazleton Labors.) H. KOCKERT. 4607

Günter Froitzheim, *Das Ekzem e medicatione.* Besprechung von durch Hautteste gesicherten Arzneimittelekzemen. Folgende auslösende Ursachen wurden festgestellt, Klammerwerte geben %-Satz der Fälle an: *Marfanil* (41,5), *Hg*-Salben (12,8), *Acridinverbb.* (7), Pflaster (4,5), S-Verbb. (3), *Anästhesin*-Salben u. -Puder (2,2), *Menthol*-Salben u. -Spiritus (2,2), J (2,2), ARNINGsche Tinktur (2,2), essigsaure Tonerde (2,2), Medizinalseifen (2,2), *Teer-, Salicyl-, Resorcin-, Cignolin*-Präpp. (7), andere Zubereitungen (11). (Med. Klin. **47**. 1247—48. 19/9. 1952. Köln, Univ., Hautklinik.) H. DOSSMANN. 4607

J. N. Smith, R. H. Smithies und **R. T. Williams**, *Untersuchungen über Detoxikation. 55. Mitt. Der Stoffwechsel von Alkylbenzolen. A) Glucuronsäureexkretion nach Verabreichung von Alkylbenzolen. B) Toluolausscheidung mit der Exspirationsluft bei Kaninchen.* (54. vgl. PARKE u. WILLIAMS, C. **1954**. 9565.) Ratten, die 350 mg/kg *Toluol* peroral erhielten, schieden 75—80% der verabreichten Menge als Benzoesäure, nicht als Benzoylglucuronid, wieder aus, während innerhalb von 12 Std. nach der Zufuhr bis 18% mit der Exspirationsluft eliminiert wurden. Von *Äthylbenzol* (I), *n-Propylbenzol* (II) u. *n-Butylbenzol*, die zu 430—500 mg/kg verabreicht wurden, wurden 30—40% der zugeführten Dosen als Glucuronide ausgeschieden. Nach I- u. II-Zufuhr wurde außerdem im Harn eine positive Jodoform-Rk. (nach FUSON u. TULLOCK, J. Amer. chem. Soc. **56**. [1934.] 1638) erhalten, was auf Ggw. der Methylcarbinolgruppe hindeutet. Die Verabreichung von *Isopropylbenzol* (III), *sek.-Butylbenzol* (IV), *tert.-Butylbenzol* (V), *sek.-Pentylbenzol* (VI) u. *tert.-Pentylbenzol* (VII) in Dosen von 450—550 mg/kg führte zu einer Exkretion von 50—70% der zugeführten Mengen als Glucuronide. Nach III, V u. VII wurde im Harn Red. von FEHLINGscher Lsg. festgestellt, was die Anwesenheit von alkalilabilem Esterglucuronid anzeigt. Nach IV u. VI wurden ebenfalls positive Jodoform-Rkk. erhalten. (Biochem. J. **56**. 317—20. Febr. 1954. London, St. Mary's Hosp., Med. School, Dep. of Biochem.) F. KRUSEN. 4607

J. N. Smith, R. H. Smithies und **R. T. Williams,** *Untersuchungen über Detoxikation. 56. Mitt. Der Stoffwechsel von Alkylbenzolen. Stereochemische Aspekte der biologischen Hydroxylierung von Äthylbenzol zu Methylphenylcarbinol.* (55. vgl. vorst. Ref.) Als Glucuronsäuren wurden die nachstehenden Verbb. nach Verabreichung von 420 bis 460 mg/kg in % der verabreichten Mengen wieder ausgeschieden: *Äthylbenzol* (**I**) 32, *Acetophenon* (**II**) 47, (±)-*Methylphenylcarbinol* (**III**) 50, β-*Phenyläthanol* (**IV**) 7, *Styrol* (**V**) 16 u. *Styrolepoxyd* (**VI**) 15. Die geringe Glucuronidausscheidung bei **IV**, die für andere prim. aliphat. Alkohole schon früher festgestellt wurde (KAMIL, SMITH u. WILLIAMS, Biochem. J. **53.** [1953.] 129), beruht auf einer weitgehenden Überführung von **IV** in *Phenylessigsäure* u. deren Ausscheidung als *Phenylacetursäure.*

Versuche: (Best. der opt. Drehungen in 1%ig. Lsgg. in Trichlormethan). Aus dem 24—36 Std.-Harn von Kaninchen, denen die genannten Verbb. appliziert wurden, wurden die Glucuronide zunächst als Ae.-lösl. Gummi abgetrennt, durch Fällung als bas. Pb-Salze isoliert u. in ihre Triacetylmethylester überführt. Nach **I**-Verabreichung aus dem Harn von 6 Kaninchen 2,5 g *Methyl-*[(—)-*methylphenylcarbinyl-tri-O-acetyl-β-D-glucosid*]-*uronat* (**VII**), $C_{21}H_{26}O_{10}$, aus Methanol F. 117°, $[\alpha]_D^{20}$ —83° (c = 1; Chlf.). Aus den Mutterlaugen 0,15 g *Methyl-*[(+)-*methylphenylcarbinyl-tri-O-acetyl-β-D-glucosid*]-*uronat* (**VIII**), aus 90%ig. wss. Methanol F. 129°, $[\alpha]_D^{20}$ —15° (c = 1; Chlf.). — Nach **II** aus dem Harn von 4 Tieren 5 g **VII**, F. 117°, $[\alpha]_D^{20}$ —83,5°. **VIII** war nicht nachweisbar. — Nach **III** aus dem Harn von 12 Tieren 6,2 g *Methyl-*[(—)-*methylphenylcarbinyl-tri-O-acetyl-β-D-glucosid*]-*uronat* (**IX**), $C_{21}H_{26}O_{10}$, aus 90%ig. A. bzw. 90%ig. Methanol farblose Nadeln, F. 117°, $[\alpha]_D^{20}$ —83°. Aus den Mutterlaugen 1,54 g *Methyl-*[(+)-*methylphenylcarbinyl-tri-O-acetyl-β-D-glucosid*]-*uronat,* aus Methanol farblose Nadeln, F. 129°, $[\alpha]_D^{20}$ —15°. — Nach Verabreichung von 2 g (—)-*Methylphenylcarbinol* an 1 Kaninchen wurde aus dem Harn nur **IX** isoliert. — Nach **IV** konnte wegen der geringen Menge kein Glucuronid isoliert werden, nachgewiesen wurde Phenacetursäure. — Aus dem Harn von Tieren, die **V** u. **VI** erhalten hatten, gelang keine Isolierung u. Identifizierung von Glucuroniden. (Biochem. J. **56.** 320—24. Febr. 1954.) F. KRUSEN. 4607

J. N. Smith und **R. T. Williams,** *Untersuchungen über Detoxikation.* 57. Mitt. *Die Struktur der Glucuronide von 2- und 4-Chinolon und die Art der biologischen Oxydation von Chinolonen.* (56. vgl. vorst. Ref.) Das nach Verfütterung von *2-Oxychinolin* (**I**; *2-Chinolon*) an Kaninchen erhaltene Glucuronid, das früher als 2-Chinolonyl-x-glucuronid bezeichnet wurde, konnte als *2-Chinolonyl-6-glucuronid* identifiziert werden. Nach Verabreichung von *4-Oxychinolin* (**II**; *4-Chinolon*) wurde das früher als 4-Chinolonyl-x-glucuronid bezeichnete Stoffwechselprod. als *4-Chinolonyl-6-β-d-glucuronid* identifiziert. Daneben konnte noch das *4-Chinolonyl-3-glucuronid* isoliert werden, was beweist, daß **II** in vivo in m- u. p-Stellung oxydiert wird.

Versuche: 1. Nach **I**-Zufuhr aus dem Harn isoliertes Glucuronid (1,3 g, F. 250 bis 252°) unter Rückfluß 4 Std. mit 50 ml 2n HCl erhitzt, eingeengt u. filtriert. Nach Abkühlung *6-Oxy-2-chinolonhydrochlorid,* $C_9H_8O_2NCl$, aus 2n HCl farblose Nadeln. 20 mg in etwas Pyridin enthaltendem Acetanhydrid zum Sieden erhitzt, ergibt nach Einschütten in W. *2.6-Dioxychinolindiacetat,* $C_{13}H_{11}O_4N$, F. 221—223°. Nach wiederholter Umkristallisation aus wss. A. *6-Acetoxy-2-chinolon,* $C_{11}H_9O_3N$, F. 223—228°. — 2. Nach **II**-Zufuhr erhaltenes Glucuronid ist ident. mit dem nach Verfütterung von 6-Oxy-4-chinolon isolierten *4-Chinolonyl-6-β-d-glucuronid* (**III**), $C_{15}H_{15}O_8N \cdot 3H_2O$, aus W. farblose Nadeln, F. 208° (Zers.), $[\alpha]_D$ —122° (W., c = 0,015). 50 mg in W. mit 12 mg $NaHCO_3$ behandelt, ergibt Na-Salz von **III**, $C_{15}H_{14}O_8NNa$, $[\alpha]_D^{20}$ —110° (W., c = 1). — 3. Nach **II**-Zufuhr erhaltenes Glucuronidgemisch nach Abtrennung über Pb-Salze in W. gelöst, mit Aceton gefällt, mit Amberlite IR-100 H gereinigt. Zur Trockne eingedampfte Lsg. der Glucuronide (0,3 g) mit 0,1 g p-Toluidin u. 2 ml warmem W. gemischt. Nach 24 Std. das *p-Toluidinsalz von 4-Chinolonyl-3-glucuronid,* $C_{22}H_{24}O_8N_2 \cdot H_2O$, aus W. farblose Nadeln, F. 174—177° (Zers.), $[\alpha]_D^{25}$ —108° (W., c = 0,5). Nach Behandlung mit NH_3-Dampf purpurfarbene Fluorescenz um UV-Licht. R_F-Werte in n-Butanol–Essigsäure-W. (4:1:5) 0,5, in Bzl.–n-Butanol-NH_4OH (2:5:2) 0,2. Mit $NaHCO_3$ erhaltenes Na-Salz (1,2 g) liefert nach 4std. Erhitzen unter Rückfluß mit 50 ml 2n HCl *3-Oxy-4-chinolonhydrochlorid,* $C_9H_7O_2N \cdot HCl$, aus 2n HCl farblose Nadeln, ohne definierten F. Nach Behandlung mit $NaHCO_3$ u. Vakuumsublimation freies *3-Oxy-4-chinolon,* $C_9H_7O_2N$, krist. aus Methanol–Dioxan, F. 245—250° (Zers.). Behandlung mit Benzoylchlorid u. NaOH ergibt *3.4-Dioxychinolindibenzoat,* $C_{23}H_{15}O_4N$, F. 129°. (Biochem. J. **56.** 325—29. Febr. 1954.) F. KRUSEN. 4607

K. C. Blanchard, E. H. Dearborn, Louis C. Lasagna und **E. L. Buhle,** *Die antidiuretische Wirkung einiger organischer Säuren.* Die Unters. von 43 Säuren verschied.

Konstitutionstypen ergab, daß antidiuret. Wirksamkeit nicht allein auf *3-Oxycinchoninsäure* (I) u. deren Derivv. beschränkt ist. Verschied. Derivv. der *Chinolin-8-carbonsäure* u. einige wenige der *Anthranilsäure* (II) sind ebenfalls antidiuret. wirksam, so daß die antidiuret. Aktivität anscheinend nicht durch einen bestimmten chem. Konstitutionstyp bestimmt wird. Dieser ist nur dadurch von Bedeutung, daß er die Fähigkeit der Säuren, an den Wirkungsort zu gelangen, bestimmt. Geprüfte Verbb.: *Cinchoninsäure*, relative antidiuret. Aktivität, bezogen auf *3-Oxy-2-phenylcinchoninsäure* (III), 0, *4-Oxychinolin-3-carbonsäure*, 0, I, *3-Oxy-2-äthylcinchoninsäure*, 0,5—1, *3-Oxy-6-methoxycinchoninsäure*, 1, *3-Oxy-6-methoxy-2-phenylcinchoninsäure*, 1, III, 1, *N-[3-Oxy-2-phenylcinchoninoyl]-glycin*, 0, *N-[3-Methoxy-2-phenylcinchoninoyl]-glycin*, 0, *3-Oxy-2-phenylchinolin-4.6-dicarbonsäure*, 8, *3-Oxy-2-phenylchinolin-4.8-dicarbonsäure*, 160, *3-Oxy-2-[p-methoxyphenyl]-chinolin-4.8-dicarbonsäure*, 125, *3-Oxy-2-[p-xenyl]-chinolin-4.8-dicarbonsäure*, 4, *8-Carbomethoxy-3-oxy-2-phenylcinchoninsäure*, 5—32, *8-Carboxamido-3-oxy-2-phenylcinchoninsäure*, 16—32, *4-Carbomethoxy-3-oxy-2-phenylchinolin-8-carbonsäure*, 40—80, *3-Oxychinaldin-8-carbonsäure*, 0,5, *3-Oxy-2-phenylchinolin-8-carbonsäure*, 4—8, *2-Phenylchinolin-4.8-dicarbonsäure*, 8—16, *2-Phenylchinolin-8-carbonsäure*, 0, *7-Oxy-2-phenylcinchoninsäure*, 0,5, *8-Oxy-2-phenylcinchoninsäure*, 0,25, *o-Oxyphenylcinchoninsäure*, 0,25—0,5, *N-Benzoylanthranilsäure*, 1, *N-Benzoylisatosäure*, 0,25, *2-Acetamidoisophthalsäure*, 0,25, *3-Phenylsalicylsäure*, 0,25(?), weitere inakt. Säuren: *N-Acetylanthranilsäure*, *2-Aminoisophthalsäure*, *5-Aminoisonicotinsäure*, II, *3-Benzamidobenzoesäure*, *2-Benzamidoisophthalsäure*, *5-Bromsalicylsäure*, *3-Oxyisonicotinsäure*, *2-Oxy-1-naphthoesäure*, *2-Oxy-3-naphthoesäure*, *Nicotinsäure*, *3-Nitrosalicylsäure*, *5-Nitrosalicylsäure*, *5-Phenylsalicylsäure*, *Salicylsäure*.

Versuche: *2-Äthyl-3-oxycinchoninsäure*, $C_{12}H_{11}O_3N$, Zers. bei 207—208°, 170 g *1-Acetoxybutanon-(2)* portionsweise zu 183,8 g Isatin in 5 mol. NaOH geben, 1¼ Std. kochen, nach Stehen über Nacht mit W. verd., Celitfiltrat bei 90° mit HCl (d 1,19) versetzen, nach 5std. Stehen bei Raumtemp. Nd. in verd. NH_3-W. lösen, nach Entfärben mit C ansäuern; winzige gelbe Nadeln (5n HCl); Ausbeute 91%. — *3-Oxychinaldin-8-carbonsäure*, $C_{11}H_9O_3N$, Braunfärbung ab 332—333°, Zers. bei 342—343°, 3 g 3-Oxy-2-methylchinolin-4.8-dicarbonsäure in Nitrobenzol ¾ Std. kochen, Nd. mittels verd. NH_3 lösen, entfärben (C), ansäuern; winzige Prismen (Dimethylformamid + W.); 2,28 g. — *3-Oxy-2-phenylchinolin-8-carbonsäure*, $C_{16}H_{11}O_3N$, F. 323—325°, 5 g 3-Oxy-2-phenyl-4.8-dicarbonsäure 1 Std. in Nitrobenzol kochen, nach W.-Dampfdest. in verd. NH_3 lösen, entfärben, ansäuern; hellgelbe, kleine Prismen (Nitrobenzol); 90%. — *3-Oxy-2-phenylchinolin-4.6-dicarbonsäure*, $C_{17}H_{11}O_5N$, Braunfärbung bei 248 bis 249°, Zers. bei 315—316°, durch Kondensation von Diketoindolin-6-carbonsäure mit Phenylacetat; 68%. — *N-Benzoylanthranilsäuremethylester*, F. 99—100° (A.), aus Anthranilsäuremethylester u. Benzoylchlorid in Pyridin; 76%. — *N-Benzoylanthranilsäure*, F. 182° (A. + W.); 93%. — *2-Acetamido-1.3-dimethylbenzol*, F. 175,5—176°, aus 2-Amino-1.3-dimethylbenzol in Eisessig-W. u. Acetanhydrid; 94%. — *2-Acetamidoisophthalsäure*, F. 216—217° (W.), durch Oxydation vorst. Verb. mit überschüssigem $KMnO_4$; 91%. — *2-Aminoisophthalsäure*, Zers. bei 319—320°, durch Verseifen vorst. Verb. mit konz. HCl-W. (1:4); blaßgelbe Prismen (A.). — *2-Benzamido-1.3-dimethylbenzol*, F. 168—169°, 2-Amino-1.3-dimethylbenzol in 10%ig. NaOH mit Benzoylchlorid benzoylieren; Nadeln (A.). — *2-Benzamidoisophthalsäure*, Zers. bei 221—222°, vorst. Verb. bei 90° zu einer wss. Lsg. von $MgSO_4$ u. $KMnO_4$ geben; seidige Nadeln (wss. A.); 88%. — *Cinchomeronimid*, F. 231—232°, 15 g Cinchomeronsäure in Acetanhydrid 30 Min. kochen, im Vakuum flüchtige Bestandteile entfernen, Rückstand 3 Tage mit Acetamid auf 100° erhitzen; 12,22 g. — *3-Aminoisonicotinsäure*, F. 297—300°, Cl_2 in 10%ig. NaOH-Lsg. absorbieren u. mit vorst. Verb. 5 Min. erwärmen; 79%. —*3-Oxyisonicotinsäure*, F. 313° (Zers.), vorst. Säure in verd. H_2SO_4 diazotieren, auf 60°, dann auf 80° erwärmen; hellgelbe Prismen; 89%. (Bull. Johns Hopkins Hosp. **91**. 330—40. Nov. 1952. Johns Hopkins Univ., Dep. of Pharmacol. and Exp. Therapeutics.)

K. MAIER. 4607

Brenda M. Schofield, *Die Wirkung von Nicotin auf das Ciliarganglion.* Bei Katzen wurden einseitig das Ciliarganglion sowie beidseitig das obere Halsganglion u. die Nebennieren entfernt. An diesen Tieren rief *Nicotin* eine Erweiterung der noch innervierten Pupille hervor, die langsam im Laufe von 20 Min. abklang. Eine Constriction wurde auch mit kleinsten Dosen *Nicotin* nicht beobachtet. Vorherige Gabe von *Ergotoxin* hat wenig Einfl., während *Atropin* u. *Hexamethonium* den *Nicotin*-Effekt unterdrücken. Demnach werden durch *Nicotin* die cholinerg. Nervenelemente im Ganglion ciliare gelähmt, so daß die Pupille — der sympath. Nervenversorgung entblößt — sich passiv erweitert. Für die Anwesenheit adrenerg. Fasern im Ciliarganglion ergaben sich keine

Hinweise. (Brit. J. Pharmacol. Chemotherapy **7.** 665—69. Dez. 1952. Oxford, Univ., Dep. of Pharmacol.) A. DAUTZENBERG. 4608

A. I. Karajew, R. K. Alijew und **P. A. Jusbaschinskaja,** *Zur Charakteristik der chemischen Zusammensetzung der Wurzeln von Alhagi pseudalhagi Desw. aus Aserbaidshan und über den Einfluß des Decoctes auf die Gallensekretion.* Die Wurzeln von Alhagi pseudalhagi Desw. haben die folgende Zus.: Alkaloide (0,17%), Glykoside, Proteine u. Aminosäuren, Zucker (vor der Hydrolyse 0,72, nach derselben 0,93%), Aldehydzucker (0,08%), Fettsubstanzen (0,65%), Harze (5%), Stärke, organ. Säuren (2,6%), ein gelber Farbstoff, Vitamin C (70 mg%) u. Spuren von Carotin, Gerbstoffen u. Anthraglykosiden. In 54 Verss. an 5 Hunden mit chron. Gallenblasenfistel, die einen 10%ig. Decoct der Wurzeln per os erhielten, wurden in 3 Std. bei einmaliger Verabreichung von 100 ml 35, bei zweimaliger Verabreichung 48 ml Galle erhalten, während die gleiche Menge W. 21 ml u. Milch 34 ml Galle produzierten. Auf Grund der Verss. wird die klin. Erprobung des ungiftigen Mittels als Cholagogum bei Gallenleiden empfohlen. (Доклады Академии Наук Азербайджанской ССР [Ber. Akad. Wiss. AserbaidshanSSR] **11.** 359—63. 1955.) E. RENTZ. 4608

V. Gorlitzer von Mundy, *Infektionskrankheiten des Darmes und deren Behandlung.* Zur Bekämpfung der Amöbenruhr wird angeführt: Behandlung mit *Emetin*-Injektionen 0,03 g/Tag kombiniert mit 2%ig. *Yatren*-Klysmen von 200 cm^3/Tag 2—3 Wochen; erwähnt wird weiter eine Kombination von *Neoprontosil* mit *Chinioform* oder *Diodoquine*; *Carbason* u. *Vioform* sind zu schwach, zur Nachkur *Aureomycin* (I). Als Mittel gegen Bakterienruhr gibt Vf. an: *Prontosil rubrum* u. *album*, *Rubazin* u. *Brevazin* (ÖSTERR. STICKSTOFFWERKE), zur Schmerzlinderung *Bellafolin*, *Belladenal*, *Bellergal* (SANDOZ); ferner *Sulfaguanidin* sowie **I**, *Chloromycetin* (**II**) u. *Terramycin* (**III**). Neben **I** u. **III** ist bei Typhus u. Paratyphus in 1. Linie **II** angezeigt bei Verabreichung von 250 mg 6stündlich über 3—4 Tage. Die beobachtete Nebenerscheinung einer Colitis ulcerosa gravis wird behandelt mit *Folsäure*, *Vitamin* B_{12}, Leberextrakten u. Zuführung von Schwermetallpräpp., sofern z. B. Fe-Mangel feststeht. Neuerdings auch Therapie mit *ACTH*. (Med. Klin. **47.** 1239—44. 19/9. 1952. Knittelfeld/Österreich, Landeskrankenhaus.) H. DOSSMANN. 4610

Heinz Hungerland, Rolf Köster und **Margarete Walther,** *Über die Wirkung des TB I/698 (Conteben) auf die Ausscheidung des Ammoniaks, der fixen Basen und des Chlors im Harn bei an Tuberkulose erkrankten Kindern.* Bericht über den Einfl. von *Conteben* (**I**) auf den Mineralstoffwechsel von 7 Kindern in einem Zeitraum von 70 Tagen, der in 5 Perioden eingeteilt war u. wobei **I** nur in der 2. u. 4. Periode in einer Dosierung von 0,92—1,5 mg bzw. 1,25—1,5 mg/kg/Tag verabreicht wurde. Die 24 Std.-Harnmenge wurde gesammelt, an 450 Proben wurde *Gesamtbasen-*, NH_4- u. *Cl*-Ausscheidung bestimmt u. als Milliäquivalent/kg/Tag berechnet. Die **I**-Wrkg. scheint darin zu bestehen, daß **I** eine vermehrte Chlorid- u. Gesamtbasenausscheidung hervorruft. (Klin. Wschr. **30.** 562—63. 15/6. 1952. Gießen, Univ., Kinderklinik.) H. DOSSMANN. 4610

Robert B. Breitenbucher, Donald S. Amatuzio und **A. Falk,** *Die Wirkung von Probenecid (Benemid) durch Steigerung der Konzentrationen von p-Aminosalicylsäure im Blut.* Blut-*PAS*(**I**)-Konzz. von 15 tuberkulösen Patienten, die täglich 12 g **I** oral erhielten, wurden vor u. nach zusätzlicher Verabreichung von täglich 2 g *Probenecid* = *Benemid* (**II**; SHARP & DOHME, Inc.) = *p-[Di-n-propylsulfamyl]-benzoesäure* untersucht, **II** bewirkte eine 40—50%ig. Erhöhung des **I**-Blutspiegels. Bei Erniedrigung der **I**-Dosis auf 8 g +2 g **II** wurden entsprechend niedrigere **I**-Blutspiegel erhalten, wie sie ohne **II** nach Verabreichung von 4×3 g **I**/Tag festzustellen waren. Keine tox. **II**-Wirkungen. (Amer. Rev. Tubercul. **66.** 228—32. Aug. 1952. Minneapolis, Minn., Veterans Administration Hosp. u. Univ. of Minn., Med. School.) H. DOSSMANN. 4610

S. Y. P'An, L. Markaroglu und **J. Reilly,** *Die Wirkungen von Barbituraten auf die Toxizität von Isoniazid (Isonicotinsäurehydrazid).* Wegen beobachteter tox. Wirkungen von *Isoniazid* (**I**) auf das Zentralnervensyst. wurde untersucht, ob durch gleichzeitige Verabreichung von **I** mit Barbituraten in geringer Dosierung wie *Phenobarbital* (**II**) u. *Pentobarbital* (**III**) an Mäuse u. Hunde die Erscheinungen tox. **I**-Dosen zu red. sind. Mit **II** u. **III** sind die Tiere gegen **I**-Convulsionen zu schützen. Die erwünschte Wrkg. wird mit **II** schneller als mit **III** erreicht. (Amer. Rev. Tubercul. **66.** 100—03. Juli 1952. Brooklyn, N. Y., Chas. Pfizer & Co., Inc.) H. DOSSMANN. 4610

William Steenken jr., Gordon M. Meade, Emanuel Wolinsky und **E. Osborne Coates jr.,** *Nachweis zunehmender Resistenz der Tuberkelbacillen von mit Hydrazinen der Isonicotinsäure behandelten Patienten.* An 6 Fällen mit chron. Lungentuberkulose, die mit *Isonicotinsäurehydrazid* (**I**) bzw. *1-Isonicotinoyl-2-isopropylhydrazin* (**II**) über 11 Wochen behandelt wurden, konnte bei 4 Patienten nach der 8. Behandlungswoche deutliche Zunahme von I- bzw. II-Resistenz nachgewiesen werden, so daß nach Vff. I- bzw. II-Therapie allein zur Behandlung chron. Fälle nicht geeignet ist. (Amer. Rev. Tubercul. **65**. 754—58. Juni 1952. Trudeau, N. Y., Trudeau Found., Trudeau Labor. and Trudeau Sanatorium.) H. DOSSMANN. 4610

P. Bünger, A. Lass und **G. Müller,** *Untersuchungen über die Diffusion von Isonicotinsäurehydrazid in den Liquor cerebrospinalis.* An Kranken mit Meningitis tuberculosa wurde nach oraler Gabe von 200 mg *INH* (I), *Neoteben* bzw. *Rimifon,* der I-Geh. in Liquor u. Serum bestimmt u. mit den Werten verglichen, die nach intralumbaler bzw. intracisternaler Injektion von 50 mg *Streptomycin* (II) bzw. 5 cm^3 einer 2,8%ig. *PAS-Na* (III)-Lsg. erhalten wurden. Ferner Unters. der chem. bestimmten I-Werte auf ihre biol. Wirksamkeit. I bewirkt eine 10—50mal größere Konz. im Liquor, als zur Hemmung des Teststammes H 37 Rv erforderlich wäre. Wegen der nachgewiesenen Diffusion von I in den Liquor erübrigt sich nach Vff. eine I-Injektion in den Liquorraum, wie sie mit II u. III erforderlich ist. (Dtsch. med. Wschr. **77**. 1162—63. 19/9. 1952. Hamburg-Heidberg, Allgemeines Krankenhaus.) H. DOSSMANN. 4610

Morris Solotorovsky und **Francis J. Gregory** (unter techn. Mitarbeit von **Thomas H. Wombolt**), *Antituberkulöse Wirksamkeit von Triton A-20, einem nichtionischen Alkyl-Aryl-Polyätheralkohol, bei alleiniger oder mit Streptomycin kombinierter Anwendung bei Mäusen.* Bei Vergleichsverss. mit *Triton A-20* (I; ROHM & HAAS) u. *Dihydrostreptomycin* (II) an mit H 37 Rv infizierten Mäusen betrug die Wirksamkeit von I, beurteilt nach der Größe der Lungenläsionen, 1/6 derjenigen von II. Bei Kombination von I + II bewirkte I in Dosen, die allein unwirksam waren, eine Steigerung der II-Aktivität: 1,25 (2,5) mg I/Tag kombiniert mit 0,5 (0,25) mg II waren wirksamer als je 5 mg I oder 1 mg II. (Amer. Rev. Tubercul. **65**. 718—21. Juni 1952. Rahway, N. J., Merck Inst. for Therapeutic Res.) H. DOSSMANN. 4610

L. Mosonyi, A. Szöke und **J. Vajda,** *Über die Wirkung der Vitamine auf die durch Antibiotica herbeigeführte Phagocytosehemmung. Penicillin* u. *Streptomycin* führen zu einer Abnahme der Phagocytoseaktivität der Leukocyten; diese wird durch Zugabe von wasserlösl. Vitaminen zu Leukocytensuspensionen vorteilhaft beeinflußt u. führt zu entsprechender Therapie. (Int. Z. Vitaminforsch. **24**. 255—62. 1952. Budapest, Univ., II. Med. Klinik, Labor. des Krankenh. der Eisenbahnangestellten.) J. MILLER. 4611

Enid A. Neidle, Charles M. Gruber und **Joan E. Copeland,** *Die Wirkungen einiger sympathicomimetischer Amine auf die isolierte perfundierte Meerschweinchenlunge.* An isolierten Meerschweinchenlungen fällt die Fähigkeit zur Bronchialerweiterung in folgender Reihe ab, bzw. nimmt die Fähigkeit zur Bronchialconstriction zu: *Adrenalin* (I), *Epinin, Kephrin, Sympatol, Isopropylarterenol* (II), *Octin, Aranthol, Phenylephrin, Oxyamphetamin, Ephedrin* (III), *Methamphetamin, Tuamin, Tyramin, Amphetamin.* I hemmt die constrictor. Wirkungen der am Ende der Reihe stehenden Verbb. wie etwa des III. Umgekehrt heben diese die I-Wrkg. auf. Die in der Mitte stehenden Verbb. können diphas. Wirkungen besitzen, wobei initiale Dilatation von Spasmus gefolgt wird. An Lungen, welche mit 0,1—1 mg II vorbehandelt waren, führt I, anders wie an n. Lungen, kaum zu Erschlaffung u. gelegentlich zu Kontraktion. II-behandelte Lungen sind auch gegen die anderen Stoffe häufig refraktär; auch Spasmen-erzeugende Verbb. sind ohne Wirkung. (Arch. int. Pharmacodynam. Thérap. **87**. 64—72. 1/7. 1951. Philadelphia, Jefferson Med. Coll., Dep. of Pharmacol.) F. JUNG. 4620

E. W. Packman, G. V. Rossi und **J. W. E. Harrison,** *Die Wirkung von Histamin und Antihistaminen auf die Körpertemperatur. Histamin* (I) verursacht bei Ratten u. Mäusen in Dosen von 10—100 mg/kg, bei Meerschweinchen bei 0,5—2,0 mg/kg eine Erhöhung der Körpertemp., die bei Kaninchen auch bei Erhöhung der Dosis bis zur DL_{100} nicht eintrat. Dieselbe Wrkg. wurde von einer Reihe von *Antihistaminen* (II) in unterschiedlichem Ausmaß hervorgerufen; diese senken auch künstlich erhöhte Körpertemperaturen. Die temperatursenkende Wrkg. von I u. II ist größer bei niedrigerer Umgebungstemp., ihr Ausmaß bei den II steht in keinem Zusammenhang mit ihrer antianaphylakt., atropinähnlichen, hypnot. u. tox. Aktivität. Die geprüften II in der Reihenfolge ihrer temperatursenkenden Aktivität waren: *10-[2-Dimethylaminopropyl]-phenothiazin* (*Phenergan*), *N-p-Methoxybenzyl-N.N'-dimethyl-N-α-pyridyläthylendiaminhydrochlorid* (*Mepyramin*), *N.N-Dimethyl-N'-α-pyridyl-N'-[2-methylthienyl]-äthylendiaminhydrochlorid* (*Thenylpyramin*), *N-β-Dimethylaminoäthylphenothiazinhydrochlorid* (*RP 3015*), *N.N-Dimethyl-N'-benzyl-N'-[α-pyridyl]-äthylendiaminhydrochlorid* (*Pyribenzamin*), *β-Dimethylaminoäthylbenzhydrylätherhydrochlorid* (*Benadryl*), *1-Phenyl-1-[pyridyl-(2)]-3-dimethylaminopropanmaleat* (*Prophenpyridamin*), *N.N.N'.N'-Tetramethyl-N.N'-bis-[β-phenothiazinol]-äthylpentamethylendiammoniumbromid* (*RP 3550*), *N.N-Dimethyl-N-[p-methoxybenzyl]-N'-2-pyrimidyl-(2)-äthylendiaminhydrochlorid* (*Thonzylamin*), *2-[N-Phenyl-N-benzylaminomethyl]-imidazolinhydrochlorid* (*Antistin*), *2-Pheno-*

thiazinoisopropyltrimethylammoniumbenzosulfonat (*Thiazinamin; RP 3554*), *2-Methyl-9-phenyl-2.3.4.9-tetrahydro-1-pyridindentartrat* (*Theophorin*), *Diäthylaminocarbäthoxybicyclohexylhydrochlorid* (*Dicylomin*), *N-Methyl-N'-[4-chlorbenzhydryl]-piperazinindihydrochlorid* (*Chlorcyclizin*) u. *10-[2-Pyrrolydyl-(1)-äthyl]-phenothiazinhydrochlorid* (*Parathiazin*). (J. Pharmacy Pharmacol. **5.** 301—10. Mai 1953. Philadelphia, Pa., Coll. of Pharmacy and Sci., Dep. of Pharmacol.) F. KRUSEN. 4625

Giuseppe Gomirato und **Giovanni Baggio,** *Das Verhalten der Nervenzellen in der Narkose, analysiert mit der quantitativen historadiographischen Methode.* Kaninchen wurden mit Alkylbarbitursäure (I) narkotisiert, so daß eine tiefe Narkose für 16—24 Std. erreicht wurde. Die gesamte Behandlungszeit betrug 5 Tage. Die Tiere wurden 12 Std. nach der letzten Injektion getötet, das Material schnell entnommen, in CARNOY-Lsg. fixiert u. in Paraffin eingebettet. Ausgewertet wurden die großzelligen Kerne der Formatio reticularis im Rhombencephalon u. in den Spinalganglien. Beim Vgl. der Gewichte der Trockensubstanz des Cytoplasmas zeigt sich eine starke Verminderung gegenüber den Kontrollen. Der Wirkungsmechanismus der I wird über eine Abnahme der Proteine u. der Nucleoproteide in den untersuchten Zellen erklärt. (Minerva Anestesiol. **21.** 295—97. Nov. 1955. Torino, Univ., Clin. delle Malattie Nerv. e Mentali.) A. KRAUSHAAR. 4627

Eugenio Bezzi, *Magnesiumascorbat in der Anästhesiepraxis.* Verss. an Hunden in Chloralosenarkose zeigen, daß *Mg-Ascorbat* (I; 10 bzw. 20%ig. Lsg.; *Magnorbin „Bracco"*) intravenös injiziert, keinen nachteiligen Einfl. auf die Herztätigkeit u. auf die Atmung, nur eine vertiefende, aber nicht deren Rhythmus beeinflussende Wrkg. ausübt. Bei der klin. Anwendung von I wurde eine potenzierende Wrkg. auf muskelerschlaffende Mittel beobachtet. Durch Ionenantagonismus (Mg^{2+}—Ca^{2+}) kommt eine leichte antikoagulierende Wrkg. zustande. In allen Fällen, einschließlich denen in der großen Chirurgie, konnte durch die zusätzliche Verwendung von I die Dosis anderer Narkotica bzw. curarisierender Substanzen mit gleichem klin. Resultat verringert werden. Als Kontraindikationen werden die klass. gegen Mg genannt, vor allem ist bes. auf Nierenaffektionen zu achten. Die Ausscheidung von I erfolgt zu 40% über die Niere, der Rest durch die Faeces. (Minerva Anestesiol. **21.** 277—89. Nov. 1955. Parma, Univ. Ist. di Patol. Spec. Chir. e Proped. Clin.) A. KRAUSHAAR. 4627

J. Franceschini und **A. Meli,** *Pharmakologische Eigenschaften einer neuen Verbindung aus der Äthinylcarbinolreihe. Carbaminsäure-1-phenylpropinylester* (I) wird mit phenylbarbitursaurem Na (II) hinsichtlich seiner pharmakol. Wrkg. verglichen. DL_{50} bei der Maus 250 mg/kg (220 mg/kg für II). Hypnot. Wrkg. von II ist größer als von I bei geringen Dosen. In ihrer Hemmung auf den Metrazolkrampf sind I u. II gleich. I senkt die Nierenreizbarkeit u. den Rattenstoffwechsel sowie den O_2-Verbrauch (MARBURG-Meth.) von isoliertem Muskel mehr als II. (Arch. int. Pharmacodynam. Thérap. **99.** 245—50. 15/9. 1954. Mailand, C. Erba Inst. für therapeut. Forsch., Biolog. Labor.) J. MILLER. 4627

J. Gicquel und **H. Schmitt,** *Verstärkung der Wirkungen von Chloral und Äthylurethan durch 3-Chlor-10-[3-dimethylaminopropyl]-phenothiazin* (*RP 4560*). Bei Ratten u. Kaninchen wurde durch 5 mg/kg *Chlorpromazin* intramuskulär schnellerer Eintritt u. längeres Anhalten der durch *Chloral* u. *Äthylurethan* hervorgerufenen Narkosen bewirkt. (C. R. Séances Soc. Biol. Filiales **148.** 899—900. Mai 1954. Paris, Fac. de Méd., Serv. de Biochim. méd.) F. KRUSEN. 4627

Horst Julich, *Die Veränderung der Erregbarkeit des Atemzentrums durch erregbarkeitssenkende Arzneimittel, mit einem Beitrag zur Methodik der Erregbarkeitsbestimmung.* An n. Menschen wurde während eines Rückatmungsvers. der Verlauf der alveolaren CO_2 u. des Atemvol. bestimmt. Die Erregbarkeit des Zentrums wird durch die Steilheit der gegenseitigen Abhängigkeit dieser beiden Größen wiedergegeben. 20 mg *Morphin* (I) bewirken eine ca. 37%ig. Red. der Erregbarkeit für ca. 5—6 Std. 10 mg I haben etwa dieselbe Wrkg., 5 mg senken deutlich weniger. *Pantopon* u. *Euponal* in Dosen von 1,1 ml. bewirken eine Senkung um ca. 24%. *Opium*-Tropfen sind nicht wirksam. Am Herzkranken (z. B. Insuffizienz) wirkt I etwa doppelt so stark wie die anderen Opiate. (Z. ges. exp. Med. **117.** 539—58. 1951. Halle, I. Med. Universitätsklinik u. Inst. für exp. Pathol.) F. JUNG. 4627

Werner Keil und **Erika Rademacher,** *Die lokalanästhetische Wirkung einiger para-Aminosalicylsäureester.* 1. Mitt. *Alkylaminoäthylester der p-Aminosalicylsäure* (*PAS*). Die am Kaninchenauge beobachtete anästhet. Wrkg. von *p-Aminosalicylsäurediäthylaminoäthylester* (I) ist etwa so groß wie die von *Novocain* (II), während *p-Aminosalicylsäuredimethylaminoäthylester* (III) weit weniger wirksam ist. Toxikolog. Unterss. an Ratten u. Mäusen ergaben intraperitoneal, intravenös u. subcutan für I höhere Toxizität als für II, die bei I relativ geringer als bei II durch Adrenalin u. Corbasil verstärkt wurde. Leberbrei, Plasma u. Hefeautolysat zerstören die anästhet. Wrkg. von I bei 36° in 42 Min., wobei das Entstehen kleiner Mengen von p-Aminosalicylsäure nachgewiesen werden kann. (Arzneimittel-Forsch. **1**. 154—56. Juli 1951. Moers-Meerbeck, Chem. Werke der Gewerkschaft Rheinpreußen.) F. KRUSEN. 4627

Dorothee Ruhnau, *Wirkung des Polamidons auf sympathische Zentren.* An Hunden konnte in *Chloralose*-Narkose in verschied. Versuchsanordnungen unter Registrierung von Blutdruck, Herzfrequenz u. Darmtätigkeit nachgewiesen werden, daß die direkte Erregung parasympath. Zentren durch *Polamidon* (I) nicht die einzige Ursache für das in der Peripherie registrierte Überwiegen des Parasympathicustonus ist, u. daß am Zustandekommen dieser Erscheinungen auch eine schon nach kleinen Dosierungen nachweisbare u. nach großen Gaben fast vollständige Dämpfung der Reflexerregbarkeit des Sympathicus beteiligt ist. Die am Hund klin. bei gleichzeitiger Gabe von I u. Atropin beobachtete Steigerung der Herzfrequenz beruht nach den berichteten Versuchsergebnissen nicht auf einer zentralen Sympathicuserregung durch I, sondern ist eine sek. Folge der durch I hervorgerufenen Atemschädigung u. CO_2-Anreicherung. (Naunyn-Schmiedebergs Arch. exp. Pathol. Pharmakol. **216**. 154—55. 1952. Hannover.) H. BASFELD. 4627

Dietrich Plester, *Über die analgetische Wirkung des Novocains.* Die schmerzlindernde Wrkg. des *Novocains* (40—80 mg intravenös) wurde an 20 gesunden Versuchspersonen untersucht, wobei nur 4 Personen einen mäßigen Effekt verspürten. Vf. vermutet, daß der Wirkungsmechanismus über eine Normalisierung der Zirkulationsverhältnisse im terminalen Bereich der Blutgefäße zustande kommt. (Aerztl. Wschr. **6**. 1143—44. 30/11. 1951. Düsseldorf, Med. Akad., Pharmakolog. Inst.) R. KÖNIG. 4627

Aurelio Innocenzi, *Experimentelle und klinische Untersuchungen über Procain mit verlängerter Wirkung.* Die protrahierte Wrkg. des Anästheticums *Recorcaina-Ritardo* (I; *Recordati*, Corregio; 1 (%) Novocainbase, 0,25 Novocainhydrochlorid, 5 Tutocain, 1 Benzylalkohol in Propylen- u. Polymethylenglykolen u. W. gelöst) kommt durch Abtransport der Vehikelsubstanzen durch Gewebeflüssigkeiten u. Ablagerung von mikrokrist. Anästheticum zustande. Es konnten keine Veränderungen an den Neurofibrillen u. den Zylindern von Meerschweinchen, die mit I behandelt worden waren, festgestellt werden, dagegen verschwand die Tigroidsubstanz in den motor. Neuronen. Mit diesen Veränderungen fällt die Periode des Aussetzens der Funktionen des Nerven zusammen. (Minerva Anestesiol. **21**. 266—70. Okt. 1955. Torino, Osp. Maria Vittoria.) A. KRAUSHAAR. 4627

Ole Gisvold, *Die anästhetische Aktivität einiger Amidine.* Eine Reihe neuer *Ester* von *p-Carboxybenzamidin* u. *N-Alkyl-p-carboxybenzamidinen* wurde am Auge u. auf der Haut des Meerschweinchens auf anästhesierende Wrkg. untersucht. Die nichtsubstituierten Amidine (I) erwiesen sich allg. im Vgl. zu den entsprechend niedriger mol. N-Alkylderivv. als wirksamer. Mit steigender Größe der N-Alkylgruppe wurde die Aktivität der erstgenannten erreicht oder übertroffen. Die meisten I wirkten in der Konz. von 1:1000 gegen *S. aureus* u. *Salmonella typhosa* bakterizid. Untersuchte. Verbb.:

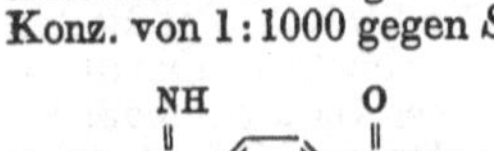

p-Carbo-[2-chloräthoxy]-benzamidin, Wirkungsdauer (Min.; 1%ig. Lsg.), 0 (Auge), 155 (Haut), *N-Methyl-p-carbo-[2-chloräthoxy]-benzamidin*, 0,30, *N-n-Propyl-p-carbo-[2-chloräthoxy]-benzamidin*, 0,40, *N-n-Butyl-p-carbo-[2-chloräthoxy]-benzamidin*, 8—10, 60, *p-Carbobenzyloxybenzamidin*, 108, 180, *N-Methyl-p-carbobenzyloxybenzamidin*, 90, 180, *N-Äthyl-p-carbobenzyloxybenzamidin*, 60, 300, *N-n-Propyl-p-carbobenzyloxybenzamidin*, 80, 360, *N-n-Butyl-p-carbobenzyloxybenzamidin*, 300, 420, *p-Carbohexahydrobenzyloxybenzamidin*, 390, 420, *N-Äthyl-p-carbohexahydrobenzyloxybenzamidin*, 90, 160, *p-Carbocyclohexyloxybenzamidin*, 130, 360, *N-Äthyl-p-carbocyclohexyloxybenzamidin*, 150, 360, *N-n-Propyl-p-carbocyclohexyloxybenzamidin*, 160, 160, *N-n-Butyl-p-carbocyclohexyloxybenzamidin*, 375, 375, *p-Carbocyclopentyloxybenzamidin*, 120, 280, *N-Äthyl-p-carbocyclopentyloxybenzamidin*, 40, 45. (J. Amer. pharmac. Assoc., sci. Edit. **43**. 372—73. Juni 1954. Minneapolis, Minn., Univ. of Minnesota, Coll. of Pharmacy.) K. MAIER. 4627

P. Aubry, F. Claude, M. Lebel, M. Leblanc, M. Truchaud, *Klinisch-pharmakologische Untersuchung eines neuen Analgeticums, Dihydronpektinat, am Menschen und Tier.* *Dihydronpektinat* (I), ein Salz aus Dihydroxycodeinon u. Pektin, angewandt als viscose Lsg. mit einem Geh. an 1% Alkaloid, hat, wie subcutane Injektionen an Mäusen ergaben, eine DL_{50} von 0,285 u. ist somit weniger tox. als das entsprechende *Hydrochlorid* (0,275; II), welches an sich schon weniger giftig ist als das *Hydrochlorid* von *Morphium* (0,255). Eine pharmakodynam. Unters. an der Ratte ergab, daß die analget. Wirkungsdauer von I ca. 3,3mal so hoch ist als die von II. Weitere Tierverss. ließen erkennen, daß die zur

Herbeiführung einer hinreichenden Analgesie erforderlichen Dosen von I ohne Gefahr weit überschritten werden dürfen. Die klin. Prüfung am Menschen bestätigte die lange Wirkungsdauer u. hervorragende Verträglichkeit. (Anesthésie et Analgésie **8.** 663—72. Dez. 1951.) R. KÖNIG. 4627

Kikuo Ogiu, Hajime Fujimura, Motohatsu Matsumura und **Takaji Ueshima,** *Analgetische Wirkung von Dialkylaminoacylaminderivaten.* 2. Mitt. *Über die kombinierte Anwendung von 4-α-Dimethylaminopropionylaminoantipyrin und Aminopyrin* (*Pyramidon*). (1. vgl. J. pharmac. Soc. Japan [Yakugakuzasshi] **73.** [1953.] 437.) *4-α-Dimethylaminopropionylaminoantipyrin* (I) zeigt eine viel stärkere analget. Wrkg. u. viel geringere Giftigkeit als *Antipyrin* (II), aber bei kombinierter Anwendung beider ist die analget. Wrkg. synergist. erhöht u. die antipyret. von II in Fieberkaninchen verstärkt. I erhöht auch die Löslichkeit von II u. senkt dessen Giftigkeit. Weitere Beobachtungen über den Einfl. von Adrenolyticis, wie Priscolin, u. von Cholinergicis, wie Prostigmin, auf die analget. Wrkg. von I u. II. (Folia pharmacol. japon. **49.** 289—95. 20/9. 1953. Kyoto Univ. [Orig.: japan., Auszug: engl.]) L. SCHULER. 4627

J. Knoll und **E. Komlós,** *Die analgetische Wirkung des Atropins und sein Synergismus mit Morphin und Prostigmin.* Die analget. Wrkg. wurde an Mäusen auf 52° heißen Platten getestet. *Atropin* (I) bewirkt in Dosen um 140 mg/kg eine Verlängerung der Reaktionsdauer um 150%, dieselbe Wrkg. wird in Ggw. von 0,1 mg/kg *Prostigmin* (II) durch ca. 100 mg/kg I hervorgerufen. Ein entsprechender Synergismus besteht zwischen I u. *Morphin* (III), z. B. wird durch 5 mg I die Wrkg. von 3 mg III gleich der von 4 mg III u. durch 100 mg I sogar auf über das Doppelte gesteigert. Gleichzeitige Gabe von I + II + III wirkt noch günstiger. Während die schmerzstillende Wrkg. des *Novatropins* kaum feststellbar ist, ist *Scopolamin* gut wirksam u. zudem durch II potenzierbar wie zu III synergistisch. Zwischen *Dolantin* u. I besteht ebenfalls ein Synergismus. Wird die Reizintensität vermehrt, so kommt die Wrkg. des I direkt nicht mehr zum Ausdruck, der synergist. Effekt gegenüber III usw. bleibt jedoch erhalten. (Acta physiol. Acad. Sci. hung. **2.** 57—69. 1951. Budapest, Univ., Pharmakol. Inst.) F. JUNG. 4627

Giuseppe Pezzuoli, Giorgia Damia und **Pierluigi Parola,** *Die Änderungen des venösen Druckes durch Ganglienblocker bei kontrollierter Hypotonie.* An narkotisierten Hunden wurde festgestellt, daß *Pendiomid* (I) den Druck in höher gelegenen Venen schneller u. anhaltender senkt als das Narkoticum (Ae.-O_2) allein. In tiefer gelegenen Venen verringert I den durch die Narkose hervorgerufenen Druckanstieg. (Minerva Anestesiol. **21.** 289—95. Nov. 1955. Milano, Univ., Ist. di Patol. Chir.) A. KRAUSHAAR. 4628

J. B. Jepson, D. Armstrong, C. A. Keele und **J. W. Stewart,** *Wehen-erzeugende Substanzen und menschliches Bradykinin.* Nach den Unterss. der Vff. unterscheidet sich das in Glas aufbewahrte Blut von dem in Kunststoffgefäßen aufbewahrten u. vermutlich auch von dem in vivo-Blut. Das mit Glas in Berührung gekommene Blut hat eine Wrkg. auf die Uteruskontraktion u. die Wehenbildung. Diese Wrkg. des Blutes hält 30 Min. an u. verschwindet dann zu 90%. Nach dem Fällen des Plasma mit heißem A. enthält der alkoh. eiweißfreie Extrakt eine stabile Form der akt. Substanz. Chem. u. enzymat. Unterss. sprechen dafür, daß sich durch den Kontakt mit der Glaswand ein Spaltprod. von größeren Moll. bildet, dem diese Wrkg. zukommt. In pharmakol. Hinsicht ist die wirksame Substanz ähnlich dem *Bradykinin,* welches aus α_2-Globulin von tier. Plasma durch Schlangengift oder Trypsin gewonnen wird. Man hat aus menschlichem Plasma durch Essigsäuredenaturierung u. Trypsinbehandlung ein Bradykininpräp. hergestellt, welches sich kaum von tier. oder der akt. Substanz der A.-Fraktion des durch Glas aktivierten menschlichen Plasmas unterscheidet. (Biochem. J. **62.** 3P—4P. Jan. 1956. Middlesex, Hosp,, Med. School.) H. GOHR. 4628

Pierluigi Bertoletti, Claudio Morra und **Franco Vincenti,** *Über die Anwendung eines neuen curareähnlichen Präparates, „Reorganin" (My 301), auf dem geburtshilflichen und gynäkologischen Gebiet. α-Glycerylguajacoläther* (I; *My 301*) ist anderen Verbb. dieser Klasse mit zentralen u. curarisierenden Wirkungen ähnlich, unterscheidet sich aber durch das Fehlen von sek. tox. Effekten. Der Angriffspunkt von I liegt nicht peripher, sondern an den Zwischenneuronen des mesencephalen–bulbo-spinalen Systems. In therapeut. Dosen wird die Atmung nicht beeinflußt, ebenso ergeben die Prüfungen des Blutbildes, der Blutkörperchenresistenz, des Blut-N, des Bilirubins u. des Urins kein Abweichen von der n. Änderung dieser Werte durch die Operation. Außerdem war eine gewisse analget. Wrkg. zu beobachten. (Minerva Anestesol. **21.** 260—64. Okt. 1955. Torino, Univ., Clin. Ostetr. Ginecol. Ospedale Ostetr. Ginecol. „S. Anna".) A. KRAUSHAAR. 4628

Pierluigi Bertoletti und **Claudio Morra,** *Der Glycerylguajacoläther „Reorganin" (My 301) in der Behandlung des eklamptischen Anfalls.* Der α-Glycerylguajacoläther (vgl. vorst. Ref.) wurde bei der Behandlung eklampt. Anfälle angewendet. Bereits nach 12 Std. stieg die Diurese an, während Eiweiß u. Sediment im Harn keine Beeinflussung zeigten. Anfälle wiederholten sich unter dieser Behandlung nicht. (Minerva Anestesiol. **21**. 264—66. Okt. 1955. Torino, Univ., Clin. Ostetr. Ginecol., Ospedale Ostetr. e Ginecol. „S. Anna".) A. KRAUSHAAR. 4628

Tommaso Mercadante, *Klinische Erfahrungen mit einem neuen synthetischen Curarepräparat: Laudolissin. Laudolissin* (*Dekamethylen-1.10-bis-[1-(3.4-dimethoxybenzoyl)-6.7-dimethoxy-1.2.3.4-tetrahydroisochinolinium]-bis-methomethylsulfat*; I) wird wirkungsmäßig als Übergang von den rein synthet. zu den natürlichen Curarepräpp. bezeichnet. Es besitzt sowohl die Kette des Dekamethoniums als auch 2 quartäre NH_4-Gruppen u. außerdem die für die Curarewrkg. als wichtig erkannten CH_3O-Gruppen. Mit einer Anfangsdosis von 20 mg u. einer Wiederholungsgabe von 10 mg nach 45—60 Min. wird eine optimale Muskelerschlaffung erreicht, die mit 5 mg Prostigmin neutralisiert werden kann. Ernstere Zwischenfälle wurden beim Gebrauch von I nicht beobachtet. Vf. stellt das Präp. an die Spitze der besten heute gebräuchlichen synth. Curaremittel. (Minerva Anestesiol. **21**. 270—73. Okt. 1955. Palermo, Univ., Ist. di Clin. Chir. Gen. e Terapia Chir.) A. KRAUSHAAR. 4628

G. Catalano, *Histologische und funktionelle Veränderungen der extrahepatischen Gallenwege durch längere Behandlung Zufuhr von Curare.* Vf. führte eine 30tägige Behandlung von Hunden mit *D-Tubocurarin* durch (2mal 2,5 E./Tag intramuskulär). Die Beobachtungen des Tonus der Sphinkteren *Oddii*, Cholecystographie u. histol. Unterss. zeigen, daß Curare hypoton. auf die Gallenwege wirkt, ohne nachteilige Folgen auszulösen. Es erscheint angebracht, hiermit hyperton. Dyskinesien der Gallenwege zu behandeln. (Minerva Anestesiol. **21**. 297—308. Nov. 1955. Palermo, Univ., Ist. di Patol. Chir. e Proped. Clin.) A. KRAUSHAAR. 4628

Edouard Frommel, Corneille Radouco und **Florence Vallette,** *Untersuchung der Wirkungsweise des Diphenylhydantoins mit dem Motographen.* Mit Hilfe des Motographen stellten Vff. fest, daß *Diphenylhydantoin* (I) beim Meerschweinchen in Dosen von 40 mg/kg, 3 Std. vor subcutaner Verabreichung von 100 mg *Coramin* (II) pro kg oral gegeben, einen Schock der gleichen Intensität auslöst, wie 150 mg II/kg allein, während 40 mg I/kg für sich beim Meerschweinchen nicht erregend wirken u. auch 100 mg II/kg nur eine leichte Erregung verursachen. Das I wirkt beim Meerschweinchen auf den II-Schock, also ebenso wie auf den Elektro- u. Cardiazolschock. (Arch. des Sci. **5**. 393—96. 1952. Genève, Univ., Inst. de Thérap. exp.) H. IPPEN. 4628

James O. Hoppe, *Pharmakologische Eigenschaften einer neuen synthetischen Curareähnlichen Verbindung. 2.5-Bis-[3-diäthylaminopropylamino]-benzochinon-bis-benzylchlorid* (*Win 2747*; I) wurde als aktivster einer neuen Serie curarewirksamer Stoffe gefunden. Abstand der beiden quartären N ist ca. 14 Å. Die Curareaktivität an der Maus ist DE_{50} 0,8 mg/kg u. die DL_{50} 2,5 mg/kg, d. h. I ist günstiger als *d-Tubocurarin* (II) u. *C 10*. Am Kaninchen ist I ca. 5mal so wirksam wie II. Die therapeut. Breite ist etwa dieselbe. Am Hund ist I auch wirksam, auch große Dosen wirken nicht blutdrucksenkend. Im Gegensatz zu II beeinflußt I vagale Reflexe nicht. Wird unter *Barbital* u. künstlicher Atmung infundiert, so können bis zur 200fachen wirksamen II-Dosis vor Eintritt des Herzstillstandes gegeben werden, mit I kann dagegen ein solcher überhaupt nicht erreicht werden. I dürfte am Hund zu 50—65% wieder ausgeschieden werden. Die I-Wrkg. wird durch *Neostigmin* reduziert. (Current Res. Anesthesia Analgesia **30**. 262—70. Sept./Okt. 1951. Rensselaer, N. Y., Sterlin-Winthrop Res. Inst.) F. JUNG. 4628

Irwin H. Slater, John F. O'Leary und **E. J. Pribyl,** *Einige Versuche zur Verlängerung der Wirkungsdauer des 2.2-Diäthylpropandiols-(1.3)* (*Prenderol*). Das für die Behandlung von Krampfzuständen an sich geeignete *2.2-Diäthylpropandiol-(1.3)* (I; *Prenderol*) kommt wegen der geringen Wirkungsdauer nicht für eine prakt. Anwendung in Betracht. Von 23 auf krampflösende Wrkg. untersuchten, mit I u. *2.2-Diäthylmalonsäure* verwandten Verbb. gab *Diäthylmalonyldiurethan* (II) den besten Effekt. II verhindert bei Mäusen in Dosen, die das Verh. nur wenig beeinflußten, die Krampf- u. letale Wrkg. von *Pentamethylentetrazol* (III) 6—8 Std. lang. In hohen Gaben bewirkt II bei Mäusen, Ratten u. Katzen klon. Krämpfe. Untersuchte Verbb.: I, DL_{50} 10,0± 1,4 mMol/kg, $DP_{m\,50}$ (mittlere Schutzdosis gegen die Wirkungen der doppelten mittleren letalen Dosis III bei intraperitonealer Zuführung zum Zeitpunkt der maximalen Wrkg. der Verbb.) 1,21± 3,6, Dauer (Zeit, nach der noch mehr als die Hälfte der Tiere durch eine Dosis geschützt sind, die zum Zeitpunkt der maximalen Wrkg. alle schützte) 10 Min.; I-*Diacetat*, 6,9± 11, 1,21± 3,6, 40; I-*Monobernsteinsäurehalbester*, Na-Salz, 11,3, 3,0, 100 +; I-*Monoallophanat*, DL_{50} >9,6 (vorwiegend hypnot. Wirksamkeit); I-*Monodimethylcarbamat*, 3,0± 6, >2,1, 10; I-*Bis-dimethylcarbamat*, 2,1± 14, >1,0, 70; I-*Bis-diäthyl-*

aminoacetat, >7,4, 2,1, 10; *2.2-Diäthyl-1-phenylpropandiol-(1.3)*, 1,4±12, 0,6±8, 70; *2.2-Diäthyl-3-phenyl-3-oxypropionsäureäthylester*, 2,7±11, >1,1, 10; *2.2-Diäthyl-3.3-diäthoxypropanol*, 5,5±9, >3, kurze Wirkungsdauer; *α.α-Diäthylmalonsäurediamid*, >13,2, >13,2; *N.N'-Dimethylolderiv.*, >9,6, >9,6; *N.N'-Dicarbäthoxy-α.α-diäthylmalonsäurediamid*, 3,2±8, 0,4±15, 100 + (übertrifft *Trimethadion* an Wirksamkeit); *N.N'-Dicarbäthoxy-2.2-diäthyl-1.3-diaminopropan*, 2,4±15, >0,6, unwirksam; *2.2-Diäthyl-1.3-diureidopropan*, >9,7, >2,9, unwirksam; *2.2-Diäthyl-1.3-bis-[N.N'-dimethylureido]-propan*, 0,016±9,1, >0,6, anscheinend ganglienblockierende Wrkg.; *Bis-[3-methoxypropyl]-dimethylmalonamid*, >7,7, 5,5, unwirksam; *Malonyldiurethan*, >8,5, 5,5, 100 +; *5.5-Diäthyl-1.3-dioxan*, 5,1±5, 1,8±12, 100; *3.3.9.9-Tetraäthyl-1.5.7.11-tetraoxacyclododecan*, >9,2, >9,2; *cycl. α.α'-Diäthylmalonsäurehydrazid*, >13,5, >13,5; *α.α-Diäthylmalonsäureimid* (**IV**), 1,9±25, >0,22; *N-[β-Diäthylaminoäthyl]-α.α-diäthylenmalonsäureimid, Hydrochlorid* (**V**), 0,27±17, >1,2; 2 **I**, $CaCl_2$, 2,50±15, 0,6, 40. **IV** u. **V** wirkten krampferregend u. zeigten bei keiner der getesteten Dosen krampflösende Wirksamkeit. (J. Amer. pharmac. Assoc. sci. Edit. **43**. 547—50. Sept. 1954. Rochester, N. Y., Univ. of Rochester, School of Med. and Dent., Dep. of Surg. and Div. of Pharmacol., Div. of Orthopaedic Surg.; New Brunswick, N. J., Squibb Inst. for Med. Res.) K. MAIER. 4628

Erich Muscholl und **Heinz Lüllmann**, *Die Wirkung von Acetylcholin, Dekamethonium und d-Tubocurarin am isolierten Rattenzwerchfell in Abhängigkeit von der Denervationsdauer.* Vff. untersuchten am isolierten Zwerchfellpräp. der Ratte die Empfindlichkeit des Muskels gegenüber *Acetylcholinchlorid* (**I**; HOFFMANN-LA ROCHE, Grenzach/Baden), *Dekamethylen-bis-[trimethylammoniumjodid]* (**II**; *C 10*; CASSELLA FARBWERKE, Frankfurt/M.) u. *d-Tubocurarinchlorid* (**III**; ASTA AKT.-GES., Brackwede) zu verschied. Zeiten nach Denervation durch Phrenicusexärese. Die typ. **I**- u. **II**-Wirkungen sind zunächst verstärkt, später vermindert. **II** zeigt mit der Zeit abnehmende Wrkg., die auf dem Umschlag der depolarisierenden in kompetitiv hemmende, **III**-ähnliche Eigg. beruht. **III** verursacht keine Kontraktion, zeigt aber ausgeprägte Tachyphylaxie. (Naunyn-Schmiedebergs Arch. exp. Pathol. Pharmakol. **226**. 88—97. 1955. Mainz, Univ., Pharmakol. Inst.) H. WUNDERLICH. 4628

M. Schneider, N. Ludwigs und **E. Bumm**, *Über ketonisierte Adrenalinabkömmlinge in der Asthmatherapie.* 30 nicht näher genannte *Adrenalin*-Abkömmlinge wurden nach der Meth. von KONZETT u. RÖSSLER am Hund auf ihre broncholyt. Wrkg. untersucht. Bei Überführung der *OH*-Gruppe in C_1 in eine Ketogruppe bei *Adrenalin*-Abkömmlingen tritt eine Dissoziation der broncholyt. u. der Kreislaufwrkg. ein. Dies zeigte sich bes. bei der C_1-*Keto*-Verb. des *N-Phenyl-sek.-butylcorbasil* (**I**), die als *Asthmaketon 11* bezeichnet wird. Bei **I** beträgt die broncholyt. Wrkg. $^1/_{33}$ derjenigen des Adrenalins, die Kreislaufwrkg. ist aber um das 100fache gesenkt. Daneben besitzt **I** eine lokalanästhet. Wrkg., die möglicherweise analog dem *Novocain* zentral eingreift. Die Dosierung beim Menschen wird vorläufig mit 5 mg **I** intravenös langsam während 3—5 Min. gespritzt, angegeben. Zur Dauerbehandlung u. Vorbeugung genügen 2mal täglich 10 mg per os. Die Deutung der Wrkg. ist schwierig, da, je nach Gegend u. Wetterlage, Verzögerung des Wirkungseintritts bis zu mehreren Tagen vorkommen kann. (Klin. Wschr. **30**. 709—11. 1/8. 1952. Köln, Univ., Physiol. Inst.; Köln-Mühlheim, Troponwerke.) L. BERGER. 4628

B. Berde und **E. Rothlin**, *Über die Uteruswirkung hydrierter Mutterkornalkaloide an Kaninchen und Katzen vor, während und nach der Geburt.* An Kaninchen am Ende der Gravidität, unter der Geburt u. im Puerperium zeigte bei in situ-Verss. *Dihydroergotamin* (**I**) keinen oxytoc. Effekt; ebensowenig wirkte am Ende der Trächtigkeit *Hydergin* (**II**). Die Spontanmotilität des Uterus wurde durch **I** u. **II** oft herabgesetzt oder gehemmt; mehrmals wurde auch der Tonus gesenkt. Die oxytoc. Wrkg. von *Methylergobasin* konnte durch vorhergehende Dosen von **I** u. **II** oft abgeschwächt oder ganz aufgehoben werden. — Bei graviden u. nichtgraviden Katzen wirkten **I** u. **II** nicht selten oxytoc.; im Puerperium veränderten sie die Uterusmotilität nicht; auch die Spontanmotilität wurde durch **I** u. **II** nicht aufgehoben. (Helv. physiol. pharmacol. Acta **11**. 274—82. 1953.) G. KERSTEIN. 4628

M. Vodopivec, *Einfluß von Dihydroergotamin und Hydergin auf die Kaliumausscheidung im Harn.* Die *K*-Ausscheidung beim Menschen ist unter täglicher Gabe von *Hydergin* (0,16 mg, 6mal täglich oral oder 0,015—0,02 mg/kg subcutan) oder etwas weniger unter *Dihydroergotamin* bis auf $^1/_4$ red., gleichzeitig sinkt auch das Serum-*K* etwas ab. Die Diurese wird nicht verändert. Die Wrkg. ist bei Thyreotoxikose bes. eindrucksvoll. (Arch. int. Pharmacodynam. Thérap. **87**. 118—26. 1/7. 1951.) F. JUNG. 4628

V. Gilsanz und **J. M. Romeo Orbegozo**, *Behandlung des Lathyrismus mit Mephenesin.* An 9 Patienten erwies sich *α.β-Dioxy-γ-[2-methylphenoxy]-propan* [*Mephenesin, Mianesin*], zur symptomat. Behandlung der spast. Paraparesis bei Lathyrismus wirksam. 2 Patienten sprachen nicht an. (Rev. clín. españ. **45.** 336—68. 15/6. 1952. Madrid, Clín. del prof. Jiménez Díaz.) E. LUDOLPHY. 4628

Hans Thilo Hofmann, *Über neuromuskuläre Wirkungen von Bienengift am isolierten Rattenzwerchfell.* Bienengift kontrahiert das Rattenzwerchfell. Es hebt rasch die indirekte, später die direkte Erregbarkeit auf. Diese Blockierung ist irreversibel u. physostigminresistent. Der Angriffspunkt ist die motor. Endplatte. Der bisher noch unbekannte wirksame Faktor des Giftes, der 30 Min. langes Kochen ohne Einbuße verträgt, scheint dem Cobragift gleich zu sein. Die Respirationslähmung als Todesursache scheint demnach nicht allein zentral, sondern möglicherweise prim. peripher bedingt zu sein. (Naunyn-Schmiedebergs Arch. exp. Pathol. Pharmakol. **216.** 250—57. 1952.) G. KERSTEIN. 4628

Corneille Radouco, Philippe Gold und **Edouard Frommel,** *Hexachlorcyclohexan und Elektroschock.* Vff. konnten die anticonvulsive Wrkg. bestimmter Isomeren des *Hexachlorcyclohexans* (**I**) für die Ratte beim Meerschweinchen nicht bestätigen. 3 u. 24 Std. nach Gabe von 30, 50 oder 100 mg γ-I/kg zeigten alle Tiere eher einen schwereren Elektroschock mit verlängerter Apnoe. 14 u. 30 Tage nach der **I**-Gabe verlief der Schock normal. (Arch. des Sci. **5.** 392—93. 1952. Genève, Univ., Inst. de Thérap.) H. IPPEN. 4628

E. Philippot und **M. J. Dallemagne,** *Pharmakodynamische Eigenschaften von vier Alkyldiäthylaminoäthanolen.* Geprüft wurden die *Bromide* des *Butyl-, Dodecyl-* u. *Hexadecyldiäthylaminoäthanols* (**I, II** u. **III**) sowie das *Jodid* des *Octyldiäthylaminoäthanols* (**IV**). Je 0,5 mg/kg am Hund in *Chloralose*-Narkose bewirken bei **IV** eine intensive u. anhaltende, bei **I, II** u. **III** dagegen nur eine schwache Blutdrucksenkung nach intravenöser Gabe. Sie ist *Atropin*-resistent. An der Katzennickhaut läßt sich synapt. Blockierung nachweisen nach 3 mg/kg **I**, 1 mg/kg **II**, 9 mg/kg **III** u. 0,5 mg/kg **IV**. Die Wrkg. des **I** u. **IV** ist sehr flüchtig, die des **II** setzt langsam ein u. ist weniger reversibel. **I** bewirkt eine flüchtige, die übrigen Verbb. eine anhaltende Curarisierung des Tibialis ant. Diese Wrkg. ist insgesamt geringer als die der entsprechenden Dimethylderivate. Erregung des Carotissinus u. *Adrenalin*-Sensibilisierung wurde nicht beobachtet. (Arch. int. Pharmacodynam. Thérap. **87.** 236—40. 1/7. 1951.) F. JUNG. 4630

Kurt Mechelke und **Egbert Nussel,** *Über die Kreislaufwirkung des Tetraäthylammoniumbromids (TEAB), des N.N.N'.N'-3-Pentamethyl-N.N'-diäthyl-3-azapentan-1.5-diammoniumdibromids (Ciba 9295) und des Magnesiumsulfats ($MgSO_4$) bei normalen Menschen. Tetraäthylammoniumbromid* (**I**) u. *N.N.N'.N'-3-Pentamethyl-N.N'-diäthyl-3-azapentan-1.5-diammoniumdibromid* (**II**) bewirken am liegenden Menschen eine periphere Mehrdurchblutung u. leichte Abnahme des systol. Blutdrucks. Am Stehenden tritt auf **II** schnell Kollaps ein, Ohr u. Finger werden vermindert durchblutet. Bei sympathicotonem Ruhekreislauf führt **I** zu Steigerung des peripheren Strömungswiderstandes u. Abnahme des Schlag- wie Minutenvol., bei vagotonem Ruhekreislauf folgt Absinken des peripheren Widerstandes u. Steigerung des Schlag- wie Minutenvolumens. **II** verhält sich ebenso, nur sind alle Effekte deutlicher. 5 ml einer 25%ig. *$MgSO_4$*-Lsg. führen wie **I** u. **II** zu peripherer Mehrdurchblutung. Die constrictor. Vasomotoren-Rk. nach Schreck, Kälte u. Schmerz entfällt nach Gabe von **II** kurzfristig. *Adrenalin* bewirkt nach **II** eine verstärkte Vasoconstriction, die reflektor. Bradycardie entfällt dagegen. Ebenso wird auch die respirator. Arrhythmie aufgehoben. Die Wrkg. des *Doryls* u. *Cholins* auf die Vasodilatation wird reduziert. Wird **I** u. **II** intraarteriell gegeben, so ist die Wrkg. im betroffenen Gefäßgebiet bes. deutlich, so daß **I** wie **II** auch im terminalen nervalen Endreticulum angreifen dürften. (Naunyn-Schmiedebergs Arch. exp. Pathol. Pharmakol. **214.** 1—13. 1951. Erlangen, Univ., Med. Klinik.) F. JUNG. 4630

Werner Keil und **Roman Muschaweck,** *Neue blutdrucksenkende heterocyclische Methoniumverbindungen.* (Vorl. Mitt.) *1.5-Pentamethylen-bis-[methylpiperidinium]-dibromid* (**I**), *1.5-Pentamethylen-bis-[pyridinium]-dibromid* (**II**), *1.5-Pentamethylen-bis-[chinolinium]-dibromid* (**III**) u. *1.5-Pentamethylen-bis-[methylimidazolinium]-dibromid* (**IV**) wurden auf ihre hypotensiven Fähigkeiten untersucht. An Hund u. Katze erwies sich bes. **I** schon in Dosen von ½ mg/kg als effektvoll mit relativ langsamer drucksenkender Wirkung. **III** wurde als sehr tox. befunden. **II** u. **IV** waren sehr viel weniger wirksam. (Arzneimittel-Forsch. **4.** 298. April 1954. Moers-Meerbeck, Rheinpreußen Akt.-Ges. für Bergbau u. Chem., Pharmakol. Abt.) H. JORDAN. 4630

Marvin Moser, Max Walters, Arthur M. Master, Robert C. Taymor und **Jean Metraux,** *Chemische Blockade des sympathischen Nervensystems bei essentieller Hypertension. Erfahrungen der oralen Therapie mit 688-A (N-Phenoxyisopropyl-N-benzyl-β-chloroäthylaminhydrochlorid). 688-A (N-Phenoxyisopropyl-N-benzyl-β-chloroäthylamin-*

hydrochlorid) gehört zu den Dibenaminderivv. u. damit zur Klasse der Sympathicusblocker. 11 essentielle Hypertoniker wurden mit diesem Mittel oral behandelt. Die erstrebte Blockade war bei Verwendung von gelatinierten Kapseln vollständig u. anhaltend, aber ungleichmäßig bei Tabletten mit darmlösl. Überzug. Auch die Dosis (im Durchschnitt 1—4 mg/kg Körpergewicht) ließ sich bei Gelatinekapseln geringer halten. Der im Liegen u. Stehen zu verzeichnende Abfall des diastol. Druckes war signifikant u. ließ sich — ebenso wie der Ausfall des „*cold-pressure-test*" — mit den Ergebnissen der chirurg. Sympathektomie durchaus zufriedenstellend vergleichen. Tox. Wirkungen wurden nicht beobachtet, jedoch traten als Nebenwrkg. Schwäche, Somnolenz u. Palpitationen auf. (A. M. A. Arch. intern. Med. **89.** 708—23. Mai 1952. Mount Sinai, Hosp. Cardiographic Dep.) H. JORDAN. 4630

Ernest L. Wilkinson, Heikki Backman und **Hans H. Hecht,** *Cardiovasculäre und renale Anpassung an ein hypotensives Agens* (*1-Hydrazinophthalazin*; *Ciba BA-5968*; *Apresolin*). An 27 Hypertonikern wurde der Effekt von 0,25—0,5 mg/kg *Apresolin* (I) mittels Clearencebestimmungen, Herzkatheterismus, Oxymetrie u. Elektrocardiogrammen untersucht. Es trat generell eine Senkung des systol. Druckes ein. Der renale Durchfluß (p-Aminohippursäure-Clearence) stieg im Durchschnitt um 40%. Das Auswurfvol. steigerte sich bei gesunden Normotonikern dagegen um ca. 110%. Es scheint also dabei eine relative Minderdurchblutung der Niere gegenüber dem Gesamtkreislauf zu bestehen. Bei intravenöser Applikation konnte keine Erhöhung der Hauttemp. ermittelt werden, dagegen bei intraarterieller Infusion von **I. I** wird als ein kräftiger, selektiver Vasodilatator adrenalinähnlicher Natur mit herzstimulierenden Fähigkeiten bezeichnet. (J. clin. Invest. **31.** 872—79. Okt. 1952. Salt Lake City, Ut., Univ., Coll. of Med., Dep. of Med.) H. JORDAN. 4630

Alfred Leimdorfer, *Verhütung cardialer Arrhythmien durch Regitin.* Künstliche, am anästhesierten Hund durch *Adrenalin* (**I**)-Injektionen (0,003—0,007 mg/kg), *Noradrenalin* (**II**) oder *Nicotinsulfat* (**III**) hervorgerufene Arrhythmien ließen sich durch *Regitin* (**IV**; 0,25—0,33 mg/kg) verhindern; bei **II** etwas weniger deutlich als bei **I**. **IV** allein senkte dabei mäßig den Druck u. verursachte eine geringe Tachycardie u. eine Höhenabnahme von T im EKG. Die tox. **III**-Senkung von Blutdruck u. Herzfrequenz war unter **IV** weniger auffällig, desgleichen der nachfolgende Druckanstieg. Eine **III**-Arrhythmie ließ sich auch verhindern. **IV** vermochte den pressor. Effekt von **II** u. **I** etwas abzuschwächen. Diese antiarrhythm. Wrkg. von **IV** ist offenbar nicht an die sympathicolyt. Eigenheiten von **IV** gebunden, da in den effektiven Dosen eine reguläre Blockade nicht zustande kam. (Arch. int. Pharmacodynam. Thérap. **94.** 119—26. 1/5. 1953. Chicago, Ill., Univ. Loyola, Stritch School of Med., Dep. of Pharmacol.) H. JORDAN. 4630

E. Gadermann, *Über die Kreislaufwirkung des Effortils bei orthostatischer Kollapsneigung und hypotoner Regulationsstörung.* 0,01 g *Effortil* (**I**) intravenös bewirkten eine weitgehende Normalisierung der peripheren Vasomotorik in Fällen orthostat. Regulationsstörungen, die dem Bild der sogenannten Zentralisation des Kreislaufs ähnelten. Dagegen fehlte ein sicherer Effekt beim sogenannten Entspannungskollaps. Die zentrale Durchblutung wurde gebessert, was in einer Verminderung des orthostat. bedingten Abfalls des Schlag- u. Minutenvol. nach **I**-Gabe zum Ausdruck kam. (Med. Klin. **47.** 76—81. 18/1. 1952. Hamburg-Eppendorf, Univ., II. Med. Klinik.) H. JORDAN. 4630

Harvey L. Fuller und **Leon E. Kassel,** *Metamin* (*Triäthanolamintrinitratdiphosphat*) *bei Angina pectoris.* Vff. berichten, daß *Metamin* = *Triäthanolamintrinitratdiphosphat* (**I**) ein lang wirkendes coronarerweiterndes Mittel ist. Unverträglichkeit u. Nebenwirkungen sind bei **I** selten. Die Ergebnisse bei Verwendung zur Verhinderung von Angina pectoris-Anfällen waren gut. (J. Amer. med. Assoc. **159.** 1708—13. 31/12. 1955. Baltimore.) K. BÖHM. 4630

Norman Makous und **Joseph B. Vander Veer,** *Schwere Reaktionen bei Phenindion-Überempfindlichkeit.* Vff. berichten über einen Fall mit schwersten Allgemeinerscheinungen nach Behandlung einer Thrombophlebitis mit dem antikoagulierenden Mittel *Phenindion* (*Phenylindandion*), wahrscheinlich auf Grund einer erworbenen Überempfindlichkeit gegen dieses Mittel. (J. Amer. med. Assoc. **155.** 739—41. 19/6. 1954. Philadelphia, Pa., Pennsylvania Hosp., Cardiovascular. Serv.) G. WELTZIEN. 4630

Seymour H. Rinzler, Isidore Stein, Hyman Bakst, Joseph Weinstein, Robert Gittler und **Janet Travell,** *Blockierende Wirkung des Äthylchlorid-Spray auf den durch Ergonovin erzeugten Herzschmerz.* Bei Patienten mit cardialen Belastungsschmerzen u. n. EKG gelingt es, mit *Ergonovin* (**I**; 0,1—0,4 mg intravenös) einen typ. Anginaschmerz u. EKG-Veränderungen hervorzurufen. *Nitroglycerin* vermag diesen **I**-Effekt zu verhindern. Ein *Äthylchlorid*-Spray auf die hypersensitiven Zonen des Körpers beim anginösen Schmerz wirkt noch schneller u. sicherer. Der Gegenschock, die Kältewrkg. u. die Hypästhesie durch den Spray sind wohl die wirksamen Faktoren dieser auch für den akuten Myocardinfarkt anwendbaren Therapie. (Proc. Soc. exp. Biol. Med. **85.** 329—33. Febr. 1954. New York, N. Y., Univ.; Brooklyn, Beth Israel Hosp.) H. JORDAN. 4630

Jean Thuillier und **Paule Mouillé,** *Wirkung eines Totalextraktes von Rauwolfia serpentina auf den isolierten Meerschweinchendarm.* Die durch 1 γ *Acetylcholin* verursachte Kontraktion des isolierten Meerschweinchendarmes wird durch Zusatz von 500 γ *Rauwolfia serpentina-Totalextrakt* (I) in 1% ig. Suspension verhindert. Diese parasympathicolyt. Eig. von I eignet sich zur Ausarbeitung einer Bestimmungsmethode. (C. R. Séances Soc. Biol. Filiales **148.** 825—27. Mai 1954. Paris, Inst. nat. d'Hyg., Hôp. Ste.-Anne, Labor. de la Clin. des Maladies mentales.) F. KRUSEN. 4630

R. Ullsperger, *Die Entwicklung der Crataegusforschung.* (Vgl. C. **1954.** 6993.) Übersichtsref. unter besonderer Berücksichtigung von Aufbau u. pharmakol. Wrkg. der sogenannten Crataegussäure. (Planta med. [Stuttgart] **1.** 43—50. Juni 1953.) G. KERSTEIN. 4630

P. A. Owren, *Langfristige Dicumaroltherapie bei Erkrankungen der Herzgefäße.* Bei Coronarthrombosen, Myocardinfarkten, Mitralstenosen u. a. besteht erhöhte Gefahr einer neuen Thrombusbildung. Vf. behandelt 79 Patienten dieser Art über 1—3 Jahre kontinuierlich mit *Dicumarol* (I) u. konnte so fast alle Rückfälle vermeiden. Um hämorrhag. Komplikationen zu verhindern, erfolgt Dosierung von I so, daß die Prothrombin- u. Proconvertinwerte zwischen 10 u. 30% liegen. (Acta med. scand., Suppl. **287.** 46—48. 1953.) R. LAFFERENZ. 4630

Seiichiro Yamasaki, *Die leberstärkende Wirkung von Thiomilchsäure und Methylthiomilchsäure in Tierversuchen.* Bei Kaninchen mit durch CCl_4 u. *Monochlormethan* geschädigten Lebern hatten *Thiomilchsäure* (I) u. *Methylthiomilchsäure* (II) eine dem *BAL* ähnliche antitox. u. leberschützende Wirkung. I u. II verbessern die Funktion der Leberzellen u. beschleunigen ihre Regenerierung. Auch der durch *Alloxan* u. *Dithizon* bei Kaninchen provozierte Diabetes wird bei gleichzeitiger Zufuhr von I verhindert. Die Behandlung von Patienten mit Leberschäden mit I u. II war erfolgreich. (Fukuoka Acta med. [Fukuoka-Igaku-Zassi] **45.** 46—52. April **1954.** Fukuoka, Kyushu Univ., Fac. of Med. [Orig.: japan.; Auszug: engl.]) F. KRUSEN. 4640

P. Jaquenoud und **Y. Mercier,** *Vorbeugung des Erbrechens nach der Anästhesie mit Hilfe von Antihistaminicis.* Vff. berichten kurz über insgesamt 912 Beobachtungen. Postoperatives Erbrechen konnte bei vorheriger Anwendung folgender Antihistaminica: *Phenergan, Di-Paralene, Tephorin, Nautamin* u. *Bromanautin* von ca. 44 auf 24% red. werden. (Semaine Hôpitaux Paris **28.** 3443—44. 18/11. 1952. Marseille, Clin. chirurg. Thérapeut. u. Clin. Ophthalmol.) R. KÖNIG. 4646

Richard L. Merkel, *Die Anwendung von Menadionbisulfit und Ascorbinsäure bei der Behandlung von Übelkeit und Erbrechen der Schwangerschaft.* (Vorl. Bericht.) Bericht über 70 Fälle mit Übelkeit u. Erbrechen während der Schwangerschaft. Verabreichung von 25 mg *Ascorbinsäure* (I) + 5 mg *Menadionbisulfit* = synthet. *Vitamin K* (II), beide ABBOTT LABOR., North Chicago. In 64 Fällen völliges, in 3 teilweises Nachlassen der Erscheinungen, 3 Versager. Vorverss. mit I allein ergaben geringe Wrkg., mit II allein Erfolge in 50% der Fälle. Bei Schwangerschaftsanämie traten die gastrointestinalen Störungen durch *Fe*-Therapie bei gleichzeitiger I + II-Verabreichung nicht auf. (Amer. J. Obstetr. Gynecol. **64.** 416—18. Aug. 1952. Topeka, Can.) H. DOSSMANN. 4646

W. E. Kershaw und **J. Williamson,** *Untersuchungen über die Chemoprophylaxe experimenteller Filariasis mit MSb (Friedheim).* 1. Mitt. *Die prophylaktische Wirksamkeit in einem Intervall von sechs Monaten.* Bericht über Ergebnisse von Verss. zur Best. der prophylakt. Wrkg. von *Na-p-Melaminphenylantimonat* = *MSb* (I) gegenüber der experimentellen Filariasis der Baumwollratte. 125 mg/kg I bewirken in einem Zeitraum bis zu 6 Monaten einen fast vollständigen Schutz, 60—70 mg/kg reichen für vollständigen Schutz 4 Monate, für teilweisen weitere 2 Monate, mit 15 mg/kg kann meist ein dreimonatiger Schutz erzielt werden. (Ann. trop. Med. Parasitol. **46.** 268—75. Nov. 1952. Liverpool, School of Trop. Med., Dep. of Entomol. and Parasitol.; London, School of Hyg. and Trop. Med.) H. DOSSMANN. 4649

C. Horton-Smith und **P. L. Long,** *Enheptin-T bei der Behandlung der Histomoniasis (Blackhead) bei Puten.* Behandlungsverss. künstlich mit Heterakio gallinarum infizierter Puten mit *Enheptin-T* (*2-Amino-5-nitrothiazol*) hatten guten Erfolg. Als günstigste Dosierung werden zur Heilbehandlung 0,1% ig. u. zur Prophylaxe 0,05% ig. Futterzusatz angegeben. (Veterin. Rec. **63.** 507. 4/8. 1951. Huntingdon.) G. RUHNKE. 4649

Miroslav Petru, *Einwirkung einiger Substanzen auf Würmer in vitro.* Die Verff. zur Überprüfung verschied. *Anthelminthica* wurden bes. hinsichtlich der Ergebnisse durch Experimente mit überlebenden Spulwürmern überprüft. Die üblichen Antibiotica zeigen keinen tox. Effekt, ebenso nicht DDT, sein p-Br-Deriv. u. *Toxaphen. Gammexan* u. *Chloreton* sind wirksame Kontaktgifte. CCl_4 ist sehr, p-Dichlorbenzol ist weniger u. C_2Cl_6 ist unwirksam. Von Verdauungsgiften ist *NaF* sehr wirksam. Phenothiazin u. Phenoxthin sind unwirksam. Hetrazan u. Atebrin wirken weniger chemotherapeut. als hemmend auf die Muskelkontraktion der Blutegel. — 64 Literaturangaben. (Časopis českého Lékárnictva, vědecká Příloha **63.** 265—77. 1950.) K. STEINER. 4649

N. V. Bhaduri und **P. K. Sanyal,** *Elefantenlaus* (*Anacardium occidentale Linn.*)-*schalenöl als Anthelminthicum bei Helminthiasis des Menschen.* (Vorl. Bericht.) Vff. gaben *Elefantenlausschalenöl* (I) als Wurmmittel in Gelatinekapseln in Dosen von 3—5 g. I ist nichttox., wird gut vertragen u. wirkt gegen *Ascaris* gut, gegen *Ankylostoma* sind gegebenenfalls zweimalige Gaben notwendig. Die Zahl der Eier im Stuhl ging in jedem Falle nach der Behandlung erheblich zurück. Gegen *Trichuris* war I ohne Erfolg, doch zeigte sich Abnahme der Eier. (Indian med. Gaz. **87.** 573—75. Dez. 1952. Calcutta, West Bengal, School of Tropical Med. and Provinc. Drug Control Labor.) K. BÖHM. 4649

Alfred Schittenhelm, *Hypercodin, ein hustenlinderndes Mittel. Hypercodin* ist eine Komplexverb. von *Dihydrocodein* (*Paracodin*) u. *Methylisopropylbarbitursäure.* Durch das Barbiturat wird die reizstillende Wrkg. potenziert, die Toxizität dagegen beträchtlich herabgesetzt. Suchtgefahr besteht nicht. (Münchener med. Wschr. **95.** 47. 2/1. 1953. Rottach/Tegernsee.) G. KERSTEIN. 4650

H.-J. Heite, *Zur Frage des Wertes der Arsenbehandlung by Mykosis fungoides.* Durch statist. Auswertung von 454 Fällen mit Mykosis fungoides wurde festgestellt, daß die As-Therapie gegenüber anderen Behandlungsmethoden zu einem wesentlich schlechteren Erfolg führt, ja sogar das Krankheitsbild verschlimmern kann. Als Kriterium für die Beurteilung wurde die makroskop. sichtbare Veränderung der Efflorescenzen herangezogen, während die Brauchbarkeit der Prüfmeth. an Hand der Röntgentherapie bewiesen wurde. — 51 Literaturangaben. (Arch. Dermatologie Syphilis **193.** 150—60. 1951. Münster/Westf., Univ., Hautklinik.) R. KÖNIG. 4661

G. Arpesella, *Experimentell bedingte und durch Formalin erzeugte Arthritis und Desoxycorticosteronacetat. Wirkung der Antihistaminica, der Hyaluronidase und des Histamins.* Die durch *Formalin* nach Entfernung der Nebennieren erzeugte Arthritis wird durch *Antihistaminica* oder *Hyaluronidase,* je in Kombination mit *DOCA,* nicht eindeutig beeinflußt. Die Ergebnisse sind widersprechend. Histamin führt zu einer deutlichen Verschlechterung. (Patol. sperim. **41.** 3—13. 1953. Pavia, Univ., Clin. Chir. Gen.) P. G. SCHEURLEN. 4670

H. G. Wolff, *Bienenhoniginjektionen bei inneren Krankheiten des Hundes.* Als Indikationen für die Bienenhoniglsg. *M 2 Woelm* bei Hunden werden Magen- u. Darmerkrankungen auch mit entzündlichen u. degenerativen Leberparenchymschädigungen nach Staupe u. Leptospirose, schlechter Ernährungszustand u. Furunkulose angegeben, für *Melcain* (Kombination Bienenhoniglsg. + Novocain) Magen- u. Darmleiden bes. nach hämorrhag. Leptospiroseformen. Als Wirkstoff wird der von KOCH gefundene cholinerg. Faktor erwähnt. (Tierärztl. Umschau **6.** 403—05. Nov. 1951. Frankfurt/M.) G. RUHNKE. 4670

L. Seekles, *Mitteilung über die Behandlung der Ketosis bei Milchkühen mit Ammoniumlactat.* Günstige Ergebnisse nach oraler Behandlung an Ketosis erkrankter Milchkühe mit *Ammoniumlactat* (2mal täglich 120 g 80—85%ig. Lsg. in 5—600 g W.) werden berichtet. Die Behandlung ist bes. dann erfolgreich, wenn die Erkrankung alimentäre Ursachen hat. (Veterin. Rec. **63.** 494. 28/7. 1951. Utrecht.) G. RUHNKE. 4670

Walter G. Mitchell und **Earl P. Floyd,** *Ascorbinsäure und Äthylendiamintetraacetat als Antidota bei experimenteller Vanadiumvergiftung.* Dosen von 30—40 mg $NaVO_3 \cdot H_2O$ (I)/kg, die bei Mäusen 70—95%ig. Mortalität zur Folge hatten, wurden ohne Todesfall überlebt, wenn 20 Min. vor der I-Zufuhr 1 g *Ascorbinsäure* (II)/kg intraperitoneal verabreicht wurden. Gegen die Giftwrkg. von 30 mg I/kg schützten bei Mäusen bereits 125 mg II/kg. Bei Ratten konnte die 100%ig. Mortalität von 60 mg I/kg durch 5 Min. nach der I-Applikation erfolgende Zufuhr von 1 g *$CaNa_2$-Äthylendiamintetraacetat* (III)/kg oder 250 mg II/kg auf 30—35% vermindert werden. Bei Hunden wirkten 10 mg I/kg als mittlere DL_{100}. Wurden nach dem ersten Erbrechen nach I-Zufuhr u. 2 u. 4 Std. später je 100 mg III/kg oder 50 mg II/kg intraperitoneal gegeben, so trat bei 10 mg I/kg keine Mortalität auf. Durch in vitro durchgeführte polarograph. Unterss. konnten Vff. zeigen, daß III mit V^{5+} eine lose Komplexbindung eingeht, während II infolge seiner reduzierenden Aktivität V^{5+} in das ungiftige V^{2+} überführt. (Proc. Soc. exp. Biol. Med. **85.** 206—08. Febr. 1954. Cincinnati, O., U. S. P. H. S., Div. of Occupat. Health, Toxicol. Sect.) F. KRUSEN. 4675

Rogelio Carratala und **Atilio J. Costa,** *Das Kohlendioxyd. Ein tödlicher Fall.* Nach allg. Ausführungen über das CO_2 beschreiben Vff. einen tödlich verlaufenen Fall, in dem eine Patientin während der Narkose durch Verwechslung der Flaschen CO_2 statt Sauerstoff erhalten hatte. (Prensa méd. argent. **38.** 2996—99. 16/11. 1951.) B. KRAFT. 4675

W. H. Parker und **T. F. Williamson,** *Rohölvergiftung bei Rindern.* 3 Spontanfälle von Rohölvergiftung u. 2 experimentelle Vergiftungen bei Rindern werden berichtet. Klin. war Indigestion, bei der Sektion waren Leber- u. Nierendegeneration die augenfälligsten Erscheinungen. Das Vork. von Acetonämie u. Hypomagnesämie bei einigen Tieren wird diskutiert. (Veterin. Rec. **63.** 430—32. 23/6. 1951. Wolverhampton, Newport.) G. RUHNKE. 4675

F. Pharmazie. Desinfektion.

Günther Wendland, *Was erwartet der Krankenhausapotheker vom neuen Arzneibuch?* 1. Mitt. Allg. Ausführungen unter besonderer Berücksichtigung der Herst. von Injektionslsgg., deren Sterilisation u. die Abwesenheit pyrogener Stoffe in ihnen. Für die Durchführung dieser Arbeiten erwartet Vf. vom neuen Arzneibuch dem heutigen Stand der Forschung entsprechende Vorschriften, warnt jedoch vor der Einführung zu komplizierter Prüfungsvorschriften (z. B. Pyrogentest am Kaninchen). (Dtsch. Apotheker-Ztg. **96.** Nr. 9. Beibl. Krankenhaus-Apotheke **1956.** 1—2. Hamburg-Heidberg, Allg. Krankenhaus, Apotheke.) M. NEGWER. 4750

Per Finholt, *Einige Haltbarkeitsprobleme in Apotheken.* Überblick über die Prozesse, die in Arzneimitteln bei der Aufbewahrung verlaufen können, die Faktoren, die ihre Haltbarkeit u. Qualität beeinflussen (Temp., Luft-O_2, Feuchtigkeit, CO_2, Staub, Bakterien, Schimmel, Licht) u. den Einfl. des Gefäßmaterials (Glas, Gummiverschlüsse) u. der Lagerzeit. (Norges Apotekerforen. Tidsskr. **63.** 501—10. Okt. 519—26. Nov. 1955; Farmac. Revy **55.** 41—49. 19/1. 61—67. 26/1. 1956.) R. K. MÜLLER. 4750

G. D. Lutke Meyer, *Das Filtrieren im pharmazeutischen Laboratorium.* Übersicht über die im pharmazeut. Labor. angewandten Filtrierverff. u. -mittel (Papier, Glas, Filterkerzen, SEITZ-Filter). — 11 Schrifttumshinweise. (Chem. pharmac. Techniek **10.** 226—27. 1/3. 246—47. 15/3. 1955.) W. WESLY. 4758

H. W. Aa. Werenberg, *Anwendung von Infusionsflaschen als Standflaschen für Augentropfen und Stammlösungen zur Herstellung von Augentropfen.* Die Flaschen (Abb.) werden mit einem durch aufgeschraubten Halter festgehaltenen, den Rand umfassenden Gummistopfen verschlossen, in dessen eine, nichtdurchgehende Bohrung ein bis zum Boden reichendes Glasrohr eingesetzt ist (bei Gebrauch durch eine Kanüle mit Wattepfropfen u. Gaze mit der Außenluft verbunden), während in die andere, durchgehende Bohrung ein außen abgebogenes Tropfrohr hineinragt. Kanüle u. Tropfrohr werden vor dem Einsetzen sterilisiert. (Farmac. Tid. **65.** 533—34. 10/9. 1955.) R. K. MÜLLER. 4758

A. Thümmler, *Die Tablettenherstellung im Apothekenlabor.* Abhandlung der bei der Tablettenherst. im Apothekenlabor. auftretenden Probleme. Eingehend werden die Anwendungsmöglichkeiten u. Vorteile der Tablettengrundmasse *Tablettol* (MAX HOLZE, Leipzig), bei deren Verwendung ein Granulieren in den meisten Fällen überflüssig ist, u. des Gleitmittels *Gleitol* (MAX HOLZE, Leipzig) behandelt; z. B. gibt Vf. ein Rezept für die bes. schwer herstellbaren Natrium salicylicum-Tabletten. (Pharmaz. Praxis **1955.** Nr. 6. 57—59. Beilage zu: Pharmazie **1955.** Nr. 6. Leipzig.) M. NEGWER. 4766

Johs. Nymand, *Tabl. magnesii.* Als neues Verf. zur Herst. von MgO(**I**)-Tabletten wird empfohlen: 5000 (g) **I** werden mit 4—5 Liter W. durchfeuchtet, dann über Nacht auf weißem Papier in dünner Schicht ausgebreitet, dann 1000 Kartoffelmehl zugesetzt, mit $\sim$3500 Gelatineschleim (+ $\sim$10 Glycerin) versetzt, bei schwacher Wärme teilweise getrocknet (auf 8500), 500 Talcum u. 40 Mg-Stearat zugegeben u. 10000 Tabletten geformt. Die Prüfung erfolgt durch Best. der Zeit bis zum Zerfall unter W. zwischen 2 Stäben, von denen der obere durch Federdruck aufgepreßt wird. (Farmac. Tid. **65.** 765—69. 24/12. 1955.) R. K. MÜLLER. 4766

Gunnar Gjerstad und **Egil Ramstad,** *Über die Biogenese von Alkaloiden mit besonderer Berücksichtigung der Mutterkornalkaloide.* Als Vorarbeit zu einer experimentellen Unters. über die Bldg. der den Mutterkornalkaloiden gemeinsam zugrunde liegenden *Lysergsäure* werden hier die Aufbaumöglichkeiten aus einfacheren pflanzlichen Stoffwechselprodd. diskutiert. Als Grundkörper, die in der Modellbetrachtung unschwer die Synth. der Lysergsäure erlauben, kommen nach den Überlegungen der Vff. in Betracht: Indol + teilhydrierte N-Methylpyridin-3-carbonsäure; Tryptophan + Citronensäure; Indol-3-aldehyd + Nicotinsäure. (Medd. norsk farmac. Selsk. **17.** 277—82. Juni 1955. West Lafayette, Ind., Purdue Univ., School of Pharmac.) K. ZOPFF. 4782

Magdalena Cantoria und **Heber W. Youngken Sr.**, *Beobachtungen über Rauwolfia vomitoria Afzelius.* Beschreibung der *R. vomitoria*-Pflanze (Geschichtliches, Pflanze, Wurzel, Histologie der Wurzel). — 8 Literaturangaben. (Amer. J. Pharmacy Sci. support. publ. Health **127.** 270—81. Aug. 1955.) K. MAIER. 4782

P. Sorgdrager, *Bentonit. Theorie und Praxis.* Übersicht über den Unterschied zwischen der gewöhnlichen, d. h. dynam. oder NEWTONschen u. der Struktur-, d. h. nicht-NEWTONschen Viscosität, bes. bzgl. des Bentonits, seine Eigg. u. Anwendung zu pharmazeut. Präpp., bes. für Suspensionen u. Salben, wozu er wegen seiner thixotropen Eigg. geeignet ist. — 11 Schrifttumshinweise. (Pharmac. Tijdschr. België **32.** 149—52. Juli 1955. Utrecht.) W. WESLY. 4786

Martin Barr und **Linwood F. Tice,** *Die Wirkung einiger anionischer und nichtionischer oberflächenaktiver Stoffe auf die antibakterielle Aktivität örtlich angewendeter Antibiotica.* 1%ig. Konz. (Gew./Vol.) von *Polyoxyl-40-stearat* (*Myrj 52*; **VI**), *Polyoxyäthylen-20-sorbitanmonostearat* (*Tween 60*) u. *Na-Laurylsulfat* (**VII**) störten die antibakterielle Aktivität der 4 Antibiotica (**I**) *Bacitracin*, *Oxytetracyclinhydrochlorid* (**II**), *Neomycinsulfat* (**III**) u. *Polymyxin B-Sulfat* (**IV**), die örtlich angewendet werden, nicht. Zylinder–Platten-Teste der antibakteriellen Wirksamkeit von Salben, die die angeführten **I** u. *Tyrothricin* enthielten u. aus hydrophilen Salbengrundlagen der gleichen Zus., jedoch mit verschied. oberflächenakt. Zusätzen, bestanden, ergaben keine Aktivitätsunterschiede. Lediglich mit hydrophiler Salbengrundlage U. S. P. XIV (**V**) hergestellte **IV**-Salbe wies verminderte Wirksamkeit auf. Die beschriebenen Unverträglichkeiten zwischen den kation. **I**, **III** u. **II** u. **V** treten bei der hydrophilen Salbengrundlage U.S.P. XV die **VI** an Stelle von **VII** enthält, nicht auf. (Amer. J. Pharmacy Sci. support. publ. Health **127.** 260—69. Aug. 1955. Philadelphia, Pa., Coll. of Pharmacy and Sci.) K. MAIER. 4786

Svend Aage Schou, *Der Kupfergehalt in galenischen Präparaten.* 2. Mitt. *Der Kupfergehalt in einigen pharmazeutischen Rohstoffen.* (1. vgl. C. **1956.** 8702.) Unter Berücksichtigung des Cu-Geh. in den verwendeten Lösungsmitteln u. Zusatzstoffen werden folgende Cu-Gehh. (γ/g = p.p.m.) bestimmt: Aloe 2,0, Cortex cinchonae 2,8 (cont. 3,4), Cortex frangulae 1,7, Cortex rhamni purshianae 2,3, Folium belladonnae 31, Folium hyoscyami 26, Fructus colocynthidis 4,0, Gummi arabicum 1,0 (pulv. 1,0), Radix gentianae 18, Radix ratanhiae 2,1, Rhizoma rhei 2,0, Rhizoma valerianae 6,6, Semen cacao: Kern u. Keim 17,2, Schalen 44,3, Semen strychni 5,6, Cynosbatum 7,0. Chlorophyllhaltige pflanzliche Drogen u. Kakao enthalten also etwas größere Mengen Cu als andere, deren Geh. meist $< 10\gamma$/g beträgt. (Dansk Tidsskr. Farmaci **29.** 217—25. Okt. 1955. København, Rigshosp. apotek.) R. K. MÜLLER. 4790

Svend Aage Schou, *Der Kupfergehalt in galenischen Präparaten.* 3. Mitt. *Kupferabgabe aus der Apparatur.* (2. vgl. vorst. Ref.) Spezialgläser (Pyrex, Jenaer usw.) u. gewöhnliche farblose oder farbige Gläser geben im Autoklaven an doppeltdest. W. kein Cu ab; an gewöhnlichem Glas kann sich aber aus Cu-haltigem W. (Verss. mit 0,6 γ Cu/ml) mit $NaHCO_3$-Zusatz (p_H 5,8) Cu in einem Nd. abscheiden, der durch Waschen oder Kochen mit verd. HCl wieder entfernt werden kann. Injektionslsgg., die N-haltige organ. Verbb. (Nicotinsäure, Nicotinamid, Nikethamid, Theophyllamid) enthalten, reagieren stark mit Cu oder Messing; z. B. werden bei Gebrauch einer Spritze mit verchromtem Messing bis 89 γ Cu/ml gelöst, auch 0,001n HCl kann Cu in Lsg. bringen. Bei mehrtägigem Stehen mit Nicotinsäurelsg. wird ein mikrokrist. hellblauer Nd. der Zus. $(C_6H_4O_2N)_2Cu \cdot H_2O$ abgeschieden. Die Absorptionsspektren der mit neutralen N-organ. Verbb. gebildeten Komplexe zeigen ein Maximum bei 680 mμ u. eine Farbintensität, die das 1,7fache derjenigen von $Cu(NH_3)_4^{2+}$ u. das 13fache derjenigen von Cu^{2+} beträgt. Cu, Messing u. andere Cu-Legierungen sollten bei allen Apparaturen u. Spritzen, die mit Injektionslsgg. in Berührung kommen, vermieden werden. (Dansk Tidsskr. Farmaci **29.** 243—58. Nov. 1955.) R. K. MÜLLER. 4790

Otto Hensel, *Über eine besondere Zubereitung von Succus Liquiritiae.* Bericht über die Herst. einer *Succus Liquiritiae* (**I**)-Zubereitung zur Behandlung von Magengeschwüren, die keine unerwünschten Nebenwirkungen zeigt: 500 (g) Stangen-**I** wurde nach Zerkleinern in 1500 W. heiß gelöst. Aus 30 Cortex Frangulae u. 30 Rhizoma Calami wurde mit 600 W. ein Dekokt bereitet, dieses koliert u. mit 15 $NaHCO_3$ u. 5 $MgCO_3$ 15 Min. unter Umrühren erhitzt. Beide Lsgg. wurden vereinigt u. mit W. auf 2000 gebracht. Nach Erkalten wurden 0,65 mit A., Glycerin u. W. gut angeriebenes Extractum Belladonnae siccum zugesetzt. 125 dieser **I**-Zubereitung stellen eine Tagesdosis dar. (Pharmaz. Praxis **1955.** Nr. 6. 60. Beilage zu: Pharmazie **1955.** Nr. 6. Magdeburg-Südwest.) M. NEGWER. 4790

D. A. Balandin und **W. F. Tscherny**, *Veränderungen der Präparate der Kraftwurzel bei der Aufbewahrung.* Die mit 20% ig. A. oder Methanol erhaltenen Extrakte der Kraftwurzel sind sehr unbeständig. Charakterist. ist die Zunahme der reduzierenden Substanzen. Der Brechungskoeff. u. die spezif. Drehung verändern sich in Abhängigkeit von der Art des verwendeten Lösungsm. u. der Wurzelart. In 2% ig. Lsg. ist nach Verlauf eines halbes Jahres die Veränderung abgeschlossen. (Аптечное Дело [Apothekenwesen] **4.** Nr. 5. 6—10. Sept./Okt. 1955. Wladiwostok.)
Reinhard Hüttenrauch. 4790

W. Schneider, *Salben und Salbengrundlagen in der Hauttherapie.* Salbenfilm auf der Grundlage von Schweinefett (adeps suillus benzoatus) u. Vaseline hat Tiefenwrkg., begünstigt aber Ödementwicklung. Als einzige Ausnahme gilt Unguentum diachylon. Als verträglicher werden heute Emulsionen vorgezogen. Man unterscheidet W.-in-Öl-Emulsionen u. Öl-in-W.-Emulsionen, dazwischen stehen die Quellkolloide mit fetten Resten, zu denen Lecithin u. Kephalin u. die Phosphorsäureester nach Nüsslein u. Schneider gehören. Eine weitere Gruppe von Grundstoffen sind die Wachsester, unter ihnen adeps lanae (wasserfreies Wollfett) u. Lanolin (wasserhaltiges Wollfett) als bekannteste. Wollfett ist beständiger als die eigentlichen Fette, aber nicht als Kühlsalbe verwendbar, auch nicht mit Wasser abwaschbar. Von der Haut werden gut vertragen Cetaceum (Walrat) u. Cetiol. Neuerdings treten die Siliconsalben in den Vordergrund. Schließlich wird auf die hautpfleger. Eigg. des Glycerins u. gewisser Glykole hingewiesen. (Therapiewoche **6.** 37—40. Okt. 1955. Augsburg, Städt. Krankenanstalten, Hautklin.) O. Deschle. 4792

R. van Severen, *Einige Gesichtspunkte der Salbentherapie.* 1. Mitt. *Betrachtungen über die Resorption und das Eindringen durch die Haut.* Die Durchlässigkeit der Haut für Salben ist eine Frage der selektiven Diffusion. Das Eindringen eines Medikamentes hängt hauptsächlich von den Eigg. des Arzneiträgers ab; seine Resorption wird von den Eigg. des Medikamentes selbst, bes. seine Fettlöslichkeit, beeinflußt. — 14 Schrifttumshinweise. (Pharmac. Tijdschr. België **32.** 143—49. Juli 1955. Gent, Univ., Pharmac. Inst., Labor. voor Pharmacogn. en Artsenijbereidk.) W. Wesly. 4792

G. Embring, I. Hermansson und **L. Söderhjelm**, *Eine neue Siliconsalbe.* Die von A/B Pharmacia hergestellte „Silon"-Salbe enthält 2 (g) Methylpolysiloxan 350 cs, 24 ZnO, 24 Vaseline, Emulgon auf 100. Emulgon ist eine Emulsionssalbengrundlage vom W.-in-Öl-Typ mit Wollfett u. daraus isolierten höheren Alkoholen, Paraffinöl u. W., mit Dextran stabilisiert. Es wird über gute Erfahrungen mit der Verwendung als Deck- u. Schutzsalbe zur Behandlung von gereizter Haut u. zum Schutz der Haut gegen Nässe berichtet. (Farmac. Revy **55.** 29—32. 12/1. 1956. Skellefteå, Lasaret, Barnavd., Uppsala.)
R. K. Müller. 4792

Anders Forsman, Åke Nilzén und **Kjell Wikström**, *Silicon als Hautschutzmittel.* Nach einem Überblick über bisherige Unterss. mit Siliconen als Hautschutzmittel wird über Verss. mit Meerschweinchen berichtet, die mit 2.4-Dinitrochlorbenzol (**I**) sensibilisiert, dann mit Siliconemulsion eingerieben u., teils auf behandelter, teils auf unbehandelter Haut mit **I** in 0,05—0,25%ig. alkoh. u. 0,25—1% ig. Öllsg. getestet werden. Bei 0,25% ig. alkoh. **I**-Lsg. genügt die Schutzwrkg. nicht, jedoch sind die **Rkk.** schwächer als bei unbehandelter Haut, bei geringeren **I**-Konzz. ist die Schutzwrkg. gut. Gegenüber Öllsg. wird kein Unterschied zwischen behandelter u. unbehandelter Haut festgestellt. (Farmac. Revy **55.** 24—29. 12/1. 1956. Stockholm, Karol. sjukhus, Hudklin., Allergilabor.) R. K. Müller. 4792

H. E. Kleine-Natrop, *Die thermische Wirkung salbenartiger Silicone auf die Haut.* Die Wärmeleitfähigkeit der Siliconpaste auf gesunder Haut ist besser als die der Vaseline, die Wärmehaltfähigkeit erheblich geringer als die anderer Emulsions- oder Salbengrundlagen. Ein besonderer Thermoeffekt konnte nicht festgestellt werden. Das hautfreundliche Verh. der Silicone empfiehlt ihre Verwendung als Salbengrundlage. (Fette Seifen einschl. Anstrichmittel **54.** 675—79. Nov. 1952.) G. Kerstein. 4792

Sadayoshi Hatta, Hiroshi Kunigi und **Yôko Noguchi**, *Versuche über Catgut.* 1. Mitt. *Resorptionsversuche.* Die Verdaulichkeit von *Catgut*, bes. aus Pferdedarm, wurde in vitro u. in vivo untersucht. Es besteht keine Beziehung zwischen Dicke u. Resorbierbarkeit. (Bull. nat. hyg. Lab. Tokyo **70.** 95—98. Juni 1952. [Orig.: japan.]) L. Schuler. 4794

Katherine A. Lathrop und **J. Garrott Allen**, *Untersuchungen über die Ultraviolettabsorptionsspektren von handelsüblichen Heparinen.* Vff. bestimmten die UV-Absorptionsspektren von 14 in verschied. Firmen hergestellten, trockenen *Na-Heparinen* (**I**) zwischen 215 u. 350 mμ. Sie stellten fest, daß die Absorptionsspektren untereinander unterschiedlich waren u. die für fl. klin. Heparin (**II**, λ_{max} 270 mμ) in keinem der Spektren von **I** auftreten. Die **II**-Absorption scheint durch eine Verunreinigung an Phenol her-

vorgerufen zu sein. (J. Amer. pharmac. Assoc., sci. Edit. **43.** 442—43. Juli 1954. Chicago, Ill., Univ., Dep. of Surg.; Lemont, Ill., Argonne Nat. Labor., Div. of Biol. and Med. Res.)
M. L. KLAAR. 4806

J. J. Hejgård, E. Dollerup und **C. Holten,** *Ein Heparinpräparat mit verzögerter Wirkung.* (Vorl. Mitt.) Ein Heparin (I)-Präp. von mindestens 1 Monat Haltbarkeit im Kühlschrank wird erhalten, wenn man 12,5 g Cellofas-B (I. C. I.) in 992 g sd. sterilem W. löst, 2 Std. unter häufigem Schütteln stehen läßt, im Autoklav behandelt, ~8 Tage stehen läßt, vorsichtig durch Glasfilter G 3 filtriert, p_H auf 7,2 einstellt (mit n-NaOH) u. in 92,5 g dieser Lsg. 10000000 I.E. I unter schwachem Erwärmen löst. (Farmac. Tid. **65.** 784—85. 31/12. 1955. Århus, Kommunehosp., Apotek u. Univ., 1. med. klin.)
R. K. MÜLLER. 4806

T. D. Whittet, *Vitaminelixier.* Mitt. einer Vorschrift zur Herst. einer wss. Vitamin-lsg., bei der eine ölige Lsg. der Vitamine A u. D mit Hilfe von Tween 80 u. Propylenglykol in einer wss. Lsg. der Vitamine B_1, B_2-HCl, Nicotinamid, C, Calciumpantothenat, B_6-HCl (nebst Geschmackskorrigentien) verteilt wird. (Australas. J. Pharmacy [N. S.] **36.** 610. 30/6. 1955. London, Univ. Coll. Hosp.) W. SPITALER. 4808

F. Fischer-Jensen, *Untersuchungen über die Bedeutung der Sauerstoffkonzentration für die Umwandlung von Ascorbinsäure in wässeriger Lösung. Ascorbinsäure* (I) wird in 2%ig. wss. Lsg. bei p_H 6,30 innerhalb 113 bzw. 66 Std. bei 90 bzw. 100° zu 35,5 bzw. 51,5% zers., ohne daß der O_2-Geh. der Lsg. eine Rolle spielt. Dies gilt auch bei anderen p_H-Werten (2,55—9,90); hier nimmt mit steigendem p_H die p_H-Änderung zu. In O_2-freier Lsg. wird I bei p_H 2,55 rascher zers. als bei p_H 6,30, in Ggw. größerer Mengen Luft umgekehrt. Bei Verwendung von doppeltdest. W. (Abwesenheit von katalyt. wirksamen Metallionen) ändert sich die O_2-freie Zers. prakt. nicht gegenüber Lsg. mit gewöhnlich dest. W., bei O_2-haltigem W. wird geringere Zers. beobachtet. Bei I-Konz. 0,2% ist die O_2-freie Zers. bei 100° etwa dieselbe wie bei 2%, die Zers. in Ggw. von O_2 wesentlich stärker. Aus den Geschwindigkeitskonstanten bei 90 u. 100° ergibt sich der Temperaturkoeff. der O_2-freien Zers. zu 2,5 für 10°. Der Nachw. von 2-Ketogulonsäure in den Prodd. der O_2-freien Zers. aus der Absorptionsmessung gelang nicht. Bei O_2-freiem Erhitzen bei p_H 1,10 wird Druckentw. durch CO_2-Bldg. festgestellt. (Dansk Tidsskr. Farmaci **29.** 125—50. Juni 1955. Danm. farm. Hojskole, afd. for farmaci.) R. K. MÜLLER. 4808

Th. J. Boerstra, *Depotformen des Penicillins.* Übersicht über die handelsüblichen Präparate. (Chem. pharmac. Techniek **10.** 391—92. 1/8. 1955.) W. WESLY. 4810

M. Róth, *Sterilisierung der Nähseide in 1:10000 verdünnter Quecksilberphenylboratlösung.* Nähseide kann durch Kochen in einer Hg-Phenylboratlsg. (Merfen, Ryfen, Famosept) in Verdünnung 1:10000 zuverlässig sterilisiert werden. Die Lsg. ist 20mal billiger als Äthanol. (Zbl. Chirurg. **81.** 214—18. 1956. Budapest, Univ., Chirurg. Med. Fortbildungsklin.) E. BOYE. 4832

W. F. Lewis, *DCMX gegen Hexachlorophen. Wem gehört die Zukunft?* 2. Mitt. (1. vgl. C. **1956.** 5912.) Mit *Actamer* (*2.2'-Thio-bis-*[*4.6-dichlorphenol*]), *Anobial*(5-Chlor-salicylsäure-3'.4'-dichloranilid) u. *TMTD* (Tetramethylthiuramdisulfid) wurden Verss. durchgeführt, um ihre keimtötende Wrkg. in Seifen, bes. zur Desinfektion der Hände, festzustellen. In einer Übersicht werden ihre u. der in der 1. Mitt. besprochenen beiden Germicide Einww. auf verschied. Mikroorganismen in vitro u. vivo, Verträglichkeit mit Seife, Löslichkeit in organ. Lösungsmitteln, Giftigkeit u. Reizwrkg. zusammengestellt u. verglichen mit den Anforderungen, die an ein keimtötendes Mittel in Seifen gestellt werden müssen. (Perfum. essent. Oil Rec. **45.** 298—302. Sept. 1954. London, Lifeguard Prod. Ltd.) H. MÜHLMEISTER. 4832

H. Höller, *Die Ester der Paraoxybenzoesäure.* Übersicht über die Verwendung der *p-Oxybenzoesäureester* als Konservierungsmittel in Pharmaceuticis, Kosmeticis u. Lebensmitteln u. über ihre Anwendung bei äußeren u. inneren mykot. Erkrankungen. — 12 Literaturangaben. (Subsidia med. [Wien] **7.** 11—13. Febr. 1955. Wien.)
A. TREBST. 4832

N. A. Kudakowa, *Quantitative Bestimmung pharmazeutischer Präparate unter Verwendung von Ionenaustauschern.* Kationenaustauscher gestatten, Arzneimittel, wie Dibazol, Dimedrol, Pachycarpin, Promedol, Thiphen, Phenadoxon u. a., quantitativ durch Titration der H-Ionen mit 0,1n Lauge zu bestimmen. An verschied. Kationiten wurde das Aufnahmevermögen für Salze von Alkaloiden u. organ. Substanzen geprüft. Eine für die quantitative Best. geeignete Kapazität besitzt SDW-3. Der relative Fehler übersteigt nicht ± 1%. SDW-3 kann 20mal für die Best. von Salzen der Alkaloide u. anderer organ. N-Basen u. 10mal für die Best. von anorgan. Salzen verwendet werden. Bei der Regenerierung wird die Ausgangskapazität wieder erreicht. (Аптечное Дело [Apothekenwesen] **4.** Nr. 4. 34—37. Juli/Aug. 1955. Moskau, Pharm. Inst. des Gesundheitsminist. der UdSSR, Lehrst. für Pharm. Chem.) REINHARD HÜTTENRAUCH. 4880

Tetsu Kashima, *Rutin.* 1. Mitt. *Quantitative Bestimmung von Rutin durch Hydrolyse und qualitative Reaktionen.* Handelspräpp. von *Rutin* (I) enthalten stets etwas *Quercetin* (II). Bei der Hydrolyse gibt I Lsgg. von L-Rhamnose + D-Glucose. I-Geh. in% = (S − a − Z − Z')·197,97/S; S = Einwaage, a = Verunreinigungen außer II, Z = Rückstand nach der Hydrolyse, hauptsächlich II, Z' = gelöstes II, 1,9797 = Mol.-Gew. von I/Mol.-Gew. von II. Wenn die Verunreinigungen außer II noch Flavone enthalten, bes. in A. u. verd. Säure lösl., ist das Ergebnis fehlerhaft. Die Probe muß daher vorher durch physikal.-chem. Verff. gereinigt werden. — 44 Literaturangaben. (Bull. nat. hyg. Lab. Tokyo **70.** 59—65. Juni 1952. [Orig.: japan.]) L. SCHULER. 4880

Tetsu Kashima, *Rutin.* 2. Mitt. *Trennung und quantitative Bestimmung durch Papierchromatographie.* (1. Teil). (1. vgl. vorst. Ref.) Bei der papierchromatograph. Trennung von *Rutin* (I) u. *Quercetin* (II) mit 25%ig. wss. Isopropylalkohol als Entwickler bleibt II auf dem Papier. I wird gereinigt (eluiert) u. kann spektrophotometr. bestimmt werden. Für die Berechnung müssen die Gehh. an II, Flavonen u. anderen Verunreinigungen bestimmt werden. (Bull. nat. hyg. Lab. Tokyo **70.** 67—70. Juni 1952. [Orig.: japan.]) L. SCHULER. 4880

Ichirōemon Kidani, Yositomo Kōchi, Sizuka Kasahara und **Kō Matsukura,** *Bestimmungsmethode für Bisatin und dessen Zubereitungen.* Bei p_H 8—12 entwickelt Zugabe von 1%ig. $K_3Fe(CN)_6$-Lsg. (I) zu *Diphenolisatin* eine Rotfärbung mit maximaler Absorption bei 5550 Å, über p_H 12 bei 5600 Å, unbeständig. Nach 30 Min Hydrolyse in 10%ig. alkoh. NaOH ist die Farbentw. vollständig u. beständig. Man benutzt zur photometr. Best. 50 mg *Acetophenolisatin* (*Bisatin*; II, 100°, trocken) mit 10 cm³ 10%ig. alkoh. NaOH, 30 Min. Rückfluß u. bringt kalt auf genau 500 cm³ Lsg., entsprechend 0,1—0,25 mg II wird im 50 cm³-Kolben mit n/20 alkoh. NaOH auf 2,5 cm³ gebracht + 0,2 cm³ 1%ig. I, 5 Min. geschüttelt. Nach mindestens 5 Min. mit dest. W. auf 50 cm³, 10 Min. in Wasserbad. Nach Kühlung in Eiswasser wird durch S. 53-Filter bei 5550 Å die Extinktion gemessen. Berechnung nach Standardkurve für λ = 550 mμ u. $E_{1\,cm}^{0,0004\%}$ + 0,598. (Bull. nat. hyg. Lab. Tokyo **70.** 17—21. Juni 1952. [Orig.: japan.]) L. SCHULER. 4880

Ju. I. Ssyrnewa und **P. N. Abramowa,** *Materialien zur biologischen Bewertung von Präparaten aus Adonisröschen und Maiglöckchen an Katzen.* Die Prüfungsmeth. an Katzen ist für die Beurteilung der Präpp. des Maiglöckchens völlig geeignet, da sich die Empfindlichkeit der Tiere wenig ändert. Die Meth. läßt sich mit der an Fröschen vergleichen. Dagegen zeigen die Adonispräpp. (I) bedeutende jahreszeitliche Schwankungen u. eine individuelle Empfindlichkeit der Tiere. Vieljährige Verss. zeigten, daß zur Prüfung der I-Aktivität die Froschmeth. bei weitem beständigere u. genauere Ergebnisse liefert. Die Standardisierung von I an Katzen ist nur dann zu verwenden, wenn Frösche nicht zur Verfügung stehen. (Аптечное Дело [Apotheken] **2.** Nr. 6. 38—41. Nov./Dez. 1953. Pharmakol. Abt. des wiss. Allunions-Forschungsinst. für pharmazeut. Chemie des Gesundheitsminist. der UdSSR.) REINHARD HÜTTENRAUCH. 4880

P. N. Abramowa, *Über die Beständigkeit der für die biologische Bewertung verwendeten Standardpräparate von Adonisröschen, Fingerhut und Maiglöckchen.* Die an Fröschen u. (unter Urethan- u. Ae.-Narkose) an Katzen durchgeführten Vergleichsverss. zeigen während eines Jahres keine Veränderung der biol. Wirksamkeit der untersuchten Präparate. Die bei Adonisröschen (Ad.) u. auch bei Digitalis (Dig.) beobachteten scheinbaren Schwankungen der bei der Mehrzahl von 5 Fröschen Herzstillstand bewirkenden u. der bei Katzen letalen Dosis lassen sich auf Erhöhung der Resistenz im Laufe der Monate zurückführen. Die Aktivität des Standardpräp. von Ad. beträgt 1,5 K.E., die von Dig. 2,0 K.E., die von Maiglöckchen 2,3 K.E. (Аптечное Дело [Apotheken] **2.** Nr. 5. 45—48. Sept./Okt. 1953. Allunions Wiss. Chem.-Pharmazeut. Forschungsinst. des Gesundheitsminist. der UdSSR, Pharmakol. Abt.) R. K. MÜLLER. 4880

Sandoz Akt.-Ges., Basel, Schweiz, *Herstellung von Di-(α-naphthoyl)-d-weinsäure* (I).

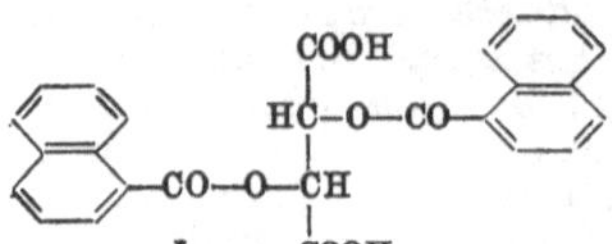

I

Aus 1 (kg) α-Naphthoesäure + 1,10 $SOCl_2$ → 1,04 α-Naphthoylchlorid (II), $Kp._{10}$ 158—160°; aus 2,8 II + 0,5 d-Weinsäure $\xrightarrow{130-140°}$ 1,5 I-*Anhydrid*, F. 174° (Bzl.); daraus durch Behandeln mit 8 Liter 90%ig. wss. Aceton → 1,3 I-*Hydrat*, $C_{26}H_{18}O_8 \cdot H_2O$, F. 189 bis 199°; $[\alpha]_D^{20}$ −89°. Verwendung zur *Trennung von Alkaloidgemischen.* (**Schwz. P. 307 322** vom 25/8. 1952, ausg. 1/8. 1955.) O. MÜLLER-MEININGEN. 4787

Farbenfabriken Bayer Akt.-Ges., Leverkusen, *Herstellen künstlicher Zähne,* bes. aus Polymethylmethacrylat (I). Als weiche Fütterungssubstanz wird ein Mischpolymerisat aus I u. Butadien verwendet, das dem Gemisch aus dem Polymerisat, dem Monomeren u. dem Polymerisationsbeschleuniger zugesetzt wird. Bei der Herst. der Zähne können in üblicher Weise Druck u. Wärme angewendet werden. (**E. P. 739 988** vom 27/5. 1954, ausg. 2/11. 1955. D. Prior. 29/5. 1953.) E. PETERSEN. 4799

Troponwerke Dinklage & Co., Köln (Erfinder: **Clemens Schöpf**, Darmstadt), *Herstellung von 1-(m-Oxyphenyl)-1-oxo-2-aralkylaminopropanen* der allg. Formel (m)HO—C_6H_4—CO—CH(CH_3)—NH—R—C_6H_5, worin R einen 2wertigen Rest von 2—5 Methylengruppen bedeutet, der auch Alkylreste, bes. Methylreste, tragen kann, insgesamt aber nicht $>$5 C-Atome enthält, u. worin der an R gebundene Benzolkern noch durch KW-stoffreste substituiert sein kann, dad. gek., daß man entweder Verbb. der allg. Formel (m)R_1O—C_6H_4—CO—CH(CH_3)—NH—R—C_6H_5, in der R_1 einen Phenylmethyl-, Sulfonsäure- oder Carbonsäurerest bedeutet, nach an sich bekannten Methoden, wenn R_1 ein Phenylmethylrest ist durch Erwärmen mit Mineralsäure oder durch katalyt. Hydrierung mit Pd-Katalysatoren nicht zu großer Aktivität, wenn R_1 ein Sulfon- oder Carbonsäurerest ist durch Verseifen, in die Verbb. mit freien phenol. OH-Gruppen übergeführt oder veresterte oder verätherte 1-(m-Oxyphenyl)-2-halogenpropanone-(1) der Formel (m)R_1O—C_6H_4—CO—CH(Halogen)—CH_3 mit Aralkylaminen der allg. Formel H_2N—R—C_6H_5, in denen R die obige Bedeutung hat, in an sich bekannter Weise umsetzt u. danach den Rest R_1 wie oben abspaltet. — 13 (g)m-Benzyloxy-α-brompropiophenon, $Kp._{0,1}$ 182—186° (durch Bromieren von m-Benzyloxypropiophenon, $Kp._{0,4}$ 174 bis 177°, F. 30°) werden innerhalb von 10 Min. unter Rühren in 14 γ Phenylpropylamin eingetragen, wobei die Temp. auf 55° steigt. Nach 15std. Stehen unter CO_2-Ausschluß bei Zimmertemp. wird unter Kühlen mit konz. HBr angesäuert. Man erhält 1-(m-Benzyloxyphenyl)-2-(γ-phenylpropylamino)-propanon-(1)-hydrobromid, F. 176—177°. 6 dieser Verbb. werden in 20 cm³ CH_3OH mit 0,9 eines 1%ig. Pd-Hydroxyd-$BaSO_4$-Katalysators unter H_2 bei Zimmertemp. u. 1 at 6 Std. geschüttelt. Man erhält das *1-(m-Oxyphenyl)-2-(γ-phenylpropylamino)-propanon-(1)-hydrobromid*, F. 176—177°; *freie Base*, F. 115 bis 117°. — Analog werden hergestellt die *Hydrobromide* von: *1-(m-Oxyphenyl)-2-(α-methyl-β-phenyläthylamino)-propanon-(1)*, F. 180—185°; *1-(m-Oxyphenyl)-2-(α-methyl-γ-phenylpropylamino)-propanon-(1)*, F. 170—190° (Gemisch der Stereoisomeren), F. 215—216°, F. 180—182° (einzelne Stereoisomere), *freie Base* des 2. Stereoisomeren, F. 120—121°; *1-(m-Oxyphenyl)-2-(α-methyl-δ-phenylbutylamino)-propanon-(1)*, F. 107—115°; *1-(m-Oxyphenyl)-2-(β-phenyläthylamino)-propanon-(1)*, F. 208—210°. — *Therapeutica.* (**D. B. P. 925 475** Kl. 12q vom 17/8. 1951, ausg. 21/3. 1955. Anmeldung bekanntgemacht 12/8. 1954.) E. CARL. 4807

Cilag Akt.-Ges., Schaffhausen, Schweiz, *Äthylaminoessigsäure-(2-chlor-6-methylanilid).* Aus Aminoessigsäure-(2-chlor-6-methylanilid) durch Äthylierung, $Kp._{0,03}$ 140 bis 142°; *Hydrochlorid*, F. 267—270°. — *Lokalanästheticum.* (**Schwz. P. 306 513** vom 25/2. 1952, ausg. 16/6. 1955.) G. LANGER. 4807

Cilag Akt.-Ges., Schaffhausen, Schweiz, *Diäthylaminoessigsäure-(2-chlor-6-methylanilid).* Aus Diäthylaminoessigsäurechlorid u. 2-Chlor-6-methylanilin oder aus Diäthylaminoessigsäureäthylester u. Brommagnesyl-2-chlor-6-methylanilin, $Kp._{0,1}$ 129—130°; *Hydrochlorid*, F. 154—155°. — *Lokalanästheticum.* (**Schwz. P. 306 201** vom 25/2. 1952, ausg. 1/6. 1955.) G. LANGER. 4807

Cilag Akt.-Ges., Schaffhausen, Schweiz, *β-Diäthylaminobuttersäure-(2-chlor-6-methylanilid).* Aus Crotonsäure-(2-chlor-6-methylanilid) u. Diäthylamin, F. 60—63°. — *Lokalanästheticum.* (**Schwz. P. 306 512** vom 25/2. 1952, ausg. 16/6. 1955.) G. LANGER. 4807

Ed. Geistlich Söhne Akt.-Ges. für Chemische Industrie, Luzern, Schweiz, *β-Dialkylaminobuttersäureanilide* der allg. Zus. R^1R^2N—CH(CH_3)—CH_2—CO—NH—R (R = Phenyl mit 1 oder 2 Alkyl- oder Alkoxysubstituenten C_1—C_5, —NO_2, —NH_2; R^1 u. R^2 = R, CH_3— oder C_2H_5—) erhält man durch Rk. von Verbb. der allg. Zus. CH_3—CH=CH—CO—NH—R mit einem Dialkylamin C_2—C_4. — Beispiele: Man erhitzt 8 (Teile) Crotonsäureanilid mit 50 $(CH_3)_2NH$ in 4,5 Mol A. 15—20 Std. im geschlossenen Gefäß auf 100 bis 110°, verd. mit W., säuert mit HCl an, filtriert, macht das Filtrat alkal., löst den halbfesten Nd. in Ae. u. krist. den Destillationsrückstand aus PAe.-A. um. Das erhaltene *β-Dimethylaminobuttersäure* (**II**)-*anilid*, F. 55°, lösl. in der berechneten Menge HCl, sehr leicht in A., Ae., Bzl., schwer in PAe. u. Pentan; *β-Diäthylamino*-Verb., F. 45—46°. **II**-*Phenetidid*, F. 70—71°; *Hydrochlorid*, F. 178° (Benzol oder Essigester). *β-Diäthylaminobuttersäure* (**III**)-*p-anisidid, Hydrochlorid*, F. 160—161° (Essigester). *o-Anisididhydrochlorid*, F. 170—171°. **III**-*p-(n)-Butoxyanilidhydrochlorid*, F. 156—157°. **III**-*o-Phenetididhydrochlorid*, F. 169—170°. **III**-*(2.6-Dimethyl)-anilid*, F. 82—83° (PAe.). **III**-*p-Nitranilid*, F. 85—86°. Red. mit SnCl → **III**-*(p-Amino)-anilid*, F. 123—124°. *Anästhetica.* (**E. P. 726 864** vom 12/5. 1953, ausg. 23/3. 1955. Schwz. Prior. 13/5. 1952.) O. MÜLLER-MEININGEN. 4807

Ciba Akt.-Ges., Basel, Schweiz, *Herstellung eines Gemisches von Estern der Diphenylessigsäure mit Polyäthylenglykolmonomethyläthern* (I). Man erhitzt z. B. 23,1 (Gewichtsteile) Diphenylessigsäurechlorid mit 50 eines I vom mittleren Mol.-Gew. 350 u. 150 Pyridin 1 Std. auf 100°, gießt das Reaktionsgemisch nach Abkühlen auf ein Gemisch aus 300 Eis u. 170 konz. HCl, versetzt mit 900 Voll. Bzl. u. extrahiert die Benzollsg. je 2mal mit 2n HCl, 2n Na_2CO_3 u. halbgesätt. NaCl-Lsg., wäscht die Extrakte mit 400 Voll. Bzl. u. erhält durch Eindampfen ein zu einer wachsartigen M. erstarrendes Öl, das sich unterhalb 30° in W. u. organ. Lösungsmitteln mit Ausnahme von aliphat. KW-stoffen leicht löst. — *Spasmolyticum.* (**Schwz. P. 306 567** vom 15/2. 1950, ausg. 16/6. 1955. **Zusatz zu Schwz. P. 298 677; C. 1955. 4885.**) O. MÜLLER-MEININGEN. 4807

Bristol Laboratories, Inc., New York, V. St. A., *Herstellung von 2-(3'-Thenyl)-phenyl-β-dimethylaminoäthyläther* (I). 0,2 Mol β-Dimethylaminoäthylchloridhydrochlorid + 50 cm^3 Toluol (II) + 25 cm^3 KOH (56%ig). Die erhaltene Lsg. gibt man zu einer Lsg., die durch Versetzen einer Suspension von 0,2 Na-Hydrid in 100 cm^3 **II** mit 0,2 2-(3'-Thenyl)-phenol erhalten wurde. Man erhält so nach entsprechender Aufarbeitung des Reaktionsgemisches 78% **I**, $Kp._2$ 155—156°. Durch Rk. einer **II**-Lsg. des **I** mit 20%ig. wss. Citronensäurelsg. erhält man I-Citrat **III**, $C_{21}H_{27}O_8NS$, F. 136 bis 137,5° (CH_3OH–Ae.). *Antihistaminicum.* (**Schwz. P. 307 869** vom 14/11. 1950, ausg. 16/8. 1955. A. Priorr. 17/11. 1949 u. 30/8. 1950.) O. MÜLLER-MEININGEN. 4807

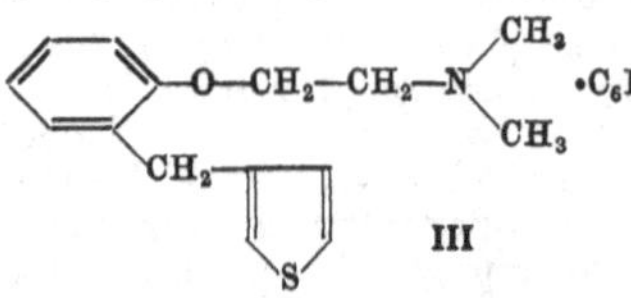

III

May & Baker Ltd., Dagenham, England, *Pentamethylen-bis-N-(N-methylpyrrolidinium)-bitartrat*, F. 214° (Zers.), erhält man in 89%ig. Ausbeute, wenn man das Pentamethylen-bis-N-(N-methylpyrrolidinium)-Salz (I) der Methylen-bis-β-oxynaphthoesäure (**II**) in wss. Suspension bei erhöhter Temp. (70°) mit einer wss. Lsg. von d-, *l*- oder *dl*-Weinsäure umsetzt. — **I** erhält man durch Rk. von 1.5-Dibrompentan u. N-Methylpyrrolidin durch Erhitzen unter Rückfluß, z. B. in Methanol, u. Rk. des erhaltenen Pentamethylen-bis-N-(N-methylpyrrolidinium)-dibromids mit einer wss. Lsg. der **II**. — *Ganglienblocker.* — Vgl. A. P. 2 667 493; C. **1955.** 8451. (**Schwz. P. 308 127** vom 8/11. 1954, ausg. 1/9. 1955.) R. LINK. 4807

Schering Akt.-Ges., Berlin (Erfinder: **Karl Rohde**, Berlin, **Walter Hütz**, Neuhaus (Obb.), **Rudolf Tscheche**, Hamburg, und **Hermann Fox**, Santiago de Chile), *Sulfonamidabkömmlinge der Thiodiazolreihe* werden durch Überführung durch Ringschluß unter Einw. mildwirkender wasserabspaltender Mittel von Säureamiden der Formel $RS(O)_n$—NH—C(:S)—NH·NH—CO·R' in Thiazolderivv. der allg. Formel **I** hergestellt (R = aromat. Rest. der in p-Stellung zur $S(O)_n$-Gruppe eine kerngebundene Aminogruppe oder darin überführbare Gruppe enthält, R' = KW-stoffrest oder H u. n die Zahlen 0—2). Nach dem Ringschluß wird erforderlichenfalls die kerngebundene Aminogruppe u./oder die Sulfonamidgruppe hergestellt. — Beispiele: Durch Rk. von Formylthiosemicarbazid in Pyridin oder Chinolin mit p-Acetylaminobenzolsulfochlorid, Umsetzen mit Acetylchlorid, Ausfällen mit Na-Acetat u. Verseifen wird *2-(p-Aminobenzolsulfonamido)-1.3.4-thiodiazol* vom F. 220° erhalten. Aus Propionylchlorid u. Thiosemicarbazid wird über Propionylthiosemicarbazid (F. 177°) mit p-Acetylaminobenzolsulfochlorid das p-Acetylaminobenzolsulfonyl-(N-propionyl)-thiosemicarbazid (F. 212°) erhalten, das mit Acetyl- oder Thionylchlorid *2-(p-Acetylaminobenzolsulfonamido)-5-äthyl-1.3.4-thiodiazol*, F. 203—204°, u. daraus durch Verseifung *2-(p-Aminobenzolsulfonamido)-5-äthyl-1.3.4-thiodiazol*, F. 184°, bildet. Ähnlich werden hergestellt: *2-(p-Aminobenzolsulfonamido)-5-methyl-1.3.4-thiodiazol*, F. 202°, aus Acetylthiosemicarbazid u. p-Acetylaminobenzolsulfochlorid. *2-(p-Aminobenzolsulfonamido)-5-äthyl-1.3.4-thiodiazol*, F. 184°, aus p-Nitrophenylsulfensäurechlorid u. Propionylthiosemicarbazid. *2-(p-Nitro-* bzw. *p-Acetylaminobenzolsulfonamido)-5-äthyl-1.3.4-thiodiazol*, F. 205 bzw. 210°, aus p-Nitrobenzolsulfenyl-(N-propionyl)-thiosemicarbazid u. Thionyl- oder Propionylchlorid. *2-(p-Carbäthoxyaminobenzolsulfonamido)-5-äthyl-1.3.4-thiodiazol*, F. 205°, aus Propionylthiosemicarbazid u. Carbäthoxyaminobenzolsulfochlorid. *2-(p-Carbäthoxyaminobenzolsulfonamido)-5-methyl-1.3.4-thiodiazol*, F. 236°, aus Acetylthiosemicarbazid u. p-Carbäthoxyaminobenzolsulfochlorid. (**D.B.P. 840 544** Kl. 12p vom 24/5. 1941, ausg. 3/6. 1952. Anmeldung bekanntgemacht 16/8. 1951.) A. GRADL. 4807

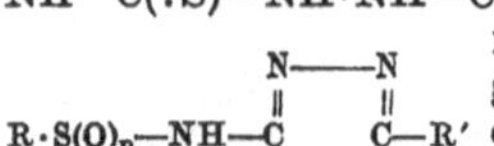

I

Eli Lilly & Co., übert. von: **Paul F. Wiley**, Indianapolis, Ind., V. St. A., *Chromanone* der allg. Formel I (R u. R_1 = H, OH, Alkoxy, Alkyl mit 1—5 C-Atomen, Halogen;

R_2 = H, CH_3) erhält man durch Kondensation des entsprechenden Chromanons mit Dimethylamin in Ggw. von HCHO nach MANNICH. — Aus 0,41 (Mol) 6-Methoxychroman-4-on, 0,42 Dimethylaminhydrochlorid u. 0,81 Paraformaldehyd in 125 cm^3 absol. A. nach 3std. Erhitzen → *3-Dimethylaminomethyl-6-methoxychroman-4-onhydrochlorid*, F. 157—159°. — *3-Dimethylaminomethyl-5.8-dimethoxychroman-4-onhydrochlorid*, F. 148—150°. — *3-Dimethylaminomethyl-6-bromchroman-4-onhydrochlorid*, F. 158—160°. — *3-Dimethylaminomethylchroman-4-onhydrochlorid*, F. 165—167°. — *3-Dimethylaminomethyl-6-oxychroman-4-onhydrochlorid*, F. 175—178°. — 2-Oxy-5-methoxyacetophenon + NaH → 2-Methyl-6-methoxychromon, F. 102—106°, + H_2 in Ggw. von PtO → 2-Methyl-6-methoxychroman-4-on, F. 68—70°, → *2-Methyl-3-dimethylaminomethyl-6-methoxychroman-4-onhydrochlorid*, F. 172—174°. — *3-Dimethylaminomethyl-7-methoxychroman-4-onhydrochlorid*, F. 167—168°. — *3-Dimethylaminoäthyl-6.7-dimethoxychroman-4-onhydrochlorid*, F. 183—185°. — *3-Dimethylaminomethyl-6-äthoxychroman-4-onhydrochlorid*, F. 157—160°. — *3-Dimethylaminomethyl-6-methylchroman-4-onhydrochlorid*, F. 149—151°. — *3-Dimethylaminomethyl-7-chlorchroman-4-onhydrochlorid*, F. 154—156°. — *3-Dimethylaminomethyl-8-methoxychroman-4-onhydrochlorid*, F. 169—171°. — An Stelle der Hydrochloride können die *Hydrobromide*, *Phosphate*, *Nitrate*, *Sulfamate*, *Benzoate*, *Tartrate* u. *Salicylate* hergestellt werden. — *Amöbicide*. (**A. P. 2 621 189** vom 10/1. 1951, ausg. 9/12. 1952.) G. KRAUSS. 4807

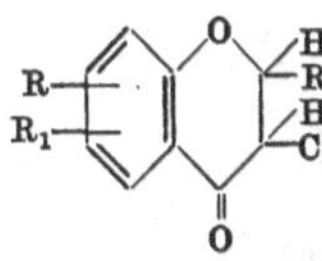

Spofa, Spojené Farmaceutické Závody, Národní Podnik, Prag, Tschechoslowakei (Erfinder: **K. Fučík** und **Z. Procházka**), *Herstellung von 3-Cumarin-3.4:3.2-[5-oxyfuranyl-(4)]-4-oxycumarin* durch Einw. von wasserentziehenden Mitteln, wie $POCl_3$, $SOCl_2$ oder Essigsäure, auf Bis-(4-oxycumarinyl)-essigsäure. Das Reaktionsprod. hat F. 285° u. übt *blutgerinnungshemmende* Wrkg. aus. — Vgl. auch Oe. P. 171 693; C. **1954.** 9580. (**Schwed. P. 142 443** vom 27/9. 1949, ausg. 13/10. 1953. Tschech. Prior. 30/12. 1948.) K. H. KÄHLER. 4807

Ciba Ltd., Basel, Schweiz, *Dioxopiperidine*. Zu Oe. P. 174909; C. **1953.** 9241 ist nachzutragen: *1-n-Propyl-3-phenyl-3-äthyl-2.6-dioxopiperidin*, farbloses, viscoses Öl, $Kp._{0,05}$ 119 bis 122°. — *3-p-Chlorphenyl-3-äthyl-2.6-dioxopiperidin*, F. 108—109°. — *3-Phenyl-3-methyl-2.6-dioxopiperidin*, F. 100—103°. — *1-Methyl-3-p-chlorphenyl-3-äthyl-2.6-dioxopiperidin*, $Kp._{0,17}$ 135—142°. — *Heilmittel*, bes. mit *antikonsulsiver* Wirkung. (**E. P. 720 198** vom 12/2. 1952, ausg. 15/12. 1954. Schwz. Priorr. 13/2. 1951 u. 30/1. 1952.) R. LINK. 4807

Roche Products Ltd., Welwyn Garden City, Herts, England, *Isonicotinsäurederivate* werden erhalten, wenn man Isonicotinsäurehydrazid (I) oder dessen im Pyridinkern substituierte, bes. die 2-Alkylderivv., mit CH_2O oder CH_2O-abgebenden Verbb., vorzugsweise in Ggw. eines Verdünnungsmittels (W., A. oder Isopropanol) bei n. oder leicht erhöhter Temp. kondensiert. — Es werden die Kondensationsprodd. von I u. CH_2O, F. 167,5—171,5°, u. 2-Methyl-I u. CH_2O, F. 143°, hergestellt. — Mittel zur Bekämpfung der *Tuberkulose*. (**E. P. 720 787** vom 6/3. 1953, ausg. 29/12. 1954. A. Prior. 7/3. 1952.) R. LINK. 4807

Cilag Akt.-Ges., Schaffhausen, Schweiz, *Pyridin-3.5-dicarbonsäureamide* der allg. Formel I, in der X einen Aminrest u. Y = OCH_3, OC_2H_5 oder einen Aminrest bedeuten, erhält man durch Rk. von Pyridin-3.5-dicarbonsäurederivv. der allg. Formel I, in denen X einen reaktionsfähigen, leicht abspaltbaren Rest, z. B. OH^-, Halogen, einen Alkoxy-, Acyloxy- oder den Azidorest, bedeuten, mit Aminen in Ggw. organ. Lösungsmittel u. unter Ausschluß von Feuchtigkeit, gegebenenfalls bei erhöhtem Druck, erhöhter Temp. u. in Ggw. eines Kondensationsmittels.

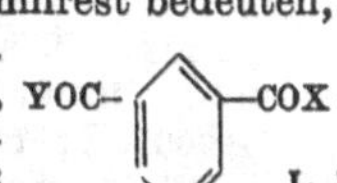

I

— 18 (g) Pyridin-3.5-dicarbonsäuremonomethylester u. 150 cm^3 $SOCl_2$ → 5-Chlorid, F. 74—75°. — Dieses wird in 100 cm^3 absol. Ae. u. 100 cm^3 absol. Bzl. gelöst u. unter Kühlen allmählich mit 25 cm^3 Diäthylamin in 100 cm^3 absol. Bzl. versetzt. Nach der üblichen Aufarbeitung erhält man 16 *Pyridin-3.5-dicarbonsäure-3-methylester-5-diäthylamid*, F. 47—48° (aus PAe., Kp. 60—90°) in farblosen dünnen Nadeln, leichtlösl. in W. u. organ. Lösungsmitteln außer Petroläther. — Analog: *Pyridin-3.5-dicarbonsäure-3-äthylester-5-diäthylamid*, $Kp._{0,03}$ 138—141°, gelbliches, dickfl. Öl, relativ lösl. in W., leichtlösl. in verd. Mineralsäuren u. organ. Lösungsmitteln. — 29 (g) Pyridin-3.5-dicarbonsäure-3-äthylester-5-(2'.2'-dibutylhexyl)-amid werden in 350 cm^3 90—95%ig. A. gelöst, die Lsg. bei 0° mit NH_3 gesätt. u. nach 1tägigem Stehen in der Kälte noch mit 50 cm^3 konz. wss. NH_3 versetzt. 11,3 *Pyridin-3.5-dicarbonsäure-3-amid-5-(2'.2'-dibutylhexyl)-amid* (II), F. 173—174° (aus Aceton), in weißen, glänzenden Blättchen. — Man erhält auch II, wenn 0,5 (Mol) Pyridin-3.5-dicarbonsäure-3-amid-5-phenylester mit 1 2.2-Dibutylhexylamin bei 150—180° im Autoklaven umsetzt. — Analog: *Pyridin-3.5-dicarbonsäure-3-amid-5-(1'.2'-diphenyläthyl)-amid*, F. 204

bis 205° (aus Dioxan–W.), weiße Kristalle. — *Pyridin-3.5-dicarbonsäure-3-amid-5-piperidid*, F. 112—113° (aus Chlf.–Ae.–PAe.), weiße Kristalle. — *Pyridin-3.5-dicarbonsäure-3-amid-5-(2'-methylpiperidid)*, F. 126—128°, weiße Kristalle. — *Pyridin-3.5-dicarbonsäure-3-amid-5-morpholid*, F. 169—171° (aus Essigester u. Ae.–PAe.), weiße Kristalle. — *Pyridin-3.5-dicarbonsäure-3-amid-5-(4'-isopropylpiperazid)*, amorphe M.; *Hydrochlorid*, F. 218° (Zers.; aus absol. A.). — *Pyridin-3.5-dicarbonsäure-3-amid-5-(β-diäthylaminoäthyl)-amid*, amorphe M.; *Hydrochlorid*, F. 191—192° (aus A.). — *Pyridin-3.5-dicarbonsäure-3-(1'.2'-diphenyläthyl)-amid-5-(β-diäthylaminoäthyl)-amid*, amorphe M.; *neutrales Sulfat*, F. 100° (aus W.), in weißen Schüppchen. — *Arzneimittel* u. *Zwischenprodd.* zu solchen. (**Schwz. PP. 306 538, 306 539** vom 25/4. 1950, **306 556, 306 557, 306 558, 306 559, 306 560, 306 561, 306 562** u. **306 563** vom 26/7. 1950, alle ausg. 16/6. 1955. **Zusätze zu Schwz. P. 284 073; C. 1954. 1596.**) R. LINK. 4807

Soc. des Usines Chimiques Rhône-Poulenc, Paris, Frankreich, *Phenthiazinverbindungen* der allg. Formel **I** (A = Alkylenrest bis 2 C-Atome, R_1 = H-Atom oder niedrigmol. Alkylrest, R_2 = niedrigmol. Alkylrest oder R_1 u. R_2 mit dem N-Atom zu einem heterocycl. Ring geschlossen, X u. Y = H- oder Halogenatome oder niedrigmol. Alkyl- oder Alkoxygruppen, X u. Y gleich oder verschieden) werden erhalten durch Kondensation eines gegebenenfalls substituierten Phenthiazins mit einem Halogenacylamid der allg. Formel Halogen—A—CO—N(R_1R_2) [A, R_1 u. R_2 wie vorst.] in Ggw. eines aromat. KW-stoffes als Lösungsm. u. von Kondensationsmitteln, wie Alkalimetalle, -hydroxyde, -hydride, -amide, Alkalimetallalkyl- oder -arylverbb., oder durch Einw. eines prim. oder sek. Amins auf ein Phenthiazinderiv., das am N-Atom durch den Rest —A—COOR (A = wie vorst.; R = niedrigmol. Alkylrest) substituiert ist, in einem inerten Lösungsm. bei n. Temp. oder vorzugsweise bei höherer Temp. im Druckgefäß oder durch Kondensation eines prim. oder sek. Amins mit einem Phenthiazinderiv., das am N-Atom durch den Rest —A—CO—Cl (A = wie vorst.) substituiert ist, in inerten Lösungsmitteln. — *[Phenthiazyl-(10')]-N-methylacetamid*, aus A., F. 228°; *3-[Phenthiazyl-(10')]-N-methylpropionsäureamid*, aus Methanol, F. 96°; *3-[Phenthiazyl-(10')]-propionsäure-N-piperidid*, aus Methanol, F. 128—129°; *3-[Phenthiazyl-(10')]-N-äthylpropionsäureamid*, aus 50%ig. A., F. 120°; *3-[3'-Chlorphenthiazyl-(10')]-N-methylpropionsäureamid*, F. 85°; *2-[Phenthiazyl-(10')]-N-dimethylpropionsäureamid*, aus Ae. farblose Nadeln, F. 165—167°; *3-[Phenthiazyl-(10')]-N-dimethylpropionsäureamid*, aus Methanol farblose Prismen, F. 141—143°; *[3'-Methylphenthiazyl-(10')]-N-dimethylacetamid*, F. 187—188°; *[3'-Methoxyphenthiazyl-(10')]-N-dimethylacetamid*, F. 180°. — *Zwischenprodd.* für *Therapeutica*. (**E. P. 732 488** vom 22/6. 1953, ausg. 22/6. 1955. **Belg. P. 519 787** vom 7/5. 1953, ausg. 13/5. 1955. F. Prior. 4/8. 1952.) H. BRÄUCKER. 4807

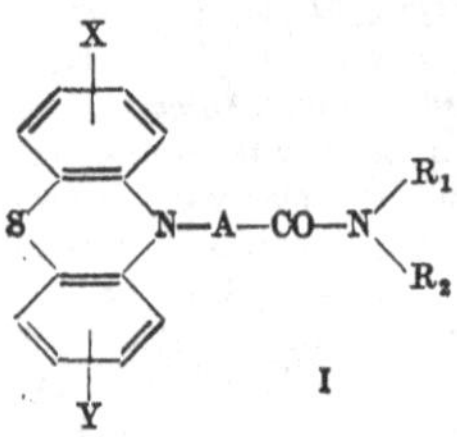

I

Farbwerke Hoechst Akt.-Ges., vormals Meister Lucius & Brüning (Erfinder: **Ludwig Schörnig, Richard Kreutzfeldt, Adolf Oppermann,** Frankfurt/M., und **Heinz Oeppinger,** Hofheim), *Aufschluß von Vitamin B_{12} enthaltenden Kulturflüssigkeiten* durch Behandlung mit Nitrilen, wie Glykolsäurenitril oder Benzonitril oder mit Cyankomplexverbb., wie $K_4Fe(CN)_6 \cdot 3H_2O$ oder Kaliumzinkcyanid nach beendeter Fermentation. — Ausbeutesteigerung. (**D. B. P. 939 108** Kl. 30h vom 20/7. 1952, ausg. 16/2. 1956. Anmeldung bekanntgemacht 18/8. 1955.) K. HEINZE. 4809

Abbott Laboratories, North Chicago, übert. von: **Howard H. Fricke,** Grayslake, Ill., V. St. A., *Sulfitocobalamin* durch Einwirkenlassen von lösl. Bisulfiten auf wss. Lsgg. von Cyanocobalamin oder Oxycobalamin bei n. Temperatur. Es können 0,01—5%ig. Lsgg. von Alkali-, Erdalkali- oder Ammoniumbisulfit verwendet werden. Auch Bisulfite von organ. Aminen oder Alkylaminen sind geeignet. Definition des Reaktionsprod. durch Absorptionsmaxima. — Injizierbare Lösungen. (**A. P. 2 721 162** vom 5/9. 1952, ausg. 18/10. 1955.) K. HEINZE. 4809

Research Corp., New York, N. Y., übert. von: **Robert R. Woodward,** Belmont, Mass., V. St. A., *Steroidsynthese.* Das nach DIELS-ALDER aus 1.3-Butadien u. 2-Methyl-5-methoxybenzochinon erhaltene cis-2-Methoxy-10-methyl-5.8.9.10-tetrahydro-1.4-naphthochinon, F. 93—95°, wird mit NaOH bei 40—50° in die trans-Verb. (**I**), F. 125—127°, übergeführt; diese gibt bei der Red. in Tetrahydrofuran mit $LiAlH_4$ in Ae. unter N_2 das Glykol (**II**), F. ca. 128—133°; daraus entsteht mit 2n H_2SO_4 in Dioxan 1-Oxy-2-keto-10-methyl-1.2.5.8.9.10-hexahydronaphthalin (**III**), F. 71—72°; dieses wird mit Essigsäureanhydrid in trockenem Pyridin unter Feuchtigkeitsausschluß verestert u. der Ester, bewegliches oranges Öl, mit Zn-Staub in Essigsäureanhydrid bei 145—150° zum 2-Keto-10-methyl-1.2.5.8.9.10-hexahydronaphthalin (**IV**) red., $Kp._{0,8}$ 80—81°; F. 26—29°; $n_D^{23,5}$ 1,5167, das mit Ameisensäureäthylester in Bzl. in Ggw. von Na-Methylat das

1-Oxymethylenketon (V), Kp.$_{0,015}$ 88—90°; n_D^{28} 1,5582, liefert, aus dem mit Äthylvinylketon in tert.-Butanol in Ggw. von K-tert.-Butylat unter N_2 1-Formyl-1-(β-propionyläthyl)-2-keto-10-methyl-1.2.5.8.9.10-hexahydronaphthalin (**VI**), Platten, F. 98°, entsteht, das nach Ringschluß mit KOH in Dioxan oder HCl in Essigsäure *1.14-Dimethyl-2-keto-2.3.4.5.8.12.13.14-oktahydrophenanthren* (**VII**), aus Methanol Prismen, F. 70,5 bis 72,5°, ergibt. Durch Oxydation mit OsO_4 in Ae. erhält man das 6.7-Glykol in Form von 2 cis-Isomeren, F. 152—156° (aus Chlf.–Bzl.). Durch Oxydation mit Perbenzoesäure bildet sich das 6.7-Oxyd u. durch Hydrolyse das trans-Glykol. Ag-Benzoat u. J_2 gibt Glykolbenzoat. Die OH-Gruppen in 6.7-Stellung werden nun mit Aceton in Ggw. von $CuSO_4$ geschützt u. das entstandene Isopropylidenketon, F. 95—98°, mit H_2 in Ggw. von 2%ig. Pd–$SrCO_3$ in trockenem Bzl. zum einfach ungesätt. Isopropylidenketon (**VIII**), F. 153—156°, hydriert. Dieses wird mit Ameisensäureäthylester in Ggw. von Na-Methylat zur Oxymethylenverb. (**IX**) umgesetzt, die mit Methylanilin in Methanol das Methylanilinoderiv. (**X**), F. 218—222,5°, liefert. Dieses gibt mit Acrylsäurenitril in Bzl.-tert.-Butanol bei 50° das Cyanäthylderiv., das mit wss. KOH zum Carboxyäthylderiv. (**XI**), F. 148—150° (labile Form) bzw. 170—173°, hydrolysiert wird; daraus bildet sich durch

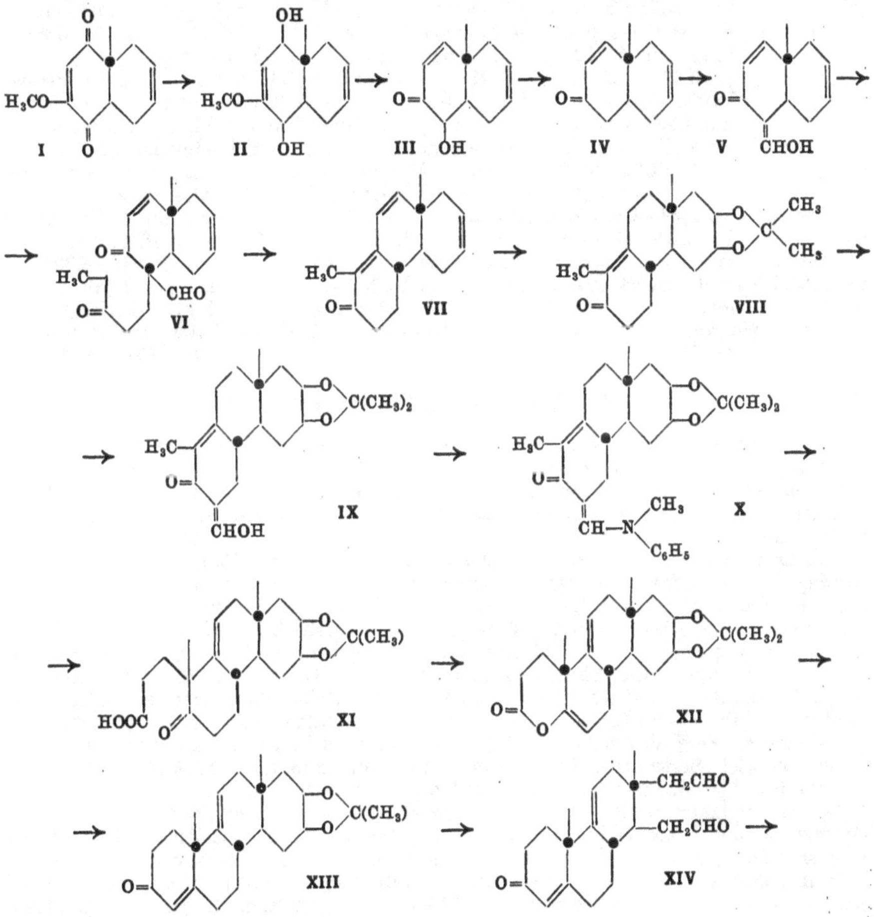

Erhitzen mit Essigsäureanhydrid unter N_2 in Ggw. von Na-Acetat das Enollacton (**XII**), F. 240° (Zers.), aus dem durch Kondensation mit Methyl-MgBr in trockenem Ae. das *D-Homosteroid* (**XIII**), aus A. oder Bzl.–Ligroin, F. 199 bis

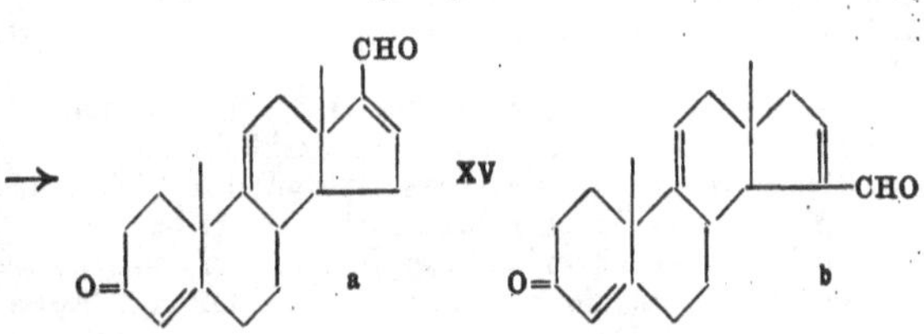

202°, entsteht; dieses liefert mit Perjodsäure in Dioxan *1.2-Bis-(aldehydomethyl)-2.13-dimethyl-7-keto-1.2.3.5.6.7.9.10.11.13-dekahydrophenanthren* (**XIV**), aus Ae., F. 128—132°; daraus entstehen durch Erhitzen in Dioxan 2 isomere Aldehyde (**XVa** bzw. **XVb**), FF. 171—173 bzw. 145—150°. (**A. PP. 2 672 482** vom 31/1. 1952, ausg. 16/3. 1954 u. **2 681 366** vom 31/1. 1952, ausg. 15/6. 1954.) G. KRAUSS. 4809

Research Corp., New York, N. Y., übert. von: **Robert B. Woodward**, Belmont, Mass., V. St. A., *Steroidsynthese.* Zu Schwz. PP. 298 135; C. **1955.** 9627, 298 506; C. **1955.** 9628 u. 302 149; C. **1955.** 9627 ist nachzutragen: *3-Keto-16.17-dioxy-$\Delta^{9(11)}$-homoandrostenacetonid*, F. 152—153°. — *3α.16.17-Trioxy-$\Delta^{9(11)}$-homoandrostenacetonid*, F. 172—174°. — *3α-Oxy-17-formyl-$\Delta^{9(11),16}$-androstadien*, F. 182—184°. — *3α-Oxy-17-formyl-$\Delta^{9(11)}$-androsten.* — *$\Delta^{9(11)}$-Pregnen-3α.20-diol.* — *$\Delta^{9(11)}$-Pregnen-3.20-dion*, F. 125—127°. — *3α.20-Pregnandiol.* — *3.20-Pregnandion*, F. 117—118°. Vgl. vorst. Reff. A. PP. 2 672 482 u. 2 681 366. (**A. P. 2 675 396** vom 19/5. 1953, ausg. 13/4. 1954.) G. KRAUSS. 4809

G. D. Searle & Co., Chicago, übert. von: **Raymond M. Dodson**, Park Ridge, Ill., V. St. A., *16-Nitromethylpregnen-20-one* erhält man durch Rk. der entsprechenden in 16(17)-Stellung ungesätt. Verbb. mit Nitromethan (I) in Ggw. einer Base, wie Piperidin (II). — 5.16-Pregnadien-3-ol-20-on-3-acetat + **I** + **II**, nach 5tägigem Stehen bei n. Temp. → *16-Nitromethyl-5-pregnen-3-ol-20-on-3-acetat*, F. 148—149,5°; $[\alpha]_D$ +5°; daraus durch Verseifung der 3ständigen Acetoxygruppe → *16-Nitromethyl-5-pregnen-3-ol-20-on* (**III**), F. ca. 225—227°; $[\alpha]_D$ +18°; *3-Benzoat*, F. 211—212°. — *16-Nitromethyl-4-pregnen-3.20-dion*, F. 143—144°; $[\alpha]_D$ +145°. — Die erhaltenen 16-Nitromethylverbb. können z. B. mit Fe/Essigsäure zu den entsprechenden Aminoverbb. red., diese acetyliert, partiell (im Falle der 3-Acetate) verseift u. an der nun gebildeten 3ständigen Oxygruppe nach OPPENAUER oxydiert werden. Man erhält so aus **III** das *16-Aminomethyl-5-pregnen-3-ol-20-on-3-acetat* (**IV**), F. 162—163°; daraus durch Acetylierung das *16-Acetaminomethyl-5-pregnen-3-ol-20-on-3-acetat*, F. 167—170°; aus diesem durch Verseifung das *16-Acetaminomethyl-5-pregnen-3-ol-20-on*, F. ca. 232—233°; $[\alpha]_D$ +6°, u. durch anschließende Oxydation das *16-Acetaminomethyl-4-pregnen-3.20-dion*, F. 219—220°. — **IV** läßt sich in üblicher Weise durch Rk. mit $NaNO_2$/Essigsäure u. alkal. Hydrolyse in *D-Homo-5.17-pregnadien-3-ol-20-on*, F. ca. 231—233°; λ_{max} = 233 mμ, überführen. — *Zwischenprodd.* für die Herst. von *Steroidhormonen.* (**A. P. 2 697 109** vom 19/6. 1953, ausg. 14/12. 1954.) U. SIEVERS. 4809

G. Analyse. Laboratorium.

H. E. Hallam, *Verwendung von plastischen Fliesen im Laboratorium.* Vf. empfiehlt plast. schwarze oder weiße Fliesen, die an Holz oder Metall verkittet werden können, zum Gebrauch im Labor. als säurebeständige Unterlage. Ein Nachteil ist die Empfindlichkeit gegen Wärme. (Chemist-Analyst **43.** 52—53. Juni 1954. Khartoum, Sudan, Africa, Univ., Coll. of Khartoum.) H. PLUSKAL. 5004

J. Arvid Hedvall, *Über den Einfluß der Luftfeuchtigkeit auf Mahl- und Separierungsvorgänge bei festen Stoffen.* Durch Laboratoriums- u. Großverss. wird für Quarz-, Feldspat- u. Schamottepulver das Maximum der Separierungsgeschwindigkeit bei einer relativen Luftfeuchtigkeit von 40—60% gefunden. Oberhalb 75% Luftfeuchtigkeit fällt infolge der Capillarkondensation u. des damit verbundenen Zusammenbackens der Pulver die Separierungsgeschwindigkeit stark ab. Als Ursache für die unterhalb 40% ebenfalls niedrigere Separierungsgeschwindigkeit wird eine Aufladung der Teilchen gefunden, die durch starke Ionisation der Luft, z. B. mit Hilfe radioakt. Strahlung, beseitigt werden kann. Die Wahrscheinlichkeit für den Durchtritt eines Kornes bekannter Größe durch ein Sieb bestimmter Maschenweite im Luftstrom ist $w(r) = (1/d^2)(d - 2r)^2$; r = Radius, d = Maschenweite. Die Mahlgeschwindigkeit von Feldspat hängt von der Luftgeschwindigkeit noch empfindlicher ab als die Separierungsgeschwindigkeit. Ein Optimum in der Ausbeute bei Mahlung in Kugelmühlen ist zu erzielen durch möglichst trockenes Mahlgut bei erhöhter Temp. (Vorerwärmung) u. Durchblasen von (erwärmter) Luft mit großer Strömungsgeschwindigkeit. Mitgerissene größere Körner werden am Ausgang der Mühle durch ein weites Siebtuch zurückgehalten. (Z. anorg. allg. Chem. **283.** 165—71. Jan. 1956. Göteborg, Chalmers TH, Inst. für Silicatforsch.) H. KNOLL. 5012

K. E. Bett, P. F. Hayes und **D. M. Newitt**, *Die Konstruktion, Wirkungsweise und Leistung einer primären Standardquecksilbersäule für die Messung hoher Drucke.* Vff. beschreiben ein neu konstruiertes, speziell für Eichzwecke zu verwendendes Manometer zum Messen von Drucken bis zu 2500 bar (1 bar = 10^6 Dyn/cm²) mit einer Genauigkeit von ±0,15 bar bei dem höchsten Druck. Im Prinzip besteht das Manometer aus einem umgekehrten U-Rohr, dessen einer Schenkel mit Hg, dessen anderer mit Paraffin gefüllt ist.

Beide Schenkel bestehen aus rostfreiem Stahl u. sind 9 m lang. Der Hg-Schenkel wird auf jeder Seite durch einen Stahlblock abgeschlossen, durch den isolierte elektr. Kontakte gehen, welche, zusammen mit einem Relais zur Festlegung der Lage der Grenzflächen Öl–Hg dienen. Mit den übrigen Apparaten ist die Säule durch mit Paraffin gefüllte Röhren verbunden. Die vertikale Höhe zwischen den beiden Hg-Menisken erhält man aus dem Abstand der beiden obigen Kontakte mit einer Genauigkeit von $\pm 0{,}013$ cm. Gemessen wurden noch die Kompressibilitäten von *Hg* u. *Paraffin* bei 25° bzw. 15, 20 u. 25° bis zu Drucken von 2500 bar sowie zu Vergleichszwecken die von *Bzl.* bei 25 u. 40° bis zu Drucken von 1000 bar. Die Standardabweichung der Druckmessung dieses Manometers beträgt bei 500 bar ca. $\pm 0{,}015$ bar u. bei 2500 bar ca. $\pm 0{,}14$ bar. (Philos. Trans. Roy. Soc. London, Ser. A **247.** 59–100. 10/8. 1954.) C. GOTTFRIED. 5016

M. K. Elnesr, *Unterdrückung des elektrochemischen Effekts in thermoelektrischen Elementen, die für meteorologische Messungen verwendet werden.* Zur Verminderung wilder Ströme in Thermoelementen bei empfindlichen meteorolog. Messungen wird eine bes. sorgfältige Herst. der Thermoelemente empfohlen. Man erwärmt das Cu-Drähtchen des Thermoelements vor dem Anlöten an das andere Metall (Konstantan) mit einem Lötkolben, bis es ganz dunkel gefärbt ist, u. taucht es in CCl_4. Man verwendet möglichst wenig Lot u. reinigt die Lötstelle nach dem Verlöten mehrfach abwechselnd mit CCl_4 u. dest. W., ohne sie mit den Fingern zu berühren. In Luft werden mit 2 ident., auf diese Weise hergestellten Thermoelementen keine Unterschiede bei Temperaturmessungen beobachtet. Bei hygrometr. Messungen in Bodennähe, bei denen das Thermoelement mit feuchtem Nessel umwickelt wird, treten Differenzen von 0,001–0,007° auf, die aber reelle Temperaturunterschiede sind, da sie durch Vergrößerung der Ventilation vermindert werden. (Ann. Géophysique **10.** Nr. 1. 64. Jan./März 1954. Paris, Univ., Fac. des Sci., Labor. de Phys. de l'Atmosphère.) G. HERRMANN. 5016

W. L. De Keyser, *Differenzwaage für wärmebedingte Gewichtsänderungen, ein neues Untersuchungsgerät.* Besser als die durch Wägung aufgenommene Kurve des Gewichts über der Temp. läßt ihre erste Ableitung nach der Temp. Knicke erkennen, die auf Rkk. schließen lassen. Vf. gewinnt die Ableitung dadurch, daß er an einer Waage zwei gleichschwere Tiegel mit gleichen Stoffmengen aufhängt, die in je einem Ofen hängen, wobei die Tempp. der Öfen langsam gesteigert werden unter Einhaltung einer Differenz von 4°. Der Ausschlag der Waage wird über der Zeit photograph. registriert u. der Temperaturanstieg in prakt. Näherung der Zeit proportional angenommen. Als Anwendungsbeispiel wird der Dehydratationspunkt eines Kaolins in der Temperaturkurve u. in der Temperaturableitungskurve gezeigt. (Nature [London] **172.** 364–65. 22/8. 1953. Brüssel, Univ., Fac. of Appl. Sci.) H. PAULI. 5022

M. A. Naughton und **J. M. Swinstead,** *Verwendung von löslichen Filtergazen.* Speziell zur Unters. der in natürlichem W. vorkommenden Stoffe empfehlen die Vff. ein kegelförmiges Filter, welches aus einer Gaze aus *Celluloseacetat* besteht. Nach dem Durchfiltrieren des W. wird die Spitze abgeschnitten, auf ein Deckgläschen gebracht, zuerst durch aufeinanderfolgendes Waschen in 30, 70 u. 100%ig. A. entwässert u. hierauf die Gaze mit Aceton herausgelöst. Vor vollständigem Verdunsten des Acetons wird der Rückstand mit einem zweiten Deckgläschen bedeckt. (Nature [London] **175.** 351. 19/2. 1955. Walden, Chesterford Park Res. Stat.) C. GOTTFRIED. 5024

Helmut Metzner, *Ultrafiltration in der Zentrifuge.* Winkelkopfzentrifugen u. Freischwingkopfmodelle lassen sich ebenso wie Druckfiltrationsgeräte zur Filtration u. Ultrafiltration verwenden in Bauweisen nach CHRIST (Osterode) u. MEMBRANFILTER-GESELLSCHAFT (Göttingen). Das Zentrifugenultrafilter ist grundsätzlich überlegen bei der Trennung von Aufschwemmungen, in denen der suspendierte Stoff spezif. leichter als das Lösungsm. ist, weil der Stoff sich dann über dem Lösungsm. ansammelt u. keinen Filterkuchen bildet. (Naturwissenschaften **40.** 388–89. Juli 1953. Göttingen, Univ., Pflanzenphysiol. Inst.) H. PAULI. 5024

A. H. Cockett, *Pumpen mit Dampfzirkulation.* Vf. beschreibt einige Abänderungen, die er an der von FERGUSON (J. physic. Chem. **31.** [1927.] 1099) entwickelten Pumpe mit Dampfzirkulation angebracht hat. Der bei FERGUSON horizontal angeordnete Zylinder nebst Kolben wurde vertikal angeordnet. Außerdem wurde als Material des Kolbens nicht Glas sondern Polythen verwandt. Die Pumpgeschwindigkeit ist gegenüber dem alten Modell beträchtlich erhöht. (Nature [London] **175.** 768–69. 30/4. 1955. London, Brit. Oxygen Co., Ltd., Res. and Developm. Dep.) C. GOTTFRIED. 5026

S. Porter Miller, *Vereinfachter Kjeldahl-Destillationsapparat.* Vf. beschreibt einen vereinfachten KJELDAHL-Destillationsapparat. Um 2 Stopfen zu vermeiden, wird der Kühler umgekehrt verwendet. Das weite Ende taucht in das Kondensat. (Chemist-Analyst **43.** 52. Juni 1954. Cairo, Egypt., Amer. Univ.) H. PLUSKAL. 5038

Ben Berck, *Ansatz für Mikro-Kjeldahl-Destillationen.* Da NH_3 bei Mikro- u. Halbmikro-KJELDAHL-Verff. im allg. durch Wasserdampfdest. abgetrennt wird, schlägt Vf. einen Ansatz vor, der direkt an den Hals einer KJELDAHL-Flasche angesetzt wird u. eine Wasserdampfdest. gleich aus dieser Flasche gestattet. (Chemist-Analyst **43.** 52. Juni 1954. Winnipeg, Manitoba; Can., Canada Dep. of Agric., Entomol. Labor.)
H. PLUSKAL. 5038

J. Wilfrid Hahn und **Melvin Nyman,** *Sammler für konstante Volumenfraktion.* Beschreibung des Apparates. (Analytic. Chem. **27.** 330—31. Febr. 1955. Chicago, Ill., Northwestern Univ., Med. School, Rheumatic Fever Res. Inst.) C. GOTTFRIED. 5038

John B. Cochran, *Verhinderung von Algenwachstum in Kühlern.* Metall. Cu ist genügend lösl., um bei kontinuierlichem Durchgang des W. Algenwachstum in Kühlern zu verhindern. Vf. verwendet Cu-Draht. (Chemist-Analyst **43.** 53. Juni **1954.** Louisville, Tenn.) H. PLUSKAL. 5038

Sankichi Nakamura und **Masaji Kubo,** *Genaue Bestimmung der relativen Viscosität verdünnter Lösungen.* Zwei genau gleiche Viscosimeter eines mit dem Lösungsm., das andere mit der Lsg. standen mit einem Kymographen u. einem Stromkreis so in Verbindung, daß Strömungszeitunterschiede von 0,01 Sek. aufgezeichnet wurden. Die Zeitmessung geschah mit einer kalibrierten Stimmgabel, sie ist bes. geeignet für den Bereich verd. Lösungen. Verss. mit KCl-Lsg. gaben Werte in guter Übereinstimmung mit FALKENHAGEN (C. **1932.** I. 2817). (J. chem. Soc. Japan, pure Chem. Sect. [Nippon Kagaku Zassi] **74.** 392—94. Mai 1953. Nagoya Univ. [Orig.: japan.]) L. SCHULER. 5040

G. O. Jones, *Ein verbesserter Miniatur-Verflüssigungskryostat.* Vf. beschreibt einige Verbesserungen, die er an dem von CHESTER u. JONES (vgl. C. **1954.** 7012) entwickelten Kryostaten angebracht hat. (Proc. physic. Soc., Sect. B **68.** 320—21. 1/5. 1955. London, Univ., Queen Mary Coll.) C. GOTTFRIED. 5048

A. Kofler, *Über die Schmelz- und Erstarrungsvorgänge in binären Gemischen.* Das beschriebene Verf. der mkr. Thermoanalyse ermöglicht das Verfolgen der Schmelz- u. Erstarrungsvorgänge in durchsichtigen organ. Zweistoffsystemen, welche auf einem Heiztisch unter dem Mikroskop untergebracht werden. Es erlaubt, während ihres Ablaufes eine exakte Aufnahme von allen charakterist. Punkten, welche zur Ermittlung des Zustandsdiagrammes des betreffenden Zweistoffsyst. notwendig sind, vorzunehmen. Somit ist die Meth. zur Durchführung sowohl der qualitativen, als auch der quantitativen Thermoanalyse geeignet. (Metalen **8.** 325—28. 15/9. 336—40. 30/9. 1953.)
J. KAMSKI. 5052

Samuel Raymond, *Wirksame Fläche in Elektrokonvektions-Apparaten.* Vf. zeigt theoret. u. experimentell, daß die Geschwindigkeit der Fraktionierung in Elektrodekantations- oder Elektrophorese-Konvektions-Apparaten prakt. unabhängig von der Größe der Membranoberfläche ist, da die elektr. Energie zum weitaus größten Teil in Wärme umgesetzt wird. (Science [Washington] **118.** 388—89. 2/10. 1953. New York City, E-C App. Comp.) G. WILLE. 5054

Vivian B. Ehlers und **John W. Sease,** *Ein coulometrischer Coulombmesser.* Vff. entwickelten ein Coulometer mit einem Meßbereich bis 10 Coulomb. Anordnung: Platin u. Kupferelektroden in Kupfersulfatelektrolyt. Der zu messende Strom wird zur Abscheidung von Cu auf dem Pt benutzt, dieses wird dann anod. geschaltet u. mit konstantem Strom wird das Cu wieder in Lsg. gebracht. Der Potentialsprung, der entsteht, wenn das Cu abgelöst ist, gibt einen guten Endpunkt der Strom-Zeit-Messung wieder. Für die vollautomat. Messung sorgt ein Elektronenschalter u. eine elektron. Einrichtung für Stromkonstanz, von denen eine Schaltskizze gegeben ist. Mit diesem Coulometer kann noch 0,01 Coulomb bei 0,1% Genauigkeit gemessen werden. (Analytic. Chem. **26.** 513—16. März 1954. Middletown, Conn., Wesleyan Univ.) V. BURBACH. 5054

Ugo Bertocci, Giuseppe Bianchi und **Carlo Guerci,** *Über einige elektrische Probleme bei der Messung von Polarisationsspannungen.* Wegen der rechtwinkligen Stromimpulse stößt man bei der Unters. von Polarisationserscheinungen auf einige experimentelle Schwierigkeiten, weil zwischen den verschied. Teilen der Polarisationszelle Kapazitäten auftreten. An Hand von den verschied. Versuchsanordnungen entsprechenden Stromkreisen werden die Probleme eingehend diskutiert. Bes. diskutiert wird eine neue Sonde. Ferner werden einige konstruktive Kriterien für Polarisationszellen abgeleitet, die die störende Kapazität auf ein Minimum herabdrücken. (Ann. Chimica **44.** 44—58. Jan. 1954. Milano, Politecnico, Labor. di Elettrochim., Chim. fis. e Metallurgia.)
H. MARSEN. 5054

R. Thiel, *Zur Praxis der dynamischen Dehnungsmessung.* 1.—3. Mitt. Rasch veränderliche Längenänderungen kann man mechan. mit dem Ritzschreiber u. elektr. mit induktiv wirkenden Gebern oder rein ohmschen Dehnungsmeßstreifen aufnehmen; kapazitiv wirkende Geber sind nicht berücksichtigt. Induktive Geber lassen sich eichen, sind wieder verwendbar, weitgehend witterungsunempfindlich, an lange Leitungen anschließbar. Dehnungsmeßstreifen lassen sich nur am Prüfling eichen, sind nicht wieder verwendbar, witterungsempfindlich, zeigen Hysterese u. Kriechen, aber leichter anzubringen u. bis zu den langsamsten Änderungen brauchbar. Registriergeräte sind Tintenschnellschreiber bis 100 Hz, Tageslicht-Lichtpunktschreiber, Schleifenoscillographen bis 3000 Hz u. Kathodenstrahloscillographen bis zu höchsten Frequenzen. (Arch. techn. Messen **1953.** 63—66. März. 79—82. April. 109—10. Mai. Braunschweig, Forsch.-Anst. für Landwirtschaft.) H. Pauli. 5060

T. Sakaki und **H. Kakihana,** *Einfluß des Lösungsmittels auf das Ionenaustauschgleichgewicht.* (Vorl. Mitt.) Vff. messen die Gleichgewichtskonstante K der Ionenaustausch-Rk. $M^+ + HR = H^+ + MR$ zwischen dem Metallion M^+ eines Alkalichlorides u. einem H-Austauschharz (Amberlit IR–120) in alkoh. Lsgg. bei Raumtemp., wobei R das Austauschradikal ist. K ist bei gleicher Gewichtskonz. des Alkohols für dasselbe Metallion in *A.* größer als in *Methanol.* Mit der Erhöhung der Alkoholkonz. wächst K. Bei demselben Alkohol u. gleicher Konz. nimmt K in folgender Reihenfolge der Metalle ab: K^+, Na^+, Li^+. (Kagaku [Science] **23.** 471—72. 1953. Nagoya Univ. [Orig.: japan.]) L. Schuler. 5062

P. Putzeys und **Melle J. Minet,** *Korrektur der Reflexion bei Messungen der molekularen Lichtstreuung.* In einer Unters. des Einfl. der Reflexion an den Küvettenwänden auf die Messung der Lichtstreuung von Lsgg. wird gezeigt, daß auch im Falle von Relativmessungen der Meßfehler durch Einsetzen der Küvette in W. oder eine Fl. von gleichem Brechungsexponent wie die zu untersuchende Lsg. bedeutend herabgesetzt werden kann. (Ann. Soc. sci. Bruxelles, Sér. I. **69.** 29—36. 8/6. 1955. Louvain, Univ. Catholique, Labor. de Biochem.) H.-J. Eichhoff. 5063

R. Mecke und **R. Mutter,** *Infrarotspektroskopische Methoden zur quantitativen Analyse von Mehrstoffsystemen am Beispiel der Isomeren des Hexachlorcyclohexans.* Beschrieben wird je ein Analysenauswerteverf. für Zwei- u. Mehrstoffsysteme, wobei das Syst. α- (I) u. *γ-Hexachlorcyclohexan* (**II**) bzw. **I**–**II**-*δ-Hexachlorcyclohexan* (**III**) + Verunreinigungen als Beispiele gewählt wurden. Die Systeme wurden infrarotspektroskop. in CCl_4- bzw. CS_2-Lsgg. untersucht, das **I**–**II**-Syst. wird mittels der Intensitäten der sich teilweise überlappenden Schlüsselbanden bei 10,79 μ (I) u. 10,99 μ (**II**) mit dem isosbest. Punkt zwischen beiden als Bezugspunkt analysiert. Für die Ermittlung der quantitativen Zus. des Mehrstoffsyst. werden sämtliche zur Auswertung geeignete Banden der 3 Isomeren (je 9 Banden) verwendet, gleichgültig, ob sie durch Banden der beiden anderen Isomeren oder durch die der nichtidentifizierten Beimengungen überlappt werden. Für diese letzte im „Untergrund" zusammengefaßte Absorption wird die Annahme gemacht, daß bei hinreichend großer Zahl an über den untersuchten Spektralbereich gleichmäßig verteilten Analysenbanden die Summen der Untergrundextinktionen der Analysenbanden jedes Isomeren gleich groß u. somit auch die Mittelwerte des Untergrundes für alle 3 Hexachlorcyclohexane gleich sind. Die Richtigkeit dieser Annahme wurde für den vorliegenden Fall durch Aufnahme der Untergrundkurve (Kompensation mit einer Lsg. aus **I**, **II** u. **III**) bewiesen. Die Unsicherheit des Verf. betrug hier 2—3%, wobei zu berücksichtigen ist, daß ein stark verunreinigtes Prod. vorlag. — Die rechner. Auswertung ist wiedergegeben. (Z. Elektrochem., Ber. Bunsenges. physik. Chem. **58.** 1—8. 1954. Freiburg/Br., Univ., physikal.-chem. Inst.) B. Gnauck. 5063

Earle K. Plyler und **Nicolo Acquista,** *Kleiner Gitterspektrograph für das ferne Infrarotgebiet.* Zur Aufnahme von Infrarotspektren jenseits von 50 μ wurde ein Gitter (2,25 × 3 in., 320 bzw. 180 Linien/in.) an Stelle des Littrow-Spiegels u. unter Entfernung des Prismas eingebaut. Bis 56 μ wurde ein CsJ-, von 15—125 μ ein Kristallquarzfenster am Thermoelement benutzt. Die Streustrahlung wurde stark durch Reflektionsgitter (an Stelle der Planspiegel vor dem Eintritts- u. hinter dem Austrittsspalt des Spektrometers) u. Reststrahlenplatten (aus NaCl, KBr oder CsBr; an Stelle des Planspiegels in der Kapsel für die Lichtquelle) vermindert; es konnten auch geschwärzte, angerauhte Ag-Spiegel (vgl. Acquista u. Plyler, C. **1955.** 7044) benutzt werden. Da das Quarzfenster des Thermoelementes die Strahlung zwischen 6 u. 45 μ absorbiert, überlappt das Spektr. 2. Ordnung nicht dasjenige 1. Ordnung, ausgenommen den Bereich zwischen 90—125 μ bei Benutzung der Ag-Reflektoren. Für Messungen über 125 μ sind CsJ-Platten sowie ein Gitter mit 120—150 Linien/in. günstig. Zwischen 50 u. 100 μ liefert ein Gitter mit ca. 240 Linien/in. Spektren mit guter Auflösung. Mit diesen Anordnungen konnten die gleichen Verstärker wie bei Messungen im nahen Infrarot benutzt werden. Angegeben sind die *Wasser*-Dampfspektren von 23,5—33,5 u. 50—100 μ. (J. chem. Physics **23.** 752—53. April 1955. Washington, D. C., Nat. Bur. of Standards.) B. Gnauck. 5063

Roger A. Pickering, *Anpassung einer vorhandenen Kaliumbromidscheibenpresse zum Pressen von Mikroscheiben im Vakuum.* Vf. beschreibt die Anwendung einer handelsüblichen 0,5 in.-Scheibenpresse für die Herst. von Mikroscheiben (z. B. 6 mm im Durchmesser) für die Infrarotmikroanalyse. (Analytic. Chem. **28.** 280. Febr. 1956. Chicago, Ill., Cancer Res. Hosp., Spectroscopy Labor.) L. FISCHER. 5063

Albert Arnulf, *Phosphorescenzbrille.* Beschreibung der Entw. eines Bildwandlers zur Erkennung von Infrarotscheinwerfern für die Verwendung in der Marine. Auf der Phosphorescenzschicht, welche durch eine im Gerät untergebrachte, batteriegespeiste Lampe mit WOOD-Filter erregt wird, wird mit einer SCHMIDT-Spiegeloptik das Infrarotbild entworfen u. die durch dieses hervorgerufene Ausleuchtung des Phosphors visuell beobachtet. Mit einem solchen Gerät kann auf 15 km Entfernung ein Infrarotscheinwerfer von 0,3 m, entsprechend 0,01 lux, erkannt werden. (Rev. Opt. théoret. instrument. **34.** 168—70. März 1955. Paris, Sorbonne.) H.-J. EICHHOFF. 5063

H. Moser, *Über die photographische Wiedergabe von Spektrallinien.* Das von einem Spektrographen in der Bildebene entworfene Linienprofil wird bei photograph. Registrierung durch die Eigg. der photograph. Schicht verändert. Die Größe dieser photograph. Effekte wird durch Vgl. mit dem direkt photoelektr. gemessenen Linienprofil ermittelt. Dabei ergibt sich, daß der ausschlaggebende Effekt vom Diffusionslichthof in der photograph. Schicht herrührt. Dieser läßt sich durch eine schicht- u. wellenlängenabhängige Konstante eindeutig erfassen, so daß bei Kenntnis dieser Konstante der Einfl. des Diffusionslichthofs für beliebige Linienprofile vorausgesetzt werden kann. Alle anderen Effekte, z. B. der Reflexionslichthof u. der EBERHARD-Effekt treten bei entsprechenden Vorsichtsmaßnahmen in wesentlich geringerem Maße in Erscheinung als der Diffusionslichthof. (Optik **12.** 362—76. 1955. München, Univ., I. Physikal. Inst.) W. GÜNTHER. 5063

Erik Djurle, *Photoelektrisches Gerät zur Messung von Intensitätsverhältnissen als Empfänger für das Phasenkontrastrefraktometer.* Zu dem Phasenkontrastrefraktometer (vgl. INGELSTAM, C. **1954.** 151), welches opt. Phasendifferenzen in Intensitätsdifferenzen verwandelt, wird ein photoelektr. Empfänger angegeben, mit welchem Intensitätsverhältnisse auf $\pm 0{,}3\%$ gemessen werden können, was Differenzen in der opt. Weglänge in Phasenobjekten von $4 \cdot 10^{-4}\ \lambda$ entspricht. Im Phasenkontrastbild liegt ein mit fester Frequenz schwingender Doppelspalt, welcher die Strahlenbündel von zwei verschied. Zonen durch einen einstellbaren Graukeil bzw. eine Kompensationsplatte auf einen Photomultiplier fallen läßt. Der verstärkte Photostrom wird einem mit der Doppelspaltbewegung synchronisierten Nullinstrument zugeführt. Durch Einstellung des Graukeils wird das Signal zum Verschwinden gebracht u. so das Intensitätsverhältnis gemessen. Angabe der Schaltbilder für den elektron. Teil. (Appl. sci. Res. B **4.** 91—99. 1954. Stockholm, Roy. Inst. of Technol., Opt. Labor.) H.-J. EICHHOFF. 5063

Erik Ingelstam und **Lars Johansson,** *Visueller Empfänger für das Phasenkontrastrefraktometer.* (Vgl. vorst. Ref.) Mitt. von Konstruktion u. Theorie zu einem einfachen visuellen Empfänger für das Phasenkontrastrefraktometer u. von physiolog. Überlegungen für seine Dimensionierung. Die Leistung dieses Empfängers ist um ca. eine Größenordnung geringer als die des zum Vgl. herangezogenen photoelektr. Empfängers. (Appl. sci. Res. B **4.** 100—08. 1954. Stockholm, Royal Inst. of Technol., Optics Labor.) H.-J. EICHHOFF. 5063

J. G. Dawes, *Densitometrische Auswertung von Kohlestaubflecken auf Filtrierpapier.* Modifizierung der Theorie von DAVIES u. AYLWARD (C. **1952.** 4505) zur Auswertung von photoelektr. Durchlässigkeitsmessungen an Filtrierpapieren, auf welchen Kohlestaubpartikel niedergeschlagen wurden. An Hand der Messungen von verschied. Kohlestaubwolken mit verschied. Filtrierpapiersorten wird gezeigt, daß die abgeleitete Auswerteformel lineare Arbeitskurven liefert. (Brit. J. appl. Physics **5.** 221—24. Juni 1954. Sheffield, Safety in Mines Res. Establ.) H.-J. EICHHOFF. 5064

—, *Jenaer Titrierbirne für potentiometrische p_H-Messungen mit Glaselektroden nach Gerstenberger–Sack.* Beschreibung einer für die potentiometr. Titration mit der Glaselektrode entwickelten Titrierbirne für den Laboratoriumsgebrauch, die es erlaubt, in kürzester Zeit auch bei höheren Tempp. mit den entsprechenden Meßelektroden (Jenaer Glaselektrode u. Jenaer Kalomel- oder Silberchloridelektrode) Titrationen auszuführen. (Chem. Techn. **5.** 596. Okt. 1953.) T. OPPERMANN. 5066

J. A. Lewis und **K. C. Overton,** *Automatische Registrierung der Ionenkonzentration in fließenden Lösungen.* Um die Zus. fließender Lsgg. automat. u. kontinuierlich registrieren zu können, wurde ein Gerät konstruiert, das prakt. aus zwei gegeneinandergeschalteten Polarographen mit 2 Stromquellen u. 2 synchronisierten Hg-Tropfelektroden besteht. Das Prinzip der Meßanordnung ist der Differentialpolarographie entnommen.

Es wurde eine einfache Glasapp. entwickelt (Skizze im Original), die kontinuierliche Entlüftung, geregelten Durchfluß u. Aufnahme der Polarogramme in prakt. unbewegtem Elektrolyten gestattet. Das Gerät ist auch geeignet für Messungen der gewöhnlichen, der abgeleiteten u. der Differentialpolarographie. Zu Einzelheiten über Meßprinzip, Schaltung des Gerätes, Durchflußapp. u. Anwendung auf einfache Beispiele vgl. Original. (Analyst **79.** 293—97. Mai 1954. Teddington, Middlesex, Radio Chem. Group, Chem. Res. Labor.) W. KUPFER. 5066

Jack L. Lambert, *Haltbare empfindliche lineare Stärke-Indicatorlösung für die Jodometrie.* Für die Jodometrie wurde ein jahrelang haltbarer Indicator entwickelt, der wie folgt dargestellt wird: 2,5 g 2mal aus Butanol krist. Kartoffelstärke werden in 600 cm^3 sd. dest. W. gelöst, in der Hitze filtriert ($BaSO_4$-Filter), dann werden 100 cm^3 Eisessig, verd. mit W. auf 200 cm^3, zugefügt u. auf 1 Liter aufgefüllt. Ein nach 1—2 Wochen auftretender, geringer Nd., der die Titration nicht stört, wird abfiltriert. (Analytic. Chem. **25.** 984—85. Juni 1953. Manhattan, Can., State Coll.) H. LEHWALD. 5068

Helmut Bode, *Systematische Untersuchungen über die Anwendbarkeit der Diäthyldithiocarbaminate in der Analyse.* 4. Mitt. *Die Bildung der Metalldiäthyldithiocarbaminate und ihre Extrahierbarkeit in Abhängigkeit vom p_H-Wert der Lösung.* 2. Teil. (3. vgl. C. **1956.** 8996; 1. Teil vgl. C. **1956.** 5096.) Die Zus. der verschied. DDTC-Metallverbb., ihre Fällbarkeit u. Extrahierbarkeit bei verschied. p_H-Werten, sowie bei Ggw. von Komplexbildnern u. die Absorptionsspektren ihrer Lsgg. in CCl_4 werden mitgeteilt. Hinweise auf die Brauchbarkeit des DDTC bei der quantitativen Analyse der einzelnen Elemente werden gegeben. (Z. analyt. Chem. **144.** 165—86. 1955. Hannover.) R. BORCHARDT. 5072

Francisco Bermejo Martínez, *Analytische Verwendungen der Komplexone. Komplexometrische Volumetrie.* Übersicht über die auf der Chelatbldg. mit Metallionen beruhenden Verwendungsarten der Polycarbonsäuren tert. Amine (Komplexone): zur Best. der einzelnen Metalle, ihrer Trennung auf Grund der vom Metall, der Art des Komplexons-*Nitrilotriessigsäure,* $C_6H_9O_6N$, Komplexon I, XH_3 u. deren Tri-Na-Salz, Trilon A, XNa_3; *Äthylendiamintetraessigsäure,* $C_{10}H_{16}O_8N_2$, Komplexon II, Versen, Sequestren, Tetrin, YH_4 u. deren Salze, Versenate, Sequestrate, deren Di-Na-Salz, Komplexon III u. deren Tetra-Na-Salz, Trilon B, YNa_4; *β-Sulfoäthylaminodiessigsäure,* $C_6H_{11}O_7NS$; *Trimethylendiaminotetraessigsäure,* $C_{11}H_{18}O_8N_2$; *Tetramethylendiaminotetraessigsäure,* $C_{12}H_{20}O_8N_2$; *Pentamethylendiaminotetraessigsäure,* $C_{13}H_{22}O_8N_2$; *Phosphonomethylaminodiessigsäure,* $C_5H_{10}O_7NP$; *Nitrilodiessigsäurepropionsäure,* $C_7H_{11}O_6N$; *Barbituryl-(5)-aminodiessigsäure,* $C_8H_9O_7N_3$ u. der vom p_H abhängigen Komplexbeständigkeit; auf Grund des Wettbewerbs der Komplexone mit Fällungsmitteln u. mit anderen komplexbildenden Verbindungen. Tabelle der Gleichgewichtskonstanten der Metallkomplexe. — 37 Literaturhinweise. (Inform. Quím. analít. **8.** 119—32. Juli/Aug. 1954. Santiago de Compostela, Univ., Cátedra Quím. analít.) W. METZENER. 5072

J. V. Karabinos, G. E. Bartels und **A. T. Ballun,** *Bestimmung des freien Wassers in Hydraten.* Zur Best. von freiem W. in Hydraten extrahierten Vff. dieses durch 7 Min. langes Schütteln mit 50 ml Dioxan pro 10 g Salz u. titrierten diesen Extrakt mit KARL FISCHER-Reagens. Das Verf. ermöglicht es, die Stabilität hydratwasserhaltiger Salze zu verfolgen. (Chemist-Analyst **43.** 37—38. Juni 1954. Joliet, Ill., Blockson Chem. Co; Res. Labor.) H. PLUSKAL. 5074

Jaime González Carreró und **Obdulia Carballido,** *Gewinnung und Wirksamkeit der neuen anorganischen Adsorptionsmittel, die bei der Reinigung von Gasen gebraucht werden.* 1. Mitt. *Das Silicagel als Trocknungsmittel für feuchte Atmosphären.* Es wurde die einfachste Art der Zers. von *Na-Silicat* (**II**) durch Säuren untersucht, wobei das ausgefällte Silicagel (**I**) nach der Koagulation mit W. oder 0,001n HCl bis zur Entfernung der Na-Salze gewaschen wurde, wonach die Trocknung langsam bei möglichst niedriger Temp., z. B. durch Infraroterwärmung zunächst auf 40°, gegen Ende auf 80° im luftdurchspülten Raum, ausgeführt wird, um die Struktur des Gels zu schonen. Die letzte Trocknung (Aktivierung) wird durch 2std. Erhitzen auf 180° bei 1 at ausgeführt. Das **I** ist dann im P_2O_5-getrockneten Luftstrom abzukühlen u. gut verschlossen aufzubewahren. (An. Real Soc. españ. Física Quím., Ser. B **50.** 211—24. Febr. 1954. Santiago de Compostela, Fac. Farmacía, u. S. C. I. C., Inst. „Alonso Barba", Secc. Quím. analít.) W. METZENER. 5086

Hermann Linde, *Graphisches Verfahren zur Bestimmung der theoretischen Bodenzahl bei Waschvorgängen mit starken Temperaturveränderungen* Es wird ein Verf. angegeben, das es ermöglicht, Gaswaschprozesse zu berechnen u. zwar auch dann, wenn die dabei auftretende Wärmetönung starke Temperaturänderungen in den Waschsäulen hervorruft. Das Verf. beruht auf einer Ermittlung der theoret. Bodenzahl des Waschvorgangs, aus der dann die richtige Anzahl der Austauschböden in den Säulen hervorgeht. Die theoret. Bodenzahl wird graph. nach dem bekannten Stufenverf. für die Rektifikation von Zweistoffgemischen bestimmt, indem an Stelle der Austausch- u. der Gleichgewichtskurve zwei Druckkurven in einem Druck–Temp.-Diagramm aufgetragen werden. (Z. angew. Physik **4.** 460–62. Dez. 1952. München-Solln.) G. Wille. 5086

Leonard P. Pepkowitz und **Edwin L. Shirley,** *Quantitative Bestimmung von Sauerstoff in Gasen – Berichtigung.* In Tafel I der gleichnamigen Arbeit (vgl. C. **1955.** 1572) sind die Werte für die Summe der Fehler aller Werte, der mittlere Fehler (d), s(d) u. t, in der Inhaltsangabe das Vorzeichen für die n. Abweichung zu ändern. (Analytic. Chem. **26.** 548. März 1954.) W. Luchsinger. 5086

a) Elemente und anorganische Verbindungen.

W. C. Johnson und **J. T. Yardley,** *Neuere Reagentien für Metalle.* 1. Mitt. Vff. besprechen N-haltige Reagentien zur Ausfällung von Metallionen, bes. *Hydroxylamin-*Derivv., *Nitrosophenole* u. *2.2'-Dipyridyl-*Derivate. (Chem. Age **70.** 1293–97. 12/6. 1954.) H.-G. Moslé. 5100

W. C. Johnson und **J. T. Yardley,** *Neuere Reagentien für Metalle.* 2. Mitt. (1. vgl. vorst. Ref.) Krit. Besprechung von S-haltigen Reagentien zur Best. von Metallen. *Dithizone, Dithiocarbamate, Farblacke.* (Chem. Age **70.** 1349–54. 19/6. 1954. Hopkin & Williams Ltd.) H.-G. Moslé. 5100

C. A. Bank und **W. van der Eijk,** *Die Mikro-Tüpfelanalyse von Kationen nach dem Verfahren von Weisz.* Das von Weisz vorgeschlagene Verf. (vgl. C. **1956.** 6478 u. 6479) wird zur qualitativen Best. von Hg, Pb, Bi, Sb, Sn, As, Cu, Cd, Fe, Co, Ni, Cr, Mn, Zn u. Al angewandt u. im einzelnen beschrieben. — 9 Schrifttumhinweise. (Chem. Weekbl. **51.** 351–56. 14/5. 1955. Amsterdam, Univ., Labor. voor Analyt. Scheikunde.) W. Wesly. 5106

E. D. Schall und **H. G. Williamson,** *Spektrophotometrische Bestimmung von Fluorid.* Bei der spektrophotometr. Meth. der Ti-Best. mittels eines mit Ascorbinsäure entstehenden Farbstoffkomplexes nach Hines u. Boltz (C. **1954.** 11257) stört Fluor durch ausbleichende Wirkung. Dieser Ausbleichungseffekt wird durch Messung der Absorption spektrophotometr. verfolgt u. ermöglicht eine F-Best. mit einer Genauigkeit von 1 pro 1000. Die Meth. ist bes. für Mineraldünger geeignet, da hiervon 1 g verarbeitet werden kann. (J. Assoc. off. agric. Chemists **38.** 454–59. 15/5. 1955. Lafayette, Ind., Purdue Univ., Dep. of Biochem.) R. Beythien. G 246

Edward G. Hill, *Mercurimetrische Bestimmung von Chloriden.* Vf. berichtet über Kontrollverss., die er entsprechend den von Ungar (C. **1955.** 1573), Domask u. Kobe (C. **1953.** 3288), Thiel, Schulz u. Koch (Z. Elektrochem. angew. physik. Chem. **40.** [1934.] 150) u. Staemmler (C. **1953.** 6942) vorgeschlagenen mercurimetr. Methoden ausgeführt hat u. zeigte die Grenzen der Verff. auf. (Chem. and Ind. **1954.** 852–53. 10/7. Liverpool, Ministry of Agric. and Fisheries, Infestation Contr. Div.) H. Pluskal. G 247

Iwaji Iwasaki, Satori Utsumi und **Toshikazu Tarutani,** *Colorimetrische Bestimmung kleiner Mengen Sulfation.* Die Meth. beruht auf der Freisetzung von CrO_4^{2-} durch SO_4^{2-} aus $BaCrO_4$ bei p_H 5,6. Zu 5 cm³ der Probe gibt man 5 cm³ A. u. 0,2 cm³ 1mol. NH_4-Acetatlsg. (als Puffer) u. 60 mg reines $BaCrO_4$. Nach gutem Rühren wird zentrifugiert u. abfiltriert. Zum Filtrat gibt man 1 cm³ 0,2%ig. alkoh. Diphenylcarbazidlsg. u. 0,2 cm³ 6n HCl. Nach 10 Min. colorimetriert man bei 545 mμ oder durch Vgl. mit einer Standardlsg. von $K_2Cr_2O_7$ u. Diphenylcarbazid. 0,2–10 mg SO_4^{2-}/Liter lassen sich in 30 Min. genau bestimmen. (J. chem. Soc. Japan, pure Chem. Sect. [Nippon Kagaku Zassi] **74.** 400–01. Mai 1953. Tokyo, TH. [Orig.: japan.]) L. Schuler. G 253

Helmut Bode, *Untersuchungen über die Anwendbarkeit der Diäthyldithiocarbaminate in der Analyse.* 3. Mitt. *Die photometrische Bestimmung des Tellurs und seine Abtrennung von großen Mengen Selen.* (2. vgl. C. **1956.** 5096; 4. vgl. C. **1956.** 8995.) Durch Extraktion mit Diäthyldithiocarbaminsäure (DDTC) u. CCl_4 läßt sich Te von Se bei p_H 8,5–8,7 trennen. Absorptionsmessungen bei 428 mμ dienen der quantitativen Best. des Te. Bei geeigneter Arbeitsweise lassen sich noch 0,5 Teile Te neben 1 Mill. Teilen Se bestimmen. — Einfl. anderer Elemente auf die Best. wurden untersucht u. Methoden zur Umgehung von Störungen angegeben. Bei der Best. von 10–150 μg Te stören As, Se u. V in Mengen bis zu 100 mg nicht. Auch sind 1–5 mg-Mengen Ag, Au, Cd, Co, Fe, In, Mn, Ni, Os, Pb, Pd, Pt u. Zn neben ca. 50 μg Te praktisch ohne Einfluß. Sn, Bi, Cu, Hg, Sb u. Tl stören den quantitativen Nachw., da sie zum Teil bei dem angegebenen p_H als Oxydhydrate ausfallen u. das Te teilweise mitreißen u. zum Teil selbst DDTC-Komplexe bilden, die durch CCl_4 ebenfalls extrahiert werden. (Z. analyt. Chem. **144**. 90—100. 1955. Hannover.) R. BORCHARDT. G 255

R. Weiner und **L. Koller**, *Schnellanalytische Bestimmung von Kalium durch Leitfähigkeitstitration.* Zur Ermittlung der günstigsten Bedingungen für die konduktometr. K^+-Best. untersuchten Vff. die Löslichkeiten von KCl u. $KClO_4$ bei 20° u. 0,5° in W., A., CH_3OH, Glycerin, Aceton u. verschied. Gemischen dieser Lösungsmittel. Der größte u. damit günstigste Löslichkeitsquotient von $KCl/KClO_4$ ergab sich hierbei für reines W. von 0,5°. — Die größte Genauigkeit der K^+-Best. fanden Vff. bei der Titration 0,5—2n KCl-Lsgg. mit 7—8n $NaClO_4$ bei 0.5° (Fehler ca. ±0 5%). Bei größerer u. kleinerer KCl-Konz. sowie bei Anwesenheit von NH_4^+ nimmt der Fehler stark zu. Die Anwesenheit anderer Fremdsalze (Na, Mg, Ca, Ba, Al, Fe, Cu) in kleinen u. mittleren Konzz. setzt den Fehler bis zu ±2,5 bzw. ±4% hinauf, während im Sättigungsbereich dieser Fremdsalze die konduktometr. K^+-Bestimmungsmeth. nicht mehr durchführbar ist. In diesen Fällen führt eine thermometr. (bzw. calorimetr.) Titration zu besseren Ergebnissen. (Z. analyt. Chem. **136**. 246—54. 1952. Innsbruck, Univ. u. Labor. der Synthesa KG.) H. RÖPKE. G 275

J. Huré, M. Kremer und **F. Le Berquier**, *Schnelle quantitative Bestimmung von Beryllium in Berylliummineralien.* Zur Best. von Be in Beryll wurde 0,5 g des gemahlenen Minerals mit 5 g Na_2O_2 aufgeschlossen (550—580°) u. mit wenig W., HCl u. 15 ml konz. $HClO_4$ aufgenommen u. abgeraucht. Der Eindampfrückstand wurde mit 10 ml 6n HCl aufgenommen, aufgekocht, mit 30 ml W. verd. u. von der entstandenen Kieselsäure abfiltriert, die dann mittels HF verdampft wurde. Der Rückstand wurde gelöst, filtriert u. mit dem 1. Filtrat vereinigt. Nach Zugabe von 10 ml Komplexon II [30 g + wenig W. + konz. NH_3 (bis p_H 5), mit W. auf 200 ml verd.] wurde mit 5 ml 20%ig. $NH_4H_2PO_4$-Lsgg. gefällt, nachdem p_H 2,0 mit 4nNH_3 eingestellt war. Der Nd. wurde in wenig 6nHCl heiß gelöst u. nochmals bei Ggw. von 5 ml Komplexon II-Lsg. mit 1 ml $NH_4H_2PO_4$-Lsg. gefällt. Nach Veraschen bei 900—1000° wurde als $Be_2P_2O_7$ gewogen. Bei Fällung in Ggw. von Al, Fe u. Ca wurde p_H 5 gewählt. Komplexon II hält die anderen in Beryll enthaltenen Metalle komplex gebunden in Lösung. (Analytica chim. Acta [Amsterdam] **7**. 37—41. Juli 1952. Fontenay-aux-Roses, Commiss. à l'Énerg. Atom., Serv. de Chim. Appl.) H. PLUSKAL. G 281

W. J. Price, *Die Bestimmung von Spurenelementen in Magnesium und seinen Legierungen durch spektrographische Verfahren.* Vf. beschreibt eine Technik des spektrograph. Nachw. u. der quantitativen Best. von Al, Be, Cd, Ca, Ce, Cu, Fe, La, Pb, Mn, Ni, Si, Ag, Sn, Ti, Zn u. Zr in Mg u. seinen Legierungen, wenn die aufgeführten Elemente in Konzz. von 0,01—0,1% vorkommen. Genauigkeit der Meth. 6—8%. Die Verff. sind für Routineanalysen geeignet. Es werden spezielle standardisierte Verff. angegeben zur Best. von B, Be, Ba, Ca u. Li. (Spectrochim. Acta [London] **7**. 118—27. April 1955. Magnesium Electron Ltd., Spectr. Labor.) MAX SCHMIDT. G 282

Tsaihwa J. Chow und **Thomas G. Thompson**, *Flammenphotometrische Bestimmung von Calcium in Seewasser und Meeresorganismen.* Es wird eine flammenphotometr. Meth. zur Best. von Ca in Seewasser u. Meeresorganismen beschrieben. Die Unterss. werden mit dem Beckman DU-Spektralphotometer ausgeführt. Die Anregung erfolgte in der Knallgasflamme. Gemessen wurde bei 422,7 mμ. Da die im Meerwasser vorhandenen Ionen die Ca-Best. mehr oder weniger stark beeinflussen, wurde das „Internal Standard"-Verf. (vgl. C. **1956**. 1698) angewandt. Es wurden zwischen 9,85 u. 10,5 mg-Atom Ca pro kg W. gefunden. Das Verhältnis Ca/‰ Cl lag zwischen 0,543 und 0,552. (Analytic. Chem. **27**. 910—13. Juni 1955. Seattle, Wash., Univ. of Washington, Dep. of Oceanogr.) G. ACKERMANN. G 283

N. P. Pentschew und **D. Chr. Nonowa**, *Bestimmung des Strontiums als Pikrolonat. Makro-, Halbmikro- und Mikrovarianten dieses neuen Verfahrens.* Die genau abgemessene $SrCl_2$-Lsg. wird bei 50—55° mit einer 0,01n Pikrolonsäurelsg. tropfenweise gefällt, ein gleiches Vol. des Fällungsmittels im Überschuß zugesetzt, Lsg. mit Nd. mit Eis gekühlt u. Nd. durch ½—2std. Hindurchziehen von Luft getrocknet. Die Zus. des Nd. beträgt $Sr(O_{10}H_7N_4O_5)_2 \cdot 8H_2O$. Die Ergebnisse sind recht genau u. geeignet für Makro-, Mikro- u. Halbmikrobestimmungen. (Доклады Болгарской Академии Наук [C. R. Acad. bulgare Sci.] **7**. Nr. 1. 45—48. Jan./März 1954.) A. V. WILPERT. G 284

Henri Shehyn, *Abänderung der Methode von Schwarz von Bergkampf zur Aluminiumbestimmung.* Nach der Meth. von SCHWARZ VON BERGKAMPF ist eine Best. von *Fe, Ti* u. Al nacheinander folgendermaßen möglich: Fällung von Fe als Sulfid in tartrathaltiger Lsg., Fällung von Ti mit Cupferron, dann Fällung von Al mit Oxin in ammoniakal. Lsg., die überschüssigen Fällungsmittel brauchen nicht berücksichtigt zu werden. — Für sehr hohe Fe-Gehh. in Fe-Al-Legierungen muß Fe elektrolyt. an einer Hg-Kathode abgeschieden werden. Danach ergeben sich Schwierigkeiten für die Al-Fällung mit Oxin, da sich Cupferron in ammoniakal. Lsg. beim Erwärmen zersetzt. Es wurde festgestellt, daß in Ggw. von Reduktionsmitteln, z. B. H_2S, SO_2, N_2H_4, keine Zers. des Cupferrons in ammoniakal. Lsg. auftrat. (Analytic. Chem. **27**. 1341. Aug. 1955. Arvida, Quebec, Can., Aluminium Labors Ltd.) G. BURGMANN. G 294

István Sajó, *Neue Methode zur Schnellanalyse der Erzeugnisse der Tonerdeindustrie.* Bauxit u. Rotschlamm werden durch Schmelzen mit KOH in Lsg. gebracht. Aus Anteilen der Stammlsg. wird SiO_2 durch Ausfällen als K_2SiF_6 u. Titrieren mit NaOH, Al, Fe, Ti mit Komplexon III, ebenso Ca u. Mg bestimmt. Zur Best. des S-Geh. wird eine Probe mit reiner Kohle im Röhrenofen auf 1250° erhitzt, dann O_2 durchgeleitet u. das SO_2 jodometr. gemessen. (Kohászati Lapok **10** (**88**). 37—38. Jan. 1955.) J. PLANK. G 294

I. Kotsis und **Aranka Huber,** *Über die spektralanalytische Bestimmung des Galliumgehaltes in Bauxiten.* Zur Analyse eignet sich eine Lsg. besser als Bauxitpulver. Es wurde eine einer durchschnittlichen Bauxitzus. aus chem. reinen Stoffen entsprechende Mischung mit KOH aufgeschlossen, die Schmelze in W. gelöst, u. Anteile davon wurden mit bekannten Ga-Mengen versetzt. Das geeignetste Linienpaar ist Ga 4172,06/Mo 4232,61 Å. Die Aufnahmen geschahen im Lichtbogen von 3 A u. 6000 cm Kapazität nach SCHREIBE-RIVAS. Belichtung insgesamt 180 Sek. im Spektrographen I. C. P. 22. Zur Ausführung der Best. im Bauxit wurden 2,5 g mit 12,5 g KOH geschmolzen, die Lsg. filtriert, auf 50 ml ergänzt u. je 2 ml mit 1 ml 0,5%ig. Mo-Lsg. vermischt. Ga-Geh. der ungar. Bauxite beträgt 0,0025—0,0040%. (Kohászati Lapok **10** (**88**). 184—86. April 1955.) J. PLANK. G 295

M. Venkataramaniah und **Bh. S. V. Raghava Rao,** *Analytische Chemie des Zirkoniums.* 1. Mitt. *Benzilsäure.* Vff. bestimmen Zr als Zr-Benzilat (**I**), indem zu 100 ml einer 0,2n salzsauren kochenden Lsg mit ca. 0,075 g ZrO_2-Geh. 100 ml einer kochenden 1%ig. Benzilsäure (**II**)-Lsg. hinzugefügt werden. Unter Rühren wird 10 Min. weiter gekocht u. nach 20 Min. Abkühlen filtriert, mit 0,2%ig. **II**-Lsg. in 0,2n HCl nachgewaschen. Der Rückstand wird geglüht u. gewogen. Die Löslichkeit von **I** nimmt mit fallendem p_H zu. — *Be, Mn, Zn, Ni, Co, Cu, Ca, Sr, Ba, Al, Ceriterden* u. *U* stören die Best. nicht. *Cr, V, Fe* (III) u. *Th* werden durch einmaliges Umfällen abgetrennt. In Ggw. größerer Mengen *Fe*(III) wird *Fe*(III) mit NH_4SCN in Lsg. gehalten. *Sn* u. *Ti* lassen sich nicht abtrennen. Der **I**-Nd. entspricht der Zus. $O{=}Zr{-}(OH){-}R\cdot 4\,H_2O$. Vorschrift zur Herst. von reinem $ZrOCl_2$. (J. Indian chem. Soc. **28**. 257—60. Mai 1951. Waltair, Andhra Univ., Dep. of Chem.) H.-G. MOSLÉ. G 322

T. O. Portcastle, *Analyse von Zirkonium.* 2. Mitt. *Quantitative Bestimmungen.* (1. vgl. C. **1953**. 8678.) Zusammenfassender Bericht über die quantitativen Trennungs- u. Bestimmungsmethoden für Zr u. Hf. Die einzelnen Literaturverff. werden verglichen. — 20 Literaturzitate. (Chem. Age **68**. 533—36. 4/4. 1953.) F. WEIGEL. G 323

M. Senegačnik und **L. Kosta,** *Bestimmung von Germanium in geringen Konzentrationen.* Vff. prüfen folgende Methoden zur Best. u. Trennung von Ge, bes. in Zinkkonzentrationen: 1. Destillationsmeth. von CLULEY (C. **1956**. **3665**) u. 2. Extraktionsmeth. von FISCHER (C. **1954**. 5132). Als Farbbildner zur Colorimetrie des Ge eignet sich das *Phenylfluoron* [*2.3.7-Trioxy-9-phenyl-6-fluoron*; C. **1947**. E. 579] besser als oxydiertes *Hämatoxylin.* (Sloven. Acad. Sci. Arts, „J. Stefan" Inst. Physics, Rep. **2**. 15—19. Mai 1955.) H.-G. MOSLÉ. G 326

P. Valenta und **P. Zuman,** *Eine Bemerkung zum Artikel „Polarographische Reduktion von Germanium" von A. K. Dasgupta und C. K. N. Nair.* Vff. berichtigen die Ansicht von DASGUPTA u. NAIR (C. **1955**. 1339) hinsichtlich der Doppelstufe des Ge^{4+} (1. Welle $\nu = 4e^-$, 2. Welle von katalyt. Natur) in 0,1n NH_4OH u. 0,1n NH_4Cl-Lsg. (vgl. VALENTA, ZUMAN, Chem. Listy **46**. [1952.] 478). Für analyt. Zwecke ist als Leitelektrolyt 0,1 mol. Äthylendiamintetraessigsäure als Na-Salz bei p_H 6—8 u. zwecks Auswertung die 1. Stufe vorzuziehen. (Analytica chim. Acta [Amsterdam] **10**. 591—93. Juni 1954. Prag, Polarogr. Inst. Czechosl. Acad. of Sci.) H. BERG. G 326

Je. A. Nikitina und **A. Ss. Kokurina,** *Reduktion von Siliciumwolframaten durch Wasserstoff.* 5. Mitt. *Methoden zur Analyse von Siliciumwolframaten und Wolframbronzen.* (4. vgl. C. **1956**. 8022.) Beschreibung der Methoden, die zur Best. von *SiO_2, WO_3, K_2O, Na_2O* u. *Cl* in $H_8Si(W_2O_7)_6$ u. ihren Salzen bei der Festlegung ihrer Zus. angewandt wurden, ferner der Best. der auswaschbaren u. nicht auswaschbaren Lauge in den durch H_2 red. Silicowolframaten, der Best. von O_2 sowie der Best. von K_2O u. W in Bronzen. (Журнал Общей Химии [J. allg. Chem.] **23** (**85**). 1263—65. Aug. 1953. Moskau, 2. Med. Stalin-Inst., Lehrstuhl für allg. Chem.) O. LEBTAG. G 337

F. Burriel Martí, F. Lucena Conde und **S. Arribas Jimeno,** *Die Quecksilber(I)-Salze als neue Reduktionsmittel für Bestimmungen im alkalischen Medium.* 1. Mitt. *Bestimmung*

des Hexacyanoferrat(III)-Ions. Inhaltlich ident. mit der C. **1954.** 10785 referierten Arbeit. (An. Real Soc. españ. Física Quím., Ser. B **50.** 289—302. März 1954.)
W. METZENER. G 354

George Norwitz und **Sidney Tudor,** *Störende Wirkung der Phosphorsäure bei der quantitativen Eisenfällung mit Ammoniumhydroxyd.* H_3PO_4 (I) stört bei der Fe-Fällung mit 28%ig. wss. NH_4OH (II), u. zwar um so mehr, je mehr I u. II anwesend sind. Bis zu 1,5 cm^3 I (85%) stören nicht, wenn der II-Überschuß 1 cm^3 nicht übersteigt. (Amer. Foundryman **20.** 62. Aug. 1951. Brooklyn, N. Y., New York Naval Shipyard, Material Labor.)
W. WESLY. G 354

Clemente Artero Soteras, *Bestimmung der Gase im Stahl: Sauerstoff.* 1. Mitt. (Vgl. C. **1954.** 7937.) Von den 3 Aufgaben, der Best. des Gesamt-O, der des gelösten O_2 u. der des in Einschlüssen enthaltenen O, werden die Verff. zur Lösung. der 3. Aufgabe ausführlich beschrieben, u. zwar zunächst durch chem. Auflsg. des Metalls. Die Behandlung mit HNO_3, HCl oder $HNO_3 + H_3PO_4$ besitzt zur Best. des O nur den Wert einer Ergänzung. Die Verff. der Behandlung mit gasförmigem Cl_2 bei höherer Temp., mit J_2 in wss. bzw. alkoh. Lsg. u. mit gesätt. $HgCl_2$-Lsg werden hinsichtlich Fehlerquellen u. Eignung je nach Art u. Menge der Legierungsbestandteile besprochen. Für die techn. Analyse erscheint die Jodierung nach ROONEY (J. Iron Steel Inst. **25.** [1951.] 141) als das geeignetste Verf., obgleich es auf Stähle mit $<$0,55% C u. $<$0,20% Si beschränkt ist. (Inform. Quím. analít. **8.** 90—99. 101. Mai/Juni 1954. Zaragoza, Labor. de GIESA.)
W. METZENER. G 354

R. H. A. Crawley, *Bestimmung von Stickstoff in Stahl.* Zur Best. von N in Stahl wurden die Nitride durch Säuren in NH_4-Salze übergeführt. Da sie durch HCl (z. B. bei Ggw. von Cr) oft nicht quantitativ umgesetzt werden, empfiehlt Vf. ein Lösen von 2 g Stahl in 50 ml 20%ig. H_2SO_4 u. nach Zugabe von 2 g $KHSO_4$ ein vorsichtiges 4std. Abrauchen. Für die Wasserdampfdest. wurde eine App. mit 400 ml W. + 25 g NaOH einige Zeit in Betrieb genommen u. dann die Auflsg. des Eindampfrückstandes in 100 ml W. eingefüllt. Die ersten 180 ml Destillat wurden mit 4 ml Gummi arabicum-Lsg. u. 4 ml NESSLERs Reagens (35 g KJ + 12 g gepulvertes $HgCl_2$ in 200 ml W. + $HgCl_2$-Lsg. bis zum roten Nd. + 120 g KOH in 120 ml W. + 10 ml gesätt. $HgCl_2$-Lsg. auf 1 Liter verd., 72 Std. dunkel stehen lassen, dekantieren) versetzt u. auf 200 ml verdünnt. Die Auswertung der entstandenen Färbung geschah mit einem SPEKKER-Absorptionsgerät, 4 cm-Küvetten, ILFORD-Spektrum-Violett-Filter Nr. 601 u. einer Eichkurve für 0—0,025% N. (Analytica chim. Acta [Amsterdam] **7.** 63—67. Juli 1952. Rugby, Brit. Thomson-Houston Co. Ltd.)
H. PLUSKAL. G 354

—, *Die absorptiometrische Bestimmung des Siliciums in Eisenwerkstoffen.* Bei Si-Gehh. bis zu 4% wird eine Meth. beschrieben, nach der unlegierte Stähle in 3,5%ig. H_2SO_4 gelöst werden, für legierte Stähle verwendet man HCl/HNO_3, für Gußeisen H_2SO_4/HNO_3. Genaue Arbeitsanweisung und Angaben über die erreichte Genauigkeit. (Metallurgia [Manchester] **50.** 145—48. Sept. 1954.)
K. STEIN. G 354

Ellen W. Spitz, Joseph R. Simmler, Byron D. Field, Karl H. Roberts und **Samuel M. Tuthill,** *Spektrographische Bestimmung einiger Seltener Erden in rostfreien Stählen.* Nach elektrochem. u. chem. Trennungen werden auf spektrograph. Wege die Seltenen Erden Ce, La, Nd, Pr in Mengen von 50 γ bei 1 g Einwaage bestimmt. Hierbei werden die Hauptstahlkomponenten durch elektrochem. Abscheidung an der Hg-Kathode entfernt mit anschließender chem. Behandlung zur Entfernung von Verunreinigungen wie Al u. Ca. In dem erhaltenen Konzentrat der Seltenen Erden werden Ce, La, Nd, Pr im Gleichstrombogen unter Verwendung von U als innerem Standard u. NaCl als spektrograph. Puffer verglichen. Als Aufnahmegerät dient ein BAIRD-3 m-Gitterspektrograph. (Analytic. Chem. **26.** 304—307. Febr. 1954. St. Louis, Mo., Mallinckrodt Chem. Works, Dep. Chem. Control.)
O. WERNER. G 354

Charles Morris Johnson, *Schnellbestimmung von Cer in Stahl.* Es wird eine Meth. zur Schnellbest. der Ce-Gruppenmetalle in Stahl beschrieben. Ce, La u. Nd werden in schwefelsaurer Lsg. mit festem Natriumperoxyd gefällt, Pr wurde nicht untersucht, Ba bildet $BaSO_4$, das abgetrennt wird. Die Arbeitsvorschriften u. Analysenergebnisse werden mitgeteilt. (Iron Age **169.** Nr. 3. 94—96. 17/1. 1952.)
R. KIESSIG. G 354

L. Kosta, *Bestimmung von Uran in Eisen.* Vf. bestimmt sehr geringe Mengen U in Fe u. Schlacken, indem 2 g der Probe in kochender $HClO_4$ gelöst u. die Lsg. mit W. so weit verd. wird, daß sie 1 mol. an $HClO_4$ ist. Die Lsg. wird 2 Std. mit 4 A (0,3 A/cm^2) mit Hilfe einer Hg-Kathode in der MELLAVEN-Zelle elektrolysiert, um Fe, Cr u. z. T. Mn in einer Operation abzuscheiden. Zu der Lsg. werden dann 20 mg Al als $Al(NO_3)_3 \cdot 9H_2O$ (I) zugegeben u. mit carbonatfreiem NH_4OH U mit dem Al-Hydroxyd gefällt.

Der Nd. wird in 5 ml 2n HNO_3 gelöst, 5 g I werden hinzugefügt u. im Scheidetrichter mit 10 ml Essigsäureäthylester (II) extrahiert. Die II-Schicht wird mit 10 ml 1 mol. H_2SO_4 ausgeschüttelt, die wss. Schicht auf 25 ml verd. u. U fluorimetr. in einem Transmissionsfluorimeter bestimmt. 5 bis 20 μg können zu 90% nachgewiesen werden. (Sloven. Acad. Sci. Arts, „J. Stefan" Inst. Physics, Rep. **2.** 7—8. Mai 1955.) H.-G. MOSLÉ. G 354

J. M. Delicado del Valle und **J. Iturriza**, *Schnellverfahren der Elektrochromogenanalyse mittels eines tragbaren Geräts zum qualitativen Nachweis in „situ" von Bestandteilen einer Legierung oder eines Metalls.* Zur zerstörungsfreien Prüfung wird eine Anordnung zur elektrolyt. erzeugten Färbung (Elektrochromogenanalyse) mitgeteilt, bei der mit Reagenslsg. (KCNS für Co, $FeCN_6K_4$ für Cu u. Fe, $SnCl_2$ für Cr, Dimethylglyoxim für Ni oder $K_2Cr_2O_7$ für Ag) getränkte Papierstücke auf die zu prüfende Fläche gelegt u. mit einem als Kathode dienenden Al-Blech bedeckt werden, während ein zugespitzter, als Anode dienender Al-Stab in der Nähe des Papiers auf die Metallfläche aufgesetzt wird. Die Elektroden werden an ein Trockenelement von 2—5 V für maximal 30 Sek. angeschlossen, so daß das zu prüfende Metall als Anode dient u. die von ihm in Lsg. gehenden Metallionen zur Kathode durch das Papier wandern u. hier Farbflecken gemäß der örtlichen Verteilung der nachgewiesenen Metalle verursachen. Der nach Stärke u. Dauer zu verändernde Strom gibt durch die Stärke der Färbung Hinweise auf eine quantitative Klassifizierung der Legierungsbestandteile. Beispiel: Prüfung von *Stahlschrott* auf Ni für die Eignung zu Spezialstählen oder für Ni-freies, extraweiches, schweißbares *Eisen.* (Rev. Soc. venezolana Quím. **5.** Nr. 23. 16—21. Aug. 1951. Univ. central de Venezuela, Escuela de Quím.) W. METZENER. G 354

J. Kinnunen und **B. Wennerstrand**, *Gleichzeitige Bestimmung von Kupfer, Eisen, Blei und Zink in Kupferlegierungen.* Arbeitsanweisung für eine Schnellbestimmung durch Titration bei Messing u. Bronze. (Metallurgia [Manchester] **50.** 149—50. Sept. 1954. Pori, Finnland, Outokumpu Oy Metallwerke.) K. STEIN. G 358

D. Jentzsch, *Die analytische Chemie im Dienste der Metallurgie.* Moderne analyt. Methoden in der Metallanalyse, wie Chromatographie u. Polarographie. (Chem. Techn. **7.** 189—94. April 1955. Freiberg/Sa., Forschungsinst. für NE-Metalle.) H.-G. MOSLÉ. 5280

b) Organische Verbindungen.

Minoru Honma und **C. Lothrop Smith**, *Quantitative Analyse von organischem Stickstoff mittels Flammenspektroskopie.* Eine quantitative Schnellbest. von organ. N wird unter Verwendung der Flammenspektroskopie entwickelt. Als Anregungsquelle dient ein Flammenseparator vom *Smithells*-Typ, die emittierte Strahlung wird mit einem Spektrographen zerlegt u. photograph. ausgewertet. Es wird das Verhältnis der CN-Bande (3883 Å) als Analysenlinie zur CH-Bande (3890 Å) als innerer Vergleichslinie gemessen. Das Verhältnis der logarithm. Intensitäten dieses Linienpaares ist eine lineare Funktion des Logarithmus vom %-Geh. Stickstoff. Je nach der Natur der chem. Verb. variiert die Neigung dieser Geraden. Für eine Anzahl fl. u. gasförmiger N-haltiger Substanzen wurden Eichkurven aufgenommen. Die Empfindlichkeitsgrenze beträgt 0,8 mg N/3 ml Lösung. Konzentrationsreihen im Bereich 0,02—34,2% N wurden gemessen; der optimale Meßbereich liegt zwischen 0,1 u. 15%. Der größte Vorteil wird in der Unabhängigkeit des Verf. von der Anwesenheit atmosphär. N_2 gesehen. Eine Erweiterung der Meth. wird für die Best. einiger anderer Elemente versucht: Na (5890 Å Analysenlinie; 5162 Å C_2-Bande als innerer Vgl.), K (4044 Å Analysenlinie; 4312 Å CH-Bande als innerer Vgl.) u. Cl (4354 Å Analysenlinie; 4737 Å C_2-Bande als innerer Vgl.). (Analytic. Chem. **26.** 458—62. März 1954. Iowa City, Io., State Univ. of Iowa.) H. SCHÖTTLER. 5352

S. J. Pirt und **E. B. Chain**, *Ein Mikroverfahren für die Serienbestimmung der Halogene in organischen Verbindungen.* Inhaltlich ident. mit der C. **1952.** 4195 referierten Arbeit. (Rend. Ist. super. Sanità **16.** 363—66. 1953. Roma, Istit. super. Sanità, Labor. Chim. biol.) W. METZENER. 5352

Assen Trifonow, Tschawdar Iwanow und **Detschko Pawlow**, *Polarographische Bestimmung des Schwefels in organischen Verbindungen.* Die Einwaage (entsprechend 15—2500 γ S) wird mit 5—10 ml Lösungsm. (W., A., Bzl.) übergossen, 10 ml alkoh. RANEY-Ni-Suspension (nach PAVLIK-ADKINS [1946.]) zugegeben u. nach dem Absitzen weitere 10—50 Tropfen hinzugefügt. Entschwefelt wird durch 10 Min. Schütteln oder (bei SO-Verbb.) 20 Min. Sieden mit Rückflußkühler. Dann wird nach KJELDAHL dest., nachdem vorher 2—3 Min. H_2 durchgeleitet worden war. Das Austreiben des H_2S in 0,1 n NaOH erfolgt mit 30%ig. (50%ig. bei Sulfosäuren) H_2SO_4, absorbiert wird im polarograph. Gefäßchen u. direkt polarographiert. Bei der indirekten Best. werden, bei z. B. 100 γ S u. 2 ml 0,05 n NaOH, 2 ml Cd-Gemisch zugefügt (0,0007 mol.

$CdCl_2 \cdot 2H_2O$, 4n Essigsäure u. 0,01n KCl) u. das nicht umgesetzte $CdCl_2$ polarographiert, ohne das CdS abzufiltrieren (Eichkurve: Höhe der Cd-Stufe/entsprechende Menge S). N u. Halogene stören nicht. Dauer einer Best. (bei Serien) 30 Minuten. Beleganalysen für 8 verschied. S-Verbindungen. (Доклады Болгарской Академии Наук [C. R. Acad. bulgare Sci.] **7.** Nr. 1. 1—4. Jan./März 1954. Sofia, Chem.-technol. Inst., Lehrstühle für analyt. u. organ. Chemie; Chem. Inst. der Bulgar. Akad. der Wiss.)
A. v. WILPERT. 5352

Gunnar Widmark, *Systematischer Mikronachweis von As, Br, C, Cl, F, J, N, P und S in organischen Substanzen nach einer modifizierten Lassaigne-Methode.* Es wird eine Mikroelementaranalyse zur schnellen Best. von *As, Br, C, Cl, F, J, N, P* und *S* nach dem Prinzip der LASSAIGNE-Meth. beschrieben. 1—5 mg organ. Substanzen werden bei 500—590° mit Na in einer verschlossenen Pyrex-Glasampulle verbrannt. Für leicht flüchtige Substanzen, Polynitro-, azo- u. Diazoverbb. sowie Heterocyclen wurden gute Werte gefunden. Jedes Element kann in Ggw. der anderen bestimmt werden mit Ausnahme von P, dessen Nachw. durch As gestört wird. (Acta chem. scand. **7.** 1395—1406. 1953.)
R. KIESSIG. 5352

Louis A. Jones, Joseph C. Holmes und **Robert B. Seligman,** *Spektrophotometrische Untersuchungen von einigen 2.4-Dinitrophenylhydrazonen.* Vff. untersuchten die Infrarot- u. UV-Spektren von 40 2.4-Dinitrophenylhydrazonen im Hinblick darauf, ob es möglich ist, aus den Spektren der Derivv. eine Klassifizierung der Carbonylstammverbb. herzuleiten. Bei den UV- u. sichtbaren Spektren in neutraler u. bas. Lsg. kann zwischen dem aliphat., aromat. oder olefin. Charakter der Carbonylverbb. unterschieden werden: Olefin. Aldehyde mit Ausnahme der aromat. Aldehyde zeigen nach 90 Min. Rk. mit alkoh. Base eine Absorption bei 450—460 mμ, in neutraler Lsg. 360—385 mμ. Die entsprechenden Absorptionen der anderen Gruppen liegen bei aromat. Ketonen bei 450 bis 520 mμ, 370—400 mμ; aromat. Aldehyden bei 460—490 mμ, 370—400 mμ; aliphat. Ketonen bei 420—445 mμ u. 520—540 mμ, 355—370 mμ; aliphat. Aldehyden bei 250 bis 275 mμ u. 420—440 mμ, 340—360 mμ; Carbonylverbb. mit Furankernen bei 470 bis 515 mμ, 295—330 mμ u. 360—405 mμ. Bei den Infrarotspektren der Derivv. kann man aus der N-H-Schwingungsabsorption zwischen Ketonen u. Aldehyden unterscheiden. Die ν(NH) liegt zwischen 3,0 u. 3,10 μ; bei Ketonen niedriger als 3,04 μ. Der aliphat. oder aromat. Charakter kann durch Unters. der C–H-Valenzschwingungen mit ziemlicher Sicherheit bestimmt werden. Verbb. mit Furankernen unterscheiden sich von den anderen durch die Banden bei 9,75—9,86 μ u. 11,30—11,40 μ. trans-Olefinderivv. besitzen eine charakterist. Bande bei 10,20—10,35 μ. — Es wurden die 2.4-Dinitrophenylhydrazone folgender Verbb. untersucht: *Aceton* (F. des 2.4-Dinitrophenylhydrazons): 126°; *Butanon-(2)* 113°; *Pentanon-(3)* 155°; *Heptanon-(4)* 75°; *3-Methylbutanon-(2)* 124°; *Nonanon-(2)* 54°; *Undecanon-(2)* 63°; *Tridecanon-(2)* 69°; *Heptadecanon-(2)* 69°; *Nonadecanon-(2)* 82°; *1.3-Diphenylpropanon-(2)* 108°; *Form-* 163°; *Acet-* 167°; *Propion-* 147°; *Butyr-* 114°; *Isobutyraldehyd* 181°; *Hexanal* 104°; *Hydrozimt-* 156°; *Phenylacetaldehyd* 122°; *Acrolein* 166°; *Tiglinaldehyd* 215°; *Crotonaldehyd* 188°; *Mesityloxyd* 198°; *4-Oxy-4-methylpentanon-(2)* 198°; *Zimt-* 248°; *Benzaldehyd* 234°; *p-Dimethylamino-* 237°; *o-Oxy-* 252°; *p-Methoxybenzaldehyd* 249; *Benzophenon* 235°; *Chalkon* 248°; *p-Methyl-* 256°; *2.4-Dimethylacetophenon* 175°; *4-Phenylbuten-(3)-on-(2)* 220°; *Furfurol,* gelbe Form 212°, rote Form 225°; *5-Methylfurfurol* 211°; *Furyl-(2)-acrylaldehyd* 215°; *4-[Furyl-(2)]-buten-(3)-on-(2)* 236°; *β-[Furyl-(2)]-acrylophenon* F. 167°. (Analytic. Chem. **28.** 191—98. Febr. 1956. Richmond, Va., Philip Morris, Inc., Res. and Dev. Dep.)
M.-L. KLAAR. G 650

Alexander Gero, *Verwendung von Jodmonochlorid bei der Kurt Meyer-Titration.* Zur Best. des Enolgeh. von Ketonen wird JCl an Stelle von Br_2 vorgeschlagen. Als Lösungsm. dient CH_3OH; zur Ausschaltung des katalyt. Effektes des bei der Addition entstandenen HCl wird dem Reaktionsgemisch die etwa dem vorhandenen Enol äquivalente Menge $NaHCO_3$ zugesetzt. Die Meth. hat eine Genauigkeit von ca. 10^{-6} Mol Enol. (Analytic. Chem. **26.** 609. März 1954. Philadelphia, Pa., Hahnemann Med. Coll.)
K. F. MÜLLER. G 700

Jack Radell und **E. T. Donahue,** *Potentiometrische nichtwässerige Titration substituierter Fettsäuren.* Die potentiometr. Titration von Fettsäuren (I), substituierten I u. I-Gemischen erfolgt nach einer wenig abgeänderten Meth. von FRITZ u. LISICKI (C. **1951.** II. 3638) mit Na-Methylat in Methanol + Bzl. mit Zusatz von LiCl unter Verwendung einer Sb- u. einer Hg_2Cl_2-Elektrode. Der Vorteil der Meth. gegenüber der Titration in alkoh. Lsg. mit wss. NaOH gegen Phenolphthalein ist der, daß auch gefärbte Lsgg. genau titrierbar sind. (Analytic. Chem. **26.** 590—91. März 1954. Philadelphia, Pa., Eastern Regional Res. Labor.)
Ph. FRESENIUS. G 800

George W. Watt und **Joseph D. Chrisp,** *Eine spektrophotometrische Methode zur Bestimmung von Harnstoff.* Eine Meth. zur spektrophotometr. Best. von Harnstoff (I) wird mitgeteilt, die auch brauchbar ist, wenn I im Gemisch mit Hydrazin (II), Semicarbazid (III) u. NH_4-Ion (IV) vorliegt. Das Verf. beruht auf der Bldg. einer gelbgrünen Färbung, die beim Versetzen von I in verd. wss. HCl-Lsg. mit *p-Dimethylaminobenzaldehyd* auftritt. Das Syst. zeigt ein Absorptionsmaximum bei 420 mμ u. gehorcht bei I-Konzz. <320 p.p.m. dem Beerschen Gesetz. Innerhalb des optimalen Konzentrationsbereichs von 50—220 p.p.m. kann der relative Fehler der I-Best. <1% gehalten werden. Der störende Einfl. von **II, III, IV** u. Hydroxylamin (**V**) wird untersucht. In Ggw. von **IV** bzw. **V** wird erst oberhalb von Mol-Verhältnissen **IV**:**I** bzw. **V**:**I** wie 15:1 bzw. 10:1 der relative Fehler >1%. Dagegen stören **II** u. **III** bereits in kleinen Konzz. beträchtlich. Ein Verf. zur Umgehung dieser Schwierigkeit ist angegeben. Mit der beschriebenen Meth. ist es möglich, I nicht nur in Mischungen der angegebenen Art, sondern auch in anderen vorkommenden Proben zu bestimmen. (Analytic. Chem. **26.** 452—53. März 1954. Austin, Tex., Univ. of Texas.) H. Schöttler. G 880

R. H. Hackman und **Marian Lazarus,** *Papierchromatographie von Aminosäuregemischen, die Glutaminsäure oder Asparaginsäure enthalten.* Bezugnehmend auf die Arbeit von Beck u. Ébrey (vgl. C. **1955.** 11547), zeigen Vff. an Hand von Phenol-Papierchromatogrammen von *Glutaminsäure* (I)–*Glycin* (II)-Gemischen verschied. Konzentrationsverhältnisse (5 μl-Flecken bei I-Konzz. von 0,0125—0,0625mol. u. II-Konzz. von 0,0133—0,0667mol.) sowie nach Auftragung bei verschied. p_H-Werten, daß Rkk. der Aminosäuren untereinander nicht auftreten u. daß sich 2 der 3 Flecken von **I**, die bei höheren Konzz. auftreten, als verschieden ionisierte Formen identifizieren lassen, wogegen der 3. Fleck auf Rk. von I mit Phenol (auch mit einigen anderen Lösungsmitteln) zurückzuführen ist. Mit Asparaginsäure konnten ähnliche Ergebnisse erhalten werden. Die Ergebnisse von Beck u. Ébrey lassen sich durch die angewandten hohen Konzz. erklären; bei den gewöhnlich für die Papierchromatographie benutzten I-Konzz. treten Rkk. mit dem Lösungsm. nicht auf. (Biochim. biophysica Acta [Amsterdam] **17.** 147—48. Mai 1955. Canberra, C. S. I. R. O., Div. of Entomol.) K. Nehring. G 950

K. Müller und **K. Täufel,** *Bemerkung zur Bestimmung der Glucose in Gegenwart von Aminosäuren und anderen stickstoffhaltigen Verbindungen.* In Fortsetzung früherer Unterss. über die Beeinflussung der reduktometr. Meth. der Zuckerbest. durch die Ggw. von Proteinen, Polypeptiden bzw. Aminosäuren (C. **1953.** 8680) werden Modellverss. nach den Verff. mit Cer(IV)-Sulfat u. mit Hypojodit unter Heranziehung einer Reihe von Aminosäuren (Glykokoll, dl-Alanin, dl-Isoleucin, dl-Tyrosin, *l*-Cystin, p-Aminobenzoesäure sowie Nicotinsäureamid) durchgeführt. Es zeigt sich, daß Aminosäuren ohne Eigenred. bei der Cer-Meth. Störungen nicht verursachen; Cystin aber führt zu Sekundärvorgängen. Bei der Hypojoditmeth. erfolgt Mitoxydation der Aminosäuren; nach Abzug ihres Verbrauches an Hypojodit werden richtige Zuckerwerte erhalten; bei Cystin u. p-Aminobenzoesäure aber finden störende sek. Prozesse statt. Reduktometr. Zuckerbestimmungen werden zweckmäßigerweise unter Ausschaltung von Proteinen u. ihren Abbauprodd. ausgeführt; wenn deren Fernhaltung nicht möglich ist, sind die Versuchsergebnisse krit. auszuwerten; Betrachtungen über den Chemismus der ablaufenden Sekundärprozesse. (Z. analyt. Chem. **145.** 98—102. 1955. Potsdam-Rehbrücke, Inst. für Ernährungsforsch.) K. Täufel. G 3400

Sjoerd L. Bonting, *Mikrobestimmung von Glucose und Fructose nebeneinander.* Vf. beschreibt eine colorimetr. Mikrometh. zur Best. von 0,2—2 μg *Glucose* (I) u. *Fructose* (II) in 25 μl Fl. nebeneinander, die auf der Farb-Rk. zwischen Hexosen u. *Anthronreagens* (III; 0,2%ig. Lsg. in 96%ig. H_2SO_4) beruht. Die quantitative Unterscheidung zwischen I u. II geschieht in der Weise, daß man die Extinktion (620 mμ) bei Zimmertemp. (für II) u. nach 10 Min. langem Erhitzen auf 100° (für I) bestimmt. Ein großer Überschuß einer der beiden Hexosen ist ohne Einfl. auf die Genauigkeit der Best., die 0,03 μg beträgt. *Glycerin, organ. Säuren, Glutathion, Kreatin, Harnsäure, Alanin Cystein, Glycin, Adenin, Cholinchlorid, Aceton* u. *Harnstoff* stören die Best. nicht. Dagegen geben *β-Glucuronolacton, Ascorbinsäure, Acet-* u. *Formaldehyd, Pentosen* u. *Hexosephosphorsäureester* eine ähnliche Farb-Rk. mit **III** wie **I** u. **II**. Zur Best. von **I** u. **II** in biol. Fll. ist eine Entfernung von Eiweiß meistens nicht notwendig, wenn dessen Geh. nicht zu hoch ist. (Arch. Biochem. Biophysics **52.** 272—79. Sept. 1954. Iowa City, Io., State Univ. of Iowa, Coll. of Med., Dep. of Physiol.) P. Fahrnlaender. G 3400

Milton B. Handelsman und **Joel Drabkin,** *Die Verwendung von Anthronreagens zur Bestimmung von Inulin in Gegenwart von Glucose.* Vff. beschreiben eine direkte u. indirekte Meth. zur colorimetr. Best. von kleinsten *Inulin* (I)-Mengen in Ggw. von *Glucose* (II). Bei der ersteren wird das *Anthron* (III)-Reagens (4 ml, 0,2%ig) schnell unter Rühren in die abgekühlte I-Lsg. (2 ml) gegeben, wobei man die bei III-Zusatz entstehende Erwärmung, die bei anderen Kohlenhydraten (z. B. II) zur Erzeugung der stärksten Farbintensität notwendig ist, verhindern muß. Auf diese Weise lassen sich 2—20 μg I genau bestimmen. Ggw. von II verursacht bei Berührung mit III zusätzliche Färbungen, die die I-Best. stören. Bei Zerstörung von II durch Zusatz von 0,5 ml 5n NaOH u. 5 Min. langes Erhitzen wird auch I bis zu einem gewissen Grade abgebaut. Bei gleichzeitiger Ggw. von I u. II leistet die indirekte Meth. gute Dienste. Sie wird in 2 Stufen durchgeführt, deren erste in der Verhinderung der durch III-Zugabe entstehenden Temperatursteigerung besteht, indem man mit auf 0° abgekühlten Lsgg. arbeitet (2 ml Standard-I-II-Lsg. langsam mit 2 ml 95%ig. H_2SO_4 versetzen, dann unter Rühren Zusatz von III-Reagens). Anschließend erfolgt dann Erwärmung auf 75° (5 Min.) bzw. 56° (10 Min.) zur Erzeugung der größten Farbintensität. II in Konzz. bis zu 250 μg gibt nach dieser Meth. keine Färbung, u. es lassen sich bis 25 μg I recht genau bestimmen. (Proc. Soc. exp. Biol. Med. **86.** 356—60. Juni 1954. New York, N. Y., State Univ., Coll. of Med., Dep. of Med.; Long Island Coll. Hosp.) P. FAHRNLAENDER. G 4050

d) Medizinische und toxikologische Analyse.

L. Chapon, *Mikromethode zur kontinuierlichen und gleichzeitigen Bestimmung von CO_2 und O_2 mit einer modifizierten Warburg-Apparatur.* Inhaltlich ident. mit der C. **1956.** 6260 referierten Arbeit. (Bull. Soc. Chim. biol. **37.** 171—80. 1955. Nancy, École de Brasserie, Labor. de Rech.) F. KRUSEN. 5725

K. Täufel, R. Pohloudek-Fabini und **U. Behnke,** *Zur mikroanalytischen Bestimmung der Citronensäure in biologischen Substraten.* Es wird die Arbeitsweise nach PUCHER, SHERMAN u. VICKERY (J. biol. Chemistry **113.** [1936.] 295) auf Grund systemat. Unterss. weiter ausgestaltet u. für die Erfassung dieser Säure in biol. Substraten für Mengen zwischen 10 u. 100 μg geeignet gemacht. Genaue Arbeitsweise: Einsatzmenge an Substrat, dessen Behandlung, oxydative Überführung in Pentabromaceton, Lsg. desselben in bes. gereinigtem PAe., Umsetzung mit Na_2S-Lsg. u. colorimetr. Auswertung (Eichkurve) im lichtelektr. Colorimeter. Fehlerbreite ±3 μg Citronensäure. Beleganalysen mit Rattenblut; die in biol. Substraten vorkommenden organ. Säuren stören nicht. Die durch Na_2S hervorgerufene Farbe der Meßlsg. ist nicht beständig; nach 20—25 Min. wird das Maximum der Farbtiefe erreicht; zu diesem Zeitpunkt wird colorimetriert. (Z. analyt. Chem. **146.** 244—50. 1955. Potsdam-Rehbrücke, Inst. für Ernährungsforsch.) K. TÄUFEL. 5727

J. A. Owen, Betty Iggo, F. J. Scandrett und **C. P. Stewart,** *Die Bestimmung des Kreatinins in Plasma oder Serum und in Urin; eine kritische Untersuchung.* Auf Grund vergleichender Unterss. der colorimetr. Methoden zur *Kreatinin* (I)-Best. fanden Vff., daß saure (p_H <2) Plasma- u. Serumfiltrate (nach Proteinfällung) die besten Ergebnisse liefern, während bei Filtraten mit höherem p_H bis um 15% zu niedrige Werte gefunden werden. Vor- u. Nachteile bei Verwendung von NC-Bakterien (Corinebact. ureafaciens), Einfl. von Nichtkeratinchromogenen, Temp. u. Zeit auf die Farb-Rk. werden diskutiert u. eine verbesserte Meth. zur I-Best. in Serum u. Urin unter Verwendung von LLOYDs Reagens (hydratisiertes Al-Silicat) empfohlen: 2 Teile (Vol.) Serum, 3 Teile W., 1 Teil 10%ig. Lsg. von $Na_2WO_4 \cdot 2H_2O$ u. 2 Teile 0,66n H_2SO_4 werden vermischt, filtriert, 5 ml Filtrat mit 0,5 ml gesätt. wss. Oxalsäurelsg. 10 Min. geschüttelt, zentrifugiert, die Fl. dekantiert, der Nd. abtropfen lassen, mit 7,5 ml Pikratlsg. (frisch bereitet aus 27,5 ml gesätt. wss. Pikrinsäurelsg. u. 5,5 ml 2,5n NaOH, mit W. auf 100 ml aufgefüllt) 10 Min. durchgeschüttelt, zentrifugiert u. auf 20° temperiert. Die opt. D. wird bei 520 mμ (2 cm Schichtdicke) gemessen u. gegen Eichlsgg. (200 u. 400 γ I/100 ml) u. W. verglichen. — 43 Literaturangaben. (Biochem. J. **58.** 426—37. Nov. 1954. Edinburgh, Univ., Dep. of Clin. Chem.) G. BRESSAU. 5732

Anna B. Bridgwater, *Der Einfluß der Harndialyse auf Uropepsin.* Im Gegensatz zu DUFFIN u. KOWALEWSKI (C. **1956.** 1625) wird gefunden, daß Uropepsinbest. im dialisierten Harn niedrigere Werte ergibt als ohne Dialyse. Diese ist daher überflüssig. (J. Lab. clin. Med. **44.** 644—46. Okt. 1954. Chicago, Ill., Michael Reese Hosp., Med. Res. Inst.) PH. FRESENIUS. 5732

Georges A. Monnot, *Über eine auf Gewebe und biologische Objekte anwendbare spektrographische Analysenmethode.* Das Prinzip der Meth. zur quantitativen Best. von *SiO_2* u. *BeO* besteht in dem Vgl. der Linien der Analysenelemente mit den Linien der Gegenelektrode aus spektralreinem Cu oder Al. Die Proben werden gewogen u. in den Krater einer Graphitelektrode gebracht (15 mm lang; wird nach Durchführung der Best. verworfen). Zur Unters. von Rattenleber, die direkt auf die Kohle gebracht wird, ist eine Einwaage von 30—70 mg, entsprechend einem Geh. von 1—10 mg SiO_2, erforderlich.

Zur Best. von SiO_2 u. BeO im Harn (von 10 γ/Liter an) werden 1,5 cm^2 aschefreies Filterpapier mit 0,04 cm^3 Urin getränkt. Das Papier wird getrocknet u. in den Krater der Graphitelektrode gebracht. Die Empfindlichkeit beträgt 0,001 γ BeO u. 0,3 γ SiO_2 für ein mittleres Probengewicht von 40 mg; der Fehler liegt zwischen 10 u. 15%. (C. R. hebd. Séances Acad. Sci. **236.** 1492—94. 13/4. 1953.) H.-M. SCHLEGEL. 5750

A. A. Wassiljewa und **M. D. Schwaikowa,** *Einige Fragen der Isolierung von Verbindungen des Quecksilbers aus Objekten biologischer Herkunft.* Zur Best. kleiner Mengen Hg in Leichenteilen wird die organ. Substanz mit H_2SO_4 u. HNO_3 zerstört. Dabei flüchtiges Hg wird in H_2SO_4 aufgefangen. Nach Entfernung der N-Oxyde wird mit W. bis 25% H_2SO_4-Geh. verd. u. mit 0,1%ig. J_2-Ae. 4mal extrahiert. Der Extrakt wird colorimetriert. Noch 0,1 mg Hg kann so in 100 g Untersuchungsmaterial bestimmt werden. (Аптечное Дело [Apothekenwesen] **4.** Nr. 5. 23—26. Sept./Okt. 1955. Wiss. Forschungsinst. für Gerichtsmed. des Gesundheitsmin. der UdSSR.)
REINHARD HÜTTENRAUCH. 5762

H. Angewandte Chemie.

I. Allgemeine chemische Technologie.

J. R. Majer, *Kunststoffe als Werkstoffe für chemische Anlagen.* Besprechung der Verwendung von *Phenol-Formaldehyd-Harzen, Furanharzen, Polyesterharzen, Polythen, Polyvinylchlorid* u. *Polyvinylidendichlorid* als Werkstoffe für chem. Apparate, bes. für Behälter, Leitungen u. Pumpen. (Chem. Age **73.** 644—48. 24/9. 1955.)
GERHARD GÜNTHER. 5804

Heinrich Novak, *Bewertungszahlen für Wärmeaustauscher.* Es wird eine neue „energet. Gütezahl" vorgeschlagen u. theoret. abgeleitet. Sie wird in ihren Vor- u. Nachteilen mit anderen bekannten Bewertungszahlen verglichen. (Abh. dtsch. kältetechn. Ver. **1952.** Nr. 7. 5—30. Nürnberg.) H. MIETHING. 5814

Bernhard Holtmann, *Über die Bewertung von Wärmeaustauschern.* Auf Grund einer Zusammenstellung u. eines Vgl. bekannter Bewertungszahlen wird für die prakt. Verwendung der von SCHMIDT (Abh. dtsch. kältetechn. Ver. **1950.** Nr. 4) entwickelte Gütegrad ausgewählt u. vorgeschlagen. (Abh. dtsch. kältetechn. Ver. **1952.** Nr. 7. 31 bis 38. Karlsruhe.) H. MIETHING. 5814

Walter Padberg, *Bewertungsgröße für Wärmeaustauscher.* Es wird eine neue Gesamtbewertungsgröße aus dem Aufwand für Fertigung u. Montage, für den umbauten Raum, für die Förderung der beiden Medien u. für die Übertragung der Wärmemenge ermittelt. deren Vor- u. Nachteile diskutiert werden. (Abh. dtsch. kältetechn. Ver. **1952.** Nr. 7, 39—44. Mannheim-Wallstadt.) H. MIETHING. 5814

A. Raesfeld, *Die Bewertung von Wärmeaustauschern.* Aus dem Wirkungsgrad der Arbeitsfähigkeit u. dem des Einbaus läßt sich ein Gesamtwirkungsgrad ableiten, der aber nicht ident. ist mit dem aus einer thermodynam. Funktion berechneten. (Abh. dtsch. kältetechn. Ver. **1952.** Nr. 7. 45—53. Erlangen.) H. MIETHING. 5814

R. F. Baddour, D. J. Goldstein und **P. Epstein,** *Eluierung von nur unvollkommen beladenen Ionenaustauschkolonnen.* Die Arbeit berichtet über theoret. u. experimentelle Verss., um Vorgänge an nicht völlig beladenen Kationenaustauscherkolonnen unter Nichtgleichgewichtsbedingungen zu erfassen. Das Ionenpaar Na^+, H^+ wird untersucht; als Austauschmaterial dient Dowex 50. Vff. stützen sich bei ihren theoret. Überlegungen auf Arbeiten von GOLDSTEIN. Es werden Gleichungen sowie Näherungsformeln, welche nur innerhalb bestimmter Bereiche u. unter bestimmten experimentellen Bedingungen gelten, mit den Versuchsergebnissen verglichen. Graph. Darstellungen der Ergebnisse. Der Einfl. der Arbeitsgeschwindigkeit u. der Gleichgewichtskonstanten, die Bedeutung dimensionsloser Größen sowie die Anwendbarkeit der Gleichungen werden diskutiert u. experimentell untersucht. (Ind. Engng. Chem. **46.** 2192—95. Okt. 1954. Cambridge, Mass., Inst. of Technol.) R. STEPHAN. 5826

R. von der Heide, *Bemerkungen zur Kieselgur-Filtration.* (Vgl. C. **1953.** 2012.) Für die Filtration werden 200—500 g Kieselgur auf je 100 Liter empfohlen. Die gleiche Menge wird als Vorschicht auf dem Filter gebraucht. Vf. empfiehlt, die Kieselgur nicht auf einmal beizumischen, sondern auf der Vorschicht die kontinuierlich zugegebenen Anteile abzufangen. Die erforderliche App. wird beschrieben. (Chemiker-Ztg. **75.** 539—41. 15/10. 1951.) K. KELLERMANN. 5830

E. Kuss, *Physik der höchsten Drucke.* Abdruck eines zusammenfassenden Vortrages über die drucktechn. Grundlagen u. Apparaturen zur Erzeugung höchster Drucke, Dichtungen u. meßtechn. Probleme sowie über die wissenschaftlichen Ergebnisse u.

techn. Anwendungen. — Zahlreiche Literaturzitate. (Chemie-Ing.-Techn. **28.** 141—52. März 1956. Hannover, Inst. für Erdölforsch.) R. STEIN. 5834

Werner Kraus, *Die Verwendung der Farbschlieren-Photographie zur Sichtbarmachung von Misch- und Rührvorgängen.* Vf. beschreibt den opt. Aufbau einer photograph. App. zur Sichtbarmachung von Inhomogenitäten in durchsichtigen Materialien sowie die zugehörige Aufnahmetechnik. An 23 farbigen Reproduktionen werden Inhomogenitäten in glasigen Substanzen sowie der Ablauf von Rührvorgängen mit verschieden gestalteten Rührern gezeigt. (Photogr. u. Wiss. **3.** 3—8. 1954. Leverkusen, Farbenfabriken Bayer.) GERHARD GÜNTHER. 5840

Rudolf Mosebach, *Zur Charakterisierung von Korngemischen durch Kennzahlen.* Vf. diskutiert die verschied. Methoden, die zur Beschreibung der korngrößenmäßigen Zus. eines Korngemisches mittels einiger weniger Kennzahlen angewandt werden. Die Kennzahlen werden empir. ermittelten Kornverteilungskurven entnommen. Als geeignet erwiesen sich die Werte der Halbgewichtsdurchmesser M u. der spezif. inneren Oberfläche O. (Erdöl u. Kohle **7.** 421—25. Juli 1954. Tübingen.) GERHARD GÜNTHER. 5888

G. N. Catravas, *Verhalten des Schwefelwasserstoffes gegen Nickelkatalysatoren mit oder ohne Trägersubstanz.* S u. S-Verbb. setzen als Katalysatorgifte die Hydrierungsaktivität herab. Nach Beobachtungen des Vf. hat aber H_2S keinen Einfl. auf die Aktivität von Ni-Katalysatoren, wenn mit auf Kieselgur niedergeschlagenem Katalysator oder mit Ni-Silicat gearbeitet wird, während der Katalysator ohne Trägersubstanz oder zwecks Herst. des Katalysators als Sulfat auf Kieselgur gebracht, sich als sehr empfindlich erwies u. in seiner Aktivität stark geschwächt wurde. Zur Prüfung der Vorgänge bei der Einw. von H_2S auf die Katalysatoren wurden auch die Röntgenspektren herangezogen. Auf Grund der Befunde wird der Unterschied im Verh. der Katalysatoren dadurch erklärt, daß im Fall des red. Ni-Silicats oder des auf Kieselgur niedergeschlagenen Katalysators die akt. Ni-Atome gegen den Angriff des H_2S durch das Gitter der Kieselerde geschützt werden u. ihre Hydrierungsaktivität behalten. (Seifen-Oele-Fette-Wachse **80.** 298—99. 9/6. 1954.) ——————— K. SEIFERT. 5904

Metallgesellschaft Akt.-Ges. (Erfinder: **Otto Püschel**), Frankfurt/M., *Herstellung von Pulvern aus pulverförmigen festen Stoffen einerseits und flüssigen Stoffen andererseits* durch gleichzeitiges Zerstäuben der beiden Stoffe mittels rotierender Scheiben, Zerstäuberdüsen oder ähnlichen Versprüh- oder Zerstäubungseinrichtungen in einem geschlossenen Raum, in dem die Temp. so niedrig gehalten wird, daß die in fl. Form eingesprühten Stoffe erstarren, während sie sich im Schwebezustand befinden, dad. gek., daß die festen Stoffe, z. B. Mehl oder Kohle, u. die fl. oder flüssigkeitsähnlichen, z. B. schlamm- oder pastenförmige Stoffe bzw. solche, die fest oder annähernd fest sind, sich aber infolge ihrer Weichheit bei n. Tempp. nicht zu Pulvern vermahlen lassen, z. B. Öle oder Peche, in solchen Mengenverhältnissen von ca. 10:1—3 angewendet werden, daß die Pulverform des Gemisches erhalten bleibt, wenn es über den F. der fl. oder flüssigkeitsähnlichen Komponente erwärmt wird. (**D. B. P. 938 307** Kl. 12g vom 6/12. 1949, ausg. 26/1. 1956. Anmeldung bekanntgemacht 10/4. 1952.) W. MATTHAES. 5823

Esso Research & Engineering Co., Elizabeth, N. J., V. St. A. (Erfinder: **William Denis Ervine** und **John Harold Putman**), *Herstellung von Emulsionen.* Man löst in einem KW-stoff einen wasserunlösl. Emulgator, z. B. einen Glykol- oder Polyglykolmono- oder -diester von C_{12}—C_{22}-Fettsäuren oder Mono- oder Diäther eines C_{12}—C_{22}-Fettalkohols, u. einen anionakt. wasserlösl. Emulgator, z. B. ein Na-Salz einer alkylsubstituierten, sulfonierten Fettsäure oder C_2—C_{10}-Dicarbonsäure, bes. der Dioctylsulfobernsteinsäure. Verwendung als *Reinigungsmittel, Bohröl, Schmälzöl* usw. (**E. P. 738 749** vom 18/4. 1952, ausg. 19/10. 1955.) C. LÜTTGEN. 5825

Régie Nationale des Usines Renault, Seine, Frankreich, *Bremsbelag.* Als Reibpulver dient solches aus einer Mischung aus 1000 (Teilen) decarboxyliertem Catechinöl (huile de cachou décarboxylée) u. 50 40%ig. Formol, das man zu Platten ausgießt, bei 80° trocknet u. vor oder nach Zerkleinerung bei 170° 12 Std. härtet. Um die Sprödigkeit des Belages nach F. P. 1 046 199 zu verringern, setzt man noch ein Phenol-CH_2O-Harz zu. (**F. P. 63 617** vom 18/12. 1952, ausg. 30/9. 1955. **Zusatz zu F. P. 1 046 199; C. 1955. 2503.**) M. PANKOW. 5893

Gesellschaft für Linde's Eismaschinen Akt.-Ges., Höllriegelskreuth (Erfinder: **Johann von Grotthus,** München), *Herstellung von abriebfesten und haltbaren Kontaktmassen unter Verwendung kolloidaler Kieselsäure* (**I**) als Trägersubstanz (**II**), dad. gek., daß eine aus einer **I** von einer Teilchengröße von ca. 4—20 mμ bestehende **II** — gegebenenfalls unter Zusatz von Asbest — mit einer feinpulverigen hauptkontakt- oder kontaktbildenden Substanz sowie W. bzw. Kontaktsubstanzlsgg. zu einer Paste vermengt, geformt, durch Erhitzung verfestigt u. aktiviert wird. — Z. B. werden 100 (Gewichtsteile) MnO_2 mit 20 SiO_2 vermischt, mit 65 einer Lsg. aus 30 $Co(NO_3)_2 \cdot 6\,H_2O$ in 60 W. getränkt u. erhitzt. (**D. B. P. 938 909** Kl. 12g vom 10/3. 1950, ausg. 9/2. 1956. Anmeldung bekanntgemacht 9/8. 1951.) W. MATTHAES. 5905

III. Elektrotechnik.

Aktiebolaget Robo, Stockholm, Schweden (Erfinder: **O. Bürger** und **O. Freund**), *Einkitten und Isolierung von Metallteilen.* Zum Einkitten, bes. von Zündstiften, verwendet man eine M. aus 38,0 (Teilen) Borax, 16,5 Feldspat, 26,0 Quarz, 5,0 Flußspat, 10,0 Soda, 2,5 KNO_3 u. 2,0 Schlämmkreide. (**Schwed. P. 137 057** vom 4/8. 1943, ausg. 26/8. 1952. D. Prior. 11/8. 1942.) K. H. KÄHLER. 5957

Dow Corning Corp., V. St. A., übert. von: **Harold A. Clark,** *Mischung aus Glimmer* einer Teilchengröße von wenigstens 0,4 mm u. einem Organopolysiloxanharz mit 1 bis 1,6 organ. Gruppen pro Si-Atom. Man formt aus Glimmersuspension eine Folie, die in das Siloxanharz getaucht wird u. evakuiert, hebt den Unterdruck auf u. härtet die Folie durch Erhitzen. — Man schlägt auf Glasgewebe eine 0,6 mm starke Folie aus wss. Glimmersuspension nieder, taucht die freie Folie in eine 53%ig. Toluollsg. eines Harzes der Zus.: Monomethylsiloxan 31,5 (Mol-%), Dimethylsiloxan 14,5, Monophenylsiloxan 28, Phenylmethylsiloxan 26 nebst 0,075 Gew.-% Zn-Octoat, evakuiert auf 20 mm, hebt den Unterdruck auf, wiederholt mehrmals, trocknet bei 70° u. heizt 15 Min. bei 100°. Man preßt mehrere solcher Folien für *elektr. Isoliermaterial* zusammen (z. B. 45 Min. bei 7—14 kg/cm^2 u. 204° u. 16 Std. Nachheizen bei 250°). (**F. P. 1 073 050** vom 18/3. 1953, ausg. 17/9. 1954. A. Prior. 20/3. 1952.) M. PANKOW. 5957

N. V. Philips' Gloeilampenfabrieken, Eindhoven, Holland (Erfinder: **A. T. van Urk** und **J. M. Cluwen**), *Stromkreis mit ferromagnetischen Stoffen mit hoher Permeabilität.* Die Stromkreise sollen einen permanenten Magneten zur Erhöhung eines vormagnetisierenden Feldes aufweisen u. ferromagnet. Stoffe. Zwischen beiden befindet sich ein Luftspalt u. der permanente Magnet u. die ferromagnet. Oxydmassen bilden zusammen einen magnet. Stromkreis. Der permanente Magnet soll senkrecht zur Berührungsfläche mit den ferromagnet. Oxydmassen ferromagnetisiert sein u. eine Koerzitivfeldstärke von mindestens 750 Oe aufweisen. Als ferromagnet. Oxydmasse verwendet man nichtkub. Kristalle von *Ferriten,* die mindestens 1 Oxyd der Metalle Ba, Sr u. Pb sowie gegebenenfalls Ca enthalten. (**Schwed. P. 137 297** vom 22/8. 1951, ausg. 16/9. 1952. Holl. Prior. 23/4. 1951.) K. H. KÄHLER. 5959

N. V. Philips' Gloeilampenfabrieken, Eindhoven, Holland (Erfinder: **A. M. J. Jaspers**), *Schaltung zur Übertragung von elektrischen Schwingungen, insbesondere Hochfrequenzschwingungen.* Die Schaltung soll einen Resonanzkreis mit einer Spule aufweisen, die einen Kern aus *ferromagnet.* Stoffen enthält, die kein oder nur ein geringes elektr. Leitungsvermögen aufweisen. Die Permeabilität der ferromagnet. Verbb. soll innerhalb des Gebietes der zu übertragenden Frequenzen mit steigender Frequenz stark abnehmen oder bei der oberen Grenze nur noch einen kleinen Bruchteil der Anfangspermeabilität aufweisen. Bes. werden *Ferrite* verwendet, die als 2wertige Metalle Cu, Mg, Mn, Zn oder Ni enthalten. (**Schwed. P. 137 212** vom 18/6. 1948, ausg. 9/9. 1952. Holl. Prior. 21/6. 1947.) K. H. KÄHLER. 5959

Her Majesty's Post Office, London, England (Erfinder: **R. Bechmann**), *Piezoelektrisches Kristallelement,* bestehend aus einem quadrat. Prisma aus wasserfreiem *Äthylendiamintartrat,* dessen quadrat. Oberfläche annähernd in der Ebene OXZ liegt u. bei dem der Winkel zwischen einer Seite des Quadrates u. der Z-Achse entweder 79—88° oder 10—30° beträgt. — Abbildungen. (**Schwed. P. 142 862** vom 21/6. 1950, ausg. 10/11. 1953. E. Prior. 22/6. 1949.) K. H. KÄHLER. 5961

National Lead Co., New York, N. Y., übert. von: **Bernard Agruss,** East Orange, N. J., und **Frank Bernard Finan,** Hicksville, N. Y., V. St. A., *Aktive Masse für Bleiakkumulatoren.* Zum E. P. 733 762; C. **1956.** 3396, ist nachzutragen: Als hydrophile Substanzen können auch Carboxymethyloxyäthylcellulose u. Oxyäthylcellulose verwendet werden. (**A. P. 2 674 642** vom 24/12. 1953, ausg. 6/4. 1954.) F. LAASS. 5971

British Thomson-Houston Co. Ltd., London, England, *Leuchtschirm zum Nachweis von Neutronen.* Gleiche Gewichtsteile von Ag-aktiviertem ZnS u. Na- oder Li-Tetraborat werden 10—20 Min. auf 800—1000° erhitzt, die erstarrte Schmelze zu Teilchen von $^1/_8$ in. Durchmesser gekörnt u. auf eine Al-Unterlage aufgetragen. (**E. P. 724 223** vom 18/6. 1952, ausg. 16/2. 1955. A. Prior. 21/6. 1951.) A. KALIX. 5975

Siemens-Schuckertwerke Akt.-Ges., Berlin und Erlangen (Erfinder: **Ernst Siebert,** Berlin), *Selengleichrichter.* Zur schnellen u. gleichmäßigen Herst. der Halbleiterschicht wird ein als Trägerelektrode dienendes Metallrohr über einem Se-Verdampfer von mindestens gleicher Länge um eine Achse gedreht, bes. im Vakuum u. unter Heizung durch einen im Innern angebrachten elektr. Heizkörper. (**D. B. P. 937 190** Kl. 21g vom 23/11. 1944, ausg. 29/12. 1955. Anmeldung bekanntgemacht 9/10. 1952.) H. Kessel. 5977

IV. Wasser. Abwasser.

Georg Gad, *Beeinflussung des Grundwassers, Oberflächenwassers und der Luft durch radioaktive Abfälle der Kernreaktoren.* Die Vorgänge in den Atommeilern u. die Möglichkeiten schädlicher Auswirkungen der Kernspaltung werden kurz erläutert u. ein umfassender Überblick über die erforderlichen Sicherheitsmaßnahmen zum Schutz des W. u. der Luft sowie die Beseitigung der radioakt. Abfallstoffe u. die Verff. zur Aufbereitung radioakt. Wässer u. Abwässer gegeben. (Städtehygiene **6.** 209–16. Okt. 1955. Berlin-Dahlem, Inst. für Wasser-, Boden- u. Lufthyg.) H. Mühlmeister. 6010

Fr. Pressel, *Die Verfahren zum Entsalzen von Meer- und Brackwasser.* Übersicht über die Verff. zur Gewinnung von entsalztem (salzarmem) W. zu Trinkwasserzwecken oder zur Berieselung dürrer Landstriche durch Dest. (mit Sonnenenergie), Ionenaustausch, Elektrodialyse, Ausfrieren, Hochdrucktrennung u. Flüssig-Flüssig-Extraktion. — 15 Schrifttumshinweise. (VDI-Z. **98.** 9–13. 1/1. 1956. Tübingen.) W. Wesly. 6016

Jos. Backhausen, *Die Eigenart und Verwendung von Magno-Filtermassen.* Die Eigg. u. Anwendungsweisen der *Magno*-Filtermaterialien, die einen weitgehend aufgeschlossenen, halbgebrannten, chem. akt. Dolomit als Grundstoff enthalten, werden beschrieben. Sie dienen zur Entsäuerung, Enteisenung, Entmanganung u. Feinstfiltration von Kalt- u. Speisewasser, u. lassen sich sehr einfach in vollautomat. Arbeitsweise sowie ohne laufende Dosierung von Chemikalien anwenden. (Seifen-Öle-Fette-Wachse **80.** 651–52. 24/11. 1954.) K. Seifert. 6016

G. R. C. Marsden, *Anwendung der Hochleistungs–Simplex-Belüftungskegel in den Abwasserwerken zu Bury.* Rotierende Belüftungskegel wälzen das Abwasser in den Becken um, indem sie es am Boden absaugen u. unter Mischen mit Luft nach oben fördern. Der Einbau von Hochleistungskegeln verbesserte die Leistung der Anlage so, daß der Abfluß gleicher Menge u. Güte in 12 statt bisher in 18 Std. geschafft wurde. (J. Proc. Inst. Sewage Purificat. **1954.** 239–40. Bury Sew. Dep.) H. Mühlmeister. 6040

I. Davies, M. N. Redfearn und **D. E. Y. Remer,** *Die Bestimmung von in Wasser gelöstem Sauerstoff in Gegenwart reduzierender Substanzen.* Es werden Unterss. über die Verwendbarkeit von Ionenaustauscherharzen zur Entfernung von reduzierenden Substanzen, die bei der O_2-Best. in W. nach Winkler stören, beschrieben u. diskutiert. Durch Anwendung einer Kombination aus einer „Oxite"-Austauschersäule mit einer dahintergeschalteten „Demineralisationssäule" zur Entfernung von Spuren Fe^{2+}, Cu^{+} u. SO_3^{2-} bei der Probenahme kann die Meth. von Winkler ohne Modifizierung angewendet werden. Die „Oxite"-Austauschersäule wird mit *Amberlite IRA-400* (OH-Form) gefüllt, letzteres durch Einw. einer 2%ig. $KMnO_4$-Lsg. in die MnO_4-Form übergeführt u. die Säule MnO_4^--frei gewaschen. Die „Demineralisationssäule" enthält ein Gemisch von *De-Acidite FF-* u. *Zeo-Karb 225*-Harz. Die vorgeschlagene Meth. versagt in Ggw. größerer S^{2-}-Mengen. (Analyst **81.** 113–16. Febr. 1956. London, Kirtling Street, Battersea Generating Stat.) H. Hofmann. 6060

R. F. Roberts, *„Sauerstoffverbrauch" mit Permanganat in saurer Lösung in Gegenwart von Chlorid.* Der in Ggw. von Cl^- erhöhte O_2-Verbrauch von W. bei der Titration mit $KMnO_4$ in schwefelsaurer Lsg. beruht nicht auf dem Entweichen von Cl_2 vor der KJ-Zugabe, sondern wohl auf einer Rk. von Cl_2 mit vorhandener organ. Substanz. Nimmt man H_3PO_4 statt H_2SO_4, so erhält man auch in Ggw. von Cl^- prakt. ungestörte Ergebnisse. (Analyst **80.** 517–19. Juli 1955. Winsford, Imp. Chem. Ind. Ltd.) Ph. Fresenius. 6060

Franz Dangl und **Berther Nietsch,** *Zum Nachweis von Erdölprodukten in Brunnenwässern durch Fluorescenz.* Proben von Autoöl 12–14/50° E zeigten im Leitungswasser bis zu einer Verdünnung von 10^{-6} mg Öl/Liter W. im UV eine deutlich blaue Fluorescenz am Meniskus der Fl. gegenüber Blindproben. Bei 0,2‰ Öl zeigten sich noch deutlich tröpfchenförmige Einschlüsse. Eine Veränderung des p_H-Wertes wurde nicht beobachtet. NH_3-Zugabe bewirkt eine Verstärkung der Fluorescenz, während ein saures p_H ohne Einfl. ist. Eingehängte Filtrierpapierstreifen zeigen kurz über dem eingetauchten Bereich eine Anreicherung. 10^{-6} mg Öl/Liter konnten nach 2–3 Min. noch geschmacklich unterschieden werden. Schlier-Rohöl zeigt in einer Verdünnung 1:10000 starkgelbe Fluorescenz, die bis $1:10^7$ erkennbar blieb. (Mikrochem. verein. Mikrochim. Acta **39.** 333—35. 1952. Wien, Hochschule für Bodenkultur, Lektorat f. Fluorescenzmikroskopie u. für chem. hygien. Wasseruntersuchung.) V. Braun. 6060

V. Anorganische Industrie.

Eduard Trča, *Erfahrungen aus der Pyritröstung in Etagenöfen.* Um die Ursachen von Betriebsstörungen durch Bruch der Hohlwellen, Rührarme u. Rührzähne an Lurgi-, Kuhn- u. Wedge-Öfen aufzuklären, wurden Temperaturmessungen an Rührarmen, am gerösteten Pyrit u. an den Röstgasen der einzelnen Etagen vorgenommen, die Kühlwrkg. untersucht u. die Stoff- u. Wärmebilanz des Prozesses festgestellt. Hinweise zur Behebung der Störungen werden gegeben. Im wassergekühlten Wedge-Ofen lassen sich auch Abfallsäuren u. $FeSO_4$ mitverarbeiten. Auf die Vorteile der neuen Schwebröstungsverff. wird hingewiesen. (Chem. Průmysl **4** (**29**). 453—58. Dez. 1954. Výzk. úst. tepelne techn.) K. Steiner. H 253

G. Carrière, *Kaliumcyanat KOCN.* Übersicht über Darst., physikal. u. chem. Eigg. u. Anwendung von KOCN.) (Chem. pharmac. Techniek **10.** 129—30. 15/12. 1954.) W. Wesly. H 275

F. Saueressig, *Aufbereitung nutzbarer Mineralien.* Überblick über Methoden zur Aufbereitung von Kaolin, Feldspat, Graphit, Asbest, Talk, Schwerspat, Flußspat, Glimmer, Kreide u. Phosphaten. — 10 Fließschemen. (Bergbautechnik **3.** 218—20. Mai; 291—97. Juni 1953., Dresden, Inst. f. angew. Mineralogie.) H. Eckhard. 6148

Texaco Development Corp., New York, N. Y., übert. von: **Peter L. Paull,** Norwalk, Conn., V. St. A., *NH_3-Gewinnung* durch Rk. von CH_4 u. O_2 mit MnO (Verhältnis: 4:2:1,5 bis 2:1:0,15) unter Druck bei 2100—3200° F, wobei das MnO durch das intermediär gebildete CO u. H_2 zu metall. Mn red. wird. Mn läßt man mit N_2 unter Druck bei 1400 bis 1900° F reagieren, trennt das dabei entstandene Mangannitrid ab u. hydrolysiert es mit W. zu MnO u. NH_4OH. Durch Erhitzen treibt man NH_3 ab u. verwendet das zurückbleibende MnO zum neuen Ansatz. (**A. P. 2 706 147** vom 1/7. 1953, ausg. 12/4. 1955.) H. Nebelsiek. H 243

General Electric Co., übert. von: **Maurice Prober,** Schenectady, N. Y., V. St. A., *Herstellung von Schwefelhexafluorid.* In einer elektrolyt. Zelle mit einer unlösl. Anode, z. B. aus Ni, wird eine anorgan. S-Verb., z. B. H_2S, CS_2, S_2Cl_2, in Kontakt mit einem wasserfreien, HCl u. NaF enthaltenden Elektrolyten bei einer zur Bldg. von freien F_2 nicht genügenden Zellenspannung, z. B. bei 5—6 V, gebracht; aus den außer SF_6 noch niedrigere S-Fluoride enthaltenden gasförmigen Prodd. wird SF_6 durch Kondensation abgeschieden. (**A. P. 2 717 235** vom 23/11. 1951, ausg. 6/9. 1955.) K. Demmler. H 253

Esso Research & Engineering Co., übert. von: **Henry O. Mottern,** Bloomfield, und **William C. Harney,** Summit, N. J., V. St. A., *Entfernung von flüchtigen Bestandteilen aus nichtflüchtigen Säuren,* bes. Konzentrieren von H_2SO_4 oder Austreiben von A. u. W. aus *H_2SO_4*. Man leitet die Säure durch von außen beheizte, abwärtsgerichtete Röhren von 5—20 Fuß Länge u. $^1/_2$—2 Zoll Innenwandabstand mit einer Geschwindigkeit von 0,05—2,0 Fuß/Sek., wobei die flüchtigen Bestandteile ausgetrieben werden. Das Gemisch gelangt in eine Trennungszone, in der es schnell getrennt wird. — Abbildung. (**A. P. 2 711 388** vom 25/8. 1949, ausg. 21/6. 1955.) A. Zürn. H 253

Farbwerke Hoechst Akt.-Ges., vormals Meister Lucius & Brüning (Erfinder: **Roderich Graf**), Frankfurt/M., *Herstellung von Sulfaminsäurechlorid,* dad. gek., daß man O=C=N-SO_2Cl mit äquimol. Mengen W. oder wasserabgebenden Stoffen, z. B. $Na_2SO_4 \cdot 10H_2O$, umsetzt. (**D. B. P. 937 645** Kl. 12i vom 25/9. 1952, ausg. 12/1. 1956. Anmeldung bekanntgemacht 17/3. 1955.) A. Zürn. H 253

VI. Silicatchemie. Baustoffe.

M. R. Ssawitzki, *Eine neue Norm für Fensterglas, ein wirksames Mittel zur Verbesserung seiner Eigenschaften.* Es wird eine neue Norm für Fensterglas (GOST 111—54) angegeben u. begründet. Danach wird bei der Gütekontrolle von Fensterglas ein Unterschied zwischen der Anzahl von „alkal." u. Luftblasen gemacht (alkal. Blasen müssen nicht immer die Qualität herabsetzen), der Koeff. der Lichtdurchlässigkeit eingeführt (dadurch erhöhte Anforderungen an die Reinheit der Ausgangsstoffe), der Kühlungsgrad u. die strenge Normierung der im Glas vorhandenen Spannungen fallengelassen (von verschied. Industriezweigen wird sogar Glas mit starken Spannungen bevorzugt verwendet). An Stelle der Prüfung auf Wasserfestigkeit tritt die Prüfung auf Alkalifestigkeit (Erleichterung des Prüfverff. bei gleichem prakt. Wert), wobei die zulässige Größe der Verluste (Extraktionsmeth. nach TISTSCHENKO) von 38 auf 32 mg/dm³ herabgesetzt wurde. (Стекло и Керамика [Glas u. Keram.] **12.** Nr. 6. 28—31. Juni 1955.) H. RAUBACH. 6200

Tin Boo Yee, J. S. Machin und **A. I. Andrews,** *Verhältnis der Zusammensetzung zur Viscosität von Email.* Die Viscositätsänderungen einer Reihe Emails, bei denen der CaF_2-, Fe_2O_3-, TiO_2-, Co_3O_4-, NiO-, MnO_2, $FeSO_4$- u. $NiSO_4$-Geh. variiert wurde, wurden über einen Temperaturbereich beobachtet, der annähernd n. Feuerungstempp. entsprach. Ferner wird über ähnliche Unterss. der Viscositätsänderung berichtet, die durch Mischen von ausgesucht harten u. weichen Fritten hervorgerufen wurden. (J. Amer. ceram. Soc. **38.** 378—82. 1/10. 1955., Urbana, Ill., Illinois State Geological Survey u. Univ. of Ill.) R. WALCKER. 6200

Félix Trombe und **Marc Foex,** *Die Eigenschaften keramischer Massen auf der Basis von Zirkon und Lanthanoxyd.* (Vgl. C. **1956.** 1701.) Darst. des Schmelzdiagramms ZrO_2–La_2O_3 u. des elektr. Widerstandes in Abhängigkeit vom reziproken Wert der absol. Temp. bei verschied. Mischungsverhältnissen von ZrO_2 mit La_2O_3. Es konnte gezeigt werden, daß in diesem Syst. die Zus. $2\,ZrO_2 \cdot La_2O_3$ bei 1000° mit über 7000 Ω ein steiles Maximum des elektr. Widerstandes besitzt. Ob es sich bei dieser Zus. um eine feste Lsg. oder eine chem. Verb. handelt, konnte nicht eindeutig geklärt werden. (J. Rech. Centre nat. Rech. sci. **1951.** 1—8. C. N. R. S.) K. SEIDEL. 6208

Ernst A. Franke, *Ein Beitrag zum Ermitteln der Temperaturwechselfestigkeit des Deckemails emaillierter Gegenstände.* Es wird auf die Bedeutung der Kenntnis der Temperaturwechselfestigkeit des Deckemails emaillierter Gegenstände hingewiesen. Es werden Verff. zur Best. dieser Eig. beschrieben. (Sprechsaal Keram., Glas, Email **88.** 371—73. 5/9. 1955.) F. MARKHOFF. 6212

H. La Forge jr., *Struktureigenschaften keramischer Röhren.* Zur Feststellung der Güte keram. Röhren, die meist einen hohen Tonerdegeh. hatten, wurden die H_2-Durchlässigkeit bei hohen Tempp., die Temperaturwechselbeständigkeit u. die Verschmelzungsmöglichkeiten mit Metallen untersucht. Dabei wurden bei gleicher Zus. die Brenntemp., die Korngrößen u. der Preßdruck variiert. Aus den Anschliffen dieser Prodd. lassen sich Rückschlüsse auf die Eigg. ziehen. (Ceram. Age **63.** Nr. 2. 13—21. Febr. 1954. San Bruno, Calif., Eitel-McCullogh, Inc.) H. SCHOLZE. 6216

N. Köppen, *Analbit- und Nephelinbildung in der Kontaktzone zwischen Schamottesteinen mit Glasschmelze.* Vf. behandelt die Erscheinungen in der Kontaktzone eines kieselsäurereichen feuerfesten Steines einer Fensterglas-Ziehdüse (Großalmroder Ton) mit der durch sie hindurchtretenden Glasschmelze. An dem Kontakt bilden sich nach (0 1 0) taflige, dendritartige Analbitkristalle. Ferner wurden kleine Kriställchen von *Korund* sowie eine Reaktionszone aus Nephelin oder *Carnegieit* beobachtet. Die Bldg. dieser Verbb. wird an Hand des Reaktionsdiagrammes SiO_2–Na_2O–Al_2O_3–CaO gedeutet. (Neues Jb. Mineralog., Mh. **1954.** 243—49. Nov. Würzburg, Max-Planck-Inst. f. Silicatforschung.) J.-E. HILLER. 6218

Ludwig Žagar, *Die Grundlagen zur Ermittlung der Gasdurchlässigkeit von feuerfesten Baustoffen.* Zum Anschluß an eine Schrifttumsauswertung wird gezeigt, daß der Begriff der spezif. Gasdurchlässigkeit (I) sich von dem HAGEN-POISOUILLEschen Gesetz ableiten läßt. Diese Stoffgröße wurde auf Grund eines empir. Gesetzes von d'ARCY mit dem *Permometer* ermittelt. Die I für Magnesit-, Hartschamott- u. Silicasteine wurde nach der Gleichung $D_s = 42{,}36 \cdot 10^{-9} \cdot Q/(p_e - p_a)$ festgestellt unter Verwendung des physikal. *cgs*-Systems. Als absol. Maßeinheit der I wird das *Perm* u. als Gebrauchseinheit das *Nanoperm* (nPm = 10^{-9}Perm) vorgeschlagen. In dieser Form beruht die Begriffsermittlung der I auf einwandfreier physikal. Grundlage; die Ermittlung ist einfach, die Größe stellt für feuerfeste Baustoffe ganze Zahlen dar. (Arch. Eisenhüttenwes. **26.** 777—82. Dez. 1955. Aachen, TH.) J. PAHL. 6218

A. G. Pincus, *Mechanismus der Keramik–Metall-Haftung. Die Haftung von Molybdän an Tonerde-Körpern.* Die Haftung von Mo an Tonerdekörpern wird erst bei solchen Tempp. erreicht, bei denen durch Dissoziation von Oxyden Sauerstoff entsteht, der zur Bldg. von Mo-Oxyden führt. Diese können verdampfen, mit dem Al_2O_3 reagieren oder durch das Schutzgas H_2 wieder zum Metall red. werden, wodurch die Haftung erreicht wird. Experimentell wurde die Haftung von reinem Mo-Pulver, sowie von Mo-Pulver mit zunehmenden Anteilen an MoO_3 in H_2-Atmosphäre an einem handelsüblichen Tonerdekörper untersucht, der neben 96,02 Gew.-% Al_2O_3 u. a. noch 2,85 SiO_2 u. 0,92 MgO enthielt. Beim reinen Mo-Pulver wird ab 1600° Haftung erzielt, wobei der nötige Sauerstoff durch die Dissoziation des SiO_2 geliefert wird. Mit zunehmendem MoO_3-Geh. wird schon bei tieferen Tempp. Haftung beobachtet, z. B. mit 50% MoO_3 schon ab 800°. Die Messungen der Gewichtsverluste zeigten, daß dabei fast alles MoO_3 zum metall. Mo red. wird. Beim 2std. Erhitzen von 80 Gew.-% MoO_3 mit 20 Al_2O_3 in Luft auf 800° entsteht die Verb. $Al_2(MoO_4)_3$. Sie ist kub. mit einer Gitterkonstanten von 12,64 u. einer D. von 3,641, d. h., es sind 8 Formeleinheiten in der Elementarzelle. Beim Erhitzen dieser Verb. dissoziiert sie in Al_2O_3 u. MoO_3-Gas. Ab 1200° entstehen niedere Mo-Oxyde oder metall. Mo, das koll. im Korund gelöst bleiben kann. (Ceram. Age **63.** Nr. 3. 16—20, 30—33. März 1954. Schenectady, N. Y., General Electric Co.) H. SCHOLZE. 6220

Walter Knecht, *Herstellung von Metall—Keramik-Verschmelzungen durch Verwendung gepreßter Pulver.* Vortrag. Entwickelt wurden folgende Cermets: TiC + Ni, 70% $MoSi_2$ + 30 (Al_2O_3 + CaO), 50 TiB_2 + 50 (Zr + Si oder Ti + Si), 80 TiB_2 + 20 rostfreien Stahl, 80 TiN + 20 Ni, 80 MnB + 20 Si, 70 Al_2O_3 + 30 Cr, 80 Si + 20 TiO_2, 58,4 Si + 44,6 TiC u. Re-Silicide. Die Herstellungsmethoden, Untersuchungsmethoden u. Verwendungszwecke werden kurz erwähnt. (Ceram. Age **63.** Nr. 2. 12—13. Febr. 1954. Wright Field, Ohio, Wright Air Development Center.) H. SCHOLZE. 6220

N. N. Sserb-Sserbina, Ju. A. Ssawwina (unter Mitarbeit von **W. Ss. Shurina** und **N. A. Ssibirzewa**), *Physiko-chemische Untersuchungen der Wasserundurchlässigkeit des Zementsteines.* Untersucht wurde die Rk. von $CaCl_2$ (**I**) mit C_3A u. C_3S in Abhängigkeit von Temp., W./Zementzahl u. Erhärtungszeit. Die gebundene **I**-Menge bei der Hydratation wurde nach der Restkonz. von **I** durch Cl-Titration nach MOHR oder durch Best. des ungebundenen **I** in der Lsg. nach der Filtration u. im A.-Filtrat ermittelt. Die Verss. ergaben, daß die Zementmörtel mit **I** beim Erhärten bei Zimmertemp. u. bei —12° schon nach einigen Tagen für H_2O undurchlässig sind. Die Abnahme der Wasserdurchlässigkeit des Zementsteines beim Anmachen mit hochkonz. **I**-Lsg. beginnt mit der Strukturbldg. beim Abbinden. (Цемент [Zement] **21.** Nr. 2. 3—8. März/April 1955. Inst. für physikal. Chem. der Akad. der Wiss. der UdSSR.) A. v. WILPERT. 6222

Antonio Cocco, *Über die Hydratisierung einiger Calciumaluminate.* Es war beabsichtigt, die für den Aufbau der Tonerdezemente wichtigen Ca-Aluminate daraufhin zu untersuchen, welche Struktur sie nach dem Abbinden haben, bes. wie die Verb. $CaO \cdot 2Al_2O_3$ sich bei der Hydratisierung verhält u. ob die dabei gebildeten Verbb. andere sind als die bei der Hydratisierung von $5Al_2O_3 \cdot 3CaO$ (Mischung von $2CaO \cdot 2Al_2O_3$ + $CaO \cdot Al_2O_3$) entstehenden. Die im Achatmörser zusammengemahlene äquimol. Mischung CaO + Al_2O_3 wurde nach dem Schmelzen bei 1600° mit 40% W. eben angeteigt u. nach 30 Tagen, bei 10—20° gehalten, im Reflexionsmikroskop, aber auch in der Durchsicht untersucht, teils unmittelbar, teils nach Ätzung mit 0,5%ig. alkoh. HCl. Außer einer gelatinösen M. wurden die schon früher beobachteten hexagonalen Blättchen *$2CaO \cdot Al_2O_3 \cdot 7H_2O$* (**I**) gefunden. Die Hydratisierung der bei 1455° geschmolzenen Mischung $5CaO \cdot 3Al_2O_3$ mit 40% W. ergab ein sehr ähnliches Bild, wobei nur die quantitativen Verhältnisse abwichen: mehr u. dichtere Ausbldg. des **I**. Die nach 4std. Brennen bei 1650° schwer zu hydratisierende $CaO \cdot 2Al_2O_3$-Mischung wurde mit 60% W. angeteigt, war nach 15 Tagen noch nicht ganz fest, zeigte aber nach ca. 1 Monat eine gleiche oder noch größere Festigkeit als das Prod. der äquimol. Mischung. Es bildet sich dabei, soweit das Prod. nicht wasserfrei bleibt, eine einheitliche gelatinöse M. von gleicher Zus., wenn man vom Wassergeh. absieht, wie das Ausgangsmaterial. Sie wird leicht von 5%ig. alkoh. HCl angegriffen. Vf. sieht die wahrscheinlichste Deutung für die Konst. dieser M. in der Formel *$CaO \cdot 2Al_2O_3 \cdot nH_2O$*. Man muß aus Gleichgewichtsgründen annehmen, daß auch die bei der Hydratisierung der anderen Ca-Aluminate gebildeten gelatinösen Massen dieselbe Konst. eines hydratisierten Ca-Aluminats haben, dessen Zus. zwischen der des **I** u. des Al_2O_3–n H_2O liegt. (Ann. Chimica **43.** 298—307. Mai/Juni 1953. Cagliari, Univ., Ist. Chim. applicata.) W. METZENER. 6222

T. Ritchie, *Untersuchungen über die Auswitterung an Versuchspfeilern aus Mauerwerk.* Auswitterung (I) an Backsteinpfeilern, die aus drei Typen von Ziegeln u. sechs Mörteln hergestellt waren, schienen hauptsächlich von dem Portlandzementgeh. des Mörtels, dem Ziegeltyp u. der Jahreszeit abzuhängen. Die Auswitterung bildete sich in der kalten Jahreszeit u. fehlt im Sommer. Ersatz von Kalk durch Portlandzement in Mörteln verursachte Auswitterung, doch hängt der Betrag der Auswitterung auch vom Ziegeltyp, wahrscheinlich seiner Porenstruktur ab. (J. Amer. ceram. Soc. **38.** 357—61. 1/10. 1955. Ottawa, Ontario, Canada. Div. of Building Research, National Research Council.) R. WALCKER. 6228

Seymour N. Blackman, Teaneck, N. J., V. St. A., *Farbige Markierung auf Gegenständen mit glasiger Oberfläche.* Eine in der Wärme zersetzliche Verb. eines Metalls, z. B. AgCl, wird in Form der Markierung auf die Oberfläche gebracht u. durch Einw. eines hochfrequenten elektr. Feldes die Verb. zers. u. in die Oberfläche eingebrannt. Die zersetzliche Verb. wird zweckmäßig auf den Teilchen eines mehr oder weniger magnet. Stoffes, wie Fe_2O_3 oder metall. Fe, Ni oder Co, niedergeschlagen, mit einem öligen oder teigigen Mittel angerührt u. in dieser Form auf die Oberfläche aufgetragen. Die Frequenz des angelegten elektr. Feldes wird z. B. der krit. Frequenz der zersetzlichen Metallverb. angeglichen. (**A. P. 2 707 688** vom 3/11. 1951, ausg. 3/5. 1955.) F. REINHART. 6189

N. V. Philips' Gloeilampenfabrieken (Erfinder: **Gerardus Hendricus Janssen** und **Petrus Cornelis van der Linden**), Eindhoven, Holland, *Aufbringen von lichtstreuenden Schichten auf Glasoberflächen.* Die Schichten werden in an sich bekannter Weise durch Verbrennen von Mg oder Mg-Legierungen aufgebracht. Vor oder während der Ablagerung des MgO wird die Glasoberfläche der Einw. von gasförmigen S- oder P-Oxydations-Prodd. ausgesetzt. (**D. B. PP. 937 489** u. **937 490** Kl. 32b vom 8/7. 1954, ausg. 5/1. 1956. Anmeldungen bekanntgemacht 7/7. 1955. Beide Holl. Prior. 9/7. 1953.) HANS HOFFMANN. 6201

Union Carbide & Carbon Corp., New York, übert. von: **Louis A. Conant**, Tonawanda, und **Daniel M. Gillies**, Kenmore, N. Y., V. St. A., *Metallkeramische Körper.* Eine wss. Suspension von Al_2O_3-Teilchen von 0,1 bis 10 μ Größe mit einem p_H-Wert von ca. 4,5 wird mit Cr-Metallteilchen bis zu 45μ Größe versetzt, so daß auf 16—36 Gew.-% Al_2O_3 84 bis 64 Cr kommen. Der erhaltene Schlicker wird in wassersaugende Formen gegossen u. die Formlinge werden bei Tempp. von 1450 bis 1800° gesintert. Sie haben ein Gefüge von ineinander verteilten Al_2O_3 u. Cr-Teilchen, in dem Cr die kontinuierliche Phase bildet. Die Körper sind temperaturwechselbeständig u. widerstandsfähig gegen Oxydation u. als Dauerformen für die Gießerei, Schutzrohre für Thermoelemente, Zieh- u. Preßmundstücke, Turbinenschaufeln u. dgl. geeignet. (**A. P. 2 698 990** vom 25/1. 1950, ausg. 11/1. 1955.) F. REINHART. 6221

Marcel Nadaud, Seine-et-Oise, Frankreich, *Bau- und Dekorationsmaterial.* Vinyl-, Methacryl-, Phenolharze, Polyamide werden mit Marmor-, Schiefer-, Cu-, Al- u. dgl. Pulver sowie den sonstigen üblichen Zusatzstoffen gemischt u. zu Folien, Bändern, freitragenden oder durch Gewebe, Papier u. dgl. verstärkten Platten geformt. (**F. P. 1 013 653** vom 18/2. 1950, ausg. 1/8. 1952.) M. PANKOW. 6229

Owens-Corning Fiberglas Corp., übert. von: **Games Slayter**, Newark, O., V. St. A., *Verstärkte anorganische Formkörper.* Die Form zur Herst. der Körper wird mit einer Mischung, die bis zu 12 Gew.-% aus Glasfasern, 1—9 Moläquivalenten MgO oder $Mg(OH)_2$ u. 1 Moläquivalent wasserhaltigem $MgSO_4$, dessen Kristallwasser bei Erhitzung über 160° F abgespalten werden kann, besteht, gefüllt, z. B. 31 (%) MgO, 64 $MgSO_4 \cdot 7 H_2O$, 5 Glasfasern. Die Mischung wird darauf auf 160—200° F erhitzt u. bei 80 bis 480 kg/cm² gepreßt. Die Prodd. sind wärmebeständig u. flammensicher. (**A. P. 2 703 762** vom 28/4. 1951, ausg. 8/3. 1955.) F. REINHART. 6229

VII. Agrikulturchemie. Schädlingsbekämpfung.

A. Karim und **D. H. Khan**, *Böden der Nanakhi-Serie, Ostpakistan.* 1. Mitt. *Morphologie, Texturabscheidungen und austauschfähige Kationen.* Die verschied. vorkommenden Bodentypen werden beschrieben u. chem. charakterisiert. (Soil Sci. **80**. 139—46. Aug. 1955., Ramna, Dana, East Pakistan, Dana Univ.) A. JACOB. 6300

C.-E. Riedel und **J. Franc de Ferriere**, *Die Lehmböden der Hochebene von Brie Française.* Sammelbericht über Bewässerung, Hebung des CaO- u. Humusgehaltes u. geeignete Düngung u. dadurch bedingte Hebung des Getreide- u. Obstanbaus. (Ann. Inst. nat. Rech. agronom., Sér. A **2**. 782—802. Dez. 1951. Mühlhausen u. Melein, Services agricoles de Seine-et-Marne.) C. GRIMME. 6300

Ph. Duchaufour, **A. Mathieu-Sicaud** und **G. Millot**, *Natur und Ursprung der Kieselsäure des Aschenhorizontes von Podsolböden.* Umfassender Bericht über die Entstehung u. typ. Eigg. von Podsolböden. Es konnte nachgewiesen werden, daß SiO_2 des A-Horizontes aus pulverigem Quarz besteht. Ihr Ursprung ist dentrit. aus dem Muttergestein. (Ann. Inst. nat. Rech. agronom., Sér. A **2**. 818—24. Dez. 1951. Nancy u. Paris.) C. GRIMME. 6300

Lambert Wiklander, *Kationenaustausch in Tonen und Böden.* Die Ionenaustauschereigg. des Tons hängen mit seiner mineralog. Zus. zusammen, die das Kationenbindevermögen u. in Zusammenhang mit der Art der austauschbaren Ionen auch die interkrist. Quellung in W. bedingen. Aus einer schemat. Darst. der Änderung der negativen u. positiven Ladung bei einem amphoteren Tonkoll. mit der Änderung des p_H der Gleichgewichtslsg. ergibt sich die Beziehung des prim. Teils der Neutralisationskurve zur Ionensubstitution u. des sek. zur SiOH-Gruppe. Im einzelnen wird die Adsorption ein- u. zweiwertiger Ionen an Bodenteilchen u. die Anwendung des Ionenaustauschs mit Al-Silicaten bei der Zuckerreinigung u. in der pharmazeut. Industrie, sowie die Beziehung zwischen Kationenaustauschkapazität, Verdrängbarkeit der Ionen u. Mineralstruktur behandelt. (IVA **26.** 198—207. 1955. Kgl. Lantbrukshögskolan.) R. K. MÜLLER. 6304

W. M. Kletschkowski und **G. N. Zelischtschewa,** *Sorption und isotope Verdrängung.* Zur Ermittlung der im Boden gleichzeitig vorhandenen chem. Sorption u. physikal. Austausch-Adsorption für PO_4-Ionen wurden Verss. mit Phosphaten durchgeführt, die einerseits radioakt., andererseits n. PO_4-Ionen enthielten. Eine Glasröhre, deren unteres durchlöchertes Ende mit Watte bedeckt u. dicht in einen mit einer Pumpe verbundenen Kolben gesetzt war, wurde mit Boden gefüllt u. dieser nach u. nach mit einer Phosphatlsg. durchspült, die $^{32}PO_4$-Ionen bei einer Konz. von 0,21 mg P_2O_5/1 ml enthielt. Nachdem der Boden mit $^{32}PO_4$-Ionen gesättigt war u. der Abfluß diese Ionen nicht mehr enthielt, wurde die Menge der im Boden festgehaltenen PO_4-Ionen mit dem Zähler ermittelt u. darauf mit einer 1-n NaH_2PO_4 + Na_2HPO_4-Lsg. nachgespült. Die hierbei aus dem Boden durch die n. PO_4-Ionen verdrängten $^{32}PO_4$-Ionen zeigten die physikal. Adsorptionskraft an, die im Boden festgehaltenen dagegen die chem. Sorptionskapazität des Bodens für PO_4-Ionen. Beide Größen variierten nach der Tiefenlage der verschied. Bodenschichten. (Почвоведение [Bodenkunde] **1955.** Nr. 9. 8—16. Sept. Moskau, Landwirtsch. Timirjasew-Akad.) E. LINTER. 6304

A. Kabata, *Das Problem der Kupfer- und Kobalt-Sorption im Boden.* Übersicht über die Sorption von Kationen, besonders von Cu u. Co im Boden nach neueren Arbeiten. — 26 Literaturangaben. (Postępy Nauk Rolniczych **2.** 53—60. 1955. Warszawa, Fust. Uprawy, Nawóż., Gleboznaw.) F. URBAN. 6304

P. M. Smirnow und **B. P. Pleschkow,** *Der Einfluß von Stickstoff, Kalium und organischen Stoffen auf die Ausnutzung des Phosphors von Superphosphat durch die Kartoffel.* Kartoffeln werden mit radioakt. P enthaltendem Superphosphat (30 kg P/ha) allein oder zusammen mit NH_4NO_3 (30 kg N/ha), KCl (20 kg K/ha) oder Humus (I, 5 t/ha) gedüngt. Die P-Aufnahme durch die Pflanzen beträgt in mg P_2O_5 je 2 Pflanzen aus dem Boden (aus dem Dünger): Kontrolle 358,8 (—), mit P allein 500,3 (81,9), mit P + N 499,5 (117,0), mit P + N + K 370,2 (118,8), mit P + I 430,8 (150,1). Die Zusatzdüngung mit N + K oder mit I setzt also die P-Aufnahme aus dem Boden herab, gegenüber der Düngung mit P allein, erhöht sie jedoch (wenigstens bei I) gegenüber der Kontrolle ohne P-Düngung, die P-Aufnahme aus dem Dünger wird durch die Zusatzdüngung in jedem Falle erhöht, am stärksten durch I. (Доклады Академии Наук СССР [Ber. Akad. Wiss. UdSSR] **103.** 673—75. 1/8. 1955. Moskau, Landwirtsch. Timirjasew-Akad.) R. K. MÜLLER. 6304

D. Je. Perowski, *Die oberflächliche Einbringung von Dolomitmehl bei Kleesaaten.* 60 ha Kleeacker wurden im Herbst mit 8 dz/ha *Dolomitmehl* (I) gedüngt, davon wurden im nächsten Frühjahr 14 ha mit der gleichen I-Menge gedüngt. Von diesen 14 ha wurden 66 dz/ha Heu geerntet, während die 46 ha nur einen Ertrag von 40 dz/ha erbrachten. Ohne Kalkung wurden 23 dz/ha geerntet. Der gedüngte Klee war von Unkraut, bes. von Schachtelhalm, fast frei. Je mehr I eingebracht wurde, desto höher waren die Erträge. (Земледелие [Ackerbau] **4.** Nr. 2. 121—22. Febr. 1956.) OTTO MAIER. 6304

A. B. Rubaschow, *Über die Wirkung organischer Düngemittel, Komposte und organisch-mineralischer Gemische bei Einbringung zu Kartoffeln auf Sandböden.* Vf. vergleicht die Ergebnisse von verschied. Düngeverss. u. stellt fest, daß eine Düngung von Sandböden mit 20—30 t Mist oder Torf–Mistkompost (1:1) einen hohen Kartoffelertrag sichert (Mehrertrag bis zu 72,3 dz/ha). Bei Einbringung ins Pflanzenloch kann die Kompostmenge verringert werden, wenn Mineralvolldüngung in solchen Mengen zugesetzt wird, daß jeder wirksame Bestandteil mit mindestens 15—20 kg/ha vertreten ist. Torf–Mist–Phosphoritkomposte mit Jauchezusatz zeigten eine 2—3fache Wrkg. gegenüber der gleichen Mistmenge. (Земледелие [Ackerbau] **4.** Nr. 2. 97—100. Febr. 1956.) OTTO MAIER. 6304

Ju. N. Malygin, *Über die Anwendung von mehrjähriger Lupine als Gründüngung im Nichtschwarzerdegebiet der UdSSR.* Vf. gibt eine Übersicht über den Einfl. der Lupine auf die Ernteerträge verschied. Kulturen u. auf verschied. Böden. Er schließt daraus, daß die Grünm. der Lupine die Bodenfruchtbarkeit verbessert. (Земледелие [Ackerbau] **4.** Nr. 2. 91—96. Febr. 1956.) OTTO MAIER. 6304

Kenzo Kōbō und **Yasuo Takai,** *Mikrobiologische Untersuchungen über den Humifizierungsvorgang.* 2. Mitt. *Über die aerobe Zersetzung frischer Pflanzenreste* (1. vgl. C. **1955.** 8711.) 2 g frischer Pflanzenreste (Trockenpulver) von Hochland-Reisstroh (I) bzw. Kastanienblättern (II) + 20 g reiner weißer Sand werden in 8 cm^3 Nährlsg. [10 g$(NH_4)_2HPO_4$,

5 g K_2HPO_4, 600 cm^3 W.] sterilisiert u. mit reinen Kulturen je von *Trichoderma konigni* (TK), *Aspergillus niger* (AN), *Actinomyces chromogenes* (AC), *Pseudomonas fluorescens liquefaciens* (PFL) u. *Bac. mycoides* (BM) bebrütet (Lüftung, 30°). Die Geschwindigkeit der CO_2-Entw., bei **I**, ist bei TK u. AN am größten, BM u. PFL entwickeln in den ersten 2 Tagen 60% des gesamten beobachteten CO_2. Bei TK oder AC ist die CO_2-Entw. am 4.—9. Tag maximal. PFL zeigt die geringste Zunahme des Verbrauchs an n/10 $KMnO_4$/30 cm^3 alkal. Zersetzungslsg. (SIMAON) der *Huminsubstanz* (**III**), TK die stärkste. AC liefert mehr CO_2 als BM, bildet aber viel weniger **III**. BM erhöht den Farbwert am stärksten, PFL gar nicht. Kombination von BM u. TK steigert den Farbwert mehr als die Einzelkulturen beider. Die **III**-Bldg. ist stärker bei einem Fungus als bei Aerobien, allerdings in der Anfangsperiode schwächer. Aus **II** wird mehr **III** u. schneller gebildet als aus **I**. (J. agric. chem. Soc. Japan [Nippon Nôgeikagaku Kaishi] **27**. 477—81. 1953. [Orig.: japan., Auszug: engl.]) L. SCHULER. 6306

Kenzo Kōbō und **Yasuo Takai**, *Mikrobiologische Untersuchungen über den Humifizierungsvorgang.* 3. Mitt. *Über die aerobe Zersetzung frischer Pflanzenreste.* (b). *Absorptionsspektren der Zersetzungsprodukte.* (2. vgl. vorst. Ref.) *Bacillus mycoides* steigert den Humifizierungsgrad (HG), gemessen am Verbrauch von n/10 $KMnO_4$ u. am Absorptionskoeff. (AK) der Alkalilsg. der Zersetzungsprodd., in den Anfangsstadien der Bebrütung stärker als *Trichoderma konigni*, ist aber im ganzen weniger wirksam. Durch gleichzeitige Beeimpfung mit beiden Organismen wird der HG stärker gehoben als durch die isolierten Ansätze. Der AK für alle Wellenlängen steigt parallel dem HG, dabei verschwindet das Absorptionsmaximum nahe 330 mμ, das von *Fulvinsäure* herrührt, wenn der Fällungsquotient 55 übersteigt, u. das für Lignin kennzeichnende Minimum nahe 265 mμ wird schwächer. Aus Kastanienblättern wird höher humifizierte Substanz u. rascher erzeugt als aus Hochland-Reisstroh, was gegebenenfalls von einem geringen, anfänglich schon bestehenden HG herrührt, wie aus den weniger ausgeprägten Maxima u. Minima geschlossen wird. — 8 Kurvenbilder. (J. agric. Soc. Japan [Nippon Nôgeikagaku Kaishi] **27**. 481—85. 1953. Tokyo Univ. [Orig.: japan., Auszug: engl.]) L. SCHULER. 6306

G. A. Martirossjan und **P. A. Ssasonowa**, *Chemische Maßnahmen bei der Bekämpfung von Acroptilon picres.* *2.4-D* erwies sich bei der Bekämpfung von *Acroptilon picres* als wenig wirksam. Viel bessere Resultate erzielte man mit 0,3 kg/ha *Präp. 359* (Butylester). Höhere Gaben führen zur Hemmung des Wachstums der Kulturpflanzen (Weizen), wodurch eine Verminderung der Erträge bedingt wird. Der optimale Zeitpunkt zum Spritzen ist die Phase vor der Entw. des 10. Blattes. Der Isopropylester der 2.4-D erwies sich als unwirksam. (Земледелие [Ackerbau] **2**. Nr. 6. 110—14. Juni 1954.) M. GORDIENKO. 6312

W. P. Belkow und **M. G. Seland**, *Chemische Verfahren zur Bekämpfung von Sträuchern als Maßnahme zur Verbesserung der Weiden.* Durch Spritzen mit *2.4-D* werden Sträucher vernichtet, während die Grasdecke erhalten bleibt. Die Heuernte wurde um 50% erhöht, die Qualität verbessert. Die Veränderungen der obersten Bodenschicht erhöhten das p_H um 1—1,5. Der Nitratgeh. stieg auf das 2—3fache (16 mg in 1000 g Boden), der Geh. an beweglichem P_2O_5 auf 12—20 mg in 100 g Boden. Das bewegliche K_2O blieb prakt. unverändert. (Земледелие [Ackerbau] **4**. Nr. 2. 87—90. Febr. 1956.) OTTO MAIER. 6312

E. E. Dunkel, N. A. Koslowa und **W. T. Kijetze**, *Über die Wirkung von Maleinsäurehydrazid auf die Pflanzenentwicklung.* (Vgl. C. **1956**. 3686.) Bespritzen der Tomaten bei der Entw. des 6.—7. Blattes mit einer 0,001—0,01 %ig. Lsg. von *Maleinsäurehydrazid* (**I**) hält die Entw. der Pflanze auf u. verzögert die Blüte um 5—7 Tage, ohne merklichen Einfl. auf den Ertrag. Während der Phase des Fruchttragens gleicht sich das Zurückbleiben der Entw. im Vgl. zu den Kontrollpflanzen wieder aus. Bei Behandlung mit einer 0,025 %ig. Lsg. von **I** wird die Blüteperiode ungefähr um 1 Monat verschoben, was dazu führt, daß die Frucht nicht ausreift. Höhere Konzz. (0,05—1% **I**) erweisen sich zur Zeit der Entw. des 6.—7. Blattes als tox. für die Tomaten. Das in tox. Konzz. auf die oberird. Teile der Pflanze einwirkende **I** hat auch Einfl. auf die Wurzeln: es verursacht ein Absterben der Wachstumspunkte. Gaben von 50 ml **I**, in Konzz. von 0,1%, 0,5% u. 1%, die in den Boden der 350 ml-Gefäße gebracht werden, erweisen sich giftig, ähnlich wie beim Spritzen der oberird. Teile der Pflanze. **I** hat auch die Eig., Blüte u. Fruchttragen der Himbeere unter zeitweiligem Aufhalten der gesamten Entw. der Pflanzen zu verzögern. (Известия Академии Наук Латвийской ССР [Nachr. Akad. Wiss. LettSSR] **1954**. Nr. 9. 89—96. Inst. für Biologie der Akad. der Wiss. der LettSSR.). A. JACOB. 6312

Henry H. Richardson, *Begasung mit Aethylendibromid und Methylbromid von Äpfeln mit Fruchtfliegenbefall.* Larven von Fruchtfliegen in Äpfeln konnten durch Behandlung mit Äthylendibromid in einer Gaskammer in einer Aufwandmenge von $^1/_4$ lb/1000 cubic feet in 2 Std. vollständig abgetötet werden. Methylbromid war in einer Aufwandmenge von $1^1/_4$ bis 2 lb/1000 cubic feet wirksam. Die Tempp. lagen bei 70—76° F. (J. econ. Entomol. **48.** 483—84. Aug. 1955. Entomol. Res. Branch, Agr. Res. Serv. U. S. D. A.) W. KNÖPKE. 6312

K. Bektimirowa, *Die Anwendung innerpflanzlicher Gifte zur Bekämpfung von saugenden Schädlingen.* Bei einer Bestäubung der Baumwollsaat mit 12%ig. *Hexachloran* (I) (5 kg/dz Saatgut) dauerte die tox. Wrkg. ca. $1^1/_2$ Monate. Die Thripse wurden fast vollständig vernichtet. Die Entw. der Läuse u. der Spinnenzecke wurde stark gehemmt. Nach Beendigung der tox. Wrkg. ($1^1/_2$ Monate) des I wurden die Blätter der Baumwollpflanzen mit 0,2%ig. Oktamethyl (II) gespritzt. Schon vom 4. Tage an wurden alle Pflanzen von allen Arten saugender Schädlinge fast völlig frei. Die Wrkg. des II dauerte 30 Tage. Die Erträge wurden dadurch erhöht. Unter dem Einfl. von I ist der Pflanzenstoffwechsel intensiver u. daher der Bedarf an Mineralstoffen u. W. höher. (Хлопководство [Baumwoll-Wirtsch.] **6.** Nr. 2. 46—47. Febr. 1956. Allunions Wiss. Inst. für Baumwollbau.) OTTO MAIER. 6312

John W. Wilson und **Walter H. Thames,** *Die Wirkung der Teilchengröße des aktiven Bestandteiles in DDT-Staub bei der Bekämpfung von Heliothis armigera.* Verss. mit 5 *DDT*-Stäubemitteln, die eine Teilchengröße des Wirkstoffes zwischen 1,57 μ u. 11,5 μ aufwiesen, ergaben keine Unterschiede in der Abtötung gegenüber Larven von Heliothis armigera. (J. econ. Entomol. **48.** 416—18. Aug. 1955. Sandford, Central Florida Exp. Stat., Belle Glade, Everglades Exp. Stat.) W. KNÖPKE. 6312

Dewey E. Born und **Ralph H. Davidson,** *Die Wirkung von Pyrethrinen in Kombination mit chlorierten Kohlenwasserstoffen auf resistente und nichtresistente Stubenfliegen.* Die chlorierten KW-stoffe *Aldrin, Dieldrin, Endrin, Isodrin* (I), *Chlordan* u. *Heptachlor* (II) wurden allein u. in Kombination mit *Pyrethrinen* gegen einen resistenten u. einen nichtresistenten Stamm von Musca domestica getestet. Bei dem resistenten Stamm waren alle Kombinationen wirksamer als die Einzelkomponenten, u. zwar ergab sich die Abtötung als Summe der Wirkungen der beiden einzelnen Komponenten. Beim nichtresistenten Stamm ergab sich die gleiche additive Wrkg. mit Ausnahme von I u. II, bei denen sich Antagonismus bemerkbar machte, der die Abtötung wesentlich verminderte. (J. econ. Entomol. **48.** 413—14. Aug. 1955. Columbus, Ohio State Univ.) W. KNÖPKE. 6312

W. A. Gersdorff und **P. G. Piquett,** *Ein Vergleich von Cyclethrin, Allethrin, Pyrethrinen und Mischungen mit Piperonylbutoxyd oder Sulfoxyd gegen Musca domestica.* Beim Test von *Cyclethrin* (I), *Allethrin* (II) u. *Pyrethrinen* (III) allein u. in Kombination mit den synergist. Substanzen *Piperonylbutoxyd* (IV) u. *Sulfoxyd* (V) wurden folgende Ergebnisse erzielt: **I** war 0,6mal so tox. wie **II** u. 1,5mal so tox. wie **III**. In Kombinationen von einem Teil des Insekticides mit 10 Teilen des Synergisten verstärkten **IV** u. **V** die Wrkg. von **I** in gleicher Weise u. stärker als **II**. **V** war in Verbindung mit **III** stärker wirksam als **IV**. Bei Mischungen gleicher Teile waren die Kombinationen von **I**, **II** u. **III** mit den Synergisten $8^1/_2$, 3 u. 20mal so stark wirksam wie die entsprechenden Insekticide allein. Auch bei der Prüfung der Sofortwirkung wurden bei Zusatz der Synergisten ähnliche Steigerungen der Wirksamkeit erzielt. (J. econ. Entomol. **48.** 407—09. Aug. 1955.) W. KNÖPKE. 6312

István Terts, *Einfache Labormethode zur Bestimmung der Haltbarkeit von Bodenkrumen.* Vf. beschritt eine von ihm entwickelte Vereinfachung der Meth. von SEKERA u. BRUNNER (Pflanzenernährung **29.** 169 [1943.]). (Agrokémia és Talajtan **3.** 253—55. Sept. 1954. Budapest, Kertész. és Szölész. Föiskola, Talajtani Int.) G. V. PILINSZKY. 6324

Je. W. Arinuschkina und **T. P. Boltenko,** *Eine Schnellmethode zur Bestimmung der Gesamtkieselsäure im Boden.* Ca. 1 g Boden wird mit der 6fachen Menge K_2CO_3 u. Na_2CO_3 geschmolzen u. mit 25 ml dest. W. + 25 ml konz. HCl 20—30 Min. auf dem Wasserbad gelöst. Zur Ausfällung der SiO_2 werden der heißen Lsg. zuerst 25 ml konz. HCl u. dann 10 ml einer frischbereiteten 1%ig. Gelatinelsg. zugesetzt, 2 Min. gut durchgemischt, ca. 5 ml heißes dest. W. zugesetzt, mit einem Uhrglas bedeckt u. 10 Min. auf einem heißen (nicht kochenden) Wasserbad stehengelassen. Nach Erkalten u. Absitzen wird filtriert. Der Nd. wird mit heißer 5%ig. HCl-Lsg. 5—6mal, dann 3—4mal mit heißem dest. W. gewaschen, leicht getrocknet u. geglüht. Die Verss. zeigten, daß die Ggw. von Gelatine die Best. von Sesquioxyden, Fe, Ca u. Mg nicht stört. Bei der Mn-Best. muß die Gelatine mit HNO_3 u. H_2O_2 zerstört werden. Die Best. des Gesamt-SiO_2 mit Gelatine erfordert 5—6mal weniger Zeit als die Best. mit Hilfe der klass. HCl-Methode. (Вестник Московского Университета Серия Физико-Математических и Естественных Наук [Nachr. Moskauer Univ.] **10.** Nr. 3. [physik.-math. naturwiss. Ser.] Nr. 2. 105—13. März 1955. Lehrstuhl für Bodenkunde.) OTTO MAIER. 6324

Herman F. Beckman, *Bestimmung von Aldrin und Dieldrin in Kombinations-Präparaten durch Verteilungschromatographie.* Zur Best. von *Aldrin* (**I**) in kombinierten Insekticidstäuben nebeneinander u. neben *DDT* u. *Schwefel* geben Vff. ein verteilungschromatograph. Verf. an. Konz. Lsgg. oder Emulsionen in schwerflüchtigen Lösungsmitteln ließen sich nach diesem Verf. nicht analysieren. — 20 g Insekticidstaub werden 4 Std. im Extraktor mit der mobilen Phase (n-Hexan gesätt. mit Nitromethan) extrahiert. Koagulierter S wird entfernt u. mehrmals mit je 15 ml mobiler Phase extrahiert. Die vereinigten Extrakte werden mit 2 ml Farbstofflsg. [50 mg „D- u. C-Rot Nr. 18" (**III**) u. 100 mg „D- u. C-Violett Nr. 2" (**IV**) in 100 ml mobiler Phase gelöst] versetzt u. auf 100 ml aufgefüllt. Säulenfüllung: 70 g Silicagel werden in einem Mischgerät mit 250—300 ml mobiler Phase u. ca. 40—50 ml Nitromethan gut vermischt. 10 ml Probelsg. werden aufgegeben. **I** erscheint im Eluat, wenn der Anfang von **III** etwa die Mitte der Säule erreicht hat. Diese Fraktion enthält alles **I** u. gegebenenfalls S. Mit dem ganzen **III** wird gleichzeitig DDT eluiert. Darauf folgt **II. IV** zeigt das Ende dieser Fraktion an. Alle Fraktionen werden zur Trockne gebracht (**I** ist etwas flüchtig!), S wird koaguliert u. entfernt, u. gewogen. **I** u. DDT lassen sich durch Abdampfen mit Skellysolve F zur Kristallisation bringen. (Analytic. Chem. **26.** 922—24. 19/5. 1954. College Station, Tex., Texas Agr. Exp. Stat., U. S. Dep. of Agr., Bur. of Entomol. and Plant Quarantine.)

K. PRCHAL. 6328

International Minerals & Chemical Corp., New York, N. Y., übert. von: **Ira M. LeBaron,** Lakeland, Fla., V. St. A., *Herstellung von Phosphatdüngemitteln.* Feingemahlene Rohphosphate, z. B. Florida-, Tennessee-, Montana- oder Knochenphosphate, die zu ca. 48—80% durch ein 200 Maschen-Standard-Sieb gehen, werden unter starkem, ständigem Rühren ca. 1—2 Min. mit 50—70%ig. H_2SO_4 von 65—100° in ca. 1—10%ig. Überschuß vermischt. Nach ca. 15—20 Min. oder längerer Lagerung wird die M. in Hammermühlen u. dgl. gepulvert u. dann mit W. oder verd. wss. $CaH_4(PO_4)_2$-Lsg. bei ca. 72—82° im Gegenstrom unter Rühren ausgelaugt, worauf das Gemisch durch Filtrieren oder Zentrifugieren getrennt wird. Die abgetrennte Lsg. wird nach Zusatz von CaO, $Ca(OH)_2$ oder $CaCO_3$ in Drehtrommeln bei ca. 150—200° getrocknet u. granuliert. Das Prod. enthält ca. 55—56% P_2O_5, davon ca. 37% in wasserlösl. Form. Der Rückstand wird in Teilchen aufgeteilt, die kleiner u. größer als 150—200 Maschen sind. Die größeren Teilchen werden mit konz. H_2SO_4 aufgeschlossen u. in die erste Stufe des Verf. zurückgeführt. (**A. P. 2 709 649** vom 26/9. 1950, ausg. 31/5. 1955.) H. KARST. 6283

Office National Industriel de l'Azote, Frankreich (Erfinder: **Robert Guillet, André Sicart** und **Jean Cluzel**), *Behandlung von Calciumnitrat.* Das beim Salpetersäure-Aufschluß von Rohphosphaten erhaltene *Ca-Nitrat,* welches noch freie HNO_3 u. H_3PO_4 enthält, wird mit ammoniakal. NH_4-Nitrat-Lsg. neutralisiert; gegebenenfalls kann auch mit CaO oder $Ca(OH)_2$ teilweise neutralisiertes Ca-Nitrat auf diesem Wege vollständig neutralisiert werden. Der N-Geh. wird erhöht u. das Prod. stellt ein nichthygroskop. *Düngemittel* dar. (**F. P. 1 038 108** vom 5/6. 1951, ausg. 25/9. 1953.) W. WITTHOLZ. 6285

Newport Industries, Inc., übert. von: **Carlisle H. Bibb** und **Reid H. Leonard,** Pensacola, Fla., V. St. A., *Herstellung von Düngemitteln.* Holzspäne oder andere Lignocellulose enthaltende Stoffe, z. B. Getreideabfälle, Maiskolben, Bagasse u. dgl., werden in wss. Mineralsäuren, bes. 3—15%ig. H_2SO_4, HCl, HNO_3 oder H_3PO_4, eingeweicht, worauf die M. in Autoklaven bei ca. 160° unter Druck hydrolysiert, dann mit W. bis zum p_H von ca. 2,0—6,0 ausgewaschen u. der Rückstand abfiltriert wird. Das feuchte Hydrolyseprod. wird ohne Trocknung mit $CO(NH_2)_2$ u. CH_2O im mol. Verhältnis von 1:1 bis 2:1 versetzt u. die M. bei 30—90° zur Kondensation gebracht, worauf das Gemisch getrocknet u. gemahlen wird. Die braune M. enthält ca. 20—38% N in langsam pflanzenaufnehmbarer Form u. kann als solche zur Düngung von Kulturpflanzen verwendet oder Mischdüngern zur Verhinderung des Zusammenbackens beigemischt werden. Das Kondensationsprod. ist in der M. teilweise in dispergierter u. teilweise in chem. gebundener Form enthalten. (**A. P. 2 714 553** vom 15/2. 1951, ausg. 2/8. 1955.) H. KARST. 6285

Jean Baron und **Gaston Planchard,** Frankreich, *Verbesserung der Keimfähigkeit von Getreide.* Die Samen werden mit einer 1—2%ig. Fe- oder $MnSO_4$-Lsg. behandelt, welcher noch reduzierende Stoffe, wie Fe-Pulver, Na-Metabisulfit zugesetzt sein können. Durch diese Behandlung wird die Keimung selbst gealterten Saatgutes um ca. 10% gesteigert. (**F. P. 1 045 238** vom 17/11. 1951, ausg. 24/11. 1953.) W. WITTHOLZ. 6313

B. F. Goodrich Co., New York, N. Y., V. St. A., *Ester der Trichloressigsäure mit Glykolen* vom Mol.-Gew. 62—400 der allg. Zus. $CCl_3—COO—(R—O)_n—Y$ (R = aliphat. KW-stoffrest $C_2—C_4$, n = 1—7, Y = H oder $CCl_3—CO—$) dienen als *Herbicide.* (**E. P. 738 626** vom 30/9. 1953, ausg. 19/10. 1955. A. Prior. 31/10. 1952.)

O. MÜLLER-MEININGEN. 6313

E. I. du Pont de Nemours & Co., übert. von: **Henry J. Gerjovich**, Wilmington, Del., V. St. A., *Substituierte Harnstoffe.* Durch Rk. von Methylisopropylamin mit $C_6H_5 \cdot NCO$ in Toluol erhält man *3-Phenyl-1-methyl-1-isopropylharnstoff,* F. 129,5—131°.— Analog: *3-Phenyl-1-methyl-1-n-butylharnstoff,* F. 79,5—80,5°; *3-Phenyl-1-methyl-1-n-propylharnstoff; 3-Phenyl-1-methyl-1-sek.-butylharnstoff; 3-p-Tolyl-1-methyl-1-sek.-butylharnstoff; 3-(4'-Äthylphenyl)-1-methyl-1-n-propylharnstoff.* — *Herbicide* Wirkung. (**A. P. 2 728 654** vom 13/10. 1953, ausg. 27/12. 1955.) A. BRÖSAMLE. 6313

Dow Chemical Co., Midland, übert. von: **Edgar C. Britton**, Midland, Mich., und **Bruce A. Ashby**, Schenectady, N. Y., V. St. A., *Dialkalisalze von N-(2-Oxyalkyl)-alkylen-bis-dithiocarbamaten* sind wertvolle tox. Bestandteile für *fungicide* Mittel. Man erhält sie durch Rk. von CS_2 mit einem N-(2-Oxyalkyl)-alkylendiamin in wss.-alkal. Medium. Es werden die *Dinatrium-* bzw. *Dikaliumsalze* von *N-(2-Oxyäthyl)-äthylen-* u. *N-(2-Oxyäthyl)-propylen-bis-dithiocarbaminsäure* hergestellt. (**A. P. 2 733 262** vom 6/5. 1954, ausg. 31/1. 1956.) A. BRÖSAMLE. 6313

Ethyl Corp., übert. von: **Calvin N. Wolf**, New York, N. Y., V. St. A., *Chlorierte Triazine.* Bei Einw. von Cl_2 auf 2.4-Dichlor-6-anilino-1.3.5-triazin (erhalten durch Rk. von Cyanurchlorid mit 1 Mol Anilin) in CCl_4 bei Rückflußtemp. entsteht ein Gemisch, das zu ca. 88% aus *2.4-Dichlor-6-(4'-chloranilino)-1.3.5-triazin* u. zu 2% aus *2.4-Dichlor-6-(2'-chloranilino)-1.3.5-triazin* besteht. Bei Zusatz von etwas J_2 als Katalysator entsteht *2.4-Dichlor-6-(2'.4'-dichloranilino)-1.3.5-triazin.* — *Fungicide* Wirkung. (**A. P. 2 728 767** vom 25/6. 1953, ausg. 27/12. 1955.) A. BRÖSAMLE. 6313

DEHYDAG Deutsche Hydrierwerke G. m. b. H. (Erfinder: **Ernst Götte**), Düsseldorf, *Schädlingsbekämpfung.* Verwendung von Mischungen, die durch Zusammenschmelzen von Verbb., welche Di- bzw. Trihalogenmethyl- oder Dihalogenmethylengruppen enthalten, u. kationenakt. Verbb. erhalten werden, gegebenenfalls unter Zusatz von Kationharzen, zur Herst. von Pulvern oder wss. Emulsionen für die Schädlingsbekämpfung. (**D. B. P. 937 856** Kl. 451 vom 18/11. 1943, ausg. 19/1. 1956. Anmeldung bekanntgemacht 24/7. 1952.) H. NEBELSIEK. 6313

J. R. Geigy Akt.-Ges., Basel, Schweiz, *Mittel gegen Milben und Spinnen,* enthaltend z. B. 1.1-Di-(p-chlorphenyl)-2-chloräthanol u. α.α-Bis-(p-chlorphenyl)-β.β.β-trichloräthan. Anwendung als Emulsion oder auf inerten Trägern als Stäubemittel. (**E. P. 726 084** vom 23/2. 1953, ausg. 16/3. 1955. Schwz. Prior. 22/2. 1952.) K. HEINZE. 6313

Victor Chemical Works, übert. von: **Arthur Dock Fon Toy**, Park Forest, Ill., V. St.A., *Unsymmetrische Tetraalkylpyrophosphate* (**I**) der Formel $(RO)_2P(:O)—O—P(:O)\cdot(OR_1)_2$ erhält man aus Dialkylchlorphosphaten u. Dialkylphosphaten in Ggw. eines tert. Amins bei Tempp. unterhalb der Zersetzungstemp. der **I**. Wird das tert. Amin in stöchiometr. Menge zum Cl-Geh. angewandt, so setzt man ein inertes organ. Lösungsm., z. B. Pyridin, α-Picolin, N-Äthylmorpholin, zu. In **I** stellen R u. R_1 verschied. Alkylgruppen dar. — 0,26 (Mol) reines Diäthylphosphat u. 0,26 Di-isopropylchlorphosphat in absol. Ae. werden in Ggw. von 0,26 Pyridin, gelöst in Ae. bei 30—31° innerhalb 42 Min. gemischt, bei 34° 1 Std. gerührt u. bei 36—38° unter Rückfluß erhitzt. Man filtriert vom Pyridinhydrochlorid, dest. den Ae. ab u. erhält *Diäthyldiisopropylpyrophosphat,* $Kp._{0,01-0,006}$ 105°; n_D^{25} 1,4810, $D._{25}$ 1,1322.—Es werden ferner hergestellt: *Diisopropyl-di-n-butylpyrophosphat,* $Kp._{0,007}$ 115—122°, n_D^{25} 1,4235, $D._{25}$ 1,0682; *Diisopropyl-di-n-propylpyrophosphat,* $Kp._{0,003-0,009}$ 110—114°, n_D^{25} 1,4210, $D._{25}$ 1,0949 u. *Diäthyldibutylpyrophosphat,* $Kp._{0,007}$ 115—118°, n_D^{28} 1,4248. — *Insekticide.* (**A. P. 2 683 733** vom 29/10. 1949, ausg. 13/7. 1954.) G. KÖNIG. 6313

Farbenfabriken Bayer Akt.-Ges., Leverkusen (Erfinder: **Walter Lorenz**), *Her-Herstellung von Thiophosphorsäureestern,* dad. gek., daß man Verbb. der Formel **I**, in der X = —CO— oder —SO_2— u. R einen organ. (aliphat., aromat. oder heterocycl.) Rest bedeuten, in einem indifferenten Lösungsm. (Aceton) bei erhöhter Temp. mit Salzen der Dialkylthio- bzw. -dithiophosphorsäuren umsetzt. — Zu 42 (g) O.O-Diäthylthiophosphorsaurem Kalium, in 150 cm³ Aceton gelöst, werden bei 30° 48 N-Brommethylphthalimid in 400 cm³ Aceton getropft. Nach 30 Min. gießt man die Reaktionsmischung in W., extrahiert das entstandene Öl mit Bzl., wäscht die benzol. Lsg. mit W., trocknet sie über Na_2SO_4 u. dest. das Bzl. im Vakuum ab. Man erhält 32 *O.O-Diäthyl-S-(phthaliminomethyl)-thiophosphat,* F. 71°. — Analog: *O.O-Dimethyl-S-(phthaliminomethyl)-thiophosphat,* F. 74°. — *O.O-Diisopropyl-S-(phthaliminomethyl)-thiophosphat,* hellgelbes Öl, das nicht krist. u. nicht destillierbar ist. —*O.O-Di-n-butyl-S-(phthal-*

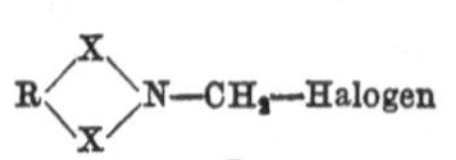

I

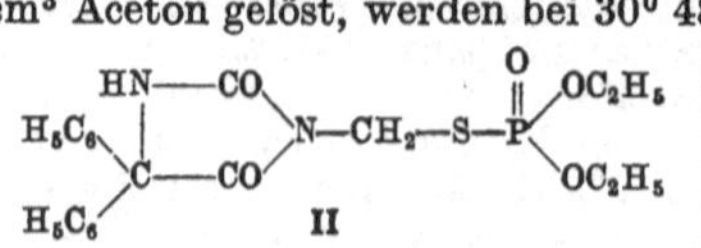

II

iminomethyl)-thiophosphat, nicht destillierbares, hellgelbes Öl. — *O.O-Dimethyl-S-(phthaliminomethyl)-dithiophosphat*, F. 70°. — *O.O-Di-n-propyl-S-(phthaliminomethyl)-dithiophosphat*, blaßgelbes Öl. — *O.O-Diisopropyl-S-(phthaliminomethyl)-dithiophosphat*, F. 113°. — *O.O-Diäthyl-S-(phthaliminomethyl)-dithiophosphat*, F. 64°. — *O.O-Diäthyl-S-(saccharinmethyl)-thiophosphat*, hellgelbes, viscose Öl. — *O.O-Diäthyl-S-(saccharinmethyl)-dithiophosphat*, F. 77°. — *O.O-Dimethyl-S-(succiniminomethyl)-thiophosphat*, wasserlösl. Öl. — *O.O-Diäthyl-S-(succiniminomethyl)-thiophosphat*, wasserlösl., nicht destillierbar. — *O.O-Di-n-propyl-S-(succiniminomethyl)-thiophosphat* u. *O.O-Di-n-butyl-S-(succiniminomethyl)-thiophosphat*, braunrote, wasserunlösl. Öle. — *O.O-Dimethyl-S-(succiniminomethyl)-dithiophosphat*, gelbes Öl. — *O.O-Diäthyl-S-(succiniminomethyl)-dithiophosphat* u. *O.O-Diisopropyl-S-(succiniminomethyl)-dithiophosphat*, gelbe, wasserunlösl. Öle. — *O.O-Diäthyl-S-(naphthaliminomethyl)-thiophosphat*, F. 120°. — *O.O-Diäthyl-S-(chinolinsäureiminomethyl)-thiophosphat*, braunes, dickfl. Öl, nicht destillierbar. — Aus O.O-diäthylthiophosphorsaurem Ammonium u. 3-Brommethyl-5.5-diphenylhydantoin → **II**, F. 144°. — *Insekticide.* (**D. B. P. 930 446** Kl. 12p vom 10/2. 1953, ausg. 18/7. 1955. Anmeldung bekanntgemacht 13/1. 1955.) R. LINK. 6313

Ciba Akt.-Ges., Basel, Schweiz, *Thiophosphorsäureester* der Formel I erhält man durch Kondensation von (γ-Mercaptopropylen)-isopropylendioxyd in Toluol in Ggw. von Na mit Diäthylchlorthiophosphat zuerst bei 20—25°, dann 50—60°, $Kp._{0,4}$ 134°. — *Schädlingsbekämpfungsmittel.* (**Schwz. P. 308 894** vom 22/8. 1952, ausg. 17/10. 1955.) G. KRAUSS. 6313

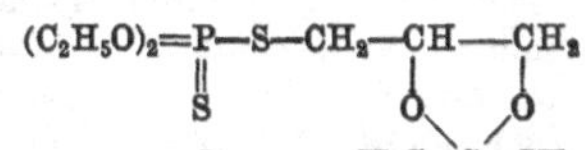

I

VIII. Metallurgie. Metallographie. Metallverarbeitung.

J. W. Cuthbertson, *Neuere Fortschritte in der elektrolytischen Extraktion von Mangan, Chrom und Kobalt.* Zusammenstellung zahlreicher Versuchsergebnisse u. prakt. Erfahrungen aus Versuchsanlagen u. Betrieben zur Elektrolyse von Mn-, Cr- u. Co-haltigen niedergrädigen Erzen. Größere Mn-Elektrolysen (Boulder City u. Knoxville, Tenn.) sind unter bestimmten Voraussetzungen der therm. Aufarbeitung reicherer Erze wirtschaftlich gleichwertig, was bei Cr- u. vor allem Co-Elektrolysen noch nicht zutrifft. — 22 Literaturstellen. (Chem. and Ind. **1952.** 1165—70. 29/11. Greenford, Middlesex, Tin Res. Inst.) H. ECKHARD. 6360

S. V. Griffith, *Der Silvermines-Betrieb, Grafschaft Tipperary, Irland.* Beschreibung der Geologie der *Galmei-*, *Pyrit-*, *Chalkopyrit-* u. *Bleiglanz*-Vorkk. der SILVERMINES, der Abbau- u. Aufbereitungs-Verff. u. der Betriebsergebnisse mit zahlreichen Abb. u. Fließschemata. Der Galmei wird im Drehofen zu ZnO abgeröstet, das ZnO durch Wollfiltersäcke abgeschieden; das Bleiglanzerz wird in Stufen zerkleinert u. durch Flotation aufkonzentriert. (Mining Mag. **92.** 137—50. März. 206—15. April. 277—82. Mai. 332—37. Juni 1955.) H. ECKHARD. 6360

Strathmore R. B. Cooke und **Eugene L. Talbot,** *Fluorchemische Kollektoren in der Flotation.* C_9- u. C_{11}-perfluorierte Carbonsäuren sind als Sammler bei Hämatit den analogen H-Verbb. überlegen, sie müssen in stärker saurer Lsg. verwendet werden als die Fettsäuren. Die fluorierte quaternäre Verb. $C_7H_{15}CONHC_2H_4N^+C_5H_5Cl^-$ erwies sich als sehr guter Quarz-Hämatit-Trenner bei $p_H > 5$ sogar bei einem schlammigen Fe-Erz, ebenso $C_7H_{15}CONHC_2H_4N^+(C_2H_5)_2CH_3J^-$. Einige fluorierte Xanthate (CF_3CH_2OCSSK u. $CF_3CF_2CH_2OCSSK$) wirkten als selektive Sammler bei niedrigem p_H für Pyrit. — 13 Literaturstellen. (Mining Engng. **7.** Trans. AIME **202.** 1149—52. Dez. 1955. Minneapolis, Minn., Univ. of Minnesota, u. St. Paul, Minnesota Min. u. Mfg. Co.) H. ECKHARD. 6362

Werner Scheibe, *Hochvakuumöfen.* Bau u. Verwendung von Hochvakuumöfen, bes. Widerstands- u. Lichtbogenöfen. — 15 Schrifttumsangaben. (Z. Metallkunde. **46.** 242—53. April 1955. Hanau.) H. HOCHSTEIN. 6370

C. Burns, *„3D" sondiert den Hochofen. Anwendung von stereoskopischer Photographie in der Metallurgie.* Vf. beschreibt eine Anordnung zur stereokinematograph. Unters. der Verbrennungszone eines Hochofens. Die Aufnahmetechnik sowie die Auswertung der Filme wird genau beschrieben. Es konnte mit Sicherheit ein Hohlraum in der Verbrennungszone nachgewiesen werden, um den die Teilchen (Koks, Kalkstein, Erz) durch den eingeblasenen Wind mit Geschwindigkeiten bis zu 50 Fuß pro Sek. fliegen. Die Bewegungsrichtung der Teilchen kann genau verfolgt werden. (Iron Coal Trades Rev. **170.** 603—08. 18/3. 1955.) C. GOTTFRIED. 6372

W. Jackson, *Verwendung von kaltem Koksofengas und einer Pech—Kreosot-Feuerung in Kippöfen. Entwicklung bei Appleby-Frodingham.* Entw. einer Mischgasfeuerung für kippbare SIEMENS-MARTIN-Öfen. (J. Iron Steel Inst. **178.** 378—90. Dez. 1954. Sennthorpe, Appleby-Frodingham Steel Co.) H. HOCHSTEIN. 6372

L. F. Daws und **R. D. Collins,** *Konvektion und die Erhitzung von Schrott. Eine theoretische Erörterung.* Angestellt wird ein Vers. zur theoret. Schätzung der Abnahme der Schmelzzeit in einem SIEMENS-MARTIN-Ofen, welche durch eine konvektive Wärmeübertragung aus den Flammengasen verursacht wird, weil diese Gase zu solchen Teilen der Beschickung vordringen, die durch eine direkte Strahlung aus der Flamme, von der Decke u. Wänden nicht erhitzt werden. Es wird gezeigt, daß in der Praxis die Wärmeleitfähigkeit je Dickeneinheit des Beschickungskörpers so groß ist wie die der Wärmeübertragung durch Konvektion aus den Gasen auf den Körper, u. daß infolgedessen die zur Erhitzung der Beschickung erforderliche Zeit wenigstens um 25% für eine vollkommene Durchdringung der Beschickung mit Flammengasen verringert wird. Wenn die Temp. der Durchdringungsgase 10% größer ist als die der Strahlungsquelle, ergibt eine vollständige Durchdringung eine 10%ig. Verringerung in der Erhitzungszeit. (J. Iron Steel Inst. **178.** 349—53. Dez. 1954. Lancashire, U. K. Atomic Energy Authority.) H. HOCHSTEIN. 6372

Fr. W. Landgraeber, *Thermische Erzaufbereitung mittels Rennverfahren.* Beschreibung des bes. für SiO_2-reiche niedergrädige Fe-Erze bewährten KRUPP-Renn-Verf. u. seiner Erweiterung, des Renn-Wälz-Verf., das die Gewinnung von im Erz enthaltenem *Zn, Pb, As, Ag, Sn* usw. ermöglicht. Hinweise auf fertige oder geplante Anlagen zur Verhüttung auch von *Ti–Ni–Magnetit*-Erzen u. *Hämatit*-Konzentraten. (Bergbau-Rdsch. **5.** 29—32. Jan. 1953. Essen.) H. ECKHARD. 6380

J. Wesley Cable, *Neue Fortschritte beim dielektrischen Brennen von Sandkernen.* Übersicht über die Ausführung, Zubehör, Vorteile u. Wirtschaftlichkeit des dielektr. Brennens von Sandkernen. — Diskussion. (Trans. Amer. Foundrymen's Soc. **59.** 159—70. 1951. Louisville, Ky., Girdler Corp., Thermex Div.) W. WESLY. 6382

Bernard M. Ames, *Die zahlreichen Vorteile der Schalengußform.* Übersicht über die Anwendbarkeit des Schalenformgußes (Volumenabmessungen) u. seine Vorteile (Ersparnisse beim Putzen des Gußstückes). (Steel **129.** Nr. 23. 90. 92. 3/12. 1951. New York, N. Y., Naval Shipyard, Casting Dev. and Foundry Pract. Sect., Material Labor.) W. WESLY. 6382

James Van Voast, *Metall-Legierungen für den Spritzguß.* Überblick über die Spritzgußtechnik (I) u. hierfür geeignete Legierungselemente. Die Eigg. u. Zus. der in USA verwendeten Legierungen, Werkstoffe u. Herst. der Spritzgußapp. sowie die Kontrolle der Fertigprodd. werden näher beschrieben. Abschließend wird kurz auf den Stand der I in Italien hingewiesen. (Fonderia [Milano] **4.** 359—65. Aug. 1955.) A. SANDER. 6382

W. F. Carn und **D. F. Mika,** *Preßguß: Gußschrott mit 4% Kohlenstoff steuert die chemischen Vorgänge beim Schmelzen.* Besser als andere Schmelzwerkstoffe gewährleistet Kugelschrott mit 4% C den einwandfreien Verlauf der Herst. von Preßgußschmelzen (Zahlentafel der Zusatzmengen). (Mod. Castings Amer. Foundryman **28.** Nr. 5. 34—35. Nov. 1955. Cleveland, O., Precision Metalsmiths, Inc.) W. WESLY. 6382

J. F. Alder und **V. A. Phillips,** *Der Einfluß der Verformungsgeschwindigkeit und der Temperatur auf die Beständigkeit von Aluminium, Kupfer und Stahl gegen Druck.* Die Spannungs–Dehnungs-Kurven wurden bei 50%ig. Abnahme der Probenhöhe durch Druckbeanspruchungen bei konstanten wahren Verformungsgeschwindigkeiten im Bereich von 1—40 sec^{-1} für handelsüblich reines *Al* bei Tempp. von —190 bis 550°, für mit P desoxydiertes *Cu* bei 18—900° u. für *Stahl* mit 0,17 (%) C, 0,62 Mn, 0,153 Si, 0,054 u. 0,032 P ermittelt. Bei höheren Tempp. wurden Gläser als Schmiermittel verwendet. Die Spannungs–Dehnungs-Kurven für Cu bei 750 u. 900° u. für den Stahl zeigten einen Abfall in der Spannung bei höheren Verformungen, was im Gegensatz zum Verh. von Al bei 350—550° stand, welches bei etwa konstanter Spannung oberhalb einer bestimmten Verformung unverändert blieb. Die Spannung für eine gegebene Verformung nahm mit der Verformungsgeschwindigkeit in guter Übereinstimmung mit der physikal. Gesetzmäßigkeit zu. Der Kraftindex nimmt mit der Temp., u. bei höheren Tempp. auch mit der Verformung zu. — 28 Schrifttumsangaben. (J. Inst. Metals **83.** 80—86. Nov. 1954. Cambridge, Univ.) H. HOCHSTEIN. 6388

John R. Watt, *Die Wahl der richtigen Tieftemperaturmetalle.* Übersicht u. prakt. Hinweise. — 15 Literaturzitate. (Machine Design **23.** 117—21. Okt. 1951. Austin, Tex., Univ., Mech. Engng.) W. WESLY. 6388

A. D. Morgan, *Fehler in Kupolofen-Eisen.* Kurzbericht über eingehende Verss. zur Ermittlung der Ursachen von häufigen, gasblasenhaltigen Fehlgüssen eines Kupolofenbetriebes, die in zu hohem Mn-Geh. der Beschickung gefunden wurden u. höheren Kalkzusatz erfordern. (Foundry Trade J. **99.** 471. 27/10. 1955. Birmingham, Central Res. Labor. Ltd.) H. ECKHARD. 6390

Masao Kō, *Die elektrolytische Raffination von Eisen.* Übersicht über Geschichte, Grundlagen u. Ausführungsformen der elektrolyt. Reinigung von Fe u. dessen Eigenschaften. — 102 Literaturangaben. (J. electrochem. Soc. Japan **21.** 204—11. Mai 1953. Tokyo, TH. [Orig.: japan.]) L. SCHULER. 6392

B. Jones und **R. A. Owen-Barnett**, *Die Reckalterung von reinem Eisen. Die Alterung von reinem Eisen nach einem oberflächlichen Walzen mit geringem Druck und Zugbelastung.* Reines Eisen mit einer großen Korngröße von ca. 0,18 mm sowie mit 0,002—0,004 (%) C u. 0,001—0,002 N_2 besitzt eine wohl ausgeprägte Streckgrenze in einem autograph. Spannungs–Dehnungs-Diagramm. Ein kaum wahrnehmbarer Betrag einer Reckalterung tritt nach leichtem oberflächlichen Walzen oder einer Zugbelastung auf. Die Alterungsgeschwindigkeit von reinem Eisen bei Raumtemp. nach einem solchen Walzen ist beträchtlich größer als bei handelsüblichen niedriggekohlten Stählen, nämlich etwa so groß wie der von SIEMENS-MARTIN-Flußstahl. Im Gegensatz zu dem handelsüblichen Flußstahl bringen künstliche Alterungsbehandlungen des oberflächlich nur wenig gewalzten reinen Eisens im Temperaturbereich von 75—200° Ergebnisse, die mit denen nach einer Ausalterung von einem Monat bei 20° vergleichbar sind. Dies wird auf die leichte Wanderung der C- u. N-Atome in einem Metallgitter, das verhältnismäßig frei von ihre Bewegungen hemmenden Mn-Atome ist, zurückgeführt. Durch das Walzen hervorgerufene Restspannungen verzögern die Alterungsgeschwindigkeit nicht merklich. Ein Ausglühen in feuchtem H_2 beseitigt die Streckgrenze u. die Reckalterung, weil hierdurch C u. N auf außerordentlich geringe Gehh. verringert werden. — Schrifttumsangaben. (J. Iron Steel Inst. **180.** 20—23. Mai 1955. Newport, Mon., Whitehead Iron and Steel Co. Ltd.) H. HOCHSTEIN. 6392

B. G. Baldwin, *Der Vorgang der Reduktion von Eisenoxyden durch festen Koks.* Der Vorgang der Red., wie sie in einem erhitzten Bett aus Eisenoxyd u. Koks eintritt, wird untersucht. Hierbei zeigt sich, daß die Red. fast ausschließlich durch Gas-Rkk. bewirkt wird, in welchen ein Mol. CO das Eisenoxyd red. u. das gebildete CO_2 mit dem Koks unter Bldg. von 2 CO reagiert, welches für eine weitere Red. zur Verfügung steht. Die Anwendung dieser Untersuchungsergebnisse auf die Bewertung des Hochofenprozesses wird erörtert. — 20 Schrifttumsangaben. (J. Iron Steel Inst. **179.** 30—36. Jan. 1955. Imp. Coll. of Sci. and Technol.) H. HOCHSTEIN. 6400

Fritz Naumann, *Anwendungsmöglichkeiten des Kokillengusses in Grau- und Tempergießereien.* Allg. Ausführungen. (Giessereitechnik **1.** 230—33. Dez. 1955. Leipzig.) M. WINIKER. 6402

C. R. Austin, *Die Wärmebehandlung von Grauguß.* Zweck u. Ausführung der Wärmebehandlung von Grauguß werden beschrieben (Normalisieren zwecks Entspannung, Erhitzen u. Abschrecken zwecks Vollhärtung, Erhitzen, Abschrecken u. Anlassen zwecks Erhöhung von Festigkeit u. Zähigkeit, Oberflächenhärtung durch Flammen- oder elektr. Induktionserwärmung). (Mod. Castings Amer. Foundryman **28.** Nr. 5. 30—33. Nov. 1955. New Rochelle, N. Y., Meehanite Metal Corp.) W. WESLY. 6402

Axel Hultgren und **Gustaf Östberg**, *Gefügeänderungen beim Glühen von weißem Gußeisen mit hohem S: Mn-Verhältnis unter Bildung von sphärolithischem und nichtsphärolithischem Graphit und Änderungen der Sulfideinschlüsse.* (Jernkontorets Ann. **139.** 1—50. 1955. — C. **1955.** 11456.) R. K. MÜLLER. 6402

Charles R. Wilks, Norman A. Matthews und **R. Wayne Kraft jr.**, *Die Eigenschaften von Gußeisen mit Kugelgraphit bei erhöhter Temperatur.* Die Zeit-Standfestigkeit sowie die Bruchfestigkeit von perlit. Gußeisen mit Kugelgraphit sind besser als die von ferrit. Gußeisen mit Kugelgraphitausbildung. Auch ist die Dauerstandfestigkeit (I) bei 425° des perlit. Gußeisens höher. Bei noch höheren Tempp. kann die I des perlit. Gußeisens infolge der allmählichen vorschreitenden Graphitisierung u. Umwandlung zu einem ferrit. Gußeisen mit niedriger I nicht mehr ermittelt werden. Die I eines stabil ferrit. Gußeisens ist bei 425—650° mit der eines niedriggekohlten Stahles vergleichbar. Austenit. Gußeisen mit 2,84—3,05 (%) C, 1,82—2,13 Mn, 2,44—2,67 Si, 21,6—23,2 Ni, 0,064—0,138 Mg, 0,014—0,032 P u. 0,010—0,015 S hat eine höhere I bei 540° als die beiden anderen Gußeisenzuss., die bei 425° schnell ihre Festigkeit verlieren. Das austenit. Gußeisen kann noch bei Tempp. von 650—705° verwendet werden. — Schrifttumsangaben. Diskussion. (Trans. Amer. Soc. Metals **47.** 611—31. 1955.) H. HOCHSTEIN. 6404

D. M. Marsh, *Sphärolithisches Gußeisen für hochbeanspruchte Maschinenteile.* Infolge der guten Gießbarkeit, hohen Zugfestigkeit u. hohen Kerb-Dauerfestigkeit wird Gußeisen mit Kugelgraphitausbldg. verwendet als Werkstoff zur Herst. von Autoklaven, Zylinderköpfen von horizontalliegenden Maschinen, schweren Kurbelwellen, Kompressorenteilen u. dergleichen. Die Festigkeitseigg. werden angegeben u. dabei mit denselben Eigg. von Stahl, der für den gleichen Zweck benutzt wurde, verglichen. (Iron Age **174.** Nr. 11. 135—38. 9/9. 1954. Mount Vernon, O., Cooper-Bessemer Corp.) H. HOCHSTEIN. 6404

C. E. A. Shanahan und **F. J. Lund,** *Vorfeinverfahren bei der Stahlerzeugung. Schaukelofen für die Entschwefelung.* Für die Vorentschwefelung von fl. Stahl mit entschwefelter leichtschmelzbarer Hochofenschlacke in einem mit C ausgekleidetem Schaukelofen wird nachgewiesen, daß stark reduzierende Bedingungen für eine wirksame Entschwefelung des Stahles notwendig u. die Schlackenbasizität nur von untergeordneter Bedeutung sind. Basischere Schlacken beschleunigen zwar die Entschwefelung, jedoch wird erst bei Verwendung einer bin. aus CaO u. Al_2O_3 bestehenden Schlacke die Entschwefelungsgeschwindigkeit durch eine innige Vermischung von Schlacke u. Stahlbad wesentlich erhöht. Es werden die möglichen Verff. zur Vermischung, Erhaltung der für die Rkk. erforderlichen Temp. u. Aufrechterhaltung der notwendigen reduzierenden Bedingungen erörtert. (Iron Coal Trades Rev. **166.** 701—05. 22/3. 1953.) H. HOCHSTEIN. 6408

Rupert Le Grand, *Die Abhängigkeit der Bearbeitbarkeit vom Mikrogefüge.* Übersicht über den Einfl. des Mikrogefüges von Eisen u. Stahl auf deren Bearbeitbarkeit. (Machinist **95.** 191—206. 10/2. 1951.) W. WESLY. 6408

Cyrill Schaub, *Der Bruchmechanismus bei Schweißstahl.* In Unterss. an Si–Al-beruhigtem saurem BESSEMER-Stahl werden flache Probekörper mit V-Einschnitten pulsierender Zugbeanspruchung unterworfen, bis Ermüdungsrisse auftreten, die den spröden Bruch einleiten; dieser erfolgt bei einer nominellen Zugbeanspruchung σ'_K, die mit fallender Temp. abnimmt. Der Schnittpunkt der σ'_K-Kurven mit denen der Streckgrenze in Abhängigkeit von der Temp. ergibt eine krit. Temp. T_K; oberhalb T_K kann Bruch nur nach vorausgehender allg. plast. Verformung eintreten, unterhalb T_K auch ohne solche. (Jernkontorets Ann. **139.** 154—73. 1955.) R. K. MÜLLER. 6408

Tore Norén, *Die nominelle Spaltfestigkeit bei Stahl.* Die „nominelle Spaltfestigkeit" bei Stahl wird als die höchste nominelle Zugbeanspruchung definiert, die ein Stahl bei vorhandener Rißbldg. aushält, ohne daß Bruch eintritt. Sie nimmt mit fallender Temp. kontinuierlich ab, wie die konventionelle Streckgrenze mit fallender Temp. kontinuierlich ansteigt. Der Schnittpunkt beider Kurven ist für den Stahl ein Umschlagpunkt, nämlich die Temp., oberhalb deren trotz Ggw. von Rissen Formveränderung durch Translation stattfinden kann u. unterhalb deren nur lokale plast. Verformung in Rißfronten möglich ist, wenn ein Riß vorliegt. Die Beziehungen dieses Punktes zur CHARPY-V-Kurve werden erörtert. (Jernkontorets Ann. **139.** 141—53. 1955.) R. K. MÜLLER. 6408

D. V. Wilson, *Einflüsse der Kaltverformung auf den Zementit im Stahl.* Der Einfl. einer Kaltverformung (I) auf den Zementit im Stahl wird durch magnet. Messungen u. röntgenograph. untersucht. Wenn ein unlegierter Stahl plast. verformt wird, ändert sich der CURIE-Punkt. Das Ausmaß dieser Veränderung ist stark von dem Feingefüge des Stahles u. dem angewandten Kaltverformungsgrad abhängig. Bei der Erwärmung eines kaltverformten Stahles im Temperaturbereich von 200—500° tritt allmählich eine Erholung des CURIE-Punktes ein. Die festgestellte Abhängigkeit der magnet. Intensität von der Temp. beweist das Vorhandensein von Gefügezuständen des Carbids, welche zwischen denen des unverformten Zementits u. dem durch starke I erzeugten Zustand liegen. Die Verschiebungen des Zementit–CURIE-Punktes sind mechan. reversibel u. es besteht Wahrscheinlichkeit, daß dieser CURIE-Punkt direkt durch eine elast. Verzerrung des Zementits beeinflußt wird. I verursacht auch einen kleinen Anstieg in der Magnetisierungsintensität, welche bis zu annähernd 500° bestehen bleibt. Röntgenograph. wird bestätigt, daß das Textur–Spannungs-Syst., welches zwischen dem Ferrit u. Zementit infolge der Kaltverformung auftritt, starke elast. Spannungen auf die Zementitteilchen ausübt. Diese Texturspannungen können einen wichtigen Einfl. auf die Festigkeitseigg. haben. — 22 Schrifttumsangaben. Diskussion. (Trans. Amer. Soc. Metals **47.** 321—50. 1955.) H. HOCHSTEIN. 6408

Guido Camolese, *Die häufigsten Stahlfehler.* Beschreibung der bei der Herst. u. Weiterverarbeitung des Stahls am häufigsten vorkommenden Materialfehler, bes. Einschlüsse von Sulfiden, Oxyden, Silicaten, Nitriden u. Gasen. Letztere, sogenannte exogene Einschlüsse von N, O oder H, rühren bes. von der Erosion der feuerfesten Auskleidungen der Schmelzöfen, Gießpfannen usw. her u. übersteigen die anderen „endogenen" Einschlüsse. Abhilfe schaffen hier höchstwertige feuerfeste Werkstoffe beim Schmelzen des Stahls. Weitere Schäden treten im Zusammenhang mit den Gaseinschlüssen beim Walzen, der therm. u. mechan. Behandlung u. beim Beizen auf, die an 19 Abb. näher erläutert werden. (Fonderia [Milano] **4.** 21—29. Jan. 1955. Mailand, Acciaierie e Ferriere Lombarde Falck, Forschungs- u. Untersuchungslabor.) A. SANDER. 6408

Adam Semkowicz, *Hochlegierte Stähle mit Stickstoffzusatz.* Der N-Zusatz bei verschied. Spezialstählen verbessert die geforderten Eigg. bedeutend. Durch Regulierung der Korngröße mit N wird die Rekristallisation der *Cr*-Stähle beim Walzen gehemmt. (Hutnik **22.** 8—12. Jan. 1955.) F. URBAN. 6410

C. B. Post, D. G. Schoffstall und **H. O. Beaver,** *Einfluß Seltener Erden auf die Warmbildsamkeit von rostfreiem Stahl.* (Vgl. C. **1953.** 4272.) Die Seltenen Erden verbessern die Warmbildsamkeit der austenit. rostfreien Stähle. *Ni* bestimmt die erforderliche Mindestmenge an *Ce* u. *La.* Die Warmbildsamkeit wird durch Rotbruchanfälligkeit von Stauchproben geprüft. (Electr. Furnace Steel Conf., Proc., Iron Steel Divis., Amer. Inst. Mining metallurg. Engr. **9.** 115—33. 1951.) K. STEIN. 6410

C. B. Post und **H. O. Beaver,** *Verwendung von Metallen und Verbindungen der Seltenen Erden beim Schmelzen von nichtrostendem Stahl.* Ausführlichere Wiedergabe der C. **1955.** 201 referierten Arbeit. (Year Book Amer. Iron Steel Inst. **1953.** 183—214. Reading, Pa., Carpenter Steel Co.) W. WESLY. 6410

A. W. Steinberger und **J. Stoop,** *Untersuchungen der Rißempfindlichkeit von Flugzeugbaustählen.* Ausgeführt werden Auflageschweißungen auf 10 mm dickem Blech aus Stahl mit 0,2(%) C, 0,5 Cr, 0,25 Mo u. 1,8 Ni mit verschied. Zusatzwerkstoffen, bes. mit einem Stahl mit 0,3 C, 0,5 Cr, 0,25 Mo u. 1,8 Ni u. mit verschied. Schweißverff., bes. mit dem Arcatom-Verfahren. Nach einer Luftabkühlung wird ein 1std. Spannungsfreiglühen bei 570° vorgenommen. Die Gefügeunterss. u. die Rißprüfung erfolgen nach dem Magnetpulververfahren. Aus den Versuchsergebnissen werden Folgerungen für den Mechanismus der Rißbldg., bes. aber für die Bedeutung des Wasserstoffs dabei gezogen. — Diskussion. (Welding J. **31.** Welding Res. Council Engng. Foundat. 527s—547s. Nov. 1952; **32.** 157s—160s. März 1953. Caldwell, N. J., Curtiss-Wright Corp.) H. HOCHSTEIN. 6410

F. Richter, *Zur Frage der Verwendung von Zamak-Werkzeugen.* Die physikal. u. technolog. Eigg. der Fein-Zn-Legierung *Zamak Z 430,* die im steigenden Maß zur Herst. gegossener Werkzeuge für die Blechverformung Verwendung findet, werden besprochen; die Gießbedingungen u. die Erstarrungsbeeinflussung werden erörtert. — Schrifttumsangaben. (Metall **9.** 666—70. Aug. 1955. Frankfurt/M.) F. VIER. 6426

Curtis W. Dollins, *Eine Untersuchung der Kriech-, Bruch- und Biegeeigenschaften von arsenhaltigen Bleilegierungen für Kabelummantelungen.* Die für die Verwendbarkeit von Kabelummantelungen bes. wichtigen techn. Daten wurden untersucht, u. zwar das Kriechverh. bei gleichmäßiger Zugspannung herauf bis 300 lbs./sq.in., die Zeit bis zum Bruch bei Belastungen von 400—2000 lbs./sq.in. u. die Zahl der schwachen Biegungen bis zum Bruch. Hierbei ergibt sich, daß neben der sauberen Verarbeitung ein geringer Zusatz von *As* in Verbindung mit anderen Bestandteilen eine erhebliche Verbesserung aller 3 Faktoren bewirkt. Dies scheint darauf zu beruhen, daß bei den Bedingungen, denen ein Kabel normalerweise unterworfen ist, die Rekristallisation zurückgehalten wird. Bis zur oberen Grenze von 150° F u. 200 lbs./sq.in. zeigt verkupfertes Pb die gleichen guten Eigenschaften. Die As–Pb-Legierungen besitzen ausgezeichnete Dehnbarkeit, die zwar ein Minimum besitzt, das aber immer noch über den Werten bei n. Ummantelungen liegt. Die As–Pb-Legierungen besitzen ferner ausgezeichnete Widerstandsfähigkeit gegen die Biegungen, wie sie durch die täglichen Temperaturwechsel notwendig sind. Hierbei zeigen die kleinkörnigen Legierungen bessere Widerstandskraft gegen geringe Biegungen, während die grobkörnigen Legierungen größere Biegungen aushalten. — 17 Literaturzitate. (Univ. Illinois, Engng. Exp. Stat., Bull. Ser. Nr. **394.** 1—60. Okt. 1950.) H.-J. HEINRICHS. 6430

Guido Bassi und **Bengt Ström,** *Einfluß des Verformungsgrades auf die Diffusionsvorgänge in einer niedriglegierten Kupfer-Zinn–Phosphor-Legierung.* Stangen aus einer Cu–Sn–P-Legierung mit 0,3% Sn u. 0,2% P zeigen nach der letzten Glühung Sprödigkeitserscheinungen. Diese treten nur auf, wenn die Kaltverformung, die der Glühung vorangeht, niedrig war. In diesem Falle kann man eine Zunahme der Sprödigkeit mit der Glühzeit beobachten. Bei höheren Verformungen hingegen tritt am Anfang der Glühung eine schwache Sprödigkeit auf, welche mit der Glühzeit sehr schnell verschwindet. Eine Erklärung für diese Erscheinungen, welche im Zusammenhang mit Kornseigerungen stehen, wird gegeben. — Schrifttumsangaben. (Z. Metallkunde **46.** 208—09. März 1955.) H. HOCHSTEIN. 6432

Ernst Brunhuber, *Kornverfeinerung von Elektronguß.* Die beste Kornverfeinerung von Elektronguß erzielt man durch Zusatz von *Zr* (0,6—0,7%). Die mechan. Eigg. werden dadurch verbessert, worüber eine Zahlentafel mit den Kennwerten von Zr–Elektron-Legierungen Aufschluß gibt. Neuerdings sind Verss. zur Kornverfeinerung ohne Zr-

Zusatz, unter Zusatz von *$FeCl_3$*, notfalls mit Überhitzung auf 900°, oder von *Y* bekanntgeworden. (Giessereipraxis **72.** 309—10. 25/8. 1954.) W. WESLY. 6444

J. Kamecki, J. Sędzimir und **Z. Zembura,** *Metallurgie und Eigenschaften des Germaniums.* Übersicht über Eigg. u. Verwendung des Ge, sein Vork., Gewinnung des *$GeCl_4$* aus Germanit, Zinkblende u. Steinkohlen u. Darst. des reinen Metalls sowie einiger seiner Legierungen. (Hutnik **22.** 6—8. Jan. 1955.) F. URBAN. 6448

Albert Portevin, *Die Metalle der Platingruppe.* Nach einem geschichtlichen Rückblick über die Gewinnung der Pt-Metalle wird ein Überblick über die Fundquellen, die Verff. der Trennung u. Raffination sowie die derzeitige Erzeugung von *Pt, Pd, Rh, Os, Ir* u. *Ru,* bes. über die naßchem. Pt-Gewinnung sowie über die in Lsgg. verlaufenden chem. Rkk. dieser Metalle, gegeben. Als kennzeichnende Eigg. der Metalle der Pt-Gruppe werden besprochen: Hohe FF., hohe Warmfestigkeit u. Korrosionsbeständigkeit. Die Metalle werden verwendet als Werkstoffe für Normen der M., der Länge u. der Temperaturmeßtechnik. (Rev. Métallurgie **52.** 173—78. März 1955.) H. HOCHSTEIN. 6464

George H. Logan, *Pulvermetallteile; ihre physikalischen Kennwerte und Anwendungsvorteile.* Die physikal. Kennwerte einer Reihe von gesinterten u. wärmebehandelten Metallpulvern (Stahl, Eisen, Messing, Bronze) u. die Möglichkeiten ihrer Anwendung zu verschied. Maschinenteilen werden beschrieben. (Machine Design **23.** 133—36. Okt. 1951. Anaheim, Calif., Kwikset Locks, Inc.) W. WESLY. 6474

Egon Pipitz und **Richard Kieffer,** *Einfluß von Legierungszusätzen auf Festigkeitseigenschaften und Rekristallisation von vakuumgesintertem Molybdän.* Untersucht wird der Einfl. geringer Zusätze von *Be, Ti, Zr, Th, V, Nb, Ta, Cr, W* u. *Mn* zu Mo auf dessen Verarbeitbarkeit zu Blech u. Draht sowie auf die Festigkeitseigg. u. das Rekristallisationsverhalten. Durch DEBYE-SCHERRER-Aufnahmen wird die Löslichkeit von Zr, Th, V u. Mn in Mo bei tiefen Tempp. aus Änderungen der Gitterkonstanten bestimmt. Hierbei bestätigt sich die Regel, daß zwei Metalle um so leichter Mischkristalle bilden, je ähnlicher ihre Atomradien sind. Die Härte bei Mischkristallbldg. wird um so stärker erhöht, je mehr das Atomradienverhältnis von Zusatzmetall zu Mo in positiver oder negativer Richtung von 1 abweicht. Das Rekristallisationverh. der Mo-Legierungen wird durch Messung der VICKERS-Härte geprüft. Hierbei wird festgestellt, daß großatomige Zusatzmetalle, falls sie in fester Lsg. vorliegen, die Rekristallisationstemp. erhöhen. Dieser Effekt wird durch eine räumliche Behinderung der Platzwechselvorgänge beim Einbau großer Metallatome in das Mo-Gitter zu erklären versucht. Der Verlauf von Zugfestigkeit u. Dehnung von verformten Mo-Legierungen nach verschied. Glühbehandlungen zeigt, daß bei niedrigen Tempp. Oberflächendiffusion an den Korngrenzen, bei hohen Tempp. Gitterdiffusion (Rekristallisation) von entscheidendem Einfl. auf die Festigkeitseigg. zu sein scheinen. Die Warmhärtekurven der mischkristallbildenden Legierungen ergeben sich bei geringen Zusätzen annähernd durch Parallelverschiebung der Warmhärtekurve von reinem Mo bis zur Kalthärte der Legierungen. Legierungen mit hoher Kalthärte zeigen auch eine entsprechend hohe Warmhärte. — 15 Schrifttumsangaben. (Z. Metallkunde **46.** 187—94. März 1955. Reutte/Tirol.) H. HOCHSTEIN. 6474

D. W. Lynch, T. J. Snodgrass und **T. T. Woodson,** *Pulvermetallgetriebe.* Übersicht über Herst., Prüfung u. Eigg. von Pulvermetallgetrieben. (Machine Design **23.** 146. 184. 186. 188. 190. Okt. 1951. Bridgeport, Conn., General Electric Co., Construction Materials Dep.) W. WESLY. 6474

P. Grodzinski, *Die Definition der Härte.* (Industrie-Anz. **75.** 78—79. 23/1. 1953. London.) H. HOCHSTEIN. 6480

P. Grodzinski, *Präzisionsmessung der Rockwell-Härte mit Eindruckdiamanten.* Beschreibung der Herst. eines ROCKWELL-Kegels, der an einer mit Diamanten besetzten Schleifscheibe geglättet u. danach poliert wird. (Engineering **172.** 180. 10/8. 1951. London.) W. WESLY. 6480

P. Grodzinski, *Der Industriediamant.* Nach einem Überblick über die Arten des Industriediamants u. seine Orientierung im Werkzeug wird ein Verf. zur Härteprüfung von Hartstoffen beschrieben, bei dem auf die polierte Fläche des Prüflings Ag aufgedampft wird. Bei der Härteprüfung wird die spröde Ag-Schicht durch den Eindruckdiamanten soweit zerstört, wie es der elast. Verformung entspricht. Nach Vornahme einer durch die Härte u. Tragkraft der Ag-Schicht bedingten Korrektur kann die elast. Verformung des reinen Werkstoffes festgestellt werden. Beobachtungen amerikan. Autoren, wonach mit Diamantenspitzen Eindrücke in Diamantoberflächen gemacht werden können, konnten nicht bestätigt werden. Vf. entwickelte als bes. widerstandsfähige Schneide den Doppelkegeldiamanten, mit dem sich die plast. Verformung aller

Hartstoffe bis auf die des Diamanten ermöglichen läßt. (Industrie-Anz. **75.** 288—91. 24/3. 1953. London.) F. VIER. 6480

H. W. Grönegreß und **Overkott,** *Die Härtbarkeitsprüfung nach Jominy.* Nach einführenden Bemerkungen zur Härtbarkeitsprüfung werden Aufbau u. Arbeitsweise des JOMINY-Härtbarkeitsprüfers Bauart PEDDINGHAUS eingehend beschrieben. Mittels der JOMINY-Härtbarkeitsprobe können ungeeignete Chargen vor der mechan. Bearbeitung ausgeschieden sowie die Warmbehandlungsbedingungen an das Härteverh. angepaßt werden. Ferner werden Aufschlüsse über die zu erwartende Festigkeitsverteilung über gegebene Querschnitte erhalten. Der Stirnabschreckvers. nach JOMINY gestattet schließlich die Unters. des Anlaßverh. des Stahls u. die Prüfung der Wrkg. von Abschreckmitteln. (Z. wirtsch. Fertigung **50.** 1—10. 1950. Gevelsberg.) M. WINIKER. 6480

M. Hempel, *Aufgaben und Untersuchungsverfahren der Dauerfestigkeitsprüfung.* Allg. Ausführungen. — 21 Literaturhinweise. (Industrie-Anz. **75.** 1032—36. 6/10. 1953. Düsseldorf, Max-Planck-Inst. für Eisenforsch.) M. WINIKER. 6480

E. W. Suppiger, C. Riparbelli und **Edward R. Ward,** *Die Bestimmung der Anfangsspannungen und die Ergebnisse von Versuchen an Stahlblech.* Das von MATHAR (Arch. Eisenhüttenwes. **6.** [1932.] 227) eingeführte „Loch"-Verf. zur Best. von Anfangsspannungen durch Messung der Verformung an Bohrlöchern wird beschrieben u. empfohlen, mathemat. Formeln abgeleitet u. Versuchsanordnungen u. Prüfergebnisse mitgeteilt (Welding J. **30.** Welding Res. Council Engng. Foundat. 91s—104s. Febr. 1951. Princeton, N. J., Princeton Univ., School of Engng.) W. WESLY. 6480

B. B. Hundy, *Bestimmung von Restspannungen in wenig gewalzten dünnen Bändern.* Die Restspannungen von weichem *Stahl* u. vergleichsweise auch von *Cu* werden durch schichtweises Abätzen mit 10%ig. HNO_3 u. rechner. Auswertung der Krümmungsänderung der Bänder ermittelt. Die Probe ergibt eine gute Wiederholbarkeit der Versuchsergebnisse. Nachgewiesen wird die Abhängigkeit der Restspannungen vom Walzgrad. — 20 Schrifttumsangaben. (J. Iron Steel Inst. **179.** 23—29. Jan. 1955.) H. HOCHSTEIN. 6480

E. F. Sweeney, *Auswertung einer Untersuchung über Sprödbruchneigung.* Überblick über die für den Schiffbauer sich ergebenden Folgerungen aus den im Schrifttum enthaltenen Ergebnissen verschied. Prüfverff. zur Unters. der Sprödbruchneigung von *Stahl* unter besonderer Berücksichtigung der beiden Übergangstempp. auf den Kerbschlagzähigkeits–Temperatur-Kurven. Es werden Folgerungen über die Übergangstemp. von im Betrieb bewährten oder gerissenen Schiffsblechen gezogen u. es wird die Bedeutung von Wechselbeanspruchung, Eigenspannungen, Kaltbearbeitung, chem. Zus. u. Schweißungen für die Übergangstemp. herausgestellt. — 46 Schrifttumsangaben. (Welding J. **32.** Welding Res. Council Engng. Foundat. 1s—13s. Jan. 1953. Quiny, Mass., Bethlehem Steel Co.) H. HOCHSTEIN. 6480

R. W. Fountain und **R. D. Stout,** *Relative Neigung von Schweiß- und Grundmetallen zur Reckalterung.* Die an geschweißten Blechen auftretenden, der Vorbeanspruchung u. Alterung zuzuschreibenden Verluste an Dehnbarkeit u. Kerbzähigkeit lassen sich durch den Kerb–Biege-Test reproduzieren. Wenn die Kerben sich völlig im Schweißmetall befinden, treten die Verluste nicht auf. Proben mit Kerben, die das Schweißmetall u. die erhitzte Zone umfassen, zeigen die Wrkg. ebenso wie Proben, die so tief eingekerbt sind, daß dadurch Schweißmetall u. Grundmetall voneinander getrennt werden. Ungeschweißte Bleche unterliegen der Einw. nicht. Daher scheint die erhitzte Zone für die Verluste an Dehnbarkeit u. Zähigkeit mehr verantwortlich zu sein als das Schweißmetall. — Diskussion. (Welding J. **30.** Welding Res. Council Engng. Foundat. 43s—46s. Jan. 356s—58s. Juli 1951. Bethlehem, Pa., Lehigh Univ., Metallurgy Dep.) W. WESLY. 6480

L. S. Crane, *Die Probleme der Schalenschienen.* Das häufige Auftreten der als „Schalenflecken" (shelly spots) bezeichneten Schienenmängel hat zu zahlreichen Unterss. Anlaß gegeben, deren Art u. Ergebnisse erörtert werden. Die schadhaften Schienen sind infolge der Knetwrkg. der Räder so stark kaltverformt, daß die Dehnbarkeit der Schiene erschöpft wird u. Risse zu entstehen beginnen u. sich ausbreiten u. schließlich Längs- u. Querbrüche ausgelöst werden. Als Abhilfe wird eine Erhöhung der Festigkeit empfohlen; diese soll erzielt werden durch Wärmebehandlung der Schiene oder Entw. eines legierten Stahles, der die gewünschten physikal. Eigg. aufweist. (Railway Engng. Maintenance **47.** 441—43. Mai 1951. Alexandria, Va.) W. WESLY. 6480

André Mirau, *Französische Geräte und Verfahren zur Messung der Glätte von Oberflächen.* (Rev. univ. Mines, Métallurg., Trav. publ., Sci. Arts appl. Ind. [9] **11** **(98).** 461—69. Sept. 1955. Labor. Central de l'Armement et des Constructeurs français.) W. WESLY. 6482

F. W. Witzke, *Ein amerikanischer Vorschlag zur Vereinfachung der Messungen der Oberflächenrauhigkeit.* (Iron Age **172.** Nr. 23. 180—82. 3/12. 1953. Cleveland, Brush Electronics Co., Equipment Dep.) W. WESLY. 6482

L. E. Samuels, *Metallographisches Polieren von Gußeisen. Eine vereinfachte Methode unter Verwendung von Diamantstaub.* (Vgl. C. **1954.** 2700.) Das Schleifverf. unter Verwendung von Diamantstaub wird auf Proben aus Gußeisen mit grobem Graphit angewendet. Zur Fassung des Diamantstaubes wird ein fadenscheiniges Tuch verwendet. Die Polierzeit ist kürzer u. die Güte der erhaltenen Schliffbilder ist mindestens ebenso gut wie bei den bisherigen Methoden. (J. Iron Steel Inst. **180.** 23—25. Mai 1955. Sidney, Australien, Defence Standards Labor.) H. HOCHSTEIN. 6482

Franz Wever, Max Hempel und **Angelica Schrader,** *Metallographische Untersuchungen über Verformungserscheinungen an der Oberfläche biegewechselbeanspruchter Proben aus St 37.* Proben ohne u. mit Querbohrung aus einem unlegierten Stahl ähnlich dem *St 37* wurden verschieden hohen Biegewechselbeanspruchungen des Zeit- u. Wechselfestigkeitsbereiches unterworfen. Die an der Probenoberfläche auftretenden Gefügeänderungen wurden im Lichtmikroskop mit dem Hellfeld- u. mit dem Phasenkontrastverf. verfolgt. Bei Beanspruchungen im Zeitfestigkeitsgebiet treten in den Ferritkristalliten oder an den Korngrenzenübergängen Gleitspuren — einzelne Gleitlinien oder -bänder, Gleitlinienbündel oder -scharen — auf, deren Zahl u. Größe mit wachsender Beanspruchungsdauer stetig zunimmt u. bei hohen Beanspruchungen nahezu alle Kristallite des Prüfquerschnitts erfaßt. Bei Beanspruchungen im Bereich der Wechselfestigkeit wird das gleiche Verh. der Gleitspuren festgestellt, auch dann, wenn ein Dauerbereich nach 50 oder $100 \cdot 10^6$ Lastspielen noch nicht eintritt. Durch die Spannungsspitzen an den Lochrändern wird das Auftreten der Gleitspuren bei den Proben mit Querbohrung zu niedrigeren Beanspruchungen hin verschoben. Die Unterss. an prismat. Proben zeigen, daß die Gleitspuren an der Oberfläche der breiten u. schmalen Seite der Proben auftreten. Unter Berücksichtigung der linearen Spannungsverteilung über den Stabquerschnitt wird hieraus gefolgert, daß sich die Gleitspuren auch in die Tiefe des Prüfquerschnittes erstrecken. Zum Nachw. einer Rißbldg. in Verbindung mit dem Auftreten von Gleitbändern wurden verschied. Verff. benutzt. Aus Beobachtungen an Querschliffen im Licht- u. Elektronenmikroskop geht hervor, daß sich in den mit breiten Gleitbändern durchsetzten Kristallitbereichen der Oberfläche bereits in das Werkstoffinnere erstreckende Anrisse mit einer Länge von ca. 1 μ bilden können. Durch Polieren u. Ätzen der Probenoberfläche in verschied. Stufen des Dauervers. u. entsprechender Beanspruchungshöhe konnte gezeigt werden, daß sich Mikrorisse in den Gleitbändern bereits nach wenigen Tausend Lastspielen bilden. Die Mikro- u. Makrorisse verlaufen im allg. in den mit Gleitspuren durchsetzten Kristallitbereichen. Aufnahmen von Gleitbändern in einem Elektronenmikroskop zeigen, daß den Mikro- u. Makrorissen eine submkr. Rißbldg. an der Oberfläche der Gleitbänder vorausgeht. — Schrifttumsangaben. (Arch. Eisenhüttenwes. **26.** 739—54. Dez. 1955. Düsseldorf, Max-Planck-Inst. für Eisenforsch.) H. HOCHSTEIN. 6482

Ludwig Reimer, *Röntgenographische Untersuchungen über den Einfluß des Kohlenstoffgehaltes auf Biege-Eigenspannungen in Stahl und Eisen.* Die röntgenograph. Messung der Biege-Eigenspannungen in Stählen mit verschied. C-Geh. ergibt in den plast. verformten Teilen ein größeres Moment der Eigenspannungen (I) in bezug auf die neutrale Faser als das entgegengesetzte der elast.-verformten Teile. An reinem Eisen sind die Momente gleich. Unterschiede in den **I**, wie sie sich mit Co- u. Cr-Strahlung ergeben, können durch **I** zweiter Art, hervorgerufen durch die Orientierungsabhängigkeit der Streckgrenzen der Ferritkörner, erklärt werden. Bei Stahl wird für die hohen **I** im plast. verformten Teil angenommen, daß sie durch Verspannungen zwischen Zementit u. Ferrit entstehen. Abschätzungen ergeben sehr hohe **I** von entgegengesetztem Vorzeichen im Zementit. — 21 Schrifttumsangaben. (Z. Metallkunde **46.** 39—42. Jan. 1955. Münster, Univ.) H. HOCHSTEIN. 6484

D. E. Brewer, *Kobalt 60. Zunehmende Verwendung zu Prüfverfahren.* Beschreibung der Anwendung von ^{60}Co zur Unters. von Schweißen, Gußstücken u. Konstruktionen mittels eines tragbaren Gerätes. (Iron Age **172.** Nr. 27. 80—82. 31/12. 1953. Detroit, Mich.) W. WESLY. 6484

Russell H. Wolff, Mary Ann Henderson und **Stanley L. Eisler,** *Bestimmung der Porosität von elektrolytisch aufgebrachten Nickelniederschlägen durch Autoradiographie.* Zur Best. der Porosität elektrolyt. aufgebrachter Ni-Überzüge wird der Nd. auf eine elektrolyt. aufgebrachte Schicht abgeschieden, die radioakt. Fe enthält. Die Durchlässigkeit des N-Films für die Strahlung des radioakt. Fe — eine Mischung von ^{55}Fe u. ^{59}Fe — wird durch einen photograph. Film ermittelt. Es wurden die Ndd. verschied. Elektrolyten sowie von stromloser Vernicklung untersucht u. zum Vgl. Korrosionsprüfungen mit üblichen Methoden vorgenommen. Das Verf. gibt reproduzierbare Werte, ist zwar, wie alle Korrosionsprüfungen, abhängig von der Geschicklichkeit des Beobachters, jedoch wegen seiner Schnelligkeit bei Unterss. der Porosität anwendbar. — Schrifttumsangaben. (Plating **42.** 537—44. Mai 1955. Rock Island, Ill., Rock Island Arsenal.) F. VIER. 6484

Ralph Moschella, *Ultraschall-Stoß-Schleifen.* Beschreibung eines Gerätes zum Schleifen u. Fräsen. Hochfrequenzspannung von 25000 Hz verursacht Magnetostriktion eines Ni-Stabes, dessen vertikale Schwingungen auf kon. geschnittene Werkzeuge übertragen werden. Bei Verwendung üblicher Schleifmittel Anwendungsmöglichkeit auf härteste Materialien, z. B. Wolframcarbid. Toleranz: 0,0002 in. (Steel Processing **41.** 378—81. Juni 1955.) P. WOLF. 6490

Francis W. Boulger, *Zerspanung und Zerspanbarkeit.* Beurteilung der Zerspanbarkeit ist nur durch Zerspanungsverss. möglich, nicht durch Härte- oder Festigkeitsmessungen. Friktionseigg. u. Festigkeit unter den Zerspanungsbedingungen sind die die Zerspanbarkeit bedingenden Faktoren. (Canad. Metals **18.** Nr. 4. 52. 54. 56. April 1955. Battelle Mem. Inst.) H. SPINDLER. 6490

K. J. B. Wolfe und **P. Spear,** *Die Bearbeitung von Legierungen für Gasturbinen.* (Vgl. C. **1952.** 3894.) Übersicht über die Verff. zur Bearbeitung hitzebeständiger u. kriechfester Legierungen für Gasturbinen. — 33 Schrifttumshinweise. (Machinist **95.** 259—68. 24/2. Amer. Machinist **95.** Nr. 9. 125. 127. 129. 30/4. 1951. Birmingham, B. S. A., Group Machinability, Res. Labor.) W. WESLY. 6490

M. Lorant, *Schmieden und Bearbeiten von Titan.* Erfahrungen beim Schmieden, Bearbeiten, Schleifen, Bohren u. Fräsen von Ti. (Metal Treatment Drop Forging **22.** 148—49. 47. April 1955.) W. WESLY. 6490

Zygmunt Steininger, *Elektrofunkenbearbeitung von Drahtziehvorrichtungen aus gesinterten Carbiden.* Beschreibung der Apparatur. (Hutnik **22.** 87—89. März 1955.) F. URBAN. 6490

Roger W. Bolz, *Wärmebehandlung.* Übersicht über die beiden Arten der Wärmebehandlung (Erweichen oder Härten des Metalls), deren Grundzüge u. prakt. Ausführung. (Machine Design **23.** 98—107. Okt. 1951.) W. WESLY. 6492

Samuel Storchheim, *Wärmebehandlungsvorgänge.* Erörterung der Vorgänge bei der Erstarrung reiner Metalle u. Legierungen unter besonderer Berücksichtigung der Bldg. einer dendrit. Gußgefügeausbldg. u. der Einfl. der Homogenisierung. Das *Fe–C*-Zustandsdiagramm wird erläutert, u. es werden allg. Angaben über die Wärmebehandlung von Gußlegierungen, bes. von ausscheidungsfähigen *Al*-Gußlegierungen, gemacht. (Amer. Machinist **98.** Nr. 9. 125—34. 26/4. 1954.) H. HOCHSTEIN. 6492

Samuel Storchheim, *Aluminium, seine Legierungen und Wärmebehandlungen.* Überblick über die Eigg. u. Wärmebehandlungen von Al, Al-Gußlegierungen sowie von schmiedbaren Al-Legierungen. (Amer. Machinist **97.** Nr. 27. 113—24. 21/12. 1953. Bayside, N. Y., Sylvania Electric Products Inc.) H. HOCHSTEIN. 6492

Robert L. Stedfeld, *Einfluß der Wärmebehandlung und Kaltverformung auf den Zugfestigkeitsbereich.* Überblick über die durch Wärmebehandlung oder Kaltverfestigung erreichbaren Werte der Streckgrenze u. Zugfestigkeit bei unlegierten u. legierten *Stählen,* bes. bei nichtrostenden Stählen, bei schmiedbaren *Al*-Legierungen, bei *Mg-, Ti-, Ni-, Cu*-Legierungen, bei *Gußeisen, Temperguß* u. *Stahlguß* sowie bei *Nichteisenmetall*-Gußstücken. — Schrifttumsangaben. (Machine Design **26.** Nr. 2. 163—73. Febr. 1954.) H. HOCHSTEIN. 6492

C. Sykes, *Innere Spannungen in einigen Arten von Schmiedestücken.* Erörtert wird der Einfl. verschied. Wärmebehandlungen von großen u. kleinen Schmiedestücken aus niedriglegierten *Stählen* auf die Gefügeumwandlung u. damit auf die Spannungsentfernung. (Iron Coal Trades Rev. **167.** 1183—85. 20/11. 1953.) H. HOCHSTEIN. 6492

A. G. Hotchkiss und **H. M. Webber,** *Vermeidung von Fehlern durch Schutzgas.* Die bei Verwendung von Schutzgasen während der Wärmebehandlung von *Stahl* u. *Metallen* möglichen Fehlerursachen wie Lufteintritt, freier O_2, Wasserdampf, CO_2, das Vorhandensein von S u. CH_4 usw., werden in ihren Auswirkungen besprochen u. die Ursachen dieser Schutzgasverunreinigungen angegeben. Die Mittel u. Möglichkeiten zur Prüfung der Ofendichtigkeit sowie die Überwachung u. Prüfung einer Entkohlung des Wärmegutes aus Stahl werden erörtert. Durch die Verunreinigungen des Schutzgases kann auch die elektr. Heizwendel korrosiv beansprucht werden, z. B. durch S-haltige Gase, oder die hierfür gebräuchlichen Cr–Ni-Legierungen werden leicht aufgekohlt, u. dadurch wird ihr F. erniedrigt. Durch CO kann die feuerfeste Ofenauskleidung nachteilig beeinflußt werden u. durch H_2 im Schutzgas eine Versprödung des Gutes bedingt werden. — 15 Schrifttumsangaben. (Amer. Machinist **97.** Nr. 12. 153—68. 8/6. 1953. General Electric Co.) H. HOCHSTEIN. 6492

John E. Hyler, *Kurzer Überblick über moderne Ausrüstungen zur Wärmebehandlung.* Kurze Beschreibung einiger Vorrichtungen, wie Salzbäder u. Öfen, für die Wärmebehandlung oder das Hartlöten von Metallteilen, teilweise mit ein- oder angebauten Härtebädern. (Steel Processing **40.** 793—95. 797. Dez. 1954.) H. ECKHARD. 6492

E. M. Holub, *Metallentfernung durch Sauerstoffverfahren.* Inhaltsgleich mit den C. **1954.** 178 u. **1955.** 8254 referierten Arbeiten. (Canad. Machinery Manufact. News **63.** Nr. 11. 162. 164. 166—68. Nov. 1952.) H. HOCHSTEIN. 6502

A. R. Lytle und **E. L. Frost,** *Tauchschmelzschweißen mit Mehrfachelektroden in Serie.* Inhaltlich ident. C. **1955.** 3955. (Welding J. **30.** 103—10. Febr. 1951. Niagara Falls, N. Y., Union Carbide and Carbon Res. Labors.) W. WESLY. 6506

H. R. Clauser, *Schweißelektroden und -drähte für Eisen und Nichteisenmetalle.* Übersicht über die zum Schweißen von *Stahl, Fe, Cu*-Legierungen, *Al, Mg, Ni*, Ni-Legierungen, *Zn* u. *Pb* verwendeten Elektrodenwerkstoffe. (Materials and Methods **32.** Nr. 6. 67—82. Dez. 1950.) W. WESLY. 6506

C. G. Bainbridge, *Kontrolle der Verformung beim Schweißen.* Übersicht über die Ursachen, die die Verformung beim Schweißen bewirken. Verminderung der Verformung erreicht man durch möglichst geringe Ausdehnung der Schweißstelle, schnelle Zuführung u. sparsame Dosierung der Hitze, sorgfältige Auswahl u. minimaler Einsatz des Schweißmetalls, die Beachtung einiger techn. Handgriffe. (Canad. Metals **13.** Nr. 2. 41—44. Febr. 1950.) H.-J. HEINRICHS. 6506

A. Shumovsky, *Beeinflussung des Schrumpfens und Verziehens beim Schweißen.* Kurze theoret. Betrachtungen über Ursachen u. Ausmaße des Schrumpfens u. Verziehens mit Folgerungen für die Praxis. (Canad. Machinery Manufact. News **63.** Nr. 4. 179—80. u. 192. April 1952.) H. ECKHARD. 6506

Ernest F. Nippes und **John N. Ramsey,** *Punktschweißung von großkalibrigem Stahl mit blättrigem Gefüge.* Verss. zur Ermittlung der günstigsten Punktschweißbedingungen für rostfreien Stahl mit blättrigem Gefüge von $^3/_{16}$ u. $^3/_8$ in. Kaliber zeigen, daß sich eine Vorwärmung bei hohem Druck u. niedriger Stromstärke mit nachfolgendem Schweißen bei niedrigem Druck u. hoher Stromstärke am besten eignet. Die mechan. Eigg. der geschweißten Stähle werden in Zahlentafeln u. Diagrammen wiedergegeben. (Welding J. **30.** Welding Res. Council Engng. Foundat. 327s—36s. Juli 1951. Troy, N. Y., Rensselaer Polytechnic. Inst.) W. WESLY 6506

Helmut Thielsch, *Das Schweißen kupferhaltiger, rostfreier Stähle.* Die Eigg. von Schweißkonstruktionen an Cu-haltigen rostfreien Stählen u. ihre Beeinflussung durch Zus., Wärmebehandlung, Schweißverf. u. Art der Schweißelektroden. — 20 Literaturzitate. (Welding J. **30.** Welding Res. Council Engng. Foundat. 341s—47s. Juli 1951. New York, N. Y., Welding Res. Counc.) W. WESLY. 6506

H. T. Herbst, *Sigma-Schweißung von Nichteisenmetallen und legierten Stählen.* Beschreibung von Grundzügen, Ausführung u. Zubehör der Sigma-Schweißung, bes. für *Al, Cu* u. ihre Legierungen u. ihre Anwendung zur Auftragschweißung. (Welding J. **30.** 618—31. Juli 1951. New York, N. Y., Linde Air Products Co.) W. WESLY. 6506

H. T. Herbst und **T. McElrath jr.,** *Sigma-Schweißung von Kohlenstoffstählen.* (Welding J. **30.** 1084—91, Dez. 1951. Linde Air Products Co., Div. of Union Carbide and Carbon Corp. — C **1954.** 4934.) W. WESLY. 6506

Mike A. Miller und **Glenn W. Oyler,** *Druckschweißung von Aluminium bei verschiedenen Temperaturen.* 2. Mitt. (1. vgl. C. **1954.** 4934.) Es wird gezeigt, daß Al u. Al-Legierungen druckgeschweißt werden können bei jeder Temp. unterhalb der Solidustemp., wenn eine ausreichende Verformung der einander sich berührenden Oberflächen gesichert erscheint. Neben dem ausreichenden Druck als Grundvoraussetzung spielt auch die passende Gestaltung des verwendeten Werkzeugs eine bedeutende Rolle. Selbst bei Zimmertemp. können derartige Druckschweißungen vorgenommen werden, sofern man die hierbei entstehenden kleinen Schweißpunkte dicht genug aneinander legt, oder die Verbindung als Rollennahtschweißung ausführt. Mit steigender Temp. sinken die erforderlichen Drücke. Mit steigender Temp. wird die Schweißverbindung in zunehmendem Maße durch Diffusionsvorgänge gefördert. Schweißungen bei erhöhter Temp. erfordern geheizte Gesenke. Aus den verhältnismäßig spärlichen Versuchsunterlagen wird gefolgert, daß bei gegebenem Druck die Deformation proportional der Temp. ist, u. daß bei gegebener Temp. die Deformation proportional dem Logarithmus des Druckes ist. Für gegebene Deformation ist die Schweißtemp. proportional dem Logarithmus des Druckes. Für bestimmte Arten von druckgeschweißten Verbindungen existiert eine optimale Deformation, die die höchste Bruchfestigkeit gewährleistet. Wärmebehandlung nach der Schweißung verbessert bei Legierungen, die für Wärmebehandlung geeignet sind, die

Bruchfestigkeit. Neben den angegebenen Faktoren spielt die Art der Oberflächenbehandlung der zu verschweißenden Teile eine bedeutende Rolle. Wie bei der Punktschweißung u. bei der Schutzgasschweißung ist die Reinigung der Oberfläche mit rotierenden Drahtbürsten ein geeignetes Mittel zur Erzielung guter Verbindungen auch HF-Ätzung liefert gute Ergebnisse. (Canad. Machinery Manufact. News **63.** Nr. 4. 181. 182. 184. 186—88. 190. 192. New Kensington, Aluminium Res. Labors., Metallurg. Div.) O. WERNER. 6506

I. Wm. Marcovitch, *Erhitzen in nichtoxydierender Atmosphäre als Test für die Haftfestigkeit von Überzügen.* Proben mit elektrolyt. aufgebrachten Glanz-Ni- u. Cr-Schichten auf Messing u. Cu- u. Au-Schichten auf Al werden 2 Min. in auf 475—500° F erhitztes Öl getaucht u. dann in Paraffinöl abgeschreckt. Stellen mit schlechter Haftfestigkeit werden blasig, Stellen, die glatt bleiben, zeigen auch bei Verformung oder beim Löten einwandfreie Haftfestigkeit. — Schrifttumstellen. (Plating **42.** 749—50. Juni 1955.) F. VIER. 6514

E. J. Roehl, E. Michel und **L. R. Westbrook,** *Elektrolytisches Aufbringen von Gelbmessingüberzügen.* Zur Abscheidung von Gelbmessing wird ein Elektrolyt vorgeschlagen mit folgender Zus.: 90—135 (g/Liter) *NaCN* (Gesamtgeh.), 75—105 *CuCN*, 45—75 *NaOH*, 3—9 *ZnO*, 4—19 *NaCN*, Überschuß über $Na_2Cu(CN)_3$, Verhältnis von Cu zu Zn in Lsg. 10—20: 1. Die Temp. soll 165—200° F betragen, die Kathodenstromdichte 25—150 A/sq.ft. Das Bad hat sich bewährt beim kontinuierlichen Überziehen von Stahlbändern u. erfordert eine laufende Kontrolle des Zn-Gehaltes. (Plating **42.** 403—05. April-1955. Warren, O., Pittsburgh Steel Co., u. Solon, O.) F. VIER. 6514

U. R. Evans, *Korrosionsverhütung durch metallische Überzüge.* Übersicht über die dem Korrosionsschutz durch metall. Überzüge zugrunde liegenden Vorgänge. Beispiele für anod. u. kathod. Überzüge u. deren Anwendung. (Research **5.** 220—25. Mai 1952.) W. KATZ. 6516

W. C. Schickner, J. G. Beach und **C. L. Faust,** *Galvanische Abscheidung von Metallniederschlägen auf Zirkonium.* (Metal Finishing **52.** Nr. 7. 57—59. Juli 1954. — C. **1955.** 9181.) W. SKALIKS. 6516

A. P. Shepard, *Verschleißfeste Molybdänüberzüge.* Aufgespritzte Mo-Überzüge zeichnen sich durch hohe Verschleißfestigkeit aus. — Z. B. haben Spindeln für Textilmaschinen mit aufgespritzten Mo-Schichten eine 3—5mal so lange Lebensdauer wie Cr-plattierte Spindeln. Als Zwischenschichten tragen sie zur Erhöhung der Haftfestigkeit anderer aufgespritzter Schichten bei. Sie können als Überzugsschichten für *Stahl, Ti, Al-* u. *Mg*-Legierungen bei der Herst. von Wellen, Kolben, Schieberstangen, Spindeln u. Zylinderbüchsen u. anderen Maschinenelementen Verwendung finden. Eine andere Vorbehandlung als Reinigung ist nicht erforderlich. (Iron Age **174.** Nr. 1. 105—07. 1/7. 1954. Long Island City, N. Y., Metallizing Engng. Co.) F. VIER. 6516

Walter Reichelt, *Veredelung und Korrosionsschutz von Oberflächen durch Hochvakuumbedampfung.* Voraussetzung für gute Ergebnisse bei der Hochvakuumbedampfung ist eine reine Oberfläche, die am besten durch kathod. Abstäuben in einer O_2-freien Glimmentladung erhalten wird. In einigen Fällen hat sich die elektrolyt. Oxydation der Oberfläche als zweckmäßig erwiesen, z. B. beim Bedampfen von *Al* mit *Ti.* Abriebfeste *Au*-Schichten auf *Stahl* können durch gleichzeitige Erwärmung der Oberfläche, z. B. durch Elektronenbestrahlung infolge Diffusion erhalten werden. Bei kontinuierlich arbeitenden Al-Bedampfungsanlagen haben sich *Ti-* u. *Ta-Carbid* als einzig brauchbare Tiegelwerkstoffe erwiesen. Dickere Al-Schichten sind rauh u. spröde, dagegen gelingt es, auf Glas relativ dicke u. duktile Folien aus *Ag* u. *Au* zu erhalten. Es werden einige Hochbedampfungsanlagen beschrieben. (Z. Metallkunde **46.** 268—71. April 1955. Hanau.) F. VIER. 6516

Shigetomo Ueda, *Schmelzflüssig erzeugte Aluminiumüberzüge auf Gußeisen.* Verschied. Gußeisensorten, u. zwar u. a. solche mit 2,5% Cr u. mit 4% Al, Flußstahl u. hochgekohlter Stahl wurden in das fl. Al (700—900°) getaucht. Vorbehandlung bestand in Beizen u. Eintauchen in eine Flußmittellösung. Wenn die Temp. des Bades hoch ist, ist die Tauchdauer nur kurz. Der Korrosionswiderstand solcher Schichten gegen schwefelhaltige Stoffe, wie CS_2, ist gut. (Foundry Trade J. **99.** 359—61. 29/9. 1955.) F. MARKHOFF. 6516

Julius J. Harwood, *Der Einfluß der Spannung auf die Korrosion.* 1. Mitt. Die Wrkg. von Spannungen auf die innere Struktur bzw. die Verteilung der latenten Energie werden diskutiert. Aus dem nichthomogenen Zustand nach Kaltverformung werden die Erscheinungsformen abgeleitet. Äußerer Zug oder innere Restspannungen beeinflussen die Art (inter-, intrakristallin), Geschwindigkeit u. Verteilung (örtliche Angriffsarten) der Korrosion auf verschied. Wegen: durch Erhöhung der latenten Energie des Syst. mit besonderer örtlicher Verteilung entlang der Korngrenzen u. -bezirken, durch Erhöhung der Auflösungsgeschwindigkeit, Zerstörung von Schutzschichten, Beeinflussung der Polarisations-Rkk., Änderung der metallograph. Eigg. des Syst., Umwandlung bzw. Ausscheidung von Phasen usw. Schutzmethoden werden erörtert. (Corrosion [Houston] **6.** 249—59. Aug. 1950.) W. KATZ. 6538

J. F. Wilkes, *Was Korrosionsinhibitoren tun sollen und was nicht.* Überblick. (Railway Locomotives and Cars **127.** 77—83. Sept. 1953.) F. MARKHOFF. 6538

M. L. Holzworth, F. H. Beck und **M. G. Fontana,** *Der Mechanismus des Korngrenzenangriffs von geschweißtem Edelstahl Type 347.* Der Mechanismus des unter spezif. Bedingungen entstehenden Korngrenzenangriffs beruht auf der bei höheren Tempp. stattfindenden festen Lsg. von Nb u. Niobcarbid u. der Ausfällung von Chromcarbid an den Korngrenzen. Bei schneller Abkühlung bleibt Nb im Edelstahl gelöst u. erst nochmaliges Erhitzen in dem empfindlichen Temperaturbereich verursacht Korngrenzenangriff. — Diskussion. (Corrosion [Houston] **7.** 441—49. Dez. 1951. **8.** 222—23. Juni 1952.) F. TÖDT. 6538

W. Wolf, *Das Tropenverhalten von Feinzinklegierungen.* Von den für Zinkdruckguß verwendeten Legierungen hat sich für die Tropen die mit 4% *Al* am besten bewährt. Mit steigendem *Cu*-Geh. zeigen sich Alterungserscheinungen als Folge von Ausscheidungsvorgängen. Bei Cu-freien Legierungen tritt interkristalline Korrosion im feuchtwarmen Klima der Tropen nicht auf, jedoch ist zum Schutz gegen Oberflächenkorrosion Oberflächenbehandlung durch Chromatverff. oder Phosphatieren vorzunehmen. — Schrifttumsangaben. (Metall **9.** 655—58. Aug. 1955. Frankfurt/M.) F. VIER. 6438

R. Strebinger und **R. Niederhuemer,** *Chemische Veränderungen an der Oberfläche von Zinn–Blei–Kupfer-Legierungen.* Korrosionsschäden an Plastiken von Sarkophagen in der Wiener Kapuzinergruft bestanden darin, daß Teile der Sn–Pb–Cu-Legierung abblätterten, ohne daß die Oberfläche angegriffen war. Die Ursache war Schwitzwasser, welches durch feine Risse in das Innere eindringen konnte u. die Grenzflächen zwischen Metall u. Gußhaut, welche eine andere Zus. aufwies, aufgelockert hatte. Am Sarkophag der Kaiserin MARIA THERESIA war ein Schutzanstrich angebracht worden, welcher jedoch die Korrosion nicht verhindert hatte. (Mitt. chem. Forsch.-Inst. Wirtsch. Österreichs **6.** 8—10. Febr. 1952. Wien, TH, Inst. für anorg. u. analyt. Chem.) F. TÖDT. 6538

J. D. Sudbury, D. A. Shock und **F. W. Mann,** *Ein erfolgversprechender, versprühbarer Inhibitor gegen die innere Korrosion von Öltankern.* Laborverss. mit verschied. Inhibitoren, wie einem lösl. Öl, Na_2CrO_4, $NaNO_2$, Benzoesäure, u. einem handelsüblichen organ. Inhibitor. Inhibitoren auf Ca- u. Na-Sulfonatbasis mit ca. 0,5% Harz-Aminstearat als bindendem Zusatz u. KW-stoffen als Trägersubstanzen zeigten beste Schutzwrkg. (99,8 u. 96% Schutzwrkg.). Bei Verwendung von W. als Trägerstoff ist die Schutzwrkg. geringer (94%). Betriebsverss. an Tankern bestätigen die Anwendbarkeit. (Corrosion [Houston] **10.** 253—58. Aug. 1954. Ponca City, Okla.; New York, N. Y., Continental Oil Co.) H. SPINDLER. 6538

Louis Schlossberg, *Feuchtraumprüfungen können keine gültigen Aussagen über den Wert von Korrosionsschutzmaßnahmen geben.* An Hand von Vergleichsverss. mit langdauernder Bewitterung im Gelände wird nachgewiesen, daß die Kurzprüfungen irreführende u. meist nicht reproduzierbare Ergebnisse liefern. — 15 Schrifttumsangaben. (Steel **135.** Nr. 2. 114—16. 118. 12/7. 1954. Conshohocken, Pa., Quaker Chemical Products Corp.) F. VIER. 6540

Lukens Steel Co., übert. von: **Thomas T. Watson,** Coatesville, Pa., *Herstellung von kupferplattierten Stahlplatten.* Die elektrolyt. mit *Ni* überzogene Cu-Platte wird durch Warmwalzen auf die Stahlplatte bei Tempp. zwischen 1550 u. 1800° F (843 u. 982° C) plattiert. Dabei wird auf $^1/_5$—$^1/_{25}$ der ursprünglichen Dicke herabgewalzt. (**A. P. 2 707 323** vom 7/5. 1951, ausg. 3/5. 1955.) F. VIER. 6479

Chicago Development Corp., Riverdale, Md., übert. von: **Reginald S. Dean,** Hyattsville, Md., V. St. A., *Maschinenelement zur Umwandlung von Schwingungsenergie in Wärme* besteht aus einer Bimetallplatte, die zusammengesetzt ist aus einer Legierung aus 79—85% *Mn*, Rest *Cu*, die von 800—900° abgeschreckt u. eine Elastizitätsgrenze von mehr als 10000 lbs./sq.in. u. ein POISSONs-Verhältnis von 0,5—0,7 besitzt u. einem Metall mit einer Elastizitätsgrenze von mehr als 10000 lbs./sq.in. u. einem POISSONs-Verhältnis von 0,25—0,40. Das Bimetall ist so angeordnet, daß die Schwingungsbeanspruchung durch Druck auf die Platte übertragen wird. — Druckkurven. (**A. P. 2 678 292** vom 25/1. 1952, ausg. 11/5. 1954.) C. GÖTZE. 6479

Georgsmarienwerke Akt.-Ges., Osnabrück, *Härten der Lauffläche vom Radreifen und Vollrädern* durch Auflegen der von der Walze kommenden oder nach Abkühlen aus der Walzhitze auf eine Temp. unterhalb des unteren Umwandlungspunktes (A_{c1}) auf

Härtetemp., vorzugsweise im Bereich der Lauffläche, wiedererwärmten bzw. im ganzen auf Härtetemp. erhitzten Werkstücke auf eine Drehvorr. u. Abspritzen der Lauffläche ist dad. gek., daß die Härte-Fl. unter einem kleinem Winkel zur Lauffläche auf diese aufgespritzt wird. — Abbildungen. (**Oe. P. 181 867** vom 28/2. 1953, ausg. 10/5. 1955.) H. HOCHSTEIN. 6493

Centre National de la Recherche Scientifique und **Israël Epelboin,** Paris, *Verbessern der elektromagnetischen Eigenschaften dünner Stahlbleche* durch Entfernen der unter der Oxydhaut liegenden Oberflächenschichten auf beiden Seiten der Bleche in einer Dicke von mindestens 2,5% der ursprünglichen Dicke durch elektrolyt. Polieren. (**Holl. P. 74 211** vom 8/3. 1949, ausg. 15/3. 1954. F. Prior. 8/7. 1948.) F. VIER. 6515

Hermann Schladitz, München, *Fortlaufende Metallisierung von organischen und anorganischen Folien* durch therm. Zers. von Metallverbb., bei denen die Folie an einer Zuführung für die Metallverb. vorbeiläuft u. vor oder während des Vorbeilaufens auf die Zersetzungstemp. der Metallverb. erhitzt wird, dad. gek., daß die Metallverb. auf die Folienoberfläche fein verteilt u. in kleinen Mengen durch eine Vielzahl von neben- u. in Laufrichtung der Folie hintereinander angeordneten feinen Strahlen aufgeblasen wird, die infolge Kühlung unzers. bis in die unmittelbare Nähe der Folienoberfläche gelangen, wobei die beim Metallisierungsprozeß der Folienoberfläche entzogene Wärmemenge fortlaufend zwischen den Strahlenreihen ersetzt wird. Das Verf. ist z. B. geeignet zum Metallisieren von Papier, Kunststoff, Metall, Gewebebahnen aus Textil, Glasfasern u. zur Herst. von Kondensatorpapier oder -folien. — Vorrichtung. (**D. B. P. 927 962** Kl. 48b vom 3/3. 1953, ausg. 16/6. 1955. Anmeldung bekanntgemacht 7/10. 1954.) F. VIER. 6517

R. Michel, Paris, Frankreich, *Korrosionsschutz für Metalle.* Es wird auf der zu schützenden Oberfläche elektrolyt. eine *Ti*-Schicht niedergeschlagen. Es können saure oder alkal. Elektrolyte verwendet werden, z. B. eine Lsg., die auf 100 Liter 15 (kg) *NaCN* u. 10 *Ti-Oxalat* enthält, oder eine Lsg., die auf 100 Liter 30 (kg) $ZnSO_4$, 5 TiO_2, 2 $B(OH)_3$, 2,5 $Al_2(SO_4)_3$ u. 1,5 *NaCl* enthält. (**Belg. P. 516 948** vom 16/1. 1953, ausg. 26/11. 1954.) F. MARKHOFF. 6517

Soc. Française des Constructions Babcock & Wilcox, Frankreich, *Herstellung von korrosionsbeständigen Überzügen* bes. für Wärmeaustauscher durch Tauchen der Gegenstände in ein schmelzfl. Bad von *Gußeisen* mit einem bes. hohen Geh. an *Si*, z. B. 12 (%) Si u. 1 C u. einem F. bei 1200°. (**F. P. 1 078 773** vom 13/6. 1953, ausg. 23/11. 1954. D. Prior. 24/6. 1952.) F. VIER. 6517

Glacier Metal Co., Wembley, Middlesex, England (Erfinder: **Phil Prince Love** und **Percival Donald Liddard**), *Erzeugung von Traglagern.* Ein Stahlband wird mit Ausnahme der Kanten u. der Randteile des Bandes mit einer Metallschicht überzogen, die auf der Unterlage haftet u. von dem eigentlichen Lagermetall gut benetzt wird. — Z. B. wird das Band zunächst galvan. *verkupfert*, dann mit einer Schicht aus *Pb*-Pulver bedeckt u. schließlich in einer reduzierenden Atmosphäre bis zum F. des Pb erhitzt. Das Band läßt sich leicht zu dem eigentlichen Lager formen. (**E. P. 706 128** vom 17/7. 1951, ausg. 24/3. 1954.) F. MARKHOFF. 6517

Johnson Bronze Co., übert. von: **James B. Mohler,** New Castle, Pa., *Lager aus einer Stützschale aus Stahl* u. einer darüber angeordneten Lagerlauffläche aus einer Al-Legierung, z. B. aus 6 (%) *Sn*, 1 *Cu*, 1 *Ni*, 1 *Si*, Rest *Al*. Auf die Oberfläche der Al-Legierung wird eine *Cu*-Schicht von 0,1—0,5 mil (0,002—0,01 mm) u. darüber eine *Sn*-Schicht von 0,2—2,0 mil (0,005—0,05 mm) Dicke elektrolyt. abgeschieden. An Stelle von Sn kann auch eine *Sn-Legierung* mit 8 *Cu* oder *Sb* verwendet werden. (**A. P. 2 715 259** vom 5/3. 1952, ausg. 16/8. 1955.) F. VIER. 6517

Dornbusch & Co. (Erfinder: **Paul Dornbusch**), Krefeld, *Herstellung von Platten mit Gravuren*, dad. gek., daß von einer die Gravur aufweisenden Musterplatte bes. auf galvan. Wege eine Folie des Musterungsreliefs hergestellt u. dieser, z. B. durch Aufspritzen von Metall auf ihre Rückseite, eine sie zur Platte ergänzende metall. Verstärkung erteilt wird. Zur Herst. der Folie wird eine die Gravur enthaltende, mit einem Metall, bes. Ni, auf galvan. Wege überzogene Musterplatte mit einem Grauglanzüberzug u. hiernach auf galvan. Wege mit einem Ni- u. dann mit einem Stahlüberzug versehen, der zusammen mit dem Ni-Überzug als Folie abgenommen wird. (**D. B. P. 928 695** Kl. 75b vom 7/3. 1944, ausg. 6/6. 1955. Anmeldung bekanntgemacht 18/11. 1954.) E. WEISS. 6517

Chicago Bridge & Iron Co., V. St. A., *Herstellung von Plattierschichten auf metallischen Gegenständen, insbesondere aus Eisen und Stahl.* Die Plattierschichten, z. B. aus *rostfreiem Stahl*, aus *Monelmetall*, *Ag*, *Cu* oder *Ni*, werden unter Verwendung einer metall. Zwischenschicht, die als Lot dient, im Vakuum unter Druck u. Hitze aufgebracht. Beim Aufplattieren von rostfreiem Stahl wird *Bronze* als Zwischenschicht, beim Plattieren von Al eine *Cu–Al–Si*-Legierung verwendet. Die Zwischenschicht kann elektrolyt. aufgebracht werden, man kann auch zu ihrer Herst. von Pulver, Folien oder von in Siebform angeordneten Drähten ausgehen. (**F. P. 1 077 124** vom 23/3. 1953, ausg. 4/11. 1954.) F. Vier. 6517

Deutsche Gold- und Silberscheideanstalt vormals Roessler, Deutschland, *Herstellung von korrosionsbeständigen Schutzschichten auf Metallen* durch Aufbringen von oxyd. elektronenleitenden Schichten, in die bes. durch Diffusion die Oxyde von Elementen eingebracht werden, die die Leitfähigkeit der Oxydschicht erhöhen, wodurch die Diffusion des Metalls durch die Oxydschicht u. die Korrosion verhindert wird. Falls die Oxydschicht p-leitend ist, wird ein Kation niederer Valenz, bei n-leitender Oxydschicht ein Kation höherer Valenz als die des Kations der Oxydschicht eindiffundiert. — Beispiele: 1. Gußstücke aus *Ti* werden in einem Pulver aus *W-Oxyd* mit 0,5 (Mol.-%) *Th-Oxyd* bei 900° 5 Std. lang an Luft erhitzt. An Stelle von Th-Oxyd können auch die *Oxyde* von *Ce*, *Be* oder *Ca* verwendet werden. 2. Gegenstände aus *ferrit Stahl* mit 0,15% C, 0,5 Si, 0,1 bis 0,6 Mn u. 1—3 Cr werden in einem Gemisch von Cr_2O_3 u. *Al* im Verhältnis 1: 1 mit einem Zusatz von 0,5 eines oder mehrerer *Oxyde* von *Be*, *Th*, *Ce* oder *Ca* an Luft erhitzt. (**F. P. 1 092 742** vom 3/2. 1954, ausg. 26/4. 1955. D. Prior. 3/2. 1953.) F. Vier.6529

Der Österreichische Bergbau 1945—1955. Wien: im Selbstverlage des Bundesministeriums für Handel und Wiederaufbau. Oberste Bergbehörde. 1955. (157 S. m. 49 Abb.)

Nach einer kurzen Übersicht durch den Bundesminister für Handel u. Wiederaufbau Illig über den Wiederaufbau des österreich. Bergbaus werden behandelt: Kohlenbergbau, Erze, Salzbergbau u. Sudhütten, Graphit, Gips u. Anhydrit, Steine u. Erden, Erdöl, Erdgas u. Ölschiefer. Außerdem werden Gesetzgebungs- u. Verordnungstätigkeit, soziale u. kulturelle Betreuung u. Bergbauförderung besprochen. M. Gehlen-Keller. 6360

IX. Organische Industrie.

Alejo González García-Gutiérrez, *Einführung in die Chemie des Calciumcarbids.* Elementare Chemie des Acetylens, von CH_3CHO, CH_3COOH, $(CH_3)_2CO$, $(CH_3CO)_2O$, halogen- u. N-haltigen Stoffen, Kunststoffen u. synthet. Kautschuken, bes. auf CaC_2-Basis. — Reaktionsgleichungen u. Schaubilder. (Ion [Madrid] **13.** 321—31. Juni 1953. Unión Españ. de Explosivos.) F. Montfort. H 530

Alfred Steitz jr. und **David K. Barnes**, *Produkte der Kohlenoxydhydrierung. Wasserlösliche sauerstoffhaltige Verbindungen.* In der bei der CO-Hydrierung über Fe-Katalysatoren entstehenden wss. Phase werden 7 saure u. 32 nichtsaure Verbb. identifiziert, wie geradkettige Alkohole, Säuren, Aldehyde u. Ketone. Ester, cycl. Ketone u. verzweigte Alkohole, Aldehyde u. Säuren sind nur in untergeordneter Menge gefunden worden. Die nichtsauren Verbb. werden aus dem W. durch fraktionierte Dest. bis 96° abgeschieden, die Säuren aus dem Rückstand durch Lösungsmittelextraktion. Nach Beseitigung des Lösungsm. werden die Säuren durch fraktionierte Dest. mit hohem Reinheitsgrad gewonnen. Bei der Fraktionierung der konz. nichtsauren Verb. treten in der Destillationskurve 6 scharfe Knicke auf, bei denen meist komplexe Mischungen von bin. u. tert. Azeotropen übergingen. Durch fraktionierte Dest. u. Analyse auf funktionelle Gruppen werden die nichtsauren Verbb. quantitativ analysiert. Die ermittelten Verbb. sind nach Art u. Menge aufgezählt, die Destillationskurven werden wiedergegeben. — 16 Literaturhinweise. (Ind. Engng. Chem. **45.** 353—58. Febr. 1953. Tulsa, Okla., Stanolind Oil and Gas Co., Res. Dep.) K. O. Müller. H 550

D. G. Cain, **A. W. Weitkamp** und **Norman J. Bowman**, *Produkte der Kohlenoxydhydrierung. Öllösliche sauerstoffhaltige Verbindungen.* Die bei der CO-Hydrierung über Fe-Katalysatoren in den Ölen anfallenden O-haltigen Verbb. sind höhere Homologe der in der wss. Phase enthaltenen Verbindungen. Es handelt sich hauptsächlich um Säuren, Alkohole u. Carbonylverbb. aliphat. Reihen. Ihre Ausbeute sinkt ab bei über C_5 steigender C-Zahl. Bei einer gegebenen C-Zahl ist das Verhältnis zwischen den mol. Mengen jeder der hauptsächlichen Verbb. zu der gesamten mol. Menge der O-haltigen Verbb. u. der KW-stoffe ungefähr konstant. Dabei scheinen die Alkohole strukturell den aliphat. KW-stoffen näher verwandt zu sein als die Säuren. Verzweigte Isomere herrschen bei diesen Säuren vor. Olefin. Doppelbindungen u. aromat. Ringe sind in einigen O-haltigen Moll. enthalten. Moll. mit 2 O-haltigen Gruppen wurden nicht ermittelt. (Ind. Engng. Chem. **45.** 359—62. Febr. 1953. Tulsa, Okla., Stanolind Oil and Gas Co., Res. Dep.; Whiting, Ind., Standard Oil Co., Res. Dep.) K. O. Müller. H 550

Ju. G. Mamedalijew und **A. A. Bachschi-Sade**, *Alkylierung von Benzol mit Äthylen in Gegenwart von synthetischem Aluminiumsilicat.* Bei 350—400° werden Bzl. u. C_2H_4 im mol. Verhältnis 3,5—4,9: 1 mit 0,5—0,3 Vol./Vol. Katalysator mit einem Druck von 20—60 at über synthet. Al-Silicat geleitet. Mit abnehmender Volumengeschwindigkeit nimmt die Ausbeute an *Äthylbenzol* (I) von 44 auf 54% zu. Bei Abnahme des Verhältnisses der Komponenten nimmt die Ausbeute an Diäthylbenzolen (II) um 4% zu. Bei 400° ist die Gesamtausbeute an I + II 68% der Theorie. Bei 40—60 at sind die Ausbeuten wenig verschieden, bei 20 at gehen sie auf 20% (bei 350°) zurück. Da der Kp. der II 184° nicht übersteigt, sind sie als Zusatz zu Bzn. geeignet. (Доклады Академии Наук Азербайджанской ССР [Ber. Akad. Wiss. AserbaidshanSSR] **11.** 161—63. 1955.)

R. K. MÜLLER. H 1010

G. Carrière, *Vanillin.* Übersicht über Geschichte, Darst. u. Eigg. von Vanillin. (Chem. pharmac. Techniek **10.** 265—66. 15/4. 1955.) W. WESLY. H 1140

E. I. du Pont de Nemours & Co., Wilmington, übert. von: **Mark W. Farlow,** Holly Oak, und **Earl L. Muetterties,** Hockessin, Del., V. St. A., *Fluorkohlenstoffe* (I) erhält man durch Rk. von C bei mindestens 500°, zweckmäßig in einer inerten Atmosphäre, mit einem Fluorid von Zn, Cd oder Hg. Als C werden Kohle, Graphit, Holzkohle, Ruß u. akt. Kohle verwendet. — Ein mit Pt ausgekleidetes Ni-Rohr wird mit 150 (Teile) wasserfreiem HgF_2 u. 20 Ruß beladen, wobei die Rohrenden mit 3 Ruß versetzt werden. Man erhitzt auf 564° u. erhöht die Temp. unter Durchleiten von N_2 (2 Std.) langsam auf 783°. Man erhält in der Kühlfalle 20 I (70%ig. Umsetzung), die bei fraktionierter Dest. CF_4, Perfluoräthan, Perfluorpropan, Perfluorbutan u. Perfluorpentan im Mol-Verhältnis von ca. 70 : 10 : 1 : 0,7 : 0,1 ergaben. (**A. P. 2 709 187** vom 16/2. 1954, ausg. 24/5. 1955.)

J. MÜHLEISEN. H 510

E. I. du Pont de Nemours & Co., Wilmington, übert. von: **Mark W. Farlow,** Holly Oak, und **Earl L. Muetterties,** Hockessin, Del., V. St. A., *Fluorkohlenstoffe* erhält man durch Rk. von C in Form von Kohle, Graphit, Ruß u. akt. C bei mindestens 800°, zweckmäßig in einer inerten Atmosphäre, mit Fe-, Co-, Ni- oder Cu-Fluorid. In einem Ni-Reaktionsgefäß wird ein Gemisch von 20 (Teilen) feinem wasserfreiem FeF_2 u. 25 unter N_2 bei 1000° getrocknetem Ruß in einem N_2-Strom 2 Std. auf 1000° erhitzt. Man erhält hauptsächlich CF_4. (**A. P. 2 709 188** vom 16/2. 1954, ausg. 24/5. 1955.)

J. MÜHLEISEN. H 510

Mathieson Chemical Corp., Baltimore, Md., V. St. A., *Vinylchlorid* (I) erhält man durch Rk. von Acetylen mit NH_4Cl, bes. im Verhältnis 2 : 1 bis 5 : 1, bei 250—500, bes. bis 350°, in Ggw. eines Katalysators (Hg-Dampf, $HgCl_2$ oder $BaCl_2$ oder deren Mischungen auf Aktivkohle, Chloride von Bi, Pb, Mg, V, Al, Zn, Fe), wobei NH_3 gebildet wird. — Eine Mischung aus gleichen Teilen Acetylen u. N_2 wird durch auf 220° erhitztes Hg, anschließend durch festes auf 334° erhitztes NH_4Cl u. die entstandene Gasmischung über auf 315° erhitzte Aktivkohle geleitet. Umwandlungsgrad von NH_4Cl : I = 33%. — Zwischenprodukt. (**E. P. 712 376** vom 17/7. 1952, ausg. 21/7. 1954. A. Prior. 23/8. 1951.)

G. KRAUSS. H 520

Ethyl Corp., New York, N. Y., übert. von: **Franklin Conrad,** Baton Rouge, La., V. St. A., *Trichlor- und Tetrachloräthylen* erhält man durch Rk. einer Mischung von Cl_2 u. 1.1-Dichloräthangas (Molverhältnis: 1,5—3,5:1) in einer fluidisierten Reaktionszone (I) bei $>$350, bes. 375—475°, bei einer Reaktionsdauer von nicht $>$10 Sekunden. Als Stoffe für die I dienen z. B. Graphit, Sand, Al_2O_3, SiO_2, SiC u. poröse Erden. (**A. P. 2 725 412** vom 14/6. 1954, ausg. 29/11. 1955.) J. MÜHLEISEN. H 520

Standard Oil Development Co., Del., übert. von: **Charles E. Morrell,** Westfield, **Carl S. Carlson,** Roselle, und **Carter E. Porter,** Cranford, N. J., V. St. A., *Reinigen von Isopropylalkohol* (I), gewonnen durch Anlagerung von W. an Olefine mittels H_2SO_4, von niedrigsd. Verunreinigungen, wie Aceton, Ae., KW-stoffen u. Mercaptanen, erfolgt durch Einstellen des Rohprod. auf p_H 8—10 mittels kaust. Soda, Pottasche oder NH_3 u. Erhitzen auf 65—150° während 1—3 Std. unter Druck (15—300 lbs./sq.in.), um I in fl. Phase zu halten, wobei Zers. u. Polymerisation der Verunreinigungen weitestgehend eintritt. Man entspannt in eine Destillationskolonne, in welcher die Dämpfe im Gegenstrom mit einem wss. Rückfluß von 70—99 Mol.-% W. behandelt werden. Die niedrigsd. Verunreinigungen entweichen am Kopf der Kolonne, während I, Aceton, geringe Mengen Verunreinigungen u. W. als Bodenprod. anfallen. Sofern hochsd. Verunreinigungen vorhanden, werden sie aus dem Unterteil der Kolonne abgezogen. In einer weiteren Kolonne werden Aceton u. die Verunreinigungen als Kopfdestillat entfernt u. das Bodenprod. in einer Abtreibkolonne zur Gewinnung von I erhitzt. I geht als azeotrop. Kopfdestillat mit W. über. Spuren polymerer Öle leitet man im unteren Teil der Kolonne ab. — Skizze. (**A. P. 2 666 735** vom 13/8. 1949, ausg. 19/1. 1954.) G. KÖNIG. H 560

Metallgesellschaft Akt.-Ges., Frankfurt/M., *Herstellung von tertiären Phosphorsäureestern von Partialestern mehrwertiger Alkohole.* Man erhitzt z. B. 895 (Teile) eines tert. Polyglykolphosphats von Polyäthylenglykol mit einem mittleren Mol.-Gew. von 210 mit $POCl_3$ im Mol-Verhältnis 3 : 1 u. 350 Stearinsäure auf 180—200° unter Durchleiten von Luft oder CO_2 zur Entfernung des W., wobei man nach 1—2 Std. ein Prod. mit der EZ. < 1,5 erhält. — Weitere Beispiele unter Verwendung folgender Säuren: Öl-, Bernstein-, Abietin- u. Laurinsäure. Man erhält *Dispergatoren* u. *Emulgatoren*, bes. für die Lebensmittelindustrie, zur *Herst. von Salben* u. dergleichen. (**E. P. 736 448** vom 22/4. 1953, ausg. 7/9. 1955. D. Prior. 9/5. 1952.) O. MÜLLER-MEININGEN. H 590

Wacker-Chemie G. m. b. H., München, *Herstellung von Acetylaceton* (I). Man setzt einem Gemisch aus 1,5 Liter Essigester u. 120 g Aceton unter N_2 46 g Na-Draht bei 50—70° zu, zers. den Destillationsrückstand mit verd. H_2SO_4 u. erhält durch Fraktionieren der hierbei erhaltenen oberen Schicht 80% I neben 5% Acetessigester. (**Schwz. P. 307 623** vom 19/7. 1952, ausg. 16/8. 1955. D. Prior. 10/12. 1951.) O. MÜLLER-MEININGEN. H 720

Eastman Kodak Co., übert. von: **Noel H. Kuhrt**, Rochester, N. Y., V. St. A., *Stabilisierung von Monoglyceriden*, die durch Rk. von höhermol. Fettsäuretriglyceriden mit Glycerin (I) in Ggw. eines Umesterungskatalysators erhalten wurden, erfolgt durch Erhitzen mit mindestens 30 Gew.-% Glycin u. H_3PO_4 auf 50—90°, wobei I als Lösungsm. dienen kann. Das stabilisierte Prod. wird anschließend auf 95—120° erhitzt. (**A. P. 2 701 769** vom 17/5. 1954, ausg. 8/2. 1955.) O. MÜLLER-MEININGEN. H 810

Minnesota Mining & Mfg. Co., übert. von: **George C. Harrison**, St. Paul, und **John M. Thompson**, Mendota Township, Dakota County, Minn., V. St. A., *Herstellung von Monochlorpropionsäure* (I) mit einem Geh. von nicht über 5—10% α- u. mindestens 90—95% β-Chlorderivv. erfolgt kontinuierlich durch Chlorieren von reiner Propionsäure (II) mit einem geringen Geh. an β-Chlorderiv. (Cl-Geh. 0,05—1%) bei einer Anfangstemp. nicht > 20° unter Bestrahlen mit Licht der λ ca. 3650 Å. Anschließend wird das Reaktionsgemisch dest., nicht umgesetzte II in das Verf. zurückgeführt u. die I gegebenenfalls durch Erhitzen im Vakuum auf 135—165° in *Acrylsäure* übergeführt. — Zeichnung. (**A. P. 2 682 504** vom 2/1. 1952, ausg. 29/6. 1954.) O. MÜLLER-MEININGEN. H 810

E. I. du Pont de Nemours & Co., Wilmington, Del., V. St. A., *Gewinnung von Adipinsäure* (I) aus den Reaktionsgemischen der Oxydation von Cycloparaffinen mit Luft u. HNO_3 (II) erfolgt, indem man zuerst einen Teil der I auskristallisieren läßt u. dann die II-Konz. der Mutterlaugen red., indem man in mindestens 2 Kristallisationsstufen arbeitet, wobei in der 1. Stufe die II-Konz. der Lsg. über 30, in der 2. Stufe 15 oder weniger % beträgt. Man dest. z. B. aus einem 40% enthaltenden Oxydationsgemisch W. u. Monocarbonsäuren bei 100—105° ab, kühlt auf 50°, trennt vom Kristallisat ab u. dest. die Mutterlauge bis zu einem II-Geh. von 10%, kühlt auf 30°, filtriert I ab u. erhält diese in 96%ig. Ausbeute. (**E. P. 733 968** vom 19/8. 1953, ausg. 20/7. 1955. A. Prior. 3/9. 1952.) O. MÜLLER-MEININGEN. H 820

United States of America, übert. von: **Charles A. Fort** und **Burns Ashby Smith**, New Orleans, La., V. St. A., *Aconitsäure* (I) erhält man aus Fermentierungsablaugen von Rohrzucker durch Einstellen des p_H auf 3,4—3,5, Zusatz eines wasserlösl. Fe(III)-Salzes, wie $Fe_2(SO_4)_3$, Abtrennen des erhaltenen Fe-Salzes u. Zerlegung desselben mit einer wss. anorgan. Säure. (**A. P. 2 711 425** vom 18/3. 1952, ausg. 21/6. 1955.) O. MÜLLER-MEININGEN. H 830

United States of America, übert. von: **Edward M. Filachione**, Chesney Downs, **Edward H. Harris jr.**, Philadelphia, Pa., und **Martin L. Fein**, Riverside, N. J., V. St. A., *Milchsäure* (I) erhält man in reiner Form aus ihren wss. Lsgg., die man z. B. bei der fermentativen Herst. erhält, durch Zusatz eines lösl. anorgan. Salzes, wie $(NH_4)_2SO_4$, worauf man I mittels eines aliphat. Alkohols C_3—C_4, bes. Isopropanol, sek. oder tert.-Butanol oder 2-Chlorallylalkohol, oder eines Ketons C_3—C_4, wie Methyläthylketon, extrahiert. (**A. P. 2 710 880** vom 7/5. 1953, ausg. 14/6. 1955.) O. MÜLLER-MEININGEN. H 850

Soc. An. des Manufactures des Glaces et Produits Chimiques de Saint-Gobain, Chauny & Cirey, Seine, Frankreich, *Herstellung von Äthanolaminharnstoffen* der allg. Formeln I u. II, worin R_1 u. R_2 H oder einen (auch substituierten) Alkylrest (bzw. R_1 + R_2 einen cycl. Rest) u. R_3 einen Alkylenrest bedeuten, dad. gek., daß man bei 50—150° ein nicht N-substituiertes Oxazolidon-(2) in stöchiometr. Mengen mit einem prim. oder sek. Amin (ausgenommen solchen, die die Aminogruppe an einem aromat. Kern tragen) oder einem Diamin umsetzt. — Beispiel: Man erwärmt in einem Ballon 61 (g) Monoäthanolamin (III) u. 44 Oxazolidon-(2) (IV) auf

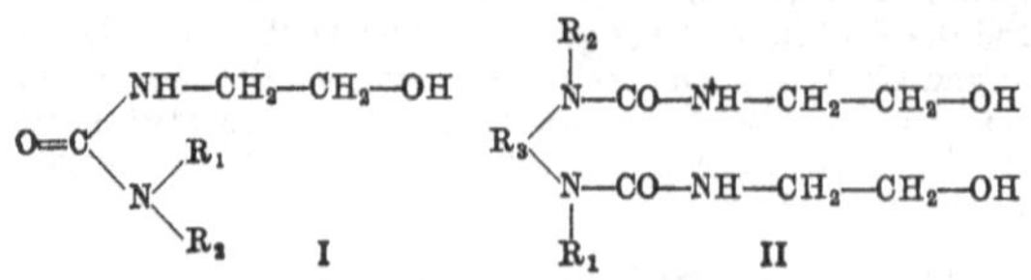

110°. Die Temp. steigt auf 140°. Man erwärmt noch 6 Std. auf 100°, kühlt ab u. dest. im Vakuum unumgesetztes III ab. Man erhält *N.N'-Diäthanolharnstoff*, F. 91—92° (A.); 80% (Ausbeute). — Beschrieben wird ferner die Herst. von folgenden N'-Äthanolharnstoffen (I): *N-Benzyl-*, F. 91—92° (Dichloräthan), aus Benzylamin; 92,5%. — *N-Cyclohexyl-*, F. 98—99° (Dichloräthan-A., 17 : 3), aus Cyclohexylamin; 94%. — *N-Allyl-*, aus Allylamin; Kristallisation aus Dichloräthan; 87%. — *Piperidin-1-carboxamid*; 93%. — *Morpholin-1-carboxamid*. Diäthanolharnstoffe (II): *N.N'-Äthylen-*, aus 2 (Mol) **IV** u. 1 Äthylendiamin (**V**); Kristallisation aus A.; 212 g. Aus 1 **IV** u. 1 **V** erhält man $HOCH_2CH_2NHCONHCH_2CH_2NH_2$, F. 49°. — *N.N'-Hexamethylen-*, F. 188 bis 189° (W. oder A.), aus Hexamethylendiamin; 85%. — *N.N-Diäthyl-N'-äthanolharnstoff*, aus Diäthylamin. — *N.N-Dibutyl-N'-äthanolharnstoff*, nicht kristallisierbar, aus Dibutylamin. — $HOCH_2CH_2NHCON(CH_3)CH_2CH_2OH$, viscos, aus 1 Mol **IV** u. $^5/_3$ Mol N-Methyläthanolamin; 150 g. — $HOCH_2CH_2NHCONHNHCONHCH_2CH_2OH$, F. 160°, aus Hydrazinhydrat; Blättchen aus A.; 84%. — *Monoäthanolharnstoff*, aus NH_3. (**F. P. 1 055 377** vom 3/5. 1952, ausg. 18/2. 1954.) S. MEIER. H 880

Deutsche Gold- und Silberscheideanstalt vormals Roessler (Erfinder: **Harry Kloepfer**), Frankfurt/M., *Herstellung von Blausäure.* Das aus dem Cyanidierungsvorgang kommende Abgas, welches neben unverbrauchtem N_2 CO enthält, wird unter Zugabe von O_2 oder Luft, vorteilhaft in Ggw. von Cu-Katalysatoren, verbrannt, u. das N_2-haltige, möglichst O_2-freie Verbrennungsgut wird, vorteilhaft nach Entfernen von beigemengtem CO_2, zur Cyanidierung verwendet. (**D. B. P. 911 606** Kl. 12k vom 22/8. 1941, ausg. 17/5. 1954. Anmeldung bekanntgemacht 11/9. 1952. **Zusatz zu D. R. P. 752 826; C. 1955. 10 861.**) H. NEBELSIEK. H 890

Courtaulds Ltd., London, England (Erfinder: **Leslie Arthur Bashford**), *Wiedergewinnung von Dimethylnitrosamin* aus wss. oder wss.-alkoh. Lsgg., dad. gek., daß man diese Lsgg. mit halogenierten aliphat. KW-stoffen, wie Methylenchlorid, Chlf. u. a. m. extrahiert. (**E. P. 738 293** vom 17/10. 1952, ausg. 12/10. 1955.) G. LANGER. H 910

General Electric Co., New York, N. Y., V. St. A., *Lösungen der Alkalisalze von Organosilantriolen*, bes. von Methylsilantriolen, werden zur Verminderung der starken Alkalität mit Al-Salzen (I) versetzt u. können so auf einen p_H-Wert 6,8—7,0 gebracht werden. Sie eignen sich dann besser zur Hydrophobierung von Textilien, Papier u. Mauerwerk. Als I dienen bes. $AlCl_3$, $AlBr_3$, $Al_2(SO_4)_3$, $Al(NO_3)_3$, bas. Al-Diacetat u. Al-Citrat. (**E. P. 738 693** vom 21/5. 1953, ausg. 19/10. 1955. A. Prior. 27/5. 1952.) J. MÜHLEISEN. H 980

Esso Research & Engineering Co., früher Standard Oil Development Co., Elizabeth, N. J., V. St. A., *Organozinnverbindungen* der Formel R_aSnX_b, worin X eine der Gruppen $-SC(:S)-ZR^1$, $-SC(:S)N(R^1)(R^2)$ oder $SC(:S)(ZR^1)(ZR^2)$ bedeutet, $a + b = 4$, R, R^1, R^2 KW-stoffreste u. Z O oder S darstellen, erhält man durch Rk. eines 4wertigen Organo-Sn-halogenids mit einem Xanthogenat, Thioxanthogenat, Dithiocarbamat oder einem Diester eines Dithiophosphats bei 10—100°, zweckmäßig in Ggw. eines inerten Lösungsm., in dem die sich bildenden Chloridsalze unlösl. sind. Durch Rk. von Dilaurylzinndichlorid, in CH_3OH gelöst, mit einer Lsg. von isopropylxanthogensaurem K in CH_3OH erhält man Dilaurylzinn-bis-[diisopropylxanthogenat] als gelbes, viscoses Öl. — *Zusätze zu Mineralschmierölen.* (**E. P. 737 392** vom 19/9. 1952, ausg. 28/9. 1955. A. Prior. 15/11. 1951.) J. MÜHLEISEN. H 980

Distillers Co. Ltd., Edinburgh, England, *Cumolhydroperoxyd* erhält man durch Oxydation von Cumol in homogener fl. Phase in Abwesenheit eines Katalysators mit O_2 bei 105—150°, bes. 130—150°, wobei man durch Ggw. von Wasserdampf in bestimmter Konz. im Gasraum über dem Reaktionsgemisch die Explosionsgefahr verringert. **E. P. 737 971** vom 18/9. 1953, ausg. 5/10. 1955. A. Prior. 4/10. 1952.) O. MÜLLER-MEININGEN. H 1010

Distillers Co. Ltd., Edinburgh, Schottland, *Herstellung von Phenolen aus Peroxyden.* Man oxydiert Verbb. der Formel $(R_1)(R_2)\cdot CH(Ar)$, wobei R_1 u. R_2 Alkylgruppen u. Ar eine Arylgruppe bedeuten, zu Peroxyden u. behandelt diese mit einem Kondensationskatalysator, z. B. $FeCl_3$, in einem nichtwss. Medium, wobei Aufspaltung zu Phenolen erfolgt. — Beispiel: Cumol wird zu α.α-Dimethylbenzylperoxyd oxydiert; hieraus Phenol durch Spaltung. (**Finn. P. 26 398** vom 11/11. 1949, Auszug veröff. 1/8. 1953.) K. H. KÄHLER. H 1060

Pittburgh Coke & Chemical Co., Pittsburgh, übert. von: **James W. Young**, Coraopolis, und **Jack Hensel**, Sewickley, Pa., V. St. A., *Gemischte Thiophosphorsäureester* (I) (R = niedermol. Alkyl; R' = von R verschied. Alkyl oder Aryl) erhält man durch Kondensation von 2—2,1 Mol eines Na-Alkoholats mit Thiophosphorylchlorid bei —10 bis +30° in Ggw. des entsprechenden Alkohols. Das entstandene Thiophosphorsäureesterchlorid wird dann in wss. Lsg. mit einem

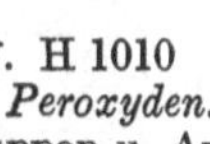

I

Alkoholat NaOR' in Ggw. von Cu-Pulver oder eines Cu-Salzes bei 30—100° umgesetzt. — Zu 84,7 (Teilen) Thiophosphorylchlorid gibt man 23,4 Na in 310 wasserfreiem A. bei —6°. Durch Eingießen in 1300 W. erhält man Diäthoxythiophosphorylchlorid, das dann mit 73 p-Nitrophenol in Ggw. von 21,1 NaOH, 2 Cu-Pulver u. 300 W. bei 70—75° zu *Diäthyl-p-nitrophenylthiophosphat* (= *Parathion*) in 86%ig. Ausbeute mit 99%ig. Reinheit umgesetzt wird. — *Dimethyl-p-nitrophenylthiophosphat.* — *Dibutylphenylthiophosphat.* — *Dimethyl-2.4-dichlorphenylthiophosphat.* — *Diamyl-p-tolylthiophosphat.* — *Diäthylnaphthylthiophosphat.* — Ferner können noch umgesetzt werden: 2.4-Dinitrophenol; 2-Oxy-4-nitronaphthalin; 2-Methyl-4-nitrophenol; p-Kresol; 2-Chlor-4-nitrophenol; Oxythioäther; Glykoläther; β-Methylumbelliferon. — *Schädlingsbekämpfungsmittel, Weichmacher* u. *Flammschutzmittel.* (**A. P. 2 692 891** vom 24/11. 1950, ausg. 26/10. 1954.) G. KRAUSS. H 1090

E. I. du Pont de Nemours & Co., Wilmington, Del., V. St. A., *Herstellung von Terephthalsäure aus p-Dialkylbenzolen.* Modifiziertes Verf. gemäß N. P. 81867, dad. gek., daß die Rk. mit HNO_3 bei 210—250° statt bei 150—210° durchgeführt wird. Geringere Korrosion der Apparatur. (**N. P. 82 884** vom 10/6. 1949, ausg. 14/12. 1953. A. Prior. 2/10. 1948. **Zusatz zu N. P. 81 867; C. 1955. 11 741.**) K. H. KÄHLER. H 1220

Laboratoire Corbière & Pansements Brevetés Corbière, Frankreich, *Herstellung von Alkansulfonaten der Salicylsäure* (**I**), dad. gek., daß man das Anhydrid oder Chlorid einer Alkansulfonsäure mit **I** u. ihren substituierten Derivv. oder mit einem Ester von **I** (z. B. Salol) umsetzt u. diese Estergruppe mit Säuren partiell verseift. — Beispiel: Man erwärmt 138 (Teile) **I** u. 348 Methansulfonsäureanhydrid (**II**) 3 Std. im Wasserbad, dest. den Überschuß am **II** ab, löst den Rückstand in 20%ig. NaOH u. fällt mit 20%ig. HCl aus. Man erhält das **I**-*Methansulfonat* [*Mesylsalicylsäure* (**III**)] in Prismen, F. 126° (verd. A.). — Beschrieben wird ferner die Herst. des **III**-*Methylesters*, F. 53° (Bzl.), des **I**-*Äthansulfonats* u. des **III**-*Phenylesters*, F. 87°. — *Zwischenprodukte.* (**F. P. 1 051 823** vom 27/2. 1952, ausg. 19/1. 1954.) S. MEINER. H 1250

American Cyanamid Co., New York, N. Y., V. St. A., (Erfinder: **D. E. Nagy**), *Herstellung von 1- und 5 substituierten Biguaniden.* Man erwärmt Alkali- oder Erdalkalidicyanimide mit Salzen von prim. oder sek. aromat. Aminen unter solchen Bedingungen, daß in der Hauptsache 1 (Mol) Dicyanimidsalz mit 2 Aminsalz reagiert, im wss. Medium, bes. am Rückfluß, z. B. bei 80—150°. — Z. B. erhitzt man 6,45 Calciumdicyanimid, 2 Anilin, 2 konz. HCl u. 24 W. auf ca. 80°. Man erhält *1.5-Diphenylbiguanidhydrochlorid*, F. 223 bis 225°, *freie Base*, F. 148—149°. In ähnlicher Weise erhält man *1.5-Diphenylbiguanid-p.p'-disulfonsäure* aus Calciumdicyanimid u. Sulfanilsäure; weiter wird die Herst. beschrieben von *1.5-Dimethyl-1.5-diphenylbiguanidhydrochlorid*, F. 209—210°, u. *1.5-Di-β-naphthylbiguanid*, F. 175—177°, *Hydrochlorid*, F. 268°. — Zwischenprodd. für die Herst. von Chemotherapeutica oder für Hilfsprodd. für die Textil- u. Kautschukindustrie sowie für die Herst. von plast. Stoffen u. Harzen. (**Schwed. P. 136 190** vom 19/8. 1946, ausg. 25/6. 1952. A. Prior. 12/10. 1945.) K. H. KÄHLER. H 1280

Universal Oil Products Co., übert. von: **Herman Pines** und **Vladimir N. Ipatieff**, Chicago, Ill., V. St. A., *Di-(alkylphenyl)-alkene* der allg. Formel **A**, wobei R eine Alkylgruppe mit gerader Kette u. R_1 u. R_2 eine Alkylgruppe darstellen, werden nach Reaktionsschema **B** hergestellt. Bes. beansprucht werden 1-(4-Alkylphenyl)-1-(2.5-dialkylphenyl)-2-alkyl-1-alkene, worin die Alkengruppe mindestens 3 C-Atome enthält. —

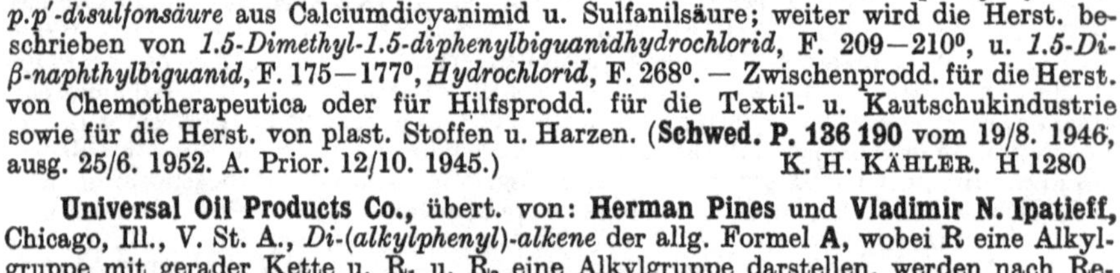

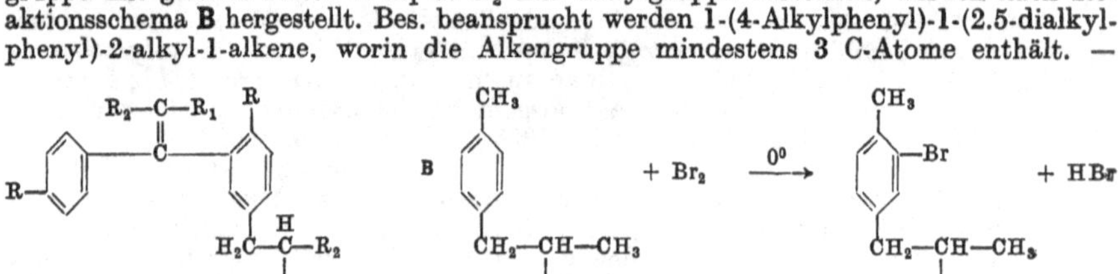

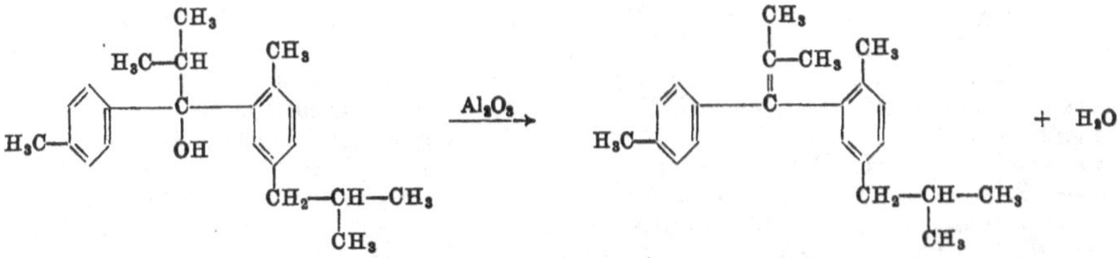

Beispiel: 1-(p-Tolyl)-1-(2-methyl-5-isobutylphenyl)-2-methyl-1-propen. Kp.$_3$ 145°, n_D^{20} 1,5550, D.$^{20}_4$ 0,9402, Mol.-Refr. 96,1 (errechnet) u. 99,7 (beobachtet). (**A. P. 2 578 207** vom 16/6. 1949, ausg. 11/12. 1951.) A. GRADL. H 2210

Stamicarbon N. V., Heerlen, Holland, *Di-p-tolylmethan- und 1.1-Di-p-tolyläthanhydroperoxyd* erhält man durch Rk. der entsprechenden KW-stoffe (I) mit O_2 oder einem O_2-haltigen Gas bei 90—150° u. 50—190 at in wss. Emulsion in Ggw. eines Alkalisalzes einer schwachen Säure, z. B. Na_2CO_3, als Katalysator, wobei man die Peroxyde als Reaktionsbeschleuniger zusetzen kann. Die I werden gegebenenfalls mit H_2 bei 60—80° in Ggw. eines Reduktionskatalysators, wie Ni-Metall, vorbehandelt. Die Verbb. dienen als *Ausgangsprodd. zur Herst. von Phenolen u. Ketonen* sowie als *Polymerisationsbeschleuniger für Olefine.* — Vorr., Zeichnung. (**E. P. 726 362** vom 22/5. 1953, ausg. 16/3. 1955. Holl. Priorr. 6/7. u. 31/7. 1952.) O. MÜLLER-MEININGEN. H 2250

E. I. du Pont de Nemours & Co., übert. von: **William F. Gresham und Marcus A. Naylor jr.**, Wilmington, Del., V. St. A., *Herstellung von 2.2-Bis-(3.4-dicarboxyphenyl)-propan* (I) oder dessen Dianhydrid. Man gibt zu 318 (g) o-Xylol (II) unterhalb 0° 26 $AlCl_3$ u. dann bei —5° innerhalb 1—2 Std. ein Gemisch aus 106 II u. 113 2.2-Dichlorpropan, worauf man bei dieser Temp. noch 2—4 Std. weiterrührt. Man gießt auf Eis u. erhält nach Aufarbeiten durch Dest. über eine 24 Zoll-VIGREUX-Kolonne 126—146 (50—58%) *2.2-Bis-(3.4-dimethylphenyl)-propan*, $C_{19}H_{24}$, Kp.$_1$ 140°, F. 54,5—55,5°. Man oxydiert diese Verb. durch Schütteln mit 10%ig. wss. HNO_3 (III) 20 Min. bei 250° u. behandelt das erhaltene feste Prod. unter Rückfluß 3—4 Std. unter Entfernung des W. mit II u. anschließend mit CH_3COOH u. erhält I-*Anhydrid*, F. 185—186° (Chlf. u. Toluol), $C_{19}H_{12}O_6$, NZ. 90,2, gefunden, 84 berechnet. Man kann die Oxydation auch zuerst mit III partiell durchführen u. anschließend mit $KMnO_4$ (IV) weiteroxydieren. Auch mit Br_2 in CCl_4-Lsg. oder mit IV in Pyridinlsg. kann oxydiert werden. I dient zur Herst. von Polyimiden durch Rk. mit Alkylendiaminen, bes. solchen mit 4—12 C-Atomen. (**A. P. 2 712 543** vom 11/6. 1954, ausg. 5/7. 1955.) O. MÜLLER-MEININGEN H 2440

E. I. du Pont de Nemours & Co., übert. von: **Carl George Krespan**, Wilmington, Del., V. St. A., *Symmetrische Cyanverbindungen* der allg. Zus. $R—[C(CN)_2—C(CN)_2]_n—R$ (n = 1—2 u. R = organ. Rest), erhält man durch Rk. von Tetracyanäthylen (I) mit einem α.α′-Azo-bis-nitril (II) bei 0—200° in einem inerten organ. Lösungsm., wobei II freie Radikale liefert. Man erhitzt z. B. ein Gemisch aus 492 (g) α.α′-Azodiisobutyronitril, 128 I u. 13200 absol. Bzl. 8 Std. unter Rückfluß, entfernt Bzl. unter N_2, sublimiert 535 Rückstand bei 85°/1 mm u. erhält innerhalb 8 Std. 177 (43%) *Tetramethylbernsteinsäurenitril* (III). Bei 100°/1 mm gehen weitere 6 (2%) III über, bei 120°/0,8 mm erhält man innerhalb 18 Std. 97 (37%) *2.3.3.4.4.5-Hexacyan-2.5-dimethylhexan*, $C_{14}H_{12}N_6$, F. 150—151°, der Rückstand enthält nichtflüchtiges *2.3.3.4.4.5.5.6.6.7-Decacyan-2.7-dimethyloctan.* — *Insekticide* u. Zwischenprodd. zur Herst. von cycl. Polyimiden, die u. a. als Vernetzer Verwendung finden. (**A. P. 2 717 261** vom 6/5. 1954, ausg. 6/9. 1955.) O. MÜLLER-MEININGEN. H 2490

Giovanni Rossi, Mailand, Italien, *Verfahren zur Behandlung pulverförmiger oder stückiger Stoffe mit Flüssigkeiten oder Gasen.* Das Behandlungsmittel wird einem Behälter derart von unten zugeführt, daß es den Stoff entgegen dem Eigengewicht seiner Teilchen von unten nach oben durchströmt. Herst. von *Furfurol aus Olivenrückständen* durch Behandlung mit H_2SO_4. — Zeichnung. (**Schwz. P. 308 557** vom 16/7. 1952, ausg. 1/10. 1955. It. Priorr. 17/7. 1951 u. 13/5. 1952.) W. MATHAES. H 3061

Soc. des Usines Chimiques Rhône-Poulenc, Seine, Frankreich (Erfinder: **Raymond Jacques Horclois, Jean Métivier** und **Edouard Suau**), *Neue Derivate des Phenothiazins* der allg. Formel I (n < 3, Z = Rest eines sek. oder tert. aliphat., aromat., arylaliphat. oder heterocycl. Amins) entstehen durch Rk. von Phenothiazin (II), das an den Benzolkernen auch halogeniert oder durch niedere Gruppen alkyliert oder alkoxyliert sein kann, mit einem Halogenacylamid mit oder ohne Kondensationsmittel (Alkalimetall, $NaNH_2$). Oder man setzt ein am N-Atom durch $—(CH_2)$ u. COOR substituiertes II (R = niederer Alkylrest) mit einem prim. oder sek. Amin bei

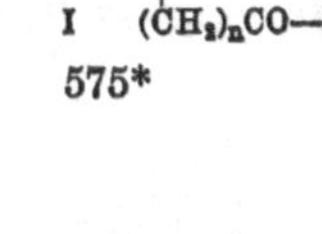

I

sek. Amin bei 50—150° um. — Beispiel: 3 g Phenothiazinyl-(10)-essigsäureäthylester mit 20 cm³ einer 18%ig. alkoh. Lsg. von Monomethylamin 16 Std. auf 100° erhitzen. Man erhält 2,4 g *Phenothiazinyl-(10')-acetylmethylamin*, F. 228° (A.). Die Verb. entsteht auch aus 10 g **II** u. 2,1 g $NaNH_2$ in Xylol durch langsame Zugabe von N-Methylchloracetamid u. 6std. Kochen. — Ferner wurden hergestellt: *3-[Phenothiazinyl-(10')]-propionylmethylamin*, F. 96° (CH_3OH), aus 3-[Phenothiazinyl-(10')]-propionsäuremethylester (F. 68° [CH_3OH]); *3-[Phenothiazinyl-(10')]-propionylpiperidin*, F. 120° (CH_3OH); *3-[3'-Chlorphenothiazinyl-(10')]-propionylmethylamin*, F. 85° (CH_3OH), aus *3-[3'-Chlorphenothiazinyl-(10')]-propionsäure* (**III**)-*Methylester*, F. 74° (CH_3OH), der aus 3-Chlorphenothiazin durch Rk. mit Acrylnitril zu *3-[3'-Chlorphenothiazinyl-(10')]-propionitril* (F. 178—179°), Verseifung zu **III** (F. 156°) u. Veresterung gewonnen wurde. — *Zwischenprodd.* für *Arzneimittel*. (**F. P. 1 065 615** vom 4/8. 1952, ausg. 28/5. 1954.)
S. Meier. H 3292

Benjamin Clayton, übert. von: **David Perlman** und **Morris Mattikow,** New York, N. Y., V. St. A., *Gewinnung von Steringlykosiden und Inosit aus phosphatidhaltigem Material*, das aus pflanzlichen Ölen gewonnen wurde. Man behandelt das Material mit Alkali in Ggw. eines aliphat. Alkohols mit höchstens 5 C-Atomen, wodurch Steringlykoside (**I**) u. Inositide freigesetzt werden. Dann gibt man Pyridin zu, das die **I** löst, u. trennt diese Lsg. von den unlösl. Inositiden ab. Aus der Lsg. können die **I** rein gewonnen werden, F. 300° (Zers.). Aus der übrigen Reaktionsmischung erhält man durch Zusatz einer wss. starken Mineralsäure Inosit, der mit Essigsäureanhydrid in Ggw. von konz. H_2SO_4 in *Hexaacetylinosit*, F. 216°, übergeführt werden kann. Die **I** bestehen aus *Sitosterinen, Sitostanol* u. *Stigmasterin*. Als Ausgangsstoffe können Baumwollsamen-, Mais-, Sojabohnen-, Erdnuß-, Lein- u. Rapsöl verwendet werden. — Schemat. Reaktionsdarstellung. (**A. P. 2 691 011** vom 26/10. 1950, ausg. 5/10. 1954.) G. Krauss. H 3700

X. Färberei. Organische Farbstoffe.

Henry E. Millson, *Mikroskopische Beobachtungen beim Färben.* Inhaltlich ident. mit der C. **1956.** 2884 referierten Arbeit. (Amer. Dyestuff Reporter **44.** P 417—36. 20/6. 1955.) I. Schoenmann. 7000

Werner Himmelreich, *Ursachen der Farbstoffwanderung beim Trocknen von Geweben und deren Auswirkung auf den Gebrauchswert der textilen Fertigungsgüter.* Farbstoffwanderung tritt bei Färbungen auf, die einen in W. schwerlösl. Farbstoff enthalten, der wenig faseraffin ist. Beim Trocknen werden diese Farbstoffteilchen durch das verdunstende W. zur Verdunstungsoberfläche getragen. Die kinet. Unters. des Trocknungsvorganges ergibt, daß unabhängig von der Trocknungstemp. das Verhältnis Verdampfung im Innern u. an der Oberfläche konstant ist, hohe Luftgeschwindigkeit u. niedrige Luftsättigung die Innenverdampfung erhöhen u. damit der Farbstoffwanderung entgegenwirken. Als optimale Luftgeschwindigkeit wird 4 m/sec angegeben. Die Rückdiffusion des Farbstoffs bleibt bei rascher Wasserverdunstung unbedeutend. Durch Chromatogramme konnte gezeigt werden, wie stark sich die durch Unterschiede in der Mol.-Größe bedingte, verschieden große Capillarsaugwrkg. auf ein Unegalwerden bei der Trocknung auswirken kann. Bei Wolle–Zellwolle-Mischgeweben unterstützt die Capillarsaugwrkg. der Zellwolle das Wandern von sauren Farbstoffen, die bes. zum Wandern neigen, stark. Auf den Gebrauchswert der mit Säurefarbstoffmischungen gefärbten Fertiggüter kann sich beim Trocknen durchnäßter Kleidungsstücke die verschied. Wanderungsgeschwindigkeit so stark auswirken, daß etwa an den Schulterpolstern oder Nähten Farbunegalitäten entstehen. Bei reiner Wolle tritt dieser Effekt nur bei extremsten Trocknungsbedingungen auf. Durch Naßechtheitsprüfungen, Wasser-, Wasch- u. Schweißechtheit wird die Farbstoffwanderung nicht erfaßt. (Textil- u. Faserstofftechn. **5.** 431—34. Juli 1955.) H. Bertsch. 7002

Guido Schetty, *Irgalanfarbstoffe- neutralfärbende Metallkomplexfarbstoffe.* Umfassender Überblick über die Chemie der Chromkomplexfarbstoffe einschließlich der Zusammenhänge zwischen färber. Verh. auf Wolle u. der Farbstoffkonstitution. Hinsichtlich des Färbemechanismus beim Färben von Wolle soll die Ausbldg. von Verteilungsgleichgewichten, analog wie beim Färben von Acetatfaser mit Dispersionsfarbstoffen, die Hauptrolle spielen. Die ausführlichen Unterss. werden an Hand zahlreicher Formelbilder, 18 Tabellen u. 10 Figuren ausführlich diskutiert. — 44 Literaturzitate. (J. Soc. Dyers Colourists **71.** 705—24. Dez. 1955. Basel, I. R. Geigy A.-G.)
H. G. Fröhlich. 7020

A. J. Hall, *Echte Färbungen auf Acetat mit Azo- und Küpenfarbstoffen.* Vf. gibt an Hand der Patentliteratur einen Überblick über die Verff. zur Färbung u. zum Druck von Mischgeweben aus Wolle u. Acetatseide. Derartige Mischgewebe lassen sich durch Imprägnierung mit einer wss. Lsg. oder Dispersion einer Base u. eines Naphthols AS u. folgende Diazotierung u. Kupplung auf der Faser so färben, daß der Acetatanteil eine gegen die folgende Wollefärbung echte Nuance erhält. Die für dieses Verf. geeigneten Komponenten werden angegeben, ebenso die Arbeitsweise. Ferner wird eine Meth. besprochen, nach der aus annähernd neutralem Bad dispergierte Küpensäuren geklotzt werden können, vor allem unter Zusatz von Polyvinylpyrrolidon als Stabilisator u. unter Zusatz eines Quellmittels. Nach dem „molten metal continuos dyeing"-Verf. kann infolge der kurzen Färbezeit auch aus der alkal. Küpe ohne Gefahr einer Verseifung des Acetats gefärbt werden. Durch Verwendung der im neutralen Bereich stark reduzierenden Formamidinsulfinsäure ist es möglich geworden, Acetat–Cellulose-Mischgewebe, bes. bei Verwendung einer Druckpaste, die einen Küpenfarbstoff u. einen Leukoester eines Küpenfarbstoffes enthält, echt zu bedrucken, auch im Reservedruck; obiges Reduktionsmittel erlaubt unter Zusatz von Zn-Thiocyanat eine Weißätze küpengefärbter Acetatgewebe. (Silk and Rayon **30.** 64—70. Jan. 1956.)

H. BERTSCH. 7020

Julius Eisele und **W. Federkiel,** *Triacetat. Das Färben mit Dispersionsfarbstoffen.* Nach einem Überblick über die physikal. u. chem. Eigg. des Triacetats (I) im Vgl. mit dem 2½-Acetat (II) geben Vff. einige Hinweise auf färber. Erfahrungen bzgl. Farbstoffwahl u. Färbemeth. in Abhängigkeit von Temp. u. Zeit. In fasertechnolog. Beziehung besitzt **I** gegenüber **II** einige Vorzüge. In färber. Hinsicht bestehen keine prinzipiellen Unterschiede: Zum Färben verwendet man naturgemäß ausschließlich Dispersionsfarbstoffe, von denen eine Reihe bei **I** geringeres Ziehvermögen als bei **II** aufweist. Hinweise auf die Thermofixierbeständigkeit von Celliton- u. Cellitonechtfarbstoffen erleichtern die geeignete Auswahl. Die günstigste Färbetemp. liegt bei 95—100°. Tempp. darunter beeinträchtigen bei **I** das Ziehvermögen. Die Färbedauer ist bei **I** 2 Std. gegenüber ½ Std. bei **II**. Die Echtheitseigg. von gefärbter **I**-Faser sind z. T. etwas besser als die von **II**. (Melliand Textilber. **36.** 1036—41. Okt. 1955. Ludwigshafen/Rh., Bad. Anilin- & Soda-Fabrik A.-G.)

E. WAGNER. 7020

Walter H. Hindle, *Das Färben von Acrilan/Wollmischungen.* 2. Mitt. *Farbstoffauswahl und entsprechende Verfahren.* (1. vgl. C. **1956.** 6812.) Der Färbevorgang verläuft in 2 Phasen, das Aufziehen des Wollfarbstoffes auf die Wollkomponente in Ggw. eines ionogeninakt. Mittels u. dem nachfolgenden Übertragen des Farbstoffes auf die Acrilanfaser durch Zugabe des kation. Prod. u. H_2SO_4; entsprechende Färbehilfsmittel, Farbstoffe u. Färbevorschriften werden angegeben, ebenso für die übliche Färbemeth., mit bas. oder einem Gemisch von bas. mit dispersen Acetatfarbstoffen für Acrilan in Verbindung mit neutralfärbenden vormetallisierten Farbstoffen für Wolle in Ggw. eines Antifällungsmittels sowie für das Färben mit Wollfarbstoffen nach einer Vorbehandlung der Gewebe mit Nylon-RESIST-Salz, wobei die Acrilanfaser ungefärbt bleibt. Eine weitere Färbevorschrift für Zweifarbeneffekte basiert auf einer Kombination der angegebenen Verfahren. (Textile Mercury Argus **133.** 1036—41. 1051. 9/12. 1955. Decatur, Ala., Chemstrand Corp.)

I. SCHOENMANN. 7020

General Aniline & Film Corp., New York, übert. von: **Lester N. Stanley,** Delmar, und **Alois C. Baggenstoß,** Brookview, N. Y., V. St. A., *Feste Diazoniumsalze.* Man diazotiert aromat. Amine, trennt das ausgefallene Aryldiazoniumsalz ab, mischt die abgetrennte feuchte Paste mit einem flüchtigen, nicht mit W. mischbaren, inerten, nichtentflammbaren polyhalogenierten aliphat. KW-stoff, der zwischen 35 u. 125° sd., u. gleichzeitig mit einem hydratbildenden, inerten, W. absorbierenden dehydratisierten Salz, wobei die Menge des dehydratisierten Salzes ausreichend ist, um das gesamte anwesende W. in Hydratform zu binden, trennt die feste M. ab u. trocknet bei höchstens 50°. — Man diazotiert *4-(o-Tolylazo)-o-toluidin,* rührt den Preßkuchen in CCl_4 ein, versetzt mit wasserfreiem $MgSO_4$, rührt, filtriert den Schlamm ab, wäscht mit CCl_4 nach u. trocknet bei 40—45°. — Analoge Diazoniumsalzpräpp. von: *Dianisidin, 2-(2'-Chlor-4'-nitrophenylazo)-5-methoxy-p-toluidin; 4-Phenylamino-o-anisidin; m-Chloranilin; 3-Amino-4-methoxybenzolsulfonbutylamid; 4'-Amino-5'-chlor-o-benzanisidid; 2-Amino-4.4'-dichlordiphenyläther; Anilin; o-, m-* u. *p-Toluidin; Xylidine, Chlortoluidine; p-Anisidine; Chloranisidine; Benzidine; 2.2'-Dichlorbenzidin; Aminotoluolsulfonalkylamide; Anisidinsulfonalkylamide; p-Aminodiphenylamin; N-(p-Aminophenyl)-naphthylamin-(1); p-Acetaminoanilin; Aminoazoxybenzol; Aminoazoxylol.* (**A. P. 2 707 181** vom 12/6. 1951, ausg. 26/4. 1955.)

G. LANGER. 7007

Celanese Corp. of America, New York, N. Y., V. St. A., *Färben von Textilien aus Cellulosederivaten mit Küpenfarbstoffen.* Man behandelt das Material mit einer wss.

Dispersion der Küpensäure, die Polyvinylpyrrolidon enthält u. gegebenenfalls noch ein Quellungsmittel, z. B. 2-Butoxyäthanol, u. ein Reduktionsmittel, z. B. Na-Formaldehydsulfoxylat, u. oxydiert den Küpenfarbstoff auf der Faser. (**E. P. 735 396** vom 19/6. 1953, ausg. 17/8. 1955. A. Prior. 21/6. 1952.) H. v. SCHILLER. 7021

British Nylon Spinners Ltd. (Erfinder: **Charles Smalley Whewell, Cyril Beynon Stevens** und **John Harding**), Pontypool, England, *Färben von Polyamidfasern.* Das Garn wird 16 Std. in eine wss., Na_3BO_3 enthaltende NaOCl-Lsg. (60% akt. Cl) gelegt, ausgewaschen, 30 Min. mit 1%ig. $NaHSO_3$ behandelt, wieder gewaschen u. mit Woll-, Acetat-, Cr- oder bas. Farbstoffen gefärbt. (**E. P. 682 975** vom 3/3. 1950, ausg. 17/11. 1952.) G. SALZMANN. 7021

Paul Halbig, Freiburg, Schweiz, *Färben von geformten Gebilden aus Polyacrylnitril* in einem wss. Bad, dad. gek., daß die Färbung in Ggw. von HCHO vorgenommen wird. Behandlung von Filmen mit Küpenfarbstoffen. (**Schwz. P. 307 985** vom 20/2. 1952, ausg. 1/9. 1955.) G. SALZMANN. 7021

Badische Anilin- & Soda-Fabrik Akt.-Ges. (Erfinder: **Helmut Pfitzner** und **Otto Kaufmann**), Ludwigshafen/Rhein, *Herstellung wasserlöslicher chromhaltiger Farbstoffe* nach D. B. P. 846 142, dad. gek., daß man von sulfonsäuregruppenfreien chromhaltigen Azo- oder Azomethinfarbstoffen ausgeht, die mindestens eine, gegebenenfalls substituierte, Sulfonamidgruppe enthalten. — 1-Oxy-2-amino-5-nitrobenzol → 2-Oxynaphthalin-6-sulfonsäureamid (II) wird chromiert u. mit 2-Oxybenzoesäure-5-sulfonsäurephenylamid (I) in Ggw. von Na-Acetat in W. 2 Std. zum Sieden erhitzt. Wolle (**B**) roststichigblau. — 1-Oxy-2-aminobenzol-4-sulfonsäureamid → 2-Oxynaphthalin wird chromiert u. mit **I** in Ggw. von Na-Acetat in W. gekocht; **B** bordorot. — 1-Amino-2-methoxy-5-sulfonsäureamid → 1-Oxynaphthalin-5-sulfonsäureamid wird chromiert u. mit **I** umgesetzt; **B** violett. — 1-Amino-2.5-dimethoxybenzol-4-sulfonsäureamid → **I** wird chromiert u. mit **I** umgesetzt; **B** rotstichigblau. — 1-Oxy-2-aminobenzol-4-sulfonsäurediäthylamid → 1-Oxynaphthalin-8-sulfonsäureamid-4-sulfonsäure. Aus dem Farbstoff wird die Sulfonsäuregruppe chromierend abgespalten u. die erhaltene Verb. mit **I** umgesetzt. **B** violett. (**D. B. P. 925 725** Kl. 22a vom 14/1. 1953, ausg. 28/3. 1955. Anmeldung bekanntgemacht 2/9. 1954. **Zusatz zu D. B. P. 846 142; C. 1954. 10 593.**) U. SIEVERS. 7053

Badische Anilin- & Soda-Fabrik Akt.-Ges. (Erfinder: **Helmut Pfitzner** und **Otto Kaufmann**), Ludwigshafen/Rh., *Metallhaltige Azofarbstoffe* werden durch Behandlung von o.o'-Dioxy-, o-Alkoxy-o'-oxy-, o-Carboxy-o'-oxyazofarbstoffen, die in p-Stellung zur Oxy- oder Alkoxygruppe Sulfonsäuregruppen enthalten u. darüber hinaus noch weitere Sulfonsäuregruppen enthalten können, mit Metallsalzen in Ggw. mehrwertiger Alkohole bei erhöhter Temp. erhalten. — In eine Lsg. von $CoCl_2 \cdot 6\,H_2O$ in Glykol wird bei 130° unter Rühren der Azofarbstoff aus 1-Amino-2-oxy-4-nitrobenzol → 1-Oxynaphthalin-4-sulfonsäure (I) eingetragen. Die erhaltene Kobaltkomplexverb. ist frei von Sulfonsäuregruppen u. färbt Wolle (**B**) u. Polyamidfasern (**P**) rotstichigblau. — In ein Gemisch aus $\beta.\beta'$-Dioxyäthyläther u. einer Lsg. von Chromoxyd in verd. Schwefelsäure trägt man den Azofarbstoff 1-Amino-2-methoxy-4-nitrobenzol → 1-Oxy-8-sulfamidonaphthalin-4-sulfonsäure ein. **B** blau. — In ein Gemisch aus Glykol, W., Salzsäure u. Chromoxyd trägt man den Farbstoff 1-Amino-2-oxy-5-sulfamidobenzol → **I** ein. **B** u. **P** violett. — In eine Lsg. aus $CrCl_3 \cdot 6\,H_2O$ in Glycerin wird der Farbstoff 1-Amino-2-oxybenzol-5-sulfonsäure → 2 Oxynaphthalin eingetragen. Zaponlack wird bordorot gefärbt. — In eine Lsg. von $CrCl_3 \cdot 6\,H_2O$ in Glykol wird der Farbstoff Aminobenzoesäure → **I** eingetragen. Man erhält einen violetten *Pigmentfarbstoff.* (**D. B. P. 931 061** Kl. 22a vom 10/10. 1952, ausg. 1/8. 1955. Anmeldung bekanntgemacht 8/2. 1954.) U. SIEVERS. 7053

Farbenfabriken Bayer Akt.-Ges. (Erfinder: **Siegfried Petersen,** Leverkusen, und **Alexander Mitrowsky,** Köln), *Herstellung wasserunlöslicher Azofarbstoffe,* dad. gek., daß man diazotierte oder tetrazotierte Amine der aromat. oder heterocycl. Reihe mit N-(2-Nitro-1-aryläthyl)-anilin oder seinen kupplungsfähigen Substitutionsprodd. kuppelt, wobei die Komponenten frei von wasserlöslichmachenden Sulfon- u. Carbonsäuregruppen sind. — 1-Amino-4-nitrobenzol (**II**) → N-(2-Nitro-1-phenyläthyl)-anilin (**I**), F. 105—106°. — 1-Amino-4-chlorbenzol → **I.** Acetatkunstseide (**E**) gelb. — 1-Amino-2-chlor-4-nitrobenzol → **I. E** u. Polyamidfaser (**P**) rot. F. 154°. — 1-Amino-2-methoxy-4-nitrobenzol → **I,** F. 164—166°. — **II** → N-[2-Nitro-1-(4'-nitrophenyl)-äthyl]-anilin, F. 146—148°. **E** u. **P** gelbstichigorange. (**D. B. P. 927 286** Kl. 22a vom 3/1. 1953, ausg. 31/5. 1955. Anmeldung bekanntgemacht 14/10. 1954.) U. SIEVERS. 7055

Imperial Chemical Industries Ltd., London (Erfinder: **Francis Irving** und **Alistair Livingston**), England, *Schwarze Küpenfarbstoffe der* allg. Zus. **I** (n=1 oder 2, X=NO_2 oder NH_2), deren schwarze Farbtöne sehr echt sind u. sich gegenüber den mit bisher bekannten schwarzen Küpenfarbstoffen erzeugten Färbungen bes. durch eine bessere Sodakochechtheit auszeichnen, erhält man durch Behandlung eines Benzanthronpyrazolanthrons (II), das ein oder zwei NH_2-Gruppen in den 3, 9, 11 u. 14-Stellungen enthält, mit einem Halogenid einer 1-Nitro- oder 1-Aminoanthrachinon-2-carbonsäure u. gegebenenfalls Ersatz der NO_2- durch die NH_2-Gruppe. — Durch mehrstd. Erhitzen von 11-Amino-II in Nitrobenzol mit 1-Nitroanthrachinon-2-carbonsäurechlorid (III) bei 140—145° u. später bei 200—210° u. mehrstd. Behandlung des erhaltenen Prod. mit NH_3 in Nitrobenzol bei 190—200° wird ein Farbstoff erhalten, der pflanzliche Fasern aus schwarzer Küpe (K) in blaustichiggrauen Tönen färbt, die zu reinem kräftigem Schwarz aufgebaut werden können. In ähnlicher Weise können weitere Farbstoffe erhalten werden aus III u.: 3-Amino-II [erhältlich durch Kondensation von 3-Brom-9-nitrobenzanthron (F. 292°) mit Pyrazolanthron, Red. mit $SnCl_2$ in Eisessig u. HCl u. Verschmelzen der Aminoverb. mit alkoh. KOH], aus schwarzer K über neutralem Grau zu kräftigem Schwarz; 9-Amino-II (durch Umsetzen von 1-Chlor-4-benzoylaminoanthrachinon mit Hydrazin, Kondensation mit 3-Brombenzanthron u. milde Schmelze mit alkoh. KOH), aus schwarzer K über Rotstichiggrau zu einem sehr dunklen Marineblau u. schließlich zu einem rotstichigen Schwarz; 14-Amino-II, aus schwarzer K über Grau zu einem kräftigen blaustichigen Schwarz; 3.11-Diaminobenzanthronpyrazolanthron (erhältlich durch Kondensation von Benzoylamino-1'.9'-pyrazolanthron mit 3-Brom-9-nitrobenzanthron, Red. des Prod. mit Na_2S in sd. A. u. Verschmelzen mit alkoh. KOH), aus schwarzer K über Rotstichiggrau zu einem kräftigen rotstichigen Schwarz. (**E. P. 716 558** vom 31/8. 1951, ausg. 6/10. 1954.)

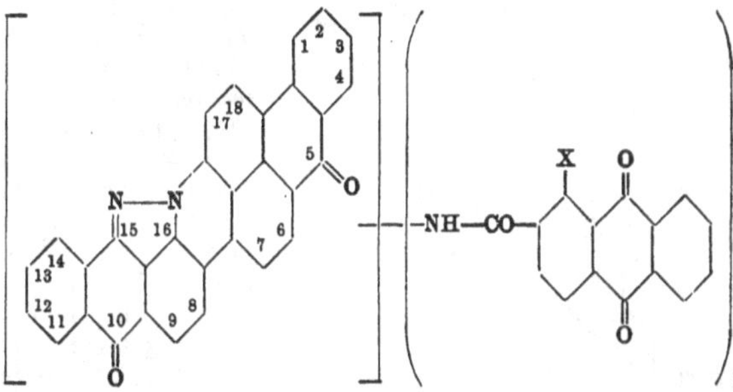

I

O. Roick. 7059

General Aniline & Film Corp., New York, N. Y., übert. von: **David I. Randall** und **Tellis A. Martin**, Easton, Pa., V. St. A., *Halogenmethylderivate der Acridon- und Thioxanthonreihe* erhält man dadurch, daß man entweder die Anthrachinonylacridon-, -diacridon-, -thioxanthon oder -dithioxanthonfarbstoffe in 96—100%ig. H_2SO_4 löst, bei n. Temp. Dichlordimethyläther (I) einführt u. mehrere Tage mit oder ohne Rühren stehenläßt oder mehrere Std. unter Rühren bis zu 80° erhitzt, oder daß man I zu einem Pyridin–$AlCl_3$-Gemisch gibt, die Anthrachinolylverb. langsam bei 55—60° einträgt u. das Gemisch 1 Std. bei 160° erwärmt. — Die erhaltenen Chlormethylacridone oder -thioxanthone können als Küpenfarbstoffe verwendet werden, die beim Verküpen in die entsprechenden Methylverbb. übergehen oder als Farbstoffzwischenprodd., die durch Rk. mit tert. Aminen oder Thioharnstoffen in stark gefärbte lösl. Farbstoffe übergeführt werden können, die Baumwolle (**A**) direkt aus wss. Lsg. färben. — Die Herst. der folgenden Prodd. ist beschrieben: *Monochlormethylanthrachinon-5'-methyl-1.2-acridon* der Zus. **II** (3tägiges Stehen von Anthrachinon-5'-methyl-1.2-acridon mit I in 96%ig. H_2SO_4 bei n. Temp.), ziegelroter Farbstoff, färbt **A** aus oranger Küpe in echten rosa Tönen; *Monochlormethylanthrachinon-1.2-acridon*, färbt **A** blaustichigrosa; *Dichlormethylanthrachinon-*

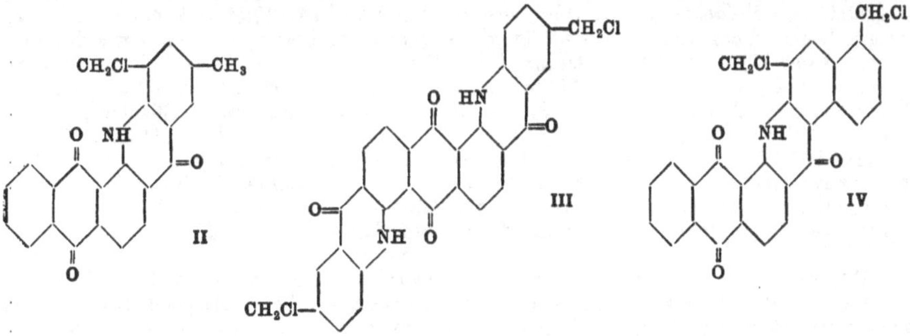

II III IV

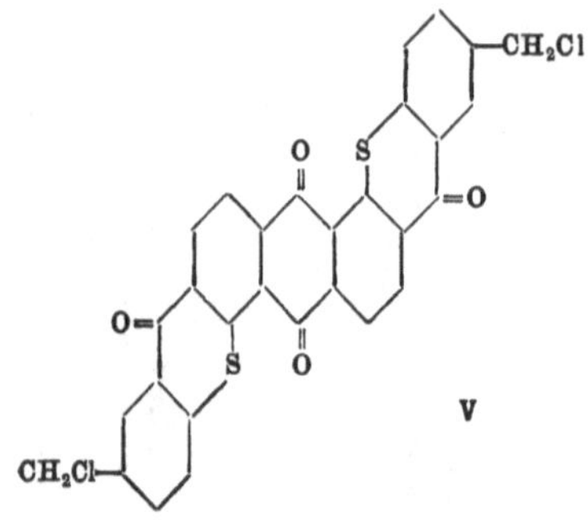

V

diacridon der Zus. III (15std. Erwärmen des Ausgangsfarbstoffes mit I in 96%ig. H_2SO_4 bei 40—55°), violettes Pulver, färbt **A** leuchtendviolett; *Dichlormethylanthrachinon-1.2-naphthacridon* der Zus. IV (3tägiges Stehen von Anthrachinon-1.2-naphthacridon u. I in 96%ig. H_2SO_4 bei n. Temp.), orange Verb., färbt **A** hellrot (bei 40° wird unter ähnlichen Bedingungen das Trichlormethylderiv. erhalten); *Monochlormethylanthrachinon-1.2-thioxanthon*, gelbes Prod.; *Dichlormethylanthrachinon-di-1.2;5.6-thioxanthon* der Zus. **V** (20std. Erhitzen des Ausgangsfarbstoffes mit I in 100%ig. H_2SO_4 bei 78—80°), braunstichigrotes Prod., färbt **A** leuchtendrot. (**A. P. 2 691 022** vom 30/10. 1950, ausg. 5/10. 1954.) O. ROICK. 7061

Imperial Chemical Industries Ltd., London, übert. von: **Samuel Coffey, Norman Hulton Haddock, Frank Lodge, James Wardleworth** und **Clifford Wood**, Manchester, England, *Herstellung von Küpenfarbstoffen* der Acedianthron-, Dibenzanthron-, Isodibenzanthron-, Indanthron- u. Perylentetracarboxydiphenylimid-Gruppe, dad. gek., daß sie an einem der aromat. Ringe des Farbstoffmol. mindestens ein Radikal vom Typ $-CH_2X$ direkt gebunden enthalten. **X** ist z. B. ein Sulfonium-, Isothiuronium- oder ein quaternäres Ammoniumsalz-Radikal einer in W. lösl. Säure. (**Can. P. 487 989** vom 16/8. 1947, ausg. 11/11. 1952.) T. OPPERMANN. 7069

XIa. Farben. Anstriche. Lacke. Naturharze.

Lee Turner, *Wie der Farbenerhitzer Anwendung und Qualität von Anstrichen unterstützt.* Darlegung der Vorteile von warm- bzw. heißgespritzten Anstrichstoffen. (Products Finishing **19**. Nr. 3. 32—35. Dez. 1954.) B. SCHEIFELE. 7090

H. P. Kaufmann und **K. Strüber**, *Studien auf dem Fettgebiet.* 139. Mitt. *Molekülvergrößerungen auf dem Fettgebiet.* 6. Mitt. *Katalytische Beeinflussung der Öltrocknung.* 2. Teil. (126. bzw. 5. vgl. C. **1952.** 1088.) Vff. erreichten durch Zusatz von 0,02% Triphenylmethyl zu rohem Holzöl Herabsetzung der Trockenzeit von 40 Std. auf 5—10 Min. bei Bldg. eines runzelfreien Films. Gleiche Trockenzeit wurde bei Verwendung raffinierten, an sich schneller verfilmenden Holzöles beobachtet. Ebenso wirkte ein Zusatz von 0,02% p-Tribiphenylmethyl. Schwächer dagegen wirkte ein Zusatz von Diphenylstickstoff. Vff. versuchen, den Reaktionsmechanismus zu deuten. (Fette Seifen einschl. Anstrichmittel **54.** 134—36. März 1952. Münster/Westf., Univ., Inst. für Pharmazie u. chem. Technol.) A. LIEBNER. 7096

Robert Wise, *Vorbehandlung von Eisenflächen für den Anstrich.* Prakt. Angaben bes. über die Phosphatierung. (Products Finishing **19.** Nr. 3. 36—42. Dez. 1954.) B. SCHEIFELE. 7106

A. Pollack, *Rostumwandler.* Ident. mit der C. **1953.** 4607 referierten Arbeit. (Metalloberfläche, Ausg. B **5.** 37—38. März 1953.) F. MARKHOFF. 7106

John F. Broeker, *Entwicklung von Außenanstrichen für Holz.* Grundlegende Ausführungen zur Frage der Entw. geeigneter Außenanstriche für Holz. Im einzelnen werden behandelt: die Bedeutung der verschied. Sorten von techn. TiO_2, ZnO u. bleihaltigem ZnO, die Bedeutung der Streck- u. Bindemittel sowie die Verhütung des Blasenziehens. (Paint Ind. Mag. **70.** Nr. 7. 9—12. Juli 1955.) M. WINIKER. 7106

S. James Goodkin, *Harzester und ihre Modifikationen.* Vf. beschreibt die Reinigung u. Herst. von *Kolophonium*, u. die Umsetzung mit mehrwertigen Alkoholen zu Harzestern. Die Löslichkeiten verschied. Typen in verschied. Lösungsmitteln sowie die Viscositäten der Lsgg. werden mitgeteilt. Diese Esterharze können weiterhin mit *Maleinsäure* u. Formaldehyd–Phenol-Abkömmlingen modifiziert werden. Beschreibung der Eigenschaften. (Amer. Ink Maker **33.** Nr. 5. 55—58. 111. Mai 1955. Elizabeth, N. J., Riechhold Chem. Inc.) H.-G. MOSLÉ. 7140

Philip Heiberger, *Arbeitsweisen unter Verwendung von Isotopen und Chromatographie. Ihre Anwendung in der Technologie von Schutzüberzügen.* Inhaltlich gleich mit der C. **1955.** 463 referierten Arbeit. (Off. Digest Federat. Paint Varnish Product. Clubs **26.** 266—82. April 1954. Philadelphia, Pa., Nat. Lead Co., Oil & Resins Labor.) K. STEINER. 7158

Raymond Réant, Frankreich, *Phosphorescierende Farbe*, welche sich in W. nicht absetzt, enthaltend als Bindemittel eine wss. Emulsion von *Polyvinylacetat* (I) mit einem Zusatz von Polyvinylalkohol u. Weichmachungsmitteln. — Nach dem Beispiel werden verwendet: 56,07 (g) I als 40%ig. wss. Emulsion, 5,33 Trikresylphosphat, 2,86 Butylphthalat, 30,66 phosphorescierendes Zinksulfid u. 5,08 Polyvinylalkohol. (**F. P. 1 090 605** vom 29/9. 1953, ausg. 1/4. 1955.) M. F. MÜLLER. 7093

Richard Nilsson Aktiebolag, Schweden, *Herstellung von trocknenden Ölen.* Man kondensiert ein oder mehrere organ. Al-Verbb. (Alkoholate) mit einer Lsg. von ein oder mehreren isocycl. u./oder acycl. Monocarbonsäuren u./oder isocycl. u./oder acycl. Dicarbonsäuren u./oder Harzsäuren unter Ausschluß von W. oder W. bildenden Substanzen. (**F. P. 1 062 632** vom 9/7. 1952, ausg. 26/4. 1954. Schwed. Prior. 11/7. 1951.) T. OPPERMANN. 7097

Paul Daumer, Frankreich, *Herstellung von wasserbeständigen Anstrichfarben.* Man löst eine plast. Substanz in einer Säure, welche man sofort mit einer N-haltigen Base verestert. Das Reaktionsprod. vermischt man mit einem Pigment. — Z. B. vermischt man 25 (kg) mit 75% carboxyliertem Polyäthylen modifiziertes Alkydharz mit 9 $\Delta^{9.12.15}$-Octadecatriensäure, 10 Cyclanol oder Phenylmethanol, 6 Tetrahydro-p-oxazin u. 50 über Permutit oder einem anderen Ionenaustauscher gereinigtem Wasser. Von dem erhaltenen cremeartigen, rosa gefärbten Prod. vermischt man 70 (kg) mit 100 Pigment [z. B. mit einem Gemisch von 10 (kg) Titanoxyd (Anatas), 40 Lithopone, 40 Kreide u. 10 ZnO]. (**F. P. 1 079 479** vom 20/6. 1953, ausg. 30/11. 1954.) T. OPPERMANN. 7107

Master Mechanics Co., übert. von: **Robert M. Evans,** Cleveland, Ohio, V. St. A., *Chemikalienbeständige Überzüge auf Metallen* zur Ausrüstung von Maschinen in der Konserven-, chem. oder Lebensmittelindustrie, Molkerei, Brauerei, von Waschmaschinen, Ölzentrifugen oder Dampfrohren. Das Metall erhält zunächst einen Anstrich mit einem Polyvinylacetal, dann mit einem pigmentierten Epoxyharz (I) u. schließlich mit einem gegebenenfalls hochpigmentierten (Cr_2O_3, $ZnCrO_4$, Zn, Mennige, Glimmer, Talkum, TiO_2, Fe_2O_3), ein Polyäthylenamin enthaltenden I-Lack. (**A. P. 2 709 664** vom 13/10. 1950, ausg. 31/5. 1955.) G. SALZMANN. 7107

Prochim Soc. An., Pas-de-Calais, Frankreich, *Desinfizierender Anstrich.* Ein desinfizierender Anstrich für feuchte Räume enthält eine organ. Hg-Verb. (Methoxyäthyl-Hg), Hexachlorcyclohexan, Kaolin u. Dextrin. (**F. P. 1 082 940** vom 22/6. 1953, ausg. 4/1. 1955.) G. WELTZIEN. 7107

XIb. Plaste (Kunstharze. Plastische Massen).

Manfred Rauschert, *Ergebnisse von Tropenbeständigkeitsprüfungen mit Kunststoffen im Amazonasgebiet.* Für die Aufbewahrung von Nahrungsmitteln u. diversen Gegenständen sowie als Bootsplane u. Zeltstoff eignen sich unkaschierte *PVC*-Folien gut, während *Polyäthylenfolien* empfindlicher gegenüber mechan. Beschädigungen waren u. durch Sonneneinstrahlung brüchig wurden. Auch Insekten dringen in Lebensmittelpackungen aus derartigen Folien leicht ein. Kaschierte PVC-Folien bewährten sich für die verschied. Zwecke gut, waren jedoch nicht gegen Schimmel beständig. Verklebungen von kaschiertem PVC lösten sich bereits nach 3 Monaten. *Saran*-Gewebe erwiesen sich als gut u. widerstanden auch Insektenfraß, während Klebebänder u. Klebstoffe aus Kunststoff ungeeignet waren. (Kunststoffe **45.** P 71—P 72. Sept. 1955.) F. SCHIPKE. 7170

C. Reimer, *Das irreversible Wärmeverhalten fester organischer Isolierstoffe.* Wärmealterungsverss. zeigten, daß viele Eigg. eines Stoffes untersucht werden müssen, um Aussagen über die Wärmebeständigkeit machen zu können, z. B. die Reißfestigkeit, Dehnung, Biegezahl, Durchschlagsfestigkeit, Temperaturabhängigkeit des Verlustfaktors, DK. u. der Substanzverlust. Bei Triesterfolien zeigt sich bei 140° eine Abnahme der Reißfestigkeit, bei 175° eine schnelle Zerstörung. Ähnlich verhalten sich Dehnung Biegezahl u. elektr. Durchschlagsfestigkeit. Abdampfen von Lösungsmittelresten, Weichmachern u. monomeren Bestandteilen vermindert die Ionenleitfähigkeit u. beeinflußt somit den Steilanstieg des Verlustfaktors. Bis zu einer Grenztemp. von 120° kann eine solche Folie therm. beansprucht werden. Eine *Polyamid*-Folie kann bei 140° bereits nach 32 Wochen als zerstört gelten. *Weich-PVC*-Folien können Betriebstempp. von 90° nicht mit Sicherheit ausgesetzt werden. Untersuchungsergebnisse an Natroncellulosepapier u. Siliconlacken werden in Diagrammen dargestellt. Für ölmodifizierte Kunstharzlacke, die auf alkalifreiem Glasseidengewebe aufgetragen waren, liegt die Dauerwärmebeständigkeit zwischen 120—130°. Ölfreie Kunstharzlacke können sehr lange 140° ausgesetzt werden. Bei 175° verdampfen in 16 Tagen bereits 60% der Lacksubstanz, wodurch die dielektr. Festigkeit zerstört war. Für Hartpapiere auf Basis Melaminharz wird die Dauertemperaturgrenze mit 120° angegeben. — 25 Diagramme. (Kunststoffe **45.** 367—74. Sept. 1955. Nürnberg, Siemens-Schuckert A.G., Labor. Masch.-App. Werk.) F. SCHIPKE. 7170

Heinz Haas, *Die Trocknung hygroskopischer Kunststoffe.* Am Beispiel des Caprolactams u. des Celluloseacetats werden der Sorptionsmechanismus über die Solvatisierung polarer Restgruppen u. die Capillarkondensation in Abhängigkeit vom Wasserdampf-Partialdruck beschrieben. Die bei der Weiterverarbeitung solcher hydrophiler Kunststoffe durch die Feuchtigkeitsaufnahme bedingten Störungen (z. B. beim Schmelzspinnprozeß, beim Ummanteln von polyäthylenisolierten Drähten mit sehr dünnen Polyamidschichten, beim Spritzgießen von Acetatmassen) werden behandelt u. die Vorgänge bei der Trocknung der Kunststoffe im Grob- u. Feinvakuum sowie ihre prakt. Durchführung geschildert. (Kunststoffe **45.** 435–38. Okt. 1955. Remscheid-Lennep.) M. WINIKER. 7170

P. Voigt, *Schweißtechnische Gesichtspunkte für die Gestaltung von Kunststoff-Konstruktionen.* Erörterung der Probleme an Hand prakt. Beispiele. Überblick über die zur Zeit schweißbaren Kunststoffe u. das dabei zur Anwendung kommende Verf. mit Angabe der erforderlichen Schweißtemperaturen. (Industrie-Anz. **76.** 2–7. 9/11. 1954. Köln-Poll.) R. SCHÄFF. 7170

P. L. Sbrolli, *Eigenschaften und praktische Bedeutung der Querverbindungen bei Vinylpolymerisaten.* Das unterschiedliche Verh. von Duroplasten u. Thermoplasten hat seine Ursache im grundsätzlich verschied. Aufbau der Makromoleküle. Während im ersten Falle eine dreidimensionale Vernetzung vorhanden ist, weshalb man prakt. eine einzige Makromolekel annehmen kann, liegen im zweiten Fall Moleküle mit Verzweigungen u. einem bestimmbaren Mol.-Gew. vor. Die den thermoplast. Vinylpolymerisaten eigene Löslichkeit u. Wärmeempfindlichkeit ist für manche Zwecke erwünscht, für andere jedoch störend. Beide Eigg. lassen sich jedoch verändern, indem man Querverbb. (räumliche Vernetzungen) zwischen den linearen Struktureinheiten herbeiführt, wie das von Schwefelbrückenbldg. bei der Kautschukvulkanisation bekannt ist. Die Querverbb. können auf dreierlei Weise erreicht werden: 1. durch Monomere, die 2 oder 3 Doppelbindungen besitzen (Divinylbenzol, Diäthylenglykoldimethacrylat, Polyäthylenglykoldimethacrylat, Allylmethacrylat, Allylcrotonat, Methacrylsäureanhydrid, Polymethacrylate, Diallylphthalat, Diallylmaleat, Diallylfumarat u. a.); 2. durch chem. Rk. von oder mit in dem Makromol. vorhandenen funktionellen Gruppen (Hydroxylgruppen, Carboxylgruppen, Aminogruppen, veresterte Carboxylgruppen, Halogenatome, Cyangruppen); 3. durch radioakt. Strahlung (Kernbruchstücke, langsame oder schnelle Neutronen, Positronen, α-Teilchen, Protonen, Elektronen), wobei es zu Ionisation, Depolymerisation, Strukturveränderung, Radikalbldg., Radikalaustausch, Wasserstoffabspaltung, Bldg. von Doppelbindungen u. Vernetzung sowie Hydrierung kommen kann. (Materie plast. **21.** 773–80. Sept. 1955.) H. REUTHER. 7172

Gabriel Goldstein, *Bedrucken von Vinylharzen, Druckmethoden und Anforderungen an die Farbstoffe.* Die verschied. Arten von Vinylharzoberflächen werden beschrieben, die 5 Methoden zum Bedrucken erörtert u. die Anforderungen an die Druckfarben aufgezeigt. Die für geeignete Druckfarben verwendeten Pigmente werden besprochen. (Amer. Ink Maker **33.** 27–29. 65–67. Juli 1955. Newark, Interchem. Corp., Flexible Plastic Coatings, Finishes Div.) R. SCHÄFF. 7172

A. W. M. Coaker und **M. W. Williams,** *Messung der Absorptionsgeschwindigkeit von Polyvinylchlorid für Weichmacher.* Ein Test zur Best. der Dauer der Weichmacherabsorption wird angegeben, wodurch die Zeit quantitativ ermittelt werden kann, die zur Weichmacheraufnahme von Polyvinylchlorid bei gegebenen Bedingungen (wichtig für das Trockenmischverf.) benötigt wird. (Mod. Plastics **33.** Nr. 2. 160–65. Okt. 1955. Monsanto Chem. Co., Plastics Div., Res. Dep. u. Techn. Serv.) R. SCHÄFF. 7172

Richard B. Bishop, *Schmiermittel für Polystyrol.* Hilfsmittel (Schmier- u. Gleitmittel) für die Spritzgußverarbeitung von Polystyrol, die diesem vor der Verarbeitung zugemischt werden, wurden ausgewertet. Es wird zwischen inneren u. äußeren Gleitmitteln unterschieden. Den äußeren Gleitmitteln (die nicht als preplasticizer wirken) wird der Vorzug gegeben. (Mod. Plastics **33.** Nr. 2. 141–48. Okt. 1955. Foster Grant Co.) R. SCHÄFF. 7172

John Charlton, *Epoxydharzmischungen.* Mischungen von Epoxydharzen mit anderen Kunststoffen für verschied. Anwendungsgebiete (Klebstoffe, Überzüge, Schichtstoffe u. Gießharze) werden erörtert. — Aufzählung der amerikan. Patente über Epoxydharze. (Mod. Plastics **32.** Nr. 1. 155–57. 160–61. 240–43. Sept. 1954. Ciba Co., Inc.) R. SCHÄFF. 7176

A. C. Stevenson, *Isocyanate.* Überblick über Eigg. u. techn. Bedeutung der *Isocyanate* u. ihrer Reaktionsprodd., der *Polyurethane.* — 6 Literaturhinweise. (Rubber Age [New York] **77.** 63–68. April 1955. Wilmington, Del., E. I. du Pont de Nemours & Co., Inc.) M. WINIKER. 7180

T. A. Kauppi, *Neuere Entwicklungen der Silicone.* Beschreibung der Eigg. (Hitzebeständigkeit, gutes dielektr. Verh., Wasserabstoßung, Oxydationsfestigkeit) u. Verwendung von Silicon-Kautschuk für Dichtungen, Schläuche, Schutzüberzüge, Kabelisolierungen, Walzen, Schwämme, Rohrleitungen usw., Verwendung von Siliconharzen für Schaumstoffe, Schichtpreßstoffe, Dielektrica, Schutzüberzüge, Wasserabstoßmittel u. Klebmittel, ferner Beschreibung von Siliconölen u. -fetten. (Austral. Plastics **11.** Nr. 118. 27—29. Mai, Nr. 120. 6. 7. 9. 11. 12. Juli 1955.) W. WESLY. 7188

Gustav Hagen, *Herstellung schützender Verpackungspapiere mit wässerigen Kunststoffdispersionen.* Mit physikal. u. chem. widerstandsfähigen Kunststoffen werden Papiere beschichtet u. dadurch hochwertige Verpackungsstoffe hergestellt. Die Schutzwrkg. hängt vor allem von den Eigg. des verarbeiteten Kunststoffes, der Art u. Menge der Beimischungen, der Dicke u. Homogenität der Schicht ab. Die Auswahl des geeigneten Kunststoffes wird von den Anforderungen an das Verpackungsmaterial bestimmt. Für Beschichtungen kommen Polyäthylen (I), Vinylidenchlorid (II)- u. Vinylchlorid (III)-Polymerisate in Frage. Die Eigg. der Beschichtungen mit I, II u. III werden verglichen. Die mechan. Ausbldg. der Schichten, ihre Aufbringung, die Trocknung, die Regelung der Schichtdicke wird für Folienbeschichtung mit I u. für Beschichtung mit wss. Dispersionen von II u. III beschrieben. Die Wasserdampfdurchlässigkeit von mit II u. III beschichteten Papieren wird angegeben. (Kunststoffe **45.** 503—06. Nov. 1955. Ludwigshafen/Rh., Badische Anilin- & Soda-Fabrik A. G., Kunststoff-Rohstoff-Labor.) H. MEYER. 7172

F. W. Reynolds und **L. N. Chellis,** *Vinylharze kombiniert mit verstärkten Kunststoffen — neueste Schichtstoffe für Gehäuseteile von Büromaschinen.* Ausführliche Beschreibung des Verf. zur Herst. von Apparategehäusen aus Verbunden von Vinylkunststofffolien mit Polyesterharz–Glasfasergewebe-Schichtstoffen. (Mod. Plastics **33.** Nr. 4. 115—24. 228—32. Dez. 1955. Endicott, N. Y., Internat. Business Machines Corp., Plast. Labor.) R. SCHÄFF. 7204

Milton A. Raun, *Entwicklung von Druckkesseln aus verstärkten Kunststoffen für Anwendungen beim Chemical Corps.* Untersuchungsergebnisse (Berstfestigkeit, Volumenänderung, bleibende Verformung, Ermüdungserscheinungen u. a. Eigg.) an Druckkesseln aus mit Glasgewebe verstärkten Kunststoffen (Kugel- u. Zylinderform) werden berichtet u. die Möglichkeiten für Auswertung u. Verbesserungen aufgezeigt. (Mod. Plastics **33.** Nr. 4. 146—50. 154—56. 236—37. Dez. 1955. Army Chem. Center, Md., Chem. Corps, Chem. & Radiological Labor., Materials Developm. Branch.) R. SCHÄFF. 7204

H. G. Peer, *Eine Bemerkung zur Verwendung von Benzol–Essigsäure-Wasser als Lösungsmittel bei der Trennung von Phenol–Formaldehyd-Kondensaten mittels Papierchromatographie.* Vorläufige Mitt. u. Diskussion der Brauchbarkeit des Gemisches Bzl.–Essigsäure–W. (Gewichtsverhältnisse 20:8:2, benzol. Schicht) als 2. Lösungsm. (CO_2–W. als 1. Lösungsm.) bei der 2-dimensionalen papierchromatograph. Analyse von *Novolak*-Zwischenstadien. In dem genannten Gemisch erhöhen sich die R_f-Werte allg. mit der Zahl der o-Hydroxylgruppen. (Recueil Trav. chim. Pays-Bas **74.** 793—94. Juni 1955. Delft, Central Labor, TNO.) K. PRCHAL. 7210

P. Hamard und **L. Jacqué,** *Kritische Untersuchung der Hexamethylentetraminbestimmung in technischen Phenoplasten.* Die übliche analyt. Bestimmungsmeth. des als Härtungsmittel von Phenolharzen verwendeten Hexamethylentetramins (I) ist mit Fehlern behaftet, wenn Preßpulver analysiert oder Reste von I oder I-Zersetzungsprodd. in Preßkörpern ermittelt werden sollen. Die Schwierigkeiten bei dieser Meth. werden aufgezeigt. Für exaktere analyt. Bestimmungen wird vorgeschlagen, in einer Probe den Gesamt-N nach KJELDAHL zu bestimmen, eine 2. Probe mit W. zu extrahieren u. sowohl im Extrakt als im Rückstand N ebenfalls zu bestimmen. Auf diese Weise werden die verschied. Formen des N erfaßt. (Chim. et Ind. **71.** 915—18. Mai 1954. Centre d'Étude des Mat. plast. u. École Polytechn., Labor. de Chim.) R. SCHÄFF. 7210

F. J. Bockhoff und **J. A. Neumann,** *Prüfung von Polyäthylenschweißverbindungen auf Fehlstellen.* 3 Methoden zur Prüfung von Schweißverbb. von Polyäthylenteilen (Funken-, radiograph. u. Spannungsrißmeth.) werden beschrieben. (Mod. Plastics **32.** Nr. 2. 150—54. 240. 243. Okt. 1954. American Agile Corp.) R. SCHÄFF. 7210

M. J. Foucry, *Qualitative Reaktionen der Epoxydharze.* Vf. gibt 4 Rkk. zur analyt. Charakterisierung von Epoxydharzen an, die Sensibilität der Rkk. u. wieweit diese spezif. sind, wurde jedoch noch nicht ermittelt. Zu je 1 cm^3 einer Lsg. von 1 g Harz in 100 cm^3 H_2SO_4 (66°B) werden zugefügt: 1. 1 cm^3 HNO_3 (40°B), anschließend wird die Mischung in 100 cm^3 n-NaOH gegossen: orangerote Färbung; 2. 1—2 Tropfen 40% CH_2O: orange Färbung, die beim Verdünnen mit W. violettblau wird; 3. 5 cm^3 DENIGÈS-Reagens: gelber Nd.; 4. 5 cm^3 Ferrisulfat (10%ig.): schwarzer Niederschlag. (Peintures, Pigments, Vernis **30.** 925. Nov. 1954.) R. SCHÄFF. 7210

United States of America, übert. von: **Martin L. Fein**, Riverside, N. J., **William P. Ratchford** und **Edward M. Filachione**, Philadelphia, Pa., und **Charles H. Fisher**, New Orleans, La., V. St. A., *Acylierte Milchsäureamide.* Zu $^1/_2$ Mol N.N-Bis-(2-oxyäthyl)-milchsäureamid (I) werden unter Erhitzen auf einem Dampfbad allmählich $1^1/_2$ Mol Propionsäureanhydrid, die 1 ml konz. H_2SO_4 enthalten, hinzugefügt u. ~4 Std. erhitzt. Man erhält *N.N-Bis-(2-oxyäthyl)-milchsäureamidtripropionsäureester*, $Kp._{0,01}$ 132—140°. Weiter werden die folgenden Milchsäureamide hergestellt: aus N.N-Dibutylmilchsäureamid (II), Pyridin u. Adipinsäurechlorid in Äther *N.N-Dibutyladipinsäureester*, $Kp._{0,005}$ 180—187°; aus I u. Essigsäureanhydrid (III) *N.N-Bis-(2-oxyäthyl)-triacetat*, $Kp._{0,01}$ 121—127°; aus N.N-Dibenzylmilchsäureamid u. III *N.N-Dibenzylacetat*, $Kp._{0,003}$ 120—128°; aus N.N-Didecylmilchsäureamid u. III *N.N-Didecylacetat*, $Kp._{0,005}$ 132°; aus I u. Önanthsäurechlorid *N.N-Bis-(2-oxyäthyl)-triönanthsäureester*, $Kp._{0,02}$ 193°; aus II u. Laurinsäurechlorid *N.N-Dibutyllaurinsäureester*, $Kp._{0,003}$ 132°; aus II u. 2-Äthylcapronsäurechlorid (IV)-*N.N-Dibutyl-2-äthylcapronsäureester*, $Kp._{1,1}$ 146°; aus N.N-Di-2-äthylhexylmilchsäureamid u. IV *N.N-Di-(2-äthylhexyl)-2-äthylcapronsäureester*, $Kp._{0,03}$ 119—124°; aus N.N-Di-n-octylmilchsäureamid u. n-Amylchlorkohlensäureester *N.N-Di-n-octyl-n-amylcarbonat*, $Kp._{0,01}$ 130—132°; aus N-2-Oxypropylmilchsäureamid u. IV *N-2-Oxypropyl-di-2-äthylcapronsäureester*, $Kp._{0,02}$ 124—127°; aus N-2-Oxyäthylmilchsäureamid u. IV *N-2-Oxyäthyldi-2-äthylcapronsäureester*, $Kp._{<0,001}$ 133°. — Hilfsmittel zum *Modifizieren* u. *Plastizieren von Kunststoffen.* (**A. P. 2 700 616** vom 9/11. 1951, ausg. 25/1. 1955.) E. CARL. 7171

Esso Research and Engineering Co., übert. von: **John F. McKay jr.**, Cranford, und **Donald F. Koenecke**, Elizabeth, N. J., V. St. A., *Erhöhung des Erweichungspunktes von Kohlenwasserstoffharzen.* Die Harze werden mit mindestens 4,8% eines öligen Diolefins, z. B. Polybutadien, Polypiperylen, Ricinus- oder Oiticicaöl, auf 240—280° erhitzt. Ein durch Cracken von Gasöl erhaltenes Gemisch aus 14 (%) Dien, 42 Olefin u. 42 Aromaten u. gesätt. KW-stoffen wird in Ggw. von $AlCl_3$ polymerisiert. 540 g des vorwiegend nicht-cycl. aufgebauten Harzes mit einem Erweichungspunkt von 90° werden mit 60 g eines öligen Butadien (80%)-Styrol (20%)-Mischpolymerisats auf 240° erwärmt. Das Harz besitzt nach 47 Std. einen Erweichungspunkt von 127°. — Herst. von Bodenbelag. — Vgl. E. P. 710 046, C. **1955.** 11 104. (**A. P. 2 705 703** vom 1/11. 1951, ausg. 5/4. 1955.) G. SALZMANN. 7173

Pan American Refining Corp., Texas City, übert. von: **Francis T. Wadsworth**, Dickinson, Tex., V. St. A., *Hochtemperaturpolymerisation von flüssigen ungesättigten Kohlenwasserstoffen*, wie sie bei der Pyrolyse von Crackgasen oder Erdgasen entstehen, unter Einw. von 0,5—5% BF_3 bei Tempp. oberhalb 250°. Die in Bzn. gelösten Polymerisate können mit H_2SO_4 oder akt. Tonen entfärbt werden u. besitzen einen Erweichungspunkt von 65—120°. Geeignet als Komponente zu Bodenbelagstoffen u. Lacken. Als Nebenprod. fällt ein hochsd. Öl an, das entweder zurückgeleitet oder als Lösungsm., Weichmacher oder als Rohstoff für Insekticide verwendet wird. — Mengenbeispiele, Tabellen. (**A. P. 2 709 695** vom 27/7. 1951, ausg. 31/5. 1955.) H. SCHINDLER. 7173

Farbenfabriken Bayer Akt.-Ges. (Erfinder: **Heinz Jonas** und **Wilhelm Moschel**, Leverkusen, und **Dieter Goerrig**, Lohmar, Siegkr.), *Polymerisation von niedrigmolekularen aliphatischen Halogenolefinen*, dad. gek., daß die Olefine mit HF, bes. ohne Überdruck, bei Tempp. bes. unter 50°, gemeinsam elektrolysiert werden, gegebenenfalls in Ggw. von Lösungsmitteln oder Elektrolyten. Zur völligen oder teilweisen Vermeidung der Anlagerung von F an die Ausgangsverbb. soll die Stromdichte hinreichend niedrig gehalten werden. Bei Anoden aus Ni oder Ni mit geringen Leichtmetallzusätzen werden Stromdichten über ca. 10^{-2} Amp/cm², bei Ni mit ca. 1—10% Leichtmetallen, bes. 90% Ni mit 4—7% Al, werden Stromdichten unter ca. 10^{-2} bis 10^{-4} Amp/cm² u. bei Ni-freien Anoden, bes. aus Leichtmetall, z. B. Elektron, werden noch kleinere Stromdichten angewendet. In den Mengenbeispielen wird HF gemeinsam mit C_2F_3Cl, $CF=CCl_2$, $CFCl=CCl_2$, C_2HCl_3, C_2Cl_4 in Ggw. von KF oder BF_3 elektrolysiert. — Lösungsmittel, Heiz- u. Isolieröle, Wachse, Weichmacher, Kunststoffe. (**D. B. P. 935 867** K. 39c vom 21/5. 1953, ausg. 1/12. 1955. Anmeldung bekanntgemacht 26/5. 1955.) H. SCHINDLER. 7173

Farbenfabriken Bayer Akt.-Ges. (Erfinder: **Heinz Jonas**, Leverkusen, und **Dieter Goerrig**, Lohmar/Siegkr.), *Polymerisation niedrigmolekularer aliphatischer Halogenolefine* nach D. B. P. 935 867, dad. gek., daß Fluorolefine gemeinsam mit halogenierten, bes. perhalogenierten Carbonsäuren, elektrolysiert werden. Die Elektrolyse kann in Ggw. von Carbonaten, bes. der Alkalien, sowie gegebenenfalls von Anhydriden der Carbonsäuren u. gegebenenfalls von indifferenten Verdünnungs- u. Lösungsmitteln, bes. fluorierten Verbb., durchgeführt werden. Nach einem Beispiel elektrolysiert man C_2F_3Cl, CF_3COOH, CF_3COOK u. $(CF_3CO)_2O$, dampft vom Polymerisat C_2F_3Cl ab, extrahiert CF_3COOK mit CF_3COOH u. trocknet. Das Polymerisat $(C_2F_3Cl)_n$ schm. nicht u. besitzt einen NST-Wert über 280°. — Mengenbeispiele. Lösungsmittel, Wachse, Weichmacher,

Kunststoffe. (**D. B. P. 937 919** Kl. 39c vom 19/12. 1953, ausg. 19/1. 1956. Anmeldung bekanntgemacht 26/5. 1955. **Zusatz zu D. B. P. 935 867**; vgl. vorst. Ref.)
H. SCHINDLER. 7173

B. F. Goodrich Co., V. St. A. (Erfinder: **Anthony Aloysius Nicolay**), *Herstellung von Folien und Überzügen aus Vinylchlorid–Alkylacrylat-Mischpolymerisaten.* Folien von höchstens 0,77, bes. 0,025—0,6 mm Stärke, die bei erhöhter Dehnbarkeit, Weichheit u. Biegsamkeit hohe Abriebfestigkeit u. Härte auch unter Wärmeeinfl. u. bei Gebrauch, bes. bei Behandlung mit heißem seifenhaltigem W., zeigen, stellt man aus dem Emulsionsmischpolymerisat aus 40—80% Vinylchlorid u. 60—20% Alkylacrylat mit 8—14 C-Atomen her. Mischpolymerisate mit geringeren Vinylchloridmengen sind zu weich, solche mit höheren Vinylchloridmengen zu hart. Man kann geringe Mengen Stabilisiermittel u. bis zu 10% anderer Zusatzstoffe, jedoch kein Plastiziermittel, zusetzen. Die Folien können auch zum Überziehen von Gewebe verwendet werden. — Vgl. auch E. P. 715 420; C. **1956.** 2891. (**F. P. 1 065 292** vom 19/6. 1952, ausg. 21/5. 1954. A. Prior. 30/6. 1951.)
M. PANKOW. 7173

Monsanto Chemical Co., St. Louis, Mo., übert. von: **Gennady M. Kosolapoff**, Auburn, Ala., V. St. A., *Bis-(2-äthylhexyl)-benzylphosphonat* (I) erhält man durch Erhitzen eines Benzylhalogenids mit einem Alkali-bis-(2-äthylhexyl)-phosphit, zweckmäßig in einem inerten Lösungsm. unter Rückfluß. — Bis-(2-äthylhexyl)-phosphit wird mit Na in Xylol umgesetzt u. das Na-Salz mit Benzylchlorid 16 Std. unter Rückfluß erhitzt. NaCl wird ausgewaschen u. der Rückstand nach Filtrieren destilliert. Man erhält **I**, Kp.$_{2,5}$ 198 bis 201°; n_D^{25} 1,4758. — *Weichmacher für Vinylchloridharze.* (**A. P. 2 720 535** vom 23/6. 1951, ausg. 11/10. 1955.)
J. MÜHLEISEN. 7173

Phillips Petroleum Co., Bartlesville, Okla., V. St. A., *Stabilisieren von Olefin-SO_2-Harzen,* bes. solchen aus Buten-1 u. SO_2, durch Zusatz von 0,05—10% Thiophosphorsäure oder Derivv. der Formel **I**; in der X = O oder wenigstens 1 S u. R = Alkyl [C_{1-16}], Aryl [C_{6-16}], Cycloalkyl [C_{1-16}] oder H bedeuten. **I** kann in trockenem Zustand oder dem Latex vor der Koagulation zugesetzt werden. Neben reinen Thiophosphorsäureestern können auch Metallsalze der Säuren verwendet werden aus den Gruppen I A, II A, II B u. IV B des Period. Systems. In den Mengenbeispielen sind genannt: Di-n-dodecyl- u. Di-n-hexyldithiophosphorsäure, Trilauryldithiophosphat u. Tetralauryltrithiopyrophosphat. (**E. P. 738 725** vom 18/12. 1953, ausg. 19/10. 1955. A. Prior. 19/1. 1953.)

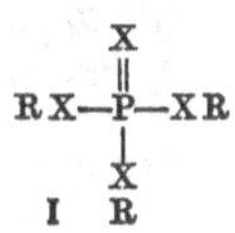

I

H. SCHINDLER. 7173

E. I. du Pont de Nemours & Co., übert. von: **Melvin A. Dietrich**, Claymont, und **Alfred F. Smith**, Wilmington, Del., V. St. A., *Weiche thermoplastische Masse,* bestehend aus 18—12 (%) NaCNS, 5—31 W. u. 37—75 Polyacrylnitril (I). Das Verhältnis Salz : I beträgt 3:10 bis 10:12, von Salz: W. 1:1 bis 5:1. Die M. läßt sich bei 115—220° zu Filmen auswalzen oder zu Fäden (Schmelzspinnen) verarbeiten. Heißes W. löst restliches Salz in 15—30 Sek. heraus. (**A. P. 2710846** vom 18/1. 1952, ausg. 14/6. 1955.) G. SALZMANN. 7173

Eastman Kodak Co., übert. von: **William Lynn**, Rochester, N. Y., V. St. A., *Polymerisation von Methylmethacrylat* (I) zu kleinen Partikeln mit 1—20 μ Durchmesser. 1 (Teil) **I** wird mit 1% Benzoylperoxyd u. 4 W., das 1—2% Na-Sulfobernsteinsäuredioctylester enthält, stark gerührt im Wasserbad von 50°. Dann wird die Fl. längere Zeit bei 50° stillgehalten, wobei das Polymerisat in kleinen Partikeln ausfällt. Variierung der Rührgeschwindigkeit, Dauer u. Temp. ergeben verschied. Größen. — Beispiele, Tabellen. (**A. P. 2 701 245** vom 1/5. 1951, ausg. 1/2. 1955.) H. SCHINDLER. 7173

Distillers Co. Ltd., Edinburgh, übert. von: **John Noel Milne**, Epsom Downs, **Donald Faulkner**, Epsom, und **Charles Edward Hollis**, Ewell, England, *N-Methylol-p-vinylbenzamid* (I), F. 128—129°. Das nach A. P. 2 650 210 (C. **1956.** 8456) bzw. D. B. P. 889 295 (C. **1954.** 4948) hergestellte p-Vinylbenzamid gibt mit 36%ig. CH_2O in Ggw. von 10%ig. wss. Na_2CO_3 nach 10 Min. bei 80° u. 18 Std. bei 50° u. Dest. im Vakuum **I**. Es *polymerisiert* in Ggw. von 2% Na-Stearat u. 0,1% NH_4-Persulfat zusammen mit *Styrol.* Das gebildete Polymere kann dann noch mit einem Styrol–CH_2O-Polymeren weiter polymerisiert werden. — Vgl. auch D. B. P. 912 631; C. **1954.** 11317. (**A. P. 2 650 250** vom 1/8. 1950, ausg. 25/8. 1953. E. Prior. 25/8. 1949.) G. KRAUSS. 7173

Leslie Bolgar, Benfieldside, England, *Herstellung von Phenolharzen.* Ein Phenolaldehydharz im Novolakzustand wird bei <100° mit dem Salz eines methylolierten aromat. Amins gemischt u. auf 100—300° erwärmt. — Z. B. werden 93 (g) Anilin bei 25 bis 35° mit einem Gemisch aus 100 HCl (konz.), 100 W. u. 80 CH_2O (40%ig) verrührt. Von dem erhaltenen salzsauren methylolierten Anilin werden 20 (Teile) einem bei 150° hergestellten Gemisch aus 100 Novolak u. 10 Anhydroformaldehydanilin zugesetzt u. 1—2 Std. auf 150—300° erhitzt, bis die Kondensation beendet ist. Man erhält ein thermoplast. Harz. (**E. P. 734 782** vom 13/8. 1952, ausg. 10/8. 1955.) H. MÖLLERING. 7177

Farbwerke Hoechst Akt.-Ges., vormals Meister Lucius & Brüning, Deutschland, *Herstellung von Polyestern.* Man erhitzt organ. mehrbas. Carbonsäuren (Adipin-, Malein-, p-Phenylendiessig-, Phthal-, Terephthalsäure, $(HO_2C \cdot C_6H_4)_2R$, worin R = S, O, S·$(CH_2)_x$·S,O·$(CH_2)_x$·O u. x = 1—10 ist) mit cycl. Estern von aliphat. Polyolen u. mehrbas. flüchtigen Mineralsäuren (Glykol-, 1.2- oder 1.3-Propandiolcarbonat, 1.2- oder 1.3-Propandiol-, Glykol-, 1.4-Butandiolsulfit, auch in Mischung mit anderen Diolen) auf 120—290°, auch in Ggw. von Veresterungskatalysatoren. Die Polyester sind je nach verwendeter Carbonsäure als Plastiziermittel, Wachse, Harze oder Spinnmassen geeignet. — Man gibt 16,6 g Terephthalsäure in 80 Min. in 9 g Glykolcarbonat von 190° u. leitet reinen N_2 durch die Schmelze, erhöht in 30 Min. auf 210° u. in 40 Min. auf 240°. Der Polyester hat F. 230—235° u. dient als Preßmasse. — Aus Glykolsulfit u. Adipinsäure wachsartige M.; F. 40—45°. — Aus 1.4-Butandiolsulfit u. Adipinsäure wachsartige M.; F. 55—60°. (**F. P. 1 085 319** vom 20/10. 1953, ausg. 31/1. 1955. D. Prior. 22/10. 1952.)
M. PANKOW. 7177

Arnold, Hoffman & Co., Inc., übert. von: **Carl E. Barnes,** Gloucester, und **William O. Ney jr.,** Providence, R. I., V. St. A., *Lösung von Polypyrrolidon.* Als Lösungsm. dient wasserfreie HCOOH in maximal der 3fachen Menge. — Herst. von Fäden, Filmen u. Überzügen auf Natur- u. Kunstfasern einschließlich Glasfasern. (**A. P. 2 711 398** vom 24/2. 1953, ausg. 21/6. 1955.) G. SALZMANN. 7181

Union Chimique Belge Soc. An., Belgien, *Herstellung Organopolysiloxane enthaltender Alkydharze.* Man läßt Organo-Si-Derivv. (I) mit überschüssigem mehrwertigemAlkohol u. dies Prod. mit Polycarbonsäure oder einen Polyester mit I reagieren. I sind z. B. Diphenyldichlorsilan u. Phenyltriäthoxysilan. Die erhaltenen Harze können bei niedrigeren Tempp. als Organopolysiloxanharze gehärtet u. ohne Verfärbung höher als Alkydharze erhitzt werden. Man kann sie ferner mit Organopolysiloxanen weiterkondensieren. — Zu 270 g Sojaölmonoglycerid u. 276 g Glycerin in 250 cm³ Toluol tropft man unter N_2 oder CO_2 eine Lsg. von 388 g Phenyltrichlorsilan in 250 cm³ Toluol, erhitzt unter Rückfluß u. dest. 250 cm³ Toluol ab, setzt 370 g Phthalsäureanhydrid u. 250 cm³ Toluol zu u. erhitzt unter indifferentem Gas 4 Std. bei 180°, dest. Toluol u. W. ab u. erhält einen bei 160° härtenden Lack. (**F. P. 1 073 878** vom 31/3. 1953, ausg. 29/9. 1954. Belg. Prior. 4/4. 1952.)
M. PANKOW. 7189

XII. Kautschuk. Guttapercha. Balata.

G. R. Taylor und **S. R. Darin,** *Zugfestigkeit von Elastomeren.* Die Zugfestigkeit (bei konstanter Dehngeschwindigkeit) von mit Dekamethylen-bis-[methylazo]-dicarboxylat (I) vulkanisiertem *GR-S* (II), *50°-Polybutadien, 5°-Polybutadien* (III) u. *Naturkautschuk* wurde als Funktion der Temp. (—50 bis 80°) u./oder des Vernetzungsgrades (verschied. I-Mengen) bestimmt. Eine Theorie u. Gleichung der Zugfestigkeit von amorphen Polymerisaten, die den Effekt des Vernetzungsgrades auf die Zugfestigkeit beschreiben, wurde entwickelt. Diese Theorie wurde modifiziert, um auch den Effekt der Kristallisation wiederzugeben. Die Theorie der Zugfestigkeit beschreibt den Effekt der Vernetzung auf die Zugfestigkeit zufriedenstellend bei amorphen Polymeren (II) u. halbquantitativ bei kristallisierbaren Polymeren (III). Um die allg. Anwendbarkeit der Theorie nachzuprüfen sind jedoch noch Unterss. über den Effekt des prim. Mol.-Gew., der Konst., Quellung u. der Zumischungen erforderlich. (J. Polymer Sci. **18.** 511—25. Aug. 1955. Pittsburgh, Pa., Mellon Inst.) R. SCHÄFF. 7220

G. W. Drake, *Einige osmotische Messungen des Molekulargewichts einer hochmolekularen Fraktion von Kautschukkohlenwasserstoff.* An je 7 Fraktionen von Smoked Sheet u. F-Kautschuk (I) wurden die Intrinsicviscositäten bestimmt. An der hochmol. Fraktion des I (Intrinsicviscosität 7,3, Bzl. als Lösungsm.) wurden osmot. Messungen bei 25° dynam. u. stat. durchgeführt. Durch Kontrolle der Intrinsicviscosität vor u. nach der Messung des osmot. Drucks π wurde festgestellt, daß kein Abbau eingetreten war. π/c ist proportional c (c = Konz. in g/kg). Das Mol.-Gew. dieser Fraktion wurde zu $6 \cdot 10^6$ ermittelt. — Diskussionsbemerkungen. (Arch. Rubbercultuur **30.** 65—69. Okt. 1953. Rubber Res. Inst. of Malaya.) R. SCHÄFF. 7222

A. V. Tobolsky und **G. M. Brown,** *Kristallisation und Spannungsrelaxation bei gedehntem unvulkanisiertem Naturkautschuk.* Bei verschied. Tempp. von 0 bis —50° u. konstanten Dehnungen von 50 u. 150% bzw. bei Dehnungen von 50—250% u. Tempp. von 0 bis —20° wurden an gegossenen Latexfilmen von unvulkanisiertem Naturkautschuk Messungen der Spannungsrelaxation durchgeführt. Spannungsabfall auf den Wert Null erfolgt bei gedehnten Proben im Temperaturbereich der Kristallisation. Die Effekte der Temp. u. Dehnung auf die Geschwindigkeit des Spannungsabfalls werden gezeigt. Bei einer relativen Dehnung von 1,5 wurden (obere) Schmelztempp. der Kristallite von 2, —3,

2 bzw. 6° bei Relaxationstempp. von −40, −25, −20 bzw. −10° erhalten. Steigerung der relativen Dehnung scheint die obere Schmelztemp. zu erhöhen. So wurden bei einer relativen Dehnung von 2,5 Tempp. von 10, 5, 10 u. 12° bei Relaxationstempp. von −40, −25, −20 u. 0° gefunden. Die Messung des Spannungsabfalls bei konstanter Dehnung stellt eine empfindliche Meth. zum Studium der Kristallisation von unvulkanisierten (u. vulkanisierten) Polymeren dar. (J. Polymer Sci. **18.** 547−51. Aug. 1955. Princeton, N. J., Univ., Frick Chem. Labor.) R. SCHÄFF. 7222

A. J. de Vries und **M. Van den Tempel,** *Struktur und rheologische Eigenschaften von Hevealatexgelen.* (Vgl. C. **1954.** 8916.) An Hydrogelen aus Hevealatex wurden einige rheolog. Eigg. bestimmt. Der Schubmodul u. die Viscosität hängen von der Volumenkonz. des Feststoffs im Gel, der Zus. der Zwischenschicht um die Kautschukpartikel u. der Teilchengrößenverteilung der Kautschukpartikel ab. Die experimentellen Befunde werden gedeutet, wobei angenommen wird, daß kein Zusammenfließen der Kautschukpartikel stattfindet. (Rubber Chem. Technol. **27.** 922−26. Juli/Sept. 1955, u. Proc. 2nd. Internat. Congr. on Rheology **2.** [1954.] 291−95. Delft, Rubber Found.) R. SCHÄFF. 7222

W. L. Resing und **L. N. S. de Haan-Homans,** *Kurzzeitige Konservierung des Latex.* Verschied. Baktericide u. Kombinationen mit Borax sowie CH_2O wurden als Kurzzeitkonservierungsmittel für frischen Latex untersucht. Dehydracetsaures Na (0,2%) mit Na_2-Sequestrene (0,2%) erwies sich am besten (konserviert 2 Tage). Nachteilig ist der hohe Preis dieser Verbindung. In den meisten Fällen reicht die kurzzeitige Konservierung mit Kombinationen aus CH_2O, Phosphaten u. kleinen Mengen NH_3 aus. — Diskussionsbemerkungen. (Arch. Rubbercultuur **30.** 81−91. Okt. 1953. Indones. Rubber Res. Inst.) R. SCHÄFF. 7222

W. L. Resing, *Die färbende Substanz des Latex.* Der im allg. in Hevealatex vorhandene färbende Bestandteil wurde untersucht. Die Hauptkomponente ist fast sicher β-Carotin, außerdem sind noch ein roter Farbstoff u. Phytoxanthine vorhanden. — Diskussionsbemerkungen. (Arch. Rubbercultuur **30.** 33−39. Okt. 1953. Indones. Rubber Res. Inst.) R. SCHÄFF. 7222

M. A. Golub, *Die Abhängigkeit der Viscosität von Alfin-Polyisopren von der Schergeschwindigkeit.* An Polyisopren (I, Mol.-Gew. 200000−4500000) in verd. Benzollsg. (Konz. ca. 0,05−0,01 g/100 cm³) wurden bei 25° mit einem OSTWALD-FENSKE-Viscosimeter bei Schergeschwindigkeiten D von 1000−10000 sec^{-1} viscosimetr. Unterss. durchgeführt. Die Abhängigkeit der Viscosität von D wurde untersucht u. die Meth. von KATCHALSKY u. STERNBERG zur Best. der Viscosität bei D = 0 (C. **1954.** 5314) nachgeprüft. Es wurde gefunden, daß die Eigenviscosität (ln η_r/c) u. die Intrinsicviscosität von I von D stark abhängen (Abfall mit steigendem D), wobei der Effekt sich mit steigendem Mol.-Gew. verstärkt. Die Abhängigkeit der Eigenviscosität von D läßt sich am besten durch eine Gleichung ausdrücken, die sowohl eine lineare Funktion als auch eine quadrat. Funktion des Gradienten enthält. Die Übereinstimmung zwischen den Viscositäten bei D = 0, wie sie nach der Meth. von KATCHALSKY u. STERNBERG u. aus den üblichen Viscositäts/D-Kurven erhalten werden, ist nur mäßig. Bei Mol.-Gewichten über 280000 sind die Werte nach KATCHALSKY u. STERNBERG durchweg kleiner als die entsprechenden Werte aus den Viscositäts/D-Kurven; mit steigendem Mol.-Gew. verstärkt sich diese Unstimmigkeit. Wegen dieser Abweichungen wurde versucht, die Gleichung von KATCHALSKY u. STERNBERG zu modifizieren, um die Viscositäten bei D = 0 in bessere Übereinstimmung zu bringen. Dabei wurde gefunden, daß eine analoge Gleichung ziemlich genau die Viscosiät bei D = 0 wiedergibt. (Die verschied. Mol.-Gewichte von I wurden durch entsprechenden Abbau des hochmol. I mit dem Mol.-Gew. 4500000 — hergestellt durch Alfinkatalysatoren — erhalten.) (J. Polymer Sci. **18.** 27−46. Sept. 1955. Brecksville, O., B. F. Goodrich Co., Res. Center.) R. SCHÄFF. 7224

M. A. Golub, *Einfluß der Schergeschwindigkeit auf die Intrinsicviscosität.* Die Meth. von AKKERMAN, PALS u. HERMANS zur Ableitung der Abhängigkeit der Intrinsicviscosität eines Polymerisats von der Schergeschwindigkeit D (Recueil trav. chim. Pays-Bas **71.** [1952.] 56) wurde an *Polyisopren* (vgl. vorst. Ref.) nachgeprüft u. die Größe der Fehler bei der üblichen Meth. zur Ermittlung der Intrinsicviscosität bei bestimmten D bestimmt. Der frühere Befund wurde bestätigt, daß die Intrinsicviscosität im Bereich kleiner D-Werte zunächst stark u. dann mit steigendem D immer langsamer fällt. Das Maximum der Viscositätsänderung $[\eta]_{D=0}-[\eta]_{D=\infty}$ ist nahezu proportional $[\eta]^2_{D=0}$. (J. Polymer Sci. **18.** 156−59. Sept. 1955. Brecksville, O., B. F. Goodrich Co., Res. Center.) R. SCHÄFF. 7224

Merton L. Studebaker, *Chemische Kräfte bei der Verstärkung von Kautschuk durch Ruß.* Auf Grund einer krit. Sichtung der einschlägigen Literatur (18 Hinweise) sowie der

Ergebnisse eigener Verss. vertritt Vf. die Auffassung, daß die Ansicht, Ruß wäre ein chem. inertes Material, einer Revision bedarf. (Rubber Age [New York] **77.** 69—72. 129. April 1955. Akron, O., Phillips Chemical Co., Philblack Sales Div.) M. WINIKER. 7226

Kenneth W. Doak, George H. Ganzhorn und **Bernard C. Barton,** *Beschleuniger für die Reaktion zwischen Kautschuk und Ruß.* Vermutlich infolge besserer Rußdispersionen im Kautschuk in Verbindung mit einer chem. Rk. zwischen Ruß u. Kautschuk wird beim Erhitzen unvulkanisierter Kautschuk–Ruß-Mischungen ein erhöhter elektr. Widerstand, geringere Hysterese u. Härte, höherer Modul u. verbesserte Abriebfestigkeit des Vulkanisats erhalten. *Butylkautschuk* (I) reagiert langsamer als *Heveakautschuk* (II) oder *Butadien–Styrol-Mischpolymerisat* (III, *GR-S*) wegen der geringeren Zahl an Doppelbindungen. Chem. Beschleuniger vermindern die Zeit u. red. die Temp. der Reaktion. Bestimmte Chinone u. aromat. Nitrosoverbb. sind bei I u. II wirksam. Tert.-Butylperbenzoat u. Cumolhydroperoxyd wirken bes. bei II u. III mit Flammruß u. zeigen bei optimalen Mengen keinen nachteiligen Einfl. auf die Zugfestigkeit. Hexachlorcyclopentadien (IV) u. Hexachlorphenol sind wirksam bei I u. II, 1.3-Dichlor-5.5-dimethylhydantoin u. IV bei I mit Flamm- oder Ofenruß. Es wird vermutet, daß die chem. Beschleuniger Allyl- oder Alkylradikale an Kautschukkettenmoll. starten, welche mit akt. Zentren am Ruß unter Bldg. prim. Valenzbindungen reagieren. (Rubber Chem. Technol. **27.** 895—905. Juli/Sept. 1955. Passaic, N. J., U. S. Rubber Co., General Labor.) R. SCHÄFF. 7226

P. D. Brass, *Aufstellung von Formeln für Latexmischungen: Organisierung von Versuchsprogrammen.* Nach Erläuterung des Prinzips der Anwendung der statist. Analyse auf Versuchsergebnisse wird gezeigt, wie in einfacher Weise festgestellt werden kann, welche Mengen verschied. Substanzen (S, ZnO, Alterungsschutzmittel, Beschleuniger) in einer Latexmischung verwendet werden müssen, um ein Endprod. mit einer oder mehreren optimalen Eigg. zu erhalten. (Rev. gén. Caoutchouc **32.** 781—83. Sept. 1955.) M. WINIKER. 7230

M. M. Resnikowski, L. Ss. Priss und **B. A. Dogadkin,** *Untersuchung der Verformungsgesetzmäßigkeiten von gefüllten Gummiarten.* Zur Unters. gelangte vulkanisierter Kautschuk mit verschied. Mengen Ruß. Längeres Verweilen der gefüllten Gummiarten bei einer gegebenen Dehnung führt zu einem scheinbaren Gleichgewicht, das Vff. durch einen „Quasi-Gleichgewichtsmodul" E«∞» charakterisieren. Die Größe von E«∞» hängt von der vorherigen Deformation des Probestückes ab, wobei von größtem Einfl. eine maximale Deformation ist. Wiederholte Deformation gibt prakt. den gleichen Effekt wie die erste. Der Quasi-Gleichgewichtsmodul nähert sich bei Vergrößerung der vorherigen maximalen Deformation asymptot. dem Gleichgewichtsmodul E_∞, der dem ungefüllten Vulkanisat entspricht. Diskussion der beobachteten Erscheinungen gibt Anlaß zur Aufstellung einer Analogie zwischen gefüllten Gummiarten u. thixotropen koll. Systemen mit einem niedermol. Dispersionsmedium. Die lineare Temperaturabhängigkeit des Quasi-Gleichgewichtsmoduls führt bei Extrapolation zum absol. Nullpunkt, was nach Vff. für den Entropiecharakter der Festigkeit gefüllter Gummiarten spricht. (Коллоидный Журнал [Kolloid-J.] **16.** 211—19. Mai/Juni 1954. Moskau, Wiss. Forschungsinst. für die Reifenind.) M. ULMANN. 7230

Standard Oil Development Co., Elizabeth, N. J., V. St. A., *Verbessern von Butylkautschuk.* Tieftemperatur–Isoolefin–Multiolefin-Mischpolymerisate, Ruß u. 0,1—1% Se, Te oder bes. S oder eine solche Stoffe abspaltende Verb. werden $^1/_2$—7 Std. auf 121 bis 231° erhitzt. — Verwendung bes. für *Autoreifen.* 12 Diagramme. (**E. P. 724 792** vom 3/2. 1953, ausg. 23/2. 1955. A. Prior. 1/4. 1952.) W. OVERBECK. 7225

Eugène Stalinsky, Seine, Frankreich, *Einmischen von Füllstoffen in Kautschuk.* Man befreit die Füllstoffe von an den Partikeln adsorbierten Gasen durch Einbringen der Füllstoffe im Vakuum u./oder Erhitzen auf 150—160° oder Behandeln mit Netzmitteln, wie Isobutyl- oder Isoamylalkohol, oder Einbringen in ein genügend starkes elektr. Feld. Die Mischungszeit der Füllstoffe mit dem Kautschuk ist danach wesentlich verkürzt. (**F. P. 1 086 046** vom 2/7. 1953, ausg. 9/2. 1955.) M. PANKOW. 7227

Deutsche Gold- & Silberscheideanstalt vormals Roessler, Deutschland, *Kautschukmischung* mit hochakt. Füllstoffen, geringer S- u. Beschleunigermenge. Man setzt ihr aliphat. Amine, die bei 120—140° mit mindestens 25% ihres Gewichtes S reagieren oder von denen 100 g mindestens 40 g S lösen, zu. Die Amine haben eine plastizierende alterungsschützende u. schwach vulkanisierende Wrkg.; genannt sind Di-γ-amino-, Di-γ-dimethylamino-, Di-γ-diäthylamino-, γ-Piperidino-, Di-γ-methylaminopropylamin, Dimethylaminopropyl-γ-aminopropylamin, Bis-trimethylendiamin, N-Methyl-bis-trimethylendiamin. Man kann die Amine vor dem Einmischen mit S umsetzen oder mit den akt. Füllstoffen mischen. — Man mischt z. B. 100 (Teile) Smoked Sheets, 40 hochakt. SiO_2, die mit 2,5% Di-γ-aminopropylamin imprägniert ist, 1,05 Stearinsäure, 4 Kiefernteer,

1,05 Phenyl-β-naphthylamin, 4,94 ZnO, 1,5 Ultrabeschleuniger, 2,5 S. (**F. P. 1 085 867** vom 29/5. 1953, ausg. 8/2. 1955. D. Prior. 29/5. 1952.) M. PANKOW. 7227

Wingfoot Corp., Akron, O., V. St. A., *Vulkanisationsbeschleuniger*, bestehend aus einem einkernigen N.N-disubstituierten Thiocarbamylthiomethylphenol der Formel $R-CH_2 \cdot S \cdot C(S) \cdot NR_1R_2$ (R = einkerniger Phenolrest, R_1 u. R_2 = aliphat., cycloaliphat., Aralkyl-, Furfuryl- oder Tetrahydrofurfurylrest oder Teile eines cycloaliphat. Ringes). Herst. durch Rk. von CS_2 mit einem Aminomethylenphenol oder von CS_2 mit CH_2O, einem einkernigen Phenol u. einem sek. Amin der Formel $\genfrac{}{}{0pt}{}{R_1}{R_2}\!>\!N-H$ (R_1 u. R_2 wie oben) bei 125—175° u. über 1 atü. — 5 Beispiele. (**E. P. 722 870** vom 24/11. 1952, ausg. 2/2. 1955. A. Prior. 24/4. 1952.) W. OVERBECK. 7229

XIII. Ätherische Öle. Parfümerie. Kosmetik.

J. T. Davies, *Geruch und Molekülbau.* Nach neuen physiol. Erkenntnissen bestehen die Zellwände aus gerichteten Moll., die mit den polaren Gruppen in die wss. Schicht eindringen, während die KW-stoffreste einen Film darüber bilden. Nach der vom Vf. entwickelten Theorie durchdringen die Riechstoffmoll. diese 1—2 Moll. dicke lipoide Schicht der Zellwände der Geruchsnervenenden u. dringen mit ihren polaren Gruppen ebenfalls in die wss. Schicht ein, während ihre KW-stoffanteile in der lipoiden Schicht bleiben. Infolge dieser Durchbrechung der Zellwand ist ein Ionenaustausch K gegen Na mit der umgebenden Fl. möglich, der den Nervenimpuls elektrochem. auslöst. Von der Form des Mol. hängt die Durchdringungsfähigkeit ab; Moll. mit vielen polaren Gruppen (Ketone, Hydroxyle, Ester), mit verzweigten Seitenketten, starrem Aufbau mit mehreren Kernen sind danach kräftiger im Geruch, als z. B. gesätt. Paraffine mit geschmeidigem Bau. (Ind. Parfumerie **8.** 74—79. März 1953.) H. MÜHLMEISTER. 7260

J. L. Stoves, *Die chemischen Grundlagen der parfümistischen und kosmetischen Praxis.* 1. Mitt. *Physiologie und Chemie des Geruchs.* Zusammenfassende Betrachtung der Vorgänge beim Riechen des individuell verschied. menschlichen Geruchsorganes, der Geruchsempfindlichkeit u. -ermüdung, des Schwellenwertes, der Einteilung der Gerüche u. Gesetzmäßigkeiten im Zusammenhang mit der chem. Konst. u. dem RAMAN-Effekt. (Perfum. essent. Oil Rec. **44.** 107—12. März 1953.) H. MÜHLMEISTER. 7260

Paolo Rovesti, *Italienisches Angelikaöl.* Mit steigender Seehöhe der Kulturen von *Angelica* (A.) *Archangelica* L. steigen nicht nur die Ölausbeuten, sondern auch Löslichkeit, Anteil an Oxydationsprodd., D. u. Brechungsindex. Beim Trocknen geht $^1/_3$ des Öls verloren, vor allem Terpene, doch steigt damit der aromat. Anteil. A.-Wurzelöl riecht moschusähnlicher, A.-Samenöl angenehmer; beide Öle oxydieren sich unter Zunahme der D. leicht. Die Öle von *A. sylvestris L.* u. *A. sylvestris var. montana Schleich* sind weniger wertvoll. (Riv. ital. Essenze, Profumi, Piante officin., Olii veget., Saponi **36.** 162—66. 15/4. 1954. Milano, Ist. di Ric. sui Deriv. veget.) K. STEINER. 7262

M. G. Igolen, *Bemerkung zum Duft der Mandelbaumblüte.* Ident. mit der C. **1953.** 6582 referierten Arbeit. (Perfum. essent. Oil Rec. **44.** 198—99. Juni 1953. Grasse, Frankreich, Ets. A. Chiris, Labor. de rech.) H. MÜHLMEISTER. 7262

D. Iwanow, Chr. Iwanow, N. Nikolow und **Il. Ognjanow**, *Über die Beschleunigung des Alterns von ätherischem Öl frischer Pfefferminze zwecks Stabilisierung des rektifizierten Öles.* Beim Altern von rohem u. rektifiziertem Pfefferminzöl tritt als Folge von oxydativen Polymerisationsprozessen eine Dunkelfärbung u. eine Zunahme von D., SZ. u. Harzmenge ein. Ein Durchblasen von Luft durch das auf 80° erwärmte Rohöl beschleunigt das Altern, verbessert die Rektifikationsprodd. u. stabilisiert das rektifizierte Öl. Die Hauptfraktion 111—124° (15 mm) u. die Resine nehmen hierbei zu, die Fraktion 124 bis 126° ab. (Доклады Болгарской Академии Наук [C. R. Acad. bulgare Sci.] **6.** Nr. 1. 25—28. Jan./März 1953. Sofia, Univ., Lehrstuhl für organ. Chemie.) O. LEBTAG. 7262

Gianluigi Variati, *Über die Zusammensetzung des Öls der im Sila-Gebiete* (*Calabrien*) *vorkommenden Mentha arvensis L.* (Ind. Parfumerie **9.** 45—47. Febr. 1954. Milano, Labor. de Chimie de la Maison Variati et Cie. — C. **1955.** 5918.) G. TREWENDT. 7262

W. A. Fayaud und **S. Rivera**, *Sizilianisches Thymianöl.* Sizilian. Thymianöl (I) von *Thymus capitatus* unterscheidet sich vom gewöhnlichen I von *Thymus vulgaris* dadurch, daß es vorwiegend Carvacrol (II) statt Thymol enthält, $D._{20}$ 0,948, α_D ±0,53°, n_D^{20} 1,5048. Bei katalyt. Hydrierung von II erhält man *Carvomenthol* (III), α_D ±0°, $D._{15}$ 0,9032, n_D^{20} 1,4629, $Kp._{760}$ 216,5—217,5°, $Kp._7$ 89—90°, lösl. in 70%ig. A. 1:2,5. — III-*Salicylat* (IV): lösl. in 95%ig. A. 1:3,5—4, $D._{20}$ 1,0504, α_D ±0°, n_D^{20} 1,5188, $Kp._1$ 180°, fast geruchlos, statt Methylsalicylat gegen Neuralgie u. Rheumatismus verwendbar. —

III-*Anthranilat* (V): lösl. in 80%ig. A. 1:4, $D._{20}$ 1,044, α_D 0°, n_D^{20} 1,5422, $Kp._1$ 192°, riecht wie Orangenöl. **IV** u. **V** sind als Bestandteile von Sonnenschutzmitteln verwendbar. (Riv. ital. Essenze, Profumi, Piante officin., Olii veget., Saponi **36.** 217—18. 15/5. 1954. Milano, stabilimento Esperis.) K. STEINER. 7262

Edward Samuel, *Australische Teebaumöle und Anregungen für ihre Anwendung in der Parfümerie.* Von den in Australien Teebäume genannten *Melaleuca linariifolia* u. *M. alternifolia* wird das mit 1,5—2% Ausbeute dest. äther. Öl von Muskatgeruch von **M. l.** in Seifen u. kosmet. Cremes benutzt. Das Öl von **M. a.** wirkt eiterlösend u. schorfbildend; parfümist. ist es wertvoll wegen seiner Temperaturbeständigkeit u. der von ihm ohne Änderung des Geruchscharakters bewirkten angenehmen frischen Note. (Soap, Perfum. Cosmet. **28.** 890—92. Aug. 1955. Sydney.) H. MÜHLMEISTER. 7276

Joseph Kalish, *Ölige Cremes.* Die Bldg. von Emulsionen u. der Einfl. wasser- u. öllösl. Emulgatoren werden eingehend erläutert u. es wird festgestellt, daß in öligen Cremes sowohl Öl als W. in Micellen fest gebunden sein müssen. 8 Rezepte auf der Grundlage von Bienenwachs u. seinen Derivv., Stearinsäure, Glyceryl- u. Polyäthylenglykolmonostearat u. ihre Herst. werden besprochen. (Drug Cosmet. Ind. **77.** 472—73. 544. 550. Okt. 1955.) H. MÜHLMEISTER. 7284

A. Matagrin, *Phytosterine der Soja.* Chemie u. Eigg. der Phytosterine der Sojabohne: Sitosterin, $C_{29}H_{49}OH$, Stigmasterin, $C_{29}H_{47}OH$, Campesterin, $C_{28}H_{47}OH$, u. Ergosterin, $C_{28}H_{43}OH$, im Vgl. zu Cholesterin, $C_{27}H_{45}OH$ — werden beschrieben. Sie eignen sich wie letzteres zur Herst. von Kosmeticis, dermatolog. Präpp. u. in Seifen, als Emulgatoren für Öl-in-W.- u. W.-in-Öl-Emulsionen im alkal. Medium, p_H 10—12 bis p_H 2—1,3 bei Tempp. von —20 bis +115°, als Träger für Therapeutica, bes. Sulfonamide, in Salben u. in Insekticiden. Auch können sie in textilen Farbemulsionen, Gerbstoffen u. als oberflächenakt. Agentien in Druckfarben verwendet werden. (Manufact. Chemist **26.** 201—02. Mai 1955.) H. MÜHLMEISTER. 7284

W. Schweisheimer, *Desodorierende Präparate in der amerikanischen Schönheitspflege.* In Form von Cremes, Sprühmitteln, Stiften, Wässern, Pudern, getränkten Bäuschen u. Seifen sollen Desodorantien a) die Absonderung von Talg u. Schweiß verringern oder b) ihren Geruch nach der Zers. beseitigen oder verdecken. Die dafür geeigneten Chemikalien u. ihre Wrkg. werden besprochen; bei empfindlicher Haut ist bes. bei a) Vorsicht geboten, ebenso bei innerlich zu nehmenden Mitteln. (Seifen—Öle—Fette—Wachse **81.** 613—14. 12/10. 1955.) H. MÜHLMEISTER. 7284

Ross Whitman, *Der Neutralisator bei der kalten Dauerwelle.* Nach eingehender Schilderung der Vorgänge beim Reduzieren u. Neutralisieren des Haars zur Erzielung der Dauerwelle wird an Hand von Kurven des Sulfhydrylgeh. u. des Belastungsverlängerungsindex (*Load Elongation Index*) über Verss. mit 0,62 n-Ammoniumthioglykolat (**I**) u. Mn-katalysiertem **I**, mit u. ohne 0,25 n Sulfit als reduzierendem Agens, 1n-NaBr u. Lufttrocknung als neutralisierendem Agens berichtet. (Drug Cosmet. Ind. **72.** 182—83. 221. 253—57. Febr. 1953. Rayette Inc.) H. MÜHLMEISTER. 7284

XIV. Zucker. Kohlenhydrate. Stärke.

S. Trzecki, *Zusatz-Blattdüngung der Zuckerrüben.* Mehrjährige Verss. zeigten, daß der Zuckergeh. der Zuckerrüben um 0,5—0,75% steigt, wenn man die Pflanzen mit K-Salz u. Superphosphatlsgg. besprüht. Auch die Mengenausbeute an Rüben steigt an. Die Anwendung von K-Salz zeigt den besten Erfolg in trockenen Herbsten 30—60 Tage vor der Ernte, die von Superphosphat bei naßkalter Witterung 15—35 Tage vor der Ernte. Um Plasmolyse zu verhindern, darf die Konz. der Lsgg. nur so groß sein, daß ihr osmot. Druck den der Blattzellen nicht übersteigt. (Gaz. Cukrownicza **57.** Nr. 9. 153—56. Sept. 1955.) F. URBAN. 7406

Carlo Vesely, *Vorteile des Steffenverfahrens mit Auspressen der Zuckerrüben und Herstellung trockener Zuckerpülpen.* Vgl. zwischen Diffusions- u. Preßverf. für Zuckerrüben. (Ind. saccarif. ital. **46.** 105—07. März/April 1953.) R. K. MÜLLER. 7412

C. A. Fort und **B. A. Smith,** *Ionenaustausch: Qualität von Zucker, der aus Säften hergestellt wurde, die durch wechselweisen Austausch gereinigt wurden.* Geklärte Rohrzuckersäfte wurden in einer Versuchsanlage durch ein Syst. von Ionenaustauschern geschickt, wobei sie zuerst ein Anionenaustauscherharz, IRA 410 (ROHM & HAAS CO.) oder S (PERMUTIT CO.), dann einen Kationenaustauscher, IRC 50 (ROHM & HAAS CO.), passierten. 2-, 3- u. 4-Kolonnensysteme wurden miteinander verglichen, wobei das 3-Kolonnensyst. gewisse Vorteile aufweist. Die 3. Austauschersäule enthielt den stark bas. Anionenaustauscher S, der nur mit einer geringen Menge starker Anionen beladen war, um zusätzlich organ. Nichtzuckerverbb., bes. N-haltige, u. Farbstoffe zu entfernen. Beim Einkochen der Lsgg. wurden aus den mit Austauscher behandelten Säften insgesamt 93% Zucker gegenüber 84,7% bei den nichtbehandelten gewonnen. Die Differenz von 8,3% zusätzlichem Zucker ist das Ergebnis der Entsalzung. (Sugar **50.** Nr. 4. 43—45. April 1955. Agricultural Res. Serv. U. S. D. A., Southern Regional Res. Labor.) R. Rutkowski. 7412

Guido Danese, *Über das kontinuierliche Schleudern in der Zuckerindustrie.* Überblick über die Grundlagen u. die Typen der App. mit senkrechter u. waagerechter Achse. (Ind. saccarif. ital. **46.** 94—99. März/April 1953.) R. K. Müller. 7414

Elliott P. Barrett, Aimison Jonnard und **J. H. Messmer,** *Granulierte Absorbentien zur Zuckerraffination. Einige physikalische Eigenschaften von Knochenkohle und Synthad.* Zwischen Knochenkohle (I) u. dem synthet. Adsorbens *Synthad* (II; Baugh and Sons Co., Philadelphia) besteht bzgl. der spezif. Wärme u. Wärmeleitfähigkeit kein deutlicher Unterschied. Die Durchfeuchtungswärme von II ist kleiner als die von I. (Ind. Engng. Chem. **45.** 1524—26. Juli 1953. Pittsburgh, Pa., Mellon Inst.; Philadelphia, Pa., Baugh and Sons Co.) R. Rutkowski. 7416

M. A. Lugo-López, *Die Wirkung der Bodenverhältnisse auf den Saccharosegehalt des Zuckerrohres.* Der Rohrzuckerertrag verschied. marktgängiger Zuckerrohrsorten auf einige Bodenarten in 5 verschied. Landstrichen zeigt eine gewisse Bodengewöhnung. Ihr Saccharosegeh. bei 30—90 Zoll Regen/Jahr u. durchschnittlich 71—80° F liegt zwischen 8,4 u. 13,2%. — 8 Tabellen u. 10 Literaturhinweise. (J. Agric. Univ. Puerto Rico **38.** 132—46. Juli 1954. Porto Rico, Río Piedras, Univ., Agricult. Experim. Stat.) H. Gude. 7440

Gábor Vavrinecz, *Die gegenwärtige Lage der Zuckerpolarimetrie in Ungarn und die Meßfehler bei nicht normalen Temperaturen.* Kurze Übersicht über bekannte Methoden der Saccharimetrie u. Hinweis auf mögliche Fehlerquellen. (Elelmezési Ipar (Verpflegungs-Ind.) **6.** 153—58. Mai 1952.) H. Langenbeck. 7470

Dario Teatini, Italien, *Reinigen von Zuckersäften.* Man versetzt den Zuckersaft unter gleichzeitigem Einleiten von CO_2 mit einer solchen Menge an Kalk, daß dieser sofort in Carbonat umgewandelt wird u. so die Alkalität des Saftes nicht merklich erhöht. — 3 Vorrichtungen. (**F. P. 1 080 044** vom 7/5. 1953, ausg. 6/12. 1954. It. Prior. 10/5. 1952.) T. Oppermann. 7413

N. V. Centrale Suiker Mij. und **Leonard Jan Kantebeen,** Amsterdam, Holland, *Regenerieren von Entfärbungsharzen,* wie sie in der *Zuckerindustrie* gebraucht werden. Ein 3200 (Liter) Harz, z. B. aus m-Phenylendiamin u. CH_2O, fassendes Filter wird mit 4800 einer 5%ig. Na_2CO_3-Lsg regeneriert, gewaschen, mit 3000 einer 5%ig. NH_4Cl-Lsg. aktiviert, bis der p_H-Wert 6 beträgt u. wieder gewaschen. (**E. P. 729 522** vom 3/3. 1953, ausg. 4/5. 1955. Holl. Prior. 11/3. 1952.) G. Salzmann. 7413

N. V. Octrooien-Mij. „Activit", Amsterdam, Holland, *Entfernung organischer Stoffe ausFlüssigkeiten durch Adsorption.* Die färbende oder riechende Stoffe oder Geschmacksstoffe enthaltenden Fll. werden über unlösl. Kunstharze, die schwach bis stark bas. Gruppen aufweisen u. z. B. Anionen der Glutaminsäure oder einer Carboxylsäure binden, geleitet. Die Fll. können vorher über einen schwach sauren Kationenaustauscher filtriert werden. Als Kuntsharz dient z. B. ein Umsetzungsprod. von Tetraäthylenpentamin u. Epichlorhydrin. — *Entfärben von Zuckerlösungen.* (**E. P. 735 081** vom 29/6. 1953, ausg. 10/8. 1955. Holl. Prior. 27/6. 1952.) W. Matthaes. 7417

United States of America, übert. von: **Roderick K. Eskew** und **Joseph B. Claffey,** Philadelphia, Pa., V. St. A., *Ahornsirup.* Ein besonders heller u. im Geschmack guter Sirup wird erhalten, wenn der Saft nach Voreindickung auf ca. 30% Zucker in einem von außen beheizten Rohr in einmaligem Durchgang bei Atmosphärendruck auf ca. 65 Brix gebracht wird. Ein Kochen ist dabei zu vermeiden. (**A. P. 2 718 469** vom 22/1. 1953, ausg. 20/9. 1955.) A. Gradl. 7447

Corn Products Refining Co., New York, N. Y., übert. von: **Ralph Waldo Kerr** und **Kenneth Clark Hobbs,** V. St. A., *Herstellung von Stärkeäthern* durch Rk. von Stärke mit einem Alkylenoxyd (Äthylenoxyd) unter nichtgelatinierenden Bedingungen u. in Ggw. von 0,025—0,1 Mol eines alkal. Katalysators (NaOH oder CaO, gegebenenfalls unter Zusatz von NaCl, Na_2SO_4 bzw. $CaCl_2$) pro $C_6H_{10}O_5$-Einheit. Temp. 20—55°. (**E. P. 741 742** vom 13/3. 1953, ausg. 14/12. 1955.) K. Fabel. 7449

XV. Gärungsindustrie.

Osamu Tanase und **Kazu Okada,** *Untersuchung über die Anreicherung von Vitamin B_1 durch Brauereihefe.* 1. Mitt. Durch 1—3tägige Gärung von Brauereihefe bei 20—30° in einem künstlichen Medium, dem außer Hefeauszug (p_H 4,5, 10 γ B_1/cm³) 1% Zucker u. 1% Preßhefe zugesetzt wird (was sich für die Akkumulation von *Vitamin B_1*

am günstigsten erwies), ergibt eine Hefe von im Durchschnitt 2000—3000, maximal 6290 γ Vitamin B_1/g Trockenhefe. B_1 ist in freier Form angereichert. Bei Zusatz von vergärbaren Zuckern, wie Saccharose, Mannose, Glucose oder Fructose wird viel B_1, mit unvergärbaren, wie Galaktose oder Lactose, wird kein B_1 akkumuliert. Maltose steht zwischen beiden Gruppen. Die B_1-Akkumulation scheint in Verbindung mit der Gärung stattzufinden. — 7 Tabellen. (J. agric. chem. Soc. Japan [Nippon Nogeikagaku Kaishi] **27.** 534—37. 1953. Kirin Res. Inst. [Orig.: japan., Auszug: engl.]) L. SCHULER. 7506

L. P. Ssotnitschenko, *Über einen teilweisen Ersatz von Getreidemalz durch Schimmelpilze.* Bericht über erfolgreiche Verss. einer Spritfabrik zur Herst. von Pilzamylase aus Aspergillus oryzae sowie zum teilweisen Ersatz des Getreidemalzes durch diese Kultur. Es wurden erhöhte Spritausbeuten (bis 102% der Norm) erhalten. Die Verzuckerung wurde zunächst mit Gerstenmalz (66% der Gesamtmasse) bei 57—58° durchgeführt, dann wurde die Pilzkultur (34%) zugegeben u. bei 51—52° die Maische weiter verzuckert. Dosierung: Malz u. Pilzkultur 15% in den Verzuckerungsapp. der 1. Stufe, den Rest in jenen der 2. Stufe. Vergorene Maische: 0,95—1,01° (Norm 1,15°). Ein anderer Vers. mit 60% Gerstenmalz u. 40% Pilzamylase führte ebenfalls zu guten Ergebnissen. (Спиртовая Промышленность [Spirituosen-Ind.] **21.** Nr. 1. 39—40. 1955. Moskau, Sprittrust.) A. v. WILPERT. 7536

Arno Stöckli, *Anwendung von ultravioletten Strahlen zur Wasserentkeimung in der Brauerei.* Der STEVAR-App. mit Quarzbrenner von 350 Watt sterilisiert 700 Liter W. je Std. bei einer Bestrahlungsdauer von 0,2 Sek., wobei durch eine Spirale eine wirbelnde Strömung erzeugt wird. Er vermochte in künstlich mit 8 verschied. Brauereiorganismen infiziertem W. 450—178000 entwicklungsfähige Keime je cm^3 entweder restlos oder bis auf wenige abzutöten. Die Verwendungsmöglichkeiten von sterilem W. in der Brauerei- u. Getränkeindustrie werden besprochen. (Schweiz. Brauerei-Rdsch. **64.** 205—08. Okt. 1953. Zürich, Vers. Stat. schweiz. Brauereien.) H. MÜHLMEISTER. 7540

I. A. Preece, *Neue Untersuchungen über Hopfenharze.* Die Literatur der Hopfenbewertung der letzten 30 Jahre wird krit. betrachtet. Die Strukturformeln für die Humulone u. Lupulone u. für die Isohumulone sind abgebildet. Letztere entstehen beim Biersieden aus den Humulonen. Der antisept. Faktor des Hopfens ist noch problematisch. — 31 Literaturzitate. (Brewers' Guild J. **41.** 561—71. Nov. 1955.) H. GUDE. 7540

Birger Trolle und **N. B. Krarup,** *Bier als Bestandteil der Diabetesdiät.* Auf Grund einer Tabelle der Zus. der verschied. (dän.) Biersorten werden für die Verordnung für Diabetiker die Biersorten mit niedrigem Kaloriengeh. u. niedrigem Kohlenhydratgeh. ausgewählt. Umrechnungstabelle für Vol.- u. Gew.-% Alkohol. (Brygmesteren **12.** 159—67. Juni 1955. København, Carlsberg Brygg. forsøgslabor. u. Bispebjerg Hosp., med. afd.) R. K. MÜLLER. 7550

A. Stührk, *Untersuchungen an Rotweinfarbstoffen weißgekelterter Portugiesertrauben.* Bei einem Verschnitt von Portugieserwein mit Weißwein im Verhältnis 1:25 kann gerade noch (mit dem Elko II) eine Erhöhung des Farbwertes (bei Zusatz von 0,5 cm^3 25%ig. HCl zu 15 cm^3 Wein) festgestellt werden. Einfl. von SO_2, Gelatine, Kieselgur, Bentonit, Weinhefe, auf den Farbwert: Bei SO_2-Zusatz stellt sich nach einigen Std. (nach Bindung der SO_2) der zunächst verminderte Farbwert wieder ein. Eine deutliche Verminderung wird auch durch Bentonit und Hefe erzielt. (Dtsch. Wein-Ztg. **91.** Nr. 9. Wein u. Rebe **37.** 166—68. 21/3. 1955. Neustadt/Weinstr., Landeslehr- u. Forschungsanst. für Wein- u. Gartenbau.) E. KIELHÖFER. 7554

K. H. Hauptmann, *Wirkungsweise und Wirksamkeitsbestimmung der Filtrationsenzyme.* Überblick über die heutigen Vorstellungen von der Wirkungsweise der Pektinenzyme u. die Methoden der Wirksamkeitsbestimmung. — 14 Literaturhinweise. (Ind. Obst- u. Gemüseverwert. **40.** 26—28. 20/1. 1955. Ingelheim/Rhein.) E. KIELHÖFER. 7556

Katharina Bahrmann, *Rohbranntwein-Aldehydbestimmung.* Zur Best. des Acetaldehydgeh. von Rohbranntwein wird die Meth. von DOERING (Umsetzung mit Hydroxylaminhydrochlorid u. Titration der hierbei frei werdenden HCl mit NaOH) empfohlen. (Mschr. Brauerei Mälzerei, Getränke- u. Tabakind. **4.** Nr. 10. 280. Okt. 1952. Dresden, VEB „Bramsch".) M. WINIKER. 7596

Irwin Stone, *Die Entwicklung und Normung der kolorimetrischen Verfahren in der Brauindustrie.* Für 38 amerikan. u. canad. n. Biere ist die opt. Dichte in Abhängigkeit von der Wellenlänge von 390—700 mμ graph. so dargestellt, daß die opt. Dichte bei 430 mμ die Einheit ist. Seit 1951 gilt für die AMER. SOC. BREWING CHEM.: „Die Farbtiefe des Bieres ist das 10fache der opt. Dichte bei der Wellenlänge 430 mμ bei einer ½ Zoll dicken Schicht der Probe, die den Farbcharakter eines Durchschnittsbieres u. keine

Trübung zeigt." Für die Photometrie wurde festgesetzt: Das Standardverfahren mittels BECKMAN Model D. U. Spektrometer u. die Eichung anderer Photometer mit dessen Werten. (Wallerstein Lab. Commun. **17.** 177—81. Sept. 1954. Wallerstein Labor.) H. GUDE. 7600

Justo F. Casas Lucas, *Bestimmung von Acetaldehyd mit den Bisulfitmethoden und ihre Anwendung auf die Analyse von Weinen.* Die indirekte Best. des *Acetaldehyds* (I) durch Umsetzung mit $NaHSO_3$ (II) u. Best. des Überschusses an II in saurem Medium u. die direkte Best. durch Oxydation des Überschusses an freiem II, Zers. des Äthanol-Na-Sulfonats mit Alkaliboratpufferlsg. u. jodometr. Best. des freigesetzten SO_3^{2-} bei p_H 9,5 wird eingehend beschrieben. Es werden die optimalen p_H-Bedingungen für Bldg. u. Zers. der Verb. untersucht. Für die I-Best. in Weinen u. Weinbränden wird empfohlen, 25 cm^3 Wein bzw. Weinbrand mit n-NaOH gegen Phenolphthalein zu neutralisieren, mit 25 cm^3 Boratpufferlsg. zu versetzen, bei schwachem Erwärmen in 12—14 Min. 25 cm^3 zu dest. u. nach Rk. mit II u. Zusatz von 10 cm^3 n/50 bzw. 20 cm^3 n/100 J_2-Lsg. I nach der direkten Meth. zu bestimmen. (Rev. Ci. apl. **8.** 103—11. März/April 1954.) R. K. MÜLLER. 7606

XVI. Nahrungs-, Genuß- und Futtermittel.

N. A. Brjuchanowa und **N. Ss. Jarussowa,** *Zur Frage der Vitaminisierung von Suppen bei Gemeinschaftsspeisungen.* Durch Zugabe von synthet. *Ascorbinsäure* (I) zu Suppen kann deren I-Geh. je Portion auf 40—60 mg erhöht werden. Bei einer mittleren I-Konz. von 10,4 mg% bleiben nach 30—40 Min. 89,7% erhalten, nach 90 Min. 82,9%, nach 2½ Std. 74,7%. Es wird empfohlen, die Vitaminisierung der Suppen nicht in der Küche, sondern erst unmittelbar vor der Ausgabe vorzunehmen. (Вопросы Питания [Fragen d. Ernähr.] **14.** Nr. 6. 29—32. 1955. Moskau, Wiss. Forschungsinst. für Vitaminol. des Gesundheitsmin. der UdSSR, Abt. Vitamin C.) O. LEBTAG. 7642

T. B. Darkanbajew und **G. A. Kaptjuschina,** *Der Gehalt an Zucker und Stärke im Korn und im Mehl des kasachischen Weizens.* In den Körnern wurden 0,17—0,22% reduzierende *Zucker* (I), 2,43—2,30% *Saccharose* (II) u. 50,50—66,00% *Stärke* (III) gefunden, im Mehl bei 72%ig. Ausmahlung 0,15—0,20% I, 1,76—2,25%II u. 70,41—65,63% III. Im Geh. an I u. III wurden zwischen den verschied. Weizengruppen keine besonderen Unterschiede festgestellt. Der Geh. an II ist dagegen im harten Weizen beträchtlich höher als im weichen. Die Weizensorten unterscheiden sich im II-Geh. des Mehls weniger als im II-Geh. der Körner. (Известия Академии Наук Казахской ССР, Серия Биологическая [Nachr. Akad. Wiss. KasachSSR, Ser. Biol.] **1955.** Nr. 10. 87—93. Inst. für Botanik der Akad. der Wiss. der KasachSSR.) A. JACOB. 7664

Barnett Sure, *Einfluß der Verarbeitung auf den Ergänzungswert des Vitamin B_{12} und der Aminosäuren zu den Proteinen im Weizenvollkorn.* Der größte Einfl. von *Vitamin B_{12}* (I) auf die Erhöhung der Proteinausnutzung von geschrotetem Weizen wurde in Ggw. von *Lysin* (II) u. *Threonin* (III) beobachtet. Zugabe von 0,1 γ I/Tier/Tag in Ggw. von 0,4% D-II u. 0,2% DL-III bewirkte einen Anstieg von 14,1% der Proteinausnutzung bei Albinoratten, gefüttert mit unbehandeltem Weizen, gegenüber 42,1%, gefüttert mit behandeltem Weizen. Diskussion der Ergebnisse. Die Behandlung bestand im Kochen des Weizens u. anschließendem Schroten u. Rösten. (J. agric. Food Chem. **2.** 1111—13. 27/10. 1954. Fayetteville, Univ. of Ark., Dep. of Agr. Chem.) H. PATZSCH. 7664

Barnett Sure, *Relative Nährwerte der Proteine in Weizen- und Roggenvollkorn und Wirkung von Aminosäureergänzungen.* Die Nährwerte der *Proteine* (I) in Roggenvollkornmehl waren merklich höher als in Weizenvollkornmehl bei Fütterung von Albinoratten bei 9, 8 u. 5% I-Gehalt. Zugabe von *L-Lysin* (II), *DL-Valin* in Ggw. von II u. *DL-Threonin* (III) in Ggw. von II als Ergänzungen zum Grundfutter aus Hartweizenvollkornmehl mit 8% I-Geh. führte zu auffallendem Wachstum. Zugabe von 0,2% III in Ggw. von 0,25% II führte zu einem signifikanten Wachstumsanstieg u. bessere I-Ausnutzung. Alleinige Zugabe von 0,5% Valin als Ergänzung der I von Roggenvollkornmehl führte zur größten Wachstumswirkung. Roggen ist ergiebiger als andere Cerealien auf infertilen, sandigen oder sauren Böden. (J. agric. Food Chem. **2.** 1108—10. 27/10. 1954.) H. PATZSCH. 7670

O. A. Jerschowa, I. Je. Mambisch, P. P. Tarutin, W. Ss. Tongur und **A. W. Tschudinowskich,** *Wege zur Qualitätsverbesserung von Weizenmehl zweiter Sorte.* Durch eingehende Analysen des Weizens, des daraus gewonnenen Mehles 2. Sorte sowie der Einzelprodd. von den verschied. Walzen wird gezeigt, daß das an den letzten Walzen erhaltene Mehl wenig Stärke u. viel Cellulose enthält. Dieser Anteil beträgt ca. 2% des Weizens. Durch seinen Ausschluß wird der Aschegeh. des Mehles 2. Sorte von 1,28 auf 1,17% gesenkt. Dadurch wird die Ausbeute von 78 auf 75—76% vermindert. Der

Geh. an Vitamin B_1 u. Vitamin PP ist bei der Dreisortenvermahlung bei einer Mehlausbeute von 78 bzw. 75% (Ausschaltung der mineral. ungünstigen Prodd. der letzten Walzen) u. bei Einsortenvermahlung mit 85 bzw. 80% Ausbeute prakt. der gleiche. Durch Nichtverwendung der letzten Walzenprodd. für das Mehl 2. Sorte kann also ein besseres Mehl ohne Herabsetzung des Vitamingeh. erhalten werden. (Вопросы Питания [Fragen d. Ernähr.] **14.** Nr. 6. 33—37. Nov./Dez. 1955. Moskau, Ernährungsinst. der Akad. der med. Wiss. der UdSSR, Abt. Lebensmitteltechnol.) O. LEBTAG. 7670

László Torbágyi-Novák und **Lászlo Enyedi,** *Instrumentelle Untersuchungen an Teigwarenerzeugnissen zwecks Qualitätsverbesserung.* Bericht über Unterss., deren Ergebnissen zufolge die Aufarbeitung des Mehls aus glasigem Weizen im Theißgebiet mit Salz u. Wasser sich günstig auf die Qualität von Teigwaren auswirken würde. (Élelmezési Ipar [Verpflegungs-Ind.] **6.** 60—64. Febr. 1952.) H. LANGENBECK. 7672

A. P. Schikina und **Je. D. Korsunowa,** *Biochemische Charakterisierung einiger in der südlichen Zone Kasachstans kultivierter Kartoffelsorten.* Die verschied. Kartoffelsorten, die für Spätanbau im südlichen Kasachstan in Frage kommen, werden durch Best. des Ertrags u. des Geh. an Stärke, Gesamt-N, Solanin, Vitamin C u. Asche sowie der Verluste beim Lagern charakterisiert. (Известия Академии Наук Казахской ССР, Серия Биологии [Nachr. Akad. Wiss. KasachSSR, Ser. Biol.] **1955.** Nr. 10. 66—86. Inst. Inst. für Botanik der Akad. der Wiss. der KasachSSR.) A. JACOB. 7678

Elemér Almási, *Untersuchungen der Zellpermeabilität.* Als Ursache der durch Tiefkühlung entstandenen Konsistenzverschlechterung von Obst- u. Gemüsesorten sieht Vf. enzymat. Prozesse an. Verhindert man diese Vorgänge, so verbessert sich die Konsistenz. Durch den Gefrierprozeß werden die Zellen stärker permeabel, die Zunahme der Permeabilität ist aber kein Maß für die Konsistenzverschlechterung. (Élelmezési Ipar [Verpflegungs-Ind.] **6.** 82—86. März 1952.) H. LANGENBECK. 7690

László Benedek, *Untersuchungen über den Zuckergehalt des Gewürzpaprikas.* Bezogen auf das Trockenmaterial wurde der Zuckergeh. der Fruchtwände des milden Paprikas zwischen 18,5% u. 34,5% gefunden. Der Paprika enthält hauptsächlich Traubenzucker, der Rohrzuckergeh. ist gering (0,5%). Der hohe Zuckergeh. stört bei der Aufarbeitung in der Gewürzindustrie. (Élelmezési Ipar [Verpflegungs-Ind.] **6.** 37—41. Febr. 1952.) H. LANGENBECK. 7714

László Benedek, *Über die Fehler von Farbe und Geschmack bei pulverisiertem Paprika.* Bei nicht sachgemäßer Trocknung von Paprika erfolgt ein starker Kohlenhydratabbau, es zeigt sich ein unangenehmer bitterer Nebengeschmack, begleitet von einem Farbumschlag in einen bräunlichen Ton, bedingt durch die Karamelisierung der Kohlenhydrate. (Élelmezési Ipar [Verpflegungs-Ind.] **6.** 24—26. Jan. 1952.) H. LANGENBECK. 7714

H. Rievel und **H. Reuter,** *Versuche mit dem Rotoklaven in der Praxis.* Durch Über-den-Kopf-Rotation (40 U/Min.) der Fleischkonserven ließ sich die Sterilisationszeit um 35—75% verkürzen. Gleichzeitig ließ sich der brenzlig-bittere Koch- u. Konservengeschmack unter Verstärkung des Eigenaromas vermeiden, u. die Marmorierung der unvernierten Weißblechdosen wurde gemindert. — 10 Abbildungen. (Fleischwirtschaft **7.** 169—73. April 1955. Kulmbach, Bundesforsch.-Anstalt Fleischwirtschaft, bakteriolog.-histolog. Inst.) H. GUDE. 7750

K. G. Ellinger, *Rohwurstherstellung in warmen Jahreszeiten.* Beim Abtrocknen der Rohwurst muß die Luft mindestens 90% relative Feuchtigkeit haben. Für die warme Jahreszeit werden Klimareifeverff. nach MAYER zwischen 15 u. 18° (für Salamiwurst 12—15°) empfohlen. — 9 Literaturzitate. (Fleischwirtschaft **7.** 180—81. April 1955. Hamburg.) H. GUDE. 7750

J. Fořt, *Beiträge zum Problem des silierten Futters und des Einflusses der Silage auf die Qualität der Milchprodukte.* Unterss. des Einfl. von siliertem Futter auf die Qualität von Milch (I) u. daraus erzeugtem Emmentaler Käse ergeben: Bei einer täglichen Gabe von 15 kg Silage war der Fettgeh. der I im Durchschnitt um 0,23% höher als der I der mit Futterrüben gefütterten Kontrollkühe bei sonst gleicher Gabe an Eiweiß u. Stärke (1. u. 2. Wert ohne Silage, morgens/abends; in Klammer mit Silage): D. 1,0348/1,0347 (1,0333/1,0330); % Fett 3,60/3,79 (3,82/4,03); Trockengeh. 13,28/13,48 (13,17/13,35); Trockengeh. ohne Fett 9,68/9,69 (9,35/9,32); Asche, 0,732 (0,708); Refraktion 41,4 (42,9); JZ. 33,8 (38,7); Farbe blaßgelb (gelb); durchschnittliche I-Menge pro Kuh u. Tag 9,5 (11,1). — Vorschläge zur Verbesserung der Silage, Technik, Maßnahmen gegen das Treiben des Käses, Mängel der I-Produktion. Vf. empfiehlt Einführung der Silage. (Za socialist. Zemědělství **5.** 729—37. Juni 1955. Praha, Ústřední kontrol. a zkušební úst. zeměděl.) E. ROTTER. 7756

H. Hostettler, E. Flückiger und **W. Lehmann,** *Der Einfluß der Rübenfütterung auf die Qualität von Milch und Butter.* Die Verfütterung von Rüben, frischen u. silierten Rübenblättern u. -köpfen hat keinen mindernden Einfl. auf den Geh. der Milch an den wesentlichen Bestandteilen, wie Fett, fettfreie Trockensubstanz, Gesamteiweiß, Casein, Albumin, Citronensäure, Ca, P u. Asche. Von den Kennzahlen des Fettes erfährt mit dem Härterwerden der Butter die JZ. einen Abfall bis 26,4, während sie sonst von 40,8 im Oktober auf 35,6 im Dezember zurückgeht. — 3 Tabellen u. 16 Literaturhinweise. (Schweiz. Milchztg. **80.** 639—41. 3/12. 1954. Liebefeld-Bern, Eidg. Milchwirtschaftl. Versuchsanst.) H. GUDE. 7756

H.-G. Rackow, *Wert und Bedeutung der Melkhilfsmittel für den Melker.* Die mit Osmaron, einer quaternären Ammoniumverbindung, als Desinfiziens dickflüssig hergestellten Melkemulsionen sind prakt. geruchlos, machen die Haut geschmeidig u. sind abwaschbar. (Mitt. dtsch. Landwirtschafts-Ges. **69.** 1169—71. 9/12. 1954. Kiel, Inst. für Milchhygiene.) H. GUDE. 7756

C. Engel, *Vitamin D in Milch.* Die in verschied. Laborr. ausgeführte Best. des Geh. von kondensierter, bestrahlter Milch an *Vitamin D* (I) ergab 160—200 I.E. je Liter nicht kondensierter Milch. Daraus folgt, daß die Bestrahlung (nach SCHOLL-SCHEER-STEINHEIL) die gleiche Wrkg. wie die Zugabe von I hat. Damit ist die gegenteilige Ansicht von WAGNER (C. **1956.** 3173) widerlegt. (Nederl. Melk- en Zuiveltijdschr. **9.** 139—45. Mai/Sept. 1955. Utrecht, Centr. Inst. voor Zuivelonderz., T. N. O.) W. WESLY. 7756

N. Evenhuis und **Th. R. de Vries,** *Das Verhalten von Calciumphosphat in Milch.* 1. Mitt. Verss. über die Fällung von $Ca_3(PO_4)_2$ (I) auf Hefezellen zeigen, daß diese bei niedriger Temp. kein I absorbieren, wenn man die Milch nach LING mit NaOH titriert. Die I-Fällung scheint ein Kristallisations- u. (oder) Rekristallisationsvorgang zu sein. Die Hefezellen haben keinen spezif. Einfl. auf die I-Fällung beim Erhitzen der Milch. Wenn die Hefezellen nur dazu dienen, die Rekristallisationszentren des I zu binden, dann kann der I-„Transport" kein Beweis für 2 Formen des I in Milch sein. Der spezif. Einfl. auf die I-Fällung oder die I-Rekristallisation in der Milch beim Erhitzen beruht wahrscheinlich auf Unterschieden in der Lösungsgeschwindigkeit des koll. in der Milch oder krist. auf den Hefezellen anwesenden I. (Nederl. Melk- en Zuiveltijdschr. **9.** 146—57. Mai/Sept. 1955. Bedum, Labor. of Cooperative Milk Products Factory.) W. WESLY. 7756

A. D. Adamse, *Eine Untersuchung von Penicillin enthaltender Milch.* Die Anwesenheit von *Penicillin* (I) in Milch kann Schwierigkeiten verursachen, weil nicht alle Milchsäurebakterien (II)-Stämme gegen I gleich empfindlich sind. I-Konzz. $>$ 0,05 (0,3) I.E. je cm^3 erschweren (verhindern) die Bldg. von Milchsäure. Yoghurtkulturen sind 10mal so empfindlich gegen I wie II. Das Pasteurisieren hat keinen merkbaren Einfl. auf das in Milch anwesende I. In sehr kleinen Konzz. scheint I eine stimulierende Wrkg. auf die Entw. der II auszuüben. Die Reduktaseprobe u. die Keimzahl werden durch I in geringem Maße beeinflußt. Dieser Einfl. ist vom Verhältnis der grampositiven zu den gramnegativen Bakterien abhängig, weil die letzteren durch die in der Milch vorkommenden I-Konzz. in ihrer Entw. keine Einbuße erleiden. (Nederl. Melk- en Zuiveltijdschr. **9.** 121—38. Mai/Sept. 1955. Wageningen, Landbouwhogeschool, Labor. voor Microbiologie.) W. WESLY. 7756

Th. E. Galesloot, *Über die Ursache der Erhöhung der Keimzahl von Trockenmilchpulver.* Unterss. über die Ursachen, die die Keimzahl von Trockenmilchpulver erhöhen, zeigen, daß dafür die Bakterien Streptococcus durans, Micrococcus caseolyticus, S. thermophilus u. (für geringere Keimzahlerhöhungen) S. bovis, S. faecalis u. andere Mikrokokken verantwortlich sind. Die vernichtende Wrkg. des Zerstäubens ist geringer als die des Pasteurisierens bei niedriger Temperatur. Die Keimzahlen werden erhöht durch das Bakterienwachstum (Optimum bei 45°) beim Eindampfen der Milch u. Lagern der eingedickten Milch vor dem Zerstäuben. Die Best. der Keimzahlen bei 30° führt prakt. zu den gleichen Ergebnissen wie die bei 37° ausgeführten Untersuchungen. (Nederl. Melk- en Zuiveltijdschr. **9.** 194—203. Mai/Sept. 1955. Ede, Nederl. Inst. voor Zuivelonderz.) W. WESLY. 7756

I. Leonhard, *Untersuchung der chemischen Zusammensetzung und der Ergiebigkeit von Stutenmilch.* Beschreibung orientierender Unterss. über die chem. Zus u. die Ergiebigkeit der Milch von 71 Stuten des Posener Typs in verschied. Lactationszeiten. Auf die wachsende Bedeutung der Verwendung der Stutenmilch in der UdSSR wird hingewiesen. (Postepy Nauk Rolniczej **2.** 137—8. 1955. Inst. Zootechn.) F. URBAN. 7756

J. Stadhouders und **H. Mulder,** *Die Zusammensetzung von holländischem Butterfett.* 1. Mitt. *Jahreszeitliche Schwankungen in der Zusammensetzung der ungesättigten Fett-*

säuren von Butterfett. Spektrophotometr. Unterss. ungesätt. *Fettsäuren* (I) in holländ. Butterfett zeigten: Butterfett enthält konjugierte, 2fach u. 3fach u. Spuren 4fach ungesätt. I. Die JZ. von Sommerfett ist wesentlich höher als die von Winterfett. (Nederl. Melk- en Zuiveltijdschr. **9.** 182—93. Mai/Sept. 1955. Wageningen, Agric. Univ., Labor. of Dairying.) W. WESLY. 7758

C. I. Kruisheer und **B. M. Krol,** *Die Wirkung des Kupfergehaltes auf die Entwicklung von Geschmacksmängeln in Kühlhausbutter.* Cu-Gehh. von Sommerbutter $<50\,\gamma$/kg verursachen keine Geschmacksmängel; diese treten bei Cu-Gehh. von 50 bis 70 γ/kg mehr u. mehr auf. Gehh. $>70\,\gamma$/kg führen zu fettigem, fischartigem u. tranigem Geschmack. Die Grenze der Schädlichkeit stimmt mit dem natürlichen Cu-Geh. von Sommerbutter, entsprechend ca. 50 γ/kg, überein. (Nederl. Melk- en Zuiveltijdschr. **9.** 173—81. Mai/Sept. 1955. Leyden, Government Dairy Station.) W. WESLY. 7758

K. Holwerda, *Über das Wachstum von Aromabakterien in Milchsäureweckern.* Verss. über das Wachstum der Aromabakterien (**a**) u. Milchsäurebakterien (**b**) in verschied., für die Butterherst. verwendeten Säureweckern zeigen: Das Wachstum von **a** u. **b** kommt bei ca. p_H 4,8 zum Stillstand. Die logarithm. Wachstumskurven der **a** weisen auf einen aktivierenden Einfl. der **b** hin, nachdem diese eine gewisse Entw. hinter sich gebracht haben. Die Wachstumskurven der aus verschied. Säureweckern stammenden **a** weichen stark voneinander ab. Der Verlauf der Wachstumskurven der **a** bei zunehmendem Säuregrad weist, zusammen mit der in den verschied. Säureweckern auftretenden Citronensäurezers. darauf hin, daß das verschied. Verh. der Säurewecker hauptsächlich mit den Unterschieden im Reduktionsvermögen der vorhandenen **a**-Stämme zusammenhängt. Die Güte eines Säureweckers kann außer durch ein zu schnelles u. zu starkes Wachstum der **a** auch durch Unterschiede in der Fähigkeit der **a**, Citronensäure zu zers., beeinflußt werden. (Nederl. Melk- en Zuiveltijdschr. **9.** 204—25. Mai/Sept. 1955. Leeuwarden, Bond van Coöp. Zuivelfabr. in Friesland, Bacteriol. Dienst.) W. WESLY. 7760

J. Žák, M. Brázda, J. Sedláček und **J. Herzig,** *Beitrag zur Bestimmung der organischen und anorganischen Nährstoffe im Weidegras während der Vegetationsperiode.* Der *Wassergeh.* im Weidegras nimmt mit fortschreitendem Entwicklungsstadium ab. Er beträgt in jungem Weidegras 85%, in älterem, zum Beweiden gerade noch geeignetem 81—83%, in zur Heuherst. geeignetem 80%. Bei 455 mm Ndd. liegt der Wassergeh. bei 82,5%, bei 254 mm (1947) bei 71,5%. Die Schwankungen des Wassergeh. im Verlauf des Tages betragen bis zu 5%. — Mit zunehmendem Alter nimmt der *Protein* (I)- u. *Fett* (II)-Geh. des Weidegrases ab, der *Rohfaser* (III)-Anteil zu: Im Zeitraum vom 17. 5—12. 6. gehen z. B. *Gesamt-N-verbb.* von 25,10% auf 13,52%, **II** von 4,47 auf 3,15%, *Asche* von 10,30 auf 7,14% zurück, während reine *Faserstoffe* von 20,17 auf 30,93%, *N-freie Verbb.* von 39,96 auf 45,26% ansteigen. — Von den Mineralstoffen (**IV**) geht *Ca* von 0,780 auf 0,567%, *Mg* von 0,271 auf 0,232%, *K* von 3,072 auf 2,336%, *P* von 0,456 auf 0,280%, *S* von 0,887 auf 0,220%, *Cl* von 0,942 auf 0,732% u. *Si* von 0,301 auf 0,282% zurück, während *Na* von 0,368 auf 0,470% ansteigt. — Durch unrichtige Weidetechnik treten starke Schwankungen ein (Tabellen). — Nach Beweidung ist der I-Geh. um 20% höher, der **III**-Geh. um 10% niedriger als vorher. Der Nährstoffgeh. geht bei 2—3tägiger Beweidung zurück. — Geilstellen nach Kuhfladen besitzen höheren I-, **III**-, K-, Na- u. Cl-Geh. als n. Weidegras. (Tabellen). — In niederschlagsarmen Jahren hat das Weidegras auffallend niedrigen **I**- u. **IV**- u. hohen **III**-Gehalt. Der Stengelanteil ist höher, u. das Vieh beweidet solches Gras schlechter. — Erwiderung von V. KLOFER. (Sborník českoslov. Akad. Zemědělské, Rada A **25.** 265—78. Okt. 1952.) E. ROTTER. 7782

Kathleen J. Anderson, *Mikrobiologie von Silage.* Unterss. an experimentellen Silagen aus Reygras u. Weißklee, die bei Raumtemp. 7 Wochen lang aufbewahrt wurden, ergaben, daß die Ensilierung von unzerschnittenem Gras die besten Resultate ergibt. Derartige Silage hatte gute Farbe, angenehmen Geruch, u. die Mikrokultur bestand fast ausschließlich aus Lactobacillen. Geschnittenes Gras ohne Zusatz verhielt sich ähnlich, während Zusätze von sterilem W. oder *Natriummetabisulfit* (I) zu schlechterer Qualität u. veränderter Mikrokultur führten. Es traten zahlreiche Coliforme auf, bei Wasserzusatz auch anaerobe Sporenbildner, dagegen waren Lactobacillen gegenüber den Silagen ohne Zusatz vermindert, bes. bei derjenigen mit I. Gleichzeitig war verminderte Säurebldg. u. bei Wasserzusatz auch Buttersäurebldg. zu beobachten. (Nature [London] **177.** 96—97. 14/1. 1956. Newcastle-upon-Tyne, Univ. of Durham, King's Coll., Agric. Botany Dep.) F. KRUSEN. 7782

N. P. Nemzowa und **T. Ss. Aljamowskaja,** *Futterhefe aus Sonnenblumenschalen.* Die an Pentosanen reichen Sonnenblumenschalen liefern bei der Hydrolyse einen vollwertigen Rohstoff für die Herst. von Futterhefen. Man erhält mit Candida tropicalis die besten Ergebnisse, wenn man Gemische von Pentosan- u. Hexosanhydrolysaten verwendet. Die erhaltene Hefe genügt den Anforderungen an die Futterhefe. (Гидролизная и Лесохимическая Промышленность [Hydrolysen- u. holzchem. Ind.] **8.** Nr. 3. 16—17. 1955. Moskau, Zweigstelle des Allunions Wiss. Forschungsinst. für Hydrolyseind.) A. ECKE. 7786

A. K. Rossljakow, M. A. Baiturin, P. N. Zerulik und **W. T. Krikawzow,** *Über Maßnahmen zur Erhöhung der Vitaminernährung der landwirtschaftlichen Nutztiere.* Ergebnisse über den Geh. verschied. Futtermittel an Carotin u. Vitamin C, dessen Änderung während des Wachstums u. der Lagerung, den Einfl. der Futtermittelzubereitung u. über Fütterungsverss. mit Rindern, Schafen u. Schweinen hinsichtlich der Produktivität u. Resistenz in Abhängigkeit von der Versorgung mit Vitaminen. (Известия Академии Наук Казахской ССР, Серия Биологии [Nachr. Akad. Wiss. KasachSSR, Ser. Biol.] **1955.** Nr. 10. 163—68. Alma-Ata, Zooveter.-Inst.) A. JACOB. 7786

Ss. P. Michnjuk, *Ein Präparat aus flüssigem Blut für Tiere.* Zur Aufzucht von Kälbern, Ferkeln, Enten u. Kühen wird als Zusatzfutter u. therapeut.-diätet. Mittel ein Präp. aus fl. Blut von folgender Zus. empfohlen: defibriniertes Rinderblut 96%, A. 3%, Ascorbinsäure 0,01%, Glycerin 1% u. Kristallviolett 1:25000—50000 (zur Konservierung). Ferkel u. Kälber erhalten davon 75—100 ml, Enten u. Kühe 5—10 ml 3mal täglich. (Ветеринария [Tierheilkunde] **33.** Nr. 2. 63—66. Febr. 1956. Baranowitschi, Fleischkonservenkombinat.) E. RENTZ. 7786

Lajos Csiba und **Emilia Pichler Keveiné,** *Mikrobiologische Bewertung von Tomatenpräparaten.* Man verwendet zur Unters. des Schimmelpilzgeh. das Verf. von HOWARD, benutzt jedoch nicht die HOWARD-Kammer, sondern eine BÜRKER-Kammer. Stäbchenbakterien, Kokken u. Hefezellen wurden nach dem von BREED stammenden direkten Keimzählungsverf. gezählt, modifiziert durch LÖRINC-VAS. (Elelmezési Ipar [Verpflegungs-Ind.] **6.** 13—18. Jan. 1952.) H. LANGENBECK. 7808

J. Deshusses, *Colorimetrische Bestimmung der p-Oxybenzoesäure und ihrer Ester.* Die bes. für Fruchtsäfte empfohlene Meth. ermittelt *p-Oxybenzoesäure* u. deren Ester nach Extraktion mit Ae. u. chromatograph. Reinigung an Al_2O_3 durch colorimetr. Messung des durch Kupplung mit *Diazo-p-nitranilin* gebildeten Farbstoffes. (Mitt. Gebiete Lebensmittelunters. Hyg. **46.** 37—40. 1955. Genève.) F. KRUSEN. 7818

Ss. Schtschennikow, Je. Petrowskaja, L. Kusstowa und **K. Krassnitzkaja,** *Über Methoden zur Untersuchung des Frischzustandes von Fleisch und Fett von Geflügel.* Vff. empfehlen auf Grund zahlreicher Unterss. an verschied. altem Fleisch u. Fett von Geflügel eine komplexe Meth. aus organolept. u. bakteriolog. Unterss., Rk. auf NH_3 mit dem NESSLER-Reagens, Rk. auf Peroxydase mit Benzidin u. Best. der SZ. u. Peroxydzahl. (Мясная Индустрия СССР [Fleisch-Ind. UdSSR] **26.** Nr. 5. 51—53. 1955. Allunions. Forschungsinst. der Geflügelind.) J. BÖSS. 7850

C. R. Szalkowski und **W. J. Mader,** *Bestimmung von Sulfachinoxalin in Nahrungsmitteln mit Arzneizusatz.* Bei der Best. von *Sulfachinoxalin* (I) im Fleisch von damit behandeltem Geflügel werden oft zu niedrige Werte erhalten, weil das **I** durch Protein gebunden wird. Vff. empfehlen zur Vermeidung dieses Fehlers Aufschluß durch Digestion mit 0,1%ig. wss. Lsg. von Ficin (proteolyt. Ferment von Ficus). (J. Assoc. off. agric. Chemists **37.** 544—49. 15/5. 1954. Rahway, N. J., Merck & Co., Inc., Analyt. Labors, Chem. Div.) F. RANG. 7850

Tatsu Adachi, *Aminocarbonylreaktion der Lebensmittel, besonders der Milchprodukte.* Überblick. — 171 Literaturangaben. (Kagaku-no-Ryôiki [J. Jap. Chem.] **9.** Nr. 6. 363—74. Juni 1955. Sendai, Tohoku Univ., Landw. Fak. [Orig.: japan.]) E. MAEKAWA. 7856

E. E. van Koetsveld, *Das anorganische Sulfat in Milch, Colostrum und Blut von Kühen.* Zur SO_4^{2-}-Best. scheidet man das Eiweiß in der Milch mit CCl_3COOH aus, fällt SO_4^{2-} im eiweißfreien Filtrat mit Benzidin, diazotiert das in HCl gelöste Benzidinsulfat u. bestimmt den SO_4^{2-}-Geh. aus der Stärke der Rotfärbung der Lösung. Die Milch von Kühen in voller Lactation enthält durchschnittlich 10, die altmelkender Kühe 14 mg% SO_4^{2-}. Das Colostrum weist 0—9 mg% SO_4^{2-} auf. Im Blutserum von viel oder wenig Milch gebenden Kühen sind gleichmäßig ca. 14,7 mg% SO_4^{2-} anwesend. Einige Proben Frauenmilch enthielten nur 0,5—2,5 mg% SO_4^{2-}. (Nederl. Melk- en Zuiveltijdschr. **9.** 165—72. Mai/Sept. 1955. Hoogland, Stichting Inst. voor Moderne Veevoeding „De Schothorst".) W. WESLY. 7856

C. Pandolfi, *Eine Schnellmethode zur Milchproteinbestimmung.* Vf. fällt aus 10 cm^3 Milch mit 6 cm^3 einer Mischung aus gleichen Teilen A. u. Aceton bei 72—75° das Pro-

tein durch Zentrifugieren u. behandelt es mit 5 cm^3 GORNALL-Reagens bis zur völligen Lösung. Etwa auftretende Trübungen durch unlösl. Carbonate werden durch nochmaliges Zentrifugieren beseitigt. In der überstehenden Lsg. wird das Protein photometr. oder durch Vgl. mit 3%ig. Casein colorimetr. bestimmt. Durch die Verwendung des warmen A.-Aceton-Gemisches wird gleichzeitig das Fett extrahiert. (Boll. Soc. ital. Biol. sperim. **29.** 1207—08. Juni 1953. Neapel, Städt. Kontrollabor. der Milchzentr.)
E. DEHN. 7856

Th. E. Galesloot, *Der Nachweis von Penicillin in Milch- und Molkereiprodukten.* Milch: Man verteilt 30 cm^3 Milch gleichmäßig in 2 Röhrchen, erhitzt 10 Min. auf 80°, versetzt 1 Rohr mit Penicillinase, hält beide Rohre 30 Min. bei 37°, versetzt mit 0,1 cm^3 einer Kultur von S. thermophilus u. 0,4 cm^3 Methylenblaulsg. u. beobachtet die Entfärbungszeiten der bei 45° gehaltenen Lösungen. Ein deutlicher Unterschied dieser Zeiten deutet auf die Ggw. von Penicillin (I). Empfindlichkeit: 0,01 Einheiten **I** je cm^3. — Saure Milchprodukte: a) Man neutralisiert mit 10%ig. NaOH auf p_H 6,8 u. arbeitet weiter wie für Milch angegeben. b) Man filtriert 1,5 Liter (wenn nötig, angesäuerten) Yoghurt, versetzt 250 cm^3 Filtrat mit 15 cm^3 Fe_2O_3-Sol, filtriert durch Papier, kühlt in Eiswasser ab, stellt das p_H mit 10%ig. H_2SO_4 auf 2—3 ein, schüttelt mit 250 cm^3 Ae. aus, wäscht den Ae. mit 250 cm^3 W. (mit H_2SO_4 auf p_H 2—3 eingestellt), engt den Ae. auf ca. 2 cm^3 ein, versetzt mit 30 cm^3 Magermilch, stellt mit NaOH auf p_H 6,8 ein u. arbeitet weiter wie für Milch angegeben. — Käse: Man löst 100 g Käse (in einem „Mixer") in 900 cm^3 0,1 n Na_2CO_3-Lsg., stellt mit konz. H_2SO_4 auf p_H 4,0—4,5 ein, filtriert durch ein Tuch, versetzt das Filtrat mit 100 cm^3 Fe_2O_3-Sol, filtriert durch Papier, kühlt das Filtrat in Eiswasser, stellt mit 10%ig. H_2SO_4 auf p_H 2—3 ein, schüttelt mit 500 cm^3 Ae. aus, wäscht den Ae. mit 500 cm^3 W. (mit H_2SO_4 auf p_H 2—3 eingestellt), engt auf 2 cm^3 ein, versetzt mit 30 cm^3 Milch u. arbeitet weiter, wie für saure Milchprodd. angegeben. (Nederl. Melk- en Zuiveltijdschr. **9.** 158—64. Mai/Sept. 1955. Ede, Nederl. Inst. voor Zuivelonderz.)
W. WESLY. 7856

S. A. Price und **Kay A. Boucher,** *Die Bestimmung von Penicillin in Futtermitteln.* Beschreibung einer Plattenmeth. zur *Penicillin* (**I**)-Best. in Futtermitteln, die **I**-Zusätze enthalten, unter Verwendung von Bacillus subtilis als Testorganismus. Die Standardlsg. wird durch Verdünnen einer gepufferten wss. Lsg. von krist. *Na-Benzylpenicillin* (**II**) hergestellt. Die Endverbb. erfolgen in einem Extrakt des zu prüfenden Materials. **II** u. *Procainbenzylpenicillin* sind in wss. CH_3OH ohne Phosphatzusatz unbeständig. Die Proben werden mit CH_3OH extrahiert, die Auszüge auf Papierscheibchen aufgebracht, diese auf dem Nährmedium incubiert u. die Zonen gemessen (**I**-Werte zwischen 90—111%). (Analyst **79.** 150—58. März 1954. Tadworth, Surrey, Vitamins Ltd., Walton Oaks Exp. Stat.)
K. MAIER. 7866

Monsanto Chemical Co., St. Louis, Mo., übert. von: **Edward S. Blake,** Lexington, Mass., und **Norman R. Piesbergen,** Collinsville, Ill., V. St. A., *Verzögerung des Pilzwachstums bei Citrusfrüchten.* Man behandelt diese Früchte mit einem Thionocarbamat, z. B. Benzylthionocarbamat. (**A. P. 2 710 259** vom 16/4. 1951, ausg. 7/6. 1955.)
H. MAASS. 7689

Rodolfo Oesterle, Italien (Erfinder: **Felix Bonami**), *Beschleunigung der Reifung von Früchten.* Man behandelt sie in einer hermet. abgedichteten Zelle mit einem Gasgemisch aus O_2 u. N_2, wobei man das sich entwickelnde CO_2 sofort automat. entfernt u. den verbrauchten O_2 sofort durch frischen O_2 ersetzt. — Z. B. behandelt man Bananen bei ca. 17—18° u. 85—90% relativer Feuchtigkeit 4 Tage mit einem Gemisch von 45 (%) O_2 u. 55 N_2. Analog kann man z. B. Tomaten u. Williamsbirnen reifen. (**F. P. 1 068 817** vom 4/9. 1952, ausg. 1/7. 1954.)
T. OPPERMANN. 7689

Martin Ruben, Mailand, Italien, *Zusatzmittel für Kaffeegetränk.* Um die Coffeinwrkg. abzuschwächen, wird dem Kaffee ein Albumin in Kombination mit einem Zucker, Mannit, Sorbit oder Arabinose u. Xylose zugesetzt. Das Mittel besteht z. B. aus 92,5 (Gewichtsteilen) Rohrzucker, 0,5 Methylcelluloseglykolat u. 7,0 Eialbumin; für Diabetiker aus 87,4 Mannit–Lävulose–Na-Carbonat, 2,8 Saccharin u. 7,0 Sojaalbumin. (**E. P. 738 818** vom 23/4. 1952, ausg. 19/10. 1955.)
W. KRANZ. 7721

Catharina Fischer geb. **Hoops,** Bremen (Erfinder: **Hermann Becker,** Kehlheim/Donau), *Nichthygroskopisches diätetisches Nähr- und Kräftigungsmittel* durch Eindampfen u. Versprühen einer Milch–Honig-Mischung, die vorher mit hoher Tourenzahl gerührt wurde. Die Eindampf- u. Sprühtemp. darf 50° nicht übersteigen. Es können Kefir u./oder Joghurtkulturen sowie Eidotter zugegeben werden. (**D. B. P. 923 158** Kl. 30h vom 1/10. 1952, ausg. 3/2. 1955. Anmeldung bekanntgemacht 26/5. 1954.)
K. HEINZE. 7757

Soc. de Produits Chimiques et Engrais d'Auby, Frankreich (Erfinder: **Henri Spindler** und **Jean Usse**), *Behandlung der Ablaugen der Cellulose-, Textil- und verwandten Industrien.* Die beim Kochen pflanzlicher Rohstoffe mit Ammoniumbisulfit anfallenden Ablaugen werden nach vollkommener Trocknung mit fl. Ammoniak bei einer dem Kp. des fl. Ammoniaks entsprechenden Temp. oder bei gewöhnlicher Temp. unter Druck extrahiert. Der Auszug enthält Lignin, Pentosane, Zucker, Ammoniaksalze der organ. Säuren u. kann in sirupartigem Zustande oder in fester Form gewonnen u. auf *Futter* verarbeitet werden. (**F. P. 1 090 598** vom 28/9. 1953, ausg. 31/3. 1955.)
R. GLAFEY. 7787

XVII. Fette. Seifen. Wasch- u. Reinigungsmittel. Wachse. Bohnermassen usw.

N. Drosdow und **N. Materanskaja,** *Oxydative Veränderungen des Fettes bei kontinuierlicher Fettproduktion.* Aus den Unterss. über die Oxydationsprozesse beim Ausbraten von Schweinefett in der Zentrifugalmaschine geht hervor, daß der Peroxydgeh. kein richtiges Bild von der Intensität der Oxydation liefert. Die Änderungen der Ungesättigtheit u. die Anreicherung von Oxiran-O dagegen charakterisieren diesen Prozeß. Wird das Fett vor der Separierung nicht stehengelassen, so nehmen die Oxydationsprozesse um 30—40% ab. (Мясная Индустрия СССР [Fleisch-Ind. UdSSR] **26.** Nr. 5. 48—50. 1955.) J. BÖSS. 7896

J. Becke, *Über die Autoxydation der Clupanodonsäure des japanischen Sardinenöls.* Die Autoxydationskurve der in dünner Schicht vorliegenden Clupanodonsäure gleicht im wesentlichen der ihres Methylesters. Das Fehlen von Hydroperoxyden u. das anfängliche Ausbleiben einer Viscositätserhöhung deuten auf eine intramol. Peroxydbldg. vom Typ der Dialkylperoxyde hin. (Fette, Seifen, Anstrichmittel **56.** 503—05. Juli 1954. Frankfurt/M., Chemotherapeut. Forschungsinst. „Georg-Speyer-Haus".) J. BÖSS. 7898

Paul I. Smith, *Verunreinigungen in Soapstock.* Grobe Verunreinigungen wie Erde, Sand, Holz, Haare, tier. Gewebe, Knochen, Teile vom Filtergewebe, Pflanzenreste lassen sich durch Filtration entfernen, Chlorophyll, Enthrophyll, Xanthophyll u. sonstige färbende Anteile lassen sich mit 4% Bleicherde, die zuvor mit H_2SO_4 behandelt worden war, anschließendem Erwärmen auf 95°, Filtration u. Erhitzen im Hochvakuum auf 245—285° entfernen, ebenso Geruchsstoffe u. koll. Bestandteile. (Amer. Perfumer essent. Oil Rev. **65.** Nr. 6. 73. Juni 1955.) J. BÖSS. 7910

Harry Hilfer, *Oberflächenaktive Eigenschaften.* Benetzende, reinigende u. emulgierende Eigg. oberflächenakt. Stoffe hängen von Temp. u. Konst. ab, dem Geh. sowohl an hydrophoben als auch hydrophilen Gruppen. Die besten benetzenden Eigg. werden durch die Stellung der hydrophoben Gruppe in der Mitte, die besten reinigenden durch je eine hydrophobe u. hydrophile an den Enden des Mol. bedingt. Bei ionogenen Emulgatoren sollen die hydrophoben Gruppen überwiegen, bei den nichtionogenen — gewöhnlich Ketten als Äther vereinigter Äthylenoxyde — jedoch die hydrophoben. Beispiele hierfür u. für ihre Verwendung werden gegeben. (Drug Cosmet. Ind. **76.** 761. 866—67. Juni 1955.) H. MÜHMEISTER. 7912

Union Carbide & Carbon Corp., New York, übert. von: **Benjamin G. Wilkes jr.,** Wilkinsburg, und **Arthur B. Steele,** Pittsburgh, Pa., V. St. A., *Äther von α-Glycerylaminen* dienen als *Zwischenprodd. für Reinigungs-, Dispergier- u. Emulgiermittel.* — *α-Glycerylamin-γ-(methoxyäthyl)-äther,* $CH_3 \cdot O \cdot CH_2 \cdot CH_2 \cdot O \cdot CH_2 \cdot CH(OH) \cdot CH_2 \cdot NH_2$, aus Methoxyäthyglycidyläther u. NH_3 in W. bei 35°, $Kp._2$ 96—100°. — Analog: *α-Glycerylamin-(γ-methoxyäthoxyäthyl)äther,* $Kp._2$ 125—128°. — *α-Glycerylamin-γ-(2-methoxypropyläther),* $Kp._2$ 88—94°. — *α-Glycerylamin-γ-(2-methoxy-2-propyloxypropyl)-äther,* $Kp._2$ 116—125°. (**A. P. 2 699 452** vom 3/7. 1952, ausg. 11/1. 1955.)
G. LANGER. 7913

Esso Research & Engineering Co., übert. von: **Frederick Neil Baumgartner,** Cranford, N. J., V. St. A., *Reinigungsmittel,* bestehend aus Alkylarylsulfonaten der Formel **I** u. 2,5—50% der Formel **II,** wobei R verzweigtkettiger Alkylrest mit 9—18 C-Atomen, R′ u. R^2 Alkylreste mit zusammen 9—15 C-Atomen u. M ein Alkalimetall bedeuten, z. B. *Na-C_{12}-Polypropylbenzolsulfonat* u. *-Dodecyl-(2)-benzolsulfonat.* (**A. P. 2 712 530** vom 31/3. 1950, ausg. 5/7. 1955.)

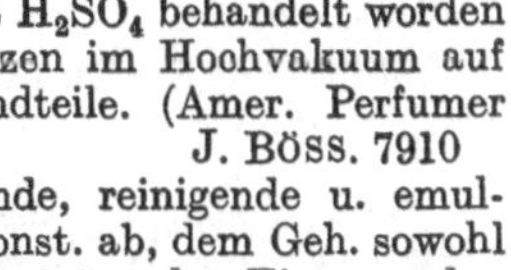

C. LÜTTGEN. 7913

Comp. Française Thomson-Houston, Seine, Frankreich (Erfinder: **Charles Autin Burkhard**), *Alkalisalze von Organosiliconen* der allg. Formel $[(CH_3)_3Si-[OSi(CH_3)_2]_n-(CH_2)_m-S-CH_2-COOM$. Es bedeuten n eine ganze Zahl von 0—10. m 2 oder 3 u. M ein Alkalimetallatom. — Z. B. neutralisiert man eine Lsg. von 3-Thia-7-trimethylsiloxy-7.7-dimethyl-7-silaheptansäure in 95%ig. A. mit einer äquivalenten Menge 0,5n NaOH-Lösung. Es bildet sich *Na-3-Thia-7-trimethylsiloxy-7.7-dimethyl-7-silaheptanoat.* Ferner werden genannt: *Na-3-Thia-6-sila-6.6-dimethylheptanoat; Na-3-Thia-7-sila-7.7-dimethyloctanoat; Li-3-Thia-7-trimethylsiloxy-7.7-dimethyl-7-silaheptanoat.* — *Reinigungs- u. Waschmittel.* (**F. P. 1 061 613** vom 9/8. 1950, ausg. 14/4. 1954. A. Prior. 18/8. 1949.) T. OPPERMANN. 7913

Ruhrchemie Akt.-Ges., Deutschland, *Wachsartige Massen,* in denen beide endständigen Ringe eine Doppelbindung aufweisen, aus KW-stoffen mit 5gliedrigen Ringen durch Erhitzen mit Katalysatoren, z. B. durch Polymerisation von Cyclopentadien. Die Eigg. der erhaltenen wachsartigen Stoffe können durch Rk. der ungesätt. Gruppen mit H, H_2O, HCOOH, HCN, CO weiter verändert werden. Sie können mit anderen Wachsen u. Paraffinen gemischt werden. (**F. P. 1 085 695** vom 9/11. 1953, ausg. 15/2. 1955. D. Prior. 1/12. 1952.) M. PANKOW. 7925

XVIIIa. Holz. Cellulose. Zellstoff. Papier. Papierdruck. Celluloid. Linoleum.

Roy H. Baechler und **Alfred J. Stamm,** *Holz.* Kurze Zusammenstellung der in den Jahren 1951—1954 erschienenen Arbeiten über Holzschutz, Verminderung der Entflammbarkeit, Leimung u. Schichtung, Hitzebehandlung u. Erreichung der Formbeständigkeit. — 87 Literaturstellen. (Ind. Engng. Chem. **46.** 2127—30. Okt. 1954. Madison, Wis., Forest Service, U. S. Dep. of Agricult.) W. WERGIN. 7952

Friedrich Fessel, *Die praktische Durchführung der Holztrocknung im hochfrequenten elektrischen Kondensatorfeld in verschiedenen Ländern.* Krit. Literaturbetrachtung der Hochfrequenztrocknung von Holz. Vf. kommt zu der Überzeugung, daß eine kontinuierliche Trocknung am günstigsten ist, wobei für große Bauhölzer der Kanaltrockner am zweckmäßigsten ist, während für die Trocknung zugeschnittener kurzer Stücke der Bandtrockner vorzuziehen ist. Der Einsatz der HF-Trockung auf breiter Basis erfordert jedoch noch weitere Vorarbeiten. (Holz Roh- u. Werkstoff **14.** 41—47. Febr. 1956. Stuttgart, VDI.) S. HÜTTIG. 7952

F. J. Czabator und **E. C. Jahn,** *Chemisches Entrinden bei der Erzeugung von Faserholz.* Zusammenfassung der Erfahrungen beim chem. Entrinden mit Na_3AsO_3. Der Geh. an As im fertigen Zellstoff wird nur wenig höher gefunden u. liegt immer noch unter den für Nahrungsmitteln zugelassenen Werten. (Paper Mill News **79.** Nr. 1. 14—17. 7/1. 1956. New York, N. Y., State Univ.) H. BECKER. 7956

W. A. Moggio, *Entfärben von Kraftablaugen.* Verkürzte Wiedergabe der C. **1956.** 6271 referierten Arbeit. (Paper Mill News **78.** Nr. 52. 60. 24/12. 1955.) H. BECKER. 7958

Rudolf Madej, *Erfahrungen beim Verbrennen von Sulfitablaugen.* Vf. berichtet über die Verbrennung eingedickter Sulfitablaugen. Vorläufig wird die Ablauge in Schweden nur als Brennstoff genutzt. Die auf 55—60% Trockensubstanz im ROSENBLAD-4fach-Verdampfer eingedickten Ablaugen werden in einer Wirbelstromverbrennungskammer axial mit Wasserdampf von 6—7 atü zerstäubt, wobei die Verbrennungsluft tangential entlang der Kammer mit 150—200 mm Wassersäule eingeblasen wird. Die in der Zellstoffabrik in Loddby (Schweden) entwickelte Verbrennungskammer stellt eine Zusatzfeuerung dar, die an jede Kesselfeuerung angebaut werden kann. Die Leistung einer Kammer beträgt 5—7 t/Std. eingedickter Ablauge. Zum Zerstäuben werden ca. 4,2% der erzeugten Dampfmenge benötigt. Die Ausmauerung der Kammer muß im Jahr einmal erneuert werden. Gegenüber der direkten Verbrennung eingedickter Ablaugen durch Mischen mit Kohlenstaub wird eine vollständigere Verbrennung erreicht. (Przegląd Papierniczy **10.** 75—76. 84—86. März 1954.) L. SKARK. 7962

J. J. Goss, *Nebenprodukte der Papierfabriken.* Übersicht über Entw. u. Literatur der Erzeugung u. Verwertung von Tallöl, Sulfatterpentin u. Tannin. (Paper Mill News **78.** Nr. 52. 30—36. 24/12. 1955. Gaylord Container Corp.) H. BECKER. 7966

N. Levitin, N. S. Thompson und **C. B. Purves,** *Die Oxydation von Fichten-Perjodatlignin mit Natriumchlorit und Chlordioxyd.* Isoliertes, kohlenhydratfreies unlösl. Lignin mit einem OCH_3-Geh. von 10,3—11,4% wurde mit wss. $NaClO_2$-Lsg. (0,024 Mol/g Lignin) bei p_H 4,1 u. 30° gebleicht (Dauer 22 Std.), wobei das überschüssige ClO_2 laufend abgezogen wurde, damit sich das Lignin nicht auflöste. Hierbei konnten 3 als Oxylignin α, β u. γ bezeichnete Lignine gewonnen werden. Wie die weiteren Unterss. an den Oxyligninen β u. γ gezeigt haben, lassen sich diese mittels Nitrobenzol in Alkali nicht zu Vanillin oxydieren. Ihre UV-Spektren zeigten bei 280 mμ nicht mehr das für unoxydiertes Lignin typ. Maximum. Wahrscheinlich handelt es sich um stark saure, chlorierte, kondensierte Chinone, die weiterer Kondensation in alkal. Medium fähig sind u. durch oxydative Entmethylierung der phenol. Einheiten des Perjodatlignins gebildet werden. Die Unterss. werden ausführlich beschrieben u. diskutiert. — 59 Literaturzitate. (Pulp Paper Mag. Canada **56**. Nr. 5. 117—30. April 1955. Wood Chem. Div., Pulp and Paper Res., Inst. of Canada, Div. of Ind. and Cellulose Chem., McGill Univ.) H. G. FRÖHLICH. 7966

R. P. Rubinstein, *Die Herstellung von Druckpapier von geringem Gewicht.* Ausführliche Beschreibung des technolog. Prozesses bei der Herst. von Druckpapier von 70 g/m² statt früher 80 g/m². Der Aschegeh. konnte von 16,5 auf 18,5% heraufgesetzt werden, die Zerreißlänge von 2915 auf 3045 m, die Festigkeit von 21 Doppelfaltungen auf 27. (Бумажная Промышленность [Papier-Ind.] **30**. Nr. 8. 20—21. Aug. 1955.) O. LEBTAG. 7974

Zofia Myślińska und **Karol Palenik,** *Die Harzleimherstellung nach dem Bewoid-Verfahren.* Die Vorteile bei der Verwendung von Harzleimen mit hohem Freiharzgeh. sowie deren Herst. nach dem *Bewoid-Verf.* werden beschrieben. (Przegląd Papierniczy **10**. 71—74. März 1954.) L. SKARK. 7978

R. L. Ringwood und **H. E. Killinger,** *Kontinuierliches Kochen von Stärke zu Bindemitteln für Papierstriche.* Beschreibung einer kontinuierlich arbeitenden u. automat. überwachten App. zum Kochen von Stärke als Zusatz zum Stoff, zum Leimen u. zum Streichen von Papier. (Paper Mill News **78**. Nr. 52. 51—58. 24/12. 1955. Henry Pratt Comp. u. Penick & Ford Ltd., Inc.) H. BECKER. 7978

A. W. Borin, *Absorptionsspektren von Dibenzothiacarbocyaninfarbstoffen an der Trennungsfläche AgBr-Gelatinegel.* Durch Aufgießen von 10%ig. *Gelatine* (**I**)-Lsg. auf eine erstarrte Schmelze von *AgBr* (**II**) u. Abziehen des **I**-Gels wird ein Film hergestellt, auf den 1 Tropfen methanol. Lsg. von *3.3'-Dimethyl-9-äthyl-4.5.4'.5'-dibenzothiacarbocyanin* (**III**) entweder auf die dem AgBr zugekehrt gewesene Seite (A) oder auf die entgegengesetzte Seite (B) aufgebracht wird. Im Absorptionsspektr. wird im Falle A eine Verstärkung der β-Bande ($\sim$540 mμ), im Falle B eine Verstärkung der J-Bande ($\sim$650 mμ) beobachtet. Bei Verwendung von **II** mit verschied. Zusätzen von Ag_2S nimmt mit dessen Menge die Verstärkung der J- u. Schwächung der β-Bande zu. Der Einfl. des **II** ist nicht auf die Grenzoberfläche beschränkt, sondern dehnt sich mit abnehmender Stärke noch etwas in das Filminnere aus. Ähnlich verhalten sich auf Hg gegossene **I**-Filme. Es wird eine Potentialdifferenz an der Phasengrenze angenommen, die eine Orientierung der seitlichen Valenzen der **I** nach der Grenzfläche bewirkt; diese Valenzen reagieren auf Seite A mit den Dimeren von **III** u. verursachen dadurch die starke β-Absorption, während auf Seite B die starke J-Bande durch Adsorption von **III** an Polypeptidketten u. Bldg. der Mesoform von **III** bedingt zu sein scheint. (Доклады Академии Наук СССР [Ber. Akad. Wiss. UdSSR] [N. S.] **86**. 1141—43. 21/10. 1952. Glawkinoplenka, Wiss. Forschungslabor.) R. K. MÜLLER. 8004

Torsten Ekstam, *Vergleichende Mahluntersuchung mit verschiedenen Laboratoriumsmühlen.* Inhaltlich ident. mit der C. **1955**. 3764 referierten Arbeit. (Svensk Papperstidn. **57**. 204—24. 31/3. 1954.) M. ECKERT. 8006

J. J. Hamrick jr., *Die Schnellbestimmung des Feuchtigkeitsgehaltes von Papier.* Der Feuchtigkeitsgeh. von Maschinenkarten wird durch Messen der Leitfähigkeit auf $\pm$0,5% Geh. bestimmt. Die Eichung der App. u. der Einfl. der Temp. auf die Ergebnisse wird beschrieben. (ASTM Bull. **1955**. 39—43. Dez. Endicott, N. Y., IBM Corp.) H. BECKER. 8010

L. F. Hopkins und **A. P. Highton,** *Ein neuer objektiver Glanzmesser.* Beschreibung eines App., bei dem photoelektr. das bei der Reflektion polarisierte Licht gemessen wird. (Proc. techn. Sect., Brit. Paper Board Makers' Assoc. (Inc.) **36**. 339—58. Mai 1955. Bowaters Development & Research Ltd.) H. BECKER. 8010

XVIII b. Textilfasern.

Frithjof Kroemer, *Phosphorsaure Salze und ihre Verwendung in der Textilindustrie.* Übersicht über Aufbau u. chem. Verh. der in der Textilindustrie verwendeten phosphorsauren Salze. (Melliand Textilber. **36**. 832—34. Aug. 947—51. Sept. 1955.) H. G. FRÖHLICH. 8028

W. Rümens, *Ein Beitrag zum Problem der chemischen krumpfechten Ausrüstung von Cellulosetextilien.* Überblick der Schrumpffestverff., ihre Vor- u. Nachteile. Mechanismus u. Wrkg. des chem. Schrumpffestausrüstens. (SVF Fachorgan Textilveredlung **10**. 455—56. Sept. 1955.) I. SCHOENMANN. 8032

M. N. Sussman, M. Ss. Podobedow, Je. A. Petrowa und **S. K. Jakubenko,** *Die Intensivierung der Imprägnierung und Färbung von Planenstoff.* Die Aufnahme von fäulnisverhütenden u. anderen Imprägnierungsmitteln (Gerbstoffen, Paraffinemulsionen, Cu-, Cr- u. Al-Salzen) durch Leinen-, Halbleinen- u. Baumwollplanenstoffen wurde durch Anwendung von Ultraschall (115 Hz) vermittels eines besonderen Vibrators bei 2- bzw. 4maliger Passage wesentlich erhöht. Das Färben unter gleichen Bedingungen ergab einen intensiveren Farbton. Parallel dazu wurde versucht, die Aufnahme von Imprägnierungsmitteln durch Abquetschen der Gewebe innerhalb der Lsg. (35 kg/cm) zu verbessern, da auf diese Weise das Eindringen von Luft in die Gewebeporen vermieden wird. Die Ergebnisse waren ebenfalls befriedigend. (Текстильная Промышленность [Textil-Ind.] **15.** Nr. 12. 43—46. Dez. 1955.) N. STSCHERBINA. 8036

A. O. Lloyd, *Eine Schmutz-Infektionsmethode zum Testen der Widerstandsfähigkeit von Textilien gegen mikrobiologischen Angriff.* Abb. u. Beschreibung einer einfachen Testmeth., nach welcher die zu untersuchenden Proben als endloses Band in einem Behälter hängen, deren untere Schleife auf der Außenseite mit einer Schmutz- (Kompost-, Kieselgur-) paste belegt ist u. in deren Innenseite ein mit W. getränktes Asbeströllchen eingelegt ist. Nach dieser Meth. wird gleichzeitig der Schimmelbefall u. die Widerstandsfähigkeit der behandelten (Pentachlorphenyllaurat) u. unbehandelten Textilproben geprüft. Es wurde gefunden, daß gereinigte, gebleichte Baumwolle weniger empfindlich ist als solche im Rohzustand. Die Bedingungen für diese Unters. sind weitgehendst reproduzierbar u. können so gewählt werden, daß sie denen der Lagerung, des Transportes u. für Gebrauchszwecke entsprechen. (J. Textile Inst., Trans. **46.** T653—T661. Okt. 1955.) I. SCHOENMANN. 8040

W. A. Benoit, *Die Schrumpffrei-Ausrüstung von Baumwollgeweben nach dem kontrollierten kompressiven Schrumpfverfahren, System Cluett.* Das Prinzip des Verf., illustriert durch schemat. Darst. der Arbeitsweise, u. die Kontrolle des Syst. als Grundlage der „SANFOR"-Garantie mit $\pm 1\%$ Restschrumpfung. Vergleiche mit anderen Schrumpfverfahren. (SVF Fachorgan Textilveredlung **10.** 447—54. Sept. 1955.) I. SCHOENMANN. 8044

A. J. Farnworth, *Das Verhalten der Cystinbindung in Wolle gegen Reduktionsmittel.* Beim Cystin (I) der Wolle sind hinsichtlich der Reaktionsfähigkeit zwei Fraktionen mit Unterfraktionen (A + B sowie C + D) zu unterscheiden. Nach Red. u. Alkylierung (A + B-Fraktion) vermag die C + D-Fraktion mit $NaHSO_3$ u. Thioglykolsäure unter Bedingungen zu reagieren, bei denen sie sonst nicht angegriffen wird. Werden jedoch nach Red. der A + B-Fraktion die SH-Gruppen durch Methylenbrücken verknüpft, so ist bei der C + D-Fraktion keine induzierte Reaktionsfähigkeit mehr festzustellen. Acetylierung von Wolle, ferner Behandlung mit Phenylisocyanat, führt zu einer allg. Abnahme bzw. völligen Hemmung der Reaktionsfähigkeit des **I.** Nach Ansicht des Vf. handelt es sich hierbei um eine ster. Hinderung durch sperrige Seitenketten. (Biochem. J. **60.** 626—35. Aug. 1955. Geelong, Victoria, Australien, Gordon Inst. of Technol., Textile Res. and Testing Dep.) R. WOLLER. 8060

G. M. Jeffrey, J. Sikorski und **H. J. Woods,** *Über den Mechanismus der Superkontraktion von Keratinen.* Lincoln-Wolle u. Roßhaar, die nach verschied. Methoden superkontrahiert wurden (Harnstoff-$NaHSO_3$ u. 98—100% HCOOH) zeigten, daß außer der Kontraktion keine wesentlichen Deformationen in den Mikrofibrillen stattfinden (s. elektronenopt. Aufnahmen). Die Superkontraktion selbst scheint durch Wechselwrkg. zwischen den Mikrofibrillen u. einer interfibrillaren M. (matrix) zustande zu kommen, wobei jede Komponente unter geeigneten Bedingungen kontrahierbar ist. Weiter wird vermutet, daß die zwischen den Mikrofibrillen befindliche M. (matrix) eine kugelförmige Konfiguration aufweist. Die Ergebnisse werden ausführlich diskutiert. (Textile Res. J. **25.** 714—22. Aug. 1955. Leeds, England, Univ. of Leeds, Dep. of Text. Ind., Text. Phys. Labor.) H. G. FRÖHLICH. 8060

C. H. Nicholls und **J. B. Speakman,** *Die Adsorption von primären Alkoholen durch Wolle.* Vff. beschreiben eine Meth. zur Best. der Adsorptionsisotherme für CH_3OH, C_2H_5OH u. C_3H_7OH für Wolle. Wie die erhaltenen Ergebnisse zeigen, fällt mit steigender Mol.-Größe des angewandten Alkohols die Adsorptionsfähigkeit desselben durch die Wolle. So ergibt die C_3H_7OH-Kurve einen Wert von 0,28 gegenüber 0,70 für Wasser. Meth. u. Ergebnisse werden ausführlich besprochen. (J. Textile Inst. **46.** T264—T269. April 1955. Leeds, Univ. of Leeds, Dep. of Text. Ind., Text. Chem. Labor.) H. G. FRÖHLICH. 8060

L. Valentine, *Die Ablagerung von Polyacrylnitril in der Wolle.* 1. Mitt. *Reaktionsmechanismus.* Nach der Meth. von SPEAKMAN u. LIPSON wurde Lincoln- oder Merino-Wolle mit einer $Fe(NH_4)_2(SO_4)_2$-Lsg. imprägniert u. anschließend mit einer wss. Lsg.

von H_2O_2 + Acrylnitril behandelt. Hierdurch tritt dann die Polymerisation des Acrylnitrils innerhalb der Wollfaser ein. Hinsichtlich des Reaktionsmechanismus wurde gefunden, daß es sich hierbei um eine typ. diffusionskontrollierte Rk. handelt. Der scheinbare Diffusionskoeff. D für Lincoln-Wolle beträgt $1 \cdot 10^{-11}$ cm²/sec u. ist unabhängig von der Temp. u. Konz. des Monomeren oder Katalysators. Für Merino-Wolle beträgt $D = 1 \cdot 10^{-12}$ cm²/sec. Es wird angenommen, daß die scheinbaren Diffusionskoeffizienten sich auf die Diffusion des Acrylnitrils in die Wolle beziehen. Die Ergebnisse werden ausführlich beschrieben u. diskutiert. (J. Textile Inst. **46.** T270—T283. April 1955. Leeds, Univ. of Leeds, Dep. of Text. Ind.) H. G. FRÖHLICH. 8060

—, *Schrumpffestausrüstung von Wolle.* Allg. Ausführungen. (SVF Fachorgan Textilveredlung **10.** 477. Sept. 1955. Basel, Ciba.) I. SCHOENMANN. 8060

H. H. Bühler, *Die Schrumpfechtausrüstung von Wolle.* Der durch den physikal. u. chem. Aufbau bedingte verschiedenartige Schrumpfvorgang der Wolle, wie Filz- u. Relaxationsschrumpfung, sowie durch bestimmte Chemikalien verursachte Superkontraktion. Die Möglichkeit der Antischrumpfbehandlung mit Oxydationsmitteln durch chem. Modifikation (Verstärkung der Quervernetzung) u. Anwendung von Kunstharzen oder Gummi (Schuppenmaskierung). Eigg. der ausgerüsteten Wolle u. Untersuchungsmethoden. (SVF Fachorgan Textilveredlung **10.** 469—77. Sept. 1955. Heidelberg, Univ., Chem. Inst.) I. SCHOENMANN. 8060

Jean Roche, Raymond Michel und **Mireille Bozzi-Tichadou,** *Über die Zusammensetzung von Seidenproteinen (Fibroin und Sericin) verschiedenen Ursprungs.* Die *Fibroine* u. *Sericine* der Seide von *Bombyx mori* verschied. Herkunft unterscheiden sich zwar deutlich in ihrem Geh. an *Alanin, Glykokoll, Serin* u. *Tyrosin,* jedoch nicht in dem Maße, wie ältere Unterss. es ergeben haben. Alimentäre Faktoren scheinen keine Rolle bei diesen Unterschieden zu spielen; auch ist die geograph. Herkunft der Seide nicht aus ihrer Aminosäurenzus. zu erkennen. — Die Seide von Phasolomia cynthia Drury ist arm an Sericin. Ihr Fibroin zeigt ein durchaus anderes prozentuales Verhältnis der sie aufbauenden Aminosäuren, die aber die gleichen wie bei Bombyx mori sind. (C. R. Séances Soc. Biol. Filiales **144.** 100—02. Jan. 1950. Marseille, Coll. de France, Fac. of Méd., Biochimie générale.) W. POLA. 8068

R. A. McFarlane, *Das Ausrüsten von Reyon und synthetischen Fasern.* Allg. Darst. über das Ausrüsten von Reyon, Reyon-Krepp, Acetatreyon, Zellwolle, Nylon, Terylen u. Courlene. (Textile J. Australia **30.** 1250. 1274—76. 20/12. 1955.) H. G. FRÖHLICH. 8070

N. I. Ssigorski, *Das Imprägnieren von Geweben mit „Melaform".* Da nach den Versuchsergebnissen die mit Melamin–Formaldehyd-Harz imprägnierte Zellwolle eine erheblich bessere Knitterfestigkeit besitzt, wurde ein Zwischenprod. der Kondensation von Melamin u. Formaldehyd (keine näheren Angaben) entwickelt. Dieses Prod. dringt in das Innere der Faser ein, ohne einen äußeren Film zu bilden u. wird bei 90—100° endgültig kondensiert. Die so behandelten Anzugstoffe besaßen bei unbedeutender Verringerung der Dehnung u. einer Erhöhung der Naßfestigkeit ein erheblich geringeres Einlaufen, bessere Knitterfestigkeit u. angenehmeren Griff. Die optimale Konz. des *Melaforms* beträgt 72; 82; 91; 97 g/Liter. (Текстильная Промышленность [Textil-Ind.] **16.** Nr. 2. 39—40. Febr. 1956.) N. STSCHERBINA. 8074

Hermann Loosli, Zürich, Schweiz, *Bleichen von Textilien mit Ozon.* Fasern oder Gewebe werden zuvor mit einem gegebenenfalls ein Peroxyd oder $Ca(ClO_3)_2$ enthaltenden Bad angefeuchtet u. auf 40—90° erwärmt, bevor O_3 (auch Behandlung mit UV-Strahlen) zur Einw. gebracht wird. (**E. P. 727 771** vom 4/5. 1953, ausg. 6/4. 1955. D. Prior. 9/10. 1952.) G. SALZMANN. 8027

Badische Anilin-& Soda-Fabrik Akt.-Ges., Deutschland, *Mischpolymerisate.* Man polymerisiert Mischungen von N-Vinylimidazolen (N-Vinyl-2-methyl-, -methylol-, -phenylimidazol, N-Vinyl-2-methylolacetimidazol, N-Vinyl-4-methylimidazol, N-Vinylbenzimidazol oder N-Vinylbenz-2-oxymethylimidazol) u. niedrig mol. ungesätt. Carbonsäuren bzw. deren funktionellen Derivv., die nach der Polymerisation verseift werden (Acryl-, Methacryl-, Croton-, Malein-, Fumarsäure). Weiße Polymere in Pulverform, deren Na-Salze halbfeste wss. Lsgg. geben, die in der Textil- u. Lederindustrie verwendet werden. — Man rührt in eine Lsg. von 98 (Gewichtsteilen) Maleinsäureanhydrid in 100 W. in 1 Std. 94 N-Vinylimidazol, dann 3 30%ig. H_2O_2, hält 3 Std. bei 50—60°, gibt wieder 3 H_2O_2 zu u. erwärmt noch 10 Std., behandelt das Polymere mit Na_2CO_3 u. erhält in W. viscose Lösungen. (**F. P. 1 076 509** vom 28/4. 1953, ausg. 27/10. 1954. D. Prior. 30/4. 1952.) M. PANKOW. 8029

Imperial Chemical Industries Ltd., London (Erfinder: **John Frederick Harris** und **James Michell Williams**), England, *Schlichten von Textilgarnen* vor dem Stricken, Weben oder anderen Verarbeitungsprozessen, dad. gek., daß man das Garn mit einer wss. Schlichte behandelt, die den *Polytriäthylenglykolester des Adipinsäureamids*, gegebenenfalls in Mischung mit anderen Polyamiden, enthält. Es können so Garne, die aus natürlichen oder ganz bzw. teilweise aus synthet. Materialien bestehen, geschlichtet werden. (**E. P. 737 691** vom 11/2. 1953, ausg. 28/9. 1955.) H. v. SCHILLER. 8031

Carl Freudenberg Komm. Ges. auf Aktien (Erfinder: **Carl Ludwig Nottebohm**), Weinheim, *Poröse, knitterfreie und schrumpfbeständige Faserstoffschichten* (45—400g/m^3 mit 25—60% Bindemittel), die sich gut schneiden u. nähen lassen. Eine Mischung aus 45 (Gewichtsteilen) Wolle, 10 Menschenhaar, 10 Kamelhaar, 15 Baumwolle u. 20 Viscoseseide wird kardiert, 6 Lagen übereinandergelegt, heiß gepreßt u. in Längsrichtung gedehnt. Das Vlies wird mit einem Schaum aus 167 (Teilen) 60%ig. Butadienstyrol-Mischpolymerisat, 812 W., 30 Na-Isobutylennaphthalinsulfonat, 5 Zn-Dimethyldithiocarbamat (20%ig.; Vulkanisationsbeschleuniger), 15 ZnO-Dispersion (40%ig.), 10 S-Dispersion (25%ig.) u. 4-Diphenyl-α-naphthylamin (50%ig.) besprüht (Mengenverhältnis 6:100) u. getrocknet; eine weitere gleichartige Schaumlage wird anschließend aufgewalzt. Während der Trocknung u. teilweisen Vulkanisierung bei 80—120°, während der die restlichen Gaszellen zusammenfallen, wird nochmals um 25% gestreckt; dann folgt die endgültige Vulkanisierung. Nach dem Kalandern wird die Schicht gewaschen u. mit einer wss. Paraffinemulsion imprägniert. — Es können auch Alginat-, Polyamid-, Glas- oder Asbestfasern mit Polymeren des Vinylchlorids, -acetats, Styrols oder Methylmethacrylats als Bindemittel verarbeitet werden. Verwendung als Kragenversteifung u. Zwischenlagen für Bekleidungsstücke. — Zeichnung. (**E. P. 728 865** vom 17/3. 1953, ausg. 27/4. 1955.) G. SALZMANN. 8033

Farbenfabriken Bayer Akt.-Ges. (Erfinder: **Alexander Mitrowsky**, Köln, und **Otto Bayer**), Leverkusen, *Optisches Bleichmittel*, bestehend aus solchen wasserlösl. Derivv. des 4.4'-Diaminostilbens, deren eine Aminogruppe mit einem O-alkylierten Carbonisierungsprod. des 1.2.4-Xylenols vorzugsweise mit 2-Alkoxy-4.5-dimethylbenzoesäure, acyliert ist u. deren andere Aminogruppe mit einem gleichen oder einem andern farblosen Säurerest, mit dem Rest einer Carbamidsäure oder mit einem 1.3.5-Triazinring substituiert ist, z. B. *4-(4.5-Dimethyl-2-methoxy-benzoylamino)-4'-(2.4-diamino-1.3.5-triazinyl-6-amino)-stilben-2.2'-disulfonsäure*. (**D. B. P. 937 822** Kl. 8i vom 28/5. 1952, ausg. 19/1. 1956. Anmeldung bekanntgemacht 21/7. 1955.) G. SALZMANN. 8033

J. Goddard & Sons Ltd., Leicester (Erfinder: **John Coward Thornton**), England, *Nichtgewebte Florerzeugnisse, z. B. Belagstoffe*. Fadenscharen, z. B. aus Baumwoll- oder Wollgarnen, werden in einer angegebenen Vorr. mittels thermoplast. Klebmittel, bes. Polyäthylen oder Polyvinylchlorid, auf einer Unterlage befestigt u. nach Erhärten des Klebmittels der Flor geschnitten. — Abbildungen. (**E. P. 732 980** vom 14/6. 1950, ausg. 6/7. 1955.) H. MÖLLERING. 8039

John Anthony Perry, Sydney, Australien, *Aufbereiten von säurecarbonisierter Wolle* mittels einer seifenfreien Na_2CO_3-Lsg. von 49°, die nicht ausreicht, um eine vollständige Neutralisierung der H_2SO_4 zu gewährleisten; durch gleichzeitige $NaHCO_3$-Bldg. u. weitere Erwärmung auf 63° kann aber der Prozeß beendet werden. (**E. P. 683 080** vom 10/3. 1949, ausg. 19/11. 1952.) G. SALZMANN. 8061

Courtaulds Ltd., William Reginald Weigham und **Francis George Dunton**, London, England, *Herstellung von Viscose*. Die bei der Alkalicelluloseherst. anfallende Preßlauge (I), die den Hauptteil der beim Filtrieren störend wirkenden Hemicellulose enthält, wird zum Teil dialysiert, die anfallende, 2% NaOH u. 1,8% Hemicellulose enthaltende Abfallauge durch Zugabe von I auf 3—5% NaOH eingestellt u. diese zum Lösen des Xanthats verwendet. (**E. P. 684 563** vom 18/11. 1949, ausg. 17/12. 1952.) G. SALZMANN. 8075

Feldmühle Akt.-Ges., Rorschach, Schweiz, *Herstellung von mit Hohlräumen durchsetzten und aufgeblähten Fäden, Bändern und Folien mit genarbter Oberfläche, erhöhtem Volumen und erhöhter Wärmeisolierfähigkeit aus Viscose*, dad. gek., daß die Gebilde durch Zers. von konz. H_2O_2 im Innern mittels Katalysatoren nachträglich mit Gasblasen u. Hohlräumen durchsetzt werden. — Man taucht z. B. eine Bluse aus Viscoseseide in eine Lsg., die pro Ltr. 2 (g) $KMnO_4$ u. 150 NaCl enthält; nach dem Abquetschen taucht man den Artikel in eine Lsg. von 300 Na_2SO_4 u. 300 $MgSO_4$ in 1000 cm^3 40%ig. H_2O_2. Nach 2 Min. wird der Zersetzungsprozeß in der Kunstseide durch eine 1%ig. CH_3COOH unterbrochen, gewaschen u. getrocknet. Gibt man der einen Lsg. $BaCl_2$ zu, so lagert sich in den Hohlräumen $BaSO_4$ als Mattierungsmittel ab. (**Schwz. P. 307 942** vom 15/12. 1950, ausg. 1/9. 1955.) G. SALZMANN. 8075

Courtaulds Ltd. (Erfinder: **William Edward Hanby**), London, England, *Herstellung von Proteinfäden.* Eine Lsg. des Proteins in Di- oder Trichloressigsäure (I) wird in ein Bad versponnen, das mit I mischbar ist, das Protein jedoch nicht löst, z. B. W., Methanol, A. oder Äther. (**E. P. 684506** vom 10/5. 1950, ausg. 17/12. 1952.) G. SALZMANN. 8079

American Patents Corp., Panama City, Panama, *Behandlung künstlicher Eiweißfasern.* „*Lanital*"-, „*Ardil*"- oder „*Aralac*"-*Fäden* oder Fasern in Strang- oder Spulenform werden allein oder in Gemisch mit beliebigen anderen Fasern oder Seiden einer Behandlung mit heißem W., gegebenenfalls mit einem Zusatz geringer Mengen neutraler oder saurer Salze, unterworfen, wodurch auf den Fasern oder Fäden Frisuren erzeugt werden, die das Gut füllender u. weicher machen. Geeignet ist z. B. eine Behandlung über 30 Min. mit W. von 90°. (**E. P. 738 687** vom 5/5. 1953, ausg. 19/10. 1955. It. Prior. 6/5. 1952.) H. MÖLLERING. 8079

Perfogit Soc. per Azioni, Italien, *Kontinuierliche Kondensation von Aminosäuren*, bes. Aminoundecansäure, zur Herst. von Folien, Bändern u. Fasern. Man trocknet die Aminosäure, führt sie durch einen Kondensationsraum, hält 6—8 Std. bei 190—270° bis zur gewünschten Viscosität u. unter Entfernung des Reaktionsw. u. hält die Schmelze des Kondensationsprod. unter einem indifferenten Gas. Vorr. zur Durchführung des Verfahrens. (**F. P. 1 069 333** vom 31/12. 1952, ausg. 6/7. 1954. It. Prior. 15/1. 1952.) M. PANKOW. 8081

Calico Printers' Association Ltd. (Erfinder: **Leslie Whittaker Pickup**), Manchester, England, *Erhöhung der Farbaufnahme von linearen Polyestern*, bes. von Fäden u. Geweben aus Polyäthylenterephthalat. Man behandelt das Material 15 Min. mit 85%ig. H_2SO_4 oder Chlorsulfonsäure von —10 bis 110°, wäscht, neutralisiert u. trocknet. (**E. P. 683 218** vom 23/2. 1950, ausg. 26/11. 1952.) G. SALZMANN. 8081

Farbwerke Hoechst, vormals Meister Lucius & Brüning, Deutschland, *Acrylnitrilmischpolymerisate für Folien und Fasern.* Man verwendet Mischpolymere aus mindestens 70 Mol.-% Acrylnitril u. Vinylsulfonen der Formel CH_2:CH·SO_2·R (R = aliphat., araliphat, aromat. KW-stoffrest oder heterocycl. Rest), auch zusammen mit weiteren mischpolymerisierbaren Verbindungen. — Man gibt 1%ig. Na-CH_2O-Sulfoxylat-Lsg. zu 400 (Gewichtsteilen) W., 1 Na-Paraffinsulfonat, 1 Eisessig, 2 35%ig. H_2O_2, 80 Acrylnitril u. 20 Vinylphenylsulfon. Das Polymere ist bei Raumtemp. als 20%ig. Lsg. in Dimethylformamid zu einer gut fließenden Lsg. löslich. (**F. P. 1 079 796** vom 19/1. 1953, ausg. 2/12. 1954. D. Prior. 18/1. 1952.) M. PANKOW. 8081

Thüringische Zellwolle Akt.-Ges., Schwarza, und **Zellwolle- und Kunstseide-Ring G. m. b. H.**, Berlin, *Dauerhafte Kräuselung gesponnener Fäden* aus synthet., plast. Verbb. erhält man durch gleichzeitiges Verspinnen von Verbb. mit verschied. Dehnungskoeffizienten aus der geschmolzenen Masse. Man kann die einzelnen Verbb. aus verschied. Düsen spinnen u. die erhaltenen Fäden noch in formbarem Zustand sofort zwirnen, anschließend im gestreckten Zustand kurze Zeit erhitzen u. dann kalt ziehen. Wesentlich ist, daß keine homogene Mischung entsteht u. daß die FF. der synthet. Verbb. nahe beieinander liegen. Liegen sie weiter auseinander, spinnt man die Fäden aus Düsen von verschied. Öffnungen u. zwirnt sie sofort nach Austreten aus den Düsen, wobei der dünnere Faden den niedrigeren F. besitzen soll. (**Ung. P. 136438** vom 27/2. 1943, ausg. 1/2. 1955. D. Prior. 27/2. 1942.) G. KÖNIG. 8081

Owens-Corning Fiberglas Corp., Del., übert. von: **Lawrence P. Biefeld**, Newark, O., V. St. A., *Überzogene Glasfasermatten oder -gewebe* mit erhöhter Biegsamkeit u. Splitterfreiheit erhält man, wenn der aufgebrachte Überzug aus Kunstharz (I) so aufgebracht ist, daß I wohl zwischen die Gewebezwischenräume, nicht aber in die Faserbündel selbst eindringt. Dadurch, daß I die Einzelfasern nicht festanliegend umgibt, wird eine Beweglichkeit u. Verschiebbarkeit der Fasern gegeneinander ermöglicht. — Z. B. preßt man auf die Glasmatte Kunstharzfilme auf oder bestreicht mit viscosen Lsgg., z. B. aus 25 (Teilen) Polymethylmethacrylat, 20 Dibutylphthalat, 15 Methyläthylketon, 20 Äthylacetat u. 20 Toluol. Nach jedem Aufstrich entfernt man die Lösungsmittel bei 93—121°. Die abschließende Glanzgebung erfolgt zwischen Kalanderwalzen von 121 bis 177°. — Eine andere hochviscose Emulsion enthält 39 (Teile) W., 1 Emulgiermittel, 10 Dioctylphthalat u. 50 Polyvinylchlorid. (**A. P. 2 650 184** vom 25/1. 1947, ausg. 25/8. 1953.) H. MÖLLERING. 8083

Owens-Corning Fiberglas Corp., Toledo, O. (Erfinder: **Games Slayter** und **Warren Wendell Drummond**), V. St. A., *Nichtgewebte Textilflächen aus Glasfasern zur Verstärkung von Preßkörpern, Spezialpapieren und dergleichen.* Ein Vlies aus parallelen Glasfasern oder -fäden wird mit einem Bindemittel, z. B. Asphalt, überzogen u. mit in anderer Richtung u. daher kreuzenden Glasfäden abgedeckt. — Abb. zur Vorrichtung. (**E. P. 713 543** vom 21/8. 1951, ausg. 11/8. 1954.) H. MÖLLERING. 8083

Uddeholms Aktiebolaget, Skoghall, Schweden (Erfinder: **A. I. Hedlund** und **S. C. Tenescu**), *Imprägnierte Fäden zum Nähen von Papiersäcken.* Die Fäden sind mit Asphalt imprägniert, dem über 200° sd. Erdölfraktionen u. gegebenenfalls Äthanolamine zur Erleichterung der Imprägnierung zugesetzt sind. (**Schwed. P. 137 094** vom 19/1. 1949, ausg. 2/9. 1952.) K. H. KÄHLER. 8087

XIX. Brennstoffe. Erdöl. Mineralöle.

O. Wienbeck, *Untersuchung des Verhaltens holzreicher Kohle bei der Anwendung des Kreislaufverfahrens im Naßdienst.* Es wurden Verss. durchgeführt, im Kreislaufverf. unter Beachtung besonderer Schaltungen das in der Rohbraunkohle der Lausitz enthaltene Holz mitzuverarbeiten. (Bergbautechnik **3.** 15—20. Jan. 1953. Laubusch/Ob-Lausitz.) E. BOYE. 8124

C. W. H. Holmes, *Kohlenaufbereitung in Amerika.* Vf. stellt Vergll. zwischen den Verff. in Amerika u. in europäischen Ländern an. (Colliery Engng. **32.** 505—11. Dez. 1955.) E. BOYE. 8134

Anton Lissner, *Grundsätzliches zur Frage der Verkokung nichtbackender Kohlen.* Vf. befaßt sich mit dem Problem, aus mitteldeutschen Braunkohlen einen schwefel- u. aschearmen Hochtemperaturkoks zu erzeugen. Nach Schilderung der wissenschaftlichen Grundlagen u. Diskussion der techn. Möglichkeiten für diesen Vorgang bespricht Vf. einstufige Verff. hierfür, die künstliche Erzeugung kokender Stoffe in den Kohlen selbst, die Gewinnung geeigneter Bindemittel sowie zweistufige Verff., die schon zu gewissen prakt. Erfolgen geführt haben. (Freiberger Forschungsh. Reihe A. **1954.** Nr. 23. 90—101. Freiberg/Sachsen.) GERHARD GÜNTHER. 8142

Marthe Bastick und **Henri Guérin,** *Über die kontinuierliche Bestimmung der spezifischen Carboxyreaktionsfähigkeit von Koksen.* Zur Best. der Carboxyreaktionsfähigkeit von Koks wurde die zu untersuchende pulverisierte Koksprobe in einem N_2-Strom langsam auf z. B. 1000° erhitzt, bis alle restlichen flüchtigen Bestandteile vollkommen entfernt sind. Diese Erhitzung auf eine Temp., die tiefer liegt als diejenige, bei der der Koks erhalten worden war, verändert die Struktur des Kokses kaum. Hat man die für den Vers. gewünschte Temp. erreicht, dann ersetzt man den N_2-Strom durch einen Strom von reinem u. trockenem CO_2 u. verfolgt laufend mit Hilfe der CHEVENARDschen Thermowaage die Änderung des Gewichtes p in Abhängigkeit von der Zeit t u. erhält aus der Kurve leicht die Vergasungsgeschwindigkeit dp/dt in jedem Augenblick; dieser Wert, bezogen auf das Gew. p zur Zeit t (dp/pdt), definiert die spezif. Carboxyreaktionsfähigkeit. Für 6 verschiedene Kokse sind graph. die Änderungen der spezif. Geschwindigkeit in Abhängigkeit von der Vergasung des Kokses wiedergegeben. (C. R. hebd. Séances Acad. Sci. **240.** 198—200. 10/1. 1955.) C. GOTTFRIED. 8144

Rudolf Kubicka, *Extraktion der Teerphenole mit Phenolatlauge.* Vf. befaßt sich mit der Gewinnung von Phenolen aus Teeren bzw. Teerfraktionen durch Extraktion mit NaOH-haltigen wss. Lösungen. Ausgehend von der Tatsache, daß auch wss. Na-Phenolatlsgg. noch Phenole aus organ. Phase aufnehmen können, wird ein Verf. vorgeschlagen, bei dem mit an Phenolen übersätt. Lsgg. gearbeitet wird. Das Verf. bringt gegenüber den bisherigen Verff. als Vorteile, daß pro to gewonnenes Phenol weniger NaOH u. weniger CaO zum Kaustifizieren der anfallenden Sodalaugen verbraucht werden u. daß die Kapazität bestehender Anlagen größer wird. Als Nachteil tritt höherer Neutralölgeh. in der Phenolatlauge auf, der jedoch durch Extraktion der Lauge mit vornehmlich paraffin.-naphthen. Leichtbenzinfraktionen auf das n. Maß gesenkt werden kann. (Freiberger Forschungsh., Reihe A **1954.** Nr. 23. 19—26. Zaluzi u. Mostu, CSR.) GERHARD GÜNTHER. 8176

Johannes Saager, *Über Staub und Asche im Braunkohlenteer.* Vf. erläutert die Wrkg. der Aschenanteile im Schwelteer auf die Katalysatoren, an denen der Teer im TTH-Verf. hydriert wird, sowie die Bedeutung der Entfernung dieser Ascheanteile für die Lebensdauer der Katalysatoren. Die Reinigung des Teers von diesen Bestandteilen durch Schleudern, Wasserwäsche u. Filtrieren wird geschildert. Die Wirksamkeit der einzelnen Reinigungsstufen wird durch Analysen belegt. Ferner werden Schwierigkeiten bei der Filtrierung der Teere aufgezeigt u. eine in Zeitz entwickelte App. zur quantitativen Erfassung der Filtrierbarkeit von Teeren beschrieben. Die Ursachen der unterschiedlichen Filtrierbarkeit verschied. Teere werden erörtert. (Freiberger Forschungsh., Reihe A Heft **23.** 13—18. April 1954. Zeitz, VEB Hydrierwerk.) GERHARD GÜNTHER. 8178

Robert E. McMahon, *Untersuchung über die Koksbildung auf Spaltkatalysatoren in Gegenwart von Radioisotopen.* Vf. untersuchte die Koksbldg. während des Spaltens von mit ^{14}C versetzten n-Heptan-4, n-Octan-1 u. 1-Octen-1. Aus den Verss. schließt Vf., daß bei dem ersten Schritt eine Adsorption der an der Rk. teilnehmenden Moll. auf der Oberfläche des Katalysators stattfindet. Die auf der Oberfläche haftenbleibenden Moll, werden durch eine Reihe chem. Verwandlungen in Koks übergeführt. Die meisten Molekeln aber desorbieren unverändert oder unterliegen einer Spaltung, gefolgt von einer Desorption aller Spaltprodd. als Endprodukt. Ein Verf., bei dem etliche Spaltprodd. desorbieren, während andere als Koks verbleiben, vollzieht sich nach Ansicht des Vf. nicht. Die Annahme von THOMAS, daß sich Koks nur durch eine Dehydrierung u. Polymerisation bildet, erscheint Vf. richtig, denn alle Isotopen wurden im Koks vorgefunden, u. kein Übergang von Isotopen in die Spaltprodd. wurde bei der Spaltung beobachtet. (Ind. Engng. Chem. **47.** 844—45. April 1955. Whiting, Ind., Standard Oil Co. Indiana.) K. O. MÜLLER. 8196

Lewis F. Hatch, *Petrochemische Reaktionen.* 9. Mitt. *Alkohole aus Olefinen.* (Vgl. C. **1956.** 8788.) Oxoverf., Anlagerung von W. an Olefine, Weg über die Sulfosäureester, Reaktionsmechanismus der Anlagerung von W. an Olefine. Bedeutung von Äthyl- u. Propylalkohol, höhere Alkohole. (Petroleum Refiner **33.** Nr. 2. 141—**44.** Febr. 1954. Austin, Univ. of Texas.) F. ROSENDAHL. 8200

Lewis F. Hatch, *Petrochemische Reaktionen.* 12. Mitt. *Die Oxydation der Olefine.* (11. vgl. Petroleum Refiner **33.** Nr. 4. [1954.] 157.) Vf. beschreibt die Gewinnung von Äthylen- u. Propylenoxyd, sowie die daraus gewinnbaren Stoffe, wie Glykole, Ester, Äthanolamine u. andere Verbindungen. Die jeweiligen Rkk. werden formelmäßig dargestellt. Betrachtungen über Acrolein u. seine zukünftige Verwendung. (Petroleum Refiner **33.** Nr. 5. 193—96. Mai 1954. Austin, Tex., Univ.) F. ROSENDAHL. 8200

Lewis F. Hatch, *Petrochemische Reaktionen.* 13. Mitt. *Die Polymerisation der Olefine.* (12. vgl. C. **1956.** 9066.) Die Polymerisation der Vinylverbb. u. die techn. Durchführung der Polymerisation. Kurze Aufstellung der Verbb., die zu solchen Umsetzungen herangezogen werden. (Petroleum Refiner **33.** Nr. 6. 155—56. Juni 1954.) F. ROSENDAHL. 8200

Lewis F. Hatch, *Petrochemische Reaktionen.* 14. Mitt. *Alkylierung mit Olefinen.* (13. vgl. vorst. Ref.) Es wird die Alkylierung von Aliphaten u. Aromaten kurz besprochen. Die Reaktionsschemen werden wiedergegeben. (Petroleum Refiner **33.** Nr. 7. 154—56. Juli 1954.) F. ROSENDAHL. 8200

Mogens Pedersen, *Hochtemperaturprozesse.* Übersicht: Katalyt. Reformingverff.; Pebbles Heaters; autothermes Reforming; SACHSSE-Verf.; WULFF-Verf.: andere regenerative Prozesse; Lichtbogenverfahren. — 20 Literaturhinweise. (Ingeniøren **64.** 925—30. 26/11. 1955. Haldor Topsoe.) R. K. MÜLLER. 8200

Heinrich Tröbs, *Entwicklung und Stand der Erzeugung von Straßenbaubindemitteln auf Braunkohlenteerbasis im VEB Teerverarbeitungswerk Rositz.* Vf. erläutert die DIN-Bestt. für Straßenteere u. beschreibt Herst. u. Zus. einiger in Rositz seit 1946 entwickelter Braunkohlenbindemittel. Weiterhin werden Angaben über deren prakt. Bewährung gebracht. (Freiberger Forschungsh., Reihe A Heft **23.** 69—89. April 1954. Rositz.) GERHARD GÜNTHER. 8236

Mario Milone und **Enzo Borello,** *Untersuchungen über die Veränderungen mineralischer Schmieröle durch Infrarotspektroskopie.* Obgleich man durch Infrarotspektroskopie bei der Unters. der Schmieröle infolge ihrer geringen Trennbarkeit bei der Molekulardest. keine so weitgehenden Schlüsse wie durch die der Benzine erreichen kann, ist es doch möglich, ohne Fraktionierung bei jenen bestimmte Zusätze (antioxydierende, antikorrosive u. netzende Additive), sogar in geringer Menge, zu erkennen u. Änderungen während des Gebrauchs der Schmieröle festzustellen. Deutungen werden versucht. (Ann. Chimica. **43.** 315—22. Mai/Juni 1953. Torino, Univ., Istit. Chim. fisica.) W. METZENER. 8258

Metallgesellschaft Akt.-Ges. (Erfinder: **Friedrich Danulat**), Frankfurt/M., *Entfernen von flüssiger Schlacke aus Druckgaserzeugern.* Die Schlacke wird aus dem Gaserzeuger durch eine Schlackenform mit einer von außen verschließbaren Öffnung abgeführt. Dabei wird auf den Schlackenstrom vor Erreichung der Öffnung ein unter Druck stehendes, gas- oder dampfförmiges oder fl. Mittel, z. B. W., Gas oder Dampf, zur Einw. gebracht, das mit dem Schlackenstrom durch die Öffnung austritt. Der Druck des während des Schlackenabstiches zur Einw. kommenden Gases oder Dampfes soll geringer als der Druck im Gaserzeuger sein. Für den Fall der Unterbrechung des Schlakkenabflusses wird dagegen der Druck des gas- oder dampfförmigen Mittels höher als der im Gaserzeuger gehalten. (**D. B. P. 936 590** K. 24e vom 1/1. 1949, ausg. 15/12. 1955. Anmeldung bekanntgemacht 16/6. 1955.) W. HAUSWALD. 8149

Deutsche Gold- & Silberscheideanstalt vormals Roessler, Frankfurt/M. (Erfinder: **Lajos von Szeszich,** Essen), *Verfahren zur unvollständigen Verbrennung von Methan* u.

solches enthaltenden anderen gas- oder dampfförmigen oder feinverteilten festen C- oder H-haltigen Brennstoffen (I) mit O_2 oder O_2-haltigen Gasen (II), bes. zur *Gewinnung von Synthesegas*, in einem Verbrennungsmotor (III) unter Gewinnung mechan. Arbeit, dad. gek., daß man das Reaktionsgemisch aus I u. II, wobei die O_2-haltigen Gase mindestens 50% O_2 enthalten sollen, als völlig homogenes Gemisch außerhalb des III herstellt u. einem Zwischenbehälter (IV) zuführt, von dem es durch den III angesaugt wird, wobei man in dem IV einen Druck aufrechterhält, bei dem das Gasgemisch nicht zündbar ist. — Vorrichtung. (**D. B. P. 937 769** Kl. 12i vom 27/7. 1952, ausg. 12/1. 1956. Anmeldung bekanntgemacht 21/7. 1955.) W. MATHAES. 8153

Stanolind Oil and Gas Co., übert. von: **Frank G. Pearce** und **James E. Latta**, Tulsa, Okla., V. St. A., *Untertagevergasung von Brennstoffen.* Um die Gaserzeugungsanlage sind im Kreis eine Vielzahl von Bohrlöchern zur Einführung von Dampf u. O_2-haltigem Gas (ca. 95% O_2) angebracht. Die Bohrlöcher für den Gasabzug des unter Tage erzeugten Gases sind $>$ 200 Fuß von den Bohrlöchern zur Gaseinführung entfernt. Das Produktgas mit einer Temp. von 1200—1400° F wird gesammelt u. den Kühlanlagen zugeführt u. dort auf 100° F gekühlt. — Zeichnungen. (**A. P. 2 695 163** vom 9/12. 1950, ausg. 23/11. 1954. **E. P. 737 656** vom 6/11. 1951, ausg. 28/9. 1955. A. Prior. 9/12. 1950.) E. KAHLES. 8161

Metallgesellschaft Akt.-Ges., Frankfurt/M. (Erfinder: **Karl Pilz**, Bochum, und **C. L. Evans**, Birmingham, England), *Entschwefelung von angereicherten Gasreinigungsmassen*, dad. gek., daß an Stelle von oder zusammen mit den nach D. B. P. 818 545 der Röstluft zugemischten kalten inerten Gasen schwefeldioxydhaltiges Röstgas angewendet wird. (**D. B. P. 938 743** Kl. 26d vom 23/3. 1952, ausg. 9/2. 1956. Anmeldung bekanntgemacht 11/3. 1954. **Zusatz zu D. B. P. 818 545; C. 1952. 2561.**) E. KAHLES. 8173

Heinrich Koppers G. m. b. H. (Erfinder: **Heinrich Merkel**), Essen, *Herstellung eines hochaktiven Katalysators für die Methanspaltung* mit O_2 bzw. Wasserdampf unter Verwendung von Metallen der Fe-Gruppe (I), die auf einem keram. Trägermaterial (II) durch Tränkung mit geschmolzenen Nitraten (III) dieser I aufgebracht sind, dad. gek., daß ein Gemisch von Al_2O_3, gefällter SiO_2 u. Kaolin zu tablettenähnlichen Körpern verpreßt u. diese mit den III derart getränkt werden, daß sich nach dem Ausglühen u. Aktivieren (Reduzieren) der Formkörper auf diesen eine Metallschale von höchstens 0,5 (mm) vorzugsweise unter 0,3 Dicke bildet. — Z. B. enthält III 4 (Teile) Ni u. 1 Fe u. II wird hergestellt aus 100 Al_2O_3, 100 SiO_2 u. 25 Kaolin. (**D. B. P. 938 611** Kl. 12i vom 4/11. 1952, ausg. 2/2. 1956. Anmeldung bekanntgemacht 11/8. 1955.) W. MATTHAES. 8197

A. P. V. Co. Ltd., England (Erfinder: **Cyril Hunnikin**), *Kontinuierliche fraktionierte Destillation, insbesondere von Rohbenzol.* Man dest. das Rohbenzol in einer Reihe von Kolonnen bei einem solchen Druck, daß die abdest. Dämpfe den Kopf der verschied. Kolonnen mit nahezu der gleichen Temp. verlassen. Ferner verdampft man das Kondensat in den am Boden der Kolonnen befindlichen Wärmeaustauscher derart, daß man die für die Kolonnen benötigte Wärme in Form von latenter Wärme wiedergewinnt. — Zeichnung. (**F. P. 1 049 355** vom 6/6. 1951, ausg. 29/12. 1953. E. Prior. 6/6. 1950.) T. OPPERMANN. 8203

Farbenfabriken Bayer Akt.-Ges. (Erfinder: **Ernst Knust, Wilhelm Hufschmidt** und **Fritz Schmidt**), Leverkusen, *Verfahren zur Erhaltung und Verbesserung der dielektrischen Eigenschaften von Isolier- und Kühlölen aus chlorierten Kohlenwasserstoffen*, dad. gek., daß man die Isolier- u. Kühlöle mit den Zersetzungsprodd. von organ., vorzugsweise esterartigen Verbb. amphoterer Metalle oder Halbmetalle in Berührung bringt, z. B. durch Aufbewahren in Behältern, deren innere Oberflächen mit einer dünnen Schicht organ., vorzugsweise esterartiger Verbb. amphoterer Metalle oder Halbmetalle überzogen wurden, die im Anschluß daran der Luftfeuchtigkeit ausgesetzt wurde, oder mit großoberflächigen Stoffen, wie Wachsen, Bleicherde, Kaolin, Aktivkohle, Talkum, Tonerde, Kieselgur, die mit den Zersetzungsprodd. organ., vorzugsweise esterartiger Verbb. amphoterer Metalle oder Halbmetalle beladen sind. (**D. B. PP. 938 741** vom 21/9. 1952 u. **938 742** Kl. 23c vom 10/7. 1954, beide ausg. 9/2. 1956. Anmeldungen bekanntgemacht 4/8. 1955.) E. DREWS. 8219

California Research Corp., San Francisco, übert. von: **Richard D. Stayner** und **Robert A. Stayner**, Berkeley, Calif., V. St. A., *Oberflächenaktive Verbindungen*, die eine anion. Sulfatgruppe u. eine kation. quaternäre Ammoniumgruppe tragen, der Formel $(R^-)(R^{2-})(R^{3-})N^+—R^{4-}—OSO_3^-$, worin R^-, R^{2-} u. R^{3-} KW-stoffreste bedeuten, von denen mindestens einer eine Arylmethylgruppe ist, u. R^{4-} eine Alkylengruppe mit 1—7 C-Atomen bedeutet, dienen als Zusatz zu *Schmierölen* u. *Brennstoffen.* — *2-(N-Dodecylbenzyl-N.N-dimethylammonium)-äthylsulfat.* Man kocht Dodecylbenzylchlorid, dessen

Dodecylgruppe ein Propylentetrameres ist, mit N.N-Dimethylaminoäthanol in Isopropanol u. setzt das entstandene N-Dodecylbenzyl-N.N-dimethyl-N-(2-oxyäthyl)-ammoniumchlorid mit $HClSO_3$ in Chlf. um. — Analog: *2-(N.N-bis-dodecylbenzyl-N-methylammonium)-äthylsulfat.* — *2-(N.N-Bisnonylbenzyl-N-methylammonium)-äthylsulfat.* (**A. P. 2 699 991** vom 22/12. 1951, ausg. 18/1. 1955.) G. LANGER. 8221

XX. Schieß- und Sprengstoffe. Zündmittel.

F. P. Bowden und **K. Singh,** *Bestrahlung von Sprengstoffen mit schnellen Teilchen und der Einfluß der Kristallgröße auf die Explosion.* (Vgl. C. **1955. 6895.**) Vff. untersuchen die Wrkg. der Bestrahlung einer Anzahl empfindlicher Sprengstoffkristalle (Pb-, Ag-, Co-, Cd-Azid, Jodstickstoff (I), Ag-Acetylenid) mit schnellen Teilchen. Die Kristalle werden der Bestrahlung mit Elektronen, Neutronen, Spaltungsprodd. sowie Röntgenstrahlen ausgesetzt. Alle genannten Substanzen werden durch einen starken Elektronenstrom zur Explosion gebracht, aber es wird gezeigt, daß dies ein therm. Effekt u. durch die Erhitzung des Kristalls bedingt ist. I wird durch Spaltungsprod. von 235 U zur Explosion gebracht, aber I verhält sich anomal. Bei den anderen Substanzen treten Veränderungen im Kristall auf, die eine nachfolgende therm. Zers. beeinflussen, aber keine Explosion hervorrufen. Es ergibt sich, daß in Gegensatz zu früheren Vermutungen von MURAOUR sowie GARNER die Aktivierung einer kleinen Gruppe benachbarter Moll. nicht genügt, um Explosion hervorzurufen. Bei der Unters. des Einfl. der Kristallgröße auf die Explosion ergibt sich, daß die Kristallgröße oberhalb eines bestimmten Wertes liegen muß, wenn die Kristalle beim Erhitzen explodieren sollen. Unter den Versuchsbedingungen liegt dieser Wert bei einigen Sprengstoffen in der Größenordnung von einigen μ. Das Ergebnis bekräftigt frühere Schlußfolgerungen (aus Reibungs- u. Schlagverss.), daß die Größe der „heißen Stellen" (hot spots) in mol. Maßstab groß ist: 10^{-5} bis 10^{-3} cm Durchmesser; sonst tritt keine vollständige Detonation ein. Opt. u. elektronenmikroskop. Aufnahmen lassen annehmen, daß die therm. Zers. bevorzugt an Verschiebungen in der Mosaikstruktur des Kristalls angreift. (Proc. Roy. Soc. [London], Ser. A. **227.** 22—37. 21/12. 1954. Cambridge, Univ., Dep. of Physical Chem., Res. Labor on the Physics and Chem. of Surfaces.) H. FREIWALD. 8292

S. Bentur, M. Ish-Shalom, L. Lenji und **Y. Trocker,** *Die Behinderung des Brennens von Schießpulver durch Fremdsubstanzen.* An Schwarzpulver der Zus. $C/KNO_3/S$ 15:75:10 sowie der binären Mischung C/KNO_3 30:70 werden mit Teilchendichten von 1,7 bis 1,9 bzw. 1,4 bis 1,6 g/cm³ mit u. ohne verbrennungshemmende Zusätze die Verbrennungsgeschwindigkeit in einem Messinggefäß von 17 mm Länge u. 6 mm Durchmesser bei Zimmertemp. in manchen Fällen auch das Vol. der entwickelten Gasmenge bzw. der Druckanstieg durch die bei 339 bzw. 384° ablaufende Zers. festgestellt. Die Zusätze von 0,64 bis 0,85% werden durch Lösen in PAe. oder A. unter nachherigem Verdampfen des Lösungsm. entweder der Gesamtmischung oder je einer Komponente einverleibt. In der Reihe Stearinsäure (I) (vier verschied. Reinheitsgrade); Na-Stearat; K-Stearat; Methylstearat; Stearinsäureamid; Stearinsäurenitril; Octadecylamin sind die drei erstgenannten mit Abstand die wirksamsten Inhibitoren in Schwarzpulver. Der Effekt hängt von der Art der verwendeten Kohle ab. Er besteht nur bei geringem Anteil flüchtiger Bestandteile (fl. B.) in der Kohle. Umgekehrt ist die Verbrennungsbeschleunigende Wrkg. des S, welche dem Einfl. von I entgegenwirkt, bei hohen Anteilen an fl. B. (künstlich bis 15% gesteigert) bes. ausgeprägt. Bei der binären Mischung wird durch Zusatz von I bei 376° der Fortgang der Verbrennung völlig verhindert, welcher bei 369° ohnehin nicht gegeben ist. Bei 384° tritt dagegen keine Verhinderung ein. — Die endotherme, bei 400° noch nicht beginnende Zers. von KNO_3 wird von dieser Temp. ab durch Zusatz von 0,75% I beschleunigt; der hemmende Einfl. der letzteren auf die Pulververbrennung kann also nicht auf einem I-Film aus KNO_3 beruhen. Die Verss. führen vielmehr zu dem Schluß, daß die Carboxylgruppen des Inhibitors an der Holzkohle dicht adsorbiert werden u. so die stark exotherme Bldg. von Oberflächen-Oxyden bzw. von Adsorptionsverbb. aus dem Nitrat verhindern. Der entsprechende Ausfall an Reaktionswärme beeinträchtigt seinerseits die KNO_3-Zers. welche den absorbierbaren O liefern würde. Die exotherme Rk. des S mit KNO_3 bleibt davon unberührt. — Der Anstieg des Effekts mit wachsender Länge der Paraffinkette (bis zur Behensäure) wird als Auswrkg. der größeren mol. Dichte der schützenden Schicht gedeutet. — Ungeradzahlige Ketten sind weniger wirksam als gradzahlige. — Ungesättigte Gruppen (Vgl. von I, Ölsäure, Linolsäure, Undecansäure u. Undecylensäure) sowie Kettenverzweigungen setzen den Effekt herab. Polycycl. Säuren kommen I nahe. — Weitere quantitative Angaben für Benzoesäure, Phenanthren-2-carbonsäure, γ-(3-Pyrenyl)-buttersäure, 2-Methylstearinsäure, Cetylmethylmalonsäure. Die Umsetzung der letzteren unter Verlust von Carboxylgruppen bei 150° C führt zu einer weiteren quantitativen Bestätigung der Grundvorstellung. (Proc. Roy. Soc. [London], Ser. A **230**. 33—46. 7/6. 1955. Tel-Aviv, Israeli Ministry of Defence, Sci. Dep.) H. AHRENS. 8300

G. Costeanu und **D. Cismaru**, *Bestimmung der Entzündungstemperatur von rauchlosen Pulvern.* Als Entzündungstemp. rauchloser Pulver wird die Temp. definiert, bei der innerhalb 1 Sek. Entzündung erfolgt. Die Best. erfolgt in einem elektr. Ofen bei durch eine dicke Metallwand homogenisierter Temp., entweder durch Einwerfen von Pulverkörnern in einen Pt- oder Porzellantiegel oder durch ihre Einführung an der Spitze einer Glasnadel ohne Kontakt mit der Wand; im ersteren Falle sind die gefundenen Werte, offenbar infolge katalyt. Wrkg. der Wand, niedriger. Nach der zweiten Meth. ergibt sich als mittlerer Wert der Entzündungstemp. für die Nitroglycerinpulver 550°, für Nitrocellulosepulver 650°. (Bul. ştiinţific., Ser. Mat., Fizică, Chim. **2**. 177—87. Febr. 1950.) R. K. MÜLLER. 8322

Olin Mathieson Chemical Corp., übert. von: **Gilbert R. Cox**, Creve Coeur, Mo., V. St. A., *Rauchloses Globularpulver* aus gelöster Nitrocellulose, dad. gek., daß der Lsg. ein flüchtiges, fl., nichtlösendes Verdünnungsmittel zugesetzt wird, das mit dem Lösungsm. mischbar u. mit dem Dispergiermedium nicht mischbar ist. Solche Verdünnungsmittel sind Xylol, Bzl., Pentan, Hexan usw., oder Toluol, Isopropyläther u. andere. (**A. P. 2 715 574** vom 14/6. 1951, ausg. 16/8. 1955.) A. GRADL. 8301

Imperial Chemical Industries Ltd., übert. von: **George P. Sillito**, West Kilbride, und **Alexander Butchart**, Ardrossan, England, *Handhabungssicherer, ammonnitrathaltiger Nitrocellulosesprengstoff.* Ohne Beeinträchtigung der Sensibilität wird die Handhabungssicherheit durch den Zusatz von 2—10% Glycerin erhöht. Der Sprengstoff bleibt auch nach dem Trocknen bei 50—60° noch glycerinfeucht. — Beispiel: 26(%) Nitrocellulose, 75,5 NH_4NO_3, 3 Glycerin, 0,5 Ölsäure. (**A. P. 2 711 948** vom 27/8. 1951, ausg. 28/6. 1955. E. Prior. 12/9. 1950.) A. GRADL. 8305

American Cyanamid Co., New York, N. Y., V. St. A., *Verformbare Sprengstoffverpackung*, dad. gek., daß bes. für nitroglycerinhaltige Sprengstoffe Kunststoffbeutel verwandt werden, die nur zu 60—80% ihrer Kapazität gefüllt sind. Als Material für diese nahtlosen Beutel dient Polyvinylidenchlorid, Polyvinylbutyrat u. bes. Polyäthylen. (**E. P. 737 255** vom 22/12. 1953, ausg. 21/9. 1955. A. Prior. 22/12. 1952.) A. GRADL. 8305

Aktiebolaget Bofors, Bofors, Schweden, *Brandsatz*, bestehend aus einem Oxydationsmittel (I), einem Brennstoff (II) u. einem Sprengstoff (III), wobei der Anteil I geringer ist als der zur völligen Rk. mit II erforderliche. Dadurch wird nach der Detonation des III eine sek. Staubexplosion erzeugt. — Z. B. werden genannt für I: $BaNO_3$, für II Al, für III Pentaerythrit, Cyclotrimethylentrinitramin. Die Bestandteile werden in Mengen von ca. 20(%) I, 60 II u. 20 III mit bis zu 5 eines Bindemittels granuliert. (**E. P. 737 065** vom 15/10. 1953, ausg. 21/9. 1955. Schwed. Prior. 20/10. 1952.) A. GRADL. 8309

XXIV. Photographie.

Eastman Kodak Co., übert. von: **Gordon F. Frame**, Rochester, N. Y., V. St. A., *Gelatineverbindung.* Man läßt Gelatine mit Naphthylisocyanat bei 30—70° u. p_H 8—12 reagieren. Das Reaktionsprod. ist verwendbar zur Herst. von *photograph. Emulsionen*, als Peptisiermittel bei der Herst. von dispergierten Ag-Halogeniden u. im Steindruck. Es wird durch CH_2O nicht gehärtet. (**A. P. 2 592 263** vom 13/8. 1947, ausg. 8/4. 1952.) C. LÜTTGEN. 8601

Halden & Co. Ltd., übert. von: **John Holden**, Reddish b. Stockport, England, *Lichtempfindliches Textilmaterial.* Baumwoll- oder Kunstseidengewebe wird mit einer Mischung aus Ölen, Wachsen u. Kunstharzen (z. B. Cocosöl + Paraffin + Cyclohexanonharz) imprägniert u. kalandriert. Dann wird ein Gemisch aufgetragen, das aus einer Lsg. von Nitrocellulose (I) in einem flüchtigen Lösungsm. u. einer wss. Lsg. von Methylcellulose besteht. Die daraus gebildete Schicht wird mit einem für die Verb. von I mit Halogensilber-Gelatine-Emulsionen geeignetem Substrat bedeckt u. auf dieses dann eine Halogensilber-Gelatine-Emulsion aufgetragen. (**E. P. 716 546** vom 29/3. 1951, ausg. 6/10. 1954.) A. KALIX. 8601

Kodak Ltd., London, übert. von: **Burt H. Carroll**, Rochester, N. Y., V. St. A., *Halogensilberschichten mit erweitertem Belichtungsspielraum.* Ein Emulsionsansatz wird geteilt u. die erste Portion in der üblichen Weise durch einen Farbstoff für ein bestimmtes Spektralgebiet sensibilisiert. Die zweite Portion wird für das gleiche Gebiet sensibilisiert, jedoch mit einem Farbstoff, der viel stärker als der erste sensibilisiert, ohne aber supersensibilisierend zu wirken, wenn die Portionen dann wieder gemischt werden. Die beiden Sensibilisierungsmaxima sollen dabei nicht mehr als 25 mμ auseinanderliegen. Die Portionen brauchen nicht gleich groß zu sein; die eine muß jedoch mindestens 25% der Gesamtmenge betragen. Es können auch 3 Komponenten gemischt werden, ferner auch Emulsionen, die Farbkuppler enthalten. Durch das Verf. wird der geradlinige Teil der charakterist. Kurve der Emulsionen erheblich verlängert. (**E. P. 703 029** vom 10/12. 1951, ausg. 27/1. 1954. A. Prior. 14/12. 1950.) A. KALIX. 8605

Gevaert Photo-Producten N. V., Mortsel, übert. von: **Jacob Joseph Jennen**, Antwerpen, Belgien, *Farbstoffe für Lichthofschutz- und Filterschichten* stellen Polymethine der allg. Formel I dar. Hierbei sind Y u. Z die zur Bldg. eines carbocycl. oder heterocycl. Ringes nötigen Atome, wobei an diesen Ring ein Arylenring ankondensiert sein kann. X sind die zur Bldg.

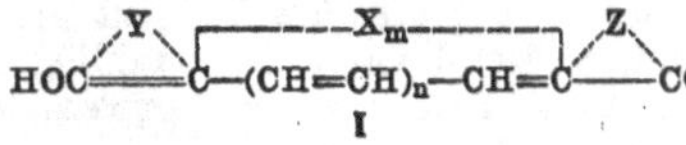

I

eines carbocycl. oder heterocycl. Ringes nötigen Atome, wobei ein solcher vorzugsweise eine Arylengruppe ankondensiert hat, zu der auch 2 C-Atome der Polymethinkette gehören, X, Y u. Z können verschied. oder gleichen Ringen angehören, n u. m sind 1 oder 2. — Beispiel: Farbstoff aus Methylpyrazolon u. Diphenylformamidin (vgl. nebenst. Formel); der gleiche Farbstoff mit 3 N-C_6H_5- (statt NH-)Gruppen ist grün. — 2 weitere Formelbilder. (**A. P. 2 611 698** vom 4/8. 1947, ausg. 23/9. 1952. D. Prior. 22/5. 1941.)

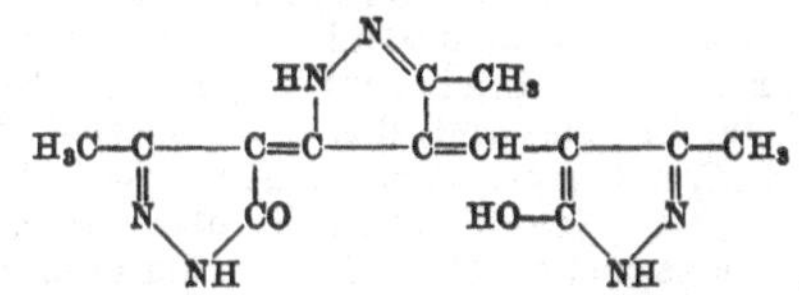

(gelb).

A. KALIX. 8613

Paul Zschimmer, Berlin, *Schutzschichten für Acetylcellulosefilme.* Auf dem Film wird eine alkoh. Lsg. von Kunststoffen, bes. Polyamiden, von Gelatineabbauprodd. (I) u. geringen Mengen von Celluloseestern aufgetragen. Die verwendeten I werden durch 40—60 Min. lange Behandlung von Gelatine mit Ameisen-, Phosphor- oder Essigsäure hergestellt. Außerdem können Weichmacher u. als Lösungsm. wirkende Ketone, z. B. Aceton, zugesetzt werden. (**D. B. P. 937 988** Kl. 57b vom 16/10. 1940, ausg. 19/1. 1956. — Anmeldung bekanntgemacht 14/7. 1955.) A. KALIX. 8613

Eastman Kodak Co., übert. von: **Richard W. Henn** und **George A. Reynolds**, Rochester, N. Y., V. St. A., *Entwicklerlösungen.* Als akt. Stoff wird ein Gemisch aus Reduktonen, hergestellt nach Chemiker-Ztg. **75.** [1951.] 21, u. 3-Pyrazolidonen (II) benutzt, die beide für sich allein nur schwach entwickeln. Ihre Mischung stellt jedoch einen sehr akt. Entwickler für latente Kernoberflächenbilder dar, wenn sie ohne Sulfitzusatz angewandt wird, mit demselben bildet sie einen kräftigen Innenkornbildentwickler. Bes. geeignet außer Redukton (I) sind Verbb. von I mit p-Aminobenzoesäure, m- u. p-Aminosalicylsäure, Sulfanilsäure, ferner 1-Phenyl-**II**, 1.5-Diphenyl-**II**, 1-m- u. 1-p-Tolyl-**II**, 1-Acetamidophenyl-**II**, 1-Phenyl-2-acetyl-4.4-dimethyl-**II**, 1-o-Chlorphenyl-4-methyl-4-äthyl-**II**, 1-(7-Oxy-2-naphthyl)-4-methyl-4-n-propyl-**II**. — Beispiel: 0,02 (Mol) I + 0,0025 1-Phenyl-II + 0,2 Na_2CO_3 in 1 Liter Wasser. (**A. P. 2 691 589** vom 3/8. 1953, ausg. 12/10. 1954.) A. KALIX. 8619

Ilford Ltd., übert. von: **John David Kendall** und **George Frank Duffin**, Ilford, England, *Herstellung von Pyrazolidon-(3)-derivaten* aus Hydrazinen der allg. Formel RNH—NH_2 u. Amiden der allg. Formel $R_2(R_3)C{=}C(R_1)CONHR_4$, in denen R, R_1, R_2, R_3 u. R_4 H, niederes Alkyl-, Aryl-, das durch Cl, CH_3 oder OCH_3 substituiert sein kann, oder Aralkyl bedeuten, unter wasserfreien Bedingungen in Ggw. einer starken Base. — Zu einer Lsg. von 3 g Na in 50 (cm^3) A. werden 10 Phenylhydrazin (I) u. 8,5 α-Methylacrylsäureamid (II) hinzugefügt u. 2 Std. am Rückfluß gekocht. Man erhält *4-Methyl-1-phenylpyrazolidon-(3)*, F. 135°. Analog werden die folgenden Pyrazolidone-(3) hergestellt: Aus I u. Acrylsäureamid (III) oder aus I u. N-Äthylacrylsäureamid *1-Phenyl-*, F. 121°; aus I u. Zimtsäureamid *1.5-Diphenyl-*, F. 159°; aus I u. β.β-Dimethylacrylsäureäthylamid *5.5-Dimethyl-1-phenyl-*, F. 166°; aus I u. Crotonsäureamid *5-Methyl-1-phenyl-*, F. 125°; aus p-Tolylhydrazin u. **III** *1-p-Tolyl-*, F. 163°; aus p-Chlorphenylhydrazin (**IV**) u. **III** *1-p-Chlorphenyl-*, F. 117°; aus p-Anisylhydrazin u. **III** *1-p-Anisyl-*, F. 146°; aus **IV** u. **II** *1-p-Chlorphenyl-4-methyl-*, F. 117°. Für *photograph. Entwickler.* (**A. P. 2 704 762** vom 14/8. 1953, ausg. 22/3. 1955. E. Prior. 25/8. 1952. **E. P. 728 368** vom 25/8. 1952, ausg. 20/4. 1955.) E. CARL. 8619

Photographica, Ges. für photographische Industrie m. b. H. und **Ernst Tausch**, Berlin, *Entwickler für Photopapier.* Der Entwickler enthält ein opt. Bleichmittel, das UV von 4000—3000 Å absorbiert u. im Gebiet von 4000—5500 Å fluoresciert u. ferner gegenüber dem Entwickleralkali beständig ist. Geeignet dazu sind zahlreiche zur Aufhellung von Textilien u. Papier an sich bekannte Derivv. von Stilben (I), Benzimidazol (II) u. Imidazol (III), z. B.: Na-4.4′-Di-(benzamido)-I-2.2′-disulfonat, Na-4-[2″-äthoxy-

4″-methylbenzamido]-4′-(phenylureido)-I-2.2′-disulfonat, Na-Salz von α.β-Di-[x-sulfo-N-methyl-II-yl-(2)]-äthylen u. Na-Salz von 1.3-Diacetyl-4,5-di-(p-sulfophenyl)-III. (**E. P. 736 123** vom 9/4. 1953, ausg. 31/8. 1955. D. Prior. 10/4. 1952.) A. KALIX. 8619

Kodak Ltd., London, übert. von: **Richard Winthrop Henn, Arthur Allyn Rasch** und **John Jekeringill Crabtree,** New York, N. Y., V. St. A., *Stabilisieren von Natriummetaborathydraten.* Man mischt B_2O_3 oder HBO_2 mit wenigen % von Phthalsäureanhydrid u. erhitzt (nach den Beispielen 4 Std. auf 70° oder 30 Tage auf 40°). Nach einem Beispiel setzt man 5% B_2O_3 zu $NaBO_2 \cdot 4\,H_2O$ u. stäubt das Gemisch auf eine auf 400° erhitzte Metallplatte. Das stabilisierte $NaBO_2$ wird bes. als Alkalikomponente in *photograph. Entwicklerpulvern* verwendet. (**E. P. 732 945** vom 26/6. 1953, ausg. 29/6. 1955. A. Prior. 26/6. 1952.) A. ZÜRN. 8619

Gevaert Photo-Producten N. V., Belgien, *Mehrfarbenfilme mit verbesserter Farbwiedergabe* erhält man, wenn das Filmmaterial während der Farbentw. auf beiden Seiten nachbelichtet wird. Man kann auch den noch nicht vollständig entwickelten, gewaschenen Film nachbelichten u. dann gegebenenfalls mit einem anderen Farbentwickler weiterbehandeln. Ein Material, dessen Schichten vom Träger an gerechnet für Rot u. Blau, Grün u. Blau u. ganz oben für Blau (Gelbfilter zwischen den beiden letzten) sensibilisiert sind, wird sowohl durch die obere als auch durch die untere Seite hindurch mit grünem Licht nachbelichtet. Für ein Material, bei dem die für Blau sensibilisierte Schicht auf dem Träger, darüber die für Rot u. Blau (mit kurzer Wellenlänge) u. ganz oben die für Grün u. Blau (mit kurzer Wellenlänge) sensibilisierte Schicht angeordnet ist, wird zum Nachbelichten durch die obere Schicht rotes Licht u. blaues von 430—490 mμ Wellenlänge, zur Nachbelichtung durch die untere Schicht grünes Licht angewandt. (**F. P. 1 080 041** vom 6/5. 1953, ausg. 6/12. 1954. E. Prior. 7/5. 1952.) H. ASMUS. 8631

Gevaert Photo-Producten N. V., Belgien, *Herstellung farbiger Bildmasken zur Farbkorrektur in der Farbenphotographie.* In einem photograph. Mehrschichtenmaterial wird nach der Farbentw. eine farbige Bildmaske in der dafür vorgesehenenen Schicht erzeugt, indem man diese Schicht durch mindestens eines der Farbbilder in einer anderen Schicht hindurch nachbelichtet u. danach selektiv farbig entwickelt. — Ein Mehrschichtenfilm [Schichtenanordnung: Oben eine für Blau sensibilisierte u. einen Farbkuppler für Gelb enthaltende Halogensilberemulsionsschicht (I); darunter ein koll. Ag enthaltendes Gelbfilter; darunter eine für Blau u. Grün sensibilisierte I mit Farbkuppler für Magenta; darunter eine für Blau u. Rot sensibilisierte I mit Farbkuppler für Blaugrün] wird nach dem Belichten farbig entwickelt, stabilisiert u. rehalogeniert. Der Film wird dann 20—60 Sek. von der Rückseite her mit blauem Licht (ca. 10 Lux) belichtet, farbig entwickelt, fixiert, gebleicht u. wieder fixiert. — Beispiele mit Zus. der Behandlungsbäder. (**F. P. 1 080 061** vom 12/5. 1953, ausg. 6/12. 1954. E. Prior. 13/5. 1952.) H. ASMUS. 8631

Chemische Fabriek L. van der Grinten N. V. (Erfinder: **Theodorus Petrus Wilhelmus Sanders,** Venlo, und **Johannes Henricus Andreas Wilders,** Blerick, Holland), *Diazotypieverfahren.* Die lichtempfindliche Schicht enthält eine p-Aminobenzoldiazoverb. (**I**), deren Lichtzersetzungsprod. in schwach saurer, 0,004 n. wss. Lsg. bei 18° mit der gleichen Menge einer wss. 0,004 n. p-Diäthylaminobenzoldiazoniumchloridlsg. bei p_H 9,5 so reagiert, daß die letztere in 15 Min. mindestens zur Hälfte zers. wird. Die Schicht wird selektiv belichtet, alkal. gemacht u. mit einer Azokomponente gekuppelt. Bes. geeignete I haben die allg. Formel XN_2—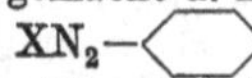—NR_1R_2. In dieser ist X ein Anion, R_1 u. R_2 sind Alkylreste mit zusammen 10—12 C-Atomen, wobei jeder davon 4—7 C-Atome enthält, z. B. p-Diazodi-n-amylanilinchlorid, p-Diazodi-n-hexylanilin. — Vgl. auch F. P. 1 052 961; C. **1955.** 4984. (**D. B. P. 929 459** Kl. 57b vom 20/3. 1952, ausg. 27/6. 1955. Anmeldung bekanntgemacht 25/11. 1954. Holl. Prior. 20/3. 1951.) A. KALIX. 8647

Herausgeber u. verantwortlich für den Inhalt: Prof. Dr. Maximilian Pflücke, Berlin N 4, Schiffbauerdamm 19, Fernsprecher: 425571. Redaktion: Chefredakteure Dr. Eugen Klever und Prof. Dr. Maximilian Pflücke. Verlag: Akademie-Verlag GmbH, Berlin W 8, Mohrenstraße 39 (Fernsprecher 200386, Postscheckkonto Berlin 35021), u. Verlag Chemie, GmbH, Weinheim/Bergstraße (Fernsprecher 2017 u. 2965, Postscheckkonto Frankfurt/M. 145314 u. Berlin-West 7430). Bestell- u. Verlags-Nr.: 1007/127. Das Chemische Zentralblatt erscheint wöchentlich. Preis des Jahrganges einschl. Autoren-, Patent-, Sach- und Formelregister: DM 680,—; einseitig bedruckte Ausgabe: DM 750,—. Abgabe der Zeitschrift nur mit sämtlichen Registern.
Satz u. Druck: VEB Leipziger Druckhaus, Leipzig, III/18/203. VIII. 56.
Veröffentlicht unter der Lizenznummer 1212 des Amtes für Literatur und Verlagswesen der Deutschen Demokratischen Republik.
Printed in Germany.

FSC
www.fsc.org
MIX
Papier | Fördert gute Waldnutzung
FSC® C083411

Zeitfracht Medien GmbH
Ferdinand-Jühlke-Straße 7
99095 Erfurt, Deutschland
produktsicherheit@kolibri360.de